Die große farbige Enzyklopädie Urania-Pflanzenreich in vier Bänden

Viren · Bakterien · Algen · Pilze

Moose · Farne · Nacktsamer

Blütenpflanzen 1

Blütenpflanzen 2

URANIA PFLANZENREICH

in vier Bänden

Blütenpflanzen 2

Urania-Verlag Leipzig · Jena · Berlin

Autoren des Bandes:

Prof. Dr. rer. nat. habil. Siegfried Danert †
bearbeitet von Prof. Dr. rer. nat. habil. Franz Fukarek, Greifswald
(Orchidales, Velloziales, Arecales, Cyclanthales)
bearbeitet von Dr. sc. nat. Karl Hammer, Gatersleben
(Dilleniales, Theales, Malvales, Scrophulariales (außer Plantaginaceae, Hydrostachyaceae)
bearbeitet von Dr. rer. nat. habil. Peter Hanelt, Gatersleben
(Actinidiaceae [Ericales], Phrymaceae [Lamiales])

Dr. rer. nat. habil. Peter Hanelt, Gatersleben
(Fouquieriaceae, Salicales, Ericales, Diapensiales, Ebenales, Primulales, Dipsacales, Polemoniales, Boraginales (außer Loasaceae), Plantaginaceae, Hydrostachyaceae [Scrophulariales], Verbenaceae, Callitrichaceae [Lamiales], Campanulales, Asterales)

Dr. phil. Johannes Helm †
bearbeitet von Prof. Dr. rer. nat. habil. Franz Fukarek, Greifswald
(Bromeliales, Velloziales, Philydrales)
bearbeitet von Dr. sc. nat. Karl Hammer, Gatersleben
(Capparales)
bearbeitet von Dr. rer. nat. habil. Peter Hanelt, Gatersleben
(Dioscoreales, Asparagales (außer Amaryllidaceae)
bearbeitet von Dr. rer. nat. Joachim Keller, Quedlinburg
(Liliales, Amaryllidaceae [Asparagales])

Dr. rer. nat. Joachim Kruse, Gatersleben
(Elatinaceae [Theales], Violales, Tamaricales (außer Fouquieriaceae), Begoniales, Loasaceae [Boraginales], Alismatales, Hydrocharitales, Najadales, Triuridales, Cyperales, Commelinales, Restionales, Pandanales, Arales, Typhales)

Dr. agr. Christian O. Lehmann, Gatersleben †
bearbeitet von Prof. Dr. rer. nat. habil. Franz Fukarek, Greifswald
(Gentianales, Juncales)
bearbeitet von Dr. rer. nat. Thomas Gladis, Berlin
(Zingiberales)
bearbeitet von Dr. rer. nat. Joachim Keller, Quedlinburg
(Burmanniales, Pontederiales)
bearbeitet von Dr. sc. nat. Karl Hammer, Gatersleben
(Cucurbitales, Oleales)

Dr. sc. nat. Jürgen Schultze-Motel, Quedlinburg
(Labiatae, Graminales)

Bandredaktion:
Prof. Dr. rer. nat. habil. Franz Fukarek, Greifswald

Inhalt

Unterklasse Dilleniidae

Diese Unterklasse nimmt im Pflanzenreich eine ähnlich ursprüngliche Stellung wie die Magnoliidae ein, von deren Vorfahren sie sich ableiten läßt. Doch sind im Vergleich zu den Magnolienverwandten bei den Dilleniidae zahlreiche fortgeschrittene Merkmale hervorzuheben. Die Blütenorgane stehen bei einigen Familien spiralig angeordnet, Sippen mit wirteligen Blütenkreisen müssen als abgeleitet angesehen werden. Die Staubblätter, meist in größerer Anzahl vorhanden, sind frei, in einigen Taxa ist auch eine Verwachsung zu Bündeln festzustellen. Soweit durch Untersuchungen ermittelt werden konnte, stehen bei den Dilleniidae die Staubblätter zentrifugal, d. h., ihre Anlegung schreitet von innen nach außen fort. Bei den Magnoliidae ist diese dagegen zentripetal. Die dem Fruchtknoten unmittelbar benachbart stehenden Staubblätter werden also zuletzt sichtbar. Der Fruchtknoten ist bei den Dilleniidae in den einfach organisierten Verwandtschaftskreisen aus zahlreichen, nahezu frei entwickelten Fruchtblättern zusammengesetzt. Abzuleiten davon sind Sippen, bei denen die Fruchtblätter stärker miteinander verwachsen sind.

In der Struktur ihres Holzes weisen viele Arten der Dilleniidae auch recht ursprüngliche Merkmale auf.

Die Dilleniidae zeigen enge verwandtschaftliche Beziehungen zu den sich durch zentripetale Anlage der Staubblätter auszeichnenden Rosidae. Beide Gruppen sind besonders im Aufbau des Holzes und in phytochemischer Hinsicht recht nahestehend, unterscheiden sich in diesen Merkmalen aber deutlich von den Magnoliidae.

Die Dilleniidae werden in 3 Überordnungen gegliedert. Überwiegend choripetal sind die durch zahlreiche Samenanlagen charakterisierten Dillenianae und die Malvanae, bei denen eine Reduktion der Anzahl der Samenanlagen zu erkennen ist, während die Ericanae sich durch Sympetalie auszeichnen. Wahrscheinlich stammen die Rosanae (Saxifragales) von den ursprünglichen Dilleniidae ab.

Überordnung Dillenianae

Ordnung Dilleniales

In diesem Verwandtschaftskreis sind die Fruchtblätter vielfach nur im Zentrum miteinander verwachsen und entwickeln sich nahezu frei. Wo sie einen gemeinsamen Fruchtknoten bilden, werden Griffel und Narben von dieser Vereinigung meist ausgeschlossen. Die Samen enthalten im allgemeinen sehr viel Nährgewebe, und der Embryo bleibt verhältnismäßig klein.

Die Dilleniales sind ein ursprünglicher Verwandtschaftskreis; das wird u. a. an ihrer schraubigen Blütenhülle deutlich. Sie stellen ein Bindeglied zwischen den Magnoliales einerseits und den anderen archaischen Gruppen der Dillenianae (Theales, Violales) andererseits dar.

Familie Dilleniaceae

Zwar werden in dieser Familie nur 10 Gattungen mit etwa 400 Arten unterschieden, doch ist die Mannigfaltigkeit im Blütenbau und auch in der Form der Vegetationsorgane groß. Die Dilleniaceen sind in den gemäßigten Breiten nicht vertreten, sondern nur in den Tropen und Subtropen. Die etwa 40 Arten umfassende Gattung *Tetracera* kommt im gesamten Tropengürtel vor, während andere Gattungen entweder auf Amerika oder Südostasien und Australien beschränkt sind.

Baum- oder strauchförmige Pflanzen herrschen in der Familie vor, doch gibt es auch zahlreiche Lianen. Nur die Gattung *Acrotrema,* die mit 10 Arten in Südindien, auf Sri Lanka und der Malaiischen Halbinsel verbreitet ist, enthält ausdauernde Kräuter, die meist als Rosettenpflanzen wachsen. In dieser Gattung finden wir häufig fiederartig gelappte Laubblätter, während sie im allgemeinen ganzrandig sind. Bei einigen Sippen haben die Blätter eine stattliche Größe, so erreichen sie bei *Dillenia baillonii* eine Länge bis zu 2 m.

Die Blüten stehen meist in wickligen oder traubigen Blütenständen, doch sind auch Einzelblüten nicht selten. Die Blütenfarbe ist entweder weiß oder gelb, die Blattorgane weisen eine spiralige Stellung auf. Der häufig fünfzählige Kelch bleibt auch nach der Blüte erhalten, während die ebenfalls in Fünfzahl vorhandenen Blütenblätter ungewöhnlich kurzlebig sind und bei einigen Arten schon nach wenigen Stunden abfallen. Auf meist zahlreiche Staubblätter folgen mehrere Fruchtblätter, die entweder frei stehen oder an einer Zentralachse mit ihrer Basis verwachsen sind.

Die Samen besitzen in dieser Familie einen oft fleischig entwickelten, gefärbten Mantel (Arillus), der aus dem Stiel der Samenanlage (Funiculus) hervorgeht und mit der Samenschale verwachsen ist. Bei mehreren Gattungen reifen Balgfrüchte oder Kapseln heran, während sich bei anderen, wie bei der Gattung *Dillenia,* die Kelchblätter nach der Blüte vergrößern, fleischig werden und den reifen Fruchtknoten vollständig umhüllen. So entsteht eine Scheinbeere, zumal auch das Ge-

Dillenia grandiflora im südlichen Madagaskar

webe der Fruchtblätter verschleimt, so daß die Samen in einem Fruchtmus schwimmen.

Die Pollenform ist bei den Dilleniaceen sehr verschieden. Neben primitiven Typen treten auch stark abgeleitete Formen auf, die große Ähnlichkeit mit den Teegewächsen (Theaceen) besitzen. In einigen holzanatomischen Merkmalen ist diese Familie noch einfacher strukturiert als die Magnoliales. Gerade diese geringe Spezialisierung im Holzbau charakterisiert die Dilleniaceen als eine relativ ursprüngliche Familie.

In der Gattung *Tetracera,* die viele Lianen enthält, sowie bei verwandten Sippen sind die Staubfäden in ihrem oberen Abschnitt stark keulig verdickt, so daß die beiden Staubbeutel an der Spitze schräg aufeinander zulaufen. Mit ihr nahe verwandt ist die in Südamerika beheimatete Gattung *Curatella* mit 2 Arten, von denen die eine, *Curatella americana,* auf der Ober- und Unterseite der Blätter sehr stark verkieselte Blattzähnchen entwickelt. In Brasilien werden die Blätter wie Sandpapier zum Polieren von Möbeln benutzt, und auch die gerbstoffhaltige Rinde wird technisch und medizinisch verwendet.

Bei den anderen Gattungen sind die Staubblätter meist fadenförmig, bei einigen ist die Basis der Staubfäden auch keulenartig verdickt. Mit mehr als 100 Arten stellt die Gattung *Hibbertia* den größten Verwandtschaftskreis der Familie. Sie ist von Madagaskar über Australien und Nordostneuguinea bis zu den Fidschiinseln verbreitet. Dabei liegt ihre Hauptentfaltung in Australien, und mehrere Arten sind Elemente der savannenähnlichen Buschsteppe Australiens, wobei sie zahlreiche Anpassungen an trockenen Standort aufweisen. Bei vielen Sippen kommen nadelförmige Blätter vor, oder die Blattränder sind wie bei zahlreichen Ericaceen eingerollt. Die Blattunterseite, auf der die Spaltöffnungen konzentriert sind, ist dicht filzig behaart. Bei einigen Arten gibt es Phyllokladien, bei anderen zweiseitig symmetrische Blüten.

Die Gattung *Pachynema* kommt in Nordaustralien vor und umfaßt 4 Arten. *Pachynema junceum* ist ein Rutenstrauch, dessen stark reduzierte Blätter nur eine untergeordnete Assimilationsfunktion haben können. Diese Aufgabe wird weitestgehend von der grünen Sproßachse übernommen. Bei *Pachynema dilatatum* ist die grüne Sproßachse, ähnlich wie

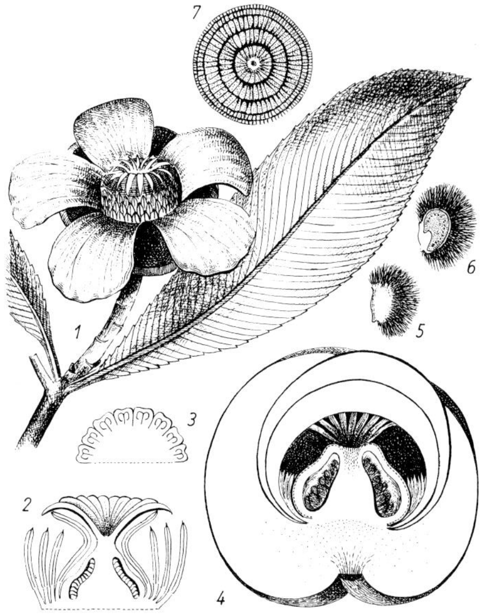

Dillenia indica (Fig. 1–6). 1 Blühender Zweig. 2 Längsschnitt einer Blüte mit Staubblättern und Fruchtknoten. 3 Querschnitt durch einen Fruchtknoten (Ausschnitt). Die Fruchtblätter entspringen einer zentralen Achse, sie verwachsen nur unvollständig miteinander. 4 Während der Reife werden die Kelchblätter fleischig und wachsen so stark heran, daß sie alle anderen Teile der Blüte einschließen. 5 Der Same ist stark gebärtet. 6 Samen im Längsschnitt. 7 Sproßquerschnitt einer Liane aus der Gattung *Doliocarpus* mit anomalem Dickenwachstum. Die Ringbildung ist das Ergebnis der Tätigkeit verschiedener Kambiumzonen.

bei einigen *Hibbertia*-Arten, sogar blattförmig verbreitert.

Aus der Gattung *Dillenia,* die mit etwa 60 Arten von Madagaskar über Südostasien bis zu den Fidschiinseln vorkommt, wird *Dillenia indica* ihrer Früchte wegen kultiviert. Die fleischigen Kelchblätter sind stark saftig. Die etwa apfelgroßen Früchte werden wie Zitronen verwendet, und auch andere Arten aus dieser Gattung lassen sich ähnlich nutzen. Die Blüten von *Dillenia indica,* die einen Durchmesser von 16 cm erreichen, sind sehr dekorativ. Deshalb pflanzt man die Art in den Tropen häufig als Zierbaum.

Familie Crossosomataceae

Die einzige Gattung dieser Familie, *Crossosoma,* ist mit 4 Arten im südwestlichen Nordamerika, vornehmlich in Trockengebieten, verbreitet. Es sind Sträucher mit zerstreut angeordneten, mehr harten graugrünen Blättern. Die Blüten entwickeln sich einzeln am Ende von Kurztrieben. Die Blütenachse ist zu einem kurzen glockigen Becher ausgewachsen, an dessen Saum Kelch-, Blüten- und zahlreiche Staubblätter entspringen. In der Mitte der Blüte wachsen 3 bis 6 freie Fruchtblätter zu Balgfrüchten heran. Im Gegensatz zu anderen Familien dieses Verwandtschaftskreises stehen die Fruchtblätter auf einer kurzen Säule, und die Samen tragen einen stark gefransten Samenmantel (Arillus).

Die Stellung dieser Familie im System ist noch etwas unsicher. Sie wurde früher in die Verwandtschaft der Rosengewächse gestellt, von denen sie sich aber durch fehlende Nebenblätter eindeutig unterscheidet. Auch zu den Hahnenfußgewächsen wurden stammesgeschichtliche Beziehungen angenommen. Die zentrifugale Entstehung der Staubblätter war dagegen ausschlaggebend für die Einordnung in der Nähe der Dilleniaceen, von denen sie sich durch den Blütenbecher und einige anatomische Merkmale unterscheidet.

Familie Pfingstrosengewächse, Paeoniaceae

Die Gattung *Paeonia,* die mit etwa 30 Arten in den gemäßigten Breiten der nördlichen Halbkugel vorkommt, und die monotypische japanische Gattung *Glaucidium* bilden eine Familie, wobei die Zugehörigkeit der letztgenannten Gattung noch diskutiert wird. Die Pfingstrosen sind Rhizompflanzen mit oft stark verdickten Speicherwurzeln oder Halbsträucher bzw. Sträucher, die man an sonnigen Hängen in Gebirgs-Hochstaudenfluren oder in lichten Wäldern verbreitet antrifft. Die etwas ledrig-fleischigen Blätter sind mehrfach dreizählig gelappt oder stark gefiedert. Die meist einzeln stehenden roten, gelben, weißen oder rosafarbenen Blüten können bei manchen Arten recht groß werden und einen Durchmesser von 15 cm und mehr erreichen.

Auf etwa 5 Kelchblätter, die auch zur Fruchtzeit erhalten bleiben, folgen 5 bis 10 Blütenblätter. Eine sehr große Anzahl von Staubblättern und 2 bis 5 sich frei entwickelnde Fruchtblätter, die sich zur Reifezeit an der Bauchnaht öffnen (Balgfrüchte), waren die wichtigsten Kriterien für die Einordnung der Gattung *Paeonia* bei den Hahnenfußgewächsen. Die Entstehungsfolge der Staubblätter ist aber grundsätzlich verschieden. Bei den Ranunculaceen werden in der jungen Blütenknospe zuerst die äußeren Staubblätter sichtbar, auf die kontinuierlich die weiter nach innen liegenden folgen (zentripetale Anlegung). Bei den Paeonien können in einer jungen Blütenknospe 5 breite Aufwölbungen festgestellt werden, die anschließend eine größere Anzahl von Staubblättern hervorbringen. Zuerst sind die inneren Staubblätter erkennbar, und anschließend differenzieren sich die weiter außen stehenden (zentrifugale Anlegung). Durch dieses Merkmal wird den Paeoniaceen eine Position innerhalb der Dilleniidae zugewiesen. Im weiteren Verlauf der Entwicklung der Staubblätter können die zeitlichen Unterschiede bei der Entstehung der Staubblätter aber völlig ausgeglichen werden, so daß sich alle Staubbeutel fast gleichzeitig öffnen oder die außenstehenden sogar zuerst den Pollen entlassen.

In der Chromosomenzahl unterscheiden sich die Paeonien ebenfalls wesentlich von den Hahnenfußgewächsen, bei denen als Basiszahlen $n = 7$ oder $n = 8$ ermittelt worden sind, während alle Paeonien, deren Chromosomen sich zudem durch eine auffallende Größe auszeichnen, die Basiszahl $n = 5$ besitzen.

Ferner ist im Gegensatz zu den Ranunculaceen ein Diskus zwischen Staub- und Fruchtblätter eingeschaltet, eine ringförmige Wucherung, die normalerweise Nektar abgibt, doch wurde bei den Paeonien eine Nektarbildung nicht nachgewiesen. Die äußeren Teile dieses Ringes, der als Achsenstruktur gedeutet wird, überwuchern die am weitesten innen liegenden Staubblattanlagen. Diese sterben ab, doch wird aus ihren Leitbündeln ein zuckerhaltiger Saft ausgeschieden, der somit am äußeren Diskusrand den Bestäubern als Nahrungsquelle zur Verfügung steht. Größtenteils werden die Blumen aber von Käfern bestäubt, für die der in großer Menge produzierte Pollen eine geeignete Nahrung darstellt.

Paeonia officinalis (links) und *P. tenuifolia,* zwei Pfingstrosenarten, die in Kultur häufiger anzutreffen sind. Allerdings herrschen bei beiden Arten gefüllt blühende Formen vor. Die abgebildeten einfachen Blüten sind aber von besonderer Eleganz.

Eigentümlich ist die Embryoentwicklung. Nach der Befruchtung teilt sich der Kern vielfach unter starker Vergrößerung der Eizelle. Am Ende dieser Entwicklung konnten bis zu 256 Kerne gezählt werden. Schließlich setzt eine Wandbildung ein (Proembryo). In diesem Gewebe werden mehrere Embryonen angelegt, von denen jedoch nur einer das Reifestadium erlangt.

Die sich an der Bauchnaht öffnenden Balgfrüchte geben größere, meist intensiv gefärbte Samen frei. Besonders farbig sind die Samen u. a. bei *Paeonia mascula* (früher auch unter dem Namen *Paeonia corallina* bekannt). Rotgefärbte, etwas deformierte sterile Schausamen mit eingeschrumpfter Oberfläche wechseln unregelmäßig mit leuchtend blauen, prallen, keimfähigen Samen ab. Durch diesen Kontrast werden Vögel angelockt, die beide Samenformen aufnehmen und für die Verbreitung der Art sorgen. Die äußeren Teile der Samenschale sind fleischig (Sarcotesta). Besonders groß ist der fleischige Anteil der roten Schausamen.

Mehrere *Paeonia*-Arten sind in Südeuropa verbreitet, so u. a. *Paeonia mascula* sowie die in der Blütenfärbung recht variable Gartenpfingstrose, *Paeonia officinalis,* die bisweilen in einer dunkelroten, gefüllt blühenden Form auch heute noch, z. T. auf größeren Flächen, als Medizinalpflanze kultiviert wird. Das Rhizom, die Samen und vor allem die Blütenblätter sind offizinell; sie werden gegen Gicht angewendet, und die Pflanze bezeichnet man daher auch als Gichtrose.

In den Gärten Mitteleuropas gibt es zahlreiche, häufig gefülltblühende Sorten von *Paeonia lactiflora,* die zur Pfingstzeit blühen und einen eigentümlich milden Duft ausströmen. Diese Art stammt aus Nordostchina. Mehrere andere Arten sind ebenfalls als Zierpflanzen bekannt. In den Gärten findet man beispielsweise auch *Paeonia tenuifolia,* deren tiefrote Blüten, die oft auch gefüllt sind, ebenso wie die stark gegliederten feinzipfeligen Laubblätter auffallen. Aus Ostasien kommen die strauchigen Arten *Paeonia suffruticosa* und *Paeonia delavayi*. Aus Nordamerika kennt man nur wenige Sippen, darunter die nur im pazifischen Raum verbreitete *Paeonia brownii*.

Ordnung Teestrauchartige, Theales

In diesen Verwandtschaftskreis gehören überwiegend holzige Pflanzen. In der Regel ist die Anzahl der Staubblätter vermehrt. Die Sippen zeichnen sich durch aus mehreren Fruchtblättern verwachsene Gynaeceen und zentralwinkelständige Samenanlagen aus. Im Gegensatz zu den Dilleniales ist der Embryo verhältnismäßig groß und das Nährgewebe reduziert.

Familie Ochnaceae

Die Ochnaceen sind ein tropisch-subtropischer Verwandtschaftskreis, der mit etwa 40 Gattungen und über 400 Arten sowohl in den Regenwäldern als auch in Trockengebieten verbreitet ist. Meist handelt es sich um Bäume oder Sträucher, darunter auch Zwergsträucher, und nur wenige Sippen sind Kräuter oder Halbsträucher.

Die Blüten sind verhältnismäßig einfach organisiert mit fünfblättrigem Kelch und ebensolcher Blütenkrone. Bei den Gattungen *Ochna, Cespedesia* und *Lophira* stehen zahlreiche Staubblätter in 3 bis 5 Kreisen, während die anderen Gattungen Rückbildungen aufweisen. In einigen Verwandtschaftskreisen haben sich die Staubblätter zu blütenblattartigen Staminodien umgebildet, in anderen Gruppen ist ihre Anzahl reduziert. Sehr häufig stehen Staub- und Fruchtblätter auf einer kleinen Säule. Die Staubbeutel öffnen sich meist durch Poren und weisen damit eine relativ hohe Organisationsstufe auf.

Bei den Gattungen *Blastemanthus* und *Wallacea* werden die Staubblätter zwar strahlig angelegt, doch neigen sie sich bei der Entfaltung der Blüte nach einer Seite. Bereits in der Anlage ist dagegen eine zweiseitige Blütensymmetrie in der Gattung *Luxemburgia* fixiert, die mit etwa 20 Arten in Südbrasilien und Venezuela vorkommt. Hier stehen zahlreiche

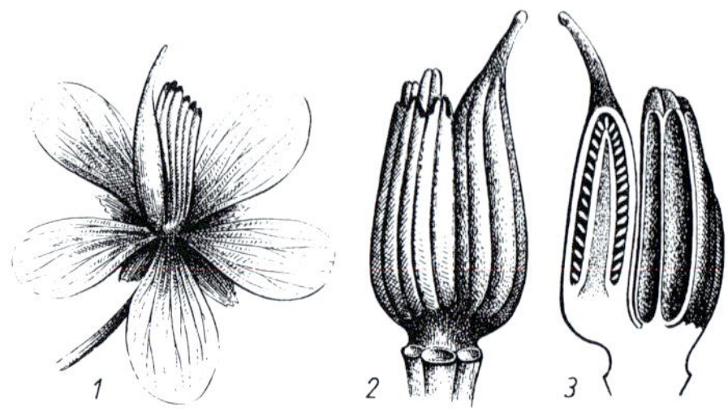

Bei *Luxemburgia*-Arten stehen Staubblätter und Fruchtblätter nebeneinander in der Blüte. 1 Blüte, 2 Staub- und Fruchtblätter in Seitenansicht, 3 Längsschnitt

Staubblätter, die an der Basis miteinander vereinigt sind, neben dem Fruchtknoten.

Der Bau des Fruchtknotens ist bei vielen Ochnaceen auffallend. Bei den beiden größten Gattungen, *Ochna* und *Ouratea,* sind die 5 bis

Blüten und Früchte von *Ochna* spec. aus Madagaskar. Die Früchte sind besonders auffällig. In jedem der weitgehend voneinander isolierten Fruchtblätter bildet sich nur ein Same.

15 Fruchtblätter miteinander verwachsen und bilden einen gemeinsamen Griffel. In jedem Fruchtfach wird nur eine Samenanlage hervorgebracht, die sich nach der Bestäubung völlig frei hervorwölbt und später als Teilsteinfrucht, deren Außenwand fleischig ist, von der Blütenachse löst. Eine solche Klausenbildung ist ähnlich für die Lippenblütler und die Borretschgewächse charakteristisch, bei denen allerdings 2 Samenanlagen in jedem Fruchtblatt gebildet werden, die sich als Nüßchen oder Klausen von der Pflanze isolieren. In anderen Verwandtschaftskreisen vergrößert sich der gesamte Fruchtknoten, und die Samenanlagen sind zentralwinkelständig angeordnet.

In ihrem anatomischen Bau zeichnen sich die Ochnaceen durch eine Eigentümlichkeit aus. In der primären Rinde kommen Leitbündel vor. Die Blätter sind einfach und nur bei einer Art der Gattung *Godoya* gefiedert.

Die Gattung *Ochna* ist mit etwa 85 baum- und strauchförmigen Arten auf Afrika und Südasien beschränkt, und auch Madagaskar wird von ihr besiedelt. Viele Sippen kommen in den Wäldern und Savannen vor.

Mit fast 300 Arten ist die größte Gattung *Ouratea* in den Tropen und Subtropen Afrikas, Asiens und Australiens anzutreffen, lediglich 2 Arten sind auch in Mittelamerika verbreitet.

Eine Charakterpflanze der Wald- und Steppengebiete des Sudans und Westafrikas ist *Lophira lanceolata,* die ein außerordentlich hartes Holz besitzt, das vielseitig verwendet wird. Deshalb wird die Art auch in Westafrika forstlich kultiviert. Aus ihren Samen gewinnt man durch kaltes Pressen Öl.

Nur Kräuter und Halbsträucher sind in der etwa 30 Arten umfassenden Gattung *Sauvagesia* enthalten, die vornehmlich im tropischen Südamerika beheimatet ist. Allein *Sauvagesia erecta* kommt nahezu in den gesamten Tropen vor.

Insgesamt zeigen die Ochnaceen auffallende morphologische Ähnlichkeiten zu den Violaceen.

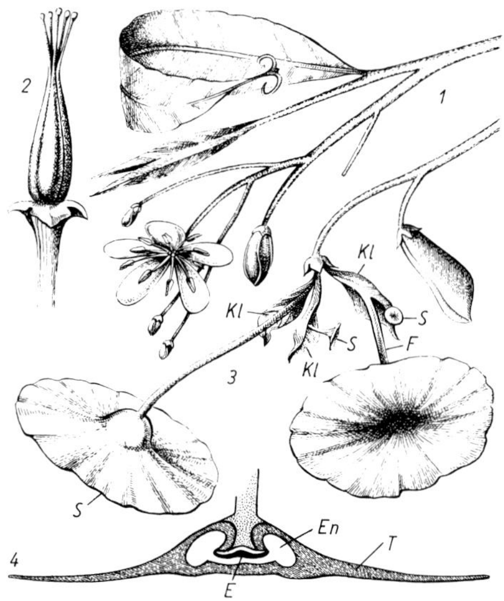

Blühender Zweig (1) und Fruchtknoten (2) von *Dioncophyllum thollonii.* Der Spreitenabschnitt der Laubblätter ist wahrscheinlich ein verlängertes Unterblatt, vergleichbar den Blattflächen der Kannenblätter von *Nepenthes.* 3 *Triphyophyllum peltatum.* Aus der frühzeitig sich öffnenden Frucht (Kl = Fruchtklappen) wachsen die Samenanlagen (S) unter Streckung des Samenstielchens (Funikulus, F) und unter schildartiger Verbreiterung der Samenanlagenbasis (Chalaza) aus. 4 Same, E = Embryo, En = Nährgewebe (Endosperm), T = Samenschale (Testa)

Familie Dioncophyllaceae

Aus jeder der 3 Gattungen dieser Familie ist nur eine Art bekannt. Es handelt sich um Sträucher *(Dioncophyllum, Habropetalum)* oder Lianen *(Triphyophyllum),* deren Achse bis über 40 m lang werden kann und in der Kronenregion der Bäume ein weitverzweigtes Sproßsystem entfaltet. Die Familie ist auf ein kleines Gebiet in Westafrika (Elfenbeinküste, Sierra Leone) sowie auf wenige Stellen im Kongo beschränkt.

Die rispigen Blütenstände sind verhältnismäßig unscheinbar. 5 Kelch- und Blütenblätter sowie 2 fünfzählige Staubblattkreise schließen den Fruchtknoten ein, der entweder aus 5 oder aus 2 Fruchtblättern gebildet wird. In einer gemeinsamen Höhlung stehen an den Verwachsungsnähten Plazenten mit je 2 Samenanlagen. Besonders bemerkenswert ist die sekundäre Nacktsamigkeit der Dioncophyllaceen. Die nur wenige Millimeter großen Blüten verlieren nach der Bestäubung Staub- und Blütenblätter, der Kelch bleibt aber erhalten. Der sich vergrößernde Fruchtknoten öffnet sich, wenn er eine Größe von etwa 1,2 bis 1,5 cm erreicht hat. Zu diesem Zeitpunkt sind aber die Samen noch nicht ausgereift, und aus der geöffneten Kapsel streckt sich das Stielchen der Samenanlage (Funiculus), und auch die Plazenta selbst wächst zu einem Stiel aus. Die anatrope Samenanlage macht dann eine sehr merkwürdige Veränderung durch. An der Übergangsstelle von Funiculus zur Samenanlage (Chalaza) bildet sich eine Ringwulst, die sich im weiteren Verlauf der Entwicklung schirmförmig verbreitert und schließlich einen Durchmesser bis zu 10 cm erreicht. In der Mitte dieses schirmartigen Gebildes steht der Embryo, der mit Nährgewebe reichlich versehen ist. Eine ähnliche »Nacktsamigkeit« kommt unter den Bedecktsamern nur bei den Veilchengewächsen vor.

Die Übersetzung des Namens »Dioncophyllum« bedeutet »Zweikrallenblatt«, da die Blätter an ihrer Spitze in einem 1 bis 2 cm langen Doppelhaken auslaufen. In der Gattung *Triphyophyllum* können 3 verschiedene Blattformen ausgebildet werden. Neben den Blättern, die an der Spreite 2 seitlich stehende Haken haben, mit deren Hilfe die Pflanze in die Höhe klimmt, kommen auch Blattspreiten mit einem einfachen Fortsatz vor. Bemerkenswert ist schließlich die dritte Blattform, die vornehmlich an sterilen Trieben im unteren Teil der Pflanze festgestellt werden kann. Hier wird nur eine relativ kurze Spreite gebildet, an die sich ein mehrere Zentimeter langer Fortsatz anschließt, der dicht mit gestielten und ungestielten Drüsen besetzt ist. Anatomisch sind diese ähnlich organisiert wie die Drüsen von *Drosophyllum* (Sonnentaugewächse), auch Schleim wird abgeschieden, in dem sich des öfteren Insekten fangen, doch konnten bisher keine eiweißabbauenden Enzyme nachgewiesen werden. Die Blattspreite der Dioncophyllaceen kann als der obere Abschnitt des Unterblattes gedeutet werden, wie es auch für *Nepenthes* und andere Angehörige der Sarraceniales möglich ist, der Hakenabschnitt wäre dann der Rest des Oberblattes.

Die Dioncophyllaceen sind eng mit den Violales und auch mit den Sarraceniales verwandt.

Familie Dipterocarpaceae

Über 500 Arten, die in 22 Gattungen zusammengefaßt werden, gehören dieser Familie an, die auf die Tropen Asiens und Afrikas beschränkt bleibt. Es handelt sich fast ausschließlich um Bäume mit ganzrandigen, zerstreut angeordneten Blättern.

Besonders in Südasien gehören die Dipterocarpaceen zu den wichtigsten Gehölzen der Baumschicht in tropischen Wäldern. Mehrere Arten sind sogar vorherrschend bis fast bestandsbildend. Da in den Tropen die Wälder im allgemeinen aus sehr zahlreichen Arten bestehen, fällt besonders auf, daß aus einer Reihe von Dipterocarpaceen-Gattungen *(Dipterocarpus, Anisoptera, Pentacme, Shorea, Hopea, Dryobalanops)* nahezu reine Bestände vorkommen. Dabei ist charakteristisch, daß in manchen Gebieten bestimmte Gattungen dominieren, aber kaum eine einzelne Art bestandsbeherrschend auftritt. Bei einigen Arten der genannten Gattungen hat man nachweisen können, daß sie sehr viele Samen ausbilden, deren Reife mit dem Beginn der Regenzeit zusammenfällt. In der dann einsetzenden Vegetationsperiode erreichen die jungen Bäume eine so große Höhe, daß sie von den während der Trockenzeit fast regelmäßig auftretenden Bränden nicht völlig geschädigt werden und überleben. Bei der Keimung bleiben in vielen Gattungen die oft gefalteten Keimblätter im Samen und nutzen das spärlich vorhandene Nährgewebe aus. Dabei kann sich der Stiel der Kotyledonen um etwa 5 cm verlängern.

Die stets strahligen Blüten haben 5 Kelch- und 5 Blütenblätter. Die Blütenachse ist meist verbreitert. Viele Sippen besitzen 15 Staubblätter, die in 2 Reihen angeordnet sind, wobei entweder der innere oder der äußere Kreis 10 Staubblätter enthält. In unterschiedlicher Weise ist der Staubfaden über die Pollensäcke hinaus verlängert (Konnektiv-Fortsatz). Besonders der Bau des Fruchtknotens spricht für die fortgeschrittene Organisationshöhe der Dipterocarpaceen. 3 Fruchtblätter sind zu einem Gehäuse vereinigt, in dem 6 zentralwinkelständige Samenanlagen angelegt werden. Aber nur eine reift nach der Befruchtung zum Samen heran, die übrigen sind in diesem Stadium als reduzierte Anhängsel erkennbar. Meist geht auch die ursprünglich vorhandene

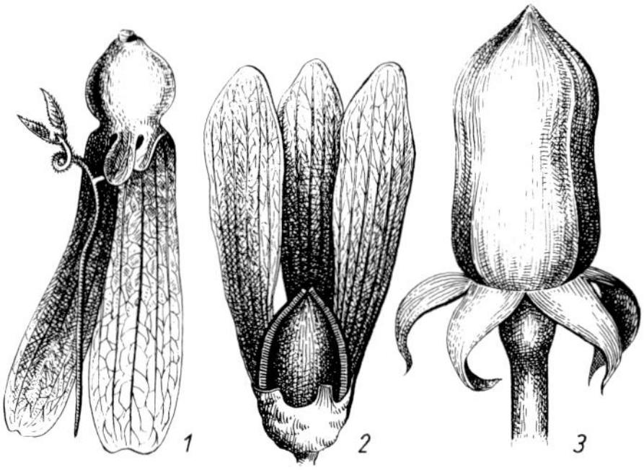

Die Früchte der Dipterocarpaceen werden von dem Kelch umgeben, der nach der Blüte meist zu einem Flugorgan heranwächst. 1 *Dipterocarpus retusus*, Frucht mit Keimpflanze. Die Keimblätter verbleiben im Samen und führen das Nährgewebe der Jungpflanze zu, ihre Stiele können sich bis zu 5 cm verlängern. Die Kelchzipfel sind ungleich groß. 2 Frucht von *Dryobalanops aromatica* (1 Fruchtblatt und 2 Kelchzipfel entfernt). Von den 6 Samenanlagen reift nur eine zum Samen heran. 3 Bei *Vateria indica* vergrößert sich der Kelch nach der Blüte nur wenig.

Fächerung verloren, so daß die reife Frucht als Nuß angesehen werden kann. Die Blüten vereinigen sich zu rispigen Blütenständen, deren Teilblütenstände Ähren oder Trauben sind.

Der Familienname bedeutet »Zweifruchtgewächse« und nimmt auf die Entwicklung der Kelchzipfel zu flügelartigen Verbreitungsorganen Bezug. Bei der Gattung *Dipterocarpus* und einigen anderen Sippen vergrößern sich nur 2 der 5 Kelchblätter stark, während es in anderen Gattungen dagegen 3 oder alle 5 sind. Nur selten ist der Kelch zur Fruchtzeit kaum vergrößert oder fällt sogar ab. Diese unterschiedliche Differenzierung des Kelches bei den Dipterocarpaceen weist auf eine Spezialisierung hin. Auch in anderen Merkmalen kommt ihre abgeleitete Stellung zum Ausdruck.

Es lassen sich 2 Unterfamilien umgrenzen, die im anatomischen Holzaufbau so unterschiedlich sind, daß man sie als selbständige Familien ansehen könnte. Auch in der Bildung sekundärer Pflanzenstoffe gibt es erhebliche Unterschiede zwischen den Sippen. Bei den Dipterocarpoideen werden in großer Anzahl Harz- und Balsamgänge entwickelt, die in der Unterfamilie Monotoideae völlig fehlen. Diese Gruppe ist auch auf den afrikanischen Kontinent beschränkt und umfaßt nur 2 Gattungen. Die Dipterocarpoideen kommen dagegen ausschließlich im tropischen Südasien vor und erreichen westwärts nur die Seychellen. Auch einige blütenmorphologische Unterschiede sind vorhanden.

Die Dipterocarpaceen und vor allem die Gattungen der Dipterocarpoideen haben große wirtschaftliche Bedeutung. Ihr Holz ist von ausgezeichneter Qualität, und auch die Harze, Balsame und Harzöle werden intensiv genutzt. In der Nähe der Harzgänge sind stärkehaltige Parenchymzellen, deren physiologische Bedeutung bei der Harzbildung noch nicht eindeutig geklärt ist, beobachtet worden. Auf dem Weltmarkt hat insbesondere das Dammarharz große Bedeutung. Dabei ist nicht immer feststellbar, von welchen Gattungen und Arten dieses Harz stammt. In seiner besten Qualität ist es hart, transparent und etwas blaß. Es wird in Terpentin gelöst zur Herstellung von Firnissen verwendet. In den Ursprungsländern hat man aus dem Harz auch Fackeln hergestellt. Der Geruch des verbrennenden Harzes ist angenehm, weshalb man früher das Produkt auch als Weihrauch nutzte. Da das Harz an Wundstellen austritt, werden die Stämme meist in einer Höhe von über 3 m verletzt, um den Wundfluß zu sichern. Auch zur Gewinnung der Balsame (flüssige Harze, auch Harzöle genannt) bringt man nischenförmig etwa 5 cm tiefe Einschnitte an, in denen sich das Harzöl sammelt und durch Oberflächenoxydation außen erhärtet.

In der Gattung *Vateria*, die mit 21 Arten in Indien und auf Sri Lanka sowie auf den Seychellen vorkommt, ist der Kelch zur Fruchtzeit nur wenig vergrößert. *Vateria indica* gilt als einer der schönsten Bäume in Südasien und wird als Alleebaum häufig gepflanzt. Aus den Samen gewinnt man ein vorwiegend für technische Zwecke nutzbares Fett.

Auf Sri Lanka ist die Gattung *Doona* mit 12 Arten endemisch. Bei ihr wachsen 3 Kelchzipfel zu Flugorganen aus. Alle Sippen enthalten im Mark große Schleimbehälter.

Einer der wichtigsten Dammarharz liefernden Verwandtschaftskreise ist die Gattung *Hopea*, die mit etwa 90 Arten im indomalaiischen Raum und auf Neuguinea vorkommt. Die Staubblätter haben einen langen, zugespitzten sterilen Konnektivfortsatz. Bei *Hopea pierrei* werden am Stamm Luftwurzeln entwickelt, wie sie für viele *Ficus*-Arten charakteristisch sind, ein Merkmal, das bei anderen Dipterocarpaceen außerordentlich selten anzutreffen ist.

Mit weit über 100 Arten ist die Gattung *Shorea* der größte Verwandtschaftskreis innerhalb der Familie. Die Teilblütenstände sind Ähren, und oft entfalten sich die Blüten auch einseitig. *Shorea robusta* stellt neben dem Teakbaum, *Tectona grandis* (Verbenaceae), den wirtschaftlich bedeutendsten Baum in Indien dar und wird auch kultiviert. Die Samen liefern ein gutes Öl. Die Stämme von *Shorea balangera* mit ihrem rotbraunen Holzkern liefern eines der besten Nutzhölzer Borneos.

Vortreffliche Nutzhölzer erhält man auch von Arten der Gattung *Dryobalanops*, deren 9 Vertreter auf Borneo und Sumatra beschränkt sind. *Dryobalanops aromatica* hat glatte Stämme von 40 m Länge. Die Bäume werden in großen Mengen gefällt und das Holz gespaltet, um nach einiger Zeit den tropfenartig austretenden und kristallisierenden Kampfer, der besonders in China genutzt wird, zu gewinnen. Dabei ist die Ausbeute verhältnismäßig gering, denn es werden normalerweise von 100 Bäumen nur 10 kg gewonnen, doch bemerkenswerterweise gibt es auch Einzelexemplare, die bis zu 5 kg liefern. Heute bohrt man die lebenden Bäume an, um festzustellen, ob die Nutzung lohnenswert ist. Kampfer wird medizinisch vielseitig verwendet. Früher wurde er von der einheimischen Bevölkerung unter anderem auch zum Einbalsamieren von Leichen benutzt. Das harte Holz eignet sich besonders gut zum Bau von Schiffen.

In Südostasien kommt die Gattung *Dipterocarpus* mit etwa 80 Arten vor. Bei ihr ist der Kelch zu einer Röhre verwachsen und umgibt die Nuß. *Dipterocarpus turbinatus* stellt mit einer Höhe von etwa 60 m einen der größten Bäume in den dortigen Wäldern dar. Diese Art liefert ähnlich *Dipterocarpus vernicifluus* ein geschätztes Holzöl, das unmittelbar zum Haus- und Schiffsanstrich Verwendung findet, aber auch als Heizmittel sehr verbreitet ist. *Anisoptera* weist einen mit dem Fruchtknoten verwachsenen Fruchtkelch auf. Auch zu dieser Gattung gehören geschätzte Nutzhölzer.

Im indomalaiischen Raum ist schließlich *Balanocarpus heimii* ein häufiger Baum. Sein Harz wird ebenfalls genutzt. Er wächst sehr langsam; das Alter 12 m hoher Exemplare wird auf etwa 1 000 Jahre geschätzt.

Familie Ancistrocladaceae

Die Stellung dieser Familie im System ist sehr umstritten. Die einzige Gattung *Ancistrocladus* umfaßt nur etwa 20 Arten, die als Lianen oder seltener Sträucher im tropischen Afrika, in Indonesien sowie auf Ceylon wachsen.

Die unscheinbaren Blüten entwickeln sich in Rispen. Ihre 5 Kelchblätter sind ungleich groß und wachsen während der Fruchtreife zu flügelartigen Verbreitungsorganen aus, wie es für die Dipterocarpaceen charakteristisch ist. 5 Blütenblätter, auf die 10 oder seltener 5 in einem Kreis stehende Staubblätter folgen, sind an der Basis miteinander verwachsen. Der Fruchtknoten wird von 3 Fruchtblättern gebildet, die in einer gemeinsamen Höhlung nur eine einzige basale Samenanlage hervorbringen, ein Merkmal, das vor allem in der Ordnung der Violales vorkommt. Der Same enthält einen großen, gefalteten Keimling, wie er für die Ochnaceen charakteristisch ist. In verschiedenen Teilen der Pflanze sind auch Sekretbehälter vorhanden, wie bei den Dipterocarpaceen und den Hypericaceen.

Im Gegensatz zu anderen innerhalb der Theales vereinigten Pflanzensippen entwickelt sich die Sproßachse sympodial. Ein Sproßabschnitt endet mit einem Blütenstand, und einige sterile Seitentriebe sind zu Ranken umgebildet, die der Pflanze beim Klettern den nötigen Halt geben. Der Sproß setzt sich dann aus der Achsel eines der oberen Laubblätter fort. In ihrem Wuchs, aber auch in der Form der Spaltöffnungen ähneln die Arten der Ancistrocladaceen den Dioncophyllaceen. Schließlich weist die zentrale Plazentation auf Beziehungen zu den Violales hin.

Im Pflanzenreich gibt es mehrere solcher Sippen, über deren Entstehungsweg wenig ausgesagt werden kann, obwohl verwandtschaftliche Beziehungen zu mehreren Familien andeuten, daß sie alle gemeinsame Vorfahren hatten.

Familie Teestrauchgewächse, Theaceae

Diese Familie, von der der Teestrauch und die Kamelie die bekanntesten Sippen sind, umfaßt etwa 35 Gattungen mit mehr als 600 Arten. Sie sind auf die Tropen und Subtropen konzentriert. Die meisten Arten kommen in Gebirgswäldern als Unterholz vor, und nur verhältnismäßig wenige Sippen sind an der Bildung höherer Baumschichten beteiligt.

Wie die Kamelie haben fast alle Teestrauchgewächse glänzend ledrige Blätter, die am Rande meist glatt, bisweilen aber auch gesägt sind. Die auffälligen, oft kaum gestielten weißen, gelblichen oder rötlichen Blüten stehen überwiegend einzeln in den Achseln der Laubblätter, doch kommen auch wenigblütige Infloreszenzen vor. Im Bau der stets strahligen Blüte gibt es in der Familie nur relativ geringe Unterschiede. Bei den meisten Sippen umschließen 5 Kelch- und 5 Blütenblätter, die entweder wirtelig oder spiralig angeordnet sind, zahlreiche Staubblätter, auf die ein verwachsenblättriger Fruchtknoten folgt, der von 2 bis 10 Fruchtblättern gebildet wird. Die Samenanlagen stehen zentralwinkelständig, jedes Fruchtblatt entwickelt also eine eigene Höhlung.

Bei den Teestrauchgewächsen sind sogenannte Sklereiden sehr häufig. Es handelt sich um Einzelzellen mit stark verdickter Wand, die in sehr verschiedener Form zahlreich im Parenchymgewebe der Laubblätter oder im Sproß, bei einigen sogar in den Staubblättern liegen.

Im Tertiär hatte die Familie eine weit größere Verbreitung als heute. Mehrere Funde sind aus nördlich gemäßigten Breiten bekannt geworden. Besonders bemerkenswert ist dabei eine Blüte von etwa 2,8 cm Durchmesser der Gattung *Stewartia,* die im Bernstein gefunden wurde. Deshalb liegt die Vermutung nahe, daß die Teestrauchgewächse ihre Hauptentfaltung auf der nördlichen Halbkugel hatten und von hier aus den Süden des asiatischen und amerikanischen Kontinents besiedelt haben, wo sich heute die Häufigkeitszentren befinden, während es in Afrika nur sehr wenige Sippen gibt. In den beiden Häufungsgebieten sind einige Gattungen endemisch, andere, z. B. *Cleyera, Ternstroemia* und *Laplacea,* trifft man sowohl in Amerika als auch in Ostasien. Von der Gattung *Gordonia* sind etwa 40 Arten aus Südostasien bekannt, während nur eine im östlichen Nordamerika beheimatet ist. Allein die Gattung *Ternstroemia,* mit etwa 140 Arten der größte Verwandtschaftskreis der Familie, hat 2 Vertreter auf dem afrikanischen Festland. Alle anderen Arten besiedeln nur das tropische Amerika, Südostasien und Nordostaustralien. In Anbetracht dieser auffallenden Sippenverteilung gewinnen einige in Afrika endemische Gattungen an Interesse. So ist die Gattung *Asteropeia,* die auch in eine eigene Familie gestellt wurde und deren Position im System noch keineswegs vollständig geklärt ist, mit 7 Arten auf Madagaskar beschränkt. Der Gattung *Melchiora* gehören 3 Arten auf der Insel St. Thomé (an der Westküste Afrikas) und in Ostafrika an. Sie besiedeln aride Gebiete, ein Verhalten, das als Ausnahme in dieser Familie anzusehen ist. Im anatomischen Bau der Blätter unterscheiden sie sich von anderen Gattungen. So liegt unter der oberen Epidermis ein wasserhaltiges Gewebe, das als Anpassung an den trockenen Standort gedeutet werden kann.

Die Früchte enthalten wechselweise fettes Öl und Stärkekörner. Diese Merkmalsverteilung weist auf eine zunehmende Ableitung innerhalb dieser Familie hin.

Die Gliederung der Theaceen wurde sehr verschieden durchgeführt. 2 Unterfamilien lassen sich umgrenzen, die auf gemeinsame Vorfahren zurückzuführen sind. Dabei nehmen einige Gattungen eine Zwischenstellung ein. Die Ternstroemioideen werden als die einfacher organisierte Unterfamilie angesehen. Dafür sprechen vornehmlich die primitivere Holzstruktur, aber auch einige weitere Eigenschaften. So werden die Staubblätter in 2 oder mehr Kreisen angelegt, ihre Anzahl übersteigt jedoch nicht 30. Die Staubbeutel sitzen mit breiter Basis den Staubfäden, die meist kürzer oder nur wenig länger als die Staubbeutel sind, auf. Die Früchte sind entweder beeren- oder apfelähnlich, haben stets eine weiche Fruchtwand und oft eine auffallend rote Farbe. In den Gattungen *Anneslea* und *Visnea* ist der Fruchtknoten halbunterständig, und die Blütenachse beteiligt sich bei diesen Sippen an der Bildung der weichen Frucht. Die Gattung *Symplococarpon* hat einen unterständigen Fruchtknoten. Im allgemeinen werden mehrere Samen in einem Fruchtfach angelegt.

Bei der zweiten Unterfamilie, den Camellioideen enthält dagegen jede Blüte über 40 Staubblätter. Die Staubfäden, die um ein Mehrfaches länger als die Staubbeutel sind, sitzen oft dem Rücken der Staubbeutel an. Meist sind nur ein oder wenige Samen in jedem Fruchtfach enthalten. Die Samenschale

ist auch bedeutend dicker als bei den Ternstroemioideen, und die Früchte sind in der Regel hartschalig. Meist handelt es sich um Kapseln, die relativ stark verholzen. Sie öffnen sich in fast allen Gruppen fachspaltig (lokulizid), nur bei der Gattung *Franklinia* springen sie von der Spitze her lokulizid auf, während gleichzeitig von der Basis her eine Öffnung im Bereich der Scheidewände (septizid) erfolgt. Aus der Gattung ist nur eine einzige Art, *Franklinia alatamaha,* bekannt, die im südlichen Nordamerika wegen ihrer über 10 cm großen Blüte als Zierpflanze kultiviert wird. Sie verdient Aufmerksamkeit, weil sie in der Natur ausgestorben ist. Zuletzt wurde sie 1790 in Südgeorgia am natürlichen Standort nachgewiesen, und schon damals war ihr Areal verhältnismäßig klein. Seitdem konnte sie nicht mehr beobachtet werden. Einzelne Exemplare werden bis zu 10 m hoch.

Die wirtschaftlich wichtigste Gattung bilden die Kamelien, die mit mehr als 80 Arten auf Süd- und Ostasien beschränkt sind. Der Name *Camellia* wurde nach dem mährischen Pater G. J. Camellus (1661–1706) gebildet, der als Jesuitenmissionar auf den Philippinen gelebt hat. Die Kamelie, *Camellia japonica,* wird seit langem in China als Zierpflanze geschätzt. Sie stammt aus den Gebirgen im Südwesten Chinas und ist schon frühzeitig nach Japan gelangt. Die Einfuhr nach Europa (England) erfolgte erst 1731. Heute gibt es zahlreiche Sorten mit weißen, cremefarbenen, rosa und auch roten Blüten, die fast alle gefüllt sind, d. h., die Staubblätter bilden sich blütenblattartig um. Sie erreichen oft die Größe der eigentlichen Blütenblätter. Bei anderen Sippen sind die blütenblattähnlichen Staubblätter bedeutend kürzer. Auch weitere Arten wurden inzwischen wegen ihres Schmuckwertes eingeführt, wie *Camellia reticulata* oder *Camellia saluensis,* die man zu Kreuzungen mit *Camellia japonica* verwendete. Die Hybridsorten sind unter dem Namen *Camellia* × *williamsii* bekannt.

Die Vertreter der Gattung *Camellia* haben verhältnismäßig große Samen. Auf Grund ihres hohen Ölgehaltes werden auch *Camellia sasanqua* in Japan und *Camellia oleifera* in Südchina kultiviert, und von anderen Arten wurden bereits Versuchspflanzungen angelegt.

Die weltwirtschaftlich größte Bedeutung hat zweifellos der Teestrauch, *Camellia sinensis,* der heute noch wild in den Wäldern Oberassams und Oberburmas sowie auf der Insel Hainan vorkommt. Er wird schon sehr lange angebaut. Sichere Anzeichen für eine Verwendung der getrockneten Teeblätter als anregendes Getränk liegen aber erst aus dem 5. und 6. Jahrhundert u. Z. vor, während er vorher wahrscheinlich nur als Heilpflanze genutzt wurde. Im 9. Jahrhundert gelangte die Teepflanze nach Japan. Verhältnismäßig spät fand ihr Produkt Eingang in Europa. So wird es 1712 in Rußland erwähnt, und noch später kam es nach England, das mit einem Jahresverbrauch von 4 kg Tee pro Kopf der Bevölkerung heute an der Spitze der Tee trinkenden Nationen steht.

Bei *Camellia sinensis* werden 2 Sortengruppen unterschieden, die auf die var. *assamica,* den Assamtee, und auf die var. *sinensis,* den Chinesischen Tee, zurückzuführen sind. Beide Sippen unterscheiden sich morphologisch deutlich voneinander. Der den Assamtee liefernde Strauch wird bis zu 6 m hoch und entwickelt größere Blätter, auch sind seine Feuchtigkeitsansprüche größer. Die Blätter des Assamtees enthalten keine oder nur rückgebildete Sklereiden.

Nach der Zubereitung der Blätter unterscheidet man Grünen und Schwarzen Tee. In Japan und China erfreut sich der Grüne Tee großer Beliebtheit. Dazu werden die Blätter gepflückt und in frischem Zustand über einem offenen Feuer in Pfannen erhitzt und anschließend gerollt. Dann sind sie gebrauchsfertig. Zur Erhöhung des Aromas mischt man unter den Grünen Tee u. a. die Blüten von *Osmanthus fragrans* (Oleaceae), *Jasminum sambac* (Oleaceae) oder *Chloranthus spicatus* (Chloranthaceae), deren ätherische Öle ihm eine besondere Note geben.

In Europa ist dagegen im allgemeinen der Schwarze Tee im Handel. Bei seiner Herstellung wird die ursprünglich grüne Farbe der Blätter durch einen Fermentierungsprozeß verändert. Zunächst bringt man die frischen Blätter zum Welken, wodurch sie weicher werden und anschließend gerollt werden können. Im frischen Zustand würden sie auf Grund des Gehaltes an Sklereiden brechen. Beim Rollen

Der Teestrauch, *Camellia sinensis,* in einer Plantage, die durch Maschinenschnitt beerntet wird. Man kultiviert ihn besonders häufig ist Ostasien.

zerstört man viele Zellen, und der Zellinhalt tritt in die Interzellularen aus. Dabei werden Oxydationsvorgänge eingeleitet, die hauptsächlich eine Freisetzung der Gerbstoffe und der an sie angelagerten Alkaloide bewirken. Die gerollten Blätter fermentiert man dann etwa 8 Stunden bei einer Temperatur von 40 °C, wobei ein Teil der Gerbstoffe, aber auch ein gewisser Prozentsatz der Alkaloide abgebaut werden. Bei diesem Vorgang werden ferner glykosidisch gebundene ätherische Öle frei, die dem Schwarzen Tee das charakteristische Aroma verleihen. Der herbe Geschmack ist auf den Gehalt an Gerbstoffen, die dem Tee auch die typische Farbe geben, zurückzuführen. Gerbstoffreiche Teesorten stammen aus den am weitesten nördlich liegenden Anbaugebieten, wie der Grusinische Tee.

Mit einem Coffeingehalt bis zu 5 % ist der Tee alkaloidreicher als der Kaffee. In den Blättern ist aber noch Adenin enthalten, ein Antagonist des Coffeins, der dessen Wirkung mildert. Von weiteren Alkaloiden sind u. a. Teophyllin und Theobromin zu nennen, die ebenfalls anregend wirken.

In den Plantagen hält man den Tee etwa mannshoch. Erfolgt die Ernte maschinell, werden die Sträucher in Hecken gepflanzt. Heute ist der Teeanbau sehr weit verbreitet. China, Japan, Indien und Sri Lanka sind die Hauptproduktions- und Exportländer.

Eine gewisse ökonomische Bedeutung haben noch mehrere Gattungen dieser Familie, deren Holz geschätzt wird und besonders als Furnierholz Verwendung findet.

Familie Caryocaraceae

Neben der Gattung *Caryocar,* die mit etwa 20 Arten bekannt ist, enthält die Familie nur noch die aus etwa 6 Arten bestehende Gattung *Anthodiscus*. In beiden Gattungen, die im tropischen Amerika beheimatet sind, kommen Bäume und Sträucher mit drei- oder fünfzähligen Blättern vor, ein Merkmal, das bei verwandten Familien nicht ausgeprägt ist. Wie bei den Teegewächsen und den Marcgraviaceen, denen die Caryocaraceen nahestehen, sind im Gewebe Sklereïdzellen enthalten, die man jedoch nur in der primären Rinde im Phloëm findet. Die Blüten sind insofern von denen der übrigen verwandten Gruppen deutlich verschieden, als die Schauwirkung von den intensiv gefärbten, langgestreckten Staubfäden ausgeht. In der Gattung *Caryocar* wurden je Blüte bis zu 250 Staubblätter gezählt. Nicht ganz so viele sind es bei der Gattung *Anthodiscus*.

In beiden Gattungen ist auch der Fruchtknoten unterschiedlich aufgebaut. Er setzt sich bei *Caryocar* aus 4 bis 6 Fruchtblättern zusammen, während es bei den *Anthodiscus*-Arten bis zu 20 Fruchtblätter sind. Doch wird in beiden Gattungen in jedem Fruchtfach eine zentralwinkelständige Samenanlage ausgebildet. Bei der Reife zerfällt der Fruchtknoten der *Anthodiscus*-Arten in die einzelnen Fruchtblätter, die somit als Teilfrüchte (Karpiden) verbreitet werden. Bei der Gattung *Caryocar* reift dagegen eine Steinfrucht heran, in der 4 bis 6 Steine von einem ölhaltigen, fleischigen Gewebe umgeben werden. Das harte Endokarp entwickelt Fortsätze, die bei *Caryocar nuciferum* äußerlich als stumpfe Höcker nachweisbar sind, bei anderen Arten durchdringen sie sogar den fleischigen Anteil der Frucht nach außen. Nicht nur das Fruchtfleisch liefert ein ausgezeichnetes Speisefett, auch die etwa 7 cm großen, sehr dicken Samen enthalten ein wertvolles Öl, weshalb man nach früheren vergeblichen Anbauversuchen heute *Caryocar nuciferum* wieder in Kultur genommen hat. Während in der Gattung *Caryocar* vornehmlich das Hypokotyl stark verdickt ist und Reservestoffe speichert, ist es in der Gattung *Anthodiscus* stark verlängert und aufgerollt. Bei beiden Gattungen bleiben die Keimblätter mehr klein.

In Südamerika werden auch die Steinfrüchte anderer Arten genutzt. Verschiedene hohe Stämme bildende Bäume liefern ein wertvolles Nutzholz.

Familie Marcgraviaceae

Die Marcgraviaceen besiedeln mit 5 Gattungen und etwa 120 Arten die Tropen Amerikas. Es sind meist Spreizklimmer oder lianenartige Gehölze mit hartlaubigen, zerstreut angeordneten Blättern. Wie bei den Theaceen und den Caryocaraceen werden Sclereïden gebildet, die in nahezu allen Geweben der Pflanzen eingelagert sind. Sie haben eine sehr unterschiedliche Form (sternähnlich, knochenförmig u. a.) und können in einigen Verwandtschaftskreisen als wertvolles Hilfsmittel zur Abgrenzung der Sippen verwendet werden.

Aus dieser Familie ist besonders die Gattung *Marcgravia* bekannt, deren eigentümliche, doldenähnliche Blütenstände am Ende von Kurztrieben ampelartig herabhängen. In den Blütenständen fallen die endständigen, kannenähnlichen Nektarblätter besonders auf, die als umgestaltete Tragblätter aufzufassen sind. Verfolgt man den Blattstiel nach der Spitze zu, so kann man im Bereich der Aussackung außen eine stark verkümmerte Blütenkrone nachweisen. Bei der Innenfläche der Kanne handelt es sich um die Blattunterseite. An den befruchtungsfähigen Blüten ist dagegen das Tragblatt stark rückgebildet, oft aber mit dem Blütenstiel eine Strecke weit verwachsen.

Bemerkenswert sind bei der Gattung *Marcgravia* auch die Blüten selbst. Der Kelch wird aus einigen unscheinbaren Schuppenblättern gebildet, während die Blütenkrone aus 4 miteinander völlig verwachsenen, ledrigen Kronblättern besteht und zur Zeit der Pollenreife als Haube abgestoßen wird.

Die einzelnen Gattungen unterscheiden sich vornehmlich durch den Blütenbau, wobei sowohl Rückbildungen als auch fortgeschrittene Entwicklungsmerkmale zu erkennen sind. In der Gattung *Marcgravia,* deren Blütenstand einen hohen Grad der Spezialisierung besitzt, werden 10 bis 40 Staubblätter in jeder Blüte entwickelt, und die Staubfäden sind an der Basis miteinander vereinigt. Eine ähnliche Blütenstandsform wie bei *Marcgravia* kommt auch in der Gattung *Norantea* vor, die im Androeceum ebenfalls meist viele Staubblätter enthält. Die Staubfäden verwachsen aber mit den Kronblättern. Diese Eigenschaft charakterisiert auch die Gattungen *Souroubea* und *Ruyschia,* bei denen die Anzahl der Staubblätter auf 5 reduziert ist. Allein in der Gattung *Caracasia,* die mit 2 Arten in Venezuela vorkommt, sind die Staubfäden (es handelt sich nur noch um 3) völlig frei.

Bei den *Norantea*-Arten und in den anderen Gattungen stellt der Blütenstand eine aufrechte Traube dar, an der die einzelnen Blüten locker aufeinanderfolgen. Jedes Tragblatt ist zu einem Nektarbehälter umgewandelt, wobei

Marcgravia picta mit dem für die Gattung charakteristischen hängenden Blütenstand

Bei *Marcgravia*-Arten umgibt die lederige Blütenkrone die Blütenknospe als Haube (1), die abgestoßen wird, sobald in den Staubbeuteln der Pollen heranreift und die Samenanlagen befruchtungsfähig sind (2).

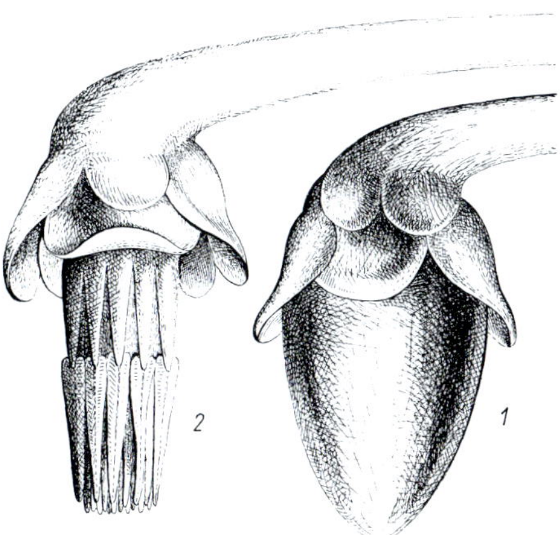

auch hier die Oberseite nach außen gestülpt ist und die Unterseite die Innenfläche des Nektarbechers auskleidet. Die Öffnung richtet sich nach abwärts, das Blatt kippt jedoch so weit ab, daß der Behälter mehr oder weniger aufrecht steht. Die Aussackungen können halbkugelig bis helmförmig sein. Bei der Gattung *Souroubea,* die etwa 25 Arten umfaßt, kommen spornartige Nektarblätter vor. In der Gattung Ruyschia sind die Deckblätter kugelförmig, und eine Nektarabsonderung erfolgt nicht.

In allen Gattungen stehen zwar die Nektarblätter in unmittelbarer Nähe der Blüten, doch fällt es schwer, eine direkte Beziehung zur Bestäubung zu erkennen. Lange Zeit hat man die Marcgraviaceen als typische Vogelblumen angesehen, und in einigen Sippen haben die Nektarblätter auch die Form, die dem Schnabel von Kolibris angepaßt sein dürfte. Tatsächlich werden die Nektarblätter auch von Kolibris ausgebeutet. Jedoch haben Beobachtungen am Standort ergeben, daß die Nektarien nachts auch von Fledermäusen aufgesucht werden, die als die eigentlichen Bestäuber in Betracht kommen. Eine gleichzeitige Berührung der Staubblätter und Narben kann nur durch größere Tiere vorgenommen werden, wenn von den etwas entfernt stehenden Nektarblättern Saft entnommen wird. Für einige *Marcgravia*-Arten ist allerdings Selbstbestäubung nachgewiesen worden, die bereits vor dem Abfallen der Blütenhaube erfolgt.

Bei den *Marcgravia*-Arten weisen die Blütenstandstriebe gestielte Blätter auf, deren Spreite im allgemeinen länglich-elliptisch ist. Doch gibt es daneben noch sterile Sprosse, die an Felsen, auf dem Sand oder auf Baumstämmen entlangkriechen und mit ihrer ungestielten, fast kreisrunden Spreite dem Untergrund dicht anliegen. An den Blattansatzstellen werden Wurzeln ausgebildet, die den Trieb im Boden verankern, daneben kommen noch Luftwurzeln vor. Nicht nur in der Form, sondern auch in der Farbe sind die Blätter an den fertilen und sterilen Trieben verschieden, d. h., an den sterilen Sprossen sind sie bedeutend heller. Bemerkenswert ist auch, daß die Chlorophyllkörner in letzteren etwa viermal so groß sind wie in den Blättern der Blütenstandstriebe. Eine solche Verschiedenblättrigkeit (Heterophyllie) ist in den anderen Gattungen nicht so stark ausgeprägt.

Soweit Untersuchungen vorliegen, wird als Assimilationsprodukt anstelle von Stärke Inulin gebildet, bei dem die Grundbausteine nicht Traubenzuckermoleküle, sondern Fruchtzuckermoleküle sind. Inulin, das im Gegensatz zur Stärke in flüssiger Form vorliegt, ist als Reservesubstanz sonst besonders bei den Korbblütlern bekannt.

Familie Clusiaceae

Die Vertreter dieser Familie sind in den Tropen und Subtropen verbreitet. Es handelt sich dabei um Bäume oder Sträucher. Insgesamt werden zu der Familie über 40 Gattungen mit mehr als 500 Arten gerechnet.

Bei allen Clusiaceen kommen Sekretbehälter oder Sekretgänge vor, die in verschiedenen Pflanzenorganen lokalisiert sein können. Stets entstehen sie durch Auseinanderweichen der Zellen, in den Lücken (Interzellularen) werden ätherische Öle, Balsame oder Harze abgelagert. In diesem Merkmal stimmen die Clusiaceen mit den Hypericaceen überein, mit denen sie früher in einer Familie zusammengefaßt wurden. Anderen nahe verwandten Familien, wie den Teestrauchgewächsen, fehlen die Sekretgänge. Bei den Dipterocarpaceen kommen sie zwar vor, jedoch sind die Blattorgane dort stets mit Nebenblättern ausgestattet, und auch der Blütenbau ist wesentlich anders.

Sekretbehälter mit ätherischen Ölen aus einem Laubblatt von *Hypericum perforatum,* durch Auseinanderweichen von Zellen (schizogen) entstanden

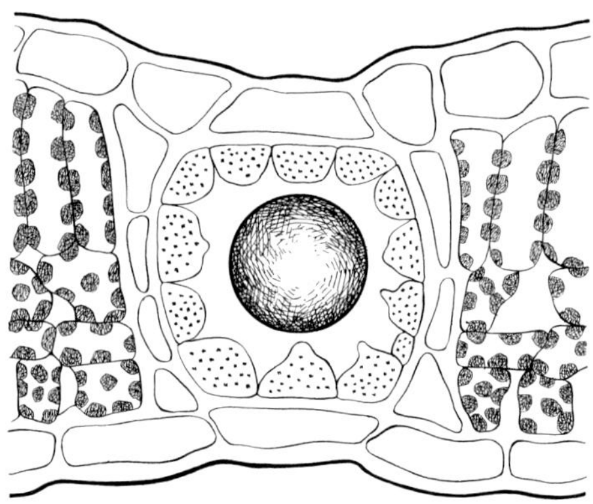

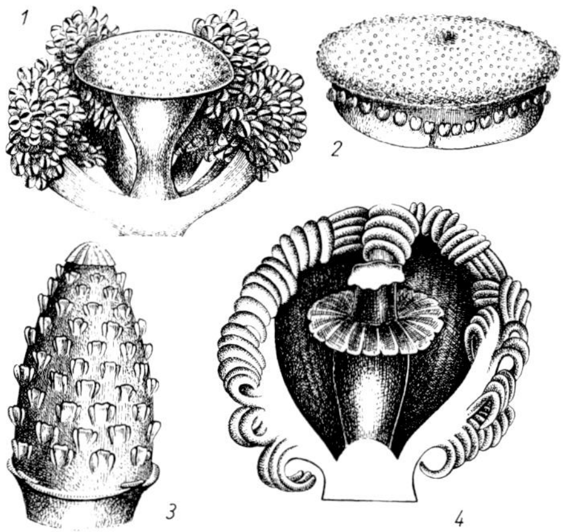

Einige Beispiele für den großen Formenreichtum der Staub- und Fruchtblätter der Hartheugewächse aus der Gattung *Garcinia.* 1 *Garcinia fulva,* 2 *Garcinia dryobalanoides,* 3 *Garcinia malaccensis,* 4 *Garcinia anomala* (der durch Verwachsung der Staubfäden entstehende Becher ist angeschnitten)

Oft finden wir eine klare Gliederung in Kelch und Krone, während jedoch in einigen Gattungen zwischen Hoch- und Kelchblättern sowie auch zwischen Kelch- und Blütenblättern Übergangsformen vorhanden sind. Das Androeceum kann sehr vielgestaltig sein. Einen kleinen Ausschnitt der vorhandenen Formenfülle im Bereich des Androeceums gibt die Abbildung wieder, in der einige Blütenausschnitte der Gattung *Garcinia* dargestellt werden.

Nicht ganz so groß ist die Mannigfaltigkeit im Bau des Fruchtknotens. Meist sind mehrere Fruchtblätter zu einem synkarpen Fruchtknoten vereinigt, in jedem Fruchtfach entstehen zahlreiche oder nur wenige Samenanlagen. Zur Reifezeit entwickeln sich kapselähnliche Früchte, Steinfrüchte oder Beeren. Bei der Gattung *Clusia* ist der Fruchtknoten fleischigledrig und reißt dadurch auf, daß sich die Mittelstreifen der Fruchtblätter ablösen und nur die Scheidewand mit den daran haftenden Samen säulenartig stehenbleibt. In anderen Gattungen werden Steinfrüchte wie bei der Kirsche hervorgebracht. Da aber meist mehrere Fruchtblätter den Fruchtknoten aufbauen, werden von der fleischigen, mittleren Fruchtschicht (Mesokarp) mehrere Steinfrüchte umschlossen. Beeren kommen bei fleischigem Endokarp zustande. Dabei ist besonders bemerkenswert, daß sich die innere Fruchtschicht vom Mesokarp löst und dicht an die Samen anschmiegt. Daher hat man dieses Fruchtfleisch früher auch als einen Teil des Samens angesehen.

Die Clusiaceen sind in großer Artenanzahl in Amerika und Asien vertreten, während nur wenige außerhalb dieser Gebiete vorkommen. Meist sind die Gattungen auf einzelne Kontinente beschränkt, selten handelt es sich um Verwandtschaftskreise mit einem über diese Grenzen hinausgehenden Areal, wie bei der Gattung *Calophyllum,* die insgesamt über 100 Arten umfaßt und ihre Hauptentfaltung im tropischen Asien sowie in Australien hat. 8 Arten sind auf Madagaskar beheimatet, während auf dem afrikanischen Kontinent nur *Calophyllum inophyllum* an den Küsten vorkommt. Einige weitere Arten sind im tropischen Amerika zu Hause.

Besonders merkwürdig ist das Areal der Gattung *Rheedia,* von der einige Arten in Südamerika als Obst kultiviert werden. Einige Sippen kommen in Madagaskar vor, während die Masse der Arten im tropischen Amerika anzutreffen ist. Auch aus verschiedenen anderen Familien kennen wir eine ähnliche Verbreitungskombination.

Unterfamilie Kielmeyeroideae

Die Unterfamilie Kielmeyeroideae ist nur in Südamerika vertreten, wo im südlichen Brasilien die Gattung *Kielmeyera* mit etwa 20 Arten vorkommt. *Kielmeyera coriacea* ist eine Charakterart der offenen Grasländer, ein relativ niedriger Baum mit gedrungenen Ästen, an dem sich ein sehr starkes Korkgewebe entwickelt, das wiederholt auf dem Weltmarkt angeboten wurde, sich aber im Vergleich zum Produkt der Korkeiche, *Quercus suber,* nicht durchgesetzt hat.

Die etwa 20 Arten umfassende Gattung *Caraipa* liefert ein geschätztes Hartholz.

Unterfamilie Calophylloideae

Aus der Unterfamilie Calophylloideae sind mehrere Arten bekannt, die ein wertvolles Nutzholz liefern.

So ist von Indien bis Java die Gattung *Mesua* mit 3 Arten verbreitet, unter ihnen *Mesua ferrea,* der Indische Eisenholzbaum. Das Holz dieses Baues ist so hart, daß es nicht mit Äxten, sondern nur maschinell bearbeitet werden kann. Es ist außerordentlich dauerhaft und wird für Eisenbahnschwellen, Telegrafenmasten, aber auch als Furnierholz verwendet. Man pflanzt die Art in Indien viel an. Die wohlriechenden Blüten werden zur Gewinnung von ätherischen Ölen gepflückt, die in der Parfümindustrie vielseitige Verwendung finden.

Verschiedene Arten dieser Unterfamilie haben als Obstgehölze Bedeutung erlangt, wie *Mammea americana,* deren bis zu 4 kg schweren Früchte auch als Mammei-Apfel bezeichnet werden. Eine Außenschale (Exo- und Mesokarp) umgibt ein goldgelbes Fruchtfleisch von aprikosenähnlichem Geschmack, das dem Samen eng anliegt. Die Art wird im Bereich des Karibischen Meeres, aber auch in den Tropenländern Afrikas und Asiens kultiviert.

In dieser Unterfamilie kommen einige Sippen vor, deren Sekrete man wirtschaftlich verwendet. Sie enthalten Harze, Balsame oder Gummiharze, wie etwa mehrere *Calophyllum*-Arten, unter denen *Calophyllum inophyllum* besonders bedeutsam ist. Es handelt sich um einen Küstenbaum auf Korallenkalk, dessen Verbreitungsgebiet von Ostafrika bis Polynesien reicht. Aus dem Stamm wird ein grünlichgelber Balsam gewonnen, der in der Medizin vielseitig Verwendung findet. Auch verschiedene andere *Calophyllum*-Arten sind Balsamlieferanten.

Unterfamilie Clusioideae

Während bei den Calophylloideen die Samen stets keinen Samenmantel (Arillus) haben, ist für die Clusioideen die Ausbildung eines Arillus charakteristisch, der, wie bei vielen anderen Pflanzenfamilien, durch eine Wucherung des Samenstielchens (Funiculus) zustande

Clusia rosea. Ausschnitt aus einem Baum, der die charakteristischen Früchte zeigt, bei denen sich zur Zeit der Fruchtreife die Außenteile der Fruchtblätter von den Scheidewänden lösen und eine zentrale Säule bilden

kommt. Daneben ist aber eine weitere Arillusform verbreitet, die von der Mikropyle ihren Ausgang nimmt.

Mit etwa 150 Arten im tropischen und subtropischen Amerika ist die Gattung *Clusia* einer der größten Verwandtschaftskreise der Clusiaceen. Diese Sippe enthält zahlreiche Arten, die als Baumwürger (vgl. auch bei *Ficus*) auf anderen Gehölzen emporklimmen. Die junge Pflanze besitzt eine schmächtige Sproßachse, die sich intensiv streckt und dabei auch sproßbürtige Stützwurzeln ausbildet. Sobald die Sproßspitze einen in der Nähe wachsenden Stamm berührt, umschlingen sproßbürtige Wurzeln die Nachbarpflanze. Sie können durch Dickenwachstum schließlich bis zu 20 cm stark werden, womit der Wirtspflanze die Möglichkeit genommen wird, weiter in die Dicke zu wachsen. In der Folge stirbt sie ab. Zu diesem Zeitpunkt ist der Stamm der *Clusia*-Art so stark entwickelt, daß er sich völlig selbständig weiterentfalten kann.

Einen umfangreichen Verwandtschaftskreis bildet auch die Gattung *Garcinia,* deren etwa 400 Arten auf Afrika und Asien beschränkt sind. Die Narbe ist, abweichend von anderen Vertretern der Familie, schildförmig, und mehrere Arten dieser Gattung sind eingeschlechtig.

Die Mangostane, *Garcinia mangostana,* gilt als eine der am meisten geschätzten tropischen Obstarten. Die Frucht ist annähernd kugelig mit einem Durchmesser von etwa 5 cm. Die Samen werden von einem musähnlichen, weißen Fruchtfleisch eingehüllt, das von der inneren Fruchtwand gebildet wird und sich zur Zeit der Samenreife völlig vom Mesokarp löst. Nur dieser Teil der Frucht ist eßbar und hat einen angenehmen süßsauren Geschmack. Die gerbstoffreiche Außenwand, die etwa zwei Drittel der Frucht ausmacht, muß entfernt werden. Die Mangostane ist nur als Kulturpflanze bekannt. Ihre Heimat sind vermutlich die malaiischen Inseln, wo auch die nahe verwandte Wildart *Garcinia silvestris* vorkommt. Alle im Anbau befindlichen Sippen der Mangostane stellen wahrscheinlich einen Klon dar, d.h., sie sind genetisch identisch. Eine Samenverbreitung ist möglich, doch gehen die Samen nicht aus befruchteten Eizellen hervor, sondern sie bilden sich aus vegetativen Zellen des Fruchtknotens (apomiktische Samenentwicklung), unterscheiden sich also genetisch nicht von der Mutterpflanze. Die Sämlinge lassen sich sehr schwer verpflanzen, daher erfolgt die Vermehrung meist durch Stecklinge, aber auch durch Pfropfung. Besonders bemerkenswert sind die ökologischen Ansprüche dieser Art. Sie gedeiht nur in ausgesprochenen Monsungebieten mit sehr hohen sommerlichen Niederschlägen während der Vegetationszeit.

Von zahlreichen anderen *Garcinia*-Arten werden die an Zitronensäure reichen Früchte auch zu Würzzwecken oder als Obst genutzt.

Wirtschaftlichen Wert haben die Gummiharze von *Garcinia hanburyi,* einer Art, die an der Ostküste des Golfes von Thailand vorkommt, sowie von *Garcinia morella,* einer in Indien und Südostasien verbreiteten Art. Beide Sippen sind baumförmig, werden aber nur etwa 10 bis 15 m hoch. Man ritzt den Stamm zur Gewinnung der Gummiharze spiralig ein und fängt an der Basis den ausfließenden und später erhärtenden braungelben Saft auf. Das getrocknete Gummiharz wird als Pigment zur Herstellung von Wasserfarben und von Firnissen verwendet. Aus Thailand ist eine goldgelbe Tinte bekannt, die früher zum Beschreiben von Büchern aus schwarzem Papier benutzt wurde. In Burma und in anderen Ländern werden auch die Gewänder buddhistischer Mönche unter Verwendung dieses Pigments goldgelb gefärbt.

In Japan gewinnt man aus der Borke von *Garcinia spicata* einen gelbbraunen Farbstoff, der in fester Form gehandelt und zum Beizen benutzt wird.

Die Samen der etwa 3 cm großen Früchte von *Garcinia indica* liefern ein Fett (Kokam-Butter), das vorwiegend zu Speisezwecken Verwendung findet.

Familie Johanniskrautgewächse, Hypericaceae

Das in Mitteleuropa an etwas trockenen, sonnigen Standorten häufige Tüpfelhartheu oder Tüpfeljohanniskraut, *Hypericum perforatum,* ist nur ein bescheidener Vertreter der Familie, die ihre Hauptentfaltung in den Tropen und Subtropen hat. Bei vielen Sippen handelt es sich um Bäume oder Sträucher, nur in der umfangreichsten Gattung *Hypericum* mit etwa 400 Arten gibt es neben niedrigen Sträuchern auch krautartige Pflanzen. In der Artenanzahl weit hinter *Hypericum* zurück bleiben mit *Vismia* (30 Arten) und *Cratoxylum* (12 Arten) andere Gattungen dieser Familie.

Mit den Clusiaceen haben die Hypericaceen Sekretbehälter oder Sekretgänge in verschiedenen Pflanzenorganen gemein, die durch Auseinanderweichen der Zellen entstanden sind.

Bei *Hypericum* finden wir eine klare Gliederung in Kelch und Krone als charakteristisch für den Blütenbau. Die Blüten enthalten zahlreiche Staubblätter, die abwechselnd zu den Blütenblättern in 5 Staubblattkomplexen angelegt werden. Es sind zunächst 5 Aufwölbungen, aus denen dann, von innen nach außen fortschreitend, 5 Büschel von Staubblättern entstehen. In anderen Gattungen wachsen oft bäumchenähnlich verzweigte Staubblattbüschel heran (z.B. in der Gattung *Vismia*). Mehrere Fruchtblätter sind zu einem synkarpen Fruchtknoten vereinigt. Zur Reifezeit entwikkeln sich bei der Gattung *Hypericum* Kapseln, die sich im Bereich der Scheidewände (septizid) öffnen.

Hypericum calycinum. Die in Südosteuropa beheimatete Art wird wegen ihrer großen Blüten häufig als Zierpflanze kultiviert.

Wie bereits erwähnt, ist die Gattung *Hypericum*, Hartheu oder Johanniskraut, der einzige Verwandtschaftskreis dieser Familie, dessen Areal in die gemäßigten Breiten reicht. In den Tropen und Subtropen findet man *Hypericum*-Arten vornehmlich in höheren Berglagen, besonders häufig ist die Sippe im Himalaja und im Mittelmeergebiet. Bei *Hypericum perforatum* und anderen Arten kann man Sekretbehälter bei durchscheinendem Licht im Blatt erkennen. In den Blättern mehrerer Arten wurde das Alkaloid Hypericin nachgewiesen, das bei Schafen und Rindern, die diese Pflanzen fressen, eine auffallende Reaktion hervorruft. Durch Sonneneinstrahlung wird das Hypericin im Körper der Tiere aktiviert und führt zu schweren Hautentzündungen. Das Tüpfelhartheu, *Hypericum perforatum*, die in Europa häufigste Art, ist heute durch den Menschen auch in alle anderen Erdteile eingeschleppt worden. Das getrocknete Kraut erfreut sich besonders in der Volksmedizin großer Beliebtheit und wird vielseitig verwendet. Mehrere Arten, so das aus Südosteuropa und Kleinasien stammende *Hypericum calycinum*, dessen Blüten einen Durchmesser bis zu 8 cm erreichen, haben als Zierpflanzen in den Gärten Einzug gehalten.

Familie Tännelgewächse, Elatinaceae

Die Tännelgewächse, zu denen nur 2 Gattungen mit etwa 30 Arten gehören, sind eine stark spezialisierte Gruppe, die zahlreiche Gemeinsamkeiten mit den Hartheugewächsen aufweist und deren Verbreitungsgebiet von der Südhalbkugel über die tropischen und subtropischen Gebiete bis in die nördliche gemäßigte Zone reicht. Es handelt sich um meist kleine, einjährige Kräuter, die nasse Standorte bevorzugen und entsprechend dieser Lebensweise ein zartes, von zahlreichen Lufträumen durchzogenes Sproßsystem besitzen, an dem sich häufig Adventivwurzeln ausbilden, wie bei der Gattung *Elatine*, dem Tännel, von der einige Arten auch in Mitteleuropa heimisch sind. Entsprechend der Wasserstandshöhe können sich bei den Arten dieser Gattung verschiedene Standortsmodifikationen ausbilden, die

1 Habitus von *Elatine alsinastrum*, 2 Blüte von *Elatine triandra*

sich vor allem in der Form und Anzahl der Laubblätter unterscheiden. Die einzige Art mit quirlständigen Blättern, *Elatine alsinastrum*, trägt oberhalb der Wasseroberfläche ungeteilte Laubblätter, während die untergetauchten Blätter bis zum Grunde radiär geteilt sind. Einige Arten der Gattung *Bergia*, die sich durch behaarte Blätter auszeichnen, besiedeln auch trockene Standorte, wo sie als Stauden oder Halbsträucher bis zu einem halben Meter hoch werden. Unterschiedliche Wurzeltypen wurden bei *Bergia capensis* festgestellt, wo nur die im Boden verankerten Organe Wurzelhaare ausbilden, während die im Wasser federartig entfalteten Wurzeln keine Haare bilden, statt dessen aber ergrünen und als Assimilationsorgane dienen.

Die Tännelgewächse haben gewöhnlich gegen- oder quirlständige Blätter mit deutlich ausgeprägten Nebenblattorganen und Drüsenhaaren. In den Blättern und Sprossen finden sich harzige Substanzen, die teilweise in körniger Form auf der Blattoberfläche ausgeschieden werden und einen Balsamgeruch ausströmen. Darüber hinaus enthalten die Zellen drusenartige Kalziumoxalatkristalle.

Die zwittrigen Blüten erscheinen, einzeln oder zu dichasialen Blütenständen geordnet, in der Achsel der Laubblätter. Sie entwickeln eine unscheinbare, zwei- bis fünfzählige, aus Kelch und Krone bestehende Blütenhülle, die 1 bis 2 Staubblattkreise und ein aus mehreren Fruchtblättern bestehendes Gynoeceum umschließt. Neben den sich normal entfaltenden Blüten kommen in der Gattung *Elatine* auch untergetauchte kleistogame Blüten vor, die durch Selbstbestäubung gekennzeichnet sind. Bei einigen Arten wurde beobachtet, daß die Pollen dieser Blüten bereits im Staubbeutel austreiben, wobei ihr Pollenschlauch durch dessen Wandung hindurchwächst und die Narbe des Stempels erreicht. Die Fruchtblätter, die sich bei der Reife entlang der Verwachsungsnähte voneinander lösen, sind nur im Fruchtknotenbereich miteinander verwachsen, während die Griffel und Narben frei entwickelt sind. Die Schale der zahlreichen endospermlosen Samen kann eine netzartige Rippung aufweisen.

Bergia suffruticosa findet in Pakistan in der Volksmedizin Anwendung. In Indien wird *Bergia odorata* als Gegengift gegen Skorpionstiche verwendet. Einige Arten, wie *Elatine hydropiper* und *Elatine triandra* werden als Aquarienpflanzen kultiviert.

Ordnung Veilchenartige, Violales

Die Violales, die früher mit den Dilleniales, Theales sowie einigen weiteren Ordnungen zu den Parietales vereinigt wurden, umfassen sowohl Holzgewächse als auch Kräuter. An den meist wechselständigen Blättern können Nebenblattbildungen auftreten. Die vorherrschend radiär-symmetrischen, seltener zweiseitig-symmetrischen Blüten sind meist zwittrig und besitzen eine in Kelch und Blumenkrone gegliederte, meist fünfzählige Blütenhülle, deren einzelne Glieder frei entwickelt oder verwachsen sein können. Die Blütenachse ist röhrig verlängert, oder sie führt durch ein verstärktes Streckungswachstum unterhalb des Androeceums bzw. Gynoeceums zu sehr speziellen Blütenformen. Die häufig vorkommende Ausbildung zahlreicher Staubblätter sowie die meist wandständige Plazentation sind ein besonderes Charakteristikum dieses Verwandtschaftskreises. Der aus 2 bis 5, häufig aus 3 verwachsenen

Fruchtblättern gebildete Fruchtknoten entwikkelt sich zu einer Kapsel oder einer Beerenfrucht, deren zahlreiche Samen durch eine nukleäre Endospermbildung gekennzeichnet sind.

Familie Flacourtiaceae

Die Flacourtiaceen, von denen Fossilfunde besonders aus dem Tertiär vorliegen, sind eine hauptsächlich in den Tropen verbreitete Familie, von der nur relativ wenige Vertreter in subtropische oder temperierte Gebiete vordringen. Sie umfassen 88 Gattungen, zu denen annähernd 1300 Arten gehören, die meist baum- oder strauchförmigen Wuchs zeigen.

Diese Familie hat einfache, wechselständige Blätter mit relativ kleinen Nebenblattorganen, die frühzeitig abgeworfen werden.

Die meist kleinen zwittrigen, nicht selten aber auch getrenntgeschlechtigen Blüten erscheinen in traubigen oder zymösen Blütenständen, seltener dagegen einzeln in der Achsel von Blättern. Dabei weisen vor allem im Bereich der Blüten verschiedene Merkmale auf die besonders ursprüngliche Organisation dieser Familie hin. Bei verschiedenen Gattungen ist noch die relativ ursprüngliche spiralige Stellung der einzelnen Blütenglieder erhalten, wobei die Glieder sämtlicher Blattkreise innerhalb der Blüte in höherer Anzahl auftreten können und mit Ausnahme der Fruchtblätter meist frei entwickelt sind. Als sehr abgeleitet muß dagegen der Blütenboden angesehen werden, der häufig vertieft ist und an dem sehr verschiedene Anhangsorgane ausgebildet werden können. In manchen Fällen wird entweder das Gynoeceum allein oder zusammen mit dem Androeceum durch die Verlängerung eines bestimmten Abschnittes der Blütenachse (Gynophor bzw. Androgynophor) über die anderen Blütenkreise hinausgehoben. Das Gynoeceum, dessen Plazenten meist im peripheren Bereich ausgebildet sind oder auch in den Fruchtknoten hineinragen, so daß es zu einer mehr oder weniger vollständigen Kammerung kommt, entwickelt sich meist zu einer beeren- oder kapselartigen Frucht, die zahlreiche Samen enthält. Die endospermreichen Samen, die bei einigen Gattungen auch lang behaart oder geflügelt sind, zeichnen sich häufig durch die Bildung eines Arillus aus.

1

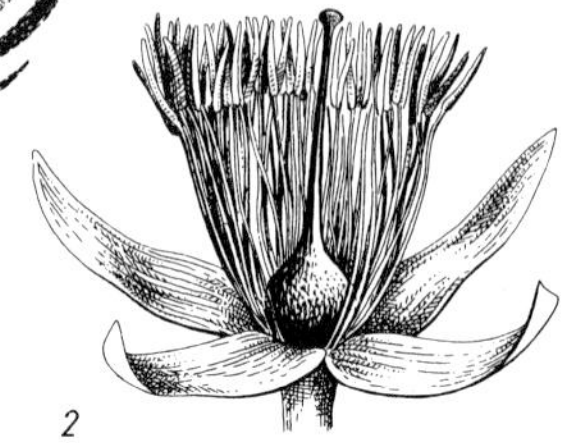

2

1 Blütendiagramm von *Carpotroche brasiliensis,* 2 Blüte von *Patrisia pyrifera*

Eine Form mit relativ ursprünglichen Blütenmerkmalen ist u. a. die in Afrika beheimatete Gattung *Dasylepis,* deren Blüten 8 bis 11 spiralig angeordnete Blütenhüllblätter und zahlreiche Staubblätter hervorbringen. In diesen Verwandtschaftskreis gehört auch die afrikanische Gattung *Paraphyadanthe,* deren baumförmige Arten dicht über der Erdoberfläche lange, peitschenartige Ausläufer bilden, aus denen dann blütentragende, schuppige Kurztriebe hervorgehen. Ungewöhnlich ist die Fruchtform der Gattungen *Grandidiera* und *Poggea,* deren holzartige Kapselfrüchte lange, strahlig abstehende Flügel entwickeln. Durch relativ große, wohlriechende Blüten zeichnet sich die Gattung *Oncoba* aus, deren eine Art, *Oncoba spinosa,* kugelige hartschalige Früchte hervorbringt, aus denen in Afrika Tabakdosen und Klappern hergestellt werden. Der Inhalt der Früchte ist genießbar. Ebenso werden die Früchte von *Caloncoba echinata* genutzt, aus deren Samen das Gorliöl gewonnen wird. Ölhaltige Samen besitzt auch die in Brasilien kultivierte *Carpotroche brasiliensis,* die das als Heilmittel verwendete Sapucainhaöl liefert.

Ebenfalls zahlreiche, jedoch in Wirteln angeordnete Blumenblätter sind u. a. für die im indomalesischen Gebiet verbreitete Gattung *Hydnocarpus* charakteristisch. *Hydnocarpus kurzii,* dessen Samen das gegen Lepra wirksame Chaulmugraöl liefern, das auch gegen verschiedene andere Hautkrankheiten Verwendung findet, wird auch kultiviert. Das aus den Samen von *Hydnocarpus anthelmintica* gewonnene Lukraboöl dient in China ebenfalls als Heilmittel gegen Hauterkrankungen, während die blausäurehaltigen Samen von *Hydnocarpus venenata* zum Betäuben von Fischen genutzt werden. Das aus den Samen von *Hydnocarpus ilicifolia* gewonnene Öl ist dagegen für die Seifenherstellung von Bedeutung. Giftige Samen, aus denen auch das zum Backen verwendete Samaunöl gewonnen wird, besitzt auch das von Malesien bis Melanesien verbreitete *Pangium edule,* dessen Gift durch Kochen bzw. wochenlanges Wässern entfernt wird, so daß die Samen dieser auch kultivierten Art gegessen werden können. Die zerkleinerten Samen der Pflanzen benutzt man auch zur Konservierung von Fischen, während die Rinde des Baumes ein Fischbetäubungsmittel liefert.

Eine weitere Reihe von Gattungen zeichnet sich durch besondere, häufig diskusartige Bildungen der Blütenachse aus, die wie bei der Gattung *Paropsia* zwischen Blumen- und Staubblattkreis als kreisförmige, am Rande vielfach in fadenförmige Abschnitte aufgelöste Wülste in Erscheinung treten. Hierzu gehört auch die im tropischen Afrika beheimatete Gattung *Barteria,* an deren Zweigen sich stellenweise starke, mit unregelmäßigen Löchern versehene Auftreibungen bilden, die von Ameisen bewohnt werden. Bei der neotropisch verbreiteten Gattung *Abatia* treten zusätzliche Bildungen des Blütenbodens als fadenartige Bündel außerhalb des Androeceums in Erscheinung.

Eine sehr interessante Form ist die in Afrika vorkommende Gattung *Phyllobotryum.* Die achselständigen Blütenstände sind hier mit dem zugehörigen Laubblatt verwachsen, so daß die Blüten aus der Mittelrippe des Laubblattes hervorzugehen scheinen. Ähnlich verhält sich die im äquatorialen Afrika beheimatete *Mocquerysia multiflora,* bei der sowohl im Bereich der Blattspreite als auch des Blattstieles Blüten zu beobachten sind. Durch die vollständige Reduktion des Blumenblattkreises zeichnet sich neben anderen die paläotropisch verbreitete Gattung *Flacourtia* aus, deren Zweige häufig Dornen hervorbringen. Einige Arten, wie die als Batoko- bzw. Maronpflaume bezeichnete *Flacourtia indica* sowie *Flacourtia cataphracta* und *Flacourtia rukam,* werden in den Tropen allgemein kultiviert. Die annähernd kirschgroßen, süßen Früchte ißt man entweder frisch oder verwendet sie zur Herstellung von Gelee bzw. als Tortenbelag, während das Holz wegen seiner Härte gern als Bauholz genutzt wird. Die rhabarberähnlich schmeckenden Blätter dienen auf Java als magenstärkendes Heilmittel. *Flacourtia indica* wird in Indien zur Behandlung von Stichwunden, Geschwüren und Cholera verwendet.

Nahe verwandt ist die paläotropische Gattung *Dovyalis,* die ebenfalls eßbare Früchte hervorbringt und deshalb als Kulturpflanze in den Tropen verbreitet ist. Die als Kafferpflaumen bezeichneten, mehrere Zentimeter großen Früchte verschiedener Arten werden als Kompott gegessen. Besonders geschätzt sind die gelborangefarbenen Früchte von *Dovyalis abyssinica,* deren Geschmack an Aprikosen erinnert. Die relativ sauren Früchte von *Dovyalis caffra* und *Dovyalis hebecarpa* werden zu Gelee, Marmelade oder Fruchtsäften verarbeitet.

Genutzt wird auch die mit etwa 160 Arten pantropisch verbreitete Gattung *Casearia.* Von einer Art, *Casearia esculenta,* werden die Blätter als Beispeise gegessen, während die Wurzeln in Indien als Antidiabetikum Verwendung finden. *Casearia indica* gilt dort als Heilmittel gegen verschiedene Krankheiten. *Casearia praecox* liefert das geschätzte Westindische Buchsholz, außerdem wird das Holz zahlreicher anderer Arten lokal genutzt.

Im tropischen Amerika ist die Gattung *Patrisia* verbreitet, deren eine Art, *Patrisia pyrifera,* alkaloidreiche Wurzeln und Sprosse besitzt, die zur Bekämpfung von Ratten und vor allem von Schadinsekten verwendet werden. Andere Arten dieser Gattung dienen den Indianern im tropischen Südamerika zum Vergiften von Alligatoren oder zur Herstellung von Pfeilgift, durch das eine Lähmung der für die Atmung wichtigen Muskeln erfolgt.

In Kolumbien nutzen die Indianer das Holz und die Blätter von *Mayna amazonica* als Droge in heilenden Bädern, während die Rinden und Samen von *Mayna toxica* als Hundegift Verwendung finden.

Besondere Erwähnung verdient die auf Madagaskar vorkommende Gattung *Bembicia,* deren Blüten sich durch einen unterständigen Fruchtknoten auszeichnen, wobei die Blütenhülle und die zahlreichen Staubblätter durch das röhrenförmige Auswachsen des Blütenbodens weit über den Griffelansatz emporgehoben werden.

Neben den erwähnten Gattungen und Arten kommt noch zahlreichen weiteren Sippen wegen ihrer Verwendung als Nutzholz für den Häuserbau oder zur Herstellung verschiedener Geräte sowie wegen der Eßbarkeit der Früchte oder ihres Ölgehaltes eine lokale wirtschaftliche Bedeutung zu.

Familie Stachyuraceae

Die Stachyuraceen, die enge Beziehungen zu den Flacourtiaceen zeigen, bestehen nur aus einer Gattung mit 5 bis 6 Arten, die vom Himalaja bis Ostasien verbreitet ist. Es handelt sich um Sträucher oder kleine Bäume mit gesägten Blättern, an deren Basis 2 lang zugespitzte, frühzeitig abfallende Nebenblätter entwickelt sind. Die zu traubigen Blütenständen vereinigten kleinen Blüten erscheinen vor der Entfaltung der Laubblätter.

Die Blütenhülle besteht aus 4 Kelch- und 4 weißen Blumenblättern, an die sich 8 zu je 2 vierzähligen Kreisen geordnete Staubblätter anschließen. Ebenso setzt sich das Gynoeceum aus 4 miteinander verwachsenen Fruchtblättern zusammen, an deren weit in den Fruchtknoten hineinragenden Plazenten zahlreiche Samenanlagen entstehen. Durch das sich nach der Befruchtung fortsetzende Wachstum der Plazenten erscheint der zunächst einfächerige Fruchtknoten vierfächerig. Die beerenartigen Früchte enthalten kleine harte Samen, die ein fleischiges Endosperm haben und von einem weichen bis gallertartigen Arillus umschlossen werden.

In wirtschaftlicher Hinsicht ist diese Familie kaum von Bedeutung, nur zuweilen wird der in Japan heimische *Stachyurus praecox* als Zierstrauch kultiviert.

Familie Veilchengewächse, Violaceae

Die Veilchengewächse sind ein vorwiegend tropischer und subtropischer Verwandtschaftskreis, bei dem eine Anzahl von Arten jedoch auch in temperierte und darüber hinaus in arktische Gebiete vordringt. Zu der Familie, die 29 Gattungen mit annähernd 900 Arten umfaßt, gehören sowohl ein- oder mehrjährige Kräuter als auch Pflanzen mit halbstrauchigem oder strauchigem Wuchs sowie kleinere Bäume. Sie haben wechselständige, morphologisch teilweise sehr unterschiedliche Blätter mit ausgeprägten Nebenblattbildungen.

Die Blüten, die in ährigen bis rispigen Blütenständen oder teilweise auch einzeln erscheinen, sind entweder radiär-symmetrisch, oder sie zeigen einen stark zweiseitig-symmetrischen Bau. Sowohl die in Kelch und Blumenkrone differenzierte Blütenhülle als auch der einfache Staubblattkreis sind fünfzählig, während das Gynoeceum meist aus 3 miteinander verwachsenen Fruchtblättern besteht, aus deren wandständigen Plazenten zahlreiche bis wenige Samenanlagen hervorgehen. Eine sehr vielfältige Ausprägung können die Staubblätter durch die Ausbildung sehr verschiedenartiger Konnektivanhängsel oder von Drüsenschuppen und Spornen erfahren. Ähnliche Verhältnisse sind im Bereich des Stempels zu beobachten, wo sich die Gestaltung der Narbe durch eine besonders große Formenmannigfaltigkeit auszeichnet.

Die Veilchengewächse bringen meist Kapselfrüchte hervor, die sich bei der Reife entlang des Mittelnervs der Fruchtblätter öffnen, seltener sind dagegen beeren- oder nußartige Früchte anzutreffen. Die fettreichen Samen, die ein reichlich entwickeltes Endosperm besitzen, bilden oft einen Arillus, der die Verbreitung der Samen durch Ameisen sichert.

Einige Gattungen, die sich hauptsächlich durch radiärsymmetrische Blüten auszeichnen, zeigen enge Beziehungen zu den relativ ursprünglichen Flacourtiaceen. Hierzu gehört die pantropisch verbreitete Gattung *Rinorea,* die sowohl strauch- als auch baumförmige Arten umfaßt. Die bittere Rinde einer südamerikanischen Art, *Rinorea cuspa,* dient als Mittel gegen Fieber, während die schleimhaltigen Blätter einiger anderer Arten in Brasilien als Gemüse genutzt werden. Die Stämme der in Südamerika beheimateten *Rinorea viridiflora* finden als Zaunpfähle Verwendung. Zu diesem Verwandtschaftskreis zählt auch die in Australien und Neuseeland vorkommende Gattung *Hymenanthera,* bei der sämtliche Staubblätter zu einer Röhre verwachsen sind. Eine Art dieser vorwiegend strauchartigen Sippe, die in

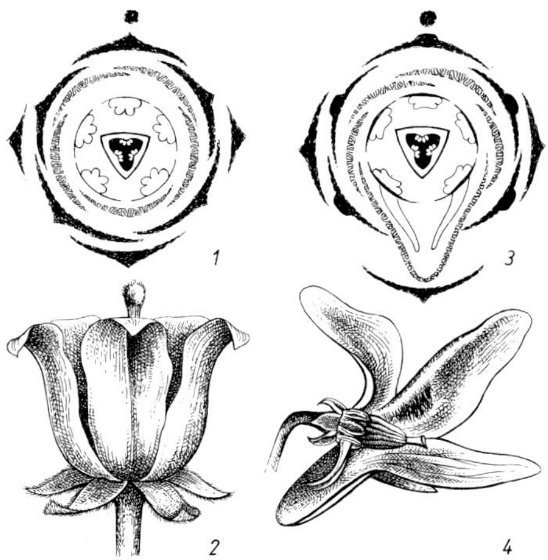

1 Blütendiagramm von *Rinorea,* 2 Blüte von *Rinorea macrocarpa,* 3 Blütendiagramm von *Viola,* 4 Blüte (Längsschnitt) von *Viola pinnata*

Neuseeland heimische *Hymenanthera crassifolia,* die zahlreiche weiße Beerenfrüchte hervorbringt, wird als Zierpflanze kultiviert.

Auf Neuseeland ist auch die Art einer weiteren Gattung, *Melicytus ramiflorus,* heimisch, deren ungewöhnlich weiches Holz zu einer besonderen Art von Holzkohle verarbeitet wird, die zur Herstellung von Schießpulver dient. Die Blätter und jungen Triebe dieser Pflanze werden gern vom Vieh gefressen, und sowohl die Rinde als auch die Blätter finden offizinelle Verwendung.

Als relativ abgeleitet muß ein Verwandtschaftskreis mit zweiseitig-symmetrischen Blüten angesehen werden, bei dem vor allem das vordere Kronblatt und die 2 vorderen Staubblätter eine Abwandlung erfahren. Dieses wird bereits bei der tropisch und subtropisch verbreiteten Gattung *Hybanthus* deutlich, deren Blüte durch die buckelige bis sackartige Ausstülpung eines Blütenblattes und durch die unterschiedliche Ausbildung von sporn- oder drüsenartigen Anhängen im Bereich des Androeceums ihre radiäre Symmetrie verliert. Zu dieser Gattung, die neben einigen an trockenen Standorten vorkommenden dornigen Arten sowohl krautige Pflanzen von teilweise nur 5 cm Höhe als auch Sträucher von 3 bis 4 m oder baumförmige Arten von 8 m Höhe umfaßt, gehört auch eine in Südamerika offizinell genutzte Art, *Hybanthus ipecacuanha,* aus der die Weiße Brechwurzel, eine Brechreiz erregende Droge, gewonnen wird. Eine ähnliche Verwendung findet die Wurzel der in Südamerika vorkommenden *Corynostylis arborea.* Ausgesprochen kletternde Gehölze enthält die südamerikanische Gattung *Anchietea,* die sich durch relativ große, häutige, aufgeblasene Kapselfrüchte auszeichnet, die zahlreiche ringsum geflügelte Samen besitzen. Wie bei vielen anderen Gattungen gehen auch hier aus den Konnektiven der Staubblätter häutige, schuppenartige Anhänge hervor. Die Wurzeln von *Anchietea salutaris,* die sich durch einen rettichartigen Geruch und einen sehr unangenehmen Geschmack auszeichnen, dienen als Brech- und Abführmittel. In Kolumbien dient ein aus der Rinde von *Corynostylis volubilis* bereiteter Tee den Indianern als Mittel gegen Darmparasiten.

Ein sehr großes Areal, das die Tropen sowie die Subtropen umfaßt und im Norden bis in die temperierte Zone, im Süden bis Feuerland, Südafrika und Neuseeland reicht, besiedelt die Gattung *Viola,* die mit etwa 500 Arten zu den umfangreichsten Gattungen dieser Familie gehört. Es sind meist krautige, seltener halbstrauchige Pflanzen mit sehr unterschiedlichen Laubblättern, die häufig rosettig stehen. Man kennt sowohl Arten mit lanzettlichen Blättern als auch solche mit stark verbreiterten oder gefiederten bzw. fingerartig zerteilten und peltaten Blattspreiten, wobei auch eine ähnliche Vielfalt im Bereich der relativ stark hervortretenden Nebenblätter zu beobachten ist. Einige Arten zeichnen sich durch eine ausgesprochen heterophylle Beblätterung aus.

Besonders auffällige Formen sind die in den Anden verbreiteten Arten, die bis zu einer Höhe von 4600 m vorkommen können. Sie haben sehr kleine lederige, scharfkantige Blätter, die den oft verdickten Sproß schuppenartig bedecken. Durch eine extreme Verdickung der äußeren Epidermiswände wird ein wirksamer Verdunstungsschutz erreicht.

Wie alle Veilchengewächse besitzt auch diese Gattung Blüten, die auf Insektenbestäubung eingerichtet sind, indem hier 2 lange nektarerzeugende Fortsätze der Staubblätter, die in die spornartige Aussackung des unteren Blütenblattes hineinragen, gemeinsam mit einem auffällig gefärbten Saftmal zur An-

lockung der Tiere beitragen. Die Staubblätter sind zu einem Kegel zusammengeneigt, in den hinein der Pollen entleert wird, so daß die Insekten bei dem Auseinanderdrücken der Staubblätter mit Blütenstaub beladen werden. Entsprechend der Spornlänge, die entweder sehr gering sein *(Viola biflora)* oder aber wie bei *Viola calcarata* bis zu 25 mm betragen kann, ist auch das Spektrum der Blütenbesucher sehr unterschiedlich. Die über die Staubblätter hinausragende Narbe, die in sehr vielfältiger Art geteilt, verbreitert oder auch napfförmig vertieft sein kann, zeichnet sich bei den Veilchen durch einen besonders großen Formenreichtum aus. Die kapselartige Frucht besitzt einen Schleudermechanismus, durch den die Samen verbreitet werden. Daneben erfolgt auch bei dieser Gattung eine Verbreitung durch Ameisen, die den Arillus des Samens als Futterquelle nutzen. Häufig sind bei der Gattung *Viola* kleistogame Blüten anzutreffen, die sich durch Selbstbestäubung auszeichnen. Bei *Viola rossii* gelangen die Früchte derartiger Blüten in der Erde zur Reife (Geokarpie).

Durch besondere Schwermetalltoleranz ist die in Europa beheimatete *Viola calaminaria* gekennzeichnet, die auf zinkreichen Böden vorkommt.

Zahlreiche Arten dieser Gattung werden als Zierpflanzen kultiviert, von denen das Märzveilchen, *Viola odorata,* wegen des Wohlgeruchs seiner dunkelvioletten Blüten besonders beliebt ist. In Südfrankreich und Italien wird diese Art zur Gewinnung eines Öles angebaut, das zur Herstellung von Parfüm und Pomade Verwendung findet, aus den Blättern wird ein Hustentee bereitet. Das Veilchenblütenöl gehört zu den teuersten der gehandelten ätherischen Öle. Hier sind 100 kg Blüten zur Gewinnung von 31 g Öl erforderlich. Aus den Blättern stellt man das sogenannte Veilchenblätteröl her, das durch Wasserdampfdestillation gewonnen wird, wobei zur Gewinnung von 20 g flüchtigen Öls 1 000 kg Veilchenblätter notwendig sind.

Sehr weit verbreitet ist auch das Stiefmütterchen, *Viola × wittrockiana,* das mit großer Wahrscheinlichkeit aus Kreuzungen von *Viola altaica, Viola lutea* und *Viola tricolor* hervorgegangen ist. Durch die im vergangenen Jahrhundert begonnene intensive Züchtung sind viele Gartenformen entstanden, die wegen ihrer großen und zahlreichen, sehr unterschiedlich gefärbten Blüten gern zu Rabatten- und Balkonbepflanzungen verwendet werden.

In Neuguinea diente eine Veilchenart als Heilmittel bei splitterhaltigen Wunden. Die schleimigen Blätter einer in früherer Zeit in China kultivierten Art, *Viola verucunda,* wurden auch als Gemüse gegessen.

Eine gewisse Sonderstellung nimmt die im tropischen Südamerika beheimatete Gattung *Leonia* ein, die durch radiäre Blüten und nußartige Früchte gekennzeichnet ist. Die baumartige *Leonia glycocarpa,* deren süße Früchte ein eßbares Fruchtmark enthalten, zeichnet sich durch Kauliflorie (Stammblütigkeit) aus.

Familie Scyphostegiaceae

Die Scyphostegiaceen sind eine monotypische Familie, deren einzige Art, *Scyphostegia borneensis,* in Borneo beheimatet ist. Es handelt sich um eine strauch- bis schwach baumförmig wachsende Pflanze mit wechselständigen, gesägten Laubblättern, die sich durch sehr kleine Nebenblattorgane auszeichnen. Die zweihäusigen männlichen oder weiblichen Blüten erscheinen in traubig zusammengesetzten Blütenständen, deren Seitenäste eine oder 2 Blüten tragen, die von röhrenförmigen Hochblättern umgeben sind. Die männlichen Blüten haben 6, im unteren Bereich zu einer langen Röhre verwachsene Blütenhüllblätter, die in 2 dreizähligen Kreisen angeordnet sind. Diese Blütenhülle umschließt 3 miteinander verwachsene Staubblätter, an deren Grunde sich 3 fleischige Drüsen entwickeln. Ähnlich ist die Hülle der weiblichen Blüten gestaltet, deren Blätter jedoch nur zu einer kurzen Röhre verwachsen. Der Stempel besteht aus 9 bis 12 Fruchtblättern, wobei die Narbe dem einfächerigen, fleischig verdickten Fruchtkno-

Durch eine arktisch-alpine Verbreitung zeichnet sich das gelbblühende Zweiblütige Veilchen, *Viola biflora,* aus, das sowohl in Europa und Asien als auch in Nordamerika beheimatet ist.

Das wegen des Duftes und seiner dunkelvioletten Blüten beliebte Märzveilchen, *Viola odorata,* besiedelt vor allem Hecken, Waldränder und lichte Laubgehölzbestände.

ten unmittelbar aufsitzt. Die Plazenta entwickelt sich an der Basis der Fruchtknotenhöhlung. Die bei der Reife im oberen Bereich aufreißende Frucht enthält zahlreiche Samen, deren Endosperm sich hauptsächlich im Spitzenteil der länglichen Samen befindet.

Familie Bixaceae

Die Bixaceen sind eine monotypische Familie, die ursprünglich nur im tropischen Amerika beheimatet war. Die als Achote oder Orleansbaum bezeichnete einzige Art, *Bixa orellana,* die sich entweder strauchförmig oder als kleiner Baum entwickelt, hat wechselständige, ungeteilte, mit kleinen, früh abfallenden Nebenblattorganen versehene Laubblätter, die unterseits eine rote Fleckung aufweisen.

Die stachligen Früchte des im tropischen Amerika beheimateten Orleansbaumes, *Bixa orellana,* enthalten zahlreiche Samen, deren rote Samenschalen einen Farbstoff liefern, der zum Färben von Wolle und Seide sowie als Lebensmittelfarbe Verwendung findet.

Die auffälligen, rosafarbenen Blüten sind in endständigen Rispen angeordnet. Die 5 Kelchblätter, die bereits bei der Entfaltung der Blüte abfallen, besitzen an der Basis ihrer Außenseite je 2 Drüsen, von denen sich jedoch nur 5 zu größeren Drüsenorganen entwickeln. Bei dem Abfallen der Kelchblätter bleiben diese an der Blüte erhalten. Die 5 großen Blütenblätter umschließen zahlreiche Staubblätter, die einem ringförmigen Diskus aufsitzen und sich durch eine im Pflanzenreich relativ selten vorkommende, zentrifugale Entstehungsweise auszeichnen, d. h., die innersten Staubblätter werden zuerst gebildet, wonach die Bildungszone langsam nach außen wandert, so daß sich die der Blumenkrone unmittelbar benachbarten Staubblätter zuletzt entwickeln. Das Gynoeceum besteht aus 2 Fruchtblättern, deren Plazenten von der Peripherie her in den Fruchtknoten hineinragen und diesen unvollständig unterteilen. Der Fruchtknoten reift zu einer meist lang bestachelten, dunkelroten Kapsel heran, die sich durch Risse entlang der Fruchtblatthauptnerven öffnet. Die Schale der zahlreichen endospermhaltigen Samen ist innen sehr hart, wäh-

rend der äußere Teil fleischig und von zahlreichen roten Papillen bedeckt ist.

In anatomischer Hinsicht sind bei dieser Familie vor allem die büschel- und schildförmigen Haare sowie die relativ großen, verlängerten Harzzellen und lysigene Schleimgänge zu erwähnen. Das häufig vorkommende Kalziumoxalat kann sowohl in Einzelkristallen als auch in Drusenform beobachtet werden.

Wegen des in der Samenschale enthaltenen roten Farbstoffs, bei dem es sich um den Ester einer organischen Säure, das sogenannte Bixin, handelt, wird der Orleansbaum in verschiedenen Formen in den gesamten Tropen kultiviert und ist hier vielfach verwildert. Zur Gewinnung dieses Farbstoffs werden die Samen zusammen mit Wasser durchgerührt sowie der anschließend von den Samen getrennte Farbstoff eingetrocknet und in Kuchen- oder Rollenform in den Handel gebracht. Die indianischen Einwohner Südamerikas benutzen ihn auch zum Einfärben ihres Körpers. Allgemein wurde der Farbstoff früher zum Färben von Wolle und Seide verwendet, denen er eine orange Färbung verlieh. Ebenso findet das Bixin als Lebensmittelfarbe Verwendung, wo es vor allem zum Färben von Butter und Käse sowie von Schokolade und Suppen benutzt wird. Darüber hinaus diente dieser Farbstoff zur Herstellung von Lacken, Wachsen und Firnis sowie in früherer Zeit teilweise in Europa als Schminke.

Weiterhin wird die Samenschale als Wurmmittel genutzt, während ein Extrakt aus der unreifen Samenschale als Ersatz für Senfpflaster Anwendung findet. In Südamerika und Asien gelten die Blätter und Wurzeln u.a. als Heilmittel gegen Kopfschmerzen. In Mexiko und Paraguay werden schließlich Drogen des Orleansbaumes in der Volksmedizin auch zur Behandlung von Krebswunden angewendet. Wie Funde aus alten peruanischen Gräbern zeigen, wurde diese Art in Südamerika schon in früher Zeit angebaut.

Familie Nierensamengewächse, Cochlospermaceae

Die pantropisch verbreitete Familie besteht aus 2 Gattungen mit annähernd 20 Arten, die hauptsächlich in Amerika beheimatet sind. Es handelt sich um meist strauch- oder baumförmige Holzgewächse, die gewöhnlich an trokkenen Standorten vorkommen und häufig einen knollig verdickten Stamm ausbilden, der teilweise oder vollständig unterirdisch entwikkelt sein kann. Die Cochlospermaceen haben relativ große, handförmig geteilte Blätter, an denen schnell vergängliche Nebenblattorgane ausgebildet sind und deren Epidermis sich durch Schleimablagerungen auszeichnet. Ebenso finden sich in der Rinde und dem Mark der Sproßachsen lysigene Schleimkanäle. Daneben ist diese Familie durch Zellen mit harzartigen Inhaltsstoffen sowie durch die Bildung einzelliger und schildförmiger Haare charakterisiert.

Die auffälligen zwittrigen Blüten sind in Rispen oder wenigblütigen Trauben angeordnet. Sie haben einen fünfzähligen Kelch- und Blumenblattkreis, deren Einzelglieder frei entwikkelt sind und zahlreiche Staubblätter sowie ein aus 5 bis 3 Fruchtblättern verwachsenes Gynoeceum umschließen. Durch die Verlängerung der Staubfäden in nur einer Blütenhälfte erhalten die Blüten der in Amerika beheimateten Gattung *Amoreuxia* ein zweiseitig-symmetrisches Aussehen. Die Plazenten der Fruchtblätter sind allgemein meist randständig, ragen jedoch teilweise weit in die Fruchtknotenhöhlung hinein, so daß eine unvollständige Kammerung entstehen kann. Beim Öffnen der kapselartigen Frucht trennen sich die innere und äußere Fruchtwand voneinander, um an ganz unterschiedlichen Stellen aufzureißen.

Die in der Frucht enthaltenen zahlreichen nierenförmigen Samen sind teilweise lang behaart und bilden ein ölhaltiges Endosperm.

Wenige Arten der Gattung *Cochlospermum* werden lokal genutzt. So wird aus den Stämmen von *Cochlospermum planchonii* und *Cochlospermum niloticum* ein gelber Farbstoff gewonnen, während die Rinde von *Cochlospermum angolense* in Afrika bzw. von *Cochlospermum religiosum* in Indien als Bindematerial dient. Aus der Rinde der letzteren Art gewinnt man in Indien auch den Kutira-Gummi. Aus den Blättern von *Cochlospermum tinctorium,* dessen Wurzeln und Rhizome neben einem gelben Farbstoff 50 bis 60% Stärke enthalten, wird ein sehr wirksames Abführmittel hergestellt. Ebenso findet in Brasilien die Rinde der Wurzeln von *Cochlospermum regium* als Heilmittel Verwendung.

Familie Cistrosengewächse, Cistaceae

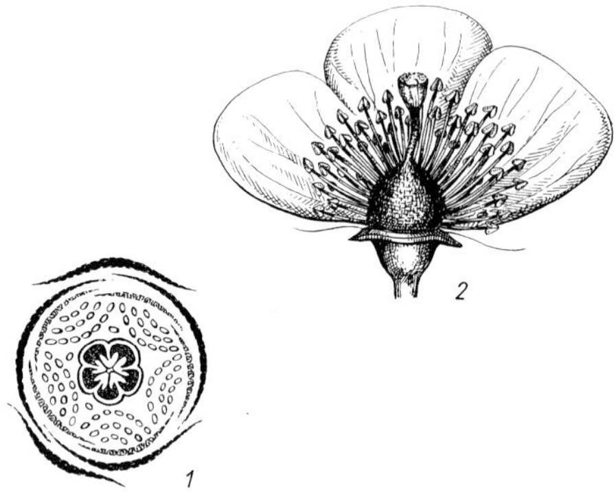

1 Blütendiagramm von *Cistus salvifolius,* 2 Blüte (vordere Blüten- und Staubblätter entfernt) von *Cistus villosus*

Die Cistrosengewächse sind meist kleine Sträucher oder Kräuter, die sich durch relativ einfache, wechselständige Blätter auszeichnen. Die Familie umfaßt 8 Gattungen, zu denen etwa 175 Arten gehören, deren Hauptverbreitungsgebiet der Mittelmeerraum ist, die darüber hinaus jedoch in den temperierten Gebieten vorkommen und nur mit sehr wenigen Arten in Südamerika vertreten sind. Sie bevorzugen allgemein trockene und sonnige Standorte, an die sie u. a. durch die Reduktion der Blattoberfläche (Verkleinerung oder Einrollung der Blattspreite) oder auch durch Blattfall bzw. eine starke Behaarung und die Bildung knolliger Rhizome angepaßt sind. Einige Arten entwickeln sich in wenigen Wochen bis zur Samenreife und überdauern die Trockenperioden als Samen.

Im Mittelmeergebiet sind die Cistrosengewächse ein bedeutender Bestandteil der niedrigen gebüschartigen Garigue-Vegetation, die sich nach der Vernichtung der hier früher vorhandenen immergrünen Eichenwälder stark ausbreitete. Einige Arten besiedeln wüstenartige Standorte. Sehr ausgeprägt ist die Behaarung der Cistrosengewächse, die neben einfachen, büschel- und schildförmigen Haaren vor allem sehr vielfältig gestaltete Drüsenhaare hervorbringen. Allgemein verbreitet kommt in dieser Familie Kalziumoxalat vor, das häufig in Drusenform kristallisiert.

Die auffällig gefärbten, teilweise relativ großen, jedoch schnell vergänglichen Blüten erscheinen entweder einzeln oder sind in zymösen Blütenständen angeordnet und blühen teilweise kleistogam. Sie haben einen fünf- oder auch dreiblättrigen Kelch und eine meist fünfzählige Blumenkrone, auf die in der Regel zahlreiche Staubblätter folgen. Diese zeichnen sich durch eine zentrifugale Entstehungsweise aus, wobei ungewöhnlicherweise zuerst die inneren und erst dann die äußeren Staubblätter ausgebildet werden, und reagieren häufig auf Berührungsreize. Bei Berührung der Staubfäden durch ein Insekt krümmen sie sich nach außen und geben die vorher von ihnen verdeckte Narbe frei. Der Stempel besteht aus 5 oder 3 Fruchtblättern, deren Plazenten bei den einfächerigen Fruchtknoten wandständig sind oder die durch ihr Hineinragen in die Fruchtknotenhöhlung eine unvollständige Kammerung bedingen. Die kapselartigen, sich entlang der Fruchtblattmittelnerven öffnenden Früchte bringen meist zahlreiche Samen hervor, die neben dem Embryo reichlich Endosperm enthalten.

Die Gattung *Cistus,* die Cistrose, die hauptsächlich im Mittelmeergebiet beheimatet ist, hat im Gegensatz zu den übrigen Gattungen dieser Familie einen fünfzähligen Fruchtknoten. Mehrere Arten dieser immergrünen Sträucher werden wegen ihrer schönen und zugleich großen Blüten, die bis zu 5 oder 7 cm messen können, als Kalthauspflanzen kultiviert; eine als Steingartenpflanze gezogene Art, *Cistus laurifolius,* ist in geschützten Lagen auch in Mitteleuropa winterhart.

Die Drüsenhaare der Blätter und jungen Triebe von *Cistus villosus* var. *creticus* sowie von *Cistus ladaniferus* liefern durch Auskochen der Blätter in Wasser das wohlriechende Ladanumharz, das ätherisches Öl enthält und in der Parfüm-, Seifen- und Tabakindustrie verwendet wird, während es früher ähnlich wie das Kraut von *Cistus villosus* und *Cistus salvifolius* auch gegen zahlreiche Krankheiten offizinell genutzt wurde. Die ätherischen Öle des Ladanumharzes werden auch direkt durch Wasserdampfdestillation aus den Blättern gewonnen. Auf Kreta gewinnt man das Harz

Die in SW-Europa beheimatete Weißliche Cistrose, *Cistus albidus,* die sich durch graugrüne, filzig behaarte Laubblätter auszeichnet, bringt zahlreiche 4 bis 6 cm breite, rosafarbene Blüten hervor.

auch durch Peitschen der Pflanzen mit Lederriemen, wobei das Harz an dem Leder festklebt und hier abgenommen werden kann. Ebenso soll eine Gewinnung aus den mit diesen Pflanzen in Berührung kommenden Bärten der Ziegen sowie der Wolle der Schafe, die man zu diesem Zweck durch die *Cistus*-Bestände treibt, möglich sein.

Ebenfalls im Mittelmeergebiet beheimatet ist die meist gelbblühende Gattung *Halimium*, die sich in der Regel durch eine starke Behaarung auszeichnet und in heideartigen Pflanzengesellschaften des westlichen Mittelmeergebietes anstelle der Cistrosen vertreten ist. Durch eine hauptsächlich mediterrane Verbreitung ist auch die Gattung *Tuberaria* gekennzeichnet, die jedoch mit einer Art, *Tuberaria guttata*, bis Mitteleuropa vordringt und zu der ausschließlich Stauden oder einjährige Arten gehören, die teilweise eine grundständige Blattrosette bilden.

Ein ausschließlich auf Nord- und Südamerika beschränkter strauchig oder halbstrauchig wachsender Verwandtschaftskreis ist die Gattung *Crocanthemum*, die gelbe oder weiße Blüten mit sehr kurzen, geraden Griffeln bildet. Eine Art dieser Gattung, *Crocanthemum canadense*, wird offizinell genutzt.

Die umfangreichste Gattung dieser Familie ist die etwa 100 Arten umfassende Gattung *Helianthemum*, Sonnenröschen, die hauptsächlich mediterran verbreitet ist, jedoch mit einigen Arten auch bis Nordeuropa reicht und mit 2 Arten auch in Südkalifornien vertreten ist. Es handelt sich um Halbsträucher, Sträucher oder auch Kräuter mit teilweise sehr auffällig gefärbten Blüten, die sich durch einen relativ langen, s-förmig gebogenen Griffel auszeichnen. Zahlreiche Gartenformen, die in der Hauptsache aus dem Apenninen-Sonnenröschen, *Helianthemum apenninum*, und dem auch in Mitteleuropa natürlich vorkommenden Gelben Sonnenröschen, *Helianthemum nummularium*, hervorgegangen sind, werden wegen ihrer Farbenfreudigkeit und Reichblütigkeit als Zierpflanzen, besonders in Steingärten, kultiviert. Auch die Gattung *Fumana*, deren äußere Staubblätter steril und perlschnurartig gegliedert sind, ist mit einer Art, dem Gemeinen Heideröschen, *Fumana procumbens*, bis Mitteleuropa verbreitet, wo es an besonders trockenen und wärmebegünstigten Standorten vorkommt.

Eine mit nur wenigen Arten im atlantischen Nordamerika beheimatete Sippe, von der eine Art bis in subarktische Bereiche vordringt, ist die Gattung *Hudsonia*, die eine kleinblättrige, erikoide Beblätterung aufweist.

Die Gattung umfaßt 3 Arten, die sich allesamt durch kleine gelbe Einzelblüten auszeichnen, deren Blütenblätter schnell vergänglich sind. Durch einen ungewöhnlichen Fruchtknotenbau ist schließlich die von Nord- bis Mittelamerika verbreitete halbstrauchige Gattung *Lechea* charakterisiert, deren Plazenten schildförmig verbreitert sind. *Lechea mucronata* dient als Tonikum und Mittel gegen Fieber.

Familie Passionsblumengewächse, Passifloraceae

Die Passifloraceen, die besonders enge Beziehungen zu den Turneraceen zeigen, kommen mit 16 Gattungen und annähernd 600 Arten hauptsächlich in den tropischen und subtropischen Gebieten Amerikas und Afrikas sowie in geringerem Maße im tropischen Asien vor. Es sind Sträucher oder Kräuter mit meist kletterndem Wuchs, die sich häufig durch die Ausbildung von Ranken und wie auch andere Lianen oft durch sehr weite Gefäße auszeichnen. Die Ranken, die vielfach neben den Blüten im Infloreszenzbereich entstehen, werden als umgewandelte Sprosse bzw. Blütenstiele angesehen, deren genaue Herkunft aber noch umstritten ist. Eine besondere Rankenform tritt bei der südamerikanischen *Passiflora discophora* auf, bei der die Äste der verzweigten Ranken in scheibenförmigen Haftorganen enden. Die Laubblätter sind meist ungeteilt oder gelappt und haben in der Regel relativ große, teilweise stärker gegliederte Nebenblattorgane. Im Bereich des Blattgrundes sowie am Blattstiel können kugelige oder auch schüsselförmige Nektarien ausgebildet sein. Darüber hinaus können auch im Bereich der Blattspreite extraflorale Nektarien auftreten.

An *Passiflora*-Arten wurden verschiedene Schutzmechanismen gegen Raupen beobachtet. So bilden Arten verschiedener Verwandtschaftsgruppen dieser Gattung an den Nebenblattranken *(Passiflora cyanea)* bzw. am Blattstiel *(Passiflora auriculata)* oder an unterschiedlichen Stellen der Blattspreite *(Passiflora candollei)* auffällige Auswüchse, die in ihrer Form und Farbe die gelben Eier einer auf den Passionsblumen vorkommenden Schmetterlingsgattung imitieren. Es konnte experimentell nachgewiesen werden, daß Pflanzen mit derart vorgetäuschten Eigelegen von diesen Schmetterlingen deutlich seltener zur Eiablage ausgewählt wurden als andere. Dagegen schützt sich *Passiflora adenopoda* durch eine dichte hakenförmige Blattbehaarung, die sich an den Borsten der Raupe verhakt, wodurch diese in ihrer Bewegung behindert wird sowie Verletzungen erleidet, die durch den Verlust von Körperflüssigkeit zum Tode führen.

Die Passionsblumengewächse besiedeln sowohl Wälder oder Waldränder als auch Steppen und Savannen sowie wüstenartige Standorte, wobei das Sproßsystem verschiedener Arten an eine xerophytische Lebensweise angepaßt ist, indem sich z. B. aus stark verdickten, knolligen Stämmen nur kurze dornige Zweigsysteme entwickeln. Teilweise werden auch unterirdische rübenförmige Knollen ausgebildet, oder aus verdickten Stämmen gehen lange rutenförmige Zweige hervor. Anpassungen an trockene Standorte zeigt auch die in Somalia beheimatete *Basananthe aciphylla*, die sich durch 1 mm breite nadelförmige Blätter und durch kurze Sproßdornen auszeichnet.

Neben Alkaloiden und zyanogenen Verbindungen finden sich in dieser Familie auch Öle, die in den Samen eine Anreicherung von 10 bis 40% erfahren können.

Die sehr kompliziert gestalteten, auffälligen Blüten, die in zymösen oder traubigen Blütenständen und vielfach auch einzeln erscheinen, werden an ihrer Basis von relativ großen, hüllkelchartig angeordneten Deck- und Vorblättern umgeben. Die Achse der meist zwittrigen Blüten ist stark verbreitert und in der Regel schüssel- oder röhrenförmig gestaltet, so daß die aus dem Rande hervorgehende Blütenhülle häufig auf die Höhe des Fruchtknotens emporgehoben wird. Die Blütenhülle besteht meist aus 5 großen, auffällig gefärbten Kronblättern und einer gleichen Zahl von verschmälerten Kelchblättern, die oft ein kronblattähnliches Aussehen haben. Die Schauwirkung wird durch eine unmittelbar oberhalb der Blumenkrone ebenfalls aus dem Rande der verbreiterten Blütenachse hervorgehende Nebenkrone besonders wirkungsvoll gesteigert. Es handelt sich hierbei um in einer Reihe bzw. mehreren Reihen angeordnete, schuppenförmige oder lange, fädige Gebilde, die durch ihre intensive oder teilweise streifenförmig abwechselnde Farbe auffallen. Der meist fünfzählige Staubblattkreis, dem teilweise auch Staminodien benachbart sind, befindet sich entweder am Grunde des eingetieften Blütenbodens oder wird gemeinsam mit dem Stempel durch eine stielartig verlängerte Zone der Blütenachse (Androgynophor) aus dem Achsenbecher emporgehoben, so daß er häufig über dessen Rand deutlich hinausragt. Der Stempel, der bei den meisten Gattungen allein einem verlängerten Blütenachsenabschnitt (Gynophor) aufsitzt, setzt sich aus 3 Fruchtblättern zusammen, die nur mit ihren Rändern untereinander verwachsen sind, so daß die zahlreichen randständigen Samenanlagen an der Peripherie der einfächerigen Fruchtknotenhöhlung entstehen. Die getrennten oder verwachsenen Griffel enden meist in verbreiterten keulen- bis schildförmigen Narben. In manchen Fällen *(Passiflora incarnata)* können die Pflanzen außer den zwittrigen auch männliche Blüten ausbilden (Andromonözie), wobei in der männlichen Blüte zwar beide Geschlechter vorhanden sein können, aber nur das männliche funktionsfähig ist.

Die in den kapsel- oder beerenartigen Früchten enthaltenen Samen, die sich durch ein fleischiges Endosperm auszeichnen, haben oft einen Arillus, der häufig eine auffällig rote Färbung aufweist. Ungewöhnliche vierflügelige Samen besitzt die in Mittelamerika vorkommende *Passiflora eueidipabulum.*

Die eingetiefte Blütenachse, die auch das Nektarium enthält, wird durch mehrere ringförmige Wucherungen mehr oder weniger stark gekammert und nach oben abgeschlossen. Die Bestäubung erfolgt je nach der besonderen Bauart der Blüten durch Tag- oder Nachtfalter, wie bei den teilweise hängenden Blütenformen mit einem röhrenartig verlängerten Blütenboden, der bei einigen Arten bis zu 10 cm lang werden kann. Die Baueigentümlichkeiten anderer Arten deuten auf eine Bestäubung durch Kolibris, Fliegen sowie hummelartige Insekten hin. Bei den aufrecht orientierten Blüten bewegen sich die Insekten auf der oberhalb des Nektariums entstehenden Nebenkrone, wobei sie mit ihrem Rücken die seitlich abgespreizten und dabei gleichzeitig die Blüte überragenden Staubbeutel und Narben berühren und so die Bestäubung vollziehen. Dabei werden zunächst nur die reifen Staubbeutel nach unten gekrümmt und erst später, wenn diese entleert sind, nehmen die Narben diesen Platz ein, so daß eine Selbstbestäubung verhindert wird.

Durch einen relativ einfachen Blütenbau ist die in Ostafrika beheimatete Gattung *Schlechterina* charakterisiert, deren einzige Art *Schlechterina mitostemmatoides* sich durch Blüten mit einer sehr flachen, kaum eingetieften Achse und einem nur kurzen Gynophor auszeichnet. Besonders interessant ist die heterophylle Beblätterung dieser Art, wobei die oberen langen Laubblätter in der Blütenregion ungeteilt sind, während die Blätter der unteren Region eine sehr schmale fiederspaltige Form aufweisen.

Ein sehr vielgestaltiger Formenkreis ist die palaeotropisch verbreitete Gattung *Adenia*, die meist eingeschlechtige zweihäusig verteilte Blüten hat. Neben den sehr unterschiedlich gestalteten Blüten weist auch die vegetative Entwicklung einen großen Formenreichtum auf. Besonders eindrucksvoll sind hier einige trockenresistente Arten, die sich allgemein durch verdickte Stämme und eine sehr reduzierte Beblätterung auszeichnen. Hierzu zählt auch die in der ostafrikanischen Sukkulentensteppe vorkommende *Adenia globosa*, die knollige Stämme mit 1 bis 2 m Durchmesser entwickelt, aus denen dornige rutenförmige Sprosse hervorgehen. Etwa 2 m hohe verdickte Stämme, an denen lange peitschenartige Triebe entstehen, hat die in Afrika heimische *Adenia venenata*. Das geschabte Holz dieser Art wird zur Behandlung von Wunden verwendet, während die zerstoßenen Blätter zum Einreiben der Säuglinge dienen.

Die mit annähernd 350 Arten größte Gattung dieser Familie sind die Passionsblumen, die *Passiflora*-Arten, die hauptsächlich im tropischen Amerika, teilweise aber auch in Asien, Australien und Polynesien beheimatet sind. Die Blüten zeichnen sich durch einen relativ stark eingetieften Blütenboden und die Bildung eines Androgynophors aus. Wegen der prächtigen Blüten werden zahlreiche Arten als Zierpflanzen kultiviert, von denen besonders die in Peru und Brasilien beheimatete Blaue

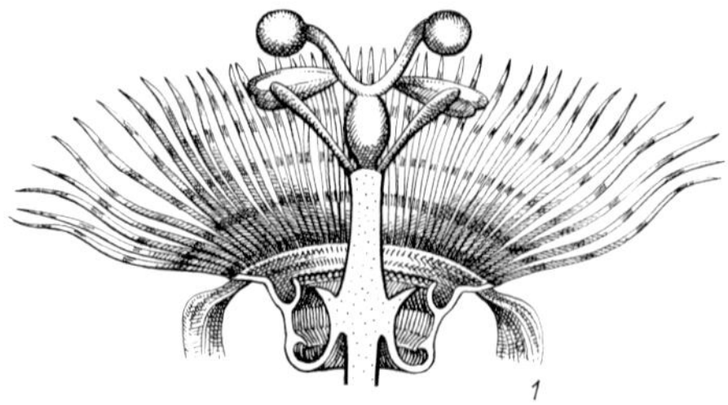

1

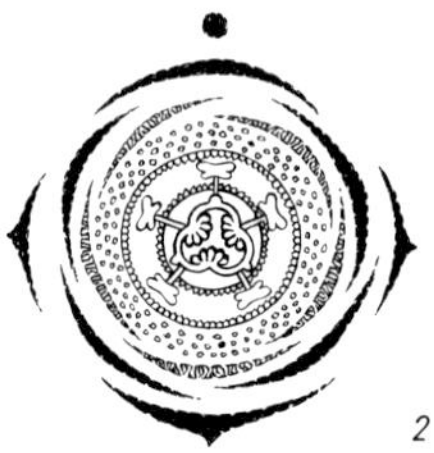

2

1 Blütenlängsschnitt (Kelch- und Blütenblätter entfernt) von *Passiflora elegans*, 2 Blütendiagramm von *Passiflora villosa*

Passionsblume, *Passiflora coerulea*, zu erwähnen ist. Andere Arten werden dagegen wegen ihrer großen, außergewöhnlich aromatischen Früchte, die aber nur geringen Nährwert besitzen, geschätzt und zu Getränken und Desserts verarbeitet. Es sind von etwa 50 bis 60 Arten eßbare Früchte bekannt, von denen jedoch nur wenige in größerem Maße kultiviert werden, während man die übrigen nur lokal beschränkt anbaut oder auch lediglich als Wildvorkommen nutzt.

Eine in den tropischen Gebieten sehr weit verbreitete kultivierte Art ist die Purpur-Granadille, *Passiflora edulis*, deren Früchte bis zu 7 cm breit und 9 cm lang werden können. Sie haben eine 3 bis 6 mm dicke Schale, die ein aromatisches, säuerlich schmeckendes, gelbes Fruchtmark umschließt. Neben den gewöhnlich rotfrüchtigen Formen werden auch solche mit gelben Früchten angebaut. Ebenfalls weit verbreitet ist die Melonen-Granadille, *Passiflora quadrangularis*, die sich durch gelbgrünliche bis rötliche Früchte von bis zu 18 cm Breite und 30 cm Länge auszeichnet. Die Knollen dieser Art werden wie Yams gegessen. Große, bis zu 4 kg schwere Früchte hat auch die in Brasilien vorkommende *Passiflora macrocarpa*, aus denen Limonade bereitet wird. Neben verschiedenen anderen Arten

Wie bei zahlreichen anderen Arten dieser Gattung wird auch bei der Blauen Passionsblume, *Passiflora coerulea,* die Schauwirkung der Blütenhülle durch die zusätzliche Bildung einer strahligen Nebenkrone auffallend verstärkt.

Die wahrscheinlich aus Südamerika stammende Melonen-Granadille, *Passiflora quadrangularis,* wird in tropischen Ländern wegen ihrer bis zu 30 cm großen Früchte als Obstpflanze kultiviert.

sind weiterhin die von Mexiko bis zu den nördlichen Teilen von Südamerika verbreitete *Passiflora ligularis* und die von Kolumbien bis Peru kultivierte *Passiflora mollissima* im Anbau.

Zahlreiche *Passiflora*-Arten haben auch eine pilztötende Wirkung, und verschiedene Arten zeichnen sich durch den Gehalt von Alkaloiden aus, die besonders bei *Passiflora incarnata* auch offizinell genutzt werden.

Familie Turneraceae

Die Turneraceen, zu denen 9 Gattungen mit etwa 120 Arten gehören, sind ein tropisch bis subtropisch verbreiteter Verwandtschaftskreis, der hauptsächlich auf Afrika und Amerika beschränkt ist. Sie zeigen sowohl baum- und strauchförmigen als auch krautigen Wuchs und zeichnen sich durch teils geteilte, teils einfache, gezähnte Blattorgane aus, an denen sich häufig drüsige Organe entwickeln. Nur selten sind in dieser Familie hohe Bäume, Kletterpflanzen und Dornsträucher, die sich durch die Bildung axillärer Dornen auszeichnen, anzutreffen. Allgemein sind die Turneraceen auch durch eine Vielzahl von Haarformen charakterisiert, von denen neben den Sternhaaren vor allem die Drüsenhaare zu erwähnen sind.

Die relativ großen Blüten entstehen in der Achsel von Blättern, wo sie einzeln oder in traubigen bzw. zymösen Blütenständen erscheinen. Bei verschiedenen Arten der Gattung *Turnera* scheinen die Blütenstände durch eine frühzeitige Verwachsung mit dem Tragblatt aus den Laubblättern hervorzugehen. Die zwittrigen Blüten der Turneraceen besitzen eine röhrig geformte Blütenachse, durch die Kelch- und Blumenblattkreis emporgehoben werden, ohne daß jedoch die röhrig verlängerte Blütenachse mit dem Fruchtknoten verwächst, so daß es zur Bildung eines mittelständigen Fruchtknotens kommt. Bei der in Amerika, Afrika sowie auf Madagaskar beheimateten Gattung *Periqueta* entwickelt sich in der röhrigen Blütenachse eine zusätzliche häutige Bildung, die aus der oberen Öffnung herausragt und an ihrem Rande fransenartig zerschlitzt erscheint.

Die aus 5 Kelch- und 5 Blumenblättern bestehende Blütenhülle umschließt ein fünfblättriges Androeceum. Das nur aus 3 Fruchtblättern zusammengesetzte Gynoeceum bildet einen einfächerigen Fruchtknoten mit randständigen Plazenten, an denen sich meist zahlreiche Samenanlagen bilden. Die Stempel sind häufig heterostyl, d. h., bei einer Art können Blüten mit unterschiedlich langen Griffeln auftreten. Indem die langgriffeligen Blüten kurze Staubblätter, die kurzgriffeligen dagegen lange Staubblätter ausbilden, wird eine Selbstbestäubung weitgehend eingeschränkt. Die in den Kapselfrüchten gebildeten Samen zeichnen sich meist durch einen einseitigen Arillus sowie eine grubig-netzförmige Samenschale aus und enthalten ein fleischiges oder auch hornartiges Endosperm.

Eine ungewöhnliche Form des Arillus ist für die auf der Insel Rodriguez beheimatete *Mathurina penduliflora* charakteristisch, deren Arillus in zahlreiche, den Samen mehrfach überragende Haare aufgelöst ist, die als Flugorgan fungieren. Beim Öffnen der Früchte werden die Fruchtklappen häufig nach hinten umgerollt.

Turnera ulmifolia. 1 Blütendiagramm, 2 Blüte (Längsschnitt)

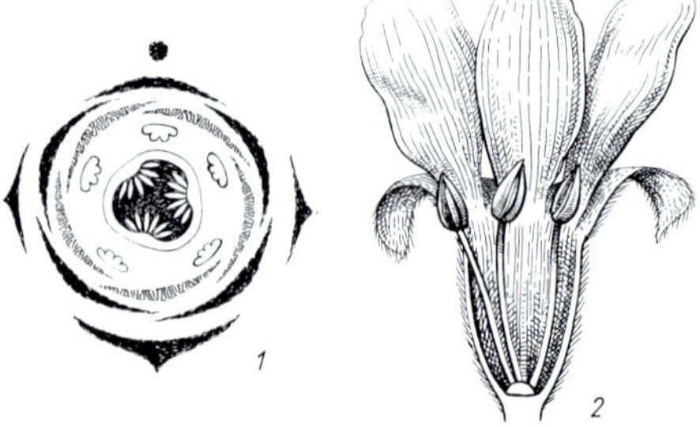

Das natürliche Verbreitungsgebiet der sehr formenreichen *Turnera ulmifolia,* die sich durch krautigen Wuchs und gelbe Blüten auszeichnet, erstreckt sich von Mexiko bis Argentinien.

Die Bestäubung erfolgt gewöhnlich durch Insekten, wobei sich die während des Tages öffnenden auffälligen Blüten am Abend wieder schließen. Durch die sich dabei an der Spitze zusammendrehende Blumenkrone werden Staubbeutel und Narbe einander genähert, so daß auch eine Selbstbestäubung möglich ist.

Die neotropisch verbreitete Gattung *Turnera* umfaßt annähernd 60 Arten. Darunter findet sich auch eine Art *(Turnera dichotoma)* mit erikoider Beblätterung, die in den Trockengebieten Brasiliens vorkommt.

Besonders zu erwähnen ist die in Mexiko beheimatete *Turnera diffusa,* deren Varietät *aphrodisiaca* das aus den Blättern und Stengeln dieser Pflanze hergestellte Herztonikum und Aphrodisiakum Damiana liefert, dem eine besondere medizinische Wirksamkeit zugeschrieben wird.

Familie Melonenbaumgewächse, Caricaceae

Zu den Caricaceen, deren natürliche Heimat die tropischen und subtropischen Zonen Afrikas und Amerikas sind, zählen 4 Gattungen mit etwa 30 Arten. Es handelt sich meist um Bäume oder Sträucher mit einfachen oder handförmig geteilten, teilweise drüsentragenden Blattorganen, denen eine Nebenblattbildung fehlt.

Die meist in rispenartigen Blütenständen angeordneten grünlichen bis weißlichen oder gelblichen Blüten sind gewöhnlich durch die Verkümmerung entweder der weiblichen oder männlichen Blütenorgane eingeschlechtig, wobei die Geschlechter zweihäusig verteilt sein können. Dabei entwickeln die weiblichen Blütenstände nur wenige Blüten, während die männlichen reich verzweigt sind. Relativ selten trifft man auch zweigeschlechtige Blüten an. Die Blütenorgane des fünfzähligen Kelch- und Blumenblattkreises sind jeweils untereinander mehr oder weniger stark verwachsen und umhüllen ein Androeceum, das aus 10 in 2 Kreisen angeordneten Staubblättern besteht, die sich durch die Bildung von Konnektivfortsätzen auszeichnen. Der Blütenboden ist röhrenförmig verlängert, so daß es zur Bildung eines mittelständigen Fruchtknotens kommt. Das aus 5 verwachsenen Fruchtblättern bestehende Gynoeceum bildet randständige Plazenten mit zahlreichen Samenanlagen. Dabei kann der Fruchtknoten einfächerig oder durch falsche Scheidewände in 5 Fächer gekammert sein. Die in den beerenartigen Früchten enthaltenen Samen, die eine äußere fleischige und eine innere harte Samenschale entwickeln, besitzen ein nukleäres Endosperm.

Die Bestäubung der Blüten erfolgt durch Insekten.

Die Gattung *Jacaratia,* die mit 6 Arten von Mexiko bis Paraguay verbreitet ist, zeichnet sich durch gefingerte Laubblätter und teilweise durch bestachelte Sproßachsen aus. Stachelähnliche Gebilde finden sich bei der in Südbrasilien beheimateten *Jacaratia heptaphylla,* deren stachellose Sproßachsen nach dem Abfall der Blattorgane durch die zugespitzten Reste der Blattstiele bewehrt sind. Die in Südamerika beheimatete *Jacaratia hassleriana* bildet eine sehr große Knolle, die wasserspeichernde Funktion hat. Das süße

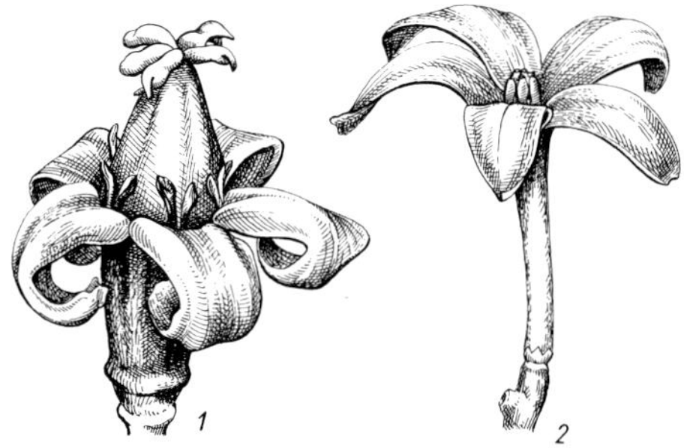
1
2

Carica papaya. 1 weibliche Blüte, 2 männliche Blüte

Fruchtfleisch von *Jacaratia mexicana* ißt man roh als Salat oder gekocht, während die aus dem Stamm gewonnene Stärke zu Kuchen verarbeitet wird. Eine weitere Art, *Jacaratia dodecaphylla,* die eine Höhe von 6 bis 10 m erreicht, wurde auch in Kultur genommen. Die im rohen Zustand ätzend wirkenden Früchte dieser Pflanze werden geröstet gegessen.

Die süß duftenden männlichen Blüten von *Jacaratia dolichaula,* deren Blütenblätter zu einer etwa 11 cm langen Röhre verwachsen sind und an ihren freien Enden sternartig auseinanderspreizen, erzeugen Nektar, der bestimmten Schmetterlingsformen als Nahrung dient. Dagegen bilden die Blütenblätter der nektarlosen weiblichen Blüten keine Röhre, sondern umgeben basal, untereinander getrennt, den großen grünen Fruchtknoten. Der Insektenbesuch der weiblichen Blüten ist dennoch gesichert, indem durch den gleichen Duft sowie eine blumenblattartige Vergrößerung der ebenfalls weißen, sternartig abspreizenden Narbenäste eine Vortäuschung des gleichen Blütentyps, d.h. eine in Größe, Farbe und Form weitgehende Ähnlichkeit mit den männlichen Blüten erreicht wird.

Eine relativ kleine Sippe ist die ausschließlich in Afrika mit 2 Arten vorkommende, ebenfalls bestachelte Sproßachsen bildende, baumartige Gattung *Cylicomorpha,* deren Staubblätter am Grunde röhrenartig miteinander verbunden sind. Vollständig krautartigen Wuchs zeigt dagegen die in Amerika beheimatete Gattung *Jarilla,* deren Sprosse, die aus einem knolligen Rhizom hervorgehen, nur etwa einen Meter hoch werden. Dabei dienen die gerösteten stärkehaltigen Wurzelknollen von der in Mexiko vorkommenden *Jarilla cho-*

Der vermutlich aus Südamerika stammende Melonenbaum, *Carica papaya,* wird in zahlreichen tropischen Ländern kultiviert.

Die im Bereich der endständigen Blattrosette entstehenden, bis zu 15 Pfund schweren Früchte des Melonenbaumes besitzen einen hohen Nährwert und Vitamingehalt.

cola der Ernährung. Die sauren, zitronenartig duftenden Früchte werden roh gegessen.

Die umfangreichste Sippe dieser Familie ist die Gattung *Carica,* deren natürliches Verbreitungsgebiet von Mexiko bis Südamerika reicht und die 22 Arten umfaßt, von denen mehrere wegen ihrer eßbaren Früchte kultiviert werden. Die wichtigste Art ist der Melonenbaum, *Carica papaya,* eine in den Tropen weit verbreitete Kulturpflanze, die wahrscheinlich ursprünglich aus Mexiko stammt und bereits im 16. Jahrhundert durch die spanischen und portugiesischen Segelschiffe fast über die ganzen Tropen verbreitet wurde. Der Anbau dieser Art erfolgt plantagenmäßig, wobei zur Bestäubung von etwa 30 weiblichen Exemplaren je ein männliches gepflanzt wird.

Die immergrüne Pflanze zeigt einen mehrere Meter hohen baumförmigen Wuchs, ist jedoch nur schwach verholzt und hat eine große endständige Laubblattrosette, deren Blätter aus einem stark verlängerten Stiel und einer mehrfach geteilten Spreite bestehen. An dem kahlen unteren und mittleren Teil des Stammes sind die großen Narben der früheren Blattansatzstellen sichtbar. Dicht unterhalb der Blattrosette gehen die zahlreichen melonenartigen Früchte, die bis zu 7,5 kg schwer werden können und zur Reifezeit eine gelbe bis orange Farbe annehmen, unmittelbar aus dem Stamm hervor. Diese Früchte, die besonders geschätzt sind, werden in vielfacher Weise zubereitet und gegessen. Häufig bereitet man daraus Salate und erfrischende Getränke, oder sie werden zu Brei, Sirup, Pasten oder Süßigkeiten verarbeitet. Sie können aber auch unzubereitet gegessen werden, da das Fruchtmark einen milden, angenehmen Geschmack hat und sehr bekömmlich ist, oder sie werden unreif eingemacht bzw. als Gemüse zubereitet. Das Fruchtmark enthält neben 90% Wasser reichlich Vitamin A, daneben Vitamin C, Kohlenhydrate und Mineralstoffe. Die in den Früchten enthaltenen schwärzlichen bis bräunlichen Samen schmecken kresseähnlich und enthalten zu 25 % ein fettes Öl.

Nahezu sämtliche Teile des Melonenbaumes werden als Heilmittel genutzt, die u. a. gegen Darmparasiten sowie in Amerika wie auch in Australien, Asien und Afrika gegen Krebserkrankungen Anwendung finden. Die Blätter enthalten neben Alkaloiden auch Saponine, weshalb man sie in den Tropen auch oft als Waschmittel verwendet. Daneben konnte man in der Pflanze Senfölglykoside nachweisen.

Wurde der Melonenbaum in den tropischen und subtropischen Gebieten ursprünglich nur wegen seiner schmackhaften Früchte angebaut, so lernte man im vergangenen Jahrhundert einen weiteren wichtigen Verwendungszweck kennen. Alle Teile der Pflanzen enthalten in einem System gegliederter Milchröhren einen Milchsaft, in dem ein eiweißspaltendes Enzym vorhanden ist. Auf diese Tatsache wurde man durch die Beobachtung aufmerksam, daß Eingeborene ihr Fleisch vor dem Kochen mit Papayablättern umwickelten oder durch unmittelbare Behandlung mit dem Milchsaft mürbe machten. Nähere Versuche führten schließlich zur Entdeckung des Papains, eines eiweißspaltenden Ferments, das in einem weiten Temperaturbereich bis zu 80 °C wirksam und stabil ist.

Zur Gewinnung dieses Enzyms eignen sich am besten die unreifen Früchte junger Pflanzen, deren Milchsaft möglichst am frühen Morgen, während warmer Witterung, am besten nach einem Regen gewonnen werden soll. Die reifen Früchte enthalten kein Ferment. Der Milchsaft gerinnt wenige Minuten nach dem Austreten aus dem pflanzlichen Gewebe und wird anschließend getrocknet. Die Wirksamkeit des Enzyms ist in starkem Maße von der Art der Gewinnung abhängig, wobei ein Eintrocknen des Milchsaftes in der Sonne zu relativ großen Verlusten der Enzymaktivität führt, besser ist es, den Milchsaft in einem Ziegelofen zu trocknen. Die günstigste Gewinnungsmethode, die eine vollständige Erhaltung der Enzymaktivität ermöglicht, ist die Vakuumtrocknung bei Normaltemperatur oder Trocknung über Schwefelsäure bzw. Fällung in Alkohol.

Wegen seiner eiweißspaltenden Wirkung verwendet man das Papain zu den verschiedensten Zwecken und auch industriell. Vielfach wird rohes Fleisch mit diesem Ferment vorbehandelt, so daß die Kochzeit des Fleisches auf wenige Minuten verkürzt werden kann. Weiterhin wendet man das Papain u. a. zur Erreichung einer zarteren Qualität bei Wurstdärmen und zur Herstellung von wertvollen Nährmedien für Bakterienkulturen bzw. von Diätnahrung sowie zur Behandlung von Thunfischleber an, wodurch eine bessere Gewinnung des darin enthaltenen vitaminreichen Öls ermöglicht wird. Ebenso findet Papain zur Klärung des Bieres Verwendung, indem dadurch die geringen, im Bier enthaltenen, schwer entfernbaren Eiweißspuren, die eine Trübung verursachen, aufgelöst werden. Außerdem wird es in der Gerberei zur Enthaarung und zum Gerben von Häuten, bei der Käseherstellung zum Gerinnen der Milch, in der Textilindustrie, aber auch bei der Herstellung von Kosmetika und Kaugummi genutzt. Eine sehr breite Anwendung findet das Papain auch in der Medizin, wo das Ferment u. a. zur Auflösung der durch Diphtherie verursachten membranösen Auflagerungen, zur Behandlung von Karbunkeln, Brandwunden und Mittelohrentzündungen eingesetzt werden kann. Vorbeugend gegen die durch Polleneiweiß verursachten Allergien, wird das Ferment zur Auflösung dieser Eiweiße auf die Nasenschleimhaut aufgetragen.

Bei der in Peru beheimateten *Carica monoica* tragen die Pflanzen zugleich weibliche und männliche Blüten. Die Früchte dieser Art, die ein kontinentaleres Klima verträgt, sind roh nicht verwendbar, ergeben jedoch gekocht und gewürzt ein vorzügliches Kompott. Die gekochten Blätter werden als Gemüse gegessen.

Ordnung Tamariskenartige, Tamaricales

Die Ordnung der Tamaricales umfaßt hauptsächlich strauchige bis baumförmige Holzpflanzen, seltener auch Kräuter. Die nebenblattlosen, wechsel- oder gegenständigen Blätter sind oft klein und teilweise von schuppiger Form. Die meist kleinen, zwittrigen, radiär-symmetrischen Blüten besitzen eine in

Kelch und Blumenkrone gegliederte Blütenhülle sowie 4 bis 10 oder mehr frei entwickelte oder an der Basis verwachsene Staubblätter. Das aus 2 bis 5 verwachsenen Fruchtblättern bestehende Gynoeceum, das durch mehr oder weniger randständige Plazenten mit oft zahlreichen Samenanlagen gekennzeichnet ist, entwickelt sich zu kapselartigen Früchten.

Familie Tamariskengewächse, Tamaricaceae

Die Tamariskengewächse, die mit den Frankeniaceen näher verwandt sind, umfassen nur 4 Gattungen, zu denen etwa 90 Arten gehören. Ihr Verbreitungsgebiet schließt sowohl Asien als auch Europa und Afrika ein, wobei das Hauptvorkommen auf das Mittelmeergebiet bis Zentralasien konzentriert ist.

Es sind Sträucher, kleinere Bäume oder auch Stauden, die hauptsächlich steppen- und wüstenartige Gebiete besiedeln, wo sie vielfach auf Salzböden vorkommen und häufig zu den Charakterpflanzen zählen. Sie haben kleine, wechselständige, schuppenartige Laubblätter, die oft Salzdrüsen entwickeln und durch ihre geringe Größe und dicke Cuticula gut an trockene Standortverhältnisse angepaßt sind. Dem gleichen Zweck dienen auch die tief in die Epidermis eingesenkten Spaltöffnungen. Im Zusammenhang mit der aufrechten Stellung der Blattschuppen, die mit ihrer Oberseite der Sproßachse zugewandt sind, ist hier ein Wechsel in der Anordnung der inneren Blattgewebe eingetreten: Das chlorophyllreiche Palisadenparenchym nimmt die dem Licht zugewandte Unterseite ein, während das Schwammparenchym auf der dem Licht abgekehrten Oberseite anzutreffen ist.

Die zwittrigen, meist vier- bis fünfzähligen Blüten erscheinen einzeln oder in ährenförmigen Blütenständen. Sie haben gewöhnlich einen getrenntblättrigen Kelch und eine ebensolche Blumenkrone, auf die meist ein oder 2 Staubblattkreise folgen, wobei im letzteren Falle die Staubblätter des äußeren Kreises direkt vor den Blumenblättern inseriert sind. Die aus den Staubblättern hervorgehenden Pollen können einfach oder zu Tetraden vereinigt sein; an der Basis der Staubblätter treten diskusartige Bildungen auf, die an der Blütenachse entweder oberhalb der Staubblätter entstehen oder aus denen die Staubblätter direkt hervorgehen. Daneben ergeben sich aus den vielfältigen Unterschieden in der Diskusform wichtige Merkmale zur Kennzeichnung der Arten. Das aus 5 bis 2 Fruchtblättern zusammengesetzte Gynoeceum bildet einen einfächerigen Fruchtknoten, dessen nur am Grunde fertile Plazenten entweder randständig sind oder auch weiter in die Fruchtknotenhöhlung hineinragen, so daß diese dann unvollständig gekammert sein kann. Die kapselartigen Früchte enthalten zahlreiche bis wenige Samen, die sich durch eine lange Behaarung auszeichnen.

Meist auffällige, schöne Blüten, deren Blütenblätter auf ihrer Oberseite je 2 flügelartige Bildungen hervorbringen, sind für die Gattung *Reaumuria* charakteristisch, die mit 20 Arten vom westlichen Mittelmeergebiet bis Zentralasien verbreitet ist. Es handelt sich um stark verzweigte Zwerg- und Halbsträucher, deren Blätter teilweise so reichlich Salz ausscheiden, daß es zur Kochsalzgewinnung genutzt werden kann. Ähnlich wie bei einer weiteren Sippe, der nur 2 Arten umfassenden Gattung *Hololachne*, die in den Salzsteppen Zentral-

1 Blütendiagramm von *Myricaria germanica*, 2 Blüte von *Tamarix pentandra*, 3 Stempel (Längsschnitt) von *Tamarix macrocarpa*

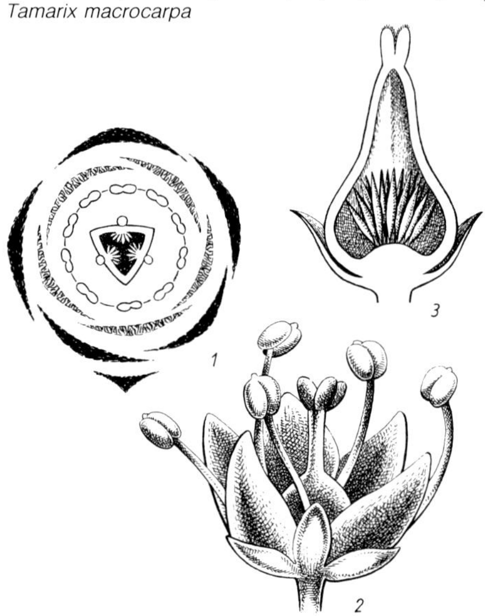

Die wegen ihrer Blütenpracht kultivierten Tamarisken (hier *Tamarix gallica*) sind durch eine stark reduzierte, schuppenartige Beblätterung an die Trockenheit ihrer natürlichen, meist wüstenartigen und oft salzigen Standorte angepaßt.

asiens heimisch ist, sind die Samen ringsum mit langen, nadelförmigen Haaren besetzt.

Eine sehr umfangreiche Gattung ist die über 50 Arten umfassende Tamariske, *Tamarix,* deren relativ kleine Blüten zu traubigen Blütenständen vereinigt sind. Die länglichen Samen sind hier nur an einem ihrer Enden lang behaart. Einige Arten der meist strauch-, seltener baumförmig entwickelten Gattung, wie z. B. die aus Südeuropa stammende *Tamarix tetrandra,* werden als Ziersträucher in Gärten und Grünanlagen kultiviert, wo sie durch ihre erikoide Beblätterung und die gewöhnlich blaßrosa Blütenstände auffallen. Die an verschiedenen Tamariskenarten entstehenden Pflanzengallen werden zum Gerben und Färben oder auch als Volksmedizin verwendet. So gerben die Araber ihre Schaf- und Ziegenhäute mit den Gallen von *Tamarix aphylla (Tamarix articulata),* die dadurch eine rosa bis purpurne Färbung annehmen. Die Gallen dieser von Nordafrika bis Indien verbreiteten Art enthalten etwa 48 % Tannin. Auch die Rinde, die ähnlich wie die Gallen einen hohen Tanningehalt hat, wird bei einer Reihe von Arten medizinisch verwendet. Das Holz zahlreicher Tamarisken, das sich durch eine besondere Härte auszeichnet, wird zu Bauzwecken, zur Herstellung von Holzkohle oder zur Anfertigung von Geräten benutzt. Wegen ihrer Trockenresistenz pflanzt man Tamarisken häufig auf sandigen oder salzigen Böden in Windschutzhecken oder zur Befestigung von Dünen und Flugsand, wobei manche Arten auch eine teilweise Überwehung durch Sanddünen vertragen. Die durch die Stiche einer Schildlaus verursachten zuckerhaltigen Ausscheidungen von *Tamarix mannifera* werden schließlich als Manna gesammelt und in der Volksmedizin verwendet. In Indien werden die Blüten von *Tamarix aphylla* von den Frauen als Haarschmuck getragen, während man das Holz dieser Art zu kleinen Ornamenten verarbeitet.

Eine den Tamarisken nahe verwandte Gattung ist *Myricaria,* wovon eine Art, *Myricaria germanica,* charakteristische Gesellschaften im Geröll von Gebirgsflüssen bildet.

Eine für diese Familie ungewöhnliche Beblätterung zeigt die monotypische Gattung *Tamaricaria,* deren einzige, in Zentralasien vorkommende Art, *Tamaricaria elegans,* sich durch 0,5 bis 1,8 cm lange, elliptisch-lanzettliche Laubblätter auszeichnet.

Familie Frankeniaceae

Die Frankeniaceen, zu denen 4 Gattungen mit etwa 30 Arten gehören, sind in den tropischen und subtropischen Zonen sämtlicher Kontinente vertreten. Es handelt sich um einjährige Pflanzen oder Stauden, in selteneren Fällen dagegen um Halbsträucher, die gegenständige, relativ kleine, einfache Blätter haben. Sie besiedeln meist Strand- oder Wüstenstandorte, wobei sie hohe Konzentrationen von Kochsalz, das durch epidermale Drüsen ausgeschieden werden kann, vertragen, so daß diese Familie ausgesprochen halophilen Charakter trägt. Die Salzausscheidungen können so stark sein, daß das Salz bei der in Chile heimischen *Frankenia berteroana* durch die Eingeborenen von den Blättern gesammelt oder durch Veraschung aus den Pflanzen gewonnen und zu Speisezwecken verwendet wird. Die trockenen Standortbedingungen kommen auch im Bau der Blätter zum Ausdruck, die relativ klein sind und eine stark ausgeprägte Cuticula besitzen. Die Unterseite der Laubblätter wächst gewöhnlich in Randnähe spreitenartig aus, so daß der ursprüngliche Blattrand oft nicht mehr deutlich erkennbar ist und das Blatt nach hinten umgerollt erscheint. In den durch die Auswüchse begrenzten rinnenartigen Vertiefungen kommt es oft zu Haarbildungen, die einen weiteren Verdunstungsschutz darstellen. Zuweilen sind auch die Spaltöffnungen besonders tief in das Blattgewebe eingesenkt, wie bei der in Patagonien beheimateten *Niederleinia,* die hier an Salzseen vorkommt.

Die zwittrigen, rosa-violetten bis fleischfarbenen Blüten erscheinen entweder einzeln, oder sie sind zu zymösen Blütenständen vereinigt. Sie haben einen vier- bis siebenblättrigen Kelch, der zu einer langen Röhre verwachsen ist und den unteren, stark verschmälerten Teil der Blumenblätter umschließt. Letztere entwickeln auf ihrer Oberseite meist ein schuppenartiges Gebilde, das darauf hinzudeuten scheint, daß es sich bei den Blumenblättern um Blattorgane mit 2 übereinanderliegenden Spreiten, um sogenannte Doppelspreiten, handelt. Das Androeceum besteht aus meist 6 bis 4, seltener zahlreichen Staubblättern, die in 2 Kreisen angeordnet sind. Der Stempel setzt sich aus 2 bis 4 miteinander verwachsenen Fruchtblättern zusammen, deren Ränder nicht in den Fruchtknoten hineinragen, so daß dieser einfächerig ist und die Plazenten sich im peripheren Bereich des Fruchtknotens entwickeln. Die sich entlang der Fruchtblattmittelnerven öffnenden Kapseln enthalten zahlreiche durch ein mehliges Endosperm ausgezeichnete Samen. Bei der Gattung *Niederleinia* ist nur eine der 3 Plazenten fertil.

Viele Frankeniaceen haben Kalziumoxalat-Drusen. Eine auf den Kapverdischen und Kanarischen Inseln vorkommende Art, *Frankenia ericifolia,* wird dort als Fischgift benutzt, während die auf der Insel St. Helena beheimatete *Frankenia portulacifolia* auch als Tee-Ersatz verwendet wurde.

Familie Ocotillogewächse, Fouquieriaceae

Die systematische Einordnung dieser kleinen Familie ist noch umstritten. So wird sie oft auch in die Verwandtschaft verschiedener Ordnungen verwachsenkronblättriger Pflanzen, z. B. der Ericales, gestellt.

Die 11 Arten der einzigen Gattung *Fouquieria* sind nur in der Sonora-Wüste verbreitet, die sich von Nordmexiko in den Südwestteil der USA bis nach Südkalifornien, Texas und Arizona erstreckt. Hier sind sie zusammen mit Kakteen charakteristische, physiognomisch auffallende Bestandteile der Wüstenvegetation. Die bekannteste Sippe ist der Ocotillo, *Fouquieria splendens,* aus den nördlichen Teilen der Sonora, der gegen Ende der winterlichen Regenzeit mit seinen flammendroten, großen (von Kolibris bestäubten) Blütentrauben einen prächtigen Anblick bietet. Wie bei anderen Arten der Familie handelt es sich um einen Dornstrauch. Bis zu 25 3 bis 4 m hohe, selten längere, dünne Äste entspringen dem Grunde; während der sommerlichen Regenperiode sind diese langen Triebe mit zarten, hinfälligen Blättchen besetzt, deren Stiele anschließend verdornen. Nach heftigen Regenfällen können sich in ihren Achseln während des ganzen Jahres Kurztriebe mit Blattbüscheln entwickeln, die ebenfalls nur eine kurze, der Zeit der günstigen Wasserversorgung entsprechende Lebensdauer haben. Auf diese Weise ist es möglich, daß innerhalb eines Jahres bis zu 6 Blattbildungsperioden stattfinden! Der Austrieb dieser Kurzsprosse kann außerordentlich rasch erfolgen, im günstigen Falle sind bereits 3 Tage nach Einsetzen der Niederschläge assimilationsfähige Blätter herangewachsen. Wegen seines sparrigen, wirren Wuchses wird der Ocotillo in Mexiko oft zur Bildung von Hecken gezogen. Aus den mit einer harz- und wachsartigen Masse erfüllten Korkzellen seiner Rinde erhält man das Ocotillo-Wachs.

Einige andere Arten, wie *Fouquieria columnaris* (mitunter auch als eigene Gattung *Idria*

Ocotillo, *Fouquiera splendens,* in der Sonora-Wüste Nordmexikos; das Exemplar veranschaulicht sehr gut die charakteristische Wuchsform dieser auch im äußersten Südwesten der USA vorkommenden Art.

abgetrennt), gehören zum Typ der Flaschenbäume, ihre 6 bis 8 m hohen Stämme sind zum Grunde hin etwa 50 bis 75 cm verdickt. Hier befindet sich ein schwammiges Wasserspeichergewebe, mit dessen Hilfe die Pflanzen die Trockenperioden überstehen.

Zum Schluß sollen noch einige Angaben zum Blütenbau der Familie gemacht werden. Die großen fünfzähligen Blüten sind strahlig, sie haben 10 bis 18 Staubblätter und einen aus 3 verwachsenen Fruchtblättern bestehenden Fruchtknoten, der 3 wandständige Plazenten besitzt. Die Frucht ist eine Kapsel, in der sich geflügelte oder langbehaarte Samen mit ölhaltigem Nährgewebe befinden. Die Form der Plazentation und die Samenhaare gaben u. a. die Veranlassung zur Einordnung der Familie in die Verwandtschaft der Tamariskengewächse, während die verwachsenen Blütenkronen und die Bildung des Nährgewebes der Samen sowie weitere embryologische Merkmale für eine Stellung wie eingangs erwähnt sprechen.

Ordnung Kapernartige, Capparales

Die Capparales wurden früher häufig mit den Papaverales zur Ordnung Rhoeadales vereinigt. Besonders das Vorhandensein von Senföl-Glykosiden als charakteristische Inhaltsstoffe bei den Capparales hat zu einer natürlichen Systembildung beigetragen. Myrosinzellen enthalten das Ferment Myrosinase, das bei Gewebeverletzungen in andere Zellen eindringen kann und die dort vorhandenen Senföl-Glykoside spaltet. Das Ergebnis ist ein vielen Capparales eigener scharfer Geschmack (z. B. Meerrettich). Weitere gemeinsame Merkmale sind die im reifen Zustand meist endospermlosen Samen. Oft kommt es zur Herausbildung besonderer Achsenabschnitte, die entweder den Staubblatt- oder den Fruchtblattkreis jeweils allein aus der Blüte herausrücken und dann im erstgenannten Fall als Androphor, im zweiten als Gynophor bezeichnet werden; falls Staubblatt- und Fruchtblattkreis gemeinsam aus der Blüte herausgehoben werden, spricht man von einem Androgynophor. Die Blattstellung ist schraubig, die zwittrigen Blüten oft vierzählig. Damit lassen sich die Capparales an die Violales anschließen.

Familie Kaperngewächse, Capparaceae

Zur Familie der Kaperngewächse, meist Holzgewächse, seltener Stauden, werden 45 Gattungen mit etwa 700 sehr vielgestaltigen Arten zusammengefaßt, die vorwiegend in den tropischen und subtropischen Gebieten der Erde anzutreffen sind. Die Ausbildung besonderer Schutzvorrichtungen, wie verdornte Äste, Zurückrollen des Blattrandes oder ein dichtes Schülferhaarkleid auf der Blattunterseite ermöglichen es den Pflanzen, vornehmlich Trokkengebiete zu besiedeln.

Die verwandtschaftlichen Beziehungen der Capparaceen sind besonders nahe zu der Familie der Kreuzblütler.

Die meist vierzähligen, mit unterständigem Fruchtknoten versehenen Blüten der Kaperngewächse zeigen einige Besonderheiten. So kommen neben Reduktionen vor allem Spaltungen in den einzelnen Blütenblattkreisen vor, die zur Vermehrung der Anzahl der Staub- sowie Fruchtblätter je Blüte führen und damit das Blütenschema innerhalb der Familie sehr variabel gestalten. Ferner kann eine stärkere Beteiligung der Blütenachse am Blütenaufbau festgestellt werden. Dies führt entweder zu ihrer mehr scheibenförmigen Ausbildung, einem sogenannten Diskus, oder zur Herausbildung von Gyno- oder Androgynophoren. Weit verbreitet sind innerhalb der Familie auch Senfölglykoside und Myrosinzellen.

Unterfamilie Capparoideae

In dieser Unterfamilie sind die mehr holzigen Vertreter zusammengefaßt. Als wichtigste Gattung ist *Capparis* zu nennen, die für den gesamten Verwandtschaftskreis namengebend und sehr formenreich ist. Die etwa 250 strauch- und baumförmigen, zum Teil durch Haken kletternden Arten besiedeln die tropischen und subtropischen Erdgürtel und sind besonders zahlreich in Brasilien vertreten. Speziell als Nutzpflanze kommt der im gesamten Mittelmeergebiet bis hin zu den Kaukasusländern und Indien verbreiteten Art *Capparis*

Kapernstrauch, *Capparis spinosa,* mit Blüten und Blütenknospen, die als Gewürz (Kapern) dienen. Die Art wird im Mittelmeergebiet nicht selten angebaut.

spinosa, dem etwa 1 m hohen Kapernstrauch, besondere Bedeutung zu. Oft in Gesteinsritzen, Felslehnen und an Mauern wurzelnd, liefern dessen rundliche bis vierkantige Blütenknospen die seit dem Altertum gern als Gewürz verwendeten Kapern, die in Abständen von 1 bis 3 Tagen oft wild gesammelt – in Algerien, Südfrankreich und anderen Mittelmeerländern gibt es auch ausgedehnte Kulturen –, nach dem Abwelken nach Größe und Qualität sortiert und entweder in Salzwasser (Salzkapern) oder Essigwasser (Essigkapern), mitunter auch in Olivenöl (Ölkapern) – manchmal unter Zusatz von Kupfersalzen, um die frischgrüne Farbe zu erhalten – konserviert werden. Unter verschiedenen Qualitätsbezeichnungen kommen sie dann in den Handel. Die kleinste und beste, meist aus der Provence stammende Ware heißt »Nonpareilles«, die etwas größeren, aus Algerien importierten Kapern werden »Surfines«, die größten, ebenfalls von Algerien und aus Spanien kommenden, »Capucines« genannt; die größte italienische Handelsware wird als »Capperoni« bezeichnet.

Der leicht säuerlich-salzige, zugleich etwas scharfe und bittere Geschmack der Kapern rührt von dem Alkaloid Capparidin, dem Glykosid Rutin sowie der Caprinsäure und einem flüchtigen, knoblauchartigen Öl her. Die gelblichen Rutinkristalle in den Zellen der äußeren Kapernblätter sind als weißer bis gelblicher, punkt- bis strichförmiger Belag deutlich sichtbar und geben gleichzeitig ein Echtheitskennzeichen ab; denn Verfälschungen der echten Kapern sind nicht allzu selten. Hierfür werden u.a. die Blütenknospen des Gemeinen Löwenzahns, *Taraxacum officinale,* die des Gemeinen Besenginsters, *Sarothamnus scoparius,* der Sumpfdotterblume, *Caltha palustris,* sowie Blütenknospen und Wurzelknollen des Scharbockskrautes, *Ranunculus ficaria,* verwendet.

Der Ertrag an Kapern schwankt nach Alter und Pflege des Strauches zwischen 500 und 3000 g jährlich, beginnend in der Regel ab dem 3. bis zum 30. bis 50. Anbaujahr. Neben den Blütenknospen des Kapernstrauches werden auch dessen auf 3 bis 4 cm langem Gynophor sitzende Beerenfrüchte mitunter zum gleichen Zwecke gesammelt und genutzt; sie sind als »Cornichons de caprier« oder »Kaperngurken« im Handel. Im Altertum diente auch die würzige Wurzelrinde der Kapernsträucher als Heilmittel, besonders bei Erkrankungen der Milz sowie bei Menstruationsbeschwerden. Noch heute ist dieses Mittel in Indien offizinell. Auch von der Wildart *Capparis rupestris* werden in gleicher Weise Kapern gewonnen. *Capparis sicula* wird auf der Insel Pantelleria zur Gewinnung von Kapern kultiviert.

Pantropisch ist die 6 Arten vereinende Gattung *Crateva* verbreitet. Am bekanntesten hiervon ist wohl die Art *Crateva religiosa.* Die Blätter und die mandarinengroßen Früchte (garlic pear) des etwa 7 m Höhe erreichenden Baumes werden gegessen, während das Holz in der Zündholzindustrie, die Rinde medizinische Verwendung finden. Ferner ist der blattlose Charakterstrauch und Spreizklimmer der afrikanischen Karoo, *Cadaba juncea,* zu erwähnen. Die Gattung *Cadaba* umfaßt etwa 30 Arten.

Unterfamilie Cleomoideae

Die Unterfamilie enthält überwiegend krautige Arten, deren Zuordnung lange Zeit ein Problem darstellte. So wurden sie in die Nähe der Flacourtiaceae gestellt. Enge Beziehungen zu den Cruciferen sind besser zu begründen. Die etwa aus 250 Arten bestehende vielgestaltige Gattung *Cleome,* die vorwiegend die amerikanischen und afrikanischen Wüsten- und Steppengebiete besiedelt, ist die größte Gattung der Unterfamilie. Weitere Verbreitung haben besonders die Arten *Cleome viscosa,* der in Afrika heimische Pillenbaum, aus dessen Samen ein als Wurmmittel verwendetes ätherisches Öl gewonnen wird, und die aus Amerika stammende *Cleome spinosa,* die Spinnenpflanze, auch in Mitteleuropa als Zierpflanze kultiviert, neben der Pracht-Cleome, *Cleome speciosissima,* gefunden.

Aus Afrika und Asien stammt *Gynandropsis gynandra,* doch ist diese Pflanze als »spider wisp« überall in den Tropen verbreitet und wird in Afrika und auf Haïti ausgedehnt kultiviert, da das Kraut wie Spinat genutzt wird und als Antiskorbutikum Anwendung fand. Obendrein verarbeitete man die gemahlenen Samen zu Senf, mancherorts wird auch ein Öl daraus gepreßt, das als Wurmmittel, Haaröl und zum Vergiften von Fischen dient.

Familie Tovariaceae

Nahe verwandtschaftliche Beziehungen zu den Capparaceen weisen die Tovariaceen auf. Infolge von Spaltungen sind hier die Glieder jedes Blütenkreises vermehrt und achtzählig geworden; sie sitzen einer scheibenförmigen Blütenachse auf. Im Unterschied zu den Capparaceen besitzen die reifen Samen ein dünnes, ölhaltiges Endosperm. Die einzige hierher gehörende Gattung *Tovaria* ist nur mit 2 Arten bekannt. Es sind 1 bis 3 m hohe Sträucher mit dreizähligen Blättern, die in den tropischen Andengebieten sowie auf Jamaika vorkommen.

Familie Bennußgewächse, Moringaceae

Durch fünfzählige, zygomorphe, mit einem Gynophor versehene, perigyne Blüten sowie einen besonderen vegetativen Bau sind die Moringaceen ausgezeichnet. Die Familie besteht nur aus der Gattung *Moringa,* die etwa 10 als Xerophyten im tropischen Afrika und Madagaskar bis hin nach Indien verbreitete Arten umfaßt. Sie bilden dort Baumbestände mit bisweilen recht dicken, flaschenförmigen Stämmen, glatter Rinde und ein- bis dreifach gefiederten Blättern sowie großen Blütenrispen. Als anatomische Besonderheiten sind noch die durch Auflösung der Querwände entstandenen Gummigänge im Mark sowie mit Gummi gefüllte Hohlräume in der Rinde neben den Myrosinzellen zu erwähnen.

Wirtschaftliche Bedeutung kommt *Moringa oleifera,* dem Pferderettichbaum oder Meerrettichbaum, zu, der in allen tropischen Ländern seit langem in Kultur ist und durch Stecklinge vermehrt wird. Man nutzt vor allem das wasserlösliche Rindengummi, das ein gutes Appretiermittel darstellt und besonders für Kalikogewebe gebraucht wird. Daneben verzehrt man auch die scharf meerrettichartig schmeckende Wurzel oder verwendet sie als Hautrei-

Blütentrieb von *Moringa oleifera,* dem Pferderettichbaum. Die Art ist eine alte Kulturpflanze und wird vielseitig verwendet.

zungsmittel. Die kresseartig schmeckenden Blätter ebenso wie die jungen Früchte, die gleichzeitig einen Bestandteil des Curry ausmachen, werden als Gemüse gegessen. Aus den geflügelten Samen gewinnt man ein fettes Öl. Obendrein finden die sich leicht bewurzelnden Zweige zur Heckenpflanzung Verwendung.

An den Wüstenrändern Jemens, Äthiopiens, des Sudans, Somalias bis zur Sinaihalbinsel wird als Charakterbaum der Bennußbaum, *Moringa peregrina,* vielfach angetroffen. Dessen Hauptprodukt ist das sehr haltbare, kaum ranzig werdende, aus den ungeflügelten Samen gepreßte Behen- oder Benöl, das als feines Schmiermittel gebraucht wird und früher besonders in der Uhrenindustrie sowie bei der Herstellung kosmetischer Präparate und Salben Verwendung fand.

Familie Kreuzblütler, Brassicaceae oder Cruciferae

Die Kreuzblütler bilden eine sehr vielgestaltige, natürliche und relativ alte, in sich geschlossene Familie, die sich eng an die Capparaceen anschließt. Sie umfaßt fast 400 Gattungen mit mehr als 3000 Arten, die in allen Erdteilen vorkommen. Besonders besiedelt werden die gemäßigten Gebiete der nördlichen Halbkugel, speziell der Mittelmeerraum einschließlich Nordafrika und Innerasien. Dabei zeigt sich eine große Anpassungsfähigkeit der einzelnen Sippen sowohl an trockene Standorte als auch an solche mit besonders niedrigen Temperaturen. In den rein tropischen Zonen sind die Cruciferen nur in den höheren Gebirgslagen anzutreffen, beispielsweise in den Anden und in Zentralasien.

Die Familie umfaßt einerseits zahlreiche Unkräuter, Schutt- und Segetalpflanzen, andererseits viele Nutzpflanzen, die als Gemüse-, Küchen- und Arzneipflanzen der menschlichen Ernährung und Gesunderhaltung dienen oder als Futter-, Öl-, Farb-, Zier- und Gartenpflanzen mannigfache Verwendung finden. Dabei wurde durch Züchtungsmaßnahmen eine außerordentlich große Vielfalt an Formen und Sorten entwickelt, womit die Pflanzen ihre ungewöhnliche Plastizität unter Beweis stellen. Bei der Besprechung unserer Kohlsorten wird hierauf noch näher zurückzukommen sein.

Die Familie setzt sich vorwiegend aus einjährigen oder einjährig überwinternden Kräutern oder Stauden zusammen, seltener sind Halbsträucher oder Bäumchen. Die Pflanzen besitzen oft grundständige Rosetten, deren meist behaarte und fiederschnittige Blätter keine Nebenblätter ausbilden, während die Stengelblätter wechselständig sind. Alle Arten haben einen erstaunlich einheitlichen und regelmäßigen Blüten- und Fruchtbau. Die Blüten sind disymmetrisch. Auf 4 Kelchblätter – 2 äußere transversal stehende, 2 innere median stehende, erstere mitunter am Grunde sack- oder spornartig entwickelt – folgen 4 mit dem Kelch alternierende Kronblätter (von ihnen leitet sich die Bezeichnung Kreuzblütler oder Cruciferen ab). Die 6 Staubblätter sind ebenfalls in 2 Kreisen angeordnet. Die 2 äußeren Staubblätter sind kürzer, die 4 inneren Staubblätter länger. An ihrer Basis liegen grüne Honigdrüsen in verschiedener Ausbildung und Anzahl. Der stets oberständige Fruchtknoten hat eine Scheidewand. Er ist aus 2 fertilen und zusätzlich wahrscheinlich noch aus 2 sterilen Karpellen hervorgegangen. Die meist zahlreichen Samenanlagen sind randständig. Die in der Regel zweiklappig aufspringende Frucht ist entweder eine Schote (lang und schmal) oder ein Schötchen (gedrungener) mit einer bei der Reife stehenbleibenden falschen Scheidewand. Weniger häufig kommen nicht aufspringende, sondern quer zerbrechende Teil- oder Gliederschoten bzw. sich ebenfalls nicht öffnende, einsamige Nußschötchen vor. Den Samen fehlt fast stets ein Endosperm, dagegen ist der Keimling ölhaltig.

Die in der Regel in Trauben (ohne Endblüte) angeordneten Blüten haben weder Trag- noch Vorblätter. Ein weiteres Kennzeichen der Familie sind Myrosinzellen oder Myrosinschläuche. In ihnen ist das Ferment Myrosin enthalten, durch dessen Wirksamkeit die für die ganze Ordnung typischen Senfölglykoside hydrolysiert werden, wobei die ätherischen Senföle freiwerden. Weiterhin kommen bei dieser Familie oft Schleime in den Samenschalen vor. Die Gliederung der recht umfangreichen Familie ist immer noch in Diskussion. Das liegt an den weitgehend gleichartigen Baueigentümlichkeiten, die den deutschen Botaniker E. H. L. Krause (1859–1942) sogar veranlaßten, alle Vertreter der Familie in einer Gattung, *Crucifera,* zusammenzufassen. Wenn wir auch heute weit von dieser Auffassung entfernt sind, erscheint es doch wegen zahlreicher ungeklärter Zuordnungen in den neueren Bearbeitungen angebracht, auf eine mehr traditionelle Gliederung zurückzugreifen.

Tribus Pringleae. Diese Tribus unterscheidet sich von den übrigen der Kreuzblütler vor allem dadurch, daß die Staubblätter die Kronblätter weit überragen und die Samenschale fleischig-schwammig ist.

Hier ist vor allem die Gattung *Pringlea* mit der einzigen Art *Pringlea antiscorbutica,* dem Kerguelen-Kohl, zu erwähnen, die besondere Bedeutung durch ihre antiskorbutische Wirkung erlangte. Die kräftige, ausdauernde Rhizompflanze mit ihren großen rundlichen bis eiförmigen, grundständigen Rosettenblättern, die sich meist kopfkohlartig zusammenschließen, bildet auf den antarktischen Kerguelen- und Crozet-Inseln größere Bestände. Die Außenschicht der Samenschale ist als blasig-schwammiges Schwimmgewebe entwickelt und auf diese Weise ausgezeichnet der Verbreitung durch Wasser angepaßt.

Die Pflanze diente früher den Seefahrern als Frischgemüse und Heilmittel gegen Skorbut, lange bevor man Kenntnis von den Vitaminen und ihrer Wirksamkeit hatte. Die Blätter wurden meist als frischer, etwas scharf schmeckender Salat genossen und ergeben gekocht ein wirsingartig schmeckendes Gemüse. Außerdem kann das stärkereiche Mark der kräftigen Blütenstengel genutzt werden, das im Geschmack dem der Schwarzwurzel ähnelt.

Die Baueigentümlichkeiten der Blüte sind auf die Windbestäubung zurückzuführen. Diese Anpassung resultiert aus dem Fehlen fliegender Insekten auf den Heimatinseln.

Pollenmorphologische Untersuchungen geben den Hinweis darauf, daß es sich bei *Prin-*

Der Färberwaid, *Isatis tinctoria,* zur Zeit der Blüte und Fruchtbildung. Als den »Deutschen Indigo« liefernde und reichen Gewinn bringende Pflanze wurde sie in Deutschland während des Mittelalters vielfach angebaut.

glea um ein Relikt der Tertiärflora handeln könnte.

Tribus Sisymbrieae. Die Tribus der Sisymbrieen ist durch eine meist ungeschnäbelte und nicht zusammengedrückte Schote, seltener durch Schötchen sowie einen meist völlig geschlossenen Honigdrüsenring gekennzeichnet. Neben der namengebenden, vielgestaltigen, etwa 80 Arten umfassenden Gattung *Sisymbrium,* Rauke, die die gesamte nördliche Hemisphäre sowie die Hochandengebiete Südamerikas besiedelt, ist vor allem die aus etwa 20 Arten bestehende Gattung *Braya* zu nennen. Die niedrig bleibenden, rasenbildenden, mit einer Pfahlwurzel und etwas fleischigen Blättern versehenen Pflanzen sind typische Bewohner der Hochgebirge Eurasiens (Tibet, Pamir, Himalaja, Karakorum), die selbst bis in die Arktis (arktisches Nordamerika, Grönland) vordringen können.

In früheren Jahrhunderten erfreute sich der von Südeuropa bis Westasien heimische, vielgestaltige, oft zottig-flaumige oder auch völlig kahle Färberwaid, *Isatis tinctoria,* als Lieferant des »Deutschen Indigos« großer Wertschätzung und eines entsprechend ausgedehnten und gewinnbringenden Anbaus als wichtige Kulturpflanze. Die Nutzung des Waid als Färbepflanze reicht in Europa bis ins Altertum zurück; vermutlich hat man ihn schon in vorgeschichtlicher Zeit im indogermanischen Kulturkreis zum Färben von Wolle, Baumwolle und Leinen verwendet. Etwa seit dem 11. Jahrhundert wurde Waid zunächst in Frankreich, dann um Magdeburg, Braunschweig, Nürnberg, in Brandenburg sowie der Lausitz angebaut. Besonders großes Ausmaß erreichte die Waidkultur in der Umgebung der thüringischen »Waidstädte« Erfurt, Gotha, Bad Tennstedt, Arnstadt und Bad Langensalza, die ihren Reichtum diesem »Goldenen Vlies Thüringens« (neben dem Bezug auf die ökonomische Bedeutung auch ein Hinweis auf den prächtigen Anblick der (gold)gelb blühenden Bestände) verdankten. Nach der Entdeckung des Seeweges nach Indien und der damit möglich gewordenen Einfuhr der aus den afrikanischen und indischen Leguminosenarten *Indigofera tinctoria* und *Indigofera arrecta* sowie der amerikanischen *Indigofera suffruticosa* gewonnenen »Indischen Farbe«, dem Indigo, ging der Waidanbau allmählich, aber stetig zurück, so daß einzelne Länder Schutzverordnungen für den Waid erließen. Diese konnten aber nicht verhindern, daß der Anbau fast zum Erliegen kam. Zwar brachte die Kontinentalsperre Napoleons für einzelne Gebiete vorübergehend wieder eine geringe Ausweitung der Kultur, doch nach der Entwicklung der synthetischen Anilinfarbstoffe durch A. von Bayer im Jahre 1897 kam sie völlig zum Erliegen.

Zur Gewinnung des Farbstoffes wurden die vor der Blüte geernteten Blätter wegen der geforderten Staubfreiheit möglichst unbehaarter Sippen in der Waidmühle durch große Mahlsteine zerquetscht, dann mit Wasser zu einem dicken Brei verrührt und einer anschließenden Gärung überlassen. Nach wenigen Wochen wurde der Brei zu Kugeln geformt und nach dem Trocknen als »Kugelwaid« in den Handel gebracht. Während der Gärung wird die in den Blättern als Glykosid vorhandene Indoxylverbindung Isatan unter Einwirkung des Waidenzyms hydrolysiert und das dabei neben Traubenzucker frei werdende Indoxyl unter Aufnahme von Luftsauerstoff in Indigo umgewandelt, das als Flocken aus der Lösung ausfällt. Da sich der Indigofarbstoff nur schwer löst, wird er in schwacher Lauge zu Indigoweiß, auch Indigoküpe genannt, reduziert und in dieser Form als Färbemittel angewendet. Unter Einwirkung des Luftsauerstoffs entsteht dann direkt auf der Faser – über Grünstufen hinweg – die weitgehend lichtechte, aber nicht ganz reibechte Blaufärbung. Eine weitere Verwendung fand die Waidpflanze in früherer Zeit auch als Heilmittel zur Vernarbung von Wunden sowie bei Geschwüren. Aus den Samen wurde ein fettes Öl gewonnen.

In geringerem Umfang war früher auch die von Sibirien bis Südosteuropa verbreitete Zackenschote, *Bunias orientalis,* als Futterpflanze in Kultur. Die Gattung *Arabidopsis,* Schmalwand, in Eurasien und bis ins arktische Amerika verbreitet, hat vor allem durch die Ackerschmalwand, *Arabidopsis thaliana,* besondere Bedeutung als schnellwüchsiges genetisches Untersuchungsobjekt erlangt.

Tribus Hesperideae. Bei den Hesperiden kommen neben flachgedrückten und stielrunden Schoten seltener auch Gliederschoten vor. Die medianen Honigdrüsen sind stets von den seitlichen getrennt. Einige Arten aus dieser Tribus sind beliebte Gartenpflanzen. So die von Vorderasien bis zu den Süd-Ostalpen beheimatete Gemeine Nachtviole, *Hesperis matronalis,* die bereits die Väter der Botanik für Mitteleuropa in der Mitte des 16. Jahrhunderts als Gartenpflanze angeben und die man noch heute in Bauerngärten und daraus verwildernd findet. Ihre purpurfarbenen bis violetten (seltener auch weißen) Blüten, denen nachts ein stark veilchenartiger Duft entströmt, wobei zusätzlich Nektar an der Basis der beiden Staubblätter bereitgestellt wird, sind an die Bestäubung durch Nachtinsekten angepaßt.

Aus dem östlichen Mittelmeerraum stammt der Goldlack, *Cheiranthus cheiri,* der entweder als unverzweigter Stangenlack oder verzweigter Buschlack in verschiedenen Farbtönen von Gelb, Orange, Braungelb bis Purpur sowie mit ungefüllten und gefüllten Blüten im Anbau ist. Auch dieser Pflanze ist ein veilchenartiger Duft eigen. Bereits die alten Römer schätzten sie deshalb und schmückten ihre Altäre damit. Die bei Ovid und Horaz erwähnten Veilchenfelder waren in der Tat Goldlackfelder. Das in der Pflanze vorhandene Glykosid Cheiranthin findet als Herzmittel medizinische Anwendung. Eine ebenfalls seit dem 16. Jahrhundert in Mitteleuropa bekannte, schon in den ersten gedruckten Herbarien abgebildete, angenehm duftende Kulturpflanze ist die Gartenlevkoje, *Matthiola incana,* ursprünglich auf Küstenfelsen des nördlichen Mittelmeeres sowie des Atlantiks beheimatet. Man kennt jetzt einfach- und gefülltblühende weiß-, blau-, rot- und cremefarbige Sippen in verschiedenen Farbabstufungen, die als Busch-, Stangen- oder Zwerglevkoje sowie – bedingt durch unterschiedliche benötigte Vegetationszeiten – als Sommer-, Herbst- und Winterlevkoje im Handel sind. Einen recht interessanten Weg schlug die Züchtung ein, um ausschließlich gefülltblütige, sogenannte »allgefüllte« (leider völlig sterile) Pflanzen zu erhalten und frühzeitig zu erkennen. Man nutzt dazu die Möglichkeit einer Kopplung des rezessiven Gens für gefüllte Blüte mit dem ebenfalls rezessiven Gen für hellgrüne Färbung aus – dessen Auswirkung sich bereits an den Keimblättern zeigt und somit eine frühzeitige Selektion im Stadium der Keimpflanzen ermöglicht.

Hingewiesen sei auch auf *Anastatica hierochuntica,* die als »Rose von Jericho« bekannte eigenartige Pflanze, die die Wüstengebiete Nordafrikas bis Südirans besiedelt. Dieses

Die »Rose von Jericho«, *Anastatica hierochuntica,* geöffnet bei feuchter Umgebung (links) und geschlossen bei Trockenheit. In dieser Form kann die Pflanze vom Wind erfaßt und über weite Strecken transportiert werden, wobei die Samen ausfallen.

einjährige, niedrige, schon am Grunde ästige Kraut verholzt bei der Reife stark. Nach dem Abfallen der Blätter biegen sich die Äste beim Austrocknen zu einem kugelartigen Gebilde zusammen, das leicht entwurzelt und vom Winde erfaßt wird. Als sogenannter Steppenläufer oder Steppenroller treibt es auf dem Wüstenboden rollend über weite Strecken hin, wobei gleichzeitig die Samen ausgestreut werden. Außer diesem ungewöhnlichen Verbreitungsmechanismus zeichnet sich die Rose von Jericho noch durch die Fähigkeit zu hygroskopischen Bewegungen aus. So können sich die kugelförmig zusammengerollten Äste bei Befeuchtung wieder strecken. Dabei handelt es sich um die Wirkung rein physikalischer Kräfte, wobei in bestimmter Lage angeordnete Zellgruppen auf- oder entquellen. Durch den Wechsel von Befeuchtung und anschließender Austrocknung ist der Vorgang beliebig oft wiederholbar, was zu der irrigen Annahme führt, daß es sich dabei um eine noch lebende Pflanze handelte. Ihr Name bezieht sich darauf, daß sie früher vielfach von Pilgern als sogenannte »Auferstehungspflanze« aus dem Heiligen Lande (Jericho) als Symbol und als eine Kuriosität mitgebracht wurde.

Tribus Arabideae. Auch bei den Arabideen sind die medianen Honigdrüsen von den seitlichen getrennt, selten auch nur letztere entwickelt. Die Schoten sind meist vom Rücken der Klappen her flach zusammengedrückt.

Auf feuchten Wiesen und an Flußufern weit im eurasischen Raum verbreitet und selbst in Nordamerika, Afrika und Australien eingebürgert ist das Echte Barbarakraut, *Barbarea vulgaris,* das früher in England und Frankreich als Salatpflanze angebaut worden sein soll. Unter der Bezeichnung Winterkresse (wegen des kresseartigen Geschmacks) wurde es als Antiskorbuticum verzehrt. Früher dienten die Pflanzen auch zur Bereitung eines Wundbalsams und die Samen in den niederdeutschen Marschen sowie in den Süd- und Oststaaten der USA zur Ölgewinnung. Gefüllt blühende Formen waren als Zierpflanzen im Anbau. Nur gelegentlich als Salat genutzt und dann von wildwachsenden Pflanzen gesammelt werden die leicht bitter schmeckenden Blätter verschiedener Arten der Gattung *Dentaria.* Die Zwiebeltragende Zahnwurz, *Dentaria bulbifera,* entwickelt in den Achseln ihrer Stengelblätter braun bis violett gefärbte Bulbillen, die als gestauchte Achselsprosse aus fleischigen Schuppenblättern gebildet werden, bei Berührung leicht abbrechen und auf diese Weise der vegetativen Verbreitung der Pflanze dienen.

Größere Bedeutung als Nutz- und Kulturpflanzen kommt hingegen dem Meerrettich und der Brunnenkresse zu.

Der Echte Meerrettich, *Armoracia rusticana,* ist eine vermutlich im Wolga-Don-Gebiet heimische, heute aber in fast ganz Europa verwilderte und teilweise eingebürgerte Ruderal- und feuchte Stellen besiedelnde ausdauernde Pflanze mit fleischiger, beißend scharf schmeckender und riechender Pfahlwurzel und zahlreichen, der Vermehrung dienenden Knospen daran. Die Blätter kommen in dreierlei Ausbildungsform vor. Die langgestielten, rosettenständigen Laubblätter, die bis zu einem Meter Länge erreichen, haben eine ungegliederte Spreitenfläche. Die unteren Stengelblätter sind dagegen nur kurz gestielt und mit einer tief fiederteiligen Spreite versehen, während die obersten Stengelblätter schmallineal und fast sitzend sind. Die Wurzelrüben dienen roh zerrieben als Gewürz zu Fleisch und Fisch. Dabei wird aus dem Glykosid Sinigrin durch das Enzym Myrosinase das scharfe Allylsenföl abgespalten. Dieses wirkt verdauungsanregend, harntreibend und hautreizend; es wird auch in der Veterinärmedizin gebraucht. Außerdem enthalten die Wurzeln einen gasförmig-flüchtigen Stoff, der auf Bakterien wachstumshemmend bzw. tödlich wirkt. Die Kultur des Meerrettichs erstreckt sich heute über ganz Europa, Westasien, Japan, Nordamerika, Chile und Neuseeland. Ein bedeutendes Anbaugebiet für Mitteleuropa liegt im Spreewald. Für die Kultur werden entweder Stücke ausgewachsener »Stangen« oder meist noch nicht verkaufsfähige dünne Ware, sogenannte Setzer oder Fechser, verwendet. Um die daran vorhandenen Wurzelknospen zu zerstören, reibt man die Fechser vor dem Setzen kräftig mit einem Leinenlappen ab – mit Ausnahme des oberen und unteren Endes, an denen sich Blattknospen bzw. Seitenwurzeln entwickeln sollen. Sind die Pflanzen genügend gekräftigt, werden sie ausgehoben und ausgegeizt, d. h. alle Blatttriebe bis auf einen sowie etwaige Seitenwurzeln (mit Ausnahme

Die Knoblauchsrauke, *Alliaria petiolata,* strömt einen starken Knoblauchsgeruch aus.

Das Wiesenschaumkraut, *Cardamine pratensis,* ist eine auffällige Erscheinung frischer Wiesen im Frühjahrsaspekt.

der basalen) werden entfernt. Danach kommen die Pflanzen erneut schräg in die Erde, um kräftige, verkaufsfähige Ware, sogenannte »Stangen«, zu erhalten, die bereits im ersten Kulturjahr geerntet werden, da sie später zu stark verholzen.

Fast weltweit verbreitet, besonders langsam fließende Quellbäche säumend, aber auch in ausgedehnten Kulturen ist die Echte Brunnenkresse, *Nasturtium officinale,* anzutreffen. Nicht nur die etwas ungewöhnliche Art des Anbaues ist von Interesse, sondern auch die Pflanze als solche bietet interessante morphologische Eigentümlichkeiten. Außer einer Flachwasserform, deren kantiger Stengel Luftblätter mit 3 bis 4 Fiederpaaren trägt und reichlich durch Wasservögel verbreitete Samen ansetzt, kennen wir eine Tiefwasserform, deren runder, meist flutender und nicht blühfähiger Stengel einfacher gebaute Laubblätter mit höchstens 1 bis 2 Fiederpaaren aufweist. Ferner existieren noch eine bereits blühreife Jugendform, die ausschließlich die ungeteilten Primärblätter besitzt, sowie eine ausgesprochene Landform mit kantigem Stengel und meist ungeteilten Spreiten, an denen höchstens 1 bis 2 Fiederpaare auftreten. In der näheren Verwandtschaft unterscheidet man neben der diploiden Kulturform auch eine allotetraploide Sippe, *Nasturtium microphyllum,* die wahrscheinlich im gesamten Areal von *Nasturtium officinale* vorkommt, und eine triploide Sippe, *Nasturtium × sterile,* die seit dem vorigen Jahrhundert in England kultiviert wird und sich durch eine bessere Winterfestigkeit auszeichnet.

Die Kultur in Europa erfolgt jährlich neu in gedüngten, steil abgestochenen Quellwassergräben, sogenannten Klingen, mit langsam fließendem, möglichst während des ganzen Jahres gleichmäßig warmem, nicht zufrierendem Wasser. Nachdem sich die reihenweise in den Schlamm der Grabensohle gesteckten Triebspitzen bewurzelt haben, wird der Wasserstand langsam erhöht. Die Ernte der etwa 6 bis 8 cm langen Triebspitzen erstreckt sich auf die vitaminarmen Monate Oktober bis Mai. Sie kommen gebündelt in den Handel und schmecken etwas bitter, scharf, jedoch würzig; man verwendet sie als Salat, Botbelag oder zur Garnierung. Der bitter schmeckende Wirkstoff ist das in den Blättern enthaltene Phenyläthylsenföl, das durch Myrosinase aus dem Glykosid Glukanasturtiin freigesetzt wird. Vom Quadratmeter Klingenfläche können etwa 200 Verkaufsbündelchen geerntet werden. Früher war die Pflanze auch offizinell und wird noch heute zu verschiedenen Zwecken medizinisch verwendet.

Die ersten Anfänge einer Kultur sollen in Frankreich bis zum Beginn des 12. Jahrhunderts zurückreichen, als vor allem im Bereich der Klöster in den Provinzen Artois, Pas de Calais, in der Picardie sowie an der Oise und der Loire Anlagen entstanden. Berühmt und beispielgebend für die kommerzielle Nutzung besonders in England und Frankreich wurden die im 16. Jahrhundert in Dreienbrunnen bei Erfurt gebauten Anlagen. So legte 1808 Bradbury in Springhead in der Grafschaft Kent eine ausgedehnte Brunnenkressekultur an, der weitere in Hants, Dorset und Lincolnshire folgten. Cordon, ein Offizier der Armee Napoleons, baute mit Erfurter Fachkräften 1809 eine Anlage in Saint-Léonard, zwischen Senlis und Chantilly gelegen, die zum Ausgangspunkt der heutigen Kulturen nördlich von Paris wurde. Eine der jüngsten Anlagen in Europa befindet sich seit 1905 in der Schweiz, und zwar in Wynau im Kanton Bern.

Ausgedehnte Kulturen entstanden seit den dreißiger Jahren dieses Jahrhunderts auch in den USA, besonders um Martinsburg, im Westen des Staates Virginia, und um Huntsville, Alabama, wo die Brunnenkresse in Gewächshäusern ohne Wasserbeete gezogen wird.

Abschließend seien von den Arabideen noch 2 vielfach in Steingartenanlagen anzutreffende, reichblühende Polsterstauden angeführt. Das Heimatgebiet beider Gattungen ist der Mittelmeerraum bis zum Iran. Die den Namen der Tribus gebende, mehr als 100 Arten umfassende Gattung *Arabis,* Gänsekresse, mit den meist weiß blühenden, vor allem in Kultur befindlichen Arten Gartengänsekresse, *Arabis caucasica,* und Alpengänsekresse, *Arabis alpina,* sowie die in verschiedenen Blau- und Rottönen zu findende Gattung *Aubrieta,* das Blaukissen, zu der etwa 15 Arten gerechnet werden, gehören zu den beliebten Frühjahrsblühern der Gärten.

Tribus Alysseae. Die Tribus ist wie alle nachfolgenden meist durch ungeschnäbelte Schötchen charakterisiert, die vom Rücken her flach zusammengedrückt sind. In der Regel haben die Blüten nur seitliche Honigdrüsen. Noch heute findet man vielfach in Gärten das nachts veilchenartig duftende Silberblatt, auch Judassilberling oder Mondviole genannt, *Lunaria annua,* mit den purpurroten, violetten, seltener auch weißen Blüten in Kultur. Besonders auffällig ist die Pflanze zur Zeit der Fruchtreife. Die ästigen Fruchtstände mit den zahlreichen breit-elliptischen oder annähernd kreisförmigen Früchten und der stehenbleibenden, silbrig glänzenden, falschen Fruchtscheidewand werden gern zu Trockensträußen verwendet. Meist dem Mittelmeergebiet entstammen die mehr als 150 Arten des Steinkrauts, *Allysum,* von denen einige Arten öfters in Steingärten angetroffen werden. Die niedrigen Halbsträucher überziehen bereits im zeitigen Frühjahr größere Flächen mit einem Blütenflor. Einige der ostmediterranen Arten können große Mengen Nickel aufnehmen.

Erst in jüngster Zeit in Kultur genommen wurde die in den ariden Gebieten Nordameri-

Ausschnitt aus dem Fruchtstand des Wilden Silberblattes, *Lunaria rediviva*

Alyssum cucullatum, ein Steinkraut, das wie viele Vertreter der Gattung ein attraktiver Frühjahrsblüher ist, aber noch nicht oft den Weg in die Steingärten gefunden hat

Die Gartenkresse, *Lepidium sativum,* ist als Kulturpflanze weit verbreitet. Die jungen Pflanzen werden wegen ihres scharfen und etwas pfefferartigen Geschmacks roh verzehrt.

kas mit dem Entwicklungszentrum in Texas beheimatete Gattung *Lesquerella,* die etwa 40 Arten umfaßt. Vor allem ist es *Lesquerella fendleri,* auch unter der Bezeichnung »bladder-pod« (Blasenschote) bekannt, die auf trokkenen Böden in den Zentral- und Südstaaten der USA sowie in Mexiko als einjährig überwinternde Ölpflanze versuchsweise kultiviert wird. Die Hektarerträge gleichen etwa denen von Mohn und Lein im mitteleuropäischen Gebiet und betragen im Durchschnitt 11 dt/ha. Die Samen enthalten zu 20 bis 28% fettes Öl, das wiederum zu 60% aus Hydroxylfettsäure besteht.

Tribus Lepideae. Die Lepideen sind durch meist schmalwandige Schötchen gekennzeichnet, die von den Klappenrändern her zusammengedrückt sind. Meist finden wir nur seitliche, jedoch fast stets zweiteilige Honigdrüsen in den Blüten. Die namengebende Gattung *Lepidium,* Kresse, ist mit fast 150 Arten über die ganze Erde verbreitet, besonders aber ist sie in den gemäßigten und subtropischen Gebieten vertreten, während sie in den Tropen vor allem in Gebirgslagen vorkommt. Der Name *Lepidium* ist eine Verkleinerungsform von lat. lepis = Schuppe und wird auf die zusammengedrückten Schötchen bezogen. Nach der sogenannten Signaturenlehre des Mittelalters sollten diese Pflanzen vor allem als Heilmittel bei schuppenden Hautkrankheiten wirksam sein.

Weltweit in Kultur genommen und daraus wieder verwildert ist die einjährige, sehr vielgestaltige Gartenkresse, *Lepidium sativum.* Nach Auffassung von A. Thellung trat die Pflanze, ohne zunächst selbst kultiviert zu werden, als Unkraut im Lein auf. Während der Ernte-, Reinigungs- und Aussaatmaßnahmen für den Lein wurde das beigemengte Unkraut gleichzeitig auf Kulturpflanzenmerkmale selektiert, z. B. vergrößerte Früchte und Samen. Von dieser Ausgangssippe sollen sich die heutigen Kultursippen der Gartenkresse ableiten, von denen man Formen mit breiter, ungeteilter Spreite der Grundblätter und solche mit fiedrig-zerschlitzten bis gefransten und obendrein krausen Spreiten kennt. Die jungen Blätter werden roh als etwas scharf und pfefferartig schmeckender Salat sowie als Würze zur Garnierung von Speisen verwendet. Der Bitterstoff Lepidin sowie das ätherische Benzylsenföl sind die hauptsächlichsten geschmacksbildenden Stoffe der Pflanze. Außerdem enthält die Gartenkresse leicht flüchtige bakterientötende Wirkstoffe. Das Kraut ebenso wie die scharf schmeckenden, ätherisches und fettes Öl enthaltenden Samen waren früher offizinell und dienten als Antiskorbutikum sowie als Blutreinigungsmittel. Gelegentlich werden die Samen auch als Gewürz, in Äthiopien vorwiegend zur Brennölgewinnung verwertet. Der Gehalt der Samen an dem rotgelben, halbtrocknenden Öl beträgt etwa 25 %. Es wird vornehmlich in Äthiopien und Indien zu Speise-, aber auch zu Industriezwecken gebraucht.

Die Gartenkresse ist eine sehr alte Kulturpflanze. Die ältesten archäologischen Funde stammen aus Pharaonengräbern in Ägypten. Auch den Persern, Griechen und Römern war die Gartenkresse als eine beliebte Salat- und Gewürzpflanze bekannt. Die Römer brachten sie dann nach Mitteleuropa. Die Eigenschaft, besonders schnell zu keimen – und zwar mit sonst nicht sehr häufig vorkommenden dreizipfeligen Keimblättern – wurde in der Rokokozeit gern zu allerhand Spielereien verwendet, wie zu lebenden Namenzügen, Ornamenten usw.

Vorzugsweise Salzstellen und Meeresufer der gesamten nördlichen Halbkugel besiedelt die Gattung *Cochlearia,* von deren 25 Arten das öfters auch in Kulturen (so in Thüringen) anzutreffende, meist zweijährige Echte Löffelkraut, *Cochlearia officinalis,* am bekanntesten ist. Das frische Kraut wird noch heute gern als Salat oder Würze genutzt, früher wurde es, ebenso wie auch der Preßsaft, besonders von Seefahrern als wirksames Antiskorbutikum verwendet, im England des 17. Jahrhunderts war ein entsprechender Morgentrunk sehr in Mode; mitunter findet man es auch als Bienenpflanze angebaut. Der scharfe, kresseartige und etwas salzige Geschmack geht auf ein ätherisches Butylsenföl zurück, das durch Einwirkung von Myrosinase aus dem Glykosid Glucocochlearin entsteht. Conrad Geßner erwähnt bereits im Jahre 1557 Kulturen des Löffelkrautes in Brabant. In Schlesien sind sie um 1700 ebenfalls nachweisbar. Das Löffelkraut zählte damals zu den sogenannten Sodapflanzen, aus deren Kraut kohlensaures Natron durch Veraschung gewonnen wurde.

Nur 10 Arten umfaßt die in Eurasien heimische, in Nordamerika eingebürgerte Gattung *Camelina.* Als ertragssichere, an Boden und Klima sehr anspruchslose und gegen Krankheiten sehr widerstandsfähige Sommerölfrucht wird in einigen Gebieten Europas und Nordamerikas der Leindotter oder Saatdotter, *Camelina sativa,* angebaut. Nach einem starken Anbaurückgang gibt es heute in Europa wieder eine Belebung durch die Suche nach interessanten nachwachsenden Rohstoffen. Die einjährig oder überwinternd kultivierte Pflanze ist besonders frühreif. Bereits 90 bis 110 Tage nach der Aussaat, d. h. 3 bis 4 Wochen früher als beim Lein, können die Samen geerntet werden, so daß der Anbau sich besonders für die nördlicheren Gebiete eignet. Leindotter wird daher in Rußland sowie in Nordamerika speziell als Ersatz für ausgewinterten Raps angebaut. Je nach Bodenqualität beträgt der Samenertrag 10 bis 20 dt/ha, bei einem Fettgehalt von 34 %. Das schnell trocknende, etwas süß schmeckende Öl, auch deutsches Sesamöl genannt, ist dem Olivenöl gleichwertig und wird in Ost- und Südeuropa zu Speisezwecken verwendet, meist jedoch zur Bereitung besonders weicher Schmierseife oder nach Zusatz von Bleiglätte bzw. Manganborat zu langsam trocknendem Firnis verarbeitet. Der Preßkuchen ist ein gutes Viehfutter. Selbst die Pflanzenstengel können noch in der Besenbinderei genutzt werden.

Leindotter ist eine recht alte Kulturpflanze. Ähnlich wie die Gartenkresse wurde auch der Leindotter aus einer Unkrautform entwickelt.

Die Jahrhunderte währende, zunächst unbewußte Auslese der dem Lein als Unkrautsamen beigemischten Leindottersamen erbrachte schließlich in morphologischer und physiologischer Hinsicht dem Lein ähnliche Leindotterformen mit entsprechender Frucht- und Samengröße. Als man feststellte, daß in

Blühende Pflanze des Löffelkrautes, *Cochlearia officinalis.* Das frische Kraut dient als Beilage zu Salaten und wurde früher von den Seefahrern als Antiskorbutikum mitgeführt.

Fruchtstände von *Camelina sativa,* dem Leindotter, der, ursprünglich eine Unkrautpflanze in den Leinfeldern, wegen des Ölreichtums seiner Samen selbst zur Kulturpflanze entwickelt wurde

den Samen dieses Unkrautes ebenfalls reichlich Öl vorhanden ist, wurde es vom Lein getrennt und als eigene Kulturpflanze angebaut. Größere Mengen aufgefundenen prähistorischen Materials aus der La-Téne- und Hallstadtzeit (etwa 500 v. u. Z.) lassen bereits damals einen Anbau vermuten. Seit dem 15. Jahrhundert war Leindotter dann auch in Mitteleuropa mit Bestimmtheit eine weit verbreitete Ölpflanze.

Ursprünglich wohl im Mittelmeergebiet heimisch, jetzt als kulturbegleitendes Unkraut fast über die ganze Erde verbreitet und vielerorts eingebürgert, ist das Gemeine Hirtentäschel, *Capsella bursa-pastoris.* Die jungen Rosetten der sehr vielgestaltigen Pflanze werden als frischer Salat verwendet und deshalb auch kultiviert, speziell in China (dort als ch'i ts'sai bezeichnet) und in Indien. Das blühende Kraut wird auch als Tee verwendet oder zu flüssigen Extrakten und Salben verarbeitet, da von ihm eine bereits seit dem Mittelalter bekannte blutstillende Wirkung ausgeht.

Eine sehr kleine, nur 1 Art mit 3 Unterarten umfassende Gattung ist *Hutchinsia,* zu der typische Geröllpflanzen der Alpen, Karpaten und Pyrenäen gehören. Die Art *Hutchinsia alpina* ist als Steingartenpflanze verbreitet im Anbau.

Mit etwa 30 Arten ist im Mittelmeerraum die Gattung *Iberis,* Schleifenblume, vertreten, von der einige Arten beliebte Zierpflanzen in Steingärten sind. Die Blüten sind in einem gestauchten Blütenstand angeordnet, wobei die längeren Kronblätter der zygomorphen Blüten radial nach außen stehen und an den Randblüten besonders lang sind. Ähnliche Erscheinungen finden wir bei manchen Schneeballarten *(Viburnum)* und einigen Doldenblütlern, z. B. *Orlaya grandiflora.*

Die Gemskresse, *Hutchinsia,* gehört zu den beliebten Pflanzen für Steingärten.

Tribus Brassiceae. Im Gegensatz zu den beiden zuletzt erwähnten Triben der Kreuzblütler besitzen die Brassiceen geschnäbelte Schötchen bzw. Schoten. Zu ihnen gehören einige Gattungen, die große wirtschaftliche Bedeutung erlangt haben.

An erster Stelle ist die Eurasien und speziell den Mittelmeerraum besiedelnde Gattung *Brassica* zu nennen, aus der sehr verschiedene Kulturpflanzen entwickelt wurden, die in oft beträchtlichem Ausmaß als Gemüse-, Öl- und Futterpflanzen kultiviert werden.

Offenbar wurden dabei mehrere geographische Sippen der heute nicht mehr eindeutig für alle Arten bestimmbaren Ausgangsformen an verschiedenen Stellen und zu verschiedenen Zeiten in Kultur genommen. Obendrein hat man die Pflanzen nach verschiedenen Richtungen weiterentwickelt und dabei gleichzeitig ihre Nutzbarkeit gesteigert.

Die eine Selektionsrichtung zielte auf eine Steigerung des natürlichen Ölgehalts der wohl anfänglich von den Wildpflanzen gesammelten Samen ab. Bewußt getroffene Auswahl und fortgesetzter Anbau führten schließlich zur Herausbildung von speziellen »Ölpflanzen-Typen«, wie wir sie heute beispielsweise noch als Rübsen kennen. Ursprünglich wurden sie wohl zur Ölgewinnung angebaut und bildeten für die nördlichen Gebiete eine Hauptquelle des dringend benötigten Brennöls, bis man Petroleum dafür verwenden lernte.

Für die andere Ausleserichtung war weniger der Ölreichtum der Samen ausschlaggebend als vielmehr die Intensität des beim Zerreiben und Verrühren derselben auftretenden würzigen bis beißenden Geruchs und Geschmacks. Auf diese Weise wurde allmählich aus anderen, zunächst als Unkräuter auftretenden Sippen der Gattung *Brassica* der »Typ der Senf- und Gewürzpflanzen« entwickelt, wie wir ihn noch heute als Scharfen Senf, *Brassica nigra,* sowie als Russischen oder Sareptasenf, *Brassica juncea,* kultivieren.

War mit der auf Samenmerkmalen beruhenden Herausdifferenzierung der Öl-, Senf- bzw. Gewürzpflanzen deren Morphologie und Habitus gegenüber den ursprünglichen Ausgangssippen kaum oder nur geringfügig verändert worden, so trifft dies keineswegs mehr für die weiteren Selektionsrichtungen zu.

Eine dieser Entwicklungsrichtungen läßt sich an verschiedenen Orten gleichsinnig verfolgen, obwohl die entsprechenden Ausgangssippen zu unterschiedlichen Endformen führten. Dabei war das Hauptaugenmerk hier nicht auf besondere Eigenschaften der Samen, sondern auf die Beschaffenheit und Ausbildung der Wurzeln gerichtet. Unter den meist mit stärker verzweigten, festen und zähen Wurzeln versehenen Pflanzen wurden vornehmlich solche zum weiteren Ausbau und zur Vermehrung gesucht, deren Wurzeln dikker als die der übrigen waren. Durch fortgesetzten Anbau derartiger Sippen bei entsprechend günstigen Anbau- und Pflegemaßnahmen konnte allmählich eine Abänderung der ursprünglichen derb-holzigen Wurzeln erzielt werden, die schließlich zur Herausbildung von Pflanzen mit fleischigen, kompakten und unverzweigten »Wurzelrüben« führte. Solche Sippen liegen uns heute in den verschiedenen Rapa- und Napus-Rüben vor, die man das ganze Mittelalter hindurch bis weit ins 19. Jahrhundert hinein nicht zu unterscheiden lernte.

Eine weitere Selektionsrichtung betraf weder die Samen noch die Wurzeln, sondern die Blätter der Ausgangsformen. Welche Mannigfaltigkeit hierbei durch Zuchtwahl schließlich erreicht werden konnte, wird uns bei der Besprechung der Untersippen des »Gemüsekohls«, *Brassica oleracea,* noch deutlich werden. Auch hier dürften verschiedene geographische oder Untersippen des vorzugsweise an den Küsten des Mittelmeeres sowie des Atlantiks verbreiteten und als Ausgangsform zu betrachtenden Wildkohles für die Herausbildung der Vielfalt an Gemüsekohlen herangezogen worden sein, nachdem sich die ursprünglich von Wildpflanzen gesammelten, etwas fleischigen, mitunter sogar mehr oder weniger behaarten Blattspreiten – in einigen Fällen wohl auch die Blattstiele – als schmackhaft und zum Verzehr geeignet erwiesen hatten.

Nach diesen Vorbemerkungen über die hauptsächlichsten Differenzierungsrichtungen, die innerhalb der Gattung *Brassica* nachweisbar sind, sollen nun einzelne ihrer Arten einschließlich der Nutzung und der Geschichte ihrer Kultur näher besprochen werden.

Als wesentlichste Ölpflanzen, aber auch als Blatt- und Rübenpflanzen, werden in Mitteleuropa *Brassica napus,* der Raps, auch Reps, Kohlsalat (Kolsa) oder Ölsaat genannt, und *Brassica rapa,* der Rübsen, kultiviert. Beide Arten sind einander recht ähnlich, unterscheiden sich aber außer in der Blattfärbung hauptsächlich durch den Aufbau des Blütenstandes. Während dieser beim Raps deutlich verlängert ist und die Blütenknospen die bereits geöffneten Blüten meist eindeutig überragen, hat der Rübsen einen mehr gestauchten, doldentraubigen Blütenstand, bei dem umgekehrt die geöffneten Blüten höher als die Knospen stehen. Von beiden Arten kennen wir als Öltypen ausgesprochen einjährige Sommerformen, deren Vegetationszyklus innerhalb eines Kalenderjahres abgeschlossen wird, neben sogenannten Winterformen, deren Zyklus sich über 2 Kalenderjahre erstreckt, wobei man die Aussaat im Herbst des einen und die Ernte im Sommer des folgenden Jahres vornimmt.

Brassica napus ist nicht im Wildzustand, sondern ausschließlich aus Kulturen bekannt und nur gelegentlich daraus verwildert anzutreffen. Sehr wahrscheinlich ging die heutige Art als Amphidiploid aus der vermutlich im Mittelmeergebiet erfolgten spontanen Kreuzung von *Brassica oleracea* mit *Brassica rapa* hervor, wie sich durch Kreuzungsexperimente belegen läßt. Hierauf deutet auch die Chromosomenzahl von $n = 19$ für *Brassica napus* hin, die bei *Brassica oleracea* $n = 9$ und bei *Brassica rapa* $n = 10$ beträgt. Bei den Öltypen des Rapses werden 2 besondere Formen unterschieden, Sommer- und Winterraps. Besonders vom Winterraps sind sehr ertragreiche Kultursorten bekannt, bei denen in letzter Zeit auch die Qualität der Inhaltsstoffe wesentlich verbessert werden konnte, um das Öl für die Ernährung besser geeignet zu machen. Gegenüber dem Rübsen ist der Raps kälteempfindlicher und wintert in Mitteleuropa in strengen und schneearmen Wintern oft aus.

Die für Indien angegebenen sogenannten Ölrapssippen gehören nach neueren Erkenntnissen zum Rübsen.

Raps zählt zu den wichtigsten Ölpflanzen Mitteleuropas. Hauptanbaugebiete sind Rumänien, Rußland, Frankreich, Belgien und Deutschland. Die Samen enthalten bis zu 42% fettes, nicht trocknendes und schwer verseifbares Öl, das früher vor allem als Brennöl und zur Bereitung chinesischer Tusche verwendet wurde. Heute ergibt es durch Raffination ein sehr geschätztes Salat- und Speiseöl, das auch zur Herstellung von Margarine und weichen Seifen sowie zum Fetten von Wolle und Leder Verwendung findet. Die Preßrückstände bilden ein gutes Kraftfutter für Milchvieh. Raps ist außerdem eine gute Bienenfutterpflanze und wird auch gern als Grün- oder Silagefutter genutzt. Selbst die abgeernteten Pflanzenstrünke werden noch weiter verwendet; in Italien dienen sie u. a. als Unterlage zum Einspinnen der Seidenraupen.

Werden schon junge Blätter des Raps gelegentlich im Frühjahr unter der Bezeichnung Scheerkohl auch als Gemüse genutzt, so wurde für diesen Zweck obendrein eine spezielle Sippe des Rapses als Blattgemüse entwickelt. Unter dem Namen Schnittkohl – wissenschaftlich var. *pabularia* – wird diese Sippe in einigen Landstrichen gern angebaut. Die an sich zweijährigen Pflanzen haben gegenüber dem Raps einen etwas verkürzten Blütenstengel, und die Blätter werden bereits in der ersten Vegetationsperiode, vornehmlich im zeitigen Frühjahr, geschnitten; sie sind oft zerschlitzt oder kraus, grün, rot bis violett gefärbt.

Größere wirtschaftliche Bedeutung als dem Schnittkohl kommt einer weiteren Varietät des Rapses zu, deren Wurzeln sich durch eine besonders starke parenchymatische Entwicklung ihres sekundären Dickenzuwachses bei nur gering verholztem Xylemanteil auszeichnen. Unter der Bezeichnung Kohl- oder Steckrüben, mancherorts auch Wruken genannt, sind diese großen, weiß- oder meist gelbfleischigen Rüben bekannt. Ihr Hauptanteil sind die Wurzeln, während zur Bildung des Rübenkopfes, der durch das Fehlen der Seitenwurzeln bzw. ihrer Vernarbung gekennzeichnet ist, das Hypokotyl sowie der Basalabschnitt des Sprosses mit einbezogen werden. Diese als Unterart *napobrassica* zusammengefaßten Rüben dienen, als Kochgemüse zubereitet, sowohl der Ernährung des Menschen als auch in Form roher Schnitzel vornehmlich der Fütterung des Milchviehs.

Wie weit die Kultur der Kohlrüben zurückreicht, läßt sich nicht mit Sicherheit angeben, da jahrhundertelang die verschiedenen Rübenpflanzen nicht streng voneinander unterschieden wurden. Jedenfalls kannten bereits die Römer *Brassica*-Rüben, wenn auch – verglichen mit den heutigen Sorten – deren Qualität und Ausmaße noch relativ gering waren. Im Gegensatz zum Raps ist vom Rübsen die Wildform bekannt (ssp. *oleifera*), die man jedoch von den aus Kulturen verwilderten Pflanzen nicht sicher unterscheiden kann. Daher ist das ursprüngliche Wildareal heute nicht mehr genau zu umgrenzen. Wahrscheinlich war es mediterran-atlantisch, während Rübsen als Unkraut heute mediterran-eurasiatisch angetroffen wird und als Kulturpflanze in allen gemäßigten Klimaten, selbst in Japan, zu finden ist, so daß eine Inkulturnahme an den verschiedensten Orten durchaus möglich erscheint. Über den Beginn des Anbaus ist wie beim Raps nichts sicheres auszumachen, obwohl beide Pflanzen bereits den Römern bekannt waren. Ein feldmäßiger Anbau ist für die Niederlande im Jahre 1696 belegt, etwas später auch für Gebiete Mitteleuropas.

Ebenso wie beim Raps wurde das früher vornehmlich für Beleuchtungszwecke verwertete, heute jedoch wie das Rapsöl weiter verarbeitete Rüböl ursprünglich aus von Wildpflanzen gesammelten Samen gewonnen, ehe man dazu überging, einen speziellen Anbau durchzuführen.

Samenfunde aus bronzezeitlichen Gräbern sind dahingehend zu deuten. Der Typ des Ölrübsens unterscheidet sich kaum von der Wildform. Er hat eine dünne, holzige Wurzel. Obwohl der Ölgehalt der Samen etwas geringer als beim Raps ist, bietet Rübsen den Vorteil, daß die Samen 10 bis 14 Tage früher reifen. Deshalb können die Pflanzen noch in rauheren und nördlichen Lagen angebaut werden und ergeben auch auf leichteren Böden gute Erträge. Analog zu Verhältnissen beim Raps werden ein Sommerrübsen und ein Winterrübsen unterschieden. Der Sommerrübsen eignet sich zum Anbau auf Moorböden.

Am Niederrhein werden die jungen Blätter und Blattstiele auch gern unter der Bezeichnung »Rübstiel« als Gemüse im zeitigen Frühjahr genossen. Botanisch faßt man Sommer- und Winterrübsen mit der Wildform zusammen und stellt sie der Unterart *rapa* gegenüber, die sich durch fleischig verdickte Rübenwurzeln auszeichnet. Die Unterart *rapa* zeigt in Größe, Form, Belaubung und Farbe beträchtliche Unterschiede und wird allgemein als Wasserrübe, Weiße oder Herbstrübe, auch Turnip

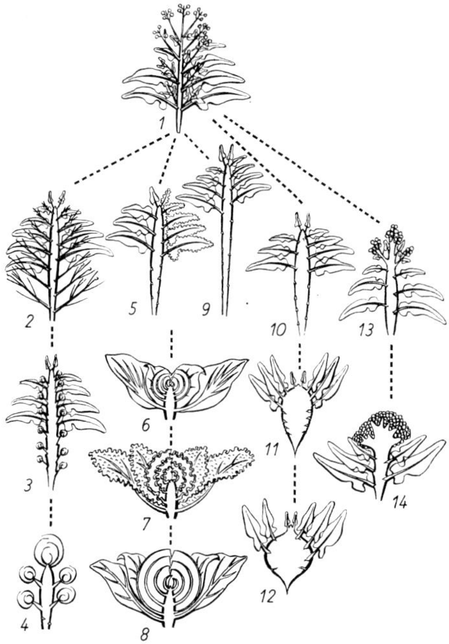

Schematische Darstellung der Entwicklungstendenzen innerhalb der Sippe *Brassica oleracea*. 1 Wildkohl. Fig. 2 bis 4 convar. *oleracea*. 2 Strauchkohl, 3 Rosenkohl, 4 Vielköpfiger Kohl. Fig. 5, 9 bis 12 convar. *acephala*. 5, 9 Blätter- oder Kuhkohl mit unterschiedlicher Achsenlänge, 10 Markstammkohl, 11 Strunkkohlrabi, 12 Kohlrabi, Fig. 6 bis 8 convar. *capitata*. 6 Tronchuda- oder Rippenkohl, 7 Wirsing, 8 Kopfkohl (Weißkohl, Rotkohl). Fig. 13, 14 convar. *botrytis*, 13 Brokkoli oder Spargelkohl, 14 Blumenkohl

oder Stoppelrübe bezeichnet. Als Nachfrucht nach Getreide, sogenannte Stoppelfrucht, wird sie gern angebaut, da sie im kühlen, feuchten Herbstwetter besonders gut gedeiht. Während die größeren, weißfleischigen, entweder langen oder mehr kugeligen Rüben als Viehfutter dienen, werden die kleineren, weiß- oder gelbfleischigen Rüben als Gemüse gegessen. Letztere bezeichnet man auch als Zwergrüben, die, jeweils mit speziellen Geschmackseigenschaften versehen, als Lokalsippen unter Eigennamen bekannter geworden sind, z. B. die zylindrische braune Hettinger Rübe, die spindelförmige braune bis schwärzliche Teltower Rübe sowie einige weitere asiatische und japanische Rüben, die bereits im Jahr 1928 von N. E. Sinskaja beschrieben wurden.

Vom Gemüse- oder Gartenkohl, *Brassica oleracea*, ist durch züchterische Maßnahmen eine außerordentlich große Vielfalt an morphologisch recht unterschiedlichen Sippen hervorgebracht worden, und die Mehrzahl seiner Taxa ist in einer auch physiologisch gut differenzierten Sortenmannigfaltigkeit fast weltweit verbreitet. Nur für einige wenige Sippen, wie den Riesenkohl, Tronchudakohl und Palmkohl, blieb das Anbaugebiet bisher mehr oder weniger beschränkt; andere wiederum besaßen, wie die Federkohle, in früheren Jahrhunderten einen heute verlorengegangenen größeren Anbauwert als Schmuck- und Zierstauden.

Die Wildform des Gartenkohls kommt noch heute in mehreren Sippen an den Küsten und auf den Inseln des Mittelmeergebietes sowie den atlantischen Küsten Europas von der Girondemündung bis Südengland vor (vgl. im Schema Nr. 1). Sowohl der Wildkohl als auch alle seine Kultursippen gehören zu den Arten der Gattung *Brassica* mit n = 9 Chromosomen. Bereits der Formenkreis der Wildsippen von *Brassica oleracea* ist vielgestaltig. Die als höhere oder niedere Halbsträucher meist mit leierförmigen Basalblättern entwickelten Sippen sind oft weiträumig verbreitet und haben die Neigung, geographische oder Lokalrassen zu bilden, die heute meist als selbständige Arten aufgefaßt werden. Die Vielfalt der Ausgangssippen sowie die zahlreichen Möglichkeiten einer Variabilität und Bastardierung erklären weitgehend die außergewöhnliche Vielfalt daraus hervorgegangener, morphologisch recht unterschiedlicher Gartenkohlsippen, die sicherlich zu verschiedenen Zeiten und an verschiedenen Orten vor sich ging, wobei Parallelvariationen und Konvergenzbildungen nicht selten waren, so daß der jeweilige Anteil einer bestimmten Wildsippe an der Bildung dieser oder jener Kulturform heute kaum noch genauer feststellbar ist. Äußerungen über die Abstammung einzelner Kultursippen von irgendeiner bestimmten, namhaft gemachten Wildsippe gründen sich meist nur auf Einzelmerkmale und sind nicht viel mehr als bloße Vermutungen der betreffenden Autoren. Zusätzlich kommen nicht selten Merkmalsintrogressionen von rezenten Wild- in Kulturformen und umgekehrt vor. Damit werden die Interpretationen zur Abstammung noch erschwert.

Die morphologischen Abwandlungen der Kultur- gegenüber den Wildsippen beziehen sich einerseits auf die Sproßachse, und zwar die Haupt- und Seitenachsen einschließlich der Blütenstandsachsen. Andererseits ist die vermehrte Anzahl, Form und Beschaffenheit der Laubblätter und ihr ungewöhnlich langes Verharren in der Knospenlage zu erwähnen. Drittens schließlich muß mit Veränderungen an den Blütenstandsachsen auf fleischige Deformation der Blüten bei gleichzeitigem, mehr oder weniger weitgehendem Verlust der Fertilität hingewiesen werden. Trotz der Mannigfaltigkeit der Kulturformen sind bei *Brassica oleracea* übereinstimmend diejenigen Organe kaum oder höchstens geringfügig verändert, die nicht genutzt werden, beispielsweise Schoten, Samen und Wurzeln. Was zunächst die Variationsmöglichkeiten an den Sproßachsen anbelangt, so können sich diese in verschiedener Hinsicht äußern. Steigerung des Ausmaßes der seitlichen Verzweigung während der vegetativen Phase führt zum Habitus der reicher verzweigten Gartenstrauchkohle oder Buschkohle (var. *racemosa*) (vgl. im Schema Nr. 2). Heute werden derartige Pflanzen, obwohl sie zu den ältesten Kulturkohlen zählen, nur noch wenig kultiviert und bleiben lediglich auf lokale Anbaugebiete beschränkt; so werden sie vorwiegend als Futterkohle in Neuseeland und Kanada angebaut. Junge Sprosse dieser Pflanzen verwendet man auch als frühzeitiges Kohlgemüse. Sind umgekehrt die seitlichen Verzweigungen völlig unterdrückt, so entstehen einachsige Pflanzen, wie wir sie von der großen Sippe der Blätterkohle (convar. *acephala*) her kennen (vgl. im Schema Nr. 5, 9), wobei die Länge der Achsen innerhalb der einzelnen Sorten wiederum zwischen sehr hoch, mittelhoch und niedrig variieren kann und sich eine weitere Gliederung nach der Ausprägung, Form und Beschaffenheit der Blattspreiten anbietet.

Morphologisch eine Mittelstellung zwischen reichlicher seitlicher Verzweigung und ihrer völligen Unterdrückung nehmen jene Formen an, bei denen die seitlichen Verzweigungen wohl angelegt werden, jedoch nicht typisch zur Ausbildung kommen, weil die beblätterten Seitenachsen weiterhin im Knospenzustand – zumindest während der vegetativen Entwicklungsphase – verharren. Dieser Fall liegt bei den Rosenkohlen, auch Sprossen- oder Brüsseler Kohl genannt (var. *gemmifera*), vor. Rosenkohl ist eine der jüngsten Kohlsippen und erst seit der Mitte des 18. Jahrhunderts, zuerst in Belgien, nachweisbar (vgl. im Schema Nr. 3).

Typischer Vertreter der Sippe der einachsigen Blätterkohle ist der Blatt-, Stauden- oder Kuhkohl mit flach ausgebreiteten mehr oder weniger fiederlappigen Blattspreiten (var. *viridis*) (vgl. im Schema Nr. 5, 9). Hier sind auch die sehr ähnlichen, relativ hitzeverträglichen, in den Südstaaten der USA angebauten sogenannten »Collards« zu nennen. Ferner ist der Riesenkohl, auch als Jerseykohl (f. *exaltata*) bezeichnet, nach seinen ausschließlichen Anbauorten in der Normandie und auf den Kanalinseln Guernsey und Jersey benannt, zu erwähnen. Er entwickelt, durch enges Pflanzen, öfteres Abblatten und reichliche Feuchtigkeit

Der buntblättrige Zierkohl, der in Ostasien über eine lange Anbautradition verfügt, setzt sich jetzt auch mehr in Europa durch.

unterstützt, 3 bis 5 m lange, unverzweigte und verholzende Achsen, die sehr leicht sind und zu Spazierstöcken verarbeitet werden oder als Stangen und Dachsparren Verwendung finden.

Noch in den achtziger Jahren des vorigen Jahrhunderts waren Zierrabatten sehr beliebt, die mit dem in der Renaissancezeit in größerer Formenmannigfaltigkeit noch weit mehr verbreiteten, etwas frostresistenten, heute noch in Japan zu findenden Feder-, Petersilien- oder Plumagekohl (var. *selenisia*) bepflanzt waren. Dessen Blattspreiten haben mehr oder weniger breite, fransen- bis federartige, außerdem oft gedrehte Einschnitte und kommen in grünen, blauen und roten Farbtönen sowie mit Panaschierungen vor; letztere sind noch heute in Japan sehr beliebt und beginnen sich auch wieder in Europa auszubreiten.

Eine weitere Verbreitung hat der Grün-, Braun- oder Krauskohl (var. *sabellica*) gefunden. Die an hohen, mittelhohen oder niedrigen Achsen befindlichen zahlreichen Blattspreiten zeichnen sich durch ein ungewöhnlich starkes Dickenwachstum ihres Randes aus. Indem der flach und unverändert bleibende Zentralabschnitt der Blattspreiten von den stark wellig ausgedehnten Randpartien völlig überdeckt wird, erweckt jedes Blatt als Ganzes einen gekräuselten Eindruck.

Ein weiterer Blattkohl ist der besonders in Norditalien anzutreffende Palmkohl (var. *palmifolia*). Bei den mit langen Stielen versehenen palmblattartig herabgebogenen, dunkelgrünen Blättern sind die Blattflächen zwischen den Blattnerven (die Intercostalfelder) durch verstärktes Wachstum, an dem die Nervenpartien keinen Anteil haben, blasig aufgetrieben.

Besitzen die bisher erwähnten Strauch- und Blätterkohle ebenso schlanke und stark verholzte Stengel, wie sie der Wildkohl aufweist, so entstanden in der Kultur auch Sippen, deren Achsen weitgehend parenchymatische Verdickungen zeigen und dadurch eine Nutzung für die menschliche und tierische Ernährung ermöglichen. So hat beispielsweise der Markstammkohl (var. *medullosa*) keulenartig verlängerte, etwa armstarke Achsen von recht fleischiger Beschaffenheit (vgl. im Schema Nr. 10). Neben den Blättern wird hier auch der Stengel genutzt; beides wird besonders dem Milchvieh in Form von Schnitzeln, frisch oder eingesäuert, dargeboten. Bei dem allgemein bekannten Kohlrabi (var. *gongylodes*) (vgl. im Schema Nr. 12) hingegen ist die Sproßachse wohl ebenfalls parenchymatisch verdickt, jedoch auffallend gestaucht. Dies ist an den gedrängt ansitzenden Blättern kenntlich. Die allmähliche Herausdifferenzierung der heute vorwiegend angebauten runden bis plattrunden Kohlrabisippen über den sogenannten Strunkkohlrabi mit verkürzter Keulenform (vgl. im Schema Nr. 11) hinweg läßt sich vom 16. Jahrhundert an bis heute anhand der von den Vätern der Botanik in ihren Kräuterbüchern überlieferten Abbildungen gut verfolgen.

Die Kopfkohle (convar. *capitata*) (siehe im Schema Nr. 6–8) haben zwar ebenfalls gestauchte, jedoch stark verholzte Achsen, an denen die ansitzenden Blätter – zumeist diejenigen der Apikalregion – sich nicht voll entfalten, sondern noch längere Zeit in der Knospenlage verharren. Indem sie mit ihren Spreiten mehr oder weniger dicht und fest übereinandergreifen, bringen sie kopfförmige Bildungen hervor, wie sie jedem vom Weiß- und Rotkohl bekannt sind. Die Sippe der Kopfkohle ist morphologisch recht einheitlich, und die 3 hierher zu stellenden Varietäten unterscheiden sich lediglich durch spezifische Gestaltung ihrer Laubblattspreiten.

An den Anfang, gleichsam eine Überleitung zu den Kopfkohlen bildend, dürfte der in Portugal sowie auf den Bermudas kultivierte Tronchuda-, Rippen- oder Portugiesische Kohl (var. *costata*) zu stellen sein (vgl. im Schema Nr. 6). Als besondere Delikatesse werden hier speziell – ähnlich wie beim Stielmangold – die verdickten Blattstiele und basalen Blattrippenverflachungen genossen. Während die basalen Blätter des Tronchudakohles noch deutliche Stiele tragen, sind die oberen Stengelblätter bedeutend kürzer gestielt; außerdem deuten sie durch Zusammenneigen und Verharren in der Knospenlage bereits eine lokkere Kopfbildung an.

Durch weitgehendes Übereinanderlagern der kopfbildenden Blätter bei entsprechend verkürzten Stengelinternodien unter Beibehaltung der Knospenlage entstehen feste bis sehr feste Köpfe, wie wir sie sowohl vom Wirsing oder Savoyer Kohl (vgl. im Schema Nr. 7) als auch vom Weiß- oder Rotkohl (vgl. im Schema Nr. 8) kennen. Bei der zuerst genannten Varietät, der var. *sabauda,* sind die Blattspreiten, ähnlich wie beim Palmkohl, durch stärkeres Dilatationswachstum der Partien zwischen den Blattrippen ausgesprochen blasig-runzelig, so daß noch kein fester Zusammenschluß der Kopfblätter entstehen kann, wie es bei den Weiß- und Rotkohlen (var. *capitata*) der Fall ist, deren völlig glatte Laubblätter eine dichte Aufeinanderlagerung gestatten. Dabei entwickeln sich in beiden Varietäten gleichsinnig mehrere Kopfformen. Der natürlichen Knospenform noch recht nahe steht durch Verbreiterung der Basispartie die sogenannte Ochsenherz-Kopfform, die zur Ei- und Ovalform überleitet, aus der schließlich über Hochkugel- und Ballon- die typische Kugel- sowie die Plattkugelform hervorgehen können. Zu diesen morphologischen Merkmalen und der unterschiedlichen Kopfgröße treten noch physiologische Merkmale hinzu, z. B. unterschiedliche Schnittreife und Frosthärte. Kopfkohle sind für Mitteleuropa mit Bestimmtheit seit der Hohenstaufenzeit nachweisbar. Besondere Anbau- sowie Züchtungszentren sind u. a. die Niederlande und Dänemark.

Weder die modifizierten Sproßachsen noch die Laubblätter, sondern ausschließlich die umgebildeten dickfleischigen Blütenstände werden von den Blumenkohlen im weiteren Sinne genutzt (convar. *botrytis*) (vgl. Schema S. 73, Nr. 13, 14). Man unterscheidet hier zweierlei Typen, die gleichsam die stufenweise erfolgte Modifizierung aus ursprünglicheren Wildkohlblütenständen widerspiegeln. Noch keine alleinige endständige kompakte »Blume« bilden die Spargelkohle aus, auch Sprossenbrokkoli oder verzweigter Brokkoli genannt (var. *italica*) (vgl. im Schema S. 73, Nr. 13).

Ihr Blütenstand besteht noch aus einzelnen verlängerten, jedoch bereits spargelartig fleischig verdickten Blütenstandsästen mit noch völlig fertilen Blütenknospen. Ähnliche, nur kleinere und schwächere Teilblütenstände bilden sich fast regelmäßig auch in den Achseln der basalen Laubblätter. Spargelkohl wird bevorzugt in Gegenden mit mildem Klima angebaut; die heutigen Sorten sind ebenso wie die des Blumenkohls im engeren Sinne im Gegensatz zu den bisher erwähnten Sippen von *Brassica oleracea* einjährig und eignen sich sehr gut zum Einfrosten. Brokkoli ist heute ein gern verwendetes Gemüse und gleichzeitig eine gute Vitaminquelle (Vitamin C und A). Als Heimatgebiet dürften Süditalien und die Levante in Betracht kommen.

Bei den Blumenkohlen im engeren Sinne (var. *botrytis*) (vgl. Schema S. 73, Nr. 14) wird nur eine einzige endständige sogenannte »Blume« anstelle des Blütenstandes entwikkelt. Die sie bildenden Blütenstandsäste sind hier sehr gestaucht, wie beim Spargelkohl fleischig verdickt und zu der bekannten kopfartigen Bildung zusammengedrängt, an der die Blüten in der überwiegenden Mehrheit rudimentär bleiben und ebenfalls fleischig degenerieren. Im Altertum und im frühen Mittelalter war der Blumenkohl – zumindest in seiner heutigen Gestalt – unbekannt. Die bisher früheste bekannte Abbildung stammt von Matthias de Lobel (Lobelius) aus dem Jahre 1576.

Außer den bisher erwähnten und aus europäischer Sicht bedeutendsten Kulturformen des Raps, des Rübsen und der Gartenkohle, umfaßt die Gattung *Brassica* weitere Sippen, die gleichfalls in mehr oder weniger großem Umfang angebaut und genutzt werden. Gerade in der Zeit nach dem Zweiten Weltkrieg wurde der Anbau des ursprünglich auf China, Japan und Korea beschränkten Pekingkohles, *Brassica rapa* ssp. *pekinensis,* der, wie der botanische Name zeigt, in die engere Verwandtschaft des Rübsen, *Brassica rapa,* gehört, auch auf Europa ausgeweitet. Bei der bekanntesten Form dieser Art treten die 30 bis 60 cm langen, ungegliederten, mit breiter, heller Mittelrippe versehenen und etwas blasigen Blattspreiten durch lockeres Umgreifen der älteren um die nächstjüngeren zu walzen- oder granatenförmigen Bildungen zusammen (var. *glabra*). Sie ergeben sowohl einen wohlschmeckenden, frisch zu verzehrenden Salat als auch ein gutes Kochgemüse.

Im Gegensatz hierzu ist die ebenfalls unter dem Sammelbegriff »Chinakohl« bezeichnete, als Spätherbst- und Wintergemüse sowie als Zweitfrucht besonders geeignete Sippe *Brassica rapa* ssp. *chinensis,* ebenfalls mit dem Rübsen in einer Art zusammengefaßt, außerhalb Ostasiens kaum als Kulturpflanze bekannt. Sie ist habituell dem Stielmangold recht ähnlich und wird auch als Blatt- und Blattstielgemüse verzehrt. Als eine alte Kulturpflanze Chinas ist sie dort Bestandteil der täglichen Gemüsesuppe, zu der sie auch getrocknet und eingesalzen verwendet wird.

In Zentral-, Ost- und Südasien ist der Indische oder auch Russische Rüben- oder Sareptasenf, *Brassica juncea,* eine der wichtigsten Ölpflanzen tropischer und subtropischer Gebiete und seit langem in Kultur. Von diesen Hauptanbaugebieten drang er bis Südrußland, Italien, Marokko und das tropische Westafrika vor. Von dort gelangte er mit dem Sklavenhandel in die Neue Welt, besonders den karibischen Raum. Die ziemlich großen Samen, meist geschält als gelbe oder zimtbraune Rasse im Handel, enthalten etwa 40% Allyl- und 50% Crotylsenf und werden zu Öl und Senf verarbeitet. Junge Pflanzen des Sareptasenfes und bestimmte in Ostasien in großer Formenmannigfaltigkeit anzutreffende Varietäten werden besonders in China als Gemüse verwendet. Dabei zeigen sich als interessante Parallelvariationen zu den bisher besprochenen Arten auch Formen mit Wurzelrüben, die als Wurzelgemüse Verwendung finden. *Brassica juncea* ist keine ursprüngliche Art, sondern als Amphidiploid aufzufassen, der aus *Brassica nigra* (n = 8) und *Brassica rapa* (n = 10) hervorgegangen sein dürfte, wobei die Vielgestaltigkeit der Pflanzen und ihrer Samen eine mehrmalige Entstehung an verschiedenen geographischen Orten vermuten läßt.

Verschiedene Wuchsformen des Pekingkohles, *Brassica pekinensis.* Fig. 1, 2 in Form aufstrebender Rosetten, Fig. 3 bis 7 in Form mehr oder weniger geschlossener Kopfbildungen mit unterschiedlicher Längsachse, 8 die in Mitteleuropa bekannte Granatenform

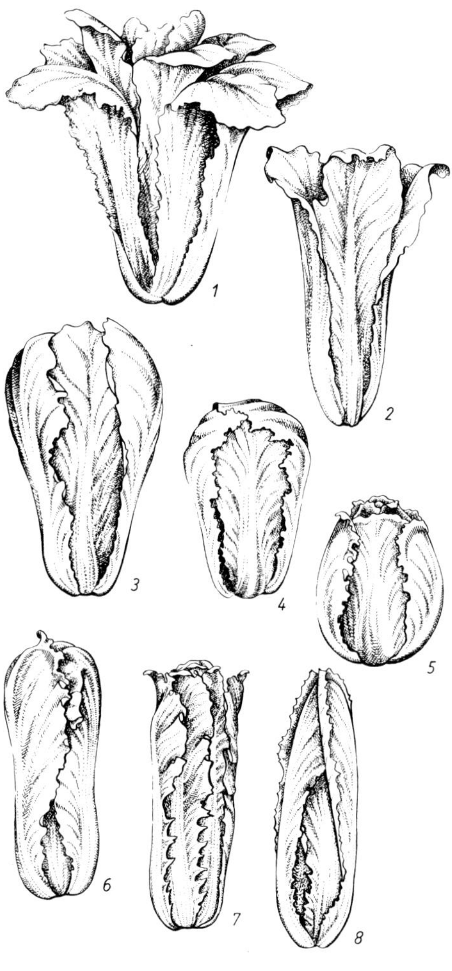

Durch Kultur und wegen der nicht platzfesten Schoten vielerorts verwildert, fast über die gesamte Erde verbreitet, ist der Schwarze Senf, *Brassica nigra,* der auch als Roter, Brauner, Französischer oder Holländischer Senf bezeichnet wird. Die Nebennutzung als Bienennahrung, Futter- oder Gründüngungspflanze tritt stark hinter der Verwendung der Samen als Gewürz zurück. Diese werden entweder ganz oder geschält in Marinaden oder in bedeutenderem Umfang gemahlen unter Zusatz von Wasser, Essig, Zucker und anderen Gewürzen zu Senf bzw. Mostrich weiterverarbeitet. Nicht unerwähnt darf auch die medizinische Nutzung in Form von entfettetem Senfmehl, Senfpapier und Senfspiritus bleiben, die als wirksame Hautreizmittel und Antirheumatika angewendet werden. Die Samen enthalten zu etwa 30% ein mild schmeckendes fettes Öl sowie das Glykosid Sinigrin, aus dem Allylsenföl durch enzymatische Spaltung frei wird. Seit dem Zweiten Weltkrieg hat jedoch der leichtere Anbau des Sareptasenfes die Bedeutung des Schwarzen Senfes als Gewürzpflanze immer stärker zurückgedrängt.

In den Hochländern von Äthiopien und Eritrea sowie Usambara findet man bis zu 4000 m Höhe ansteigend Kulturen und daraus verwilderte Pflanzen von *Brassica carinata,* dem Abyssinischen Kohl oder Abyssinischen Senf. Während die Samen mit 35 bis 38% Ölgehalt zu Öl verarbeitet werden, das als »Ethiopian rape« im Handel ist, verwendet man die zarten Sprosse und Blätter gern als Gemüse. *Brassica carinata* ist ebenfalls ein Amphidiploid, allerdings mit den Genomen von *Brassica nigra* und *Brassica oleracea.*

Zu den Brassiceen gehört auch die Gattung *Sinapis,* die mit etwa 10 Arten hauptsächlich im Mittelmeergebiet verbreitet ist. Neben dem als Unkraut weit verschleppten Ackersenf, *Sinapis arvensis,* hat als Kulturpflanze vor allem der Weiße Senf, *Sinapis alba,* Bedeutung. Ursprünglich wohl im östlichen Mittelmeerraum beheimatet, wird er jetzt in fast allen Ländern der gemäßigten Zone angebaut. Neben der Nutzung als Futter-, Heil und Gewürzpflanze gilt er vor allem als eine sichere Sommerölfrucht, die nur die kurze Vegetationszeit von 95 bis 105 Tagen bis zur Ernte benötigt und dabei, je nach Bodenverhältnissen, einen Ertrag von 8 bis 16 dt/ha Samen bringt. Letztere enthalten neben dem Glykosid Sinalbin 25 bis 35% fettes Öl, das als Speise-, Schmier- und Brennöl sowie zur Seifenherstellung Verwendung findet. Außerdem werden die Samen, ebenso wie die des Scharfen Senfes, als Gewürz in der Küche und Konservenindustrie gebraucht und auch zur Bereitung von Tafelsenf und zu medizinischen Präparaten verarbeitet. *Sinapis alba* ist eine alte Kulturpflanze der Mittelmeerländer, Westeuropas und Ostindiens. Die Kultur wurde bereits zur Zeit der Sumerer nachgewiesen, in Europa ist die Pflanze seit dem frühen Mittelalter als Würz- und Heilpflanze eingeführt.

Besonders im Südwestabschnitt des Mittelmeerraumes befindet sich das Verbreitungsgebiet der nur aus 6 Arten bestehenden Gattung *Eruca.* Unter den Bezeichnungen Gartenrauke, Ölrauke oder Senfkohl wird *Eruca sativa* bis Afghanistan, Turkestan und in der Mongolei angebaut. Vermutlich handelt es sich hier ebenfalls um ein in Kultur genommenes, ursprüngliches Unkraut des Leines. Die Gartenrauke ist recht variabel hinsichtlich ihrer Größe, Behaarung sowie Beschaffenheit der Frucht. Sie wird als Salat-, Senf-, Öl- und Bienenweidepflanze genutzt. Aus den Samen bereitet man entweder einen scharfen aber etwas widerlich riechenden Senf, wie er speziell in Südfrankreich, Spanien, Griechenland, Iran und in Indien gebräuchlich ist, oder sie dienen zur Gewinnung des sogenannten Kolza-Öles, auch Jamba oder Taramira genannt, das in Ostindien, Turkestan und im Hindukusch als Speise- und Leuchtöl sowie als Haarfett gebraucht wird. Früher war es auch Heilmittel (Diuretikum, Antiskorbutikum, Stimulans und Aphrodisiakum); noch heute ist es in Asien vor allem in der Tierheilkunde im Gebrauch. Die Preßrückstände ergeben ein hochwertiges Futter für Milchvieh, Pferde und Kamele.

Der Anbau läßt sich bis ins griechische und römische Altertum zurückverfolgen. Bereits damals war *Eruca sativa* bei den Griechen und vor allem den Türken als Heil-, Salat- und Würzpflanze sehr beliebt. Obwohl sie bereits Albertus Magnus im Garten pflegte, wurde sie in Mitteleuropa vermutlich erst im 16. Jahrhundert allgemeiner angebaut, z. B. um Genf, Basel und an verschiedenen anderen Orten. In zahlreichen Kräuterbüchern ist die Ölrauke abgebildet und in ihrer Wirkung sowie Verwendung beschrieben; gleichzeitig war sie auch eine beliebte Gartenblume. Während die Rauke in Südfrankreich, Spanien, Iran und in Indien vorwiegend als Würzpflanze bekannt und in Kultur ist, wurde durch die Deutsche Hindukusch-Expedition 1935 für Mitteleuropa erneut das Augenmerk auf *Eruca sativa* als Ölpflanze gelenkt. Hier wie in den USA und in Rußland wurde sie in die Untersuchungen zur Schaffung neuer Ölquellen für die Ernährung des Menschen und zur technischen Nutzung einbezogen. Ein Versuchsanbau als Sommerölfrucht erwies sich jedoch zumindest für Süddeutschland mit einem Hektarertrag von 12 bis 14 dt/ha als wenig anbauwürdig gegenüber leistungsfähigeren Sommerölfrüchten.

Das Mittelmeergebiet bis Zentralasien ist das Verbreitungsgebiet der 7 Arten umfassenden Gattung *Conringia,* von der der Weiße Akkerkohl, *Conringia orientalis,* besonders in der Ukraine als Leinunkraut auf Lehm- und Kalkboden anzutreffen ist. Neuerdings wird der Anbau dieser Pflanze auch in Mitteleuropa zur Ölgewinnung wieder versucht, nachdem er schon in Rußland aufgenommen wurde. Im Gegensatz zu anderen Cruciferen wird der Weiße Ackerkohl nicht vom Erdfloh befallen, doch ist der Kornertrag recht niedrig (bis 6 dt/ha), also nur knapp halb so hoch wie bei Raps und Rübsen. Der Ölgehalt der Samen liegt jedoch bei 30%; ein hellgelbes, nicht trocknendes, als Speiseöl geeignetes Öl wird daraus gewonnen.

Mit mehr als 20 Arten, die als einjährige oder ausdauernde Kräuter sowie als Halb-

Blühende Pflanze des Strandmeerkohles, *Crambe maritima,* dessen sukkulente, kohlrabiartige Blätter und imposante Blütenstände sehr eindrucksvoll sind

sträucher West- und Mitteleuropa, den Mittelmeerraum bis Zentralasien und Ostafrika besiedeln, ist die Gattung *Crambe,* der Meerkohl, vertreten. Am bekanntesten dürfte wohl der Weiße oder Strandmeerkohl, *Crambe maritima,* mit seinen großen, kohlartigen, fleischigen Blättern und dem imposanten Blütenstand sein. Die seit Jahrhunderten gern wild gesammelte und als Gemüse genutzte Pflanze mußte deshalb in Mitteleuropa unter Naturschutz gestellt werden. Während man sie in England etwa seit 1750 und in Frankreich noch heute als beliebte Gemüsepflanze in Gärten anbaut, wird in Rußland sowie in Polen der Anbau sogar feldmäßig als Futterpflanze betrieben, vornehmlich in jenen Gebieten, in denen Rotklee, Luzerne, Esparsette, Sudangras und Mohair nicht gedeihen, wie in den küstennahen Wüsten und Halbwüsten mit chlorid- und sulfathaltigem Solontschak und auf Solonezböden am Schwarzen und Asowschen Meer sowie in einigen salzreichen Binnengebieten und in der Umgebung von Wladiwostok.

Außerhalb des Meeresstrandes stößt der Anbau auf Schwierigkeiten, da die Pflanze salz- und stickstoffliebend ist. Die Nutzung beginnt auch erst mit dem dritten Vegetationsjahr, kann jedoch 10 bis 20 Jahre bei drei- bis viermaliger jährlicher Ernte fortgesetzt werden. Im Winter ist zudem ein Abdecken erforderlich. Verwendet werden die durch Etiolieren gewonnenen jungen Triebe und Blattstiele, die man ähnlich wie Spargel zubereitet. Trotz des hohen Ölgehaltes der Samen (40 bis 47%) unterblieb daher eine Ölnutzung.

Ausschließlich als Ölpflanze wird hingegen die aus dem Hochland von Äthiopien, Ruanda und Zentralafrika stammende *Crambe abyssinica* genutzt. Dieses einjährige, bis 1,5 m Höhe erreichende Gewächs wird seit 1932 in der Ukraine im Gebiet Gluchow, Kursk, Woronesh, Solotonoscha und Poltawa kultiviert. Nach dem Zweiten Weltkrieg setzten auch Anbauversuche in Kanada, Schweden, Deutschland, Polen und Venezuela ein. Der Ölgehalt der Samen ist beträchtlich und liegt bei 53%.

Fast gleichhohen Ölgehalt (51%) haben auch die Samen von *Crambe hispanica,* dem Spanischen Meerkohl, dessen ursprüngliches Vorkommen auf die Inseln und Küsten des Mittelmeergebietes beschränkt ist. Um Speiseöl zu gewinnen, wird diese Art in der Ukraine ebenfalls seit 1932 angebaut. Sie bietet verschiedene Vorteile gegenüber anderen Ölpflanzen. So ist die Vegetationszeit mit etwa 75 bis 95 Tagen sehr kurz. Sie kann überdies durch Jarowisation, d.h. Kältebehandlung des Saatgutes, noch um weitere 11 Tage verringert werden. Außerdem ist die Pflanze relativ frost- und dürreresistent; die Schoten springen weder auf, noch fallen sie ab, so daß keine Ernteverluste auftreten. Der Ertrag liegt bei 10,2 dt/ha.

Zum Anbau in Halbwüsten und auf trockenen Gebirgsböden wird seit 1964 die in Usbekistan heimische *Crambe kotschyana* empfohlen, deren Samen einen Ölgehalt von 30 bis 38% aufweisen sollen.

Vom Tartaren-Meerkohl, *Crambe tataria,* einer typischen Steppenpflanze im Süden Rußlands, die bis Niederösterreich, Ungarn und in die Türkei ausstrahlt, werden im Unterschied zum Strandmeerkohl nicht die Sprosse und Blätter, sondern von den Kalmücken die armstarke, fleischige, süßschmeckende Wurzel, in Asche gebraten, mit Talg und Butter als Beigabe verzehrt. Vom Tataren-Meerkohl findet man aber nur selten Kulturen, so am Dnepr und Don, und neuerdings wird auch ein Anbau als Ölpflanze versucht. Die aus dem Kaukasus stammende *Crambe cordifolia* mit 60 cm Durchmesser erreichenden Blättern und einem bis 2 m hoch werdenden Blütenstand ist eine stattliche Zierpflanze.

Etwas sukkulente Strandpflanzen der nördlichen Hemisphäre sowie Australiens bilden die aus etwa 7 Arten bestehende Gattung *Cakile.* Die weite Verbreitung von *Cakile maritima,* dem Europäischen Meersenf, ist u.a. darauf zurückzuführen, daß die Fruchtwand im reifen Zustand von einem Luftgewebe mit großen, verholzten und durch Sklerenchym verstärkten Zellen gebildet wird, die somit als Schwimmkörper wirkt.

Das Kraut und die pulverisierten Wurzeln wurden früher wegen ihrer antiskorbutischen, diuretischen und purgativen Eigenschaften auch als Arznei gebraucht. Auf die Wüsten Arabiens ist *Cakile arabica* beschränkt.

Die nur aus einer Art, der gelbblühenden *Morisia monanthos,* bestehende Gattung *Morisia* bildet auf Korsika und Sardinien dichte Rasen und ist deshalb besonders interessant, weil ähnlich wie bei der bekannteren Erdnuß, *Arachis hypogaea,* die kräftigen, S-förmig gebogenen Stiele die Frucht nach dem Abblühen in den Erdboden einbohren und versenken, wo sie weiter heranreift. *Morisia monanthos* wird auch als Zierpflanze gezogen.

Eine alte Kulturpflanze ist unser Gartenrettich, *Raphanus sativus,* der bereits von den Babyloniern im Zweistromland des vorderen Orients kultiviert wurde.

Angeblich reicht auch der Anbau in China bis mindestens 1100 v.u.Z. zurück. Ägypter und Griechen führten den Anbau weiter, und die Römer weiteten ihn in die von ihnen besetzten Länder aus. Die Entstehungsgeschichte des Kulturrettichs bedarf noch weiterer Studien. *Raphanus raphanistrum* mit 2 Unterarten wird als Ausgangssippe angenommen. Die Domestikation könnte sich im Mittelmeergebiet vollzogen haben. Bei den Kultursippen können, wie beim Rübsen be-

Rettich (links) und Radieschen (rechts). Die jeweils einander entsprechenden Hypokotyl- (Hy) und Wurzelanteile (Wu) beider Pflanzen sind markiert.

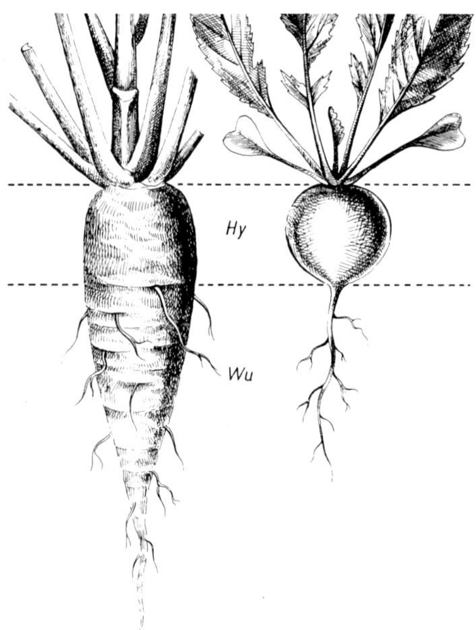

reits erörtert, 2 Selektionsrichtungen unterschieden werden. Einmal auf den vermutlich aus Vorderindien stammenden Ölrettich (convar. *oleifer*) hin, der eine dünne, verholzte Wurzel besitzt und wegen seiner besonders ölreichen Samen früher schon in Ägypten, heute noch in Indien, ganz Ostasien, Rumänien, Spanien und in Mitteleuropa (meist als Zwischenfrucht) angebaut wird. Er ist die vermutlich älteste in Kultur befindliche Ölpflanze. Auch Samenfunde aus den ägyptischen Pyramiden sind bekannt. Das mild schmeckende, fast geruchlose Öl dient als Speise- und Brennöl; speziell in China verwendet man den Ruß der Flamme zur Bereitung der echten chinesischen Tusche. Im Futtermischanbau erweist sich der Ölrettich als eine gute Stützpflanze.

Die zweite Ausleserichtung zielt auf eine verdickte Rübenwurzel ab und führt schließlich zum Gartenrettich und dann zum Radieschen, beide unter convar. *sativus* zusammengefaßt. Der Gartenrettich wurde ebenfalls bereits von den alten Ägyptern kultiviert. Als roh genossene, die Verdauung fördernde Zukost ist speziell in Bayern der Bier-Rettich (Bier-Radi) sehr beliebt. Die überdimensionalen, chinesischen und japanischen Rettiche, sogenannte »Daikons«, die oft Kopfgröße bzw. eine Länge von über 1 m erreichen, werden dagegen meist als Kochgemüse und Viehfutter genutzt sowie auch eingesalzen verwertet. Die antiskorbutische, schleimlösende und harntreibende Wirkung des Rettichs machte ihn von alters her zu einem oft angewendeten Hausmittel.

Erst seit dem 16. Jahrhundert ist dagegen das Radieschen bekannt. Im Gegensatz zum Rettich liegt hier ausschließlich eine Verdikkung des Hypokotyls vor, während die Wurzel keinen Anteil daran hat und nur als unverdicktes Schwänzchen der Knolle ansitzt.

Eine weitere Rettichsippe wird speziell in Ostindien, auf Java, Sumatra und Ceylon angebaut: der Schlangenrettich (convar. *caudatus*), auch als Radies von Madras bezeichnet. Die stark verlängerten, etwas fleischigen, noch nicht völlig ausgereiften und ebenfalls rettichartig schmeckenden Früchte werden dort, entweder roh oder in Essig eingelegt, gern als Zukost verzehrt. Die Blätter des Schlangenrettichs liefern obendrein ein »mougri« genanntes Gemüse.

Familie Resedaceae

Einiges Interesse bietet die der Familie den Namen gebende Gattung *Reseda* durch die bei ihr noch anzutreffenden offenen, unterständigen Fruchtknoten, deren 2 bis 5 Fruchtblätter nur mehr oder weniger weit miteinander verwachsen sind. Von den etwa 30 Arten dieser Gattung erlangte vor allem *Reseda luteola* mehrere Jahrhunderte lang unter den deutschen Bezeichnungen Färberresede, auch Färberkraut, Wau oder Romanisches Kraut einige Bedeutung und wurde bis ins 19. Jahrhundert vielerorts angebaut. Bereits die Römer verwendeten die Pflanze zum Färben von Stoffen. Das in ihr enthaltene Luteolin (Schüttgelb) färbt weiße Stoffe prächtig gelb, blaue hingegen kräftig grün. Die auch auf Sandböden mögliche Kultur erfolgte in der Regel zweijährig. Der natürliche gelbe Farbstoff wurde in Form von Abkochungen aus dem getrockneten Kraut angewendet und eignet sich

Reseda lutea, die Gelbe Resede, besiedelt vornehmlich trockene Ruderalstellen.

besonders zum lichtechten und seifenechten Färben von Seide und Wolle. Die Samen von *Reseda luteola* enthalten zu 30% grünliches Resedasamenöl, auch als Wauöl bezeichnet, das zwar unangenehm riecht und bitter schmeckt, jedoch den Vorzug hat, leicht zu trocknen.

Neben *Reseda luteola* hat *Reseda odorata,* die Garten- oder Duftende Resede (in geringerem Ausmaß auch *Reseda alba*), noch eine gewisse Bedeutung als Zierpflanze wegen des ihr entströmenden angenehmen Duftes und wird deshalb sowohl im Freien als auch in der Zimmerkultur seit der Mitte des 18. Jahrhunderts gern gezogen, obwohl die Pflanze an sich unscheinbar und ihr graugrünes Aussehen nicht besonders ansprechend ist. Die Wurzeln von *Reseda odorata* liefern das Resedawurzelöl, die Blüten das in der Parfümerie geschätzte Resedablütenöl, das seinen angenehmen Duft erst bei starker Verdünnung ausströmt. Für die Parfümindustrie wird *Reseda odorata* noch heute in geringerem Ausmaß angebaut.

Ordnung Schiefblattartige, Begoniales

In dieser Ordnung herrschen Kräuter mit wechselständigen Blättern vor. Die radiär- oder zweiseitig-symmetrischen, ein- bzw. zweihäusigen Blüten sind durch eine doppelte oder auch einfache Blütenhülle gekennzeichnet. Die oft zahlreichen Staubblätter können frei entwickelt oder mehr oder weniger verwachsen sein. Das aus 3 bis 8 Fruchtblättern zusammengesetzte Gynoeceum bildet einen unterständigen bis halbunterständigen Fruchtknoten mit randständigen oder in den Fruchtknoten hineinragenden Plazenten. Die meist kapsel-, seltener beerenartigen Früchte enthalten meist zahlreiche kleine Samen, deren nukleär entstehendes Endosperm unterschiedlich stark ausgebildet oder auch weitgehend reduziert sein kann.

Familie Datiscaceae

Die Datiscaceen sind eine relativ kleine Familie, die in tropischen bis subtropischen Gebieten Amerikas und Ostasiens vorkommt und nur aus 3 Gattungen mit insgesamt 4 Arten besteht. Es sind ausdauernde Kräuter oder Bäume mit wechselständigen Blättern.

Die Blüten, die entweder in langen Ähren oder in kleinen Büscheln angeordnet sind, zeichnen sich durch starke Reduktionen aus, so daß eine eindeutige Einordnung dieses Verwandtschaftskreises Schwierigkeiten bereitet. Meist handelt es sich um eingeschlechtige Blüten, die zweihäusig verteilt sind; seltener treten Zwitterblüten auf. Neben den Kelchblättern ist ein Blumenblattkreis nur zuweilen bei den männlichen Blüten vorhanden, während er bei den weiblichen und zwittrigen Blüten stets fehlt. Der unterständige Fruchtknoten besteht aus mehreren Fruchtblättern und ist wegen der sich peripher bildenden Plazenten einfächerig. Die Bestäubung erfolgt hauptsächlich durch den Wind, teilweise wohl auch durch Insekten. Die kapselartigen Früchte enthalten zahlreiche, teilweise auch geflügelte Samen mit einem spärlichen Endosperm und einer teilweise netzartig strukturierten Samenschale.

Die beiden baumförmigen Gattungen *Tetrameles* und *Octomeles* erreichen eine Höhe von 50 bis 60 m und bilden, wie viele tropische Bäume, stützende Brettwurzeln, die hier bis 6 m am Stamm hinaufreichen können. Die einzige Art der in Vorderindien, Sri Lanka und Java vorkommenden Gattung *Tetrameles, Tetrameles nudiflora,* ist ein Baum mit periodisch abfallenden Laubblättern, dessen zweihäusige, vierzählige Blüten vor der Laubentfaltung erscheinen. Achtzählige Blüten besitzt dagegen die ebenfalls baumförmige, paläotropisch verbreitete *Octomeles sumatrana.* Die ährigen Blütenstände dieser Art können über 100 Blüten tragen. Die Fruchtwände sind innen mit einem elastischen Gewebe ausgekleidet, durch das die Fruchtklappen beim Öffnen der Frucht sternartig auseinanderspreizen und dabei die Samen fortschleudern. Diese Art entwickelt außerdem Schuppenhaare, deren schildartige Verbreiterung durch einen mehrzelligen Stiel mit der Epidermis verbunden ist.

Die der Familie den Namen gebende Gattung *Datisca* umfaßt Kräuter mit stark geteilten

Laubblättern, die in ihrer Form sehr an Hanfblätter erinnern. Die Blütenstände erscheinen gegenüber denen der beiden anderen Gattungen stark verkürzt. Eine der beiden Arten, *Datisca cannabina,* ist von Westasien bis Nordindien verbreitet und enthält einen gelben Farbstoff, der im Orient schon in früher Zeit als Seidenfarbstoff genutzt wurde. Die Farbkraft beruht auf dem sowohl in den Blättern als auch in den Wurzeln enthaltenen Glykosid Datiscin. Weiterhin dient diese Art im Orient als Heilpflanze gegen Fieber sowie gegen Magen- und Halserkrankungen. Eine neuweltliche Verbreitung hat dagegen die von Mexiko bis Kalifornien vorkommende *Datisca glomerata.*

Familie Schiefblattgewächse, Begoniaceae

Die Schiefblattgewächse sind mit Ausnahme von Australien in sämtlichen tropischen und subtropischen Gebieten der Erde vertreten, wobei nur wenige Arten auch in temperierte Bereiche vordringen. Die Familie besteht aus 5 Gattungen, zu denen insgesamt annähernd 950 Arten zählen, die hauptsächlich feuchte Standorte bevorzugen, wobei sie besonders häufig in Wäldern vorkommen, teilweise aber auch an trockene und kühlere Standorte angepaßt sind, indem vor allem durch Knollenbildung und Stammverdickung eine Wasserspeicherung bzw., verbunden mit dem Einziehen der oberirdischen Organe, ein Überdauern von ungünstigeren Jahreszeiten ermöglicht wird. Darüber hinaus besitzen die oft saftreichen Blätter zahlreicher Arten unmittelbar unterhalb der Epidermis ein ein- bis mehrzellschichtiges wasserspeicherndes Gewebe (Hypodermis), oder die Epidermis ist selbst großzellig ausgebildet und in die Wasserspeicherung einbezogen. Manche Begoniaceen haben auch eine epiphytische Lebensweise.

Es sind Kräuter oder auch Halbsträucher, die sich häufig durch einen niedrigen Wuchs auszeichnen, teilweise aber auch, wie *Begonia parviflora,* mit 9 cm dicken Achsen eine Höhe von 5 m erreichen. Sie besitzen spiralig gestellte, stark unsymmetrische Blätter, die ungeteilt, oft auch gelappt, seltener dagegen gefingert oder durch eine mehrfach fiedrige Gliederung *(Begonia warburgii)* in millimeterbreite Blattzipfel aufgelöst sein können. Bei einzelnen Arten weisen die Blattspreiten auch eine schmal-lanzettliche Form auf *(Begonia vittariifolia).* Die an der Blattbasis entwickelten Nebenblätter sterben frühzeitig ab. Sehr vielgestaltig sind die Haarbildungen in dieser Familie, wo neben einfachen Haaren, die kurz oder auch peitschenartig verlängert sind, auch gabelig, büschelig oder sternartig verzweigte Haarformen auftreten. Daneben finden wir auch flächig schuppige oder zottenartige Gebilde, an deren Entstehung die unter der Epidermis befindlichen Zellschichten beteiligt sein können, so daß es zur Bildung von emergenzartigen Organen kommt. Besonders zu erwähnen ist weiterhin das Vorkommen von mit ein oder mehreren Köpfchen versehenen Drüsenhaaren sowie von sogenannten Perldrüsen, die aus einem perlenartig geformten Köpfchen, das durch ein dünnes Stielchen mit der Blattoberfläche verbunden ist, bestehen und bereits bei leichter Berührung abfallen. Erwähnung verdient auch das Auftreten von Sekretzellen, in denen u. a. neben Schleimen und Harzen zystolithenähnliche Gebilde ausgeschieden werden, die jedoch wegen ihrer fettartigen Zusammensetzung nicht als echte Zystolithen angesehen werden können. Kalziumoxalat kommt bei den Schiefblattgewächsen in verschiedenen Kristallformen vor, daneben ist besonders der häufige Gehalt von Leucoanthozyanen für diesen Verwandtschaftskreis charakteristisch.

Die bei dieser Familie eingeschlechtigen Blüten treffen wir jeweils auf einer Pflanze gemeinsam an, wo sie in dichasialen oder auch wickeligen Blütenständen angeordnet sind. Bei einigen Arten verwachsen diese mit dem zugehörigen Tragblatt, so daß die Blütenstände aus den Blättern hervorzugehen scheinen.

Die Blüten zeichnen sich durch einen jeweils fünf- bis wenigerblättrigen Kelch- und Kronblattkreis aus, wobei die Kelchblätter kronblattartig aussehen. Die männlichen Blüten entwickeln meist zahlreiche, in mehreren Kreisen angeordnete Staubblätter, die häufig an der Basis miteinander verwachsen sind. Die weiblichen Blüten haben neben der Blütenhülle einen aus 3 verwachsenen Fruchtblättern zusammengesetzten unterständigen Fruchtknoten, der an seiner Außenseite oft horn- oder flügelartige Bildungen aufweist. Dabei können die Fruchtblattränder als Rippen in den Fruchtknoten hineinragen, ohne ihn vollständig zu unterteilen. Häufig jedoch sind die Fruchtblattränder im Zentrum des Fruchtknotens vereinigt, so daß es zu einer zentralwinkelständigen Plazentation kommt. Außerdem können die radialen Scheidewände teilweise in die Plazentabildung einbezogen sein. Als besonders ursprünglich wird der Plazentationstyp der auf den Maskarenen vorkommenden *Begonia salaziensis* angesehen, dessen Plazentabildung sich sowohl auf die gesamte Oberfläche der Scheidewände als auch auf die periphere Innenfläche der Karpelle erstreckt. Die aus dem Griffel hervorgehende zweiteilige Narbe ist in der Regel schraubig gedreht.

Die für den Insektenbesuch wichtigen gelben Staubblätter der männlichen Blüten werden von den weiblichen Blüten imitiert, indem zahlreiche gelbe Narbenäste ein vielblättriges Androeceum vortäuschen.

Die Fruchtblätter entwickeln zahlreiche Samenanlagen, aus denen sehr kleine Samen hervorgehen, so daß etwa 75000 Samen nur ein Gramm wiegen. Vielfach erfolgt die Verbreitung der winzigen Samen durch den Wind, wobei die Flugfähigkeit teilweise durch eine luftgefüllte Samenschale oder durch Flügelbildungen an den Samen gesteigert wird. Die meist kapselartigen Früchte öffnen sich entlang der Fruchtblattmittelnerven; nur selten werden Beerenfrüchte gebildet. Ein seltenes Verhalten zeigt die beerentragende Art *Begonia hypogaea,* deren Früchte durch Achsenkrümmung in den Boden gelangen und dort heranreifen.

Eine Sonderstellung nimmt die auf Hawaii heimische, monotypische Gattung *Hillebrandia* ein, die durch ihre fünfzählige Blütenhülle auffällt und deren ungeflügelter Fruchtknoten durch die nicht bis zum Zentrum reichenden Fruchtblattränder nur unvollständig gekammert ist. Der Fruchtknoten ist im Gegensatz zu den anderen Gattungen dieser Familie in seinem Spitzenabschnitt noch nicht mit der Blütenachse verwachsen, so daß *Hillebrandia sandwicensis* als ein Bindeglied zu in ihrem Blütenbau wahrscheinlich bedeutend ursprünglicheren Vorfahren betrachtet werden kann. Relativ ursprünglich ist auch die obere schlitzartige Öffnung der Fruchtblätter, in der außer auf der Narbe ebenfalls Pollen gefunden werden. Der Einwand, daß die Pollen hier im Fruchtblatt nicht zu keimen vermögen, wurde durch künstlich in den Fruchtknoten eingebrachte Pollenkörner, die dort auch keimten, widerlegt. Damit erinnert das Gynoeceum dieser Art nicht nur morphologisch durch die unvollständige Verwachsung des oberen Fruchtblattbereiches, sondern auch funktionell an gymnosperme Pflanzen. In seltenen Fällen konnten auch zwittrige Blüten mit oberständigen Fruchtknoten beobachtet werden, die die ursprüngliche Stellung dieser Art wahrscheinlich machen.

Eine ungewöhnliche Mannigfaltigkeit ist in der etwa 900 Arten umfassenden Gattung *Begonia* ausgeprägt, die wegen ihrer schönen Blüten und Blätter in vielen Arten kultiviert wird. Sie zeichnet sich durch einen unterständigen Fruchtknoten und eine meist vierzählige Blütenhülle aus. In dieser Gattung kommen sowohl kriechende als auch mit Hilfe von Wurzeln kletternde Halbsträucher wie auch Spreizklimmer vor. Daneben gibt es Sträucher oder aber kriechende, sowohl rosettige als auch aufrechte Kräuter, die entweder relativ hoch werden können oder sich durch zwergigen Wuchs auszeichnen, wobei sie teilweise nur wenige Zentimeter groß werden und lediglich 6 bis 9 mm lange Blätter ausbilden. Auch Arten mit unterirdischen Rhizomen oder knollenartigen Verdickungen, durch die sich sowohl verschiedene südafrikanische Formen als auch andine Sippen auszeichnen, kommen in dieser Gattung vor.

Eine ähnliche Vielfalt läßt sich im Bereich des Blütenstandes und in der Ausprägung der Laubblätter beobachten. Letztere können neben ihrer teilweise sehr unterschiedlichen Form vor allem eine sehr mannigfache Färbung aufweisen. Dabei sind außer Arten mit normal grünen Blättern solche mit intensiv roten Unterseiten und sowohl metallisch als auch samtartig glänzenden Blättern bekannt. Andere wieder zeichnen sich durch weiße Fleckungen aus. Besonders schöne und vielartige Blattfärbungen haben die aus *Begonia rex* hervorgegangenen zahlreichen Züchtungen, die unter dem Namen Rex- oder Blattbegonien als Topfpflanzen allgemein bekannt sind. Darüber hinaus wird eine Vielzahl weiterer Arten ebenfalls hauptsächlich wegen ihrer schönen Blätter kultiviert. Es gibt aber auch zahlreiche Züchtungen, die sich durch besonders großen und farbenprächtigen Blütenflor

Die wegen ihrer auffälligen Blüten häufig zur Balkon- oder Beetbepflanzung kultivierten Knollenbegonien (*Begonia × tuberhybrida*) sind aus Kreuzungen zahlreicher Arten hervorgegangen.

auszeichnen, von denen besonders die außerordentlich großblütigen Knollenbegonien zu nennen sind. Die Blüten der durch Kreuzung mehrerer Arten entstandenen vielen Sorten können neben verschiedenen Rottönungen auch rosa, weiße und gelbe Farben aufweisen, wobei die Einzelblüten oft einen Durchmesser von 20 cm und mehr erreichen. Die Knollenbegonien werden sowohl als Topfpflanzen als auch zum Bepflanzen von Beeten und Balkonkästen verwendet.

Eine ebenfalls häufig kultivierte Zierpflanzenart ist die rosablütige Lorrainebegonie, deren verschiedene Sorten aus Kreuzungen von der auf der Insel Sokotra vorkommenden *Begonia socotrana* mit der im Kapland heimischen *Begonia dregei* hervorgegangen sind. Besonders häufig wird die relativ klein-, aber reichblütige *Begonia semperflorens,* die sich durch rosa oder rote Blütenfarben auszeichnet, zu Balkon- und Grabbepflanzungen sowie zur Anlage von mehrfarbigen Teppichbeeten verwendet.

Der Saft einer in Neuguinea beheimateten Art, *Begonia augustae,* wird von den dort lebenden Eingeborenen als Mittel gegen Krätze benutzt. Auch Hautausschläge bei Schweinen

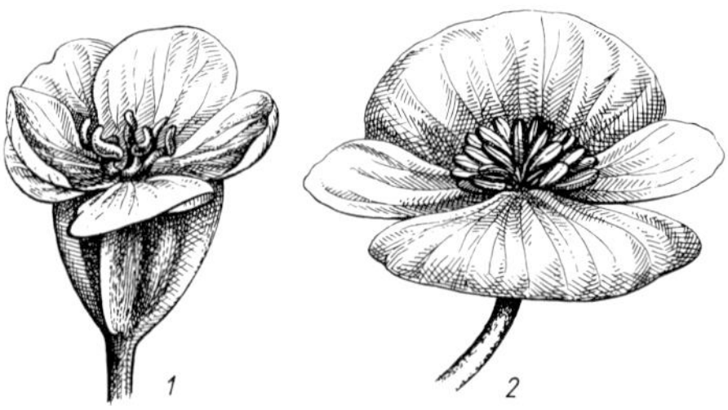

Begonia semperflorens. 1 weibliche Blüte, 2 männliche Blüte

werden von ihnen durch Beimischung von ganzen Pflanzen zum Futter dieser Tiere behandelt. Der bittere Wurzelstock verschiedener südamerikanischer Arten dient zur Behandlung von Blutergüssen sowie als harn- und schweißtreibendes Mittel. In Asien verwendet man Begonienblätter auch teilweise als Gemüse. Die erdbeerartig schmeckenden Blüten von *Begonia decandra* werden in Puerto Rico ebenfalls verzehrt.

Bemerkenswert ist das Regenerationsvermögen der Begonien, das man in der gärtnerischen Praxis zur Pflanzenvermehrung ausnutzt. Sowohl im Bereich des Blattes als auch der Sproßachse kommt es leicht zur Bildung von Adventivknospen, die sich unter bestimmten Umständen auch bewurzeln und zu neuen Pflanzen heranwachsen. Regelmäßig treten zahlreiche Laubblätter, die aus derartigen Adventivknospen hervorgehen, an den Sprossen von *Begonia phyllomaniaca* auf. Ähnlich bilden sich Knospen an den Laubblattspreiten, was durch Einschnitte dicht unterhalb der Nervenverzweigungen besonders gefördert werden kann. Dabei wird das ausgewachsene Begonienblatt flach auf ein feuchtes Substrat gelegt, so daß die sich an den Einschnittstellen bildenden Jungpflanzen leicht Wurzeln treiben können. Ebenso kann man Teile der Sproßachse oder ganze Blätter als Stecklinge verwenden, wobei Adventivknospen auch aus dem sich bewurzelnden Blattstiel entstehen; auch Teile der Blattspreite eignen sich bereits zur vegetativen Vermehrung. Darüber hinaus werden die kultivierten Arten jedoch auch vielfach durch Aussaat vermehrt.

Bei verschiedenen Wildarten treten auch gehäuft knöllchenartige Vermehrungsorgane auf, die an den Rhizomen oder an besonderen, niederblatttragenden Achseltrieben entstehen.

Mehrere Gattungen dieser Familie sind durch Verwachsung der Blütenhüllblätter charakterisiert, wie *Symbegonia* und *Semibegoniella*, bei denen aber nur die männlichen oder teilweise nur die weiblichen Blüten eine glokkig verwachsene Blütenhülle aufweisen. Die Staubfäden der letzteren Gattung verwachsen zu einer dünnen Säule. Ähnliche Verwachsungen der Blütenhülle finden wir bei beiden Geschlechtern der Gattung *Begoniella*, deren Blumenkrone entweder sehr klein ist oder völlig fehlt, so daß die Schauwirkung allein von dem röhrenförmig verwachsenen Kelch ausgeht.

Ordnung Kürbisartige, Cucurbitales

Die Ordnung der Kürbisartigen ist durch die Wuchsform ihrer Pflanzen, die eingeschlechtigen Blüten, die Neigung zu einer mehr oder minder vollständigen Verwachsung der Kronblätter, eine gewisse Vielförmigkeit der Staubblätter und den unterständigen, in der Regel aus 3 Fruchtblättern bestehenden Fruchtknoten gut charakterisiert. Zu ihr gehört nur die eine Familie der Kürbisgewächse.

Die Stellung der Kürbisartigen im phylogenetischen System wird recht unterschiedlich beurteilt; so haben sie A. W. Eichler, A. Engler und R. von Wettstein in die Nähe der Campanulaceen gestellt, während andere Autoren sie als nähere oder nächste Verwandte der Caricaceen, Loasaceen, Passifloraceen, Datiscaceen oder Begoniaceen ansehen. Weitere Detailstudien sind erforderlich, wenn sich heute auch schon eine enge Verwandtschaft zu den Passifloraceen nachweisen läßt. Der Prototyp der Cucurbitales dürfte sicherlich zwittrige Blüten, freie Blumenkron- und Staubblätter sowie 5 Fruchtblätter gehabt haben. Diese Merkmale trifft man noch heute bei einzelnen Gattungen an.

Bei den Kürbisartigen läßt sich eine ganze Reihe von Entwicklungen aufzeigen, von denen hier kurz einige aufgeführt werden sollen. Die Staubblätter sind beispielsweise bei den Gattungen *Luffa* und *Lagenaria* frei;

ihre Filamente hängen in ihrem unteren Teil paarweise zusammen, das fünfte bleibt frei *(Thladiantha);* die Filamente verwachsen paarweise, während das fünfte weiterhin frei bleibt; alle 5 Filamente sind verwachsen und die Antheren zu einer zentralen Säule vereint (Synandrium); 2 ringförmig verwachsene Antherenfächer sind um den Rand einer oben schildförmigen, aus den verwachsenen Filamenten und Konnektiven bestehenden Säule gewunden *(Cyclanthera).*

Bei den Fächern der Antheren (Theken) zeigt sich folgende Entwicklungslinie: gerade → gebogen → U- oder S-förmig gekrümmt → zu 2 horizontalen Ringen vereinigt. Bei den Früchten schließlich verläuft die Entwicklung von beerenartigen und geschlossen bleibenden zu Kapseln, die entweder mit Hilfe eines Schleudermechanismus oder elastisch aufspringen.

Familie Kürbisgewächse, Cucurbitaceae

Die Familie umfaßt etwa 120 Gattungen mit mehr als 700 Arten, die hauptsächlich in den Tropen und Subtropen verbreitet sind und nur vereinzelt in die gemäßigten Zonen vordringen, so beispielsweise einige Arten von *Bryonia.* Zahlenmäßig kommen sie in der Alten und Neuen Welt ungefähr gleich verteilt vor.

Bei den Pflanzen handelt es sich um einjährige, am Boden liegende oder mit ihren Ranken, die Sprossen entsprechen, emporkletternde Kräuter; seltener findet man Halbsträucher und als Ausnahme auf der Insel Sokotra die kleinen Bäume der monotypischen Gattung *Dendrosicyos* mit einem rübenartigen, weichen Stamm, an dessen Ende sich einige büschelig stehende Äste entwickeln. Die kletternden Pflanzen haben einfache, gegabelte oder verzweigte Ranken, die neben den Blättern stehen und die Stützen umwickeln, sich an ihnen anhaken oder den Pflanzen dadurch Halt geben, daß sie sich in Ritzen einklemmen; ihr freier Teil verkürzt sich sehr oft durch spiralige Drehungen, wobei der obere und der untere Teil jeweils eine entgegengesetzte Richtung einschlägt. Bei vielen Arten sind die Wurzeln meist spindelförmig verdickt. Charakteristische Merkmale der Sprosse stellen die bikollateralen Leitbündel und die Siebröhren außerhalb der Leitbündel dar. Recht unterschiedliche Formen haben die spiralig stehenden rundlichen, vielfach zerteilten, am häufigsten jedoch gelappten Blätter.

Die strahligen, fünfzähligen Blüten sind überwiegend eingeschlechtig und nur selten zwittrig. Sie stehen einzeln, paarweise oder zu Trauben, Rispen oder Köpfchen vereinigt in den Blattachseln; dabei sind die männlichen Blütenstände meist stärker verzweigt. Die Blütenachse ist zu einem teller-, trichter-, krug- oder röhrenförmigen Blütenbecher verbreitert und verlängert. Der Kelch und die mehr oder weniger tief gelappte, rad-, trichter- oder glokkenförmige Blumenkrone sind fünfgliedrig, nur selten stehen die Kronblätter frei. An dem Blütenbecher sind die Staubblätter mehr oder weniger hoch angewachsen. Von den 5 zweifächerigen, fleischigen Antheren sind meist 2 paarweise miteinander verschmolzen, während die fünfte frei bleibt; so hat es den Anschein, als seien nur 3 Antheren vorhanden. Diese können ihrerseits wiederum miteinander mehr oder weniger zu einer zentralen Säule verwachsen. Hinzu kommt, daß sich die Theken der Antheren in der verschiedenartig-

Formen der Staubblätter verschiedener Arten der Kürbisgewächse: 1 *Sicydium,* mit dem unteren Teil der Filamente sind 4 Staubblätter zu 2 Paaren verwachsen, das fünfte ist frei. 2 *Melothria,* verwachsene Filamente und Konnektive von 4 Staubblättern, das fünfte ist frei. 3 *Bryonopsis,* schwach gekrümmte, miteinander verwachsene Pollenfächer (Theken). 4 *Bryonia,* gewundene und verwachsene Pollenfächer. 5 *Cucurbita,* miteinander verwachsene Rücken der Konnektive. 6 *Lagenaria,* mit dem Rücken der Konnektive verwachsene und stark gewundene Pollenfächer

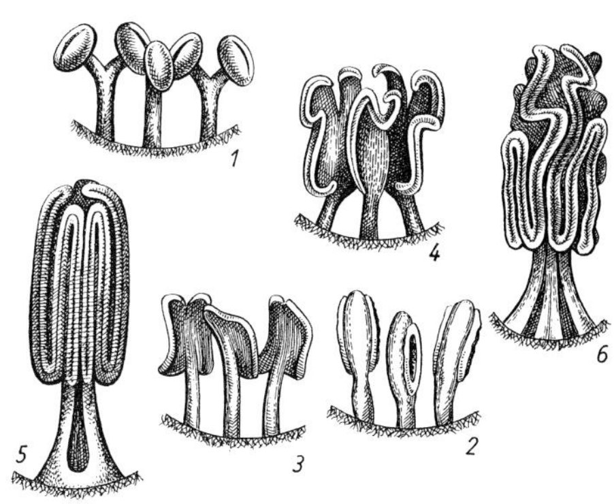

sten Weise krümmen oder winden, bei *Cyclanthera* bilden sie sogar einen Doppelring um das schildförmig verbreiterte Konnektiv. Die miteinander verwachsenen und oft stark vorgezogenen Ränder der 3 Fruchtblätter (bisweilen sind es auch 5 oder 4) tragen die kräftigen, meist nach außen zurückgebogenen Plazenten. Der säulenförmige Griffel teilt sich in 3, häufig gegabelte Narben. Die Bestäubung nehmen Insekten vor, die durch die Größe der Blüten, ihre auffallende, meist gelbe oder weiße Färbung und den reichlich abgesonderten Nektar angelockt werden. Die Frucht springt nur selten auf, sie ist beerenartig mit einer gewöhnlich saftigen Mittel- und Innenschicht, während die Außenschicht mehr oder weniger hart (Panzerbeere), bei *Lagenaria* sogar holzig ist. Es gibt sehr unterschiedlich große Früchte, neben sehr kleinen, nur wenige Gramm wiegenden, kennen wir »Kürbisse« von 50 und mehr Kilogramm. Den reifen Samen fehlt das Nährgewebe, die Keimblätter des Embryos sind groß, flach und ölreich.

Die meisten Arten bevorzugen offenere Standorte, Waldränder oder Hecken, einige kommen in Steppengebieten (Wassermelone), andere in Wüsten vor (Koloquinthe, Naraspflanze). Echte Waldpflanzen sind die holzigen Kettersträucher der Gattungen *Fevillea, Zanonia* und *Telfairia.*

Bisher kennt man nur wenige fossile Funde von Angehörigen der Familie, Blattreste aus dem Tertiär Amerikas sind noch nicht eindeutig zu bestimmen, während Samen von *Trichosanthes* im Unterpliozän gefunden wurden.

Die Familie wird in Triben unterteilt.

Tribus Zanonieae. Die wenigen Gattungen tropischer Kletterpflanzen dieser Tribus charakterisieren freie oder fast freie Staubblätter und Antheren mit geraden Pollenfächern. Die Gattung *Fevillea* ist im tropischen Amerika heimisch, während die anderen Gattungen vorwiegend in Asien verbreitet sind. *Alsomitra* ist mit 2 Arten im ostindisch-malaiischen Gebiet verbreitet. *Alsomitra macrocarpa* hat recht große, etwa 120 mm Durchmesser erreichende Samen, die mit einem Flügel versehen und ausgezeichnete Gleitflieger sind. Sie haben in der Pionierzeit des Flugzeugbaues als Modell für den Segelflug gedient. Damals wurde die Art noch der Gattung *Zanonia* zugerechnet, und in technischen Abhandlungen taucht noch heute ausschließlich dieser Name auf. Die für die Tribus namengebende Gattung *Zanonia* mit nur einer im indisch-malaiischen Gebiet verbreiteten Art, *Zanonia indica,* ist der Gattung *Alsomitra* recht ähnlich. Sie verfügt aber nicht über so exzellent an den Gleitflug angepaßte Samen.

Tribus Melothrieae. Den Gattungen dieser Verwandtschaftsgruppe sind die paarweise verwachsenen Filamente der Staubblätter sowie das freie fünfte Staubblatt und die geraden oder nur wenig gebogenen Pollenfächer der Antheren gemeinsam.

Die namengebende Gattung dieser Tribus ist *Melothria,* deren etwa 10 Arten in den Tropen und Subtropen der Neuen Welt verbreitet sind, lediglich die in den USA heimische *Melothria pendula* bildet eine Ausnahme. Die recht nahe verwandte Gattung *Zehneria* mit etwa 30 Arten kommt dagegen vorwiegend in den Tropen der Alten Welt vor. Vermutlich in der zweiten Hälfte des vorigen Jahrhunderts wurde *Zehneria suavis,* die im tropischen Afrika und in Indonesien heimische Art, in Europa in Kultur genommen.

Aus ihrem knolligen Erdsproß entwickeln sich zierliche, oberirdische Sprosse mit glänzend dunkelgrünen Blättern, weißen Blüten und zahlreichen kleinen, blauschwarzen Früchten. Die Blätter und Blüten duften nach Moschus. Die krautigen Kletterpflanzen, die bis zu 5 m hoch werden, eignen sich zur Bekleidung von Zäunen oder Balkonen, man sollte im Herbst aber zur Überwinterung den Wurzelballen frostfrei einlagern.

Im tropischen Amerika, vor allem im Gebiet des Amazonas, sind die etwa 75 Arten der Gattung *Gurania* heimisch. Als stark wachsende Kletterpflanze kann man gelegentlich in *Victoria-regia*-Häusern *Gurania malacophylla* sehen. Sie fällt durch ihre eigenartigen rötlichen, männlichen Blüten auf, die in lang gestielten, köpfchenförmigen Blütenständen vereint sind. Die Bestäubung erfolgt meist durch Vögel, aber auch durch Schmetterlinge. In diese Verwandtschaftsgruppe gehört auch die bereits erwähnte einzige baumartige Art *Dendrosicyos socotrana,* die zu den gefährdeten Endemiten Sokotras gehört. Besonders wird dieser Art von Ziegen nachgestellt. Einen gewissen Schutz gewährt nur die Kletterpflanze

Cissus subaphylla, die die Bäumchen überwuchert und damit, weil offenbar wenig schmackhaft, die Ziegen abhält.

Zur Gattung *Cucumis* rechnet man gegenwärtig 30 Arten, deren Verbreitungsgebiet von Afrika über das östliche Mittelmeergebiet bis nach Indien und Südostasien reicht. Es sind einjährige oder ausdauernde Kräuter mit ganzen, gelappten oder geteilten Blättern und einfachen Ranken. Die männlichen Blüten stehen in Büscheln zusammen und nur selten einzeln, während dagegen die weiblichen gewöhnlich einzeln und nur seltener gebüschelt angeordnet sind. Bei den Staubblättern ist das Konnektiv über die bisweilen geraden Theken hinaus in einen zweispaltigen Fortsatz verlängert. Die weiblichen Blüten haben einen kurzen Griffel, der in 3 bis 5 Narben endet. Die Frucht springt meist nicht auf, sie ist fleischig oder hat eine Rinde mit einer glatten Oberfläche, die in vielen Fällen aber auch verschiedenartige stachelige oder warzige Hautausstülpungen aufweist.

Die Gurke, *Cucumis sativus,* stammt aus Indien. Dort findet man am Fuß des Himalajagebirges *Cucumis sativus* ssp. *agrestis* (syn.: *Cucumis hardwickii*), die als ihre vermutliche Ausgangsform angesehen wird, von der aber auch einige Autoren meinen, daß sie eine verwilderte Form sei. Die Sippe ist in vielem der Gurke ähnlich, hat aber ein besonders bitter schmeckendes Fruchtfleisch. Von Indien aus verbreitete sich die dort etwa dreitausend Jahre alte Gurkenkultur in früher Zeit sehr schnell nach Westen und vermutlich etwas später nach Osten bis China und Japan. Heute werden die Gurken überall auf der Welt angebaut, wobei man sie in klimatisch ungünstigen Gebieten oder Jahreszeiten zur Frischgemüseversorgung in Glashäusern kultiviert und in verschiedener Weise zubereitet verzehrt. Nach der Fruchtform unterscheidet man zwischen Salatgurken mit langen Früchten, die roh gegessen werden, und Einlegegurken mit kurzen, etwa 15 cm langen Früchten. Die Einlegegurken werden auf unterschiedliche Art konserviert, in Salz oder Essig gelegt, einer Milchsäuregärung unterworfen (Saure Gurken) und oft mit Pfeffer, Paprika oder Senf gewürzt (Pfeffer- oder Senfgurken). Die kleinen Früchte verwendet man mit anderen Gemüsen bei der Bereitung von sauren »Mixed Pickles«.

Im Gurkenanbau setzen sich jetzt immer mehr die wesentlich ertragreicheren Hybridsorten durch.

Eine vielgestaltige Art ist *Cucumis melo,* die Melone. Ihr ursprüngliches Verbreitungsgebiet liegt im tropischen Afrika; von dort gelangte sie relativ spät nach Asien, wo im Verlauf ihrer Kultur unter ähnlichen Umweltbedingungen wie in Afrika ein neues Formenmannigfaltigkeitszentrum in Indien, im Iran, in südlichen Teilen Rußlands und angrenzender Gebiete sowie in China entstand. So wurde Mittel- und Vorderasien die Heimat der eigentlichen Dessertmelonen (convar. *melo*). Heute gelangen die Melonen in allen Teilen der gemäßigten Zone und vielfach auch in den Tropen zum Anbau.

In der Unterart *agrestis* werden die Wildformen mit ihren etwa pflaumengroßen und ungenießbaren Früchten zusammengefaßt. Die etwas größeren, kugeligen Früchte dienen als Zier»kürbisse« oder, wenn sie sehr stark aromatisch sind, in Vorderasien zur Bereitung von Parfümerien (convar. *dudaim*).

Von den Dessertmelonen, deren Früchte man reif als Obst verzehrt, gibt es unzählige Kultursorten, die sich in der Form, Farbe und Zeichnung der Frucht, der Farbe (grün, rot, weiß), dem Aroma und Geschmack des Fruchtfleisches sowie der Wuchsform der Pflanzen voneinander unterscheiden.

Zu den besten Melonen der Welt gehören die sogenannten Zard-Melonen, die bisher außerhalb Vorder- und Mittelasiens kaum bekannt geworden sind. Von den in der convar. *flexuosus* vereinten Melonen mit langen, oft gewundenen Früchten, die ursprünglich im Iran, in Afghanistan, Mittel- und Kleinasien sowie in Nordafrika verbreitet sind, verzehrt man die jungen, unreifen Früchte wie Gurken. Noch ziemlich wenig erforscht sind die südost- und ostasiatischen Melonen (convar. *conomon*), deren Früchte in der Heimat meist als Gemüse gegessen werden.

Tribus Schizopeponeae. Diese Tribus enthält nur eine Gattung, *Schizopepon,* die mit 3 Arten in Nordindien und China verbreitet ist. Als Besonderheit treten bei ihr zuweilen zweigeschlechtige Blüten auf. Die nordöstlichste Verbreitung erreicht *Schizopepon bryoniaefolius,* der über Ostsibirien und Korea, Sachalin und die Kurilen bis nach Japan verbreitet ist, wo er besonders in dichten Bergnadelwäldern vorkommt. Die beerenähnlichen Früchte reißen dreiklappig auf.

Tribus Joliffieae. Diese Tribus schließt sich eng an die vorhergehende an, der Petalenrand ist aber gefranst.

Eine große Gattung mit etwa 45 bekannten Arten ist *Momordica,* von der die meisten Arten im tropischen und südlichen subtropischen Afrika, der Rest in Südasien, Indien und Indonesien heimisch sind. Der Balsamapfel, *Momordica balsamina,* und die Balsambirne, *Momordica charantia,* haben jetzt in den Tropen eine weltweite Verbreitung, wobei sie vermutlich mit den afrikanischen Sklaven nach Amerika gelangten. Sie werden wegen ihrer saftig-fleischigen Früchte angebaut. Die breiteiförmigen, kammartig-höckerigen Früchte des Balsamapfels und die länglichen, höckerig-knotigen der Balsambirne ißt man unreif oder reif als Gemüse, während die unreifen der Balsambirne wegen ihrer abführenden Wirkung auch medizinisch Verwendung finden.

Beide Arten sind schöne Zierpflanzen, die bei uns in *Victoria-regia*-Häusern oder Kalthäusern gezogen werden. Von besonderem Reiz sind die aufgesprungenen Früchte; wenn sich die dicke, fleischige Rinde der Frucht geöffnet hat, sieht man das scharlach- oder blutrot gefärbte Fruchtmark, in dem die braunen oder grauen Samen eingebettet liegen.

Thladiantha, die Quetschblume, mit etwa 25 Arten, findet man im Himalaja, in Nordchina und auf Java. Die nordchinesische, ausdauernde *Thladiantha dubia* ist zur Bekleidung von Wänden und Zäunen zuweilen in unseren Gärten zu finden. Ihre knollentragenden Grundstämme kriechen sehr weit, so daß sie dort, wo man sie ungehindert wuchern läßt, zu einem lästigen Unkraut werden kann. Die weiblichen Pflanzen tragen reif sehr schöne, dunkelrote Früchte, während die männlichen Pflanzen durch ihre dunkelgrünen Blätter und goldgelben Blüten auffallen.

Thladiantha grosvenori aus China ist eine Arzneipflanze, die auch durch ihren Süßstoffgehalt interessant werden könnte.

Von der Gattung *Telfairia* ist *Telfairia pedata* in Ostafrika und *Telfairia occidentalis* in Westafrika heimisch. Sie haben handförmige Blätter und große Blüten, und ihre bis zu einem Meter lang werdenden Früchte enthalten große, flache Samen. Die ölhaltigen Keimblätter der Samen von *Telfairia pedata* schmekken mandelartig; sie werden gekocht oder geröstet gegessen sowie zur Gewinnung eines wertvollen Speiseöls genutzt. *Telfairia occidentalis* baut man ebenfalls an und verwendet ihre jungen Sprosse und Blätter als Suppenkraut, während die Samen wie Bohnen verzehrt werden. Aus den Stengeln wird eine Faser gewonnen.

Tribus Trichosantheae. Die Vertreter dieser Tribus zeichnen sich durch große Blüten mit langer Kelchröhre aus. Die Abschnitte der Blütenkrone sind haarförmig gefranst.

Einjährige oder ausdauernde Kettersträucher sind die in Südostasien und Australien vorkommenden Arten von *Trichosanthes,* der Haarblume. Die Gattung besteht aus 15 Arten, von denen eine, die Schlangenhaarblume, *Trichosanthes cucumerina* ssp. *anguina,* zuweilen in Mitteleuropa in Gärten angebaut wird. Sie ist nur kultiviert bekannt und wahrscheinlich eine sehr alte Kulturpflanze. Die einjährigen Pflanzen können 2 m und höher klettern. Auffallend sind ihre haarfein geschlitzten weißen Blüten, von denen die männlichen in Trauben, die weiblichen einzeln stehen, und die schlangenförmigen, bis zu 2 Meter lang werdenden Früchte, deren Farbe während der Reife von orangefarben zu rot übergeht. Die unreifen, innen grünlichweißen, saftigen Früchte werden als Gemüse gegessen.

Tribus Benincaseae. In dieser Verwandtschaftsgruppe treten kurze Kelchröhren und ungefranste Petalen auf. Die Samenanlagen sind zahlreich. Mehrere Arten sind bedeutende Kulturpflanzen besonders der tropischen und subtropischen Gebiete.

Der Wachskürbis, *Benincasa hispida,* ist die einzige Art dieser Gattung. Im tropischen Asien bis nach Japan heimisch, wird er dort seit langem auch angebaut. Die großen, eiförmig-länglichen oder zylindrischen Früchte sind borstig behaart und mit einer weißen Wachsschicht bedeckt; aus ihnen bereitet man ein recht schmackhaftes Gemüse.

In den altweltlichen Tropen hat der Flaschenkürbis, *Lagenaria siceraria,* seine Heimat, der heute überall in wärmeren Ländern angebaut wird. Einige Autoren vermuten, daß er vor der Entdeckung Amerikas dort bereits

Schlangenhaarblume, *Trichosanthes cucumerina* ssp. *anguina,* deren eigenartige Blüten sich nur nachts öffnen

kultiviert worden sei. Seine fast runden, am Grunde herzförmigen Blätter duften nach Moschus. Er hat weiße Blüten, und die Früchte sind außerordentlich vielförmig. Es lassen sich lange, kürzer und deutlich eingeschnürte, entweder einbäuchig mit einem scharf abgesetzten, geraden oder gekrümmten Hals (»Herkuleskeule« oder »Pilgerflasche«), oder auch zweibäuchig und mehr oder weniger flach kugelige Grundformen unterscheiden. Bei der Reife verholzt die äußerste Schicht, und das Fruchtfleisch wird schwammig, es kann dann zusammen mit den Samen entfernt werden. Auf diese Weise werden Flaschen (»Kalabassen«), Näpfe und andere Gefäße hergestellt, die sich besonders formen oder verzieren lassen, wenn die Früchte in vorgebildete Formen hineinwachsen. Mit der Ausbreitung von Blech- und Kunststoffgefäßen verliert aber der Flaschenkürbis seine Bedeutung. Die jungen Früchte mancher Sippen werden auch als Gemüse gegessen.

In den Tropen der Alten Welt sind 7 Arten der Gattung *Luffa* heimisch, durch Anbau sind manche Arten weltweit verwildert und mancherorts eingebürgert. *Luffa operculata* kommt im tropischen Amerika vor. Charakteristisch für die Gattung sind die trockenen, vom Griffel gekrönten, länglichen oder zylindrischen Früchte mit ihrem stark entwickelten Gefäßbündelnetz. Die wichtigsten Arten sind *Luffa cylindrica,* die Schwammgurke, deren Heimat vermutlich in Indien zu suchen ist, und *Luffa acutangula.* Von beiden Arten werden die un-

Blatt der Schwammgurke, *Luffa cylindrica* (1), und des Flaschenkürbisses, *Lagenaria siceraria* (2)

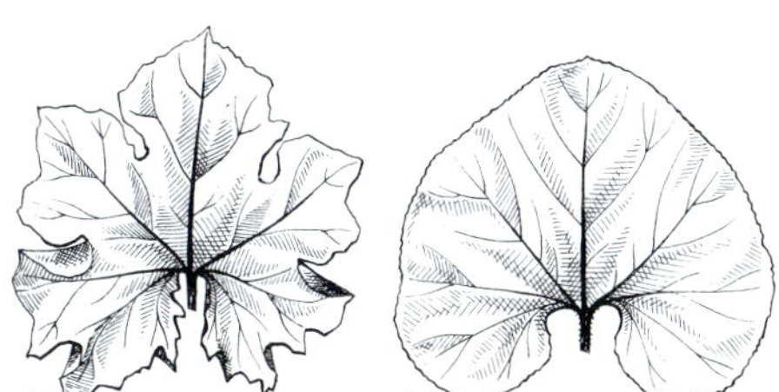

Der Flaschenkürbis, *Lagenaria siceraria,* mit unreifen Früchten. Die kalebassenförmigen Früchte liefern bei der Reife die bekannten flaschenartigen Gefäße, die keulenförmige Frucht dient im unreifen Zustand als gurkenähnliches Gemüse.

reifen Früchte wie Gurken gegessen. Die reifen, nicht gerippten Früchte sind bei der Schwammgurke zylindrisch oder verlängert-keulenförmig und werden bis zu 60 cm lang, während sie bei *Luffa acutangula* keulenförmig sind, 10 kantige Längsrippen haben und nur etwa halb so lang werden. Die festen Gefäßbündelnetze der Früchte, die als Luffa (Loofah) bekannt sind, erhält man durch Auswaschen ihrer Außenschicht, des Fruchtfleisches und der Samen nach einer mehrtägigen Lagerung im Wasser. Diese Fasernetze werden u. a. als Schwämme (Luffaschwämme), Frottierlappen und Einlegesohlen verwendet. Die Fasern, die das Netz bilden, nutzte man industriemäßig hauptsächlich für die Herstellung von Filtern der verschiedensten Arten. Das Monopol für die Erzeugung dieses industriellen Rohstoffs hatten die Japaner. Junge Früchte und Blätter werden als Gemüse verwendet.

Von den 12 Arten der Gattung *Bryonia,* der Zaunrübe, sind die meisten im östlichen Mittelmeergebiet und im westlichen Asien verbreitet. Die ausdauernden, kletternden Kräuter mit einer rübenförmigen Wurzel haben rauh behaarte, drei- bis fünflappige oder -eckige Blätter. Die kleinen, grünlichen oder weißlichen Blüten stehen in Trauben oder Büscheln zusammen.

In Mitteleuropa kommen 2 Arten der Gattung vor, die einhäusige Weiße Zaunrübe, *Bryonia alba,* und die zweihäusige Rote Zaunrübe, *Bryonia dioica,* die die einzigen heimischen Arten der Kürbisgewächse sind. Bei der Weißen Zaunrübe stehen die männlichen Blüten in langgestielten Trauben, die weiblichen in kurzgestielten doldenförmigen Büscheln, ihre Früchte sind rund und schwarz. Die gleiche Anordnung der Blüten findet man bei der Roten Zaunrübe, nur haben hier die Blüten der weiblichen Pflanzen doppelte Größe und entwickeln scharlachrote Beeren. Die dicken, rübenförmigen Wurzeln von *Bryonia alba* wurden früher vor allem als Heilmittel gegen die Gicht verwendet, sie enthalten die Glykoside Bryonin und Bryonidin.

Von den Azoren, über das Mittelmeergebiet, bis hin nach Vorderasien und zur Krim reicht das Verbreitungsgebiet der Spritzgurke, *Ecballium elaterium,* die die einzige Art der Gattung ist. Es sind rankenlose, einjährige Kräuter mit etwas über taubeneigroßen, rauhhaarigen bis stacheligen Früchten. Wenn sich die reifen Früchte vom Fruchtstiel lösen, werden aus der so entstandenen Öffnung der Frucht die kleinen Samen und der bittere Fruchtsaft mit einem erheblichen Druck meterweit herausgespritzt. Das Fruchtmus enthält das Glykosid Elaterin und wird seit dem Altertum offizinell genutzt.

Das natürliche Verbreitungsgebiet der 4 Arten der Gattung *Citrullus* liegt in den Steppen und Wüsten des südlichen und tropischen Afrikas, im Mittelmeergebiet und in den sich von Nordafrika bis Nordindien erstreckenden Wüstengebieten. Von der Gattung *Cucumis,*

Die Schwammgurke, *Luffa cylindrica,* mit Blüten und Frucht. Das feste Gefäßbündelnetz der Früchte ist als Luffa bekannt.

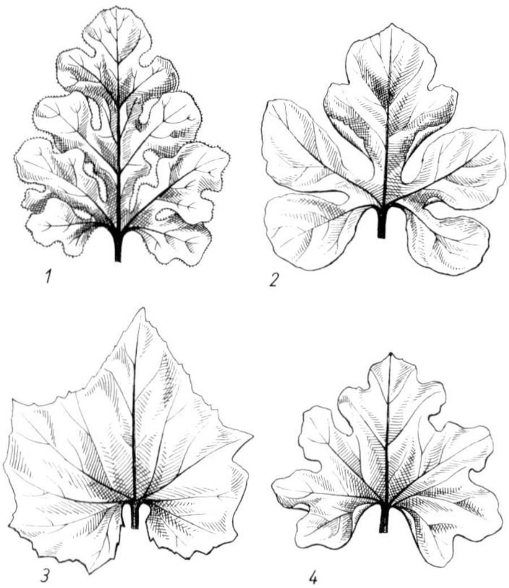

Blatt der Wassermelone, *Citrullus lanatus* (1), von *Cucumis anguria* (2), der Gurke, *Cucumis sativus* (3), und der Melone, *Cucumis melo* (4)

Gurke, aus der Tribus Melothrieae unterscheidet sie sich u. a. durch die immer einzeln stehenden Blüten, die tief drei- bis fünflappigen Blätter, deren Lappen wiederum gelappt oder angeschnitten sind und die zwei- bis dreispaltigen Ranken. Angebaut werden 2 Arten, *Citrullus lanatus,* die Wassermelone, und *Citrullus colocynthis,* die Koloquinthe.

Die Wassermelone ist eine uralte, formenreiche Kulturpflanze, deren ursprüngliches Verbreitungsgebiet im tropischen und südlichen Afrika zu suchen ist und die in Indien vermutlich ein sekundäres Zentrum ihrer Formenmannigfaltigkeit entwickelt hat. Der frühe Anbau durch die an das Mittelmeer angrenzenden Völker, die Berber, Ägypter und Spanier, läßt sich dadurch belegen, daß sie alle einen eigenen Namen für die Pflanze haben, während ein Sanskritname die frühe Einführung in Indien bezeugt. Heute wird sie in allen wärmeren Ländern angebaut.

Ihre Sprosse sind im oberen Teil zottig-wollig und die Blätter nur wenig rauh behaart. Die sich aus den wollig behaarten Fruchtknoten entwickelnden Früchte sind zur Reife meist glatt und dunkelgrün, blaßgrün oder weißlich gefleckt; ihre Form variiert von kugelig, zylindrisch bis elliptisch. Sie erlangen ein Gewicht von 10 bis 15 kg. Das weiche Fruchtfleisch ist weiß, grünweiß, gelb bis rot, die Samen sind weiß, gelb, braun, grün bis schwarz oder rötlichschwarz.

Bei den kultivierten Sippen unterscheidet man zwischen den süßen Wassermelonen (var. *caffer*) und denen mit einem faden oder bitteren Geschmack der Früchte (var. *citroides*), die als Viehfutter verwendet oder wie Zitronat konserviert werden.

Die süßen Wassermelonen werden gewöhnlich roh verzehrt und sind äußerst erfrischend. Als Dessert kann man sie eisgekühlt essen und gelegentlich etwas mit Zucker nachsüßen. Der Saft wird vergoren oder von besonders süßen Sorten zu Sirup eingedickt.

Die Früchte mit festem Fruchtfleisch werden gekocht oder mit Mehl gebacken. Auch die Samen kann man entweder geröstet verzehren oder aus ihnen das Öl extrahieren, das als Schmieröl oder zur Seifenherstellung dient.

Triploide Wassermelonen sind nahezu samenlos, von hervorragender Qualität und sehr ertragreich. Im Jahre 1939 begann H. Kihara in Japan mit ihrer Züchtung. Dabei werden die Narben experimentell hergestellter tetraploider Pflanzen mit Pollen normaler diploider

Koloquinthe, *Citrullus colocynthis.* 1 Sproßstück mit männlichen und weiblichen Blüten, 2 Blumenkrone der männlichen Blüte mit den am Grunde der Kronblätter angewachsenen Staubblättern, 3 Längsschnitt durch die weibliche Blüte, 4 Querschnitt durch den dreiplazentigen Fruchtknoten

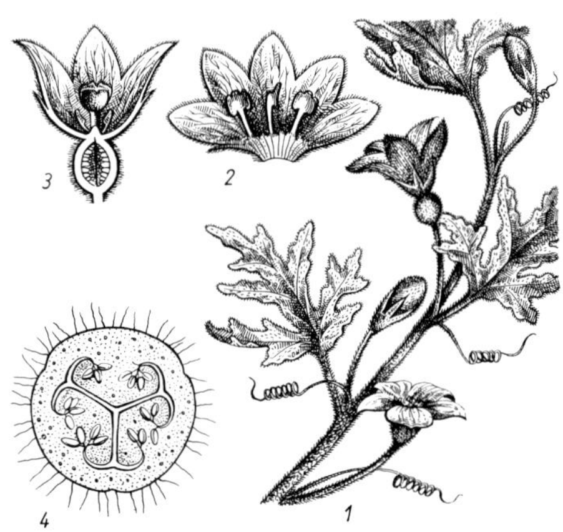

Sorten bestäubt. Die aus triploiden Samen hervorgehenden triploiden Pflanzen sind in der Regel vollkommen steril, es entwickeln sich nur die samenlosen Früchte.

Die zweite im Anbau befindliche Art, die Koloquinthe, *Citrullus colocynthis,* ist eine ausdauernde Wüstenpflanze, die von Nordafrika über das Mittelmeergebiet bis nach West- und Südasien vorkommt und hier stellenweise auch angebaut wird. Sie ist mit der Wassermelone eng verwandt, und es gibt Autoren, die die Meinung vertreten, sie sei die wildwachsende Ausgangspflanze der heutigen Wassermelonen.

Die Pflanzen sind sehr rauh behaart. Ihre Früchte haben etwa die Größe einer Orange und sind grün oder gelblich-weiß gezeichnet. Das trockene und schwammige Fruchtfleisch schmeckt sehr bitter und hat einen unangenehmen Geruch. Die getrockneten Früchte, ohne die äußere harte Schale, sind ein stark wirkendes Abführmittel. Ihre ölhaltigen Samen werden gelegentlich gegessen oder zur Gewinnung von Brennöl genutzt.

Auf den Sanddünen Südwestafrikas wächst die Naraspflanze, *Acanthosicyos horridus.* Die zweihäusigen Sträucher mit langen, dicken Pfahlwurzeln haben stark verzweigte, blattlose Sprosse mit großen, paarweise stehenden Dornen. Die hellgraue Oberfläche der kugeligen, bis zu 1 ½ kg schweren Früchte ist mit niedrigen, kurzstacheligen Warzen bedeckt. Sie enthalten zahlreiche, in rötlich-cremefarbiges Fruchtfleisch eingebettete, sehr ölhaltige und früher als Mandelersatz benutzte Samen. Das Fruchtfleisch hat einen säuerlich-süßen Geschmack und wird, vorwiegend zu Brei gekocht, gegessen.

Acanthosicyos naudinianus aus dem Kalahari-Gebiet ist eine extrem wichtige Nahrungs- und Wasserquelle für Mensch und Vieh.

Im tropischen Afrika und Asien findet man die 30 Arten der Gattung *Coccinia,* von der *Coccinia grandis* als Rankengewächs wegen ihrer schönen Belaubung und scharlachroten Früchte im Warmhaus oder im Freien an warmen, sonnigen Wänden kultiviert wird.

Tribus Cucurbiteae. Die Blüten der in dieser Tribus zusammengefaßten Arten haben Antheren mit gefalteten oder gewundenen Pollenfächern. Von der vorhergehenden Tribus unterscheidet sie sich vor allem durch Pollenmerkmale. Viele zur menschlichen Ernährung kultivierte Arten der Kürbisgewächse gehören diesem Verwandtschaftskreis an.

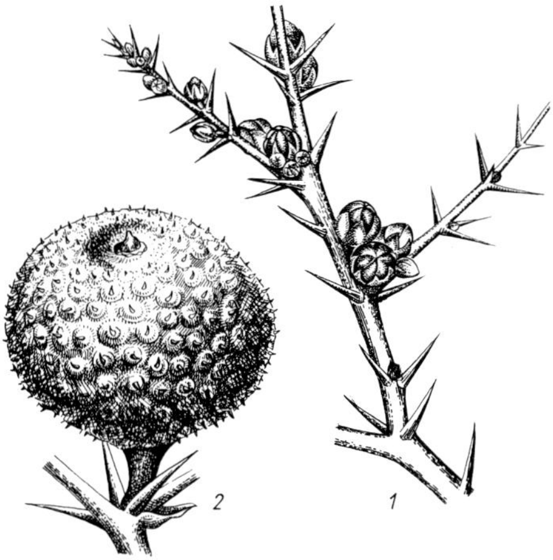

Naraspflanze, *Acanthosicyos horridus.* 1 Zweig mit männlichen Blüten, 2 reife Frucht

Von fast 30 Arten der Gattung *Cucurbita* sind 5 wichtige Kulturarten. Ihr natürliches Verbreitungsgebiet ist das tropische Amerika; von dort hat sich vor allem der Anbau des Riesen- und des Gartenkürbisses bis in die nördlich gemäßigten Gebiete ausgebreitet.

Der Riesen- oder Melonenkürbis, *Cucurbita maxima,* hat runde, stachellose Sprosse, seine Blätter sind nierenförmig und nur sehr wenig gelappt. Das Fleisch der Früchte ist ziemlich hart und wird beim Kochen breiig. Nach der Fruchtform unterscheidet man bei den langtriebigen Pflanzen folgende Convarietäten:

convar. *maxima,*	mit sehr großen, annähernd kugeligen Früchten, die zu den größten der Familie gehören;
convar. *bananina,*	mit im Umriß lang elliptischen Früchten;
convar. *hubbardina,*	mit Früchten, die einen Fruchthals haben und deren Oberfläche meist mit großen flachen Warzen bedeckt ist;

convar. *turbaniformis,* mit durch einen dünnen Korkring deutlich geteilten, turbanartigen Früchten;

convar. *parvifructina,* mit dünnfleischigen, hartschaligen, sehr kleinen Früchten, die bei den wildwachsenden Formen bitter sind.

Bei den buschförmigen Pflanzen treffen wir recht kleine und ziemlich hartschalige Früchte an (convar. *zapallitina*).

Die Früchte der kultivierten Sorten werden süßsauer als Kompott gegessen oder zur Herstellung von Marmelade verwendet; man kann sie aber auch als Viehfutter nutzen.

Eine ähnliche Mannigfaltigkeit der Fruchtformen weist der Garten- oder Schmerkürbis, *Cucurbita pepo,* auf. Im Unterschied zum Riesenkürbis sind seine Sprosse gefurcht und mehr oder weniger stachelig behaart, die mehr oder weniger steifen und fast herzförmigen Blätter sind nahezu immer deutlich gelappt. Das Fruchtfleisch ist faserig und zerkocht daher nicht so leicht wie beim Riesenkürbis. Bei den langtriebigen Gartenkürbissen findet man einmal Sippen mit sehr kleinen Früchten von unterschiedlichster Form, deren Fleisch oft sehr bitter ist und die als Zierpflanzen (die Früchte halten sich im Herbst und Winter einige Wochen bis Monate im Zimmer) angebaut werden (convar. *microcarpina*) und zum anderen Sippen mit mittelgroßen und großen Früchten von kugeliger oder zylindrisch-ovaler Form, die als Speise-, Futter- oder Ölkürbisse kultiviert werden (convar. *pepo*). Bei den »Ölkürbissen« ist die Samenschale nicht verholzt, der Ölgehalt ihrer Samen jedoch im allgemeinen nicht höher als bei den übrigen Formen. Im Gegensatz zum Riesenkürbis finden wir bei den Buschformen eine größere Mannigfaltigkeit der Fruchtformen; es gibt mehr oder weniger verlängerte und überwiegend zylindrische Früchte (convar. *giromontiina*), die meist unter der Bezeichnung Zucchini im Handel sind, sowie die Patissone oder Kaisermützen mit flachen, teller- oder schildförmigen Früchten, die eine Neigung zu radialen Auswüchsen zeigen, und die Crook-necks oder Krummhalskürbisse mit keulenförmigen oder verlängert-birnenförmigen Früchten, die einen deutlich gebogenen Hals haben und deren gesamte Oberfläche ganz dicht mit größeren Warzen bedeckt ist (convar. *patissonina*).

Blatt des Gartenkürbisses, *Cucurbita pepo* (1), des Riesenkürbisses, *Cucurbita maxima* (2), und des Feigenblattkürbisses, *Cucurbita ficifolia* (3)

Der Moschuskürbis, *Cucurbita moschata,* mit einem filzig behaarten Sproß wird vorwiegend in wärmeren Ländern kultiviert. Sein meist süßeres Fruchtfleisch ist kaum faserig und zerkocht gewöhnlich.

Die erst vor etwa 50 Jahren den Botanikern bekannt gewordene *Cucurbita argyrosperma,* lange Zeit unter dem Namen *Cucurbita mixta* bekannt, wird vorwiegend in Mittelamerika, ihrem ursprünglichen Verbreitungsgebiet, und in Nordamerika angebaut.

Der Feigenblattkürbis, *Cucurbita ficifolia,* schließlich hat grün-weiß marmorierte und oft weiß gestreifte Früchte, deren Fleisch schneeweiß und sehr faserig ist. Er wird in wärmeren Ländern, wo er ausdauernd ist, als Gemüse kultivert. Bei der Gurkenkultur in Gewächshäusern wurden die Pflanzen dieser Art häufig als gegen den *Fusarium*-Pilz resistente Unterlagen verwendet.

Tribus Cyclanthereae. Bei den Blüten der in dieser Tribus zusammengefaßten Gattungen *Elaterium* und *Cyclanthera* sind nicht nur die Filamente, sondern auch die Konnektive miteinander zu einer oben schildförmigen Säule verwachsen, um deren Rand sich 2 übereinanderliegende Antherenfächer winden, die in einer kreisförmigen Spalte aufspringen. Das Hauptverbreitungsgebiet der etwa 10 Gattungen ist das tropische Südamerika. Die namengebende Gattung *Cyclanthera* umfaßt etwa 15 Arten. Bei der in den tropischen Anden heimischen *Cyclanthera explodens* rollt sich die eine Hälfte der reifen Frucht plötzlich rückwärts ein und schleudert auf diese Weise die Samen weit weg. Von *Cyclanthera pedata* werden die Sproßspitzen und Blätter als Suppengemüse verwendet und die etwas größeren Früchte der nicht selten kultivierten Varietät *edulis* gegessen. Auch *Cyclanthera brachystachia* wird besonders in Mittelamerika und auf Java wegen der eßbaren Früchte angebaut.

Tribus Sicyoeae. Bei diesem Verwandtschaftskreis sind die Filamente der 5 Staubblätter zu einem Synandrium verwachsen, wobei die Antheren allerdings nicht miteinander verschmelzen.

Hierzu gehört die Chayote, *Sechium edule,* die einzige Art der Gattung in der engeren Umgrenzung. Sie ist im tropischen Amerika heimisch, wird aber heute auch in den Tropen der ganzen Welt und sogar im Mittelmeergebiet kultiviert. Die überwiegend birnenförmigen, meist etwas stacheligen Früchte verzehrt man als Gemüse oder Kompott, sie werden aber auch als Viehfutter verwendet. Ihr einziger Same keimt bereits in der Frucht, die sich an der Spitze öffnet, um dem Keimling den Austritt zu ermöglichen. Ebenfalls einsamige Früchte haben die 25 Arten der Haargurke, *Sicyos,* die im tropischen Amerika, auf den Inseln des Stillen Ozeans und in Australien vorkommen. Die in Nordamerika heimische *Sicyos angulatus* trifft man in Osteuropa verwildert an. Sie hat herzförmige, fünfeckige Blätter und weichbehaarte Früchte.

Ordnung Weidenartige, Salicales

Diese Ordnung steht innerhalb der zweikeimblättrigen Pflanzen sehr isoliert; ihr einfacher Blütenbau wurde sowohl als ursprünglich wie als stark abgeleitet gedeutet. Dementsprechend ist die Gruppe mit sehr verschiedenen anderen Ordnungen in verwandtschaftliche Beziehung gesetzt worden, so z. B. mit anderen kätzchenblütigen Familien oder aber mit den Zaubernußgewächsen, die in pollenmorphologischer Hinsicht mit dieser Ordnung vergleichbar sind. In neuerer Zeit wird vor allem auf Grund von Merkmalen der Holzanatomie, der äußeren Morphologie und des Blüten- und Samenbaues sowie des gemeinsamen Besitzes von Parasiten eine Zugehörigkeit zu bestimmten Familien der Ordnung der Veilchenartigen, besonders der tropischen Flacourtiaceen oder auch der sich daran anschließenden (Samenhaare!) Tamariskenartigen postuliert.

Familie Weidengewächse, Salicaceae

Zu dieser einzigen Familie der Ordnung gehören die Weiden und Pappeln. Sie unterscheiden sich von anderen der früher besprochenen ebenfalls »kätzchenblütigen« Familien dadurch, daß die Pflanzen zweihäusig sind, Einzelblüten in der Achsel eines Tragblattes stehen, die Samen einen an der Basis angehefteten Haarschopf besitzen und die Blüten am Grunde schüppchen-, becher- oder scheibenartige Gebilde tragen. Es ist noch umstritten, ob diese Reste einer Blütenhülle, umgewandelte Hochblätter oder Abgliederungen der Blütenachse darstellen. Auch die morphologische Natur des »Tragblattes« ist noch nicht eindeutig geklärt.

Wie bei der Mehrzahl der Familien der Überordnung der Dillenianae handelt es sich um Holzgewächse, und zwar um sommergrüne mit einfachen, seltener stärker gelappten wechselständigen Blättern. Nebenblätter sind meist vorhanden, sie fallen aber oft frühzeitig ab. Die vor oder mit dem Laubaustrieb erscheinenden Kätzchen sind ährige Blütenstände, als Ausnahmeerscheinung kommen bei einigen Arten auf den sonst rein männlichen oder weiblichen Kätzchen jeweils einige Blüten des anderen Geschlechts vor. Die eingeschlechtigen Blüten haben einen sehr einfachen Bau, sie sind ohne eigentliche Blütenhülle. Die männlichen Blüten bestehen aus 2 bis vielen Staubblättern, die weiblichen aus einem einfächerigen, aus 2, selten 3 bis 4 Fruchtblättern verwachsenen Fruchtknoten mit wandständigen Plazenten. Diese entwickeln meist viele Samenanlagen. Die Frucht ist

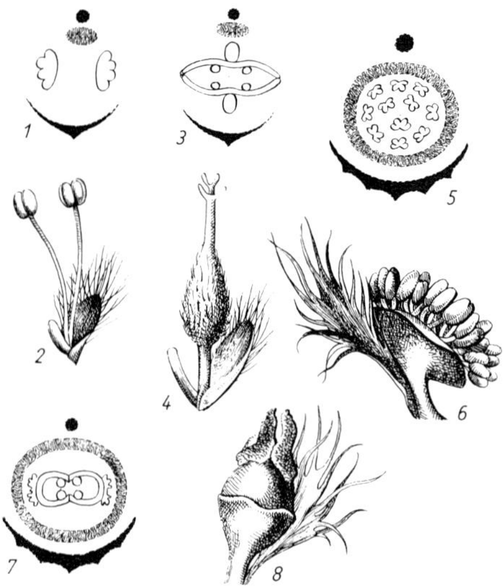

Blüten der Weidengewächse. Fig. 1 bis 4 Blüten und Diagramme einer Weidenart mit 2 Staubblättern in den männlichen Blüten (wie *Salix caprea*). 1 Diagramm der männlichen Blüte; 2 männliche Einzelblüte; 3 Diagramm der weiblichen Blüte; 4 weibliche Einzelblüte. Die Honigschuppen sind in der Blüte gut zu erkennen. Fig. 5 bis 8 Blüten und Diagramme von Pappeln; 5 Diagramm einer männlichen, 7 einer weiblichen Blüte von *Populus tremula;* 6 männliche, 8 weibliche Blüte von *Populus nigra,* die zerschlitzten Tragblätter und die Blütendisci deutlich sichtbar

eine 2- bis 4klappige Kapsel, sie enthält viele kleine Samen ohne oder mit sehr wenig Nährgewebe. Sie gehören zu den kurzlebigsten Samen der Pflanzenwelt, meist schon nach wenigen Tagen verlieren sie ihre Keimfähigkeit, andererseits vermögen sie aber bei günstigen Bedingungen sehr rasch, mitunter schon nach einigen Stunden, zu keimen. Der Befruchtungsvorgang ist bei manchen Arten der Familie ähnlich abgewandelt, wie es für die Kasuarinengewächse geschildert wurde. Die 2 bis 3 Gattungen (Pappel, Weide) der Familie sind vor allem in den nördlichen gemäßigten und subarktischen Zonen der Erde verbreitet, nur wenige Arten haben ihre Heimat in den Tropen; in Australien, auf den Südseeinseln und dem Malaiischen Archipel fehlt die Familie gänzlich. Meist wachsen die Vertreter an feuchten bis nassen Standorten, in Auen, Bruchwäldern, Sümpfen und Mooren, aber auch – nicht selten als Pioniergehölze – in frischen Laubwaldgesellschaften.

Die Weidengewächse sind eine sehr alte Pflanzenfamilie. Ihre Blüten und Früchte kennt man bereits aus der Kreidezeit in Europa und Nordamerika. Im Tertiär war sie über die ganze nördliche Halbkugel verbreitet, bereits damals traten die beiden Gattungen auf, die auch heute die Familie repräsentieren.

Die Pappeln, *Populus,* zeichnen sich durch hängende Blütenkätzchen mit gezähnten oder zerschlitzten Tragblättern, durch eine größere Anzahl von Staubblättern in den männlichen Blüten (meist 8 bis 30) und teller-, krug- oder becherartige Diskusbildungen am Blütengrund aus. Während bei den Weiden Insektenbestäubung vorherrscht, wird bei den Pappeln der Pollen stets vom Wind auf die weiblichen Blüten übertragen. Je nach Auffassung werden recht unterschiedliche Artenzahlen für die Gattung angegeben. Mit über 100 Arten muß aber gerechnet werden. Sie sind in ihrer Verbreitung ziemlich streng an die nördliche gemäßigte Zone gebunden und dringen nur wenig in das subarktische wie auch in das subtropisch-tropische Gebiet vor, die südlichsten Vorkommen sind in Nordmexiko und in Tansania-Uganda zu verzeichnen. Häufungszentren der Gattung liegen wie bei anderen Laubgehölzen in Ostasien und im atlantischen und pazifischen Nordamerika.

Die Pappeln sind außerordentlich schnellwüchsig, 20jährige Exemplare der Zitterpappel oder Espe, *Populus tremula,* z. B. können Höhen von 18 m erreichen. Sehr häufig sind die Arten Bestandteile von Auwaldgesellschaften, so in Europa der sogenannten Weichholzauen, die auf den schotterreichen und kiesigen Ablagerungen der schnellströmenden Ober- und Mittelläufe der Flüsse stocken (Schwarzpappel, *Populus nigra,* Silberpappel, *Populus alba*). In ökologischer Hinsicht entsprechen diesen Standorten die Vorkommen in den Galeriewäldern der ariden Gebiete Vorder- bis Zentralasiens. Hier haben Pappeln aus der Verwandtschaft der Euphrat-Pappel, *Populus euphratica,* auch einen wesentlichen Anteil an der Gehölzvegetation der natürlichen Oasen. Diese Arten zeichnen sich durch eine interessante Heterophyllie aus: Blätter von Langtrieben und Schößlingen sind weidenartig, lang-lanzettlich, während die der Kurztriebe denen der übrigen Pappeln gleichen

Populus diversifolia in der mongolischen Transaltai-Gobi zusammen mit mannshohem Saxaul, *Haloxylon ammodendron*. Pappeln sind charakteristische Vertreter in der Oasen-Vegetation Mittel- und Zentralasiens.

und eine rundlich-ovale Form mit grob-gezähnten Rändern besitzen. In diesem Merkmal stimmen sie mit der tertiären Art *Populus mutabilis* überein.

Erst unlängst erwies sich die Großblatt-Pappel, *Populus lasiocarpa,* aus Südwest- und Zentral-China als primitive Art der Gattung, die im Gegensatz zu allen anderen Arten der Familie noch ein recht gut entwickeltes grünliches Perianth (und eine Vielzahl von Staubblättern, 40 bis 110 in den männlichen Blüten) besitzt.

Die Gattung Weide, *Salix,* ist wesentlich umfangreicher, 300–500 Arten werden für sie angegeben. Allein in der mitteleuropäischen Flora kommen fast 30–40 Arten vor. Von manchen Autoren werden einzelne abweichende Arten als eigene Gattungen abgetrennt, z. B. *Chosenia* (Nordostasien). Die Weiden unterscheiden sich von den Pappeln durch fast stets aufrechte Kätzchen mit ganzrandigen Tragblättern, eine geringe Zahl von Staubblättern (meist 2, selten 3, 5 oder bis 12) und den Besitz von 1 oder 2 honigabscheidenden Schüppchen am Grunde der Blüten. Selten ist die Zahl der Honigschuppen vermehrt, oder sie sind zu einem Ring verschmolzen. Abgesehen von einigen arktischen Weiden ist Insektenbestäubung die Regel, die Arten bieten im zeitigen Frühjahr in Mitteleuropa eine der wichtigsten Bienenweiden.

Die Gattung hat ein größeres Areal als die Pappeln, Verbreitungsschwerpunkte sind Zentraleuropa, der Himalaja, das Gebiet um die Bering-See und das pazifische Nordamerika. Relativ wenige Arten finden wir in den Tropen und Subtropen Südamerikas, Süd-, Ost- und Westafrikas und Süd- und Südostasiens. Bei diesen Sippen handelt es sich um eine relativ ursprüngliche Gruppe mit zahlreicheren Staubblättern in den männlichen Blüten; sie besitzen enge Beziehungen zu den aus dem Tertiär bekannt gewordenen Formen.

Die Weidenarten sind oft schwer zu bestimmen, zur sicheren Identifizierung braucht man meist Blüten- und Fruchtkätzchen sowie die

Männliche Kätzchen der Sal-Weide, *Salix caprea,* ein wichtiges Vorwald-Gehölz in Mitteleuropa. Weidenkätzchen bilden im Frühjahr eine wichtige Bienenweide, ihr Schnitt ist deshalb verboten.

Die Netzweide, *Salix reticulata,* eine für alpine Matten auf Kalkgestein typische Art. Derartige Spaliersträucher werden auch von anderen alpinen und arktischen Weiden-Arten gebildet.

vegetativen Teile, die aber nur selten gleichzeitig auf einer Pflanze vorhanden sind. Deshalb hat man in die Florenwerke oft getrennte Bestimmungsschlüssel für männliche und weibliche Kätzchen und für die vegetativen Merkmale aufgenommen. Erschwert wird eine Bestimmung auch durch das häufige Auftreten von Bastarden zwischen verschiedenen Arten; solche Bastard-Formenschwärme können manche Artgrenzen weitgehend verwischen. Es sind neben den einfachen nicht selten sogenannte Tripel- oder Quadrupel-Bastarde beschrieben worden, die Kreuzungsprodukte eines Bastards mit einer dritten Art bzw. mit einem weiteren Bastard aus 2 anderen Arten darstellen. So ist z. B. die aus Brandenburg angegebene *Salix* × *aschersoniana* aus einer Kreuzung von (*Salix aurita* × *Salix caprea*) × (*Salix cinerea* × *Salix repens*) entstanden.

Die Weiden besitzen auch eine größere ökologische Anpassungsfähigkeit als die Pappeln, so dringen sie z.B. weit in die arktischen sowie in die oberhalb der Baumgrenzen gelegenen alpinen Gebiete vor. Damit in Zusammenhang steht eine große Veränderlichkeit der Wuchsform innerhalb der Gattung. Neben hohen Bäumen, wie der Silberweide, *Salix alba,* und Arten, die sowohl strauch- wie baumförmigen Wuchs haben können (Salweide, *Salix caprea*), gibt es viele strauchförmige Arten, wie etwa die Ohrweide, *Salix aurita.* Unter ihnen sind auch solche mit langen unterirdischen Ausläufern (Kriechweide, *Salix repens*). In arktischen und alpinen Gebieten bilden Spalierweiden (z.B. Netzweide, *Salix reticulata*) charakteristische Gesellschaften, bei ihnen ist das gesamte Astsystem dem Erdboden spalierartig dicht angepreßt. In diesen Gebieten, vor allem in der Schneetälchen-Vegetation, gibt es schließlich auch Arten wie die Krautweide, *Salix herbacea,* die Übergänge zu einem krautigen Wuchs zeigen. Hier sind alle verholzten Achsen ausläuferartig im Erdboden entwickelt, und nur deren Spitzen und die ihrer Seitensprosse ragen als einige Zentimeter hohe, wenigjährige Laubtriebe über die Erde (siehe Abbildung). Schon Linné hatte diese Art als das kleinste Holzgewächs der Erde bezeichnet.

Raschwüchsigkeit und leichte Vermehrbarkeit durch Stecklinge machen die Weidengewächse zu beliebten Objekten von landeskulturellen Maßnahmen. So werden Pappeln z.B. sehr häufig bei Ödland-Aufforstungen, zur Rekultivierung von Kippen, in Windschutzstreifen, Weiden u. a. zur Lebendverbauung von Was-

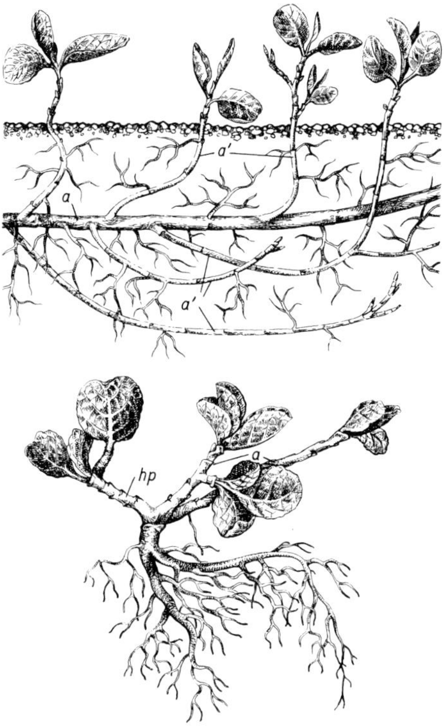

Krautweide, *Salix herbaceae.* 6jährige Pflanze mit dem niederliegenden sympodialen Hauptsproß (hp) und 2 basalen Seitensprossen (a), die sich zu Ausläufern entwickeln (unten). Teil des Ausläufersystems einer älteren Pflanze. a = primärer Ausläufer, a' = davon entspringende sekundäre Ausläufer mit ihren oberirdischen Abschnitten (oben)

serläufen, zur Dünenbefestigung und auch für die Herstellung von Faschinen gepflanzt.

Forstliche Kulturen dieser Arten sind ebenfalls nicht selten, vor allem Pappeln werden in steigendem Maße in intensiv bewirtschafteten Plantagenkulturen (z. B. in Italien) zur Holzerzeugung gezogen. Wirtschaftlich wichtig sind dabei vor allem Schwarzpappel-Bastarde, z. B. *Populus* × *canadensis* (*Populus deltoides* × *Populus nigra*), die in vielen Sorten vorkommen. Die Pappeln sind übrigens eine der wenigen Forstpflanzen, bei denen eine den landwirtschaftlichen Kulturarten vergleichbare intensive Züchtung eingesetzt hat. Bestimmte Zuchtziele, wie Wüchsigkeit, Krankheitsresistenz usw., werden mit verschiedenen züchterischen Methoden angegangen, so mit Hilfe der Kombinations-, der Heterosis- und der Polyploidie-Züchtung sowie neuerdings der Gewebekultur. Triploide Formen von *Populus tremula,* die sogenannten Gigas-Espen, spielen z. B. in Nordeuropa in der Forstpflanzenzüchtung eine Rolle.

Das sehr weiche Pappelholz wird auf mannigfache Weise verwendet, so zu Schnitzereien und Drechselarbeiten, zur Anfertigung von Kisten, als Blindholz in der Möbeltischlerei, in der Zündholzindustrie und als Ausgangsmaterial für die Zellulose- und Papierherstellung, früher auch zur Gewinnung von Holzkohle. Ähnliches gilt für das Holz der baumförmigen Weiden, das auch für allerlei Gerätschaften gebraucht wird. So fertigt man die bekannten holländischen Holzschuhe fast ausschließlich aus dem Holz der Silberweide. Wirtschaftlich wichtiger sind die Weiden als Lieferanten von Ruten für Flecht- und Korbmacherarbeiten sowie von Bandstöcken für Faßreifen u. ä. Recht ausgedehnte Weidenheger und Bandstockkulturen, die entweder im jährlichen oder dreijährigen Umtrieb geschnitten werden, befanden sich in Oberfranken und entlang der unteren Elbe. Sehr oft werden die Pflanzen auch als Kopfweiden gezogen, von denen der alljährliche Austrieb genutzt wird. Die wirtschaftlich wichtigste, in mehreren Sorten gezogene Flechtweide ist die sogenannte Amerikaner-Weide, *Salix rigida,* die in der zweiten Hälfte des vorigen Jahrhunderts zur Stecklingsvermehrung unter Umgehung entgegenstehender Ausfuhrbestimmungen in Form von zu Körben verflochtenen frischen Ruten aus den USA nach Europa gebracht wurde! Daneben hat auch die einheimische Korbweide, *Salix viminalis,* größere wirtschaftliche Bedeutung. Die Gerbstoffgewinnung aus den Weidenrinden war vor allem in nördlichen und östlichen Ländern wichtig, echtes Juchtenleder wurde damit gegerbt. Mehr der Kuriosität halber sei erwähnt, daß Blütenkätzchen verschiedener Weidenarten als Wildgemüse zum Speisezettel sowohl der indianischen Bevölkerung im Südwesten der USA wie auch der Eskimos gehörten.

Als Ziergehölze begegnet man allenthalben sowohl Weiden wie Pappeln. Es sei nur an die Pyramidenpappel, *Populus nigra* var. *italica,* erinnert, die vermutlich aus dem Orient stammt und mindestens schon um die Mitte des 18. Jahrhunderts in das mittlere Europa eingeführt wurde. Zu Zeiten Napoleons I. hat sie dann als Straßenbaum eine weite Verbreitung erlangt, wobei früher nur die männlichen Bäume in Kultur waren. In Parkanlagen sieht man oft Balsampappeln, z. B. *Populus trichocarpa* und Verwandte aus Nordamerika, die im Frühjahr beim Kätzchen- und Laubaustrieb durch einen würzigen Harzduft auffallen; Harzsekretion findet hier an den Knospenschuppen und den jungen Blättern statt. Schließlich gehört die Trauerweide zu den Charakterbäumen von Friedhofspflanzungen. Entgegen einer landläufigen Ansicht gehört die Mehrzahl der in Europa gezogenen Exemplare nicht zur echten Trauerweide, *Salix babylonica,* sondern es handelt sich bei ihnen um eine vegetativ vermehrte Sonderform der Silberweide (*Salix alba* ,Tristis').

»Trauerformen« mit lang herabhängenden Zweigen treten übrigens als Parallelvariationen auch bei anderen Weidenarten und überhaupt bei vielen Bäumen auf.

Überordnung Ericanae

Diese Gruppe von Ordnungen mit vorwiegend verwachsenkronblättrigen Blüten ist eine Entwicklungslinie der Dilleniidae, die sich der folgenden Unterklasse der eigentlichen sympetalen Asteridae nähert, sich von ihr jedoch u.a. durch das Vorkommen von 2 Staubblattkreisen unterscheidet. Dagegen bestehen relativ enge Beziehungen zu den Theales und Dilleniales innerhalb unserer Unterklasse.

Ordnung Heidekrautartige, Ericales

Bei Vertretern dieser Ordnung kann man bei einer Reihe primitiverer Familien oder Gattungen noch freie Kronblätter beobachten (Actinidiaceae, Clethraceae, *Pyrola, Ledum* usw.). Durch diese Formen werden die verwandtschaftlichen Beziehungen zu den früher besprochenen Dillenianae besonders betont.

Bei den Ericales handelt es sich um Holzpflanzen, meist niedrige Sträucher, oft Zwergsträucher mit einfachen, vielfach kleinen, immergrünen Blättern. Ihre Blüten zeichnen sich durch vier- bis fünfzählige Kreise sowie das Auftreten von 2 Staubblattkreisen (der eine mitunter rückgebildet), durch strahlige Symmetrie und zumeist Zwittrigkeit aus; die Familien der Ordnung haben auch viele embryologische Gemeinsamkeiten.

Familie Strahlengriffelgewächse, Actinidiaceae

In dieser Familie werden nur 3 Gattungen vereinigt, die mit 350 Arten vornehmlich in Südostasien, Nordaustralien und Ostasien verbreitet sind. Mehrere Sippen kommen auch in den Tropen Amerikas vor, während die Familie in Afrika fehlt. Ihr gehören Bäume und Sträucher an, und einige Arten sind auffallende Spreizklimmer.

Die Stellung der Familie wird unterschiedlich angegeben. Sie hat viele Übereinstimmungen mit den Theales, und man ordnet sie daher auch dort ein oder stellt sie ihr als eigene Ordnung voran. Früher wurden die Actinidiaceen in die Dilleniaceen einbezogen, mit denen sie in mehreren Merkmalen übereinstimmen.

Die Blüten der Actinidiaceen können zwittrig sein, doch kommen in allen Verwandtschaftskreisen auch eingeschlechtige Blüten vor, und die Pflanzen sind dann zweihäusig. Kelch und Blütenkrone sind fünfgliedrig, die Zahl der Staubblätter und die der Fruchtblätter ist aber verhältnismäßig groß. Während bei den Dilleniaceen die Staubfäden unmittelbar in den Staubbeutel übergehen, sind sie bei den Actinidiaceen nur am Rücken des Staubbeutels befestigt.

Die Samenanlagen weisen nur ein Integument auf, ferner ist der Nuzellus einschichtig. Die Blüten sind in wickligen oder doppelwickligen Blütenständen vereinigt, die nicht selten an einer durchgängigen Blütenstandsachse stehen.

Als größter Verwandtschaftskreis ist mit fast 300 Arten die Gattung *Saurauia* zu nennen, bei der die Griffel meist miteinander verwachsen sind. Während im allgemeinen die Behaarung zur Charakterisierung von systematischen Gruppen wenig geeignet ist, da sie erfahrungsgemäß durch viele Faktoren beein-

Fruchtstand der Kiwi, *Actinidia chinensis,* einer Fruchtart, die in kurzer Zeit weltwirtschaftliche Bedeutung erlangte. Die Kulturformen dieser ursprünglich ostasiatischen Art werden neuerdings z. T. auch als eigene Art *(Actinidia deliciosa)* abgetrennt.

flußt werden kann, sind in der Gattung *Saurauia* verschiedene Haare, Borsten und Schuppen sowie die Intensität der Behaarung so bezeichnende Eigenschaften, daß sie zur Gliederung der Gattung herangezogen werden.

Besonders bemerkenswert ist die in Südostasien vorkommende *Saurauia callithrix,* ein etwa 2 m hohes Bäumchen, das in unmittelbarer Nähe des Erdbodens am Stamm blattlose Ausläufer entwickelt, die dem Boden aufliegen oder sogar in die oberen Bodenschichten eindringen. An diesen Trieben entwickeln sich die Blüten, die somit in einiger Entfernung vom eigentlichen Stamm zur Entfaltung kommen. Die Früchte sind in dieser Gattung Beeren oder Kapseln.

Völlig frei entwickelte Griffel sind dagegen für die etwa 30 Arten umfassende Gattung *Actinidia* charakteristisch, deren Hauptverbreitung in den Tropen und Subtropen liegt. Nur einige Arten, wie *Actinidia kolomikta, Actinidia chinensis* und *Actinidia arguta,* reichen bis in die gemäßigte Zone mit sehr tiefen Wintertemperaturen. Die meisten Arten sind Spreizklimmer. Dabei bleibt der Stamm verhältnismäßig dünn, fächerartig verzweigte Seitenäste spreizen sich waagerecht ab und geben der Pflanze Halt, indem sie sich auf die Zweige benachbarter Bäume stützen.

Diese Gattung ist in Mitteleuropa vor allem durch die Kiwi-Früchte bekannt, die sich in kaum mehr als 3 Jahrzehnten einen fast weltweiten Markt erobert haben. Es handelt sich um die bis 10 cm langen, bräunlichen, ellipsoidischen Früchte von *Actinidia chinensis,* die in Ostasien beheimatet ist und deren Domestikation im wesentlichen in Neuseeland erfolgte. Hier erhielt sie auch den werbewirksamen Namen Kiwi (nach dem neuseeländischen Schnepfenstrauß). Jetzt wird die Art in vielen subtropischen und warm-temperierten Ländern, auch in Südeuropa, kultiviert, und die Früchte mit dem grünen Fruchtfleisch erfreuen sich als vitaminreiches Obst wachsender Beliebtheit.

Die Kiwis haben vergessen lassen, daß auch *Actinidia kolomikta* und *Actinidia arguta* in Ostasien wertvolle Obstpflanzen sind, deren etwa 2 bis 3 cm lange Beeren einen ange-

1 Blühender Zweig der Amur-Stachelbeere, *Actinidia arguta;* 2 Staubblätter und Fruchtknoten von *Actinidia kolomikta;* 3 Frucht von *Actinidia kolomikta;* 4 Fruchtquerschnitt von *Actinidia kolomikta.* Die Anzahl der Fruchtblätter und damit der Fruchtfächer ist auffallend groß.

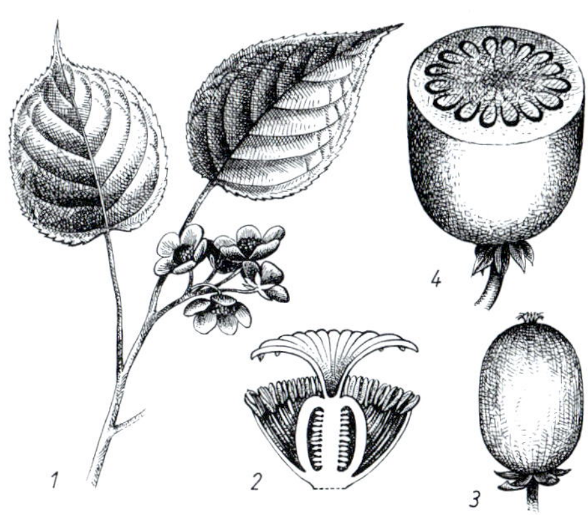

nehmen süßsäuerlichen Geschmack haben. Die Früchte sind unter dem Namen Amur-Stachelbeere oder Japanische Stachelbeere bekannt.

Von Mitschurin sind in Rußland in den ersten Jahrzehnten unseres Jahrhunderts mehrere winterharte Kultursorten dieser Arten mit guter Fruchtqualität gezüchtet worden.

Besonders eindrucksvoll sind die Wälder im Amurgebiet, in denen schon aus großer Entfernung *Actinidia kolomikta* mit ihren lindenähnlichen, auf der Oberseite weißgefärbten Blättern auffällt. Während der Vegetationsperiode wird die Blattoberseite rosarot. Da das Chlorophyll in den Palisadenzellen der Blätter auf einem frühen Entwicklungsstadium stehenbleibt, wird der Farbeffekt in den oberen Zellagen des Blattes noch erhöht, während die Blattunterseite dagegen einförmig grün ist.

Familie Clethraceae

Diese kleine Familie ist eine weitere ursprüngliche Gruppe der Ordnung, bei der die Kronblätter stets noch unverwachsen sind. Dadurch und z.B. auch durch die überraschende Übereinstimmung in Form und Textur der Blätter mit denen mancher Teegewächse ist eine Ableitung der Heidekrautartigen von der Ordnung der Theales möglich. In vielen wesentlichen Merkmalen entsprechen die Clethraceen aber der folgenden Familie der Heidekrautgewächse.

Zu den Clethraceen gehört nur die Gattung *Clethra*, der auf Grund ihres zerrissenen Areals und von Funden aus dem Tertiär ein hohes Alter zugeschrieben werden muß. *Clethra*-Früchte sind sowohl im baltischen Bernstein als auch in anderen tertiären Ablagerungen Europas gefunden worden. Über 60 Arten sind von dieser Gattung bekannt. Als sommergrüne Sträucher sind einige Arten in den Südoststaaten der USA zu Hause; der überwiegende Teil besiedelt als immergrüne Gehölze Mittel- und Südamerika, die Antillen sowie Südost- und Ostasien. Eine einzige Art, *Clethra arborea*, kommt weit isoliert von diesen Gebieten auf Madeira vor, wo sie in den Lorbeerwäldern der Gebirge dieser Insel bestandsbildend auftritt.

Für viele Arten ist ein rostroter oder gelber

Blüten von *Clethra alnifolia*, einer der auch als Scheineller bezeichneten Arten aus dem sommergrünen Laubwaldgebiet des atlantischen Nordamerika

Filz aus Sternhaaren auf der Blattunterseite, dem Blattstiel und den Kelchen charakteristisch. Wichtige Kennzeichen des Blütenbaues sind 2 Staubblattkreise, die sich durch 2 spitzenständige Poren öffnenden 10 bis 12 Staubbeutel sowie der aus 3 Fruchtblättern verwachsene, gefächerte Fruchtknoten, der je Fach viele Samenanlagen enthält und zu einer fachspaltigen Kapsel heranreift. Ihre Samen sind öfters geflügelt und haben eine lockere, sackartige Schale.

Einige der amerikanischen Arten werden gelegentlich in Kalthäusern kultiviert. Die Blätter von *Clethra barbinervis* ißt man in manchen japanischen Gebirgsdörfern als Zutat zu Reis. Diese Art ist übrigens zur Speicherung relativ großer Mengen von Kobaltverbindungen befähigt, im Vergleich zu Arten anderer Familien konnte in ihr eine mehr als 100fache Menge des Elements Kobalt nachgewiesen werden!

Familie Heidekrautgewächse, Ericaceae

Wir alle kennen das Heidekraut, die Rhododendren und die Azalee, charakteristische Vertreter dieser Familie, die aber nur einen schwachen Eindruck von ihrer Vielgestaltigkeit vermitteln. Über 140 Gattungen und mehr als 3500 Arten gehören zu den Heidekrautgewächsen. Sie sind auf allen Kontinenten, besonders in den gemäßigten bis subtropischen Zonen, zu Hause, wo sie, wie wir das auch von den heimischen Arten kennen, überwiegend Standorte mit einer sauren Bodenreaktion besiedeln. In Trockengebieten, den Steppen und Wüsten, aber auch in den meisten tropischen Tiefländern werden wir die Familie vergeblich suchen. Dafür beherrscht sie die Vegetation in vielen niederschlagsreicheren Gebieten der Erde, wie in der Heidevegetation Westeuropas, den zwergstrauchreichen Formationen der Höhenstufen oberhalb der Waldgrenze in den europäischen Hochgebirgen, der arktischen Tundra, aber auch in bestimmten Höhenstufen in tropisch-subtropischen Gebirgen und in winterregenreichen und sommertrockenen Gebieten mit einer Hartlaubvegetation.

Auch die Heidekrautgewächse sind Mykorrhizapflanzen, bei denen regelmäßig die Epidermiszellen der Wurzeln von Pilzhyphen befallen sind. Jedoch sind die Entwicklung und das Wachstum der Pflanzen ohne weiteres auch ohne den Pilzpartner möglich; freilich erwiesen sich in Vergleichsversuchen Pflanzen mit dem Pilzpartner eindeutig in der Stickstoffbilanz gegenüber den künstlich pilzfrei gehaltenen Versuchspflanzen überlegen.

Die Ericaceen sind Holzpflanzen, Zwergsträucher, Sträucher, niedrige Bäume oder mykotrophe Stauden. Unter ihren oft immergrünen Blättern kann man 3 Typen unterscheiden: 1. flache, breite, lederartige; 2. spitze, nadelförmige und 3. die sogenannten erikoiden Blätter, die sich durch geringe Größe, meist linealische Form und die Ausbildung einer rinnenförmigen Vertiefung auf der Unterseite auszeichnen, in der die Spaltöffnungen liegen. Über den genauen morphologischen Aufbau dieser »Rollblätter« ist man sich noch nicht im klaren. Die vegetativen Organe sind durch das Vorkommen von sehr verschiedenen Haartypen charakterisiert (einzellige Haare, Zellreihen-, Zotten-, Schuppen- sowie Drüsenhaare).

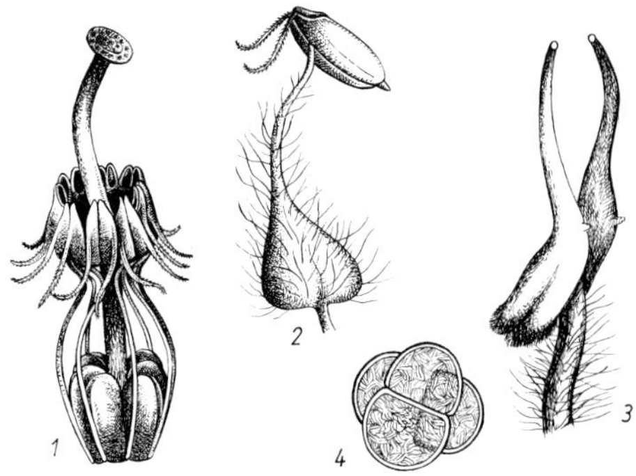

Die Staubbeutel der Heidekrautgewächse zeichnen sich vielfach durch charakteristische Anhängsel aus. 1 Blüte einer *Erica*, 2 Staubblatt von *Arbutus*, 3 Staubblatt von *Vaccinium* (Anhängsel zu Höckern rückgebildet), 4 Pollentetrade von *Vaccinium*

Im Blütenbau ist die Familie durch meist verwachsene Kronen, 2 Staubblattkreise, Diskusbildungen, die Öffnung der Staubbeutel durch Poren, häufig vorkommende Anhängsel an den Staubbeuteln sowie durch ihre Pollentetraden ausgezeichnet.

Ein wichtiges biochemisches Merkmal für die Heidekrautgewächse sind die Polyphenolverbindungen, wie z.B. Gerbstoffe, Flavonoide und Arbutin, ein Hydrochinonderivat, das eine typische Ericaceen-Verbindung darstellt und die Nutzung mancher Arten als Heilpflanze zur Folge hatte. Bezeichnend sind ferner die Tendenz zur Akkumulation ätherischer Öle und das Auftreten toxischer Diterpene, z. B. des Andromedotoxins, auf das später noch eingegangen wird.

Verschiedene Gattungen der Familie sind durch Blatt-, Frucht- und Pollenfunde vielfach bereits aus tertiären Ablagerungen, etwa der Braunkohle und dem Bernstein, von Europa, Asien und Amerika bekannt geworden.

Heute wird eine weite Fassung der Familie bevorzugt, die sich danach in 6 Unterfamilien gliedert, die nun mit einigen Beispielen ausführlicher besprochen werden sollen.

Unterfamilie Rhododendroideae

Diese 15 bis 20 Gattungen enthaltende Gruppe ist weit verbreitet, fehlt aber in Afrika. Bei ihr entwickelt sich der oberständige

Fruchtknoten zu einer wandspaltigen Kapsel, in der viele, oft geflügelte, an *Pyrola* erinnernde Samen mit einer lockeren Samenschale, aber mit einem normal-differenzierten Embryo, heranreifen. Die Pollentetraden sind hier durch visköse Fäden miteinander verklebt, so daß bei der Bestäubung oft die gesamte Pollenmenge eines Faches übertragen wird.

Von Arten kleinerer Gattungen sei auf die Blauheide, *Phyllodoce coerulea,* und das Felsenröschen, *Loiseleuria procumbens,* wegen ihrer charakteristischen Verbreitung hingewiesen, der wir in der Familie mehrfach begegnen: Es sind arktisch-alpine Pflanzen, die neben dem zusammenhängenden Areal in der arktischen Tundra weit entfernt davon noch in der alpinen Stufe der Gebirge der gemäßigten Zone auftreten und nach ihnen benannte Spalier- und Zwergstrauchgesellschaften bilden.

Auf die Nadelwaldzone der Nordhemisphäre ist die kleine Gattung Porst, *Ledum,* beschränkt. Bei den Eskimos, Ainus und sibirischen Völkern des Nordens ist ein Tee aus den würzig-duftenden Blättern der Porstarten beliebt. Der jakutische Name dieser kleinen Sträucher (übersetzt: Onkel der Blaubeere) drückt die genaue Beobachtung verwandtschaftlicher Zusammenhänge der Pflanzenwelt aus. Bei uns wird der unter Naturschutz stehende Sumpfporst, *Ledum palustre,* in der Lausitz als Mottenkraut bezeichnet, weil er früher den Bauern als Mottenschutzmittel diente.

Die Gattung *Rhododendron* ist die größte dieser Unterfamilie und der Ericaceen überhaupt. Wir kennen bisher 850 bis über 1 000 Arten, von denen über die Hälfte in den Gebirgsländern Südwestchinas und der Grenzgebiete von Tibet sowie im östlichen Himalaja vorkommen. Hier prägen sie vielfach das Bild der Vegetation der verschiedenen Höhenstufen der Gebirge. Als Bäume und hohe Sträucher sind sie z. B. in der Nadelwaldstufe vertreten, knieholzartige Bestände bilden andere Arten an der Baumgrenze, und an Hö-

Die Rauhblättrige Alpenrose, *Rhododendron hirsutum,* auch Almrausch genannt, bildet in den Alpen oberhalb der Baumgrenze auf Kalkgestein ausgedehnte Büsche.

hen von über 5000 m sind die wenige Zentimeter hohen Zwergsträucher von *Rhododendron nivale* angepaßt. Auch in tropischen Gebirgen gehören Rhododendren zur Bergwaldflora (auf Neuguinea gibt es allein 150 endemische Arten); sie sind hier auch als Epiphyten anzutreffen (z.B. *Rhododendron javanicum*).

Jedem Alpenwanderer sind die oberhalb der Baumgrenze verbreiteten Alpenrosendikkichte bekannt, die auf humosen Böden mit saurer Reaktion von *Rhododendron ferrugineum,* der eigentlichen Alpenrose, und auf kalkreichem Substrat vom Almenrausch, *Rhododendron hirsutum,* gebildet werden. Dieses Artenpaar ist eines der klassischen Beispiele der Vikarianz, d. h. der Ablösung einer Sippe durch eine verwandte in einem benachbarten Raum; in unserem Fall der Bindung der betreffenden Sippen an Standorte mit unterschiedlicher Bodenreaktion spricht man von edaphischer Vikarianz.

Manche Rhododendren enthalten Andromedotoxin, das nicht nur in den Blättern, sondern auch im Nektar vorhanden sein kann, so z. B. bei *Rhododendron ponticum.* Darauf beruhen auch die schon seit dem Altertum vorliegenden Angaben über giftigen türkischen Honig! (Xenophons Armee muß auf dem in seiner »Anabasis« geschilderten Rückzug große Schwierigkeiten durch den Genuß solchen Honigs gehabt haben).

In erster Linie sind uns die Rhododendren als Ziersträucher bekannt. Viele Arten mit prächtigen roten, gelben oder weißen Blüten und dem dazu wirkungsvoll kontrastierenden dunklen Laub gehören zu den schönsten Gehölzen von Parkanlagen. Vor allem in regenreichen und wintermilden Ländern, wie z. B. in England, werden sie in einer verwirrenden Vielfalt kultiviert. Für die Beliebtheit der Rhododendren spricht die Existenz von speziellen Vereinigungen (British Rhododendron Society u.a.), die sich mit Pflege und Zucht dieser Gehölze befassen.

Zu den kleinblättrigen, halbimmergrünen Arten der Gattung gehört die bekannte Azalee, die als frühblühende Topfpflanze ein wichtiger gärtnerischer Handelsartikel ist und für die es einige alte Anbauzentren u. a. im Dresdner Raum und in Belgien gibt. Die Azalee hat eine bewegte Geschichte: Einige Rhododendren zählen in China und Japan zu den seit Jahrhunderten gezogenen Ziersträuchern, manche sind sogar nur in Kultur bekannt. Die dort am häufigsten gepflanzte Art ist das aus Zentralchina stammende *Rhododendron simsii.* 1808 wurden chinesische Zierformen dieser Pflanze erstmals nach England eingeführt und hatten bald das Interesse der Gärtner erregt. In den folgenden Jahrzehnten wurden von Züchtern andere ostasiatische und amerikanische Arten mit diesen Importen gekreuzt; die heutige Topfazalee ist durch zahllose solcher Ein- und Rückkreuzungen entstanden.

Unterfamilie Arbutoideae

Bei den etwa 10 hierher gehörenden, meist amerikanischen Gattungen kann sich der oberständige Fruchtknoten entweder zu einer fachspaltigen Kapsel oder zu einer Beere bzw. einer Steinfrucht entwickeln. Die Samen sind nicht geflügelt, sondern rundlich, oval oder dreieckig.

Den Namen hat die Gruppe von der Gattung *Arbutus.* Ihre bekannteste Art, der Erdbeerbaum, *Arbutus unedo,* ist ein charakteristisches Gehölz des südeuropäischen Hartlaubgebüsches, der Macchie, in der er nur auf sauren Böden als Strauch oder – in den wenigen noch erhaltenen Hartlaubwäldern – als kleiner Baum auftritt. Seine warzigen, erdbeerähnlichen Beerenfrüchte sind mehlig-süß und werden zur Herstellung von Likören und Obstweinen benutzt. Wie viele südeuropäische Arten dringt auch der Erdbeerbaum im wintermilden Westeuropa relativ weit nach Norden (bis nach Irland) vor.

Andere Arten der Gattung sind für die kalifornische Hartlaubvegetation bezeichnend. In dieser Chaparral genannten, der Macchie physiognomisch gleichenden Gebüschformation ist auch die Mehrzahl der *Arctostaphylos*-Arten beheimatet, die hier zu den charakteristischen Gehölzen zählen. Die mehr oder weniger fleischigen Früchte sind wie die anderer Gattungen eßbar; die trocken-mehligen der Marganita, *Arctostaphylos tomentosa,* waren früher eine wichtige Sammelfrucht der kalifornischen Indianer. Sie rauchten auch die Blätter anderer Arten der Gattung, oft vermischt mit echtem Tabak. In Mitteleuropa ist uns die Bärentraube, *Arctostaphylos uva-ursi,* gut bekannt; Bärentraubenblätter – die klassische

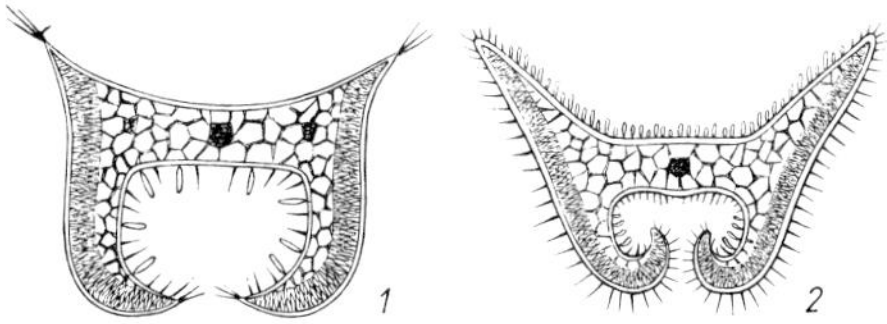

Schematische Querschnitte schuppenförmiger »Rollblätter« von Heidekrautgewächsen: 1 *Cassiope selaginoides*, 2 *Cassiope tetragona*. Die Spaltöffnungen liegen nur in der Epidermis der Blatthöhlung.

Arbutin-Droge mit einem Gehalt von 5 bis 10% dieser Verbindung – werden als Tee bei Blasenleiden auch heute noch viel verordnet. Wegen ihres Gerbstoffgehalts verwendet man die Blätter dieses niedrigen Strauches in Nord- und Osteuropa auch zum Ledergerben. Das Areal der Art umfaßt im wesentlichen die kühl-gemäßigte Nadelwaldzone der Nordhalbkugel. In der Verbreitung leitet *Arctostaphylos uva-ursi* über zu ausgesprochen arktischen oder arktisch-alpinen Sippen, die in dieser Unterfamilie ebenfalls anzutreffen sind. Als Beispiel sei nur auf die Gattung *Cassiope* verwiesen. So ist z. B. *Cassiope hypnoides* ein charakteristischer Spalierstrauch arktischer Zwergstrauchtundren, der durch die gedrängten, sich gegenseitig überlappenden, schuppenartigen Blätter im Aussehen an Bärlapparten erinnert.

Die Gattung *Gaultheria* ist die größte dieser Unterfamilie; ihre 150 Arten sind vor allem in den westlichen Teilen Nord- und Südamerikas und in Brasilien beheimatet. Sie sind in morphologischer Hinsicht interessant, da hier die Kelche nach der Befruchtung zu einem fleischigen Organ heranwachsen, das die Kapsel umgibt. Die aus dem atlantischen Nordamerika stammende *Gaultheria procumbens* liefert das Wintergrünöl, das zum Aromatisieren benutzt wird.

Früchte des Erdbeerbaumes, *Arbutus unedo*. Dieses südeuropäische Macchiengehölz zeigt wie viele Arten der Familie in seinem Vorkommen eine starke Abhängigkeit von Standorten mit saurer Bodenreaktion.

Unterfamilie Ericoideae

Wenn von Heidekrautgewächsen die Rede ist, denken wir zuerst an das Heidekraut und die Heidearten. Sie werden mit anderen Gattungen in dieser Unterfamilie zusammengefaßt. Bei diesen etwa 15 auf Afrika und Europa beschränkten Gattungen handelt es sich in den allermeisten Fällen um niedrige Sträucher vom Typ des Heidekrauts mit den eingangs erwähnten erikoiden, in Wirteln stehenden Blättern. Als Früchte sind fach- oder wandspaltige Kapseln bzw. durch Reduktion der Samenzahl einsamige Nüßchen entwickelt. Wie den meisten Lesern aus eigener Anschauung von einem herbstlichen Heidekrautstrauß bekannt ist, fällt die Blütenkrone nach dem Abblühen nicht ab, sondern bleibt bis zur Fruchtreife auf der Pflanze.

Das einheimische Heidekraut, *Calluna vulgaris*, die einzige Art dieser nördlichsten Gattung der Unterfamilie, ist eine Charakterpflanze sandiger Dünen, armer Kiefernwälder und offener Heide- und Moorvegetation. Trotz seiner weiten Verbreitung in Europa ist durch die Auflockerung der Vorkommen im Osten die Beziehung zu den im westeuropäischen Bereich konzentrierten Arten der Unterfamilie deutlich erkennbar. *Calluna vulgaris*, im Spätsommer mit seinen rosarötlichen Blüten ein Schmuck der sonst eintönigen Heidelandschaften, ist für die Imker eine beliebte Bienenweide. Heidehonig wird wegen des würzigen Geschmacks von vielen bevorzugt. Der berühmte schottische Likör Drambuie wird aus bestem Scotch Whisky unter Zusatz von Heidehonig hergestellt.

In den Zwergstrauchheiden Westeuropas und im Mittelmeergebiet sind reichlich ein Dutzend Arten der Gattung Heide, *Erica*, verbreitet. In einem verblüffenden Reichtum ist diese Gattung mit über 600 Arten (davon mehr als 500 endemisch) aber in Südafrika entwickelt, wo in den küstennahen Gebieten des Kaplands mit reichlichen winterlichen Niederschlägen heideartige Formationen von ihnen gebildet werden. Meist handelt es sich um niedrige heidekrautähnliche Sträucher, von denen oft auf kleinem Raum mehr als ein Dutzend verschiedener Arten zusammen vorkommen. Die großen weißen, gelben, roten oder scharlachfarbenen Blüten machen die Pflanzen zu außerordentlich dekorativen Erschei-

nungen. Sie sind vielfach an spezifische Bestäuber angepaßt, zu denen neben Bienen und Fliegen auch Vögel gehören. Viele Arten haben im Kapland nur eine lokale Verbreitung. Deshalb sind manche durch die Umwandlung weiter Landstriche in Acker- oder Weideland vom Aussterben bedroht. Zu diesen gefährdeten Sippen zählen u.a. *Erica junonis* und *Erica chrysocodon.*

Im Mittelmeergebiet ist die Baumheide, *Erica arborea,* als einer der wenigen hohen Sträucher der Gattung mit meist 3 bis 5 m Wuchshöhe ein typisches Gehölz der immergrünen Macchie. Sie tritt auch im Unterholz der früher weit verbreiteten Steineichenwälder auf. Pflanzengeographisch interessant ist das isolierte Vorkommen der Baumheide in ostafrikanischen Gebirgen nahe der Baumgrenze. Dadurch werden, wie im Band Blütenpflanzen 1 bei einigen Hülsenfrüchtlern erwähnt wurde, die engen floristischen Beziehungen zwischen dem südafrikanischen und dem mittelmeerländischen Florengebiet dokumentiert. Vielen Pfeifenrauchern wird die Baumheide ein Begriff sein, werden doch aus dem Maserholz der Wurzeln die echten Bruyère-Pfeifen geschnitzt. Hauptproduzent des Bruyère-Holzes ist Italien. Wurzelholz der Heidekrautgewächse scheint sich für Tabakspfeifen besonders zu eignen, auch andere Arten, in Nordamerika z. B. *Rhododendron maximum,* werden für diese verwendet.

Die Heiden oder Eriken sind wegen ihres reichen und langwährenden Blütenflors beliebte Ziersträucher. Im Freiland werden in Mitteleuropa die winterharte Schneeheide, *Erica herbacea (E. carnea)* und die Grauheide, *Erica cinerea,* angepflanzt. Nach der genaueren Erforschung der Kapflora zu Beginn des vergangenen Jahrhunderts gelangten auch viele der südafrikanischen Eriken nach Europa. Große Gärtnerfirmen hielten damals *Erica*-Sortimente von mehreren hundert Arten. Während im westlichen Europa verschiedene Sippen – auch in Kultur entstandene Bastarde von nicht mehr rekonstruierbarer Abstammung – in größerem Umfang im Anbau sind, spezialisierte man sich in Mitteleuropa und besonders in Deutschland vor allem auf *Erica gracilis* als Topfpflanze. Ihre Kultur ist heute im Raum Leipzig–Dresden und in Schleswig-Holstein konzentriert. Daneben werden heute verstärkt auch *Erica*-Hybriden angezogen.

Blütenstände der Japanischen Lavendelheide, *Pieris japonica;* die Gattung ist mit der heimischen Rosmarinheide *(Andromeda)* nah verwandt.

Erica ciliaris, hier in einer südportugiesischen Macchie, ist eine der zahlreichen west- und südeuropäischen Arten der Gattung.

Unterfamilie Vaccinioideae

Diese etwa 35 meist amerikanische Gattungen umfassende Gruppe wird mitunter als eigene Familie (Vacciniaceae) von den Ericaceen abgetrennt. Im Gegensatz zu den vorhergehenden Unterfamilien zeichnen sich die folgenden Gattungen durch einen unterständigen Fruchtknoten aus, der zu einer Beere heranwächst, die mit dem sich gleichfalls fleischig entwikkelnden Kelch verwächst. Der Anteil beider Organe an der reifen Frucht ist aber meist noch unterscheidbar.

Als Beispiel für die tropischen Gattungen der Gruppe, die in der Mehrzahl in den Anden beheimatet sind, wollen wir *Thibaudia* nennen. Die oft als Epiphyten in den andinen Gebirgswäldern wachsenden Arten zeichnen sich durch große scharlachrote Blüten aus.

Die Kombination von tropischen Gebirgspflanzen mit Pflanzen der gemäßigten und kühl-gemäßigten Breiten, die wir schon bei *Rhododendron* antrafen, finden wir auch bei der Gattung *Vaccinium* wieder. Die Mehrzahl der 450 Arten ist in den tropischen Gebirgen zu Hause, auch Epiphyten, wie das himalajische *Vaccinium nummularia,* gibt es unter ihnen. In der mitteleuropäischen Flora sind uns die Blau- oder Heidelbeere, *Vaccinium myrtillus,* die Preiselbeere, *Vaccinium vitis-idaea,* die Trunkelbeere, *Vaccinium uliginosum,* und die Moosbeere, *Vaccinium oxycoccus* (jetzt auch zu einer gesonderten Gattung als *Oxycoccus palustris* gestellt), bekannt, die zu den Arten zählen, die die Gattung in der kühl-gemäßigten Nadelwaldzone der Nordhalbkugel vertreten. Die aufrechten sommergrünen Halbsträucher der Blau- und Trunkelbeere und die immergrünen Zwergsträucher der Preiselbeere sind charakteristische Pflanzen des Unterwuchses von Nadelwäldern. Die Blaubeere kommt seltener auch in bodensauren Laubwäldern vor, während die kriechende, immergrüne Moosbeere eine typische Moorpflanze ist. Alle genannten Arten haben eßbare Beeren, die in mannigfacher Weise verwendet und roh oder eingekocht gegessen, zu Saft, Marmeladen, Wein und Likör verarbeitet werden können. Wenn man auch die Beeren vieler Arten dieser Unterfamilie sammelt und ißt, so trifft das doch vor allem für *Vaccinium*-Früchte zu, die in allen Teilen des Areals, in Nord- und Südamerika, Alaska, auf Hawaii, in Südasien wie in Madagaskar nicht nur für den Eigenbedarf gesucht, sondern auch auf den Märkten gehandelt werden. Blau- und Preiselbeeren gehören zu den wenigen Wildobstarten, die in Europa noch eine gewisse wirtschaftliche Bedeutung haben und sogar Waren des Außenhandels darstellen. So ist z. B. Polen als Exporteur dieser Früchte bekannt. Die Nachfrage nach ihnen ist stets größer als das Angebot des Handels.

In Nordamerika sind seit Beginn dieses Jahrhunderts dort heimische *Vaccinium*-Arten zu Kulturpflanzen entwickelt worden, deren Anbaufläche ständig steigt und deren Kultur bereits im westlichen Europa und in Rußland eingebürgert wurde. Bei den 1 bis 2 m hohen Sträuchern der sogenannten Kulturheidelbeere handelt es sich vorwiegend um *Vaccinium corymbosum*. Moderne Sorten, deren Fruchtgröße oft mit der von Weintrauben oder Kirschen vergleichbar ist, sind jedoch vielfach aus Kreuzungen der genannten Art mit *Vaccinium australe* oder *Vaccinium angustifolium* hervorgegangen, und auch als Unterlage werden andere Sippen der Gattung verwendet.

Unterfamilie Pyroloideae

Wintergrün und Birngrün sind bekannte Pflanzen für den mit der heimischen Flora Vertrauten; es sind typische Vertreter dieser Unterfamilie, die oft auch als eigene Familie Pyrolaceae (Wintergrüngewächse) geführt wird.

Wegen der regelmäßigen Ausbildung einer Mykorrhiza (s. Band Viren, Bakterien, Algen, Pilze), also einer Vergesellschaftung mit Pilzen und der mehr oder weniger starken Abhängigkeit in der Ernährung von diesem Lebenspartner, sind die Wintergrüngewächse von allgemeinem biologischem Interesse. Wir werden darauf noch zurückkommen.

Zur Familie zählen vier Gattungen mit etwa 40 Arten der Waldgebiete in den kühlen und gemäßigten Zonen der Nordhalbkugel, einige von ihnen dringen bis in die arktische Tundra vor. Ihr Blütenbau ist durch freie oder verwachsene Kronen, durch Staubbeutel, die sich mit 2 Poren oder mit einem Querspalt öffnen, sowie durch einen Fruchtknoten gekennzeichnet, der meist nur in den unteren Abschnitten gefächert ist. Dicke Plazenten tragen eine Vielzahl kleiner Samenanlagen, aus denen sich in den fachspaltigen Kapseln eine Unmenge sehr kleiner, feilspanartiger Samen entwickeln, die – ähnlich wie bei Samen mancher Parasiten oder anderer Mykorrhiza-Pflanzen, wie den Orchideen – eine locker anliegende, in spitze Flügel auslaufende Samenschale besitzen. Diese leichten Samen können durch den Wind sehr weit verbreitet werden.

Die Pflanzen dieser Gattungsgruppe, z. B. die Wintergrün- *(Pyrola-)* und Winterlieb- *(Chimaphila-)* Arten mit ihren Verwandten stellen wintergrüne Stauden mit lederigen, vielfach rundlich-eiförmigen Rosettenblättern dar.

Die Mykorrhiza ist bei diesem Verwandtschaftskreis, wenigstens bei den erwachsenen Pflanzen, in Form eines von der Wirts-

Samen und Keimlingsentwicklung bei mykotrophen Ericaceen: 1 Samen des Winterlieb, *Chimaphila umbellata;* 2 Samen des Fichtenspargels, *Monotropa hypopitys*, im Längsschnitt mit dem 3zelligen Embryo; 3 etwa 2 Monate alter Keimling des Fichtenspargels (0,5 mm), bereits von einem Mykorrhizamantel umgeben und daher zur Weiterentwicklung imstande

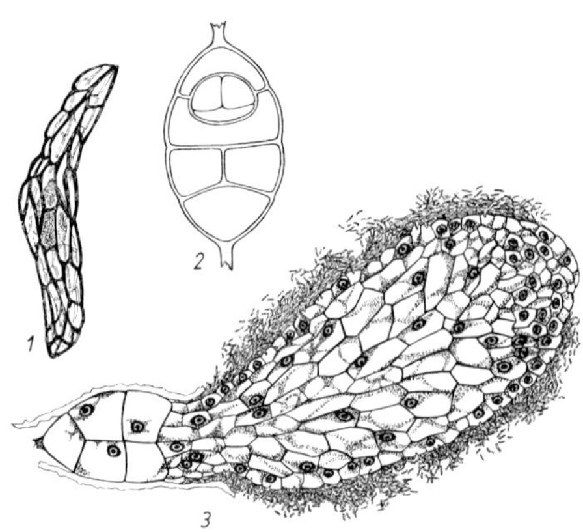

Das Rundblättrige Wintergrün, *Pyrola rotundifolia,* früher eine der häufigen Arten der Familie in der heimischen Flora, ist in den letzten Jahrzehnten wesentlich seltener geworden, eine Erscheinung, die auch für viele andere Mykorrhiza-Pflanzen zutrifft.

pflanze geduldeten Parasitismus durch den Pilzpartner ausgeprägt. Aus einem nicht immer deutlich ausgebildeten Myzelmantel um die Pflanzenwurzeln dringen Pilzhyphen in die Zwischenzellräume der Wurzelepidermis und von hier aus in die Epidermiszellen selbst ein. Deren Zellinhalt wird allmählich verdaut. Nach dem Abtransport der Nährstoffe an das Außenmyzel schrumpfen die in den Zellen liegenden Hyphen; schließlich werden von der Wirtspflanze diese Wurzelzellen abgestoßen. Wir haben also eine Kombination von ekto- (Myzelmantel) und endotropher Mykorrhiza (intrazellulare Hyphen) vor uns, deren Nutzen einseitig dem Pilzpartner zukommt. Möglicherweise hat die Vergesellschaftung mit dem Pilz aber für die Keimungsentwicklung der Pflanzen eine Bedeutung: In Kultur brach das Wachstum des kleinen Embryos fast stets nach dem Durchbrechen des Nährgewebes ab. Eine Weiterentwicklung ohne »fremde Hilfe« ist offensichtlich nicht möglich, Einzelheiten sind darüber aber noch nicht bekannt. Bei der kalifornischen *Pyrola aphylla* muß der Pilzpartner auch für die Ernährung der erwachsenen Pflanze verantwortlich sein, da diese Art nur bleiche, schuppenförmige Blätter besitzt.

Unterfamilie Monotropoideae

Ebenso obligat-mykotroph wie die eben besprochene *Pyrola*-Art stellt sich dieser um den Fichtenspargel gruppierende Verwandtschaftskreis dar (mitunter als eigene Familie Monotropaceae abgetrennt oder in die vorangegangene Unterfamilie einbezogen). Die Monotropoideen sind vor allem in Nordamerika (13 Gattungen) reich vertreten, in der mitteleuropäischen Flora kennen wir nur den Fichtenspargel, *Monotropa hypopitys,* und den sehr ähnlichen Buchenspargel, *Monotropa hypophegea.*

Es handelt sich hier stets um bleiche, oft wachsartige Pflanzen, die vermutlich völlig chlorophyllfrei und deren Blätter zu Schuppen rückgebildet sind. Auf ihnen finden wir Spaltöffnungen nur spärlich oder überhaupt nicht. Es sind meist niedrige, mitunter in Hexenringen wachsende Stauden; amerikanische Vertreter *(Pterospora)* können aber eine Länge bis zu 50 bis 80 cm erreichen.

Samen und Embryo sind in dieser Unterfamilie extrem reduziert: Das Gewicht von 1 000 Fichtenspargel-Samen beträgt z. B. nur 3 mg. Der Embryo ist kaum differenziert, er besteht bei *Monotropa hypopitys* aus 3 Zellen und ist von einem 9zelligen ölhaltigen Nährgewebe umgeben.

Die charakteristische Lebensweise der Arten ist vor allem beim Fichtenspargel genauer untersucht worden. Seine dickfleischigen, je nach Substrat knäuelartig oder lockerverzweigten Wurzeln sind an den jungen absorptionsfähigen Abschnitten (nicht aber über der Wurzelhaube) stets von einem kräftigen Myzelmantel umgeben. Hyphen dringen in die Räume zwischen den Epidermiszellen ein und entwickeln in fast allen Zellen der Wurzelepidermis Saughyphen. Nähern sich diese dem Zellkern, so schwellen sie an, platzen schließlich, und ihr eiweiß- und kohlenhydratreicher

Inhalt wird von den Wirtszellen absorbiert. Danach werden die Hyphenreste von der Zelle abgekapselt, ein zweiter Befall erfolgt nicht mehr. Wir haben also wiederum eine Verbindung von ekto- mit endotropher Mykorrhiza vor uns.

Da durch das Außenmyzel auch die Wasser- und Nährsalzversorgung der Pflanzen erfolgt, ist der Fichtenspargel in seiner Ernährung vollkommen abhängig von seinem Lebenspartner. Man hat durch Reinkultur ermittelt, daß der Pilzpartner ein Hutpilz, vermutlich ein Röhrling, ist, der gleichzeitig als Mykorrhizapartner von Kiefern fungiert, so daß die Lebensgemeinschaft 3 verschiedene Organismen einschließt und der Fichtenspargel als indirekter Parasit von Baumarten anzusehen ist! Auch bei der Keimung der geschilderten Samen ist die Abhängigkeit von dem Pilzpartner deutlich: Bei der erst nach monatelanger Keimruhe erfolgenden Keimung entsteht nach dem Verbrauch des Nährgewebes ein winziger wurzelähnlicher Körper, der nur dann weiterwächst, wenn er in Verbindung mit den Hyphen des Mykorrhizapilzes getreten ist. Dabei wird nach zweimonatiger Wuchsdauer ein etwa 0,5 mm langes, keulenförmiges Gebilde entwickelt, bei dem die Mykorrhiza bereits wie bei erwachsenen Pflanzen ausgeprägt ist.

Diese Pflanzengruppe besitzt demnach eine einzigartige, an die saprophytischen Orchideen erinnernde Lebensweise, die deutlich parasitäre Züge zeigt.

Familie Epacridaceae

Man könnte diese Familie als das australische Gegenstück der Heidekrautgewächse bezeichnen. Viele ihrer zumeist in diesem Kontinent beheimateten Arten sehen Eriken sehr ähnlich. Es sind ebenfalls im allgemeinen Halbsträucher oder niedrige bis mittelhohe Sträucher mit dicht gedrängt stehenden, pfriemlichen, linealischen oder auch breiteren, meist kleinen Blättern. Die Familie umfaßt etwa 30 Gattungen mit 400 Arten, die zum überwiegenden Teil der australischen, tasmanischen oder neuseeländischen Flora angehören. Ein besonderes Entfaltungszentrum liegt in Westaustralien. Von den Epacridaceen werden vorwiegend die Gebüschvegetation der küstennahen Gebiete und die hochmontane und alpine Stufe der Gebirge besiedelt. In den australischen Alpen bauen sie Pflanzengesellschaften auf, wie das in physiognomisch entsprechender Weise von den Ericaceen in den europäischen Alpen geschieht. Auch für die dortigen Hochmoore sind Epacridaceen charakteristisch (z. B. *Epacris*-Arten, *Richea gunnii* u. a.). Nur wenige Sippen der Familie sind außerhalb des genannten Areals anzutreffen, einige kommen in Gebirgen Südostasiens, Hawaiis, auf Neukaledonien und eine Gattung auch in Patagonien und auf Feuerland vor, so daß diese Familie ein typisches Element der Flora der Südhemisphäre der Erde ist.

Auch im Blütenbau bestehen zwischen Ericaceen und Epacridaceen große Übereinstimmungen, u. a. wird der Pollen ebenfalls entweder einzeln oder in Tetraden entlassen, und die Früchte sind Kapseln oder fleischig entwickelt. Wichtige, die Epacridaceen kennzeichnende Merkmale sind die stets zu einer röhrenförmigen Krone verwachsenen Blütenblätter, das Auftreten nur eines fruchtbaren Staubblattkreises, dessen Staubbeutel jeweils nur eine Theke enthalten, die sich mit einem Längsspalt öffnet.

Von den Gattungen mit vielsamigen fachspaltigen Kapseln ist die namengebende Gattung *Epacris* auch in Mitteleuropa bekannt, da einige ihrer Arten nicht selten in den Kalthäusern botanischer Gärten gezogen werden. Wegen ihres an *Erica*-Arten erinnernden Aussehens werden sie von den Gärtnern auch als Australheiden bezeichnet. Bei manchen der *Epacris*-Arten mit großen, lebhaft rot gefärbten Blüten erfolgt die Pollenübertragung durch Vögel. Die Mehrzahl der Epacridaceen ist aber an eine Insektenbestäubung angepaßt. Zu den Gattungen mit Kapselfrüchten gehört auch *Dracophyllum,* das durch seine starren, an Bromelien erinnernden Blätter auffällt.

Eine andere Gattungsgruppe besitzt ein- bis wenigsamige Steinfrüchte. Von ihr soll die mit rund 150 Arten größte Gattung der Familie, *Leucopogon,* erwähnt werden, von der einzelne Arten auch außerhalb des Hauptverbreitungsgebietes der Familie, in den Gebirgen In-

Fichtenspargel, *Monotropa hypopitys,* mit Blütensprossen; die bleichen Pflanzen sind in ihrer Nährstoffversorgung völlig von den in den Wurzeln lebenden Mykorrhizapilzen abhängig.

Dracophyllum secundum zeigt die für die Gattung charakteristischen bromelien-artigen derben Blätter. Die Art gedeiht in der subalpinen Gebüschstufe der australischen Alpen.

dochinas und der Philippinen, vorkommen. Die Früchte einiger dieser Sippen werden von den australischen Ureinwohnern gesammelt und gegessen.

Familie Krähenbeerengewächse, Empetraceae

Die systematische Stellung dieser kleinen Familie war lange Zeit umstritten, jedoch ist heute auf Grund morphologischer, embryologischer und biochemischer Untersuchungen an einer engen Verwandtschaft mit den Heidekrautgewächsen nicht mehr zu zweifeln. Es handelt sich bei den Arten der 3 hierhergehörenden Gattungen um niedrige, immergrüne Sträucher von heidekrautähnlichem Aussehen, deren dicht gedrängte Blätter derb, schmal-linealisch und am Rande umgerollt sind. Kennzeichnende Eigenschaften des Blütenbaues sind die in 2 Kreisen zu je 1 bis 3 stehenden freien Blütenhüllblätter, die 2 bis 3 (4) Staubblätter, deren Beutel sich mit Längsspalten öffnen, die gefächerten, aus 2 (oder bei *Empetrum* 2 bis 9) Fruchtblättern verwachsenen Fruchtknoten, die je Fach nur eine Samenanlage besitzen usw. Aus dem Fruchtknoten entwickelt sich eine oft blauschwarze, mehrkernige Steinfrucht. Die Blüten sind meist eingeschlechtig und zweihäusig verteilt, und der Pollen wird wie bei den Heidekrautgewächsen in Tetraden entlassen.

Die Familie hat ein zersplittertes Areal; die 2 *Corema*-Arten sind im westlichen Mittelmeergebiet und im östlichen Nordamerika, die einzige *Ceratiola*-Art ist ebenfalls im Osten der USA beheimatet. Dagegen besiedeln die Krähenbeeren, *Empetrum,* zu denen eine Reihe von Arten gehört, die arktisch-subarktischen und kühlgemäßigten Breiten der Nordhalbkugel, die alpinen Stufen der holarktischen Gebirge sowie die Südanden und das subantarktische Südamerika. Auf der Nordhemisphäre sind Sippen der Artengruppe der Schwarzen Krähenbeere, *Empetrum nigrum,* typische Pflanzen von Zwergstrauchgesellschaften der Moore, arktischer Tundren, aber auch des Unterwuchses der Taigawälder, uns sind sie besonders als Pflanzen der baltischen Kiefernwälder bekannt. Die Gattung konnte vielfach in den Dryasfloren der Eiszeit und Späteiszeit nachgewiesen werden. *Empetrum* gehörte zu den ersten Objekten, bei denen vor über 60 Jahren das Phänomen der Polyploidie, der Vervielfachung des Chromosomensatzes, bei einer Gruppe miteinander verwandter Pflanzen studiert und die Beziehungen zwischen dem Auftreten einer vervielfachten Chromosomenzahl und abweichender geographischer Verbreitung verfolgt wurden. Diese Fragestellung hat sich später zu einer als Zytogeographie bezeichneten wissenschaftlichen Disziplin entwickelt, die von großem biologischem Allgemeininteresse ist und für florengeschichtliche Probleme außerordentliche Bedeutung hat.

In der vitaminarmen Kost nordischer Länder werden die Krähenbeeren gern verwendet. So mischt man auf Island ein Getränk aus saurer Milch und Krähenbeerensaft, und in Grönland sind die Früchte eine beliebte Zukost zu Fleisch- und Fettgerichten.

Fruchtende Krähenbeere, *Empretum nigrum,* u. a. auch in Dünenkiefernwäldern an der Ostsee auftretend; die Art besitzt in Form und Struktur der Blätter viele Übereinstimmungen mit den Ericaceen.

Ordnung Diapensiales

Familie Diapensiaceae

Früher wurde die einzige Familie der Diapensiales vielfach in die Ordnung der Heidekrautartigen einbezogen; blütenmorphologische und embryologische Befunde haben aber die Selbständigkeit der Ordnung bestätigt.

Die Familie hat ein sehr zerrissenes Areal; die 15 bis 20 Arten aus den 5 bis 6 Gattungen sind auf die gemäßigten bis arktischen Breiten der Nordhalbkugel beschränkt, die meisten Arten kommen in den Gebirgen Ostasiens und des atlantischen Nordamerika vor.

Die Blüten dieser Arten sind mit Ausnahme des dreifächerigen Fruchtknotens fünfzählig; jedes Fach des Fruchtknotens, der sich zu einer vielsamigen, fachspaltigen Kapsel entwickelt, enthält viele Samenanlagen. Im Gegensatz zu den Ericales besteht der Pollenstaub stets aus einzelnen Pollenkörnern, die Staubbeutel öffnen sich mit Spalten, und es ist oft ein zweiter Kreis rückgebildeter Staubblätter vorhanden.

Bei den Arten der Familie, deren Blätter sich durch eine spezifische Form der Nervatur mit rückwärts gebogenen Seitennerven kennzeichnen, handelt es sich einmal um an Wintergrünarten *(Pyrola)* erinnernde, wintergrüne Stauden mit kriechenden Rhizomen und herzförmigen Rosettenblättern (z. B. *Schizocodon* aus Japan, deren gefranste Blütenkronen den Troddelblumen [Primelgewächse], ähneln).

Zum anderen haben wir es mit immergrünen Zwergsträuchern zu tun. Hierher gehört auch die Gattung *Diapensia* selbst, von der 3 Arten in den Gebirgen Südwestchinas und im Himalaja beheimatet sind. Die vierte Art, *Diapensia lapponica,* hat eine sehr weite, die arktisch-subarktische Zone fast kontinuierlich umfassende Verbreitung. Sie ist eine Charakterart arktischer Zwergstrauchtundren, in denen sie durch ihre abgeflachten bis kugeligen dichten Polster auffällt. Die derben, kleinen, glänzenden, an den Triebspitzen gedrängten Blätter stehen von den Sprossen waagerecht ab, so daß ein derartiges Polster in der Aufsicht wie ein Rosettenmosaik erscheint. Die Polster wachsen auf Grund der ungünstigen Vegetationsbedingungen nur sehr langsam; nach 5 bis 10 Jahren (bei der Blühreife) sind sie zumeist erst 3 bis 5 cm breit!

Diapensia lapponica hat einige isolierte Vorkommen südlich des zusammenhängenden Verbreitungsgebiets, z. B. in Korea und in Schottland. Hier wurde sie erst vor rund 40 Jahren aufgefunden, ein Zeichen dafür, daß auch in floristisch gut erforschten Ländern wie Großbritannien durch eingehende Feldstudien noch aufsehenerregende botanische Entdekkungen gemacht werden können!

Ordnung Ebenholzartige, Ebenales

Dieser fast ausschließlich in den Tropen beheimatete Verwandtschaftskreis hat nähere verwandtschaftliche Beziehungen vor allem zu den Ordnungen der Theales sowie der Ericales.

Bei den Vertretern der Ordnung haben wir es mit Gehölzen zu tun, die sich durch wechselständige, einfache, oft ganzrandige und vielfach lederartige Blätter auszeichnen, wie sie für viele Bewohner tropischer Wälder zutreffen. Ein hervorstechendes Merkmal aus der Blütenregion bieten die Staubblätter, die meist in 2 (bis 3) Kreisen angeordnet sind oder einkreisig stehen, dann beträgt ihre Zahl aber doppelt soviel als die der Kronblätter. Die ober- oder unterständigen Fruchtknoten sind mehr oder weniger gefächert und durch zentralwinkelständige Plazentation charakterisiert. Auf die Besprechung einiger sehr kleiner Familien der Ordnung mit nur lokaler Verbreitung muß hier verzichtet werden.

Familie Storaxbaumgewächse, Styracaceae

Von der ebenfalls schon aus dem Tertiär für Mitteleuropa und Nordamerika nachgewiesenen Familie sind heute 12 Gattungen mit über 150 Arten bekannt. Ihr Areal ist stark zerrissen, über die Hälfte der Gattungen ist im ost- bis südostasiatischen Raum zu Hause; vor allem das artenreiche zentral- bis südwestchinesische Laubwaldgebiet zeichnet sich durch das Vorkommen einer beachtlichen Anzahl, oft endemischer Vertreter der Familie aus. Der überwiegende Teil dieser Gattungen ist erst im Verlauf der in den zwanziger Jahren unseres Jahrhunderts einsetzenden intensiveren Erforschung der chinesischen Flora entdeckt und beschrieben worden. Im Norden reicht die Familie hier bis Nordostchina, Korea und Japan. Ein zweites Entfaltungszentrum der Styracaceen erstreckt sich vom tropischen Südamerika bis Mexiko, auch im atlantischen Nordamerika (im Norden bis Illinois und Ohio) sind einige Arten beheimatet. Europa beherbergt heute nur eine einzige Art *(Styrax officinalis),* die von Klein- und Vorderasien und dem östlichen Mittelmeergebiet bis zu einzelnen Fundorten in Italien reicht.

Charakteristisch für diese Familie, die wiederum durch Bäume oder Sträucher repräsentiert wird, ist das Auftreten von Stern- oder Schildhaaren, die oftmals den Blättern, jungen Zweigen oder Kelchen einen silbrigen oder bräunlichen Glanz verleihen. Die meist weißen und oft duftenden, höchstens mittelgroßen Blüten stehen in Trauben, Rispen, seltener in Büscheln oder einzeln am alten Holz. Sie sind meist vier- bis fünfzählig, fast stets zwittrig, und ihre Kronblätter sind nur wenig miteinander verwachsen. Die Zahl der Staubblätter ist

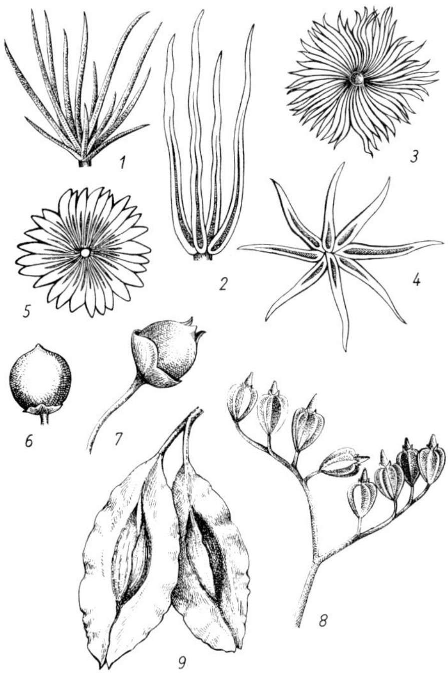

Charakteristische Haarformen (Schuppen-, Büschel- und Sternhaare) sowie Früchte der Storaxbaumgewächse: 1 Büschelhaar von *Pamphilia;* 2–5 Haare verschiedener *Styrax*-Arten; 6 Frucht von *Styrax benzoin;* 7 Frucht von *Styrax officinalis;* 8 Fruchtstand von *Pterostyrax;* 9 Früchte von *Halesia*

meist doppelt so groß (8 bis 14) wie die der Kronblätter, sie sind aber in einem Kreis angeordnet. Der aus 3 bis 5 Fruchtblättern aufgebaute, ober- oder unterständige Fruchtknoten ist nur in seinem unteren Teil (entsprechend der Fruchtblattzahl) gefächert. Obwohl meist mehrere bis viele Samenanlagen je Fach ausgebildet werden, entwickeln sich von ihnen nur 1 bis 2 zu reifen Samen. Die Frucht ist recht unterschiedlich ausgeprägt. Vielfach trifft man Steinfrüchte mit einer fleischig-lederigen oder trockenen Mittelschicht der Frucht an; verholzte Kapseln oder geschlossen bleibende, trockene, nußartige Früchte sind ebenfalls nicht selten. Von der geschilderten Variationsbreite weichen einige Gattungen stärker ab, so die südostasiatische *Bruinsmia* mit freien Kronblättern und die brasilische *Pamphilia* mit nur 5 Staubblättern.

Durch Flügelbildungen an der Frucht ist die ostasiatische Gattung *Pterostyrax* sowie die Gattung *Halesia* ausgezeichnet, von der manche nordamerikanische Arten – wegen ihrer länglichen, weißen, hängenden Blüten als Schneeglöckchenbäume bezeichnet – auch in unseren Parks und Anlagen gezogen werden. Diese im östlichen Nordamerika und in Ostasien beheimatete Gattung dokumentiert wie viele andere Gehölze die engen floristischen Beziehungen der beiden genannten Laubwaldgebiete.

Von den erst seit etwa 60 Jahren bekannten ostasiatischen Gattungen seien *Sinojackia, Melliodendron* und *Rehderodendron* erwähnt. Arten der letzten Gattung fallen durch für diese Familie ungewöhnlich große, bis 7 cm lange und gerippte Früchte auf.

Die größte und zugleich in allen Teilen des Familienareals verbreitete Gattung ist *Styrax* mit 120 bis 150 Arten. Trockene oder fleischige, ungerippte und ungeflügelte Steinfrüchte, die aus einem oberständigen Fruchtknoten hervorgehen, sind für sie charakteristisch. Diese Gattung ist zugleich die einzige der Familie mit einem gewissen wirtschaftlichen Interesse. So enthalten einige Arten balsamische Harze, die aus Einschnitten oder Ritzungen der Rinde gewonnen werden können. Bereits in der Antike war das Storaxharz des Storaxbaums, *Styrax officinalis,* des mediterranen Vertreters der Familie, bekannt. Als Räuchermittel für rituelle Zwecke wurde es schon von Moses empfohlen, in dieser Eigenschaft und als Heilmittel war es bis zum 18. Jahrhundert beliebt. Das heute gebräuchlichste Storaxharz wird aber von *Liquidambar*-Arten (Zaubernußgewächse, siehe Band Blütenpflanzen 1) gewonnen. Wegen seiner aromatischen Blütentrauben wird in Südeuropa der Storaxbaum als Ziergehölz öfter kultiviert.

Das berühmte, nach Vanille duftende Benzoë-Harz stammt von dem südostasiatischen bis indonesischen Benzoëharzbaum, *Styrax benzoin,* der in Sumatra auch plantagenmäßig angebaut wird. Das Harz wurde im Altertum bis nach Ägypten gehandelt und galt noch im Mittelalter als eine seltene Kostbarkeit. Es wurde in der Medizin als antiseptisches und diuretisches Mittel sowie bei Inhalationen verwendet und stellt einen wichtigen Bestandteil des von den katholischen Priestern bei der

Blütenzweige des Schneeglöckchenbaumes, *Halesia carolina*, aus dem östlichen Nordamerika. Die Art gehört zu den schönsten winterharten Ziergehölzen unserer Parkanlagen.

Letzten Ölung gebrauchten Balsams dar. Das Siam-Benzoëharz von *Styrax tonkinensis* wird ähnlich, auch in der Parfümindustrie, verwendet. Wohlriechendes Harz, das in den Kirchen als Weihrauchmittel dient, liefern ebenfalls brasilianische *Styrax*-Arten.

Familie Symplocaceae

Diese mit den Storaxbaumgewächsen, aber auch mit den Teegewächsen nahe verwandte Familie (deshalb neuerdings auch zu den Theales gezählt) enthält nur die namengebende Gattung *Symplocos,* die mit 250 bis 300 Arten in allen tropischen und subtropischen Gebieten mit Ausnahme Afrikas beheimatet ist. Am reichsten ist die Gattung in Südostasien vertreten. Wie bei den Ebenholzgewächsen reichen in Ostasien und im atlantischen Nordamerika einige sommergrüne Sträucher weit nach Norden. So kommen sie bis Nordchina (*Symplocos paniculata,* wegen ihrer blauen Früchte Saphirbeere genannt)

Blütenzweig von *Symplocos paniculata,* einer der in den gemäßigten Gebieten Ostasiens vorkommenden Art der Familie

und Japan sowie bis zum Staate Delaware in den USA *(Symplocos tinctoria)* vor. In den tropischen Breiten werden vorzugsweise Gegenden besiedelt, die sich durch eine Periodizität des Klimas auszeichnen, wie vor allem Gebirge und Gebiete mit Trockenzeiten.

Auch diese Familie war in früheren Erdepochen weiter verbreitet und stärker differenziert als heute. Steinkerne von Symplocaceen-Früchten und Pollen der Familie gehören zu den charakteristischen Fossilien der tertiären Braunkohlenflora, sie sind in mehreren Gattungen und vielen Arten aus europäischen, nord- und südamerikanischen Ablagerungen bekannt geworden. Bei den Arten der Familie handelt es sich um Bäume oder Sträucher mit derben, oft glänzenden, lorbeerartigen Blättern, die eine den Storaxbaumgewächsen entsprechende Nervatur, aber keine Sternhaare haben. Die in Trauben oder Büscheln stehenden gelben, weißen oder auch roten Blüten sind zwittrig und meist fünfzählig. Die mitunter in 2 Kreisen vorhandenen Kronblätter sind nicht selten nur am Grunde miteinander verbunden und bilden dann eine breit-glockenförmige Hülle. Die Zahl der in 1 bis 4 Kreisen angeordneten Staubblätter beträgt meist 12 oder mehr, sie können untereinander und mit der Kronröhre verwachsen sein. Im Gegensatz zu den vorangegangenen Familien haben die Staubbeutel eine kugelige bis ovale Form. Charakteristisch für die Familie ist der unterständige oder halbunterständige, eingriffelige Fruchtknoten, er ist entsprechend der Zahl der Fruchtblätter (2 bis 4) gefächert. Je Fach sind 2 bis 4 Samenanlagen ausgebildet, die wie bei manchen Styracaceen nur ein Integument aufweisen. Zur Reife entwickelt sich eine längliche, ovale oder rundliche Steinfrucht, deren Steinkern zum Teil gefächert ist.

Die wirtschaftliche Bedeutung dieser Familie ist gering. So werden die Hölzer einiger baumförmiger Vertreter verwendet, und manche Arten gehören zu den seit langen Zeiten benutzten Farbpflanzen, ihre Blätter und Rinden wurden zur Herstellung gelber oder anderer Farbstoffe verarbeitet. Dazu diente in Nordamerika *Symplocos tinctoria,* in Indien *Symplocos racemosa* und in Java *Symplocos fasciculata,* die auch zur Anfertigung von Batikarbeiten herangezogen wurde. Die Rinde der genannten indischen Art (Lodh- oder auch Lotusrinde genannt) stellt eine traditionelle Droge der Hindu-Medizin dar, die bei Magen-, Darm- und Augenleiden verordnet wurde. Als Zusatz oder Surrogat des echten Matétees (*Ilex paraguariensis,* Stechhülsengewächse, Band Blütenpflanzen 1) werden die Blätter einiger südamerikanischer *Symplocos*-Arten verwendet.

Familie Ebenholzgewächse, Ebenaceae

In Übereinstimmung mit den vorangegangenen Familien der Ordnung, aber im Gegensatz zu den folgenden Sapotaceen haben die Ebenholzgewächse keine Milchsaftbehälter. Die aus 2 bis 3 Gattungen und etwa 500 Arten bestehende Familie ist ebenfalls nur in den tropisch-subtropischen Gebieten zwischen den Wendekreisen verbreitet; ein Entfaltungszentrum liegt in Südasien einschließlich Indonesien, während die Familie in Australien und Südamerika nur schwach vertreten ist. Einzelne laubwerfende Arten dringen weit nach Norden vor, wie *Diospyros lotus* bis zum Transkaukasus, nach Mittelasien und Nordchina sowie *Diospyros virginiana* bis zu den östlichen Staaten der USA (New York, Pennsylvania). Das heutige Areal der Familie stellt nur den Rest einer ehemals weiteren Verbreitung dar, die durch Fruchtfunde sowie verkieselte Ebenhölzer aus der Kreide arktischer Gebiete und Nordafrikas und durch eine Vielzahl von Fossilfunden (vor allem von *Diospyros*) aus dem Tertiär in Eurasien und Amerika dokumentiert wird. In Europa ist bis zum Pliozän eine *Diospyros*-Art nachweisbar, die große Ähnlichkeit mit der heute bis Westasien reichenden Art *Diospyros lotus* hat.

Die Arten der Familie sind Holzpflanzen, die sich durch ein hartes, schweres und vielfach gefärbtes Kernholz auszeichnen (dunkelbraun, schwarz, seltener rot, grün oder mehrfarbig gestreift). Diese eindrucksvollen Färbungen, die – wie wir später sehen werden – Anlaß zur Verwendung der Hölzer vieler dieser Arten gaben, beruhen auf dem Gehalt an Dihydroxynaphthalinen, die nach oxydativer Umsetzung Naphthochinone und schließlich nach weiteren oxydativen Veränderungen die verschiedensten Farbverbindungen ergeben.

Die oft wenig auffallenden Blüten der Ebenholzgewächse sind meist eingeschlechtig und zweihäusig verteilt, ihre Krone ist drei- bis siebenzählig, und der mehrlappige Kelch verbleibt an der Frucht. Die Staubblätter sind entweder in einem, oft in 2 Kreisen vorhanden, durch Verdoppelungen ist die Zahl nicht selten noch stärker vermehrt, dann stehen die Staubblätter oft in Büscheln zusammen. Rudimente der weiblichen Organe sind häufig in den männlichen Blüten anzutreffen und umgekehrt. Der oberständige Fruchtknoten besteht aus 2 bis 8 Fruchtblättern, öfter werden in ihm falsche Scheidewände ausgebildet, so daß die reife Frucht zwei- bis sechzehnfächerig sein kann; je Fruchtblatt sind 2 hängende Samenanlagen entwickelt. Die Zahl der Griffel entspricht der der Fruchtblätter. Die fleischige oder lederige Beerenfrucht enthält Samen mit hartem, oft zerklüftetem Nährgewebe.

Von den Gattungen der Familie kann hier nur *Diospyros* genannt werden, die mit etwa 480 Arten den größten Teil der Familienvertreter stellt. Sie ist charakterisiert durch zur Fruchtzeit vergrößerte Kelche und drei- oder sechsfächerige Fruchtknoten. Mitunter wird von *Diospyros* als eigene Gattung *Maba* abgetrennt, die sich durch meist drei- (nicht vier- bis fünf-) zählige Blütenhüllen auszeichnet.

Frucht der Kakipflaume, *Diospyros kaki*, aus Transkaukasien, wo diese ostasiatische Art seit Ende des 19. Jahrhunderts ebenfalls oft als Obstpflanze kultiviert wird

Die im gesamten Familienareal vorkommende Gattung ist zugleich die wirtschaftlich bedeutendste der Familie. Im Welthandel spielt sie vor allem als Ebenholzlieferant eine Rolle; die Mehrzahl der sogenannten Ebenhölzer gehört zu dieser Gattung. Sie werden wegen ihrer Färbungen zu Luxusmöbeln, in der Kunsttischlerei, bei Intarsien, zur Herstellung von Klaviertasten usw., in ihrer Heimat aber auch zur Werkzeugherstellung und beim Hausbau verwendet. Schwarzgefärbt ist z. B. das Echte Ebenholz von *Diospyros ebenum* und *Diospyros melanoxylon* aus Indien, ferner das westafrikanische Lagos- oder Gabun-Ebenholz von *Diospyros dendo* und das Sansibar-Ebenholz von *Diospyros mespiliformis* (Tropisch-Afrika). Rotes Ebenholz stammt von *Diospyros rubra* (Mauritius), grünes von *Diospyros chloroxylon* (Indien) und weißes u. a. von *Diospyros malacapei* (Philippinen). Das Koromandel-Ebenholz, *Diospyros hirsuta*, hat buntstreifiges Kernholz. Durch Raubbau sind die natürlichen Vorkommen mancher Ebenhölzer, so von *Diospyros pseudo-ebenum* in Java, das früher eines der besten Ebenhölzer des Handels lieferte, fast vernichtet worden.

Die Gattung ist aber nicht nur wegen ihrer Hölzer, sondern auch durch ihre vielfach eßbaren Beerenfrüchte von Interesse. Die einzige Art mit einer gewissen weltwirtschaftlichen Bedeutung ist die nach ihrem japanischen Namen benannte Kakipflaume, *Diospyros kaki*. Ihre 6 bis 8 cm breiten, kugeligen, birnen- oder tomatenförmigen, orangefarbenen bis roten Früchte gehören zu den wichtigsten Obstgehölzen in China, Korea und Japan. Die in Ostasien auch wild vorkommende Art wird dort seit langem in vielen Sorten gepflanzt. Die sehr süßen und wenig aromatischen Kakipflaumen werden frisch bzw. getrocknet gegessen oder zu Wein, Likör, Marmelade u. a. verarbeitet, manche Sorten sind außerordentlich gerbstoffreich. In China, aber auch in Georgien, hat man Methoden entwickelt, die eine Aufbewahrung dieser Früchte bis weit in den Winter hinein ermöglichen. Seit Ende des 19. Jahrhunderts wird diese Art auch in anderen Gegenden, z. B. im Süden der USA und auf der Krim sowie in Transkaukasien kultiviert.

Diospyros kaki ist in blütenbiologischer Hinsicht sehr variabel. Es gibt polygam-einhäusige, polygam-zweihäusige und rein zweihäusige Formen sowie solche mit einem Übergangscharakter, die fast in jedem Jahr weibliche Blüten und nur periodisch männliche hervorbringen oder umgekehrt; es gibt auch Sorten, die nie männliche Blüten entwickeln. Die genaue Kenntnis dieser Erscheinungen ist für den praktischen Anbau von großer Bedeutung, gute Pollenspender-Bäume müssen in regelmäßigen Abständen in die Plantagen eingebracht werden.

Einige andere Arten, wie die Lotuspflaume, *Diospyros lotus*, die in Südeuropa oft als Ziergehölz anzutreffen ist, oder die Persimone, *Diospyros virginiana*, werden ebenfalls gelegentlich als Obstbäume gezogen, haben aber minderwertigere Früchte, die ohne Vorbehandlung (Abbrühen) nicht genießbar sind. In China bzw. den USA werden diese beiden, stärker frostharten Arten oft als Unterlage für die Kakipflaume verwendet.

Familie Sapotegewächse, Sapotaceae

Diese größte Familie der Ordnung läßt sich von den übrigen Gruppen des Verwandtschaftskreises sehr leicht allein durch das Vorkommen von kautschukartige Verbindungen enthaltendem Milchsaft unterscheiden. Dieser wird von Milchzellen vor allem im Mark, der Rinde und den Blättern abgeschieden. Die Familie besteht aus über 1000 Arten, deren Vorkommen mit wenigen Ausnahmen streng an die Tropen und Subtropen gebunden ist. Nur wenige Vertreter sind außerhalb dieser Zonen anzutreffen, so die Gattung *Argania* mit der einzigen Art *Argania spinosa,* die in Südwestmarokko landschaftsbestimmende, lichte Trockenwälder bildet, oder einige dornige Gehölzarten von *Bumalia,* die in Amerika sowohl im Norden (bis Illinois in den USA) als auch im Süden (bis Argentinien) über den Tropengürtel hinausgreifen. Im Tertiär waren manche der rezenten Gattungen auch in den heutigen temperierten Breiten beheimatet, die Familie wird sogar bereits für die obere Kreidezeit aus Alaska angegeben.

Blüten und Früchte von Sapotegewächsen: 1 Blüte des Sapodillbaums, *Manilkara zapota;* 2 desgleichen mit aufgerollter Blütenkrone, Anhängsel der Kronblätter täuschen eine doppelte Blütenkrone vor; 3 Frucht dieses Obstgehölzes im Querschnitt; 4 Blüte des Schibutterbaumes, *Butyrospermum parkii* (Krone wie oben), 5 Frucht dieses fettliefernden Baumes im Längsschnitt durch das fertile Fruchtfach

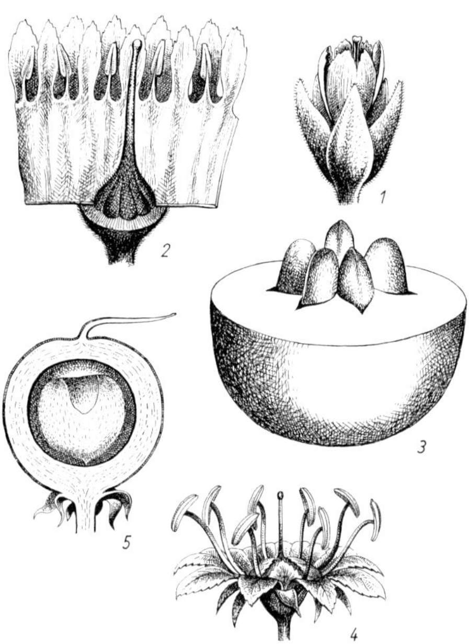

Die Sapotaceen sind Gehölze sowohl der tropischen Regenwaldformation wie der durch Trockenzeiten gekennzeichneten Savannenvegetation. Charakteristische Eigenheiten der tropischen Gehölzflora, wie große Blätter von lederartiger Beschaffenheit, Kauliflorie und Brettwurzelbildungen, sind auch in dieser Familie anzutreffen, die sich habituell vielfach kaum von tropischen Vertretern vieler anderer Familien unterscheidet.

Gegenüber ihren Verwandten sind die Sapotaceen nicht nur durch den Besitz von Milchsaft gut abgegrenzt. Weitere Merkmale, wie der oberständige, vollständig gefächerte Fruchtknoten (aus 4 bis 12 Fruchtblättern bestehend), der je Fruchtblatt nur eine Samenanlage (mit einem Integument) ausbildet, sind für sie ebenso charakteristisch wie das vorherrschende Auftreten von Kelch- und Staubblättern in 2 (oder mehr) Kreisen und die Ausbildung seitlicher oder rückenständiger, oft geschlitzter Anhängsel an den Kronblättern, die meist deren Länge erreichen und so eine doppelte Krone vortäuschen können. Gleiches gilt für den Bau von Frucht und Samen: Beeren von unterschiedlicher Größe (bei den hohen Bäumen von *Omphalocarpum* in Westafrika erreichen sie einen Durchmesser von 30 cm), große Samen mit glatter, glänzender, gerbstoffreicher Schale und mit großen Embryonen bzw. mit Nährgewebe sind weitere typische Eigenschaften dieser Gruppe. Den Beeren fehlen auffallende Farbtönungen; grüne, gelbliche, rostbraune Färbungen herrschen vor, was auf ihre Anpassung an eine Verbreitung durch Säugetiere hindeutet. Unter ihnen sind vielfach fruchtfressende Vertreter tropischer Fledermäuse, z. B. Flughunde, für die endozooische Samenverbreitung der Sapotaceen verantwortlich. Andere Fruchteigenschaften, wie mehr oder weniger intensiver Geruch und exponierte Stellung der Beeren am Baum (oft auch in Form der Kaulikarpie), sind gleichfalls als Anpassung an diese spezifische Form der Samenverbreitung anzusehen. In manchen Fällen können aber auch andere Säuger für die Ausbreitung zuständig sein, selbst Elefanten treten bei dieser Familie in den Dienst der Samenverbreitung. Bei diesen sind z. B. die Beeren der westafrikanischen *Tieghemella heckelii* sehr begehrt. »Elefantenstraßen« sind vielfach mit dem Aufwuchs dieser Art gesäumt, die übrigens das jetzt auch nach Europa importierte Makoré-Holz liefert.

Andererseits nimmt man für den auf Mauritius endemischen, vom Aussterben bedrohten Baum *Calvatia major* eine Samenverbreitung mit Hilfe der Dronte, eines bereits im 17. Jahrhundert ausgerotteten flugunfähigen schwanengroßen Vogels an. Die Fruchtsteine erforderten offenbar eine Passage durch den Verdauungstrakt des Vogels, um keimhemmende Schichten zu entfernen. Mit dem Verschwinden des Vogels war auch durch die unterbleibende natürliche Verjüngung der Baumart deren Schicksal besiegelt.

Für die Sapotaceen trifft eine Reihe von Entwicklungstendenzen zu, die sich u. a. in einer Vermehrung der Gliedzahl bei den verschiedenen Blütenorganen, der Vermehrung der Kreise bei Kron- und Staubblättern, der Umwandlung der äußeren Staubblätter in sterile, mitunter kronblattartige Staminodien und der Reduzierung der Zahl der sich zu Samen entwickelnden Samenanlagen äußern.

So deutlich sich diese Familie zwar von den anderen der Ordnung abgrenzen läßt, so problematisch ist jedoch ihre Untergliederung und die Abgrenzung der Gattungen. Das kommt z.B. auch in den unterschiedlichen Angaben über die Zahl der Sapotaceen-Gattungen zum Ausdruck, die von 30 bis über 100 reichen. Von einer einheitlichen Auffassung über Umfang und Grenzen der Gattungen ist man gegenwärtig noch weit entfernt, und man wird in verschiedenen Werken dieselbe Art unter ganz verschiedenen Gattungen aufgeführt finden. Das beruht im wesentlichen darauf, daß jeweils nur einzelne Merkmale oder Organe den systematischen Gliederungen zugrunde gelegt wurden. Vermutlich würde die gleichzeitige Verwendung möglichst vieler der hier sehr variablen Merkmalskomplexe eher zu einer Herausschälung der natürlichen Verwandtschaftskreise der Familie führen; mathematische Methoden einer Verwandtschaftsermittlung, wie sie von der sogenannten numerischen Taxonomie geliefert werden, wären in diesem Falle wahrscheinlich geeignet, die Ähnlichkeitsbeziehungen in der Familie real abzuzeichnen.

Aus den genannten Gründen wollen wir hier auf die Darstellung einer systematischen Untergliederung der Familie verzichten; es sollen nur einige Gruppen von wirtschaftlichem Interesse behandelt werden.

Die ökonomische Bedeutung dieser Familie besteht in der Nutzung ihrer wertvollen Hölzer, der Früchte, des Guttapercha und der Samenfette.

Wegen der Härte und Schwere des Holzes gehören manche der Baumarten der Familie zu den sogenannten Eisenhölzern, z. B. *Argania-, Sideroxylon-* und *Mimusops*-Arten. Aus der letztgenannten, paläotropischen Gattung wurde übrigens eine Art (*Mimusops laurifolia,* syn. *M. schimperi,* aus Äthiopien) während der Dynastien des Neuen Reiches in Ägypten gepflanzt, und seine Blätter fand man des öfteren mit Seerosenblüten zusammen zu Kränzen gewunden als Beigaben in den Grabanlagen dieser Epoche.

Größere Bedeutung hat die Familie wegen des Vorkommens von Guttapercha. Diese im Milchsaft enthaltene Verbindung hat eine dem Kautschuk entsprechende chemische Zusammensetzung, sie ist von ihm nur durch eine andere räumliche Anordnung der das Polyterpen aufbauenden Isoprenketten unterschieden. Im Gegensatz zu Kautschuk ist Guttapercha bei kühleren Temperaturen hart, unelastisch und im heißen Wasser verformbar; es wird in der Zahnheilkunde und wegen seiner außerordentlich schwachen Leitfähigkeit für elektrischen Strom zu Kabelisolierungen (auf Grund der unbegrenzten Wasserbeständigkeit besonders für Unterwasserkabel) verwendet, wozu es auch heute noch unentbehrlich ist. Die wichtigsten Guttaperchaquellen sind der Guttaperchabaum, *Palaquium gutta,* der Vertreter einer großen Gattung, und *Payena leerii,* die beide in Südostasien und Indonesien beheimatet sind und auf Java auch in Plantagen kultiviert werden. Guttapercha wurde schon seit langem von der malaiischen Bevölkerung benutzt, ehe es im vergangenen Jahrhundert in Europa zur Anwendung kam. Die natürlichen Vorkommen der Arten sind durch Raubbau stark dezimiert, in den Plantagen wird jetzt eine rationellere Nutzung gehandhabt, bei der nur der Milchsaft der Blätter extrahiert wird. –

Aus dem Ballotabaum, *Manilkara bidentata,* aus Westindien und Südamerika wird das zähe, Guttapercha-ähnliche, aber vulkanisierbare Balata gewonnen, das man in Europa für die Produktion von Treibriemen und Transportbändern braucht.

Die Früchte der meisten Arten der Familie sind eßbar. Einige von ihnen waren als Obstgehölze in Amerika schon vor der Entdeckung durch die Europäer in Kultur.

Das betrifft z. B. den Sapodillbaum oder Breiapfel, *Manilkara zapota* (syn. *Achras zapota*), dessen 5 bis 10 cm lange, ovale oder kugelige, süße, rostbraune Frucht von den Spaniern als bestes Obst der neueroberten Länder geschätzt wurde. Jetzt wird die Art auch in anderen tropischen Gebieten angepflanzt. Der erhärtende Milchsaft dieses Baumes (Chicle) bildet den Grundstoff zur Kaugummi-Herstellung; er wird ausschließlich von den Wildbeständen in Zentralamerika, besonders in Guatemala, gewonnen. Der Kaugummi ist übrigens keine Erfindung der USA, bereits die Azteken kauten Chicle! Auf Grund seines Saponingehaltes ist das Holz dieser Art außerordentlich widerstandsfähig und wird auch von Termiten nicht angegriffen. So haben sich über 1 000 Jahre alte Holzbauten der Mayas bis heute erhalten, während sonst organische Substanzen in diesem feucht-heißen Klima sehr rasch zersetzt werden und verfallen.

Im Anbau im wesentlichen auf das tropische Amerika beschränkt bleibt die Große Sapote oder Marmeladenpflaume, *Pouteria (Calocarpum) sapota,* deren pflaumenförmige, etwa 10 cm lange, aromatische Beeren ebenfalls meist frisch, mitunter gezuckert gegessen werden. Auch andere Arten der großen pantropischen Gattung *Pouteria* gehören zu den wichtigeren Obstbäumen der heißen Zonen. – Heute in vielen tropischen Ländern auch außerhalb ihrer amerikanischen Heimat angebaut wird der Sternapfel, *Chrysophyllum cainito,* dessen Laub durch die goldbraun behaarten Blattunterseiten äußerst dekorativ wirkt.

Im Gegensatz zu den Obstgehölzen, die fast stets amerikanischer Herkunft sind, stehen die wirtschaftlich bedeutenderen Samenfett-Lieferanten der Familie aus Afrika oder Asien. Unter ihnen ist der Schibutterbaum, *Vitellaria paradoxa* (syn. *Butyrospermum parkii*), am bekanntesten geworden. Er ist ein Charakterbaum der Savannen in Westafrika nördlich des Regenwaldgebietes sowie im oberen Nil-Bereich, der in den Trockenzeiten sein Laub abwirft. Von einer regelrechten Kultur kann man bei dieser Art kaum sprechen, sie befindet sich eher im Stadium der Halbkultur. So werden Bäume der natürlichen Vegetation geschützt und aufkommender natürlicher Jungwuchs geschont, der starke Anteil dieser Art in den Savannen ist z. T. auf diese Nutzungsweise zurückzuführen. Die 3 bis 4 cm großen, kastanienartigen Samen enthalten geschält 45 bis 60 % Fett, das von butterartiger Konsistenz und bei sachgemäßer Zubereitung grünlichweiß ist, und einen milden, kakaoartigen Geschmack hat. Es dient als Speisefett und hat bei den afrikanischen Völkern der genannten Gebiete die gleiche Bedeutung bei der Ernährung wie das Olivenöl bei den Mittelmeervölkern. Schibutter dient auch zu Leuchtzwecken; in Europa wurden die importierten Samen in der Seifen- und kosmetischen Industrie verarbeitet. Eine ähnliche, aber wegen der geringeren Verbreitung mehr lokale Bedeutung hat in Marokko *Argania spinosa,* deren Samenöl wie das Olivenöl verwendet werden kann.

In Indien finden wir entsprechende Verwendungsmöglichkeiten bei *Diploknema butyracea* (Fulva-Butter) und bei dem Mahuabaum, *Madhuca longifolia,* der sowohl in den Trokkenwäldern des Dekkan wie in den indischen Monsunwäldern zu Hause ist und häufig kultiviert wird. Das bei kühleren Temperaturen butterartige Samenfett wird zu Speisezwecken und zur Seifenherstellung benutzt. Seit dem zweiten Weltkrieg verbraucht man aber im Gegensatz zu früher die gesamte Produktion von Mahua-Samen im Lande. Interessanterweise dienen auch die 1,5 cm langen, sukkulenten und zuckerreichen Blüten dieses Baumes der menschlichen Ernährung; sie werden roh oder gekocht mit Reis gegessen sowie zu Likören und zur Alkoholdestillation gebraucht.

Fruchtzweig des Sapodill- oder Breiapfelbaumes, *Manilkara zapota,* der in den Tropen Amerikas bereits vor der Entdeckung durch Kolumbus als Obstgehölz angebaut wurde

Früchte von *Pouteria campechiana,* auch als Gelbe Sapote bezeichnet. Die Pflanze gehört zur Vielzahl der tropisch-amerikanischen Obstbäume aus der Familie der Sapotaceen.

Als eine kuriose, in physiologischer Hinsicht aber außerordentlich prägnante Erscheinung muß abschließend noch auf die in den letzten Jahren in der wissenschaftlichen Literatur mehrfach behandelten sogenannten »Wunderbeeren« aufmerksam gemacht werden. Sie stellen die Früchte des hierhergehörigen westafrikanischen Baumes *Synsepalum dulcificum* dar. Das zerkaute Fruchtfleisch hat die verblüffende Eigenschaft, Geschmacksveränderungen zu bewirken und den Geschmack saurer oder bitterer Speisen oder Getränke in süß zu modifizieren, wobei diese Wirkung etwa 1 bis 2 Stunden nach dem Genuß der »Wunderbeeren« erhalten bleibt. Den Afrikanern war diese Eigenschaft des oft bei ihren Höfen angepflanzten Baumes schon lange bekannt und wurde zum »Süßen« sauren Maisbrotes oder sauren Palmweins ausgenutzt. Erst unlängst erkannte man, daß für dieses physiologische Phänomen ein Glykoprotein (Miraculin) verantwortlich ist.

Ordnung Primelartige, Primulales

Diese relativ kleine Ordnung demonstriert eine mit der Wuchsweise gekoppelte geographische Differenzierung, wie wir sie in entsprechender Weise z. B. schon bei den Gruppen der Hülsenfrüchtler kennengelernt hatten: Die Bäume und Sträucher umfassenden Familien sind in ihrer Verbreitung ziemlich streng an die tropisch-subtropischen Breiten gebunden, während die überwiegend krautige Pflanzen enthaltende Familie, die uns auch aus der mitteleuropäischen Flora bekannten Primelgewächse, vorzugsweise in den gemäßigten und nördlich-gemäßigten Zonen vorkommt.

Das hervorstechendste Merkmal dieser Ordnung ist ihr einfächeriger Fruchtknoten, der – aus mehreren verwachsenen Fruchtblättern gebildet – eine freie zentrale oder basale Plazenta besitzt. Diese Eigenschaft war auch der Anlaß, diese Ordnung (zusammen mit den Plumbaginales) mit der Gruppe der Centrospermen (s. Band Blütenpflanzen 1) in verwandtschaftliche Beziehungen zu setzen, da sich dort dieselbe Form der Plazentation vorfindet. Jedoch neigt man heute eher dazu, die Primelartigen als einen Entwicklungsast anzusehen, der sich ebenfalls von Theales-artigen Vorfahren abgezweigt hat.

Darüber hinaus zeichnet sich die Ordnung durch meist fünfzählige, strahlige Blüten mit mehr oder weniger verwachsener Krone und einem (sehr selten 2) Staubblattkreis aus, der den Kronblättern gegenübersteht.

Familie Theophrastaceae

Diese kleine, nur 5 Gattungen mit etwa 100 baum- oder strauchförmigen Arten umfassende Familie bildet die ursprünglichste Gruppe in der Ordnung. Sie ist in ihrer Verbreitung auf das tropisch-subtropische Amerika beschränkt, wo sie von den Küsten Floridas und den Bahamainseln im Norden bis Paraguay im Süden vorkommt. Der eigentümliche Wuchs der Mehrzahl der Gattungen gibt der Vegetation mancher Gebiete, etwa Venezuelas, ein charakteristisches Gepräge: Die schlanken, unverzweigten oder gabelig-geteilten Stämmchen mit einem rosettenartigen Schopf von großen Laubblättern an den Sproßspitzen erinnern an kleine Palmenstämme. Weiter sind für die Familie Sklerenchymfasern unter der Blattepidermis typisch, die – oft schon mit bloßem Auge zu verfolgen – den Blättern ein eigentümliches seidigglänzendes Kolorit verleihen.

Das auffallendste Merkmal der Blüten dieser Familie, das zugleich eine Unterscheidung von den anderen Vertretern der Ordnung ermöglicht, ist das Auftreten von 5 den Kelchblättern gegenüberstehenden Staminodien, die einen zweiten Kreis des Androeceums repräsentieren.

Die namengebende Gattung *Theophrasta* ist mit wenigen Arten nur auf der Insel Haïti beheimatet; ihrer auffallenden, roten Blüten wegen zieht man sie gelegentlich auch in unseren Warmhäusern. Den Namen hat sie zum Gedenken an Theophrast (372 bis 288 v. u. Z.), einem Schüler von Aristoteles, erhalten, der mit seinem großangelegten Werk »Die Naturgeschichte der Gewächse« zum »Vater der Botanik« wurde. *Theophrasta* und die vor allem in den Nordanden und dem Amazonasgebiet verbreitete Gattung *Clavija* zeichnen sich durch die oben geschilderte, palmenartige Wuchsform aus.

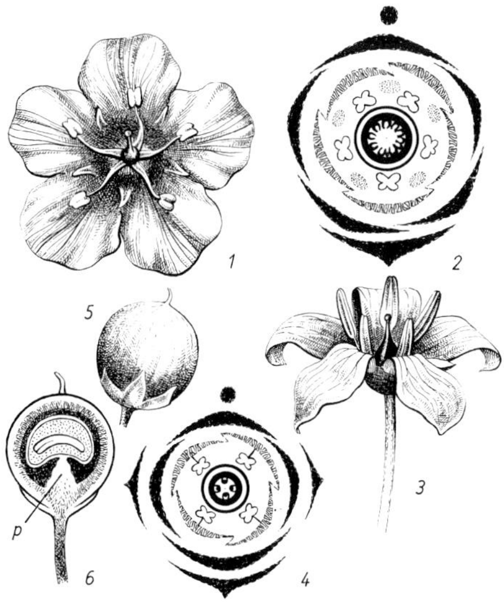

Blüten, Blütendiagramme und Früchte der tropischen Familien der Ordnung der Primelartigen. 1 und 2 Blüte und Blütendiagramm der Theophrastaceen, ein zweiter Staubblattkreis ist in Form von Staminodien ausgebildet; 3 und 4 Blüte und Blütendiagramm der Myrsinaceen (*Embelia* bzw. *Myrsine*), nur noch ein Staubblattkreis vorhanden; 5 und 6 Frucht und Längsschnitt der Frucht von *Embelia ribes*, Myrsinaceae, die zentrale Plazenta (p) ist gut zu erkennen

Im Gegensatz dazu stellen die 30 Arten der Gattung *Jacquinia* reich verästelte Sträucher oder kleine Bäume dar, die wegen ihrer stechenden Blattspitzen mitunter an Dornpolster des Mittelmeergebietes erinnern. Die Schauwirkung der Blüten ist bei dieser Gattung durch eine kronblattartige Ausbildung der Staminodien erhöht. Hierher gehören einige charakteristische Vertreter der Sandstrandvegetation der amerikanischen Meeresküsten. Es ist von völkerkundlichem Interesse, daß die Früchte mancher Arten, wie z.B. von *Jacquinia barbasco*, wegen ihrer betäubenden Inhaltsstoffe zum Fischfang verwendet werden, indem man sie zerquetscht in die abzufischenden Gewässerabschnitte wirft. Ähnliches hatten wir schon bei der entsprechenden Nutzung mancher Hülsenfrüchtler (siehe Band Blütenpflanzen 1) kennengelernt.

Familie Myrsinaceae

Auch diese Familie besteht fast ausschließlich aus Holzgewächsen, zumeist Sträuchern oder niedrigen Bäumen. Die etwa 1000 Arten, die sich auf über 30 Gattungen verteilen, gehören wiederum zu typischen Elementen der Tropenflora. Sie kommen in allen tropischen und subtropischen Zonen der Erde vor, besonders artenreich sind Indomalesien und Südamerika. Einzelne Arten dringen aber auch in kühlere Gebiete vor, wo sie z.B. im Norden Korea und Japan und im Süden Südafrika und Neuseeland erreichen.

Immergrüne, oft lederartige, einfache Blätter zeichnen diese Familie aus; ihre Sippen sind durch schizogene, d.h. durch Auseinanderweichen von Zellen entstandene Exkretlücken mit gelblich-bräunlichem, harzähnlichem Inhalt charakterisiert. Diese Exkretgänge sind im durchfallenden Licht in den Blättern als helles Netz- oder Linienmuster vielfach mit bloßem Auge zu erkennen. Für den Aufbau der oft intensiv duftenden Blüten der Myrsinaceen sind die 4- bis 5-Zahl ihrer Organe, oft drüsig-behaarte Kelche, eine rad- oder schüsselförmige, meist verwachsene Blütenkrone und der häufige Ausfall des einen Geschlechts typisch. Dabei herrscht eine zweihäusige Verteilung der männlichen und weiblichen Blüten vor.

Ferner ist die Familie durch ihre roten, erbsen- bis kirschgroßen Steinfrüchte gekennzeichnet, die fast stets nur einen dunklen, nicht wie bei den Theophrastaceen einen gelben oder orangefarbigen Samen enthalten. Die Früchte sind eßbar, sie werden aber nur gelegentlich und von manchen Arten intensiver gesammelt.

Fossil sind die Myrsinaceen durch Blattreste bereits aus der Oberen Kreide Alaskas und aus dem Tertiär der Nordhemisphäre bekannt geworden, auch Blütenfunde aus dem baltischen Bernstein werden hier eingeordnet; allerdings ist die systematische Zugehörigkeit zu dieser Familie nicht in allen Fällen eindeutig gesichert.

Die einzige Gattung der Familie mit mehrsamigen Steinfrüchten ist *Maesa*, die mit 100 Arten in allen außeramerikanischen Tropenländern zu Hause ist. Wegen des auch für andere Myrsinaceen nachgewiesenen Gehaltes an Saponinen lassen sich mehrere *Maesa*-Arten,

z. B. *Maesa picta* (Äthiopien), als Wurmmittel verwenden.

Der größte Teil der Gattungen zeichnet sich jedoch durch einsamige Steinfrüchte aus. Eine Anzahl von ihnen beansprucht ein besonderes pflanzengeographisches Interesse: So stellt die kleine Gattung *Myrsine* mit *Myrsine africana* die am weitesten verbreitete Art der Familie, ihr Areal reicht von den Azoren über Südafrika, Indien bis nach Südchina. Zwei z.T. oder ausschließlich auf den Kanarischen Inseln und Madeira vorkommende Gattungen (*Heberdenia* und *Pleiomeris*) tragen zu dem tropischen Aspekt der Vegetation dieser Inseln bei, die wir uns als ein Modell der tertiären Laubwaldflora vorstellen können, so wie sie einst auch auf der Nordhalbkugel weit verbreitet war.

Artenreiche Gruppen wie *Rapanea* (150 Arten) und *Embelia* (130 Arten) sind dagegen in allen Tropengebieten bzw. in allen denen außerhalb Amerikas anzutreffen.

Die nur in Afrika fehlende größte Gattung der Familie, *Ardisia,* hat unter ihren rund 250 Arten einige interessante biologische Besonderheiten aufzuweisen: Es handelt sich bei ihnen vorzugsweise um Pflanzen des Unterwuchses dichter Berg- oder Monsunwälder bzw. anderer Waldformationen. Offensichtlich in Anpassung an die besonderen Lichtverhältnisse an diesen Standorten ist bei ihnen vielfach eine bunte oder gescheckte Laubfärbung entwickelt, wie wir sie auch bei tropischen Wolfsmilchgewächsen entsprechender Standorte kennenlernten. Der dekorative Charakter vieler Arten wird durch eine auffallende wein- oder rostrote Behaarung noch unterstrichen. Bei manchen *Ardisia*-Arten kommen Übergänge zu krautigen Wuchstypen vor; mitunter, z. B. bei der südchinesischen *Ardisia mamillata,* ist der größte Teil des holzigen Achsensystems in den Erdboden verlagert, und oberirdisch treten nur kurzlebigere Sprosse zutage. Eine echte Staude stellt u. a. *Ardisia primulifolia* (Südostasien) dar, die eine an Primeln erinnernde Rosette von Laubblättern besitzt.

Gleichfalls in diesem Gebiet beheimatet ist eine Artengruppe, die eine Symbiose mit Bakterien eingegangen ist. Untersucht wurde dieses Zusammenleben vor allem bei *Ardisia crenata.* In der Nähe der Blattränder fallen hier längliche, kleine, bis etwa einen halben Millimeter dicke, höckerige Knoten auf (s. Abbildung), deren Zahl je Blatt bis zu 30 bis 50 betragen kann. Stellt man einen anatomischen Schnitt durch diese Knötchen her, so kann man sich überzeugen, daß die mit Schleim ausgefüllten Höhlungen der Knoten dicht mit Bakterien besetzt sind. Diese Höhlungen gehen aus Wasserspalten (Hydathoden) hervor, die unter einer Spaltöffnung liegen. Von hier aus dringen die Bakterien in Interzellularräume des umliegenden Gewebes ein. In der Höhle, die schließlich mit einem Abschlußgewebe ausgekleidet wird, treten später ähnliche Verformungen der Bakterienzellen auf, wie wir sie im Band Blütenpflanzen 1 für die Knöllchenbakterien der Hülsenfrüchtler erwähnt haben. Für die Pflanze von größerer physiologischer Bedeutung ist jedoch die Tatsache, daß sich stets größere Bakterienansammlungen an den Vegetationspunkten vorfinden, die sie in einer schleimigen Masse umgeben. Von hier aus werden die Blütenknospen und die Samenanlagen infiziert, und schließlich gelangen die Bakterien auch in die Samen, wo sie zwischen

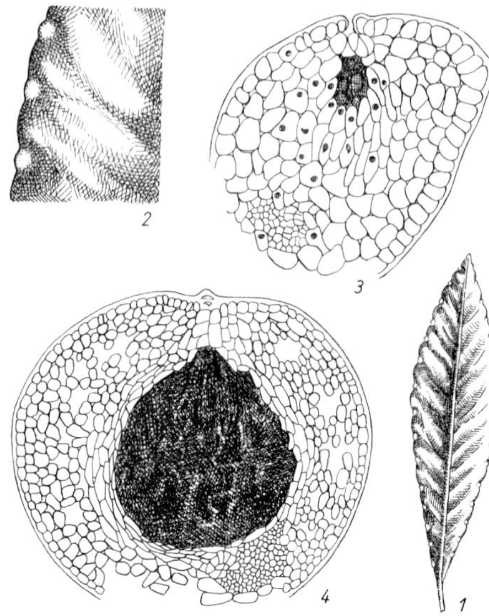

Blattknoten bei *Ardisia crenata.* 1 Blatt der Pflanze; 2 Blattrand von der Unterseite mit 3 Knötchen; 3 und 4 Querschnitte durch die Knoten in verschiedenen Entwicklungsstadien, zuletzt mit großen, von Bakterien erfüllten Hohlräumen

Embryo und Nährgewebe angehäuft sind. Die Bakteriensymbionten werden also mit dem Samen auf die Nachkommen übertragen, wir haben es daher mit einer sogenannten zyklischen Symbiose zu tun, wie sie auch für manche Krappgewächse bekannt ist.

Worin der gegenseitige Vorteil dieser beiden Symbiosepartner besteht, ist im einzelnen noch ungewiß. Fest steht, daß bakterienfreie Jungpflanzen dieser Art nicht zur Entwicklung und einem normalen Wachstum fähig sind, sondern krüppelhafte Individuen mit einer stark herabgesetzten Vitalität ergeben. Normales Wachstum findet nur bei Anwesenheit der Bakteriensymbionten in den meristematischen Geweben statt!

Biologisch von Interesse ist auch die Gattung *Aegiceras,* die mitunter – sicher unberechtigt – als selbständige Familie abgetrennt wird. Ihre wenigen Arten sind charakteristische Bestandteile der indomalaiischen Mangroven, jener Gehölzvegetation an tropischen Meeresküsten mit Schlickböden, die dem Gezeitenwechsel ausgesetzt ist und periodisch überflutet wird. Wir hatten schon früher mannigfache Anpassungen der Pflanzen an diese extremen Umweltverhältnisse beschrieben (siehe Rhizophoraceen, Band Blütenpflanzen 1). Ebenso wie dort besprochene Gehölze sind auch die *Aegiceras*-Arten durch Viviparie gekennzeichnet: Der einzige, lange Samen keimt bereits in der zylindrischen kapselartigen Frucht auf der Mutterpflanze aus. Nach dem Abfallen kann dann die Frucht mit dem entwickelten Keimling von Meeresströmungen verfrachtet werden. Auf einem geeigneten Substrat vermag sich die Keimpflanze schließlich sehr rasch zu etablieren. Viviparie tritt übrigens auch bei *Ardisia crenata* auf, ohne daß dort die ökologische Bedeutung dieses Phänomens ersichtlich ist.

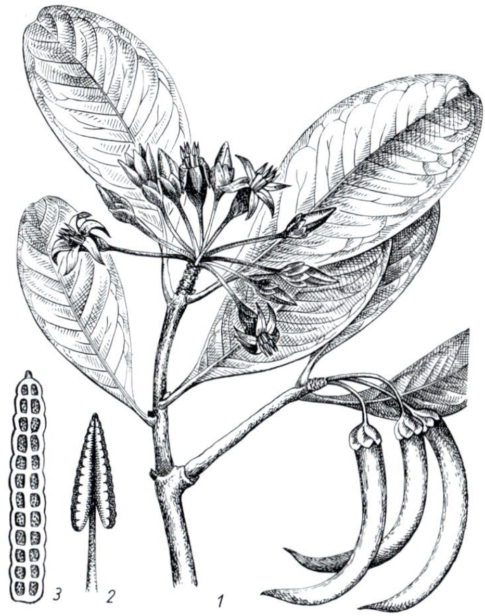

Aegiceras, die Mangrovegattung der Myrsinaceen. 1 Zweig mit Blüten und Früchten der Art *Aegiceras majus;* 2 Staubblatt; 3 Längsschnitt durch eines der in charakteristischer Weise gekammerten Staubblattfächer

Fruchtzweig von *Ardisia crenata,* einer der ostasiatischen Arten der Gattung, die wegen ihrer Symbiose mit Bakterien bekannt wurden

Eine ökologische Erklärung hat man auch nicht für die auf der Abbildung wiedergegebene Staubbeutelstruktur: Die Staubbeutelhälften haben bei *Aegiceras* eine eigentümliche Querfächerung. Dieses Merkmal tritt ebenfalls bei der dieselben Standorte besiedelnden *Ardisia humilis* und bei den Mangrove-Rhizophoraceen auf. Die Bindung dieser Eigenheit an das Mangrove-Milieu ist offensichtlich, ohne daß wir bereits ihre funktionelle Bedeutung verstehen.

Schließlich soll noch erwähnt werden, daß der oft beschriebene Haarschmuck malaiischer Frauen mit besonderer Vorliebe aus den duftenden, weißen *Aegiceras*-Blüten angefertigt wird.

Familie Primelgewächse, Primulaceae

Primeln, Gauchheil, Gilbweiderich und Siebenstern sind uns vertraute Pflanzen der heimischen Flora. Sie alle gehören zu den Primelgewächsen, die als einzige Familie der Ordnung in den gemäßigten Breiten, vor allem auf der Nordhalbkugel, zu Hause ist. Viele Arten vertragen außerordentlich niedrige Temperaturen, wir finden daher Primelgewächse als Angehörige der arktischen und vieler Hochgebirgsfloren. Der größte Teil der sich auf über 20 Gattungen verteilenden 800 bis 1 000 Arten der Familie ist in den europäischen und vorderasiatischen Hochgebirgen sowie im Himalaja und dem anschließenden südwestchinesischen Gebirgsland beheimatet. Nur wenige Formen sind an wärmere oder tropische Klimate gebunden.

Im Gegensatz zu den bisher besprochenen Familien der Ordnung fehlen hier Holzgewächse fast vollständig; Stauden oder Einjährige, oft Rosetten- oder Polsterstauden herrschen vor. Ihre Organe sind durch verschiedenartige Exkretstoffe gekennzeichnet (phenolische Verbindungen, Flavonoide, Benzochinone), die in Drüsen- oder Exkretzellen bzw. -lücken abgeschieden werden. An Besonderheiten des Blütenbaues der Primelgewächse sind zu erwähnen, daß neben der vorherrschenden Fünfzähligkeit auch ungewöhnliche Zahlenverhältnisse der Blütenorgane

Mannsschild-Arten sind charakteristische Pflanzen der alpinen Felsspalten- und Geröllvegetation, hier die Polster des Zottigen Mannsschilds, *Androsace villosa,* aus den Südalpen.

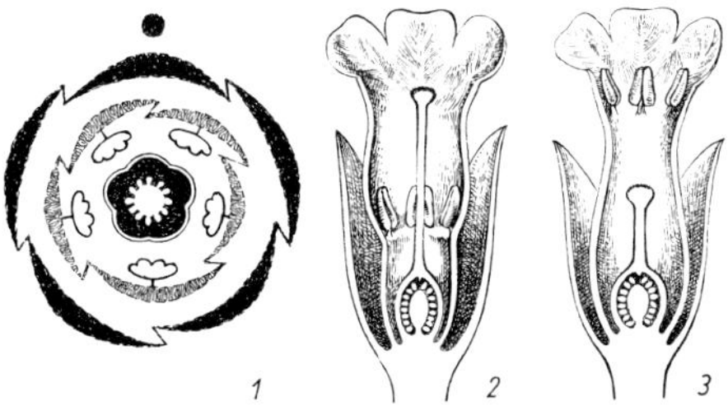

Blüten und Blütendiagramm von *Primula.* 1 Blütendiagramm; 2 und 3 Verschiedengriffligkeit bei der Hohen Schlüsselblume, *Primula elatior,* links lang-, rechts kurzgrifflige Blüte im Längsschnitt

auftreten, so 6- bis 9-, selten sogar dreiteilige Blütenkreise, wie sie im allgemeinen nur bei den einkeimblättrigen Pflanzen anzutreffen sind. Mitunter sind als Reste eines zweiten Staubblattkreises noch schüppchenartige, den Kelchblättern gegenüberstehende Staminodien ausgebildet. Im Unterschied zu den Myrsinaceen handelt es sich bei den Früchten dieser Familie um mit 5 Zähnen oder Klappen aufspringende Kapseln oder sich mit einem Querriß öffnende Deckelkapseln. In ihnen liegen mehrere bis viele kantige, zusammengedrückte Samen mit einem sehr kleinen Embryo.

Für den Blütenbau ist eine besondere Erscheinung, die Heterostylie oder Verschiedengriffligkeit, bei einer Reihe hierher gehörender Gattungen, so der Primeln selbst, aber auch bei Mannsschild, *Androsace,* und Milchkraut, *Glaux,* charakteristisch: Untersucht man die Blüten mehrerer Pflanzen einer dieser Arten, so wird man auffallende Unterschiede in der Anheftung der Staubblätter und der Länge der Griffel feststellen. Man kann langgrifflige Blüten mit Griffeln, die bis zum Schlund der Blütenkrone reichen, und unterhalb von ihnen in der Kronenröhre angehefteten Staubblättern von kurzgriffligen unterscheiden, deren Staubblätter im Schlund angeheftet sind und deren sehr kurze Griffel in der Kronenröhre verbleiben (s. Abbildung). Später fand man, daß auch Narben und Pollen verschieden entwickelt sind. Kurzgrifflige Formen zeichnen sich durch kleine Narbenpapillen und große Pollenkörner aus und umgekehrt. In der Regel findet nur eine Befruchtung statt, wenn die Keimzellen aus Blütenorganen von gleicher Höhe stammen, d.h. also, daß kurzgrifflige Blüten nur von Pollen kurzgestielter Staubblätter (langgrifflige Blüten) befruchtet werden und umgekehrt, wodurch stets eine Fremdbestäubung, die mit mannigfachen genetischen Vorteilen verbunden ist, gewährleistet bleibt. In der Natur findet man stets etwa zu gleichen Teilen lang- und kurzgrifflige Individuen. Das wird durch die Vererbungsweise dieses Merkmals bedingt, die im Prinzip mit der Vererbung der Geschlechtsverteilung übereinstimmt, bei der es ja ebenfalls immer zur Ausbildung ungefähr gleich vieler männlicher oder weiblicher Individuen kommt. Es handelt sich bei der Befruchtung zwischen den genannten Blütentypen um den Fall einer Rückkreuzung eines reinerbigen Elters (langgrifflig) mit einem gemischterbigen (heterozygoten) Elter (kurzgrifflig), bei der unter den Nachkommen eine Verteilung der beiden elterlichen Blütentypen im Verhältnis 1:1 zu erwarten ist. Es muß darauf hingewiesen werden, daß es unter den verschiedengriffligen Gattungen stets auch Arten gibt, die nur einen einzigen Blütentyp besitzen (homomorphe Arten) und die in abstammungsgeschichtlicher Hinsicht einen ursprünglicheren, älteren Zustand widerspiegeln können. Freilich gibt es auch sekundäre Homomorphie!

Das Vorkommen dieses und anderer Merkmale zeigt uns, daß es sich bei den Primelgewächsen um einen jüngeren, abgeleiteten Verwandtschaftskreis handelt. Deshalb ist es auch nicht verwunderlich, daß – abgesehen von einigen eiszeitlichen Samenfunden – von dieser Familie keinerlei Fossilien bekannt sind.

Wir wollen uns nun einigen Vertretern der Familie zuwenden. Zu einer relativ ursprünglichen Gruppe gehören Gattungen, die dem Felberich, *Lysimachia,* nahestehen und sich durch kurze verwachsene Abschnitte der Blütenkrone und durch Pollenblumen auszeichnen. Von ihnen gehören einige Gattungen auch tropischen Florengebieten an. Die Gattung *Lysimachia* (150 Arten) ist uns durch den Gilbweiderich, *Lysimachia vulgaris,* oder das nach den rundlichen Blättern benannte Pfennigkraut, *Lysimachia nummularia,* aus der heimischen Flora bekannt. Viele Arten sind in Ostasien zu Hause, von hier stammt auch *Lysimachia foenum-graecum,* die – wie der Name sagt – im Duft an den Bockshornklee, *Trigonella foenum-graecum* (s. Band Blütenpflanzen 1), erinnert und die von den chinesischen Frauen zum Parfümieren des Haares benutzt wird. Erst neuerdings erkannte man, daß gelbblühende Felbericharten zu den sogenannten Ölblumen zählen, die Bestäuberinsekten (in diesem Falle den Weibchen der Schenkelbienen, *Macropis*) fette Öle in Elaiophoren anbieten. Bei *Lysimachia* befinden sich diese im Drüsenhaarbesatz der Staubfäden; von den Bienen wird das Öl als Brutnahrung genutzt.

Zu diesem Verwandtschaftskreis zählt auch der Siebenstern, *Trientalis*, dessen Blüten sehr häufig durch eine siebenteilige Blumenkrone auffallen, wenn auch in einem Teil der Blüten andere Zahlenverhältnisse vorkommen. Der Europäische Siebenstern, *Trientalis europaea*, ist eine Charakterpflanze des Unterwuchses von Fichtenwäldern in der Nadelwaldzone der nördlichen gemäßigten Zone. Schließlich muß noch das Milchkraut, *Glaux maritima*, erwähnt werden, das zu den charakteristischen Pflanzen feuchter, schwach versalzter Böden gehört. In Anpassung an diese Standortsverhältnisse sind an den Blatträndern punktförmige Drüsen entwickelt, durch die überschüssige Salze wieder abgeschieden werden können. Die Schauwirkung der *Glaux*-Blüten geht übrigens von dem weiß bis rosa gefärbten Kelch aus, eine eigentliche Blütenkrone fehlt bei dieser Gattung.

Auch die Gauchheilarten, *Anagallis*, zarte Ackerunkräuter mit Deckelkapseln, werden in diese Gattungsgruppe eingeordnet.

Eine isolierte Stellung innerhalb der Familie nimmt die Gattung Alpenveilchen, *Cyclamen*, ein, deren 20 Arten aus dem Mittelmeergebiet und aus Vorderasien mancherlei morphologische Besonderheiten aufweisen. Ihre Blüten (Honigblumen!) sind an den in der Knospenlage gedrehten, zurückgeschlagenen Kronzipfeln leicht erkennbar. Verfolgt man die Keimung von *Cyclamen*-Samen und die Entwicklung der Jungpflanzen, so wird man durch die Tatsache überrascht, daß sich nur ein Keimblatt entwickelt. Das zweite verkümmert bald nach der Anlegung außerordentlich stark. Wir haben hier also einen der wenigen Fälle vor uns, wo bei einer zweikeimblättrigen Pflanze nur ein normales Keimblatt vorhanden ist, ähnlich wie wir es z.B. schon bei Lerchenspornarten (s. Band Blütenpflanzen 1) feststellen konnten. Das *Cyclamen*-Keimblatt ist laubblattartig ausgebildet und von längerer Lebensdauer, als es sonst für Keimblätter zutrifft. Es vermag soviel Assimilate zu bilden, daß bereits im Keimlingsstadium eine Speicherung von Reservestoffen im Hypokotyl einsetzen kann. Dieses wächst später zu einem knollen- oder scheibenförmigen Organ heran, das oft nur zu einem geringen Teil vom Erdboden bedeckt wird.

Viele Alpenveilchen sind Frühjahrsblüher. Das im Mittelmeergebiet und Kleinasien beheimatete *Cyclamen persicum* blüht jedoch bereits im Herbst und zu Beginn der Winterperiode. Es war schon im 17. Jahrhundert in Mitteleuropa in Kultur; gegen Ende des vergangenen Jahrhunderts breiteten sich sein Anbau und seine züchterische Bearbeitung derart aus, daß das Alpenveilchen heute zu der wichtigsten Topfpflanze in Europa geworden und während der blütenarmen Winterszeit wohl in den meisten Wohnungen anzutreffen ist. Eine Art der Gattung, *Cyclamen purpurascens*, reicht mit ihrem Verbreitungsgebiet übrigens bis nach Mitteleuropa (Österreich, Böhmen, Ungarn).

Die meisten Arten der Familie gehören zu einer Reihe von Gattungen, unter denen sich vorzugsweise Gebirgs- und Hochgebirgspflanzen befinden und von denen hier nur einige wenige wie die Mannsschilde, *Androsace*, die mit ihren gefransten tiefblauen Blütenkronen auffallenden Troddelblumen, *Soldanella*, und die an polsterförmige Steinbreche erinnernden *Dionysia*-Arten aus Vorderasien erwähnt werden können.

Die größte Gattung dieser Gruppe und zugleich die der gesamten Familie bilden die Primeln oder Schlüsselblumen, *Primula*. Hierzu zählen 400 bis 500 vorzugsweise auf der nördlichen Halbkugel als Rosettenpflanzen verbreitete Arten, von denen ein großer Teil in den

Die Alpen-Troddelblume, *Soldanella alpina*, ist wie andere Arten der Gattung vielfach in der sogenannten Schneetälchen-Vegetation der Hochgebirge anzutreffen, die sich durch sehr lange Schneebedekkung und deshalb durch stark verkürzte Vegetationsperioden auszeichnet.

Die echte Alpen-Aurikel oder Gamsblume, *Primula auricula*, eine der Elternarten der Garten-Aurikeln, ist sehr selten auf Moorwiesen auch noch nördlich der Alpen anzutreffen.

asiatischen Hochgebirgen beheimatet ist. So sind der östliche Teil des Himalaja und das Bergland von Yünnan im Südwesten Chinas als wahre Fundgruben für Primelsammler bekannt.

Viele charakteristische Pflanzen der alpinen Vegetationsstufe gehören zu dieser Gattung, wie das Habmichlieb, *Primula minima*. Die wenigen, aus der heimischen Flora stammenden Primeln, darunter die Hohe Schlüsselblume, *Primula elatior,* und die Wiesenschlüsselblume, *Primula veris,* stehen unter Naturschutz. Manche Primeln, z. B. die Mehlprimel, *Primula farinosa,* zeichnen sich durch weißliche oder gelbe, mehlige Überzüge der Blattunterseiten aus. Hierbei handelt es sich um in feinkristalliner Form vorliegende Flavonoide, die von den Drüsenhaaren abgeschieden werden.

Viele Primeln sind beliebte Zierpflanzen. Ein verbreiteter Frühjahrsschmuck unserer Gärten sind die Gartenaurikeln mit ihren vielfältigen Blüten, die weiß, gelb, rot, braun oder schwarz getönt sein können. Bei den kultivierten Pflanzen handelt es sich jedoch nicht um die Echte Aurikel, *Primula auricula,* aus den Alpen und dem Schwarzwald, sondern um die Nachkommen einer Kreuzung zwischen dieser Art und der ebenfalls in den Alpen beheimateten *Primula hirsuta.* Dieser Bastard wurde schon im 16. Jahrhundert kultiviert. Um 1800 erreichte die Aurikelzucht in Mittel- und Westeuropa einen Höhepunkt; ein umfangreiches Sortiment der verschiedensten Formen, auch gefülltblütige, die wir heute z. T. gar nicht mehr kennen, wurde damals von den Aurikelliebhabern gezogen.

Auch bekannte Topfpflanzen stammen aus dieser Gattung: Die Fliederprimel, *Primula malacoides,* ein Unkraut in den Reisfeldern Südwestchinas, wurde erst um die Jahrhundertwende nach Europa eingeführt, ihre Kultur verbreitete sich jedoch sehr rasch, vor allem nachdem beachtliche züchterische Fortschritte durch die Auslese von Formen mit verdoppeltem Chromosomensatz (polyploide Formen) erzielt werden konnten. Diese neuen Sorten zeichnen sich insbesondere durch größere Blüten aus. Auch von der gleichfalls chinesischen Becherprimel, *Primula obconica,* sind heute meistens nur polyploide Formen in Kultur. Diese und einige andere Primelarten (wie auch Arten anderer Gattungen der Primulaceen) sezernieren aus ihren Blattdrüsen ein primin-enthaltendes Öl. Diese Benzochinonverbindung ist die Ursache für die bekannte »Primelempfindlichkeit«, da sie bei hierfür allergischen Personen empfindliche Hautreizungen hervorrufen kann.

Die chinesische Flora hat nicht nur die schönsten Topf- und Gartenprimeln geliefert, in China selbst gehört eine Art, die Chinesische Primel, *Primula sinensis,* zu den seit Jahrhunderten gezogenen Zierpflanzen. Der großen weißen oder roten Blüten wegen wird sie seit über 100 Jahren auch in Europa, vor allem in England, wo Primeln überhaupt zu den beliebtesten Gartenpflanzen zählen, als winterblühende Topfpflanze kultiviert.

Von den übrigen Gattungen dieser Gruppe sei noch auf die Götterblumen, *Dodecatheon,* aus dem pazifischen Nordamerika hingewiesen, die mit ihren zurückgeschlagenen Kronzipfeln an Alpenveilchen erinnern. Geröstete Wurzeln und Blätter mancher Art standen früher auf der Speisekarte der Indianerstämme der westlichen USA.

Daß die Primelgewächse aber auch an ganz andere als die bisher besprochenen Umweltverhältnisse angepaßt sein können, zeigen die Wasserfedern, *Hottonia.* Sie sind Wasserpflanzen stehender oder langsam fließender Gewässer mit untergetauchten, kammartigen Blättern, deren Sproßspitzen zu im Schlamm überdauernden Winterknospen umgebildet werden können, wie wir es noch bei den Wasserschläuchen, *Utricularia* (Lentibulariaceen), kennenlernen werden.

Überordnung Malvanae

Die Malvanae sind durch überwiegend holzbildende Vertreter charakterisiert. Bei den meisten Sippen kommen Schleimbehälter vor. Die radiären Zwitterblüten sind meist fünfzählig und besitzen einen synkarpen, oberständigen Fruchtknoten. In der Tendenz ist eine Reduk-

Götterblumen mit ihren alpenveilchen-ähnlichen Blüten sind Gebirgspflanzen des westlichen Nordamerika. Die Niedliche Götterblume, *Dodecatheon pulchellum,* ist hier – von Alaska bis Mexiko – weit verbreitet.

tion der Anzahl der Fruchtblätter und Samenanlagen zu erkennen.

Zur Überordnung Malvanae gehören nur die Malvales. Die Einbeziehung weiterer Ordnungen, beispielsweise der Euphorbiales oder Thymelaeales, ist mitunter diskutiert worden, die Argumente sind aber wenig überzeugend, weil die Malvanae doch relativ isoliert stehen. Ihre Stellung innerhalb des Systems ist etwas schwierig zu beurteilen, da sich einerseits zu den Violales wie auch zu den Theales stammesgeschichtliche Beziehungen knüpfen lassen. Die Vorfahren der Malvanae könnten sich aus beiden Ordnungen ableiten.

Ordnung Malvenartige, Malvales

Die Familien innerhalb der Malvales stehen einander sehr nahe. Als relativ ursprünglich werden Sippen angesehen, bei denen auf den im allgemeinen freiblättrigen Kelch und die fast stets freiblättrige Krone 2 Staubblattkreise und zahlreiche, miteinander verwachsene Fruchtblätter folgen. In den Verwandtschaftskreisen ging größtenteils aus den einzelnen Staubblattanlagen ein ganzes Büschel von Staubblättern hervor, seltener ist der äußere Staubblattkreis reduziert. Bei Ausbildung zahlreicher Staubblätter besitzt das Staubgefäß oft nur einen Pollensack. Als weitere Besonderheit kann der verlängerte Diskus am Grunde des Fruchtknotens angesehen werden (Elaeocarpaceae), der sich in den meisten Familien zu einer mehr oder weniger langen Säule verlängert hat, an der die Staubblätter entspringen (Androphor) oder sogar der Fruchtknoten (Androgynophor) emporgehoben sein kann. Man hat die Malvales daher auch als Columniferae (Säulenträger) bezeichnet. Zwischen einigen Familien, besonders den Malvengewächsen und den Bombacaceen, läßt sich eine Grenze nur künstlich ziehen. In den meisten Sippen kommen schleimhaltige Zellen vor.

Familie Elaeocarpaceae

Zu dieser Familie gehören 11 Gattungen mit etwa 400 baum- und strauchförmigen Arten. Ihre Hauptentfaltung zeigt sie in 2 Regionen. In

Crinodendron patagua, eine von zwei Arten dieser Gattung aus Südamerika, wird gelegentlich als Zierpflanze angebaut.

Ostasien gibt es zahlreiche Sippen, unter denen die Gattung *Elaeocarpus* mit etwa 250 Arten die größte der Familie ist. Ihr Areal reicht von Südasien (einschließlich Südjapan) über Australien bis nach Neuseeland. Ein zweites Entfaltungszentrum ist aus Amerika bekannt, wo das Verbreitungsgebiet von Mexiko bis weit nach Südamerika in Höhe der Insel Chiloë reicht. Einige Gattungen, so *Sloanea* und *Aristotelia,* haben Vertreter in beiden Entfaltungsräumen.

Unter den Malvenartigen nehmen die Elaeocarpaceen insofern eine Ausnahmestellung ein, als die für die Ordnung charakteristischen Schleimbehälter fehlen. Für die stets strahligsymmetrischen Blüten ist eine sehr große Anzahl von Staubblättern charakteristisch, die von einem fünfzähligen Kelch und in den meisten Fällen auch von einer fünfblättrigen Blütenkrone umschlossen werden. Als Eigentümlichkeit der Familie innerhalb der Malvaceen kann ebenfalls ein Ringwall angesehen werden, in dem sich die Staubblattbasen vereinigten, oft ist er sogar zu einer Röhre emporgehoben. Der zwei- bis fünfzählige Fruchtknoten, der 2 bis 5 Samenanlagen enthält, kann sich zu einer Steinfrucht, einer Kapsel oder einer Beere entwickeln. In der Gattung *Elaeocarpus* kommen nur Steinfrüchte vor, deren ansehnlicher Steinkern bei einigen Arten durch eine höckerige Oberfläche ausgezeichnet ist und vielfach als Material für Schnitzarbeiten dient. In Ostindien wird *Elaeocarpus floribundus* angebaut, dessen Früchte man kocht oder mit Essig einmacht. Die Maoris benutzen die Rinde von *Elaeocarpus dentatus* zum Schwarzfärben von Pflanzenfasern. Einige Sippen der Gattungen *Elaeocarpus, Crinodendron* und *Aristotelia* kultiviert man als Zierpflanzen.

Familie Lindengewächse, Tiliaceae

Die meisten der rund 50 Gattungen der Tiliaceen, in denen etwa 450 Arten unterschieden werden, haben ihre Hauptentfaltung in den Tropen. Es handelt sich fast ausschließlich um Sträucher oder Bäume, doch gibt es in dieser Familie auch einige krautige Arten, bei denen allerdings der Holzanteil so groß ist, daß sie in ihrem anatomischen Aufbau eine Übergangsstellung zwischen echten Kräutern und Sträuchern einnehmen. Aus der mitteleuropäischen Flora gehören nur die Linden *(Tilia)* zu dieser Familie.

Bei den Tiliaceen haben die Blüten nur selten 5 bis 10 Staubblätter, meist treten an ihre Stelle Staubblattbündel, die oft gemeinsam mit dem Fruchtknoten durch eine kurze Säule (Androgynophor) etwas emporgehoben werden. Charakteristisch für die Lindengewächse ist die Entwicklung von 2 Pollensäcken mit je 2 Pollenfächern. Dieses Merkmal schätzt man systematisch so hoch ein, daß es zur Abgrenzung der Familie innerhalb der Malvenartigen dient. Trotz eines so wesentlichen Merkmals läßt sich eine sichere Zugehörigkeit zu dieser Familie oft erst anhand detaillierter Untersuchungen aufzeigen. So wurde die früher zu den Elaeocarpaceen gezählte, in den Tropen verbreitet kultivierte Faserpflanze *Muntingia calabura* erst in jüngster Zeit zu den Tiliaceen gestellt. Der zwei- bis fünfblättrige Fruchtknoten enthält meist mehrere Samenanlagen und reift zu Schließfrüchten oder Kapseln heran. Durch Auflösung von Zellwänden entstehen im Parenchymgewebe bei allen Tiliaceen Schleimbehälter.

Bei den Tiliaceen werden 2 Unterfamilien unterschieden.

Früchte einiger Lindengewächse: 1 Nuß von *Tilia praecox;* 2 Fruchtquerschnitt dieser Art. Nur in einem der 5 angelegten Fruchtfächer entwickelt sich ein Same. N = Nährgewebe, E = Embryo, R = undifferenzierte Fruchtblattreste; 3 Klettfrüchte mit gekrümmten Stachelspitzen von *Triumfetta rhomboidea;* 4 Der Kranz von Fiederhaaren bei *Heliocarpus* gewährleistet eine Verbreitung der Früchte durch den Wind; 5 Kapsel von *Corchorus capsularis;* 6 Kapsel von *Corchorus olitorius*

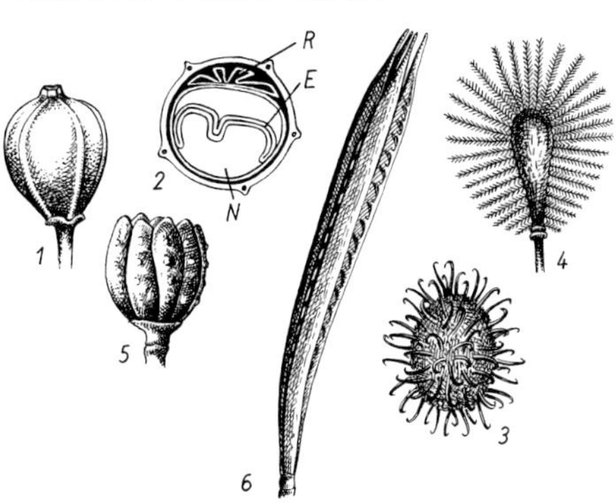

Unterfamilie Brownlowioideae

In dieser Pflanzengruppe verwachsen die Kelchblätter zu einer Glocke. Während in der anderen Unterfamilie die Staubbeutel in der Regel gestreckt sind, entwickeln sich hier 2 kleine, knopfförmige Antherenhälften. Die Brownlowioideen sind außerhalb Europas weit verbreitet, meist beschränken sich die Gattungen aber auf einzelne Kontinente oder kleinere Regionen, wie beispielsweise die etwa 25 Arten umfassende Gattung *Glabraria (Brownlowia),* die in Südostasien vertreten ist. Dagegen kommt von den beiden Arten der Gattung *Christiana* eine sowohl in Westafrika als auch in Südamerika vor *(Christiana africana).* Die etwa 30 cm großen Blätter benutzt man in Afrika zum Einpacken von Kolanüssen, und auch das sehr harte Holz dieses etwa 12 m hoch werdenden Baumes wird vielseitig verwendet.

Unterfamilie Tilioideae

Bei den Tilioideen werden die Staubblätter frei angelegt, und nur selten ist ein kurzes Androgynophor nachweisbar. Ein- bis wenigsamige Nüßchen gehen aus einem fünffächerigen Fruchtknoten hervor; die meisten Samenanlagen sind in der reifen Frucht nur als Rudimente erkennbar.

Die Gattung *Tilia,* Linde, ist nur auf der Nordhemisphäre verbreitet und reicht von den gemäßigten Breiten bis in die Tropen.

Die Umgrenzung der Arten wird sehr unterschiedlich beurteilt. Einige Autoren nehmen etwa 70 Arten an, während von anderen die Artenzahl auf 20 geschätzt wird, denn viele Sippen lassen sich nur schwer voneinander abgrenzen und können auch zusammengefaßt werden. Bemerkenswert ist die Chromosomenzahl in dieser Gattung. Während bei den meisten anderen Vertretern dieser Familie 7, 9, 16 oder 18 Chromosomen als Grundzahl angenommen werden können, hat man in der Gattung *Tilia* die ungewöhnlich hohe Grundzahl 41 festgestellt, wobei einige ostasiatische Linden (*Tilia amurensis, Tilia insularis, Tilia tuan* u. a.) als tetraploide Sippen erkannt wurden.

Die Winterlinde, *Tilia cordata,* ist in Europa vom Atlantik bis zum Ural verbreitet, während die Sommerlinde, *Tilia platyphyllos,* nur in den westlichen Gebieten Europas, bevorzugt im warmen Berg- und Hügelland, anzutreffen ist. Bei *Tilia vulgaris* handelt es sich um den Bastard beider Arten. Postglazial hatten die europäischen Sippen eine größere Verbreitung als heute. Als bestimmendes Element der Eichen-Linden-Mischwälder kommt *Tilia cordata* ursprünglich auf gut durchlüfteten Böden an der Grenze zwischen dem nördlichen mitteleuropäischen Flachland und den Mittelgebirgen vor. Da der wirtschaftliche Wert des Baumes nicht besonders groß ist, wird er in unseren Forsten kaum gefördert, doch spielt er im biologischen Haushalt eine bedeutende Rolle, da die Verrottung der Blätter zu einer günstigen Humusform führt und die tiefreichenden Wurzeln den Boden voll aufschließen. Das gleichmäßig dichte Holz hat eine feine Struktur; die Gefäße erreichen nur einen Durchmesser von 0,06 mm. Daher liefern die *Tilia*-Arten ein ausgezeichnetes Schnitzholz. Viele berühmte gotische und barocke Altäre wurden aus diesem Material geschaffen. Auch heute wird es für Schnitzarbeiten bevorzugt, und dank der geringen Verformung ist es u. a. ideal für die Herstellung von Bilderrahmen, Reißbrettern und Modellen für Plastiken, ferner werden Holzkohle für graphische Zwecke und bisweilen auch Zündhölzer aus Lindenholz gefertigt.

Die »Abtslinde« im Schloßpark Reinhardtsbrunn (Thüringen) ist eine Sommerlinde, *Tilia platyphyllos.* Sie ist etwa 450 Jahre alt, 28 m hoch und hat einen Umfang von 510 cm.

Bei den Linden entfalten sich die Blütenstände am Frühjahrstrieb. In den Achseln der Laubblätter entstehen nebeneinander die vegetative Knospe für den nächstjährigen Austrieb und der diesjährige Blütenstand. Es gibt nur wenige Sippen im Pflanzenreich, bei denen sich wie bei den Linden zur Reifezeit der gesamte Fruchtstand von der Pflanze löst. Dabei fungiert ein Hochblatt am Blütenstandsstiel als primitives Flugorgan, das der Anlegung nach zu einem Blattpaar gehört, dessen anderer Teil an der Blütenstandsbasis verbleibt und als kleine Schuppe abfällt.

Lindenblüten werden als Bienenweide sehr geschätzt. Die Absonderung des Nektars erfolgt auf der Oberseite der Kelchblätter, die Nektarien sind unmittelbar zugängig, da die Blütenblätter an dieser Stelle eingeschnürt sind. Durch ihren hohen Schleimgehalt werden Lindenblüten in der Medizin vielseitig verwendet, z. B. bei Erkältungskrankheiten als Lindenblütentee. Die ebenmäßige Baumkrone, die starke Blühintensität während des Sommers und die ausgezeichnete Bienenweide sind wohl Ursachen dafür, daß in Mitteleuropa die Linde bevorzugt in der Nähe von Siedlungen gepflanzt wird. Auch in der Mythologie spielt die Linde eine besondere Rolle.

Bei einigen Tilioideen entwickelt sich nicht am Kelch, sondern am Grunde der Blütenblätter ein Drüsenfeld, in dem Nektar abgeschieden wird. Diese Eigenschaft ist u. a. für die über die gesamten Tropen verbreitete Gattung *Grewia* charakteristisch, deren mehr als 150 Arten Steinfrüchte aufweisen. Von mehreren Sippen verwendet man die Bastfasern zur Anfertigung von Seilen und groben Textilien. *Grewia asiatica* wird vor allem in Indien als Obstpflanze kultiviert.

Aus Stachelanlagen haben sich in der mittelamerikanischen Gattung *Heliocarpus* stark aufgefiederte Haare auf den Früchten herausgebildet. Sie bedingen eine so starke Vergrößerung der Oberfläche, daß die Früchte leicht vom Wind fortgetragen werden können.

Stachelfrüchte kennzeichnen die Gattung *Sparmannia,* die mit 7 Arten von Äthiopien bis zum Kapland verbreitet ist. Aus Südafrika stammt die Zimmerlinde, *Sparmannia africana,* eine beliebte Zierpflanze, die durch ihre Anspruchslosigkeit leicht kultiviert werden kann. Die großen, hellgrünen Blätter zeichnen sich durch eine samtartige Behaarung aus, und die weißen Blüten, die sich in Mitteleuropa im Winter entfalten, besitzen eine große Anzahl von Staubblättern, die sich wie eine Halbkugel um den Fruchtknoten gruppieren. Bei einem durch Bestäuber verursachten Berührungsreiz, der auch nachgeahmt werden kann, spreizen sich die Staubfäden langsam ab, wobei der Pollen an der Unterseite der die Blüten besuchenden Insekten abgestrichen wird.

Durch bestachelte Früchte zeichnet sich auch die Gattung *Triumfetta* aus, die mit etwa 150 Arten in den Tropen und Subtropen vorkommt. Die Früchte von *Triumfetta rhomboidea* und *Triumfetta semi-triloba* – beide häufige Ruderalpflanzen – können dank der Stacheln leicht durch Tiere verbreitet werden. Wie viele Vertreter dieser Familie enthalten auch die *Triumfetta*-Arten eine nutzbare Rindenfaser.

Unbestachelte und meist zylindrische Kapseln sind charakteristische Eigenschaften der Gattung *Corchorus,* die mit etwa 100 meist gelb blühenden Arten über die gesamten Tropen verbreitet ist. Mehrere Sippen werden seit Jahrhunderten als Gemüsepflanzen angebaut. Die daraus bereiteten Speisen zeichnen sich durch eine sehr schleimige Konsistenz aus. Zu dieser Gattung zählen die für die Weltwirtschaft bedeutenden Faserpflanzen *Corchorus capsularis* und *Corchorus olitorius,* die beide besonders in Indien kultiviert werden (Jute oder Kalkuttahanf). Seit dem 17. Jahrhundert haben sie in wachsendem Umfang an Bedeutung gewonnen, so daß sie heute mit an der Spitze der faserliefernden Pflanzen auf dem Weltmarkt stehen.

Corchorus capsularis, die Rundkapseljute, hat die größere wirtschaftliche Bedeutung, da sie sowohl unter nassen als auch unter weniger feuchten Bedingungen gedeiht, während *Corchorus olitorius,* die Langkapseljute, vornehmlich in niedrigen Berggegenden mit hohen Niederschlägen angebaut werden kann. Die Pflanzen zieht man aus Samen. Sie erreichen in etwa 125 Tagen eine Höhe von über 3 m. Die Fasergewinnung erfolgt durch einen »Röstprozeß«, bei dem die entblätterten Sprosse gebündelt in stehendes oder fließendes Wasser gelegt werden. Durch bakteriellen Einfluß wird die Mittellamelle der Zellverbände aufgelöst, wobei besonders leicht die zarten Meristemzellen im Kambium und jene Gewebe, in denen durch die Interzellularen Mikroorganismen eindringen können, angegriffen werden. Im Bereich der Bastfaserbündel schließen dagegen die Zellen ohne Hohlräume aneinander, hier kann die Zerstörung erst sehr spät einsetzen.

Der Röstvorgang wird unterbrochen, wenn die Bastfaserbündel noch die feste Konsistenz haben, die umliegenden Zellen sich aber weitgehend voneinander isoliert haben. In mühevoller Handarbeit werden dann die Bastfasern vom Sproß angestreift. Die geringe Entlohnung dieser Arbeiten bewirkte einen niedrigen Preis auf dem Weltmarkt und ist eine der Ursachen für die Konkurrenzfähigkeit der Jute. Die wichtigsten Anbaugebiete liegen in den Flußebenen des Ganges und des Brahmaputra. Jute verwendet man zur Herstellung von Säcken, Verpackungstextilien und ganz besonders in der Reifenindustrie. Dabei wird auf das feste Kordgewebe der Kautschuk aufgetragen, und die derbe Textilunterlage verleiht dem Reifen die Festigkeit. Man kann auch Garne aus der Jute produzieren, die vornehmlich als Beimischung zur Anfertigung feinerer Textilien Verwendung finden. Aus den Nachkommenschaften von Kreuzungen beider Arten, die in den letzten Jahren wiederholt erfolgreich durchgeführt werden konnten, erhofft man sich ein umfangreicheres Ausgangsmaterial zur Auslese besonders geeigneter neuer Sorten.

Familie Sterculiaceae

Diese Familie umfaßt etwa 70 Gattungen und nahezu 1000 Arten, die in allen Tropengebieten, besonders aber von Afrika über Südasien bis Nordaustralien verbreitet sind. Innerhalb der Malvales zeichnen sich die Sterculiaceen durch einige besondere Eigenschaften aus.

Als einzige Familie haben sie stärkehaltige Samen. Speicherstärke in den Samen ist als ursprüngliches Merkmal anzusehen. Weiterhin sprechen die in bestimmten Triben auftretenden kronblattlosen Blüten mit isolierten Fruchtblättern ebenso wie das Vorherrschen von Bäumen und Sträuchern für einen primitiven Status dieser Abstammungsgemeinschaft. Neben Sippen mit zwittrigen Blüten gibt es eine größere Anzahl von Gattungen, deren Arten nur Staubblattblüten oder aber nur Fruchtblattblüten hervorbringen. Eingeschlechtigkeit wird im allgemeinen nur für abgeleitete Verwandtschaftskreise angenommen, so daß die als ursprünglich vermuteten Eigenschaften möglicherweise sekundär sein dürften.

Im übrigen weisen die Sterculiaceen ähnliche Strukturen wie die anderen Familien der Malvales auf. Auch hier kommt es in den meisten Sippen zur Ausbildung einer kleinen Staubblattsäule, in der eine wechselnde Anzahl von Staubblättern zu beobachten ist. In vielen Gattungen mit zwittrigen Blüten werden nur 5 Staubblätter angelegt, in anderen Sippen kommt es zur Ausbildung von Staubblattbüscheln in 5 Sektoren, oder je 5 Staubblätter entwickeln sich in 2 Kreisen. Im Gegensatz zu anderen Familien der Malvenartigen haben die Sterculiaceen normale Theken mit 2 Pollenfächern. Der frei- oder verwachsenblättrige Fruchtknoten enthält in jedem Fach 2 bis sehr viele Samenanlagen. Die Form der Früchte in dieser Familie ist außerordentlich unterschiedlich. Wie in den meisten anderen Sippen der Malvales führen die parenchymatischen Gewebe Schleimgänge oder Schleimzellen.

Bei den Sterculiaceen lassen sich mehrere Triben unterscheiden, die in Merkmalen des Blütenbaus voneinander abweichen; dabei nimmt die Tribus Sterculieae eine gewisse Sonderstellung ein.

In der Tribus Eriolaeneae stehen auf einer kurzen Staubblattröhre zahlreiche Staubblätter. Die verhältnismäßig dickfleischigen Blütenblätter der fast 20 Arten umfassenden, einzigen Gattung *Eriolaena* zeichnen sich durch ihren Drüsenreichtum aus. Die Oberfläche der Pflanzen ist dicht mit Sternhaaren bedeckt. Alle Arten kommen im indomalaiischen Raum vor. Diese Tribus zeigt große Ähnlichkeiten mit den Malvaceen.

Nur 5 Staubblätter auf einer kurzen Staubblattröhre können dagegen als Eigentümlichkeit der Tribus Fremontieae angesehen werden, bei der ferner die Blütenblätter fehlen. Beim Handbaum, *Cheirostemon platanoides,* der in Mexiko beheimatet ist, entwickeln sich sehr große Staubblätter, die wie Finger aus einer Blüte herausragen. In vielen Merkmalen stimmt *Cheirostemon* mit den Bombacaceen überein.

Im allgemeinen zeichnen sich die Sterculiaceen im Gegensatz zu den Malvaceen durch Pollen mit einer glatten Oberfläche aus, nur in der Tribus Dombeyeae ergeben sich kleine Stacheln wie bei den Malvengewächsen. Mit etwa 200 Arten, die als Bäume und Sträucher allen Waldtypen im tropischen Afrika und auf Madagaskar angehören, ist die Gattung *Dombeya* einer der umfangreichsten Verwandtschaftskreise dieser Familie. Eine Eigentümlichkeit weist *Nesogordonia papaverifera* auf, deren stark verholzte Kapseln eine große Ähnlichkeit mit Mohnfrüchten haben, doch verlängern sich die Griffel zu 5 hornähnlichen Fortsätzen. Diese Art liefert ein wirtschaftlich wertvolles Holz (Obutaholz), das weder durch Pilze noch durch Termiten angegriffen wird.

In der Gattung *Melochia,* die der Tribus Hermanieae angehört und die mit etwa 80 krautigen, halbstrauchigen und strauchigen Arten in allen Tropengebieten der Erde verbreitet ist, gibt es unter den krautigen Sippen das weitverbreitete Unkraut *Melochia corchorifolia,* dessen Blätter in Nordindien als Gemüse verwendet werden. Man nutzt auch die Bastfasern, die sich durch eine silberweiße Farbe auszeichnen. Da sich die Triebe sehr unregelmäßig entwickeln, lohnt sich eine Kultur der Pflanze nicht, denn die Faserqualität ist durch die gleichzeitige Ernte junger und alter Sprosse stark gemindert. Größeren wirtschaftlichen Wert haben die Fasern von *Melochia umbellata,* einem Strauch, der in wärmeren Gebieten Indiens sowie von Mauritius bis Malaysia vorkommt und stellenweise auch als Schattenspender und Faserpflanze kultiviert wird.

Durch eigentümliche schüsselförmige Blüten zeichnet sich die Tribus Byttnerieae aus, jedes Blütenblatt gliedert sich in einen nach außen aufgebauchten, breiten Unterabschnitt und endet in einem kurzen, verbreiterten Zipfel. Die Staubblätter können entweder einzeln oder auf einer kurzen Staubblattröhre stehen,

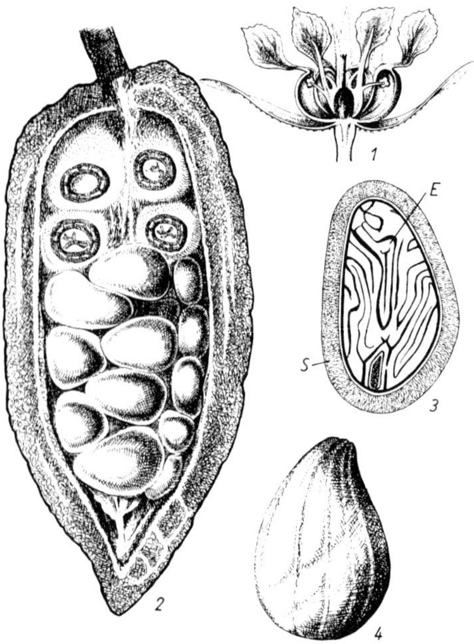

Kakao, *Theobroma cacao.* 1 Blüte; 2 Frucht, in der die Scheidewände durch Verschleimung bereits aufgelöst sind; 3 Same mit fleischiger Außenschale. S = Sarkotesta, E = Embryo mit gefältelten Keimblättern; 4 Same ohne Sarkotesta

wie in der Gattung *Byttneria,* oder ein fruchtbares Staubblatt wechselt jeweils mit einem unfruchtbaren ab, wie es für den Kakao *(Theobroma)* charakteristisch ist.

Der aus der griechischen Sprache abgeleitete wissenschaftliche Name *Theobroma,* der von Linné geprägt wurde, bedeutet »Götterspeise«, denn von alters her wird das Getränk aus dem Samen dieser Sippe sehr geschätzt. Sowohl bei den Mayas als auch bei den Azteken standen die Samen hoch im Kurs. Die Gattung *Theobroma* ist in Mittelamerika und im nördlichen Südamerika beheimatet, wo alle der etwa 30 Arten als niedrige Bäume in Regenwäldern vorkommen. Sie zeichnen sich durch Stammblütigkeit (Kauliflorie) aus. In den Achseln abgestorbener Laubblätter entwickeln sich aus ruhenden Knospen recht kompliziert gebaute wickelige Blütenstände, deren Triebe aber gestaucht bleiben. Die gestielten Blüten erreichen einen Durchmesser von kaum 1 cm und sind so zart, daß man aus ihnen das Entstehen einer so großen Frucht kaum vermutet. Heute wird *Theobroma cacao* in weiten Teilen der Tropen angebaut. Es ist aber notwendig, für diese ursprüngliche Unterholzpflanze des Regenwaldes zunächst geeignete Entwicklungsbedingungen zu schaffen. Daher werden Schattenbäume gepflanzt, in deren Schutz die jungen Kakaoplantagen heranwachsen. Kakao kann nur in Gebieten gepflanzt werden, in denen die jährliche Niederschlagssumme 2000 mm übersteigt.

Man unterscheidet bei *Theobroma cacao* eine außergewöhnlich große Anzahl von Sorten, deren Entstehungsmodus viel diskutiert worden ist. Heute neigt man zu der Ansicht, daß sich unter den Wildsippen von *Theobroma cacao* 2 Unterarten unterscheiden lassen, deren Fruchtmerkmale einige Eigentümlichkeiten aufweisen. In Mexiko hat man Wildsippen gefunden, deren fünfkantige Früchte in eine verhältnismäßig lang ausgezogene Spitze auslaufen (ssp. *cacao*). Das Areal dieser Unterart reicht etwa bis zum Panamakanal. Südlich davon bis zum Magdalenenstrom und zum Orinoco schließt sich das Verbreitungsgebiet der ssp. *sphaerocarpum* an, deren Früchte mehr abgerundet sind. Aus der nördlich verbreiteten Unterart haben sich die Criollo-Sorten entwickelt, deren Aromaqualität man besonders schätzt. Die Frucht ist verhältnismäßig dünnwandig. Aus der relativ dickschaligen Unterart *sphaerocarpum* sind dagegen die Calabacillo-Sorten hervorgegangen, deren Samen eine geringere Qualität haben. Eine Zwischenstellung nehmen die hybridogen entstandenen Forastero-Sorten ein, die im einzelnen auch in der Qualität der Samen zwischen den Calabacillo- und Criollo-Sorten vermitteln. Sie stellen den Hauptanteil unter den Kulturformen, da die Calabacillo-Sorten von geringerer Qualität sind und der Criollo-Kakaobaum sehr anfällig gegenüber Krankheiten ist.

Versucht man, die Kakaofrucht zu definieren, so stößt man auf einige Schwierigkeiten. Da sie zahlreiche Samen enthält, könnte man sie als Nuß bezeichnen. Die mittlere Fruchtwand (Mesokarp) ist sehr hart, deshalb kann die Bezeichnung Beere, die aber allgemein üblich ist, nicht vorbehaltlos angewendet werden. Die einzelnen Fruchtfächer vereinigen sich durch Auflösung der parenchymatischen Scheidewände zu einer gemeinsamen Höh-

Die Früchte des Kakao, *Theobroma cacao,* entstehen direkt am Stamm.

lung. Die Samen liegen eingebettet in einem Fruchtmus und zeichnen sich besonders durch die Ausbildung einer fleischigen Außenschale, der sogenannten Sarkotesta, aus.

Man hat beobachtet, daß unter natürlichen Bedingungen Säugetiere für die Ausbreitung der Art verantwortlich zu machen sind. Sie nehmen die Samen auf Grund der fleischigen Schale als Nahrung auf, der Embryo, umgeben von der härteren inneren Samenschale, passiert den Darm und behält dabei seine Keimfähigkeit. Die großen, stets gefalteten Keimblätter haben in der reifen Frucht der Criollo-Sorten eine weißliche Farbe, während Forastero- und Calabacillo-Sippen sich durch eine schwach rötlichbraune Färbung der Keimblätter unterscheiden.

Zur Gewinnung der Kakaobohnen müssen die reifen Samen einer Aufbereitung unterworfen werden, bei der die Sarkotesta und die anhaftenden schleimigen Reste des Fruchtfleisches abgebaut werden. Das geschieht durch einen Fermentierungsprozeß, bei dem durch alkoholische Gärung, die anschließend in eine Essigsäuregärung übergeht, durch Mikroorganismen die verfügbaren Zucker- und deren Folgeprodukte abgebaut werden. Dabei wird Wärme frei, die für die Qualitätsbildung des Kakaos von grundlegender Bedeutung ist. Es werden nämlich enzymatische Prozesse aktiviert, die zunächst zum Absterben der Samen führen, wobei es zur Bildung polyphenolischer Substanzen kommt, die für das Aroma des Kakaos verantwortlich sind; ferner werden Tannine abgebaut. Dabei nimmt der Samen die charakteristische schokoladenbraune Farbe an. Bei dem an die Gärung anschließenden Röstprozeß werden die Samen bei etwa 60 °C getrocknet. Dann enthalten sie etwa 50 % Fett, etwa 7 % Stärke und 12 % Eiweiß: als anregende Substanzen finden sich neben etwa 1,5 % Theobromin, das während des Gärungsprozesses reduziert worden ist, auch geringe Mengen Koffein.

Aus den vorbehandelten Samen preßt man das Fett ab, das als Kakaobutter in den Handel kommt und bei der Herstellung von Schokoladen, aber auch im Konditoreigewerbe verwendet wird. Aus den Preßrückständen gewinnt man durch Trocknen und anschließendes Mahlen Kakaopulver, das umso länger haltbar ist, je stärker die Preßmasse entölt wurde.

Außer *Theobroma cacao* werden noch weitere Arten der Gattung *Theobroma,* teils zur Herstellung von Kakao teils zur Nutzung der Pulpa besonders für den Frischverzehr, kultiviert.

Während die Sippen der Tribus Byttnerieae zwittrige Blüten aufweisen, haben die Verwandtschaftskreise der Tribus Mansonieae eingeschlechtige Blüten. Eine eigentümliche Verbreitung weist die Gattung *Mansonia* auf, von der eine Art, *Mansonia gagei,* aus Burma bekannt ist, während *Mansonia altissima* an der Küste Nigerias vorkommt. Beide Arten werden als Nutzhölzer geschätzt. Das Holz von *Mansonia gagei* nimmt nach längerem Lagern ein angenehm süßliches Aroma an und wird wie Sandelholz bei rituellen Anlässen verwendet, wenn es auch geringerwertig ist und daher oft zur Verfälschung des Sandelholzes genutzt wird. In Ländern mit hinduistischem und buddhistischem Glauben benutzt man das Holz bei der Leichenverbrennung zur Anlegung der Scheiterhaufen. In Nigeria wird das Holz von *Mansonia altissima* zur Innenausstattung von Eisenbahnwaggons bevorzugt. Es hat etwa die Qualität der in Europa verbreiteten Esche und eignet sich auch zur Anfertigung von Sportgeräten und Musikinstrumenten. In der Borke kommt ein Glykosid vor, das als Herztonikum ähnlich wie *Digitalis*-Präparate verwendet wird.

Fehlende Blütenblätter und freiblättrige Fruchtknoten sind charakteristisch für die Tribus Sterculieae, die außerdem über eingeschlechtige Blüten verfügt. Man hat diesen Verwandtschaftskreis oft auch als selbständige Familie geführt. Jedoch kommen in allen anderen Triben einzelne dieser Eigenschaften in Verbindung mit anderen Merkmalen vor, so daß diese Bewertung als nicht angebracht erscheint. Bemerkenswert ist, daß alle in dieser Tribus vereinigten Gattungen sich auch in der Holzstruktur von den anderen Verwandtschaftskreisen unterscheiden.

In der Gattung *Sterculia*, die mit etwa 300 Arten vornehmlich in den Tropen Afrikas und Asiens verbreitet ist, reifen die 5 isolierten Fruchtblätter zu oft sehr ansehnlichen Balgfrüchten heran, die sich strahlig von der Blütenachse abspreizen. Mehrere Sippen haben als Faserpflanzen Bedeutung erlangt. Die Baststränge werden als Bindematerial benutzt, eignen sich aber auch zur Herstellung von Papier. *Sterculia foetida* ist als Japanische Olive bekannt. Ihre Samen enthalten etwa 20% Eiweiß und haben einen Geschmack, der an Kakao erinnert. *Sterculia tragacantha* und *Sterculia setigera* liefern ein Gummi, das als Klebmittel in mehreren Ländern Afrikas verwendet wird und das man industriell der Druckerschwärze zusetzt, um ein Auslaufen der Farben zu vermeiden. Viele Arten dieser Gattung werden als Zier- und Schattenbäume gepflanzt.

Wegen ihres hohen Gehaltes an Alkaloiden nutzt man mehrere Arten der Gattung *Cola*, aber nur *Cola nitida*, die ursprünglich von Sierra Leone bekannt ist, heute aber von Senegal bis Nigeria kultiviert wird, und *Cola acuminata*, die in Togo beheimatet ist und von Sierra Leone bis Angola angebaut wird, haben eine größere wirtschaftliche Bedeutung erlangt. Der Coffeingehalt liegt bei etwa 2,5% in den Samen, auch Theobromin konnte nachgewiesen werden. Oft gelangen nicht ganze Samen in den Handel, sondern nur isolierte oder gebrochene Keimblätter. In den Anbaugebieten verwendet man die Kolanüsse vielseitig medizinisch, wobei wohl vornehmlich ein gewisser betäubender Effekt erzielt wird. Kolanüsse haben einen etwas bitteren Geschmack, trotzdem werden sie bei den eingeborenen Volksstämmen nach einem Fermentierungsprozeß roh gegessen. Bei der Begrüßung von Gästen kaut man Kolanüsse. Sie wirken anfänglich aufmunternd, später machen sich aber Herzbeschwerden und schließlich Erschöpfungszustände bemerkbar. In vielen Ländern verarbeitet man heute Kolanüsse und stellt aus ihnen alkoholfreie anregende Getränke her.

Blühender und fruchtender Zweig von *Sterculia balenghas*

Auch die bizarren Flaschenbäume, deren Stämme Wasser speichern können und daher stark angeschwollen sind, gibt es in der Tribus Sterculieae, eine Wuchsform, die auch für mehrere Verwandtschaftskreise der Bombacaceen besonders charakteristisch ist. Die au-

Der Australische Flaschenbaum, *Brachychiton rupestris,* hat einen stark verdickten Stamm, wie er für viele Vertreter der Bombacaceen charakteristisch ist.

stralische Gattung *Brachychiton* enthält mehrere Arten, deren Stamm in der Mitte am stärksten verdickt ist, wie beispielsweise bei *Branchychiton rupestris.* Sie sehen tonnenähnlich aus. Andere Sippen, die ebenfalls Steppengebiete besiedeln, haben eine stumpf-kegelige Form. In den Gebüschformationen der Küsten von Neusüdwales und Queensland wächst der laubabwerfende Flaschenbaum, *Brachychiton acerfolius,* der vor dem Laubaustrieb prächtig scharlachrote Blüten entfaltet, deren Schauwirkung allein vom Kelch ausgeht.

Ein bemerkenswerter Verwandtschaftskreis in der Familie der Sterculiaceen ist schließlich die Gattung *Heritiera,* deren Arten als Mangrovepflanzen in den brackigen Küstengewässern des Indischen und Pazifischen Ozeans siedeln und mit am weitesten in das Meer hinausreichen. Bei *Heritiera littoralis* ragen senkrecht stehende Seitenwurzeln mit ihrer Spitze aus dem Wasser heraus und übernehmen die Durchlüftung des Wurzelsystems. Die Anpassung an den Salzgehalt des Meeres setzt hohe Saugkräfte bei der Wasseraufnahme voraus. Ähnlichen physiologischen Bedingungen dürften aber auch solche Sterculiaceen ausgesetzt sein, die in Steppen und Halbwüsten mit einem relativ hohen Salzgehalt im Boden konfrontiert sind.

Familie Bombacaceae

Diese Familie umfaßt 28 Gattungen mit etwa 200 Arten, die offene Trockenwälder am Rande der Tropen bevorzugen. Sie ist durch verhältnismäßig große, im allgemeinen strahlige Blüten gekennzeichnet, bei denen Kelch- und Blütenblätter an einer verbreiterten Blütenachse frei angelegt werden und einen weiten Becher bilden. In mehreren Gattungen, z. B. *Adansonia, Ceiba* und *Durio,* konnte man Fledermausbestäubung nachweisen. Nur bei wenigen Sippen kommen 5 Staubblätter vor, meist ist ihre Anzahl um ein Vielfaches vermehrt, wobei die Staubfäden entweder zu einer weiten Röhre verwachsen oder sich frei entfalten. Die sich mit Längsspalten öffnenden Staubbeutel weisen häufig nur ein Pollenfach auf, das merkwürdigerweise in vielen Sippen mehrfach gewunden ist und über den Gipfel des Staubblattes reicht. Der Fruchtknoten setzt sich aus 2 bis 5 Fruchtblättern mit einer größeren Anzahl Samenanlagen in zentralwinkelständiger Stellung zusammen. Wie andere Familien der Malvenartigen weisen auch die Bombacaceen in allen Pflanzenteilen Schleimgänge auf.

Enge verwandtschaftliche Bindungen bestehen zu den Malvengewächsen, was sowohl im Blütenbau als auch in anderen Strukturen zum Ausdruck kommt. Bei den Bombacaceen können an den Basen der Kelchblätter oberseits Nektarien angelegt werden, die den Bestäubern direkt zugängig sind, da die Blütenkronblätter am Grunde stark eingeschnürt sind. Während bei den Malvengewächsen Bäume zu den Ausnahmen gehören, lassen sich die Bombacaceen geradezu als baumartige Malvengewächse charakterisieren, so nahe sind die verwandtschaftlichen Beziehungen. Jedoch ist die Oberfläche der Pollenkörner stets glatt, und der Außenkelch fehlt bei den meisten Gattungen. Nach embryologischen und anderen Merkmalen bestehen enge Beziehungen zu den Sterculiaceen, Elaeocarpaceen und Tiliaceen. Übereinstimmungen mit den Malvaceen ergeben sich auch in der ungewöhnlich hohen Chromosomenzahl, denn für

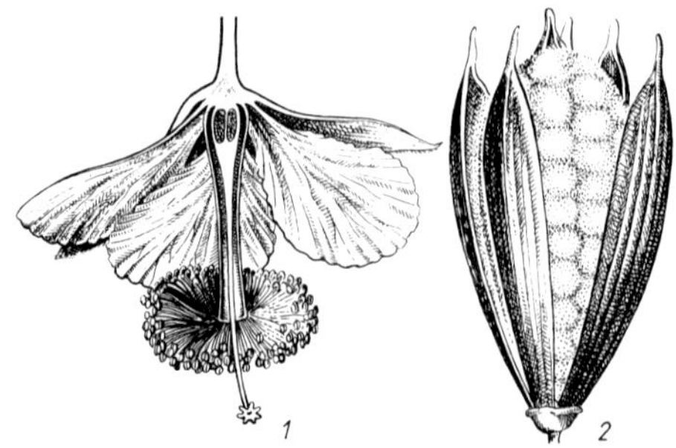

1 Affenbrotbaum, *Adansonia digitata,* Blüte mit Staubblattsäule (Androphor); 2 Kapokbaum, *Ceiba pentandra,* offene Kapsel. Die Samen werden von Haaren eingehüllt, die auf der Innenseite der Fruchtblätter entstehen.

die meisten Sippen kann als Grundzahl n = 36 angenommen werden, und bei einigen Formen des Affenbrotbaumes hat man sogar etwa 144 Chromosomen gezählt. Baumarten wie der Affenbrotbaum *(Adansonia digitata)* mit ungewöhnlich angeschwollenen Stämmen (Flaschenbäume) sind besonders auffällige Repräsentanten dieser Familie.

Unter den Bombacaceen zeichnen sich 2 Entfaltungszentren ab, von denen das eine in Südamerika (Tribus Matisieae) und das andere in Südostasien liegt (Tribus Durionieae). Auch der Ursprung der Tribus Bombaceae ist wahrscheinlich in Amerika zu suchen, von wo aus sich einige Sippen über die gesamten Tropen ausgebreitet haben.

Tribus Bombaceae. Alle Arten dieser Gruppe unterscheiden sich durch handförmig gefiederte Laubblätter von den Sippen anderer Triben.

Die Gattung *Bombax,* deren Arten besonders in Südamerika vorkommen, ist mit 60 Sippen der größte Verwandtschaftskreis der Familie. Sie gedeiht vornehmlich an trokkeneren Standorten und zeichnet sich durch eine auffallende Stammverdickung aus. *Bombax emarginatum* wächst auf den Antillen in küstennahen Trockenwäldern auf Kalkgestein. Die viele Meter langen Wurzeln kriechen mitunter auf der Oberfläche, wobei sie den Unebenheiten des Bodens folgen und in die Felsspalten Seitenwurzeln entsenden. *Bombax ceiba,* auch als Semal bekannt, und in In-

Bombax ceiba erreicht nicht die Stammdicke des Baobab, *Adansonia digitata,* ist aber im tropischen Asien ein beeindruckender Charakterbaum.

dien, Sri Lanka, China und Südostasien verbreitet, entwickelt aufspringende Kapseln, aus denen zur Reifezeit wirtschaftlich nutzbare Fruchthaare ähnlich wie bei der Baumwolle austreten. Sein Holz ist sehr weich und wird vielseitig verarbeitet.

Eine größere wirtschaftliche Bedeutung als Faserpflanze hat der Kapokbaum, *Ceiba pentandra,* dessen seidig glänzende hellbraune Haare ähnlich wie bei *Bombax ceiba* entstehen und als etwa faustgroßer Flausch aus der Frucht hervorquellen. Er wird mit den darin eingebetteten Samen vom Wind mitgenommen. Auch bei der Baumwolle erfolgt die Verbreitung der Samen auf diesem Wege, doch handelt es sich dort um echte Samenhaare, während beim Kapokbaum die Haare aus der inneren Fruchtwand hervorgehen und sich zur Reifezeit ablösen. Die Haare sind sehr spröde, und die angebrochenen Härchen können die Schleimhäute stark reizen, weshalb man den Kapokbaum nicht gerne in größerer Anzahl unmittelbar in der Umgebung von Siedlungen sieht. Da ihre Oberfläche außerdem völlig glatt ist, eignet sich die Wolle nicht zum Verspinnen. Man hat auf chemischem Wege ein Aufrauhen erreichen können und Plüschstoffe u. a. daraus produziert. Größere wirtschaftliche Bedeutung hat die »Kapokwolle« aber insbesondere als Polstermaterial erlangt. Die beste Qualität haben südasiatische Sorten.

Ungewöhnlich in diesem Verwandtschaftskreis ist das Verhalten von *Ceiba rivieri.* Diese Art ist ein Baumwürger, dessen Samen auf anderen Bäumen zur Keimung gelangen. Durch schnellwüchsige, herabhängende Wurzeln wird eine Verbindung der Jungpflanze mit dem Boden hergestellt, und am Stamm des Wirtes suchen horizontal abgehende Wurzeln einen Halt. Durch ihre Verholzung und ihr sekundäres Dickenwachstum entsteht dabei eine so starre Umklammerung, daß die Wirtspflanze allmählich abstirbt.

Ein bizarres Aussehen haben die Flaschenbäume der Gattung *Chorisia,* deren Sprosse dicht mit kräftigen Stacheln besetzt sind. Sie weisen die gleichen ökologischen Bedürfnisse auf wie der Affenbrotbaum, *Adansonia digitata,* und kommen in Brasilien als Charakterarten der unter dem Namen Caatinga bekannten Trockenwälder vor, in denen auch noch andere Arten dieser Familie verbreitet sind.

Eine sehr charakteristische Art der Savannen Afrikas ist der Affenbrotbaum, auch Baobab genannt, *Adansonia digitata.* Er gehört zu den eindrucksvollsten Bäumen des Pflanzenreiches. Zwar ist der Stamm relativ kurz, doch besitzt die Art ein so intensives Dickenwachstum, daß Einzelexemplare mit einem Umfang von etwa 40 m bekannt geworden sind. Was die Holzmasse betrifft, so steht der Affenbrotbaum wohl an der Spitze aller Holzarten. Auffällig ist die prächtig geformte Blüte, aus der sich eine langgestielte, etwa 20 cm lange Frucht entwickelt, die eine Ähnlichkeit mit der Kakaofrucht aufweist. Eine harte Schale umgibt das Fruchtfleisch, das während der Reife zu einer zähflüssigen Pulpa verschleimt, in der die dickwandigen Samen liegen.

In Afrika werden nahezu alle Teile der Pflanze intensiv genutzt. Das Fruchtmus enthält Zucker und Fruchtsäure, ist eßbar und wird besonders zur Herstellung eines erfri-

Chorisia spaciosa aus den Trockenwäldern Südbrasiliens und Argentiniens bildet niedrige Bäume, deren flaschenförmiger Stamm dicht mit Stacheln bedeckt ist. Ihre Blüten sind besonders schön.

schenden Getränkes verwendet, die dickschaligen schwarzen Samen, die etwa 15 % Fett enthalten, können ebenfalls gegessen werden. Aus dem Bast stellt man Seile und grobe Textilien her, aus der Rinde wurde das Alkaloid Adansonin isoliert, das als Gegengift von Pfeilgiften aus *Strophanthus*-Arten gilt. Das abgestorbene Holz wird verhältnismäßig schnell durch Pilze und Mikroorganismen abgebaut, und Eingeborene raten, die Nähe der Affenbrotbäume zu meiden, da durch Verrottung der unmittelbar unter der Oberfläche verlaufenden mächtigen Wurzeln leicht Hohlräume entstehen, in die man stürzen kann. *Adansonia digitata* ist heute auch in anderen Erdteilen nicht selten, während viele Sippen der insgesamt 15 Arten umfassenden Gattung nur eine relativ begrenzte Verbreitung in Afrika und Madagaskar haben. *Adansonia grigorii* ist auf Nordaustralien beschränkt.

Tribus Matisieae. Die unter dieser Tribus vereinigten Arten weisen ungefiederte, oft aber gelappte und stets handnervige Blätter auf. Die Oberfläche der Pflanzen wird von sternförmigen Haaren bedeckt. Einen Durchmesser von etwa 40 bis 60 cm erreichen die Blätter von *Ochroma pyramidale,* dem Lieferanten des Balsaholzes, das sich in getrocknetem Zustand durch ein sehr geringes spezifisches Gewicht (0,11–0,30) auszeichnet und damit nicht viel schwerer als Kork ist. Dabei handelt es sich nicht einmal um das leichteste Holz. So besitzen beispielsweise Arten der zur gleichen Tribus gehörenden Gattung *Cavanillesia* ein noch leichteres Holz, doch nur das Balsaholz zeichnet sich trotz des geringen Gewichtes durch eine erstaunliche Festigkeit aus. Zu alledem wachsen die Bäume ungewöhnlich schnell. In Mittelamerika und im nordwestlichen Südamerika, dem Verbreitungsgebiet von *Ochroma pyramidale,* werden die Stämme von alters her zu Flößen verwendet. In jüngerer Zeit bestehen mit der sich stürmisch entwickelnden Flugzeugindustrie neue Verwendungsmöglichkeiten, denn dieses Holz wird zur Innenausstattung von Kabinen bevorzugt.

Der Baobab, auch Affenbrotbaum genannt, *Adansonia digitata,* ist mit wasserspeicherndem Stamm eine Charakterart der afrikanischen Savannen.

Als ideales Abdichtungs- und Isoliermaterial schätzt man es auch bei der Herstellung von elektrischen Kühlaggregaten. Außerdem werden Kisten und Verpackungsmaterial für Luftfrachtgut und die Auskleidung von Containern aus dieser Holzart angefertigt. Der Bedarf ist heute so groß, daß *Ochroma pyramidale* in verschiedenen Ländern der Tropen kultiviert wird, obwohl in vielen Nutzungszweigen in neuester Zeit das Balsaholz durch synthetisches Schaummaterial verdrängt wird. Auffällig ist die große, reife Frucht dieser Art, die durchaus eine gewisse Ähnlichkeit mit einer Hasenpfote hat, worauf der früher verbreitete Artname, *Ochroma lagopus,* Bezug nimmt. Zur Reifezeit quillt aus den 5 Längsspalten der etwa 10 bis 12 cm langen Frucht ein brauner, glänzender Haarfilz heraus, der mit dem darin eingebetteten Samen durch den Wind verbreitet wird.

Tribus Durioneae. Wie im vorhergehenden Verwandtschaftskreis entwickeln die Pflanzen dieser Tribus ungeteilte Blätter, doch verlaufen die Nerven fiederartig. Es ist ein aus wenigen Hochblättern bestehender Außenkelch vorhanden, der bei den Arten der beiden anderen Triben fehlt.

Völlig widersprechende Urteile existieren über den Durian, die nur etwa 5 Tage haltbare Frucht von *Durio zibethinus,* der besonders in Südasien, aber auch in anderen Tropengebieten kultiviert wird. Einerseits rühmt man die Früchte wegen ihres köstlichen Geschmacks, andererseits werden sie wegen ihres ekelerregenden Gestanks nach Schwefelwasserstoff abgelehnt. Auch die Früchte anderer Sippen besitzen diese Eigenschaft. Schon kilometerweit kann man den Fruchtgestank von *Durio dulcis,* der in Borneo verbreitet ist, wahrnehmen, und der Aufenthalt in einem Zimmer, in dem eine reife Frucht dieser Art lagert, ist geradezu unerträglich. Der Durian erreicht eine Länge von 20 bis 25 cm und hat eine kugelige bis ellipsoide Form. Seine Schale ist dicht mit spitzen Stacheln bedeckt. Die mehrere Zentimeter großen Samen werden von einem saftigen, weichen Arillus umgeben, dessen Geschmack an Nußcreme erinnert; er enthält Eiweiß, Fett sowie verschiedene Zucker und gilt in Südostasien als Aphrodisiakum, doch bringt die moderne Medizin diesen Effekt mit der schweren Verdaulichkeit der Samenmäntel in Verbindung.

Außer *Durio zibethinus* werden im indomalaiischen Raum noch einige andere Arten kultiviert. Insgesamt können 27 Sippen unterschieden werden. Die Früchte der Wildformen entlassen die Samen aus dick- und zähwandigen Kapseln, während bei den Kulturformen die Frucht geschlossen bleibt.

Da viele Bombacaceen Anpassungen an trockene Standorte erkennen lassen, ist die Gattung *Camptostemon* bemerkenswert, die mit 3 Arten von Nordaustralien über Celebes bis zu den Philippinen verbreitet ist. Auch hier liegt eine Adaption an extreme ökologische Bedingungen vor, denn die Arten sind Bestandteile der Mangrove und werden beim Gezeitenwechsel regelmäßig überspült. Die oberflächlich lang auslaufenden Wurzeln zeichnen sich durch vertikale Kniebildungen aus, an deren Gipfel durch einseitiges Dickenwachstum eine säulenartige Knorrenbildung entsteht. Die große Anzahl der Poren (Lentizellen) in diesem Bereich deutet darauf hin, daß hier vornehmlich ein Luftaustausch erfolgt.

Durian. *Durio zibethinus.* 1 Blüte; 2 Staubblatt mit dem vielfach gewundenen einzigen Pollenfach; 3 Frucht mit freigelegten Samen, die von einem weichen, schmackhaften Arillus umgeben werden

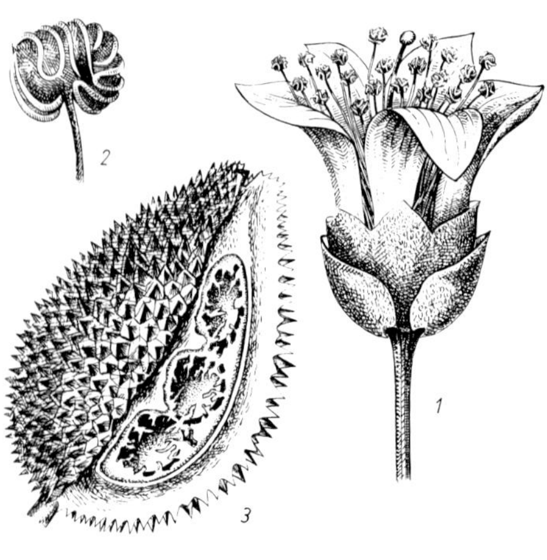

Familie Malvengewächse, Malvaceae

Diese Familie umfaßt etwa 70 Gattungen mit über 1000 Arten. Im Gegensatz zu den anderen Familien der Malvales enthalten die Malvengewächse besonders viele krautige Arten und Halbsträucher. Auch Sträucher und Bäume sind durchaus nicht selten, doch erreichen sie bei weitem nicht solche Ausmaße wie in verwandten Familien, von denen sie sich manchmal nur schwer abgrenzen lassen. Die Malvaceen haben eine Vorliebe für lichte Standorte und kommen vornehmlich in semiariden Gebieten der Subtropen und Tropen vor. Sie meiden dagegen die feuchten äquatorialen Regenwälder, und nur bei relativ wenigen Sippen dieses Verwandtschaftskreises liegt das Hauptverbreitungsgebiet in den gemäßigten Breiten.

Für viele Malvengewächse ist ein sogenannter Außenkelch unmittelbar unter dem eigentlichen Kelch charakteristisch. Die bei vielen Arten recht ansehnliche Blütenkrone, die einen hohen dekorativen Wert besitzen kann, ist in der Knospenlage gedreht. In allen Sippen entfalten sich die Staubblätter, deren beide Pollenfächer übrigens nur aus einer Theke hervorgehen, an einer Säule, die am Grunde der Kronblätter entsteht. Als weitere Eigentümlichkeit verdienen die großen, mit kleinen Stacheln dicht besetzten Pollenkörner

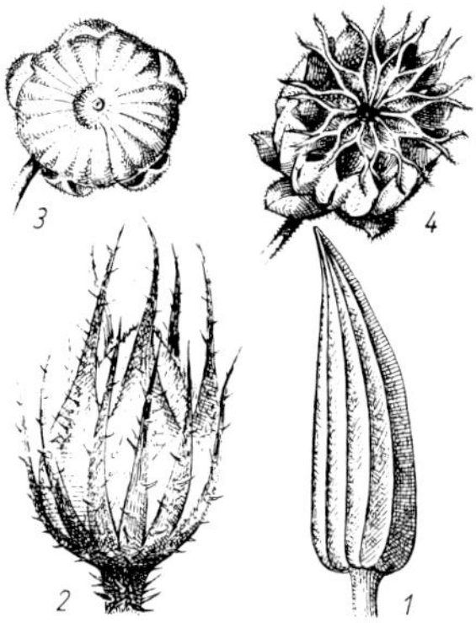

Früchte einiger Malvengewächse: 1 *Abelmoschus esculentus;* 2 *Hibiscus surattensis.* Hier beteiligen sich auch Kelch und Außenkelch an der Fruchtbildung. 3 *Althaea cannabina.* Bei der Reife zerfällt der Fruchtknoten in einsamige Teilfrüchte. 4 Die Kapseln von *Abutilon theophrasti* öffnen sich nur im oberen Bereich.

Erwähnung. Der Fruchtknoten, der sich aus 5 Fruchtblättern (oder einem Mehrfachen dieser Grundzahl) zusammensetzt, reift zu einer Kapsel heran, oder er spaltet in einsamige Teilfrüchte auf. Einzelne der hier genannten Merkmale kommen auch in anderen Familien der Malvales vor, doch kann die Kombination dieser Eigenschaften als typisch für die Malvengewächse gelten. Besonders eng sind die verwandtschaftlichen Beziehungen zu den Bombacaceen, mit denen sie bisweilen in einer Familie vereinigt werden. Eine gewisse Übergangsstellung nehmen insbesondere die Sippen der Tribus Hibisceae ein.

Laubblätter von Malvengewächsen kann man häufig an der mehr oder weniger tiefen handförmigen Lappung der Spreite erkennen. An ganzrandigen Laubblättern, die oft eine eiförmige oder elliptische Form haben, verlaufen die Nerven nicht selten fingerförmig. Bei vielen Malvengewächsen entwickeln sich an der Spreitenbasis auf der Unterseite im Bereich der Nerven, aber auch an den Blütenstielen Nektarien, in denen dicht nebeneinanderstehende Drüsenhaare während der Blattentfaltung einen Zuckersaft abscheiden. Diese Drüsen bilden sich entweder in flachen Rinnen, in tiefen Gruben oder aber in Höhlungen, die sich nach außen nur durch einen Spalt öffnen. Ökologische Deutungen der Nektarienfunktion haben sich als unbefriedigend erwiesen. Wahrscheinlich handelt es sich um Überschußventile des Stoffwechsels, zumal die Drüsen nur während der Entwicklung der Pflanzen aktiv sind.

Bezeichnend für alle Arten ist der hohe Schleimgehalt, der in Einzelzellen oder in Geweberöhren, die durch Auflösung von Zellen entstehen, abgelagert wird. Man nimmt an, daß die Schleimbildung als Anpassung an den Wasserhaushalt trockener Standorte verstanden werden kann. Besonders in der Flora der gemäßigten Breiten nehmen die Malvaceen im Hinblick auf ihren Reichtum an Schleimen eine Sonderstellung ein, so daß sie aus diesem Grunde für medizinische Zwecke bevorzugt genutzt werden.

Verhältnismäßig groß ist die Anzahl der Faserpflanzen in dieser Familie. Häufig verwendet man Sippen aus den Gattungen *Abutilon, Sida, Wissadula, Althaea, Urena, Hibiscus, Malachra* u. a. wegen der Faserbündel, die sich verhältnismäßig leicht isolieren lassen. Doch nur wenige haben eine größere wirtschaftliche Bedeutung erlangt. Ihr Wert ist recht gering im Vergleich zu der ebenfalls den Malvaceen angehörenden Baumwolle *(Gossypium),* der wichtigsten Faserpflanze des Weltmarktes, bei der allerdings die Samenhaare verarbeitet werden.

Unter den Malvengewächsen gibt es zahlreiche vielgestaltige (polymorphe) Verwandtschaftskreise. Manche Arten haben an unterschiedlichen ökologischen Standorten in verschiedener Höhenlage oder in geographisch getrennten Räumen Kleinsippen mit etwas abweichenden Merkmalen entfaltet. Bisweilen handelt es sich auch nur um Modifikationen und nicht um genetisch fixierte Merkmale. Dementsprechend hat man sehr viele Arten beschrieben, die bei einer vergleichenden Beurteilung zusammengefaßt werden müssen. Bemerkenswert sind die chromosomalen Verhältnisse, denn bei vielen Malvengewächsen wurden sehr kleine Chromosomen beobachtet und außerdem die überraschende Feststellung gemacht, daß es bei einigen Arten diploide und tetraploide Sippen gibt, die sich nach äußeren Merkmalen nicht unterscheiden lassen.

Auf der Grundlage des Fruchtknotenbaues hat man die Malvaceen in verschiedene Triben gegliedert.

Tribus Malopeae. Die Fruchtblätter stehen in dieser Tribus an einer verlängerten Blütenachse in mehreren Etagen, wobei in jedem Karpell lediglich eine Samenanlage hervorgebracht wird. Nur die mediterrane Gattung *Malope,* die monotypische Gattung *Kitaibelia* mit der in Südosteuropa vorkommenden Art *Kitaibelia vitifolia* sowie die Gattung *Palaua,* die aus Chile, Peru und Mexiko beschrieben wurde, besitzen diesen eigentümlichen Fruchtknotenbau.

Tribus Malveae. Bei diesem Verwandtschaftskreis ist der Fruchtknoten eine Scheibe, in der die einzelnen Karpelle wie in einer aufgeschnittenen Torte angeordnet sind. Zur Reifezeit zerfällt die Frucht dann in einzelne Teilfrüchtchen, die sogenannten Mesokarpien oder Schizokarpien.

In dieser Tribus nimmt die Gattung *Abutilon,* die mit mehr als 100 Arten in den Tropen und Subtropen aller Erdteile verbreitet ist, insofern eine gewisse Sonderstellung ein, als sich zwar eine große Anzahl von Fruchtblättern (bis zu 40) bei der Reife löst, doch die einzelnen Spaltfrüchte sich als kleine Teilkapseln erweisen, aus denen 2 bis 9 Samen pro Fach entlassen werden. *Abutilon indicum, Abutilon crispum* und *Abutilon asiaticum* haben als Unkräuter eine pantropische Verbreitung erlangt, während *Abutilon theophrasti* in vielen Sorten in China als Faserpflanze kultiviert wird. Die lindenähnlichen Laubblätter fallen durch eine samtartige Behaarung auf.

Nur eine Samenanlage in jeder Teilfrucht zeichnet die Gattungen *Lavatera, Althaea, Alcea* und *Malva* aus. Die Stockrose, *Alcea rosea,* stammt aus Kleinasien. Ihre kerzenartigen, über 2 m hohen Blütenstände mit den scheibenförmigen weißen, roten oder tief braunvioletten, großen Blüten, die oft auch gefüllt sind, gehören seit dem Mittelalter zum Pflanzenbestand der Bauerngärten. Heute wird die als var. *nigra* unterschiedene braunviolett blühende Sippe nur noch selten feldmäßig kultiviert. In früheren Zeiten gewann man aus den Blüten einen roten Farbstoff, der zum Färben des Weines diente.

Das aus Südamerika stammende *Abutilon megapotamicum,* die Ballonmalve, ist eine elegante Zierpflanze.

Der Eibisch, *Althaea officinalis,* ist eine Pflanzenart der Salzböden und kommt wildwachsend von Europa bis Südsibirien vor. Die fast handgroßen, dicht mit grauen, weichen Haaren besetzten Blätter und die etwa 2 cm breiten, rosafarbenen Blüten, aber auch die Wurzeln werden in der Medizin wegen ihres Schleims geschätzt. Der Gehalt schwankt im Verlaufe der Vegetationsperiode und ist im Herbst und Winter annähernd doppelt so hoch wie im Frühjahr und Sommer. Bei der Bildung von Schleimzellen erfolgt ein Abbau der Stärke, ferner hat man verschiedene Zukker als Grundbausteine des Schleims festgestellt, in den ober- und unterirdischen Pflanzenabschnitten konnten unterschiedliche Anteile der einzelnen Zucker nachgewiesen werden, unter ihnen Glukose, Xylose, Arabinose, Galaktose, Rhamnose und Galakturonsäure. Durch Zusammenkettung dieser Grundbausteine entstehen Polysaccharide, doch ist der Polymerisationsgrad in der Wurzel bedeutend höher als in der Blüte.

Auf die Nordhemisphäre der gemäßigten Breiten ist die formenreiche Gattung Malve, *Malva,* konzentriert. Neben Arten mit niederliegenden Sprossen, wie die Wegmalve, *Malva neglecta,* gibt es stark verzweigte Sippen mit halb aufrechten bis aufrechten Trieben, wie die Wilde Malve, *Malva sylvestris,* deren große, rosafarbene Blüten an Schuttunkrautplätzen und anderen Ruderalstellen den Sommeraspekt der dortigen Vegetation bestimmen können. Von der Quirlmalve, *Malva verticillata,* sind einige Sippen aus Zentral- und Ostasien bekannt. Sie zählen dort zu den ältesten kultivierten Gemüsearten Chinas. Es existieren Formen, deren Blätter sich entweder durch eine starke Lappung der Spreite, deren Stiel bedeutend verkürzt ist (var. *verticillata*), oder durch eine intensive Kräuselung des Blattrandes (var. *crispa*) sehr stark vergrößert haben.

Malvensamen weisen eine außergewöhnlich lange Lebensfähigkeit auf. So hat man aus Saatgut, das mehr als 40 Jahre unter gewöhnlichen Zimmerbedingungen gelagert wurde, wieder Pflanzen heranziehen können.

Tribus Ureneae. Wie bei der Tribus Malveae stehen auch in dieser Tribus die Karpelle nur in einer Etage, und bei der Reife zerfällt die Frucht in einzelne Teilfrüchte. Es sind hier aber doppelt so viele Griffel wie Karpelle vorhanden (die fehlenden Karpelle werden im Verlaufe der Entwicklung zurückgebildet), während bei der Tribus Malveae Karpell- und Griffelanzahl übereinstimmen.

Die Gattung *Urena* ist mit 6 Arten in den Tropen und Subtropen weltweit verbreitet. Wirtschaftliche Bedeutung hat *Urena lobata* erlangt, die gelegentlich als Faserpflanze angebaut wird. Eine wenig zur Verzweigung neigende Sippe dieser Art (var. *sinuata*) wird dabei besonders geschätzt. Junge Blätter und Triebe bereitet man als Gemüse ebenso wie die Blätter von *Pavonia odorata* aus der über 200 Arten umfassenden pantropischen Gattung *Pavonia.* Die Art wird in Indien auch wegen ihrer stark duftenden Blüten angebaut.

Die Gattung *Goethea* kommt mit 2 Arten in Brasilien vor. Bei ihr stehen in jeder Blattachsel mehrere Knospen, von denen einige erst nach Jahren zur Entwicklung kommen und daher Blüten am alten Holz hervorbringen. Hier ist ein Übergang zu der besonders bei den Sterculiaceen auftretenden Kauliflorie gegeben. Die Blüten von *Goethea* werden ebenso wie die von *Pavonia* durch Kolibris bestäubt.

Tribus Hibisceae. Die strahlig angeordneten Fruchtblätter dieser Tribus öffnen sich zur Zeit der Reife als fachspaltige Kapseln und entlassen verkehrteiförmige Samen. Bei einigen Gattungen kann man kurze, aufrecht stehende, mit gelappten Narben endende Griffeläste erkennen, bisweilen ist der Griffel sogar verzweigt. Zu dieser Gruppe gehört u. a. die Gattung *Gossypium,* die Baumwolle.

Ein weiterer Verwandtschaftskreis in dieser Tribus zeichnet sich durch nierenförmige Samen und freie, meist ausgebreitete Griffeläste aus, die in scheibenförmigen Narben enden. Zu dieser Gruppe zählen die Gattungen *Abelmoschus* und *Hibiscus,* ferner mehrere auf der Insel Madagaskar endemische Gattungen.

Aus der Gattung *Hibiscus* kennt man etwa 300 Arten, die sich an sehr verschiedene ökologische Standorte angepaßt haben; sie siedeln in Mangroven, Küstenwäldern, Savannen, aber auch in Wüsten. Entsprechend groß ist das Spektrum der Wuchsformen – es handelt sich um halbstrauchige, perennierende krautige oder sogar baumförmige und strauchige Arten, einige mit einer so intensiven Bestachelung, wie sie für viele Rosenarten charakteristisch ist. Im allgemeinen werden 5 Fruchtblätter angelegt, doch sind sie bei vielen Sippen durch falsche Scheidewände in 2 Höhlungen geteilt, die jeweils 3 und mehr Samenanlagen enthalten.

In den vergangenen Jahren hat immer mehr eine *Hibiscus*-Art von sich reden gemacht, der Kenaf oder Gambohanf. Es handelt sich um *Hibiscus cannabinus,* eine in afrikanischen Trockengebieten ursprüngliche Art mit einem etwa 3 bis 4 m hohen Hauptsproß. Man gewinnt aus ihr Fasern durch einen Röstprozeß, der ähnlich wie bei der Jute verläuft. Zwar kann Kenaf nicht mit der Jute konkurrieren, doch verdrängt er mehr und mehr *Boehmeria nivea* (Urticaceae) aus deren Anbaugebieten. Auch zur Herstellung von Papierfasern eignet sich der Kenaf vorzüglich. Er unterscheidet sich durch einen weißlich-filzig behaarten Kelch von *Hibiscus sabdariffa* und *Hibiscus radiatus,* die ebenfalls zur Fasergewinnung angebaut werden. Nachweise für den Anbau von *Hibiscus cannabinus* in Angola und im Sudan soll es etwa aus dem Jahr 4000 v. u. Z. geben.

Die Roselle, *Hibiscus sabdariffa,* ist eine einjährige Kurztagspflanze, deren zur Blütezeit rötlichbrauner Kelch während der Reife fleischig anschwillt und durch einen angenehm säuerlichen Geschmack auffällt; dieses »Fruchtfleisch«, das am natürlichen Standort Vögel zur Samenverbreitung anlockt, benutzt man zur Herstellung von Erfrischungsgetränken.

Als Zimmerpflanze in den Blumengeschäften wird häufig die sogenannte Rose aus China, der Chinesische Roseneibisch, *Hibiscus rosa-sinensis,* angeboten, der durch seine meist scharlachroten, einen Durchmesser von bis zu 15 cm aufweisenden Blüten auffällt. Schon nach einem Tag welken die Blüten ab. Als Wildpflanze hat man diese Art nicht nachweisen können, doch wird angenommen, daß sie aus dem kontinentalen Bereich im tropischen Asien stammt. Es ist aber nicht ausgeschlossen, daß ihre Heimat in Ostafrika liegt. Hier hat man Wildsippen von *Hibiscus schizopetalus* gefunden (Kenia, Tansania), deren ampelartig herabhängende Blüten sich durch nach außen umgeschlagene, stark gekrauste und gespaltene Kronblätter auszeichnen.

Eine große Anzahl Kreuzungen zwischen beiden Arten hat Eingang in das Sortiment unserer Zierpflanzen gefunden. Kreuzungen zwischen *Hibiscus schizopetalus* und *Hibiscus rosa-sinensis* gelingen nur, wenn letztgenannte Art als weiblicher Elter verwendet wird. In den USA gibt es eine Hibiscus-Gesellschaft, bei der Tausende von Sorten registriert und gesichtet worden sind. In frostfreien Gebieten kann man die Pflanzen im Freien kultivieren, und einige Sippen eignen sich auch als Hecke. Man propagiert auch noch andere *Hibiscus*-Arten besonders in den USA als Zierpflanzen; auf Hawaii baut man für Ornamentalzwecke über 20 Arten an. So ist auch die strauchige Art *Hibiscus syriacus* beliebt, oft als »Rose von Sharon« bezeichnet, deren Heimat in Ostasien liegt und die auch in Mitteleuropa bei etwas Winterschutz im Freien kultiviert werden kann.

Die ampelartigen Blüten von *Hibiscus schizopetalus* entfalten am Endabschnitt einer locker herabhängenden Säule ihre Staubblätter unmittelbar neben den 5 Griffelästen, weit entfernt von den Nektarien am Grunde der Kelchblätter. Kolibris und bestimmte Schmetterlinge sorgen für die Pollenübertragung.

Entlang tropischer Küstenzonen kommt *Hibiscus tiliaceus* häufig vor, ein Baum, dessen

Die australische Wüstenmalve (dessert mallow), *Radyera farragei,* am natürlichen Standort. Die Gattung verfügt über ein disjunktes Vorkommen mit je einer Art in Australien und in Südafrika.

auffällige Blüten nur 2 Tage geöffnet sind. Die Blüte entfaltet sich mit gelblichen Kronblättern, am zweiten Tag geht ihre Farbe in ein tiefes Rot über, und oft stehen gelbe und rote Blüten an einem Zweig unmittelbar nebeneinander. Von dieser Art gibt es zahlreiche Sippen, die als Kleinarten oder Unterarten geführt werden, wie *Hibiscus elatus,* der auf den Antilleninseln Jamaica und Kuba endemisch ist. Man trifft ihn in offenen Wäldern als Unterholz auch an küstenferneren Standorten an. Er liefert ein sehr druckfestes Hartholz, das schon nach 7 bis 10 Jahren Wachstum Handelswert hat und im Alter von 25 Jahren bereits als Bauholz Verwendung finden kann. Die Samengewinnung ist nicht ganz einfach, da in gewisser Entfernung stets *Hibiscus tiliaceus* anzutreffen ist, mit dem sich die Sippe leicht kreuzt. Die Pollenübertragung wird dabei durch Fledermäuse vorgenommen. Die aus einer solchen Kreuzung hervorgegangenen Bäume erreichen aber nicht die Qualität von *Hibiscus elatus.*

Eine auffallende Art in den Tropen Amerikas ist *Malvaviscus arboreus,* dessen sich gleichzeitig öffnende rote Blüten die ganze Oberfläche des Baumes bedecken. Während im allgemeinen bei den Malvaceen die Blütenkrone relativ flach und nur bei wenigen Arten trichteroder schüsselförmig ist, kommt hier eine relativ lange Röhre zustande, da sich die freien Petalen nur unvollständig entfalten. Die Art wird von Kolibris bestäubt. Bei einem Anbau in anderen Erdteilen ist der geringe Fruchtansatz aufgefallen. Möglicherweise steht das Fehlen der spezifischen Bestäuber damit in engem Zusammenhang.

Fingerähnliche, zu langen Spitzen ausgezogene Kapseln zeichnen die Gattung *Abelmoschus* aus, deren 15 Arten vornehmlich von Südasien über die malaiische Inselwelt bis nach Australien und zu den Pazifischen Inseln verbreitet sind. Die unreifen Früchte von *Abelmoschus esculentus,* auch unter dem Namen Okra bekannt, werden besonders in Südindien und in der malaiischen Inselwelt geschätzt, doch kultiviert man sie auch in anderen Erdteilen nicht selten. Auf Grund ihres hohen Schleimgehaltes werden sie auch zum Binden von Suppen und als Gewürz genutzt. Die Samen von *Abelmoschus moschatus,* die als Moschuskörner bezeichnet werden, haben eine unangenehme, moschusartige Duftkomponente, die ähnlich wie Ambra als Ausgleichssubstanz in der Parfümindustrie unter dem Namen Ambretta verwendet wird.

In trockenen Grasländern und sogar in Wüstengebieten der Tropen und Subtropen aller Kontinente kommen Arten der Baumwolle, *Gossypium,* vor. Nur bei wenigen Sippen haben die Samenhaare eine solche Länge, daß sie technisch verwendet werden können. Baumwolle ist nahezu reine Zellulose. Man kultiviert die Baumwollpflanzen, deren Samenhaare der Kapselwand fest anliegen, sich aber beim Öffnen der Frucht zu einem mächtigen Flausch auflockern, in niederschlagsärmeren, wärmeren Gebieten. Der Inhalt einer Kapsel oder eines Kapselfaches bildet ökologisch eine Verbreitungseinheit und bietet wie ein großer Wattebausch dem Wind eine so große Angriffsfläche, daß die weißen Flocken mit den darin enthaltenen Samen leicht fortgetragen werden können. Zur Gewinnung der Roh-

baumwolle (Lint) müssen die etwa erbsengroßen Samen entfernt werden, und nach der Reinigung verarbeitet man die Haare, die durch winzige Zähnchen verhältnismäßig rauh und daher gut spinnbar sind, weiter.

Bei der Entdeckung Amerikas durch die Spanier war die Baumwolle, die sie aus ihrer Heimat kannten, dort schon vorhanden. Bei späteren Untersuchungen stellte sich jedoch heraus, daß in Amerika andere Arten als im südlichen Mittelmeergebiet und in Südasien angebaut wurden. Während in China, Indien und im tropischen Afrika vornehmlich *Gossypium arboreum* und *Gossypium herbaceum* in Kultur waren, hat man die amerikanische Baumwolle als *Gossypium barbadense* und *Gossypium hirsutum* unterschieden. Vornehmlich in Tallagen aller Anbauländer wird *Gossypium barbadense,* deren Blütenblätter 5 bis 8 cm groß werden, kultiviert. Ihre Staubblattsäule hat eine Länge von über 3,5 cm. *Gossypium hirsutum* pflanzt man besonders in etwas trockneren Berggegenden. Sie ist daher auch unter dem Namen »Upland Cotton« bekannt. Die Art besitzt höchstens 5 cm lange Blütenblätter und eine Säulenlänge von etwa 2 cm. Nahezu ausschließlich werden heute diese beiden Arten kultiviert.

Es steht außer Zweifel, daß die Inkulturnahme von *Gossypium*-Arten völlig unabhängig in Asien und Amerika erfolgte. Die beiden amerikanischen Kulturarten *Gossypium barbadense* und *Gossypium hirsutum* sind tetraploid ($2n = 52$), während die afrikanisch-asiatischen Kultursippen nur einen diploiden Chromosomensatz ($2n = 26$) aufweisen. Ein neues und bisher nur in Ansätzen gelöstes Problem ergab sich mit der Beobachtung, daß in den ursprünglichen Kulturarten Amerikas einer der beiden Chromosomensätze mit der bei *Gossypium arboreum* und *Gossypium herbaceum* festgestellten Chromosomengarnitur offenbar identisch ist. Da *Gossypium*-Samen im Wasser bis zu 9 Monate ihre Keimfähigkeit behalten können, ist wahrscheinlich eine transozeanische Drift, möglicherweise bereits zu Beginn des Pleistozäns von Afrika aus erfolgt. Endgültig konnte durch archäologische Belege die parallel erfolgte Selektion bestätigt werden; sowohl in der Alten als auch in der Neuen Welt gibt es sehr frühe archäologische Nachweise der Baumwolle.

Aus der Baumwolle isoliert man heute die Samenkörner in großer Anzahl. Sie wurden früher als wertlos angesehen, bis man sie später auf Grund des hohen Fettgehaltes zur Gewinnung von Öl für technische Zwecke verwendet hat. Die Samen enthalten außerdem etwa 18 % Protein, das man für die menschliche und tierische Ernährung nutzen könnte, zumal gerade in vielen Baumwollanbaugebieten nicht ausreichend eiweißreiche Nahrungsmittel verfügbar sind. In den Samen ist aber eine giftig wirkende, polyphenolische Substanz, Gossypol, enthalten, die bisher eine Weiterverwendung der Samen als Nahrungsmittel unmöglich machte. Dieser Stoff wird in kleinen Drüsen ausgeschieden. Es ist deshalb ein wichtiges Zuchtziel, ertragreiche Sorten zu entwickeln, denen die Drüsen mit den Giftkomponenten fehlen. Ermutigende Ansätze dazu liegen bereits vor. Man hat aus den ausgepreßten Samen Mehl gewonnen, das unter der Bezeichnung Incaparina gehandelt wird. Der Nährwert entspricht etwa dem der Milch, und es besteht begründete Aussicht, eine wesentliche Eiweißlücke in der Welt auf dieser Grundlage zu schließen. Versuche, die Entgiftung auf chemischem Wege vorzunehmen, waren erfolgreich. Die Verfahren sind aber gegenwärtig noch mit einem zu hohen Aufwand verbunden.

Baumwolle, *Gossypium* spec., auf Kuba. Durch Kolumbus wurde über den Anbau und die Nutzung der Baumwolle als Faserpflanze auf dieser Insel schon berichtet. Heute spielt die Fasergewinnung auf Kuba keine Rolle mehr, dagegen ist die Baumwolle eine wichtige Heilpflanze.

Unterklasse Asteridae

Überordnung Lamianae

Ordnung Ölbaumartige, Oleales

Die Ordnung steht in Beziehung zu den Celastranae, Gentianales und Scrophulariales und nimmt dabei eine gewisse Mittelstellung ein. Die Blüten haben vierzählige Wirtel, wobei die Kronblätter der strahligen Blumenkrone in der Knospenlage eine dachige oder eingefaltet-klappige Deckung aufweisen. In einzelnen Fällen können die Kronblätter auch frei sein. Meist sind nur 2 Staubblätter vorhanden. Der oberständige Fruchtknoten besteht aus 2 verwachsenen Fruchtblättern und enthält oft nur wenige Samenanlagen.

Die Vertreter dieser Ordnung sind Holzgewächse, denen innerer Weichbast fehlt, mit zum überwiegenden Teil gegenständigen, einfachen oder gefiederten, nebenblattlosen Blättern.

Die Ordnung umfaßt nur eine Familie.

Familie Ölbaumgewächse, Oleaceae

Die Ölbaumgewächse, in deren 24 Gattungen etwa 900 Arten zusammengefaßt werden, haben ihr Verbreitungsgebiet in den gemäßigten, subtropischen und tropischen Zonen aller Kontinente, wobei sie in Asien gehäuft auftreten, aber im pazifischen Florengebiet fehlen. Es sind Sträucher oder Bäume mit nahezu stets gegenständigen, nebenblattlosen, einfachen oder auch gefiederten Blättern. Die Blütenstände bestehen überwiegend aus zusammengesetzten Trauben, seltener sind einfache Trauben oder Ähren sowie endständige Dichasien.

Die zwittrigen oder eingeschlechtigen Blüten haben kleine Kelche, die nur selten völlig fehlen; sie sind gewöhnlich glockig und bestehen aus 4 (bis 15) Kelchblättern. Die Zahl der Kronblätter beträgt ebenfalls in der Regel 4, die häufig zu einer tellerförmigen, trichterförmigen oder glockigen Krone verwachsen sind. Die 2 Staubblätter stehen transversal, sie haben kurze Filamente, die am Grunde des Fruchtknotens oder an der Kronröhre eingefügt sind. Das Konnektiv der Antheren, die seitlich aufspringen, ist verlängert. Der oberständige, zweifächerige Fruchtknoten besitzt entweder 2, seltener eine oder 4 bis 10 Samenanlagen, wobei ihre aufsteigende oder hängende Stellung zur Unterscheidung der 2 Unterfamilien herangezogen wird. Aus dem Fruchtknoten entwickelt sich eine fachspaltig aufspringende Kapsel, eine Beere oder Steinfrucht. Die Verbreitung geschieht beispielsweise bei der Esche und der Gattung *Fontanesia* durch geflügelte Früchte, in anderen Fällen, etwa beim Liguster und dem Ölbaum, wurde beobachtet, daß die fleischigen Früchte von Vögeln gefressen und so von ihnen verbreitet werden. Das Nährgewebe der Samen, wenn es vorhanden ist, und ihr Embryo enthalten fette Öle.

Auf Grund von Fossilien sind die Gattung *Fraxinus* in der Kreide Grönlands und im Tertiär der nördlichen Hemisphäre nachgewiesen. Die Gattung *Olea* ist seit dem älteren Tertiär und weitere Gattungen sind aus jüngeren Erdperioden bekannt. In Mitteleuropa kam eine *Syringa*-Art sogar noch in der letzten Zwischeneiszeit vor.

Unterfamilie Jasminoideae

Bei den in dieser Unterfamilie vereinten Gattungen sind die Samenanlagen in den Fruchtknotenfächern aufsteigend angeordnet.

Hierzu gehört die mit mehr als 400 Arten größte Gattung *Jasminum,* die als einzige auf allen Kontinenten beheimatet ist. Es sind aufrechte oder windende Sträucher und teilweise sogar stattliche Lianen mit unpaarig gefiederten oder, wenn nur das Endblättchen ausgebildet ist, scheinbar einfachen Blättern. Die meist ansehnlichen Blüten findet man in endständigen Dichasien, einfachen oder zusammengesetzten Trauben vereint, selten sind endständige und einzelne Blüten, wie beispielsweise an den Kurztrieben von *Jasminum nudiflorum,* dem Winterjasmin. Der glockenförmige Kelch weist 4 bis 9 sehr kleine oder pfriemliche Abschnitte auf. Die tellerförmige Krone mit gelben oder weißen, bisweilen auch roten Kronblättern besteht aus einer zylindri-

Jasminum nudiflorum, der Winterjasmin, entfaltet seine Blüten oft schon um die Weihnachtszeit. Die grünen Triebe verstärken den frühlingshaften Eindruck.

schen Röhre und einem abstehenden Saum. Der zweifächerige Fruchtknoten wächst sich zu einer meist schwarzen Beere aus, die tief zweilappig erscheint, wenn beide Fruchtblätter Samen ausbilden.

Zahlreiche Arten der Gattung werden wegen ihrer wohlriechenden Blüten in allen Erdteilen kultiviert. Gelegentlich entkamen sie aus der Kultur, verwilderten und wurden so Bestandteile der jeweiligen Wildflora. In Mitteleuropa kann allerdings nur *Jasminum nudiflorum,* der in Westchina heimische Winterjasmin, im Freien kultiviert werden, wobei er in extrem kalten Wintern oft auch zurückfriert. Es ist ein laubabwerfender Strauch, dessen rutenförmige, grüne Äste überhängen. Die großen, gelben Blüten erscheinen einzeln in den Achseln zahlreicher Schuppen entlang der kahlen, vorjährigen Zweige vor den Blättern. In milden Wintern bilden sie sich bereits vom Dezember an aus.

Von Südeuropa bis nach Nordafrika und Westasien reicht das natürliche Verbreitungsgebiet von *Jasminum fruticans,* einem Strauch mit ebenfalls gelben Blüten, die paarweise oder bis zu 5 an den Enden kurzer seitlicher Zweige stehen.

Von seiner Heimat Indien ausgehend, verbreitete sich in den Tropen der Alten und Neuen Welt die Kultur von *Jasminum sambac,* einem fast windenden Strauch. Dabei entstanden auch Gartenformen mit gefüllten oder halbgefüllten weißen, angenehm duftenden Blüten, die zu dritt oder mehreren in lockeren Trugdolden vereint sind. Wenn ihr ätherisches Öl gewonnen werden soll, sammelt man sie am Abend vor dem Aufblühen ein. Aus den Blüten bereitet man wohlriechendes Jasminwasser, ihr ätherisches Öl wird bei der Herstellung von Parfümen verwendet. In vielen Ländern Asiens aromatisiert man mit den Blüten auch den Tee.

Wegen des Jasminöls kultiviert man ferner in Südeuropa das weißblühende *Jasminum officinale,* das seine natürliche Verbreitung in einem vom Iran bis China reichenden Gebiet hat, jetzt aber auch in Südeuropa häufig verwildert anzutreffen ist, sowie das auf den Kanaren und Madeira heimische *Jasminum odoratissimum.*

Eine weitere Gattung, *Fontanesia,* besitzt zwei Eigentümlichkeiten, nämlich 4 freie Kronblätter und als Frucht eine kleine, ringsum geflügelte Nuß. Die Sträucher ihrer beiden Arten *Fontanesia fortunei,* aus Ostchina stammend, und *Fontanesia phillyraeoides,* die in Sizilien, Kleinasien und Syrien vorkommt, ähneln im Habitus dem Gemeinen Liguster und werden gelegentlich in Mitteleuropa als Ziergehölze angepflanzt.

Auch die 7 Arten umfassende Gattung Forsythie oder Goldglöckchen, *Forsythia,* ist in unseren Anlagen und Gärten zu finden und entwickelt sich immer mehr zu einem bedeutenden Treibgehölz. Die gelben, verschiedengriffeligen Blüten erscheinen vor den Blättern zu einem bis 6 in den Blattachseln. Die Sträucher haben hohle oder mit gefächertem Mark ausgefüllte Sprosse. Ihre Früchte sind lederige oder harte, zweiklappige, geschnäbelte Kapseln, die ringsum geflügelte Samen enthalten. Von den 5 Arten stammt *Forsythia europaea* aus Albanien, während die anderen in Ostasien heimisch sind. Besondere Bedeutung erlangten die chinesischen Arten *Forsythia suspensa* und *Forsythia viridissima* sowie der Bastard beider Arten *Forsythia* × *intermedia,* von dem einige Sorten bekannt sind. Die schönste von ihnen ist wohl cv. Spectabilis, die sich auch am besten für die Treiberei eignet. Vor dem Treiben muß die Ende September einsetzende Winterruhe der Blüten durch Kälte, gegebenenfalls mit Hilfe einer künstlichen Kältebehandlung gebrochen werden.

Unterfamilie Oleoideae

Bei den Gattungen dieser Unterfamilie hängen die Samenanlagen in den Fächern des Fruchtknotens.

Die größte Gattung dieser Gruppe ist *Fraxinus,* Esche, die mit mehr als 60 Arten in den nördlich gemäßigten Gebieten vorkommt. Die meisten Arten sind asiatischen und nordamerikanischen Ursprungs, dringen aber auf beiden Kontinenten bis in die Tropen vor. Es handelt sich zum überwiegenden Teil um laubabwerfende Bäume mit dicken, dunkel gefärbten Winterknospen. Ihre unpaarig gefiederten und nur ausnahmsweise ungeteilten Blätter haben häufig gesägte Ränder. Die meist wenig ansehnlichen, weißen, zweihäusigen oder getrenntgeschlechtigen Blüten erscheinen entweder an den belaubten Zweigen wie bei der Mannaesche und bestehen aus einem vierspaltigen Kelch, der auch fehlen kann, und 4 Kronblättern. Bei anderen Arten, wie bei der Gemeinen Esche und der Weißesche, entwickeln sich die Blüten vor dem Laubaustrieb, und es fehlen ihnen die Kronblätter. Die Blütenstände sind Rispen oder Trauben, die aus den Achsel- oder Endknospen der vorjährigen Triebe hervorgehen. Der Fruchtknoten ist zwei-, seltener drei- bis vierfächerig, wobei jedes Fach 2 Samenanlagen enthält. Die längliche Nußfrucht hat an der Spitze einen lang ausgezogenen Flügel.

In Südeuropa und Kleinasien gedeiht an trockenen, sonnigen Abhängen die Mannaesche, *Fraxinus ornus,* deren rundkronige, bis zu 8 m hohen Bäume dort auch ganze Wälder bilden. Die Blätter sind aus meist 7 gestielten Fiederblättchen zusammengesetzt. Ihre weißen, duftenden Blüten stehen in dichten, endständigen Rispen beisammen. Aus Einschnitten, aber auch nach dem Einstich der Manna-Zikade fließt aus der Rinde eine hauptsächlich aus Mannit bestehende und Manna genannte Masse. Zur Gewinnung von Manna wird die Art an der Nordküste Siziliens angebaut.

In Ost- und Südostasien ist *Fraxinus chinensis* verbreitet, deren schnell wachsende Bäume, besonders die der Varietät *acuminata,* in China die Wirtspflanzen der Wachsschildläuse, *Coccus pelae,* sind, die auf *Ligustrum lucidum* wild vorkommen. Man setzt die Tiere im Frühling an den Bäumen aus. Im August und September werden dann die Zweige abgeschnitten, und aus ihrer Rinde sowie aus den jungen Zweigen und Blättern gewinnt man durch Kochen das weiße Chinesische Wachs, das einen wichtigen Handelsartikel darstellte.

Ihr hartes, nicht reißendes und gut spaltbares Holz macht die Gemeine Esche, *Fraxinus excelsior,* zur wirtschaftlich bedeutsamsten

Blütenzweig der Mannaesche, *Fraxinus ornus,* die als Einzelbaum auch in mitteleuropäischen Parkanlagen verbreitet ist

Eschenart. Sie wächst in Europa und Nordasien sowohl auf frischen, anmoorigen und tiefgründigen Böden als auch auf trockenen Kalkböden. In Nordeuropa bildet sie ganze Bestände, während sie in Mitteleuropa einzeln oder gruppenweise in Auwäldern, an Ufern von Gewässern und in Laubmischwäldern zu finden ist. An den bis zu 40 m hoch werdenden Bäumen erscheinen die Blüten im April bis Mai vor den Blättern, und zwar oft männliche und zwittrige Blütenstände an den gleichen Zweigen des Vorjahres. Die Fiederblätter bestehen aus 7 bis 11 eiförmig-länglichen, sitzenden Fiedern, deren Blattrand gesägt ist. Die nackten, d. h. kronblattlosen Blüten werden vom Wind bestäubt.

In der Forstwirtschaft werden wegen ihres höheren Holzertrages männliche Bäume bevorzugt. Einige Formen der Gemeinen Esche kultiviert man als Ziergehölze, so z. B. Sippen mit gelben, tiefgrünen und gekräuselten oder einfachen, nicht gefiederten Blättern. Häufig ist auch die »Trauerform«, cv. Pendula, mit stark hängenden Ästen und Zweigen anzutreffen.

Im Altertum galt der Eschensaft als wirksames Gegengift gegen Schlangenbisse, und die einen Bitterstoff enthaltende Rinde benutzt man zum Gerben und Färben.

In der nordischen Mythologie war die Esche der wichtigste Baum. So war der Welt- und Lebensbaum Yggdrasil eine Esche.

Eine weitere Gattung, *Syringa,* Flieder, umfaßt etwa 25 Arten, die in Ostasien, Vorderasien und Südosteuropa verbreitet sind. Die sommergrünen, selten immergrünen Sträucher, wie die chinesische Art *Syringa sempervirens,* haben ungeteilte, gelegentlich auch gefiederte Blätter. Ihre Blüten stehen in end- oder seitenständigen Rispen beisammen, die sich aus den Seiten- und Endknospen der vorjährigen Sprosse entwickeln. Gewöhnlich gehen sie aus den beiden obersten Seitenknospen hervor, wobei die Endknospe verkümmert. Der kleine Kelch hat meist 4, häufig ungleiche Zähne. Die violette, rötliche oder weiße Krone besteht aus einer langen Röhre, die viel oder nur wenig länger als der Kelch sein kann, und 4 abstehenden Abschnitten. Die 2 Staubblätter sind der Kronröhre im oberen Teil eingefügt. In den beiden Fächern des Fruchtknotens, aus dem sich eine längliche, lederige Kapselfrucht entwickelt, befinden sich 2 Samenanlagen, deren Samen zusammengedrückt und im unteren Teil schief geflügelt sind.

Ein Teil der Arten und ihre Bastarde stellen beliebte Ziersträucher dar. Der bekannte Gemeine Flieder, *Syringa vulgaris,* hat sein natürliches Verbreitungsgebiet in Südosteuropa. Der Strauch wird selten höher als 7 m und trägt kahle Blätter. Die ursprünglich lila, stark duftenden Blüten stehen in 10 bis 20 cm langen Rispen beisammen. Heute sind über 500 Sorten mit einfachen oder gefüllten Blüten in weißen, lila, bläulichen, rötlichen und violetten Farbtönen bekannt, von denen sich allerdings kaum mehr als 50 Sorten im Handel befinden. Die Züchtung setzte in Frankreich um die Mitte des vorigen Jahrhunderts ein.

In Kanada begann in den zwanziger Jahren die züchterische Weiterentwicklung der Bastardart *Syringa × prestoniae,* die in Wuchs und Belaubung dem einen Elter, *Syringa villosa,* und mit ihren nickenden Blütenständen dem anderen Elter, *Syringa reflexa,* ähnelt. Ihre Sorten erlangten wegen der Winterhärte, die größer als die des Gemeinen Flieders ist, in Nordamerika eine weite Verbreitung. Die Sträucher der nordchinesischen Art *Syringa villosa* haben ziemlich dicke Zweige und oberseits tiefgrüne, unterseits blaugrüne Blätter sowie fein behaarte Blütenrispen, während die Blüten der aus Mittelchina stammenden Art *Syringa reflexa* in schmalen, 10 bis 20 cm langen, überhängenden Rispen angeordnet sind.

In der Gehölztreiberei stehen die genannten *Syringa*-Arten mit großem Abstand an der ersten Stelle. Schon um 1775 wurde in Orleans mit dem Treiben von Flieder begonnen.

Ein kleiner Strauch mit einer breit aufrechten Wuchsform und dünnen, weich behaarten Zweigen ist schließlich die aus Nordchina stammende *Syringa microphylla.* Ihre runden bis elliptisch-eiförmigen Blätter werden höchstens 4 cm lang, es ist die Fliederart mit den kleinsten Blüten.

Sträucher oder kleine Bäume mit immergrüner oder sommergrüner Belaubung sind die etwa 50 Arten der Gattung *Ligustrum,* deren Hauptverbreitungsgebiet in Süd- und Ostasien, Malesien und Australien liegt. Nur der sommergrüne Gemeine Liguster oder die Rainweide, *Ligustrum vulgare,* ist in Europa und Nordafrika heimisch.

Die zwittrigen, kleinen weißen Blüten sind, ähnlich wie bei *Syringa,* in großen, endständigen Rispen vereinigt; außerdem können Blütenstände in den Achseln der obersten Laubblätter bereits blühender Sprosse auftreten. Die Früchte sind kugelige, eiförmige oder längliche Beeren.

Der Gemeine Liguster ist ein reich verzweigter, bis zu 5 m hoch werdender Strauch, dessen junge Zweige fein behaart sind. Er wächst in Mitteleuropa in trockenen Wäldern und in Gebüschen, häufig wird er aber auch in Hekken angepflanzt. Im Juni und Juli entfalten sich die in etwa 5 cm langen, behaarten Rispen vereinten weißen Blüten, die stark duften und viel von Bienen beflogen werden. Seine Früchte sind erbsengroß und glänzend schwarz, ihr purpurroter Saft wurde zum Färben von Wein verwendet. Es gibt von ihm zahlreiche Sorten, die sich hauptsächlich in der Wuchsform und der Farbe der Blätter und Früchte unterscheiden.

Für die Kultur eignen sich eine ganze Reihe ostasiatischer Arten, so beispielsweise das immergrüne *Ligustrum lucidum*, einer der schönsten Ligustersträucher, der in Mitteleuropa allerdings nicht winterfest ist. Auf ihm kommen in China die Wachsschildläuse, *Coccus pelae*, wild vor (s. *Fraxinus chinensis*). Die meisten Ligusterarten eignen sich deswegen besonders gut für Hecken, weil sie dicht wachsen und einen regelmäßigen Schnitt gut vertragen.

Die größte wirtschaftliche Bedeutung unter den Ölbaumgewächsen hat zweifellos die Gattung *Olea*, zu der man etwa 20 altweltliche Arten rechnet, die im Mittelmeergebiet, in Nord- und Südafrika sowie in Asien vorkommen. Es sind Bäume oder Sträucher mit ungeteilten Blättern und achsel- oder endständigen, rispigen Blütenständen. Ihre zwittrigen, aber auch zweihäusigen und polygamen Blüten haben einen kurzen Kelch sowie eine kurzährige Krone, wobei die 2 Staubblätter in die Kronröhre eingefügt sind. Jedes Fach des zweifächerigen Fruchtknotens weist 2 Samenanlagen auf. Die sich daraus entwickelnde Steinfrucht ist eiförmig, länglich oder kugelig mit einer entweder dicken, knochigen oder aber zarteren und krustigen Umkleidung der Fruchtfächer.

Mehrere Arten liefern wertvolle Nutzhölzer, so in Südafrika *Olea capensis*, das Bastardeisenholz, und *Olea laurifolia*, das Schwarze Eisenholz, oder auf den Inseln Mauritius und Bourbon sowie in Äthiopien *Olea europaea* ssp. *africana*, der Goldblättrige Ölbaum.

Zu den ältesten aller Kulturpflanzen gehört der Ölbaum, *Olea europaea*, der wahrscheinlich aus Kleinasien stammt. Als Wildform wird ein dorniger, sparrig wachsender Strauch mit kantigen Zweigen angesehen (ssp. *sylvestris*), jedoch dürfte es sich dabei wohl eher um eine verwilderte Kulturform handeln.

Die Ölbäume können sehr groß und alt werden, tausendjährige Bäume sind nicht selten. Alte Bäume haben dicke, knorrige, oft in mehrere Teile zerfallende Stämme. Die volle Ertragsfähigkeit erreicht ein Ölbaum im Alter von 10 bis 20 Jahren, sie kann über mehrere hundert Jahre andauern. Die immergrünen Bäume tragen kleine, längliche, lederartige Blätter, wie sie kennzeichnend für sehr trockenresistente Bäume sind, und aus den Blattachseln der vorjährigen Triebe entwickeln sich kleine, traubenartige Blütenstände mit weißen oder gelblichen Blüten. Die Frucht, Olive genannt, ist eine charakteristische Steinfrucht, die aus dem harten Kern (Einzelsame mit Endokarp) besteht, der vom ölhaltigen Mesokarp umgeben ist, das seinerseits von einer Außenhaut (Exokarp) umschlossen wird. Die Früchte variieren in der Form, Farbe und Größe; im Durchschnitt sind sie so groß wie eine kleine Pflaume. Neben grünlichen, weißen, rötlichen und violetten gibt es auch schwarze Früchte.

Die Hauptanbaugebiete des Ölbaumes befinden sich im Mittelmeerraum, wo seine Kultur oft der einzig mögliche Erwerbszweig der Bewohner in ariden Gebieten ist, da er auf trockenen, armen Böden gedeiht und mit jährlichen Niederschlagsmengen um 200 mm auskommen kann. In jedem Anbaugebiet sind zahlreiche, den örtlichen Gegebenheiten besonders gut angepaßte Sorten entstanden. Die Sorten, deren Früchte sich besonders zur Konservierung eignen, stellen wesentlich höhere Ansprüche an Nährstoffe und Feuchtigkeit.

Das Olivenöl ist ein wichtiger und wertvoller Bestandteil der menschlichen Ernährung in den Ländern, in denen der Ölbaum kultiviert wird. Ein beträchtlicher Teil des Öls wird exportiert, jedoch hemmt die starke Konkurrenz durch andere Pflanzenöle eine weitere Aus-

Der Ölbaum, *Olea europaea*, ist ein Charakterbaum des Mittelmeergebietes.

dehnung des Handels mit Olivenöl auf dem Weltmarkt. Günstiger dagegen sind die Marktaussichten für die konservierten Oliven.

Die Olivenernte erstreckt sich über mehrere Monate (von November bis März). Je länger man die Früchte am Baum läßt, desto mehr Wasser verlieren sie und umso höher steigt der prozentuale Ölgehalt. Oliven, die man unreif grün konservieren will, werden mit der Hand gepflückt, wenn sie voll ausgewachsen sind, aber ihre Farbe noch nicht verändert haben. Die Konservierung der Früchte geschieht dann in einer Salzlösung, nachdem sie vorher mit Hilfe von Natronlauge entbittert wurden. Auch ausgereifte Oliven kann man in Salz konservieren, sie schrumpfen dann jedoch ein.

Überwiegend tropisch und subtropisch verbreitet sind die etwa 120 Arten der Gattung *Chionanthus*. Der Schneeflockenstrauch, *Chionanthus virginicus,* wächst in seiner Heimat Nordamerika in Wäldern und an Wasserläufen. Er wird wegen seiner großen weißen, duftenden Blüten, die in überhängenden achselständigen Rispen vereint sind und im Juni erscheinen, in Mitteleuropa angepflanzt. Auch der aus Ostasien stammende *Chionanthus retusus* wird hier gelegentlich kultiviert.

Die 40 Arten der Gattung *Noronhia* kommen als bis zu 10 m hoch wachsende Bäume auf Madagaskar und den Komoren vor. Etwa 15 Arten rechnet man zur Gattung *Osmanthus,* die mit Ausnahme zweier in Nordamerika und Mexiko verbreiteten Arten in Süd- und Ostasien und Hawaii beheimatet sind. *Osmanthus fragrans* wird in Ostasien auch kultiviert, auf Java allerdings nur die männlichen Pflanzen. Seine weißen, außerordentlich stark duftenden Blüten stehen einzeln oder zu mehreren in gestielten Büscheln in den Achseln der Blätter. Sie werden zur Aromatisierung dem chinesischen Tee zugesetzt. In den wärmeren Teilen Mitteleuropas ist die aus Japan und Taiwan stammende immergrüne Art *Osmanthus heterophyllus* als Ziergehölz wegen ihrer Blattfärbung geschätzt. *Osmanthus decorus* aus Vorderasien wird als winterfestes Ziergehölz zuweilen auch in Parkanlagen des nördlichen Europa kultiviert. Diese Art wurde früher auch unter dem Synonym *Phillyrea vilmoriniana* zur folgenden Gattung gestellt.

Das natürliche Verbreitungsgebiet von *Phillyrea,* der Steinlinde, ist das Mittelmeergebiet und Kleinasien, wo die immergrünen Sträucher von *Phillyrea angustifolia* und *Phillyrea latifolia* als Charaktersträucher der Macchien vorkommen.

Eine Gattung des subtropischen und tropischen Amerikas ist schließlich *Forestiera,* deren ligusterartig aussehende 15 Arten sommergrüne Sträucher mit unscheinbaren grünlichen Blüten sind.

Ordnung Enzianartige, Gentianales

Wie neuere Untersuchungen zeigten, sind die Gentianales eng mit den Dilleniidae verbunden und werden von manchen Systematikern mit den Dipsacales und den Oleales zu der Überordnung Gentiananae zusammengefaßt.

Die Gentianales werden in gut ein Dutzend Familien gegliedert, von denen wir uns im folgenden auf 7 Familien beschränken; die übrigen sind durchweg sehr artenarm, z. T. sogar monotypisch, d. h. sie bestehen nur aus einer Gattung und einer einzigen Art. Die Gentianales sind vorwiegend Gehölze mit gegenständigen, einfachen und ganzrandigen Blättern, an deren Blattgrund oft Gummi- und Harzstoffe von Leim- und Drüsenzotten ausgeschieden werden. Die Kronblätter der meist radiären, fünfzähligen Blüten sind in der Knospenlage gedreht. Dieses auffallende Merkmal führte früher dazu, die Ordnung (allerdings in etwas anderer Umgrenzung, nämlich ohne die Rubiaceae) als »Contortae« (»Zusammengedrehte«) zu bezeichnen, auch wenn solche contorte Knospen auch bei den Windegewächsen (Convolvulaceae) ausgebildet sind. Weitere bei den Gentianales verbreitete Merkmale sind die Ausbildung von bicollateralen Leitbündeln und in biochemischer Hinsicht das Vorhandensein von Indol-Alkaloiden.

Familie Brechnußgewächse, Loganiaceae

Die Loganiaceen nehmen in phylogenetischer Hinsicht eine Art Schlüsselstellung ein. Sind sie doch die primitivste Gruppe der Gentianales, die Basis, aus der sich offenbar die anderen Familien herleiten bzw. woraus sie sich entwickelten.

Die Loganiaceen sind vorwiegend in den Tropen und Subtropen verbreitet, und nur eine Gattung, *Gelsemium,* dringt in gemäßigte Gebiete vor, wo sie im atlantischen Amerika und in China anzutreffen ist. Von den 12 Gattungen findet man allein *Strychnos* in den Tropen des ganzen Erdballs, während die übrigen nur beschränkte Verbreitungsgebiete aufweisen.

Zu den Brechnußgewächsen gehören etwa 300 Arten. Es sind meist Gehölze, seltener kommen unter ihnen krautige Gewächse vor. Unter den Holzgewächsen findet man sowohl windende wie rankende Pflanzen. So sind in den Gattungen *Gardneria, Gelsemium* und *Usteria* windende und in der Gattung *Strychnos* sehr viele rankende Arten anzutreffen. Die ursprünglich hakenförmigen Ranken rollen sich später schneckenförmig ein, verholzen stark und verdicken sich im mittleren Teil der Krümmung erheblich. Die axillär stehenden Ranken sind in der Regel als zurückgebildete Seitensprosse, gelegentlich wohl auch als umgewandelte Infloreszenzen aufzufassen. Außerdem kommen endständige oder in Blattachseln stehende gerade oder gekrümmte Dornen vor, die als rückgebildete vegetative Sprosse anzusehen sind. Die ganzrandigen und gegenständigen Blätter haben überwiegend deutlich ausgebildete Nebenblätter.

Die strahligen Blüten sind meist vier- oder fünfzählig und gewöhnlich zwittrig, während eingeschlechtige Blüten, bei denen jeweils noch Rudimente des anderen Geschlechts vorhanden sind, in den Gattungen *Logania, Geniostoma* und *Labordia* angetroffen werden. Die Kelchblätter haben oft dachige Abschnitte. Die Zahl der Kronblätter entspricht der der Kelchblätter. Die Knospenlage der Kronblätter, ob dachig, klappig oder gedreht, wird als Merkmal zur Untergliederung der Familie herangezogen. Nach ihrer Entfaltung ist die Krone trichterförmig, tellerförmig, glockig oder radförmig ausgebildet und ihr Schlund von einem Kranz einzelliger, rosenkranzartig eingeschnürter Haare besetzt. Im Schlund oder in der Kronröhre sind die Staubblätter inseriert, deren Zahl jeweils der der Kronblätter entspricht; eine Ausnahme macht die Gattung *Usteria,* bei der ein einziges Staubblatt ausgebildet ist.

Der Diskus ist nicht oder nur wenig entwikkelt. Die in der Regel 2 Fruchtblätter sind zu einem oberständigen, selten halbunterständigen, zweifächerigen Fruchtknoten verwachsen, an deren Scheidewänden sich die Plazenten befinden. Es gibt jedoch hinsichtlich der Anzahl der Fruchtknotenfächer eine ganze Reihe von Ausnahmen, so einen dreifächerigen bei *Labordia* und einen einfächerigen, der aus 2 Karpellen besteht, bei einigen *Strychnos*-Arten. Die gewöhnlich zahlreichen, zuweilen jedoch auch wenigen oder einzelnen anatropen Samenanlagen befinden sich an scheidewandständigen oder zentralen Plazenten. Der meist einfache Griffel endet in einer keulenförmigen, kopfartigen oder zwei- bis vierspaltigen Narbe. Insekten sorgen für die Bestäubung der Blüten, die meist in zymösen Blütenständen vereint sind. Die fachspaltigen Früchte bestehen aus sich bei der Reife zuweilen in 2 Teilfrüchte auflösenden Kapseln; seltener findet man auch Steinfrüchte oder Beeren, die bei einigen Arten von *Strychnos* eine beträchtliche Größe erreichen können. Ihre meist kleinen und flach zusammengedrückten Samen haben eine ellipsoidische Form. Bei den trockenen Früchten sind sie geflügelt und werden durch den Wind verbreitet. Zu den Ausnahmen gehören die scheibenförmigen Samen der Gattung *Strychnos,* die die größten der Familie sind, sowie die in eine aus der Plazenta hervorgehenden pulpösen Masse eingebetteten von *Labordia* und *Geniostoma.* Die Samen enthalten fleischiges oder knorpeliges Nährgewebe und einen geraden Embryo.

Die Loganiaceen sind eine recht vielgestaltige Familie, was auch damit zusammenhängt, daß einige Formenkreise zu anderen Familien der Gentianales überleiten. Dieser Heterogenität entspricht eine Untergliederung der Familie in 4 Triben. Auch die Umgrenzung der Loganiaceen ist z. T. problematisch und wird nicht einheitlich vorgenommen. So wurden die Spigeliaceae früher als Tribus Spigelieae, und die jetzt an den Anfang der Gentianaceae gestellte Tribus Potalieae zu den Loganiaceen gerechnet.

Von fossilen Funden, die zur Familie gehören, wurden nur wenige bekannt; so ist beispielsweise *Strychnos* im Tertiär Böhmens gefunden worden.

Tribus Gelsemieae. Den 2 Gattungen dieser Tribus, *Gelsemium* und *Mostuea,* sind im generativen Bereich die dachigen Kronabschnitte, die an der Spitze doppelt zweispaltigen Griffel sowie kapselige Früchte gemeinsam. Die 3 Arten von *Gelsemium* sind windende Sträucher und wegen ihrer großen, glockigen, gelblichen oder weißen Blüten beliebte Zierpflanzen. Im Wurzelstock von *Gelsemium sempervirens,* die in den Südstaaten der USA vorkommt, sind die Alkaloide Gelsemin und Gelsemizin enthalten, die in Präparaten gegen Fieber und Nervenschmerzen Verwendung finden. Von *Gelsemium elegans,* das in China und Malesien beheimatet ist, wurden die Rhizome früher bei Giftmorden verwendet.

Das Verbreitungsgebiet der 6 Arten von *Mostuea* ist das tropische Afrika und Südamerika sowie Madagaskar. Es sind reich verzweigte Holzpflanzen.

Tribus Loganieae. Der einzige Unterschied zur vorigen Tribus ist bei den folgenden 3 Gattungen der einfache Griffel. Die krautigen und halbstrauchigen Arten der Gattung *Logania* haben ihre Hauptverbreitung in Australien. Die Arten der Gattung *Geniostoma* sind dagegen Gehölze mit lederigen oder häutigen Blättern, die man in Madagaskar und einem von Malesien bis nach Ozeanien und Australien reichenden Gebiet findet. Auf die Hawaii-Inseln beschränkt ist schließlich das Vorkommen der kleinen Bäume oder Sträucher der Gattung *Labordia.*

Fruchtender Zweig des Brechnußbaumes, *Strychnos nux-vomica.* Die radial gestreiften Samen werden als Brechnüsse bezeichnet.

Tribus Strychneae. Bei den zu dieser Tribus gehörigen 3 Gattungen ist die Knospenlage der Kronblätter klappig, und ihre Früchte sind Beeren oder Steinfrüchte. Die mit 150 Arten umfangreichste Gattung der Familie ist *Strychnos,* die in den Tropen der ganzen Welt angetroffen wird.

Als ein kleiner, im gesamten Gebiet von Indien und Hinterindien verbreiteter Baum ist *Strychnos nux-vomica,* der Brechnußbaum, zu erwähnen. Er hat breiteiförmige Blätter, endständige Blütenstände und graugelbe, orangenähnliche Früchte mit scheibenförmigen, scheinbar behaarten, radial gestreiften Samen. Das Fruchtfleisch und vor allem die Samen enthalten die bitteren und sehr giftigen Alkaloide Strychnin und Brucin. Schon kleine Dosen von Strychnin verursachen Starrkrampf und haben den Tod zur Folge. Bei uns findet das Alkaloid in der Schädlingsbekämpfung Verwendung, u. a. beim Töten von Nagetieren. Andererseits stimuliert Strychnin das gesamte Zentralnervensystem und wird daher bei Schock, Äther- und Chloroformvergiftungen sowie bei Kollapszuständen angewendet. Außerdem verabreicht man es bei verminderter Magentätigkeit sowie zur Behebung von Sehschwächen.

Ähnlich verwendet werden die länglichen Samen des philippinischen Bäumchens *Strychnos ignatii,* die Ignatiusbohnen. Als ein Mittel gegen Schlangenbisse wendet man das echte Schlangenholz von *Strychnos colubrina* an. Die Samen des indischen Baumes *Strychnos potatorum* werden zum Klären trüben Trinkwassers benutzt, indem man sie an den inneren Wänden der Wassergefäße reibt. Die Rinde von *Strychnos toxifera, Strychnos guianensis* und anderer Arten des tropischen Südamerika liefern den Hauptbestandteil des vielfach auch medizinisch verwendeten Pfeilgiftes Curare. Pfeilgifte werden aber auch aus den Rinden tropischer afrikanischer und asiatischer *Strychnos*-Arten, so beispielsweise von dem auf Java und Borneo heimischen rankenden Schlingstrauch *Strychnos tieute,* zubereitet.

Die Bereitung der Curare-Pfeilgifte in Südamerika beobachtete und beschrieb als erster Europäer Alexander von Humboldt. Das Gift, u. a. die Alkaloide Toxiferin, Kurin, Kurarin, hält sich jahrelang an den Pfeilen und wirkt, wenn es in die Blutbahn gelangt, außerordentlich schnell lähmend, bringt man es aber über den Magen in den Körper, so ist es unwirksam.

Kletternde Holzgewächse mit fiedernervigen Blättern sind schließlich die Arten von *Gardneria,* die von Indien bis Ostasien vorkommen, während die Bäume von *Neuburgia* in Malesien und im Südwestpazifik verbreitet sind.

Tribus Antonieae. Zu diesem Verwandtschaftskreis gehören 4 Gattungen, für die ein Außenkelch oder auffallend ungleiche Kelchblätter kennzeichnend sind. So ist bei den Blüten der monotypischen Gattung *Usteria* ein Kelchblatt kronblattartig entwickelt, während die anderen 3 verkümmert sind, ebenso besitzen sie nur ein Staubblatt; ihre Verbreitung ist auf das tropische Westafrika beschränkt. Die gleichfalls monotypische Gattung *Antonia,* in Brasilien und Guayana heimisch, fällt durch ihren vielblättrigen Außenkelch auf, der bei den beiden malesischen Arten von *Norrisia* nur wenig entwickelt ist.

Familie Spigeliaceae

Die 3 zu diesem Verwandtschaftskreis gehörenden Gattungen umfassen knapp 100 Arten und sind krautige Pflanzen mit klappigen Kronzipfeln und Kapselfrüchten. Sie stehen den Loganiaceen so nahe, daß diese Gruppe früher als Tribus zu dieser Familie gerechnet wurde. Die 3 zu dieser Familie gehörenden Gattungen sind krautige Pflanzen mit klappigen Kronzipfeln und Kapselfrüchten. Von ihnen ist *Spigelia* im tropischen und subtropischen Amerika mit über 50 Arten verbreitet, es sind ein- oder mehrjährige Pflanzen mit häutigen Blättern. Die beiden Arten *Spigelia marilandica,* eine perennierende Pflanze aus den Südstaaten der USA, und *Spigelia anthelmia,* ein einjähriges Kraut aus den amerikanischen Tropen, sind Giftpflanzen. Dagegen ist die mittelamerikanische *Spigelia splendens,* eine etwa einen halben Meter hohe Staude mit kirschroten, weißspitzigen Blüten als sehr schöne, aber selten gewordene Zierpflanze bekannt, die meistens durch Teilung des fleischigen Wurzelstocks vermehrt wird.

Die Früchte der 6 meist einjährigen Arten von *Cynoctonum* aus dem tropischen und subtropischen Amerika fallen durch 2 gekrümmte Hörner auf, die durch das Auseinandertreten der oberen Karpellteile entstehen. In Australien und Neuseeland kommen schließlich die meisten der 40 Arten der Gattung *Mitrasacme* vor.

Die Vertreter der beiden folgenden Familien sind überwiegend Kräuter oder Stauden, die sich an die Bedingungen der kühl-gemäßigten bis kalt-alpinen Klimate angepaßt oder sich in solchen Gebieten entwickelt haben. Zum Teil findet in diesen Gebieten offenbar auch jetzt noch ein Formbildungsprozeß statt, der bei einigen Gattungen (z. B. *Gentianella*) zu einer nur für Spezialisten überschaubaren Formenfülle führte.

Familie Enziangewächse, Gentianaceae

Die Enziangewächse, eine mehr als 80 Gattungen und über 1 000 Arten umfassende Familie, sind über die ganze Erde verbreitet. Man trifft sie sowohl in den arktischen Gebieten als auch in den tropischen Regionen um den Äquator an. Einzelne, besonders brasilianische Gattungen haben eine auffallend begrenzte Verbreitung, die Arten anderer Gattungen findet man auf allen Kontinenten, so besonders einige *Gentiana*-Arten.

Es sind meist einjährige oder ausdauernde Kräuter, während Halbsträucher, Sträucher oder niedrige Bäume seltener vorkommen. Die Pflanzen haben einen aufrechten Wuchs, häufig wachsen sie rasig und bilden dann dichte Polster. Die Blätter sind gegenständig und ganzrandig, und die Nebenblätter fehlen ihnen. Von besonderem Interesse sind einige saprophytische Gattungen, bei denen entweder die Blätter noch schwach grün sind, wie bei *Bartonia* und *Obolaria,* oder allen Sproßorganen das Chlorophyll fehlt, so bei *Voyria, Voyriella* und *Leiphaimos;* die Blätter dieser Gattungen sind immer zu kleinen, schuppenförmigen Gebilden reduziert. In den oft vielfach verzweigten, trugdoldigen Blütenständen stehen die Blüten entweder locker oder dicht gedrängt beisammen.

Die in der Regel strahligen, zwittrigen Blüten sind vier- oder fünfzählig, selten bis zu zwölfzählig. Ihre Kelchblätter verwachsen mehr oder weniger hoch und sind nur in seltenen Fällen frei. In der Knospenlage zeigen die Kronabschnitte meistens eine Rechtsdrehung. Ausnahmen davon bilden die Gattungen *Halenia,* wo links gedrehte Kronlappen zu finden sind, sowie *Obolaria* und *Bartonia* mit deutlicher, dachiger Knospenlage der Kronzipfel. Die Form der Krone ist recht unterschiedlich, es überwiegen trichter- und glockenförmige Blüten, häufig findet man auch tellerförmige, seltener radförmige Blumenkronen. Die Zahl der in der Röhre oder am Schlund der Krone inserierten Staubblätter entspricht der der Kronblätter, selten nur sind einige steril oder abortiert. Die Antheren öffnen sich mit nach innen gewendeten Längsrissen, seltener mit Poren. Sie sind untereinander frei, bei Arten der Gattungen *Leiphaimos* und *Voyria* verkleben sie allerdings seitlich fest zu einer Röhre. Die 2 Karpelle enthalten zahlreiche, meist anatrope Samenanlagen. Der oberständige Fruchtknoten ist bei den meisten Gattungen einfächerig. Seine wandständigen Plazenten springen mehr oder weniger weit in das Innere des Fruchtknotens vor und sind sehr häufig stark und breit gegabelt. Bei den zweifächerigen Fruchtknoten können die Plazenten so weit in die Fächer hineinreichen, daß ein scheinbar vierfächeriger Fruchtknoten entsteht. Der einfache Griffel endet in einer ungeteilten oder zweispaltigen Narbe. Die Blüten sind meistens der Bestäubung durch Insekten angepaßt. Dazu gehören neben den großen, auffallenden Blumenkronen die Nektar ausscheidenden Drüsen am Kelch, an der Krone und Fruchtknotenbasis. Eine Selbstbestäubung wird durch die ungleichzeitige Reife der männlichen und weiblichen Organe oder durch Heterostylie vermieden.

Die Früchte sind in den weitaus meisten Fällen an den Scheidewänden aufspringende Kapseln, selten nur werden sie etwas fleischig und somit beerenartig. Die fast immer sehr kleinen, kugeligen, eiförmigen oder unregelmäßig würfeligen Samen sind zuweilen einfach geflügelt oder mit 3 Flügelleisten versehen. In das stets sehr reichlich vorhandene Nährgewebe ist ein winziger Embryo eingebettet. Bei den saprophytischen Gattungen ist der Nuzellus mit dem Integument vereint, daher erscheinen die Samenanlagen so, als seien sie nackt. In ihren reifen Samen besteht der ungegliederte Embryo nur aus wenigen Zellen.

Die Enziangewächse bilden einen habituell und morphologisch in sich sehr gut abgeschlossenen, natürlichen Verwandtschaftskreis. Die Gliederung und Abgrenzung mancher Gattungen bereitet jedoch nach wie vor Schwierigkeiten.

In allen vegetativen Teilen, besonders oft aber in den angeschwollenen Rhizomen und Wurzeln, enthalten die Arten bittere Glykoside, wie Gentiopikrin und Amarogentin. Diese Bitterstoffe regen einmal den Appetit, zum anderen die Funktion des Magens an und beschleunigen auf diese Weise die Verdauung und die Aufnahme der Nährstoffe.

Als Zierpflanzen haben trotz ihrer prächtigen Blüten nur wenige Arten eine Bedeutung erlangt, da sie sich schwer kultivieren lassen.

Die Gentianaceae leiten sich von den Loganiaceen ab; die Übergangsgruppe stellen dabei die Potalien dar, die meist als eigene Tribus Potalieae an den Anfang der Gentianaceae gestellt werden. Es ist dies eine kleine Gruppe von nur 3 Gattungen, deren Früchte als Beeren ausgebildet sind und die im Parenchym auffallend verästelte Sklerenchymzellen besitzen. Von Indien bis Polynesien reicht die Verbreitung der 35 Arten von *Fagraea.* Es sind meist epiphytische Sträucher, aber auch Bäume mit oft großen, weißen oder gelblichen, trichterförmigen Blüten, die häufig wie Jasmin duften. Ein stattlicher Baum ist *Fagraea fragrans,* dessen trichterförmige, stark duftende Blüten das ganze Jahr hindurch blühen. Sein sehr dauerhaftes, braunes, schön gezeichnetes Holz ist als Königsholz bekannt. Auf Sumatra kommt *Fagraea imperialis* vor, eine Art mit meterlangen, dunkelgrünen Blättern und sehr großen weißen Blüten, die von Vögeln bestäubt werden.

Die monotypische Gattung *Potalia* ist im tropischen Südamerika heimisch, und die sehr großblättrigen Arten von *Anthocleista* sind Bäume oder gelegentlich auch kletternde Sträucher im tropischen Afrika und auf Madagaskar.

Echtes Tausendgüldenkraut, *Centaurium erythraea*. Die Blüten öffnen sich erst bei Temperaturen von über 20 °C.

Der größte Teil der Enziangewächse gehört zur Tribus Gentianeae.

Bei den etwa 40 Arten der Gattung *Centaurium*, dem Tausendgüldenkraut, sind die Antheren spiralig verdreht. Die schwer voneinander zu unterscheidenden, einjährigen oder ausdauernden Arten kommen auf der nördlichen Halbkugel, in Südamerika und Australien vor. Zur mitteleuropäischen Flora gehören 3 Arten.

Das Echte Tausendgüldenkraut, *Centaurium erythraea*, wächst auf Waldblößen, Wiesen und in Gebüschen. Es sind bis zu 30 cm hoch werdende Pflanzen mit einfachen Sprossen und länglich-eiförmigen bis lanzettlichen, meist fünfnervigen Blättern. Eine Salzpflanze der atlantischen Küsten, die im Binnenland nur auf salzhaltigen Wiesen gedeiht, ist das Strandtausendgüldenkraut, *Centaurium littorale;* es wird kaum 20 cm groß und hat länglich-linealische, dreinervige Blätter. Das Zierliche Tausendgüldenkraut, *Centaurium pulchellum*, ist in der ganzen nördlich gemäßigten Zone verbreitet und dringt südlich bis zum Himalaja, zur Arabischen Halbinsel, nach Äthiopien und Westindien vor. In Mitteleuropa findet man es zerstreut auf feuchten Wiesen und Äckern. Der kaum 15 cm große Sproß ist vom Grund an stark gabelästig verzweigt.

Zu den umfangreichsten Gattungen der Familie gehört *Gentiana*, Enzian, mit über 450 Arten. Die meisten von ihnen sind in den Hochgebirgen der nördlich gemäßigten Zone und in den Anden verbreitet, seltener findet man sie in den Ebenen der gemäßigten und der arktischen Gebiete, einige Arten kommen in Australien und Neuseeland vor, während sie in Afrika nur im Atlas auftreten. Es sind ein- oder mehrjährige Kräuter, die einzeln oder rasenbildend wachsen und meist ansehnliche blaue oder violette, aber auch purpurrote, gelbe und weiße Blüten hervorbringen.

Von *Gentiana lutea*, *Gentiana punctata*, *Gentiana purpurea* und *Gentiana pannonica* stammen die offizinellen Enzianwurzeln, Radix Gentianae. Außer *Gentiana lutea*, dem Gelben Enzian, der auch in den Vogesen, im Schwarzwald und auf der Schwäbischen Alb zu finden ist, sind die genannten Arten Bewohner der europäischen Hochgebirge (Alpen, Karpaten, Balkangebirge), wobei *Gentiana purpurea* allerdings auch in Norwegen vorkommt. Es sind ziemlich große, meist bis zu 60 cm hohe, mehrjährige Pflanzen mit quirlständigen Blüten. Die mehrköpfigen Pfahlwurzeln können über einen halben Meter lang und bis zu 4 cm dick werden. Außer den bitteren Glykosiden Gentiopikrin und Amarogentin enthalten sie das Alkaloid Gentianin, Farbstoffe und verschiedene Zucker. Die Enzianwurzeln werden als magenstärkendes und verdauungsförderndes Mittel angewendet, wobei sich durch die Bitterstoffe die Funktionen von Galle und Leber gleichfalls erhöhen. Der von Natur aus zuckerhaltige Auszug der Wurzeln bildet die Grundlage für den Enzianschnaps. Sehr bekannt ist auch der in den Alpen auf Wiesen und Matten verbreitete Stengellose Enzian, *Gentiana clusii*.

Zu den einjährigen Arten gehören der Schlauchenzian, *Gentiana utriculosa*, und der Schnee-Enzian, *Gentiana nivalis*. Beim Schlauchenzian ist der länglich-elliptische Kelch aufgeblasen und die Kelchröhre an den

Gelber Enzian, *Gentiana lutea.* Die vorwiegend in alpinen Gebieten vorkommende Art bildet erst nach einem mehr als zehnjährigen vegetativen Wachstum blühende Sprosse. Die Wurzeln dieser und anderer großwüchsiger Enzian-Arten bilden die Grundlage für den »flüssigen Enzian«.

Kanten breit geflügelt. Seine Verbreitung ist auf die Alpen, Apenninen und das Balkangebirge beschränkt. Der Schnee-Enzian ist als ein unscheinbares, zartes Pflänzchen von Kleinasien bis nach Grönland und im arktischen Amerika verbreitet. Er stellt gewissermaßen eine Miniaturausgabe des Schlauch-Enzians dar.

Als Vertreter der zweijährigen Arten sei der Rauhe Enzian, *Gentianella aspera,* genannt, der 20 bis 30 cm hoch werden kann. Er besiedelt die Östlichen Kalkalpen, den Fränkischen Jura und die mitteleuropäischen Mittelgebirge, wo er auf Matten, Wiesen oder an buschigen Hängen zu finden ist. In den tieferen Lagen findet eine Aufspaltung in eine Sommer- und eine Herbstform statt (Saisondimorphismus); die Sommerform ist etwas kleiner und zierlicher und hat mehr oder weniger spatelige Laubblätter, während sie bei der kräftigeren Herbstform mehr oder weniger lanzettlich sind. Die Blüte setzt bei der Herbstform im August ein, während sie bei der Sommerform im Mai beginnt.

Einer der bekanntesten Enziane (»Postkarten-Enzian«) ist der Kalk-Glocken-Enzian, *Gentiana clusii,* der wie der ähnliche, aber auf Silikatböden gedeihende Stengellose Enzian in den Alpen auf Matten verbreitet ist.

Von der Gattung *Swertia,* dem Tarant, kommen in den gebirgigen Gebieten Eurasiens, Afrikas und Amerikas 90 Arten, davon 20 in den afrikanischen Hochgebirgen, vor. Es sind einjährige oder ausdauernde, mehr oder weniger stark verzweigte Kräuter. Der in der nördlich gemäßigten Zone auf Gebirgswiesen weit verbreitete Ausdauernde Tarant, *Swertia perennis,* ist gleichfalls ein Bestandteil der mitteleuropäischen Flora, hier trifft man ihn im Flachland auf Moor- und Sumpfwiesen an. Es ist ein 30 bis 50 cm hoch wachsendes Kraut mit stahlblauen bis schmutzigvioletten und dunkler punktierten Blüten, die in einer traubigen Trugdolde zusammenstehen. Die im Hi-

Blauer Tarant, *Swertia perennis.* Die Art tritt auf nassen, kalkhaltigen Flach- und Quellmooren im alpinen Bereich häufig, jedoch auch bis ins norddeutsche Flachland gelegentlich auf.

malaja heimische *Swertia chirata* und mehrere andere Arten liefern das sehr bittere Chirettakraut, das in Indien als Kräftigungs-, Wurm- und Fiebermittel benutzt wird.

Die 4 Kronblätter der Blüten der Gattung *Halenia* haben in der Nähe ihrer Basis je ein Nektargrübchen, das nach außen als Höcker oder mehr oder weniger deutlicher und langer Sporn hervorspringt. Die 80 Arten dieser Gattung findet man in den Gebirgen der Nordhemisphäre, in den Anden sowie in der Arktis.

Zu einer eigenen Tribus, den *Voyrieae*, werden die folgenden 3 Gattungen gestellt, die erheblich von den *Gentianeae* abweichen.

Chlorophyllose Saprophyten mit einem knolligen Rhizom sind die 8 Arten der Gattung *Voyria*, die meistens in Guayana vorkommen. Es handelt sich um recht ansehnliche Pflanzen mit mehrfach verzweigtem Sproß, deren große Blüten in traubigen Blütenständen vereint sind. Ein dünnes Rhizom dagegen haben die beiden Arten der Gattung *Voyriella*, deren Verbreitungsgebiet in Guayana und im nördlichen Brasilien liegt, sowie die etwa 40 Arten der Gattung *Leiphaimos*, von denen 2 im tropischen Afrika, die übrigen im tropischen Amerika vorkommen. Die Pflanzen beider Gattungen sind im Gegensatz zu denen von *Voyria* kleine, niedrige Kräuter.

Familie Fieberkleegewächse, Menyanthaceae

Die 5 Gattungen, die mit ihren etwa 50 Arten eng zusammengehören, wurden früher als Unterfamilie zu den Enziangewächsen gestellt.

Dreiblättriger Fieberklee, *Menyanthes trifoliata*. Die Art wächst in mäßig nährstoffarmen, vor allem kalkarmen nassen Flachmooren, Torfstichen oder Moorschlenken. Die Innenseiten der Kronblätter sind mit langen, saftreichen Haaren bedeckt.

Sie unterscheiden sich jedoch besonders anatomisch und embryologisch deutlich von ihnen. So haben die Fieberkleegewächse große Interzellularräume und verzweigte interzellulare Haare, ihren kollateralen Leitbündeln fehlt ein inneres markständiges Siebgewebe, und das Nährgewebe des Samens wird zellulär gebildet.

Die ausdauernden, krautigen Sumpf- oder Wasserpflanzen besitzen spiralig angeordnete Laubblätter, denen die Nebenblätter fehlen. Gewöhnlich entspringen die ungeteilten oder dreiteiligen Blätter am Rhizom. Bei den fünfzähligen und zwittrigen Blüten sind die Kronblätter am Rand meist stark eingeschlagen und klappig. Die in der Röhre oder den Buchten der Kronlappen inserierten Staubblätter haben fast nur pfeilförmige Antheren. In den 2 Fruchtblättern befinden sich zahlreiche Samenanlagen. Der einfächerige Fruchtknoten ist oberständig bis halbunterständig, und sein einfacher, teilweise sehr kurzer Griffel endet in einer meist zweilappigen Narbe. Die Bestäubung der Blüten nehmen Insekten vor. Die kapselartigen Früchte springen zuweilen nicht oder nur unvollkommen und unregelmäßig auf. Ihre Samen haben eine hartkrustige Samenschale und besitzen Nährgewebe.

An Fossilien ist bisher nur der Samen einer *Menyanthes*-Art aus dem jüngeren Tertiär gefunden worden.

In der gesamten nördlich gemäßigten Zone ist die monotypische Gattung *Menyanthes* verbreitet. Der Dreiblättrige Fieberklee, *Menyanthes trifoliata,* ist ein auf sumpfigen und torfigen Wiesen in Mitteleuropa anzutreffendes, bis zu 30 cm hoch wachsendes, ausdauerndes Kraut. Seine grundständigen Blätter sind lang gestielt, und der Grund des Stieles umschließt den Sproß. Die weißen oder schwach rötlich angehauchten, bärtigen Blüten stehen in kurzen Trauben an der Spitze des Schaftes. Die Blätter enthalten u. a. das bittere Glykosid Loganin und werden bei Magenkrankheiten, gegen Wechselfieber und Kopfschmerzen angewendet.

In Australien kommen 9 Arten der Gattung *Villarsia* vor, die zehnte Art ist in Südafrika heimisch. Diese Sumpfkräuter haben grundständige, langgestielte Blätter, die entweder ganzrandig oder unregelmäßig buchtig gezähnt sind. Die Blütenstände mit den meist gelben Blüten stehen am Ende eines einfachen, blattlosen oder gering verzweigten und mit wenig Blättern besetzten Schaftes.

Seekanne, *Nymphoides peltata.* Die Art ist ein Musterbeispiel für eine morphologisch-ökologische Konvergenz. Ihre Schwimmblätter können leicht mit denen von Teich- oder Seerose verwechselt werden. Die Blüten weisen sie jedoch zu den Gentianales gehörend aus. Die Seekanne ist nur noch selten in den großen Stromtälern Deutschlands zu finden.

Über die Tropen und Subtropen der ganzen Erde sind die schwimmenden Wasser- oder kriechenden Sumpfpflanzen der 25 Arten der Gattung *Nymphoides,* Seekanne, verbreitet, von der allerdings auch einige Arten bis in die gemäßigten Gebiete vordringen. Hierzu gehört die in Mitteleuropa seltene Radblättrige Seekanne, *Nymphoides peltata,* deren Areal von Süd- und Mitteleuropa bis nach China und Japan reicht. Sie wächst in stehenden oder langsam fließenden Gewässern. Das Rhizom wuchert im Schlamm stark und breitet sich weit aus. Ihre herzförmig-kreisrunden, im Durchmesser bis zu 15 cm großen Blätter schwimmen auf dem Wasser. Die langgestielten Blüten sind in blattwinkelständigen Dolden vereinigt, und ihre bewimperten Kronblätter haben eine leuchtend gelbe Farbe.

Die beiden folgenden Familien, die *Apocynaceae* und die *Asclepiadaceae,* sind ebenfalls den *Loganiaceae* anzuschließen, weisen jedoch in verschiedener Hinsicht komplizierte Detailstrukturen und damit eigene Entwicklungstendenzen auf. Beiden Familien gemeinsam sind ungegliederte Milchröhren, deren Milchsaft alkaloidreich ist, und die daher als Gift- oder Heilpflanzen bedeutsam sind. Auf diesem Gebiet kann bei weiterer Forschung auch künftig mit pharmakologischen Entdekkungen gerechnet werden.

Familie Hundsgiftgewächse, Apocynaceae

Zu dieser Familie werden etwa 300 Gattungen mit über 1500 Arten gerechnet. Der überwiegende Teil davon ist in den Tropen und Subtropen zu finden; nur wenige Gattungen sind allein in den gemäßigten Zonen verbreitet; dazu gehören das Hundsgift, *Apocynum,* und das Immergrün, *Vinca.*

Es sind überwiegend holzige Gewächse, die sich emporwinden, wie beispielsweise in der Gattung *Landolphia,* oder mit Hilfe von Zweig- und Hakenranken oder als Spreizklimmer nach oben klettern. Die Hundsgiftgewächse stellen einen bedeutenden Bestandteil der Lianen besonders in den tropischen Wäldern. Aufrechte Sträucher und Bäume sind nicht sehr zahlreich vertreten. Unter den Sträuchern fallen die der Gattung *Carissa* auf, deren Sprosse mit einfachen oder gabelig geteilten Dornen bewehrt sind. Hohe Bäume findet man u. a. in den Gattungen *Alstonia* und *Rauvolfia.* Die Gattung *Adenium* kennzeichnen weiche, knollenartige Stämme, die zuweilen an Zuckerhüte erinnern. Gleichfalls eigenartig verdickte, wenn auch nicht knollenförmige Stämme findet man bei *Pachypodium.* Ziemlich selten sind Stauden mit ausdauernden Grundachsen, die beispielsweise in den Gattungen *Vinca* und *Apocynum* vorkommen. Ihre einjährigen Triebe verholzen am Grunde nur mäßig und sterben bis nahe zur Grundachse hin ab, im folgenden Jahr wachsen aus den Knospen der untersten Niederblätter neue Sprosse. Beim Immergrün verholzen die Triebe stärker und bilden kleine Halbsträucher. Die Halbsträucher der Camposformationen Brasiliens dagegen haben mächtige, knollenartig verdickte, zu Stärke- und Wasserspeichern umgebildete Grundachsen. Es handelt sich um Anpassungsformen an die gebüscharmen Steppen, die sich vermutlich aus den nahe verwandten, windenden Arten entwickelt haben. Einjährige Kräuter sind bei den Hundsgiftgewächsen unbekannt.

Die Blätter stehen gewöhnlich kreuzgegenständig, zuweilen sind sie quirlig und nur selten spiralig angeordnet. Gelegentlich findet man auch rudimentäre Nebenblätter. Die einfache und ganzrandige Blattspreite weist parallel verlaufende Seitennerven erster Ordnung auf, die bisweilen sehr dicht nebeneinander stehen. Diese enggenervten Blätter sind ein auffälliges Familienmerkmal. In den Blattachseln befinden sich bei einzelnen Arten fingerförmige Drüsen, deren Sekret die Umgebung wie lackiert erscheinen läßt. Die Blüten sind vielfach in reichblütigen, zusammengesetzten Blütenständen, die aus zymösen Teilinfloreszenzen bestehen, vereint.

Der Kelch der fünfzähligen, strahligen und zwittrigen Blüten ist meist tief geteilt. Die Zipfel der Blütenkrone zeigen in der Knospenlage fast ausnahmslos eine gedrehte Deckung. Bei der Krone überwiegt die stielteller- und trich-

Adenium obesum. 1 Blühender Zweig; 2 Staubblätter mit schwanzartig verlängerten, äußeren Pollenfächern und an der Spitze langgeschwänzten Antheren; 3 Längsschnitt durch das Androeceum. Die Antheren, die über dem Narbenkopf ein Dach bilden, sind fest mit ihm durch kallusartige Wucherungen der kurzen inneren Pollenfächer verbunden.

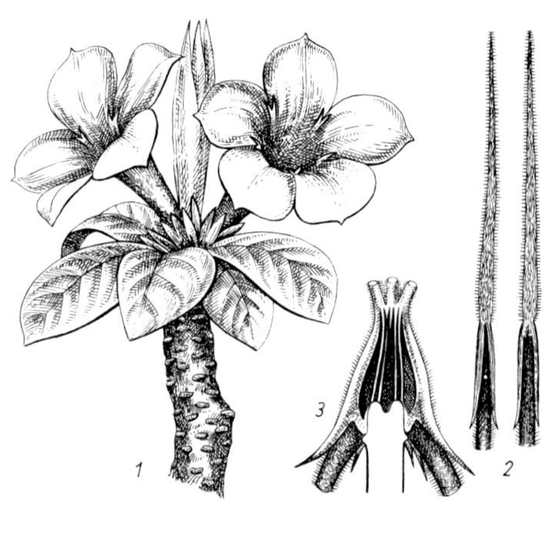

terförmige Gestalt, während man vor allem bei den kleinblütigen Arten auch krug- und kugelförmige Gebilde antrifft. Das Innere der Kronröhre ist nicht nur mit Haaren, sondern auch mit Höckern und Schuppen besetzt. In ihr sind stets die 5 Staubblätter mit den fast immer kurzen Filamenten angeheftet. Bei den Antheren entwickeln sich entweder die 4 Pollenfächer gleichmäßig, oder die äußeren sind mehr oder weniger schwanzartig verlängert und die inneren beträchtlich verkürzt. Diese längeren Pollenfächer, in deren Schwänzen sich kein Pollen befindet, ergeben die pfeilförmige Form der Antheren. Der Fruchtknoten ist ober- oder etwas unterständig und besteht aus 2, selten bis zu 5, gewöhnlich fast freien Fruchtblättern; diese Apokarpie ist hier vermutlich eine Weiterentwicklung, da die vorhergehenden Familien alle miteinander verwachsene Fruchtblätter aufweisen. Es gibt allerdings auch noch einige Gattungen, bei denen die Fruchtblätter miteinander verwachsen sind. Die zahlreichen, ausnahmslos umgewendeten und in den allermeisten Fällen hängenden Samenanlagen sitzen an Leisten. Diese Samenleisten befinden sich bei den zweifächerigen Fruchtknoten, deren Fruchtblätter miteinander verwachsen sind, an den Scheidewänden. Bei den apokarpen Fruchtknoten laufen die Samenleisten an den sich berührenden Wänden herab. Sie springen allerdings nicht besonders hervor. Der einfache, oft fadenförmige und häufig sehr kurze Griffel endet in einem stark verdickten, mehr oder weniger tief zweilappigen Narbenkopf. Er hat meist die Form eines Zylinders, gelegentlich gleicht er einer niedrigen, kreisrunden Schachtel (bei der Gattung *Vinca*). Der empfängnisfähige Teil der Narbe liegt am Grunde der Verdickung, oft am Rande eines manschettenförmigen Teiles. Bei *Vinca* hängen vom Scheitel des Narbenkopfes 5 lange Haarsträhnen herab. Mit dem Narbenkopf sind die Antheren fest verbunden, sie bilden über ihm ein nur an 5 Stellen durchbrochenes Dach. Die Verbindung geschieht durch kallusartige Wucherungen unterhalb der kurzen Pollenfächer. Nur an diesen 5 schmalen Spalten des Antherendaches können die Insekten, die die Befruchtung vermitteln, ihren Rüssel einführen. Oberhalb der empfängnisfähigen Stelle der Narbe befinden sich eine Klebzone, die ein Sekret ausscheidet, mit dem der Rüssel benetzt wird, sowie ein Ring von Bürstenhaaren zum Abstreifen des an dem Rüssel klebenden Pollens.

Die Frucht besteht gewöhnlich aus 2 auf der Bauchseite aufspringenden, balgkapselartigen Teilfrüchten, die manchmal perlschnurartig eingeschnürt sein können. Die Arten mit verwachsenen Fruchtblättern haben in der Regel beerenartige Früchte, die sich teilweise durch einen besonderen Wohlgeschmack auszeichnen; es gibt aber auch Gattungen mit Stein- und Kapselfrüchten. Eine Verbreitung der Früchte durch das Meerwasser ist von den Gattungen *Tabernaemontana* und *Cerbera* bekannt geworden. Die Samen trockener Früchte breiten sich durch den Wind aus, wobei ihnen ihre Behaarung oder die Flügel zustatten kommen. Die Samen der Gattung *Tabernaemontana* besitzen einen fleischigen Samenmantel. In den Samen ist mehr oder weniger reichlich, zuweilen zerklüftetes Nährgewebe enthalten. Weitere charakteristische Merkmale der Familie sind die ungegliederten Milchsaftröhren und der innere Weichbast.

Es wurden bisher zwar zahlreiche fossile Blattreste beschrieben, deren Zugehörigkeit zu den Hundsgiftgewächsen aber nur zum Teil eindeutig gesichert werden konnte.

Die Gliederung dieser sehr natürlichen Familie bereitet erhebliche Schwierigkeiten. Es werden 4 Unterfamilien mit zahlreichen Triben und Subtriben unterschieden, die sich u.a. auf Merkmale des Narbenkopfes, der Antheren und der Samenbehaarung gründen.

Unterfamilie Plumerioideae

Bei den hierzu gehörenden Gattungen sind die Antheren nicht fest mit dem Narbenkopf verbunden, und die Samen haben meistens keinen Haarschopf. Die Pollensäcke öffnen sich mit einem inneren Längsspalt. Die Kronröhre weist nur selten Schuppenbildungen auf. In der Knospenlage sind die Abschnitte der Krone meist links gedreht.

In erster Linie sind die Gattungen anzuführen, aus deren Pflanzen Kautschuk gewonnen wird. Im tropischen Amerika ist es *Hancornia speciosa,* die einzige Art der Gattung *Hancornia,* ein Bäumchen, das den sogenannten Mangabeiragummi liefert und von dem auch die süß-säuerlich schmeckenden Früchte in Brasilien sehr geschätzt sind.

In Afrika und auf Madagaskar ist die Gattung *Landolphia* verbreitet, bei der die meisten ihrer 55 Arten kräftige Lianen darstellen, die mit Hilfe von Ranken, die aus Blütenständen hervorgegangen sind, klettern. Ihre weißen Blüten duften stark. Die häufig kugelrunden, seltener birnenförmigen Früchte, die etwa die Größe und Farbe einer Orange haben, enthalten von einer säuerlichen Pulpa umgebene, große Samen. Die wichtigsten Arten sind *Landolphia florida* und *Landolphia owariensis* in Westafrika, *Landolphia heudelotti* und *Landolphia klainii* im tropischen Afrika und schließlich *Landolphia gummifera* auf Madagaskar. Im tropischen Ostasien und in Malesien ist die Gattung *Willughbeia* heimisch, deren etwa 20 Arten Lianen sind, die mit Krallenranken klettern. Sie gehen aus Blütenständen hervor und sind fadenförmige Organe mit kurzen Seitenästen, die in ein- oder zweimal gespaltene, kurz gekrümmte Ranken auslaufen. Bei den Früchten handelt es sich um große, kugelförmige Beeren mit einem harten Exokarp. Von *Willughbeia edulis,* die von Assam bis Borneo vorkommt, werden sie gegessen.

Die 30 Arten der Gattung *Carissa* findet man in den Tropen Afrikas, Asiens und Australiens. Die sparrigen Äste der sich sehr stark verzweigenden Sträucher sind mit einfachen oder gabelig geteilten Dornen bewehrt.

Vor allem wird die von Indien bis Malesien verbreitete *Carissa cavandas* in Indien und auf Java als Hecken- und Obstgehölz angebaut, deren Früchte man unreif in Essig konserviert und reif zu Mus und Gelee verarbeitet. Als die besten wildwachsenden Früchte des östlichen Südafrikas hält man die von *Carissa macrocarpa.*

Ziemlich hartes Holz haben die Bäume der 80 Arten der im tropischen und subtropischen Amerika heimischen Gattung *Aspidosperma.* Aus Argentinien und Chile ist z.B. das außerordentlich harte, weiße Quebrachoholz von *Aspidosperma quebrachoblanco* bekannt geworden. Die gerbstoff- und alkaloidhaltige Rinde der Bäume wurde früher als Mittel gegen Fieber verwendet.

Leichtes, weiches Holz dagegen zeichnet die etwa 65 Arten der Gattung *Alstonia* aus, die im tropischen Afrika und Asien, in Ozeanien und Mittelamerika vorkommen. Als eine Art von »Korkholz« gilt das von *Alstonia scholaris.* Aus ihm wurden früher Schultafeln hergestellt, und seine wie beim Enzian bittere Rinde ist als tonisches Heilmittel geschätzt. Die Art findet man im tropischen Asien.

Vom Immergrün, *Vinca,* haben 6 Arten ihr natürliches Areal in Europa, im Mittelmeergebiet und in Vorderasien, während in jüngster Zeit eine siebente in Aserbaidschan gefunden wurde. Es sind aufrechte oder niederliegende Kräuter oder Kriechsträucher mit gegenständigen, immergrünen Blättern. Ihre ziemlich großen, überwiegend blauen Blüten stehen einzeln in den Blattachseln. Von Kleinasien bis nach Mitteleuropa findet man in Laubwäldern und Gebüschen das Kleine Immergrün, *Vinca minor,* das bis zu 15 cm hoch wird und lange, niederliegende Sprosse hat, die an den Blattknoten oft Wurzeln ausbilden. Seine kurzgestielten Blätter sind dunkelgrün und lederartig und die Blüten hellblau und langgestielt. Es ist eine der schönsten bodenbedeckenden Schattenpflanzen, die obendrein im Frühling

Rauvolfia serpentina, eine wichtige Alkaloid-Heilpflanze

recht ansprechend blüht. In der Kultur hat sich die Mannigfaltigkeit der Art weiter entwickelt, so gibt es jetzt sowohl einfach- als auch gefülltblühende Formen, deren Blüten weiß, schwarzviolett, kupferfarben oder purpurrot sein können. Außer grünblättrigen findet man Sippen mit silberweißen oder gelbgerandeten und gezeichneten Blättern.

Überall in den Tropen, ausgenommen in Australien, kommt die Gattung *Rauvolfia* vor. Ihre 90 Arten sind kahle Sträucher oder Bäume mit quirlständigen Blättern und steinfruchtartigen Teilfrüchten, die am Grunde häufig miteinander verbunden sind. Die Gattung ist vor allem durch den Alkaloidreichtum der in Indien und im westlichen Malesien heimischen *Rauvolfia serpentina* bekannt geworden. Die Wurzel des einen halben bis einen Meter hohen Strauches enthält etwa 40 Alkaloide, die auf die Funktion des Herzens, der Atmung und des Zentralnervensystems einwirken. Die einzelnen Alkaloide zeigen eine unterschiedliche Wirkung, so daß man sie isoliert und getrennt anwendet. Im Jahre 1953 verhängte Indien ein Ausfuhrverbot für *Rauvolfia serpentina.* Inzwischen hat man bei der im tropischen Afrika verbreiteten *Rauvolfia vomitaria* und der aus dem tropischen Amerika stammenden *Rauvolfia tetraphylla* die gleichen oder ähnliche Alkaloide gefunden. Alle 3 Arten werden jetzt auch angebaut.

Mit 130 Arten ist die Gattung *Alyxia* eine der größten der Familie. Die Sträucher haben weitnervige Blätter und kleine Blüten. Ihre gepaarten oder häufig durch Abortation auch einzelnen Teilfrüchte sind unter jedem Samen perlschnurartig eingeschnürt. Die Gattung ist im tropischen Asien und in Ozeanien verbreitet. Von *Alyxia lucida,* das auf der Malaiischen Halbinsel, auf Sumatra und Borneo vorkommt und dort auch kultiviert wird, gebraucht man die Rinde wie Zimtrinde.

Unterfamilie Tabernaemontanoideae

Mit etwa 140 Arten ist *Tabernaemontana* die umfangreichste Gattung der Familie, die ihr natürliches Verbreitungsgebiet im tropischen und subtropischen Amerika und Afrika hat. Es sind immergrüne Bäume oder Sträucher mit dünnen oder lederigen Blättern. Die fleischigen Teilfrüchte haben zahlreiche, von einem Samenmantel umgebene Samen. In Indien wird *Tabernaemontana coronaria* wegen der duftenden, weißen Blüten kultiviert, seine Heimat ist unbekannt. Es ist ein gabelig verzweigter Strauch mit glänzenden, lederartigen, länglichen Blättern. Die Blüten stehen in Büscheln an den Zweiggabeln und sind 3 bis 5 cm breit, sie duften besonders nachts sehr stark.

Unterfamilie Cerberoideae

Dieser Verwandtschaftskreis besteht nur aus wenigen Gattungen, die den Übergang zur folgenden Unterfamilie bilden. Ihre Antheren, die nicht fest mit dem Narbenkopf verbunden sind, laufen oft in einer langen, terminalen Spitze aus. Die Pollensäcke öffnen sich mit mehr oder weniger seitlichen Längsspalten. Die Kronröhre ist mit Schuppen besetzt, und die Abschnitte der Krone sind nur nach links gedreht. Die Samen tragen keine Haare.

Auf 2 Gattungen soll etwas näher eingegangen werden. Die Gattung *Cerbera* ist mit ihren 8 Arten, die Bäume sind, im tropischen Asien, in Ozeanien, auf Madagaskar und den Seychellen zu finden, wobei *Cerbera manghas* überall in den Strandwäldern des Verbreitungsgebietes anzutreffen ist. Ihre großen Teilfrüchte haben ein fleischiges Exokarp, ein sehr zähes, netzfaseriges Mesokarp und ein hartes, holziges Endokarp. Nach dem Faulen des äußeren Fruchtfleisches ermöglicht die verbleibende Faserhülle des Mesokarps den Früchten das Schwimmen im Meer und damit die Verbreitung. Die äußerst giftigen Samen der auf Madagaskar und den Seychellen heimischen *Cerbera venenifera* wurden früher bei sogenannten Gottesurteilen dem Angeklagten verabreicht.

Von den 9 Arten der Gattung *Thevetia* wird wegen seiner gelben, duftenden Blüten *Thevetia peruviana* als »Gelber Oleander« in vielen tropischen Ländern angebaut. Es ist ein dichtbelaubter, immergrüner Strauch oder kleiner Baum. Das natürliche Verbreitungsgebiet der Gattung liegt in Mittel- und Südamerika.

Unterfamilie Apocynoideae

Im Gegensatz zu den vorherigen Unterfamilien sind die Antheren bei dieser Gruppe fest mit

dem Griffelkopf verbunden und ihre äußeren Pollenfächer schwanzartig verlängert. Es kommen meist gedrehte Kronabschnitte und behaarte Samen vor.

Das Areal der Gattung *Nerium* reicht vom Mittelmeergebiet bis nach Nordindien und Südwestchina. Die Heimat des Oleanders, *Nerium oleander,* ist nicht sicher bekannt, jetzt ist er im Mittelmeergebiet und bis nach Vorderasien verbreitet. Die Sträucher oder kleinen Bäume können bis zu 6 m hoch werden, und ihre lanzettlichen, am Grunde verschmälerten und kurz gestielten Blätter erreichen eine Länge bis zu 15 cm. Die rosafarbenen Blüten sind in endständigen, vielblütigen Trugdolden vereint. Die Pflanzen enthalten in allen Teilen einen bitteren, giftigen Milchsaft. Der Oleander wächst im Verbreitungsgebiet in Gruppen an Wasserläufen. In Mitteleuropa gehört er zu den ältesten und beliebtesten Kübelpflanzen, wobei er in warmen Sommern von Juni an blüht, in verregneten Sommern die Knospen dagegen geschlossen bleiben und sich erst im folgenden Jahre entfalten. Den Winter über werden die Kübel in hellen, luftigen Räumen eingestellt. In der Kultur, vor allem in den Gärten Südeuropas, sind rot-, weiß-, gelb- und gestreift- sowie gefülltblühende Formen entstanden. Gegen Erkrankungen des Herzmuskels wendet man die aus den Blättern gewonnenen Glykoside, u. a. Oleandrin und Neriin, an. In Nordindien ist eine andere Art, *Nerium indicum,* heimisch, die dort auch in Gärten und Parkanlagen angepflanzt wird. Sie ist etwas schwächer wüchsig als der Oleander.

Hochkletternde Lianen sind die meisten der 50 Arten der Gattung *Strophanthus,* die man in den tropischen Wäldern Afrikas, Asiens und Malesiens findet. Die ansehnlichen Blüten haben am Rand der Kronröhre 10 Schuppen, und die Kronzipfel laufen häufig in sehr lange, fadenförmige Schwänze aus. Die Teilfrüchte enthalten zahlreiche Samen, die am Grunde mit einem längeren, aufrechten Haarbüschel versehen sind, der leicht abfällt; ihre Spitze läuft in eine lange Granne aus, die am Ende behaart ist. Samen und Wurzeln der beiden westafrikanischen Arten *Strophanthus gratus* und *Strophanthus kombe* enthalten das Glykosid Strophantin, das ein wirkungsvolles Herzstärkungsmittel ist. Zur Bereitung von Pfeilgiften wurden Samen und Wurzeln verschiedener *Strophanthus*-Arten verwendet.

Nerium oleander, der Oleanderstrauch, wird im Mittelmeergebiet vielfach an Straßenrändern gepflanzt.

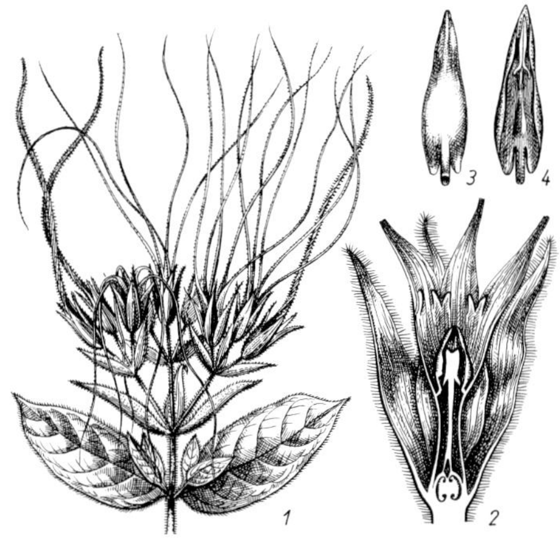

Strophanthus hispidus. 1 Blühender Zweig, die Kronblätter laufen in sehr lange, fadenförmige Schwänze aus; 2 Längsschnitt durch eine Blüte. Am Rand der Kronröhre sind die paarig verbundenen Schuppen zu erkennen. Die kurzen Filamente der Staubblätter krümmen sich zu dem Griffel hin. Staubblätter von außen (3) und innen (4)

In den Steppen und Wüsten der Arabischen Halbinsel, in Südafrika und in den afrikanischen Tropen trifft man auf die 10 Arten der Gattung *Adenium.* Es sind Sukkulente mit einem dicken, unförmigen, bis 10 m hoch wachsenden Stamm, der an einen Zuckerhut erinnert und am Grund einen Durchmesser von 3 und mehr Metern erreichen kann. An den ebenfalls recht dicken Ästen sind die etwas fleischigen Blätter spiralig angeordnet. Die großen, trichterförmigen, roten Blüten sind in dichten, dichasialen Blütenständen vereint. Der bei einer Verletzung der Pflanze sehr stark ausfließende Milchsaft ist äußerst giftig. Mehrere Arten werden zur Herstellung von Pfeilgiften benutzt. Die häufigste Art ist die in den Trockengebieten Ostafrikas weit verbreitete *Adenium obesum.*

Auf die Trockengebiete Südafrikas, Angolas und Madagaskars beschränkt ist die Gattung *Pachypodium.* Es sind sukkulente Sträucher mit zuweilen unförmigen, keulig verdickten Stämmen und knollenförmigen Wurzeln. Ihre

Pachypodium namaquanum. Die in Trockengebieten Südafrikas vorkommende Art zeichnet sich durch keulig verdickte, sukkulente Stämme aus.

ungestielten Blätter stehen spiralig und sind am Grunde mit Stacheln bewehrt. Gelegentlich findet man einige der 20 Arten in Sukkulentensammlungen.

Die Gattung *Apocynum,* die der Familie den Namen gab, ist in Nordamerika heimisch. Die 7 Arten sind aufrechte, ausdauernde Stauden mit recht kleinen, in end- oder seitenständigen Rispen vereinten Blüten. Die Rindenfasern von *Apocynum cannabinum* benutzten die Indianer im östlichen Nordamerika wie Hanf.

Familie Schwalbenwurzgewächse, Asclepiadaceae

Die vorwiegend in den Tropen verbreitete Familie umfaßt an die 3000 Arten, die sich auf etwa 250 Gattungen verteilen. Das Hauptverbreitungsgebiet ist Afrika, wo ungefähr zwei Drittel aller Gattungen vorkommen, ein besonderes Mannigfaltigkeitszentrum liegt dabei in Südafrika. Als einziger Vertreter der Familie dringt die Weiße Schwalbenwurz, *Vincetoxicum hirundinaria,* bis Mitteleuropa und Südskandinavien vor.

Die Seidenpflanzengewächse sind vorwiegend windende Halbsträucher, nur wenige ausdauernde Stauden, die aus einer knolligen oder rübenförmigen Grundachse Sprosse hervorbringen. Hohe Bäume und größere Sträucher sind recht selten vertreten. Sehr häufig trifft man auf Anpassungen an trockenwarme Klimate. Dazu gehört die oft weitgehende Rückbildung der Laubblätter, womit entweder eine Entwicklung zur Sukkulenz, wie bei *Stapelia,* oder zur rutenstrauchartigen Wuchsform einhergeht, wie sie bei *Leptadenia pyrotechnica* zu finden ist, die als fast blattloser Rutenstrauch eine Charakterpflanze der afrikanischen, vorderasiatischen und indischen Wüsten darstellt und den Arabern getrocknet als nie verlöschende Lunte diente. Bei *Stapelia* und den mit ihr verwandten Gattungen des südlichen Afrikas, *Hoodia* und *Trichocaulon,* schwellen wie bei den Kakteen die sogenannten Blattpolster außerordentlich an. Die zu stachelförmigen Organen zurückgebildeten Blätter sitzen dabei auf sich von unten nach oben verjüngenden Höckern. Bei anderen Gattungen werden die Laubblätter dickfleischig. In der epiphytischen Gattung *Dischidia* ist ein Teil der Laubblätter zu großen, schlauchförmigen Taschen umgebildet, die als Wasserbehälter für die in sie hineinwachsenden Adventivwurzeln dienen (u. a. bei *Dischidia rafflesiana*). Die einfachen und meist ganzrandigen Blätter sind gegenständig oder quirlständig und nur selten spiralig angeordnet. Nebenblätter sind nur rudimentär oder fehlen ganz.

Die bei den allermeisten Gattungen kleinen Blüten sind strahlig, zwittrig und fünfzählig. Ihre Kelchblätter verwachsen sehr häufig nur am Grunde miteinander. Die Blumenkrone ist radförmig, seltener ist die Kronröhre länger, so daß dann die Krone stieltellerförmig oder trichterförmig wird. Gelegentlich findet man am Grunde kugelförmig erweiterte Kronröhren, beispielsweise bei der Gattung *Ceropegia.* Die Kronzipfel sind in der Knospenlage entweder gedreht, fast immer nach rechts, oder seltener klappig. Bei einer Reihe von Gattungen, darunter auch *Ceropegia,* verwachsen die

Ceropegia distincta, deren Blüten als Kesselfallen ausgebildet sind

Kronzipfel an der Spitze und bilden einen kegel- oder kugelförmigen Aufsatz auf der Kronröhre.

Für die Gliederung der Familie ist die Nebenkrone (Korona), die sehr verbreitet auftritt, von Bedeutung. Sie besteht gewöhnlich aus auffällig geformten Zipfeln oder geschlossenen, ring- oder becherförmigen Gebilden, die von der Blumenkrone oder den Staubblättern ausgehen. Die von der Krone ausgehende Nebenkrone ist einfach und entsteht durch Auswüchse an der Innenseite der Kronblätter. Dagegen ist die von den Staubblättern ausgehende Korona sehr unterschiedlich gestaltet; sie kann entweder schuppen-, zungen- oder spatelförmig sein, zuweilen aber auch ein Hohlkörper, der den Staubblattkegel umgibt. Doppelte Nebenkronen entstehen, wenn je eine von der Krone und den Staubblättern ausgehende Korona gebildet wird oder die von den Staubblättern ausgehende zweifach vorhanden ist.

Die Staubblätter bestehen gewöhnlich nur aus den Antheren, die häufig knorpelige, den Füßen der Insekten als Leitschienen dienende Seitenränder haben. Zum überwiegenden Teil besitzen die Theken nur ein fertiles Pollenfach. Die beiden Fruchtblattenden verschmelzen und schwellen an der Spitze zu einem vielgestaltigen, mehr oder weniger fünfkantigen Narbenkopf an. Die Antheren legen sich an ihn an und verkleben oder verwachsen mit ihm; auf diese Weise wird der Narbenkopf von den Antheren in der Form eines fünfseitigen, abgestützten Kegels umgeben. Die eigentlichen empfängnisfähigen »Narben« liegen an der Unterseite des Narbenkopfes, es sind 5 deutlich begrenzte Stellen.

Den Körper, der durch Vereinigung von Narbenkopf und Antheren entsteht, hat man Gynostegium genannt. Die Pollenkörner in den Theken verkleben entweder alle durch eine wachsartige Masse miteinander und bilden sogenannte Pollinien, oder es verschmelzen seltener nur jeweils 4 zu Tetraden. Jedes Pollinium hängt mit dem der benachbarten Anthere durch Arme zusammen. Diese sind erhärtende Ausscheidungen einer am Rande

Asclepias syriaca. 1 Blüte. K = Kelchblatt, Kr = Kronblatt. 2 Blüte im Längsschnitt. St = Staubblätter, A = Anthere, N = Narbenkopf, Fr = Fruchtknoten. 3 Gynostegium mit einem Insekt, an dessen Füßen Pollinien hängen. 4 Gynoeceum. Kl = Klemmkörper, Narbenkopf mit Pollinien (P) beladen. 5 Translator. Kl = Klemmkörper, Ri = Arme, P = Pollinien

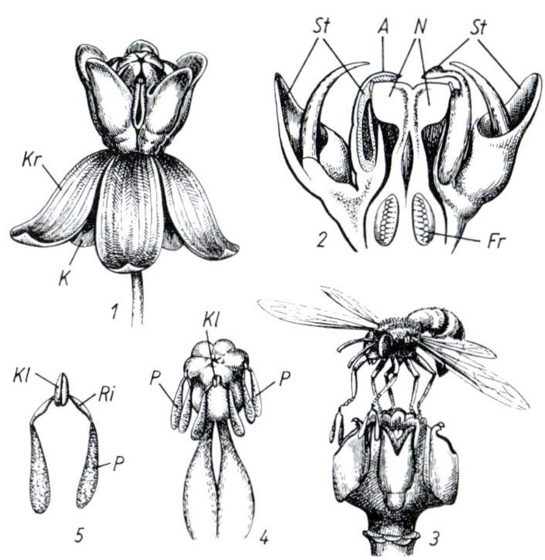

des Narbenkopfes befindlichen, später ebenfalls erhärtenden und mit ihnen sich ablösenden Drüse, des sogenannten Klemmkörpers. Die Arme mit dem Klemmkörper werden Translatoren genannt. Die Pollinien hängen an den Armen entweder senkrecht nach unten, oder sie sind an ihnen horizontal oder senkrecht nach oben stehend befestigt. Bei den Arten mit körnigen Pollentetraden bestehen die Translatoren nur aus einer Klebscheibe mit einem Stiel und einem löffel- oder tütenförmigen Anhang, in den die Pollentetraden aus den Pollenfächern zweier benachbarter Antheren hineinfallen.

Die Bestäubung der Blüten wird durch kleinere Insekten vorgenommen. Sie werden von dem Duft oder bei den sukkulenten Gattungen, beispielsweise *Stapelia,* von ihrem Aasgeruch angelockt. Den Nektar sondern hauptsächlich Drüsen der aus den Staubblättern hervorgehenden Nebenkrone ab. Bei der Bestäubung werden nach der Art der Translatoren zwei Möglichkeiten unterschieden. Befliegt ein Insekt, um Nektar zu sammeln, die Blüte von Arten mit Klebscheibentranslatoren und berührt dabei die Klebscheibe, so heftet sie sich an seinem Kopf fest. Beim Abflug zieht das Tier den gesamten Translator, in dessen Anhang mittlerweile der Pollen von den nach innen sich öffnenden Pollensäcken entleert wurde, aus der Blüte und trägt ihn hinweg. Dieser Anhang bleibt aufrecht am Kopf des Insekts sitzen und schiebt sich beim Befliegen der nächsten Blüte über die empfängnisfähigen Narbenstellen an der Unterseite des Narbenkopfes, wobei einige Pollentetraden kleben bleiben. Bei den Blüten, deren Translatoren mit einem Klemmkörper ausgestattet sind, ist dieser mit einer Rinne versehen. In dieser Rinne verfangen sich die nektarsuchenden Insekten entweder mit dem Rüssel, so etwa bei den Blüten der Gattungen *Vincetoxicum* und *Cynanchum,* oder mit den Beinen, die in der von 2 benachbarten Antheren gebildeten Leitschiene zum Klemmkörper geführt werden, so u. a. bei den Blüten von *Asclepias.* Wenn die Tiere kräftig genug sind, reißen sie beim Abflug die Translatoren ab und ziehen damit die Pollinien heraus. Beim Befliegen einer anderen Blüte werden die Pollinien in den Spalt zwischen den Antheren so weit nach oben geschoben, daß sie die an der Unterseite des Narbenkopfes befindlichen, empfängnisfähigen Narbenflecke berühren. Dabei werden die Pollinien abgestoßen.

In der Gattung *Ceropegia* befindet sich der verhältnismäßig kleine Geschlechtsapparat in der am Grunde kugelförmig erweiterten Kronröhre. Die Kronröhre ist wie bei *Aristolochia* (s. Bd. Blütenpflanzen 1, S. 65–66) reusenartig von mit der Spitze nach unten gewendeten Haaren besetzt, die kleineren Insekten den Ausgang verwehren. Erst einen Tag nach der Vollblüte geben die Haare den Weg nach außen wieder frei, und bald darauf fällt die Blumenkrone zusammen.

Der Fruchtknoten ist oberständig und nur selten etwas eingesenkt; er besteht aus 2 getrennten Fruchtblättern, die in einen einfachen Griffel auslaufen. An der Spitze schwellen die beiden Griffel an und verschmelzen miteinander zu dem Narbenkopf. Die Fruchtblätter umschließen zahlreiche, an der Bauchnaht hängende, umgewendete Samenanlagen. Die Früchte sind an der Bauchnaht aufspringende Balgkapseln, die die Form von einseitig etwas abgeplatteten Spindeln, seltener von rundlichen, aufgetriebenen Kugeln haben. Sie sind in der Regel außen glatt, nur selten stachelig

Übersicht über die Kesselfallenblüten von *Ceropegia*-Arten: 1 *Ceropegia radicans;* 2 *Ceropegia sandersonii;* 3 *Ceropegia distincta;* 4 *Ceropegia stapeliiformis.* Die Duftfelder der Blüten, von denen der die kleinen Fliegen anlockende Duft ausströmt, sind gestrichelt; die Gleitzonen – sie sind gepunktet –, an denen die Insekten in die Blüte hinabstürzen, reichen bis zur gestrichelten Linie. Die Blüten der ersten 3 Arten besitzen an den Duftfeldern bewegliche Wimpern, die zusätzlich die Fliegen zum Anfliegen der Blüten anreizen.

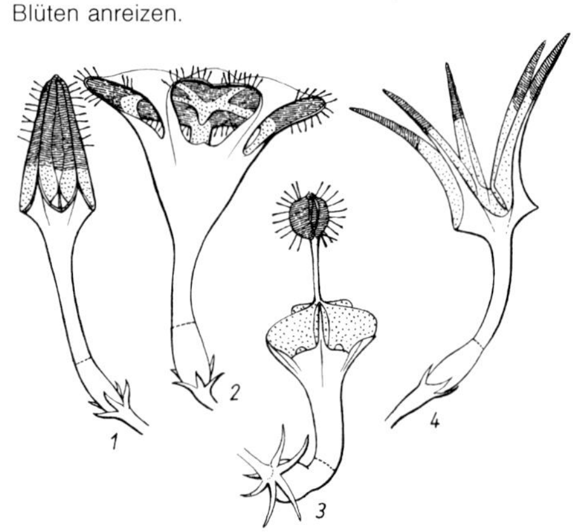

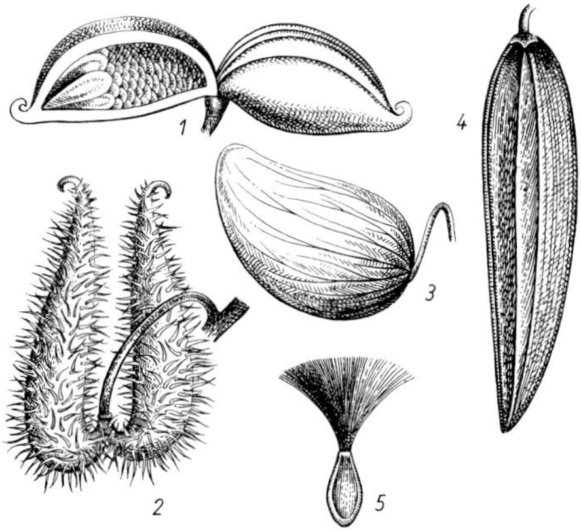

Balgfruchtformen und Samen von Arten der Seidenpflanzengewächse: 1 *Finlaysonia obovata;* 2 *Daemia cordifolia;* 3 *Calotropis procera;* 4 *Marsdenia cundurango;* 5 Samen von *Marsdenia cundurango* mit den sich schirmförmig entfaltenden Schopfhaaren

oder flügelig. Bei der Reife lösen sich die flachen, fast immer mit einem Schopf aus seidig glänzenden Haaren versehenen Samen aus der Frucht. Die Schopfhaare entfalten sich zu einem halbkugeligen Schirm, durch den die Samen leicht vom Wind verbreitet werden können.

An anatomischen Merkmalen weisen die Seidenpflanzengewächse ebenso wie die Hundsgiftgewächse ungegliederte Milchsaftröhren und inneren Weichbast auf. Alkaloide und besonders toxische Glykoside sind in der Familie weit verbreitet.

Die den Apocynaceen recht nahestehende Familie läßt sich in 2 Unterfamilien aufteilen, die voneinander scharf getrennt, in sich jedoch weitgehend einheitlich sind. Sie können auch als eigene Familien aufgefaßt werden. Umstritten und schwierig ist die Abgrenzung der Gattungen, so daß sich für sie kaum genaue Artenzahlen angeben lassen.

Unterfamilie Periplocoideae

Die Verbreitung dieser Unterfamilie ist mit ungefähr 40 Gattungen auf die Alte Welt beschränkt. Die meisten Gattungen bestehen nur aus wenigen Arten, deren gemeinsame Merkmale die löffelförmigen Translatoren sind, die am Grunde eine Klebscheibe haben, sowie die mit 4 Pollenfächern ausgestatteten Antheren, in denen der Pollen zu Tetraden verklebt ist.

Aus diesem Verwandtschaftskreis kultiviert man gelegentlich in Mitteleuropa zur Bekleidung von Lauben die windenden, sommergrünen Sträucher von *Periploca graeca,* die in Südeuropa und Kleinasien heimisch ist und von der aus Nordchina stammenden *Periploca sepium.* Aus der Gattung *Cryptostegia,* die im tropischen Ostafrika und auf Madagaskar vorkommt, wird *Cryptostegia grandiflora* wegen ihrer sehr großen, rosa oder violetten, glockenförmigen Blüten in den tropischen Gärten als Zierliane angebaut; sie liefert auch Kautschuk.

Unterfamilie Asclepiadoideae

Die Blüten dieses Verwandtschaftskreises zeigen unter den radiären Blüten den höchsten Grad der Anpassung an die Bestäubung durch Insekten und gehören zu den am kompliziertesten gebauten Dikotyledonenblüten. Die Translatoren bestehen aus einem Klemmkörper und zwei Armen, die zu je einem Pollinium der beiden angrenzenden Antheren reichen. Die Antheren haben in jeder Theke nur ein fertiles Pollenfach, ihre seitlichen sterilen Teile bilden die sogenannte Leitschiene. In den Fächern sind die Pollen zu Pollinien verklebt.

Die der Unterfamilie den Namen gebende Gattung *Asclepias* ist in ihrer Verbreitung nur auf Amerika beschränkt. Der deutsche Name »Seidenpflanze« wird von dem seidigen Glanz der Samenhaare und »Schwalbenkraut« von der vermeintlichen Ähnlichkeit der Früchte mit Schwalben hergeleitet. Aus den Samenhaaren von *Asclepias syriaca,* die im atlantischen Nordamerika ihr natürliches Verbreitungsgebiet hat, wird sogenannte Vegetabilische Seide gewonnen, während die langen, glänzenden und sehr zähen Rindenfasern zur Herstellung von Geweben und Papier verwendet werden. Heute werden sie und die anderen ausdauernden Kräuter, *Asclepias incarnata* und *Asclepias tuberosa,* mit knolligem Wurzelstock, in den Gärten angepflanzt; diese Arten sind gleichzeitig ausgezeichnete Bienenfutterpflanzen.

Die Wachsblume, *Hoya carnosa,* ist eine vielfach kultivierte Zimmerpflanze, deren wohlriechende Blüten reichlich Nektar absondern.

Aus der in Afrika und Asien verbreiteten Gattung *Calotropis* ist *Calotropis procera,* der von Westafrika bis Hinterindien in trockenen Steppen oft massenhaft vorkommt, ein charakteristischer Baum der Sahara mit großen, fast kugeligen, roten Früchten.

Die Gattung *Vincetoxicum,* Schwalbenwurz oder Hundswürger, ist die einzige der Familie, deren Arten nach Mittel- und Nordeuropa reichen. Der Name Hundswürger kommt daher, daß man im Altertum meinte, diese Pflanzen töteten Hunde, Wölfe und Füchse. Die Weiße Schwalbenwurz, *Vincetoxicum hirundinaria,* ist eine aufrechte, zuweilen auch windende Staude mit kleinen, gelblichweißen Blüten, die in Trockenwäldern und auf Kalkschutthalden gedeiht. Die Brechreiz verursachende und schweißtreibende Wurzel wurde früher als Gegenmittel bei Vergiftungen benutzt, daher rührt der Name *Vincetoxicum,* Giftbesieger.

Mit über 100 Arten ist in Indien, im Malaiischen Archipel und in Australien die Gattung *Hoya* vertreten. Aus China und Australien stammt *Hoya carnosa,* die Wachsblume. Sie ist ein windender, sukkulenter Strauch mit dikken und fleischigen Blättern, deren weiße oder blaßfleischfarbene, in der Mitte rot gefleckte Blüten in großen, einfachen Dolden vereint sind (s. Bild oben). Man verwendet sie neben anderen Arten der Gattung besonders als Zimmerpflanze.

Gleichfalls mehr als 100 Arten hat die Gattung *Marsdenia,* die meistens windende Sträucher sind. Aus den Blättern von *Marsdenia tinctoria* wird auf Sumatra Indigo gewonnen, während die Rinde der in Peru und Ekuador heimischen *Marsdenia cundurango* ein vorzügliches Magenmittel ist, das in seiner Heimat auch als Mittel gegen Schlangenbisse dient. Von anderen Arten liefern die Samenhaare vegetabilische Seide.

Mit über 150 Arten die artenreichste Gattung der Familie ist *Ceropegia,* die Leuchterblume, die eine große Mannigfaltigkeit in der Wuchs-, Blatt- und Blütenform aufweist. Es sind teils aufrechte, zuweilen einen knolligen Erdstamm bildende Kräuter oder Halbsträucher mit sehr schmalen Blättern oder verdick-

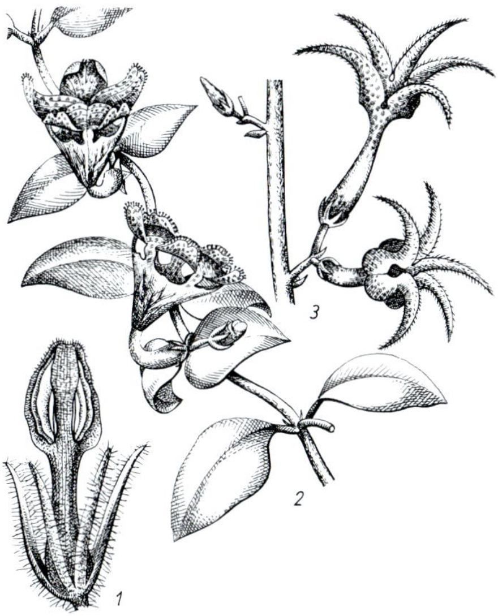

Blütenformen in der Gattung *Ceropegia:* 1 Blüte von *Ceropegia leucotaenia;* 2 Sproßstück mit Blüten von *Ceropegia sandersonii;* 3 Blüten von *Ceropegia stapeliiformis*

ten, blattlosen Sprossen und teils windende und breitblättrige Kräuter. Die Besonderheiten ihrer Blüten wurden bereits beschrieben. Eine ganze Reihe von Arten eignen sich auch zur Kultur in Räumen, für die Bekleidung von Gittern, wie *Ceropegia elegans* und *Ceropegia sandersonii,* oder als Ampelpflanzen, wie *Ceropegia liniaris* und *Ceropegia barklyi.*

Die folgenden Gattungen sind Stammsukkulente, die oft einen kaktusartigen Habitus haben und denen Laubblätter fehlen.

Von der Gattung *Hoodia* sind etwa 20 Arten aus Süd- und Südwestafrika bekannt geworden, deren dicke Stämmchen bis zu 80 cm hoch wachsen. Die prächtigen, gelben Blüten entspringen einzeln oder bis zu 5 gebüschelt aus den Furchen der Sprosse. Mit den Stämmen von *Hoodia bainii* stillten die Eingeborenen auf Wanderungen ihren Durst.

Das natürliche Verbreitungsgebiet einer anderen sukkulenten Gattung, *Trichocaulon,* ist Süd-, Südwestafrika und Madagaskar. Die kleinen, kugeligen bis zylindrischen Sprosse der Pflanzen sind sehr fleischig. Ihre Oberfläche ist dicht mit spiralig angeordneten oder aber auch auf zahlreichen Rippen stehenden Warzen bedeckt, die oft in haarförmige oder borstige Spitzen auslaufen. Die kleinen Blüten treten gegen die Spitze des Stämmchens hin zu mehreren zwischen den Warzen hervor.

Die Verbreitung der reichlich 100 Arten der Gattung *Stapelia* ist im wesentlichen auf Süd- und Südwestafrika beschränkt. Die 4 Kanten ihrer fleischigen Sprosse sind grob gezähnt oder gesägt. Die Zähne tragen kleine, schuppenförmige Blätter, die jedoch bald abfallen und vertrocknen. Am Grunde der Stämmchen stehen einzeln oder zu mehreren die häufig langgestielten großen Blüten. Sie haben eine aus blaßbraunen, purpurroten und gelben Tönen gemischte Farbe und strahlen einen unangenehmen Aasgeruch aus, der Schmeißfliegen anlockt, die die Bestäubung der Blüten vornehmen. Es wurde beobachtet, daß die Fliegen auf die Blüten als dem vermutlichen Aas Eier ablegten. Die lang zugespitzten Balgfrüchte wachsen und reifen erst im Jahre nach der Befruchtung.

Trichocaulon cactiforme, eine kakteenähnliche, stammsukkulente Asclepiadacee aus dem südlichen Afrika

Die Gattung *Stapelia,* im Bild *Stapelia jucunda,* vertritt in Süd- und Südwestafrika als Stammsukkulente die Kakteen. Ihre großen Blüten strömen Aasgeruch aus und werden von Schmeißfliegen bestäubt.

Familie Rötegewächse, Rubiaceae

Sie gehört mit etwa 500 Gattungen und 6500 bis 7000 Arten – z.T. werden sogar 10000 Arten angegeben – zu den formenreichsten Familien der Blütenpflanzen. Die Familie hat eine weltweite Verbreitung, ist aber besonders in den Tropen reich vertreten. Einige Labkrautarten, wie beispielsweise die auch in Mitteleuropa vorkommenden Sumpf- und Moor-Labkräuter (*Galium palustre* und *Galium uliginosum*), überschreiten sogar den nördlichen Polarkreis. Durch die Kultur ist eine ganze Anzahl von Rötegewächsen weit über ihre ursprüngliche Heimat verbreitet worden, so der Kaffee oder der Chinarindenbaum.

Die deutsche Bezeichnung »Rötegewächse« oder »Krappgewächse« für diese Familie ist wenig glücklich; sie bezieht sich genau genommen nur auf eine bestimmte Art, nämlich *Rubia tinctorum,* den Krapp, der früher als Färbepflanze von Bedeutung war. Jedoch weder diese Art noch die Gattung *Rubia* sind kennzeichnende Glieder der Familie.

Dem Artenreichtum entspricht eine Vielfalt von Ausbildungen im vegetativen wie generativen Bereich.

Die Pflanzen sind Kräuter, Sträucher oder Bäume, wobei die Kräuter teils aufrecht wachsen, teils am Boden liegen und mitunter aber auch rasenbildend auftreten. Eine knollige Grundachse entwickeln nur wenige. Manche der Kräuter und Sträucher klettern als Spreizklimmer oder indem sie die Stützen umwinden und schließlich mit Hilfe von Haken, die aus verdickten und gekrümmten Haaren, gekrümmten Nebenblättern oder Sprossen hervorgehen. Die Blätter sind in der Regel gegenständig und ganzrandig. Nicht selten findet man in den Blattachseln reichlich beblätterte Kurztriebe. Die Mannigfaltigkeit der Nebenblätter ist recht beachtlich, gewöhnlich sind sie dreiseitig, es gibt aber auch laubartige, zweispitzig oder borstig zerschlitzte. In der Gattung *Didymaea,* einem reich verzweigten Kraut, sind sie in nach rückwärts gekrümmte, kurze Klammerorgane umgebildet. Nicht selten verwachsen die Nebenblätter scheidig mit sich oder dem Blattstiel. Bei einigen Gattungen wird die Sproßspitze von einer kegelförmigen, aus verwachsenen Nebenblät-

Ausbildung der Nebenblätter bei den Rötegewächsen. 1 *Rondeletia odorata* mit gestielten Laubblättern (B) und schuppenförmigen Nebenblättern (St); 2 *Galium cruciata,* die Nebenblätter (St) gleichen den Laub- bzw. Hauptblättern (B); 3 mehrzähliger »Scheinwirtel« bei *Galium odoratum* mit 6 den Laubblättern (B) gleichenden Nebenblättern (St)

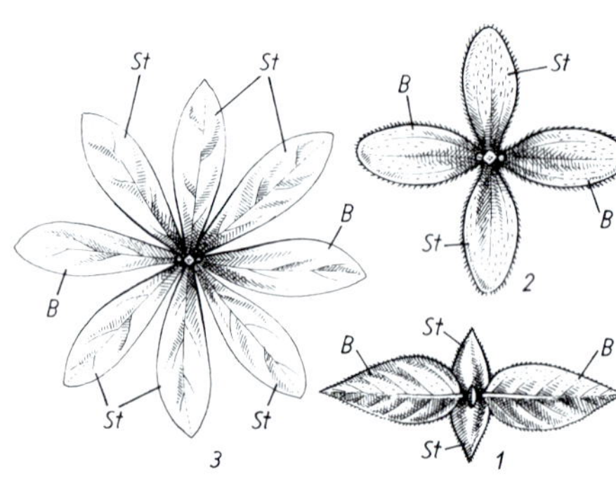

tern gebildeten Kappe umhüllt, die später abgeworfen wird. Am Grund der Nebenblätter befinden sich gelegentlich fingerförmige Drüsen, die so reichlich Harz absondern, daß die jüngeren Pflanzenteile wie lackiert aussehen.

Die Blüten sind fünf- oder vierzählig und zwittrig, zuweilen findet man aber auch eingeschlechtige Blüten. Der Kelch ist immer strahlig angelegt, doch läßt sich gelegentlich bei einigen Gattungen eine gewisse Zygomorphie der Blumenkrone feststellen. Im allgemeinen ist der Kelch wenig entwickelt, es gibt aber einige Gattungen, bei denen ein Zipfel blattartig vergrößert ist, wie bei den amerikanischen Gattungen *Pinckneya* und *Pogonopus*. Diese Entwicklung des Kelchblattes kann vor der Blüte geschehen, das sich dann auffallend färbt und als Schauapparat dient, oder die Vergrößerung findet nach der Befruchtung statt, dann unterstützt es als Flügel die Verbreitung der Früchte. Die Blumenkrone ist meist trichter-, glocken- oder stieltellerförmig, seltener krug- oder röhrenförmig und hat einen behaarten oder kahlen Schlund. In der Knospenlage sind die Kronzipfel überwiegend klappig oder linksgedreht, selten findet man eine dachige Knospenlage. Im Inneren der Kronröhre finden wir 5 oder 4 angewachsene Staubblätter, die bei den zur Zygomorphie neigenden Blumenkronen oft eine ungleiche Länge haben; einige Gattungen besitzen nur 2 Staubblätter. Die zweifächerigen Antheren springen nach innen oder außen mit Längsspalten auf.

Überwiegend sind 2, seltener 3 bis zahlreiche Fruchtblätter vorhanden, die sehr viele bis eine Samenanlage haben. Der unterständige, nur bei einzelnen Gattungen ein wenig oberständige Fruchtknoten ist fast stets zweifächerig, mitunter berühren sich die seitlichen Samenleisten nur, aber verschmelzen nicht miteinander. Der fadenförmige Griffel endet in einer kopfigen oder verzweigten Narbe, verbreitet ist Heterostylie anzutreffen. Die Früchte sind entweder eine gewöhnlich zweifächerige, trockene Kapsel, die bei der Reife aufspringt, oder sie zerfallen in die Teilfrüchte (Spaltfrüchte); es kommen aber auch oft saftige Beeren oder Steinfrüchte vor. Gelegentlich verwachsen die Früchte eines Blütenstandes zu einer fleischigen Sammelfrucht. Bei manchen Arten bilden sich an der Frucht Haken oder Stacheln aus, die als Haftorgane dienen. Die Samen sind häufig geflügelt, d.h., sie sind von einem mehr oder weniger breiten, oft beiderseitig geschwänzten Saum umgeben; da sie gewöhnlich sehr klein sind, werden sie vom Wind leicht fortgetragen. Bei ihrer Verbreitung wirken aber auch Tiere mit, die die fleischigen Früchte verzehren. Die Samenschale ist faserig, lederig oder hart. Fast immer enthalten die Samen Nährgewebe.

Die Bestäubung der Blüten wird von Insekten vorgenommen; sie werden durch die leuchtenden Farben der Blüten, die häufig zusammengedrängt stehen, die gelegentlich vergrößerten Kelchzipfel und den Duft angelockt. Die vielen langröhrigen, weißen Blüten sind offenbar dem Beflug durch Nachtfalter angepaßt. Gelegentlich wurden aber auch Vögel bei dem Besuch der Blüten beobachtet.

Mehrere Gattungen wurden auf Grund von fossilen Blattresten seit dem Eozän besonders aus Amerika beschrieben, jedoch konnte ihre Zugehörigkeit zur Familie nur teilweise gesichert werden, da die Blätter zu wenig für die Rubiaceen charakteristische Merkmale aufweisen. Die Reste von Früchten, so aus dem Eozän Ägyptens, sind selten.

Die Rubiaceae, die mit den Loganiaceae verwandt sind, stellen eine recht einheitliche und gut zu umgrenzende Familie dar. Schwierigkeiten bereiten dagegen die Untergliederung in Unterfamilien und Triben und deren Stellung zueinander sowie auch die Umgrenzung etlicher Gattungen. Neuerdings werden bis zu 8 Unterfamilien mit zahlreichen Triben unterschieden; eine allgemein akzeptierte Gliederung steht jedoch noch aus. Wir halten es daher für angemessener, auf eine Untergliederung dieser umfangreichen Familie zu verzichten. Ganz unbefriedigend ist zweifellos die früher vorgenommene Unterteilung in nur 2 Unterfamilien: die Cinchonoideae und die Rubioideae.

An den Blüten der Bäume und Sträucher der mittel- und südamerikanischen Gattung *Pogonopus* sowie des kleinen Bäumchens *Pinckneya pubens*, das in den südlichen atlantischen Staaten Nordamerikas heimisch ist, wird ein Kelchzipfel zu einem großen, gestielten, farbigen Schaublatt umgebildet. Von *Pinckneya pubens*, der einzigen Art der Gattung, verwendet man die bittere Rinde in den USA als Mittel gegen Fieber.

Cinchona-Art aus einem mittelamerikanischen Regenwald. Aus der Rinde von *Cinchona*-Arten wird das wichtige Alkaloid Chinin gewonnen, das gegen Malaria wirksam ist.

Meist krautige Pflanzen mit borstig zerschlitzten Nebenblättern sind die 300 Arten der Gattung *Hedyotis,* die in den Tropen und Subtropen der ganzen Welt verbreitet sind.

Dagegen sind die etwa 15 Arten der Gattung *Sickingia* Bäume, seltener Sträucher mit dicken, markreichen Ästen und großen Blättern, die gedrängt an den Spitzen der Zweige stehen. Sie kommen im tropischen Südamerika vor. Von mehreren Arten wird in Brasilien die medizinisch gebrauchte Araribarinde gewonnen. Der Kelchzipfel von nur einer Blüte eines Teilblütenstandes ist bei *Warscewiczia* zu einem gestielten, oblongen und rotgefärbten Blatt vergrößert.

Zu den wenigen Gattungen der Rötegewächse, die eine besondere wirtschaftliche Bedeutung erlangten, gehört *Cinchona,* der Chinarindenbaum. Von ihm wurden etwa 15 Arten und viele Rassen beschrieben, die ihren Ursprung in der leichten Kreuzbarkeit der Arten haben. Sein ursprüngliches Verbreitungsgebiet liegt im tropischen Amerika zwischen 10° nördl. und 19° südl. Breite, wo die Bäume an den Osthängen der Anden gewöhnlich in Höhen von 1600 bis 2400 m vereinzelt oder gruppenweise wachsen. Einzelne Bäume trifft man auch unter 1000 m an, während krüppelige Formen von *Cinchona officinalis* noch in 3300 m Höhe gefunden wurden. Es handelt sich überwiegend um hohe Bäume mit großen, breitlanzettlichen oder fast eiförmigen Blättern. Ihre rosafarbenen oder gelblichweißen Blüten sind in großen, endständigen Rispen vereinigt.

Die Rinde der Bäume liefert das wichtige Alkaloid Chinin, das allein ein wirksames Mittel gegen das tropische Fieber Malaria ist; es tötet die Malariaplasmodien ab. Man verwendet Chinin aber auch gegen andere Fieberkrankheiten. Die Alkaloide der Chinarinde, von denen etwa 25 bekannt sind, werden gleichfalls als Herzmittel angewendet, ebenso wirkt die bittere Chinarinde gegen Appetitlosigkeit und Durchfall.

Der Name »China« wird von »Quina«, dem

indianischen Wort für Rinde, abgeleitet. Im Jahre 1638 erkrankte in Lima die Gemahlin des Vizekönigs von Peru, die spanische Gräfin de Chinchon, und genas durch diese Rinde von ihrem Fieber. Sie trug zur Verbreitung dieser Droge bei, und Carl von Linné benannte nach ihr die Gattung *Cinchona*.

Zuerst handelten die Jesuiten mit der damals äußerst kostbaren Rinde und verbreiteten sie auch in Europa. Der später einsetzende Raubbau verminderte die natürlichen Baumbestände erheblich. Doch erst in der Mitte des vorigen Jahrhunderts gelang es den Holländern auf Java und den Engländern in Südindien und auf Ceylon, mit in Südamerika mühevoll gesammelten Samen einen planmäßigen Anbau des Chinarindenbaums zu begründen. Von dort aus dehnte sich die Kultur weiter in Asien und Afrika aus, wobei allerdings Java das Hauptanbaugebiet blieb. Neuerdings legt man auch im ursprünglichen Verbreitungsgebiet, in Südamerika, Pflanzungen an. Eine erstaunliche Feststellung wurde zu Beginn der vierziger Jahre gemacht, als die Nordamerikaner nach dem Verlust der Anbaugebiete in Ostasien an die Japaner, wo 80% der Weltproduktion erzeugt wurden, planmäßig nach neuen Quellen für die zur Malariabekämpfung unersetzliche Chinarinde suchten. Sie fanden, daß die infolge Erschöpfung Ende des vorigen Jahrhunderts aufgegebenen Wildbestände in Südamerika sich mittlerweile durch Austriebe aus den Wurzeln so erholt hatten, daß erneut große Mengen dieses Arzneirohstoffes gewonnen werden konnten.

Hauptlieferanten der Chinarinde sind die Arten *Cinchona officinalis,* von der die Gelbe oder Königs-Chinarinde, und *Cinchona pubescens,* von der die Rote Rinde stammt. Beide Arten weisen eine große morphologische und wahrscheinlich auch biochemische Variabilität auf, für die jedoch eine neuere Übersicht fehlt.

Die Gattung *Remijia* mit ihren filzig behaarten Sträuchern ist die einzige, die außer *Cinchona* noch Chinaalkaloide besitzt. Sie ist gleichfalls im tropischen Amerika heimisch. Besonders von *Remijia pedunculata* wird die sogenannte Remijarinde gewonnen.

Von der Gattung *Pausinystalia,* die mit 6 Arten im tropischen Westafrika vertreten ist, enthält die Rinde von *Pausinystalia yohimba* Alkaloide der sogenannten Yohimbin-Gruppe. Sie wird als gefäßerweiterndes und blutdrucksenkendes Mittel sowie ferner als Aphrodisiakum verwendet.

Um die Jahrhundertwende waren Arten der in Mittelamerika heimischen Gattung *Bouvardis* beliebte Schnittblumen und Dekorationspflanzen. Bereits um 1850 begann in England ihre Züchtung, wobei vor allem Artkreuzungen vorgenommen wurden. Heute sind sie aber durch Nelken, Chrysanthemen und Tulpen verdrängt worden.

Mit Klimmhaken kletternde Lianen finden wir bei den vorzugsweise im tropischen Asien beheimateten Arten der Gattung *Uncaria.* Die Klimmhaken sind umgebildete Äste, an denen man gelegentlich noch verkümmerte Blütenstände findet. Aus den Blättern und jungen Zweigen der malaiischen *Uncaria gambir* gewinnt man durch Auskochen Gambir oder Gambir-Katechu, der beim Betelkauen benutzt und zum Gerben und Färben verwendet wird.

Die tropischen und subtropischen Gebiete Afrikas und Asiens sind die Heimat der über 100 Arten der Gattung *Gardenia.* Die aus China stammende *Gardenia jasminoides* hat tellerförmige, weiße und sehr wohlriechende Blüten, die vor allem in England und den USA als Ansteckblumen sehr beliebt sind. Die Pflanzen stellen bis zu 2 m hoch wachsende Sträucher dar, von denen einige Sorten mit gefüllten Blüten bekannt sind. Die fleischigen, schotigen Früchte einiger Arten werden in Ostasien zum Gelbfärben benutzt und Chinesische Gelbschoten genannt.

Eßbare Früchte haben die im tropischen Amerika heimischen *Genipa americana,* die besonders reich an Gerbsäure sind, und *Alibertia edulis,* die in ihrem natürlichen Verbreitungsgebiet deswegen auch kultiviert werden.

Kleine Bäume oder Sträucher, die recht sparrig verzweigt und oft auch mit Dornen bewehrt sind, gehören zur Gattung *Vangueria,* die mit 30 Arten im tropischen Afrika und in Südafrika verbreitet ist. Eine der Arten mit wohlschmeckenden Steinfrüchten, *Vangueria madagascariensis,* wird außerhalb ihrer Heimat Madagaskar auch im tropischen Afrika, in Indien und China angebaut.

Meistens im tropischen Amerika kommen die über 100 Arten von *Guettarda* vor. Eine charakteristische Strandpflanze, die nur in der

Alten Welt rings um den Indischen Ozean und in Polynesien gedeiht, ist *Guettarda speciosa.* Mit ihren außerordentlich stark duftenden Blüten schmücken die Frauen auf Neuguinea ihr Haar.

Allein in Mittel- und Südamerika verbreitet sind die Sträucher von *Chiococca,* wo die Wurzeln von *Chiococca alba* als Mittel gegen Schlangenbisse gebraucht werden.

Eine Gattung der altweltlichen Tropen mit der größten Verbreitung in Afrika ist *Coffea,* der Kaffee, von der mehr als 60 Arten beschrieben sind. Eine wirtschaftliche Bedeutung erlangten jedoch nur *Coffea arabica* und *Coffea canephora* sowie in weit geringerem Maße *Coffea liberica* und *Coffea dewevrei.*

Die Pflanzen der Gattung *Coffea* sind Sträucher oder kleine Bäume mit überwiegend immergrüner, seltener wechselnder Belaubung. Ihre häutigen oder etwas lederigen Blätter sind gegenständig, und die ziemlich breiten, zugespitzten Nebenblätter bleiben erhalten. In den Blattachseln findet man gehäuft die sitzenden oder kurzgestielten weißen Blüten, die sehr angenehm duften können. Die kugelige oder längliche Steinfrucht ist entweder trocken oder fleischig und enthält 2 Samen.

Der Name des Kaffees ist arabischen Ursprungs, »Khawa« bezeichnet das Getränk, und die Frucht heißt »Bun«, wovon die Bezeichnung Kaffee»bohne« abgeleitet worden sein soll.

Aus dem Hochland von Äthiopien stammt *Coffea arabica,* die einzige wirtschaftlich bedeutungsvolle polyploide Art der Gattung (tetraploid $2n = 44$). Ihre Hauptanbaugebiete liegen in Mittel- und Südamerika, in Ostafrika und Indien, wo 75% der Welternte und 80% des exportierten Kaffees gewonnen werden. Zu einer noch unbekannten Zeit wurde der Kaffee aus Äthiopien nach Arabien eingeführt, wo sich im 15. Jahrhundert das Verfahren des Kaffeebrühens entwickelte und rasch im Vorderen Orient verbreitete. In Europa hat man im Jahre 1616 in Venedig den Kaffee eingeführt, und um 1675 soll es in England bereits 3000 Kaffeehäuser gegeben haben.

Ein weitaus geringeres Verbreitungsgebiet besitzt *Coffea canephora,* der Robusta-Kaffee; es reicht von den westlichen bis zu den zentralen tropischen und den subtropischen Gebieten des afrikanischen Kontinents mit einem Mannigfaltigkeitszentrum im Kongogebiet. Die

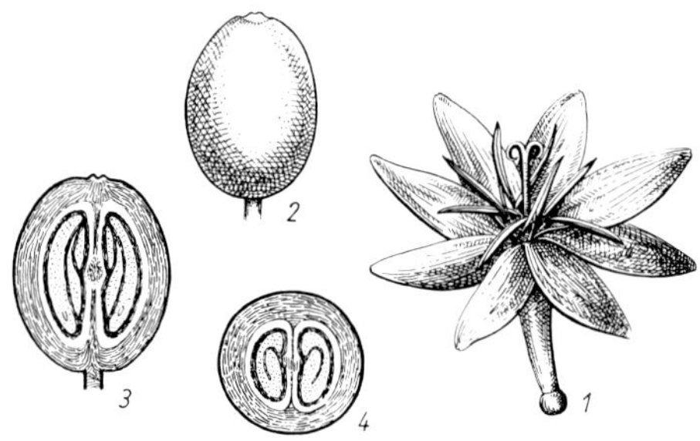

Coffea liberica. 1 Blüte mit dem zweispaltigen Griffel; 2 Steinfrucht; Längsschnitt (3) und Querschnitt (4) durch die zweisamige Steinfrucht

Art ist sehr anpassungsfähig und wurde auch in Indonesien und einigen anderen Ländern Asiens eingeführt, wo man sie heute anbaut. Der Anteil des Robusta-Kaffees an der Weltkaffeeproduktion beträgt etwa 25%.

Ein Bestandteil der hohen und dichten tropischen Forste Westafrikas ist *Coffea liberica,* während *Coffea dewevrei,* der Excelsa-Kaffee, im Inneren des Kongogebietes und in Westafrika kultiviert wird.

Die Pflanzen erreichen eine Höhe von 3 bis 5 m bei *Coffea canephora,* um 5 m bei *Coffea arabica* und bis zu 20 m bei *Coffea dewevrei.* Der Stamm und die Zweige sind mit gegenständig angeordneten, ovalen, ganzrandigen, kurzgestielten, immergrünen, dunkelgrünen Blättern besetzt. Ihre Länge schwankt von 5 bis 30 cm und ist von der Art, der Sorte und den Wachstumsbedingungen abhängig. In den Blattachseln der horizontalen Zweige entwickelt sich aus mehreren Knospen je ein Blütenstand mit 1 bis 15 etwa 2 cm langen weißen Blüten. Bei *Coffea arabica* bestäuben sich die Blüten überwiegend selbst, während *Coffea canephora* auf Fremdbestäubung angewiesen ist. Die Entwicklung bis zur Vollreife der Frucht dauert bei *Coffea arabica* etwa 8 Monate, bei *Coffea canephora* können 11 bis 15 Monate vergehen. Äußerlich gleicht die Frucht einer Kirsche, die aus der Außenhaut (Exokarp), dem Fruchtfleisch (Mesokarp) und der jeden Samen umschließenden Pergamentschale (Endokarp) besteht. Jeder Samen ist von einer silbrigen Haut, der Samenschale, umgeben. In der Frucht befinden sich im allgemeinen 2 Samen; wenn nur einer entwickelt ist, hat er mehr oder weniger rundliche Form und liefert den

Blühender Zweig des Kaffeestrauches, *Coffea arabica*

Fruchtender Zweig von *Coffea arabica* aus Tansania

sehr geschätzten »Perlkaffee«. Der Koffeingehalt der Samen schwankt von Art zu Art beträchtlich, er beträgt bei *Coffea arabica* 0,7 bis 1,5 %, bei *Coffea canephora* 1,74 bis 2,42 % und bei *Coffea liberica* 0,6 bis 1,73 %.

Die volle Ertragsfähigkeit erreichen die Pflanzen im sechsten Jahr. Sie können über 60 Jahre alt werden, doch wegen der abnehmenden Erträge erneuert man sie in den Pflanzungen viel früher. Als durchschnittlicher Ertrag gelten bei *Coffea arabica,* dessen Blüten bis zu 80 % Früchte ansetzen können, 1 000 kg/ha marktfähigen Kaffees. Obgleich alle *Coffea*-Arten unter geringer Beschattung gut gedeihen, wird jetzt die Pflanzung von Schattenbäumen weitgehend von der Intensität des Anbaues mitbestimmt.

Für die Gewinnung der »Kaffeebohnen« aus den Früchten gibt es zwei Verfahren ihrer Aufbereitung. Bei der trockenen Aufbereitung erntet man nur einmal im Jahr, sobald die meisten Früchte reif sind, und trocknet sie in der Sonne. Von den getrockneten Früchten werden durch Schälen alle Fruchtteile und die silbrige Samenschale entfernt, übrig bleibt nur das Endosperm der Samen, der Rohkaffee. Bei der nassen Aufbereitung werden die reifen, roten Früchte fortlaufend geerntet und die Fruchthaut sowie ein Großteil des Fruchtfleisches entfernt. In einem Fermentationsprozeß, der in großen Behältern stattfindet, löst sich das restliche Fruchtfleisch ab. Beim anschließenden Waschen im fließenden Wasser sortiert man die Samen nach spezifischem Gewicht und der Form. Der Trocknung, die vorwiegend in der Sonne geschieht, schließt sich das Abschälen des Endokarps und der Samenschale an. Die nasse Aufbereitung wird zur Erzeugung hochwertiger Kaffeequalitäten angewandt, vor allem in den meisten Ländern Mittelamerikas, Asiens und Afrikas.

Zu den artenreichen Gattungen der Familie gehört mit über 200 Arten die in den Tropen aller Erdteile verbreitete Gattung *Ixora.* Es sind Sträucher oder kleine Bäume mit lederigen, immergrünen Blättern, deren weiße, rote, scharlach- oder orangefarbene Blüten in end- oder achselständigen Doldentrauben vereint sind. Die aus Indien stammenden Arten *Ixora coccinea, Ixora stricta* und *Ixora griffithiana* und ihre Bastarde gelten als beliebte Ziersträucher in Warmhäusern.

In den Tropen, besonders aber in Amerika, kommen die 100 bis 200 Arten der Gattung *Cephaelis* vor. Ihre in Köpfchen zusammenstehenden Blüten sind von großen, breiten Brakteen umhüllt. Die Brechwurz, *Cephaelis ipecacuanha,* ist ein Halbstrauch, der in den Wäldern Brasiliens, Kolumbiens und Mittelamerikas wächst. Ihre mit ringförmigen Wülsten bedeckten Wurzeln, die als auswurfförderndes und spezifisches Mittel gegen die Amöbenruhr verwendet werden, enthalten das Alkaloid Emetin.

Kahle epiphytische Halbsträucher mit dünnen, lederigen oder fleischigen Blättern sind die Arten der in Indomalesien heimischen Gattung *Hydnophytum.* Ihre Besonderheit stellen die unbewehrten Hypokotylknollen dar, in deren Hohlräumen vielfach Ameisen ihre Heimstätte haben. Hypokotylknollen, die mit Dornwurzeln besetzt sind, findet man bei der Gattung *Myrmecodia,* die in Malesien und Australien vorkommt.

Ausdauernde, kriechende Kräuter von zierlicher Gestalt sind in den Gebirgen der südlichen Erdhälfte die 8 Arten der Gattung *Nertera.* Von Mittel- bis Südamerika sowie nach Neuseeland und Australien reicht das Verbreitungsgebiet der niedrigen *Nertera granadensis,* der Korallenbeere, die wegen ihrer orangefarbenen, runden Steinfrüchte, die sich vom August bis in den Winter hinein halten, als Topfpflanze geschätzt ist.

Die Gattung *Morinda* kommt in den alt- und neuweltlichen Tropen vor. Ihre 60 Arten sind Bäume und häufig kletternde Sträucher, es gibt aber auch epiphytisch wachsende Pflanzen, deren Blüten in kugeligen Köpfchen beisammenstehen. In den asiatischen Tropen ist *Morinda citrifolia* heimisch, ein Strauch oder kleiner Baum mit großen, glänzenden Blättern, kleinen, gelblichweißen Blüten und glasig-weißen, hühnereigroßen, allerdings nicht genießbaren Früchten. Er wird in Indien als Farbstoffpflanze angebaut, wobei die Wurzelrinde roten und der Wurzelkörper gelben Farbstoff liefert, während die Blätter und Früchte medizinisch genutzt werden.

Von der Gattung *Borreria* sind etwa 150 tropische Arten bekannt. Diese einjährigen oder ausdauernden Kräuter haben kleine Blüten, die zu achsel- oder endständigen Köpfchen vereint sind. Von der in Brasilien und Peru wachsenden *Borreria capitata* werden die Wurzeln als Mittel zur Erzeugung von Brechreiz verwendet.

Alle Gattungen mit laubigen Nebenblättern bilden den Abschluß der Familie. Durch die laubblattartige Ausbildung der Nebenblätter entstehen vierblättrige oder durch die gleiche Entwicklung weiterer Nebenblätter sechs- bis achtblättrige Quirle.

Trichterförmige Blüten kennzeichnen die 90 Arten der Gattung *Asperula.* Es sind Kräuter, die am Grunde mitunter verholzen und so zu Halbsträuchern werden. Ihr Verbreitungsgebiet ist Eurasien und Australien, wobei sie aber gehäuft im Mittelmeergebiet vorkommen. Die bei weitem artenreichste Gattung der Familie ist *Galium,* das Labkraut. Der lateinische und der deutsche Gattungsname kommen daher, daß der Saft mehrerer Arten, besonders aber vom Echten Labkraut, *Galium verum,* wie das Lab des Kälbermagens die Milch schnell zum Gerinnen bringt. Manche ihrer Arten haben eine außerordentlich weite Verbreitung; so reicht das Wiesenlabkraut, *Galium mollugo,* von Europa bis nach Sibirien und das Klettenlabkraut oder Klebkraut, *Galium aparine,* über Europa und Asien hinaus bis nach Nord- und Südamerika, wenn es auch dort nur eingeschleppt wurde.

Das Klettenlabkraut ist in Mitteleuropa sowohl in Laubwäldern und Gebüschen als auch als Ackerunkraut verbreitet. Mit Hilfe der waagerecht abstehenden Seitensprosse und der an den 4 Kanten der Sprosse, den Blatträndern und der Mittelrippe der Blätter nach rückwärts gekrümmten Stacheln klettert es empor (Spreizklimmer). Diese Stacheln lassen wegen ihrer Kleinheit und großen Zahl die ganze Pflanze »klebrig« erscheinen. Die quirlständigen Haupt- und Nebenblätter sind schmal-lanzettlich. Der Fruchtknoten der kleinen, weißen Blüten entwickelt sich zu 2 kugeligen Teilfrüchten, die dicht mit widerhakigen Stacheln besetzt sind. Sie haften leicht in den Haaren der Tiere, die für ihre Verbreitung sorgen.

Das Wiesenlabkraut, *Galium mollugo,* gedeiht in Mitteleuropa auf Wiesen, in Gebüschen und an Waldrändern. Die Pflanzen werden bis zu einem Meter hoch und haben schmale, linealische Blätter, die am Rand flach oder nur leicht umgebogen sind. Die Kronblattzipfel ihrer weißen Blüten laufen grannenspitzig aus.

In schattigen Buchenwäldern von Europa bis Sibirien, im Nordiran und in Nordafrika ist auf nährstoffreicheren Böden der Waldmeister, *Galium odoratum,* anzutreffen. Die Art wurde früher irrtümlicherweise zur Gattung *Asperula* gerechnet *(Asperula odorata),* obwohl die Blüten keinesfalls so trichterig sind wie die der *Asperula*-Arten. Die Waldmeisterpflanzen haben ein weithin kriechendes, dünnes Rhizom, ihre lanzettlichen, am Rande rauhen Haupt- und Nebenblätter bilden unten sechs- und oben achtblättrige Quirle. Die weißen, langgestielten Blüten stehen in endständigen Trugdolden beisammen. Die frischen Pflanzen werden wegen ihres Kumaringehaltes zur Bereitung von Bowlen, Maibowle, und Limonadenessenzen verwendet, jedoch müssen sie dazu vor der Blüte gesammelt werden.

Eine weite Verbreitung haben die 40 Arten der Gattung *Rubia,* die im Mittelmeergebiet, in Asien, Afrika sowie Mittel- und Südamerika anzutreffen sind. Es handelt sich um ausdauernde Kräuter mit fleischigen Früchten. Von den 40 Arten wurden wegen des in den Wurzeln vorkommenden roten Farbstoffes Alizarin vor allem in Südeuropa, Frankreich und Mitteleuropa *Rubia tinctorum,* der Krapp, und in Indien *Rubia cordifolia,* der Ostindische Krapp, angebaut. Das natürliche Verbreitungsgebiet des Krapps ist das Mittelmeergebiet und Vorderasien. Er ist ein ausdauerndes Kraut mit gelblichen Blüten und schlaffen Sprossen, dessen Kanten und an den Blättern die Ränder und Mittelnerven mit gekrümmten Haftborsten besetzt sind. Der rote Farbstoff wurde aus dreijährigen Wurzeln gewonnen. Mit der Synthese des Alizarins aus Steinkohlenteer kam der Anbau zum Erliegen.

Ordnung Kardenartige, Dipsacales

Diese kleine Ordnung, deren nächste Verwandte vermutlich unter der vorangegangenen Ordnung der Enzianartigen zu suchen sind, die aber auch Beziehungen zu verschiedenen Ordnungen der Rosidae (Saxifragales, Cornales) besitzt, ist vorzugsweise in den gemäßigten Breiten der Nordhalbkugel beheimatet. Mit Ausnahme der Geißblattgewächse gehören zu ihr meist krautige Pflanzen mit gegenständigen, nicht selten gefiederten Blättern und ohne Nebenblätter. Sie zeichnen sich ferner durch vierkreisige, vier- bis fünfzählige Blüten aus, die in mehreren Familien eine Tendenz zu einer zweiseitigen Symmetrie oder zur Asymmetrie zeigen. Ihr unterständiger Fruchtknoten ist im allgemeinen aus 2 bis 5 Fruchtblättern verwachsen, ein Teil der Fruchtblätter bildet häufig keine oder rückgebildete Samenanlagen aus.

Familie Geißblattgewächse, Caprifoliaceae

Die Geißblattgewächse sind die einzige Familie der Ordnung, die bis auf wenige Ausnahmen nur Gehölze enthält, wie sie uns zum Teil sowohl aus der heimischen Flora als auch angepflanzt in Parks und Gartenanlagen vertraut sind. Die Familie ist in den gemäßigten Breiten der Nordhalbkugel weit verbreitet und besonders reich in den Laubwaldgebieten Ostasiens (bis zum Himalaja) und im östlichen Nordamerika entfaltet. In den Tropen werden nur die Gebirgsländer besiedelt, und auf der Südhalbkugel sind die Geißblattgewächse fast nur durch wenige, z. T. kleine, morphologisch abweichende Gattungen vertreten. 15 bis 19 Gattungen und 400 bis 500 Arten werden für die Familie angegeben; es handelt sich bei der überwiegenden Mehrzahl um sommer- oder immergrüne Sträucher, seltener um kleine Bäume, Halbsträucher, Lianen oder Stauden. Die kreuzgegenständig stehenden Blätter sind meist einfach und besitzen vielfach Drüsenhaare, nebenblattartige Anhängsel können als extraflorale Nektarien ausgebildet sein.

Die Blüten sind fünfzählig, bei verschiedenen Gruppen macht sich eine Tendenz zu einer mehr oder weniger deutlich ausgeprägten zweiseitigen Symmetrie bemerkbar. Ähnliches gilt für die Rückbildung der Fächer des meist zwei- bis fünfblättrigen Fruchtknotens und der in ihnen enthaltenen Samenanlagen (von sehr viele bis eine). Oft kann man eine ungleiche Entwicklung der einzelnen Fächer eines Fruchtknotens beobachten. Die Fruchtbildung ist in der Familie sehr unterschiedlich, meist sind Beeren oder Steinfrüchte vorhanden, die von Vögeln gefressen und verbreitet werden, seltener treten Kapseln auf. Ihre Samen haben ein fleischiges Nährgewebe, in dem keine Stärke, dafür aber viel fettes Öl gespeichert wird (bis zu 30–40%).

Sonst ist in chemischer Hinsicht für die Familie der Reichtum an phenolischen Verbindungen, vor allem an Glykosiden, charakteristisch.

Durch Blattfunde sind die Geißblattgewächse bereits in kreidezeitlichen Ablagerungen Grönlands und Nordamerikas nachgewiesen, formenreich finden wir sie dann seit dem Tertiär. Bei serologischen Prüfungen der Sameneiweiße konnte neuerdings die auch morphologisch belegte Übereinstimmung mit den Hartriegelgewächsen (Cornaceae, Band Blütenpflanzen 1) bestätigt werden.

Zu einer Gattungsgruppe, die durch viele Samenanlagen in den Fächern der zwei- bis fünf(acht)blättrigen Fruchtknoten und durch Beerenfrüchte gekennzeichnet ist, gehört auch die größte Gattung der Familie, das Geißblatt oder die Heckenkirsche, *Lonicera*. Ihre etwa 180 Arten sind auf der Nordhalbkugel (besonders in Ostasien und im Himalaja) und in den Anden beheimatet. Die meist ausgeprägt zweiseitig-symmetrischen Blüten sind zweilippig, wobei die Unterlippe von einem und die Oberlippe von 4 Kronzipfeln gebildet wird. Es handelt sich um typische Insektenblumen, bei einigen finden wir besondere Anpassungen an die Bestäubung durch Schwärmer (Sphingiden), so z. B. auch beim Waldgeißblatt, *Lonicera periclymenum*. Dessen weißliche bis blaßrosa Blüten öffnen sich erst gegen Abend und strömen nur nachts einen intensiven Duft

Blütenstand des Waldgeißblattes, *Lonicera periclymenum*, eine von Schwärmern bestäubte Liane, die in Mitteleuropa besonders in Eichenwäldern mit atlantisch beeinflußtem Klima wächst

aus; die engen Kronröhren sind etwa 4 cm lang, und der in ihnen enthaltene Nektar kann deshalb nur von diesen langrüsseligen Nachtschmetterlingen erreicht werden. Die Innenflächen der Blütenzipfel sind mit einem Ölfilm überzogen, so daß Insekten, die nicht wie die Schwärmer frei schwirrend vor den Blüten »stehen«, keinen Halt finden und deshalb die Bestäubung nicht durchführen können. Das Waldgeißblatt ist eine der wenigen Lianen der mitteleuropäischen Flora, zu denen auch das in den nördlichen Teilen des Mittelmeergebiets bis in die wärmebegünstigten Gebiete Mitteleuropas verbreitete Jelängerjelieber, *Lonicera caprifolium,* gehört. Es zeigt besonders eindrucksvoll die paarweise Verwachsung der Blätter in den oberen Regionen des Sprosses, die auch für andere Arten dieses Verwandtschaftskreises zutrifft.

Beide Lianen werden seit einigen Jahrhunderten in den Gärten gezogen und verwildern leicht, so daß nicht immer über die Ursprünglichkeit ihres Vorkommens entschieden werden kann. Zu den beliebtesten Schlingpflanzen ostasiatischer Gärtner zählen ebenfalls Arten dieser Gruppe, so z. B. *Lonicera japonicus,* eine halbimmergrüne Liane, die auch in panaschierten Formen gezogen wird.

Auch unter den aufrechten Sträuchern der Gattung treffen wir manche verbreitete Ziergehölze an, so im zentralen Europa vor allem die aus dem Altai und Mittelasien stammende Tatarische Heckenkirsche, *Lonicera tatarica,* die man in verschiedenen Sorten kultiviert. Die einheimische giftige Rote Heckenkirsche, *Lonicera xylosteum,* liefert übrigens das harte Beinholz, das besonders für Drechslerarbeiten geeignet ist.

Die aufrechten Heckenkirschen haben stets gepaarte Blüten, die man als einen dichasialen Blütenstand deutet, bei dem die Endblüte ausgefallen ist. Wir können bei diesen Arten eine Tendenz zur zunehmenden Verwachsung der Fruchtknoten und der sich daraus entwickelnden Früchte beobachten. So sind bei *Lonicera xylosteum* die Beeren nur am Grunde, bei *Lonicera tatarica* aber bereits höher hinauf miteinander verwachsen. Bei der Alpenheckenkirsche, *Lonicera alpigena,* sind die beiden Früchte gänzlich zu einem kirschgroßen Gebilde vereint, dessen Doppelnatur noch an den beiden Kelchresten zu erkennen ist. Bei der Blauen Heckenkirsche, *Lonicera coerulea,*

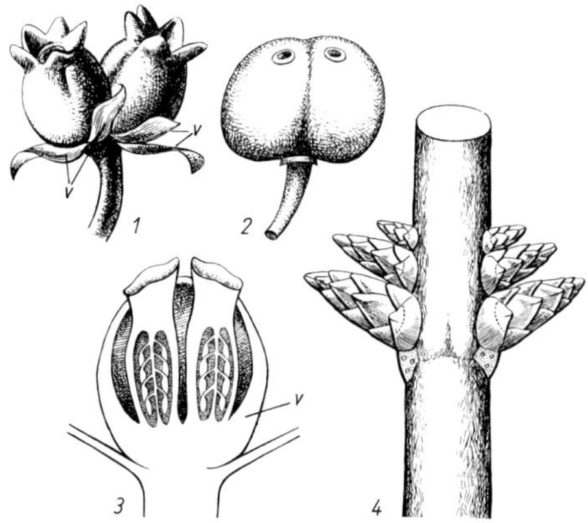

Geißblattgewächse: 1 junge, nicht miteinander verwachsene Früchte des Teilblütenstands der Tatarischen Heckenkirsche, *Lonicera tatarica;* 2 Fruchtknoten und Früchte sind dagegen bei der Alpenheckenkirsche, *Lonicera alpigena,* zu einer Doppelbeere verwachsen. 3 Bei der Blauen Heckenkirsche, *Lonicera coerulea,* umgeben die fleischigen, vollständig verwachsenen Vorblätter (v) die beiden freien Fruchtknoten vollständig und täuschen eine Einzelfrucht vor. 4 Seriale Beiknospen der Roten Heckenkirsche, *Lonicera xylosteum*

wird eine Verwachsung der beiden Früchte vorgetäuscht, da die Vorblätter der Blüten zu einer einheitlichen Hülle verschmelzen, die die Fruchtknoten umgibt, mit diesen bei der Fruchtreife heranwächst und zu einem fleischigen Organ wird (s. Abbildung). Die »Doppelbeeren« dieses in den europäischen Gebirgen und in Nordosteuropa sowie im nördlichen Asien vorkommenden Strauches sind sehr schmackhaft, besonders die der Varietät *edulis* werden in Sibirien und der Mongolei gern gegessen. Ähnliches trifft auch für die nordamerikanische Bärenbeere, *Lonicera involucrata,* zu.

Lonicera-Arten werden in botanischen Lehrbüchern vielfach als Beispiele für die Bildung sogenannter Beiknospen angeführt, d. h., bei ihnen werden in einer Blattachsel nicht nur wie normalerweise eine, sondern mehrere Seitenknospen angelegt, wobei die einzelnen Knospen übereinander in einer Reihe stehen (seriale Beiknospen).

Gleichfalls viele Samenanlagen in den Fächern der zweiblättrigen Fruchtknoten, aber trockene Kapselfrüchte haben einige Gattun-

Früchte der Alpenheckenkirsche, *Lonicera alpigena*, die die im Text geschilderten verwachsenen Doppelbeeren darstellen

Fruchtstände der Schneebeere, *Symphoricarpus albus*, ein in Mitteleuropa häufig angepflanzter, in Nordamerika beheimateter Zierstrauch

gen, die uns z. T. ebenfalls als Ziersträucher dienen. Das sind z. B. die nordamerikanische *Diervilla* (gelbblühend) und die rosarotblühenden Weigelien, *Weigela*, aus dem östlichen Asien. Beide nahe verwandten Gattungen demonstrieren einmal mehr die engen floristischen Beziehungen zwischen den Laubwaldgebieten des östlichen Nordamerikas und Ostasiens. Weigelien gehören wegen ihres reichen Blütenschmucks auch in Europa zu den beliebtesten Ziergehölzen; neben einer Anzahl von Hybridsorten wird hier vor allem *Weigela florida* gezogen, während in China *Weigela floribunda* zu den seit alten Zeiten kultivierten Sträuchern zählt.

Bei einer anderen Gattungsgruppe ist der Fruchtknoten dadurch gekennzeichnet, daß in ihm einsamige fertile Fächer mit unfruchtbaren abwechseln. So sind bei den Schneebeeren, *Symphoricarpus*, von den 4 Fruchtblättern des Fruchtknotens je 2 fertil bzw. steril. Diese vorwiegend nordamerikanische Gattung ist durch die in Europa häufig kultivierte Art *Symphoricarpus albus* auch weit außerhalb ihrer Heimat bekannt.

Weiße Beeren, wie sie Arten der Gattung auszeichnen und die ihr auch den deutschen Namen eingetragen haben, sind im Pflanzenreich eine ziemlich seltene Erscheinung. Sie bleiben bei den Schneebeeren noch lange nach dem Laubfall an den Pflanzen hängen und kontrastieren dann wirkungsvoll mit den kahlen Zweigen. So können sie von Vögeln leicht bemerkt werden, vor allem Drosseln sorgen für ihre Verbreitung.

In diesen Verwandtschaftskreis gehören noch weitere, meist ostasiatische Gattungen. Hier sei nur noch auf das Moosglöckchen, *Linnaea*, hingewiesen, das der Holländer Gronovius nach seinem berühmten Zeitgenossen, dem Schweden Linné, benannt hat, dem wir das lange Zeit als Einteilungsprinzip dienende

Sexualsystem der Pflanzen und auch die Einführung der binären Nomenklatur verdanken. Das Moosglöckchen trägt mit Recht den Namen Linnés, es war seine Lieblingsblume, und auf den meisten der vielen von ihm angefertigten Bildnisse hat er sich mit einer Pflanze dieser Art porträtieren lassen. *Linnaea* besitzt nur ein fertiles Fruchtknotenfach und einsamige trockene Schließfrüchte. Die einzige Art, *Linnaea borealis,* ist in der kühl-gemäßigten Zone und den subarktischen Gebieten der gesamten Nordhalbkugel und ihrer Hochgebirge verbreitet. Als Rohhumuspflanze, deren zarte Grundachse sich nur in der Humusschicht des Bodens ausbreitet, stellt sie eine charakteristische Art des nördlichen Nadelwaldgürtels dar. Einige der zwischen den Hauptverbreitungsgebieten im Norden und den Alpen liegende, isolierte Vorkommen gehören zu den floristischen Kostbarkeiten in Mitteleuropa.

Die zweitgrößte Gattung der Familie, *Viburnum,* der Schneeball, ist wieder durch fleischige Früchte, und zwar Steinfrüchte, gekennzeichnet, die sich aus einem dreiblättrigen Fruchtknoten entwickeln, von dem aber nur ein Fach fertil ist und eine einzige Samenanlage enthält. Von den 150 Arten der Gattung sind über 70 in China, insbesondere in seinen zentralen und südwestlichen Teilen, beheimatet. Im übrigen ist die Gattung wie *Lonicera* auf der Nordhalbkugel und in den Anden verbreitet. Es sind sommer- oder immergrüne Sträucher, seltener kleine Bäume, deren Blattgestalt, Behaarung und Konsistenz sehr variabel ist und in Zusammenhang mit den klimatischen Bedingungen des jeweiligen Verbreitungsgebiets steht. Immergrüne Arten, z. B. der Steinlorbeer, *Viburnum tinus,* mit lederartigen Steinfrüchten, sind charakteristische Gehölze der an Hartlaubarten reichen südeuropäischen Macchien-Vegetation. Auch an der Knospenbildung lassen sich interessante Beziehungen zu der geographischen Verbreitung ablesen: So besitzt der Echte oder Gemeine Schneeball, *Viburnum opulus,* eine Art des kühl-gemäßigten Eurasiens, durch dicke

Blütenstände des aus Mittel- und Westchina stammenden *Viburnum rhythidophyllum,* einer immergrünen, jedoch winterharten Art

Knospenschuppen geschützte Winterknospen, während der im Mittelmeergebiet verbreitete und im mittleren Europa nur in besonders wärmebegünstigten Gegenden, wie den Kalkgebieten Thüringens, vorkommende Wollige Schneeball, *Viburnum lantana,* nackte, ungeschützte Knospen aufweist!

Im allgemeinen sind die Blüten der Schneeballarten strahlig; beim Echten Schneeball (und seinen Verwandten), dem wir häufig in den heimischen Auwäldern und an anderen feuchten Laubwaldstandorten begegnen können, weshalb man ihn auch als Wasserschneeball bezeichnet, sind die Randblüten der schirmförmigen Rispen jedoch etwas zweiseitig-symmetrisch und gleichzeitig gegenüber den zentralen Blüten vergrößert. Sie sind unfruchtbar und dienen nur als Schauorgane. Auf diese Weise entstehen Blütenstände, die sehr ähnlich aufgebaut sind wie die mancher Hortensien (*Hydrangea*-Arten, s. Band Blütenpflanzen 1). Als Ziergehölze sind vom Echten Schneeball Formen verbreitet, die nur derartige unfruchtbare Blüten besitzen und die durch ihre kugeligen, tennisballgroßen Blütenstände auffallen. Sie strömen einen intensiven, strengen Geruch aus, der auch für andere Arten der Gattung (und für den im folgenden zu besprechenden Holunder) zutrifft; er beruht auf dem hohen Gehalt an Aminen.

Entsprechende »gefüllte« Formen sind von chinesischen Gärtnern auch bei der in China häufig kultivierten Art *Viburnum macrocephalum* ausgelesen worden. Heute werden noch weitere, meist asiatische Arten der Gattung angepflanzt. Es sind sowohl sommer- als auch immergrüne Formen, unter letzteren auch winterharte, die sich für das mitteleuropäische Klima eignen (z. B. *Viburnum rhytidophyllum*). Manche Schneeballarten werden wie Vertreter anderer Gattungen der Familie auch für landeskulturelle Zwecke, zur Grünverbauung, in Schutzstreifen usw. kultiviert.

In die Verwandtschaft von *Viburnum* stellt man einige der wenigen krautigen Pflanzen der Familie. Das sind die in Asien und in Nordamerika vorkommenden Arten der Gattung Fieberwurz, *Triosteum.* Die ersten weißen Siedler in Nordamerika bereiteten aus den getrockneten und gerösteten Früchten von *Triosteum perfoliatum* ein kaffeeähnliches Getränk!

Die letzte Gattung der Familie, die wir besprechen wollen, weicht von den bisher behandelten in vielen Merkmalen ab. Es handelt sich um den Holunder, *Sambucus,* der sich schon bei flüchtiger Betrachtung durch die unpaarig gefiederten Blätter von den übrigen Vertretern der Geißblattgewächse unterscheidet. Die nektarlosen Blüten (Pollenblumen!) haben einen aus 3 bis 5 Fruchtblättern zusammengesetzten Fruchtknoten, aus dem sich mehrsamige rote oder schwarze Steinfrüchte entwickeln. In anatomischer Hinsicht ist die Gattung durch das Vorkommen von Kalziumoxalat-Kristallsand in den vegetativen Organen und durch ein dickes Mark ausgezeichnet. Auch Blausäure abspaltende Glykoside sind in der Familie bisher nur bei Holunderarten gefunden worden.

Diese unterschiedlichen Merkmalsausprägungen haben dazu geführt, daß neuerdings *Sambucus* als eigene Familie Sambucaceae den Caprifoliaceen nachgestellt wird. Dasselbe gilt übrigens auch für die Gattung *Viburnum* (Viburnaceae), die ebenso von den übrigen Geißblattgewächsen durch das Fehlen von Kronröhren-Nektarien abweicht.

Die Gattung, obwohl nur 20 bis 40 Arten umfassend, hat das ausgedehnteste Areal innerhalb der Familie; sie ist nicht nur auf der Nordhalbkugel, sondern auch in Südamerika, Australien, Ostafrika und Südasien verbreitet; fossile Reste sind von ihr bereits in der tertiären Braunkohle entdeckt worden.

Die roh giftigen Früchte vieler Holunderarten liefern ein beliebtes Wildobst, sie werden in vielen Ländern gesammelt; aus ihnen bereitet man Saft, Sirup, Suppen usw. zu. Der Tee aus den Blüten ist ein altes Hausmittel; getrocknete Blüten vom Attich, *Sambucus ebulus* (einem staudigen Holunder!), sind z. B. ein Hauptbestandteil des bekannten Kneipp-Tees, während Holunderblütentee (»Fliedertee«) vom Schwarzen Holunder, *Sambucus nigra,* häufig als schweißtreibendes Mittel angewendet wird. Diese Art, deren mittelalterliche Bezeichnung »Flieder« später auf *Syringa vulgaris* übertragen wurde, gehört in Europa zu den häufigsten Gehölzen. Wegen seiner Vorliebe für stickstoffreiche Standorte ist er fast überall in der Nähe von Ansiedlungen des Menschen anzutreffen, wo er sich auf Grund seines Ausschlagvermögens rasch ausbreiten kann. Schwarzer Holunder wird in vielfältiger Weise verwendet. Abgesehen von den oben angegebenen Möglichkeiten verarbeitet man in ländlichen Gegenden die Blüten zu einem erfrischenden Getränk (Holundersekt), sie sind aber auch in Rezepten von Backwaren enthalten. Das weiße Holundermark (besonders aus dürren Wasserreisern gewonnen) gehört zur Ausrüstung jedes botanischen Praktikums: Pflanzliche Objekte, von denen Handschnitte für mikroskopische Untersuchungen angefertigt werden sollen, legt man zwischen halbierte Holundermarkstücke, um eine gute Schnittführung zu ermöglichen. Holunderholz wird bei Drechsler- und Schreinerarbeiten gebraucht. Es nimmt nicht wunder, daß der nützliche Holunderstrauch, der sich zu einem willkommenen Begleiter des Menschen entwickelt hat und keiner Pflege bedarf, eine große Rolle im Brauchtum des Volkes spielte; so galt es früher als unglückverheißend, einen Holunder umzuhacken.

Heute gibt es von dieser und einigen anderen Arten der Gattung bereits Kultursorten.

Familie Moschuskrautgewächse, Adoxaceae

Moschuskraut, *Adoxa moschatellina,* mit seinen dünnen unterirdischen Ausläufern (Stolonen), gehört zu den zeitigsten, wenn auch unauffälligen Frühjahrsblühern unserer Auwälder.

Zu den Frühlingsblühern unserer Laubwälder gehört ein kleines, unscheinbares Pflänzchen, dessen eigenartig duftende Blätter ihm den Namen Moschuskraut, *Adoxa moschatellina,* eingetragen haben. Es ist die einzige heimische Art dieser kleinen Familie mit 2 bis 3 Gattungen und 4 bis 5 Arten. *Adoxa* ist ein typischer Humuskriecher, dessen fadenförmige Wurzelstöcke sich nur in der lockeren Humusschicht des Bodens ausbreiten. Sie tragen bleiche, schuppige Niederblätter, gegen Ende der Vegetationsperiode verdicken sich die jüngsten Partien dieser unterirdischen Sproßorgane zu einem knolligen Gebilde, das Schuppen-, Laubblätter und eine kräftige Wurzel trägt. Diese Schuppenknolle ist auch das Überdauerungsorgan der Pflanze. Das Moschuskraut ist in frischen bis feuchten Wäldern der gemäßigten und kühl-gemäßigten Breiten auf der gesamten Nordhalbkugel verbreitet. Es ist eine Schattenpflanze mit zarten, dreiteiligen Blättern, die mit hinfälligen Sekrethaaren besetzt sind (Duft!). Die Jugendentwicklung der Pflanzen verläuft sehr langsam, wobei die Keimblätter lange funktionsfähig bleiben.

Die grünlichen kleinen Blüten stehen in fünf- bis siebenblütigen Knäueln, wobei sich die End- von den Seitenblüten deutlich unterscheiden (Gipfelblüte vierzählig, Seitenblüten fünfzählig). Der Kelch der endständigen Blüte ist zweiteilig, der der seitlichen dagegen dreiteilig. Diese Unterschiede gaben die Veranlassung zu abweichenden Deutungen des Kelchorgans, das früher auch als Hochblatthülle interpretiert und die Familie dementsprechend an einer ganz anderen Stelle des Systems eingeordnet wurde (in der Verwandtschaft der Steinbrechgewächse). Pollenstruktur und embryologische Merkmale bestätigen aber den Anschluß an die Geißblattgewächse innerhalb der Dipsacales.

Aus dem halbunterständigen gefächerten Fruchtknoten, in dem je Fach nur eine Samenanlage ausgebildet ist, entwickelt sich eine kleine gelblichgrüne, säuerlich schmeckende Steinfrucht, für deren Verbreitung nicht nur Vö-

Blütenstand des Moschuskrauts, *Adoxa moschatellina,* seitliche Blüten fünfzählig, Endblüte vierzählig

gel, sondern – wie neuere Beobachtungen zeigten – auch Schnecken verantwortlich zu machen sind. Die übrigen Sippen der Familie sind in Ostasien beheimatet.

Familie Baldriangewächse, Valerianaceae

Diese auch aus der mitteleuropäischen Flora bekannte Familie vermittelt zwischen den vorangegangenen Geißblatt- und den folgenden Kardengewächsen. Die engen verwandtschaftlichen Beziehungen zu der letzten Familie werden z. B. durch die Tatsache dokumentiert, daß eine Gattung *(Triplostegia)* mit an Baldrian erinnerndem Aussehen und baldrianähnlichen Blütenständen, aber manchen für die Kardengewächse typischen Blütenstrukturen von einigen Botanikern zu den Baldrian-, von anderen zu den Kardengewächsen gestellt (oder als eigene Familie abgetrennt) wird.

13 Gattungen mit rund 400 Arten umfassen die Valerianaceen, die in den gemäßigten Breiten der Nordhalbkugel und in Südamerika, besonders den Anden, vorkommen. Es sind ein- oder mehrjährige Kräuter, selten Sträucher, wobei abweichende Wuchsformen besonders aus der Andenflora bekannt sind.

Die kleinen, trichterförmigen und meist asymmetrischen Blüten, die in auffallenden vielblütigen, sogenannten Thyrsen (traubige Blütenstände mit trugdoldigen Teilblütenständen) stehen, werden von Fliegen oder kleinen Hautflüglern bestäubt. Von wenigen Ausnahmen abgesehen *(Nardostachys)* ist ihr Kelch zur Blütezeit nur schwach entwickelt, er vergrößert sich zur Fruchtreife hin aber öfters zu Säumen, Haken oder Haarborsten und steht dann meist im Dienste der Samenverbreitung. In der Zahl der Staubblätter kann man bei den Gattungen der Familie eine Reduktionsreihe beobachten, die von vier bis eins reicht. Von den drei Fächern des dreiblättrigen Fruchtknotens ist nur eines fertil, das eine einzige Samenanlage enthält; die sich daraus entwickelnde Nüßchenfrucht hat einen nährgewebslosen Samen.

Die beiden ersten, relativ ursprünglichen Gattungen sind durch 4 Staubblätter gekenn-

Fruchtbildungen bei Baldriangewächsen: 1 und 2 vom Wind verbreitete Früchte, 1 Sibirischer Goldbaldrian, *Patrinia sibirica,* mit Vorblattfruchtflügeln, 2 Echter Baldrian, *Valeriana officinalis,* mit Pappuskelch. 3–6 Früchte von Rapünzchenarten, 3 und 4 vom Winde verbreitete Früchte, 3 *Valerianella coronata* mit saumartigem Kelch, 4 *Valerianella vesicaria* mit blasenförmigem Kelch, beide außerdem mit lufterfüllten sterilen Fruchtfächern, 5–6 epizoochor verbreitete Früchte mit hakenförmigen Kelchen, 5 *Valerianella dentata,* 6 *Valerianella echinata.* 7–10 Afrikanischer Baldrian, *Fedia cornucopiae,* 7 Fruchtstand, als ganzes abbrechend und als Steppenläufer sich ausbreitend, 8 Flügelfrucht, vom Wind verbreitet, 9 Schalenfrucht, vom Wind oder Regenwasser verbreitet, 10 Ameisenfrucht mit Ölkörper (e), von Ameisen verschleppt, s = steriles Fruchtfach (s. Text)

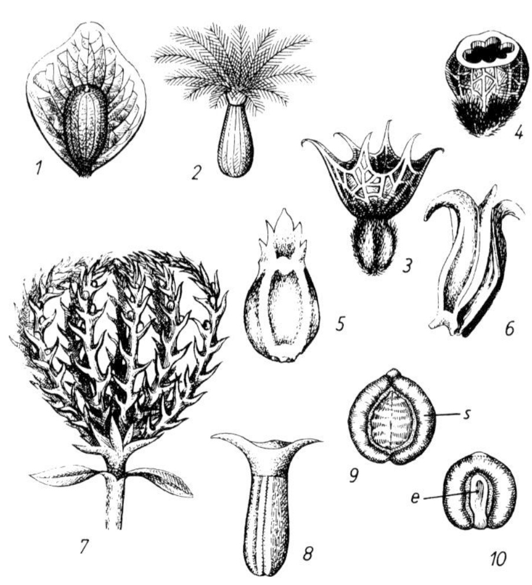

zeichnet: 15 Arten umfaßt die Gattung Goldbaldrian, *Patrinia,* aus dem zentralen und östlichen Asien. Es sind zum Teil sehr dekorative Stauden mit gelben Blüten, deren Vorblätter später zu häutigen, flügelartigen, den Früchten anliegenden Gebilden heranwachsen, wodurch eine Verbreitung der Früchte durch den Wind gewährleistet wird. – Die zweite dieser beiden Gattungen ist die Narde, *Nardostachys,* mit einer, sehr variablen Art aus dem Himalaja und dem südwestlichen China. Die Echte Narde, *Nardostachys jatamansii,* ist eine uralte asiatische Heilpflanze; Nardenwurzeln, die Wurzelstöcke der Staude, waren bereits im Altertum eine beliebte Droge. Das aus ihnen gewonnene ätherische Nardenöl war zur Herstellung teurer parfümierter Salben für begüterte Römerinnen ein unentbehrlicher Luxusartikel, es wurde auch zum Schwarzfärben der Haare und als Haarwuchsmittel gebraucht. Nach der biblischen Überlieferung erfolgte mit Nardenöl die Salbung Christi. Schließlich war das Nardenöl ein Hauptbestandteil des legendären Theriak, jenes alchimistischen Allheilmittels, das nach alten, bis ins 1. Jahrhundert unserer Zeit zurückreichenden Vorschriften aus über 60 Bestandteilen zubereitet wurde und das in den Pharmakopoën noch vor 100 Jahren geführt wurde!

In Indien und China liefert die Narde noch heute eine wichtige Parfümdroge und verschiedene Heilmittel.

Die folgenden Gattungen zeichnen sich durch eine schrittweise Rückbildung der Staubblattzahl aus; gleichzeitig sind in ihnen im Gegensatz zu den eben erwähnten Pflanzen stets als Valepotriate (Abkürzung für Valeriana-Epoxy-triester) bezeichnete Verbindungen nachgewiesen worden, auf denen auch die medizinische Verwendung mancher dieser Sippen beruht.

Von den Gruppen mit 3 Staubblättern muß zuerst auf die größte Gattung der Familie, den Baldrian, *Valeriana,* hingewiesen werden, dessen 250 Arten auf der Nordhalbkugel und in Südamerika weit verbreitet sind. Ihre meist weißen Blüten besitzen eine kleine Aussakkung der Kronröhre oberhalb des Blütengrundes, in der sich der Nektar befindet. Die Baldrianfrüchte können mit Hilfe eines vom Kelch gebildeten Pappus-Haarschopfes leicht vom Wind verfrachtet werden. Die Gestalt der vegetativen Organe kann bei den Baldrianen sehr verschieden sein; es treten hohe oder niedrige Stauden mit unterirdischen Wurzelstökken, seltener mit Wurzelknollen *(Valeriana tuberosa),* mitunter verholzte Halbsträucher (in den Anden) oder auch Lianen (*Valeriana scandens,* Antillen) auf; selbst an Fette Hennen *(Sedum)* erinnernde Pflanzen mit dickfleischigen Blättern kommen in der Gattung vor (*Valeriana sedifolia,* Falklandinseln). Entsprechend dieser Vielgestaltigkeit sind die Baldrianarten auch an sehr verschiedene Standortsbedingungen angepaßt. Wir treffen in der Gattung Wald-, Sumpf-, Moor- und Steppenpflanzen, Arten alpiner Matten usw. an.

Die Gattung ist uns vor allem durch den Echten Baldrian, *Valeriana officinalis,* bekannt, der in ganz Eurasien beheimatet ist und wegen seines morphologischen Formenreichtums heute in eine Reihe selbständiger Arten aufgeteilt wird. Der charakteristische Geruch der Droge, der Wurzelstöcke der Pflanze, entsteht erst während des Trocknungsprozesses, wenn sich freie Isovaleriansäure bildet, die bekanntermaßen auf Katzen außerordentlich anziehend und erregend wirkt. Die nervenberuhigende und schlafförderde Wirkung beruht aber nicht auf dieser Verbindung, sondern auf den erwähnten, als Valepotriaten bezeichneten Pyranestern. Das konnte erst in den letzten Jahren festgestellt werden, vorher war die Ursache der geschilderten Wirkung völlig rätselhaft. Die Droge stammt nicht nur von den Wildbeständen der Art, diese wird z. B. im Harz, in Thüringen und Nordbayern auch feldmäßig kultiviert. Interessanterweise war der Baldrian bis ins 16. Jahrhundert keine Heil-, sondern eine Gewürzpflanze, die auch – wie heute noch im Orient – zur Parfümherstellung benutzt wurde. Auch andere Baldrianarten sind in ihrer jeweiligen Heimat wichtige Heilpflanzen. Als Nahrungsmittel wurden von verschiedenen Indianerstämmen Nordamerikas die gekochten Wurzelstöcke von *Valeriana edulis* verwendet.

Eine Reihe mit *Valeriana* verwandter Gattungen, die sich zumeist durch auffallende Wuchsformen auszeichnen, sind wie einige abweichende Baldrianarten in Südamerika zu Hause; von den andinen Polsterpflanzen seien nur *Aretiastrum* und *Stangea* und als immergrüner Strauch *Phuodendron* (Brasilien) erwähnt.

Aus der heimischen Flora ist uns wiederum

Einige Baldrian-Arten, wie der Berg-Baldrian, *Valeriana montana,* sind in den Alpen an Kalkfelsen oder in Kalkschuttfluren verbreitet; sie sind weniger hochwüchsig als der Echte Baldrian.

die Gattung Rapünzchen, *Valerianella,* bekannt. Die etwa 60 einjährigen Arten sind bevorzugt im Mittelmeergebiet beheimatet. Ihre kleinen Blüten enthalten wie bei *Valeriana* 3 Staubblätter. In Mitteleuropa tritt eine Reihe von Rapünzchenarten als – allerdings meist recht seltene – Unkräuter auf. Das häufigste von ihnen, das Feldrapünzchen oder der Feldsalat, *Valerianella locusta,* kommt nicht selten in Getreidefeldern auf lehmigen Böden vor, er hat im mittleren und westlichen Europa auch als eines der zeitigsten Frühgemüse Bedeutung. Die Blattrosetten dieser im Herbst gesäten Pflanzen können in milden Wintern schon Ende Januar bis Anfang Februar geschnitten werden und stellen dann als Rohkostsalat eine vorzügliche Vitaminquelle in dieser sonst vitaminarmen Jahreszeit dar. Die Kultur dieser Art hat kein sehr hohes Alter, ihr Beginn dürfte etwa mit dem Anfang des 17. Jahrhunderts zu datieren sein.

Die Ausbildung der Früchte und deren Verbreitung ist in der Gattung *Valerianella* sehr unterschiedlich. Mitunter, z. B. bei *Valerianella carinata,* sind die sterilen Fruchtfächer als lufterfüllte, schwammige Wülste entwickelt, wodurch die leichten Früchte entweder vom Winde über den Boden gerollt oder vom Regenwasser verspült werden können (die Früchte sind schwimmfähig). Bei vielen Rapünzchen tritt der Kelch in den Dienst der Verbreitung, er kann z. B. zu einem krönchenartigen Flugorgan oder zu Hafthaken umgebildet sein und stellt überhaupt das wichtigste Unterscheidungsmerkmal der sonst einander sehr ähnlichen *Valerianella*-Arten dar.

Eine äußerst einprägsame Art und Weise der Samenverbreitung finden wir bei der nur aus wenigen Arten bestehenden Gattung *Fedia,* dem Afrikanischen Baldrian. Seine Blüten enthalten übrigens nur noch 2 Staubblätter.

Rote Spornblume, *Centranthus ruber,* häufige Zierstaude unserer Gärten, ist in den Felsheiden der Mittelmeerländer zu Hause. Sie ist ein bekanntes Beispiel für asymmetrische Blüten, die nur noch ein einziges Staubblatt besitzen.

Die im Mittelmeergebiet verbreitete *Fedia cornucopiae* ist ein treffendes Beispiel für die Erscheinung der Heterokarpie, der Ausbildung unterschiedlich aussehender Früchte auf ein und derselben Pflanze: Nach dem Verblühen verdicken sich die Sprosse und Achsen des Blütenstandes, werden hohl und bekommen eine strohartige Beschaffenheit. Sie brechen an den Knoten leicht ab, und es können daher Zweigstücke oder die ganzen Fruchtstände nach Art der Steppenläufer verweht werden. Innerhalb eines derartigen Fruchtstandes ist eine etagale Gliederung der Fruchtformen festzustellen. Die unteren Früchte werden am Grunde von den sich verdickenden Fruchtstandsachsen umschlossen und zusammen mit den strohigen Zweigstücken vom Wind transportiert. In den oberen Partien der kugelförmigen Fruchtstände, die durch die dornigen Tragblätter ein charakteristisches Aussehen erhalten, sind 3 Fruchttypen zu beobachten: Die Flügelfrüchte haben einen zwei- bis vierteiligen, aus dem Fruchtkelch hervorgehenden Flügelsaum; Fruchtwand und Kelch besitzen hier große Lufträume, die sie für die Wundverbreitung geeignet machen. Bei den Schalenfrüchten sind wie bei manchen Rapünzchenarten die sterilen Fruchtfächer als korkige Luftkammern ausgeprägt, wodurch ein Verwehen oder Verschwemmen möglich wird. Schließlich finden wir kleinere Ameisenfrüchte, die am Grunde der Scheidewände zwischen den Fruchtfächern einen aus plasmareichen Zellen bestehenden Ölkörper tragen, der auf die Verbreitung durch Ameisen hinweist. Eine derartige Kombination von Hydro-, Anemo- und Myrmekochorie bei Früchten derselben Pflanze dürfte eine einmalige Erscheinung im Pflanzenreich darstellen.

Abschließend müssen wir noch die Spornblumen, *Centranthus,* besprechen, die das Endglied der Reduktionsreihe der Staubblattzahl darstellen. Ihre in den Lehrbüchern als Beispiele für Asymmetrie häufig geschilderten Blüten haben nur noch ein einziges Staubblatt; im übrigen zeichnen sich die Blüten durch einen Sporn aus, und der Fruchtkelch ist wie beim Baldrian als ein Haarschopf entwickelt. Von den hauptsächlich mittelmeerländischen Arten der Gattung ist die ausdauernde Rote Spornblume, *Centranthus ruber,* als Zierstaude auch in den heimischen Gärten gelegentlich zu beobachten.

Familie Kardengewächse, Dipsacaceae

Auf den ersten Blick hin könnte man viele der zu dieser Familie gehörenden Pflanzen für Korbblütler halten, zeichnen sie sich doch wie diese durch köpfchenartige Blütenstände aus, die von einer Hochblatthülle umgeben sind. Jedoch täuscht diese äußerliche Übereinstimmung: In Details des Köpfchenbaues und der Blüten weichen beide Familien voneinander beträchtlich ab. So haben die Kardenblüten im Gegensatz zu den Korbblütlern noch einen röhrigen, aus 2 Vorblättern verwachsenen Außenkelch, ihre Staubblätter sind nicht verwachsen und ihre Samen besitzen ein Nährgewebe, um nur einige wesentliche Unterschiede zu nennen. Auch im Stoffwechsel treffen wir deutliche Verschiedenheiten an. So sind als Reserve-Kohlenhydrate bei den Kardengewächsen nicht Inulin, sondern einfache Zucker, meist Saccharose, verbreitet, ferner ist für sie das Vorkommen von Pseudoindikanen charakteristisch, die nach einer fermentativen Oxydation blaue Farbstoffe ergeben und die in fast allen Gattungen der Familien nachgewiesen wurden.

Rund 300 Arten aus 10 Gattungen zählen zu den mit den Baldriangewächsen nah verwandten Dipsacaceen, ihre Hauptentfaltung haben sie im Mittelmeergebiet und dem Vorderen Orient. Von hier reicht ihre Verbreitung bis nach Südafrika, Ostasien und dem nördlichen und mittleren Europa, wo wir ihnen auch in der heimischen Flora begegnen (z. B. die Witwenblumen, Karden und Skabiosen). Es handelt sich bei den Arten um ein- oder mehrjährige Kräuter, sehr selten um verholzende Halbsträucher mit gegenständigen, oft geteilten Blättern. Sie sind an recht verschiedene Standortsbedingungen angepaßt, besiedeln in der Mehrzahl aber offene Pflanzengesellschaften periodisch trockener Gebiete (Steppen, Trockenrasen, Felsfluren usw.). Es gibt aber auch eine Reihe mesophiler Waldpflanzen unter ihnen, wie zum Beispiel *Knautia.*

Einige weitere für die Familie typische Merkmale sind die vier- bis fünfzähligen, meist mehr oder weniger zweiseitig-symmetrischen Blüten, deren Kelch fast stets häutig oder borstig entwickelt ist. Der zweiblättrige, unterständige Fruchtknoten ist einfächerig und hat nur eine Samenanlage. Er entwickelt sich zu einer Achäne, die vom Außenkelch umhüllt und vom

Die Acker-Witwenblume, *Knautia arvensis,* eine Wiesen- und Trockenrasen-Pflanze, ist die häufigste Art der Kardengewächse in der mitteleuropäischen Flora.

Skabiosenblüten und -früchte *(Scabiosa graminifolia).* 1 Randständige Blüte, deren Größe und auffallende Form (zweiseitige Symmetrie) die Schauwirkung der Blütenköpfe in erster Linie bedingen; 2 zentrale, strahlige Blüte des Blütenkopfes; 3 Fruchtstand; 4 Einzelfrucht mit schirmförmigem Außenkelch. ak = Außenkelch, k = Kelchzähne

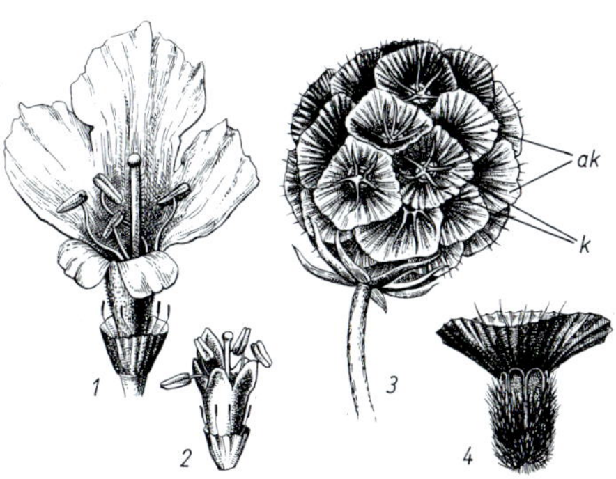

Kelch gekrönt ist. Außenkelch und Kelch können verschiedene Umbildungen im Zusammenhang mit besonderen Verbreitungsweisen erfahren.

An den Köpfen ist vielfach eine unterschiedliche Entwicklung der randlichen und zentralen Blüten zu beobachten; die äußeren tendieren zu einer stärker ausgeprägten zweiseitigen Symmetrie und zur Verlängerung der unteren Kronzipfel, wodurch sich eine Erhöhung der Schauwirkung der Köpfchen ergibt. Ähnliche Erscheinungen haben wir bei den Blütenständen der Doldenblütler und des Schneeballs kennengelernt, sie sind natürlich vor allem bei den Korbblütlern festzustellen. Die Dipsacaceen-Blüten sind ausgesprochene Insektenblumen, die bevorzugt von mittel- und langrüsseligen Hummeln und Tagfaltern bestäubt werden, insbesondere trifft man Bläulinge (Lycaenidae) häufig auf den Blütenköpfen an.

Wir finden in der Familie mannigfache Formen der Samenverbreitung, vom Fehlen jeglicher spezieller Anpassungserscheinungen bis zu ausgesprochenen anemo- und verschiedenen zoochoren Früchten, vor, worauf wir bei der Besprechung der Gattungen noch hinweisen werden.

Eine innerhalb der Kardengewächse sehr isolierte Gruppe bildet *Morina* mit zwei weiteren kleinen Gattungen (auch als eigene Familie abgespalten), zu der 15 Gebirgshochstaudenarten gehören, die vor allem im Himalaja beheimatet sind. Es handelt sich um distelartige Pflanzen mit fiederig geteilten, dornig gezähnten Blättern und mit Blüten, die nicht in Köpfchen, sondern ähnlich wie bei den Lippenblütlern in achselständigen Scheinquirlen stehen. *Morina* ist auch die einzige Gattung der Familie, der die genannten Pseudoindikane fehlen.

Eine den heimischen Florenkennern vertraute Gattung ist *Scabiosa*, mit 80 Arten (besonders im Mittelmeergebiet) die größte Gruppe der Familie; ihr Kelch ist borstlich entwickelt. Wir können bei den Skabiosen Entwicklungslinien verfolgen, die zu verschiedenen Methoden der Fruchtverbreitung führen. Manche Arten sind an die Windverbreitung angepaßt, wobei als fallschirmartiges Flugorgan ein Hautsaum des Außenkelches fungiert. Andererseits kann bei einjährigen Skabiosen auf Grund der Erhöhung der Borstenzahl des echten Kelches ein leichtes Festhaften im Fell vorbeistreifender Tiere und damit eine epizoochore Verbreitung erfolgen.

Zu *Scabiosa* gehören auch einige der wenigen holzigen Arten der Familie, z. B. *Scabiosa cretica*, ein bis zu einem Meter hoher Strauch. Manche der südeuropäischen Skabiosen zeigen einen an das Klima der jeweiligen Jahreszeit angepaßten Dimorphismus: Die im trokkenheißen Sommer ausgebildeten Rosettenblätter sind dicht grau-filzig, während die Stengelblätter der anschließenden regenreicheren herbst-winterlichen Periode frischgrün und allenfalls schwach behaart erscheinen. Skabiosen sind wegen der Farbkraft ihrer Blüten beliebte Zierpflanzen; unter den Stauden ist vor allem *Scabiosa caucasica* und von den einjährigen Sommerblumen *Scabiosa atropurpurea*, die Samtblume oder Purpurskabiose, in Kultur. Wegen ihrer tiefpurpurnen Blüten mit einem samtartigen Glanz war sie schon zu Beginn des 17. Jahrhunderts in den Gärten anzutreffen.

Das Areal der verwandten Gattung Schuppenkopf, *Cephalaria* (65 Arten), verbindet – wie wir es schon bei anderen Verwandtschaftskreisen, z. B . den Hülsenfrüchtlern gesehen hatten – die südeuropäische, orientalische und südafrikanische Florenregion. Wir haben es hier meist mit gelbblühenden Hochstauden zu tun; die in ukrainischen Steppentälern und -gebüschen vorkommende, 1,5 bis 2 m hohe *Cephalaria litvinovii* gehört z. B. zu den höchsten Stauden der südrussischen Steppenzone. Während manche Arten der Gattung keine besonderen Anpassungen an die Fruchtverbreitung haben, weisen sich einjährige Sippen durch die besondere Ausbildung des Außenkelchs (dornig-sparrig, rauh) als epizoochore Pflanzen aus. Eine dieser Sippen, *Cephalaria syriaca*, meist ein lästiges Getreideunkraut, wird wegen des 22 % erreichenden Ölgehalts der Früchte in ihrer Heimat in Kleinasien und Syrien gelegentlich als Ölpflanze angebaut.

Zu den in Mitteleuropa heimischen Gattungen zählt auch die Witwenblume, *Knautia* (60 Arten in Europa und dem Mittelmeerraum); sie wird häufig mit den Skabiosen verwechselt, hat aber einen becherförmigen Kelchsaum. Die Fruchtbasis ist zu einem kleinen fleischigen Ölkörper, einem Elaiosom, umgebildet, wodurch sich die Pflanzen als typische Myrmekochore, deren Fruchtverbreitung mit Hilfe von Ameisen vor sich geht, auszeichnen. Dieser Verbreitungstyp ist unter den Wiesen- und Waldpflanzen der gemäßigten Breiten sehr zahlreich anzutreffen.

Schließlich muß noch auf die namengebende Gattung der Familie, auf die Karden, *Dipsacus*, eingegangen werden. Es sind distelartige Pflanzen mit großen, langovalen Köpfen. Die starren, verholzenden Tragblätter überragen zumeist die Blüten, die eine sehr charakteristische Aufblühfolge zeigen: Von einer mittleren Zone des Kopfes schreitet das Erblühen gleichzeitig nach den oberen und unteren Abschnitten des Kopfes fort. Die Karden, von denen einige Arten auch der mitteleuropäischen Flora angehören, sind sogenannte Schüttelkletten: Ihre bis weit nach der Reife erhalten bleibenden, langen, steifen Sprosse sind außerordentlich biegsam, sie federn nach einer Berührung elastisch zurück und können dabei die Früchte meterweit aus dem Kopf ausschleudern.

Zu der Gattung zählt eine schon im klassischen Altertum bekannte und benutzte Kulturpflanze, die Weberkarde, *Dipsacus sativus*.

Blütenstände der Wilden Karde, *Dipsacus sylvestris*. Im Gegensatz zur kultivierten Weberkarde besitzen die Wildarten der Gattung gerade, nicht hakig-gekrümmte Tragblätter der Blüten.

Die vollentwickelten, eigroßen Köpfe der 1 bis 2 m hohen, einjährigen Art waren wegen ihrer elastischen, harten, langen, vorn hakig gekrümmten Blütentragblätter bei der Textilverarbeitung zum Aufrauhen von Wollstoffen ein unentbehrliches Hilfsmittel. Die Kultur war vor allem in Frankreich (schon seit 1000 Jahren) verbreitet, von dort wurden die bekannten Avignon-Karden in größerem Umfang exportiert. In Deutschland lagen Kulturflächen z.B. in Brandenburg, Sachsen-Anhalt, und in Bayern war der Anbau noch in den zwanziger Jahren dieses Jahrhunderts zu Hause. Die Art wurde auch in Kasachstan, Kalifornien und im Orient gezogen. Trotz der Entwicklung mechanischer Kratzapparate hat man auch neuerdings wieder vielfach wegen der mangelnden Elastizität der Stahlspitzen auf die Weberkarde zurückgegriffen.

Ordnung Himmelsleiterartige, Polemoniales

Mit dieser Ordnung beginnen innerhalb der Überordnung der Lamianae die vorwiegend krautigen Familiengruppen, bei denen in zunehmendem Maße die Blüten dorsiventral ausgebildet sind. Die mit den folgenden Boraginales nah verwandten und oft mit ihr vereinten Polemoniales besitzen jedoch noch radiäre Blüten; diese sind 5- bis 4zählig, haben ebensoviele Staubblätter und 3- bis 2blättrige oberständige Fruchtknoten mit zahlreichen bis wenigen Samenanlagen.

Familie Himmels- oder Jakobsleitergewächse, Polemoniaceae

Obwohl in der heimischen Flora nur durch eine, zudem seltene Art vertreten, ist die Familie vor allem Gärtnern und Gartenfreunden ein Begriff, da zu ihr einige weit verbreitete Zierpflanzen zählen. Beheimatet sind die über 300 Arten aus 18 Gattungen fast ausschließlich in Amerika, Mannigfaltigkeitszentren sind das westliche Nordamerika und die Anden. Nur 5 Arten treffen wir außerhalb der Neuen Welt in Eurasien an.

Die ursprünglichsten unter ihnen kommen als Gehölze, Sträucher, kleine Bäume oder Rankensträucher in den tropischen Breiten vor, während in den gemäßigten und nördlicheren Zonen krautige Pflanzen vorherrschen. Verbunden mit diesem Wandel an Wuchsform und Verbreitung ist die Anpassung der Familie an sehr verschiedenartige Standortsbedingungen, die von tropischen Bergregenwäldern, immergrünen Eichenwäldern, sommergrünen Laubwäldern, Nadelwaldformationen, arktischen und alpinen Pflanzengesellschaften bis zur Trockenbusch- und Halbwüstenvegetation des ariden westlichen Nordamerika reicht.

Die Familie gehört zu den wenigen höheren Pflanzen, die in blütenbiologischer Hinsicht eingehend untersucht wurden: vor allem Verne und Karen Grant (USA) haben sich darum verdient gemacht. Sie verfolgten die vielfältige Differenzierung der Gattungen und Arten aus Entwicklungslinien, die auf der Anpassung an verschiedene Bestäuberorganismen beruhen. Es lassen sich in der Familie Bienen-, Vogel-, Tagfalter-, Schwärmer-, Fliegen- und Fledermausblumen beobachten. Oft kommen mehrere derartige Blütentypen innerhalb einer Gattung vor, so daß in den meisten Fällen eine mehrfache Entstehung der Bestäubungsweisen angenommen werden muß. (Die Bestäubung durch Kolibris dürfte siebenmal in der Familie entwickelt worden sein!) Nur wenige Gattungen sind hinsichtlich der Art der Pollenübertragung einheitlich. Sehr oft, besonders unter den einjährigen Arten, ist aber auch ein Übergang zur Selbstbestäubung zu beobachten.

Nach diesen allgemeinen Bemerkungen müssen wir uns noch kurz einigen für die Himmelsleitergewächse charakteristischen Einzelmerkmalen zuwenden. Dazu gehört z. B. der Besitz von Saponinen, die in den Pflanzen fast regelmäßig vorkommen. Drüsenhaare finden wir ebenfalls häufig auf den vielfach geteilten Blättern. Die meist in trugdoldigen Blütenständen angeordneten Blüten sind fünfzählig und strahlig. Die Krone kann stielteller-, rad- oder glockenförmig ausgebildet sein und weist Diskusbildungen innerhalb des Staubblattkreises auf. Der drei-, selten zwei- oder vierblättrige Fruchtknoten ist gefächert, und aus ihm entwickelt sich fast stets eine fachspaltige Kapsel. Deren Samen enthalten als Speicherstoffe fette Öle und Eiweiß, aber keine Stärke. Manche Gattungen zeichnen sich durch Samen aus, deren äußere Zellagen stark verdickte Zellmembranen zeigen, die rasch verquellen und dabei einen Schleimmantel um den Samen bilden, wodurch die Verbreitung der Samen durch Tiere und das Festhaften am Boden gewährleistet wird.

Als Beispiel der ursprünglichen, holzigen Gattungsgruppe der Familie sei die Glockenrebe, *Cobaea,* genannt, deren 20 Arten von Mexiko bis zu den Anden Südamerikas verbreitet sind. Die auch in europäischen Gärten gezogene *Cobaea scandens* mit grünlichgelben, später schmutzig-violetten, breit-glockigen, bis 6 cm langen Blüten wird zwar in Mitteleuropa nur als einjährige Sommerblume kultiviert, ist aber in den Gebirgswäldern ihrer mexikanischen Heimat ein kletternder Strauch. Als Ranken sind bei den Glockenreben die oberen Fiedern ihrer Fiederblätter ausgebildet. Die einzeln, oft am Ende langer hängender Triebe stehenden Blüten haben einen mehr oder weniger intensiven Kohlgeruch, sie werden von Fledermäusen bestäubt.

Aus der stärker abgeleiteten, vorwiegend krautigen Gruppe der Familie, die eine mehr nördliche Verbreitung zeigt, sollen 3 Vertreter behandelt werden: Das ist einmal die namensgebende Gattung Himmels- oder Jakobsleiter, *Polemonium,* selbst, deren etwa 25 Arten innerhalb der gemäßigten bis subarktischen Breiten auf der gesamten Nordhalbkugel und in Chile beheimatet sind. Eine Art, die Blaue Himmelsleiter, *Polemonium caeruleum,* reicht von ihrem Hauptverbreitungsgebiet in der kühlgemäßigten Zone Eurasiens bis in die mitteleuropäische Florenregion, wo sie bei uns als floristische Seltenheit, z. B. im Harz und im oberen Saaletal, vorkommt. Diese Art wird als Zierstaude schon seit dem 16. Jahrhundert in den Gärten gehalten, sie war mit einigen weiteren Arten, wie *Polemonium reptans* aus dem östlichen Nordamerika, früher auch als Heilpflanze von Bedeutung.

Vielen Lesern dürfte die mit *Polemonium* verwandte Gattung *Phlox* bekannt sein, mit 70 Arten die größte Gruppe der Familie, die, abgesehen von einer durch Sibirien bis zum Ural ausstrahlenden Art, nur in Nordamerika zu Hause ist. Die *Phlox*-Blüten sind charakteri-

Himmelsleitergewächse. Links *Polemonium humilis,* eine arktische Art der Gattung, rechts Blüte einer *Gilia*-Art vom Typ der Stieltellerblüten, denen wir auch in anderen Gattungen der Familie (Phlox!) begegnen

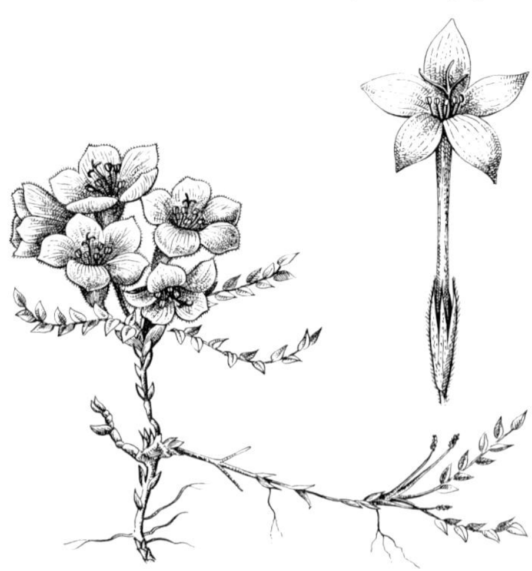

Moos-Phlox, *Phlox subulata,* aus dem östlichen Nordamerika, gehört zu den seltener als Zierstauden gezogenen Phlox-Arten.

stische Beispiele für sogenannte Stieltellerblumen mit langen, engen Kronröhren, an deren Grund sich die Nektarien befinden, und einem flachen Kronsaum. Langrüsselige Tagfalter sind die Bestäuber in dieser Gattung, die zu den wenigen der Familie gehört, die nur einen einzigen blütenbiologischen Typ repräsentieren. *Phlox*-Arten sind oft Bestandteile der Bodenflora sommergrüner Laubwälder, es gibt aber z. B. auch dicht-polsterförmige Arten alpiner Pflanzenformationen (*Phlox caespitosa* u. a.). Arten der Gattung mit großen, endständigen Blütenrispen zählen zu den verbreitetsten Zierpflanzen. Der einjährige *Phlox drummondii* stammt aus Texas und Nordamerika und wird heute in vielen Farbvarianten kultiviert. Bekannter und beliebter sind die Stauden-Phloxarten. Meist sind die vielen im Handel befindlichen Sorten aus Kreuzungen von komplizierter Abstammung hervorgegangen (auch in der Natur treten oft Bastardierungen zwischen den Arten auf). Als wichtigste Ursprungsart unserer Gartenformen gilt *Phlox paniculata* aus den Oststaaten der USA, die schon zu Anfang des 18. Jahrhunderts in Kultur war. Heute ist eine Fülle von gelb-, rosa-, weiß- und blaublühenden Sorten in den Gärten anzutreffen. Um die züchterische Verbesserung hat sich besonders der 1970 verstorbene bekannte Gartengestalter und Zierpflanzenzüchter Karl Foerster verdient gemacht.

Als dritter und letzter Vertreter der genannten Gattungsgruppe muß *Gilia* erwähnt werden. Die 50 bis 60 Arten kommen in den verschiedensten Vegetationstypen des nordamerikanischen Westens und der Anden vor. Vor allem die vielen einjährigen Sippen besiedeln die Halbwüsten- und Wüstengebiete der Südweststaaten der USA; die Pflanzen zeigen aber keinerlei Anzeichen xeromorpher Strukturen, da sie wie andere Wüsten-Annuelle nach den winterlichen Regenfällen keimen und noch vor dem Beginn der sommerlichen Dürre ihren Vegetationszyklus abschließen. Die Gattung, von der manche Arten auch als Zierpflanzen kultiviert werden, gehört zu denjenigen unter den höheren Pflanzen, die in zyto-

logischer und genetischer Hinsicht am besten untersucht sind. Die Analyse der Zahl und Morphologie der Chromosomen und der Kreuzungsmöglichkeiten zwischen den Sippen haben sehr viel zum Verständnis der verwandtschaftlichen Beziehungen innerhalb von *Gilia* beigetragen.

Familie Windengewächse, Convolvulaceae

Die wenigen Vertreter dieser Familie in der mitteleuropäischen Flora vermitteln nur eine schwache Vorstellung von der Vielgestaltigkeit der Arten, die vorwiegend in den Tropen und Subtropen beheimatet sind. Die Mannigfaltigkeitszentren der Windengewächse liegen im tropischen Asien und Amerika, wo wir sie besonders häufig in Gebieten mit Trockenperioden antreffen. Relativ wenige Gattungen sind von hier in die nördlich- und südlich-gemäßigten Breiten vorgedrungen.

Insgesamt zählt man zu der Familie, von der wir auch fossile Formen aus dem Tertiär kennen und die auch als eigene Ordnung abgetrennt wird, fast 60 Gattungen mit über 1 600 Arten. Es handelt sich bei ihnen vielfach (wie es auch für die heimischen Sippen zutrifft) um windende Kräuter oder Sträucher; aufrechte oder niederliegende Kräuter und Sträucher sind aber ebenfalls sehr häufig, selten sind niedrige Bäume in der Familie vertreten. Die krautigen Arten besitzen sehr oft kräftige Rhizome oder Wurzelknollen. Die Blätter der Windengewächse sind vielfach herz- oder spießförmig, bisweilen gelappt oder fiederteilig. An ihnen und an den Blattstielen beobachten wir nicht selten Nektardrüsen (extraflorale Nektarien).

Die Arten der Familie haben fünfzählige, fast stets ansehnliche, strahlige Blüten mit einer gelappten oder völlig einheitlich-verwachsenen Krone. Sie werden im allgemeinen von Insekten bestäubt, manche Arten zeigen aber auch eine Anpassung an die Pollenübertragung durch Vögel (z. B. bei *Ipomoea*). Der Nektar wird von einem ringförmigen Diskus um den Fruchtknoten ausgeschieden; der Fruchtknoten ist gefächert, setzt sich meist aus 2, selten 3 bis 5 Fruchtblättern zusammen und enthält je Fach in der Mehrzahl der Sippen 2 fast basale Samenanlagen. Zur Reife entwickelt er sich im allgemeinen zu einer fachspaltigen Kapsel, deren Samen einen großen Embryo und gefaltete Keimblätter besitzen.

Die Familie zeichnet sich ferner durch einige anatomische Besonderheiten aus: Ihre Leitbündel sind durch einen Typ repräsentiert, den man bikollateral nennt, weil ein Siebteil sowohl außer- wie innerhalb des Gefäßteiles liegt. Diese seltene Form der Leitbündelausbildung tritt z. B. auch noch bei den Nachtschattengewächsen auf, mit der die Windengewächse auch in chemischer Beziehung mancherlei Übereinstimmung zeigen. Im Gewebe der Blätter und Sprosse sind außerdem fast stets abweichend geformte Zellen, sogenannte Idioblasten, oder Idioblastenreihen bzw. kurze, durch Zellfusion entstandene, gegliederte Röhren vorhanden, in die ein milchsaftartiger oder harzähnlicher Inhalt abgesondert wird. Zumindest in den Keimblättern konnten derartige Milchsaftschläuche bisher auch dann festgestellt werden, wenn sie in den erwachsenen Organen der Pflanzen fehlten.

Wichtige Inhaltsstoffe dieser Sekretbehälter sind die sogenannten Glykoretine, das sind komplexe, zuckerhaltige, harzartige Verbindungen, die nur bei den Windengewächsen vorkommen. Wegen der abführenden Wirkung dieser Stoffe verwendet man manche Convolvulaceen medizinisch, von denen einige, besonders solche mit Rhizom- oder Wurzelknollen, zu diesem Zwecke auch angebaut werden, wie wir später an einigen Beispielen sehen werden.

Die Familie ist gleichfalls durch den Gehalt an Alkaloiden charakterisiert, die Derivate der Lysergsäure darstellen und innerhalb der höheren Pflanzen bisher ebenfalls nur bei den Windengewächsen festgestellt wurden (sie sind auch bei Pilzen nachgewiesen und bilden die bekannten Mutterkorn-Alkaloide). Diese Verbindungen sind mit dem synthetischen Rauschgiftmittel LSD verwandt und haben wie dieses eine starke halluzinogene Wirkung.

Wegen des kulturgeschichtlichen Interesses soll kurz auf einige damit in Zusammenhang stehende Fragen eingegangen werden.

Ipomopsis aggregata gehört zu einer kleinen, mit *Gilia* nah verwandten Gattung der Himmelsleitergewächse, deren Blüten vielfach durch Kolibris bestäubt werden.

Die indianische Bevölkerung Amerikas hat es in ihrer jahrtausendealten Geschichte verstanden, eine Fülle von Halluzinogene enthaltenden Pflanzen ausfindig zu machen. Diese Arten dienten als Narkotikum, und mit ihrer Hilfe vermochten sich Priester und Medizinmänner bei religiösen Festen und rituellen Handlungen in visionenerfüllte Trancezustände zu versetzen, in deren Verlauf sie eine Verbindung mit den Göttern und Geistern ihrer Vorstellungswelt einzugehen glaubten. Eine entsprechende, bereits bei den Azteken verbreitete Droge, Ololiuqui genannt, wird noch heute von mexikanischen Indianern benutzt; bei den Azteken hatte sie offensichtlich eine größere Bedeutung als der bekannte Peyotl-Kaktus *(Lophophora williamsii)* (s. Band Blütenpflanzen 1); sie nahm auch einen wichtigen Platz in der aztekischen Medizin ein. Erst vor 50 Jahren konnte die Stammpflanze dieser Droge gefunden werden; es handelt sich dabei um ein mittel- und südamerikanisches Windengewächs, um die Liane *Turbina (Rivea) corymbosa.* Ähnliche Verwendung fand und findet eine unter dem Namen badoh negro bekannte Pflanze, deren Identität mit einer Prunkwindenart *(Ipomoea violacea)* erst um 1960 ermittelt wurde! Die Samen dieser beiden Pflanzen werden verrieben und mit Wasser oder alkoholischen Getränken eingenommen und rufen dann sehr bald eine halluzinogene Wirkung hervor. Erst nach der Feststellung der botanischen Zugehörigkeit der Drogenpflanzen gelang der Nachweis der genannten Lysergsäure-Derivate, die inzwischen auch in anderen *Ipomoea*-Arten sowie in weiteren Gattungen der Familie analysiert wurden. In den USA setzte daraufhin ein schwunghafter Handel mit Samen von Zier-Ipomoeen ein, deren Mißbrauch bereits zu schweren gesundheitlichen Schädigungen und Todesfällen führte!

Wir wollen uns nun einige Vertreter der Familie etwas eingehender ansehen.

Zu einer Gruppe mit eingeschlechtigen Blüten gehört ein für die äthiopische Flora charakteristischer Dornstrauch, *Hildebrandtia africana,* dessen äußere Kelchblätter bei der Reife zu kreisförmigen Flügeln heranwachsen, mit deren Hilfe die Windverbreitung der Früchte erfolgt.

Der überwiegende Teil der Gattungen (fast die Hälfte der Familie) mit aufspringenden Kapseln und dünnen Fruchtwänden gruppiert sich um *Convolvulus,* die Winde, selbst. Diese zweitgrößte Gattung der Familie (250 Arten) hat ihren Verbreitungsschwerpunkt außerhalb der Tropen im Mittelmeergebiet und Vorderasien. Eine Art, die Ackerwinde, *Convolvulus arvensis,* ist uns aus der heimischen Flora bekannt; sie ist als Unkraut gefürchtet, und da sie sich durch Wurzelsprosse rasch erneuern und ausbreiten kann, ist sie nur schwer auszurotten. In der Gattung treten auch einige abweichende Wuchsformen auf. So sind niedrige Dornstrauch-Winden für die Wüstenvegetation der Nordhalbkugel von Nordafrika bis zur Gobi charakteristisch; *Convolvulus fruticosus* ist z. B. eine oftmals vegetationsbestimmende Art in den mittel- und zentralasiatischen Wüsten. Bei diesen Pflanzen sind die Achsen der Blütenstände verdornt, so daß wir es in dieser Gattung mit dem relativ seltenen Typ der sogenannten Infloreszenzdornen zu tun haben. Auch Rutensträucher sind in der Gattung *Convolvulus* anzutreffen; als Beispiel sei die Rutenwinde, *Convolvulus scoparius,* der Kanaren erwähnt, von der übrigens das früher zum Drogenbestand jeder Apotheke gehörende Lignum Rhodium und das daraus gewonnene Rosenholzöl stammt. Zu den Arten der Familie, die wegen ihres Glykoretin-Gehalts kultiviert werden, rechnet auch der im östlichen Mittelmeergebiet beheimatete *Convolvulus scammonium,* dessen Skammonium-Harz aus den Rhizomknollen vor allem in der Tierheilkunde benutzt wurde.

Der bekannteste dieser medizinisch verwendeten harzähnlichen Stoffe ist das Jalapa-Harz, das aus den knolligen Wurzelstöcken von *Exogonium purga,* einer mexikanischen Art, gewonnen wird, die man in einigen Ländern, u. a. in Indien und auf den Antillen, anbaut. Das Harz hat eine sehr stark abführende Wirkung und wird heute nur noch selten angewendet.

Eine mit *Convolvulus* nah verwandte Gattung ist *Evolvulus,* die aber nicht aus Winde-

Die Strandwinde, *Calystegia soldanella,* gehört zu den charakteristischen Dünenpflanzen an den Küsten des Mittelmeeres und des Atlantik (im Norden bis in den Raum von Cuxhaven vorkommend).

Die Dreifarbenwinde, *Convolvulus tricolor,* wird wegen ihrer Farbenpracht oft als Sommerblume gezogen; die Art ist im Mittelmeergebiet beheimatet.

pflanzen, sondern aus aufrechten oder liegenden Kräutern oder Sträuchern besteht. Die 100 Arten sind fast ausschließlich im (sub)tropischen Amerika verbreitet; ähnlich wie die Ackerwinde zu einem lästigen Unkraut in den gemäßigten Breiten der Nordhalbkugel wurde, sind 2 Arten von *Evolvulus* (z.B. *Evolvulus alsinoides*) zu häufigen Unkräutern des gesamten Tropengürtels der Erde geworden.

In fruchtbiologischer Hinsicht ist die kleine, monotypische, auf die äthiopischen Hochgebirge beschränkte Gattung *Nephrophyllum* interessant. Wir können hier wiederum einen Fall von Bodenfrüchtigkeit oder Geokarpie beobachten, so wie es schon früher, u.a. bei den Hülsenfrüchtlern, geschildert wurde. Die Blütenstiele krümmen sich nach der Befruchtung zur Erde hin und verlängern sich, wobei die junge Frucht in den Erdboden verlagert wird. Die Reife der einsamigen Frucht erfolgt dann in der Erde. Die Gattung fällt außerdem durch ihre schmalen, linealen, sehr lange funktionsfähig bleibenden Keimblätter auf.

Die zweite in der heimischen Flora vertretene Gattung der Familie ist *Calystegia*. Die weltweit verbreitete Zaunwinde, *Calystegia sepium*, ist ein häufiger Begleiter unserer Ufer- und Auenvegetation. Ihre 5 bis 6 cm langen Blüten gehören zu den größten der mitteleuropäischen Pflanzenwelt. Sie sind ein charakteristisches Beispiel für den in der Familie häufigen Typ der Trichterblumen, deren am Grund der Krone abgeschiedener Nektar nur von langrüsseligen Insekten erreicht werden kann. Bei den auch nachts geöffneten Blüten der Zaunwinde sind das meist Schwärmer.

Die Mondwinde, *Calonyction album*, aus dem tropischen Amerika ist dagegen eine echte Schwärmerblume, ihre weißen, nur nachts geöffneten und intensiv duftenden Blüten haben eine 10 bis 15 cm lange, enge Röhre und einen ebenso breiten Saum. Sie werden von großen Schwärmerarten bestäubt. Die Mondwinde wird der attraktiven Blüten wegen gelegentlich auch in Europa in Gewächshäusern kultiviert.

Diese Gattung wird neuerdings jedoch in die Großgattung *Ipomoea* einbezogen.

Zur Bekleidung von Balkons, Hauswänden, Pergolas usw. sind dagegen Trichter- oder Prunkwindenarten *(Ipomoea)* weitaus beliebter, da bei ihnen auch im gemäßigten Klima eine Freilandkultur möglich ist. *Ipomoea* ist die größte Gattung der Familie; 500 windende, aufrechte oder kriechende Kraut- und Straucharten der Tropen und Subtropen gehören zu ihr. Von den Zierarten der Gattung ist die bekannteste die amerikanische Purpurprunkwinde, *Ipomoea purpurea,* die in vielen Farbvarianten verbreitet ist und in den nördlichen Breiten nur als einjährige Sommerblume kultiviert werden kann. Ihre Blüten und die einiger verwandter Arten öffnen sich an sonnigen Tagen sehr zeitig am Morgen (gegen 4 Uhr) und schließen sich bereits im Laufe des Vormittags. Sie tragen daher im Englischen die treffende Bezeichnung »morning glory«.

Die große Gattung *Ipomoea* enthält aber auch Nahrungspflanzen. Ein in Südostasien beliebtes Gemüse ist *Ipomoea aquatica* (tropisches Afrika bis Asien), dessen Blätter und Triebspitzen wie Spinat oder gedünstet zubereitet werden. Die Pflanzen kultiviert man in Fischteichen als flutende Wasser- oder auf nassen Böden als Landformen.

Wesentlich größere wirtschaftliche Bedeutung hat jedoch *Ipomoea batatas,* die Batate oder Süßkartoffel, die eine der wichtigsten Stärkepflanzen der Erde und zugleich die bedeutendste Knollenpflanze der Subtropen ist und die die Nahrungsgrundlage in vielen tropischen und subtropischen Ländern bildet. Die spindelförmigen bis kugeligen Knollen gehen aus sproßbürtigen Wurzeln hervor; sie erreichen ein Gewicht von 1 bis 2, selten bis zu 3,5 kg, wobei jede Pflanze im Durchschnitt 10 solcher Knollen erzeugt. Die Süßkartoffeln sind kalorienreicher als Kartoffeln, sie enthalten bis zu 27% Stärke und 3 bis 6% Zucker, der sich beim Kochen noch vermehrt und worauf der süße Geschmack der Knollen beruht. Die nach 3 bis 6 Monaten erntereifen Bataten werden wie Kartoffeln gekocht oder geröstet gegessen, sie können auch getrocknet oder zu Stärke und Alkohol verarbeitet werden. Ihre Haltbarkeit ist aber wesentlich geringer als die der Kartoffeln.

Die Batate ist eine ausdauernde, kriechendwindende, 1 bis 5 m lange Pflanze, die aber stets einjährig kultiviert wird. Die Vermehrung erfolgt vegetativ durch Stecklinge. Die Art baut man heute in einer Fülle von Sorten an, die sich in der Form der Knolle, Farbe der Knollenhaut und des Fleisches, Beschaffenheit des Fleisches (nach dem Kochen mehlig oder gelatinös), der Blattform usw. unterscheiden.

Als ein befriedigender Ertrag gelten 100 dt/ha, es können aber auch Höchsterträge von 400 dt/ha erreicht werden, und die jährliche Gesamtproduktion der Erde wird auf 110 Millionen Tonnen geschätzt. Hauptproduzent sind Afrika und Asien, von den außertropischen Ländern haben die größten Anbauflächen Japan, die USA, China und Neuseeland.

Die Batate ist eine alte amerikanische Kulturpflanze, nah verwandte Wildarten kommen in Mittelamerika vor. Es ist aber bisher unbekannt, wie im einzelnen die polyploide Kulturart (*Ipomoea batatas* besitzt 90 Chromosomen, was einem sechsfachen Satz der Chromosomen-Grundzahl der Gattung entspricht) entstanden ist; in der Chromosomenzahl würde die Batate mit der amerikanischen Wildart *Ipomoea trifida* übereinstimmen.

Die Batate gehört zu den ganz wenigen Kulturpflanzen, die bereits vor der Entdeckung Amerikas sowohl in der Neuen wie der Alten Welt bekannt waren. Während sie zu dieser Zeit in den klimatisch zusagenden Gebieten Amerikas eine weite Verbreitung hatte, beschränkte sich ihr Anbau in der Alten Welt auf Polynesien und Neuseeland, wohin sie von den Maoris im 13. bis 14. Jahrhundert gebracht wurde. Dort bildete die Batate die Nahrungsgrundlage der Einwohner, die besondere Konservierungsmethoden für die Aufbewahrung der Knollen in der kühleren Jahreszeit entwickelt hatten. Wie die Art nach dem Südseeraum gelangt ist, wissen wir bisher nicht.

Von Kolumbus wurde *Ipomoea batatas* nach Spanien mitgebracht (ihr karibischer Name *batata* übertrug sich später auf die erst 90 Jahre danach importierte Kartoffel: französisch = patate, englisch = potato!). Wenig später führte man sie nach den Philippinen ein und von dort nach China und Japan, wo sie heute die zweitwichtigste Ackerfrucht ist. Die Portugiesen haben sie nach Afrika und Südasien verpflanzt; hier hat sie vielfach die einheimischen Yams- *(Dioscorea-)*Arten aus dem Anbau verdrängt.

Familie Seidegewächse, Cuscutaceae

Diese im Habitus außerordentlich stark abweichende Pflanzenfamilie, zu der nur die Gattung Seide oder Teufelszwirn, *Cuscuta,* gehört, wurde früher oft als Unterfamilie in die Windengewächse eingeschlossen. Neuerdings ist aufgrund von Unterschieden in der Keimlingsform und im Blütenbau eine Aufteilung der Gattung vorgeschlagen worden. Es handelt sich bei diesen auch in der heimischen Flora vertretenen Arten um die bekanntesten Beispiele von parasitischen Pflanzen, die abgesehen von der Jugendphase in ihrer Ernährung vollkommen von ihrem Wirt abhängen. Die Pflanzen sind durch windende, bleichgelbe Stengel, durch zu Schuppen rückgebildete Blättchen und köpfchenförmige Blütenstände ausgezeichnet, deren 1 bis 6 mm große Blüten in mancher Hinsicht von denen der Windengewächse abweichen. Von den rund 170 in den Tropen bis zu den gemäßigten Breiten vorkommenden Arten kann eine Reihe bei häufigem Auftreten in landwirtschaftlichen Kulturen sehr großen Schaden verursachen, so z.B. die Kleeseide, *Cuscuta epithymum,* in Kleeschlägen.

Zum besseren Verständnis der Lebensweise dieser eigenartigen Pflanzen wollen wir kurz ihre Entwicklung besprechen. In den nährgewebsreichen Samen ist ein spiralig aufgewundener, fädlicher Embryo vorhanden, der keine Keimblätter besitzt. Die Entwicklung des Keimlings ist auf der Abbildung S. 219 dargestellt. Nach dem Abtransport der Nährstoffe aus dem Samen in Richtung der Keimwurzel beginnt der Sproß mit kreisenden Nutationsbewegungen, die entgegengesetzt dem Uhrzeigersinn verlaufen und die der Suche nach einer Wirtspflanze dienen. Die Richtung der Bewegung wird von chemischen Reizen eines potentiellen Wirtes mitbestimmt. Von manchen Arten können diese jungen Sprosse innerhalb einiger Wochen Längen bis zu 30 cm erreichen, ohne daß bisher ein Kontakt mit einem Wirt notwendig war. Ist dieser aber erfolgt, dann wird die betreffende Pflanze in einer rhythmischen Folge von 2 Windungstypen umschlungen; einmal mit engen, dicht aufeinanderfolgenden und mit Haustorien reich besetzten, zum anderen mit lockeren, entfernteren und haustorienarmen, die offensichtlich eine weitere Ausbreitung zum Ziel haben. Sobald der erste haustoriale Anschluß gelungen ist, stirbt die kurze Primärwurzel ab, und der Parasit hat jegliche Bindung mit dem Erdboden verloren. Ein indisches Sprichwort kennzeichnet diese Situation treffend: Derje-

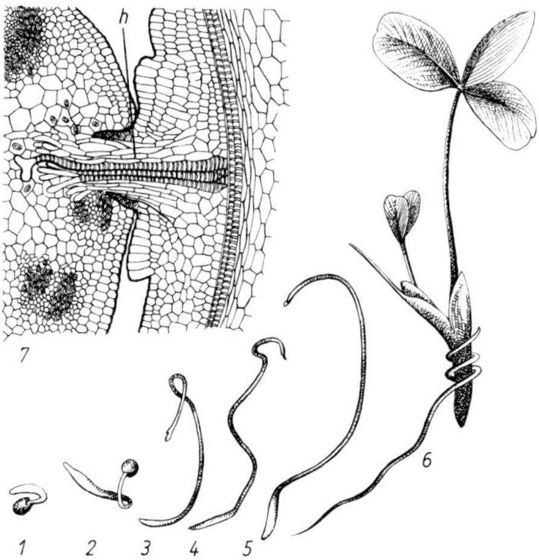

1–6 Keimlingsentwicklung einer Teufelszwirnpflanze bis zum Befall des Wirts; 7 Querschnitt durch das Haustorium (h) eines *Cuscuta*-Sprosses, einen Kleestengel anzapfend

nige Mensch, der die Wurzel eines Teufelszwirns findet, hat Zugang zu allen Reichtümern der Erde!

Die Haustorien durchbrechen das Wirtsgewebe und dringen als Gewebspfropf in den Wirt ein; von jenem gehen hyphenartige Zellreihen aus, die schließlich Anschluß an die Wirtsgefäße finden. Dann wandeln sich die »Hyphenzellen« in tracheale Elemente um und bilden letztlich eine geschlossene Verbindung zu den Gefäßen des Haustoriums, so daß eine kontinuierliche Xylem-Brücke zwischen Wirt und Parasit besteht. Bei einigen Seide-Arten ist auch eine Verbindung zu dem Siebteil des Wirts gefunden worden, jedoch bedürfen diese Verhältnisse noch genauerer Klärung.

Eine einzelne Seide-Pflanze kann beachtliche Längen erreichen. So hat man Werte bis zu 800 Metern ermittelt. Die blassen, mitunter spinnwebartig-dünnen Sprosse sind übrigens nicht vollkommen chlorophyllos, der Blattgrüngehalt ist aber so gering, daß ihm keinerlei Bedeutung für den Stoffwechsel des Parasiten zukommt. Manche *Cuscuta*-Arten vermögen durch persistierende Haustorialwindungen zu überdauern und sind daher mehrjährig, die meisten sterben aber zum Ende der Vegetationsperiode hin ab, auch wenn der Wirt ausdauernd ist. Viele Teufelszwirnarten sind in ihren Wirtsansprüchen nicht wählerisch, es gibt aber einige, die ein sehr enges Wirtsspektrum besitzen. Wohl keine einzige Art ist aber – wie das manche Namen wie Klee-, Hopfen-, Flachs-Seide vortäuschen – nur an einen einzigen Wirt angepaßt. Insgesamt befällt die Gattung sehr unterschiedliche Wirte, von den Algen (Characeen), Farnen, Schachtelhalmen, Nadelhölzern bis zu vielen Familien der Bedecktsamer.

Hopfenseide, *Cuscuta europaea,* die häufigste Art dieser Parasitenfamilie in der heimischen Flora. Sie befällt nicht nur Hopfen, sondern viele andere Stauden und Gehölze in der Auwald- und Ufervegetation.

Der Kuriosität halber sei erwähnt, daß in Indien eine Seide *(Cuscuta reflexa)* wegen ihrer maiglöckchenähnlichen Blüten als Zierpflanze auf Pelargonien kultiviert wird. Zur Vermehrung pfropft man Wucherungen des befallenen Wirts mit Parasitengewebe auf unbefallene Pelargonien-Pflanzen.

Ordnung Borretschartige (Rauhblättrige), Boraginales

Diese mit der vorangegangenen Ordnung in den früher beschriebenen Merkmalen weitgehend übereinstimmende Familiengruppe, die jedoch im allgemeinen nur 2blättrige Fruchtknoten besitzt, unterscheidet sich von jener durch aufwärts gerichtete, nicht hängende Samenanlagen. Doppelwickel als Blütenstände sind ein weiteres charakteristisches Merkmal der Boraginales, die an Zahl der Arten (aber nicht der Gattungen) die Polemoniales deutlich übertreffen.

Familie Wasserblattgewächse, Hydrophyllaceae

Diese Familie ist mit den Himmelsleiter- und Rauhblattgewächsen verwandt, zwischen denen sie in morphologischer Hinsicht eine Mittelstellung einnimmt. Wie die Polemoniaceen ist sie ein vorzugsweise amerikanischer Verwandtschaftskreis; der überwiegende Teil der 18 bis 20 Gattungen mit rund 270 Arten ist im westlichen Nordamerika beheimatet. Ein wesentlich unbedeutenderes Entfaltungszentrum liegt in den Anden, und jeweils nur einzelne Arten sind in Afrika, Asien und auf Hawaii zu Hause. Von den Pflanzen der Familie werden außerordentlich gegensätzliche Standorte besiedelt. Sie kommen in subarktischen und alpinen Gebieten, frischen sommergrünen Laubwäldern, dem immergrünen Chaparral in Kalifornien oder in Wüstenformationen vor. Meistens sind die Arten aber als Xerophyten dem Trockenklima des nordamerikanischen Westens angepaßt.

Es handelt sich bei ihnen um ein- oder mehrjährige Kräuter, selten um Halbsträucher oder Sträucher, mit einfachen oder fiederiggeteilten Blättern, die oft in Rosetten stehen. Vielfach tragen die Pflanzen Borsten- und Drüsenhaare. Wie bei den Rauhblattgewächsen sind die Blüten in eingerollten oder einseitswendigen Wickeln zusammengefaßt. Stets sind die Blüten fünfzählig und haben eine strahlige, rad-, glocken- oder trichterförmige Krone. Auf ihrer Innenseite finden wir oft faltige oder schuppige Anhängsel, die mit den Schlundschuppen der Boraginaceen verglichen werden können. Der zweiblättrige Fruchtknoten ist einfächerig und trägt 2 wandständige Plazenten mit je 2 bis vielen Samenanlagen, aus denen sich zur Reife eine wandspaltige (seltener wand- und fachspaltige) Kapsel bildet, deren Samen häufig eine runzlige, hökkerige oder netzig-strukturierte Oberfläche besitzen.

Den Namen haben der Familie die Wasserblattarten, *Hydrophyllum,* gegeben. Es sind Laubwaldstauden Nordamerikas, deren junge Sprosse früher oft von den Indianern und den ersten weißen Siedlern als Wildgemüse gesammelt und gegessen wurden.

Verwandt mit dieser Gattung ist *Nemophila,* die Hainblume, aus Nordamerika. Die relativ großen, einzeln stehenden Blüten mancher Art sind durch auffallende randliche dunkle Saftmale gekennzeichnet. *Nemophila menziesii* wird deshalb seit reichlich 100 Jahren auch in Europa als weiß bis kornblumenblau blühende Einjahrespflanze vor allem zu Beeteinfassungen gezogen. Die Gattung ist auch in verbreitungsbiologischer Hinsicht interessant: Die Samen besitzen ein weißliches, mützenförmiges Anhängsel, das aus Teilen der Außenschichten der Samenschale hervorgeht und sich aus großen, plasmareichen Zellen zusammensetzt. Dieses Elaiosoms wegen werden die Samen von Ameisen gesucht und verschleppt, die damit auch in dieser Familie der Samenverbreitung dienen, wie wir es schon bei Veilchen-, Wolfsmilch- und Hahnenfußgewächsen geschildert hatten.

Zu einer anderen Gruppe der Familie gehört die größte, etwa die Hälfte der Arten der Hydrophyllaceen umfassende Gattung *Phacelia,* im Deutschen mitunter als Büschelschön bezeichnet. Sie zählt etwa 150 Arten vor allem aus den Weststaaten der USA; allein die kalifornische Flora beherbergt 50 bis 60 Arten. Dem Imker wird *Phacelia tanacetifolia* bekannt sein, die sich als Bienenweide steigender Beliebtheit erfreut und deswegen sowie als Gründüngungs- oder Futterpflanze auch in Mitteleuropa kultiviert wird.

In dieser Gattungsgruppe treffen wir auch strauchige Arten an, so z. B. die Yerba Santa, *Eriodictyon californicum,* die als 0,5 bis 2,5 m hoher Strauch auf Trockenhängen Kaliforniens bis Nordmexikos gedeiht. Seine getrockneten Blätter dienten bereits der indianischen Urbevölkerung als Tee, noch heute stellt man in Kalifornien einen Blutreinigungstee aus ihnen her.

Schließlich müssen wir noch auf die Gattung *Hydrolea* hinweisen, die durch große schwammige Plazenten in den Fruchtknoten charakterisiert ist. Die 20 Arten sind meist Sumpfpflanzen tropischer und subtropischer Gebiete, unter ihnen finden wir auch einige der wenigen afrikanischen und asiatischen Vertreter der Familie. Eine Reihe der Arten zeichnet sich durch verdornte Kurztriebe aus. Auf Java ißt man die Blätter von *Hydrolea zeylanica* als Gemüsebeilage zu Reis.

Familie Rauhblattgewächse, Boraginaceae

Die deutsche Bezeichnung dieser Familie ist außerordentlich treffend, denn bis auf ganz wenige Ausnahmen zeichnen sich die hierher gehörenden Pflanzen durch dichte borstliche

Phacelia sericea aus den Rocky Mountains, eine Verwandte des in Deutschland neuerdings öfter als Gründüngungspflanze angebauten Büschelschöns, *Phacelia tanacetifolia*

Haare aus, die durch ihre verkalkten oder verkieselten Zellwände eine starre, stechende Beschaffenheit erhalten. Die Pflanzen machen daher einen rauhen, fast stacheligen Eindruck. Die Basis dieser Haare ist sehr häufig durch Cystolithenbildungen, kalkinkrustierte Zellwandwucherungen, charakterisiert.

Vertreter der Rauhblattgewächse dürften vielen Lesern vertraut sein, denn Natternkopf, Borretsch und Vergißmeinnicht sind recht bekannte Pflanzen. Die Familie ist noch in der mitteleuropäischen Flora nördlich der Alpen mit 14 Gattungen vertreten, wie sie überhaupt vorzugsweise in der gemäßigten Zone der Nordhalbkugel verbreitet ist. Dabei weisen sich die durch Trockenperioden gekennzeichneten Gebiete des Mittelmeerraumes, Vorder- und Mittelasiens sowie das pazifische Nordamerika durch einen besonders großen Artenreichtum aus. Die Sippen der Familie sind aber nicht nur an heiße, niederschlagsarme Regionen angepaßt, sondern besiedeln eine Vielzahl sehr unterschiedlicher Biotope; Sumpfbewohner und Pflanzen sommergrüner frischer Laubwälder sind unter ihnen ebenso anzutreffen wie alpine Matten- und Felspflanzen oder Unkraut- und Ruderalarten.

Etwa ein Sechstel der rund 2500 Arten (aus über 150 Gattungen) der Rauhblattgewächse ist in den tropischen Breiten zu Hause. Dabei beobachten wir wiederum das schon mehrfach erwähnte Phänomen, daß die tropischen Vertreter eines Verwandtschaftskreises Holzpflanzen, jene der gemäßigten Zonen aber Kräuter darstellen. Verbunden mit dieser Entwicklungsrichtung in der Wuchsform ist eine Spezialisierung in der Fruchtbildung, die bei den krautigen Pflanzen der kühleren Gebiete zum Erwerb sogenannter Klausen geführt hat. Derartigen Klausen begegnen wir in der Überordnung Lamianae (Tubifloren) mehrfach, besonders charakteristisch sind sie auch bei den Lippenblütlern ausgeprägt (s. Abbildung): Der aus 2 Fruchtblättern bestehende Fruchtknoten wird dabei durch falsche Scheidewände in 4 Fächer geteilt; in jedem ist eine, ziemlich am Grunde stehende Samenanlage vorhanden. Durch ein besonders ausgeprägtes Wachstum der Rückenpartien jedes Faches erfolgt im Laufe der Fruchtknotenentwicklung eine tiefe Lappung des Fruchtknotens und schließlich bei der Reife ein Zerfall in 4 einsamige Bruchfrüchte, die sogenannten

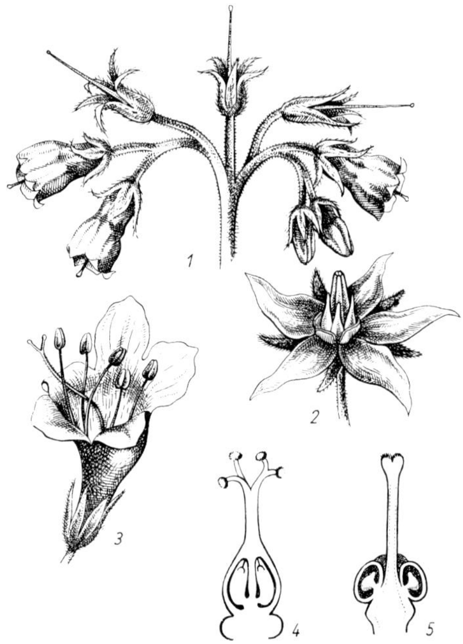

Rauhblattgewächse: 1 Blütenstand, ein Doppelwikkel, vom Beinwell, *Symphytum;* 2 Blüte des Borretsch, *Borago officinalis,* mit den streukegelförmig zusammenneigenden Staubblättern und ihren rükkenständigen Anhängseln; 3 Blüte des Natternkopfes, durch zweiseitige Symmetrie gekennzeichnet; 4 und 5 Fruchtknotenlängsschnitte, 4 *Cordia,* ungelappter Fruchtknoten mit endständigem Griffel, 5 Ochsenzunge, *Anchusa,* viergelappter Fruchtknoten (später in Klausen zerfallend) mit grundständigem Griffel (s. Text)

Klausen, die also jeweils das Entwicklungsprodukt nur eines halben Fruchtblattes darstellen. Gleichzeitig wird durch dieses Rükkenwachstum meist der Griffelansatz überwachsen, da die eigentliche Spitzenregion des Fruchtknotens nur eine kaum merkliche Streckung erfährt. Diese grundständige oder gynobasische Griffelstellung ist für die meisten Pflanzen mit Klausenfrüchten bezeichnend.

Bei den Arten der Familie handelt es sich – wie bereits erwähnt – meist um Kräuter, sehr oft um Einjährige, selten um Sträucher oder kleine Bäume. Die Blätter sind ungeteilt und wechselständig, und die Blüten stehen in wickligen Blütenständen einer besonderen,

Boragoid genannten Ausbildungsform. Die Blüten sind fünfzählig und strahlig; in verschiedenen Verwandtschaftskreisen treffen wir aber auch einzelne Gattungen oder Arten mit zweiseitig-symmetrischen Blüten an. Sehr oft können am Grunde des Kronsaums gewölbte, nebenkronartige, als Hohlschuppen bezeichnete Gebilde beobachtet werden, die durch eine Kontrastfärbung zur eigentlichen Krone eine Erhöhung der Blütenattraktivität bedingen. Die Samen sind ölhaltig, selten ist ein Nährgewebe vorhanden.

In chemischer Hinsicht müssen wir die Rauhblattgewächse als Alkaloidpflanzen ansprechen; die für sie bezeichnenden Alkaloide (Pyrrolizidin-Alkaloide) sind allerdings auch bei einigen Hülsenfrüchtlern und Korbblütlern nachgewiesen worden. Im Stickstoffwechsel nimmt die Familie eine besondere Stellung ein, da bei ihr in den vegetativen Organen stickstoffhaltige Verbindungen nicht als Asparagin oder Glutamin, sondern in Form des Allantoins, eines Abbauprodukts des Purins, gespeichert und transportiert werden. In der Familie ist auch das Auftreten von Kieselsäure in löslicher Form verbreitet, eine im Pflanzenreich ziemlich seltene Erscheinung. Wir wollen nun den Formenreichtum der Rauhblattgewächse durch Beispiele aus den wichtigsten Unterfamilien erläutern.

Unterfamilie Cordioideae

Die Cordioideen stellen eine der ursprünglicheren tropischen Gruppen der Familie dar, die ausschließlich Gehölze umfassen. Der Fruchtknoten ist bei ihnen nicht gelappt, er entwickelt sich zu einer Steinfrucht mit einem meist vierfächerigen Stein.

Die größte Gattung, *Cordia,* kommt mit 250 Arten in den Tropen und Subtropen vor allem Amerikas vor. Manche Arten werden wegen der fleischigen, süßen Früchte als Obstgehölze kultiviert, so z. B. *Cordia myxa* von Ägypten bis Südasien und Australien. Ihre orangefarbigen, ovalen Früchte werden im Orient auch als Droge (Schwarze Brustbeere) gehandelt. Dieser bis 5 m hohe Obstbaum war bereits in den Gärten Ägyptens zur Zeit des Mittleren Reichs vor etwa 4000 Jahren in Kultur. Einige *Cordia*-Arten liefern auch Nutzhölzer. Interessant ist, daß eine südamerikanische Sippe *(Cordia nodosa)* zu den Ameisenpflanzen gehört, die ständig mit diesen Insekten vergesellschaftet sind und auf die ausführlicher bei der Besprechung der Akazien (s. Band Blütenpflanzen 1) eingegangen wurde. Die Niststätten der Ameisen befinden sich bei *Cordia* in Anschwellungen der Sprosse unterhalb der wirtelähnlich zusammengedrängten Blätter.

Unterfamilie Ehretioideae

Dieser zweite tropische Verwandtschaftskreis der Familie (mitunter wie der vorangegangene auch als eigene Familie abgetrennt) zeichnet sich durch gleichfalls ungelappte oder höchstens schwach gefurchte Fruchtknoten und fleischige Steinfrüchte sowie durch die verholzten Sprosse aus. Die größte Gattung, *Ehretia* (50 Arten), ist besonders in den altweltlichen Tropen zu Hause, wo sie vielfach zu den Gehölzbeständen immergrüner Regenwaldformationen zählt.

Unterfamilie Heliotropioideae

Diese Gruppe leitet in Verbreitung und Wuchsform zu der folgenden, fast ausschließlich auf die außertropischen Breiten beschränkte Unterfamilie über. Bei den Heliotropioideen treten sowohl Holzpflanzen als auch Kräuter auf, die teils tropischen Ursprungs sind oder den gemäßigten Zonen angehören. Charakteristisch für die Gattungen ist ein Drüsenring unterhalb des Griffels und das Vorkommen von reichlich Nährgewebe in den Samen. Einige Gattungen der Gruppe haben Steinfrüchte, wie die in vielen Tropenländern anzutreffende *Tournefortia* (150 Arten), andere, wie die Heliotropen *(Heliotropium),* besitzen bereits Klausen. Diese letzte Gattung ist in Europa durch den Gartenheliotrop, *Heliotropium arborescens,* bekannt, einen aus Südamerika stammenden Halbstrauch mit violetten, selten weißen Blüten, die einen intensiven Vanilleduft ausströmen. Deswegen wird die Art seit etwa 300 Jahren in den Gärten gezogen, ihr Anbau ist aber in den letzten Jahrzehnten ebenso wie der anderer Duftpflanzen (etwa der Resede, *Reseda odorata*) stark zurückgegangen. Bereits im Altertum wurden

Pflanzen der Gattung auch als Mittel gegen Skorpionsstiche und Schlangenbisse angewendet.

Von den etwa 250 meist krautigen, oft einjährigen Arten der Gattung dringt eine Art *(Heliotropium europaeum)* aus dem Mittelmeergebiet bis in die mitteleuropäische Flora (oberes Rhein-, Main-, Moseltal) vor. Eine große Zahl von *Heliotropium*-Arten ist auch für die Augehölz- und Oasenvegetation in den Halbwüsten und Wüsten Vorder- bis Mittelasiens charakteristisch.

Unterfamilie Boraginoideae

Dieser Verwandtschaftskreis ist uns durch die heimischen Vertreter der Familie vertraut, die sich durch die oben beschriebenen Klausenfrüchte und – im Gegensatz zu den bisher erwähnten Gruppen – durch die grundständige Griffelstellung auszeichnen. Es sind bis auf wenige Ausnahmen Kräuter der gemäßigten Zonen. Auch im Chemismus unterscheidet sich diese Unterfamilie von den vorangegangenen. Für sie sind rote Farbstoffe bezeichnend, die wir vor allem in der Rinde der Wurzeln antreffen. Ihre Konzentration ist oftmals sehr hoch, so daß sich Herbarpapier, in dem derartige Pflanzen getrocknet wurden, intensiv rot färbt. Das bekannteste Pigment ist das Alkannin, nach der Gattung *Alkanna* aus dem Mittelmeergebiet benannt. Der aus *Alkanna tinctoria* gewonnene Farbstoff wurde zum Färben von Salben und alkoholischen Getränken verwendet. Als Reservekohlenhydrate sind bei dieser Unterfamilie die im Aufbau dem Inulin ähnelnden Fruktane verbreitet, die in den vegetativen Organen ausdauernder Arten dieses Verwandtschaftskreises z.T. als einziges Speicherkohlenhydrat, z.T. gemeinsam mit Stärke abgelagert werden.

Die verschiedenen Gattungsgruppen der Boraginoideen sind durch diffizile Griffelmerkmale, auf die wir hier nicht näher eingehen können, voneinander unterschieden. Oft haben ihre Klausen charakteristische Anpassungsstrukturen an bestimmte Verbreitungsweisen.

Tribus Lithospermeae. Die Klausen dieser Gruppe weisen keine besonderen, mit ihrer Verbreitung zusammenhängenden Strukturen auf. Den Namen hat die Tribus nach dem Steinsamen, *Lithospermum,* dessen 60 Arten auf der Nordhalbkugel – besonders im Mittelmeergebiet, einige auch in Südamerika – beheimatet sind. Ihre Klausen sind vielfach steinhart und glänzend glatt. So kennen wir sie auch von heimischen Arten, etwa dem Rotblauen Steinsamen, *Lithospermum purpureocoeruleum,* der eine botanische Kostbarkeit in den sommertrockenen Eichenmischwäldern des herzynischen Trockengebietes darstellt. Diese Art zeigt gleichzeitig eine in der Familie verbreitete Erscheinung, nämlich einen Umschlag der Blütenfarbe, der wie beim Natternkopf oder den Lungenkräutern von Rot nach Blau erfolgt und mit einem Umschlag in der Zellsaftreaktion in den Zellen der Blütenkrone in Verbindung steht. *Lithospermum* gehört zu den chemisch am besten untersuchten Gattungen der Familie, da in ihr Verbindungen mit östrogener und antikonzeptioneller Wirksamkeit gefunden wurden. So wurde *Lithospermum ruderale* von nordamerikanischen Indianern seit langem als »Anti-Baby-Pille« benutzt. Steinsamenarten besitzen in den Wurzeln oftmals einen hohen Alkannin-Gehalt, eine Sippe wird deshalb in Ostasien auch als Farbpflanze angebaut. Daß das auch für kosmetische Zwecke benutzte Pigment früher ebenfalls bei uns verwendet wurde, zeigt die in manchen Gegenden übliche Bezeichnung »Bauernschminke« für den Ackersteinsamen, *Lithospermum arvense.*

Die größte Gattung der Tribus ist *Onosma,* Lotwurz oder Goldtropfen genannt; die 150 Arten sind ausgesprochene Xerophyten mit besonders steif-borstlicher Behaarung und einem tiefreichenden Wurzelsystem. Sie sind vom Mittelmeergebiet bis nach Westchina verbreitet und besonders reich in Vorder- und Mittelasien entfaltet.

Echium, der Natternkopf, ist uns durch den Gemeinen Natternkopf, *Echium vulgare,* eine in Mitteleuropa häufige Ruderal- und Unkrautpflanze, auch aus der heimischen Flora vertraut. Der größte Teil der rund 40 Arten ist aber im Mittelmeergebiet zu Hause. *Echium* gehört zu den Gattungen der Familie, deren Blüten

Gartenheliotrop, *Heliotropium arborescens,* in der Sorte ›Marine‹, wie manche anderen Duftpflanzen im Anbau in den letzten Jahrzehnten selten geworden

zweiseitig-symmetrisch sind. Die Arten sind durch die Vielfalt ihrer Wuchsformen für den Botaniker besonders interessant. Auf den Kanaren und Madeira kommen verholzte, strauchige oder schopfbaumartige Vertreter vor, die wie *Echium wildpretii* große, dichte, pyramidenförmige Blütenstände besitzen. In Südeuropa sind neben ausdauernden sehr viele einjährige Arten verbreitet, während unser Gemeiner Natternkopf zu einer Artengruppe zählt, die in der ersten Vegetationsperiode nur eine Blattrosette ausbildet und dann im zweiten Lebensjahr nach der Entwicklung des Blütensprosses abstirbt.

Tribus Boragineae. Die Klausen dieser Gruppe sind an ihrer Ansatzstelle, der Areole, mit einem Elaiosom versehen, einem fleischigen Ölkörper, der – wie wir es schon vielfach schilderten – im Dienst der Samenverbreitung steht. Er wird von Ameisen verschleppt und verzehrt. Wir wollen hier drei Beispiele dieses Verwandtschaftskreises näher vorstellen. Typische Pflanzen der Bodenschicht mitteleuropäischer Laubwälder sind die Lungenkräuter, *Pulmonaria,* die hier mit zu den ersten blühenden Pflanzen im Jahr zählen und einen charakteristischen Bestandteil des Frühjahrsaspektes dieser Wälder bilden. Die Gattung besitzt nur rund ein Dutzend eurasiatisch verbreiteter Arten.

Borretsch oder Gurkenkraut, *Borago officinalis;* der Name leitet sich vom gurkenartigen Geschmack der Blätter her, die Blüten können auch zur Speisedekoration genutzt werden.

Eine alte, ursprünglich wohl nur im westlichen Mittelmeergebiet beheimatete Gemüsepflanze ist der Borretsch, *Borago officinalis,* der als Gewürzpflanze jetzt in ganz Europa und Nordamerika gärtnerisch kultiviert wird. Obwohl seine Blätter dicht borstig behaart sind, werden sie wegen ihres gurkenähnlichen Geschmacks zu Salaten in vielfältiger Weise verwendet. Die Art ist vermutlich von den Arabern in Spanien zuerst in Kultur genommen worden. Sie ist darüber hinaus wegen ihrer reichen Nektarproduktion (pro Tag und Blüte werden 2,6 mg Nektar erzeugt) eine beliebte Bienenweidepflanze. Ihre Blüten sind ein gutes Beispiel für den Typ der Streukegelblüten: In den abwärts gerichteten Blüten bilden die mit den Rändern aneinander liegenden Staubblätter einen Kegel, in dessen Innern der Pollen entleert wird. Langrüsselige Bienen oder Hummeln können den am Grunde dieses Kegels liegenden und von den verdickten Basen der Staubfäden umgebenen Nektarring erreichen.

Als letzte Gattung der Tribus muß der Beinwell, *Symphytum,* erwähnt werden, der etwa 35 Arten in Eurosibirien, darunter einige Nutzpflanzen enthält. Der in Mitteleuropa auf nassen Wiesen, an Gräben und auch auf Ruderalstandorten häufige Echte Beinwell, *Symphytum officinale,* ist eine alte Wildgemüse- und Heilpflanze, deren junge Sprosse früher wie Spargel und deren Blätter wie Spinat zubereitet wurden. Die schleimhaltige Wurzel verwendete man einstmals zu Umschlägen bei Knochenbrüchen, worauf die Bezeichnung der Gattung beruht. Als massenwüchsige, eiweißreiche Grünfutterpflanze, vor allem für Schweine und Ziegen, wird vom Kaukasus bis zum Iran seit langem der Komfrey, *Symphytum asperum,* eine bis 1,5 m hohe Art der kaukasischen Hochstaudenfluren, kultiviert. Seit dem vergangenen Jahrhundert ist sie auch in Europa, besonders in Westeuropa, im Anbau,

Der Himmelsherold, *Eritrichium nanum,* ist eine Charakterart von Silikat-Felsspalten-Gesellschaften in den hochalpinen Stufen der Alpen, Karpaten und des Kaukasus.

größtenteils hat sie aber inzwischen ein Bastard zwischen dieser Art und *Symphytum officinale (Symphytum x uplandicum),* der an die westeuropäischen Wuchsbedingungen besser angepaßt ist, verdrängt.

Tribus Eritrichieae. In dieser Gruppe ist Myrmekochorie, die Ameisenverbreitung der Klausen mit Hilfe von Elaiosomen, selten. Dafür sind die Bruchfrüchte am Rande oftmals kammartig mit Hakenborsten besetzt, so daß sie leicht im Fell vorbeistreifender Tiere haften bleiben und so epizoochor verbreitet werden. Das trifft z. B. für die Gattung Igelsame, *Lappula,* zu, von deren 50 Arten einige auch in Mitteleuropa vorkommen. Die Wirksamkeit der epizoochoren Verbreitung kann man an dieser Art gut demonstrieren: Ihr Auftreten auf Trokkenhängen, Triften und ähnlichen offenen, warmen Standorten ist bevorzugt an die unmittelbare Nähe von Kaninchenbauten gebunden; diese Tiere spielen hier bei der Verbreitung der Klausen eine ausschlaggebende Rolle.

Von den Gattungen der Gruppe mit kleinen, glänzendglatten Früchten ist das Vergißmeinnicht, *Myosotis,* die populärste. Die etwa 100 Arten sind im außertropischen Eurasien als Wald-, Wiesen-, Sumpf- und Uferpflanzen, als Bewohner der alpinen Stufe, seltener in Trockenrasen oder als Unkraut weit verbreitet; sie kommen auch auf den Gebirgen des tropischen Afrika bis zum Kapland sowie auf Neuguinea und in Australien vor. An den Vergißmeinnicht-Blüten sind die (hier gelblich gefärbten) Hohlschuppen, wie man sie in der Familie häufig antrifft, gut zu beobachten. Bei einer Artengruppe, zu der das im mittleren Europa als Seltenheit auftretende Hainvergißmeinnicht, *Myosotis sparsiflora,* gehört, sind Elaiosomen an den Klausen ausgebildet. Eine Reihe von Vergißmeinnichtarten wird gern als Zierpflanzen gezogen. Dabei wird am häufigsten das Waldvergißmeinnicht, *Myosotis sylvatica,* kultiviert, von dem niedrige und hohe, rosa- und blaublühende Sorten und auch solche, die sich als Schnittblumen eignen, im Handel sind.

Tribus Cynoglosseae. Die Klausen dieser Gruppe sind ebenfalls in der Mehrzahl durch Haken- oder Borstenbildungen an eine epizoochore Verbreitungsweise angepaßt. Ein charakteristisches Beispiel sind die Bruchfrüchte der Echten Hundszunge, *Cynoglossum officinale,* die uns als Wegrand- und Feldrainpflanze aus der mitteleuropäischen Flora bekannt ist. Bei ihr sind auch die Flächen der ovalen Klausen mit kurzen hakiggekrümmten Borsten besetzt. Wie in anderen Boraginaceen-Gattungen existieren auch bei *Cynoglossum* (60 Arten) neben lichtliebenden Sippen offener, meist trockener Standorte solche, die im beschatteten Krautwuchs frisch-feuchter Laubwälder gedeihen. Das betrifft bei dieser Gattung Arten tropischer Gebirge sowie Ostasiens, aber auch die in den gebirgigen Teilen Mittel-, Südeuropas und Vorderasiens beheimatete Deutsche Hundszunge, *Cynoglossum germanicum,* die z. B. in Eschen-Bergahorn-Schluchtwäldern im Harz, der Rhön und im Thüringer Wald an einigen wenigen Fundorten auftritt. Der größere Teil der Gattung dieser Tribus ist in den Trockengebieten Vorder- und Zentralasiens anzutreffen.

Abschließend sei auf die kleine südkalifornische Gattung *Harpagonella* hingewiesen. Bei ihr ist ein Wechsel des für die epizoochore Verbreitungsweise verantwortlichen Organs von der Klause zum Fruchtkelch festzustellen: Von den ungleich entwickelten Kelchzipfeln sind 2 bis zur Hälfte miteinander verwachsen und zur Reife vergrößert und kahnförmig, sie schließen die eine der hier nur in Zweizahl vorhandenen Klausen vollständig, die andere teilweise ein. Die Kelchzipfel sind mit hakenartigen Haaren besetzt. Bei einem Festhaften an Tieren wird dann der gesamte Kelch mit den Klausen abgerissen und durch das betreffende Tier verschleppt.

Familie Lennoaceae

Erst neuerdings weiß man auf Grund genauer blüten- und pollenmorphologischer sowie embryologischer Untersuchungen, daß diese merkwürdige Familie in die Verwandtschaft der Rauhblattgewächse und der Hydrophyllaceen gehört und keine engen Beziehungen zur Ordnung Ericales hat, in die man sie früher oft einbezog.

Bei den eigentümlichen Arten dieser Familie handelt es sich um chlorophyllose Vollparasiten (mit schuppenförmigen, bräunlichen bis rosafarbenen Blättern), wie wir sie bereits früher unter den Balanophoraceen und Rafflesiaceen (s. Band Blütenpflanzen 1) kennengelernt hatten und die mitunter Pilzen ähnlicher sehen als anderen höheren Pflanzen. Es sind Wurzelparasiten, deren Wurzeln diejenigen benachbarter Pflanzen anzapfen und von ihnen sämtliche zum Wachstum und zur Entwicklung des Parasiten notwendigen Stoffwechselprodukte beziehen. Dabei sind die Lennoaceen – wie die Mehrzahl der Wurzelparasiten – nicht sehr wählerisch, es wird von ihnen ein breites Spektrum der verschiedensten Wirtspflanzen befallen.

Diese Familie ist klein und im wesentlichen auf die Sonora-Wüste (Mexiko, Südweststaaten der USA) beschränkt; ein ähnliches Areal hatten wir früher bereits bei den Fouquieriaceen kennengelernt. Zu ihr zählen die Gattungen *Lennoa, Ammobroma* und *Pholisma* mit je 2 Arten, eine *Lennoa*-Art kommt auch noch in Kolumbien und Venezuela vor.

Die Lennoaceen gehören zu den am wenigsten untersuchten Vollparasiten. So ist nichts über ihre Keimung und Jugendentwicklung bekannt; ebenso wenig wissen wir über den Bau der unterirdischen Organe von *Lennoa* und *Ammobroma,* bei denen die dicken Blütensprosse den Wirtswurzeln entspringen. Einzelheiten kennt man in erster Linie von *Pholisma.* Hier treffen wir bei den Parasiten einen ausgesprochenen Wurzel-Dimorphismus an: Wir können lang-horizontal ausstreichende, fleischige Pilotwurzeln beobachten, die oftmals einen Bodenraum bis zu 6 m Durchmesser erfassen. Vermutlich auf Grund chemischer Reize werden beim Kontakt mit anderen Pflanzen an diesen Langwurzeln als kurze Abzweigungen Haustorialwurzeln entwickelt, die mit ihrer Spitze in das Wirtsgewebe eindringen und sich zu einem Haustorialorgan umbilden. Dieses ist in dem Wirt schließlich in Form eines unregelmäßig gelappten Gebildes vorhanden, das Fortsätze in benachbartes Gewebe des Wirtes entsendet. Das endophytische Organ hat keinerlei Kontakt zum Siebteil (Phloëm) der Wirtsleitbündel, dafür laufen aber seine Stränge vielfach parallel zum Gefäßteil (Xylem), zu dem der Parasit in unmittelbaren Kontakt tritt. In der Nähe des Wirts-Xylems werden auch im Parasitengewebe einzelne Gefäßbündel angelegt, die der Ableitung der aufgenommenen Nährstoffe dienen.

Der fleischige Blütensproß bricht bei *Pholisma* aus den Pilotwurzeln hervor, er ist mit Schuppen besetzt und entwickelt einen massigen, dem Boden aufliegenden, oval-zylindrischen, dichten, pilzartigen Blütenstand. Seine strahligen bis schwach zweiseitig-symmetrischen Blüten haben eine fünf- bis sechszipfelige, rosa oder bleiche Krone, 5 bis 8 Staubblätter sowie einen Fruchtknoten, der meist aus 8 (6 bis 14) Fruchtblättern besteht. Jedes seiner Fächer wird durch eine falsche Scheidewand zweigeteilt, wobei jeweils eine Samenanlage umschlossen wird. Zur Reife hebt sich durch einen unregelmäßig kreisförmigen Schlitz ein hutförmiger Deckel von der Frucht ab, und die basalen Teile zerfallen in 16 (12 bis 28) einsamige, steinfruchtähnliche Bruchstücke. Im Samen ist neben dem Nährgewebe nur ein winziger, kugeliger, kaum differenzierter Embryo vorhanden, wie wir das auch von vielen anderen parasitischen oder saprophytischen höheren Pflanzen kennen.

Es sei noch erwähnt, daß die Indianerstämme der Sonora-Wüste früher die Blütensprosse von *Ammobroma* gesammelt und gebacken wie Kartoffeln gegessen haben und daß noch heute die Sprosse von *Lennoa* als Wildgemüse verwendet werden.

Familie Loasaceae

Die Loasaceen, die 15 Gattungen mit annähernd 300 Arten umfassen, kommen mit einer Ausnahme ausschließlich in Amerika vor, wo sie sowohl im Hochgebirge als auch in Wäldern oder als Wüsten- bzw. Steppenpflanzen auftreten. Es sind meist ein- oder auch mehrjährige Kräuter, seltener dagegen Sträucher *(Kissenia, Pentalonyx)* oder Bäume *(Mentzelia arborescens)*. Die Pflanzen haben häufig einen windenden Wuchs *(Fuertesia domingensis)* und spiralig gestellte oder auch gegenständige Laubblätter, deren Spreite einfach oder geteilt sein kann. Eine besonders große Vielfalt ist in diesem Verwandtschaftskreis im Hinblick auf die Ausbildung der Haare ausgeprägt, die bereits bei einer Art in mehreren sehr unterschiedlichen Formen nebeneinander auftreten können. Neben den verschiedenen einfachen Haaren und Borsten kommen solche vor, die selbst wieder mit spitzen, vorwärts oder rückwärts gerichteten Stacheln besetzt sind oder auch zusätzlich an ihrer Spitze stark ankerartig zurückgekrümmte Stachelfortsätze ausbilden. Darüber hinaus können einfache Haare von hakiger Form sowie auch sichelartige Haare beobachtet werden. Von besonderem Interesse ist das Auftreten von Brennhaaren, die ähnlich wie bei den Brennnesselgewächsen aus einem mehrzelligen Fuß hervorgehen. Sie enden in einer schwach gebogenen Spitze, die wegen ihrer starken Verkieselung schon bei leichter Berührung abbricht, so daß der auf die tierische Haut einen starken Reiz ausübende Zellinhalt ausfließen kann. Weiterhin finden sich bei den Loasaceen auch Haare mit knotigen Anschwellungen und typische Drüsenhaare. Im Lumen der Haarzellen können häufig zystolithenartige Bildungen beobachtet werden.

Die zwittrigen, an Insektenbestäubung angepaßten Blüten, die meist zu zymösen Blütenständen vereinigt sind, werden in ihrem äußeren Teil gewöhnlich aus je 5 Kelch- und Blumenblättern gebildet, wobei letztere eine sehr unterschiedliche Ausprägung erfahren können. Auch das Androeceum ist sehr vielgestaltig, das teilweise aus 5 oder auch aus 10 in 2 Kreisen angeordneten Staubblättern bestehen kann. Meist ist jedoch anstelle jedes einzelnen Staubblattes eine Vielzahl von Staubblättern ausgebildet, wobei jedoch der in seiner Stellung mit den Kelchblättern übereinstimmende Kreis häufig zu staminodialen Organen, die sich teilweise zu Nektarschuppen entwickeln, umgebildet ist. Bei der Bildung der Nektarschuppen verwachsen oft mehrere Staminodien miteinander zu einem hohlen Organ, dessen Eingang von anderen sehr unterschiedlich gebildeten Staminodien verdeckt wird. Das Gynoeceum besteht aus 5 bis 3 Fruchtblättern, die einen meist einfächerigen, unterständigen Fruchtknoten mit randständigen, teilweise aber auch stärker hervortretenden Plazenten bilden, an denen sich zahlreiche Samenanlagen entwickeln. Beim Öffnen der meist kapselartigen Früchte, die auch spiralig gedreht sein können, reißen die

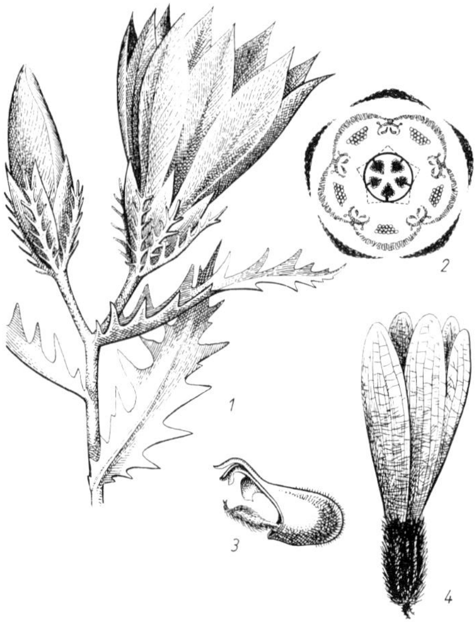

1 Habitus von *Mentzelia decapetala;* 2 Blütendiagramm von *Loasa incana;* 3 Nektarschuppe von *Scyphanthus elegans;* 4 Frucht von *Kissenia spathulata*

Fruchtblätter teilweise entlang ihres Mittelnervs, andere dagegen an den Verwachsungsnähten. Daneben treten auch Formen mit nußartigen Früchten auf.

Die relativ kleinen Samen, die eine sehr unterschiedliche Schalenstruktur aufweisen können und häufig viel Eiweiß sowie fettes Öl enthalten, sind in einigen Fällen geflügelt.

Entsprechend den Unterschieden in der Bildung des Androeceums und der Anzahl der Samenanlagen werden bei den Loasaceen 3 Unterfamilien unterschieden, von denen sich die **Mentzelioideen** durch zahlreiche Samenanlagen und meist fehlende Staminodien auszeichnen. Hierzu gehört die in Nord- und Südamerika mit 60 Arten verbreitete Gattung *Mentzelia,* von der verschiedene Arten wegen ihrer großen Blüten kultiviert werden. Besonders schöne und große gelblichweiße Blüten hat die aus der nordamerikanischen Prärie stammende *Mentzelia decapetala.* Sie öffnen sich am Abend sowie während der Nacht und verbreiten einen angenehmen Duft. Bei dieser, wie auch bei einigen anderen Arten der Gattung, scheinen die Blüten 10, in zwei Kreisen angeordnete, annähernd gleichartig aussehende Blumenblätter zu besitzen. Jedoch handelt es sich bei dem inneren fünfblättrigen Kreis, der vor den Kelchblättern inseriert ist, um blumenblattähnliche Staminodien. Eine interessante Erscheinung wurde an den Blüten von *Mentzelia nuda* beobachtet, deren Nektarproduktion zur Anlockung der bestäubenden Bienen und Fliegen noch bis zu 10 Tage nach dem Verblühen fortdauert. Die hierdurch angelockten Ameisen schützen die jungen Früchte vor Insektenfraß. Als Einjahrsblume wird auch die in Kalifornien an felsigen und sandigen Standorten vorkommende *Mentzelia lindleyi* kultiviert, deren Blüten sich durch eine auffällig goldgelbe Färbung auszeichnen. Die Samen verschiedener Arten dieser Gattung werden von Indianern des südwestlichen Nordamerikas zu Mehl verarbeitet.

Nahe verwandt ist die Gattung *Eucnide,* von der ebenfalls eine Art, *Eucnide bartonioides,* kultiviert wird. Die sich nur bei Sonnenschein öffnenden Blüten haben schwefelgelbe Blütenblätter, die von zahlreichen haarfeinen goldgelben Staubblättern überragt werden. Besonders zu erwähnen ist auch die mit wenigen Arten in Mexiko und Kalifornien vorkommende Gattung *Sympetaleia,* bei der die Blumenblätter im Gegensatz zu den anderen Formen dieser Familie miteinander zu einer langen Röhre verwachsen sind.

Eine weitere Unterfamilie, die **Loasoideen,** ist durch das Vorkommen von zahlreichen Samenanlagen und der Ausbildung von Nektarien sowie durch ein sich in der Blüte von innen nach außen entwickelndes Androeceum charakterisiert. Die Nektarien fallen durch vielgestaltige kontrastreiche Farbmuster auf. Zu dieser Unterfamilie gehört u. a. die einzige in Afrika vorkommende Form, die nur 2 Arten umfassende Gattung *Kissenia,* deren 5 Kelchblätter sich nach dem Blühen flügelartig verlängern und so eine Verbreitung der Früchte durch den Wind ermöglichen. Ein mit 105 Arten relativ umfangreicher Verwandtschaftskreis ist die Gattung *Loasa,* von der ebenfalls einige Arten kultiviert werden, jedoch bereitet der Umgang mit diesen Pflanzen wegen der starke Schmerzen verursachenden Brennhaare einige Schwierigkeiten. Sehr unterschiedlich kann bei dieser Gattung die Blumenkrone gestaltet sein, deren Blätter sowohl

Die von Peru bis Mexiko verbreitete *Loasa triphylla* wird wegen ihrer auffallenden Blüten oft als Gartenpflanze kultiviert.

eine flache als auch eine kahn- und kapuzenartige Form aufweisen können.

Neben der durch große gelbe Blüten ausgezeichneten Gattung *Scyphanthus* werden vor allem verschiedene Vertreter der mit etwa 65 Arten in Südamerika verbreiteten Gattung *Cajophora* kultiviert. Die orangefarbenen bis roten Blüten der auch in Kultur befindlichen *Cajophora lateritia* können 3 bis 5 cm breit werden.

Eine dritte Unterfamilie, die **Gronovioideen,** unterscheidet sich von den vorher erwähnten durch die Bildung einer einzigen Samenanlage. Ihre Blüten besitzen 5 Staubblätter, die jeweils vor den Kelchblättern inseriert sind. Hier ist besonders die Gattung *Cevallia* mit ihren köpfchenähnlich angeordneten Blüten zu erwähnen, deren Staubblätter sich u. a. durch stark verlängerte, löffelartig geformte Konnektivfortsätze auszeichnen.

Ordnung Braunwurzartige, Scrophulariales

Alle Scrophulariales sind durch Kapseln oder Beeren mit zahlreichen Samenanlagen gekennzeichnet. Der Fruchtknoten ist meist nur noch zweiblättrig. Bei den Staubblättern zeigt sich eine verstärkte Tendenz zur Reduktion. Innerhalb der stärker abgeleiteten Verwandtschaftskreise sind die ursprünglichen 5 Staubblätter bis auf 2 reduziert und die Blüten mehr oder weniger zweiseitig-symmetrisch.

Familie Nachtschattengewächse, Solanaceae

Die umfangreiche Familie der Nachtschattengewächse ist mit etwa 90 Gattungen und über 2300 Arten in allen Erdteilen verbreitet, doch können Mittel- und Südamerika als ein Entfaltungszentrum angesehen werden, da sich auf diesen Raum allein 40 Gattungen konzentrieren. Andere haben ein Verbreitungsgebiet, das sich über mehrere Kontinente erstreckt, und relativ wenige Gattungen sind nur in Eurasien (z. B. *Atropa, Hyoscyamus, Scopolia*), Afrika oder Australien *(Duboisia)* beheimatet. Fast alle Nutzpflanzen aus der Familie, die weltwirtschaftliche Bedeutung erlangt haben, stammen aus Südamerika (Kartoffel, Tabak, Tomate, Paprika). Von alters her verbindet den Menschen ein breites Nutzungsspektrum mit dieser Pflanzenfamilie. Ihr gehören mystisch umwobene Pflanzen, wie die Alraune, an, Rauschzustände hervorrufende Arten, wie das Tollkraut und die Stechapfelarten, Heilpflanzen, deren Alkaloide (früher oft als Gifte mißbraucht) in die moderne Medizin Eingang gefunden haben, und schließlich Nahrungsmittel liefernde Pflanzen, wie die Tomate, die Kartoffel oder auch Paprika und Eierfrucht.

Nachtschattengewächse kann man leicht an den eigentümlichen dorsiventralen und zudem schwach asymmetrischen Blüten erkennen, denn nur verhältnismäßig selten ist die Blütenkrone deutlich zweilippig, wie in den Gattungen *Schizanthus* und *Browallia*. Bei den weitaus meisten Arten hat man sogar den Eindruck, daß die Blüten radiär seien, und erst bei genauer Prüfung wird die unterschiedliche Länge der Staubfäden offenbar.

Damit ergibt sich zwar eine angedeutete zweiseitige Symmetrie, doch wird sie durch den aus 2 Fruchtblättern zusammengesetzten, synkarpen Fruchtknoten gestört, denn die Scheidewand, die den Fruchtknoten halbiert, liegt fast ausnahmslos schräg zu der durch die verschieden langen Staubfäden gegebenen Symmetrieebene. Diese Eigenschaft ist in anderen Familien nur ausnahmsweise ausgeprägt. An der Frucht, die eine Beere oder Kapsel sein kann, bleibt der Kelch häufig erhalten und vergrößert sich bei einigen Gattungen sogar während der Reife *(Physalis, Withania)*. Interessant ist auch der meist flache Samen, der aus einer kampylotropen Samenanlage hervorgeht. Der Keimling liegt – eingebettet im Endosperm – entweder gekrümmt unmittelbar an der Peripherie des Samens, oder er bleibt sehr klein und ist dann nahezu gerade.

Unter den Nachtschattengewächsen herrschen Sträucher und krautige Pflanzen vor. Die Blüten stehen in wickeligen Blütenständen vereinigt oder einzeln. Für die meisten Arten ist ein auffallender Sproßaufbau charakteristisch. Innerhalb einer Vegetationsperiode werden mehrere gleichförmige Etagen von vegetativen und blühenden Abschnitten hervorgebracht, wobei recht komplizierte Verwachsungen der Sprosse und Blätter zu beobachten sind. Eine anatomische Besonderheit ist für die Nachtschattengewächse charakteristisch. Während normalerweise in den Leitbündeln zweikeimblättriger Pflanzen außen Phloëmzellen und innen Xylemgewebe angelegt werden, kommt es bei den Solanaceen außerdem zur Ausbildung weiterer Phloëmzellen im Markgewebe, das sich innen an das Xylem anschließt (bikollaterale Leitbündel).

Verbreitet enthalten die Solanaceen Alkaloide, die auf Grund ihres hohen Stickstoffanteiles basisch (alkalisch) reagieren. Es sind Stoffwechselendprodukte, in denen wahrscheinlich überschüssiger Stickstoff inaktiviert wird. Meist können in einer Art mehrere Alkaloide nachgewiesen werden. In vielen Verwandtschaftskreisen sind sie an Tropasäure (Tropanalkaloide: Hyoscamin, Scopolamin, Atropin, Meteloidin u. a.) oder in anderen Sippen an Zucker (Glycoalkaloide) gebunden. Weitere Alkaloide der Nachtschattengewächse gehören in die Gruppe der Benzylisochinoline, wie das Nikotin, oder zu den biogenen Aminen, z. B. das Capsaicin. Die meisten Alkaloide haben eine spezifische Wirkung auf bestimmte Bezirke des Nervensystems.

Für die Gliederung der Familie wurde die Form des Keimlings herangezogen. Er ist deutlich gekrümmt und lang in den Triben Nicandreae, Solaneae und Datureae. Die Blüten enthalten bei diesen Sippen vollständig je 5 Staubblätter.

Tribus Nicandreae. Als ein relativ primitives Nachtschattengewächs wird die Blasengiftbeere, *Nicandra physaloides,* angesehen, da in dieser monotypischen Gattung der Fruchtknoten ausnahmsweise nicht zweifächrig ist, sondern aus 3 bis 5 Fruchtblättern besteht. Auf Grund dieser Merkmale wird die Gattung *Nicandra* als selbständige Tribus gewertet. Der Hauptsproß dieser einjährigen Sippe endet mit einer Blüte. Alle Folgesprosse, die jeweils aus den Achseln der letzten Laubblätter hervorgehen, sind zweiblättrig und schließen ebenfalls mit einer Blüte ab. Der fünfkantige Kelch ist zur Fruchtzeit vergrößert. Ursprünglich kommt die Pflanze in Peru vor, wird aber heute an vielen Stellen der Erde als Ruderalpflanze angetroffen und ist auch in Europa nicht selten. In Gewächshäusern baut man sie als Feindpflanze der Weißen Fliege an.

Tribus Solaneae. In dieser Tribus nimmt die Gattung *Grabowskia* insofern eine besondere Stellung ein, als in den fleischigen Früchten die wenigen Samen von einem Steinzellgewebe, das aus dem Endokarp hervorgeht, taschenartig umfaßt werden. Sie nähern sich damit einer Steinfrucht, die bei den Ursprungsformen beerentragender Nachtschattengewächse vermutet werden kann. Die Gattung *Grabowskia,* die mit 12 Gehölzarten in Südamerika vorkommt, vermittelt im Bau des Fruchtknotens auch zu den Nolanaceen, bei denen die zur Reifezeit hartschalige Frucht in einsamige Klausen zerfällt.

In der mit *Grabowskia* näher verwandten Gattung *Lycium* sind die evolutionsgenetischen Zusammenhänge mit den Nolanaceen ebenfalls noch angedeutet, doch umschließt das Steinzellgewebe nicht den Samen, sondern ist nur als Platte im Perikarp nachzuweisen. In einigen anderen Gattungen der Solanaceen ist diese Fruchteigentümlichkeit noch stärker reduziert. So enthält das Fruchtfleisch bei mehreren Arten der Gattungen *Physalis, Cyphomandra, Solanum* u. a. Nester von Steinzellen, die in der Größe mit den Steinzellkörnern bei einigen Birnensorten vergleichbar sind. Meist kann man sie an der Spitze der Frucht nachweisen.

Die Gattung Bocksdorn oder Teufelszwirn, *Lycium,* ist mit mehr als 100 strauchförmigen Arten von den Subtropen bis in die warmen gemäßigten Gebiete beider Hemisphären vorzugsweise an trockenen Standorten verbreitet. In Mitteleuropa trifft man *Lycium barbarum* in sonniger Lage (aber nur eingebürgert) recht häufig an. Die violetten Blüten entfalten sich sowohl an den Lang- als auch an den Kurztrieben, die zu Dornen werden. Diese sind bei *Lycium ferocissimum,* einer gedrungen-wüchsigen Pflanzenart, so ungewöhnlich kräftig, daß diese Sippe in Südafrika anstelle von Zäunen gepflanzt wird. In China und Japan finden Blätter und junge Triebe von *Lycium chinense,* das sich auch bei uns eingebürgert hat, als Kochgemüse Verwendung, das besonders gern zusammen mit Schweinefleisch verzehrt wird.

In der südamerikanischen Gattung *Iochroma,* zu der etwa 25 Arten gerechnet werden, sind die Blüten in großer Anzahl zu wickeligen Infloreszenzen vereinigt, wobei die Blütenstandsachse so stark gestaucht ist, daß die Blüten in Büscheln eng zusammenstehen. Die scharlachrote, langröhrige und dazu abwärts gerichtete Blütenkrone deutet darauf hin, daß die Pflanzen von Vögeln (Kolibris) bestäubt werden. *Iochroma australe* kultivieren in Nordwestargentinien die Eingeborenen als Obstpflanze. Aus *Iochroma fuchsioides* wird in Kolumbien eine halluzinogene Droge gewonnen.

Vom südlichen Europa bis zum Himalaja erstreckt sich das Verbreitungsgebiet der Gattung *Atropa,* von der die Tollkirsche, *Atropa bella-donna,* eine der stärksten Giftpflanzen der gemäßigten Breiten darstellt. Die schwarzglänzenden, fast kirschgroßen Beeren enthalten in relativ hoher Konzentration die Tropanalkaloide Atropin, Hyoscyamin und Scopolamin. An jedem Sproßabschnitt, der mit einer glockigen, braunvioletten Blüte endet, stehen 2 Blätter in gleicher Höhe, die entwicklungsgeschichtlich verschiedenen Generationen angehören. Das Tragblatt verwächst jeweils mit dem Tochtersproß und wird von ihm so weit hochgeführt, daß es in gleicher Höhe wie das erste Blatt des Sprosses steht. Sowohl die Blätter als auch die Wurzeln der Pflanzen sind offizinell.

Die Alkaloide dieser und anderer Nachtschattengewächse wurden vor Einführung moderner Narkosemittel zur Betäubung und Einschläferung verwendet. Sie verursachen bereits in geringer Dosis einen gewissen Rauschzustand, und durch Mißbrauch ist es oft auch zu Todesfällen gekommen. Schon 2 Beeren reichen aus, um schwere krampfartige Lähmungen der Herz- und Atemmuskulatur hervorzurufen. Heute sind in Europa Wildbestände von *Atropa bella-donna* seltener geworden, für medizinische Zwecke baut man sie deshalb feldmäßig an.

Auf Eurasien ist auch die Gattung *Scopolia,* Tollkraut, beschränkt. Von *Scopolia carniolica,* einer wie andere Angehörige der Gattung ausdauernden Pflanzenart, wurde die Giftwirkung in früheren Zeiten besonders in Osteuropa mißbraucht. Die Verzweigung der Pflanze ist ähnlich wie bei der Gattung *Atropa.*

Auch die, von einer Ausnahme abgesehen, auf Eurasien beschränkten Bilsenkrautarten, *Hyoscyamus,* besitzen einen Sproßaufbau, der mit dem von *Atropa bella-donna* ver-

Die Tollkirsche, *Atropa bella-donna*, mit ihren attraktiven Früchten, die stark giftig sind

gleichbar ist. Im Blütenbereich wird die Achse aus Abschnitten zusammengesetzt, die jeweils ein laubblattähnliches Hochblatt und eine Endblüte hervorbringen. Durch Verwachsung mit dem Tochtersproß rückt das Blatt jeweils bis zur Höhe der nächstfolgenden Blüte vor. Bei allen Arten verholzen die Kelche durch eine starke Ausbildung von Sklerenchymzellen in der Umgebung der Nerven. Sie schließen eine in der Grundfarbe stets gelbliche Blütenkrone ein, die eine bemerkenswerte zweiseitige Symmetrie aufweist. Einer deutlich ausgeprägten Oberlippe liegt eine rückgebildete Unterlippe gegenüber, und bei einigen Arten ist an dieser Stelle nur ein tiefer Spalt wahrzunehmen. Zur Reife umschließt der Kelch eine zartwandige Frucht, die sich durch einen Deckel öffnet. Während im allgemeinen Kapseln im Bereich der Scheidewände und der Fruchtblattmittelnerven aufreißen, entwikkelt sich bei den Deckelkapseln von *Hyoscyamus* im oberen Drittel ein meristemartiges Gewebe, das unabhängig von den Fruchtblättern einen deckelartigen Abschnitt von dem becherförmigen Teil der Frucht trennt.

Neben Atropin und Scopolamin wird bei den Bilsenkrautarten vornehmlich Hyoscyamin synthetisiert. Als Heilpflanze nutzt man in Europa besonders *Hyoscyamus niger,* noch stärker sind aber die Alkaloide bei *Hyoscyamus muticus* konzentriert, einer an wüstenartigen Standorten Nordafrikas und Vorderasiens verbreiteten einjährigen Art mit relativ fleischigen Blättern. Durch seine großen Blüten, die einen Durchmesser bis zu 4 cm erreichen, fällt *Hyoscyamus turcomanicus* auf, eine in Mittelasien verbreitete Art, deren am Grunde violette Blütenkrone im oberen Teil in einen gelben Saumabschnitt übergeht, der von violetten Leitbündeln durchzogen wird. *Hyoscyamus turcomanicus* entwickelt im ersten Jahr eine Blattrosette, und erst im zweiten Jahr streckt sich der Hauptsproß zur Ausbildung eines Blütenstandes. In der Blütenfarbe und auch in der zweijährigen Lebensdauer stimmt die Art mit *Hyoscyamus niger* überein, bei der aber auch rein gelbblütige Formen sowie einjährige Sippen vorkommen.

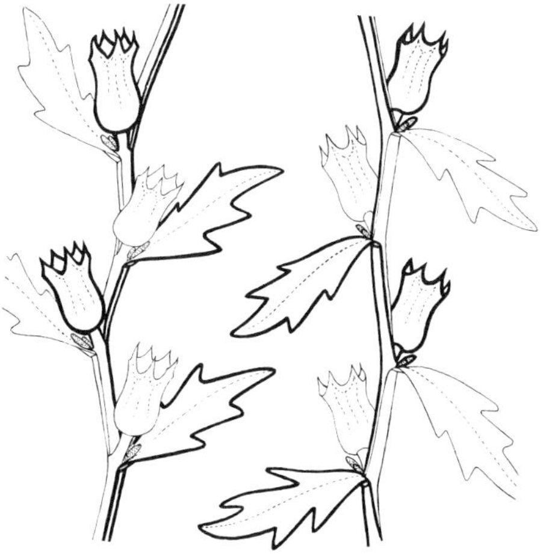

Verzweigungsschema des Bilsenkrautes: Im Blütenbereich setzt sich die Achse aus einzelnen Sproßgenerationen zusammen, die ein Tragblatt und eine endständige Blüte hervorbringen, doch entfaltet sich die Blüte erst in Höhe des nächstfolgenden Blattes; links Oberseite, rechts Unterseite der wickeligen Achse

Einige Arten, wie *Hyoscyamus reticulatus,* bleiben verhältnismäßig niedrig. Diese Sippe ist an ruderal beeinflußten Standorten in den zentralasiatischen Wüstengebieten relativ häufig. Während bei *Hyoscyamus muticus* eine Anpassung an trockenen Standort durch die Ausbildung wasserspeichernder Blätter erfolgt ist, entwickelt sich *Hyoscyamus reticulatus* außergewöhnlich schnell von der Keimung zum Blüh- und Fruchtstadium. Die Anpassung an extreme Standorte wird in der Gattung also auf verschiedenen Wegen erreicht.

Aus Mittelasien ist *Scopolia stramonifolia* bekannt, deren Blüten in der Form einer großen Glockenblume ähneln, doch ist die Farbe grünlichgelb und außerdem die Konsistenz der Krone verhältnismäßig fest. Man kann vor allem in der Abendzeit einen käseähnlichen Geruch wahrnehmen, eine für Fledermausblumen typische Eigentümlichkeit. Gelegentlich wird diese Art in Osteuropa als Arzneipflanze kultiviert.

Die bisher erwähnten Pflanzengattungen entfalten trichter- bzw. glockenförmige Blütenkronen. In den folgenden Gattungen ist die Blütenkrone scheibenförmig ausgebreitet, und nur selten kommen glockenförmige Blüten vor. Dies gilt vornehmlich für die Gattung *Withania,* die von den Kanarischen Inseln bis nach Indien und über Ostafrika bis zur Kapprovinz mit etwa 10 Arten verbreitet ist. Kleine, gelbliche Blütenstände, die an den Sprossen mit einem Blattpaar aus unterschiedlich großen Blättern abwechseln, sind für diese Gattung charakteristisch. Durchweg handelt es sich um kleine Sträucher mit schräg aufwärts gerichteten Sprossen. *Withania somnifera* wird besonders in Indien auf Grund des Alkaloidgehaltes medizinisch als Narkotikum sowie als blutdrucksenkendes Mittel benutzt, während *Withania coagulans* zur Herstellung von Käse Verwendung findet.

Bei der Blasenkirsche, *Physalis,* unterscheidet man mehr als 110 Arten. Nur *Physalis alkekengi* ist in den gemäßigten Breiten Eurasiens beheimatet, während alle anderen Arten auf Amerika beschränkt sind. Von *Physalis alkekengi* kennt man aus Ostasien auffallend hohe Sippen, die sich als polyploid erwiesen. Die Art führt auch den Namen Lampionpflanze, da sich zur Zeit der Reife der blasig aufgetriebene, bei manchen Formen bis 5 cm lange Kelch leuchtend orange färbt. Bei den amerikanischen Sippen gibt es nur ausnahmsweise so prächtig gefärbte Arten. Zur Blütezeit ist der verwachsenblättrige, fünfzipfelige Kelch bei allen Arten noch unscheinbar und vergrößert sich erst nach dem Abfallen der Blütenkrone unmittelbar unterhalb der Ver-

Blasenkirsche, *Physalis alkekengi.* 1 Blüte; 2 während der Fruchtreife vergrößert sich der Kelch durch interkalares Wachstum, in das die Kelchzipfel aber nicht einbezogen werden; 3 Längsschnitt durch Kelch und Frucht

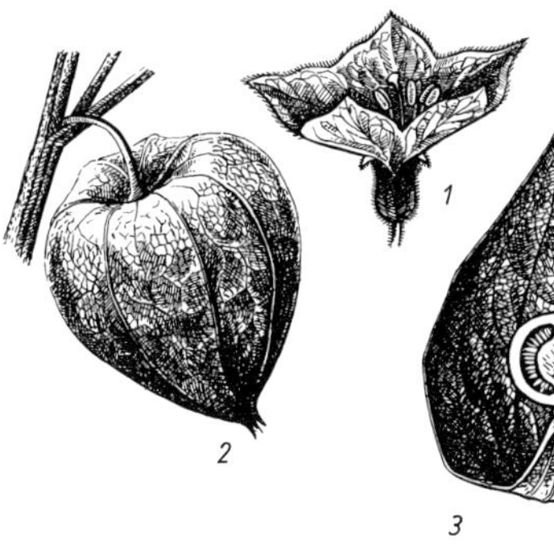

Bei der Lampionpflanze, *Physalis alkekengi,* ist der Kelch blasig aufgetrieben und zur Reife kräftig gefärbt.

einigungszone der Kelchzipfel. Dabei kommt es zu der Aufbauchung. Der Kelch umgibt eine Beere, die bei der Lampionpflanze einen Durchmesser von etwa einem halben Zentimeter hat. Bei amerikanischen Arten erreicht die Beere dagegen weit größere Ausmaße. In Mittelamerika ist *Physalis philadelphica* eine verbreitete Kulturpflanze, deren violette Beeren etwa 3 cm dick werden. Die Zuchtform enthält keine Alkaloide, aus den Früchten werden Erfrischungsgetränke und Marmelade hergestellt. Wahrscheinlich unabhängig davon ist im nördlichen Südamerika (Ekuador, Kolumbien) die ähnlich verwendete *Physalis peruviana* in Kultur genommen worden. Beide Arten werden auch als Ananaskirsche bezeichnet, ein Name, der die Geschmacksqualität zum Ausdruck bringen soll.

Nur in Mittel- und Südamerika liegt die Heimat der Gattung Paprika, *Capsicum,* in der sich der Fruchtknoten nach der Blüte zu einer auffallend dünnwandigen Beere vergrößert. Die bekannteste Sippe ist *Capsicum annuum.* Die Wildform weist nur eine etwa einen Zentimeter lange, rote Frucht auf, die reich an dem scharfschmeckenden Alkaloid Capsaicin ist. Aus dieser Sippe haben die eingeborenen Völker Südamerikas Kulturformen selektiert, von denen einige als Gewürz, andere als Gemüse genutzt werden. Das Gewürz ist unter der Bezeichnung Chili-Pfeffer bekannt. Im allgemeinen unterscheidet sich der Gewürzpaprika in der Größe nur relativ wenig von der Wildform, doch gibt es auch zahlreiche großfrüchtige, scharf schmeckende Sorten. Großfrüchtige und alkaloidarme Sippen werden als Gemüsepaprika bevorzugt. Bei ihnen ist die Fruchtwand der Paprika-»Schoten« relativ dickfleischig. Diese auch als »Süßer Paprika« bezeichnete Pflanzengruppe hat verhältnismäßig früh in Ungarn Eingang gefunden. Heute genießt der Gemüsepaprika weit verbreitet eine hohe Wertschätzung. Als Gewürz werden auch die Früchte des strauchförmigen *Capsicum frutescens* und anderer Arten genutzt. Das Alkaloid Capsaicin, das sich vornehmlich im Bereich der Plazenta konzentriert, wird zur Hautreizung in sogenannten Capsicumpflastern bei rheumatischen Beschwerden verwendet.

Mit über 1500 Arten ist die Gattung *Sola-*

Paprika, *Capsicum annuum.* 1 Längsschnitt der Frucht, der Hohlraum der Beere wird durch Scheidewände (Sc) unvollkommen geteilt. Pl = Plazenta, P = Fruchtwand; 2 Fruchtquerschnitt durch die Plazentaregion; 3 Querschnitt durch den oberen Fruchtabschnitt

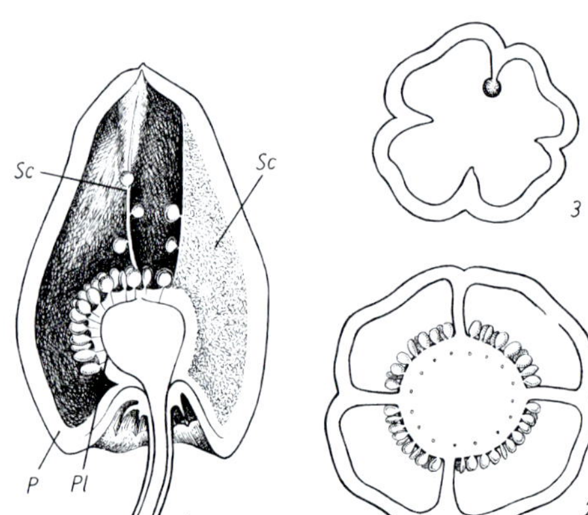

num einer der größten generischen Verwandtschaftskreise im Pflanzenreich überhaupt. Ihre Artenanzahl nimmt von den Tropen nach den gemäßigten Breiten ständig ab. Am größten ist die Artenhäufung in Südamerika. Vergleicht man eine Kartoffelpflanze mit dem als Unkraut auf den Feldern Mitteleuropas häufigen Schwarzen Nachtschatten, *Solanum nigrum,* so kann man kaum unmittelbare verwandtschaftliche Beziehungen erkennen. Insbesondere sind die vegetativen Organe in der Gattung außerordentlich mannigfaltig. Neben Arten mit Fiederblättern (bei der Kartoffel werden außerdem Zwischenfiedern entwickelt) existieren viele Sippen mit ganzrandigen Spreiten. Es kommen in dieser Gattung unbestachelte und bestachelte Arten vor, und neben Kräutern gibt es auch Sträucher sowie sogar kleine Bäume.

Alle *Solanum*-Arten zeichnen sich aber durch eine große Übereinstimmung im Blütenbau aus. Gewisse Merkmalskombinationen erlauben eine Gliederung der Gattung *Solanum* in 2 Untergattungen. Der einen gehören bestachelte Arten an, die im allgemeinen sternförmige Haare aufweisen. Außerdem sind die Staubbeutel schwach zugespitzt und öffnen sich durch 2 endständige Poren. In einer 2. Untergattung können unbestachelte Arten mit fingerähnlichen und bäumchenartigen Haaren vereinigt werden, deren Staubblätter eine zylindrisch-ellipsoide Form aufweisen. Auch diese öffnen sich an der Spitze durch Poren, reißen dann aber der Länge nach auf. Es gibt aber auch mehrere Sektionen, in denen Merkmale beider Untergattungen vereint miteinander auftreten.

Stammesgeschichtlich werden die unbestachelten Arten im allgemeinen als älter angesehen. Die Formenmannigfaltigkeit ist in diesem Verwandtschaftskreis weit größer. Als besonders ursprünglich können in der Gattung *Solanum* solche Sektionen gelten, bei denen die Sproßachse nach Ausbildung zahlreicher Laubblätter mit einem mehrfach verzweigten Blütenstand, der wickelige Teilinfloreszenzen aufweist, abschließt. Aus den Achseln der letzten Laubblätter entwickeln sich mehrere Seitensprosse, an denen auf eine größere Anzahl Laubblätter wieder ein abschließender Blütenstand folgt. Bei abgeleiteten Sippen ist die Anzahl der Laubblätter an den Sproßgenerationen reduziert, und außerdem wird der Blütenstand, der bei den einfach organisierten *Solanum*-Arten eine endständige Stellung am Sproß einnimmt, durch den Fortsetzungstrieb seitlich verdrängt.

Verzweigungsschema der Kartoffel: Der endständige Blütenstand (B) wird durch einen vegetativen Fortsetzungstrieb aus der Achsel des vorletzten Laubblattes (L), das mit diesem Seitensproß eine Strecke weit verwächst, seitlich verdrängt.

Unter den Sippen mit verhältnismäßig einfacher Verzweigung ist die Sektion Archaesolanum bemerkenswert. Die Laubblätter sind tiefbuchtig gelappt und haben schmallanzettliche Zipfel. Die Sektion ist auf Australien beschränkt. Die Fruchtwand dieser Arten enthält zahlreiche Steinzellnester, kleine Körner, deren Zellen eine gewisse Ähnlichkeit mit Steinzellen aufweisen. Solche Strukturen wurden bereits in den Gattungen *Lycium* und *Grabowskia* erwähnt. Bei anderen *Solanum*-Arten kommen ebenfalls Steinzellnester vor, die jedoch auf den Spitzenabschnitt der Frucht beschränkt sind. Nur unbestachelte Artengruppen weisen aber diese Eigentümlichkeiten auf. Arten der Sektion Archaesolanum erlangten in der Biochemie und der Pharmakologie besondere Bedeutung, denn bei ihnen konnten Alkaloide nachgewiesen werden, die eine ähnliche Struktur wie Nebennierenhormone haben. *Solanum laciniatum* wird in Südeuropa und anderswo zur Gewinnung der Alkaloide, die zur Herstellung medizinisch hochwirksamer Präparate gebraucht werden, feldmäßig kultiviert. Die Alkaloide in der Gattung *Solanum* sind glykosidisch gebunden.

Ein sehr spezialisierter Verwandtschaftskreis ist die Sektion *Potatoe* (auch unter dem Sektionsnamen *Tuberarium* bekannt), der die Kartoffel angehört. Diese Sektion beschränkt sich auf Zentral- und Südamerika.

Als die Spanier Südamerika erreichten, fanden sie auf den Hochebenen der Anden Kulturpflanzen mit unter der Erde befindlichen Knollen. Da vor der Entdeckung Amerikas in Europa Knollenpflanzen für Ernährungszwecke kaum kultiviert wurden, waren diese unterirdischen Organe für die Eroberer eine Besonderheit. Sie verglichen sie mit Trüffeln, einem zu den Ascomyzeten gehörenden Pilz, dessen unterirdische Fruktifikationsorgane in Europa auch heute noch eine besondere Delikatesse darstellen. Wann die Kartoffel nach Europa gelangt ist, bleibt ungewiß. Fest steht aber, daß ihre Ausbreitung sowohl über Spanien und Italien nach Mitteleuropa erfolgte und daß andererseits eine sehr frühe Einfuhr nach England stattfand. In Italien bezeichnete man die Knolle als Tartufolo (Trüffel), woraus die deutsche Bezeichnung Kartoffel abgeleitet sein könnte. Möglich ist auch die Ableitung vom schwedischen Jardopfel (Erdapfel). In England verglich man die Knollen mit Bataten, es entstand die Bezeichnung Potato. In Frankreich wurden übrigens auch die Trüffel zum Vergleich herangezogen (Tartufle).

Übrigens ist nicht ausgeschlossen, daß nur Samen und keine Knollen nach Europa kamen. Zunächst wurde die Kartoffel an den Höfen der Hauptstädte Europas als Kuriosität aufgenommen und als Zierpflanze kultiviert. Aus zeitgenössischen Darstellungen geht hervor, daß man blühende Triebe als Schmuck verwendete. Das erste Land in Europa, in dem die Kartoffel in größerem Umfang als Nahrungspflanze angebaut wurde, war Irland, doch auch in Preußen und in Frankreich förderte der Staat den Anbau.

Interessant sind Abbildungen von Kartoffelpflanzen in alten botanischen Werken. Sie zeigen Pflanzen mit zahlreichen kleinen Knollen, und es sind auch Ausläufer erkennbar, die zu oberirdischem Wachstum übergehen. Aus der Literatur zu Beginn des 19. Jahrhunderts kann man ersehen, daß eine Kartoffelpflanze als »ergiebig« angesehen wurde, wenn sie etwa 300 Knollen aufwies. Überrascht ist man auch zu hören, daß die Reifezeit damals in den Monaten Oktober und November lag. Erst in den zwanziger Jahren unseres Jahrhunderts hat man festgestellt, daß die Knollenbildung wesentlich von der Tageslänge abhängt. Kartoffelpflanzen aus den Anden der Tropenregion, d. h. aus dem nördlichen Südamerika, bilden nur bei einer Tageslänge von 12 Stunden oder weniger Knollen aus, andernfalls entwickeln sich stattdessen ergrünende Ausläufer. Unter europäischen Bedingungen gehen solche Pflanzen erst im Herbst etwa zur Zeit der Tag- und Nachtgleiche zur Knollenbildung über. Auch blatt- und sproßmorphologisch unterscheiden sich die ersten in Europa kultivierten Kartoffeln, die wahrscheinlich aus dem nördlichen Südamerika stammen, etwas von den heute angebauten Sippen.

Im Laufe von etwa 200 Jahren sind durch Auslese Pflanzen bevorzugt worden, die unter den Langtagsbedingungen Europas Knollen zu bilden vermögen. Außerdem wurden die ursprünglichen Sorten später durch neue Einfuhren aus Chile, wo ähnliche Tageslängen wie in Europa herrschen, verdrängt. In Irland und in einigen anderen europäischen Staaten wurde die Kartoffel sehr schnell zu einem Volksnahrungsmittel. Doch in den vierziger Jahren des vergangenen Jahrhunderts breitete sich von Irland eine Kartoffelseuche aus, die nahezu den gesamten Anbau zum Erliegen brachte. Wir wissen heute, daß es sich um die Krautfäule handelte, eine Erkrankung, die durch den Pilz *Phytophthora infestans* hervorgerufen wird. Auch heute gefährdet diese Krankheit in manchen Jahren die Kulturen in einigen Ländern. Die Krautfäule kann auch in den Kartoffelbeständen von Amerika nachgewiesen werden, doch verläuft die Krankheit nicht so heftig wie in Mitteleuropa.

Seit dem vorigen Jahrhundert wurden zahlreiche weitere Krankheiten bekannt, die auf Pilze, Bakterien oder Viren zurückgehen. In allen Ländern stellt man daher an die Resistenzzüchtung hohe Anforderungen. Durch die zunehmende Mechanisierung der Landwirtschaft ist die Kartoffel immer wieder neuen Ernte- und Lagerungsbedingungen ausgesetzt. Nur ganz allmählich gelingt es, Sorten zu züchten, die diesen Anforderungen gewachsen sind. Als Ausgangsmaterial für die Züchtung verwendet man im allgemeinen Kulturformen, bei denen einzelne Eigenschaften für neue Sorten

Die Kartoffel, *Solanum tuberosum,* mit Früchten. Der schön gezeichnete Kartoffelkäfer kann zu einer großen Plage werden.

erwünscht sind. Durch Kreuzung ausgewählter Partner werden Sämlinge herangezogen, die man im Verlauf mehrerer Jahre durch Qualitäts- und Krankheitstests geprüft hat. Auf etwa 2 Millionen Sämlinge entfallen nach einigen Jahren durch scharfe Selektion nur wenige geeignete Pflanzen, die etwa 1 bis 2 Sorten ergeben und den erforderlichen Ansprüchen genügen. Seit den zwanziger Jahren unseres Jahrhunderts hat man versucht, auch Wildarten einzukreuzen, um Resistenzeigenschaften in die Kulturkartoffel zu überführen.

Die gezielte Suche nach wildwachsenden Verwandten der Kulturkartoffel führte zum Auffinden zahlreicher Sippen, die neu für die Wissenschaft waren. Dabei erwies sich, daß sehr viele Wildkartoffeln diploid sind ($2n = 24$), während unsere Kulturkartoffel $2n = 48$ Chromosomen besitzt, also tetraploid ist. Daneben gibt es in Südamerika lokal tri-, penta- und hexaploide Formen, von denen einige auch in Kultur sind. Besonders reich an Wildkartoffeln und primitiven Kulturformen ist das Gebiet des Titicacasees in den Anden. Man fand auf den Feldern nebeneinander Sippen mit verschiedenen Ploidiestufen. Die Kulturkartoffel wird als Amphidiploid aus den diploiden Arten *Solanum stenotomum* und *Solanum sparsipilum* angesehen und ist wahrscheinlich in den zentralen Anden entstanden.

In Gebieten mit einer entwickelten Landwirtschaft wird die Kartoffel in der kalten Jahreszeit unter geeigneten Bedingungen gelagert. In Südamerika hat sich seit vielen Jahrhunderten aber eine andere Form der Konservierung bewährt. Man setzt die etwa 78 % Wasser enthaltenden Knollen dem Frost aus, so daß die Zellen absterben und die Zellwände gut wasserdurchlässig werden. Am folgenden Tag wird das Wasser durch Stampfen aus den Knollen herausgepreßt. Diesen Vorgang wiederholt man an mehreren aufeinanderfolgenden Tagen. So erhält man schließlich eine nahezu entwässerte Knolle, die als Chuño bezeichnet wird. Sie enthält nur noch Stärke und Zellreste. Dabei befindet sich an den Knollen die Schale noch als Rest. Eine Sonderform bildet das unter der Bezeichnung Tunta bekannte Produkt. Man erhält es, wenn die Knollen nach der Entwässerung in fließendes Wasser gelegt werden, wonach sich die Schalen leicht entfernen lassen. Auch andere Pflanzenarten, die in den Anden Südamerikas ihrer Knolle wegen kultiviert werden, verarbeitet man zu Chuño oder Tunta.

Nach dem Auslegen der Kartoffelknollen im Frühjahr wachsen mehrere Augen zu beblätterten, aufrechten Trieben aus. Die ersten Blätter sind schuppenartig; sobald der Sproß die Erdoberfläche durchbricht, entwickeln sich Laubblätter. Schließlich geht die Endknospe in einen Blütenstand über. Aus der Achsel des letzten Laubblattes wächst ein kräftiger Seitensproß heraus, der die vegetative Achse fortsetzt und den Blütenstand seitlich verdrängt. Am »Schaft« sind Hochblätter nachweisbar, die gegenüber den Laubblättern in der Größe und in der Anzahl der Fiedern weit zurückbleiben. Die Ausbildung dieser Hochblätter ist für den gesamten Verwandtschaftskreis der knollentragenden Arten der Gattung *Solanum* (Sektion *Potatoe*) charakteristisch.

Von besonderer Bedeutung sind die Seitensprosse, die im unterirdischen Abschnitt eines Triebes entwickelt werden. Es handelt

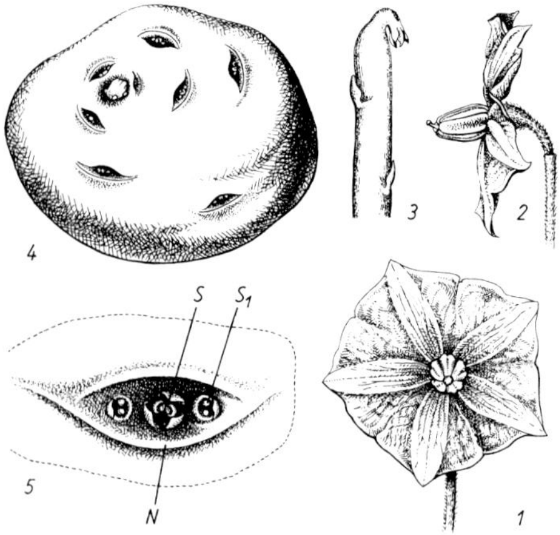

Kartoffel, *Solanum tuberosum.* 1 und 2 Blüte. Bei fast allen Nachtschattenarten vereinigen sich die Staubbeutel zu einem kurzen, stumpfen Kegel, aus dem der Griffel herausragt; 3 oberer Abschnitt eines Ausläufers, die wachsende, zarte Knospe ist umgeknickt, so daß bei der Streckung des Ausläufers ältere Gewebe die Bohrspitze bilden; 4 Sproßknolle, an deren oberem Abschnitt (Krone) die Augen gehäuft stehen; 5 Augen und Seitensprosse (S) in den Achseln von Niederblättern (N), beide haben sich während des Dickenwachstums der Knollen so stark verbreitert, daß die Seitenknospen in den Achseln der Vorblätter (S_1) in gleicher Ebene wie der Achselsproß des Niederblattes liegen.

sich um Ausläufer, die parallel zur Erdoberfläche im Boden wachsen. Dabei ist die eigentliche Sproßspitze gekrümmt, so daß der Sproßabschnitt, der unmittelbar an den Vegetationskegel anschließt, das Erdreich durchbohrt. Die Internodien sind zunächst gestreckt. Schließlich verbreitert sich unter gleichzeitiger Stauchung die Sproßspitze und entwickelt sich zu einer Knolle, die vornehmlich durch primäres Dickenwachstum entsteht. Auch Leitbündel werden in der Knolle angelegt, doch bleiben die Faserzellen, die gewöhnlich in der Umgebung von Leitbündeln entstehen, parenchymatisch.

Bemerkenswert ist die Schale der Kartoffelknolle. Die Epidermis dehnt sich bei Beginn des Knollenwachstums unter Bildung weiterer Zellen aus (Dilatationswachstum), dann aber zerreißt sie und wird durch ein Abschlußgewebe (Periderm) ersetzt, das aus der äußeren Rinde der Knolle entsteht. Es ist ein typisches Meristem, das nach außen Korkzellen abgibt, die der Knolle einen wirksamen Verdunstungsschutz geben, und nach innen Parenchymzellen ausbildet, die Stärke speichern. Die Stärkekörner gehen aus Leukoplasten (Stärkebildner) hervor, doch können aus ihnen auch Chlorophyllkörner entstehen, wie man es bei Knollen beobachten kann, die bei der Reife dem Licht direkt ausgesetzt sind.

Schon lange vor der Entdeckung Amerikas wurde *Solanum muricatum* auf Grund der eßbaren Früchte in den Andengebieten zur Kulturpflanze entwickelt. Diese Sippe ist unter dem einheimischen Namen Pepino bekannt und bringt mehrere Zentimeter breite, kugelförmige Früchte mit einer sehr aromatischen ausgedehnten saftreichen Fruchtwand hervor. Diese ausdauernde Pflanze weist einen stark verholzenden Sproß auf.

In der Gattung *Lycopersicon,* Tomate, haben die Staubblätter aller Arten eine lang ausgezogene Spitze und öffnen sich durch Poren. Wegen dieser Eigentümlichkeit wird sie von der Gattung Nachtschatten, *Solanum,* getrennt. Vor einigen Jahren ist in Südamerika jedoch eine Pflanze entdeckt werden, die in vielen wesentlichen Eigenschaften mit den Tomaten übereinstimmt, doch weisen die zylindrischen Staubblätter nach den gegenwärtig üblichen Gliederungsgrundlagen auf eine *Solanum*-Art hin *(Solanum pennellii).* Als festgestellt werden konnte, daß diese Art sowohl mit Tomatenverwandten als auch mit Sippen aus dem Kreis von *Solanum tuberosum* kreuzbar ist, hat man den engen stammesgeschichtlichen Zusammenhang zwischen beiden Gattungen nachweisen können, aber auch belegt, daß die Kartoffeln den Tomaten näher als anderen *Solanum*-Sippen stehen.

Auch die Tomate, *Lycopersicon esculentum,* fanden die Europäer bei der Entdeckung Amerikas bereits als Kulturpflanze vor. Die meist intensiv rote Frucht ließ allerdings in Europa die Befürchtung aufkommen, es handle sich um eine Giftpflanze. Tatsächlich kommen bei vielen Tomatensorten Glykoalkaloide vor, die aber bei der Reife abgebaut werden. In manchen Ländern verzehrt man die Tomaten aber auch unreif. Die Tomatenpflanze, deren Blätter eine große Ähnlichkeit mit denen der Kartoffel haben, wächst in Etagen. Der Endblütenstand wird dabei durch einen mit 3 Laubblättern besetzten Fortsetzungstrieb

Die charakteristischen Früchte von *Solanum muricatum* auf einem Markt in Peru. Sie werden unter dem Namen Pepino gehandelt.

verdrängt. Das letzte Laubblatt rückt jeweils am Tochtersproß eine Strecke weit empor, so daß zwischen 2 Blütenständen nur die beiden oberen Laubblätter zur jeweiligen Triebgeneration gehören, während das untere Laubblatt Bestandteil des jeweils nächst tieferen Sproßgliedes ist.

Die ältesten archäologischen Nachweise für die Kulturtomate stammen aus Mittelamerika. Als Unkraut ist dort *Lycopersicon pimpinellifolium* verbreitet, eine Pflanzenart, die an den Nordostküsten Südamerikas ursprünglich vorkommt. Wahrscheinlich hat sich diese Sippe zunächst als Unkraut in anderen Kulturen ausgebreitet und wurde dann in Mexiko in den Anbau genommen. Die Unkrautform unterscheidet sich von der Kulturform durch weit schlankere Blattfiedern, und die sehr zahlreichen Früchte an dem stark verzweigten Blütenstand werden kaum größer als Johannisbeeren, außerdem sind bei der Kulturform die Fruchtwand und die Plazenta viel stärker entwickelt. Zwischen Kultur- und Unkrautform vermitteln sogenannte Kirschtomaten, die in ihrer Größe mit Kirschen vergleichbar sind (*Lycopersicon esculentum* var. *cerasiforme*). Bei den rötlichen Farbstoffen der Tomate handelt es sich, wie auch bei der Mohrrübe, um Phytoxanthine. Etwa 8 Arten gehören der Gattung an, von denen einige zur Reifezeit nur grüne, ungenießbare Beeren hervorbringen.

In der Genetik, aber auch in anderen Disziplinen der Biologie ist die Tomate ein weit verbreitetes Versuchsobjekt. Die Chromosomen ($2n = 24$) unterscheiden sich relativ klar voneinander und können leicht identifiziert werden. So wurden wichtige genetische Erkenntnisse, besonders auf den Gebieten der Mutationsforschung und der plasmatischen Vererbung, am Beispiel der Tomate gewonnen. Durch fortgesetzte Bestrahlung der Samen und anschließende Auslese der größten Früchte gelang es, aus *Lycopersicon pimpinellifolium* Sippen zu entwickeln, deren Früchte eine ähnliche Größe wie kleine Kulturtomaten aufweisen. Damit ließ sich an einem Modell der Entwicklungsweg der Kulturtomate nachzeichnen.

Weit verbreitete Unkräuter in allen Erdteilen gehören der unmittelbaren Verwandtschaft von *Solanum nigrum,* dem Schwarzen Nachtschatten, an (Sektion *Solanum*). Zahlreiche Kleinarten hat man aus dieser Gruppe beschrieben, und sowohl aus Indien als auch aus Amerika liegen Hinweise dafür vor, daß einzelne dieser Abstammungsgemeinschaften unabhängig voneinander durch Polyploidisierung, d. h. durch Vermehrung der Chromosomensätze, neue Sippen hervorgebracht haben. Möglicherweise kann so die große Anpassungsfähigkeit dieses Verwandtschaftskreises erklärt werden.

Vor einigen Jahrzehnten machte aus dieser Sektion die sogenannte Wunderbeere, *Solanum burbankii,* in Nordamerika von sich reden. Luther Burbank, ein bekannter Pflanzenzüchter, der zu Beginn unseres Jahrhunderts in den USA wirkte, brachte diese Pflanze auf den Markt. Es hat sich jedoch herausgestellt, daß ihr Wert recht gering war; heute kann nicht einmal mehr mit letzter Sicherheit festgestellt werden, welche Ausgangssippen Burbank zur Herauszüchtung seiner »Wunderbeere« verwendete. Als genießbar kann man die Früchte mehrerer Arten der Sektion *Solanum* bezeichnen, so auch die des relativ großfrüchtigen *Solanum melanocerasum,* aber keine der Arten liefert geschmacklich sehr attraktive Früchte.

In wärmeliebenden Formationen, Röhrichten und Auwäldern der gemäßigten Breiten auf der Nordhalbkugel ist der Bittersüße Nachtschatten, *Solanum dulcamara,* anzutreffen, der als Spreizklimmer sowie mit seinen windenden Blattstielen Halt findet. Ursprünglich auf Eurasien beschränkt, hat sich das Areal dieser Sippe heute auf andere Erdteile ausgedehnt. In diesem Verwandtschaftskreis wurden mehrere Kleinarten unterschieden, die alle einander sehr nahe stehen. Im Zusammenhang mit der Verbreitung sind auch die Inhaltsstoffe bemerkenswert. So wurden für einzelne Gebiete innerhalb des Areals verschiedene Glykoalkaloide nachgewiesen, man kann also innerhalb dieser Art mehrere biochemisch unterscheidbare Sippen beobachten.

In Südasien und im tropischen Afrika kommt eine *Solanum*-Sippe vor, die sich durch kräftige Stacheln am Sproß, auf der Oberfläche der Laubblätter und auf der Unterseite der Kelchblätter auszeichnet. Aus dieser

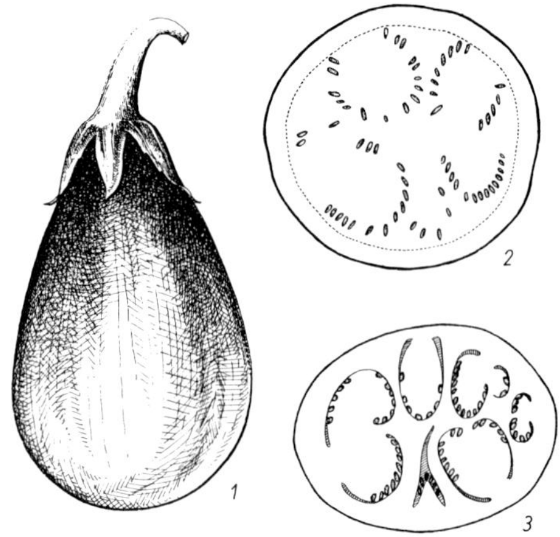

Eierfrucht, *Solanum melongena.* 1 Frucht; 2 Querschnitt einer jungen Frucht, in der sich die unregelmäßig wuchernden Plazenten mit den jungen Samenanlagen kaum abheben; 3 Querschnitt einer älteren Frucht, in der sich die fleischigen Plazenten etwas stärker abzeichnen

entstand in Südasien die im allgemeinen unbestachelte Eierfrucht, *Solanum melongena,* auch unter dem französischen Namen Aubergine bekannt. Die im Vergleich zur Wildsippe stark vergrößerten Früchte der zuerst nach Europa eingeführten Formen hatten eine gelblichweiße Farbe und die Form eines Eies, doch die meisten Sorten weisen blauschwarze Früchte auf, die sogar wie eine Gurke gestreckt sein können. Heute ist *Solanum melongena* in den gesamten Tropen und Subtropen eine geschätzte Gemüsepflanze, deren in Scheiben geschnittene Früchte (gebraten oder gebacken) gegessen werden. Die Frucht setzt sich aus zahlreichen Karpellen zusammen, die aber nicht, wie bei der Tomate, die Anzahl der Kammern in gleicher Ebene vergrößern, sondern sich unregelmäßig in mehreren Etagen einordnen. Sie werden von einer dicken, gemeinsamen Außenwand umschlossen, die wie die breiten, meist nur wenige Samen hervorbringenden Plazenten aus Parenchymgewebe besteht. Auch bei dieser Art kommen mehrere Blüten in einem Blütenstand vor, doch nur die unterste (Endblüte) weist einen funktionsfähigen Fruchtknoten auf; der Blütenstiel ist reich mit sklerenchymatischen Zellen ausgestattet. Die folgenden Blüten entfalten dagegen nur funktionsfähige Staubblätter, während die Karpellbildung auf einem frühen Entwicklungsstadium stehenbleibt.

Eine sehr dekorative Pflanze ist *Solanum quitoense,* deren große Blätter (etwa 40 cm lang) am Rand auffallend gelappt sind und deren gesamte Oberfläche ein Filz aus kleinen, oft violetten Sternhaaren bedeckt. Die unter dem Namen Lulo bekannte Frucht, die in den nördlichen Anden als Obst geschätzt wird, ähnelt in Form und Farbe einer kleinen Apfelsine, weshalb man sie in Südamerika auch als Naranjilla bezeichnet (Verkleinerungsform von Naranja = Apfelsine).

Einige *Solanum*-Arten haben eine ungewöhnlich starke Bestachelung, so *Solanum atropurpureum,* ein lästiges Unkraut in den Tropen.

Der Gattung *Solanum* stehen die Baumtomaten, *Cyphomandra,* sehr nahe. Während bei den *Solanum*-Arten die Staubfäden direkt in das Konnektiv übergehen, sind in der Gattung *Cyphomandra* die Staubbeutel nur auf dem Rücken mit den Filamenten verbunden. Die schnellwüchsige Baumtomate, *Cyphomandra betacea,* bringt ellipsoidische Früchte von etwa 5 cm Länge hervor, die in Südamerika als Obst genutzt werden. Gegenwärtig breitet sich der Anbau auch im südlichen Nordamerika und in manchen Gebieten der Alten Welt aus. Es ist bemerkenswert, daß an der Spitze der Früchte in der Fruchtwand 4 kleine Steinzellkörner nachweisbar sind, eine für viele *Solanum*-Arten charakteristische Eigenschaft. Zur Gattung *Cyphomandra* gehören fast 40 Arten, die alle in Südamerika beheimatet sind.

An den niederliegenden Sprossen der südamerikanischen *Trechonaetes sativa* entfalten sich (völlig abweichend von anderen Solanaceen) schüsselförmige, strahlig-symmetrische Blüten, von denen ein ekelerregender Gestank ausgeht. Sie weisen sich auch durch ihre grünliche bis braunviolette Farbe als Aasfliegenblumen aus, zudem fällt die ebenfalls im Dienste der Anlockung von Bestäubern stehende ungewöhnliche zottige Behaarung auf; auch die nach auswärts gekrümmten Staubfäden vermißt man bei anderen Nachtschattengewächsen.

Im Mittelmeerraum ist die Alraune, *Mandragora officinarum,* beheimatet, der man bis in unsere Tage medizinische und übernatürliche Kräfte zugeschrieben hat. Die auffallend verzweigten Speicherwurzeln wurden als menschliche Gestalt (Mann oder Frau) gedeutet, woraus die magische Wirkung, die man der Pflanze als Fruchtbarkeitssymbol zuschrieb, verständlich wird. Bis ins ausgehende Mittelalter hielt sich die Auffassung, daß die Rübe eine abwehrende Wirkung gegenüber Geistern besitze. Allerdings mußte dann die Wurzel unter strenger Einhaltung bestimmter ritueller Handlungen geborgen werden.

Die Baumtomate, *Cyphomandra betacea,* hier ein fruchtendes Exemplar in einer Plantage in Brasilien, wurde ursprünglich nur in Südamerika als Obst genutzt, heute ist der Anbau auch in der Alten Welt im Wachsen begriffen.

Die moderne Medizin hat feststellen können, daß die Pflanze einige Tropanalkaloide enthält, deren Konzentration jedoch so gering ist, daß die Alraune als Arzneipflanze heute eine völlig untergeordnete Rolle spielt. Das Areal der Gattung *Mandragora* erstreckt sich vom Mittelmeerraum über Südwestasien bis zum Himalaja. Es werden 7 Arten unterschieden, die alle auffallende Rosettenpflanzen sind. Neuerdings wird *Mandragora turcomanica* aus Mittelasien wegen ihrer für den Frischverzehr geeigneten Früchte versuchsweise angebaut.

Die Alraune blüht bei uns Ende Februar bis Anfang April, wobei sich die Blütenstände in unmittelbarer Nähe der Erdoberfläche entfalten. Zu diesem Zeitpunkt fehlen noch die Laubblätter, die anschließend eine große, gemeinsame Blattrosette bilden, aber verschiedenen Einzeltrieben angehören, deren Endknospen im folgenden Jahr zur Blüte gelangen. Im Spätsommer reifen etwa tomatengroße, kugelige grünliche Beeren heran, deren dicke, relativ feste Fruchtwand sehr reich an größeren Zellzwischenräumen ist und daher durch Reflektion des Lichtes weiß wirkt.

Tribus Datureae. In dieser Tribus bilden alle Arten im Fruchtknoten falsche Scheidewände aus, die vom Mittelnerv eines jeden Fruchtblattes zur Plazenta reichen. Aus diesem Verwandtschaftskreis ist in den Tropen Mittel- und Südamerikas *Solandra grandiflora* ein häufiger Kletterstrauch, dessen cremefarbene, etwa 15 cm lange Blüten eine starke Aufbauchung aufweisen. Der schwach abwärts geneigten Krone entströmt in der Nacht ein süßlicher Duft, und am Morgen kann man zahlreiche Krallenspuren von Fledermäusen nachweisen, die nachts den Nektar der Blüten ausgebeutet und dabei die Bestäubung vorgenommen haben.

In der Volksmedizin mehrerer Kontinente hat man aus der Gattung Stechapfel, *Datura,* (völlig unabhängig voneinander) einzelne Arten als Heilpflanzen, aber auch als Narkotika zu nutzen verstanden. Auffallend ist die Verbreitung dieser Gattung, in der 2 Untergattungen unterschieden werden können. In Südasien stellt *Datura metel* eine alte Kulturpflanze dar, während die nächsten Verwandten dieser Sippe in den Tropen und Subtropen Amerikas vorkommen. *Datura ferox* ist in den südlichen gemäßigten Breiten Chinas beheimatet, und der dieser Art nahestehende, in Mitteleuropa heute weit verbreitete Gemeine Stechapfel, *Datura stramonium,* hat wahrscheinlich seinen Ursprung in Amerika und gelangte erst im 16. Jahrhundert nach Europa. Während sich bei *Datura stramonium* und verwandten Arten die Früchte als vierklappige Kapseln öffnen, zerfällt die Fruchtwand bei *Datura metel* und anderen Arten, da sich zur Reifezeit die Zellen völlig voneinander isolieren und zu einem lockeren, schaumartigen Gewebe werden. Von den herausfallenden und unter den Früchten auf dem Erdboden sich häufenden Samen hätten nur wenige die Chance einer Entwicklung, käme es nicht bei diesen Sippen zur Bildung einer Wucherung nährstoffreicher Zellen am Samenstielchen (Karunkula), wodurch die Samen als Nahrungsquelle für Ameisen, die für eine Verschleppung sorgen, attraktiv werden. Die oben aufgeführten Sippen sind meist einjährige verholzende Kräuter und unterscheiden sich schon dadurch von den ausdauernden baumförmigen Vertretern der folgenden Untergattung, der von manchen Autoren auch der Gattungsrang *(Brugmansia)* zuerkannt wird.

Die auf Mittel- und Südamerika beschränkten baumförmigen Sippen, die sich durch Beeren auszeichnen, verdienen besonderes Interesse. Ihre großen Blüten erreichen eine Länge bis zu 30 cm. Zahlreiche, wahrscheinlich durch Mutation und Bastardierung entstandene Formen werden seit langem von den Eingeborenen lokal als Rauschmittelpflanze kultiviert und vegetativ vermehrt. Vor einigen Jahren ist eine besonders schmalblättrige Form bekannt geworden, die auch in der Blütenform so stark von den bis dahin bekannten Sippen abzuweichen schien, daß man sie als neue Gattung *(Methysticodendron)* in die Wissenschaft einführte. Bei genauerer Untersuchung stellte sie sich jedoch als stark mutativ veränderter Vertreter der Gattung *Datura* heraus.

Als Gifte und Halluzinogene wirken die Inhaltsstoffe der *Datura*-Arten auf das zentrale Nervensystem und rufen tranceähnliche Zustände hervor. Medizinmänner unterschiedlicher Volksstämme bedienten sich bevorzugt dieser Droge. In der Heilkunde wurden die Blätter von *Datura stramonium* als Mittel gegen Asthma verwendet; in neuerer Zeit gewinnt man aus *Datura*-Arten die Alkaloide Scopolamin, aber auch Hyoscyamin und Atropin zur Herstellung verschiedener medizinischer Präparate. In den gemäßigten Breiten wird zu diesem Zweck *Datura stramonium* kultiviert, während in den Subtropen vornehmlich *Datura inoxia* im Anbau ist.

Einen relativ kurzen, fast ungekrümmten Keimling besitzen die Samen der zu den Triben Cestreae und Salpiglossideae zusammengefaßten Gattungen, bei denen die oft zweilippige Blütenkrone sowie die Reduktion oder sogar der völlige Ausfall von 1 bis 3 Staubblättern auf Verwandtschaftskreise hinweisen, die in der Evolution im Vergleich zu den anderen Triben besonders weit fortgeschritten sind. Sie nehmen damit eine gewisse Übergangsstellung zu den folgenden Familien ein und wurden nicht selten zu den Braunwurzgewächsen (Scrophulariaceen) gestellt, von denen sie sich aber durch die Verzweigungsform wesentlich unterscheiden. Man hat sie auch sogar als selbständige Familie (Cestroideae) gewertet.

Tribus Cestreae. Die Vertreter dieser Tribus besitzen 5 Staubgefäße. Zu ihr gehört die ausschließlich auf den amerikanischen Kontinent beschränkte Gattung Hammerstrauch, *Cestrum,* die von anderen Nachtschattengewächsen insofern etwas abweicht, als anstelle der für diese Familie sonst so charakteristischen komplizierten Verzweigungsverhältnisse im Blütenbereich relativ einfach organisierte Blütenstände treten. Über 250 Arten sind bekannt, von denen einige auch als Zierpflanzen kultiviert werden. *Cestrum nocturnum* entfaltet die Blüten, die eine schmale Röhre bilden, nur zur Nachtzeit. Sie entwickeln einen sehr auffälligen, angenehmen Duft.

Besonders interessant ist die Gattung Tabak, *Nicotiana.* In Europa kennt man im allgemeinen nur den gewöhnlichen Tabak, *Nicotiana tabacum,* und den Bauerntabak, *Nicotiana rustica;* bisweilen wird als Zierpflanze auch *Nicotiana alata* gezogen. Von den rotvioletten oder weißen Blüten dieser Art, die eine sehr lange, schmale Kronröhre besitzen und deren Öffnung schräg abwärts geneigt ist, geht zur Nachtzeit ein ungewöhnlich starker Duft aus, der langrüsselige Nachtfalter zur Bestäubung anlockt. Daneben zählen aber zur Gattung *Nicotiana* etwa 70 weitere Arten, die meist bedeutend kleinblättriger und zuweilen auch viel kleinblütiger sind als der gewöhnliche Tabak. Sogar Sträucher und kleine Bäume gehören zu dieser Gattung, deren Verbreitungsgebiet Südamerika und Australien umfaßt, erst unlängst wurde auch eine Art aus Südwestafrika beschrieben *(Nicotiana africana).*

In Europa war vor der Entdeckung Amerikas das Rauchen getrockneter Pflanzenteile unbekannt. So beeindruckten die Berichte, daß in Mittelamerika bei einigen indianischen Völkern ein Kraut gebraucht würde, das in Hüllblätter von Maiskolben eingewickelt war und den Namen Zikar führte. Für kultische Zwecke rauchte man in Nordamerika den Tabak in der Pfeife, dem Calumet, in Südamerika soll dagegen der Tabak vornehmlich geschnupft worden sein. Europäische Seeleute gewöhnten sich zuerst das Rauchen an, obwohl auf den Schiffen strenge Verbote wegen der akuten Brandgefahr erlassen wurden. Zu Beginn des 17. Jahrhunderts breitete sich dann der Tabakgenuß sehr schnell über ganz Europa aus. Zunächst waren Schnupftabak – in Frankreich auch als Medizin gepriesen – und das Pfeiferauchen beliebt. Zigarren gibt es erst seit Beginn des 19. Jahrhunderts, und am jüngsten ist die Zigarette, die in den sechziger Jahren des vergangenen Jahrhunderts in der Türkei aufkam.

Das Alkaloid Nikotin und verwandte Substanzen (Nornikotin u. a.), die der Tabak enthält, sind in reiner Form außerordentlich starke Gifte, die schon bei bloßer Berührung mit der Haut schwere Vergiftungserscheinungen hervorrufen. Noch größer ist die Wirkung, wenn die Alkaloide mit Schleimhäuten in Berührung kommen. Der Nikotingehalt schwankt im getrockneten Blatt zwischen 0,5 und etwa 5 %. Durch Fermentierung, einen Prozeß, an dem Mikroorganismen beteiligt sind, werden vornehmlich die Eiweiße abgebaut. Zigarrentabak, dessen Blätter schon im grünen Stadium gepflückt werden, enthält viel Stärke, die beim Fermentierungsprozeß nicht völlig zersetzt wird. So umgeben sich die im Rauch enthaltenen Nikotinpartikel mit Salzen, die von der verbrennenden Stärke herrühren. Zigarrenrauch kann daher im allgemeinen nicht inhaliert werden, weshalb die Zigarre im Vergleich zur Zigarette bisweilen als weniger schädlich angesehen wird. Dennoch gelangen durch die längere Rauchzeit beim Genuß einer Zigarre große Giftmengen in die Atemwege. Die Ernte der Zigarettentabake erfolgt erst mit Beginn der Blattvergilbung. Zu dieser Zeit ist die Stärke nahezu vollständig zu Zucker abgebaut. Daher weist der Rauch eine saure Reaktion auf, was ein Einatmen erleichtert.

Das Nikotin bewirkt im Körper eine Kontraktion der Blutkapillaren. Schweißausbrüche sowie ein Absinken der Hauttemperatur bis um 7 °C können die Folge sein. Gleichzeitig wird aber der Blutkreislauf angeregt. So kann anhaltender Nikotingenuß zur Erkrankung der Herzkranzgefäße führen. Noch schwerwiegender ist aber die Wirkung der im Rauch enthaltenen zyklischen aromatischen Kohlenwasserstoffe wie Benzpyren und Anthracen, die als krebserzeugend erkannt wurden. Die Sterbeziffern durch Krebserkrankung der Atemwege hat in den letzten Jahren erschreckend zugenommen, und die mittlere Lebenserwartung von Rauchern liegt weit niedriger als bei Nichtrauchern.

Die Qualität eines Tabaks wird wesentlich durch die Umweltbedingungen bestimmt, unter denen die Tabakpflanze wächst. Markenbezeichnungen wie Brasilzigarre oder Havannazigarre beziehen sich auf die Herkunft des Deckblattes. Auch in Indonesien kommen Sippen vor, deren Produkte heute zu den Spitzenerzeugnissen des Weltmarktes gehören. Für die Tabakindustrie verwendet man jetzt fast ausschließlich *Nicotiana tabacum.* Außerhalb des ursprünglichen Areals in Südamerika hat sich im Orient eine kleinblättrige Form entwikkelt, deren Tabak zur Herstellung von Zigaretten besonders geschätzt ist (Orienttabak).

Sowohl *Nicotiana tabacum* als auch *Nicotiana rustica* sind allopolyploide Pflanzenarten, d. h., sie besitzen gegenüber den Wildtabaken, bei denen ein Chromosomensatz von 2n = 24 verbreitet ist, die doppelte Chromosomenzahl (2n = 48), wobei je eine Chromosomengarnitur von verschiedenen Ausgangsarten stammt. Man hat nach den diploiden Sippen gesucht, die als Ausgangsformen in Frage kommen. Eine Ursprungssippe von *Nicotiana tabacum* ist *Nicotiana sylvestris,* deren langröhrige, weiße Blüten sich nachts entfalten. Die andere Ausgangsart ist *Nicotiana tomentosiformis.* Beide Arten sind übrigens heute in Südamerika relativ selten, und ihre Areale berühren sich nur im Grenzgebiet zwischen Peru und Argentinien. Ob beide Sippen früher eine weitere Verbreitung hatten, läßt sich mit Sicherheit nicht mehr feststellen. Möglicherweise ist der Raum der heutigen Arealüberschneidung das Entstehungsgebiet von *Nicotiana tabacum.* Entsprechende Beobachtungen konnten bei *Nicotiana rustica* gemacht werden. Als Ausgangssippen gelten die Arten *Nicotiana paniculata* und *Nicotiana undulata.*

Auch bei anderen *Nicotiana*-Arten können Nikotin und verwandte Alkaloide nachgewiesen werden, allerdings liegen sie hier in weit geringerer Konzentration vor. *Nicotiana quadrivalvis,* eine mittelamerikanische, kleinblättrige Art, hat man früher ebenfalls zum Rauchen verwendet.

Verhältnismäßig nahe mit der Gattung *Nicotiana* ist die Gattung Petunie, *Petunia,* verwandt. Diese verbreitete Zierpflanze ging aus der formenreichen Art *Petunia axillaris* hervor. Die Petunie eignet sich wegen ihrer Anspruchslosigkeit und ihrer langen Blütezeit besonders zum Bepflanzen von Balkonkästen. Die verbreiteten Sorten zeichnen sich gegenüber den unscheinbaren Wildsippen durch Polyploidie aus.

Als man in den vergangenen Jahrzehnten planmäßig die Inhaltsstoffe der Solanaceen untersuchte, erregte besonders eine Pflanzengattung aus Australien durch ihren hohen Alkaloidgehalt Aufsehen. Hier kommen 2 schmalblättrige, kleine Baumarten vor, die zur Gattung *Duboisia* gehören. Sie weisen einen außergewöhnlich hohen Gehalt an Scopolamin und Hyoscyamin auf, und außerdem wurde ein spezifisches Alkaloid, das Piturin, festgestellt. Schon seit langem ist aber bekannt, daß *Duboisia hopwoodii* von den Eingeborenen Australiens gekaut wird und eine leicht narkotische Wirkung hat. *Duboisia myoporoides* und *Duboisia hopwoodii* werden

Blüte von *Schizanthus pinnatus,* die auf Grund ihrer eigentümlichen reichen Strukturierung an Orchideenblüten erinnert

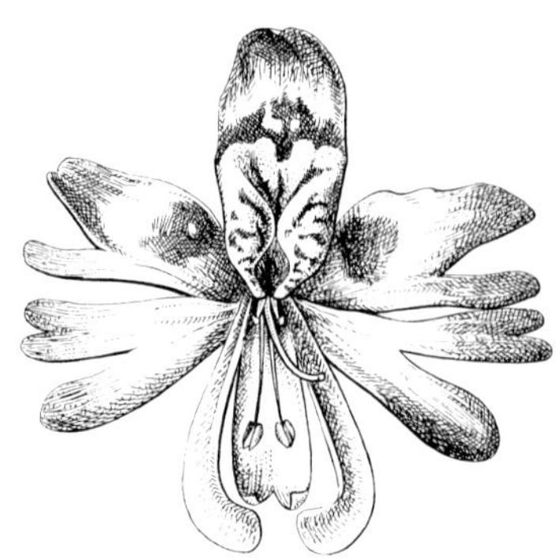

heute in Plantagen zur Alkaloidgewinnung angepflanzt.

Tribus Salpiglossidae. Die Vertreter dieser Tribus sind durch 2 oder 4 Staubgefäße gekennzeichnet.

Eine südamerikanische Art, die in Europa als Zierpflanze Eingang gefunden hat, die Trompetenblume, *Salpiglossis sinuata,* besitzt trichterförmige, rotbraune Blüten mit einem Durchmesser von etwa 5 cm und eine dunklere Tönung der Blattnerven.

Auffallend flache Blüten weist die Gattung *Schizanthus* auf, aus der *Schizanthus pinnatus* in vielen Farbvarianten kultiviert wird. Für die Blüten ist eine Lappung der Ober- und Unterlippe charakteristisch, wodurch eine Form zustande kommt, die bei oberflächlicher Betrachtung kaum auf eine Zugehörigkeit zu den Solanaceen schließen läßt.

Zum Schluß sollen noch einige Sippen Erwähnung finden, die so stark abgeleitet sind, daß sie oft in eigene Familien gestellt werden.

Niedrige, strauchige Pflanzen, deren Blätter ähnlich stark wie beim Heidekraut reduziert sind und bei denen man die Zugehörigkeit zu den Solanaceen nur auf Grund der Blütenmerkmale nachweisen kann, sind die Vertreter der südostafrikanischen Gattung *Retzia,* denen im Unterschied zu anderen Solanaceen ein intraxyläres Phloëm fehlt, und die auf Südamerika beschränkte Gattung *Fabiana.*

Die Gattung *Henoonia,* die mit der einzigen Art *Henoonia myrtifolia* in Kuba vorkommt, entwickelt einen Fruchtknoten mit nur einem einzigen Fruchtfach.

Familie Glockenwindengewächse, Nolanaceae

Im Aufbau der Blütenkrone ähneln die Nolanaceen den Convolvulaceen, von denen einige auch in der Anzahl der Fruchtblätter und in der Klausenbildung Beziehungen erkennen lassen. Doch auch unter den Solanaceen gibt es Gattungen mit 5 Karpellen *(Nicandra).* Hinzu kommt, daß Übereinstimmungen in der Embryologie, den Inhaltsstoffen und auch in der Verzweigung vorliegen. Viele *Nolana*-Arten, deren Sprosse sich dem Boden anschmiegen, haben eine Verzweigungsform, wie sie z. B. für die Tollkirsche *(Atropa bella-donna)*

1 Blühender Sproßabschnitt der niederliegenden Glockenwinde, *Nolana prostrata;* 2 im Fruchtknoten gliedern sich die 5 Fruchtblattanlagen in mehrere über- und nebeneinander angeordnete Teilfrüchte *(Nolana rupestris);* 3 die Teilfrüchte enthalten meist mehrere Samen

typisch ist. Die Glockenwindenverwandten können damit als hochspezialisierte Nachtschattengewächse angesehen werden, bei denen der Fruchtknoten einen sehr auffälligen Bau hat. Deshalb werden die Nolanaceen auch als Unterfamilie Nolanoideae zu den Solanaceen gestellt. Ökologisch steht dieser Verwandtschaftskreis recht isoliert. Die beiden Gattungen *Nolana* und *Alona* kommen nur an der Westküste Südamerikas vor. Die Blätter, die in der Gattung *Alona* verhältnismäßig klein und zylindrisch sind, in der Gattung *Nolana* aber flach bleiben, haben einen fleischigen Bau, wie Pflanzen salzhaltiger Standorte aus anderen Familien.

Die an Heidekraut erinnernde Wuchsform und die Beblätterung (erikoider Wuchs) von *Alona*-Arten sind auch für einige Nachtschattengewächse (Gattungen *Fabiana* und *Retzia*) charakteristisch. Besondere Aufmerksamkeit verdient der fünffächerige Fruchtknoten in der Gattung *Alona,* aus der 6 Arten mit strauchigem Wuchs beschrieben wurden, denn er zerfällt bei der Reife in viersamige Teilfrüchte mit harter Außenwand (Klausen). Noch komplizierter ist der Aufbau des Fruchtknotens in der Gattung *Nolana.* Hier verwachsen die Fruchtblätter nur am Grunde miteinander, zudem werden durch mehrere Einschnürungen in Längs- und Querrichtung die Karpelle unterteilt, so daß bei der Reife etwa 20 bis 30 Klausen entstehen, die in 2 oder 3 Etagen ange-

Blühender und fruchtender Zweig von *Nolana paradoxa,* einer Strandpflanze von der Westküste Südamerikas. Die fleischigen Blätter sind ein charakteristisches Merkmal von Sippen salzhaltiger Standorte.

ordnet sein können. Die Teilfrüchte enthalten 1 bis 7 Samen.

Nolana paradoxa, aus der etwa 60 Arten umfassenden Gattung *Nolana,* ist eine einjährige, sommerblühende Art mit niederliegenden Sproßachsen. Sie hat in Europa als Zierpflanze Eingang in die Gärten gefunden. Da die glockigen, blauen enzianartigen Blüten sich nacheinander entfalten, zieht sich die Blütezeit über mehrere Wochen hin.

Familie Sommerfliedergewächse, Buddlejaceae

Die genauen Verwandtschaftsbeziehungen dieser Familie konnten noch nicht völlig geklärt werden, denn die meisten Sippen der insgesamt 10 Gattungen mit etwa 160 Arten umfassenden Familie weisen im Gegensatz zu anderen Gruppen nahezu radiäre Blüten mit nur vierzähligen Blütenkreisen auf. Der zweifächerige Fruchtknoten, der zu einer Kapsel heranreift, enthält in jedem Fach eine breite Plazentarleiste in zentralwinkelständiger Stellung mit zahlreichen Samenanlagen.

Wegen der Ähnlichkeit in der Blütenstruktur hat man die Buddlejaceen auch in näherer verwandtschaftlicher Beziehung zu den Loganiaceen (Ordnung Enzianartige, Gentianales) gesehen, die aber im Sproß auf der Innenseite des Xylems mit einem Phloëmgewebe (inneres Phloëm) ausgestattet sind und außerdem abweichende Haarformen auf der Oberfläche der oberirdischen Pflanzenteile ausbilden. Besonders die Inhaltsstoffe weisen auf enge Beziehungen zu den Scrophulariaceen hin.

Die Familie kommt zwischen den 40. Breitengraden beider Hemisphären vor, ganz besonders ist sie auf Südafrika und Madagaskar konzentriert. Lediglich in Australien und auf den Pazifischen Inseln fehlen Arten aus diesem Verwandtschaftskreis.

Die einzelnen Sippen weisen eine große Formenmannigfaltigkeit auf, die hier nur angedeutet werden kann. Sowohl Bäume als auch Sträucher, Halbsträucher und sogar krautige

Arten gehören der Familie an. So zeichnet sich die Gattung *Polypremum,* die nur mit einer Art, *Polypremum procumbens,* aus Nord- und Zentralamerika bekannt ist, durch eine Wuchsform aus, die auch manche mitteleuropäische Nelkengewächse aufweisen. Die krautige Pflanze entwickelt niederliegende Sprosse, die sich dichasial verzweigen, wobei jeder Sproßabschnitt nach Ausbildung von 2 schmalen, ungestielten Laubblättern mit einer Blüte endet. In dieser Gattung ist übrigens der Fruchtknoten halbunterständig.

Eine Eigentümlichkeit der Gattung *Peltanthera,* zu der nur 2 Arten gehören, von denen die peruanische *Peltanthera floribunda* die bekannteste ist, verdient besondere Erwähnung. Die Blüten, die in dieser Gattung übrigens fünfzählige Kreise besitzen, enthalten hier scheibenförmige Staubbeutel, d. h., das Verbindungsstück zwischen den beiden Antherenhälften (Konnektiv) ist so zu einem Schild verbreitert, daß die Pollensäcke auf einer ebenen Fläche liegen.

In Ost- und Südafrika sowie auf Madagaskar und den Maskarenen siedeln aus der Gattung *Nuxia* etwa 40 strauch- und baumförmige Arten. *Nuxia verticillata* ist ein ansehnlicher Baum, dessen hartes Holz auf Grund der Widerstandsfähigkeit gegenüber Pilzen eine gewisse wirtschaftliche Bedeutung erlangt hat.

Mit etwa 120 Arten breitet sich die Gattung *Buddleja* über die Tropen und Subtropen aus. Es sind verholzte, ausdauernde Pflanzen, unter denen kleine Bäume und auch kräftige, holzige Lianen sowie größere und kleinere, oft trockenholde Sträucher anzutreffen sind. Mehrere Sippen gehören auch in Mitteleuropa zum Zierpflanzenbestand der Gärten. Man unterscheidet im allgemeinen zwischen frühblühenden Arten, die in den ersten Monaten des Jahres ihre Blüten am vorjährigen Trieb entfalten, und sommerblütigen Sippen, bei denen sich die Blüten im gleichen Jahre öffnen, in dem die Sprosse heranwachsen. Bei sonnigem Wetter trifft man auf Buddleien ständig Schmetterlinge an, die den reichlichen Nektar ausbeuten; von den Blüten geht ein aufdringlich süßer Duft aus.

Nach dem Bau des Blütenstandes kann man in der Evolution unterschiedlich weit fortgeschrittene Sippen erkennen. Als am primitivsten sieht man Arten an, in denen wie bei *Buddleja crispa* wenigblütige Dichasien in

Die nektarreichen Blüten von *Buddleja globosa* und anderen Arten dieser Gattung werden bevorzugt von Lepidopteren beflogen, weshalb sie auch unter dem Namen Schmetterlingsstrauch bekannt sind.

den Achseln kreuzgegenständiger Laubblätter stehen. Bei *Buddleja alternifolia* erreichen die Tragblätter der Teilblütenstände nicht die Größe der Laubblätter. *Buddleja paniculata* hat annähernd kugelförmige Teilblütenstände, deren Tragblätter zu kleinen Brakteen reduziert sind. Schließlich rücken die Ansatzstellen der Teilblütenstände so eng aneinander, daß ein geschlossener endständiger Blütenstand entsteht. Aus dieser Eigenart leitet sich der häufig verwendete deutsche Name Sommerflieder ab.

Buddleja japonica und *Buddleja davidii* sind die in den Gärten Mitteleuropas häufigsten Kulturarten. Es wurden mehrere Sorten gezüchtet, unter denen tief rotblühende, wie die Sorte 'Cardinal', besonders attraktiv sind. Zahlreiche Arten hat man zytologisch untersucht und dabei die Beobachtung gemacht, daß neben diploiden ($2n = 38$) auch tetra- und hexaploide Sippen vorkommen. Besonders überraschend waren die Untersuchungsergebnisse bei *Buddleja colvillei,* einer von Sikkim bis Tibet und Nepal verbreiteten Art, die zufällig von verschiedenen Standorten nach Europa eingeführt worden war. Die Herkünfte zeigen in ihren äußeren Merkmalen nur geringfügige Unterschiede, doch besitzen sie sehr abweichende Chromosomenzahlen von 2n = 152 (oktoploid), aber auch 2n = etwa 304 (16-ploid) und sogar 2n = etwa 456 (24-ploid). Diese besonders großblütige Art ist dennoch mit anderen Sippen kreuzbar, aber nur, wenn *Buddleja colvillei* als männlicher Elter verwendet wird. Wahrscheinlich zeichnet ihre ungewöhnliche Griffellänge dafür verantwortlich, daß keimende Pollenschläuche anderer Arten nicht die Samenanlage erreichen können.

Familie Braunwurzgewächse, Scrophulariaceae

Innerhalb der Scrophylariales nehmen die Braunwurzgewächse eine gewisse Schlüsselstellung ein. Ihre Formenmannigfaltigkeit ist außerordentlich groß, und einzelne Sippen lassen recht enge Beziehungen zu anderen Familien der Ordnung erkennen. Von Vorfahren dieser Verwandtschaftskreise haben sich einzelne Abstammungsgemeinschaften durch Spezialisierung so weit differenziert, daß sie heute als selbständige Familien anerkannt werden.

Die Braunwurzgewächse umfassen etwa 220 Gattungen und über 3000 Arten. Sie haben alle Siedlungsräume erobert, bevorzugt treten sie aber in den gemäßigten und subtropischen Breiten auf. Krautige Sippen herrschen vor, doch auch eine größere Anzahl Halbsträucher kann man in dieser Familie unterscheiden. Sträucher und Bäume (z. B. *Paulownia*) treffen wir selten an. In den Gattungen *Maurandya* und *Rhodochiton* kommen Arten vor, deren Sprosse mit windenden Blatt- und Blütenstielen ausgestattet sind.

In den meist fünfzähligen Blüten kann man innerhalb der Familie außerordentlich viele Anpassungen an unterschiedliche Bestäuber und damit einhergehend besondere Bestäubungsmechanismen erkennen. Bisweilen lassen sich nur 4 Kelchblätter unterscheiden, und auch die Anzahl der Blütenblätter kann gemindert sein. Die Blütenkrone weist einen sehr kurzen oder aber auch ungewöhnlich langen Schlund auf. Nur selten trifft man 5 Staubblätter an (z. B. bei der Königskerze), meist ist ihre Anzahl auf 4 oder sogar 2 reduziert. Erwähnung verdienen auch die Staubbeutel, denn häufig wird nur eine Antherenhälfte ausgebildet. Der Fruchtknoten mit häufig einem ringförmigen oder gelappten Nektarienring an dessen Grund ist im allgemeinen zweifächerig. Aber bei den Sippen der Unterfamilie Selaginoideae ist die Anzahl der Fruchtblätter auf eins reduziert.

Man kann in der Familie sehr verschiedene Fruchtformen beobachten, neben fachspaltigen und scheidewandspaltigen Kapseln gibt es auch Porenkapseln, aus denen sich 2 kleine Deckel ablösen (wie beim Löwenmaul), oder die Frucht ist eine Steinfrucht (wie bei der Unterfamilie Selaginoideae). Die Blüten der Braunwurzgewächse stehen niemals endständig an einer vegetativen Sproßachse. Sie entwickeln sich entweder aus den Achseln von Laubblättern, oder sie bilden endständige Ähren, Trauben oder Rispen mit zymösen Teilblütenständen.

Unter den Scrophulariaceen kann man alle Übergänge von völlig autotrophen Pflanzen über Halbparasiten bis zu Vollparasiten beobachten.

Charakteristisch für die beiden folgenden Unterfamilien ist die Krone mit absteigender Knospenlage, d. h., die beiden oberen Blütenblätter wölben sich mit ihren Außenrändern über die beiden seitenständigen Petalen.

Unterfamilie Verbascoideae

Als gemeinsames Merkmal dieser Gruppe gilt die fast radiäre Blüte. Meist sind noch 5 Staubgefäße vorhanden. Alle Blätter stehen gewöhnlich wechselständig.

Die Vertreter der mitteleuropäischen Gattung Königskerze, *Verbascum,* mit ihren meist leuchtend gelben Blüten bringen im ersten Jahr ihrer Entwicklung eine Rosette oft filzig behaarter Laubblätter hervor, die sich im folgenden Jahr durch Streckung der Sproßachse auflöst und in einen mächtigen Blütenstand mit ungestielten, wickeligen Teilblütenständen übergeht. Eine kurze Blütenkronröhre verbreitert sich zu einer flachen, fast strahlig-symmetrischen Schüssel, an deren Basis sich die un-

Verbascum nigrum, die zu den »großblütigen« Königskerzen zählt. Ihre Staubfäden sind violettwollig. Rechts *Verbascum densiflorum*

terschiedlich großen Staubblätter abheben. Oft sind die beiden vorderen Staubfäden gestreckt und kahl, während die 3 kürzeren hinteren durch eine dichte wollige Behaarung auffallen und außerdem nur eine fertile Staubbeutelhälfte ausbilden. Bei den Haaren handelt es sich um saftreiche Einzelzellen mit einem oft keulig verdickten oder verbreiterten oberen Abschnitt. Man hat sie häufig irrtümlicherweise als Nahrungsangebot für bestäubende Insekten gedeutet. Zwar wird an der Basis des Fruchtknotens ein Ring angelegt, doch sondert er nicht wie bei anderen Sippen Nektar ab; Blütenbesucher können also lediglich Pollen entnehmen. In einigen für das menschliche Auge gelb aussehenden Königskerzenblüten hat man an der Basis ein für Bienen sichtbares Saftmal feststellen können, in dessen Bereich kein ultraviolettes Licht reflektiert wird. Bei *Verbascum nigrum* bilden die violettroten Haare einen auffallenden Kontrast zu der gelben Blütenkrone.

Insgesamt umfaßt die Gattung *Verbascum* etwa 350 außerhalb der Tropen in Eurasien verbreitete Arten, von denen mehrere Staudencharakter haben, und im östlichen Mittelmeerraum gibt es sogar strauchförmige Sippen. Von *Verbascum densiflorum* und *Verbascum phlomoides* werden die Blüten auf Grund ihres hohen Schleimgehaltes medizinisch genutzt. Sie wirken lindernd bei Erkältungskrankheiten und sind ein Bestandteil des Brusttees.

Unterfamilie Scrophularioideae

In dieser Familie fehlt gewöhnlich das fünfte Staubblatt oder ist zu einem Staminodium umgebildet. Wenigstens die unteren Blätter sind gegenständig, die Blüten deutlich zweiseitigsymmetrisch.

Zu den höchstspezialisierten Sippen des Pflanzenreiches darf *Chamaegigas intrepidus* gezählt werden, eine poikilohydre Pflanzenart, die in Südwestafrika in flachen, nur wenige Zentimeter tiefen Senken der Granitberge vorkommt. An diesen der prallen Sonne ausgesetzten Standorten erreicht die Temperatur im

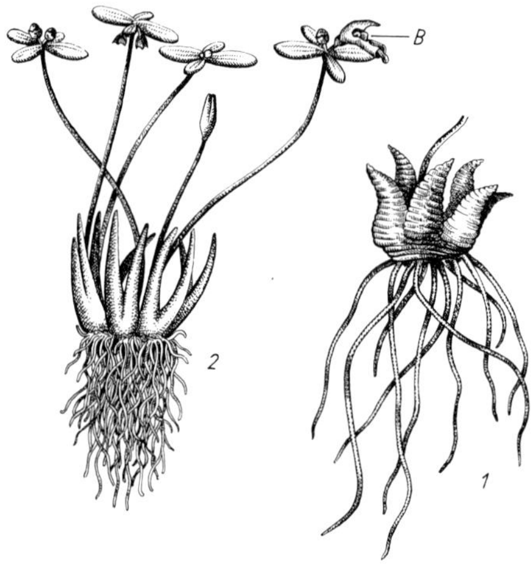

Chamaegigas intrepidus. 1 Ausgetrocknete Pflanze mit etwa 2 bis 3 mm langen, pyramidenähnlichen Blättern; 2 blühende Pflanze, die Blätter haben sich nach Wasseraufnahme etwa um das Zehnfache vergrößert. B = Blüte

völlig austrocknenden Boden mehr als 50 °C. Oft bleibt der Regen mehr als 10 Monate im Jahr aus. Der Sand ist von winzigen Pflanzen mit 2 bis 3 mm langen, völlig trockenen, pyramidenähnlichen Blättern durchsetzt, die bei Regenfall schnell Wasser aufzunehmen vermögen und sich dabei etwa um das Zehnfache vergrößern. Schon 24 Stunden nach dem Regen setzt eine intensive Assimilation ein, die Pflanzen treiben nach wenigen Tagen einen Sproß mit einer kleinen Schwimmblattrosette und gelangen sofort zum Blühen und Fruchten. Zu diesem Zeitpunkt schwindet die Wasserlache bereits, und die Pflanzen schrumpfen nach Ausbildung weiterer Speicherblätter im austrocknenden Sandboden wieder völlig zusammen.

Von der Gattung Gauklerblume, *Mimulus,* die mit etwa 120 Arten vornehmlich in den gemäßigten Klimaten Amerikas vorkommt, hat *Mimulus guttatus* durch die Reizbewegung der beiden spateligen, ungleich großen Narbenlappen, die bei einer leichten Berührung in Sekundenschnelle zusammenklappen, besonders das Interesse der Physiologen geweckt. Die langgestreckten, prallen Zellen der Oberhaut bedingen das Auseinanderspreizen, sie stoßen im Augenblick der Berührung den Zellsaft in die Zwischenräume aus, so daß der Druck nachläßt und die Lappen zusammenklappen. *Mimulus guttatus* ist neben *Mimulus moschatus* in Mitteleuropa als Zierpflanze weit verbreitet. Wie viele Braunwurzgewächse haben die *Mimulus*-Arten maskierte Rachenblüten, die von Bienen aufgesucht werden. Das Insekt muß sich in die Blütenöffnung hineinzwängen, um zum Nektar zu gelangen, da ein Gaumen den Eingang versperrt. Bei *Mimulus cardinalis* sind die 3 Zipfel der Unterlippe völlig nach außen umgeschlagen, dagegen ist die Oberlippe weit vorgestreckt. Diese offene Blüte wird durch Kolibris bestäubt.

Die Gattung Schlammkraut, *Limosella,* die mit 15 Arten von der Arktis bis zur Antarktis

1 Blüte der Gauklerblume, *Mimulus guttatus;* 2 Blütenlängsschnitt; 3 Fruchtknoten mit offenen Narbenlappen; 4 Vorderansicht der Blüte von *Calceolaria plantaginea,* 5 Seitenansicht; 6 Blüte von *Pedicularis incarnata;* 7 Blütenlängsschnitt; 8 Blüte von *Pedicularis armata*

verbreitet ist, in den Tropen aber vornehmlich in höheren Berglagen vorkommt, weist einen Fruchtknotenbau auf, der besonders im Hinblick auf die Stellung der Wasserschlauchgewächse (Lentibulariaceae) Interesse verdient. Der Fruchtknoten ist nur an der Basis synkarp und endet in einer Zentralplazenta. Das auch in Mitteleuropa anzutreffende Wasserschlammkraut, *Limosella aquatica*, wächst vorzugsweise auf Schlickböden. Die Blüten öffnen sich nur unvollständig, schon im Knospenzustand erfolgt Selbstbestäubung (Kleistogamie).

Eine größere Anzahl von Zierpflanzenarten, von denen einige Liebhaberwert haben, gibt es in der formenreichen Gattung *Penstemon*, die mit etwa 250 Arten vornehmlich im westlichen Nordamerika vorkommt und mit je einer Art auch in Nordostasien und Zentralamerika vertreten ist. Nur 5 bis 10 cm hoch wird die als Steingartenpflanze geschätzte, schmalblättrige Staude *Penstemon caespitosus*, andererseits enthält die Gattung auch bis zu einem Meter hohe, prächtig blühende Arten, wie *Penstemon barbatus*, deren einseitswendige Blütenstände in der Heimat von Vögeln bestäubt werden. In der Gattung *Penstemon* erreicht das sterile, fadenförmige und an der Spitze oft keulig verdickte Staubblatt annähernd die Größe der normalen Staubblätter. Bei den *Penstemon*-Arten ist der Nektarring an der Basis des Fruchtknotens weitgehend rückgebildet, dagegen wird an der Basis der beiden hinteren Staubblätter von Drüsenhaaren zwischen Staubfäden und Blütenkrone reichlich Nektar abgesondert.

Trotz großer morphologischer Unterschiede sowohl im Blütenbau als auch im vegetativen Bereich hat man experimentell nachweisen können, daß sehr viele Arten, selbst wenn sie verschiedenen Sektionen angehören, miteinander kreuzbar sind. Dennoch beobachtet man in der Natur Zwischenformen nur selten, da die Sippen ökologisch so hoch spezialisiert sind, daß kaum Kreuzungsmöglichkeiten bestehen.

In lichten Wäldern Mitteleuropas ist die Gattung Braunwurz, *Scrophularia*, anzutreffen, deren breitröhrige, schmutzigrote Blüten nur wenig auffallen. Das Hauptmannigfaltigkeitszentrum der Gattung liegt im Himalaja. In diesem Verwandtschaftskreis, der mit über 300 Arten auf der gesamten nördlichen Halbkugel verbreitet ist, kann man 2 große Untergattungen unterscheiden, von denen sich eine durch einfache Seitennerven an den Blättern auszeichnet. Diese Arten besiedeln überwiegend trokkenere Standorte und kommen nur in Eurasien, hauptsächlich im südlichen Bereich des Gattungsareals, vor, einige davon als Halbsträucher. Es hat sich herausgestellt, daß alle diese Formen einen diploiden Chromosomensatz aufweisen. Bei polyploiden Sippen treten dagegen an den Laubblättern die Seitennerven durch winzige Äderchen miteinander in Verbindung. Dieser Verwandtschaftskreis hat sich sowohl in Eurasien als auch in Nordamerika ausgebreitet und nimmt den nördlichen Teil des Areals ein. Viele ruderale Arten sowie Sippen mit relativ stark spezialisierten Standortbedürfnissen kennzeichnen diese Untergattung. Man nimmt an, daß die Polyploiden von Mittelasien aus sowohl Nordeuropa und Nordamerika als auch Ostasien erreicht und besiedelt haben.

Zu einer blasig aufgetriebenen Unterlippe vereinigen sich die 3 vorderen Blütenblätter bei der Gattung Pantoffelblume, *Calceolaria*. Als Besonderheit wird den Insekten, die die Bestäubung dieser Blumen vornehmen, fettes Öl anstatt Nektar als Lockmittel geboten. Unter den etwa 300 im nördlichen Südamerika vorkommenden Arten kennt man sowohl einjährige als auch sogenannte rasenbildende Stauden und sogar strauchförmige Sippen. Eine beliebte Zierpflanze ist u. a. *Calceolaria ×frutico-hybrida*, von der man heute nicht mehr die Ausgangseltern kennt.

Eine zweilippige, vorn am Grunde ausgesackte oder gespornte Blütenkrone zeichnet die Sippen der Tribus Antirrhineae aus. Aus dem nördlichen Afrika hat *Nemesia strumosa*, deren farbenfrohe Blüten im Spätsommer besonders auffallen, als Rabattenpflanze Eingang in unsere Gärten gefunden. Bei dieser Art unterscheidet man eine größere Anzahl von Sorten, für die alle eine verhältnismäßig offene Lippenblüte charakteristisch ist.

In der Gattung Leinkraut, *Linaria*, die mit etwa 150 Arten auf der Nordhemisphäre verbreitet, besonders aber auf das Mittelmeergebiet konzentriert ist, sind dagegen die Blüten durch einen Gaumen maskiert. Das gelbblühende Gemeine Leinkraut, *Linaria vulgaris*, dessen Blätter eine gewisse Ähnlichkeit mit dem Flachs haben, wächst in Mitteleuropa bevorzugt in Trockenwiesengesellschaften. Diese Art ist in der Lage, Wurzelsprosse zu bilden und so die Individuenanzahl durch vegetative Vermehrung zu erhöhen. Während bei *Linaria hirta* noch der Hauptsproß zur Blüte gelangt, bleibt bei anderen Arten, wie z. B. beim Alpenleinkraut, *Linaria alpina,* die Sproßknospe der Keimpflanze im Wachstum zurück, dagegen treiben die Achseln der Keimblätter Seitensprosse aus, zu denen noch Triebe hinzukommen, die aus dem Hypokotyl hervorgehen. Viele Arten – wie das Gemeine Leinkraut – vermögen zusätzlich Wurzelsprosse hervorzubringen.

Beim Leinkraut hat man erstmals sogenannte Pelorien beschrieben. Mit diesem Namen, der auf Linné zurückgeht und »Ungeheuer« bedeutet, bezeichnet man abnorme, endständige, strahlige Blüten, die auch in anderen Verwandtschaftskreisen der Familie, so beim Fingerhut u. a., vorkommen.

Nahe verwandt mit dem Leinkraut ist die Gattung *Cymbalaria,* Zimbelkraut, aus der *Cymbalaria muralis* in Fugen von kalkhaltigen Mauern und in Felsspalten durch ihre violettgelben Blüten auffällt. Die Ausläufer bildende Pflanze vermag an den Blattansatzstellen Wurzeln zu treiben und die reich blühenden Rosetten im Boden zu verankern. Nach der Blüte streckt sich der Fruchtstiel und treibt die junge Frucht in das Erdreich bzw. in Spalten, so daß man bei dieser Art von einer Geokarpie (Erdfrüchtigkeit) sprechen kann.

Eine große Formenmannigfaltigkeit gibt es unter den Kultursippen des Löwenmauls, *Antirrhinum majus,* dessen Sorten sich nicht nur in der Farbe und Größe der Blüten unterscheiden, sondern von dem es auch eintriebige und mehrtriebige Sippen gibt. Die Wildform dieser beliebten Zierpflanze stammt aus Spanien und siedelt auf Schotterfluren. Auf der Iberischen Halbinsel hat die Gattung ein Mannigfaltigkeitszentrum, ein zweites liegt auffallenderweise in Kalifornien, wo ähnliche klimatische Bedingungen wie im westlichen Mittelmeerraum herrschen.

Eine besondere Bedeutung hat das Löwenmaul als Forschungsobjekt erlangt. Insbesondere diente die »Sippe 50« in der Genetik zur Produktion von Mutanten, unter denen sogenannte Großmutationen so starke Abänderungen gegenüber der Ausgangsform aufweisen, daß die spezifischen Merkmale die Gattungsgrenzen sprengen. So gibt es Mutanten mit Spornen, wie sie beim Leinkraut vorkommen, andere zeichnen sich durch einen nahezu strahligen Blütenbau aus. Die Ergebnisse der Mutationsforschung an *Antirrhinum majus* haben unsere Kenntnisse über die Evolution der Pflanzen wesentlich erweitert.

Paulownia tomentosa. 1 Blütenstand; 2 Blütenlängsschnitt; 3 offene Kapsel, in der sehr zahlreiche Samen entstehen; 4 Die abgeflachten Samen fallen durch ihre mehrfache Flügelung auf, sie werden vom Wind verbreitet.

Aus Ostasien stammt *Paulownia tomentosa,* ein schnellwüchsiger, großblättriger Baum, der in Parkanlagen des wärmeren Mitteleuropas bisweilen anzutreffen ist. Die rispigen Blütenstände werden schon im Herbst sichtbar. Ihre etwa einen Zentimeter großen Blütenknospen umhüllt ein bräunlicher, filzig behaarter Kelch. Die Blütenstände überdauern nur selten den Winter, entfalten dann aber vor dem Laubaustrieb große, seitlich spreizende, hellblaue Blüten und erreichen bisweilen auch die Fruchtreife. Aus den walnußgroßen Kapseln wird eine riesige Anzahl kleiner, geflügelter Samen entlassen. *Paulownia* steht der Gattung *Catalpa* (Bignoniaceae) recht nahe. Hier wird die enge genealogische Verbindung zwischen den beiden Familien offenbar.

Unterfamilie Rhinanthoideae

Für alle Sippen dieser Unterfamilie ist eine aufsteigende Knospenlage der Blütenkrone charakteristisch, die beiden oberen Blütenblätter werden also von den Außenrändern der beiden seitenständigen Petalen gedeckt.

Eine Zierde mitteleuropäischer Bergwälder ist der Rote Fingerhut, *Digitalis purpurea,* der auf Waldblößen oft in größeren Trupps vorkommt, von denen durch die einseitswendigen Blütenstände, deren Blüten nach Süden oder in Richtung des maximalen Lichteinfalls weisen, eine besondere Schauwirkung ausgeht. Die breite, auf der Innenseite durch kleine, dunkle Punkte gefleckte Blüte wird von Hummeln beflogen. Auch andere Arten der Gattung haben einen außerordentlich dekorativen Wert. So fällt *Digitalis lanata* durch eine starke Braun-Weiß-Kontrastfärbung der fast kugelförmigen Blütenkronröhre auf. Dagegen ähneln die gelben Blüten des Großblütigen Fingerhutes, *Digitalis grandiflora,* mehr dem Roten Fingerhut, doch sind die Kronzipfel spitzer als bei jenen. Der Rote Fingerhut ist eine europäisch-atlantische Pflanzensippe und erreicht in den mitteleuropäischen Bergwäldern die Ostgrenze ihres geschlossenen Pflanzenareals. Demgegenüber muß *Digitalis grandiflora* als eine europäisch-kontinentale Art angesehen werden, die die Küstengebiete meidet und deren westliche Verbreitungsgrenze in den mitteleuropäischen Bergwäldern liegt.

1 Blüte vom Roten Fingerhut, *Digitalis purpurea;* 2 Blütenlängsschnitt – besuchende Hummeln streifen den Pollen mit ihrer Rückenseite ab; 3 Blüte von *Veronica fruticans;* 4 Blütenlängsschnitt

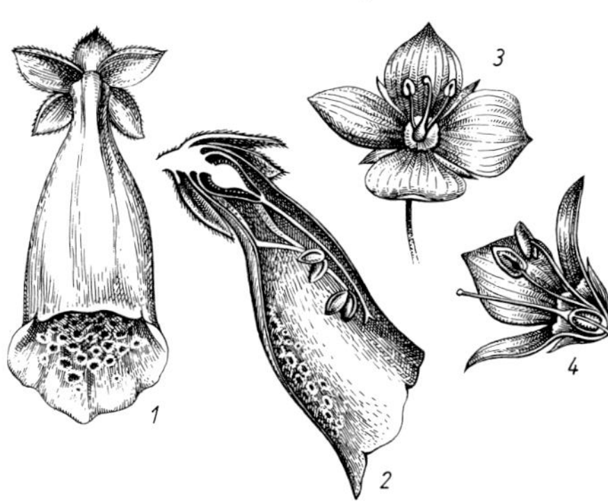

Bekannt ist die große Bedeutung des Roten Fingerhutes als Arzneipflanze. Aus den Blättern werden herzwirksame Glykoside gewonnen, die in der Medizin unentbehrlich sind. In verschiedenen Ländern hat man daher den Roten Fingerhut auch kultiviert, heute zieht man jedoch im allgemeinen die Droge von *Digitalis lanata* vor, deren Verbreitungsgebiet vom Balkan bis zur Westküste des Schwarzen Meeres reicht, da bei dieser Art die Konzentration der Glykoside höher als beim Roten Fingerhut ist.

Während im allgemeinen bei den Scrophulariaceen Blüten mit 4 Staubblättern verbreitet sind, zeichnen sich die Verwandten des Ehrenpreises, *Veronica,* durch 2 Staubblätter aus, hinzu kommt, daß bei sehr vielen der überwiegend blaublühenden Arten die Kronröhre verhältnismäßig kurz ist. Der Nektar ist also ziemlich leicht zugänglich. In der mitteleuropäischen Flora kann man 2 Artengruppen unterscheiden, bei denen entweder die Blüten einzeln in den Achseln von Laubblättern stehen oder zu endständigen Blütenständen vereinigt sind. Zu letzterer Gruppe gehört der Echte Ehrenpreis, *Veronica officinalis,* eine für Magerrasen typische Pflanze, die als Medizinalpflanze in Gebrauch war, doch spielt die Droge heute kaum noch eine Rolle. Mehrere Arten mit ährigen Blütenständen sind beliebte Zierpflanzen. Zur Gattung *Veronica* werden insgesamt etwa 130 Arten gerechnet, die alle auf der Nordhemisphäre verbreitet sind.

Die Sippen der Gattung *Hebe,* die man auch mit *Veronica* vereinigt hat, weisen einen ganz ähnlichen Blütenbau auf. Dieser Verwandtschaftskreis ist auf Australien und Neuseeland konzentriert, wo viele relativ kleinblättrige, immergrüne, dunkellaubige, niedrige Sträucher, von denen verschiedene auch in Mitteleuropa als Zierpflanzen kultiviert werden, den Hauptanteil der Arten bilden. Einige besitzen sogar baumartigen Charakter.

In dieser Unterfamilie werden auch Sippen vereinigt, die einen auffallenden Übergang zwischen sich selbständig ernährenden Pflanzen und Halbparasiten bzw. Vollparasiten zeigen. Sogar Saprophytismus kommt vor, d. h., solche Sippen entnehmen ihre Nährstoffe Pilzen, die abgestorbene organische Substanz abbauen. Als Halbparasiten, die den Wirtspflanzen nur Wasser und die darin gelösten Stoffe entnehmen, haben sich mehrere Gat-

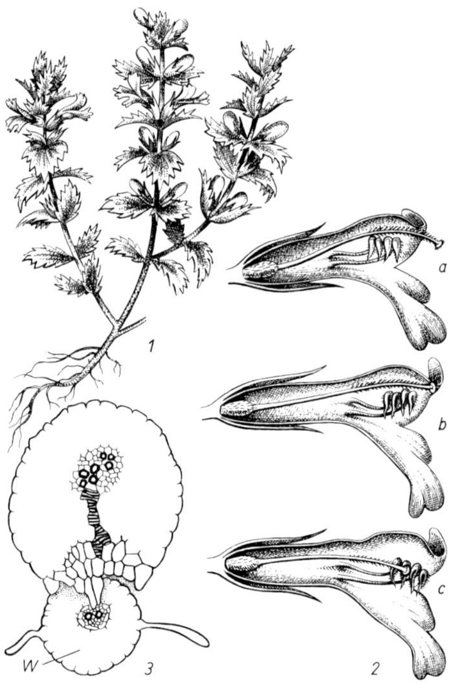

1 *Euphrasia rostkoviana* erlangt bereits nach Ausbildung weniger Laubblätter das blühfähige Stadium. 2 Aus den jungen Blüten (a) ragt die Narbe zunächst heraus, doch verlängert sich die Blütenkrone durch interkalares Wachstum (b), so daß die Staubbeutel schließlich oberhalb der Narbenregion stehen (c). 3 Aus den Wurzeln der Augentrostart dringen Zellen bis zu den Wasserleitbahnen der Wirtswurzel (W) vor.

tungen erwiesen, so z. B. Augentrost *(Euphrasia),* Zahntrost *(Odontites),* Läusekraut *(Pedicularis),* Wachtelweizen *(Melampyrum),* und Klappertopf *(Rhinanthus).* Bei mehreren Arten konnte man beobachten, daß sie auch ohne Wirtspflanze keimen und – allerdings als Kümmerform – zur Blüte gelangen, z. B. *Euphrasia minima* und *Odontites vulgaris.* Bei letztgenannter Art werden sogar Wurzelhaare ausgebildet. Meist läuft die Samenkeimung normal ab, doch eine Weiterentwicklung erfolgt nur, wenn die Keimwurzel aktiv in eine Wirtswurzel einzudringen und bis zu deren Leitungsbahnen vorzustoßen vermag. Im allgemeinen sind die halbparasitischen Rhinanthoideen nicht wählerisch und parasitieren auf einer großen Anzahl von Arten verschiedener Familien.

Haustorien zum Anzapfen der Leitungsbahnen der Wirtspflanzen werden aus den Wurzeln des Parasiten gebildet. Bemerkenswert ist daher, wenn die Haustorien aus den Blättern hervorgehen, wie bei *Hyobanche sanguinea* aus einer 7 Arten umfassenden südafrikanischen Gattung.

In der Gattung Augentrost, *Euphrasia,* kennt man über 200 Arten, die sich jedoch nur durch geringfügige Merkmale voneinander unterscheiden. Die mitteleuropäischen Sippen, die auf nährstoffarmen Wiesen und in Trockenrasengesellschaften häufig vorkommen, erreichen oft nur eine Höhe von einigen Zentimetern und gelangen schon nach Ausbildung weniger Blattwirbel zur Blüte.

Aus der Gattung *Alectra,* einem mit über 30 Arten in Indien, Afrika, Südamerika und Australien verbreiteten Verwandtschaftskreis, wird *Alectra parasitica* in der indischen Volksmedizin traditionell gegen Lepra angewandt. Das als Droge genutzte, ungegliederte Rhizom dieser vollparasitisch auf einer *Vitex*-Art lebenden Pflanze, das annähernd gleichzeitig bis zu 30 mit rötlichen Schuppen besetzte Blütenstandstriebe hervorbringt, hat sich auch im klinischen Test als erfolgversprechendes Heilmittel erwiesen. Man vermutet das wirksame Agens in einem bisher nicht näher bekannten Alkaloid.

Die Gattung Läusekraut, *Pedicularis,* zählt mit über 600 Arten, die alle halbparasitisch leben, zu den größten Gattungen des Pflanzenreiches. Die Sippen kommen fast ausschließlich im zirkumborealen und temperaten Bereich der Nordhalbkugel vor, nur wenige reichen bis ins nördliche Südamerika. Eine ungewöhnlich große Konzentration ist aus dem südlichen und westlichen Himalajagebiet bekannt, denn hier hat man nicht weniger als 300 endemische Arten nachweisen können. Offensichtlich ist das Areal der Gattung sehr stark an das Verbreitungsgebiet von Hummeln gebunden, den wichtigsten Bestäubern in dieser Gattung. Der Zugang zur Blüte ist immer verhältnismäßig eng, einige Sippen besitzen nur relativ kurze, zähnchenartige Kronzipfel, bei anderen schließt die Oberlippe helmartig Staubblätter und Griffel ein. Oft ist sogar die Oberlippe zu einer unten offenen Röhre verengt. Die Unterlippe spreizt sich von der Kron-

Euphrasia rostkoviana am natürlichen Standort im Allgäu. Augentrost-Arten parasitieren auf Gräsern und Sauergräsern.

röhre ab und dient als Anflugbasis für Bestäuber. Aus verschiedenen Gebieten kennt man Sippen, bei denen eine ungewöhnlich lange Kronröhre vorhanden ist. Hier handelt es sich um Arten, die von Schmetterlingen bestäubt werden. Von einigen Wissenschaftlern wird die Mannigfaltigkeit der Blütenformen bei den Läusekräutern mit der Formenfülle der Orchideen verglichen.

Ganz besondere Beachtung verdient die Schuppenwurz, *Lathraea,* aus der 7 Arten in Eurasien bekannt sind. Alle können als Vollparasiten bezeichnet werden, doch unterscheiden sie sich wesentlich von den ebenfalls holoparasitisch lebenden Orobanchaceen. *Lathraea squamaria* erreicht das blühfähige Alter erst nach etwa 10 Jahren. Sie gehört zu unse-

Der Acker-Wachtelweizen, *Melampyrum arvense,* hat auffällige Blütentriebe.

Die Läusekräuter, hier *Pedicularis verticillata,* sind Halbschmarotzer.

ren ersten Frühjahrsblühern. Von älteren Pflanzen mit vielen dicht beieinanderstehenden Blütenständen, an denen die Blüten einseitswendig entspringen, wird das Erdreich emporgehoben und erinnert an einen Maulwurfshaufen. Die Pflanze weist sich als Vollparasit durch die fleischigen, schuppigen Blätter, die kein Blattgrün enthalten, aus, doch hat man beobachten können, daß die Senker (Haustorien), über die alle Nährstoffe vom Wirt aufgenommen werden, nur Anschluß an die Wasserleitbahnen, nicht aber an die Siebröhren haben. Bevorzugt siedelt diese Art auf Wurzeln von Erlen und Haselsträuchern. Die Entfaltung der Schuppenwurz zu Beginn des Frühjahrs wird mit der Mobilisierung der Reservestoffe in den Wirtspflanzen in Beziehung gesetzt, denn schon im Februar kann man bei diesen Gehölzen einen aufsteigenden Saftstrom nachweisen, der über die Wasserleitbahnen den Zweigen die Reservestoffe zuführt. In dieser Zeit entnimmt auch die Schuppenwurz die für ihre Entwicklung notwendigen Stoffe und vemag sie sogar in Wurzeln und Rhizomen zu speichern. So wird verständlich, daß die Art zwar ein Parasit ist, aber die Siebelemente (Phloëm) des Wirtes nicht angreift.

Betrachtet man die Schuppen genauer, so kann man auf der Unterseite eine kleine Öffnung wahrnehmen. Ihr Saum ist der eigentliche Blattrand, denn die Unterseite wölbt sich als Aussackung nach oben auf, so daß aus der Blattanlage ein krugförmiges Gebilde mit nach unten gerichteter Öffnung entsteht. Auf der Oberfläche der Aussackung finden sich zahlreiche Hydathoden, drüsenartige Zellen, die aktiv Wasser ausscheiden. Sie erfüllen eine wichtige Funktion bei der Stoffaufnahme, denn die Saugkräfte des Parasiten müssen größer als in der Wirtspflanze sein, um Nährstoffe aufnehmen zu können.

Die Gemeine Schuppenwurz, *Lathraea squamaria,* ist ein an Laubgehölzen parasitierender Vollschmarotzer. Erst im Alter von etwa 10 Jahren wird die Pflanze blühfähig und schiebt später meist in größerer Zahl die einseitswendigen Blütenstände an die Erdoberfläche.

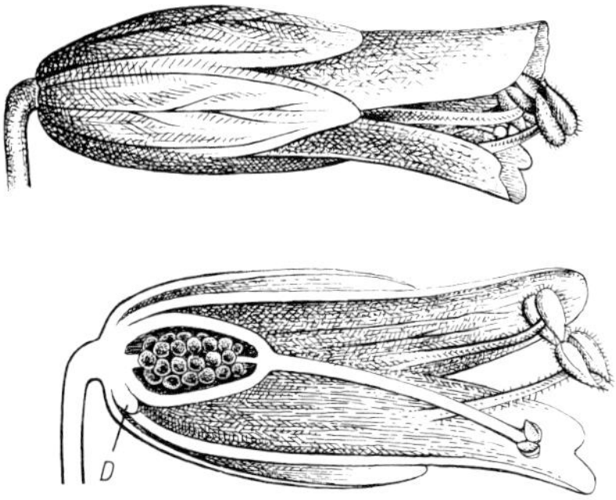

Blüten der Schuppenwurz, *Lathraea squamaria*. Von einer Drüse (D) am Grunde des Fruchtknotens wird Nektar ausgeschieden, der sich in einer Rinne der Unterlippe sammelt.

Unterfamilie Selaginoideae

Gattungen dieses Verwandtschaftskreises, wie *Selago* mit etwa 150 Arten und *Hebenstretia* mit etwa 40 Arten, der auch zu den Globulariaceen gestellt wird, konzentrieren sich auf Südafrika, einige Sippen sind bis Madagaskar und ins tropische Afrika nordwärts vorgedrungen. Die meisten Vertreter haben einen heidekrautähnlichen Wuchs. Die Arten dieser Unterfamilie verdienen insofern besondere Beachtung, als ihr zweifächriger Fruchtknoten, in dem je eine Samenanlage nachgewiesen werden kann, bei einigen Sippen auf ein einziges fertiles Fruchtblatt reduziert ist. Zur Reife entsteht daraus eine dünnschalige Nuß. Diese Eigenschaft ist bemerkenswert, da einige Verwandtschaftskreise, wie die Globulariaceen- und Myoporaceen, auf Grund einer ähnlich entstandenen Frucht zur gleichen Ordnung wie die Scrophulariaceen gestellt werden.

Familie Kugelblumengewächse, Globulariaceae

Das Areal dieser nur 2 Gattungen umfassenden Familie ist an das Mittelmeergebiet gebunden und reicht von den Kanarischen und Kapverdischen Inseln über den Mittelmeerraum und die Küstenzonen des Schwarzen und des Rotes Meeres bis Sokotra und Somalia, wo die Gattung *Poskea* beheimatet ist. Die fünfzipfelige Krone ist in der Gattung *Globularia*, zu der über 20 Arten gerechnet werden, deutlich zweilippig, in der Gattung *Poskea*, deren Stellung im System lange Zeit umstritten war, dagegen annähernd strahlig. Meist kommen in den Blüten 4 Staubblätter vor, in denen die beiden Pollensäcke miteinander verschmolzen sind. In dem der Anlage nach zweiblättrigen Fruchtknoten entwickelt sich nur ein Fruchtfach mit einer Samenanlage zu einem dünnschaligen Nüßchen, das vom Kelch umschlossen wird.

In der Gattung *Poskea* stehen die Blüten in Ähren zusammen, während sie bei der Gattung *Globularia*, der Kugelblume, in kopfartigen Blütenständen vereinigt sind.

Alle Globulariaceen kommen an sonnigen, trockenen Plätzen vor. Die beiden auf den Kanarischen und Kapverdischen Inseln beheimateten *Globularia*-Arten haben einen strauchartigen Wuchs, vergleichbar mit einem Oleander. Die anderen Sippen bleiben bedeutend niedriger und siedeln als Zwergsträucher oder Rosettenpflanzen in Steppen, Triften, auf Gebirgsmatten und Felsschotter.

Die Gattung *Globularia*, Kugelblume, erreicht in den Nordalpen die Grenze des geschlossenen Areals, doch kommen einzelne Sippen auch in Mittel- und Osteuropa und sogar auf den südschwedischen Inseln vor. So ist *Globularia linnaei* aus Südfrankreich und Spanien sowie von der Insel Gotland bekannt.

1 Herzblättrige Kugelblume, *Globularia cordifolia*. Die Sproßachse kriecht am Boden, an rosettenartigen Kurztrieben entstehen unbeblätterte, nur bis zu 10 cm hohe Stengel mit den kugeligen Blütenständen. 2 Einzelblüte

Andere Arten besitzen ähnliche unterbrochene Areale. Dieses Verbreitungsmuster steht in engem Zusammenhang mit der Entstehungsgeschichte der Gattung. Danach werden die isolierten Standorte als Restvorkommen aus Zwischeneiszeiten angesehen. Die in Italien verbreitete *Globularia alypum* gilt als ein drastisches Abführmittel, auch die südeuropäischen Arten *Globularia cordifolia* und *Globularia nudicaulis* haben ähnliche Wirkungen.

Familie Akanthusgewächse, Acanthaceae

In allen Lebensräumen der Tropen und Subtropen begegnet man den meist krautigen und strauchigen Sippen aus dieser Familie, der über 250 Gattungen mit etwa 2500 Arten angehören. Akanthusgewächse sind häufig Unkräuter und Ruderalpflanzen, sie kommen als Unterwuchs in tropischen Wäldern vor, in Steppen- und Wüstenklimaten haben sich in mehreren Gattungen spezielle Wuchsformen differenziert, und selbst Wasserpflanzen *(Hygrophila)* hat diese Familie hervorgebracht. Auffallende Parallelen ergeben sich zu den Scrophulariaceen, die in den Subtropen und gemäßigten Breiten einen ähnlich großen Formenreichtum entfalten. Die Acanthaceen repräsentieren eine natürliche Abstammungsgemeinschaft, selbst wenn in neuerer Zeit gelegentlich empfohlen wurde, einige der hier vorgestellten Unterfamilien als eigene Familien anzusehen.

Die zweiseitig-symmetrischen Blüten können entweder zweilippig – bisweilen ist auch nur die Unterlippe ausgebildet – oder unregelmäßig fünflappig sein. Meist ist eine deutliche Kronröhre vorhanden, aus der häufig 2 oder 4 Staubblätter herausragen. Der Fruchtknoten, an dessen Grund sich fast immer ein Nektarring nachweisen läßt, setzt sich aus 2 Fruchtblättern zusammen. Der Öffnungsmechanismus der Kapseln ist ein wichtiges taxonomisches Merkmal. Die Blätter stehen an der Pflanze im allgemeinen kreuzgegenständig, und die Blüten vereinigen sich häufig in endständigen Blütenständen mit dichasialen Teil-

Globularia punctata, die Echte Kugelblume, gehört in Deutschland zu den floristischen Raritäten.

infloreszenzen. Nicht selten entspringen solche Teilblütenstände auch in den Achseln von Laubblättern, ähnlich wie es für viele Lippenblütler charakteristisch ist. In sehr vielen Verwandtschaftskreisen der Acanthaceen ist die Anzahl der Blüten innerhalb eines Dichasiums auf die Endblüte reduziert; dann werden die Blüten in den Achseln von vergrößerten Hochblättern angelegt, so daß entsprechend der Blattstellung vierzeilige, ährige Infloreszenzen zustandekommen. In vielen Fällen stehen in der Färbung von den Blüten abweichende Hochblätter im Dienste der Anlockung von Bestäubern.

Alle Akanthusgewächse zeigen eine auffällige Symmetrie. Vegetative Triebe und ährige Blütenstände bringen bisweilen nur in 2 benachbarten Geradzeilen (Orthostichen) Seitensprosse bzw. Blüten (z. B. *Beloperone guttata*) hervor, oder die Knospen eines Wirtels entfalten sich zeitlich nacheinander, wobei in

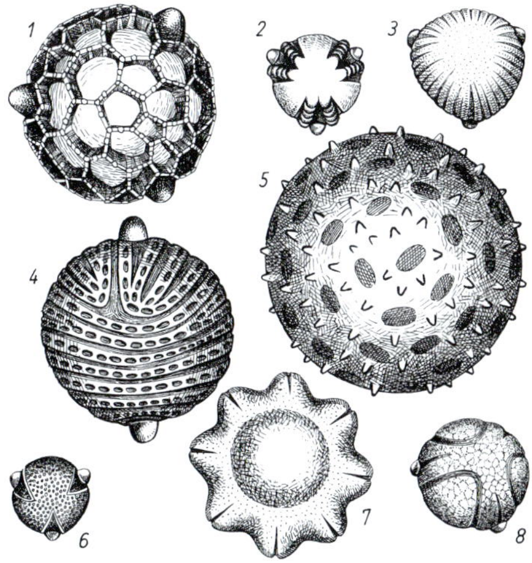

Pollenformen einiger Akanthusgewächse: 1 Wabenpollen von *Satanocrater fellatensis;* 2 Knötchenpollen von *Himanthochilus sessiliflorus;* 3 Rippenpollen von *Chaetacanthus setiger;* 4 Rippenpollen von *Sanchezia oblonga;* 5 Stachelpollen von *Louteridium donnell-smithii;* 6 Daubenpollen von *Andrographis paniculata;* 7 Kammradpollen von *Meyenia hawtaynii;* 8 Rahmenpollen von *Pachystachys lutea*

Blütentrieb von *Jacobinia pauciflora*, einer aus Brasilien stammenden Art, die als Zierpflanze weite Verbreitung gefunden hat

den Blütenständen mehrerer Arten die Differenz nur wenige Stunden beträgt (z. B. *Jacobinia*). Eine große Mannigfaltigkeit kann man bei den Acanthaceen in den Pollenformen beobachten. Hier werden nach den Oberflächenkonfigurationen Rippenpollen, Stachelpollen, Wabenpollen, Spaltenpollen, Daubenpollen, Rahmenpollen usw. unterschieden. In keinem anderen Verwandtschaftskreis ist die Variationsbreite der Exinestrukturen so groß wie bei den Acanthaceen.

In der Verbreitung lassen sich mehrere Zentren unterscheiden. Im indomalaiischen Raum haben sich viele Sippen entfaltet; weiterhin kann man eine Häufung in Afrika feststellen, wo insbesondere im Süden mehrere endemische Arten vorkommen. Auch in Brasilien und Zentralamerika ist die Artenanzahl besonders groß.

Unterfamilie Nelsonioideae

Die Unterfamilie Nelsonioideae zeigt nahe Beziehungen zu den Scrophulariaceen auf. Man hat die Gattung *Nelsonia* hierher gestellt, aber auch schon als eine selbständige Familie angesehen.

Nelsonia canescens, die einzige Art in dieser Gattung, ist in Afrika, Süd- und Südostasien sowie in Australien ursprünglich, kommt aber heute auch als Unkraut im tropischen Amerika vor. Die zweifächerigen Kapseln enthalten zahlreiche Samenanlagen und öffnen sich nur unvollständig. Zwei gekrümmte, scharfe Spitzen, die Fruchtblattenden, ragen aus dem filzig behaarten Blütenstand heraus. Das Samenstielchen ist in dieser und in der Gattung *Staurogyne,* die ebenfalls dieser Unterfamilie angehört, zu einem Polster verbreitert. Von *Staurogyne elongata,* einer auch in Südostasien kultivierten Art, werden die jungen Blätter gekocht oder roh als Gemüse gegessen.

Unterfamilie Acanthoideae

Ein eigentümlicher Öffnungsmechanismus der Früchte ist für diesen Verwandtschaftskreis kennzeichnend. Die hartschalige, aber relativ dünnwandige Frucht trocknet bei der Reife aus. Die Öffnung erfolgt fachspaltig, d. h. im Bereich der Mittelnerven der Karpelle, wobei die beiden Fruchthälften nach außen tendieren. Ein Leitbündelstrang, der im Gipfelbereich der Frucht besonders verdickt ist und hier viel Festigungsgewebe enthält, setzt dem Abspreizbestreben der Fruchthälften einen Widerstand entgegen, der aber schließlich durch die weitere Austrocknung überwunden wird, so daß die Kapsel sich ruckartig öffnet. Im allgemeinen haben die Samen eine linsenähnliche Form, wobei die Schmalseite der Längsachse anliegt. Vom Samenstielchen (Funikulus) wächst während der Fruchtreife ein kräftiges, hakenartiges Gebilde aus, das einige Millimeter weit am Rand des Samens entlangläuft und mit breiter Basis der Scheidewand ansitzt. Bei der plötzlichen Fruchtöffnung wirkt dieser kleine, starre Haken als Hebel, so daß der Samen weit weggeschleudert wird.

Bei einigen an trockene Klimate angepaßten Sippen (z. B. *Blepharis* und *Barleria*) öffnet sich die Frucht dagegen nur bei Benetzung; im Grunde liegt hier aber ein gleiches Öffnungsprinzip vor. Die Zellen der Mittelnerven nehmen besonders gierig das Wasser auf, so daß durch dieses »Aufweichen« der Zellverband gelockert wird und es zu einer Überwindung der Spannungskräfte kommt. Die Samen der xerophytischen Arten werden allerdings nicht so weit weggeschleudert wie bei jenen Sippen, deren Fruchtöffnung ausschließlich auf Austrocknung zurückgeht.

Die Gliederung der Unterfamilie basiert u. a. auf Merkmalen der Pollenform und der Staubblätter, bei denen bisweilen ein steriler Pollensack vorkommt, auch ist das Konnektiv unterschiedlich ausgebildet.

Eine Sonderstellung in der Familie nehmen die beiden aus dem tropischen Südamerika stammenden Gattungen *Bravaisia* und *Trichanthera* insofern ein, als sie im Gegensatz zu allen anderen Gattungen baumförmig sind. *Bravaisia integerrima* erreicht eine Höhe bis zu 18 m, während die wenigen Arten der Gattung *Trichanthera* nur bis zu 5 m hoch werden. *Bravaisia integerrima* bildet ähnlich wie Mangrovepflanzen Stelzwurzeln aus. Die Art kommt in nassen Wäldern und auf feuchten Wiesen vor.

Aus Ekuador stammt die strauchige *Sanchezia speciosa,* die in Europa als anspruchsvolle Zimmerpflanze gilt, denn sie hält sich nur bei feuchter Luft. An den Blättern heben sich die Haupt- und Seitennerven als weiße Streifen ab; die nur in 2 Geradzeilen hervorgebrachten, gelben Blüten weisen mit ihrer schwach gekrümmten Röhre und den weit herausragenden Staubblättern auf eine Pollenübertragung durch Kolibris hin.

Ein Strauch, der durch seine bizarren Blüten schon seit langem die Aufmerksamkeit der Botaniker auf sich gelenkt hat, ist *Louteridium donnell-smithii*. Die breit ausgesackte Blütenkrone endet in kurzen, stumpfen Lappen. Sie wird wahrscheinlich von Fledermäusen bestäubt. Diese Art besitzt ungewöhnlich große Pollen, die einen Durchmesser von etwa 150 µm erreichen.

In den Wäldern Südostasiens und Madagaskars ist die Gattung *Strobilanthes* mit etwa 250 Arten ein charakteristisches Element der Bodenschicht. Die meisten Arten kommen in großer Individuenanzahl vor und bedecken den Untergrund so dicht, daß kaum eine andere Sippe emporzukommen vermag. Die eingangs angedeuteten Symmetrieverhältnisse sind in der Gattung *Strobilanthes* besonders ausgeprägt. Hier gibt es mehrere sogenannte anisophylle Arten, bei denen sich asymmetrische und innerhalb eines Wirtels zugleich ungleich große Laubblätter an schräg aufwärts gerichteten Trieben entfalten, so daß 2 benachbarte Geradzeilen, die nach außen weisen, bedeutend größer sind als die beiden zur Abstammungsachse gerichteten Blattzeilen. Senkrecht wachsende Sprosse bringen übrigens gleichgroße Blattpaare mit symmetrischen Spreitenhälften hervor. Blätter und junge Triebe von *Strobilanthes cusia* liefern einen guten Indigo. Daher wird die Art von Bangladesh bis Südchina als Farbstoffpflanze angebaut.

Typische Steppenbewohner enthält die Gattung *Barleria*, aus der weit über 200 Arten bekannt sind. Einige Arten mit niederliegenden Sproßachsen zeigen ungewöhnliche Anpassungen. Ihre ährigen Blütenstände liegen dem Boden dicht an. Die Brakteen der beiden »unterseitigen« Geradzeilen unterscheiden sich in der Form wesentlich von den »oberseitigen«, weit stärker verbreiterten Hochblättern, die sich bei Benetzung mit Regenwasser abspreizen und die Früchte, die sich unter diesen Bedingungen öffnen, freigeben.

In der Gattung *Barleria*, aber auch in den Gattungen *Crabbea, Petalidium* und *Blepharis* ist die Oberfläche der Samen verhältnismäßig dicht mit langen Haaren bedeckt, die bei Trokkenheit seidig glänzen, bei Benetzung aber wie ein Löschblatt kapillar Wasser aufnehmen und sich dabei auch vergrößern. Bisweilen hat man diese Einrichtung als eine besondere Form der Wasserspeicherung für die Keimung gedeutet, doch trocknen die Samen nach Benetzung schnell wieder ab. Da aber durch Niederschläge Sand- und Lehmpartikel zwischen die Haare geschwemmt werden, haften die Samen beim Austrocknen dem Untergrund dicht an (Hygrochasie).

Besonders bemerkenswert ist die Anpassung an trockene Standorte in der Gattung *Blepharis*, in der die Brakteen in vielfältiger Weise zu eigentümlichen Dornen umgebildet sind. Bei einigen Arten entwickelt sich nach der Keimung ein großes Keimblattpaar, auf das unmittelbar ein Laubblattpaar folgt. Das nächste Internodium streckt sich, es liegt dabei dem Erdboden auf und bildet wiederum einen rosettenähnlichen Doppelwirtel. Aus dem unteren Blattpaar gehen Fortsetzungstriebe ab, während in den Achseln der oberen Laubblätter Seiteninfloreszenzen hervorgebracht werden, die unmittelbar neben dem endständigen, stark gestauchten, nahezu eiförmigen, ährigen Blütenstand stehen. So entsteht eine dichasiale Verzweigung, wobei sich die Sproßachsen kreisförmig um die Keimstelle ausbreiten. In der Gattung *Blepharis* wird in den Blüten nur eine Unterlippe ausgebildet, die Oberlippe ersetzt ein stark vergrößertes Kelchblatt.

Noch auffälliger ist diese Tendenz in der Gattung *Acanthus*, die mit etwa 50 Arten vom östlichen Mittelmeergebiet bis Ostafrika und Südwestasien vorkommt. Die fiederteiligen, in Dornen auslaufenden Blätter von *Acanthus spinosus*, aber auch von *Acanthus longifolius* und *Acanthus mollis* hält man für das auf den Kapitellen korinthischer Säulen immer wiederkehrende Muster (Rautenmuster), das auch spätere Stilepochen wesentlich beeinflußt hat. Während die genannten Arten krautig sind, kommen in Ostafrika mit *Acanthus arboreus* und verwandten Arten strauchähnliche Sippen vor. *Acanthus ilicifolius* bildet in Südasien und in Ostafrika weitflächige Mangrove-Dickichte. Die kräftigen Triebe stehen zunächst aufrecht, neigen sich dann zur Seite und verankern sich mit sproßbürtigen Wurzeln im Boden. Anschließend erfolgt eine Verzweigung der Sproßachse.

Nur eine Unterlippe ist auch für die roten Blüten in der Gattung *Crossandra* charakteristisch. Es fehlt die Oberlippe oder ein entsprechender »Ersatz«. Die Samen sind von kleinen Schuppen bedeckt, die bei Benetzung verschleimen und beim Austrocknen auf der Oberfläche klebenbleiben (Myxospermie). *Crossandra nilotica* erscheint bisweilen als Topfzierpflanze auf dem Markt, und *Crossandra infundibuliformis* wird in Nordindien, Pakistan und Bangladesh als Arzneipflanze kultiviert.

1 In der Gattung *Acanthus* hat sich ein Kelchblatt (K) stark vergrößert und ersetzt die fehlende Oberlippe der Blütenkrone. B = Blütenkrone (Unterlippe), T = Tragblatt. 2 Blütenknospe von *Acanthus mollis,* 3 die als Unterlippe einseitig entwickelte Blütenkrone dieser Art mit Staubblättern und Fruchtknoten, 4 offene Frucht mit Samen, an deren Basis der hakenartige Fortsatz des Samenstielchens erkennbar ist. 5 Die eigentümlichen Blüten von *Louteridium donnell-smithii* werden von Fledermäusen beflogen. 6 Blüte von *Pseuderanthemum bicolor*

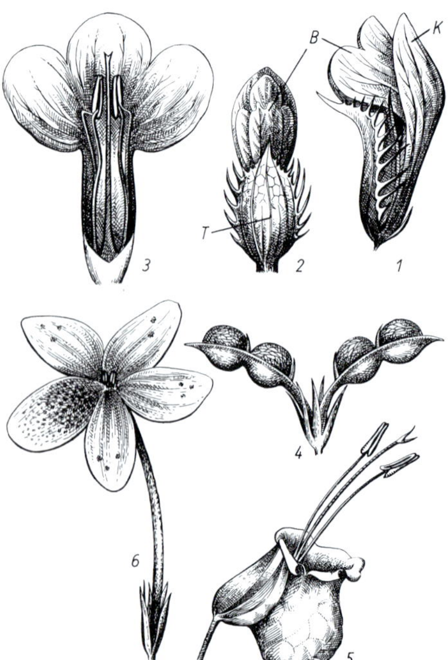

Das Acanthusblatt (hier *Acanthus mollis*) ist ein bevorzugtes Motiv der ornamentalen Gestaltung in der hellenistischen Klassik.

Zu den schönsten Acanthaceen zählt zweifellos *Jacobinia carnea,* deren dicht zusammengedrängte, rosarote Blüten von Kolibris bestäubt werden. Die Oberlippe ist helmförmig nach vorn gewölbt, während sich die Unterlippe fast senkrecht abspreizt. Auch *Jacobinia pohliana* wird öfters als Topfzierpflanze gezogen.

Unterfamilie Thunbergioideae

Diese Unterfamilie nimmt eine gewisse Übergangsstellung zu den Bignoniaceen und Pedaliaceen ein.

Die Früchte enthalten 4 Samen, die sich äußerlich als Aussackungen abheben; oberhalb dieser Zone ist die Frucht zu einem Schnabel verlängert. In der Form ähneln die Samen auf der Innenseite ausgehöhlten Halbkugeln. Die Gattung *Thunbergia* enthält Spreizklimmer sowie Arten, deren krautige Sproßachse an anderen Pflanzen hochwindet. Die Blüte der aus Südafrika stammenden und auch in Mitteleuropa als einjährige, sommerblühende Pflanze kultivierten *Thunbergia alata* zeichnet sich durch eine schmale Röhre aus, die in einem flachen, gelben Kronteller endet. In seiner Mitte weist der schwarze Schlund auf den Zugang zur Nektarquelle hin. Einige. Arten werden in Gewächshäusern kultiviert. Die aus dem tropischen Westafrika stammende *Thunbergia erecta* ist in den Tropen und Subtropen als Zierpflanze weit verbreitet.

Unterfamilie Mendoncioideae

Diese Unterfamilie zeigt sehr deutliche verwandtschaftliche Beziehungen zu den Bignoniaceen und Pedaliaceen. Sie ist auch schon als eigene Familie aufgefaßt worden.

Während für alle anderen Acanthaceen Kapseln charakteristisch sind, entwickeln die beiden Gattungen dieser Unterfamilie (*Mendoncia* und *Gilletiella*) Steinfrüchte, deren äußere Fruchtwand (Exocarp) schwach fleischig ist und die mittlere sowie innere Fruchtschicht im Verlauf der Reife zu einem harten Gewebe wird. Zur Blütezeit lassen sich zwar 2 Fruchtblätter mit je 2 Samenanlagen nachweisen, später bleibt jedoch ein Fruchtblatt zurück, so daß daraus eine zweisamige Steinfrucht entsteht. Die Blüten werden von 2 großen Hochblättern umhüllt, den Vorblättern der reduzierten Teilblütenstände. Diese Brakteen übernehmen hier und auch in der vorangehenden Unterfamilie die Funktion eines Kelches, der zu einer Ringwulst zurückgebildet ist. Die meisten Arten wachsen als Lianen in Mittel- und Südamerika sowie im tropischen Afrika.

Familie Bignoniaceae

Die Hauptverbreitung der Familie, in der man über 120 Gattungen mit etwa 650 Arten unterscheidet, liegt in den Tropen und Subtropen. Besonders vielen Bignoniaceen begegnet man in Mittel- und Südamerika, wo auch das Entfaltungszentrum der Familie vermutet wird. In Mitteleuropa kennt man die Bignoniaceen nur aus Gärten und Parkanlagen, wo sie zur Zeit der Entfaltung ihrer großen und meist farbenprächtigen Blüten eine besondere Attraktion darstellen (z. B. *Incarvillea, Campsis, Catalpa*). Allerdings erleiden einige von ihnen bei uns oft Winterschäden, oder sie können nur einjährig gezogen werden. Im Verwandtschaftskreis herrschen Bäume und Sträucher vor, einige staudige und einjährige Arten können als abgeleitete Sippen angesehen werden. Ganz besondere Beachtung verdient der Formenreichtum der Lianen, die in tropischen Wäldern auf sehr unterschiedliche Weise die Region der Baumkronen erreichen.

Einfache Laubblätter gelten bei den Bignoniaceen im allgemeinen als ein relativ primitives Sippenmerkmal. Weit häufiger kommen Fiederblätter in unterschiedlicher Ausprägung vor, die bei den Lianen spezielle Funktionen haben. Aus den Fiederanlagen entwickeln sich nämlich – oft sogar verzweigte – Ranken, deren Endabschnitte sich wie Uhrfedern zu krümmen vermögen, zu flächig verbreiterten Haftscheiben werden, die zu einem Vergleich mit der Vitacee *Parthenocissus* Anlaß geben, oder als stark verholzte, spitze Haken an anderen Pflanzen Halt finden. Mit Hilfe dieser Spezialeinrichtungen streben die Lianen dem Licht zu; daneben gibt es in dieser Familie auch Wurzelkletterer, deren sproßbürtige Wurzeln den Lianen den nötigen Halt verschaffen, und Arten mit windenden Sproßachsen.

Lianen aus mehreren Gattungen zeichnen sich durch anormales Dickenwachstum aus, wobei meist durch lokal vermehrte Zellproduktion des Kambiumzylinders eine Zerklüftung

1 Blattranke mit Haftscheiben an den Fiederenden von *Pithecoctenium phaseoloides*. 2 *Bignonia exoleta* mit krallenartigen Fiederblattranken

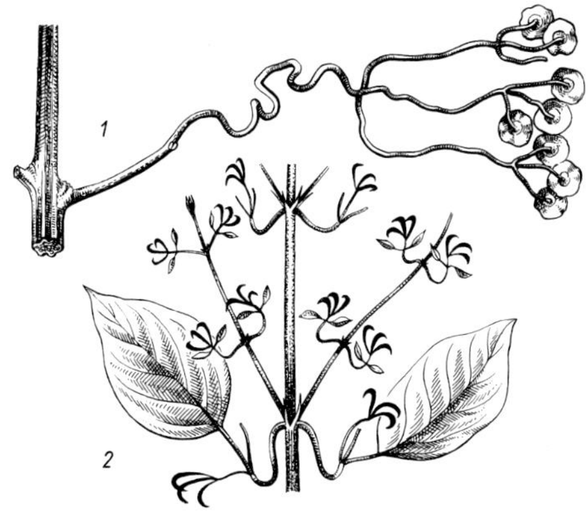

der Sprosse zustande kommt, die sich oft bereits im Querschnittsbild abzeichnet.

An den Blüten der Bignoniaceen fällt die im allgemeinen breittrichterförmige oder glockige Krone auf, die in der Regel 2 verschieden lange Staubblattpaare einschließt. Die Pollenoberfläche weist mannigfache Strukturen auf und kann zur Unterscheidung der Gattungen herangezogen werden, doch ist die Vielfalt der Konfigurationen nicht so groß wie bei den Acanthaceen, denen die Bignoniaceen nahestehen. Aus der Familie wurden mehrere Gattungen bekannt, die durch Fledermäuse bestäubt werden. Auf die unterschiedlichen Fruchtformen, die ein wichtiges systematisches Kriterium sind, wird bei der Darstellung der Triben näher eingegangen.

Man darf annehmen, daß sich die einzelnen Triben verhältnismäßig früh differenziert und dabei eine Reihe von Parallelmerkmalen beibehalten haben.

Tribus Tecomeae. Diese Tribus läßt enge Beziehungen zu den Scrophulariaceen erkennen. Beeindruckend ist die große Ähnlichkeit zwischen *Paulownia* (Scrophulariaceae) und *Catalpa* (Bignoniaceae).

Bei allen Sippen dieser Tribus kommt es zur Ausbildung eines zweifächrigen Fruchtknotens, doch entfalten sich die Plazenten isoliert voneinander, so daß in jedem Fach 2 Samenleisten vorliegen. Die kapselartigen Früchte öffnen sich im Bereich des Mittelnervs. An den stets sehr flachen Samen hebt sich ein häutiger Flügelsaum ab, der eine Verbreitung durch den Wind gewährleistet.

Ein systematisch schwer zu erfassender Verwandtschaftskreis ist die Gattung *Tabebuia.* Etwa 120 Arten sind bei ihr von Nordargentinien bis Mexiko und zu den Antillen bekannt. Viele wachsen in tropischen Regenwäldern, andere in Trockenbuschgesellschaften und Sekundärformationen. *Tabebuia cassinoides* und *Tabebuia obtusifolia* besitzen ein weißliches bis blaßrosa Holz, dessen Farbe bei längerer Lagerung in ein schmutziges Weiß übergeht. Es ist verhältnismäßig weich, sehr leicht und wird in Südamerika zur Herstellung von Bleistiften, Holzschuhen, Musikinstrumenten und Spielzeug verwendet. Größere wirtschaftliche Bedeutung haben einige *Tabebuia*-Arten, die das sogenannte Ipé-Holz liefern. Es zeichnet sich durch große Härte und Schwere aus, hinzu kommt eine Resistenz gegenüber holzzerstörenden Pilzen. Das gelbe Ipé-Holz stammt von *Tabebuia eximia* und *Tabebuia rigida,* braunes Ipé-Holz liefert u. a. *Tabebuia ochracea,* das schwarze Ipé-Holz geht auf *Tabebuia impetiginosa* und *Tabebuia ipe* zurück, und unter der Bezeichnung Tabak-Ipé werden die Stämme von *Tabebuia longiflora* gehandelt. Die Grundfarbe des Holzes unterbrechen feine gelbe Flecken, in denen der gelbe Farbstoff Lapachol, ein Naphthochinon-Abkömmling, abgelagert wird, der sich rot färbt, sobald er mit alkalischen Lösungen in Kontakt kommt.

Als eines der wertvollsten Hölzer Brasiliens werden die Stämme von *Paratecoma peroba* angesehen, die in ihren Eigenschaften den Ipé-Holzarten nahestehen, doch hat das gelbliche Kernholz einen eigentümlichen olivgrünen oder rosa Glanz.

Als Afrikanischen Tulpenbaum kultiviert man heute in den Tropen *Spathodea campanulata* und *Spathodea nilotica.* An der stark gestauchten Blütenstandsachse am Ende des vegetativen Triebes entfalten sich nacheinander zahlreiche orange- bis scharlachrote, stark gekrümmte Blüten, die seitlich aus dem Kelch hervorgeschoben werden. Beide Arten stammen aus dem tropischen Afrika. Ihr Holz ist sehr weich und wird vor allem zur Papierherstellung und auch für Tischlerarbeiten verwendet.

Als einer der schönsten Zierbäume der Tropen und Subtropen gilt *Jacaranda obtusifolia,* die zu den sogenannten Campossträuchern Brasiliens gehört, also in savannenähnlichen Pflanzengesellschaften anzutreffen ist. Die mehrfach gefiederten, relativ zarten Laubblätter haben einen besonders dekorativen Wert, ganz besonders fällt die Art aber während der Blütezeit auf. Größere rispige Infloreszenzen bringen dann leuchtend blaue oder violette Blüten hervor. Diese Art liefert, ebenso wie *Jacaranda copaia,* ein verhältnismäßig weiches, insektenfestes, für Schnitzarbeiten besonders geeignetes Holz, das unter der Bezeichnung Palisander bekannt ist, einem Namen, der aber vornehmlich für das Holz von *Dahlbergia*-Arten steht.

In Mitteleuropa trifft man häufiger Arten des Trompetenbaumes, *Catalpa,* als Zierpflanzen an, bei denen in den Blüten nur 2 Staubblätter ausgebildet werden. Die Pollenkörner vereini-

Bei *Spathodea campanulata* schieben sich die gekrümmten Blüten seitlich aus dem Kelch hervor; sie werden von Fledermäusen bestäubt.

gen sich zu Tetraden. Die Heimat dieser 13 Arten umfassenden Gattung sind das temperate Ostasien und der Südosten Nordamerikas. Aus China stammen beispielsweise *Catalpa ovata* und *Catalpa bungei*, während *Catalpa bignonioides* und *Catalpa speciosa* im Mississippigebiet vorkommen.

Die Gattung *Incarvillea*, die von China, der Mongolei, dem Himalaja bis Afghanistan verbreitet ist, enthält krautige Sippen. Mehrere Arten, so *Incarvillea emodi*, *Incarvillea compacta*, *Incarvillea sinensis*, *Incarvillea delavayi* und *Incarvillea olgae*, werden als Zierpflanzen kultiviert. Bei *Incarvillea sinensis* hat man einen besonderen Bestäubungsmechanismus beobachten können. An den Staubblättern en-

Blütentrieb von *Catalpa bignonioides*, einem Baum aus dem Mississippigebiet, der in den gemäßigten Breiten häufig als Zierbaum gepflanzt wird

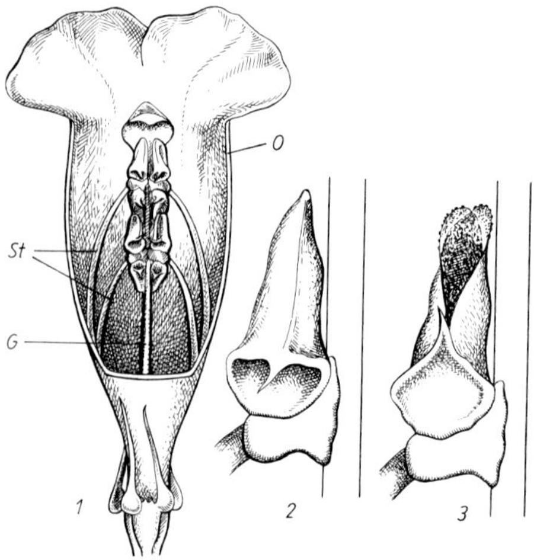

Incarvillea sinensis. 1 Blüte mit freigelegter Oberlippe (O) und den Staubblättern (St) mit abgespreizten Pollensäcken, die sich dem Griffel (G) eng anlegen. 2 An der Basis fällt eine Platte mit einem Dornenfortsatz auf. 3 Wird der Dorn in Richtung der Pollensäcke gedrückt, so spreizen sich die Öffnungsränder der Pollenfächer nach außen und geben den Pollen frei.

den die 2 Pollensäcke mit einem breiten Dorn. Während der Entwicklung spreizen sich die Basen der Pollensäcke so weit von den Staubfäden ab, daß beide nahezu in einer Ebene stehen und die Dornenfortsätze etwa in der Mitte liegen. Je 2 Staubbeutel umschließen in verschiedener Höhe eng den Griffel. Sobald ein Insekt gegen den Dornfortsatz stößt, öffnet sich der Spalt eines Pollensackes und schleudert ihm einen Teil des Pollens entgegen. Beim Verlassen der Blüten streift das Insekt gegen den Hebel des gegenüberliegenden Pollensackes und wird noch einmal mit Pollen eingepudert. Die Dornenfortsätze lösen bei der Bewegung einen Spannungsmechanismus aus, durch den eine Umstülpung des Pollensackes angebahnt wird. Auch für andere *Incarvillea*-Arten ist der Staubbeuteldorn charakteristisch.

Tribus Crescentieae. Die beiden miteinander verwachsenden Fruchtblätter entwickeln bei dieser Tribus zwar Scheidewände, doch vereinigen sich diese nur selten in der Mitte, so daß eine gemeinsame Höhlung zustandekommt. Als weitere Eigentümlichkeit müssen wir die Frucht nennen, die sich nicht öffnet und mehr oder weniger fleischig ist oder aber völlig trocken wird. Sie kann dennoch nicht ohne Vorbehalt als Beere bezeichnet werden. Die Sippen dieser Tribus stehen in enger Beziehung zu den Acanthaceen (Mendoncioideen). Als ursprüngliche Eigenschaft dieser Tribus wird im allgemeinen das Fehlen von Blattranken angesehen. Den Samen fehlt die für andere Triben charakteristische Flügelung.

In den Tropen und Subtropen wächst vielerorts der Kalebassenbaum, *Crescentia cujete,* der aus Mittelamerika stammt und dort auch heute noch wegen des Gebrauchswertes der Früchte angebaut wird. Er ist unter der Bezeichnung Güira oder Maraca bekannt. Die sehr hartschaligen, innen von einem durch große Zellzwischenräume weißen, lockeren Gewebe ausgefüllten Früchte werden vielseitig verwendet. An erster Stelle ist die Kalebasse zu nennen, ein im Haushalt benutztes Gefäß, in dem der Mate-Tee aufgebrüht und mit einem kleinen, silbernen Saugrohr, der Bombilla, getrunken wird. Durch künstliche Einschnürung der jungen, wachsenden Frucht kann man auf deren spätere Form Einfluß nehmen. Bekannt geworden sind vornehmlich die Rumba-Rasseln, bei denen die Oberfläche oft durch Schnitzereien verziert ist. In Mittel- und Südamerika gibt es von *Crescentia cujete* Sorten, deren Früchte einen Durchmesser bis zu 40 cm erreichen. Die Pulpa der Frucht, aber auch die kürbisähnlichen Samen, werden in der Volksmedizin vielseitig genutzt. Vorherrschend ist die Verwendung als Laxativum und Diureticum. Als Inhaltsstoffe hat man Weinsäure, Zitronensäure, Chlorogensäure und Gerbsäure nachweisen können.

In der Gattung *Crescentia* werden 5 Arten unterschieden, deren lange Triebe in den Blattachseln gestauchte, rosettig beblätterte Seitentriebe sowie weitglockige, grünlichbraune bis braunviolette Blüten, die von Fledermäusen bestäubt werden, hervorbringen.

Auch in der Gattung *Kigelia* kommen ähnliche Blüten vor, doch ist dieser Verwandtschaftskreis auf das tropische Afrika und Madagaskar beschränkt. Die Blüten dieser ansehnlichen Bäume vereinigen sich in kerzenähnlichen Rispen, die der Form nach der Roßkastanie ähneln, doch sind sie weit größer und haben weniger Blüten. In der Reifephase

Die grünlichbraunen, derben Blüten von *Crescentia cujete* werden von Fledermäusen bestäubt. Aus ihnen entwickeln sich Früchte, die im getrockneten Zustand u. a. als «Rumba-Rasseln« Verwendung finden.

verlängern sich die Blütenstiele bis zu 3 m, wobei sie auch etwas in die Dicke wachsen. Am Ende dieser peitschenartigen Triebe entwickelt sich bei *Kigelia pinnata* im Verlauf mehrerer Monate eine Frucht von ungefähr 60 cm Länge, deren bräunliche Oberfläche durch Korkzellen stark aufgerauht ist. Form und Farbe der Früchte haben der Art die Bezeichnung Leberwurstbaum eingebracht. Die ziemlich derbschaligen Früchte verwendet man häufig in der Volksmedizin, unter anderem gegen Schlangenbiß.

Tribus Bignonieae. Sie unterscheidet sich von der Tribus Tecomeae im wesentlichen durch die Öffnung der Früchte im Bereich der Verwachsungsnähte. An dieser Stelle bleibt ein Rahmen (Replum) erhalten, von dem sich die Samen nacheinander ablösen. Die beiden Fruchtklappen werden abgeworfen.

Einige Gattungen dieser Tribus besitzen Samen mit ungewöhnlich großem Flügelsaum, die bei leichter Luftbewegung über einen längeren Zeitraum im Wind zu segeln vermögen. Diese Eigenschaft ist beispielsweise für *Oroxylum indicum* charakteristisch, einen kleinen Baum, den man in Indien vom Fuß des Himalaja bis Malaysia antrifft. An den auffallend großen Früchten ist die Art schon aus weiter Entfernung erkennbar. Die jungen Triebe werden als Gemüse genutzt, und die Wurzelrinde wendet man medizinisch sowohl in Malaysia als auch in weiteren Regionen Südostasiens bei Durchfall und anderen Erkrankungen an.

Über das gesamte Amazonasbecken ist *Arrabidaea chica,* ein kleiner Baum, verbreitet, aus dessen Blättern nach einem Fermentierungsprozeß und anschließendem Aufkochen ein in Wasser unlöslicher Farbstoff gewonnen wird, den die Indianer mit dem Öl, das aus den Samen von *Carapa guianensis* (Meliaceae) stammt, mischen und bei rituellen Anlässen zum Färben des Körpers verwenden.

Unter den Bignoniaceen gibt es zahlreiche Arten, denen eine Wirkung als Aphrodisiakum zugeschrieben wird. In Brasilien ist es u. a.

Anemopaegma arvense, ein in Zentralbrasilien verbreiteter, 60 cm hoher Halbstrauch mit kräftigen Wurzeln, die als Droge verwendet werden. Auch in anderen Erdteilen messen eingeborene Volksstämme weiteren Arten aus dieser Familie diese Bedeutung zu. So wird im tropischen Afrika ein Wurzelrinden- und Blattauszug von *Newbouldia laevis* ebenfalls als Aphrodisiakum propagiert. Diese Art pflanzt man auch an Kultstätten an. Die weit ausladenden, waagerecht abgehenden Zweige dieses Baumes und das tiefgrüne, glänzende Laub waren sicher die Ursache für seine hohe Wertschätzung.

Auch Giftpflanzen wurden unter den Bignoniaceen bekannt. Auf den Weiden Brasiliens ist *Pseudocalymma elegans* ein gefürchteter Strauch, denn schon ein Gramm Blätter pro Kilogramm Lebendgewicht reicht aus, um ein Rind nach kurzer Zeit zu töten. Es gelang bisher nicht, die toxischen Komponenten zu erfassen.

Von Brasilien bis Mittelamerika kommt die Gattung *Pithecoctenium* vor. Ihre Arten sind in Primär- und Sekundärwäldern als Lianen häufig anzutreffen. Der Affenkamm, *Pithecoctenium echinatum,* hat zur Zeit der Fruchtreife sein Laub abgeworfen, und nur die bis zu 15 cm langen Kapseln ragen aus dem Laubdach der Stützbäume heraus. Nach Abstoßen der beiden Fruchtklappen verbleiben die breit geflügelten, flachen Samen am Fruchtrahmen und werden nacheinander vom Wind mitgenommen. Die oft völlig symmetrischen, weit ausladenden Flügel gewährleisten das Gleichgewicht während des Schwebefluges.

Pithecoctenium echinatum. 1 Frucht. 2 Die beiden Fruchthälften werden nacheinander abgeworfen. An der Pflanze verbleibt ein Rahmen (Plazentarleiste), von dem sich nacheinander die ungewöhnlich breit geflügelten Samen lösen und eine Strecke weit schwebend zurücklegen. 3 Same

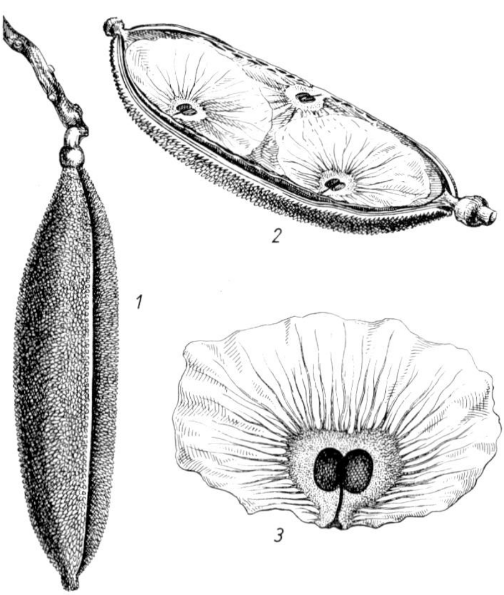

Tribus Eccremocarpeae. Zu dieser Tribus gehört nur die 5 Arten umfassende Gattung *Eccremocarpus* aus dem westlichen Südamerika. Der Fruchtknoten ist wie bei der Tribus Crescentieae durch unvollkommene Entwicklung der Scheidewände einfächerig, doch reift die Frucht zu einer Kapsel heran, die sich von unten her öffnet und an der Spitze geschlossen bleibt. Auch hier haben alle Samen eine Flugeinrichtung. *Eccremocarpus scaber,* ein im Andenbereich vorkommender, kletternder Strauch mit doppelt gefiederten Laubblättern und orangeroten, mehrere Zentimeter großen Blüten, kann auch in Mitteleuropa als Zierpflanze gezogen werden. Allerdings wird er hier wie eine einjährige Pflanze gehalten und erreicht bis zu 5 m lange Triebe.

Familie Pedaliaceae

In diesem Verwandtschaftskreis handelt es sich fast ausschließlich um krautige Gewächse, die in den Trockengebieten Afrikas ihre Hauptverbreitung haben; einige strahlen in ihrer Verbreitung bis Madagaskar und über Indien in den indomalaiischen Raum bis nach Australien aus. Zwölf Gattungen mit etwa 50 Arten werden in dieser Familie unterschieden. In den fünfzähligen Blüten schließt ein verwachsenblättriger Kelch eine breitröhrige Krone ein, die in eine weite Öffnung übergeht. Für mehrere Sippen *(Rogeria, Holubia)* ist ein Sporn auf der Rückseite am Grunde der Kronröhre charakteristisch. Ein ringförmiger Diskus umgibt den zweiblättrigen, synkarpen Fruchtknoten, der in mehreren Verwandtschaftskreisen (z. B. *Sesamum*) durch 2 falsche Scheidewände in 4 Fächer geteilt wird.

Alle vegetativen Teile der Pflanzen weisen

Bei *Sesamothamnus lugardii* aus Südafrika (Salzpfanne) stehen in den Blattachseln an gestauchten Sprossen Blattrosetten.

einen dichten Besatz von Schleimdrüsen auf. Die Laubblätter stehen im allgemeinen kreuzgegenständig, doch im Blütenbereich kommt es zu einer spiraligen Anordnung, wobei sich in den Achseln der Laubblätter wenigblütige Infloreszenzen oder Einzelblüten entfalten. Oft kann man stark reduzierte Blüten nachweisen, die als Honigdrüsen fungieren. Allein in der Gattung *Uncarina,* die auf Madagaskar endemisch ist, sind die Blüten – ähnlich wie bei vielen Bignoniaceen – in Trauben vereinigt. Die Familie enthält auch einige Sträucher. Eine solche Wuchsform ist u. a. für die Gattung *Sesamothamnus* charakteristisch, die eine bemerkenswerte Zwischenstellung zwischen den Bignoniaceen und den Pedaliaceen einnimmt. Ihre Arten sind im südlichen Afrika als Dornensträucher verbreitet. Die spitz auslaufenden Langtriebe verholzen sehr stark, und in den Blattachseln entstehen an gestauchten Sprossen Blattrosetten.

Außerordentlich variiert in dieser Familie die Fruchtform, die als Basis für die Gliederung von Wert ist. Sowohl die Öffnungsweise als auch die Oberflächenstrukturen bieten Hinweise für die Verwandtschaftsbeziehungen. Man kann die Pedaliaceen als einen von unmittelbaren Vorfahren der Bignoniaceen abgeleiteten Verwandtschaftskreis ansehen.

Zweiklappige Spaltkapseln zeichnen die Gattungen *Sesamothamnus* und *Sesamum* aus. Mit etwa 30 Arten ist *Sesamum* in den Trockengebieten Ostafrikas und Südasiens verbreitet. Die Gattung enthält sowohl Halbsträucher als auch einjährige Kräuter. Der Sesam, *Sesamum orientale,* gehört zu den ältesten Ölpflanzen der Menschheit in den Tropen und Subtropen Afrikas und Asiens. Aus den breitröhrig-glockigen, rosa Blüten, die auf Fremdbestäubung angewiesen sind, entwikkeln sich Früchte mit einer Länge von etwa 2,5 cm. Die gelblichen oder bräunlichen Samen, die einen geraden, von einem dünnen Nährgewebe umgebenen Embryo einschließen, ähneln der Form nach der Leinsaat, sind aber wesentlich kleiner. Nur $2\frac{1}{2}$ bis 3 Monate braucht Sesam von der Aussaat bis zur Reife, wobei er sehr wärmebedürftig ist.

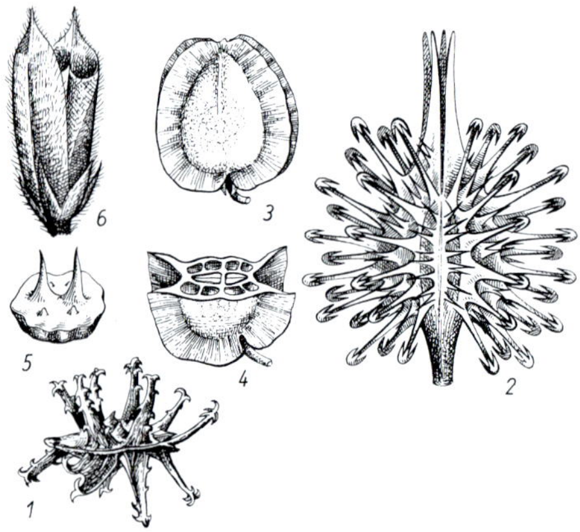

Früchte einiger Pedaliaceen: 1 Klettfrucht von *Harpagophytum procumbens* mit enterhakenartigen Stacheln; 2 Klettfrucht von *Uncarina didieri* mit Widerhaken; 3 Rollfrucht von *Pterodiscus speciosus;* 4 Querschnitt dieser Frucht – man erkennt große Luftkammern in der Fruchtwand, wodurch die Oberfläche der Frucht wesentlich vergrößert wird; 5 Trampelklette von *Pretrea zanguebarica;* 6 Kapsel des Sesams, *Sesamum orientale*

Die Samen enthalten fast 60% Öl, das außerordentlich hoch geschätzt wird, denn obwohl es reich an ungesättigten Fettsäuren ist, verhindern sogenannte Antioxydantien (Sesamin und Sesamolin) eine Sauerstoffanlagerung und damit ein Ranzigwerden. Die gute Ölqualität wird durch diese Stabilität bedingt. Die genannten Substanzen unterstützen übrigens die Wirkungsweise von Pflanzenschutzmitteln wie Pyrethrin. Sesamöl wird daher mit Insektiziden im Verhältnis von 9:1 gemischt, ohne daß sich dabei die Effektivität der Pflanzenschutzmittel verringert.

Völlig unbekannt sind Einzelheiten zur Domestikation des Sesams; man weiß nicht einmal genau, ob diese Kulturpflanze aus Südindien oder aus Afrika, wo auch noch *Sesamum radiatum* und *Sesamum alatum* vorwiegend als Gemüse- und nur z.T. als Ölpflanzen angebaut werden, stammt. Lange Zeit wurde *Sesamum radiatum* für eine der Ursprungsform nahestehende Sippe gehalten, doch erwies sich, daß *Sesamum orientale* eine Chromosomensatz von 2n = 26 besitzt, während *Sesamum radiatum* im diploiden Satz 64 Chromosomen enthält. Im übrigen ist die Mannigfaltigkeit der kultivierten *Sesamum*-Sippen in Südasien weit größer als in Afrika. Möglicherweise muß *Sesamum schenkii,* eine in Südindien verbreitete Art, in den Kreis der *Sesamum orientale* nahestehenden Sippen einbezogen werden. Als Hauptanbauländer des Sesams können Indien, Südchina, der Sudan und Mexiko genannt werden, doch wird die Art auch in anderen Tropenländern kultiviert.

Auch aus der 9 Arten umfassenden Gattung *Ceratotheca,* die im tropischen Afrika bis nach Südafrika ausstrahlen, wird die Sippe *Ceratotheca sesamoides* im tropischen Westafrika wegen der ölhaltigen Samen angebaut.

Einige wildwachsende *Sesamum*-Arten besitzen sogenannte Arretierungsvorrichtungen. So öffnet sich bei *Sesamum pedalioides* ein Fruchtfach nur unvollkommen, dessen Samen werden allmählich nacheinander ausgestreut, während Samen des anderen, weit offenen Fa-

Sesamum orientale, der Echte Sesam, ist eine wichtige Kulturpflanze. Die Kapseln enthalten die aromatischen Samen.

ches die Kapsel längst verlassen haben. Arretierungen, die auch bei anderen Pedaliaceen beobachtet wurden, verschaffen wenigstens einigen eine Chance, die im Verbreitungsgebiet oft nur kurzzeitig vorhandenen geeigneten Keimbedingungen auszunutzen.

Für die anderen Gattungen der Familie sind mehr oder weniger spezialisierte Schließfrüchte charakteristisch. In der monotypischen Gattung *Dicerocaryum* verbreitert sich die Frucht zu einer flachen Scheibe, die auf der Oberseite 2 spitze Fortsätze trägt und als Trampelklette von Tieren verbreitet wird. In anderen Gattungen, so bei *Uncarina* und *Harpagophytum,* ist die Frucht mit zahlreichen kleinen, widerhakentragenden, regelmäßig angeordneten Stacheln besetzt und wird als Stachelklette am Fell der Tiere verschleppt. In den Gattungen *Pterodiscus* und *Holubia* verlaufen 4 häutige, breite Flügel über die blasig aufgetriebene Frucht, so daß diese als Bodenroller durch den Wind mitgenommen werden kann.

In der Gattung *Josephinia* ist die Anzahl der Fruchtfächer durch weitere Scheidewände vermehrt, ihre Bestachelung wirkt daher unregelmäßig. Auch bei diesen Früchten handelt es sich wahrscheinlich um Bodenroller. Die Gattung ist von Kenia und Somalia, wo *Josephinia africana* vorkommt, die auf Grund ihrer zahlreichen Samenanlagen als besonders ursprünglich angesehen wird, über Ostmalaysia bis Nordostaustralien mit 5 Arten verbreitet. In diesen Gebieten herrscht feuchtwarmes Klima, dennoch wachsen alle Sippen an relativ trockenen Standorten. Sie kommen in den xerophytischen Küstengebieten vor, die vom Südwestmonsun nicht berührt werden.

Familie Martyniaceae

Die Sippen dieser Familie, die mit 5 Gattungen und 17 Arten von Nordamerika bis Argentinien meist im Bereich der Atlantikküste siedelt, erinnern in ihren Merkmalen an die in Afrika und Asien verbreiteten Pedaliaceen. Die Martyniaceen können geradezu als amerikanisches Gegenstück zu den Pedaliaceen aufgefaßt werden. Neben Blüten- und Fruchtmerkmalen spricht für eine nahe stammesgeschichtliche Verwandtschaft das Vorkommen von Schleimdrüsen in beiden Gruppen und auch die gemeinsame Vorliebe für trockene Standorte. Eine zweiseitig-symmetrische, breitröhrige bis glockige Blütenkrone umschließt 2 oder 4 Staubblätter und einen zweiblättrigen Fruchtknoten mit wandständigen Samenleisten. In einigen Sippen erfolgt eine Fächerung durch falsche Scheidewände.

Bei den Martyniaceen wird der Griffel in die Fruchtbildung einbezogen und entwickelt sich zu einem lang ausgezogenen Horn, das in der Gattung *Proboscidea* die Ausmaße der eigentlichen, mehrere Zentimeter langen, schmal-eiförmigen Frucht erreicht. Diese öffnet sich im Bereich der Scheidewände, wobei sich die beiden Hälften des Hornes nach außen wölben. Die Früchte können dadurch eine Funktion als Trampelklette erfüllen. Eine auffallende Differenzierung kann man an der Fruchtwand beobachten. Die Außenschichten sind nämlich parenchymatisch, während der innere Teil der Frucht (Endokarp) verholzt. In der Gat-

Blühende Pflanzen von *Proboscidea louisianica*. Die jungen Früchte werden wie Gewürzgurken verwendet.

tung *Martynia* werden lediglich 2 Staubblätter ausgebildet, und die Fruchthörner erreichen nur etwa die halbe Länge der Frucht.

Die weißlichen oder rosaroten Blüten von *Proboscidea louisianica* zeichnen sich durch einen gelben Schlund aus. Die jungen Früchte werden wie Gurken in Essig eingelegt und als Salat gegessen. Zu diesem Zweck wird die Art auch in Europa und Ostasien kultiviert. Von *Proboscidea parviflora* werden aus dem reifen Endokarp Streifen geschnitten und als dunkle Schmuckelemente in Körbe eingeflochten. Dazu sind von der indianischen Bevölkerung im südlichen Nordamerika regelrecht Kultursippen selektiert worden.

Die Gattung *Ibicella,* die ähnliche, aber stark gerippte Früchte hervorbringt, besitzt auffallenderweise einen freiblättrigen Kelch.

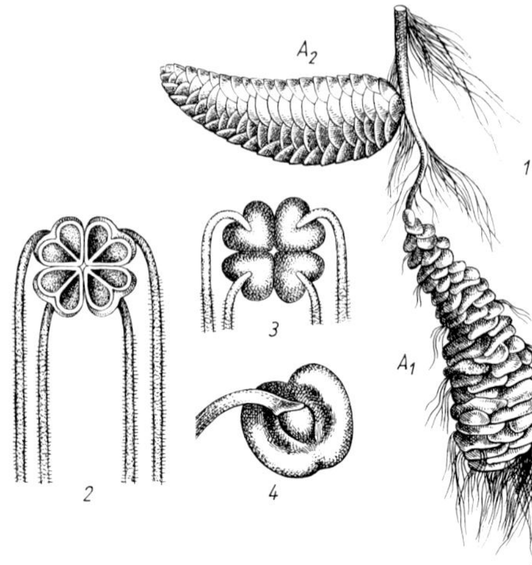

Smithiantha zebrina. 1 Bei Gesneriaceen werden mit schuppigen Niederblättern besetzte Ausläufer hervorgebracht. A_1 = alter Ausläufer, aus dem sich ein blühender Sproß entwickelt hat, A_2 = junger Ausläufer. 2 Die 4 Staubbeutel von *Corytholoma magnifica* haben sich durch Verschränken der Epidermiszellen miteinander vereinigt. 3 Rückseite. 4 Staubblatt von *Besleria aggregata*

Familie Gesneriengewächse, Gesneriaceae

Ansehnliche Blüten in leuchtenden Farben, deren Attraktivität oft durch kontrastierende Farbmuster gefördert wird, haben schon sehr früh auf diese Familie aufmerksam gemacht. Außerhalb der als Zierpflanzen kultivierten Sippen ist der ökonomische Wert der Familie sehr gering. Fast 2000 Arten, die in etwa 130 Gattungen zusammengefaßt werden, siedeln vornehmlich in den Regenwäldern der Tropen und Subtropen, wo sie als Rosettenpflanzen, Kräuter mit gestreckten Sprossen, als Halbsträucher oder kleine Schopfbäume sowohl am Erdboden als auch epiphytisch auf Bäumen wachsen. Viele Arten zeichnen sich durch eine samtartige Blattoberfläche mit einer großen Skala von Grüntönungen aus und haben daher auch als Blattpflanzen einen hohen dekorativen Wert. Trotz der Bevorzugung feuchtwarmer Standorte kann man in einigen Verwandtschaftskreisen wasserspeichernde Organe erkennen, wobei sowohl der Sproß als auch die Blätter sukkulent sein können. Verschiedentlich werden auch Speicherknollen und Rhizome gebildet. Schließlich kommen in einigen Gattungen Ausläufer mit einer dichten, schuppigen Beblätterung vor.

Im allgemeinen öffnen sich die häufig zweiseitig-symmetrischen Blüten in einer halbaufrechten Stellung. Als ihre Bestäuber fungieren vornehmlich Bienen und Kolibris. Von den 5 Staubblattanlagen kommen nur selten alle zur vollen Entwicklung, meist ist ein Staubblatt rundimentär, während die 4 anderen mit ihren Filamenten unter der Oberseite der Krone verlaufen. Die Staubbeutel liegen paarweise in unmittelbarer Nähe der Narben. Nicht selten können nur 2 fertile Staubblätter nachgewiesen werden. Der zweiblättrige Fruchtknoten bildet eine Höhle, so daß die Samenanlagen wandständig verlaufen. Trotz des vorhandenen Nährgewebes sind die Samen sehr klein und werden oft durch den Wind verbreitet. Im Blütenbau bestehen viele Gemeinsamkeiten mit den Scrophulariaceen. In der Regel kann der nur eine Höhle bildende Fruchtknoten zur Abgrenzung herangezogen werden. Ausnahmen sind Gesneriaceen mit einem zweihöhligen Fruchtknoten, beispielsweise einige Arten aus den Gattungen *Streptocarpus, Petrocosmea* und *Saintpaulia.* Bei ihnen ergibt sich die Zugehörigkeit zu den Gesneriaceen aus den Gattungsmerkmalen.

Auch mehr oder weniger strahlig-symmetrische Blüten kommen unter den Gesneriengewächsen vor. So besitzt die in den Pyrenäen und Dalmatien verbreitete Gattung *Ramonda* breit-trichterförmige Blüten, in denen alle 5 Staubblätter keimfähige Pollen enthalten; der Unterlappen der Blütenkrone ist nur wenig größer als die übrigen. Diese Eigenschaft finden wir auch in nicht unmittelbar verwandten Sippen, so in der japanisch-südostasiatischen Gattung *Conandron,* deren Blütenform den sternartigen Blüten von Nachtschattenarten *(Solanum)* ähnelt. Eine strahlig-symmetrische Blütenkrone weist auch die in Südchina vorkommende Gattung *Petrocodon* auf, doch hat sie nur 2 fertile Staubblätter; in der nahe verwandten Gattung *Tengia,* die ebenfalls aus Südchina stammt, entwickeln sich alle Staubblätter normal. Es darf angenommen werden, daß die strahlige Symmetrie der Blüten einiger Gesneriaceen sekundär entstanden ist.

In der Familie lassen sich 3 Entfaltungszentren nachweisen, deren erstes in Zentral- und Südamerika liegt; eine zweite Artenhäufung kann im tropischen Afrika beobachtet werden, und schließlich ist auch der Südchina, Malaysia, Neuguinea und Borneo umfassende Raum reich an diesen Sippen. Die amerikanischen Vertreter der Familie wachsen vornehmlich in tropischen Regenwäldern und nur wenige an trockneren Standorten. Die afrikanischen und asiatischen Sippen kommen in höheren Breitengraden, aber auch in größeren Höhen der Gebirge vor.

Manche Gattungen sind so nahe miteinander verwandt, daß einige Arten eine Intermediärstellung zwischen ihnen einnehmen. Doch ist in diesen Fällen ein Zusammenschluß von Gattungen nicht wünschenswert, da charakteristische Arten sehr eindeutig verschieden sind. So gibt es z. B. gleitende Übergänge zwischen den Gattungen *Alloplectus* und *Columnea, Sinningia* und *Nautilocalyx, Gloxinia* und *Lembocarpus, Columnea* und *Hypocyrta.* In mehreren Gattungen hat man polyploide Reihen erkannt, so bei *Aeschynanthus, Ramonda, Saintpaulia, Sinningia* und *Streptocarpus.* Während als Grundzahl in der Familie $n = 9$ bis 16 und $n = 18$ gilt, hat man in den beiden Gattungen *Mitraria* und *Sarmienta* $2n = 74$ Chromosomen und in der Gattung *Fieldia* $2n =$ etwa 80 Chromosomen durchgängig nachweisen können.

In verschiedenen Triben wurde ein Nektarring an der Basis des Fruchtknotens festgestellt, der in anderen Verwandtschaftskreisen zu 5 oder weniger Einzelschuppen reduziert sein kann. In den Triben Columneae, Kohlerieae und Sinningieae der Unterfamilie Gesnerioideae finden sich an den Verwachsungsstellen der Kronlappen einzelne Drüsen, die zurückgebildete Staubblätter sein könnten. Möglicherweise ist der Drüsenring an der Basis des Fruchtknotens davon abzuleiten.

Viele Sippen der Gesneriaceen zeichnen sich durch eine sehr lokale Verbreitung und oft außergewöhnliche Individuenarmut aus.

Unterfamilie Cyrtandroideae

Die Sippen dieser Unterfamilie haben eine sehr auffallende Eigenschaft. Von den Keimblättern ihres Embryos wächst eines stärker heran, und sie können daher als anisokotyl bezeichnet werden. In der Unterfamilie vereinigt man annähernd 70 Gattungen, die fast ausschließlich in Afrika und Asien beheimatet sind. Die meisten Sippen haben einen oberständigen Fruchtknoten. In einigen Gattungen, so bei *Cyrtandra, Boea* und *Aeschynanthes,* ist ein Keimblatt nur wenig vergrößert und erreicht selten die Ausmaße der Laubblätter, bei anderen entwickelt sich ein Keimblatt bedeutend stärker und kann gelegentlich das einzige Blatt der Pflanze sein, ehe die Blütenanlegung einsetzt.

Diese Verwandtschaftskreise gehören zu den größten Merkwürdigkeiten unter den Bedecktsamern, denn ihre gesamte vegetative Entwicklung konzentriert sich auf die ständige Vergrößerung des einen Keimblattes durch basales Spreitenwachstum. Diesen Wuchstyp zeigen Sippen aus verschiedenen Triben. So entwickeln die etwa 15 Arten der von Thailand bis Neuguinea in den Regenwäldern auf Kalkuntergrund verbreiteten Gattung *Monophyllaea* nur ein einziges Blatt. Ähnliche Standorte besiedelt die nur gelegentlich einblättrige Gattung *Rhynchoglossum.* Einige Arten wachsen auf Stalaktiten und bedecken mit dem Blatt die Spitze der herabhängenden Tropfsteinzapfen. Auch die auf Borneo beheimatete monotypische Gattung *Moultonia* hat diese Wuchsform; ein Blütenmeristem am Hypokotyl und im basalen Bereich der Mittelrippe bringt eine größere Anzahl fast sitzender Blüten hervor. Wahrscheinlich sind die Pflanzen über mehrere Jahre lebensfähig. Einblättrige *Streptocar-*

pus-Arten, die von Äthiopien über Transvaal und Natal bis zum östlichen Teil des Kaplandes vorkommen, können in länger anhaltenden Trockenzeiten Teile ihrer transpirierenden Spreitenfläche durch Bildung einer quer über das Blatt verlaufenden Trennschicht abstoßen. Der Verlust wird nach ausreichenden Niederschlägen durch das basale Meristem wieder ausgeglichen. Wahrscheinlich sterben die einblättrigen *Streptocarpus*-Arten nach der Fruchtbildung ab.

In den meisten Gattungen der Unterfamilie entwickeln sich in den Blattachseln wenigblütige, doppelwickelige Blütenstände.

Eine längliche, an den Fruchtblatträndern aufspringende zweiklappige Kapsel ist für die Rosettenstauden der Gattungen *Ramonda, Jancea* und *Haberlea* charakteristisch, die als Tertiärrelikte an der Nordgrenze des Familienareals in den Pyrenäen und den Balkangebirgen vornehmlich auf Kalk in Felsspalten siedeln. In den Gattungen *Ramonda* und *Haberlea* hat man eine verblüffende Anpassung an trockene Standorte nachweisen können, sie vermögen nämlich bis zu 98% des Sättigungsdefizits an Wasser zu ertragen und scheinen dann völlig ausgetrocknet und abgestorben zu sein, können aber nach Befeuchtung wieder assimilieren. Den Pflanzen ist es möglich, 3 bis 4 Jahre im völlig ausgetrockneten Zustand so lange zu verharren, bis wieder Niederschläge fallen.

Saintpaulia rupicola gehört zu den etwa 10 Arten aus den östlichen Usambarabergen. Aus diesem Gebiet stammt auch das Echte Usambaraveilchen, *Saintpaulia ionantha*.

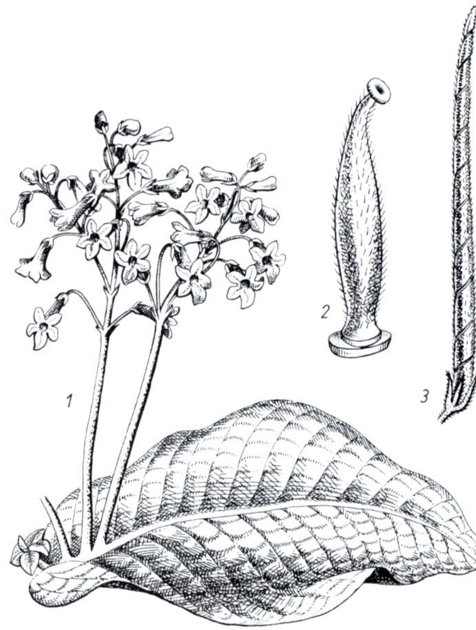

Streptocarpus wendlandii. 1 Blühende Pflanze, ein Keimblatt vergrößert sich zum einzigen Laubblatt der Pflanze; 2 junge Frucht; 3 Während der Reife windet sich die Frucht. Die beiden Fruchtklappen können sich nicht voneinander lösen und entlassen die Samen während eines längeren Zeitraumes durch die entstandene Spalte.

Das Usambaraveilchen, *Saintpaulia ionantha,* gehört in Europa erst seit einigen Jahrzehnten zum Kreis der besonders geschätzten Topfpflanzen, während es in den USA schon länger sehr beliebt ist. Allein in der Zeit von 1925 bis 1955 sind dort nicht weniger als 3000 Sorten in den Handel gekommen. Auf dem europäischen Markt ist die Nachfrage nach Sorten mit tiefblauen Blüten, in denen die beiden kurzen Staubblätter einen auffallenden Kontrast bilden, besonders groß, während rosa und weißblühende Sippen weniger beliebt sind. Die Gattung *Saintpaulia* hat ihre Heimat im tropischen Ostafrika und besiedelt ein Areal von nur etwa 25000 Quadratmeilen. Ihre größte Entfaltung weist sie in den östlichen Usambarabergen auf, wo 10 der insgesamt etwa 20 Arten vorkommen. Die Kultursorten entstanden durch Selektion und Kreuzungen innerhalb der Art *Saintpaulia ionantha,* doch sind von 15 geprüften Arten 13 miteinander kreuzbar. Wahrscheinlich werden künftig solche Hybriden bei der Entwicklung neuer Sorten von Usambaraveilchen eine wichtige Rolle spielen.

Eine auffallende Kapsel besitzt die Gattung Drehfrucht, *Streptocarpus.* Nach der Blüte streckt sich die Frucht sehr stark und windet sich dabei mehrmals um ihre Achse. Von den etwa 100 Arten, meist aus Südasien, aber auch aus den Tropen Afrikas und Madagaskars bekannt, haben mehrere als Zierpflanzen in Europa Eingang gefunden. Neben Sippen mit einer gestreckten Sproßachse gibt es in diesem Verwandtschaftskreis rosettenblättrige Formen und schließlich die schon erwähnten einblättrigen Arten, wie *Streptocarpus wendlandii.* Diese besitzen übrigens mit 2n = 32 die gleiche Chromosomenzahl, wie sie auch bei *Monophyllaea*-Arten nachgewiesen wurde. Bei anderen *Streptocarpus*-Arten hat man 2n = 30 Chromosomen festgestellt. Als Zierpflanze wurde *Streptocarpus doonii* 1884 aus Transvaal eingeführt und mit den einblättrigen Arten *Streptocarpus polyanthus, Streptocarpus wendlandii, Streptocarpus rexii* und *Streptocarpus parviflorus* hybridisiert. Rückkreuzungen führten zu Sippen, die heute als Topfpflanzen unter dem Namen *Streptocarpus* × *hybridus* angeboten werden. Diese Sippen haben auffallend lange Blätter. Aus Blatteilen oder sogar einzelnen Zellen regenerieren Pflanzen, die weiter vermehrt werden können. Durch Kolchizinierung (man legt die angeschnittenen Blatthälften etwa 6 Stunden lang in eine 0,1%ige Kolchizinlösung) hat man Mutationen auslösen und eine wesentliche Vergrößerung der Mannigfaltigkeit erreichen kön-

Streptocarpus saxorum stammt ebenso wie das Usambaraveilchen aus den afrikanischen Usambarabergen.

nen. Von der Größe der Samen kann man sich eine Vorstellung machen, wenn man erfährt, daß auf ein Gramm ungefähr 50000 Samen kommen.

Durch haarförmige Anhängsel an den Samen zeichnet sich die Gattung *Aeschynanthus* aus, deren mehr als 100 Arten im indomalaiischen Raum sowie in Südchina vornehmlich als halbstrauchige Epiphyten wachsen. Schließlich ist mit über 300 Arten die auf Südostasien konzentrierte Gattung *Cyrtandra* der größte Verwandtschaftskreis. Ihre Früchte sind Beeren, und der Fruchtknoten weist einen becherförmigen Ring an der Basis auf.

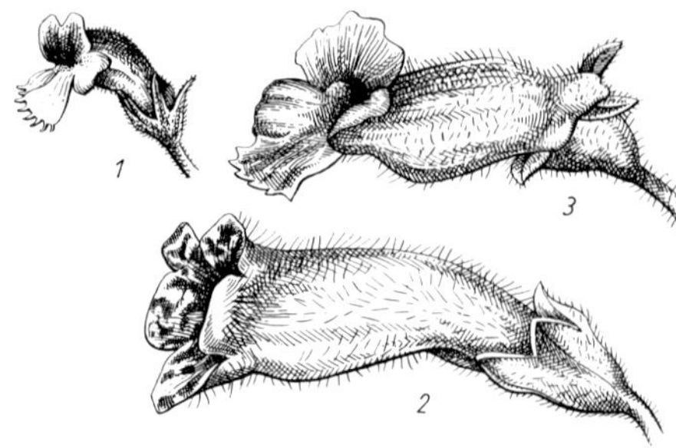

Unter den Gesneriaceen lassen sich oft Arten verschiedener Gattungen künstlich miteinander kreuzen, die aufgrund abweichender Blütenstrukturen einen so spezifischen Bestäuberkreis haben, daß Bastardierungen unter natürlichen Bedingungen nicht vorkommen. 1 Blüte von *Koellikeria erinoides;* 2 Blüte von *Kohleria spicata;* 3 Blüte des Bastards von x *Koellikohleria rosea*

Unterfamilie Gesnerioideae

Bei dieser Unterfamilie wachsen die beiden Keimblätter zu annähernd gleicher Größe heran (Isokotylie). Die meisten Gattungen kommen auf dem amerikanischen Kontinent vor, und nur einige Triben (Mitrarieae und Coronantherae) sind in Südchile, Neukaledonien, Neuseeland und Australien verbreitet. Auch die monotypische Gattung *Titanotrichum,* die aus Asien (Taiwan) bekannt ist, nimmt geographisch eine Ausnahmestellung ein.

Die Sippen der Tribus Columneae, in deren Blüten 1 bis 2 dorsale Diskusdrüsen auf der Rückenseite nachgewiesen werden können, entwickeln fleischige Früchte. Entweder öffnen sich fleischige Kapseln, die eine glitzernde Plazentarmasse freigeben und in denen die dunklen Samen frei liegen *(Drymonia),* oder die Frucht öffnet sich ganz langsam und unregelmäßig, unabhängig von den vorhandenen Fruchtblattnähten *(Alloplectus).* Seltener kommen echte Beeren vor, ohne daß eine Naht nachweisbar ist. Die Gattungen der Tribus Columneae enthalten Sträucher oder kletternde Pflanzen, seltener handelt es sich um krautige Arten. Stets ist das Samenstielchen zu einem kleinen Schlauch ausgewachsen, der die Samenbasen umringt. Innerhalb der Tribus gibt es zwischen den Arten und sogar den Gattungen besonders viele Hybriden. So hat man unter Kulturbedingungen bisher weit über 100 Hybriden nachweisen können, an denen 28 Arten beteiligt sind.

Viele Arten der Gattung *Columnea* sind gegenständig beblättert. Die Blätter eines Wirtels können ungleich groß sein. Oft hängen die vegetativen Zweige locker herab, doch durch Drehung der Blattstiele wird die Oberseite dem Licht zugekehrt. Meist prächtig scharlachrote Blüten mit einem langen, schmalen Röhrenabschnitt weisen die Gattung als vornehmlich vogelblütig aus. Mehrere Sippen, von denen einige hybridogen sind, werden als geschätzte Ampelpflanzen kultiviert. Auch in der Natur hat man Hybridschwärme nachweisen können, so z. B. zwischen *Columnea urbani,* einer Art, die normalerweise im März und April ihre gelben Blüten entfaltet, und *Columnea rutilans,* deren rotgelbe Blüten im Mai und Juni erscheinen. Die einzelnen Pflanzen des Hybridschwarmes waren intermediär in der Blütezeit, auch Rückkreuzungen mit den Elternarten wurden beobachtet. Es ist erstaunlich, daß unter natürlichen Bedingungen räumliche Isolierung und vor allem zeitliche Unterschiede in der Blütenentfaltung nicht ausreichen, um eine Durchmischung von Arten zu verhindern. Mehrere Sippen aus dieser Gattung, in der man etwa 200 Arten unterscheidet, dürften hybridogen sein.

Glocken- bis röhrenförmige Blüten haben

Obwohl die beblätterten Sprosse bei *Columnea hirta* und anderen epiphytischen Arten der Gattung herabhängen, haben die Blüten, die am natürlichen Standort von Kolibris bestäubt werden, eine aufrechte Stellung.

auch die echten Gloxinien, von denen man 6 Arten aus dem tropischen Amerika kennt. In den Blumenläden Europas wird *Sinningia* × *hybrida* als Gloxinie gehandelt, eine Art, die im ersten Drittel des vorigen Jahrhunderts in der Gattung *Gloxinia* beschrieben wurde, später aber in die Gattung *Sinningia* überführt werden mußte. Dennoch hat sich die damals eingebürgerte Bezeichnung bis in unsere Tage gehalten. An der Entstehung der großblütigen, prächtig gefärbten Topfgloxinien waren insbesondere *Sinningia speciosa* und *Sinningia regina* beteiligt. Am Saum der breitglockigen Blüten fallen mehr als 5 Kronlappen auf; es handelt sich hier um Pelorienblüten, wie sie gelegentlich auch beim Fingerhut *(Digitalis)* am Ende der vegetativen Achse auftreten.

Ein überraschendes Beispiel, wie sehr die Anpassung der Blüten an spezifische Bestäuber eine Durchmischung verhindert, zeigt das Kreuzungsexperiment zwischen den Gattungen *Sinningia* und *Rechsteineria*. Die Gattung *Sinningia* kommt mit etwa 20 Arten vornehmlich in Brasilien vor; ihre Arten besitzen breittrichter- oder beutelförmige Kronen, die rotviolett, weißlich oder rosarot sind und wahrscheinlich von Bienen bestäubt werden. Dagegen haben die etwa 80 Arten der Gattung *Rechsteineria*, die ebenfalls in Brasilien beheimatet ist und deren Areal von Nordargentinien bis Mexiko reicht, typisch scharlachrote, zylindrische Vogelblüten. Verständlicherweise verfügt man bei Kreuzungsexperimenten nur über relativ wenige Arten, doch ist bemerkenswert, daß zwischen 8 *Sinningia*- und 7 *Rechsteineria*-Arten Kreuzungen erfolgreich vorgenommen werden konnten, wobei die Nachkommenschaften keimfähige Samen hervorbrachten. Wahrscheinlich gehen die beiden relativ artenreichen Gattungen auf gemeinsame Vorfahren zurück, bei denen die Anpassung an verschiedene Bestäuberkreise eine Isolation gewährleistete.

Weitere interessante Kreuzungsexperimente sind aus den Gattungen *Achimenes* und *Smithiantha* bekannt geworden. Im erstgenannten Verwandtschaftskreis kommen Blütenstände in den Achseln von Tragblättern vor. Die Gattung *Smithiantha* zeichnet sich dagegen durch endständige Blütenstände aus. Trotz dieser beachtlichen Unterschiede hat man zwischen beiden Gattungen 12 Hybriden herstellen können, in deren Nachkommenschaften grundsätzlich die seitlichen Blütenstände der Gattung *Achimenes* dominant waren.

Familie Sommerwurzgewächse, Orobanchaceae

Die Familie enthält 14 Gattungen mit etwa 180 Arten, die hauptsächlich in der nördlichen gemäßigten Zone verbreitet sind. Nur wenige Arten kennt man aus den Tropen und auf der Südhemisphäre. Relativ wenige Sippen sind auch in Amerika vertreten.

Die Vertreter der Orobanchaceen schmarotzen als Vollparasiten auf den Wurzeln von Wirtspflanzen und entziehen ihnen sowohl anorganische als auch organische Nährstoffe. In enger Anpassung an diese parasitierende Lebensweise bilden die Pflanzen kein Blattgrün aus und haben im allgemeinen eine blasse Farbe. Nur die Blüten, die in ihrem Aufbau sehr enge verwandtschaftliche Beziehungen zu den Scrophulariaceen erkennen lassen, zeichnen sich bisweilen durch kräftige rötliche oder bläuliche Tönungen aus. Ein Kelch, dessen Entstehung aus 5 Blattanlagen oft nur an 5 winzigen Randzähnen ersichtlich ist, umschließt häufig scheidenartig eine stets schwach gekrümmte Kronröhre, die in einem zweilippigen Saum endet. Zwei Staubblattpaare und ein einfächeriger, aus 2 Karpellen zusammengesetzter Fruchtknoten vervollständigen die Blüte. Auf den Innenflächen der beiden Karpelle verlaufen in Längsrichtung je 2 Plazentarleisten, von denen mehrere Nebenleisten ausgehen und einer ungewöhnlich großen Anzahl von Samenanlagen Platz bieten, die sich zu winzigen Samen entwickeln. In den Früchten einer *Orobanche*-Pflanze hat man über 40000 Samen mit einer Gesamtmasse von nur 4 mg festgestellt. Im Samen umschließt ein stärkehaltiges Nährgewebe, das in der Regel auch etwas fettes Öl enthält, den wenigzelligen Embryo, an dem die Keimblätter kaum angedeutet sind. Die Embryosackentwicklung und die Samenanlegung weisen große Übereinstimmung mit den Scrophulariaceen auf, bei denen mehrere Gattungen als Halb- oder sogar Vollschmarotzer auch ökologisch eine Zwischenstellung einnehmen. Man hat besonders bei *Lathraea* (Scrophulariaceae) viele Gemeinsamkeiten mit den Orobanchaceen erkennen können, die aber wohl zu einem großen Teil mit der Spezialisierung auf parasitische Lebensweise im Zusammenhang stehen und daher keine taxonomischen Konsequenzen (Einbeziehung der Gattung *Lathraea* in die Orobanchaceen) notwendig machen.

Die mikroskopisch kleinen Samen haben zwar eine Keimfähigkeit von mehreren Jahren, doch sind die Chancen für eine Entwicklung außerordentlich gering, denn sie werden durch das Regenwasser in den Boden geschwemmt und kommen offenbar nur zur Keimung, wenn eine passende Wirtswurzel in der Nähe ist. Wahrscheinlich gehen von dieser Stoffe aus, die die Keimruhe überwinden. Aus der Samenschale schiebt sich eine Keimwurzel, die wenige Millimeter lang werden kann und aktiv in die Wirtswurzel einzudringen vermag. Ihr fehlt im allgemeinen eine Wurzelhaube. (Bei *Aeginetia indica* hat man die Beobachtung machen können, daß an der Wurzelspitze sogenannte Rankenhaare gebildet werden, die sich an der Wirtswurzel befestigen und den jungen Keimling heranziehen.) Erst nachdem eine Verbindung mit dem Wirt hergestellt ist, treibt der Sproßkeim aus. Allerdings stirbt seine äußerste Spitze, die der Keimblattregion entspricht, ab, und nur das Hypokotyl schwillt zu einer Knolle an. Auch in der Wirtswurzel gehen mit dem Befall durch den Parasiten Veränderungen vor; oft entsteht durch spezifische chemische Stoffe, die vom Schmarotzer ausgeschieden werden, in der Umgebung der Befallsstelle ein Meristem, das in die Keimlingswurzel hineinwächst. So kommt es zu einer innigen Verflechtung von Wirt und Parasit. Dabei sind die Grenzflächen relativ groß, wodurch der Übertritt der Nährstoffe wesentlich erleichtert wird. Von der Hypokotylknolle können wurzelartige Ausläufer abgehen, die sekundär in den Wirt eindringen und auch eigene Knollen hervorbringen. Im Inneren solcher Gewebe (endogen) entstehen Knospen, die den Außenanteil durchstoßen und zu Blütentrieben auswachsen. Bei den meisten Sommerwurzarten zeichnen sich diese Sprosse durch eine schuppenartige Beblätterung aus, und die Blüten der meist traubigen oder rispigen Blütenstände entwickeln sich in den Achseln solcher Schuppen.

In der Gattung *Cistanche,* die mit 16 Arten

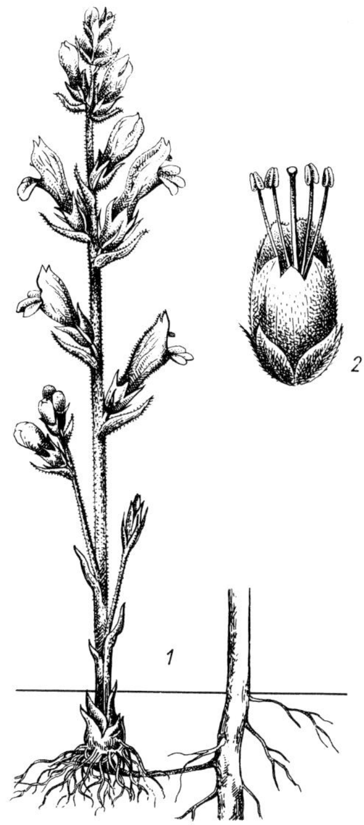

1 Ästige Sommerwurz, *Orobanche ramosa,* auf einer Hanfwurzel schmarotzend; 2 Blüte von *Platypholis boninsimae*

von Südwesteuropa bis Ostafrika und Zentralasien vorkommt, können einige Arten bis zu einen Meter hoch werden. Diese Höhe erreichen auch kräftige Exemplare einiger Sommerwurzarten, viele Sippen sind hier aber mit 10 bis 20 cm deutlich niedriger. Mit weit über 100 Arten ist die Sommerwurz, *Orobanche,* der größte Verwandtschaftskreis. Allein in Mitteleuropa werden über 20 Arten unterschieden. Einige davon sind wenig wählerisch in der Auswahl der Wirtspflanze, andere dagegen können nur auf einer oder wenigen Arten wachsen. Etwa 10 Arten kommen ausschließlich auf Korbblütlern vor. Die Sandsommerwurz, *Orobanche arenaria,* findet man beispielsweise auf den Beifußarten *Artemisia vulgaris* und *Artemisia campestris,* die Bläuliche Sommerwurz, *Orobanche coerulescens,* ist sogar ausschließlich auf *Artemisia campestris* anzutreffen, und die Quendelsommerwurz, *Orobanche alba,* gedeiht nur auf einigen Labiaten. Die unter dem Namen Hanftod bekannt gewordene Ästige Sommerwurz, *Orobanche ramosa,* die in Hanfbeständen großen Schaden verursachen kann, siedelt sich sogar auf Tabak, Tomaten und anderen Solanaceen verhältnismäßig leicht an. Auch einige andere Arten können zu gefährlichen Parasiten für Kulturpflanzen werden. So ist in Mitteleuropa die Kleine Sommerwurz, *Orobanche minor,* als Kleeteufel bekannt, und im Mittelmeergebiet hat *Orobanche crenata* mancherorts den Anbau von Ackerbohnen zum Erliegen gebracht.

In der Gattung gibt es neben einjährigen Arten auch ausdauernde Sippen. Der Anstoß zur Blütenbildung erfolgt möglicherweise durch die Aufnahme von Blühhormonen aus der Wirtspflanze. Wie Versuche ergeben haben, können einige Arten auch selbständig Blühhormone ausbilden.

Orobanche ramosa, die Ästige Sommerwurz, schmarotzt besonders auf Kulturpflanzen aus der Familie der Nachtschattengewächse.

Die Gattung *Aeginetia* kommt mit 10 Arten in Indien, Südostasien, China und Japan vor. Trotz der parasitierenden Lebensweise ist *Aeginetia indica* als eindrucksvolle Zierpflanze in Kultur genommen worden. Ihre Samen keimen ausschließlich auf einkeimblättrigen Pflanzen. Bringt man sie in die Nähe der Wurzeln von Bambussippen oder von Arten aus der Familie der Ingwergewächse (Zingiberaceae), so läßt sich leicht eine Knollenbildung induzieren. Zur Blütezeit erreicht ein Blütenstandstrieb, dessen Achse gestaucht bleibt, nur die Erdoberfläche, doch strecken sich einzelne unbeblätterte Blütenstiele bis zu einer Länge von etwa 40 cm und tragen am Ende eine etwa 5 cm lange, außen cremefarbene, innen tief blauviolette Blüte mit einer leuchtend gelben Narbe. Bei der Gattung *Phelipaea,* die mit 4 Arten in Südosteuropa und in Kleinasien vorkommt, bildet der oberirdische Trieb nur eine einzige endständige Blüte aus.

Familie Wasserschlauchgewächse, Lentibulariaceae

Eine ganz ungewöhnliche Mannigfaltigkeit begegnet uns in dieser nur 4 Gattungen mit etwa 300 Arten enthaltenden Familie, in der die Merkmale der Blütenkrone und der Staubblätter sowie die Embryobildung enge Beziehungen zu den Scrophulariaceen erkennen lassen. Die charakteristischen Strukturen vegetativer Organe können als Anpassung an eine besondere Ernährungsweise verstanden werden, denn alle Arten sind fleischfressende Pflanzen (Karnivoren) mit eigentümlichen Fangeinrichtungen, die bei den einzelnen Gattungen näher charakterisiert werden sollen.

Im Aufbau des zweiblättrigen Fruchtknotens weichen die Wasserschlauchgewächse von den meisten Scrophulariaceen durch die freie, zentrale Plazenta wesentlich ab. Aus diesem Grund hat man wiederholt eine enge Verwandtschaft zu den Primelgewächsen angenommen, doch gibt es auch einige Braunwurzgewächse, bei denen eine ähnliche Plazentation angedeutet ist.

Das Fettkraut, *Pinguicula,* besitzt innerhalb der Familie die einfachste Organisationsstufe. Verhältnismäßig dickfleischige, hellgrüne Blätter, die bei einigen Arten, so auch bei dem Gemeinen Fettkraut, *Pinguicula vulgaris,* breit-el-

Pinguicula alpina, das Alpen-Fettkraut (rechts), am natürlichen Standort im Allgäu mit *Primula farinosa*

liptisch sein können, bei anderen Sippen, wie bei *Pinguicula vallisneriaefolia,* aber relativ lang und schmal sind, bilden eine Rosette. Aus dieser erhebt sich ein ähriger oder traubiger Blütenstand mit meist bläulichen oder rötlichen Blüten, deren Unterlippe oft weißlich punktiert ist. Stets handelt es sich um Rachenblüten mit einem ziemlich weiten Schlund, von dessen Unterseite ein mehr oder weniger langer Sporn ausgeht. Zwei Staubblätter, die unmittelbar neben dem Fruchtknoten an der Basis der Blütenkrone entstehen, bringen jeweils nur eine Antherenhälfte hervor. Auch die Blüten der anderen Gattungen haben einen ähnlichen Aufbau.

Besonderes Interesse verdienen die Laubblätter, deren Oberseite dicht mit köpfchenartigen, aus der Oberhaut hervorgehenden Drüsenhaaren besetzt ist. Dabei kann man ungestielte 8zellige Köpfchen und gestielte 16zellige Drüsenköpfchen unterscheiden, die einen zuckerartigen Schleim absondern, der winzige, auf die Blätter gelangende Insekten festhält. Durch den Berührungsreiz wird die Schleimabsonderung gefördert, so daß schließlich das Insekt völlig eingehüllt ist und erstickt. Jetzt sezernieren auch die ungestielten Drüsen Schleim, in dem eiweißspaltende Enzyme nachgewiesen wurden, die alle Weichteile der festgehaltenen Insekten zersetzen. Über diese Drüsenhaare, deren Kutikula perforiert ist, erfolgt auch die Aufnahme der gespaltenen Eiweiße. Die Drüsenzellen stehen in engem Kontakt mit dem Wasserleitsystem. Besonders groß ist die Anzahl der ungestielten Drüsen in den Randbezirken des Blattes. Die winzigen, glitzernden Schleimtröpfchen locken die Insekten an.

Die Gattung *Pinguicula* hat ihre Hauptentfaltung in Nordamerika, einige Sippen erreichten Europa wahrscheinlich während des Tertiärs. Alle Arten kommen an feuchten Standorten vor, die hinsichtlich des Stickstoffangebotes die Bedürfnisse der Pflanzen nur unvollkommen befriedigen können. Immerhin ist aber bemerkenswert, daß viele *Pinguicula*-Arten auch ohne diese zusätzliche Nahrungsquelle lebensfähig sind.

Bei der in Europa vorkommenden *Pinguicula vulgaris* handelt es sich um eine hexaploide Sippe (2n = 64), die in Eurasien bis zur Baumgrenze vorkommt. Das in den Alpen und in anderen Hochgebirgen über die Baumgrenze hinausreichende Alpenfettkraut, *Pinguicula alpina,* ist dagegen tetraploid und steht in keinem unmittelbaren verwandtschaftlichen Zusammenhang zu *Pinguicula vulgaris. Pinguicula villosa* kann als Epiphyt angesehen werden, wächst sie doch auf den Polstern des Torfmooses *Sphagnum fiscum,* und die von Haïti und Kuba bekannte *Pinguicula lignicola* siedelt im allgemeinen auf Bäumen. Im Herbst entwickeln einige Sippen kleine Knospen, die den Winter überdauern und im nächsten Frühjahr wieder austreiben. In dieser Gattung wird nur ein einziges Keimblatt angelegt. Die Hauptwurzel stirbt bald nach der Keimung ab, und an ihre Stelle treten sproßbürtige Wurzeln.

Alle anderen Taxa der Familie bringen keine Wurzeln hervor. Diese Gattungen (*Genlisea, Polypompholyx* und *Utricularia*), bei denen der Blütenschlund durch einen Gaumen, wie er vom Löwenmaul bekannt ist, verschlossen wird, weisen einige weitere außergewöhnliche Merkmale auf.

Genlisea ornata. 1 Junge Pflanze mit Laub- und Wurzelblättern; 2 Wurzelblatt. K = Kessel, H Halskanal. 3 Reusenzone des Halskanals (Längsschnitt). D = Drüsen

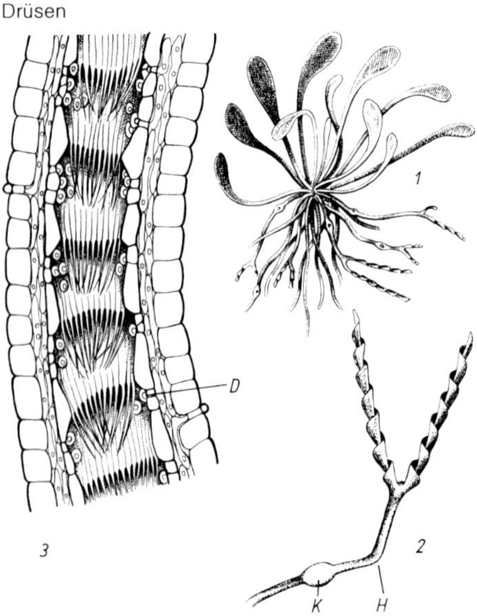

15 Arten gehören der Gattung *Genlisea* an, von denen die meisten in Brasilien und dem nordöstlichen Südamerika vorkommen. Eine Art ist von der Insel Kuba, eine von Madagaskar und 3 sind aus dem tropischen Afrika bekannt. Sie erreichen nur wenige Zentimeter Höhe und gehören zu den größten Raritäten des Pflanzenreiches. So war es bisher bei den meisten Sippen auch nur möglich, auf Grund bestimmter anatomischer Strukturen und Vorrichtungen die Fähigkeit zum Fangen winzig kleiner Tiere abzuleiten. Neben spatelförmigen Laubblättern entstehen sogenannte Wurzelblätter, die sich von der Achse abspreizen und auf der Erdoberfläche ausbreiten oder sich sogar in den Boden hineinbohren. Es sind kleine Schlauchblätter, bei denen der Blattstiel in eine Höhle von nur etwa einem Millimeter Durchmesser übergeht, die äußerlich als winzige Anschwellung sichtbar ist. An sie schließt sich ein enger Halskanal an, der durch etwas vergrößerte, ringförmig angeordnete Zellen in kurzen Abständen eingeschnürt wird. Abwärts gerichtete, spitze Zellen wirken wie eine Reuse, sie lassen zwar kleine Tiere in den Kessel hinein, verhindern aber ein Entkommen in entgegengesetzter Richtung. Unmittelbar unter den Reusenabschnitten fallen Drüsenzellen auf. Am Ende des Halskanals ist ein kleiner Schlitz sichtbar. Zwei Seitenabschnitte verlängern sich bandartig. Sie sind wendeltreppenähnlich aufgerollt und bewirken das Einbohren in den Boden. Man hat winzige Krebse in dem Kessel nachgewiesen. Bemerkenswert sind übrigens 2 am Grunde und an der Kuppe in die Höhlung hineinragende und an den Kanten dicht mit Drüsen besetzte Leisten. Man darf annehmen, daß sie eiweißspaltende Enzyme abscheiden. Eines der beiden Keimblätter ist in dieser Gattung bereits zu einem Wurzelblatt umgebildet. Die kleinen Pflänzchen entfalten recht ansehnliche, oft gelbe Blüten.

Beim Wasserschlauch, *Utricularia,* verdienen einige Sippen Erwähnung, die einen ähnlichen Aufbau wie *Genlisea*-Arten besitzen, da auch hier kleine »Laubblätter« neben »Wurzelblättern« entstehen, die allerdings bei der australischen *Utricularia hookeri* fast pfriemenförmig sind. Man kann aber an diesen Pflänzchen die für die Gattung charakteristi-

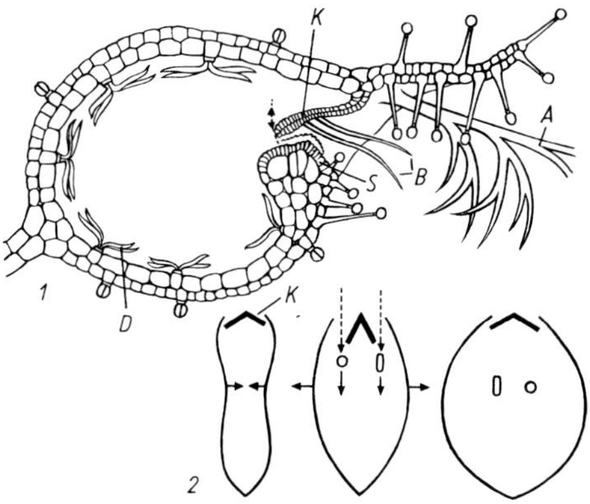

1 Schematischer medianer Längsschnitt durch eine Fangblase des Wasserschlauchs, *Utricularia*. K = Klappe, S = Schwiele, B = Borsten, A = Antenne, D = Drüsenhaare. 2 Schematische Darstellung der Fangbewegung (transversaler Längsschnitt). Von links nach rechts: fangbereite, sich auffüllende und gefüllte Blase. K = Klappe

schen kleinen Schläuche erkennen. Für einige Arten konnte der Nachweis erbracht werden, daß die »Laubblätter« als blattartig verbreiterte Sprosse (Phyllokladien) und auch die »Wurzelblätter« als Kurztriebe gedeutet werden müssen. Noch mehr an die Gattung *Genlisea* erinnert *Utricularia nelumbifolia,* eine nur aus dem wassergefüllten Rosettentrichter von Bromeliaceen bekannte epiphytische Art, deren Primärblätter ähnlich gegabelt sind wie die Wurzelblätter von *Genlisea.* Die schildblattartigen oder stark fiederteiligen Folgeblätter weisen an Stelle von Fiederzipfeln häufig Fangschläuche auf. Andere Arten, so der in Eurasien verbreitete Gemeine Wasserschlauch, *Utricularia vulgaris,* bringen ausschließlich Unterwasserblätter hervor, und nur im Sommer schiebt sich ein Blütenstand mit gelblichen oder zuweilen rötlich gestreiften Blüten über die Wasseroberfläche.

Die Samenbildung weicht völlig vom Normverhalten höherer Pflanzen ab. Der junge Embryosack verlängert sich spindelförmig und dringt mit einem Ende tief in den Grund der Samenanlage, mit dem anderen durchstößt er die Mikropyle und findet an ein Nährgewebe Anschluß, das vom Samenstielchen gebildet wird. Der Embryo läßt die bekannte Gliederung in Sproßknospe, Keimblätter und Keimwurzel vermissen. Einige rosettig angeordnete, einander ähnliche und oft verzweigte Zipfel wachsen direkt zu Blättern aus, andere verlängern sich als Sproßachsen unter Ausbildung vielfach fiederteiliger Blätter, deren Endabschnitte oft in eine Fangblase auslaufen. Schließlich entsteht außerhalb einer Blattachsel (extraaxillär) ein Blütenstand, der über die Oberfläche des Wassers hinausragt.

Der Aufbau der kleinen, elliptisch-linsenförmigen Fangblasen ist besonders interessant. An der zweischichtigen Wand fällt die innere Lage durch ihre großen Zellen auf, von denen einige 4 hornartige Fortsätze ausbilden. Offensichtlich sind das die Verdauungsdrüsen. Der Zugang zur Blase ist oft trichterig eingesenkt; hier fallen einige stark verzweigte Haare auf, die sich in Richtung des Trichters neigen und als Antennen bezeichnet werden. An der Öffnung selbst ist eine relativ solide und aus mehreren Zellagen bestehende, sogenannte Schwiele ausgeprägt. An diese legt sich eine Klappe dicht an, die auffallenderweise nur nach Berührung einiger am Schlund stehender Borsten den Einlaß freigibt. Ob es sich hierbei um einen mechanischen Vorgang oder um eine Reizleitung handelt, wurde bisher noch nicht genau bekannt. Ein fangbereiter Schlauch ist luftgefüllt. Der Unterdruck bedingt eine Eindellung der Seitenwände. Erfolgt eine Berührung der Borsten, so öffnet sich ruckartig die Klappe, und der Wasserstrom mit dem reizauslösenden Tierchen wird plötzlich eingesogen. Dabei wölben sich die Seitenwände des Schlauches nach außen und werden so prall, daß sich das Querschnittsbild einem Kreis nähert. In verhältnismäßig kurzer Zeit vermag die Pflanze die gefangenen Ruderkrebse, Rädertierchen usw. zu verdauen, wobei wahrscheinlich die drüsenähnlichen Zellen eine wichtige Rolle spielen. In den Schläuchen wurden 2 eiweißspaltende Enzyme nachgewiesen, doch ist nicht völlig ausgeschlossen, daß sich auch Bakterien am Abbau der gefangenen Beute beteiligen. Die Schläuche sind in der Lage, während der Verdauung das Wasser aktiv aus dem Schlauch auszuscheiden. Noch ungeklärt ist, wie dieser Vorgang abläuft. Ebenso muß auch noch untersucht werden, warum die Klappe, die von innen her den Zugang verschließt, sich ohne Reizung nicht öffnet, obwohl in den Fangschläuchen ein Vakuum vorhanden ist.

Die meisten der etwa 250 *Utricularia*-Arten kennt man aus den Tropen, ein Häufigkeitszentrum liegt in Brasilien, andererseits reicht das Areal bis zur Siedlungsgrenze höherer Pflanzen. So hat man am Nordkap *Utricularia minor* nachgewiesen, die sogar in Hochgebirgen noch oberhalb der Baumgrenze wächst.

Viele Sippen zeichnen sich durch die Bildung von Winterknospen (Turionen) aus, die kleinen Bällen ähneln und mit Reservestoffen gefüllt sind. Da die Interzellularen sehr klein bleiben, sinken die Knospen als Überwinterungsorgane auf den Boden der Gewässer hinab. Solche Turionen werden vom Wasserschlauch übrigens auch am Kilimandscharo in der Nähe der Schneegrenze angelegt. Viele *Utricularia*-Arten schweben im Wasser, andere verankern sich in fließenden Gewässern mit Hilfe umgebildeter Blätter. Aus den Tropen und Subtropen wurden mehrere Sippen beschrieben, die an feuchten Stellen auf dem Land siedeln und nur wenige Fangbläschen ausbilden.

Während bei den *Utricularia*-Arten der Kelch fünfblättrig ist, unterscheidet sich die Gattung *Polypompholyx* durch einen Kelch, der sich aus 2 dekussiert stehenden zweiblättrigen Wirteln zusammensetzt. Im übrigen steht diese aus Südamerika, West- und Südaustralien sowie von Madagaskar bekannte, nur 2 Arten umfassende Gattung einigen rosettenbildenden *Utricularia*-Arten nahe (z. B. *Utricularia hookeri*).

Familie Myoporaceae

Die Familie ist mit 5 Gattungen und etwa 180 Arten von der Ostküste Afrikas über Sri Lanka, Ostasien bis Australien und den Pazifik (einschließlich Hawaii) verbreitet; einige Gattungen (z. B. *Bontia*) kommen auch im karibischen Raum vor. Die größte Artenanzahl haben Australien und die südpazifischen Inseln aufzuweisen, wo die Gattungen *Myoporum* und *Eremophila* ihre Hauptentfaltung aufweisen.

Die Blütenkrone ist – ähnlich wie bei anderen Familien aus der Verwandtschaft der Scrophulariaceen – zweilippig oder nahezu strahlig-symmetrisch. Meist werden 4 Staubblätter ausgebildet; nur in annähernd strahlig-symmetrischen Blüten ist ein Staminodium nach-

Bontia daphnoides aus Westindien und dem tropischen Südamerika wird auch als Zierpflanze kultiviert.

weisbar. Der auffällige Bau des Fruchtknotens, der zu einer Steinfrucht heranwächst, kann als besondere Eigenschaft dieser Familie angesehen werden. Er ist der Anlage nach zweifächerig mit mehreren neben- und übereinanderstehenden Samenanlagen, doch kommt es im Verlauf der Fruchtentwicklung zur Ausbildung falscher Scheidewände, durch die der Steinkern in 2 bis 10 ein- bis wenigsamige Teilfrüchte zerfällt.

Als anatomische Besonderheit ist das Vorkommen von Öldrüsen zu nennen. In der Gattung *Myoporum* findet man Sträucher und niedrige Bäume, die sich durch relativ kleine und auch schmale Blätter auszeichnen. *Myoporum acuminatum* entwickelt in den Blattachseln weiße, glockenförmige Blüten von etwa einem Zentimeter Länge, die innen gebärtet sind. *Myoporum parvifolium* wird in der Heimat (Australien, Tasmanien) etwa 30 cm hoch und gehört zu den Pflanzen mit erikoidem Wuchs. Den weißen Blüten, auf deren Kroneninnenseite ebenfalls zahlreiche wollige Haare stehen, entströmt ein honigartiger Duft. Einige *Myoporum*-Arten werden in Mitteleuropa als Kalthauspflanzen und in Südeuropa als Ziergehölze kultiviert. In Neuseeland liefert *Myoporum laetum* ein nutzbares Holz.

Von einigen Angehörigen der Familie gehen toxische Effekte aus. *Myoporum acuminatum* und *Myoporum deserti* enthalten biochemisch bisher noch nicht genauer indentifizierte Stoffe, die eine Zerstörung der roten Blutkörperchen (Hämolyse) bedingen und in Australien stellenweise die Schaf- und Rinderbestände gefährden. Die Blätter von *Eremophila maculata* enthalten in ganz ungewöhnlich hoher Konzentration Blausäure, die an das Glukosid Prunasin gebunden ist.

Aus Südafrika hat *Oftia africana* Eingang in unsere Gewächshäuser gefunden, ein etwa 70 cm hoher Strauch mit vierflügeligen Zweigen. Seine Steinfrüchte fallen wie bei vielen Myoporaceen durch ihre rote Färbung auf.

Familie Wegerichgewächse, Plantaginaceae

Wegeriche begegnen uns vielfach unmittelbar vor der Haustür. Sie gehören zu den häufigsten Pflanzen auf Wegen, an viel begangenen Weg- und Straßenrändern (Trittpflanzengesellschaften) usw., selbst zwischen Pflastersteinen vermögen kümmerliche Exemplare noch ihr Dasein zu fristen.

Die Wegerichgewächse wurden früher als Vertreter einer eigenen Ordnung angesehen. Heute stellt man sie als eine auf die Windbestäubung spezialisierte Familie in die Scrophulariales. Charakteristische Merkmale der Familie, die mit dieser Bestäubungsweise im Zusammenhang stehen, sind die kleinen, höchstens 5 mm breiten, unscheinbaren Blüten mit trockenhäutigen Blütenkronen und die langen, aus den Blüten herausragenden Staubfäden, an denen die Staubbeutel leicht beweglich angeheftet sind. Der trockene Pollen kann daher schon bei geringen Windbewegungen ausgestreut werden. Wie bei allen windbestäubten Pflanzen werden große Pollenmengen erzeugt; so ist geschätzt worden, daß in einem Staubblatt des Spitzwegerichs, *Plantago lanceolata*, 20000 und in einem des Mittleren Wegerichs, *Plantago media* 8000 bis 14000 Pollenkörner gebildet werden, eine Anzahl, die die mancher Gras-Staubbeutel durchaus übertrifft. Die Herkunft der Wegeriche von insektenblütigen Pflanzen kann man noch an den Kittstoffresten des Pollens erkennen. Bei manchen Arten, wie dem Mittleren Wegerich, haben sich ein feiner Blütenduft und auffallend gefärbte, lila Staubfäden, die z. T. verkürzt sind, erhalten. Diese Merkmale insektenblütiger Pflanzen erklären den häufigen Insektenbesuch bei dieser Art.

Weitere wichtige Merkmale des Blütenbaues dieser Familie sind die sehr vereinfachten, strahligen, vierzähligen Blüten mit 4 Blütenkreisen. Sie sind meist zwittrig, obwohl man häufig Abweichungen von dieser normalen Geschlechtsverteilung beobachten kann. Der oberständige, zweiblättrige Fruchtknoten ist mitunter durch falsche Scheidewände mehrfach gefächert. Bei der Frucht handelt es sich um eine Deckelkapsel, die sich mit einem Querriß öffnet.

In chemischer Hinsicht zeichnen sich die Plantaginaceen durch eine besondere Art der Kohlenhydratspeicherung aus; diese Stoffe werden nicht in Form hochmolekularer Verbindungen, sondern als einfache, aber selten vorkommende Zucker (u. a. Stachyose, Saccharose, Verbascose, Planteose) angereichert.

Die Wegerichgewächse sind einjährige oder ausdauernde krautige Pflanzen, selten verholzte Halbsträucher. Meist handelt es sich um Rosettenpflanzen, deren Blätter – wie wir das auch von den einheimischen Arten kennen – durch eine parallele Nervatur gekennzeichnet sind. Sie erinnern deshalb stark an Blätter einkeimblättriger Pflanzen. Bei diesen sogenannten Rhachisblättern sind die randlichen Partien der Spreite rückgebildet, die Region des Mittelnervs dagegen ist durch intensives Breitenwachstum flächenhaft ausgedehnt. Bei manchen Arten, z. B. bei dem an den Küsten verbreiteten Krähenfußwegerich, *Plantago coronopus*, oder noch deutlicher bei der ostafrikanischen *Plantago palmata*, sind dagegen normal ausgebildete Spreiten mit einer fiederteiligen oder lappigen Gliederung vorhanden. Die Blüten sind meist proterogyn und stehen in von unten nach oben schubweise aufblühenden Köpfchen oder Ähren; bei manchen südhemisphärischen Arten (*Plantago uniflora* auf Neuseeland) enthalten sie nur 1 bis 3 Blüten.

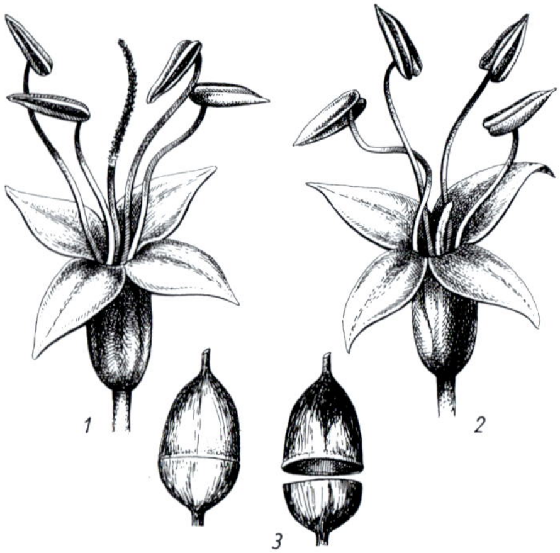

Blüten und Früchte vom Wegerich, *Plantago.* 1 und 2 Blüten des Mittleren Wegerichs, *Plantago media,* links an Windbestäubung angepaßte Blüte der Art mit langem Griffel und längeren Staubfäden, rechts von Insekten bestäubter Blütentyp der Art; 3 Deckelkapsel der Gattung, rechts nach Abriß des Deckels

Die Familie wird in 3 Gattungen und rund 270 Arten eingeteilt; sie ist fast kosmopolitisch verbreitet, fehlt aber in vielen Tropenländern.

Der überwiegende Teil der Arten (etwa 265) gehört zu den Wegerichen, *Plantago,* die vor allem in den gemäßigten Breiten beider Halbkugeln beheimatet sind. Viele Arten, so auch mitteleuropäische, sind ausgesprochene Kulturfolger des Menschen; der nach Amerika eingeschleppte Breitwegerich, *Plantago major,* trägt deshalb bei den Indianern den treffenden Namen »Fußstapfen des Weißen Mannes«. Die Epidermis der Samenschale besteht aus großen, schleimerfüllten Zellen. In feuchtem Zustand quellen diese Zellen rasch, der Schleim dringt aus den platzenden Zellen hervor und umhüllt den Samen. So haftet dieser leicht an den Füßen von Tieren oder den Schuhen der Menschen und kann deshalb von ihnen weit verschleppt werden.

Auf dem hohen (5 bis 25%) Schleimgehalt der Samen beruht auch die medizinische Verwendung einiger Wegericharten. Bekannt sind die offizinellen »Flohsamen« von *Plantago afra* (in Südeuropa und andernorts auch angebaut), die bei Darmerkrankungen, aber auch technisch in den Färbereien und der Textilindustrie zum Appretieren von Stoffen verwendet werden. Auch die verbreitetsten mitteleuropäischen Arten sind häufig genutzte Heilpflanzen, und in Indien zählt *Plantago ovata* zu den klassischen Pflanzen der traditionellen indischen Medizin. Die nordamerikanische *Plantago virginica* galt bei den Indianerstämmen als Todessymbol. Bei zeremoniellen Tänzen wurden Greise mit Pflanzen dieser Art bekränzt. *Plantago coronopus* wurde früher besonders in Westeuropa als Blattgemüse kultiviert. Zum gleichen Zweck wird auch *Plantago major* var. *asiatica* in Südchina und Südostasien angebaut.

Die Wegeriche kommen nicht nur in vom Menschen beeinflußten, sondern vielfach auch in natürlichen Pflanzengemeinschaften vor. Aus der mitteleuropäischen Flora seien als Beispiele der Krähenfuß- und der Strandwegerich, *Plantago coronopus* und *Plantago maritima,* genannt, die zur Flora von Salzwiesen und Strandgesellschaften gehören. Nicht alle

Der Alpen-Wegerich oder das Adelgras, *Plantago alpina,* ist in den Magerrasen der Alpen eine wertvolle Weidepflanze.

Wegeriche sind Rosettenpflanzen, manche Arten haben auch einen entwickelten, verzweigten Sproß mit gegenständigen Blättern (z. B. *Plantago arenaria*) (diese Sippen werden heute auch in eine eigene Gattung, *Psyllium,* gestellt), und auf einigen Inseln, wie den Kanaren *(Plantago arborescens)* oder Hawaii *(Plantago princeps)* gibt es bis 1,5 m hohe Schopfbäumchen, wie sie von diesen Inselfloren bereits aus anderen Familien erwähnt wurden.

In Mitteleuropa wächst auch noch ein Vertreter einer anderen kleinen Gattung der Familie, der Strandling, *Littorella uniflora.* Er ist eine Wasserpflanze mit untergetauchten, wurzelnden Rosetten und kommt in flachen, nährstoffarmen Seen mit sandigem Untergrund vor; seine Landform stellt eine Charakterpflanze des nackten Teichbodens dar, der durch natürliche Wasserschwankungen oder durch Ablassen der Teiche trockengelegt wurde. Bei der Gattung *Littorella* treten im Gegensatz zu *Plantago* eingeschlechtige Blüten und einsamige Nußfrüchte auf.

Familie Wasserährengewächse, Hydrostachyaceae

Neuere blütenmorphologische und embryologische Untersuchungen weisen dieser stark abgeleiteten, an das Wasserleben angepaßten Familie einen Platz innerhalb der Scrophulariales zu.

Die über 20 Arten der einzigen Gattung *Hydrostachys* wachsen wie die früher besprochenen Podostemaceen (Blütenpflanzen 1), mit denen sie mitunter gemeinsam vorkommen, in reißenden Strömen und Bächen, vor allem in den besonders sauerstoff- und kohlendioxidreichen Gischtzonen der Stromschnellen und Wasserfälle. Ihre Verbreitung ist auf Madagaskar und das tropische sowie extratropische südliche und südöstliche Afrika beschränkt. Es handelt sich um Rosettenpflanzen, die mit einer haftscheibenartig verbreiterten, gestauchten Hauptachse den Felsen aufsitzen. Die langen, flutenden Blätter sind meist ein- bis mehrfach gefiedert und wie der Sproß, die Wurzeln und die Blütenstandsachsen dicht mit schuppenartigen, z. T. zerteilten Emergenzen bedeckt. Das gibt den Pflanzen mitunter, so z. B. *Hydrostachys imbricata,* ein bärlappähnliches Aussehen. In der Trockenzeit bei niedrigem Wasserstand strecken sich die dichten, ährigen Blütenstände, die sehr einfache, eingeschlechtige Blüten ohne Blütenhülle tragen (meist zweihäusig). Die männlichen Blüten scheinen nur aus einem Staubblatt zu bestehen. Dieses wird jedoch neuerdings als Verwachsungsprodukt zweier asymmetrischer Staubblätter mit verwachsenen Theken gedeutet. Die weiblichen Blüten haben einen einfächerigen, aus 2 Fruchtblättern verwachsenen Fruchtknoten mit langen, papillentragenden Narbenästen (Windbestäubung). Aus den zahlreichen Samenanlagen der wandständigen Plazenten entwickeln sich viele kleine, nährgewebsarme Samen. Nach dem Fruchten sterben die Pflanzen ab, es kann aber auch eine vegetative Vermehrung durch Bildung von Tochterrosetten oder Wurzelsprosse stattfinden.

Ordnung Lippenblütlerartige, Lamiales

Diese der vorangegangenen Ordnung der Scrophulariales sehr ähnliche und mit vor allem in den dorsiventralen Blüten übereinstimmende Familiengruppe ist besonders durch den Bau der Früchte von den Braunwurzartigen unterschieden: Wir treffen hier Klausenfrüchte an, die sich durch falsche Scheidewände aus einem 2blättrigen Fruchtknoten entwickeln und einsamig sind. Ähnliche Bildungen hatten wir bereits bei den Rauhblattgewächsen angetroffen (hier jedoch mit anderer Feinstruktur). Kreuzgegenständige Blätter sowie in gestauchten Doppelwickeln stehende »Lippenblüten« sind weitere Charakteristiken dieser Ordnung, die vor allem durch die Familie der Lippenblütler (Labiatae) vielen Lesern bekannt sein dürfte.

Familie Eisenkrautgewächse, Verbenengewächse, Verbenaceae

Diese Familie ist außerordentlich nah mit den Lippenblütlern (Labiatae) verwandt; es gibt keinen einzigen für alle Vertreter beider Familien zutreffenden Merkmalsunterschied. Beide

Die Fruchtkelche tragen bei vielen *Clerodendron*-Arten durch ihre Kontrastfärbung gegenüber der Frucht zur Anlockung von Vögeln bei, die hier die Samenverbreitung, als Endozoochorie bezeichnet, übernehmen.

Gruppen, die sich auch in chemischer Hinsicht durch ihren Reichtum an ätherischen Ölen gleichen, lassen sich nur durch unterschiedlich gerichtete Entwicklungstendenzen trennen. Während die Lippenblütler als vorzugsweise krautige Pflanzen im wesentlichen außerhalb der Tropenzone entfaltet sind, liegt der Schwerpunkt der Verbreitung der meist verholzten Eisenkrautgewächse in den Tropen und Subtropen.

Zu den Verbenengewächsen gehören rund 100 Gattungen mit etwa 3000 Arten; am artenreichsten ist die Familie in Südostasien sowie in Zentral- und Südamerika. Auf der Südhalbkugel dringt sie in zahlreichen Fällen auch in die gemäßigten Breiten vor, während das auf der Nordhemisphäre seltener vorkommt. Innerhalb dieses weltweiten Areals besiedeln die Arten ein weites Spektrum an Pflanzenformationen, das von Mangroven, tropischen immer- oder regengrünen Wäldern, alpinen Formationen tropischer Gebirge, der Hartlaub- oder heideartigen Vegetation in Gebieten mit Mediterran-Klima bis zu Steppengesellschaften Innerasiens reicht. Es verwundert daher nicht, daß in der Familie eine Fülle der verschiedensten Wuchsformen repräsentiert ist. Bäume, Sträucher, Lianen, Spreizklimmer, heideartige niedrige Sträucher mit kleinen Blättern oder (besonders in den Anden) ginsterähnliche Rutensträucher mit reduzierter Beblätterung, mitunter von binsenartigem Aussehen (wie das südamerikanische *Neosparton*), sowie Stauden sind unter den Verbenaceen anzutreffen. Die Blätter sind wie bei den Lippenblütlern gegen- oder quirlständig und meist ungeteilt; oft tragen die Pflanzen eine mehr oder weniger dichte Behaarung, vielfach beobachten wir Schuppen-, Stern- oder Drüsenhaare.

Die überwiegend fünfzähligen Blüten sind in der Mehrzahl zweiseitig-symmetrisch; die Krone ist dann in eine lange, zylindrische Röhre und in einen zweilippigen Saum gegliedert. Die Blüten sind an verschiedene Bestäubertiere angepaßt, vielfach handelt es sich um Schmetterlingsblumen, bei manchen Gattungen (z. B. *Holmskioldia*) erfolgt die Bestäubung auch durch Vögel (Kolibris und Honigvögel). In den Blüten finden wir nur selten 5 fruchtbare Staubblätter oder 4 fertile und ein unfruchtbares entwickelt; meist sind nur 4 Staubblätter vorhanden (zum Teil nur 2), von denen häufig 2 länger als die restlichen gestielt sind, was ebenfalls den Verhältnissen bei den Lippenblütlern entspricht. Der Fruchtknoten baut sich aus 2 Fruchtblättern auf. Die Zahl seiner Fächer ist gleich der Fruchtblattzahl oder durch die Ausbildung falscher Scheidewände verdoppelt. Jedes Fach enthält 2 bzw. eine Samenanlage. Zur Reife entwickelt sich daraus eine Steinfrucht (mitunter in Teilfrüchte zerfallend) mit fleischiger, seltener trokkener Fruchtwand. Die Art und Weise der Struktur des Endokarps ist dabei sehr variabel und für die systematische Gliederung der Familie und die Abtrennung der Gattungen von großer Bedeutung. Die Verbreitung der Früchte geschieht in den meisten Fällen durch Vögel, zu ihrer Anlockung ist oft auch der Kelch als Schauorgan kontrastreich und auffallend gefärbt.

Um einen Einblick in den Formenreichtum der Familie zu geben und zugleich ihre wirtschaftliche Bedeutung zu dokumentieren und biologisch interessante Typen vorzustellen, werden im folgenden Beispiele aus den wichtigsten Unterfamilien angeführt; auf die Behandlung kleinerer, meist der Flora der Südhalbkugel angehörender Gruppen muß hier verzichtet werden.

Unterfamilie Caryopteridoideae

Die Arten dieser (und der folgenden) Unterfamilie haben einen nur am Grunde gefächerten Fruchtknoten, und die Frucht ist trocken-kapselartig. Die namensgebende Gattung *Caryopteris* kommt mit 6 Arten im östlichen Asien bis zum Himalaja und der Mongolei vor. Die Unterlippe der zweiseitig-symmetrischen Blüten tragen fransenartige Anhängsel, davon leitet sich auch der Name Bartblume ab. Einige der halbstrauchigen Sippen sind im Herbst mit ihren zahlreichen, zarthimmelblauen Blüten ein reizvoller Schmuck unserer Gärten und Anlagen.

Unterfamilie Avicennioideae

Die einzige Gattung dieser Gruppe, *Avicennia,* ist durch eine eigentümliche Samen- und Embryobildung gekennzeichnet, die mit der Lebensweise dieser Pflanzen in Zusammenhang steht. Die etwa 14 Arten sind typische Mangrovepflanzen (meist hohe Sträucher oder kleine Bäume), die an die außerordentlich wechselhaften Umweltbedingungen der durch Ebbe und Flut beeinflußten tropischen Meeresküsten angepaßt sind. Vor allem auf sandigem Untergrund haben die *Avicennia*-Arten sowohl in der westlichen Mangrove (von Uruguay bis Florida, z. B. *Avicennia germinans, Avicennia schauerina*) als auch in der östlichen Mangrove (Afrika, Indomalesien, Nordostaustralien, Polynesien, z. B. *Avicennia marina*) eine weite Verbreitung. Von allen Mangrovegehölzen dringt *Avicennia* am weitesten in außertropische Gebiete vor, z. B. bis zum Golf von Akaba und nach Neuseeland, wo sogar gelegentlich Fröste ertragen werden müssen.

Senkrecht aus dem Boden tretende Atemwurzeln, wie wir sie bei anderen Mangrovepflanzen bereits kennenlernten und die der Sauerstoffversorgung der unterirdischen Organe dienen, sind auch für *Avicennia* charakteristisch. Sie werden reihenweise an den kabelartigen, lang-horizontal ausstreichenden Wurzeln angelegt.

Atemwurzeln von *Avicennia marina,* einer wichtigen Art der östlichen altweltlichen Mangrove-Vegetation

Überschüssige, aus dem Meerwasser aufgenommene Salze vermögen diese Arten durch Drüsen auf der Blattunterseite abzuscheiden; bei trockenem Wetter sind sie daher dicht mit Salzkristallen bedeckt, wodurch der graue Farbton der Blätter verstärkt wird. Junge Pflanzen, die noch ohne Atemwurzeln sind, können trotzdem eine lang andauernde Überflutung überstehen, da sie zu einer intramolekularen Atmung ohne Sauerstoffzufuhr von außen imstande sind.

Die *Avicennia*-Früchte besitzen nur einen einzigen Samen (die übrigen 3 Samenanlagen verkümmern frühzeitig), der sich kontinuierlich von der befruchteten Samenanlage zur Keimpflanze entwickelt, wobei – das trifft für die einzelnen Arten in unterschiedlichem Maße zu – dieses Wachstum bereits innerhalb der sich noch auf der Mutterpflanze befindlichen Frucht vor sich geht. Das führt dazu, daß bereits auf der Mutterpflanze der Keimling mit Seitenwurzeln und einer heranwachsenden Sproßknospe versehen ist. Wir beobachten also auch bei *Avicennia* die Erscheinung der Viviparie, die wir bei anderen Mangrovegehölzen feststellen konnten und über deren ökologische Bedeutung schon gesprochen wurde (siehe Band Blütenpflanzen 1). Bereits auf einem sehr frühen Stadium dringt der heranwachsende Embryo mit dem Nährgewebe durch die Mikropyle aus der Samenanlage heraus und vollzieht das weitere Wachstum außerhalb der Samenanlage selbst (aber innerhalb der Frucht). Eine große basale Zelle des Nährgewebes, die sich hyphenartig im Nuzellus verzweigt, vermittelt offensichtlich den Stoffaustausch zwischen der Mutterpflanze und dem Keimling; vielleicht dient sie als eine Art Entsalzungsorgan, da in dem Keimling bezeichnenderweise die Chloridkonzentration wesentlich geringer ist als in den Zellen der Mutterpflanze.

Alle diese Eigentümlichkeiten unterscheiden *Avicennia* sehr stark von den übrigen Vertretern der Verbenengewächse; es ist daher verständlich, wenn die Gattung mitunter auch als selbständige Familie von den Verbenaceen abgetrennt wird.

Unterfamilie Viticioideae

Dieser (und der folgende) Verwandtschaftskreis hat vollständig gefächerte Fruchtknoten, im allgemeinen nicht in Teilfrüchte zerfallende Steinfrüchte und trugdoldige Blütenstände. Es handelt sich überwiegend um höhere Gehölze, oft um Bäume oder Lianen.

Zu einer Gruppe, die durch strahlige Blüten und Steinfrüchte mit 4 bis 5 Steinen ausgezeichnet ist, zählt u.a. *Callicarpa,* eine Gattung mit rund 140 im tropischen und subtropischen Asien, Amerika und Australien beheimateten Arten. Sie besitzen meist lila gefärbte, rundliche Früchte. In ihre Verwandtschaft gehören auch einige kleinere Gattungen, die durch Fruchtknoten mit 4 oder 5 Fruchtblättern abweichen und die in Zusammenhang mit den Symmetrieverhältnissen der Blüten einen noch relativ ursprünglichen Status dieser Gruppe anzeigen.

Gleichfalls strahlige Blüten, aber Steinfrüchte mit einem gefächerten Steinkern haben Gattungen, die sich um *Tectona* gruppieren. Diese kleine, nur 4 süd- und südostasiatische Arten umfassende Sippe ist von großem wirtschaftlichem Interesse, da eine der Arten, der Teakbaum, *Tectona grandis,* das begehrte Teak-Holz liefert. Der 40 bis 50 m Höhe erreichende Baum mit großen, 30 bis 60 cm langen, derben Blättern ist in Südasien von Indien bis Indonesien zu Hause. Besonders in den zentralen Teilen des indischen Subkontinents und Burmas, deren Klima durch jährliche Trockenperioden gekennzeichnet ist, bildet er das dominierende Gehölz der dortigen regengrünen Monsunwälder. Da die Blätter des Teakbaums während der Trockenzeit nur allmählich abgeworfen werden und bereits vor Einsetzen des Sommermonsuns der Laubaustrieb beginnt, machen diese Teakwälder höchstens für kurze Zeit einen kahlen Eindruck.

Teak-Holz wurde von der eingeborenen Bevölkerung seit langem für Tempelbauten, zur Werkzeugherstellung usw. benutzt. Es spielt aber erst seit etwa 100 Jahren eine weltwirtschaftliche Rolle. Der Teakbaum gehört heute zu den wenigen tropischen Hölzern, die intensiv forstlich kultiviert werden. Große Plantagen befinden sich z.B. auf Java, aber auch im übrigen Südasien, in Afrika und im tropischen Amerika ist die Art im Anbau. Das ziemlich harte, leicht bearbeitbare, kieselsäurehaltige und gegen Insekten und Pilze widerstandsfähige Holz wird besonders im Schiffsbau, für den Bau von Eisenbahnwagen, Möbeln, Fußböden u. ä. eingesetzt. Es stellt einen wichtigen Exportartikel südasiatischer Länder dar.

Denselben Fruchttyp wie oben erwähnt, aber zweiseitig-symmetrische Blüten finden wir bei einer anderen Gattungsgruppe vor, von der als Beispiel *Vitex* erwähnt werden soll. Von den 250 bis 300 hierhergehörenden Arten kommen einige auch in den warmgemäßigten Gebieten vor. So ist für die mittelmeerländische Flora der Keuschbaum, *Vitex agnus-castus,* bezeichnend, der hier und bis Mittelasien auf Geröllschotter der Bäche und Flüsse und an den Küsten zusammen mit Oleander und Tamariskenarten eine charakteristische Pflanzengesellschaft bildet. Dieser Strauch ist seit dem Altertum ein Symbol der sexuellen Enthaltsamkeit; er wurde früher als Anaphrodisiacum benutzt, worauf viele Volksnamen hindeuten (so auch die gleichzeitig den scharfen Geschmack der Samen kennzeichnende Bezeichnung Mönchspfeffer). Diese Eignung beruht vermutlich auf dem Gehalt an Pseudoindikanen. In Südeuropa ist der Strauch im Brauchtum der dortigen Völker tief verwurzelt. Baumförmige Arten der Gattung liefern in Südasien wertvolle Hölzer, während andere wegen der eßbaren, fleischigen Früchte als Obstgehölze genutzt werden. Manche von ihnen sind in lokalem Maßstab, z. B. in Westafrika, auch in Kultur.

Alle *Vitex*-Arten fallen durch die handförmig geteilten, aus 3 bis 7 Fiedern bestehenden Blätter auf; die endständigen, aus ährenförmigen Teilinfloreszenzen zusammengesetzten Blütenstände mit vielfach zartblauen Blüten erinnern oft an die von Ehrenpreisarten.

Zweiseitig-symmetrische Blüten, aber ein Endokarp der Frucht, das zur Reife in 4 einsamige Steine zerfällt, besitzt der letzte Verwandtschaftskreis dieser Unterfamilie. Seine größte Gattung ist *Clerodendron,* die 400, bis auf wenige Ausnahmen in den altweltlichen Tropen beheimatete Arten umfaßt. Viele von ihnen sind Lianen, die durch einen reichen und kräftig gefärbten Blütenschmuck auffallen. Die Blüten haben stets eine lange Kronröhre, die bei manchen Arten eine Länge von 15 cm erreichen kann. Langrüsselige Schmetterlinge, bei nachts blühenden Sippen Schwärmer, mitunter auch Vögel sind ihre Bestäuber. Oft haben sie kronartige Kelche, die durch eine hervorstehende Kontrastfärbung gegenüber der Frucht zur Anlockung von Vögeln beitragen, die bei den Clerodendren meist die Samenverbreitung übernehmen.

Die auch von anderen tropischen Familien beschriebene Erscheinung der Wasserkelche ist bei *Clerodendron* ebenfalls bekannt (z. B. *Clerodendron minahassae* aus Celebes). Der Kelch ist hier im Knospenstadium der Blüten und zur Zeit der Vollblüte prall mit Wasser gefüllt, das aus zahlreichen, vor allem an der Kelchinnenwand sitzenden Hydathoden abgeschieden wird. Ob die biologische Bedeutung dieser Wasserkelche in einem Schutz der jungen Blüten besteht, ist noch umstritten. Ein weiterer ökologisch interessanter Pflanzentyp, die Ameisenpflanzen, tritt gleichfalls in dieser Gattung auf, u. a. bei *Clerodendron myrmecophilum*. Hier sind hohle Abschnitte der Zwischenknoten an den Sprossen die Wohnstätten der Ameisen. Hornartige Auswüchse mit matten, dünnwandigeren Partien sind die vorgebildeten Eintrittsstellen, die von den Tieren durchbohrt werden müssen, ehe sie in das Innere der Stengelglieder gelangen.

Wegen des prächtigen Blütenschmucks gehören *Clerodendron*-Arten in den Tropen zu den beliebtesten Zierpflanzen; die ostasiatische *Clerodendron fragrans* war früher auch in Europa wegen ihres Duftes eine gern gezogene Zimmerpflanze, die aber heute nur noch selten kultiviert wird.

Unterfamilie Verbenoideae

Im Gegensatz zu den Viticioideen sind bei dieser Unterfamilie traubige Blütenstände vorhanden, und die Früchte zerfallen meist in Teilfrüchte. Es herrschen Kräuter oder niedrige Sträucher vor.

Die aus einem vierfächerigen Fruchtknoten hervorgehenden Früchte zerfallen z. B. bei *Citharexylum* in 2 zweifächerige Teilfrüchte. Die Stämme der etwa 70 baumförmigen, amerikanischen Arten der Gattung zählen zu den sogenannten Eisenhölzern, die sich durch besondere Härte und hohe Dichte auszeichnen und von denen wir bereits Vertreter bei anderen Pflanzenfamilien erwähnt hatten (z. B. Kasuarinen, *Casuarina*, s. Band Blütenpflanzen 1).

Zweifächerige Fruchtknoten und in einsamige Teile auseinanderweichende Früchte hat die amerikanische Gattung *Petrea*. Die Blätter dieser vielfach lianenartigen Pflanzen sind durch merkwürdige, Ozellen genannte Gebilde ausgezeichnet. Sie wurden früher als Lichtsinnesorgane gedeutet, ihre funktionelle Bedeutung ist aber noch unklar. Es handelt sich dabei um rückgebildete einzellige Haare, die nur mit einer kleinen kegelförmigen Spitze aus der Epidermis hervorragen und deren uhrglasförmiges, zum Blattinnern hin gewölbtes Zellumen in die Außenwand der Blätter eingelagert ist.

Eine ähnliche Fruchtbildung wie *Petrea* hat ein weiterer Verwandtschaftskreis der Familie, zu der 2 große, fast ausschließlich in den amerikanischen Tropen und Subtropen beheimatete Gattungen gehören. Das ist einmal *Lippia*, von der der Zitronenstrauch, *Lippia triphylla*, als Lieferant eines ätherischen Öls, des Verbenaöls, eine gewisse Bedeutung hatte. Dieser aus dem südlichen Südamerika stammende Strauch wurde früher wegen der aromatischen Blätter im Mittelmeergebiet auch kultiviert; heute ist allerdings das Verbenaöl weitgehend durch das aus einigen Gräsern extrahierte Lemon- und Zitronellgrasöl ersetzt. Als Topfpflanze und zur Bereitung eines Tee ist die Art in den USA auch heute noch beliebt.

Die zweite Gattung dieser Gruppe ist *Lantana*, die etwa 150 strauchige oder krautige Arten umfaßt. Der deutsche Name Wandelröschen deutet auf ein Merkmal hin, das einer Reihe von ihnen, vor allem auch den als Zierpflanzen kultivierten, zukommt: Ihre Blüten machen im Laufe der Entwicklung einen dreimaligen Farbwechsel durch. Bei *Lantana camara* z. B. sind sie im Aufblühen im allgemeinen orange und wechseln dann zu einer gelben bzw. dunkelkarminen Färbung, andere Formen gehen von einer rosa zu einer feuerroten bzw. lila Blütenfarbe über usw. Dieser in Amerika im Norden bis Texas und Südkarolina verbreitete Halbstrauch wurde schon in den Gärten der Renaissance in Europa gezogen. Besonders um die Jahrhundertwende war er in vielen Sorten verbreitet und ist als Topfpflanze auch jetzt noch im Handel. *Lantana camara* ist in viele Tropenländer außerhalb Amerikas eingeschleppt worden, wo er sich infolge eines starken Ausbreitungsvermögens rasch einge-

Blütenstand des Wandelröschens, *Lantana camara,* mit Farbwechsel der Einzelblüten; diese Art wurde schon zur Renaissancezeit in den Gärten Europas gezogen.

bürgert hat. Deshalb wird er auch als Bodenbedeckungspflanze auf erosionsgefährdetem Terrain angepflanzt.

Mancherorts ist er aber zu einem außerordentlich lästigen Unkraut geworden, so z. B. auf Hawaii, wo Vögel zu seiner rapiden Ausbreitung beigetragen haben, was jedoch erst durch die vom Menschen hervorgerufene Zerstörung der ursprünglichen Vegetation möglich wurde.

An dieser Art wurde hier erstmalig die Wirksamkeit der biologischen Schädlingsbekämpfung erprobt: Aus Mexiko wurde eine große Anzahl einer Fliegenart *(Agromyce)* eingeführt, deren Larven sich in den Samen von *Lantana camara* entwickeln. Binnen kurzer Zeit war die Samenproduktion der Pflanze dermaßen reduziert, daß man der Ausbreitung der Art Herr werden konnte!

Trockene, in 4 einsamige Teile zerfallende Früchte, die sich aus einem vierfächerigen Fruchtknoten entwickeln, haben die Gattungen eines Verwandtschaftskreises der Familie, zu der die eigentlichen Verbenen, *Verbena,* gehören. Diese 200 bis 300 Arten enthaltende Gattung ist ebenfalls mit der Mehrzahl ihrer Arten auf den amerikanischen Kontinent beschränkt. Sie sind in der Wuchsform recht unterschiedlich, es gibt Stauden oder niedrige Sträucher bzw. Halbsträucher von sehr verschiedenem Aussehen. Unter ihnen sind auch polsterförmig-rasige Sträuchlein aus den Anden mit dichter dachziegelig angeordneter Beblätterung, dornige Sippen mit verdornten Blattspitzen (z. B. *Verbena erinacea*), kriechende Halbsträucher und Rutensträucher, darunter solche mit binsenähnlichem Habitus *(Verbena pseudojuncea).* Eine Art, das Echte Eisenkraut, *Verbena officinalis,* ist – als einzige der Familie – auch in der mitteleuropäischen Flora vertreten, wo sie als Unkraut- und Ruderalpflanze in warmen Lagen nicht selten vorkommt. Ursprünglich im Mittelmeergebiet beheimatet, ist sie inzwischen weltweit verschleppt und eingebürgert. Das Eisenkraut war schon im Altertum wegen der ihm zugeschriebenen Heilwirkungen berühmt, es sollte das beste Mittel gegen Verwundungen durch eiserne Waffen (daher der Name!) liefern. Besonders in Südeuropa nahm das Eisenkraut in den abergläubischen Vorstellungen einen wichtigen Platz ein, noch im Mittelalter war es Bestandteil von Beschwörungszeremonien.

Die Verbenen haben auch Eingang in unsere Gärten gefunden. Die Gartenverbenen, *Verbena* × *hybrida,* gehören zu den schönsten Sommerblumen. Es gibt rot-, rosa-, purpurn- und weißfarbige Sorten, die auf Kreuzungen zwischen verschiedenen amerikanischen Arten (u. a. mit *Verbena peruviana*) zurückgehen. Obwohl es sich eigentlich um Stauden und niedrige Halbsträucher handelt, werden sie bei uns fast stets als einjährige Sommerblumen gezogen.

Familie Lippenblütler, Labiatae oder Lamiaceae

Zur Familie der Lippenblütler gehören ungefähr 200 Gattungen mit etwa 3500 Arten, die fast über die ganze Erde verbreitet sind, aber besonders zahlreich im Mittelmeergebiet bis Vorderasien vorkommen. Die Lippenblütler sind Kräuter, Halbsträucher oder Sträucher, selten Bäume. Sie lassen sich meist schon im blütenlosen Zustand durch ihre vierkantigen Stengel (die Kanten sind durch lebendes Festigungsgewebe, Kollenchym, versteift) in Verbindung mit den kreuzgegenständigen (oder quirligen) Blättern gut erkennen. Die Blätter weisen keine Nebenblätter auf, sie sind einfach, am Rande gekerbt oder gezähnt und nur selten eingeschnitten oder gelappt. Zu diesen Merkmalen kommt der aromatische Geruch, der von Drüsenschuppen oder -haaren mit ätherischen Ölen herrührt. Wegen dieser Öle, die eine sehr verschiedene Zusammensetzung haben (aromatische Alkohole, Phenole, Ketone, Terpene, Aldehyde usw.), werden viele Arten als Gewürz-, Heil- und Duftpflanzen verwendet.

Aber nicht nur im blütenlosen Zustand, sondern auch durch ihre Blüten sind die Lippenblütler sehr charakteristisch. Die fünfzähligen, in der Regel zwittrigen Blüten stehen meist in blattachselständigen Scheinquirlen zusammen; sie sind stark dorsiventral (zweiseitig-symmetrisch). Der Kelch ist verwachsen und oft zweilippig. In der langröhrigen Blumenkrone sind 2 Blütenblätter zur Oberlippe und 3

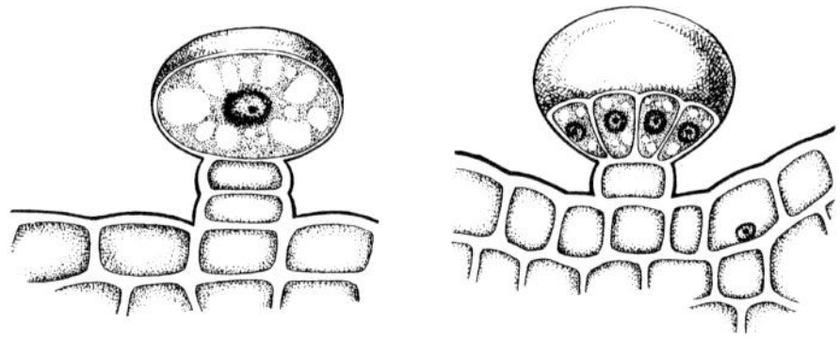

Drüsenhaare von Laubblättern der Labiaten. Links: *Plectranthus fruticosus,* rechts: *Rosmarinus officinalis*

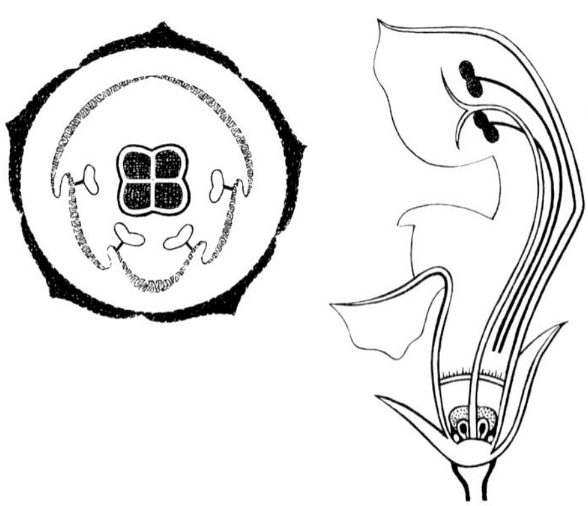

Blütenbau der Labiaten (*Lamium,* Taubnessel). Links: Blütendiagramm, rechts: Längsschnitt durch die Blüte

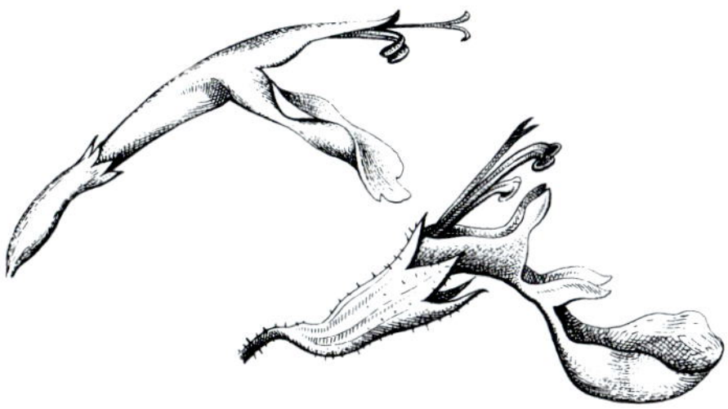

Blüten der Labiaten. Links: Scharlachmonarde, *Monarda didyma,* rechts: *Teucrium lucidum,* hier fehlt die Oberlippe scheinbar, da sie gespalten ist und ihre Lappen auf die Unterlippe herabgerückt sind.

zur Unterlippe verwachsen. Von den 4 Staubblättern (das mittlere ist ausgefallen) sind je 2 lang und 2 kurz, manchmal sind nur 2 Staubblätter ausgebildet. Der oberständige Fruchtknoten ist zweiblättrig, läßt aber schon zur Blütezeit eine tiefe Vierteilung erkennen. Die Frucht ist also in 4 Nüßchen (Klausen) geteilt. Der Griffel ist zwischen den Klausen eingesenkt (im Unterschied zu den Eisenkrautgewächsen, bei denen der Griffel dem Scheitel des Fruchtknotens aufsitzt). Die Bestäubung der Blüten wird von Hummeln, Bienen, Schmetterlingen und Kolibris vorgenommen. Die Verbreitung der Samen erfolgt durch den Wind, durch Tiere (Ameisen) oder durch das Wasser.

Die Lippenblütler bilden einen natürlichen Formenkreis, der am nächsten mit den Eisenkrautgewächsen (Verbenaceae) verwandt ist. Zwischen beiden Familien besteht keine scharfe Grenze: Die sogenannten verbenoiden Labiaten (die Unterfamilien Prostantheroideae und Ajugoideae) werden manchmal auch zu den Eisenkrautgewächsen gestellt.

In der Familie führt eine Entwicklungsreihe von relativ ursprünglichen, fast strahligen zu den typischen, zweiseitig-symmetrischen Blüten. Bei den eben erwähnten beiden Unterfamilien stehen die Griffel endständig oder mehr oder weniger eingesenkt, während sie sonst grundständig sind. Wir finden Übergänge vom fünflappigen zum zweilippigen Kelch, und bei den Staubblättern ist eine Reduktion von 4 auf 2 zu erkennen, manchmal ist dabei nur je eine Theka fruchtbar. Schließlich ist bei der Gattung *Salvia* eine Umwandlung von Konnektiv und Filament zu einer Hebelvorrichtung zu beobachten.

Fossile Reste der Lippenblütler aus älteren Schichten sind nicht bekannt. Lediglich im Unterpliozän von Frankfurt/M. fand man Klausen von *Melissa elegans* und *Ajuga antiqua* sowie in interglazialen Ablagerungen Englands solche von *Stachys* und *Lycopus.* Diese Fossilien und weitere vereinzelte Blätter können daher zum Verständnis der Abstammung dieser Familie nicht beitragen.

Unterfamilie Rosmarinoideae

Bei der Unterfamilie Rosmarinoideae ist die Blütenkrone zweilippig, die 2 Staubblätter haben nur je eine Theka, und ein Endosperm fehlt. Hierher gehört nur die Gattung *Rosmarinus,* die wiederum lediglich eine Art enthält: den Rosmarin, *Rosmarinus officinalis.* Es ist eine Duft-, Heil- und Gewürzpflanze, die in den Randgebieten des Mittelmeeres vorkommt

Der Rosmarin, *Rosmarinus officinalis,* ist eine alte Kulturpflanze, die medizinisch und als Gewürz verwendet wird.

und hier sowie auch in nördlicheren Ländern mit mildem Winter (England) kultiviert wird. Die Pflanze ist ein immergrüner Kleinstrauch mit blauvioletten Blüten und Blättern mit umgerollten Rändern. Blätter und Blüten werden medizinisch, die Blätter allein auch als Küchengewürz verwendet. Der Rosmarin wurde schon im Altertum kultiviert, und bereits im Jahre 100 u. Z. verwandte Archigenes ein ausgekochtes »Oleum rosmarini«. In alkoholischer Lösung wurde es von Arnold von Villanova um 1300 dargestellt. Es ist damit eines der ersten ätherischen Öle, die man überhaupt gewonnen hat. Das erste destillierte Parfüm ist das im 16. Jahrhundert aus frischen Rosmarinblüten und Alkohol hergestellte »königlich ungarische Wasser« (Aqua Reginae Hungariae). Rosmarinöl bildet auch einen Hauptbestandteil des Kölnischwassers.

Unterfamilie Ocimoideae

Die Unterfamilie Ocimoideae ist u. a. durch eine Blütenkrone mit vierlappiger Ober- und einlappiger Unterlippe gekennzeichnet.

Die Gattung *Hyptis* ist mit etwa 400 Arten die zweitgrößte Gattung der Lippenblütler. Ihre Arten sind in den wärmeren Teilen Amerikas (besonders Brasiliens) und in Westindien heimisch. Sie haben ein sehr unterschiedliches Aussehen, es sind Kräuter, Halbsträucher oder Sträucher. Daneben kommen sehr selten auch Bäume vor, die einzigen baumförmigen Lippenblütler überhaupt. So erreichen die brasilianische *Hyptis altissima* bis 5 m, die in Guayana beheimatete *Hyptis arborea* bis 10 m und die brasilianische *Hyptis membranacea* sogar bis 15 m Höhe. Die Blätter der sehr aromatischen Sangura, *Hyptis suaveolens,* einer von Mexiko bis Peru und Südbrasilien vorkommenden krautigen Art, werden auf der Insel Curaçao als Tee medizinisch verwendet. Die im tropischen Amerika beheimatete krautige *Hyptis spicigera* ist im tropischen Afrika und Madagaskar eingebürgert. Sie wird im tropischen Afrika der eßbaren Samen wegen, die 20–37% Öl enthalten, stellenweise wie Sesam angebaut. Die brasilianische *Hyptis glaziovii* beherbergt in den am Gipfel blasenförmig angeschwollenen Internodien Ameisen und zählt somit zu den sehr wenigen myrmekophilen Arten unter den Lippenblütlern.

Die 50 bis 60 Arten der Gattung *Ocimum* sind aromatische Kräuter oder Kleinsträucher, die größtenteils im tropischen Afrika und Asien, sodann auch im tropischen Amerika verbreitet sind. Die weißen oder rosa Blüten haben eine kurze Röhre und eine nur schwach konkave Unterlippe. Seit alter Zeit kultiviert man das Basilienkraut, *Ocimum basilicum,* das als Gewürz benutzt wird. Wegen des alten Anbaues ist die Heimat der Pflanze nicht mehr genau feststellbar (Südasien oder Afrika). Man fand bereits in den ägyptischen Pyramiden Kränze aus Basilienkraut. Heute wird die Art in allen wärmeren Ländern kultiviert, besonders in Südasien und Nordafrika, z. T. auch in Europa. Die Blätter liefern Basilikumöl, das medizinisch genutzt wird, während das Kraut (besonders in Südosteuropa) als Gewürz Verwendung findet. Weiter stellt die Art eine Bienenfutter- und Zierpflanze dar. In Südasien und im Mittelmeergebiet werden noch einige andere Arten der Gattung zur Ölgewinnung kultiviert.

Zur Gattung *Coleus,* Buntnessel, gehören etwa 200 Arten von Kräutern und Halbsträuchern, die im tropischen Afrika und Asien vorkommen. Bei dieser Gattung ist die Unterlippe der Blüte lang, löffel- bis kahnförmig, und die Staubfäden sind am Grunde vereint. Bei einigen Arten verdicken sich die Seitenwurzeln zu knollenartigen Reservestoffbehältern, die eßbar sind (vgl. auch *Stachys sieboldii*), weswegen diese Arten auch kultiviert werden. So ist die im tropischen Afrika bis Südafrika, auf Madagaskar, Mauritius sowie in Indien, Sri Lanka und Java angebaute Madagaskar-, Hausa- oder Sudanpotato, *Coleus rotundifolius,* bisher anscheinend überhaupt nur in Kultur bekannt. Auf den Hochebenen von Äthiopien wird *Coleus edulis* wegen der eßbaren, im Geschmack kartoffelähnlichen Knollen angebaut. *Coleus esculentus* kultiviert man im tropischen West- und Zentralafrika wegen der eßbaren Wurzelstöcke und ebenso in Vorderindien *Coleus forskohlii,* dessen Wurzeln eingemacht gegessen werden.

Neben den Wurzelknollen werden aber auch andere Pflanzenteile genutzt. So verwendet man die aromatischen, etwas scharf schmeckenden Blätter des in Vorderindien bis Hinterindien und Malesien beheimateten *Coleus amboinicus* ähnlich wie den Borretsch *(Borago officinalis)* als Gewürz für Speisen,

Wegen der verschiedenen Farben und Muster ihrer Blätter sind die *Coleus*-Hybriden (Buntnessel) beliebte Zierpflanzen.

Salate, Wein und Bier. Dazu ist die Art in dem genannten Gebiet in Gärten in Kultur. Nur kultiviert bekannt ist wiederum der vorderindische *Coleus vettiveroides,* dessen wohlriechende Wurzeln als Schmuck für Tempelbilder und als Haarschmuck Verwendung finden. Die afrikanische Art *Coleus kilimandschari* wird als Heilmittel gegen Epilepsie angewendet. Außerdem wird ein Aufguß der Blätter benutzt, um die Geburt zu erleichtern. Ein weiterer interessanter Verwendungszweck ist für die Arten *Coleus blumei* und *Coleus pumilus* zu nennen, die beide im tropischen Südostasien beheimatet sind. Sie sind bei den Indianern in Mexiko, wohin sie erst nach der spanischen Eroberung gelangt sein können, wahrscheinlich als sogenannte psychotrope Drogen in Gebrauch, ähnlich wie die dort beheimatete und ebenso benutzte *Salvia divinorum* (s. dort). Allerdings ist nicht ausgeschlossen, daß diese Arten lediglich medizinische Verwendung finden und sich nicht zur Erzeugung von Halluzinationen und Rauschzuständen eignen. Entsprechende Untersuchungen dieser Arten stehen noch aus, und es ist daher auch nicht klar, ob es sich bei *Coleus* chemisch um die gleichen oder ähnliche psychotrope oder sedative (beruhigende) Stoffe handelt wie bei *Salvia* sowie der ebenfalls zu den Lippenblütlern gehörenden Gattung *Lagochilus.*

Von der Art *Coleus scutellarioides* leiten sich zahlreiche Gartenformen ab, die meist als *Coleus blumei*-Hybriden bezeichnet werden. Der Ursprung dieser Formen ist nicht bekannt. Die von Bentham begründete Art basiert auf Exemplaren, die in javanischen Gärten kultiviert wurden und vermutlich bereits Hybridcharakter trugen. Es handelt sich also nicht mehr nur um eine Art, sondern um eine große Gruppe von Hybriden, die man vielleicht nur als *Coleus*-Hybriden bezeichnen sollte. Diese Formen werden in Sommerblumenbeeten und als Gewächshaus- oder Zimmerpflanzen kultiviert. Sie zeichnen sich durch eine große Vielfalt von Farben (grün, gelb, braun, orange, rot bis fast violett) auf den Blättern aus. Dabei können mehrere Farben gleichzeitig und in den verschiedenartigsten Mustern auftreten.

Einige Arten dieser Unterfamilie sind als »Kupferpflanzen« von Interesse. Es handelt sich um Pflanzen, die an schwermetallhaltige – besonders kupferhaltige – Böden angepaßt sind und meist nur auf derartigen Standorten wachsen. Sie treten meist endemisch auf und können als kupferzeigende Pflanzen zum Aufspüren von Erz dienen.

Bei *Aeolanthus biformifolius,* die in Süd-Zaïre (Shaba-Provinz) endemisch auf Kupferböden wächst, wurde ein Kupfergehalt von 1,3% (bezogen auf das Trockengewicht) festgestellt. Dies ist die höchste Kupferkonzentration, die jemals in lebenden Organismen ermittelt wurde. Kupfer- und andere Schwermetallverbindungen stellen Zellgifte dar.

Bei *Becium homblei,* einer in Sambia und Rhodesien auf Böden mit hohem Kupfergehalt wachsenden Art, die nicht nur Kupfer sondern auch andere Schwermetalle speichert, sind zum Ende der Wachstumsperiode 60% der Pflanzen chlorotisch, d. h. es kommt zu Verlusten des Blattgrüns. Die Pflanze hat keinen Mechanismus, um die Kupferaufnahme einzuschränken. Ihre Blätter und Stengel werden meist durch Buschfeuer abgebrannt, und dadurch wird die Pflanze vom Kupfer befreit. Zu Beginn der Wachstumsperiode kann sich die Pflanze aus dem ausdauernden Wurzelstock entwickeln, bevor das Kupfer schädigend wirkt.

Die Anpassung an metallbelastete Umgebung kann zu anderen Nachteilen für die Pflanze führen. Bei *Haumaniastrum katangense,* die in Zaïre (Shaba-Provinz) Kupferstandorte besiedelt, in denen Pilze nicht wachsen können, ist die Fähigkeit, auf normalen Böden zu gedeihen nicht mehr gegeben, weil sie die Resistenz gegen Pilzinfektionen verloren hat.

Unterfamilie Lavanduloideae

Zur Unterfamilie Lavanduloideae gehört nur die Gattung *Lavandula,* Lavendel. Die blaue oder violette Blütenkrone hat eine lange Röhre und einen zweilippigen Saum, die Staubblätter sind eingeschlossen, und der Keimling ist gerade. Die 28 Arten (Stauden, Halbsträucher und kleine Sträucher) sind von den Kapverdischen und Kanarischen Inseln über das Mittelmeergebiet bis Somalia und Vorderindien verbreitet. Der Echte Lavendel, *Lavandula angustifolia,* kommt im mediterranen Europa vor. Aus den Drüsenhaaren des Kelches (kurz vor dem Aufblühen) wird Lavendelöl gewonnen, das in der Parfümerie, seltener in der Medizin verwendet wird. Ganze Pflanzen legt man auch wegen des lange anhaltenden Duftes zwischen die Wäsche, um diese zu parfümieren. Der Echte Lavendel wird besonders in Südfrankreich und England, aber auch in Spanien, Mitteleuropa und Nordamerika angebaut. Auch der Große Speik, *Lavandula latifolia,* in Süd- und Südwesteuropa beheimatet, befindet sich in Südfrankreich, aber auch in Mitteleuropa in Kultur. Durch Destillation der frischen Blütenstände gewinnt man Spiköl (Nardenöl, Spiklavendelöl), das in der Tierheilkunde und bei der Herstellung von Lacken für die Porzellanmalerei verwendet wird. Die Blätter und Blüten stellen wie die von *Lavandula angustifolia* ein Volksheilmittel dar.

In der Kultur der Arten hat vor etwa 40 Jahren ein Wandel stattgefunden. Während bis dahin in Frankreich jährlich etwa 150 000 kg Öl von *Lavandula angustifolia* gewonnen wurden, ist diese Menge jetzt auf 50 000 kg jährlich gesunken. Dafür gewinnt man etwa 300 000 kg Lavandinöl von Hybriden *(Lavandula hybrida)* des Echten Lavendels und des Großen Speiks.

Diese Pflanzen sind robuster, leichter zu kultivieren und liefern pro Flächeneinheit viel mehr Öl als der Echte Lavendel. Daher haben sich viele Produzenten vom Anbau des Echten Lavendels auf die Kultur von *Lavandula hybrida* umgestellt, die jetzt in Südfrankreich in großen Pflanzungen angebaut wird. Das Lavandinöl dieser Art wurde zu einem sehr nützlichen und ökonomischen Ausgangsmaterial für die Parfüm- und Seifenindustrie.

Beim Echten Lavendel hat man festgestellt, daß der Ölgehalt vom Wetter abhängig ist. So fand man beim Ernten von Lavendelblüten, die zur Herstellung eines Leber- und Gallenpräparates dienen, große Unterschiede im Ölgehalt der Blüten. Durch tägliches Feststellen des Ölgehaltes einerseits und laufende Beobachtung von Temperatur, Luftfeuchtigkeit usw. andererseits gelang es nachzuweisen, daß bestimmte Witterungseinflüsse eine Abnahme des ätherischen Öls bewirken. Tau in Verbindung mit hoher Luftfeuchtigkeit beeinflußt den Ölgehalt der Lavendelblüten ungünstig. Auf Grund dieser Erkenntnisse ist es möglich, die Erntezeiten der Lavendelblüten so festzulegen, daß eine optimale Ölausbeute erreicht werden kann. Ähnliche Beziehungen dürften auch bei anderen Arten bestehen, bei denen ätherische Öle gewonnen werden.

Unterfamilie Stachyoideae

Mit über 100 Gattungen bilden die Stachyoideen die weitaus umfangreichste Unterfamilie der Lippenblütler. Sie wird in 12 Triben geteilt, die hier allerdings nicht alle berücksichtigt werden können. Die Blütenkrone ist fast strahlig oder zweilippig, Staubblätter sind 4 oder 2 vorhanden, die Nüßchen haben ein trockenes Perikarp, und der Keimling ist gerade (bei der nicht behandelten Unterfamilie Prasioideae haben die Nüßchen ein fleischiges Exokarp).

Zur Gattung *Pogostemon* gehören 40 Arten, die in China und im indomalaiischen Raum heimisch sind. Die wichtigste Art der durch die regelmäßig vierspaltige Blumenkrone und die oft behaarten Staubfäden gekennzeichneten Gattung ist *Pogostemon cablin,* eine Duftpflanze, als deren Heimat die Philippinen angesehen werden. Die Patchouli genannte Pflanze ist ein Kraut oder Halbstrauch, der eine Höhe von 1,2 m erreicht. Wegen des in den Blättern enthaltenen ätherischen Patchouliöls baut man sie in Südostasien (besonders in Indonesien und Malaysia) und in geringem Umfang in einer Anzahl tropischer Länder in Asien, Afrika, Westindien und Südamerika (Brasilien) an. Das Patchouliöl ist ein Handelsartikel, den man in der Medizin und besonders zur Parfümherstellung verwendet. Es hat einen starken, durchdringenden und lange haftenden Duft, der sich bei der Lagerung noch verbessert und dem Duft des Sandelholzöls ähnelt. Das Patchouliöl ist in der Parfümindustrie als eines der wichtigsten und wertvollsten Ausgangsmaterialien sehr geschätzt. Über die Bestandteile, die ihm den charakteristischen exotischen Duft verleihen, ist jedoch kaum etwas bekannt. Das Öl – fast ein Parfüm für sich – ist einer der besten Grundstoffe für schwere Parfüme. Es gibt wohl kaum ein Luxusparfüm, zumal von »orientalischem« Charakter, das nicht Patchouliöl enthält. Dieses wird auch bei der Herstellung von Seifen, Kosmetika, Tabakwaren und Weihrauch verwendet. In der Seifenindustrie mischt man es mit anderen Duftstoffen, mit denen es gut harmoniert. Das Öl stellt eine ausgezeichnete »Maskierung« in Enthaarungskremen dar. Es wirkt außerdem bakterientötend gegen *Escherichia coli, Staphylococcus aureus, Streptococcus pyogena, Bacterium coli, Bacterium typhosum* und *Mycobacterium tuberculosis.* Außerdem ist es auch Bestandteil eines insektenabweisenden Präparates, das besonders gegen Motten angewendet wird. Die getrockneten Blätter benutzt man, um Garderobe wohlriechend zu machen, und Blätter und Sproßspitzen der Pflanzen werden wegen ihrer antirheumatischen Wirkung Bädern beigefügt. Der Saft der Blätter wird schließlich benutzt, um Landblutegel abzuhalten. Auch die stark aromatische Art *Pogostemon perilloides,* die im westlichen Indien und auf Sri Lanka beheimatet ist, stellt eine Duft- und Heilpflanze dar, die in Indien häufig kultiviert wird.

Die Gattung *Perilla* besteht aus 3 Arten, die in Indien und Ostasien beheimatet sind. Die von Indien bis China und Japan verbreitete, einjährige, bis 150 cm hohe *Perilla frutescens* wird in China (besonders Nordostchina) und Japan als Ölpflanze feldmäßig kultiviert. Das aus den Samen gewonnene Perillaöl benutzt man technisch u. a. in ausgedehntem Maße in der Lackindustrie, zur Herstellung von japanischem Ölpapier, von wasserdichter Kleidung, Kunstleder und Linoleum. In den Ursprungsländern findet es auch für Speisezwecke und als Brennöl Verwendung. Als Zier- und Duftpflanze ist die Art ebenfalls geschätzt. Die Pflanze scheint in morphologischer und chemischer Hinsicht nicht einheitlich zu sein, denn bei der chemischen Bearbeitung des Formenkreises dieser Art durch japanische und chinesische Forscher konnten verschiedene Chemotypen festgestellt werden, die sogar als eigene Arten beschrieben wurden. Den Farbstoff der Blätter von *Perilla frutescens* var. *crispa* – in Japan Shiso genannt – verwendet man zum Färben von Speisen. In Japan wird auch aus den getrockneten Blättern und Blütensprossen von *Perilla frutescens* var. *crispa* forma *viridis* ein ätherisches Öl gewonnen, das in geringem Maße als Geschmacksstoff für Soßen, in der Konditorei und für Zahnpulver Verwendung findet. Wegen seiner stark antiseptischen Wirkung benutzt man es auch zur Bekämpfung von Mehltaupilzen. Das Öl wird in Japan hauptsächlich zur Herstellung eines chemischen Stoffes angewandt, der zweitausendmal so süß wie Zucker und vier- bis achtmal so süß wie Sacharin ist. Diesen Stoff gebraucht man als Ersatz für Ahornzucker oder Süßholz zum Süßen von Tabak.

Bei der Gattung *Mentha,* Minze, ist die Blütenkrone fast strahlig und meist violett. Hierher gehören etwa 15 Arten, die auf der Nordhemisphäre sowie in Australien und Neuseeland beheimatet sind. Die Arten sind sehr formenreich, eine Übersicht wird außerdem durch das Vorkommen zahlreicher Bastarde erschwert, die sich vegetativ durch Ausläufer fortpflanzen. Sie sind sehr aromatisch und ölreich, und es befinden sich alte Kulturformen darunter. Man hat die *Mentha*-Sippen systematisch, morphologisch, anatomisch, zytologisch, genetisch und chemisch vielfach untersucht, doch ist ein befriedigender Einblick in die morphologische und chemische Evolution dieser Gruppe bisher noch nicht gelungen.

Die Pfefferminze, *Mentha piperita,* ist wild nicht sicher bekannt, sie wird in Europa, Süd-

und Ostasien, Australien und Nordamerika kultiviert. Aus den Blättern gewinnt man ätherisches Öl, das Menthol enthält. Das Pfefferminzöl ist eines der am meisten verwendeten ätherischen Öle, das bestimmte pharmazeutische Eigenschaften besitzt und in umfangreichem Maße als Geschmacksstoff benutzt wird. Man hat geschätzt, daß etwa 5% in pharmazeutischen Präparaten, 15% zu verschiedenen Geschmacksstoffen, 15% in Zahnpasta, 15% bei der Konfektherstellung und etwa 50% in Kaugummi Verwendung finden. Gemessen an der Anbaufläche nimmt die Pfefferminze unter den medizinischen und Duftpflanzen die erste Stelle ein.

Von der Japanischen Minze, *Mentha arvensis* var. *piperascens,* gewinnt man das Japanische Pfefferminzöl, das wesentlich mentholreicher ist als das Öl der Pfefferminze, wenngleich das Aroma des Öls schlechter ist. Die Pflanze kennt man nur in Kultur, sie wird besonders in Japan, aber auch in Europa und Nordamerika angebaut.

Als weitere Art sei noch die Krauseminze oder Grüne Roßminze, *Mentha spicata,* erwähnt. Sie ist vielleicht nur in Frankreich, Oberitalien und Dalmatien ursprünglich, sonst in Europa wohl nur verwildert oder eingebürgert, ebenso in Nordamerika. Verschiedene Formen dieser Art (engl. spearmint) werden besonders in England und Nordamerika angebaut. Ihr Öl findet hauptsächlich als Geschmacksstoff für Kaugummi und Zahnpasta Verwendung.

Zur Gattung *Hyssopus,* Ysop, gehört nur eine Art, *Hyssopus officinalis.* Der Ysop ist eine Heil- und Gewürzpflanze, die aus ihren Sprossen Ysopöl liefert. Die Verbreitung der pontisch-mediterranen Art reicht im Osten bis in das Altaigebiet, südlich bis Nordiran und die Taurische Steppe, nördlich bis in die Südalpen und Südfrankreich und westlich bis Spanien. Die Pflanze ist in den Anbaugebieten auch verwildert anzutreffen. So ist der Ysop an zahlreichen Burghügeln der Weinbaugebiete Mitteleuropas vollkommen eingebürgert. Er ist ein 20 bis 60 cm hoher Halbstrauch mit scharf aromatisch duftenden Blättern, die beiderseits dicht mit Öldrüsen besetzt sind. Die 8 bis 12 mm langen Blüten sind meist lebhaft violettblau. Die Pflanze, als deren Heimatland man Kleinasien ansieht, wurde im Altertum als Heilmittel gegen Krankheiten der Luftwege und zur Herstellung eines absinthähnlichen Getränkes benutzt. Im 16. Jahrhundert kultivierte man den Ysop in Mitteleuropa überall und häufig als Gartenpflanze. Die Anwendung des Ysopöls ist schon für 1574 nachgewiesen, jetzt wird die Art nur noch als Volksheilmittel, als Gewürz sowie als Zierpflanze verwendet.

Aus der Gattung *Majorana,* zu der nur wenige Arten zählen, soll hier nur *Majorana hortensis,* der Majoran oder das Wurstkraut, genannt werden. Der Kelch ist bei dieser Gattung meist einlippig, d. h. fast völlig auf die Oberlippe reduziert. Der Majoran kommt in Nordafrika und auf der Arabischen Halbinsel bis Indien vor, in Europa verwildert er auch bisweilen vorübergehend aus Kulturen. Als Heil- und Gewürzpflanze wird die Art seit dem Altertum kultiviert, sie enthält das ätherische Majoranöl. Heute wird der Majoran in Europa (nördlich bis Skandinavien und England), Nordamerika und Asien angebaut. Als Gewürz verwendet man ihn besonders zu Würsten, Kalbfleisch, Braten und Soßen.

Zur Gattung *Thymus,* Thymian, gehören aromatische Halbsträucher und Kleinsträucher. Sie haben einen zehn- bis dreizehnnervigen Kelch, eine zweilippige Blütenkrone und gerade vorgestreckte Staubblätter. Was die Artenzahl anbetrifft, so gehen die Meinungen sehr auseinander. Manche Forscher nehmen 35 Arten an, die in Eurasien und Nordafrika bis zu den Kanarischen Inseln vorkommen. Viele Arten sind aber äußerst vielgestaltig, so daß die genannte Zahl bei enger Umgrenzung der Arten verzehnfacht werden kann. So hat denn auch Karl Ronniger, der sich intensiv mit dieser Gattung beschäftigte, in einer unveröffentlichten Übersicht 417 Kleinarten aufgeführt. In neuerer Zeit hat man versucht, in die in taxonomischer und nomenklatorischer Hinsicht sehr unübersichtliche Gattung Ordnung zu bringen, indem man nach Zusammenhängen zwischen Systematik und Chemismus suchte. Beim Gartenthymian oder Echten Thymian, *Thymus vulgaris,* zeigte sich, daß es sowohl jahreszeitlich bedingte Schwankungen als auch Unterschiede im Chemismus der ätherischen Öle zwischen örtlich getrennten Popu-

Unter den mitteleuropäischen Lippenblütlern nimmt das Immenblatt, *Melittis melissophyllum,* durch seine 3 bis 4,5 cm langen Blüten eine Sonderstellung ein.

lationen der Art gibt. Der Gartenthymian ist auf der Pyrenäenhalbinsel, in Südfrankreich, West- und Süditalien sowie in Griechenland beheimatet. Er wird in Europa und Nordamerika als Küchengewürz und Heilpflanze kultiviert. Im ätherischen Öl von *Thymus vulgaris* wurde erstmalig das Thymol entdeckt, eine kristalline Substanz, die in der Medizin als Fungizid und wirksames Wurmmittel benutzt wird. Wegen seiner antiseptischen Eigenschaften findet es auch als Bestandteil vieler Mund- und Nasenpräparate, in Zahnpasten und Mundwässern Verwendung. Bis zum Jahre 1920 wurde es aus ätherischen Ölen gewonnen, heute ist praktisch die gesamte Thymolproduktion synthetisch.

Von den 3 Arten der Gattung *Melissa* kommen 2 vom Himalaja bis Java vor. Die dritte ist die im Orient beheimatete Melisse oder Zitronenmelisse, *Melissa officinalis.* Sie verströmt einen starken, süßlichen Zitronengeruch und ist eine alte Bienenfutter-, Gewürz- und Heilpflanze, die heute auch noch zum Ausreiben von Bienenbeuten verwendet wird. Die Blätter enthalten Oleum Melissae und werden medizinisch angewandt. Im 15. bis 17. Jahrhundert schätzte man vornehmlich die Destillate (Melissenwasser), von denen der seit 1611 von Karmelitermönchen in Paris hergestellte Karmelitergeist oder das Karmeliterwasser als besonders heilkräftig angesehen wurde. Die frischen Melissenblätter finden auch als Würze zu Kräutersalat, Gurken, Obstsuppen, Likör usw. Verwendung. Die Zitronenmelisse wird in Deutschland, besonders im Oberrheintal, im Jura und in Thüringen, teilweise feldmäßig kultiviert; ein Anbau findet aber auch im übrigen Europa sowie in den gemäßigten Teilen Asiens und Nordamerikas statt.

Etwa 200 Arten bilden die Gattung *Satureja,* die in den wärmeren Gebieten, besonders im Mittelmeergebiet, verbreitet sind. Hierher gehört das Bohnenkraut, *Satureja hortensis,* das im östlichen Mittelmeergebiet bis zum Iran beheimatet ist. Die Art dient als Küchengewürz sowie Heilpflanze und wird mit Ausnahme der nördlichen Teile in ganz Europa sowie in anderen Erdteilen kultiviert. Die verwandte Art *Satureja montana,* das Winterbohnenkraut, wird wie *Satureja hortensis* als Gewürz- und Heilpflanze verwendet und ebenfalls angebaut.

Die Gattung *Melittis* besteht nur aus einer Art, dem Bienensaug oder Immenblatt, *Melittis melissophyllum.* Die Pflanze ist in Mittel- und Südeuropa heimisch und kommt bei uns in Laubwäldern in wärmeren Gegenden besonders auf kalkhaltigen Böden vor. Sie ist durch große, 3 bis 4,5 cm lange, weiße, rosa oder fleischfarbene Blüten gekennzeichnet. Früher wurde der Bienensaug in der Volksmedizin ähnlich wie Majoran und Melisse als wundheilendes, blutreinigendes und harntreibendes Mittel verwendet. Unter den einheimischen Lippenblütlern nimmt die schöne Pflanze durch die Größe ihrer Blüten eine isolierte Stellung ein.

Ihre nächsten Verwandten finden sich in Nordamerika. Dazu gehört unter anderem die 15 Arten umfassende Gattung *Physostegia.* Interessant ist der Falsche Drachenkopf, *Physostegia virginiana,* eine bis über einen Meter hohe, kahle Staude mit lanzettlichen, scharf gesägten Blättern. Ihre meist rosa Blüten stehen in 4 Reihen in den Scheinähren. Die Blüten lassen sich im Blütenstand bewegen: Aus ihrer Stellung gebracht, bleiben sie in der veränderten Haltung stehen. Nach dieser bemerkenswerten Erscheinung wird die Pflanze meist Gelenkblume genannt. Die Art gelangte im 17. Jahrhundert nach Europa und wird heute als Zierpflanze in mehreren Gartenformen kultiviert.

Zur Gattung *Lagochilus* zählen 35 Arten, die in Zentralasien bis Iran und Afghanistan beheimatet sind. Die berauschende Wirkung eines aus *Lagochilus inebrians* hergestellten Tees ist den Usbeken, Turkmenen, Tataren und Tadshiken Zentralasiens seit Jahrhunderten bekannt. Die Droge wird im Oktober gesammelt, und zwar sind es die obersten, fruchtenden Teile der Pflanze sowie Blätter und Stengel. Die kleine, halbstrauchige Pflanze hat weiße bis cremefarbige Blüten und wächst in den Steppen Turkestans. Ihr schwach aromatischer Duft verstärkt sich bei der Lagerung, und der Geschmack ist sehr bitter. Die Pflanze liefert gestoßen und mit Honig und Zucker gebrüht ein berauschendes Getränk. Bei pharmakologischen Untersuchungen ließen sich eine Reihe verschiedener Wirkungen dieser Pflanze feststellen, die dazu führten, daß sie jetzt in Rußland als Heilpflanze angewendet wird. Die Droge wirkt u. a. blutstillend und krampflösend; sie kann auch zur Behandlung von Hautkrankheiten und Nervenstörungen

Der aus den Kaukasusländern stammende Großblütige Ziest, *Stachys grandiflora,* ist mit seinen 2,5 bis 4 cm langen Blüten eine prächtige Zierstaude.

Die Weiße Taubnessel, *Lamium album,* ist eine der bekanntesten Arten der Lippenblütler.

herangezogen werden. Die Anwendung im Volksgebrauch dürfte vor allem auf die sedative (beruhigende) Wirkung des Getränks zurückzuführen sein. Viele Untersuchungen beschäftigen sich mit der blutstillenden Wirkung der Pflanze, deren Folklore, Inhaltsstoffe und pharmakologische Wirksamkeit Gegenstand weiterer Forschung sein werden.

Mit etwa 300 Arten ist *Stachys,* Ziest, die drittgrößte Gattung der Lippenblütler. Sie ist mit Ausnahme von Australien, Neuseeland und den arktischen Gebieten fast auf der ganzen Erde verbreitet. Besonders viele Arten finden sich im Mittelmeergebiet, im Orient, im Kapland und in Chile. Es handelt sich um einjährige oder ausdauernde Kräuter, seltener um Halbsträucher oder Sträucher. Die Blüten sind purpurn, scharlach, rosa, gelb oder weiß, und die Staubblätter sind nach der Blütezeit meist seitwärts abgebogen. In Mitteleuropa finden sich etwa 10 Arten.

Eine bekannte Zierpflanze ist der aus Südosteuropa und dem Kaukasus stammende Wollige Ziest, *Stachys lanata,* dessen Blätter dicht weißseidig behaart sind. Die in Mittel- und Nordchina sowie Japan beheimatete Japanknolle (Japanische Knollenkartoffel, Knollenziest), *Stachys sieboldii,* wird in Japan wegen der eßbaren Knollen angebaut, die als Gemüse verwendet werden. Es handelt sich um Bodenausläufer, die an den Enden sehr stark verdickt sind und bis 7 cm lang werden können. Die Pflanze wurde 1887 nach Frankreich eingeführt und hier wie in einigen anderen Ländern Europas ebenfalls kultiviert. Die Japanknolle ist nahe verwandt mit dem Sumpfziest, *Stachys palustris,* der gleichfalls verdickte, eßbare Ausläufer besitzt. Man baute die Art im 19. Jahrhundert wegen der Knollen versuchsweise an, doch wurde die Kultur bald wieder aufgegeben.

Die 40 Arten der Gattung *Lamium,* Taubnessel, sind in Europa, im außertropischen Asien und in Nordafrika verbreitet. Sie haben keine

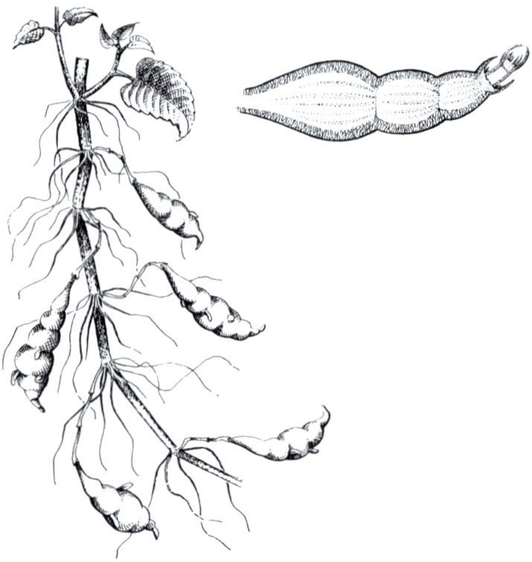

Bei der Japanknolle (Knollenziest), *Stachys sieboldii,* sind die Bodenausläufer stark verdickt und eßbar.

wirtschaftliche Bedeutung, doch soll die Gattung hier nicht übergangen werden, da sie so bekannte Arten aufweist wie die Weiße Taubnessel, *Lamium album,* und die Goldnessel, *Lamium galeobdolon.* Die Weiße Taubnessel, deren Blüten in der Volksmedizin verwendet werden, ist die Typusart der Gattung Taubnessel und diese wiederum die Typusgattung der Lippenblütler.

Auch in der Gattung *Galeopsis,* Hohlzahn, sind keine wirtschaftlich wichtigen Arten enthalten. Die 10 Arten sind hauptsächlich in Europa, West- und Nordasien verbreitet. Sie tragen ihren Namen nach den 2 hohlen, zahnartigen Ausstülpungen der Unterlippe. Bemerkenswert ist auch das weitgehend reduzierte Drüsensystem: Die für die Lippenblütler so typischen Drüsen fehlen fast ganz und dementsprechend auch die ätherischen Öle. Durch Kreuzungsversuche mit Arten dieser Gattung gelang erstmalig mit sehr großer Annäherung die experimentelle Synthese einer wilden Art aus 2 anderen Arten. Die beiden Ausgangsarten sind der Weichhaarige Hohlzahn, *Galeopsis pubescens,* der eine purpurne Blütenkrone mit weißer Röhre und gelbem Schlund hat, und der Bunte Hohlzahn, *Galeopsis speciosa,* der eine schwefelgelbe Blüte besitzt, deren Mittellappen der Unterlippe violett ist. Das Ergebnis dieser Kreuzung waren Pflanzen, die dem Gemeinen oder Stechenden Hohlzahn, *Galeopsis tetrahit,* fast völlig glichen. Die Blüten dieser Art sind rot oder weiß mit purpurn gefleckter Unterlippe. Die beiden Ausgangsarten haben je 8 Chromosomen als Haploidzahl, während *Galeopsis tetrahit* $n = 16$ Chromosomen besitzt. Eine solche Bastardierung mit anschließender Verdopplung der Bastardgenome hat bei der Artbildung eine wichtige Rolle gespielt.

Mit etwa 700 Arten ist *Salvia,* Salbei, die umfangreichste Gattung der Lippenblütler. Die Arten kommen besonders zahlreich in den Tropen und Subtropen beider Erdhälften vor, doch auch im Mittelmeergebiet sind viele anzutreffen; in Mitteleuropa gibt es etwa 10 Arten, deren Verbreitung jedoch meist auf den Einfluß des Menschen zurückzuführen ist. Es handelt sich um ein- oder mehrjährige Kräuter, Halbsträucher oder Sträucher. Die Gattung Salbei ist in ihrem Blütenbau innerhalb der Lippenblütler am stärksten an Fremdbestäu-

Der Bunte Hohlzahn, *Galeopsis speciosa,* hat wie die anderen Arten der Gattung zwei hohle, zahnartige Ausstülpungen in der Unterlippe.

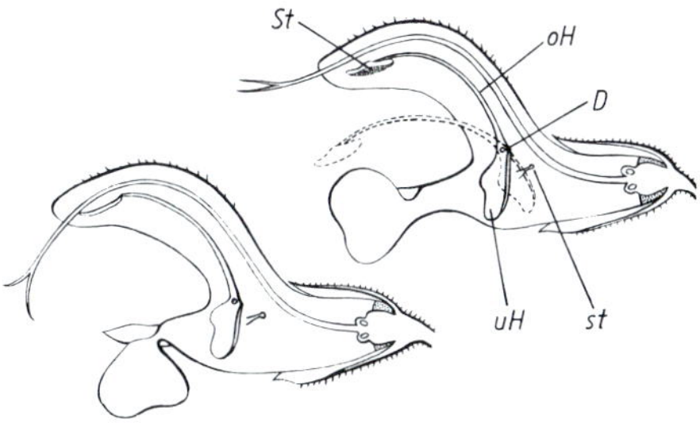

Der Hebelmechanismus in der Blüte von *Salvia pratensis,* Wiesensalbei. Oben Blüte im männlichen, unten im weiblichen Zustand. D = Drehgelenk, uH = unterer Hebelarm (Druckplatte), oH = oberer Hebelarm (Konnektiv), St = Staubbeutelhälfte, st = verkümmertes Staubblatt; nähere Erläuterung im Text

bung angepaßt. Die Blüten haben dazu einen Mechanismus ausgebildet, der an Hand der Zeichnung näher beschrieben werden soll. Bei den meisten Lippenblütlern ragen die Staubbeutel und Narben über den Rand der Blütenröhre hinaus oder werden zwar von der helmartigen Oberlippe überdacht, sind aber dennoch sichtbar. Beim Wiesensalbei, *Salvia pratensis,* tritt dagegen lediglich das Griffelende mit der Narbe aus der Blüte hervor, während die Staubbeutel in der Oberlippe eingeschlossen sind. Die 2 Staubblätter (2 weitere sind verkümmert) haben eine sehr merkwürdige Ausbildung erfahren. Normalerweise besteht ein Staubblatt aus einem Staubfaden, der an seinem oberen Ende die durch das Konnektiv (Verbindungsstück) verbundenen Staubbeutelhälften trägt, wobei das Konnektiv meist die geradlinige Verlängerung des Staubfadens darstellt und nur geringe Ausdehnung hat. Bei der Gattung *Salvia* ist das Konnektiv dagegen mächtig entwickelt, so daß die beiden Staubbeutelhälften weit auseinanderliegen. Mit dem ganz kurzen Staubfaden ist es durch ein Drehgelenk verbunden. Die untere Staubbeutelhälfte ist zusammen mit dem dazugehörigen Konnektivteil zu einem löffelartig verbreiterten Gebilde umgestaltet und völlig unfruchtbar, während die obere Staubbeutelhälfte auf dem filamentartig verlängerten Konnektivteil steht und allein funktionstüchtig ist. Man kann an dem ganzen Gebilde also einen unteren, kürzeren Arm und einen oberen, längeren Arm unterscheiden. Die an der Spitze lose miteinander in Verbindung stehenden unteren Staubbeutelhälften der beiden fruchtbaren Staubblätter schließen sich zu einer »Druckplatte« zusammen, die den Eingang zur Blütenkronröhre versperrt. Wenn nun ein Insekt, z. B. eine Hummel oder Biene, an den am Blütengrunde (am Fruchtknoten) befindlichen Nektar gelangen will, stößt es an die Druckplatte (unterer Hebelarm), wodurch die oberen Staubbeutelhälften aus der Oberlippe hervortreten und den Blütenstaub auf den Rücken des Insektes abstreifen. Diesen Hebelmechanismus kann man auch durch Einführung eines Grashalmes oder einer Bleistiftspitze betätigen. Beim Nachlassen des Drukkes verschwinden die Staubbeutel wieder in der zusammengefalteten Oberlippe. Doch ist ein solcher Mechanismus nicht bei allen *Salvia*-Arten in dieser vollkommenen Form ausgebildet.

Der Wiesensalbei, *Salvia pratensis,* kommt in trockenen Wiesen, auf Felsen usw. (besonders auf kalkhaltigem Boden) in den meisten

Der Wiesensalbei, *Salvia pratensis,* ist eine charakteristische Art trockener Wiesen (besonders auf Kalk).

Gebieten von Süd- und Mitteleuropa vor. Seine Blüten sind meist dunkel-blauviolett, manchmal aber auch weiß oder rosa.

Erwähnt sei auch der Edle, Echte oder Gartensalbei, *Salvia officinalis,* eine halbstrauchige Art mit hellvioletten Blüten, die auf trokkenen Kalkhängen in Südeuropa wächst, in Mitteleuropa seit dem frühen Mittelalter in Gärten als Gewürz- und Heilpflanze angebaut wird (Salbeitee) und zuweilen verwildert.

Von den zahlreichen, in Mitteleuropa als Zierpflanzen verwendeten *Salvia*-Arten sei nur die in Parkanlagen häufig und oft in großen Mengen angepflanzte *Salvia splendens* genannt. Die aus Brasilien stammende Art hat scharlachrote Kelche und scharlachrote Blumenkronen. Durch das reine Rot ist diese Art als Vogelblume gekennzeichnet (»Vogelblumenrot«), sie wird in ihrer Heimat von Kolibris besucht und bestäubt.

Von den in Peru vorkommenden 67 Arten der Gattung *Salvia* sollen 2 beschrieben werden, die wegen ihres Zierwertes bzw. ihrer ethnobotanischen Bedeutung von Interesse sind.

Die erste, *Salvia dombeyi,* gehört zur Sektion Longiflorae, die durch besonders lange Blüten gekennzeichnet ist. So beträgt die Länge der Blüten bei *Salvia dombeyi* 12 cm! Davon entfallen 9 cm auf die Blütenröhre und 3 cm auf die Lippe. Die Blüten sind scharlachrot und stehen in Blütenständen, die bis 34 cm lang sind. Im Heimatgebiet erreicht die holzige Pflanze über 5 m Höhe. Die bis 22 cm langen und 12 cm breiten Blätter haben ebenfalls eine sehr dekorative Wirkung. In ihrem Verbreitungsgebiet findet man die prächtige Pflanze überall in den Dörfern angepflanzt.

Die zweite Art ist *Salvia oppositiflora,* die bereits auf den heiligen Gefäßen (keros genannt) der alten Peruaner farbig in natürlicher Größe dargestellt ist. Auf diesen Vasen, die mit verschiedenen Motiven von Menschen, Tieren und Pflanzen versehen sind, kommt unter den Pflanzenabbildungen die *Salvia oppositiflora* am häufigsten vor. Die Art hatte symbolischen Charakter, war sehr geschätzt und wurde heilig gehalten und in religiösen Zeremonien zu verschiedenen Zwecken verwendet. Sie sollte den Zorn der Götter besänftigen, z. B. Erdbeben verhindern, mit ihr drückten die Menschen auch ihre Zustimmung zu den Inkaherrschern und den Personen des Inkahofes aus. Noch heute wird die Pflanze geschätzt und wie zur Erinnerung bei einigen religiösen Festen, auch solchen der katholischen Kirche, verwendet. Dabei werden die Heiligenbilder mit den scharlachroten Blüten geschmückt. Worin die besondere Wertschätzung, die die Pflanze genoß, bestand, ist nicht mehr auszumachen. Die Blüten sind nur 2,5 bis 3 cm lang und daher nicht so auffällig wie bei *Salvia dombeyi,* doch verleiht die holzige Pflanzenart zur Blütezeit der Landschaft gleichsam einen lebhaft roten Anstrich.

Salvia divinorum, die Salbei »der Seher«, gehört zu den halluzinogenen Pflanzen, die in Mexiko zur Erzeugung von Rauschzuständen verwendet werden.

Von den Arten der Gattung *Salvia* muß noch eine weitere besonders erwähnt werden. Es ist dies die erst im Jahre 1962 beschriebene *Salvia divinorum,* die Salbei »der Seher«. Die Art, eine bis über einen Meter hohe Staude mit etwa 2 cm langen, blauen Blüten, wird von den Mazateca-Indianern von Oaxaca (Südmexiko) als sogenannte psychotrope Droge oder Halluzinogen verwendet. Darunter versteht man solche Stoffe, die als Schlüssel zu Kenntnissen dienen, die den Menschen normalerweise verborgen sind, als Mittel, um übersinnliche Wahrnehmungen hervorrufen zu können. Die Indianer betrachten derartige

Pflanzen gleichsam als Mittler zwischen den Menschen und ihren Göttern. Vor schwere Probleme gestellt, bedienen sie sich solcher Pflanzen. In den alten mittelamerikanischen Kulturen gab es mehrere Pflanzenarten, die seherische Fähigkeiten vermitteln sollten, unter denen mehrere Pilzarten die wichtigsten sind. Der Artname der Salbei nimmt auf diese Eigenschaft der Pflanze Bezug. Daß die Art erst 1962 der Wissenschaft bekannt wurde, liegt vor allem daran, daß die Indianer die Pflanze geheimhalten. Viele – vielleicht die meisten – der Familien der Mazateca-Indianer haben ihre eigenen Fleckchen, auf denen sie die Salbei anbauen. Diese Stellen liegen nicht in der Nähe der Häuser oder der Straßen und werden Fremden nicht gezeigt, obwohl die Indianer über diese Pflanze Auskunft geben, während sie von den »heiligen« Pilzen nicht oder nur mit großem Respekt sprechen.

Die Art kommt anscheinend lediglich im kultivierten Zustand vor. Sie vermehrt sich überwiegend vegetativ, was ein weiterer Grund dafür ist, daß die Pflanze erst jetzt bekannt wurde. Die Salbei wird von den Indianern nur verwendet, wenn die am meisten benutzten Pilze aus irgendeinem Grunde nicht zur Hand sind. Die Wirkung der Salbei ist milder und kürzer als die der Pilze. Der Botaniker Wasson, der sich ausführlich mit den halluzinogenen Pflanzen Mexikos befaßte, hat in einem Selbstversuch den Saft von 68 Blättern dieser Pflanze zu sich genommen und gibt an, tanzende Farben in sorgfältig ausgeführten dreidimensionalen Mustern gesehen zu haben. Wasson nimmt an, daß die im vorspanischen Mexiko mit dem Namen Pipiltzintzintli bezeichnete Pflanze, die bei Weissagungen Verwendung fand, mit der *Salvia divinorum* identisch ist. Der wirksame Bestandteil ist bisher weder isoliert noch in seiner Struktur aufgeklärt.

Psychotrope Drogen oder Halluzinogene sind aus mehreren Pflanzengruppen bekannt, so z. B. von den Windengewächsen (Convolvulaceae), den Kaktusgewächsen (Cactaceae), den Malpighiaceen, den Myristicaceen und von den Pilzen. Der wirksame Stoff der zu den Windengewächsen gehörenden Arten *Rivea corymbosa* und *Ipomoea violacea* hat in seiner chemischen Strukturformel große Ähnlichkeit mit der Formel des LSD (Lysergsäurediäthylamid), dem Halluzinogen, das unter den bisher bekannten die größte Wirkung aufweist.

Unterfamilie Scutellarioideae

Schließlich soll noch die Unterfamilie Scutellarioideae erwähnt werden. Bei ihr besitzt der Keimling eine gekrümmte Radicula. Aus dieser Unterfamilie, die 2 Gattungen aufweist, sei nur *Scutellaria,* das Helmkraut, genannt. Zu dieser Gattung, die in den Tropen, Subtropen sowie in den temperierten Zonen verbreitet ist und auch in der heimischen Flora mit mehreren Arten vorkommt, gehören etwa 200 Arten, z. T. Lianen. Die Blüten stehen einzeln in den Blattachseln, ihre Kelche haben auf dem Rükken der Oberlippe ein hohles, schildförmiges Anhängsel. Mehrere Arten finden als Zierpflanzen Verwendung, so in Gewächshäusern die aus Mexiko stammende *Scutellaria mociniana,* die mit ihren 5 bis 6,5 cm langen, leuchtend orange-scharlachfarbenen Blüten zugleich die schönste der in Kultur befindlichen Arten dieser Gattung darstellt.

Die mexikanische *Scutellaria mociniana* ist durch die rote Blütenfarbe und die lange Kronröhre als Vogelblume gekennzeichnet.

Familie Phrymaceae

Aus dem östlichen Nordamerika sowie aus Ostasien kennt man *Phryma leptostachya,* wo sich das Verbreitungsgebiet von der Mandschurei bis Japan erstreckt. Die Art ist ein ausdauerndes Kraut mit dreizähligen Laubblättern und abschließenden ährigen Blütenständen. Die zweilippigen Blüten stehen von der Sproßachse waagerecht ab, während der Reife neigt sich die Frucht, die vom bleibenden Kelch umschlossen wird, senkrecht nach unten. Es werden 2 Fruchtblätter angelegt, doch nur eine Samenanlage, die auffallenderweise orthotrop ist, kommt in einer Nußfrucht zur Reife (pseudomonomeres Gynoeceum). Die Kelchoberlippe setzt sich aus 3 langgestreckten Blattzipfeln zusammen, die sich nach der Blüte hakenartig nach außen krümmen und an vorbeistreifenden Tieren festhaften. Auf diese Weise werden die Nußfrüchte verbreitet.

Die Phrymaceen hat man auch in die Familie der Eisenkrautgewächse (Verbenaceae) eingeschlossen oder als selbständige Familie in deren unmittelbare Nähe gestellt, da bei den Eisenkrautgewächsen ebenfalls Sippen mit pseudomonomeren Fruchtknoten vorkommen.

Familie Wassersterngewächse, Callitrichaceae

Der Name dieser kleinen Familie kennzeichnet bereits den Lebensraum, den ihre Vertreter besiedeln. Es sind Wasserpflanzen bzw. amphibisch lebende, sowohl Gewässer wie nasse Landstandorte bewohnende Arten. Mit dieser Lebensweise stehen mannigfache Vereinfachungen im Bau der vegetativen als auch der Blütenorgane in Zusammenhang, wie sie uns in anderen Wasserpflanzenfamilien oder -gattungen ebenfalls begegnen: So sind die Gefäßbündel nur sehr schwach entwickelt, ebenso das Wurzelsystem, da offensichtlich ein großer Teil der Nährstoffe durch Blätter und Sprosse direkt aus dem umgebenden Medium aufgenommen wird. Spaltöffnungen fehlen bei manchen Sippen, wie dem Herbstwasserstern, *Callitriche autumnalis,* an der erwachsenen Pflanze völlig, während sie an Jungpflanzen stets vorhanden sind. Die untergetaucht lebenden Blätter haben einen sehr einfachen Bau, sie sind einnervig und bestehen im Querschnitt nur aus 2 Zellschichten. Beim Herbstwasserstern treten allein derartige einfache Blätter auf, während bei den meisten Arten der Familie die später angelegten Luftblätter durch stärkere Nervatur und größere Zahl der Zellagen (3 bis 4) gekennzeichnet sind.

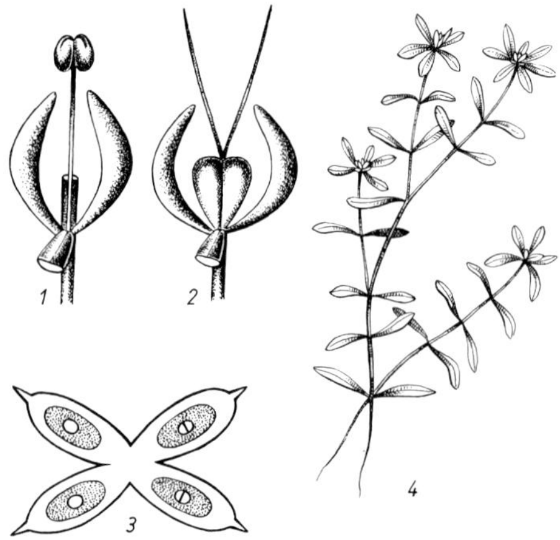

Wassersternarten: 1 männliche Blüte, 2 weibliche Blüte vom Sumpfwasserstern, *Callitriche palustris,* jeweils mit abgeschnittenem Trag- und den 2. Vorblättern; 3 Fruchtquerschnitt vom Herbstwasserstern, *Callitriche autumnalis;* 4 Pflanze des Sumpfwassersterns

Auch die eingeschlechtigen, sehr kleinen Blüten sind außerordentlich vereinfacht, eine eigentliche Blütenhülle fehlt, meist sind sie von 2 sackartigen Vorblättern umgeben. Die männlichen Blüten bestehen nur aus einem langgestielten Staubblatt, die weiblichen aus einem zweilappigen Fruchtknoten, der aus 2 Fruchtblättern verwachsen ist und durch falsche Scheidewände in 4 Fächer geteilt wird. In jedem Fach ist eine Samenanlage vorhanden; zur Reife zerfällt die Frucht in 4 steinfruchtartige Klausen.

Diese Reduktionen im Bereich der Blüte und des Sprosses erschweren natürlich die Aufklärung der verwandtschaftlichen Beziehungen der Familie. Die Einordnung der Wassersterngewächse ist deshalb sehr unterschiedlich erfolgt (z. B. zu den Wolfsmilchgewächsen oder den Seebeerengewächsen).

Embryologische Eigenschaften (z. B. die Struktur der nur von einem Integument bedeckten Samenanlage) haben aber neuerdings enge Beziehungen zu den Eisenkrautgewächsen und den Lippenblütlern aufgedeckt. Diese werden durch den Bau des Fruchtknotens und der Frucht (Klausenbildung!) sowie das gemeinsame Vorkommen iridoider Verbindungen bestätigt. Auch den Besitz besonderer Drüsenhaare (bei den Wassersternen nur in den Blattachseln) haben alle 3 Familien gemeinsam.

Zu den Wassersterngewächsen gehört nur die Gattung Wasserstern, *Callitriche,* mit je nach Artauffassung 17 bis 45 Arten, die – wenn auch unterschiedlich häufig – fast auf der ganzen Erde von Grönland bis zu den antarktischen Inseln vorkommen. Stehende und langsam fließende Gewässer, kleine Tümpel, aber auch trockengelegte Teichböden und -ufer oder periodisch unter Wasser stehende Waldwege sind ihre Lebensräume. Manche Arten, z. B. der Sumpfwasserstern, *Callitriche palustris,* passen sich außerordentlich rasch an wechselnde Wasserverhältnisse an, sie können sowohl als untergetauchte Wasserpflanzen, Schwimmpflanzen als auch als Landformen existieren, wobei ein und dieselbe Pflanze nacheinander diese verschiedenen Lebensphasen durchlaufen kann. Mit dieser Anpassungsfähigkeit ist eine große Variabilität in der Pflanzengestalt verbunden, die eine Bestimmung der Arten schwierig macht; ohne Kenntnis der reifen, lederartigen Früchte ist in vielen Fällen eine sichere Artbestimmung nicht möglich.

Die Wassersterne sind kleine, ein- oder mehrjährige Pflänzchen mit zarten Sprossen und kleinen gegenständigen Blättern, die oft rosettig gedrängt und vielfach mit Sternhaaren besetzt sind. Nur bei dem kalifornischen *Callitriche bolanderi* treffen wir derbere (bis 2 mm dicke) Stengel mit einem deutlichen Holzkörper an. Die amphibisch lebenden Arten sind an Windbestäubung angepaßt, ihre Blüten außerhalb des Wassers entwickelt. Bei dem stets submers lebenden Herbstwasserstern, *Callitriche autumnalis,* wird dagegen der Pollen durch das Wasser verfrachtet: Die Staubbeutel entlassen unter Wasser die kugeligen, ölhaltigen Pollenkörner, die dann zur Oberfläche steigen und durch Wasserbewegungen an die weiblichen Blüten herangebracht werden. Das ist somit einer der seltenen Fälle von Hydrogamie, die wir unter den zum Wasserleben übergegangenen Familien der höheren Pflanzen beobachten können. Die Früchte der Wassersterne haben keine besonderen Verbreitungseinrichtungen, wegen ihrer Kleinheit können sie von Wasserströmungen leicht transportiert bzw. von Vögeln an Füßen und Gefieder verschleppt werden. Bei einigen Arten (z. B. *Callitriche naftolskyi*) krümmen sich die Stiele der sich entwickelnden Früchte zum Boden und verlagern die junge Frucht unter die Erdoberfläche, das heißt, wir treffen auch hier das schon früher bei den Hülsenfrüchtlern (s. Band Blütenpflanzen 1) besprochene Phänomen der Bodenfrüchtigkeit oder Geokarpie an.

Überordnung Asteranae

Diese Überordnung, die mit den Korbblütlern die zweitgrößte Familie der Blütenpflanzen enthält, wird in vielen taxonomischen Gliederungen des Pflanzenreichs als höchstentwikkelte Gruppe an das Ende des Systems der zweikeimblättrigen Pflanzen gestellt.

Die Arten dieses Verwandtschaftskreises sind überwiegend krautige Pflanzen, die sich durch einen besonderen Kohlenhydrat-Stoffwechsel auszeichnen. So werden bei ihnen die Kohlenhydrate in Form des Inulins gespeichert, das sich nicht wie bei der Stärke aus Glukose-, sondern aus Fruktose(Fruchtzukker)-Bausteinen zusammensetzt. Als wichtige Merkmale der blühenden Region haben 4 fünfzählige Blütenkreise, der unterständige, zwei- bis fünf- (mitunter nur ein-)fächerige Fruchtknoten und die nur von einem Integument umschlossenen Samenanlagen zu gelten. Charakteristisch ist ferner die Tendenz zur Vereinigung der Staubbeutel, die bei den einzelnen Familien unterschiedlich deutlich ausgeprägt ist. Der Pollen der meist zuerst reifenden Staubblätter wird vielfach in besonders entwickelten Pollensammelvorrichtungen festgehalten.

Die stammesgeschichtliche Ableitung dieser Überordnung ist weitgehend ungeklärt, Beziehungen zu manchen Gruppen der Rosidae wie auch der Lamianae (Polemoniales) werden diskutiert.

Ordnung Glockenblumenartige, Campanulales

Innerhalb der Überordnung nehmen die Glokkenblumenartigen eine relativ ursprüngliche Stellung ein; sie besitzen vielfach noch mehrblättrige Fruchtknoten mit zahlreichen Samenanlagen, Kapselfrüchte (keine einsamigen Achänen) mit nährgewebshaltigen Samen und meist nicht zu einzelblütenartigen Blütenständen zusammengefaßte Infloreszenzen.

Familie Glockenblumengewächse, Campanulaceae

Glockenblumen gehören zu den beliebtesten Pflanzen unserer Wiesen und Wälder; ihre durch Größe, charakteristische Glockenform und auffallende, meist blaue Farbe gekennzeichneten Blüten dürften allen Lesern vertraut sein. Diese Arten vertreten die Familie in der mitteleuropäischen Flora, die Glockenblumengewächse sind darüber hinaus aber in vielen gemäßigten Gebieten der Erde, vor allem auf der Nordhalbkugel, aber auch in Südafrika verbreitet.

Über 50 Gattungen und rund 1000 Arten zählen zu dieser zweitgrößten Familie der Ordnung; es sind Stauden oder einjährige Kräuter, selten Halbsträucher oder niedrige Gehölze. In den vegetativen Organen finden sich stets gegliederte Milchgefäße, die durch Verschmelzung hintereinanderliegender Zellen entstanden sind, wie wir sie bereits bei manchen Gattungen der Wolfsmilchgewächse (s. Band Blütenpflanzen 1) kennengelernt hatten. In den recht verschieden gestalteten Blüten ist bei den Staubbeuteln eine Tendenz zur Verwachsung festzustellen; in vielen Fällen sind sie aber nur im Knospenstadium miteinander verklebt, während sie sich in den geöffneten Blüten wieder voneinander lösen. Der gefächerte Fruchtknoten baut sich aus 3 bis 5 (selten bis 10) verwachsenen Fruchtblättern auf, sein Griffel zeichnet sich durch charakteristische Pollensammelhaare aus, auf die wir noch zu sprechen kommen. Als Früchte sind vielsamige Kapseln ausgebildet, die eine außerordentliche Vielfalt in der Art und Weise des Öffnungsvorgangs besitzen: Sie können sich durch seitliche Klappen oder Poren im oberen oder basalen Teil der Kapsel, durch Spalten oder Risse in den Fruchtblattwänden oder auch durch Deckel öffnen. Seltener sind Beerenfrüchte zu beobachten.

Die uns aus der heimischen Flora geläufigen Formen der Familie zeichnen sich durch große, strahlige, meist glockenartige Blüten aus, deren Staubblätter – zumindest nach der Blütenöffnung – frei sind. Die Griffel tragen auf ihren Außenseiten eine Bürste kleiner Härchen, auf denen der Pollen der bereits in der Blütenknospe geplatzten Staubbeutel gesammelt wird. Beim Eindringen eines Insekts in die Blüten (der Nektar wird von Drüsen am Blütengrund abgeschieden und der Weg dorthin durch den sich zum Grunde intensivierenden Duft gewiesen) kann dann der Blütenstaub leicht auf dem Bestäuber abgestreift werden.

Um die Gattung *Campanula,* die Glocken-

Glockenblumengewächse: 1 Blüte einer typischen »Glockenblume« *(Campanula trachelium);* 2–5 Entwicklung der Geschlechtsorgane in einer Glockenblumenblüte (Kelch und Krone abpräpariert), die Staubblätter entwickeln sich zuerst, der Pollen wird auf den Sammelhaaren der Griffelunterseite abgelagert, erst danach entfalten sich die Griffeläste, während die Staubblätter bereits schrumpfen (2 Knospe, 3 kurz vor Blütenöffnung, 4 geöffnete Blüte, 5 Blüte kurz vor Welkebeginn); 6 Wiesenglockenblume, *Campanula patula,* aufrechte Kapsel mit Öffnungsporen im oberen Teil der Frucht; 7 Ackerglockenblume, *Campanula rapunculoides,* hängende Kapsel mit Poren im basalen Fruchtabschnitt

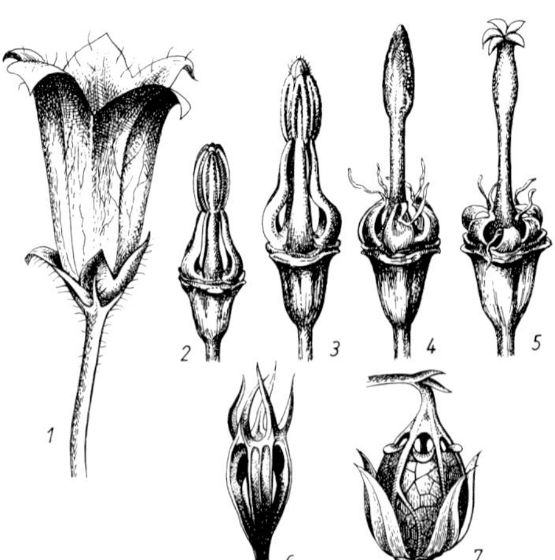

blumen selbst, gruppieren sich weitere Verwandte, die eine seitliche Kapselöffnung gemeinsam haben. Die 300 Arten von *Campanula* sind vor allem in den Gebirgen und Hochgebirgen Europas, des Mittelmeergebiets und Vorderasiens beheimatet. Viele Sippen stellen charakteristische Vertreter von alpinen Steinschutt- und Felsgesellschaften oder von den oberhalb der Baumgrenze liegenden Mattenfluren dar. Manche der alpinen Formen sind auch als Steingartenpflanzen beliebt geworden. In tieferen Lagen sind die Glockenblumen aber ebenso verbreitet und können hier auf sehr verschiedenen Standorten vorkommen. Wir finden unter ihnen Pflanzen der Wälder, Wiesen, offenen Trockenrasen und Steppen sowie Unkräuter der Getreidefelder.

Bei uns ist die Gattung mit einem Dutzend Arten vertreten, am bekanntesten von ihnen dürfte die dunkelblau blühende Rundblättrige Glockenblume, *Campanula rotundifolia,* sein, die zu einer sehr formenreichen Sippengruppe gehört, deren systematische Gliederung durch das Auftreten vieler durch Chromosomenvervielfachung ausgezeichneter polyploider Formen und häufiger Bastardierungen sehr erschwert wird. Als Zierpflanze wurde die Marienglockenblume, *Campanula medium,* schon seit dem 16. Jahrhundert aus Südeuropa in die mitteleuropäischen Gärten eingeführt und ist noch heute in blauen, rötlichen und weißen Farbvarianten im Anbau. In den Gärten ist auch die in krautreichen Laubwäldern unserer Mittelgebirge heimische Breitblättrige Glockenblume, *Campanula latifolia,* anzutreffen. Eine der heimischen Arten, die Rapunzelglockenblume, *Campanula rapunculus,* wurde im Mittelalter als Wurzelgemüse in den Gärten sehr häufig kultiviert, heute hat die Art im Gartenbau keine Bedeutung mehr.

Der Verwendung der fleischigen, inulinreichen Pfahlwurzeln als Gemüse begegnen wir auch in anderen Gattungen der Familie. In Ostasien werden zu diesem Zweck vor allem einige Arten der verwandten Gattung *Adeno-*

Scheuchzer's Glockenblume, *Campanula scheuchzeri,* eine Art von kalkarmen Felsen und Magerrasen der Alpen, ist auch als Steingartenpflanze beliebt.

Ballonblume, *Platycodon grandiflorum,* ist in Ostasien nicht nur eine wichtige Heilpflanze, sie wird auch als Wurzelgemüse in den Gärten kultiviert.

phora gesammelt und gelegentlich auch kultiviert.

Dasselbe trifft für *Platycodon grandiflorum* zu, die wegen der aufgeblasenen Blütenknospen Ballonblume genannt wird und deren Pfahlwurzeln ebenfalls eine wichtige Droge chinesischer Apotheken und ein schmackhaftes Wurzelgemüse darstellen.

Von weiteren Gattungen der *Campanula*-Verwandtschaft soll nur noch *Ostrowskya* (die 12 bis 15 cm breiten, hellblauen Blüten der einzigen Art *Ostrowskya magnifica* aus Turkestan sind die größten der Familie), die in ihrem Vorkommen auf Europa beschränkten Teufelskrallen, *Phyteuma,* mit abweichender Gestalt der Blütenkrone und der Blütenstände, sowie *Canarina* erwähnt werden. Der Bicarro, *Canarina canariensis,* hat große, gelbe, rotbraun geaderte Blüten, bei denen eine Vogelbestäubung beschrieben wurde. Die Früchte dieser ausdauernden Kletterpflanze sind wie die der ostafrikanischen Arten der Gattung beerenartig, sie werden von den Kanaren-Bewohnern gern gegessen.

Weitere Gattungen haben ein anderes Öffnungsverhalten der Kapseln. Zu ihnen zählt u. a. *Codonopsis,* die Glockenwinde (30 ostasiatische Arten), von der *Codonopsis tangshen* eine wichtige Pflanze der traditionellen chinesischen Medizin darstellt; sie spielt als Anregungsmittel, u. a. als Aphrodisiakum, eine bedeutsame Rolle unter den Heilpflanzen Chinas. Die meisten *Codonopsis*-Arten haben zwar eine wenig auffallende, oft blaß- oder schmutzigblaue Krone, besitzen aber im Innern der Krone markante violette, purpurne oder schwärzliche, z. T. ringförmige Zeichnungen, die den Insekten als Weiser zu den Nektarien dienen.

Südhemisphärische Gruppen sind die artenreiche Gattung *Wahlenbergia* (150 Arten) sowie *Lightfootia,* deren Vertreter als Halbsträucher mit erikaartiger Beblätterung in Südafrika konzentriert sind. Ebenso vom Bild einer Glockenblume durch die zu dichten Köpfchen zusammengefaßten kleinen Blüten abweichend sind die Sandknöpfchen- oder *Jasione*-Arten, denen wir in Gebieten mit sandigen Böden vielfach auch in der mitteleuropäischen Flora begegnen.

Familie Lobeliengewächse, Lobeliaceae

Diese Gruppe von Gattungen wurde früher vielfach als Unterfamilie zu den Campanulaceen gestellt, mit der sie durch die Gattung *Cyphia* aus dem südlichen Afrika in Übergängen verbunden ist. Die Lobeliaceen zeichnen sich durch zweiseitig-symmetrische, ein- oder zweilippige Blüten aus, die im Laufe der Entwicklung gedreht (resupiniert) werden, so daß die Oberlippe nach unten und die Unterlippe nach oben weist. Der zweiblättrige Fruchtknoten ist zwei- (selten ein-)fächerig. Wie bei den Korbblütlern sind die Staubbeutel zu einer Röhre verwachsen, durch die sich der Griffel schiebt. Auf dessen »Fegehaaren« wird der Pollen abgebürstet und kann dann, nachdem er aus der Röhre »herausgefegt« wurde, leicht von den Bestäubern aufgenommen werden.

In biochemischer Hinsicht unterscheidet sich die Familie von den Campanulaceae durch den Gehalt an Alkaloiden (vom Typ des

Lobelin), die nach heutigen Kenntnissen im Milchsaft der Pflanzen lokalisiert sind.

Etwa 30 Gattungen mit 1 100 bis 1 200 Arten, meist in subtropisch-tropischen Ländern beheimatet, gehören zu dieser Familie. Bei ihnen ist die auch aus anderen Verwandtschaftskreisen vorwiegend krautiger Pflanzen bekannte Erscheinung zu beobachten, daß auf Inseln lebende Vertreter zu einem holzigen Wuchs neigen. Eine derartige Gruppe bildet z. B. eine Reihe auf Hawaii beschränkter Gattungen, von denen als Beispiel nur *Cyanea* (mit 60 Arten) genannt werden soll. Für viele Sippen dieser Gattungsgruppe, unter denen auch Arten mit Vogelbestäubung der Blüten anzutreffen sind, ist ein palmenähnliches Aussehen durch ihre dicken unverzweigten Stämme (Pachykaulie) mit endständigen Blattschöpfen charakteristisch. Ihre Beerenfrüchte werden von den Bewohnern der Inseln gern gegessen.

Ein ähnlich seltsames Aussehen, das mit einem auf eine hohe Stange (2 bis 4 m) gesteckten Kohlkopf verglichen worden ist, besitzt die auch nur auf Hawaii vorkommende *Brighamia insignis,* die einzige Art der Gattung, die aber trockene Kapselfrüchte ausbildet.

Das trifft auch für die 2 größten Gattungen der Familie zu, für die auf die tropisch-amerikanischen Gebirge beschränkte *Siphocampylus* (über 200 Arten) und für *Lobelia.* Deren etwa 400 Arten sind nicht nur in den subtropisch-tropischen Gebieten, sondern – besonders im östlichen Nordamerika – auch in den gemäßigten Breiten zu Hause. Meist sind es Pflanzen von meso- und hygrophilem Charakter mit ziemlich hohen Ansprüchen an den Wasserbedarf; feucht-schattige Standorte werden deshalb von ihnen bevorzugt. Die einzige – vom Westen her – in die mitteleuropäische Flora vordringende Art der Gattung, die Wasserlobelie, *Lobelia dortmanna,* ist sogar eine untergetaucht lebende Wasserpflanze in nährstoffarmen stehenden Gewässern.

Zu den merkwürdigsten Pflanzengestalten der Erde gehören einige auf den ostafrikanischen Hochgebirgen in den höchsten Lagen vorkommende Schopfbaum-Lobelien, die wiederum dicke, einige Meter hohe unverzweigte Stämme mit einer meist dichten Beblätterung bilden und die in ihrem Habitus verblüffend einigen mit ihnen gemeinsam auftretenden Kreuz- oder Greiskrautarten *(Senecio)* gleichen.

Die zweilippigen Blüten der Gattung, die man leicht an der gekrümmten, hinten geschlitzten Kronröhre erkennen kann, sind auf Grund ihrer Form und auffallenden Farbe (meist rot) recht dekorativ. Eine Reihe von ihnen ist als Zierstaude in Kultur; die zarte, einjährige, aus dem Kapland stammende *Lobelia erinus* mit himmelblauen, weißen oder roten Blüten fand sich bereits im 17. Jahrhundert in den Gärten und ist heute eine der verbreitetsten Sommerblumen, die zur Bepflanzung von Balkons, Gräbern, zur Beeteinfassung usw. häufig gezogen wird. Im vorigen Jahrhundert war die Lobelienkultur weitaus beliebter als heute, es wurden große Sortimente dieser Pflanzen gehalten.

Die Blätter einiger nordamerikanischer Arten, wie die von *Lobelia inflata,* dem Indian Tobacco, wurden früher von den Indianern als

Lobelia deckenii vom Kilimandscharo, eine der Schopfbaum-Lobelien der ostafrikanischen Hochgebirge. In der Wuchsform stimmen sie mit manchen Korbblütlern überein, die ebenfalls das Landschaftsbild der alpinen Region in ostafrikanischen Gebirgen und in den Anden prägen.

»Tabak« verwendet. Wegen ihres Alkaloidgehalts sind manche Arten offizinell und werden z. T. auch als Heilpflanzen kultiviert, wie vor allem die genannte *Lobelia inflata*. Deren Lobelin-Präparate werden zur Anregung des Atemzentrums bei asthmatischen Beschwerden sowie bei Lähmungen der Atemorgane verabreicht. Lobelin-Medikamente benutzt man auch für die Nikotin-Entwöhnungskuren. Lobelin stimmt in pharmakologischer Hinsicht weitgehend mit dem Nikotin überein, und nach Lobelin-Spritzen soll der Patient deshalb jegliches Bedürfnis nach einem Nikotingenuß verlieren.

Familie Goodeniaceae

Diese Familie, bei der ebenfalls eine Kohlenhydrat-Speicherung in Form des Inulins nachgewiesen wurde, kommt fast ausschließlich auf der Südhemisphäre vor. 17 Gattungen mit über 300 Arten gehören zu ihr, von denen der überwiegende Teil zur Flora des australischen Kontinents sowie Tasmaniens und Neuseelands zählt. Besonders artenreich ist die Familie in Westaustralien entwickelt, viele Sippen sind charakteristische Sandpflanzen der australischen Trockengebiete. Auf einige abweichende Verbreitungsbilder in der Familie wird später noch eingegangen.

Außerordentlich bezeichnend für die Goodeniaceen ist die Art und Weise, mit der in den Blüten der Pollen den bestäubenden Tieren angeboten wird: Unterhalb der beiden Narbenäste sind die Griffel zu einem schüsselförmigen Gebilde verbreitert. In diesen sogenannten Pollenbecher entleeren die auf ihren Innenseiten aufspringenden Staubbeutel den Pollen, bevor die Blüten sich geöffnet haben. Danach verengt sich die Öffnung des Bechers zu einem Schlitz, und ein Haarkranz an seinem Rand trägt bei den meisten Arten dazu bei, daß der Pollen nicht herausfällt. Nunmehr streckt und krümmt sich der Griffel zum Blüteneingang hin. Während des Aufblühens wird durch die sich entwickelnden Narbenlappen und durch Wachstumsvorgänge im Pollenbecher selbst der Pollen aus dem Becher herausgequetscht, so daß er leicht von den Blütenbesuchern abgestreift werden kann. Erst nachdem der Pollen verbraucht ist, entfalten sich die Narbenlappen, und in der weiblichen

Blüten von Goodeniaceen und Stylidiaceen: 1 Blüte von *Scaevola spinescens;* 2 ebenso, Krone entfernt, Griffel mit Pollenbecher; 3 *Stylidium graminifolium,* die berührungsreizempfindliche Griffelsäule ist nach vorn gebogen (ungereizter Zustand). s = Schlundschuppen

Phase der Blüte kann nun der von den Bestäubern aus anderen Blüten mitgebrachte Pollen aufgenommen werden.

Diese blütenbiologische Eigenart finden wir auch in der sehr nah verwandten, nur eine, gleichfalls australische Art enthaltenden Familie Brunoniaceae (*Brunonia australis,* eine Rosettenstaude) vor, auf die hier nur hingewiesen werden kann.

Die Goodeniaceen sind krautige Pflanzen, seltener Halbsträucher oder Sträucher. Die oft einzeln stehenden zweiseitig-symmetrischen Blüten haben einen deutlichen Kelch. Ihr Fruchtknoten ist meist unterständig, zwei- oder einfächerig und enthält 2 oder mehr Samenanlagen. Zur Reife entwickelt er sich zu einer Kapsel, seltener einer Steinfrucht; die Samen sind mit Nährgewebe versehen.

Zu den 2 größten Gattungen der Familie gehören *Goodenia,* deren 170 Arten nur in Australien vorkommen, und *Scaevola* (130 Arten), von der einige Sippen als Strand- und Mangrovepflanzen an den Meeresküsten vieler tropischer Länder sehr verbreitet sind. Zu diesen von dem Verbreitungsbild der Familie abweichenden Arten gehören vor allem *Scaevola taccada* und *Scaevola plumierii.* Ihr großes Areal verdanken sie zweifelsohne der Tatsache, daß ihre Früchte auch bei langem Aufenthalt im Meerwasser (bei *Scaevola taccada* z. B. bis zu einem Jahr) die Keimfähigkeit nicht verlieren und deshalb von Meeresströmungen weit verfrachtet werden können. Dazu kommt eine Verbreitung der Samen durch Vögel, die die Früchte wegen ihrer fleischigen Außenschichten gern aufnehmen. Einige strauchige oder baumförmige *Scaevola*-Arten sind als Bergwaldpflanzen auch auf den Pazifischen Inseln verbreitet; unter ihnen sind einige an die Bestäubung durch Vögel angepaßt, während die Mehrzahl der Goodeniaceen insektenblütig ist.

Die Familie hat nur geringe wirtschaftliche Bedeutung. Wegen des Gehalts an Bitterstoffen sind manche Arten Heilpflanzen von lokaler Bedeutung. Die Früchte von *Scaevola taccada* erfreuen sich bei den südaustralischen Ureinwohnern einer großen Beliebtheit, und das Holz dieser Art wird wegen seiner Festigkeit zur Herstellung von Holznägeln beim Bootsbau verwendet. Aus dem Mark stellt man das malaiische »Reis-Papier« her, das zur Anfertigung kunstgewerblicher Gegenstände, wie Kunstblumen u. ä., dient.

Familie Stylidiaceae (Candolleaceae)

Mit dieser Familie soll die Besprechung auf der Südhemisphäre beheimateter Verwandtschaftskreise der Ordnung fortgesetzt werden. Wie bei den Goodeniaceen kommt die Mehrzahl der etwa 170 Stylidiaceen-Arten in Australien vor. Die meisten der kleinen Gattungen (insgesamt enthält die Familie 6) treten jedoch in Tasmanien, Neuseeland und dem südlichsten Südamerika sowie den subantarktischen Inseln auf. Es sind ein- oder mehrjährige Kräuter (selten Halbsträucher), deren oft grasartige Blätter meist in Rosetten stehen. Ihre Blüten zeichnen sich durch ein Gynostemium, das Verwachsungsprodukt aus dem Griffel und den beiden Staubblättern, aus, wodurch sie sich leicht von allen anderen Vertretern der Ordnung unterscheiden lassen. Die Blüten, bei denen innerhalb der Familie interessante Konvergenzbildungen auftreten, sind meist zweiseitig-symmetrisch, der mittlere, vordere Kronzipfel ist dabei lippenartig ausgebildet. Aus dem zweiblättrigen, unvollständig zweioder einfächerigen Fruchtknoten entwickelt sich im allgemeinen eine scheidewandspaltige Kapsel, in deren Samen reichlich Nährgewebe enthalten ist.

Interessant sind Reizbewegungen, die von Blütenorganen zweier Gattungen der Familie ausgeführt werden und die im Zusammenhang mit dem Bestäubungsvorgang stehen, ohne daß allerdings bisher physiologische Einzelheiten über diese Bewegungen bekannt sind.

Bei *Stylidium,* mit 150 Arten die größte Gattung der Familie, von der einige Arten auch außerhalb Australiens in Süd- und Südostasien vorkommen, ist das erwähnte Gynostemium für Berührungsreize empfindlich. In ungereiztem Zustand ist es weit nach vorn gebogen, springt aber bei Berührung rasch zurück und nimmt nach Beendigung des Reizes allmählich wieder seine ursprüngliche Lage ein. Dieser Vorgang kann sich mehrfach wiederholen. Vermutlich wird dadurch beim Eindringen eines Insektes der Pollen der zu-

Das australische *Stylidium majus* wird gelegentlich als Kalthauspflanze auch in Europa kultiviert. Im Englischen werden die Arten der Gattung mitunter als »trigger plants« wegen der reizbaren Gynostemien bezeichnet.

erst reifenden männlichen Organe auf den Blütenbestäuber deponiert. Bei den vorzugsweise westaustralischen *Levenhookia*-Arten ist der pantoffelartige, um das Gynostemium geschlagene vordere Kronzipfel reizempfindlich, er schlägt bei Berührung nach unten und gibt die Griffelsäule frei.

Die meisten Stylidiaceen haben einen xerophilen Charakter. Im Gegensatz dazu sind die 2 *Donatia*-Arten typische Moorpflanzen Neuseelands, Tasmaniens und des subantarktischen Südamerikas. Sie bilden dichte, harte Polster, wie sie aus diesem Gebiet auch von anderen Pflanzenfamilien, etwa den Korbblütlern, bekannt sind. Der Blütenbau weicht in dieser Gattung in manchen Merkmalen von der charakteristischen Ausprägung der Familie ab (freie Kronblätter; 3, nicht verwachsene Staubblätter usw.), die Gattung wird daher neuerdings mitunter als eigene Familie abgetrennt.

In anatomischer Hinsicht ist die Familie durch ein anomales sekundäres Dickenwachstum der Sprosse bemerkenswert, das an das der Gänsefußgewächse (Chenopodiaceae, s. Band Blütenpflanzen 1) und verwandter Familien erinnert, ohne daß irgendwelche näheren verwandtschaftlichen Beziehungen zu dieser Pflanzengruppe bestehen.

Familie Calyceraceae

Die Arten dieser kleinen Familie, die übrigens wie die beiden vorangegangenen auch als nah verwandte selbständige Ordnungen betrachtet werden, könnte man ohne eine genauere Analyse ihrer Blüten ohne weiteres für Korbblütler halten. Wie bei diesen sind köpfchenförmige Blütenstände mit einer Hochblatthülle ausgebildet, die röhrenförmigen, strahligen oder zweiseitig-symmetrischen Blüten haben einen rückgebildeten Kelch, und aus dem unterständigen, einfächerigen Fruchtknoten entwickelt sich eine Achäne.

Von den Korbblütlern unterscheidet sich die Familie jedoch durch einige weniger auffallende, aber systematisch wichtige Strukturen: Nicht die Staubbeutel, wie bei den Korbblütlern, sondern die Staubfäden sind bei den Calyceraceen zu einer Röhre verwachsen, die den Griffel umgibt, und die Samen besitzen stets ein Nährgewebe, während bei den Korbblütlern Nährstoffe nur in den Keimblättern selbst gespeichert werden.

In den botanischen Werken werden 3 bis 6 Gattungen mit etwa 60 Arten für diese Familie angegeben. Es sind einjährige oder ausdauernde Kräuter, deren Verbreitung auf Südamerika beschränkt ist. Sie sind vor allem in den südlichen Teilen der Anden und im subantarktischen Südamerika beheimatet, am artenreichsten ist Chile. *Boopis* und *Calycera* sowie die durch miteinander verwachsene Achänen gekennzeichnete Gattung *Acicarpha* gehören z. B. zu dieser Familie.

Ordnung Asternartige, Asterales

Familie Korbblütengewächse, Compositae oder Asteraceae

Die Korbblütler, einzige Familie der Ordnung, sind in einer verwirrenden, für den einzelnen nicht mehr überschaubaren Formenfülle in allen Ländern der Erde verbreitet und gehören zu den größten Familien der höheren Pflanzen überhaupt. In der Zahl der Gattungen, die man auf 1 000 bis 1 300 veranschlagt, wird sie von keiner anderen Familie übertroffen, und in der Artenzahl, die auf etwa 22 000 geschätzt wird, steht sie den noch artenreicheren Orchideen nur wenig nach. – In den meisten Systemen der höheren Pflanzen nehmen die Korbblütler als hochentwickelte, vielfältig differenzierte und stark abgeleitete, jedoch mit den vorangegangenen Ordnungen in mehr oder weniger engen verwandtschaftlichen Beziehungen stehende Gruppe eine Stellung am Ende der die Abstammungsgeschichte widerspiegelnden hierarchischen Anordnung der Zweikeimblättrigen Pflanzen ein. Es ist daher auffallend, daß gerade dies Endglied der abstammungsgeschichtlichen Entwicklung der Pflanzenwelt ähnlich wie die Orchideen als eines der Endglieder der verschiedenen Monokotylen-Äste einen derart überwältigenden Artenreichtum hervorgebracht hat.

Korbblütler gedeihen auf allen für höhere Pflanzen besiedelbaren Standorten der ganzen Erde. Sie sind in der Flora der Arktis ebenso anzutreffen wie in den Tropen, in niederschlagsreichen Küstenstrichen oder in Sümpfen und an Wasserläufen genauso wie in trockenen Wüstengebieten, auf armen Sandböden, fruchtbaren Braun- oder Schwarzerden oder Salzböden, in der Ebene wie an den Grenzen pflanzlichen Lebens in Hochgebirgen. Gerade die tropische Hochgebirgsvegetation wird vielfach von eigentümlichen baumförmigen Gestalten dieser Familie beherrscht. Obwohl die Korbblütler in allen Breiten der Erde zu Hause sind, liegt ihre Hauptentfaltung doch in den außertropischen Zonen; besondere Mannigfaltigkeitszentren finden wir oft in Gebieten mit ausgeprägten Trockenperioden, wie im Mittelmeerraum, in Vorder- und Mittelasien, in Südafrika oder im westlichen Nordamerika.

Entsprechend der weiten Verbreitung und der Anpassung an die unterschiedlichsten Umweltbedingungen tritt uns bei den Korbblütlern ein buntes Spektrum der verschiedensten Wuchsformen entgegen: aufrechte oder niederliegende Einjährige, Stauden mit unterschiedlichen unterirdischen Überdauerungsorganen (Rhizome, Knollen, Rüben), nicht selten distelartige Kräuter, Schling- und Rankenpflanzen, Blatt- oder Stammsukkulente, Halbsträucher, Schopfbäume, Sträucher von sehr verschiedenem Aussehen, kleine, selten hohe Bäume sind in der Familie vertreten, wobei allerdings die krautigen Pflanzen überwiegen.

Charakteristisch für die Korbblütler ist die Form ihrer Blütenstände, von der sie ihre deutsche Bezeichnung erhalten haben. Die Blüten sind dicht gedrängt in Köpfchen zusammengefaßt und stehen auf einem verbreiterten, verdickten, oft korbartigen Blütenboden. Die Köpfe werden von einer Hülle aus Hochblättern, dem Involukrum, umgeben, dessen Bestandteile von unterschiedlichem Aussehen und unterschiedlicher Struktur sein können (laubblattartig, trockenhäutig, dornig usw.). Die Tragblätter der Einzelblüten haben oft die Form von haarförmigen oder spelzenartigen Spreublättern. Die Blüten eines Köpfchens sind vielfach untereinander differenziert, so wie wir das auch bereits bei den compositenähnlichen Köpfchen anderer Familien der vorangegangenen Ordnungen feststellen konnten: Oft kann man die größeren, nicht selten sterilen, nur der Anlockung dienenden randlichen Blüten von den unscheinbareren, anders gefärbten Scheibenblüten unterscheiden. Durch diese Anordnung und Differenzierung

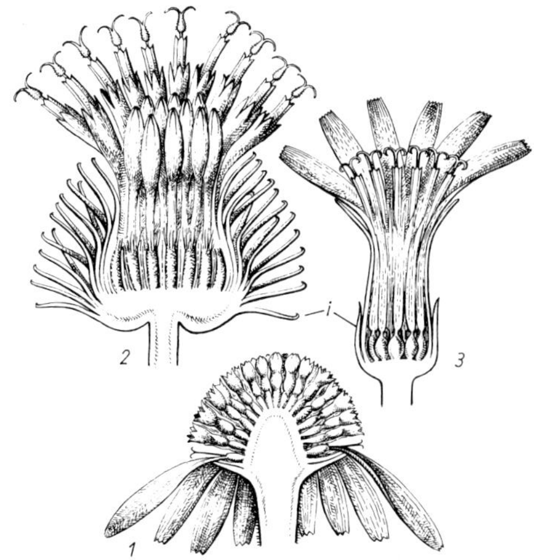

Längsschnitte durch die Blütenköpfe von Korbblütlern: 1 Römische Kamille, *Chamaemelum nobile,* mit weiblichen, randlichen Zungenblüten und zwittrigen, zentralen Röhrenblüten. Die Mehrzahl der Arten der Familie besitzt diesen Köpfchenbau. 2 Große Klette, *Arctium lappa,* randliche und zentrale Blüten (letztere noch ungeöffnet) stimmen in ihrer röhrenförmigen Gestalt überein: Für den Verwandtschaftskreis der Cardueen (Disteln!) ist dieser Aufbau bezeichnend. 3 Giftlattich, *Lactuca virosa,* alle Blüten des Köpfchens sind zungenförmig; diese Struktur trifft für die Lactuceen (Zungenblütige) zu. i = Hüllkelch

wirkt ein gesamtes Köpfchen als eine blütenbiologische Einheit, als ein Pseudanthium, dessen Attraktivität auf die bestäubenden Tiere, meist Insekten, durch die Zusammenfassung vieler und verschieden gestalteter sowie gefärbter Blüten hervorgerufen wird. Die auffallende Form und Farbe der Köpfchen haben dazu geführt, daß eine Fülle von Korbblütlerarten als Zierpflanzen angebaut werden, auf einige von ihnen gehen wir im speziellen Teil noch ein. Nur sehr selten ist bei einzelnen Gattungen oder Arten der Familie Windbestäubung zu beobachten. Übrigens ist die Verteilung der Geschlechter in den Blüten eines Körbchens außerordentlich variabel, es treten auch eingeschlechtige Blütenstände und eine zweihäusige Verteilung der männlichen und weiblichen Blüten auf.

In verschiedenen Verwandtschaftskreisen der Familie ist es zur Ausbildung einer Fortpflanzungsweise gekommen, die auf die

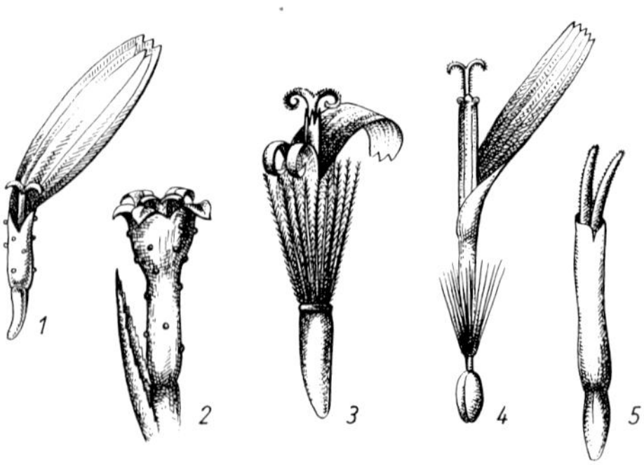

Einzelblüten von Korbblütlerarten: 1 Randblüte der Römischen Kamille; 2 Scheibenblüte dieser Art mit Spreublatt; 3 *Nassauvia*-Art, zweilippige Blüten sind für die Tribus Mutisieae sehr bezeichnend; 4 Zungenblüte vom Giftlattich; 5 Randblüte des Wermuts, *Artemisia absinthium,* windbestäubte Art mit rückgebildeter Krone und längeren Griffeln

eigentliche Befruchtung der weiblichen Eizelle durch die männliche Keimzelle des Pollenkorns verzichtet und bei der der Embryo sich unmittelbar aus Zellen der mütterlichen Samenanlage entwickelt; dieser als Apomixis bezeichnete Vermehrungsmodus ist besonders für einige der großen Korbblütlergattungen charakteristisch und bedingt die systematisch schwer darzustellende Formenfülle dieser Gruppen.

Die einzelnen Blüten der Familie sind fünfzählig, strahlig und röhren- bis trichterförmig (so meist die Scheiben-, seltener die Randblüten) oder zweiseitig-symmetrisch und zungenförmig bzw. zweilippig (meist die Rand-, mitunter auch die Scheibenblüten). Die Entwicklung des Kelches findet in den allermeisten Fällen etwas verzögert statt, er ist vielfach in den Dienst der Samenverbreitung gestellt und erfährt im Laufe der Ontogenese drastische Umbildungen. Seine Teile sind als Schuppen, Borsten, Dornen und Haken ausgebildet; im typischen Falle ist der Kelch an der reifen Frucht als Haarschopf, Pappus genannt, entwickelt, der eine Verbreitung durch den Wind ermöglicht. Die 5 Staubbeutel sind durch die Vereinigung ihrer Epidermis-Kutikulen zu einer Röhre verwachsen; durch sie schiebt sich der Griffel mit seinen Fegehaaren, auf denen der abgeschiedene Pollen gesammelt wird, hindurch und macht so schließlich den Bestäubern den Pollen an der Oberfläche des Köpfchens zugänglich. Erst anschließend werden die Narben des Griffels empfängnisfähig. Der unterständige, zweiblättrige Fruchtknoten ist einfächerig und enthält nur eine einzige Samenanlage. Es bildet sich eine trockene, geschlossenbleibende Frucht, deren Frucht- und Samenschale eng vereint sind und die als Achäne bezeichnet wird. Form, Größe, Farbe und Oberflächenstruktur dieser Achänen sind in der Familie außerordentlich variabel. Die Samen haben kein Nährgewebe, dagegen werden in den Keimblättern Eiweiß und fette Öle gespeichert. Auf dem hohen Gehalt an Ölen, die oftmals reich an ungesättigten Fettsäuren sind, beruht auch die Verwendung mancher Korbblütler, etwa der Sonnenblume, als Ölpflanzen. Ebenso charakteristisch für die Fa-

Auffallende Fruchtbildungen bei Korbblütlern: 1 Rückbildung von Verbreitungseinrichtungen bei Arten von Inselfloren am Beispiel der Gattung Zweizahn, *Bidens.* Von links nach rechts: *Bidens pilosa,* eine Art des amerikanischen Festlandes mit wohlausgebildeten Grannenhaken, *Bidens cordifolia, Bidens bipontina, Bidens jardinii,* Arten der Marquesasinseln mit z. T. vollständiger Reduktion der Grannen. 2 *Fitchia speciosa* aus dem Südpazifik besitzt die größten Achänen der Familie (4 bis 5 cm lang). 3 Verschiedenfrüchtigkeit oder Heterokarpie bei der Gartenringelblume, *Calendula officinalis,* rechts Klettfrüchte der randlichen Blüten, links Napffrucht der nach innen anschließenden Blüten, oben Täuschfrucht der innersten Blüten und Übergangstyp zwischen Täusch- und Napffrucht (s. Text)

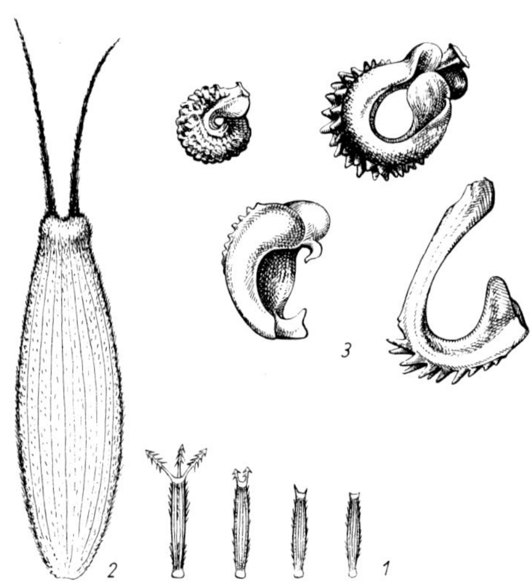

milie ist die Art der Kohlehydrat-Speicherung in den unterirdischen Organen der ausdauernden Arten, die in Form des Inulins geschieht, das wir bereits bei anderen Familien der vorangegangenen Ordnung kennengelernt hatten. Häufig tritt das Inulin gemeinsam mit niedermolekularen Kohlehydrat-Verbindungen auf. Die hohe Konzentration dieser Stoffe in manchen Organen hat ebenfalls zur Nutzung der betreffenden Arten für die menschliche oder tierische Ernährung geführt.

Auch in biochemischer Hinsicht erweisen sich die Korbblütler als außerordentlich mannigfaltig. So werden eine Vielzahl von Verbindungen des sekundären Stoffwechsels von ihnen synthetisiert, worauf die Verwendung vieler Compositen als Heil- oder Gewürzpflanzen bzw. zu technischen Zwecken basiert. Einige der für die Korbblütler charakteristischen und von ihnen in großer Zahl erzeugten Verbindungen sind ätherische Öle, mit ihnen vergesellschaftete, gleichfalls flüchtige Azetylen-Verbindungen (von denen mehrere Hundert für die Familie nachgewiesen wurden), die vermutlich mit ihnen biogenetisch verbundenen Phytomelane (braunschwarze, kohleähnliche, in Interzellularen der Achänenwände, seltener in anderen Pflanzenteilen abgelagerte Massen), Sesquiterpen-Laktone mit ihren auffälligen physiologischen Eigenschaften (bitter schmeckend und oft toxisch), die zusammen mit den ätherischen Ölen in den Drüsenhaaren gebildet werden. Di- und Triterpene, Kautschuk, Säureamide, Alkaloide, vor allem vom Typ der auch bei den Rauhblattgewächsen vorkommenden Pyrrolizidin-Alkaloide, cyanogene Glykoside und eine Fülle von phenolischen Verbindungen, insbesondere von Flavonoiden.

Die weitere Untergliederung dieser in ihrer Gesamtheit recht einheitlichen Familie ist sehr schwierig. Früher teilte man sie in 2 ziemlich ungleich große Unterfamilien, die Röhrenblütigen (Unterfamilie Tubuliflorae oder Asteroideae) und die Zungenblütigen (Unterfamilie Liguliflorae oder Cichorioideae) ein, je nachdem ob – wie im letzteren Falle – nur zungenförmige Blüten in den Köpfchen (s. Abbildung) oder nur röhrenförmige bzw. röhren- als auch zungenförmige zusammen auftreten.

Es hat sich jedoch herausgestellt, daß dies eine Vereinfachung der Merkmalsbeziehungen darstellt und die Zweiteilung der Familie

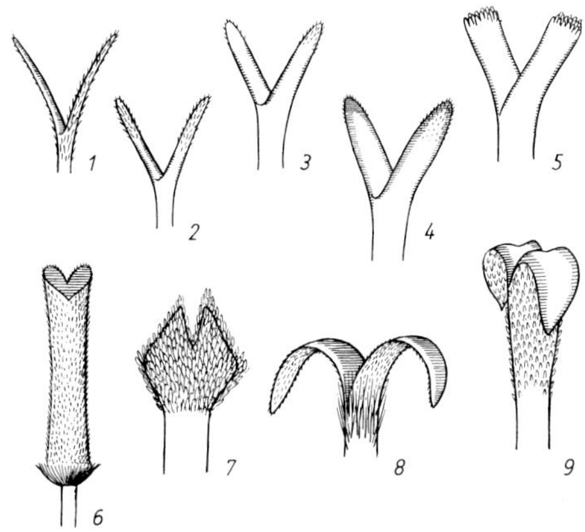

Mannigfaltigkeit der Griffelbildung bei den Korbblütlern, die meisten Triben der Familie besitzen charakteristische Griffelformen. 1 Vernonieae; 2 Eupatorieae; 3 Astereae; 4 Inuleae; 5 Anthemideae und Senecioneae; 6 Arctotideae; 7 Calenduleae; 8 Cardueae; 9 Mutisieae, die Narbenflächen sind schraffiert. Selbstverständlich treten innerhalb der Triben auch abweichende Griffeltypen auf, besonders mannigfaltig in dieser Hinsicht sind die aus diesem Grund auf dem Bild nicht vertretenen Heliantheen

zwar gerechtfertigt ist, die Zungenblütigen jedoch mit einer Reihe von röhrenblütigen Gruppen mehr Übereinstimmung zeigen, als diese untereinander. Deshalb wird heute eine Teilung in 2, im Umfang etwa gleiche Unterfamilien akzeptiert, die ihrerseits wieder in mehrere Triben aufgeteilt werden. – Hier wird einer Gliederung gefolgt, die im wesentlichen auf einem den Compositen gewidmeten internationalen Spezialsymposium 1975 angenommen wurde.

Wichtige morphologische Merkmale zur Gliederung der Familie bieten die Ausbildung des Griffels, der Staubblätter, die Differenzierung der Blüten innerhalb des Köpfchens, die Form des Involukrums, der Pollenstrukturen usw. (beide Unterfamilien haben z. B. unterschiedliche Pollen-Exine-Strukturen). Im folgenden sollen nun aus den einzelnen Gruppen der Familie einige interessante oder wirtschaftlich wichtige Beispiele besprochen werden.

Unterfamilie Lactucoideae (Cichorioideae oder Liguliflorae)

Diese Unterfamilie wird jetzt in einem viel weiteren Sinne aufgefaßt und nicht nur wie früher und bereits erwähnt nur auf die Zungenblütigen (Lactuceae) begrenzt. Die Mehrzahl der Triben besitzt durchaus zumindest zentrale röhrenförmige oder zweilippige Blüten, und der Besitz von milchsaftführenden Gefäßen ist somit auch kein durchgreifendes Merkmal der gesamten Unterfamilie.

Tribus Mutisieae. Dieser als relativ ursprünglich angesehene, etwa 90 Gattungen mit 1 000 Arten umfassende Verwandtschaftskreis kommt vorzugsweise auf der Südhalbkugel vor und ist in den Anden konzentriert. In den Blütenköpfen treten in dieser Tribus zweilippige Blüten auf, und zwar sind im allgemeinen die Randblüten – sofern vorhanden – zweilippig, mitunter außerdem auch die Scheibenblüten. Die Staubbeutel sind in ein bezeichnendes schwanzartiges Anhängsel verschmälert.

Von den Gattungen, deren Blüten sämtlich zweilippig sind, ist *Mutisia* in mehrfacher Hinsicht interessant. Ein Teil der rund 60 südamerikanischen, strauchförmigen Arten gehört zu den wenigen Rankenpflanzen der Familie. Die Spindel der Fiederblätter dieser Arten endet in einer einfachen oder verzweigten Wickelranke, die auf Berührungsreize mit Umklammerungsbewegungen reagiert, wie uns das von anderen Rankenpflanzen, etwa bei den Hülsenfrüchtlern, bekannt ist. Die herabhängenden Blütenköpfe zeichnen sich durch ihre Größe (Breite bis 12 cm), geringe Zahl der Blüten und die Größe der Einzelblüten aus, die bis 4 cm betragen kann. Bei manchen *Mutisia*-Arten ist eine Pollenübertragung durch Kolibris nachgewiesen, einer der wenigen Fälle von Vogelblütigkeit in der Familie!

Eine andere Gattung erfreut sich in den letzten Jahrzehnten zunehmender Beliebtheit als Zierpflanze, vor allem als anspruchsvolle Schnittblume. Das ist die mit 35 Arten im südlichen Afrika und Asien beheimatete Gattung *Gerbera*. Erst Ende des vergangenen Jahrhunderts wurde aus Südafrika *Gerbera jamesonii* nach England eingeführt. Von ihr und Hybriden mit einem anderen Südafrikaner *(Gerbera viridifolia)* sind heute zahlreiche Sorten im Anbau, die durch die reinen Pastellfarben ihrer Blüten bestechen (gelb, rosa, lachsfarben, rot). Die Kultur ist wegen der Anfälligkeit der Art gegenüber Pilzkrankheiten allerdings nicht ohne Risiko.

Von der Gruppe mit strahlig gebauten Scheibenblüten sollen nur die südamerikanischen, 25 Arten enthaltende Gattung *Chuquiraga* (mit charakteristischen Ruten- und Polstersträuchern der patagonischen Halbwüsten) und *Warionia* erwähnt werden. Die letzte Gattung – allerdings ist ihre Einordnung hier noch umstritten – ist von pflanzengeographischer Bedeutung, da sie ein von den übrigen Mutisieen weit abgeschiedenes Areal in Südwestmarokko, besonders im Anti-Atlas, und in Südalgerien hat, wo sie mit anderen Arten (vgl. *Argania,* Sapotegewächse) den südlicheren Charakter dieses Teils Nordwestafrikas unterstreicht. *Warionia saharae,* ein sparriger Strauch mit weißlicher Rinde, ist dort eine bezeichnende Art trockener Felsformationen.

Neueste molekularbiologische Untersuchungen haben gezeigt, daß die hier vorgestellte Zweiteilung der Familie vielleicht doch nicht die wirklichen Abstammungsverhältnisse widerspiegelt, sondern daß ein kleiner Verwandtschaftskreis der Mutisieen, der sich um die südamerikanische *Barnadesia* gruppiert, möglicherweise den gesamten übrigen Compositen gegenübergestellt werden müßte. Molekulare Unterschiede der Plastiden-DNS sprechen dafür; freilich sind in dieser Hinsicht noch zu wenig Arten untersucht, als daß man schon jetzt guten Gewissens solche radikalen Konsequenzen im System der Korbblütler ziehen müßte.

Tribus Lactuceae (Cichorieae). Diese Tribus stellt die Unterfamilie der Lactucoideen im früheren, sehr engen Sinn dar, als diese auf die eigentlichen zungenblütigen Gattungen beschränkt blieb. Zu den Lactuceen gehören vorzugsweise krautige Pflanzen mit wechsel- oder grundständigen Blättern. Nur wenige baum- oder strauchförmige Vertreter sind bekannt, so beherbergt die Robinson-Insel Juan Fernandez neben baumförmigen Arten anderer Compositengruppen auch solche dieser Tribus. Viele Sippen dieses Verwandtschaftskreises reagieren mit ihren Blüten auf unterschiedliche Helligkeit mit Öffnungs- und Schließbewegungen, wobei im Sonnenschein die Köpfe voll geöffnet sind und oftmals schon eine vorübergehende Bewölkung das Schließen der Köpfe auslöst, wie wir das sicher schon beim Löwenzahn beobachtet haben.

Rund 70 Gattungen mit 2300 Arten zählen zu den Lactuceen, sie sind vor allem in der gemäßigten Zone der Nordhalbkugel, besonders im Mittelmeergebiet und Zentralasien sowie im westlichen Nordamerika zu Hause. Etwa ein Drittel der Gattungen ist auch in der deutschen Flora vertreten.

Früher hatte der Gruppe die Gattung *Cichorium* den Namen gegeben. In Mitteleuropa ist die blaublühende Gemeine Wegwarte, *Cichorium intybus,* an Weg- und Feldrändern eine häufige Art. Sie ist eine alte Heilpflanze, zu der auch Kulturformen gehören, die allerdings nur auf ein Alter von höchstens 250 Jahren zurückblicken können: Seit dieser Zeit werden Formen mit langen, rübenartigen Pfahlwurzeln, die Wurzelzichorien, gezogen, die geröstet als Kaffee-Ersatz oder Zusatz zu Kaffee (Zichorie) in Deutschland bis zum zweiten Weltkrieg viel verwendet wurden. Die hauptsächlichsten Anbauflächen lagen in der Magdeburger Börde. In anderen Ländern, z. B. in Rußland, ist der Gebrauch von Zichorie noch heute üblich.

Erst 100 Jahre ist in nördlicheren Teilen Europas die Kultur der Salatzichorie oder des Chicorée bekannt, eines heute sehr begehrten Wintergemüses, von dem die getriebenen, gebleichten Blätter als Salat gegessen werden. Ursprünglich ein ausgesprochenes Lokalerzeugnis der Umgegend von Brüssel, wird es jetzt in ganz West- und Mitteleuropa häufig angebaut; auch in anderen Ländern beginnt sich die Verwendung einzubürgern.

Freilich existiert in Südeuropa, besonders in Italien, eine Fülle der verschiedensten Formen dieses Gemüses, auch solche mit kohlkopf- oder salatähnlichen Rosettentrieben (z. B. Radicchio), die dort schon eine wesentlich längere Anbaugeschichte haben dürften.

Die Endivie, *Cichorium endivia,* deren Kultur bereits während der Antike im Mittelmeerraum, der Heimat der Art, verbreitet war, ist heute vor allem in Frankreich und Italien als Kochgemüse und Salatpflanze im Anbau.

Wurzelgemüse liefert die in Eurasien und Nordafrika mit 150 Arten beheimatete Gattung *Scorzonera;* seit etwa 300 Jahren gehört die spargelähnlich schmeckende Schwarzwurzel, *Scorzonera hispanica,* wild in Trockenrasen und Steppen Eurosibiriens vorkommend, besonders in den europäischen Ländern zum Speisezettel.

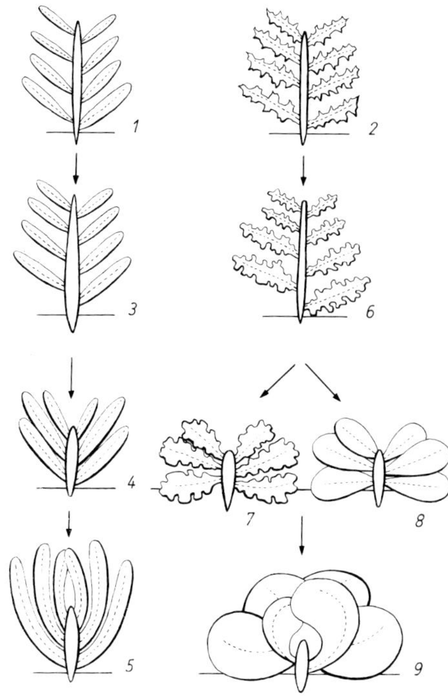

Schematische Darstellung der Wuchstypen des »Salats«, *Lactuca sativa,* und seiner Wildformen. 1 und 2 vermutliche Ausgangsart der Kulturpflanze *(Lactuca serriola),* Formen mit ganzrandigen bzw. fiederspaltigen Blättern; 3 Spargelsalat, var. *angustana,* mit verdickten Achsen; 4 Römischer oder Bindesalat, var. *longifolia,* mit gestauchten Sprossen; 5 selbstschließende Form des Römischen Salats; 6 Pflücksalat, var. *crispa,* mit krausen Blättern; 7 und 8 Schnittsalate, var. *crispa,* mit gestauchten Sprossen und ganzrandigen bzw. krausfiederspaltigen Blättern; 9 Kopfsalat, var. *capitata,* mit kopfförmig geschlossenen Blattrosetten

Überhaupt sind die Lactuceen reich an Gemüsepflanzen. Die wichtigsten Salatpflanzen der gemäßigten Breiten, der Salat schlechthin, ist ebenfalls ein Angehöriger dieser Tribus. Es handelt sich dabei um Kulturvarietäten des Gartenlattichs, *Lactuca sativa,* eine Sippe der rund 100 Arten umfassenden Gattung Lattich, *Lactuca,* die sich vielfach durch sehr kleine Blütenköpfe und deutlich geschnäbelte Achänen auszeichnet. Diese alte Kulturpflanze tritt in einer großen Mannigfaltigkeit (s. Abb. S. 323) auf. Der Spargelsalat (var. *angustana*) wird der verdickten Sprosse wegen, die man gedünstet zubereitet, in China viel angebaut. Als Römischer Salat (var. *longifolia*) werden Formen mit einer offenen Blattrosette bezeichnet, deren Blätter auch als Kochgemüse Verwendung finden. Schnitt- oder Pflücksalate (var. *crispa*) haben einen gestreckten Sproß mit krausen Blättern; sie sind vor allem in den USA sehr beliebt, während man sie in Europa meist in Hausgärten als Salatpflanze anbaut. Hier ist in erster Linie der Kopfsalat (var. *capitata*) mit kopfförmigen geschlossenen Blattrosetten in einer Vielzahl von Sorten in Kultur. Der Anbau des Römischen Salats ist uns bereits aus dem Alten Reich Ägyptens sowie aus den griechischen und römischen Ländern der Antike überliefert, während der Kopfsalat erst seit dem Mittelalter bekannt ist.

Eine nah verwandte Wildart des Salats – vielleicht seine Ausgangssippe – stellt der Stachellattich, *Lactuca serriola,* dar. An Ruderalstellen ist er auch in Mitteleuropa häufig anzutreffen; er gehört zu den merkwürdigen Kompaßpflanzen: Besonders an stark sonnigen Standorten stellen diese Arten ihre Laubblätter vertikal (infolge von Drehungen am Blattgrund) und drehen sie gleichzeitig in Nord-Süd-Richtung. Dadurch befinden sich die Blätter einer Pflanze alle in einer Ebene. Zur Mittagszeit erhalten nur die Kanten der Blätter die volle Strahlungsmenge, so daß möglicherweise Insolationsschäden vermieden werden. Die Spreiten sind nur den schwächeren Lichtquantitäten der anderen Tageszeiten ausgesetzt. Kompaßpflanzen gibt es aber auch in anderen Verwandtschaftskreisen der Familie.

Zu den größten Gattungen der Cichorieen zählt der Pippau, *Crepis,* mit 200 Arten, die besonders auf der Nordhalbkugel vorkommen. Manche Pippauarten, wie der Kleinköpfige Pippau, *Crepis capillaris,* zeichnen sich durch eine sehr geringe Zahl an Chromosomen aus ($2n = 6$) und galten früher als die Pflanzen mit den niedrigsten Chromosomenzahlen. Die Gattung *Crepis* ist eines der inzwischen klassischen Beispiele, wo sich zytologische und genetische Methoden bei der Aufklärung von Verwandtschafts- und Abstammungsbeziehungen hervorragend bewährt haben, und die Monographie der Gattung von Babcock (1947) hat in diesem Sinne als Vorbild für viele entsprechend ausgerichtete Untersuchungen gewirkt.

Von der Gattung *Taraxacum,* Kuhblume, im Volksmund auch Mai- und Pusteblume oder Löwenzahn wegen der schrotsägeförmigen Blätter vieler ihrer Arten bezeichnet, ist den meisten Lesern die Gemeine Kuhblume, *Taraxacum officinale,* gut bekannt. Diese vielgestaltige Gruppe, mit einer grundständigen Rosette und einköpfigem Blütenschaft, ist in vielen Pflanzengesellschaften vor allem der Wiesen und Rasen in der nördlichen Hemisphäre verbreitet. Die meisten Sippen der Gattung zeichnen sich durch die bereits eingangs erwähnte apomiktische Vermehrungsweise aus. Bei ihnen entwickelt sich – wie bei den folgenden Habichtskräutern, *Hieracium,* – der Keimling nicht aus einer befruchteten Eizelle, sondern geht parthenogenetisch aus einer unbefruchteten Eizelle hervor, bei der auf Grund komplizierter Entwicklungsvorgänge die diploide Chromosomenzahl erhalten blieb. Es findet also keine Vermischung von väterlichem und mütterlichem Erbgut statt, sondern die Nachkommen entsprechen völlig dem mütterlichen Elter. Alle auf einer Mutterpflanze aufgetretenen erblichen Änderungen werden so unverändert auf die nachfolgende Generation übertragen.

Es gibt bei *Taraxacum* – wie bei fast allen apomiktischen Pflanzengruppen – aber auch einige sich sexuell vermehrende Arten oder Individuen. Gelegentlich treten Kreuzungen zwischen ihnen und apomiktischen Formen auf, deren Nachkommen sich in der Regel wieder apomiktisch fortpflanzen. Dadurch bleibt die Variationsbreite der aufspaltenden Kreuzungsnachkommenschaften erhalten, und es entsteht explosionsartig eine Fülle neuer Formen. Auf diese Weise ist es im Verlaufe der Evolution bei *Taraxacum* und anderen apomiktischen Gruppen zu einer Variabilität gekommen, die nur von wenigen Spezialisten übersehen werden kann. So sind allein von der Gemeinen Kuhblume, *Taraxacum officinale,* für Deutschland in der Exkursionsflora von W. Rothmaler etwa 70 solcher Kleinarten angeführt, ohne daß damit die Formenfülle vollständig erfaßt wäre. Insgesamt werden für die Gattung 60 bis 100 verschiedene Sammelarten angegeben, deren genaue Erforschung besonders in den skandinavischen Ländern weit vorangetrieben ist, die Gesamtzahl der Kleinarten wird auf 2000 geschätzt.

Zur Gattung gehört auch eine der extratropischen Kautschukpflanzen, der in Kasachstan beheimatete Kok-saghyz, *Taraxacum kok-saghyz,* dessen kautschukreiche Wurzeln viele Anbauversuche im Süden der früheren Sowjetunion veranlaßten. Wirtschaftliche Bedeutung hatte die Art vor allem in den dreißiger Jahren und während des zweiten Weltkriegs.

Wie erwähnt, besitzen die Habichtskräuter, *Hieracium,* eine entsprechende apomiktische Vermehrungsweise. Sie sind das illustrativste Beispiel für eine auf Apomixis beruhende, überwältigende Formenfülle. In der deutschen Flora treten allein vom Waldhabichtskraut, *Hieracium silvaticum,* fast 150 Kleinarten auf, die meist eine sehr beschränkte Verbreitung besitzen. In der »Flora der UdSSR« ist der Gattung ein ganzer Band gewidmet, in dem fast 800 Arten beschrieben sind! Die Habichtskräuter, zu denen Stauden mit beblätterten Sprossen und Rosettenpflanzen gehören, sind über die gesamte Nordhalbkugel und in den Anden verbreitet; man schätzt, daß ungefähr 800 bis 1 000 auch für den Nicht-Spezialisten bestimmbare Sammelarten existieren. Tausende von Kleinarten sind bisher zum überwiegenden Teil aus Europa ermittelt worden. Es sei daran erinnert, daß Habichtskräuter auch zu den Versuchspflanzen Gregor Mendels gehörten. Auf Grund der heute bekannten Tatsachen zur Fortpflanzungsbiologie bei *Hieracium* ist es verständlich, daß seine Kreuzungsversuche bei diesem Objekt nicht mit den Experimenten an Erbsen in Einklang zu bringen waren, die sich durch eine normale sexuelle Vermehrung auszeichnen.

Tribus Arctotideae. Der Vollständigkeit halber muß kurz auf diese kleine, etwa 15 Gattungen mit 200 Arten umfassende und vorwiegend südafrikanische Gruppe eingegangen werden, die ebenfalls zungenförmige, oft sterile Randblüten, am Grunde stumpfe oder spitze Staubbeutel und vielfach trockenhäutig-beran-

Gazanien sind häufig kultivierte Sommerblumen, *Gazania pavonia* aus Südafrika – hier am natürlichen Standort – wird jedoch selten gezogen.

dete Hüllblätter besitzt; es handelt sich um Sträucher oder Kräuter. Vertreter der Gattungen Bärenohr, *Arctotis,* und *Gazania* zieht man als Zierpflanzen auch in Europa. Vor allem einige Gazanien, z. B. *Gazania rigens* mit kräftig orangefarbenen Zungenblüten, deren schwärzlicher Grund einen weißen Fleck umschließt, lohnen als sonnenliebende Balkon- oder Steingartenpflanzen einen Anbau.

Die über 70 Arten der Gattung *Berkheya* (Sträucher und Kräuter) aus dem Kapland und der Karroo-Wüste fallen durch fiederig-geteilte, dornig-gezähnte und in Dornen auslaufende Distelblätter auf. Dieser Distelwuchs ist nicht nur auf die folgende Tribus Cardueae beschränkt, sondern er begegnet uns als Konvergenzerscheinung hier wie auch in anderen Verwandtschaftskreisen der Familie.

Tribus Cardueae (Cynareae). Bei dieser Gruppe der Familie handelt es sich um die Distelverwandtschaft, mit deren auffallendsten Merkmalen, dornig-gezähnte Blätter, in Dornen auslaufende Blattfiedern oder -lappen sowie Hüllblätter, wohl jeder schon Bekanntschaft gemacht hat. Dieser Verwandtschaftskreis ist uns aus der mitteleuropäischen Flora durch viele Vertreter aus den Gattungen Distel, *Carduus,* Kratzdistel, *Cirsium,* Eselsdistel, *Onopordum,* Eberwurz, *Carlina,* Flockenblume, *Centaurea,* u. a. gut bekannt. Die etwa 70 Gattungen (2 700 Arten) sind vorwiegend in Eurasien verbreitet, ein Mannigfaltigkeitszentrum erstreckt sich vom Mittelmeergebiet bis nach Vorder- und Mittelasien.

Die Blütenköpfe dieser Tribus besitzen keine echten Zungenblüten, die sterilen oder weiblichen Randblüten weichen von den zentralen aber oft in Größe und Form ab. Der Griffel hat unterhalb der Gabelungsstelle einen Kranz von Fegehaaren, die Hüllblätter haben häufig trockenhäutige Anhängsel, und der Pappus ist meist haarförmig, die einzelnen Pappusstrahlen sind oft mit Seitenborsten versehen. Ein- und mehrjährige Kräuter herrschen in der Gruppe vor.

Nicht alle Gattungen enthalten derart stachelige Pflanzen, wie wir es von den eigentlichen Disteln gewohnt sind. Stauden mit großen, nicht gezähnten Blättern stellen z. B. die Kletten, *Arctium,* dar, die mit wenigen Arten wie die Große und Kleine Klette (*Arctium lappa* und *minus*) im gemäßigten Eurasien weit verbreitet sind. Sie haben auf charakteristische Weise hakig gekrümmte Hüllblätter, die daher leicht an Tieren oder der menschlichen Bekleidung festhaften. Die Fruchtköpfe werden aber nur selten als Klettfrüchte verbreitet, sondern die Gattung ist ein typisches Beispiel für Schüttelkletten. Die fruchtenden Köpfe brechen nämlich nicht ab, nachdem sie sich verhakt haben, sondern die Fruchtzweige schnellen elastisch zurück, wenn sie sich wieder losreißen und schleudern dabei die Achänen aus dem Kopf meterweit weg.

In die Verwandtschaft der Kletten gehören einige größere Gattungen wie die bereits erwähnten Disteln, *Carduus,* mit 100 Arten und Kratzdisteln, *Cirsium,* mit 250 Arten, von denen die Acker- und Kohlkratzdistel (*Cirsium arvense* und *oleraceum*) auf Äckern bzw. Wiesen in Mitteleuropa weit verbreitet sind.

Typisch für die vorder- und mittelasiatische Florenregion ist die Gattung *Cousinia* mit etwa 600, meist gelbblühenden Arten. Davon ist allein die Hälfte in den mittelasiatischen Republiken der früheren Sowjetunion beheimatet. Die Mehrzahl der 300 Alpenscharten, *Saussurea,* ist dagegen in den asiatischen Gebirgsländern zu Hause, einige sind von dort aus bis in die europäischen Hochgebirge vorgedrungen.

Wirtschaftliche Bedeutung haben einige kleinere Gattungen. So gehört z. B. die Artischocke, *Cynara scolymus,* zu den Cardueen. Von dieser in den Mittelmeerländern, besonders in Spanien, häufig kultivierten Gemüsepflanze werden die fleischigen Böden der großen Blütenköpfe und die fleischigen Basalteile der Hüllblätter gedünstet oder gekocht gegessen. Die Art war schon im Römischen Reich eine begehrte Delikatesse, in Form von Konserven ist sie heute auch in nördlicheren Gebieten erhältlich. Als wilde Ausgangsart der Artischocke gilt *Cynara cardunculus.*

Artischocken gehören zu den Pflanzen, die geschmackskorrigierende Verbindungen, in diesem Falle organische Säuren wie die Chlorogensäure, enthalten, die die Geschmacksnerven der Zunge dahingehend beeinflussen, daß eine Zeitlang nur ein süßer Geschmack

Filzige Klette, *Arctium tomentosum,* eine vor allem in kontinental beeinflußten Gebieten Mitteleuropas häufige Ruderalpflanze. Die Gattung gehört in die Verwandtschaft der Disteln.

empfunden wird; dieser ist unabhängig von der Art der Speisen oder Getränke.

Eine ebenfalls aus dem Mittelmeergebiet bis Vorderasien stammende alte Heilpflanze ist die Gemeine Mariendistel, *Silybum marianum,* die durch ihre weißgefleckten Blätter auffällt. Sie wurde seit dem frühen Mittelalter auch nördlich der Alpen gezogen, und ihre Früchte, die Stechkörner, sind ein erprobtes Gallen- und Lebermittel. Erst in neuerer Zeit hat man als wirksame Verbindung ein Flavonoid, das Silymarin, isolieren können. Seine Leberschutzwirkung ist in Tierversuchen eindeutig erwiesen, sie ist sogar so effektiv, daß sie Phalloidine und Amanitine, zwei starke Lebergifte aus dem Grünen Knollenblätterpilz, zu kompensieren vermag; allerdings darf die eingetretene Leberschädigung durch diese Pilzgifte nicht zu weit fortgeschritten sein. Das ist ein weiteres Beispiel dafür, wie sich alte Heilpflanzen, deren Anwendung mitunter in Vergessenheit geriet, mit Hilfe neuer Untersuchungen als außerordentlich heilkräftig herausgestellt haben und somit die Erfahrungen der Volksmedizin eine auf exakten Analysen beruhende Bestätigung fanden.

Die größte Gattung einer zweiten Gruppe der Cardueen sind die Flockenblumen, *Centaurea,* die über 500 meist im Mittelmeerraum und Vorderasien beheimatete Sippen umfaßt. Etwa ein Dutzend Arten kommt auch in Mitteleuropa vor. Noch vor 20 bis 25 Jahren war z.B. die vielbesungene Kornblume, *Centaurea cyanus,* als weit verbreitetes Unkraut in Getreidefeldern den meisten Menschen ein Begriff. Heute ist in Gebieten mit intensivem Getreideanbau, z.B. in der Magdeburger Börde, vor allem durch sorgfältige Saatgutreinigung und die Anwendung von Herbiziden diese Art ausgesprochen selten geworden, ein Schicksal, das einige Jahrzehnte früher bereits andere ehemals häufige und lästige Unkräuter wie die Kornrade, *Agrostemma githago* (siehe Band Blütenpflanzen 1), ereilt hat. Eine weitere verbreitete heimische Art, die Wiesenflockenblume, *Centaurea jacea,* ist in vielen botanischen Lehrbüchern als Beispiel für diejenigen Bewegungen angeführt, die durch Berührungsreize ausgelöst werden und für die die Mimose, *Mimosa pudica* (s. Band Blütenpflanzen 1), das bekannteste Objekt ist. Bei *Centaurea* reagieren die Staubfäden auf Berührungsreize. Sie sind im Normalzustand infolge hohen Turgors ihrer Zellen etwas nach außen gebogen (s. Abbildung). Bei Berührungen, meist durch die bestäubenden Insekten, kontrahieren sich die Staubfäden, wobei die reizaufnehmenden Organe die Haare der Staubfäden darstellen. Durch diese innerhalb weniger Sekunden stattfindende Verkürzung um 20 bis 30% der Ursprungslänge wird die Staubbeutelröhre ruckartig nach unten gezogen und der bis dahin von ihr umschlossene Griffel mit dem auf den Fegehaaren abgelagerten Pollen wie ein Pumpkolben herausgedrückt und gegen das Insekt gepreßt. Auf diese Weise wird der Pollen zielgerichtet auf dem Bestäuber deponiert. Die auf plötzlichen Turgoränderungen der Staubfadenzellen beruhende Bewegung wird innerhalb einer Minute wieder rückgängig gemacht, und die Staubfäden sind dann von neuem reaktionsfähig.

Reizbewegungen bei den Staubblättern der Flockenblumen, *Centaurea.* Links: Staubblätter einer Blüte in ungereiztem Zustand (Krone entfernt), rechts: die Staubfadenkontraktion hat nach einer mechanischen Reizung stattgefunden, der Griffel und der auf ihm abgelagerte Pollen haben sich dadurch aus der Staubbeutelröhre herausgeschoben. a = Staubblatt, f = Staubfaden, g = Griffel

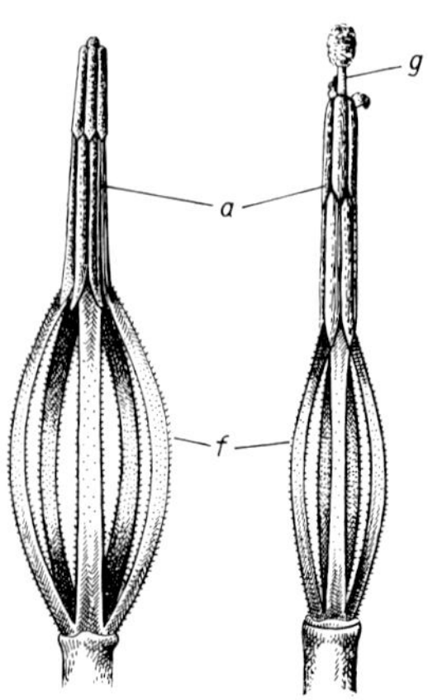

Mit *Centaurea* nah verwandt ist die kleine mediterran-vorderasiatische Gattung Saflor, *Carthamus.* Der Färbersaflor, *Carthamus tinctorius,* ist eine alte Farb- und Ölpflanze. Er ist bereits 1600 v.u.Z. aus Ägypten als Kulturpflanze nachgewiesen. Ein roter Farbstoff (Carthamin) seiner meist gelborangenen Blüten wurde als Textil- und Lebensmittelfarbe

Die Silberdistel, *Carlina acaulis,* ist eine der unter Naturschuttz stehenden Kostbarkeiten der heimischen Flora.

sowie für kosmetische Zwecke sehr viel bis zur Herstellung synthetischer Anilinfarben verwendet. In abgelegeneren Gegenden hat sich diese Nutzung selbst in Europa noch bis in unsere Tage gehalten. So wurde diese Art noch vor 20 Jahren im Spreewald in Gärten kultiviert, um den Blütenfarbstoff zum Färben von Quark zu verwenden. In neuerer Zeit ist der Saflor in erster Linie als Ölpflanze von wirtschaftlicher Bedeutung; seine weißen Achänen haben etwa einen Ölgehalt wie die Sonnenblume. Hauptanbaugebiete sind heute Indien, Nordostafrika und Kalifornien.

Von einem weiteren Verwandtschaftskreis der Cardueen ist die gleichfalls in der heimischen Flora vertretene Gattung Eberwurz, *Carlina,* erwähnenswert. Die unter Naturschutz stehende Silberdistel, *Carlina acaulis,* die in Trockenrasen und steppenähnlichen Pflanzengesellschaften Thüringens und Sachsen-Anhalts noch öfter anzutreffen ist, zeigt sehr eindrucksvoll eine charakteristische Eigenschaft der Gattung: Die inneren, silbrigen, strohartigen Hüllblätter (mit rötlich gefärbten Anhängseln) sind bei trockenem Wetter strahlig ausgebreitet und täuschen randliche Zungenblüten vor. Bei höherer Luftfeuchtigkeit biegen sich die Hüllblätter auf Grund hygroskopischer Quellungsvorgänge nach oben und schließen so die dekorativen großen Blütenköpfe. Silberdisteln werden heute auch häufig als Gartenpflanze kultiviert.

Wir erwähnten schon mehrfach bei der Besprechung der Korbblütler, daß die Zahl der Blüten pro Kopf bis auf eins reduziert sein kann. Das ist auch bei einer Gattung der Cardueen, bei den Kugeldisteln, *Echinops,* der Fall, die mit etwa 120 Arten von Südeuropa bis zum Fernen Osten und in Äthiopien zu Hause sind. Viele der einblütigen Köpfe sind bei den Kugeldisteln zu einem kugeligen Blütenstand höherer Ordnung zusammengefaßt, der mitunter Tennisballgröße erreicht. In Mitteleuropa verwildert oft die als Zierpflanze gezogene Art *Echinops sphaerocephalus,* die bei den Imkern als gute Bienenweide sehr beliebt ist. Auch die Kugeldisteln gehören zu den Alkaloidpflanzen der Familie; besonders die Früchte sind reich an Chinolin-Alkaloiden.

Sowohl der Verwandtschaftskreis der Kugeldisteln wie auch der sich um *Carlina* gruppierende Komplex werden jetzt öfter als selbständige Triben (Echinopeae, Carlineae) von den Cardueen abgetrennt.

Tribus Vernonieae. Viele der etwa 70 Gattungen (1700 Arten) dieser Gruppe stammen aus dem tropischen Amerika, insbesondere aus Brasilien, wo sie vielfach charakteristische Bestandteile der Campos-Vegetation darstellen. Ein anderes Mannigfaltigkeitszentrum liegt im tropischen Afrika.

In Europa fehlt dieser Verwandtschaftskreis der Familie gänzlich. Es handelt sich bei ihm um Kräuter, Sträucher oder niedrige Bäume, deren spiralig angeordnete, oft wollig behaarte Blätter bis auf wenige Ausnahmen ungeteilt sind. In den Blütenköpfen finden sich nur zwittrige Röhrenblüten, und die Staubbeutel sind am Grunde zu einer pfeilförmigen Spitze verlängert.

Die größte Gattung der Tribus, *Vernonia,* mit rund 1000 Arten, ist auch außerhalb des genannten Mannigfaltigkeitszentrums mit vielen Sippen in den übrigen Tropen vertreten. Manche der holzigen Vernonien werden als Holzlieferanten genutzt, wie die südasiatische *Vernonia arborea,* mit bis über 30 m hohem Wuchs eines der größten Compositengehölze, das sich wegen seines weichen Holzes gut zur Streichholzfabrikation eignet. Verschiedene Arten der Gattung sind auf Grund des Gehalts an Bitterstoffen Heilpflanzen, die bei Magen- und Verdauungsbeschwerden sowie als Appetitanreger verwendet werden. Die ölreichen Früchte von *Vernonia anthelmintica* benutzt man in Indien zur Behandlung von Hautkrankheiten und Lepra sowie gegen Eingeweidewürmer. Neuerdings gewinnt diese Art als Lieferant eines epoxysäurereichen Samenöls, das sehr vielseitig technisch verwendbar ist, zunehmend an Interesse.

Bei einer Gattungsgruppe der Tribus kann man beobachten, wie sich die Zahl der Blüten pro Kopf verringert hat und wie verschiedene der wenig- bis einblütigen Köpfe zu einem kugeligen bis ährenförmigen Blütenstand höherer Ordnung zusammengefaßt sind. Diese »zusammengesetzten Köpfe«, denen wir in der Familie mehrfach begegnen, sind von einer gemeinsamen Hochblatthülle umgeben, und die eigentlichen Köpfchen stehen oftmals auf einem einheitlichen Blütenboden, so daß sie normalen Compositenköpfchen täuschend ähnlich sehen und erst eine genauere Analyse den komplizierten Aufbau verrät. Als Beispiel für diese Gattungen sei *Elephantopus* genannt, da zu ihr ein weit verbreiteter Tropenkosmopolit, *Elephantopus scaber,* gehört, dem Reisende in allen wärmeren Ländern allenthalben als Unkraut- und Ruderalpflanze begegnen können.

Unterfamilie Asteroideae oder Tubuliflorae (»Röhrenblütige«)

Bei den Blütenköpfen der hierher gehörenden Pflanzen sind zumindest die zentralen Scheibenblüten stets röhren- bis trichterförmig oder schwach zweilippig und zwittrig, wobei mitunter auch die Randblüten prinzipiell denselben Bau aufweisen. Meist sind die Randblüten aber als ausgesprochene Attraktionsorgane größer und abweichend gestaltet, von zungenförmiger Gestalt (»Zungenblüten«), auffallend gefärbt und ohne oder nur mit weiblichen Sexualorganen versehen. Die vegetativen Organe besitzen meist schizogene Exkretgänge, in denen Balsame, ätherische Öle, mitunter auch Azetylen-Verbindungen abgeschieden werden. Es fehlen die in der ersten Unterfamilie zumindest bei einigen Triben auftretenden

Milchgefäße. Dagegen sind die eingangs erwähnten Phytomelane bisher meist nur bei Asteroideen nachgewiesen worden, dasselbe gilt z. B. auch für die Mehrzahl der flüchtigen Azetylenverbindungen.

Tribus Eupatorieae. Auch dieser etwa 150 Gattungen und 2000 Arten umfassende Verwandtschaftskreis ist mit der überwiegenden Zahl seiner Vertreter in den Tropen und Subtropen Amerikas beheimatet. Der Bau der nie gelben Blüten entspricht etwa dem der Vernonieen, die Staubbeutel sind aber am Grunde abgestumpft, und die Blätter der hierher gehörenden Kräuter und Sträucher sind im Gegensatz zu der besprochenen Gruppe meist gegenständig.

Die Stellung dieser Tribus in der zweiten Unterfamilie der Compositen ist übrigens umstritten.

Von den Eupatorieen ist die Gattung Wasserdost, *Eupatorium,* am größten. Je nach Gattungsumgrenzung werden zu ihr 40 bis 1200 Arten (meist aus den wärmeren Teilen Amerikas) gezählt. Der Echte Wasserdost, *Eupatorium cannabinum,* ist die einzige europäische Sippe der Tribus. Er kommt auf lichten, hochstaudenreichen Standorten in Au- und Bruchwäldern, an Gräben, Ufern usw. in Eurasien und dem Mittelmeerraum vor. Wie viele Arten der Gattung ist er eine alte Heilpflanze. Der Gehalt an Bitterstoffen hat noch andere Verwendungen von Wasserdostarten bedingt, so z. B. als Hopfenersatz beim Bierbrauen (Mexiko) oder als Mittel gegen Insekten. Die Pollenübertragung geschieht bei einigen amerikanischen Eupatorien durch den Wind, eine innerhalb dieser Familie nur noch in zwei anderen Verwandtschaftskreisen vorkommende Erscheinung.

Aus unseren Gärten ist uns eine weitere Art der Tribus bekannt, der Leberbalsam, *Ageratum houstonianum,* ein blaublühender, duftender, in vielen Sorten verbreiteter kleiner Halbstrauch, der von Mexiko bis Peru wild vorkommt und als Beeteinfassung oder Rabattenpflanze sehr häufig kultiviert wird. Auch die meisten übrigen Arten der kleineren Gattung stammen aus dem tropischen Amerika.

Ebenso werden als Zierstauden für sonnige Plätze gelegentlich Prachtscharten- *(Liatris)*-arten gezogen, die durch lampenputzerähnliche, ährige, aus vielen purpurnen Einzelköpfen aufgebaute Blütenstände auffallen. Die etwa 30 *Liatris*-Arten sind im nördlichen Amerika zu Hause.

Wiederum auf wärmere Länder Amerikas beschränkt ist die Gattung *Stevia,* von der die vorzugsweise in Paraguay beheimatete Staude *Stevia rebaudiana* Aufsehen erregt hat: In ihren Blättern kommt der Süßstoff Steviosid vor, der eine auf eine veresterte Diterpensäure zurückgehende Verbindung darstellt. Das Steviosid hat eine Süßkraft, die diejenige des Rohrzuckers um das 200- bis 300fache übersteigt! Pulverisierte Blätter dieser Pflanze, die einen Gehalt bis zu 7% des Glukosids Steviosid aufweisen können, sind deshalb zum Süßen verwendbar, und man hat bereits Anbauversuche mit der Art unternommen. Allerdings ist außerhalb ihrer Heimat eine Kultur sehr schwierig, da die Ausfuhr von *Stevia*-Saatgut aus Paraguay unter strengem Verbot steht.

Tribus Senecioneae. In vielen Merkmalen stimmt dieser Verwandtschaftskreis mit den Heliantheen überein, unterscheidet sich aber von ihnen durch einen haarförmigen Pappus sowie durch vorwiegend wechselständige Blätter. Die Ausbildung der vegetativen Organe ist in dieser Tribus außerordentlich vielgestaltig, das Verbreitungsgebiet ihrer etwa 100 Gattungen und 3000 Arten erfaßt alle Kontinente. Schwerpunkte der Verbreitung sind u. a. Mexiko, die Anden, Südafrika und Ostasien.

Eine Gattungsgruppe, die sich durch einen verwachsenen Hüllkelch auszeichnet, ist im südlicheren Afrika konzentriert, wo z.B. die Arten von *Othonna* und *Euryops* zu charakteristischen Florenelementen der dortigen Wüstenvegetation zählen. Eine Reihe von Gattungen der Senecioneen ist uns auch aus der europäischen Flora bekannt: Zu den ersten Frühjahrsblühern bei uns gehört der Huflattich, *Tussilago farfara,* der im gesamten nördlichen Eurasien verbreitet ist und Ton- und Lehmböden bevorzugt. Er hat einen eigentümlichen Entwicklungsrhythmus; im Vorfrühling treiben nur die mit bräunlichen Schuppenblättern besetzten Blütenschäfte aus, und erst nach der Blüte beginnen sich die großen, nierenförmigen Blätter zu entfalten. Ein ähnliches Wachstum zeigen mehrere Pestwurzarten, *Petasites,* die wir gleichfalls in der mitteleuropäischen

Bergwohlverleih oder Arnika, *Arnica montana,* war früher für nährstoffarme Wiesen in den Gebirgen eine Charakterart. Sie ist vielfach sehr selten geworden aufgrund der mit einer intensiven Grünlandwirtschaft verbundenen Umweltbelastungen.

Vegetation besonders an Auenstandorten antreffen, wie z. B. *Petasites hybridus,* die Rote Pestwurz, oder *Petasites albus,* die Weiße Pestwurz. Auch die Gattung Arnika, *Arnica* (jetzt mitunter den Heliantheen angeschlossen), ist mit einer Art, dem geschützten Bergwohlverleih, *Arnica montana,* in Europa vertreten, wo sie auf kalkarmen Böden mit einer sauren Bodenreaktion gedeiht. Arnikatinktur, vor allem aus den Blüten und Rhizomen hergestellt, ist noch heute ein gern benutztes Heilmittel bei Wunden, Quetschungen und anderen Verletzungen. Von den etwa 30 Arten besitzt eine, *Arnica alpina,* eine auffallende bipolare Verbreitung, die sie nur mit relativ wenigen anderen Pflanzen teilt: Weitab von dem im arktischen Eurasien und Amerika liegenden Hauptverbreitungsgebiet existiert ein kleines Teilareal an der äußersten Südspitze Südamerikas.

Die größte Gattung der Gruppe und zugleich eine der größten Gattungen der höheren Pflanzen überhaupt ist *Senecio,* die Greis- oder Kreuzkräuter, deren Artenzahl auf über 1 500 geschätzt wird. Die Gattung ist in Mitteleuropa wie in allen gemäßigten Breiten als auch in den Tropen oder der Arktis zu Hause. Sie tritt uns in einer Vielgestaltigkeit entgegen, wie wir sie in einer entsprechenden Weise bereits von der ähnlich großen Gattung Wolfsmilch, *Euphorbia,* geschildert hatten. *Senecio* enthält Einjährige, die verschiedensten Stauden, Windepflanzen, Sträucher, die oft dicht wollig behaart sind oder eine erikaartige bzw. an Nadelhölzer erinnernde Beblätterung haben, Blatt- und Stammsukkulente, Dornsträucher mit verdornten Blattspitzen und Schopfbäume. Eine entsprechende Palette weisen die von den Kreuzkräutern bevorzugten Standortsbedingungen auf; in der Gattung gibt es Pflanzen der Steppen und Wüsten, der Wiesen, alpinen Matten und der arktischen Tundra, Bewohner von Sümpfen, trockenen Nadel- oder feuchteren sommer- und immergrünen Laubwäldern, Arten tropischer Hochgebirge sowie Strand-, Unkraut- und Ruderalpflanzen, wie z. B. das jetzt nahezu kosmopolitische Gemeine Kreuzkraut, *Senecio vulgaris.* Die sukkulenten Arten sind für die Wüstengebiete Süd- und Südwestafrikas, besonders für die Karroo und die Namib, typisch. Zu den Stammsukkulenten, die an manche Wolfsmilcharten erinnern, gehört z. B. *Senecio anteuphorbium.* Von den Blattsukkulenten, auch als Gattung *Kleinia* abgetrennt, zeichnen sich einige Formen durch tropfenförmige Blätter aus, die mehr oder weniger ebenso dick wie lang sind *(Senecio herreianus).* Merkwürdige Pflanzengestalten sind die Riesen- oder Baumkreuzkräuter, die für die Vegetation der alpinen Stufe in den zentral- und ostafrikanischen Hochgebirgen charakteristisch sind, wo sie das Bild der Landschaft in Höhe von 3 000 bis 4 500 m bestimmen. Es handelt sich ähnlich wie bei den Espeletien der Anden (s. S. 338) um meterhohe, höchstens oberwärts kurzverzweigte Schopfbäume mit endständigen Rosetten großer, huflattichähnlicher Blätter. Diese Arten, z. B. *Senecio keniodendron* und *Senecio kilimanjari,* müssen in ihrer Gebirgsheimat unter außerordentlich harten Umweltbedingungen existieren. Das Standortsklima ist durch extreme tagtägliche Tempera-

Schopfbäume werden auch in der Gattung Greiskraut, *Senecio,* gebildet, sie bestimmen das Bild der Vegetation in den alpinen Lagen ostafrikanischer Hochgebirge. Die abgestorbenen Blätter gewährleisten Kälteschutz *(Senecio cottonii).*

turschwankungen gekennzeichnet. So sinken die Temperaturen in den Nächten auf unter −10 °C ab, während sie tagsüber auf mehr als 20 bis 25 °C ansteigen. Als Schutzvorrichtung gegen die Temperaturwechsel müssen die persistierenden, den Stamm umhüllenden Blattbasen und die nyktinastischen Bewegungen der Rosettenblätter gedeutet werden. Die Wuchsleistung der Riesensenecien ist deshalb verständlicherweise sehr gering, es sind für sie jährliche Zuwachsraten von nur 3 bis 5 cm ermittelt worden!

Zehn Meter hohe Exemplare können ein Alter von 250 Jahren besitzen. Es gibt jedoch auch Arten dieser Gruppe (oft als Gattung *Dendrosenecio* abgetrennt), die sich bei entsprechender Verzweigung durch einen niederliegenden Wuchs auszeichnen.

Erstaunlich unbedeutend ist der wirtschaftliche Nutzen, den die große Gattung für den Menschen hat. Es gibt unter ihnen einige Heil- und Wildgemüsepflanzen, und den Blumenliebhabern sind die Cinerarien, *Senecio cruentus,* aus den Schluchtwäldern der Kanaren bekannt, die in blau-, weiß-, purpur- und rotblühenden Formen als Topfpflanzen im Frühjahr angeboten werden. Im Volksmund nennt man sie wegen ihrer Anfälligkeit gegenüber Blattläusen geringschätzig »Läuseblumen«.

Die Gattung *Senecio* und andere Gattungen der Tribus enthalten übrigens die eingangs erwähnten Pyrrolizidin-Alkaloide, wobei manche Arten, wie z. B. das Alpenkreuzkraut, *Senecio alpinus,* einen besonders hohen Alkaloidgehalt haben. Eine Verfütterung dieser Pflanzen kann daher leicht zu Vergiftungen, insbesondere Lebernekrosen, führen, über die aus verschiedenen Ländern berichtet wurde.

Tribus Calenduleae. Das Vorkommen dieser kleinen Gruppe, zu der 20 Gattungen mit 250 Arten gerechnet werden, ist in Südafrika konzentriert. Ihre Köpfchen haben in den meisten Fällen weibliche fruchttragende Zungenblüten und zwittrige, funktionell aber nur männliche Scheibenblüten, an denen kein Fruchtansatz stattfindet. Die relativ großen, pappuslosen Achänen sind für die Tribus sehr bezeichnend, da sie meist innerhalb eines Köpfchens verschiedenförmig entwickelt sind; diese als Heterokarpie bezeichnete Erscheinung ist bei den Korbblütlern vielfach anzutreffen.

Als Beispiel seien die Früchte der bekannten Gartenringelblume, *Calendula officinalis,* geschildert (s. Abb. S. 320): Hier treten 3 verschiedene Fruchttypen auf. Die der äußersten Randblüten sind schmal, gebogen und außen mit Haken und Stacheln besetzt; sie werden als Klettfrüchte bezeichnet. Die darauffolgenden, die Napffrüchte, sind kahnförmig und mit häutigen Anhängseln versehen, wobei sich unter der Fruchtwand ausgedehnte lufterfüllte Hohlräume befinden. Die Früchte der innersten Randblüten schließlich nennt man wegen ihrer kleinen, wurmförmigen Gestalt Täuschfrüchte. Zweifelsohne hängt mit den unterschiedlichen Fruchtformen auch eine unterschiedliche Verbreitungsweise der Früchte zusammen, obwohl dazu noch kaum genauere Beobachtungen vorliegen. Die Napffrüchte können sehr leicht vom Wind verrollt, vielleicht auch von Regen verschwemmt werden, während die äußeren Früchte – wie der Name andeutet – vermutlich epizoochor von Tieren verschleppt werden und man über die Form der Verbreitung der Täuschfrüchte sich noch nicht im klaren ist.

Die Ringelblumen, *Calendula,* sind eine 20 Arten enthaltende Gattung des Mittelmeergebietes (von den Kanaren bis Iran). Die wohl aus Nordwestafrika stammende Gartenringelblume, *Calendula officinalis,* ist eine alte Heil- und Zierpflanze, die bereits im frühen Mittelalter in den Klostergärten nördlich der Alpen gezogen wurde und heute noch oft angebaut wird.

Eine verwandte Gattung, *Dimorphotheca,* auch Kapkörbchen oder Kapringelblume genannt, ist mit einem halben Dutzend Arten im Kapland verbreitet. Hybriden aus der Gattung werden als einjährige Sommerblumen in unseren Gärten immer häufiger gezogen. Die Gattung ist für den Chemiker interessant, da sich einmal das Öl ihrer Früchte durch einen hohen Anteil an ungesättigten Fettsäuren auszeichnet und zum anderen die Arten zu denjenigen der Familie gehören, die cyanogene Glykoside besitzen. Im vorliegenden Fall handelt es sich bei der blausäureabspaltenden Verbindung um das auch aus anderen Familien (Leingewächse, Hülsenfrüchtler) bekannte Linamarin.

Eine Art, *Dimorphotheca pluvialis,* hat gegen Temperaturschwankungen sehr empfindliche Blütenköpfe: Bei sonnigem Wetter sind ihre Randblüten ausgebreitet, bei bewölktem Himmel und kühlerem Regenwetter legen sich die Randblüten nach oben hin zusammen und schließen die Köpfe, ähnlich wie das auch bei anderen Korbblütlern, zum Beispiel beim Gänseblümchen, geschieht.

Tribus Heliantheae. Der Besitz einer Reihe von Merkmalen, wie krautiger Wuchs, die Ausbildung weniger vielblütiger Köpfe, das Vorhandensein von Spreublättern, die Entwicklung einer Hülle aus laubblattartigen Hüllblättern und das Auftreten eines kelchartigen, schuppigen oder borstigen, nie haarförmigen Pappus, die für die Korbblütler als Zeichen einer relativ ursprünglichen Stellung angesehen werden, legt die Vermutung nahe, die Heliantheen als die in abstammungsgeschichtlicher Hinsicht primitivste Gruppe der Familie zu interpretieren. Darüber herrscht jedoch noch keine endgültige Klarheit. Die Arten zeichnen sich ferner durch am Grunde stumpfe oder pfeilförmige Staubbeutel, meist gegenständige und oft rauhe Blätter und viel stärker als in anderen Triben variierende Griffelformen aus (daher ist in die Abbildung der

Epizoochor verbreitete Klettfrüchte der Heliantheen: Oben: Fruchtstände der Elb-Spitzklette, *Xanthium albinum;* die hakig gekrümmten Dornen entsprechen den mit dem verholzten Blütenkopfboden verwachsenen Hüllblättern. Unten: Achänen des Dreiteiligen Zweizahns, *Bidens tripartitus;* hier sind die wenigen ausgebildeten Pappusborsten mit Widerhaken besetzt.

Griffelformen kein Vertreter dieser Gruppe aufgenommen worden). Die Zungenblüten sind meist wie die Scheibenblüten gelb gefärbt; vielfach beruht das auf dem Gehalt an Chalkonen und Auronen, flavonoiden Verbindungen, die sich durch ihre Rotverfärbung nach Einwirkung von Alkalien leicht nachweisen lassen und die innerhalb der Compositen gerade in dieser Tribus weit verbreitet sind.

Die Heliantheen umfassen etwa 260 Gattungen mit 3000 Arten, deren Mannigfaltigkeitszentrum in Amerika liegt. Einige Gattungen, wie Zweizahn, *Bidens,* sind auch in der europäischen Flora vertreten; auffallend ist aber die relativ hohe Zahl von ursprünglich amerikanischen Arten, die in Europa eingeschleppt wurden und sich hier – mitunter sogar in natürlichen Pflanzenbeständen (Ufer- und Augesellschaften) – einbürgern konnten; das betrifft u. a. einige Spitzkletten, *Xanthium,* Knopf- oder Franzosenkräuter, *Galinsoga,* und Rudbeckien, *Rudbeckia.* Zu den Heliantheen gehören einige wichtige Kultur- und Zierpflanzen, weshalb wir sie etwas ausführlicher besprechen wollen.

Zu einer Gattungsgruppe, die sich durch weibliche oder ungeschlechtige Zungenblüten und zwittrige, fruchtbare Scheibenblüten sowie durch fehlenden oder reduzierten Pappus auszeichnet, zählen neben vielen anderen Gattungen auch die Sonnenblumen, *Helianthus,* die der Tribus den Namen gegeben haben. Die etwa 100 einjährigen oder ausdauernden Sonnenblumenarten sind im nördlicheren Amerika (bis Mexiko) und in den nördlichen Anden beheimatet; einige haben sich als Kulturpflanzen ein weites Sekundärareal erobert.

Das gilt vor allem für die Gemeine Sonnenblume, *Helianthus annuus,* die eine der weltwirtschaftlich bedeutendsten Ölpflanzen ist. Ihre Achänen enthalten 25 bis 35%, bei modernen russischen, dünnschaligen Sorten sogar über 50% Öl, das als Speiseöl, zur Margarineherstellung und für technische Zwecke gebraucht wird. Wildwachsende Unterarten von *Helianthus annuus* sind seit mehreren tausend Jahren wichtige Sammelpflanzen der Indianer des westlichen Nordamerikas. Sie aßen die Kerne der Früchte roh, geröstet oder gesalzen; dieser Brauch bürgerte sich in Rußland im 18. Jahrhundert ein und ist heute für viele Teile der ehemaligen Sowjetunion bezeichnend. Nordamerikanische Indianer nahmen die Art auch in Kultur, doch ist die Abstammungsgeschichte dieser Kulturpflanze im einzelnen noch nicht genau geklärt. Es gibt im zentralen und östlichen Teil der USA auch kleinköpfigere Unkrautformen der Art, die den Kultursippen außerordentlich nahestehen, die aber als Bastarde zwischen den Kulturformen und den westlichen Wildsippen gedeutet werden. *Helianthus annuus* gelangte schon im 16. Jahrhundert nach Europa und war hier einige Jahrhunderte nur als Zierpflanze bekannt. Die Entwicklung zu einer leistungsfähigen Ölpflanze erfolgte erst seit dem 19. Jahrhundert in Rußland. In den südlichen Gebieten der früheren Sowjetunion liegen noch heute die größten Anbauflächen der Art, die hier 4 Millionen Hektar übersteigen. Weitere wichtige Anbauländer sind Argentinien, Rumänien und andere Balkanstaaten. Vor allem durch die russischen und ukrainischen Züchter ist eine Vielzahl von Sorten geschaffen worden, die sich in Wuchshöhe (4 m bis 60 cm, die niedrigen Formen sind für maschinelles Ernten geeignet), Kopfgröße (15 bis 60 cm breit), Form,

Variabilität in Größe, Form und Farbe der Früchte bei der Sonnenblume, *Helianthus annuus.* Von links nach rechts: Wildform aus Nordwest-USA, Sorte »Primrose«, Sorte »Sunrise«, jugoslawische Landsorte, russische Sorte, polnische Landsorte, Sorte »Yawne«

Farbe und Ölgehalt der Früchte usw. stark unterscheiden. Es ist interessant, daß sich Formen mit hohem Phytomelan-Gehalt in den Achänenwänden als resistent gegenüber der Sonnenblumenmotte *(Homoeosoma)* erwiesen haben und deshalb für die Züchtung von besonderer Bedeutung sind. Die Sonnenblume ist die einzige bedeutende Kulturpflanze, die wir der nordamerikanischen Flora verdanken; sie gewinnt heute in nördlicheren Ländern als Silage- und Grünfutterpflanze zunehmend an Bedeutung.

Eine andere bekannte, ausdauernde Art der Gattung ist der Topinambur, *Helianthus tuberosus,* aus dem östlichen Nordamerika, der ebenfalls von den Indianern bereits vor der Entdeckung Amerikas angebaut wurde. Die 10 bis 20 cm langen, sich an Stolonen entwickelnden Knollen sind sehr inulinreich und werden z. B. in Südeuropa als Gemüse gegessen. In Europa ist die Art auch eine beliebte Wildfutterpflanze. Als ausgeprägte Kurztagsippe kommt sie hier im allgemeinen nur sehr spät oder gar nicht zur Blüte und muß vegetativ vermehrt werden.

In die Verwandtschaft von *Helianthus* gehört eine weitere Ölpflanze, der Ramtil, *Guizotia abyssinica,* eine Art einer kleinen afrikanischen Gattung. Der Ramtil gedeiht wild von Äthiopien bis Malawi und wird in nennenswertem Umfang nur in Indien und Äthiopien kultiviert. Die Speise- und Brennöl liefernden Früchte sind als Nigersaat im Handel.

Als Gemüsepflanzen dienen dagegen einige Arten der vornehmlich tropisch-amerikanischen Gattung *Spilanthes* (60 Arten); die jetzt in allen Tropengebieten verbreitete *Spilanthes oleracea,* »Brazilian cress«, trifft man gelegentlich auch angebaut an, sie wurde früher als Mittel gegen Skorbut gegessen. Der scharfe, speicheltreibende Geschmack der Blätter beruht auf dem Gehalt an Spilanthol, einem Säureamid.

Zu dieser ersten Gruppe der Heliantheen rechnet ferner eine der beliebtesten Zierpflanzen, die Dahlie, die in zahllosen Sorten und Formen vom Sommer bis zum Herbst zu den schönsten Pflanzen unserer Gärten zählt und die auch als Schnittblume sehr gern gekauft wird. Die Dahlien, deren züchterische Verbesserung sich besondere Gesellschaften in vielen Ländern zum Ziel gesetzt haben, zeichnen sich im Aufbau der Blütenköpfe, Form und Farbe der Blüten usw. durch einen Formenreichtum aus, der im Prinzip auf ähnliche Abweichungen im Bau des Köpfchens und der Blüten zurückgeht, wie sie bei den Sommerastern ebenfalls anzutreffen sind.

Die Gattung *Dahlia* ist mit 30 Arten in ihrer Verbreitung auf Mexiko und Guatemala beschränkt; es sind Stauden, einige von meterhohem Wuchs, mit Wurzelknollen. Dahlien werden in Mexiko bereits seit langem kultiviert; auf derartige Typen, die erstmals Ende des 18. Jahrhunderts nach Europa kamen, gehen alle heutigen Zierformen zurück, die man als *Dahlia variabilis* zusammenfaßt. Bereits 50 Jahre nach den ersten Importen boten manche Gärtnerfirmen über 200 Daliensorten an. – Zum Abschluß dieser Gattungsgruppe muß noch auf die in der heimischen Flora vertretene Gattung Zweizahn, *Bidens,* eingegangen werden. Ihre Arten sind typische Beispiele von epizoochor verbreiteten Pflanzen; die Achänen haben einen auf 2 bis 6 (mit Widerhaken besetzten) Borsten reduzierten Pappus, der außerordentlich leicht im Fell von Tieren, in der Bekleidung von Menschen usw. haftet und so weit verschleppt werden kann. Diese mit 240 Arten größte Gattung der Gruppe ist ebenfalls mit der Mehrzahl der Sippen in Amerika zu Hause, im übrigen aber weltweit verbreitet. Bei Zweizahnarten, deren Vorkommen auf kleine, abgelegene Inseln beschränkt ist, läßt sich ein Phänomen beobachten, das für Inselfloren allgemeinere Gültigkeit hat: Bei ihnen ist eine Rückbildung der Verbreitungseinrichtungen festzustellen, was bei *Bidens*-Arten von pazifischen Inseln zum völligen Wegfall der Hakenborsten führt. Eine wirkungsvolle Verbreitung der Früchte bei *Bidens* etwa durch Vögel würde auf derartigen Inseln zu einem hohen Verlust an Samen bzw. Früchten führen, da der größte Teil von ihnen

Die Compositen stellen eine Vielzahl von Zierpflanzen, zu den weltweit wichtigsten gehören die Dahlien. Es gibt Hunderte von Sorten, die meisten sind hybridogenen Ursprungs. Eine besondere Sortengruppe bilden die Kaktus-Dahlien mit sehr schmalen Zungenblüten.

ins Meer gelangen würde. Dem ist bei den entsprechenden Sippen im Laufe der Evolution durch die Rückbildung der Verbreitungseinrichtungen entgegengewirkt worden (siehe Abbildung S. 320).

Besonders ausgeprägt ist diese Besonderheit auch bei der Gattung *Fitchia* aus dem Südpazifik (die allerdings zu einem anderen Verwandtschaftskreis der Heliantheen zählt). Bei der nur in den Regenwäldern der kleinen Insel Rarotonga wachsenden Art *Fitchia speciosa,* einem hohen Baum, treffen wir die vermutlich größten Früchte der Familie an, deren Länge 4 bis 5 cm erreicht und die auf Grund dieser für Korbblütler gigantischen Dimensionen für keinerlei Fernverbreitung geeignet sind.

Eine zweite Gattungsgruppe der Heliantheen hat als hervorstechendstes Merkmal an den randlichen Früchten der Köpfchen Flugorgane ausgebildet, die aus den erhalten bleibenden Kronen dieser Blüten hervorgehen. Als Beispiel sei die mexikanische Gattung *Zinnia* vorgestellt, von der den Gartenfreunden einige Arten als Sommerblumen vertraut sind. Die Zinnien sind auch in chemischer Hinsicht interessant, da sie sich durch relativ hohen Nikotingehalt auszeichnen!

Bei einer dritten Gruppe sind nur die weiblichen Zungenblüten fruchtbar, die zwittrigen, funktionell männlichen Scheibenblüten entwikkeln keine Früchte. Einige der hierher gehörenden Vertreter beanspruchen wirtschaftliches Interesse, so z. B. die kleine, vor allem in den Wüsten Mexikos und des westlichen Nordamerikas beheimatete Gattung *Parthenium*. Die Guayule, *Parthenium argentatum*, aus Mexiko und Texas war zeitweilig als Kautschukpflanze von Bedeutung. Überhaupt gehören die meisten extratropischen Kautschukpflanzen zu den Compositen, wobei sie nicht nur in den milchsaftführenden Lactuceen sondern auch in anderen Verwandtschaftskreisen auftreten. Hier ist der Kautschuk in Parenchymzellen des Grundgewebes von Stengel, Blatt und Wurzel enthalten. In geringen Mengen kommt Kautschuk in vielen Arten dieser Unterfamilie vor, aber nur bei wenigen ist der Gehalt von wirtschaftlichem Wert. Der Anbau der Guayule, einem niedrigen Strauch, in seiner Heimat (versuchsweise auch im Süden der früheren Sowjetunion) hatte nur während des zweiten Weltkrieges größere Bedeutung, als die USA von den Kautschukimporten aus Südostasien abgeschnitten waren. Später wurde der Anbau stark eingeschränkt; wegen des Harzgehalts ist der Guayule-Kautschuk auch nur von minderer Qualität.

In den letzten Jahrzehnten hat jedoch das züchterische Interesse an dieser Pflanze als natürliche, regenerierbare Rohstoffquelle wieder zugenommen.

Zu den Knollenpflanzen, die für die indianische Hackbaukultur der höheren Lagen in den Anden so bezeichnend sind, zählt ebenfalls eine Pflanze dieses Verwandtschaftskreises. Es ist *Polymnia sonchifolia*, die zusammen mit Kartoffeln und anderen Knollenarten sowie Mais eine der charakteristischen landwirtschaftlichen Kulturpflanzen der Indios von Kolumbien bis Nordwestargentinien darstellt; ihre Wurzelknollen werden wie Kartoffeln verwendet.

Im selben Gebiet beheimatet sind die Frailejones, *Espeletia* (bis 80 Arten). Einige von ihnen prägen durch ihre merkwürdigen Wuchsformen das Bild der Landschaft in den Paramos, der alpinen Stufe der Anden: Es handelt sich bei ihnen, z. B. bei *Espeletia grandiflora*, um einige Meter hohe, riesenkerzenähnliche, unverzweigte Schopfbäume mit langen, schmalen, wollig behaarten Blättern, die an den Stammspitzen rosettenartig gedrängt stehen. Diese charakteristische Wuchsform ist uns bereits bei den Kreuzkräutern der ostafrikanischen Hochgebirge begegnet. Einen ähnlichen Habitus haben die Silberschwertarten, *Argyroxiphium*, die zu den seltsamsten und seltensten Endemiten der Inselgruppe von Hawaii gehören. Die wenigen Arten, z. B. *Argyroxiphium sandwicense*, existieren heute meist nur noch in kleinen Beständen; die eingeführten Ziegen, die Sammelleidenschaft von Liebhabern und Botanikern und vor allem die negativen Einflüsse des Tourismus, die eine natürliche Regeneration der Pflanzen stark behindern, haben zur raschen Dezimierung der

Eine der berühmten Silberschwert-Arten, *Argyroxiphium sandwicense*, vom Vulkan Maui der gleichnamigen Insel des Hawaii-Archipels. Die Pflanzen kommen nur einmal zur Blüte und sterben nach der Fruchtreife ab. Die Arten der Gattung zählen zu den vom Aussterben bedrohten Endemiten von Hawaii.

Vorkommen beigetragen. Nach einem sieben- bis zwanzigjährigen Wachstum bilden die Silberschwertarten einen mitunter 3 m Höhe erreichenden Blütenstand und sterben nach der Fruchtreife ab. Trotz Naturschutzmaßnahmen haben sich diese Arten in der letzten Zeit nur wenig vermehrt.

Argyroxiphium ist ein Vertreter einer vierten Gruppe der Heliantheen, die sich von den anderen durch ihre Spreublätter unterscheidet; diese sind nur in einem Kreis, der zwischen den Rand- und den Scheibenblüten liegt, entwickelt. Es gehören hierzu noch sehr viele Arten der Trockengebiete des westlichen Nordamerikas, die dort zu den charakteristischen Florenelementen zählen.

Dieser Komplex (sich um die Gattung *Madia* gruppierend) muß nach neuesten molekularbiologischen Untersuchungen der Plastiden-DNS als Vorfahr der Silberschwert-Verwandtschaft angesehen werden. Er muß daher durch eine Fernverbreitung mit Hilfe von Vögeln die riesige Distanz (fast 4000 km) überwunden haben, ehe die Entwicklung zu den heutigen Arten auf den Inseln des Hawaii-Archipels einsetzte.

Unter den Heliantheen ist ebenfalls eine Gruppe von Gattungen anzutreffen, die sich durch Windbestäubung auszeichnet. In Zusammenhang mit dieser abweichenden Bestäubungsweise haben die Blüten mannigfache Umwandlungen erfahren: Die weiblichen Blüten sind nackt oder besitzen nur eine verkümmerte Krone; mitunter sind auch die Staubbeutel frei und nicht zu einer Röhre verwachsen. Ihr Pollen ist fast glatt und nicht derart stark strukturiert (mit Stacheln, Leisten usw.), wie das für die insektenblütigen Arten der Familie zutrifft. Oft sind die beiden Geschlechter auf verschiedene Köpfe verteilt, wir haben dann also einhäusige Pflanzen vor uns. – Bei ihnen, z.B. auch bei den bekannten Spitzkletten, *Xanthium,* für die kurz nach dem zweiten Weltkrieg große Propaganda als Ölpflanzen gemacht wurde, sitzen die weiblichen Blüten zu 1 bis 2 in der Blütenachse eingesenkt. Die sie umgebenden Spreublätter sind zu einem harten Schnabel verlängert, aus dessen Öffnung die Griffeläste herausragen. Blütenachse und Basalteile der Spreublätter verwachsen zu einem zweifächerigen Gebilde, in dem die Früchte mit ihrem reduzierten Pappus sitzen und dessen Wände bei der Reife verholzen. Diesen hoch hinauf angewachsen sind die Hüllblätter, deren freie Spitzen dornartig entwickelt sind und sich vorn hakig krümmen. Der gesamte Fruchtstand kann deshalb von Tieren sehr leicht verschleppt werden.

Außer den Spitzkletten, deren Zahl je nach Artauffassung sehr unterschiedlich angegeben wird (wenige Arten bis 30), ist noch die vorwiegend amerikanische Gattung *Ambrosia* ein bekannter Vertreter dieser Gruppe. *Ambrosia*-Arten sind in Nordamerika häufige Ruderal- und Unkrautpflanzen, sie wurden in den letzten Jahrzehnten vielfach in die Alte Welt eingeschleppt und breiten sich dort ebenfalls zum Teil rapide aus. Viele Personen sind gegenüber den in großen Mengen verwehten *Ambrosia*-Pollen allergisch und leiden zur Blütezeit – ähnlich wie das bei uns zur Zeit der Gräserblüte zutrifft – an Heuschnupfen oder Heufieber. Die für diese Allergien verantwortlichen Stoffe sind Eiweißverbindungen des Pollens; gegen sie sind bereits Seren entwickelt worden, mit denen gefährdete Personen erfolgreich geimpft werden.

Früher wurde ein gleichfalls fast ausschließlich amerikanischer Verwandtschaftskreis, der sich in erster Linie durch das Fehlen von Spreublättern in den Blütenköpfen unterscheidet, als eigene Tribus Helenieae angesehen. Viele Gattungen werden jetzt jedoch in die Heliantheen einbezogen. Die Mehrzahl von diesen ist in Mexiko und den südlichen USA zu Hause.

Manche von ihnen (z.B. *Helenium*) zeichnen sich durch toxische Sesquiterpen-Laktone aus, durch die es (wie bei Inuleen-Gattungen) zu Viehvergiftungen kommen kann.

Einige Gattungen, wie Sonnenbraut, *Helenium,* oder Kokardenblume, *Gaillardia,* mit ihren zweifarbigen Randblüten (der basale Abschnitt ist oft tief purpurn gefärbt), sind als Zierpflanzen in unseren Gärten häufig zu sehen.

Tribus Tageteae. Diese kleine, ausschließlich amerikanische Gruppe mit 17 Gattungen und etwa 240 Arten hat ihren Verbreitungsschwerpunkt im trocknen Hochland von Mexiko. Hier kann nur auf Arten der Gattung *Tagetes,* der Studenten- oder Samtblumen, etwas näher eingegangen werden. Diese Pflanzen haben ein zu einer einheitlichen Hülle verwachsenes Involukrum sowie große Öldrüsen, deren Se-

Auch die Kokardenblume, hier *Gaillardia aristata,* gehört zum ständigen Sortiment der Sommerblumen in den europäischen Gärten. Wie die Mehrzahl der Zier-Korbblütler ist ihre Heimat Nordamerika.

krete den strengen Geruch der Pflanzen verursachen. Die Mehrzahl der 50 Arten ist in Mexiko beheimatet, im übrigen erstreckt sich das Gattungsareal von Kalifornien-Texas bis Argentinien. In Mexiko gehören einige von ihnen zu den am häufigsten verwendeten Heilpflanzen, für die eine Vielzahl von Indikationen angegeben werden. Für die auch bei uns kultivierten Studentenblumen *Tagetes erecta* und *Tagetes patula* sind bisher überhaupt keine sicheren Wildvorkommen bekannt; sie wurden bereits zur Zeit des Aztekenreiches angebaut und wegen der magischen Kräfte, die man ihnen zuschrieb, spielten sie eine Rolle bei verschiedenen religiösen Riten. Eine andere, als yauhtli bezeichnete Sippe *(Tagetes lucida)* galt als Betäubungsmittel: Puder getrockneter Pflanzen wurde z. B. Kriegsgefangenen ins Gesicht gestäubt, um ihnen die Qualen der anschließenden Verbrennung bei lebendigem Leibe zu erleichtern! Der jetzige häufige Gebrauch von Studentenblumen, besonders *Tagetes erecta* und *Tagetes patula* in Mexiko, wo Altäre und Gräber mit Blütenkränzen dieser Pflanzen geschmückt werden, bei denen Formen mit vermehrter Zahl der Strahlenblüten bevorzugt werden, geht zweifelsohne auf vorchristliche Riten zurück. Schon im 16. Jahrhundert gelangten mehrere *Tagetes*-Arten nach Asien und Europa. Hier sind heute besonders *Tagetes patula* und *Tagetes erecta* und Hybriden als Zierpflanzen beliebt. Auch außerhalb Amerikas sind vielfältige Anwendungen der Samtblumen zu beobachten. In Indien z. B. benutzt man in vielen Haushalten ärmerer Bevölkerungsschichten die Blüten zur Gewinnung eines gelben Farbstoffes, der zum Färben von Stoffen und Lebensmitteln dient. Auch in Transkaukasien werden die getrockneten und pulverisierten Blütenköpfe dieser Arten als Färbemittel und Gewürz, die frischen Blätter auch als Salatgemüse verwendet.

Tribus Inuleae. Dieser umfangreiche Verwandtschaftskreis enthält etwa 180, oft allerdings artenarme Gattungen mit insgesamt rund 2100 Arten. Er ist auf der ganzen Erde, vom Äquator bis zu den Polarkreisen, sowohl auf der Nord- als auch der Südhalbkugel verbreitet. Eine Reihe von Gattungsgruppen ist in Südafrika und Australien konzentriert. Auch aus der mitteleuropäischen Flora ist uns diese Tribus durch die Gattung Alant, *Inula,* Flohkraut, *Pulicaria,* Ruhrkraut, *Gnaphalium,* Filzkraut, *Filago,* u. a. vertraut. Das Spektrum der Wuchsformen der Inuleen reicht von winzigen einjährigen Pflänzchen bis zu hohen Bäumen, wie etwa den 40 m erreichenden, zweihäusigen Bäumen von *Brachylaena* auf Madagaskar (die Stellung dieser Gattung bei den Inuleen wird jedoch heute in Frage gestellt).

Bei der Mehrzahl der Arten tritt uns auch in dieser Tribus eine Blütendifferenzierung innerhalb der Köpfchen entgegen; die Staubbeutel sind in charakteristischer Weise am Grunde geschwänzt. Bei den Inuleen ist ebenfalls in einigen Gattungen eine Reduktion der Blütenzahl pro Köpfchen bis auf eins und die Anordnung dieser rückgebildeten Köpfe in dichten Blütenständen höherer Ordnung zu beobachten, so z. B. bei den heidekrautähnlichen Sträuchern von *Stoebe* aus Südafrika.

Viele Gattungen der Inuleen haben eine unauffällig fadenförmige Krone der weiblichen Randblüten. Hierzu gehören von den heimischen Vertretern die Filz- und Ruhrkräuter sowie das Katzenpfötchen, *Antennaria.* Großer Popularität erfreut sich das Edelweiß, *Leontopodium alpinum,* aus den Alpen, den Pyrenäen und Karpaten. Bei ihm und anderen Arten der Gattung stehen die kleinen, behaarten Blütenköpfe in Trugdolden gedrängt und sind von einer sternartigen Hülle aus weißfilzigen Hochblättchen umgeben. Der Beliebtheit, die das Edelweiß als »Trophäe« besitzt, sind viele Vorkommen dieser nur auf Kalkgestein gedeihenden Hochgebirgspflanze zum Opfer gefallen, so daß sie vielfach sehr selten geworden ist. Sie steht deshalb seit langem in allen Vorkommensgebieten unter Schutz. Die meisten *Leontopodium*-Arten sind in den Gebirgen und Hochländern Innerasiens zu Hause; in der Mongolei zählen sie z. B. zu den charakteristischen Arten der dortigen Gebirgssteppen.

Ebenfalls mit einer Art *(Helichrysum arenarium)* in der mitteleuropäischen Flora vertreten ist die 500 Arten umfassende Gattung *Helichrysum,* von der über die Hälfte der oft strauchigen Sippen im kapländischen Florenreich beheimatet ist. Der Hüllkelch der Köpfchen ist hier trocken-pergamentartig oder mit trockenen Anhängseln versehen und meist auffallend gefärbt. Die Blütenzahl je Kopf variiert in dieser Gattung außerordentlich stark, sie reicht von 2 bis über 1 000! *Helichrysum* gehört wegen seiner dauerhaften, in trockenem Zustand sehr lange haltbaren und farbechten Blütenköpfe zu den Strohblumen, wegen der Haltbarkeit auch als Immortellen bezeichnet, die man oft in der Kranzbinderei verwendet. Das australische *Helichrysum bracteatum,* die Gartenstrohblume, wird zu diesem Zweck auch feldmäßig kultiviert, es ist neben *Limonium*-Arten die wichtigste Trockenblume der Gärtner. In der Verwandtschaft von *Helichrysum* steht noch eine Reihe weiterer »Strohblumen« mit trockenhäutigem Hüllkelch, z. B. das australische Papierknöpfchen, *Ammobium,* oder die aus Südafrika und Australien stammenden Sonnenflügelarten, *Helipterum,* die ebenfalls das Sortiment unserer Gartenpflanzen bereichern.

Aus dieser ersten Gattungsgruppe der Inuleen muß noch auf die hierzu zu rechnenden Vertreter der Schafspolster aus den neuseeländischen Alpen eingegangen werden. Es handelt sich hier um *Raoulia*-Arten (z. B. *Raoulia rubra, Raoulia mamillaris*) und *Haastia pulvinaris,* die dichte, steinharte, verholzte Kugelpolster bilden.

Wegen ihrer Form und Farbe wurden diese 2 bis 3 m breiten und bis 60 cm hohen Polster von den ersten weißen Siedlern mit ruhenden Schafen verglichen und als vegetabilische Schafe bezeichnet. Von oben betrachtet erscheinen diese, ein Alter bis über 100 Jahre erreichenden Polster wabenartig gefeldert. Das kommt daher, daß die extrem gestauchten Triebe derart aneinander gepreßt sind, daß sie sich gegenseitig polygonal abflachen. Die an den Triebspitzen rosettig gedrängten, kleinen, wollig behaarten Blätter sind senkrecht orientiert und bieten im Extremfall durch die dachziegelige Anordnung nur die oberen Kanten dem Licht dar. Dementsprechend ist nur hier in den Blättchen Assimilationsgewebe ausgebildet. Bei *Haastia* tragen diese Blattkanten zitzenartige Auswüchse, in denen das Assimilationsparenchym lokalisiert ist. Nach einer Vegetationsperiode sterben die Blätter ab und verwittern zu einer das Polsterinnere ausfüllenden torfigen Masse, die sich nach

Regenfällen wie ein Schwamm mit Feuchtigkeit vollsaugen kann; sie wird von vielen sproßbürtigen Wurzeln durchzogen. *Haastia* und *Raoulia* sind extreme Beispiele von Polsterpflanzen, die für die Vegetation trockener Fels- und Geröllstandorte der neuseeländischen Hochgebirge außerordentlich bezeichnend sind. Andere *Raoulia*-Arten bilden übrigens lockere rasenartige Kriechpolster.

Die zweite Gruppe der Tribus, deren Randblüten auffallend und deutlich zungenförmig sind, ist mit Alant und Flohkraut ebenfalls in der heimischen Flora anzutreffen. Die namengebende Gattung Alant, *Inula,* ist mit über 100 Arten in Eurasien und Afrika beheimatet. Sie enthält eine alte Kulturpflanze, den Echten Alant, *Inula helenium,* eine großblättrige Hochstaude, die vermutlich aus Mittelasien stammt, aber in vielen Ländern aus der Kultur verwildert und eingebürgert ist. Sie wurde bereits im Römischen Reich angebaut und nicht nur als Heil-, sondern auch als Nahrungspflanze genutzt, deren Rhizome man in verschiedener Weise zubereitete. Auch im südlichen Mitteleuropa aß man früher die eingezuckerten Wurzelstöcke der Art. Vielfach ist der Echte Alant, den man als Kulturrelikt oft in der Nähe früherer Burgen, Schlösser oder Klöster findet, noch heute bei Verdauungsbeschwerden ein geschätztes Hausmittel. Anfang des 19. Jahrhunderts hat man übrigens aus den Rhizomen von *Inula helenium* das Inulin, das Reservekohlehydrat der Korbblütler, erstmals dargestellt, woraus sich auch die Bezeichnung dieser Verbindung erklärt. Die Gattung hat vor einigen Jahren unter den Chemikern Interesse erregt, da man bei asiatischen Verwandten des Echten Alant Alkaloide fand, die bisher nur vom Eisenhut (*Aconitum,* s. Band Blütenpflanzen 1) bekannt waren! In chemischer Hinsicht fallen auch die südafrikanischen Arten von *Geigeria* auf: Sie besitzen toxische Sesquiterpen-Laktone, durch die es sehr häufig zu Vergiftungen bei weidendem Vieh kommt.

Abschließend sei bei der Besprechung der Tribus auf die reichlich ein Dutzend Arten enthaltende kanarisch-mediterrane Gattung *Asteriscus* eingegangen, da zu ihr die echte »Rose von Jericho« zählt (vgl. auch Kreuzblütengewächse, *Anastatica*). Es handelt sich dabei um ein wenige Zentimeter hohes einjähriges Pflänzchen, *Asteriscus pygmaeus,* das in den Wüsten Nordafrikas und der arabischen Halbinsel bis zur indischen Sind-Wüste verbreitet ist. Seine Fruchtköpfchen führen hygroskopische Bewegungen aus; auf Grund von Quellungs- und Entquellungsvorgängen in den Hüllblättern schließen sich die Köpfe bei Trokkenheit und können sich bei einer feuchten Atmosphäre innerhalb weniger Minuten wieder öffnen. Diese Bewegungen verlaufen auch an abgestorbenen Exemplaren, da dafür nur die Strukturen toter Gewebe verantwortlich sind. Der ökologische Sinn dieser als Hygrochasie bezeichneten Bewegungen liegt darin, daß auf diese Weise nur bei relativ günstigen Keimbedingungen (Feuchtigkeit!) die Früchte aus den Köpfen entlassen werden.

In den letzten Jahren ist die Meinung vertreten worden, daß es sich bei den Inuleen um eine künstliche Gruppe handelt und sie in mehrere Triben von einheitlicher Abstammung aufzuteilen wäre.

Besonnte Kalk-Felsspalten und steinige Matten sind die natürlichen Vorkommen des Edelweiß, *Leontopodium alpinum;* dem Sammeltrieb von Trophäensüchtigen sind in den Alpen manche Vorkommen zum Opfer gefallen.

Tribus Anthemideae. Dieser Verwandtschaftskreis ist uns wiederum aus der heimischen Flora sehr vertraut, gehören doch zu ihm so bekannte Pflanzen wie die Kamillen, die Hundskamillen und der Rainfarn, sowie Wucherblumen- oder Margeriten- und Beifußarten. Überhaupt ist der größte Teil der Vertreter in den extratropischen Teilen der Nordhemisphäre beheimatet; ein besonderes Mannigfaltigkeitszentrum reicht dabei vom Mittelmeergebiet bis nach Zentralasien. Aber auch in Südafrika trifft man eine beachtliche Zahl meist kleiner Gattungen an, die dort mitunter, wie z. B. in der Großen Karroo-Wüste die Kapoksträucher, *Eriocephalus,* zu den vegetationsbestimmenden Pflanzen zählen. Die Zahl der Gattungen der Anthemideen wird mit etwa 100 (1 400 Arten) angegeben, sie wird sich sicher erhöhen, da bei neueren Untersuchungen die meisten der umfangreicheren Gattungen stärker aufgespalten werden.

Die Blütenköpfe dieser Gruppe – meist mit randlichen Zungenblüten versehen – haben Hüllblätter, die einen trockenhäutigen Rand besitzen. Die Früchte sind völlig pappuslos, oder der Pappus ist zu einem kleinen Krönchen rückgebildet. Bei den Pflanzen handelt es sich um aromatische Kräuter, seltener Halbsträucher oder Sträucher, mit wechselständigen und meist fiederig-geteilten oder ein- bis mehrfach gefiederten Blättern.

In chemischer Hinsicht ist die Tribus durch die große Zahl der bei ihr auftretenden ätherischen Öle und der mit ihnen vergesellschafteten Polyazetylen-Verbindungen sowie der Sesquiterpen-Laktone gekennzeichnet. Ätherische Öle und die Laktone bedingen den Duft und häufig bitteren Geschmack der Pflanzen; bei einem Teil der Laktone handelt es sich um die für die Tribus charakteristischen azulogenen Verbindungen; aus Kamillen und Schafgarben z. B. erhält man bei Wasserdampfdestillation blaugefärbte, azulenhaltige, ätherische Öle. Die medizinische Verwendung vieler Anthemideen beruht auf der antibiotischen Wirkung vieler Sesquiterpen-Laktone. Es sei nur an bekannte Arzneipflanzen wie die seit dem Altertum benutzte Echte Kamille, *Chamomilla recutita (Matricaria chamomilla),* oder die Römische Kamille, *Chamaemelum nobile (Anthemis nobilis),* erinnert, bei denen die Wildbestände den Bedarf nicht decken können, so daß heute ein feldmäßiger Anbau der Arten erfolgt. Auch die in Eurasien verbreitete Gemeine Schafgarbe, *Achillea millefolium,* ist ein altes Volksheilmittel. Die außerordentlich formenreiche Verwandtschaft dieser Art gehört übrigens zu den Pflanzengruppen, die mit Hilfe moderner zytologischer und genetischer Methoden sowie mit Transplantationsexperimenten sehr eingehend untersucht wurden und bei denen jahrelange Studien heute zu einem genauen Einblick in die Verwandtschaftsbeziehungen, die Entstehungsgeschichte einzelner Sippen sowie die Differenzierung der Arten und Populationen in Abhängigkeit von Umweltverhältnissen geführt haben.

Einer der größten Gattungskomplexe der Tribus, der wie die Kamillen keine Spreublätter besitzt, gruppiert sich um *Chrysanthemum,* früher meist als Großgattung aufgefaßt. Hierzu zählt die Margerite oder Weiße Wucherblume, *Leucanthemum vulgare (Chrysanthemum leucanthemum).* Der gesamte Gattungskomplex umfaßt über 200 auf der Nordhalbkugel und in Südafrika beheimatete Arten. Jeder Leser kennt als einen ihrer Vertreter die Gartenchrysantheme, *Dendranthema (Chrysanthemum) hortorum.* Als ausgesprochene Kurztagpflanze kommt sie im Herbst und Spätherbst zur Blüte und stellt dann in unseren Breiten die wichtigste gärtnerische Handelspflanze dar. Durch eine gesteuerte Anzucht mit Hilfe von Kunstlicht kann man allerdings jetzt auch eine Blüte während des ganzen Jahres erzielen. Farb- und Formenreichtum der Chrysantheme sind überwältigend, jedes Jahr ist allein in Europa mit rund 70 Neuheiten zu rechnen. Die Chrysanthemen-(wie Dahlien-) schauen sind daher die Glanzpunkte jeder Gartenbauausstellung. Die Chrysantheme verdanken wir der chinesischen Gartenkunst. Bereits Konfuzius erwähnte 500 v. u. Z. ihre Kultur; damals waren nur gelbblühende Formen im Anbau. Erst zur Zeit der Tang-Dynastie (ab 7. Jh. u. Z.) sind auch weiß- und rotblühende Formen bekannt. In China ist die Chrysantheme, ein Symbol der Langlebigkeit, ein außerordentlich beliebtes Sujet in der Poesie und Malerei. Im 8. Jahrhundert führte man die Art nach Japan ein, wo sie zur Nationalblume wurde und in Wappen und Siegel der japanischen Kaiser enthalten ist. Im 18. Jahrhundert waren in China bereits über 300 Sorten vorhanden; chinesische und japanische Gärtner verstehen es, mehrere Meter breite Kaskaden-Chrysanthemenbüsche zu ziehen, deren Blütenköpfe so angeordnet sind, daß sie Ornamente oder aus chinesischen Schriftzeichen zusammengesetzte Inschriften ergeben!

Zur Zeit der Französischen Revolution gelangten Chrysanthemen nach Europa, wo sie ebenfalls sehr bald eine der begehrtesten Gartenpflanzen wurden. Als wichtigste Ausgangsarten der Gartenchrysantheme gelten *Dendranthema (Chrysanthemum) indicum* und *Dendranthema (Chrysanthemum) morifolium,* die in China und Japan wild vorkommen.

Aus dieser Gattungsgruppe sind noch weitere Arten wegen ihrer Verwendung als Insektenvertilgungsmittel erwähnenswert. Die Anwendung beruht auf dem Gehalt an Pyrethrinen und Cinerinen (Ester von isoprenoiden Säuren), die außerordentlich toxisch gegenüber Insekten aller Art, z. B. Läuse, Flöhe, Fliegen, Mücken, sind. Seit langem wird im Iran ein Pulver aus den getrockneten Blütenköpfen von *Pyrethrum coccineum* (Persisches Insektenpulver) zur Insektenvertilgung benutzt. Auch im Kaukasusgebiet finden diese und verwandte Arten eine entsprechende Verwen-

Nah mit der heimischen Margerite oder den Chrysanthemen ist die Gattung *Argyranthemum* der kanarischen Inseln verwandt. *Argyranthemum frutescens,* die Strauchmargerite, ist in mehreren Farbvarianten eine beliebte Kübelpflanze, sie ist jedoch nicht winterhart.

dung. Im Verlaufe des 19. Jahrhunderts entdeckte man die größere Effektivität der Dalmatinischen Insektenblume, *Tanacetum cinerariaefolium,* von der dalmatinischen Küste. Das Pulver wurde in Form von Aerosolsprays oder Salben angewendet und war vor allem während des zweiten Weltkrieges ein außerordentlich gefragter Artikel. Trotz DDT und anderer synthetischer Insektizide hat das »Pyrethrum« noch heute seine Bedeutung wegen des breiten Wirkungsbereichs und der Ungefährlichkeit gegenüber Warmblütlern behalten; außerdem sind bis jetzt keine pyrethrin-resistenten Insektenrassen aufgetreten. Die Art wird deshalb seit Jahrzehnten kultiviert; vor dem ersten Weltkrieg war Dalmatien der Hauptproduzent, zwischen den Kriegen Japan und seit 1945 Kenia, wo pro Jahr 12000 t Blütenköpfe geerntet werden, in denen ein Pyrethrin-Gehalt bis zu 1,5% vorhanden ist.

Mit mehreren Arten in der mitteleuropäischen Flora vertreten ist ferner die Gattung Beifuß, *Artemisia.* Insgesamt zählen zu ihr 400 einjährige, staudige oder strauchige Arten. Den Schwerpunkt ihrer Verbreitung haben sie in den Steppen- und Halbwüstengebieten der Nordhalbkugel, so beherbergt z. B. allein die Flora der Mongolei etwa 65 Arten. Manche von ihnen sind in den genannten Trockengebieten die dominierenden Pflanzen der Vegetation, etwa in den Halbwüsten Nordwestafrikas bis zum Iran *Artemisia herba-alba,* die während der sommerlichen Dürre die zarteren unteren Blätter abwirft und nur mit den xeromorphen, oberen weiterassimiliert; in den Trockensteppen des mongolischen Hochplateaus herrscht vielfach *Artemisia frigida* vor und in den Halbwüsten der südwestlichen USA nimmt der »sage brush«, *Artemisia tridentata,* ein bis 2 m hoher Halbstrauch, riesige Flächen zwischen den kalifornischen Küstengebirgen und den Rocky Mountains ein.

Die Gattung zeichnet sich durch kleine, meist zu Rispen oder Trauben zusammengefaßte Köpfchen aus, die keine Zungenblüten besitzen. Es tritt Selbst- oder Windbestäubung auf. *Artemisia* ist reich an verschiedenen Sesquiterpen-Laktonen, zu denen das bittere Absinthin des Wermuts, *Artemisia absinthium,* gehört. Wermut wurde als Magenmittel schon in der Antike benutzt, Wermutwein und Absinth-Likör, ein Symbol der Pariser Boheme, erfreuen sich noch heute großer Beliebtheit. Andere Lakton-Verbindungen, wie die Santonine, haben als Wurmmittel eine große Bedeutung. Santoninreiche Arten, wie der Strandbeifuß, *Artemisia maritima,* und seine Verwandten und vor allem die berühmten russischen »Zitwersamen« sind deshalb auch von beachtlichem wirtschaftlichem Interesse. Als »Zitwersamen« werden die getrockneten Blütenköpfe von *Artemisia cina* bezeichnet, einer auf Salzböden der Niederungen in Mittelasien wachsenden Staude. Noch in den fünfziger Jahren hatten aus der Sowjetunion Ausreisende auf den Zollformularen zu vermerken, daß sie keine »Zitwersamen« ausführten, weil die Sowjetunion das Handelsmonopol an dieser Droge besaß.

Zur Gattung gehören viele weitere Gewürz- und Heilpflanzen, von denen nur der Estragon, *Artemisia dracunculus* (wild in Innerasien und dem westlichen Nordamerika vorkommend), ein Gurkengewürz, und die Eberraute, *Artemisia abrotanum,* erwähnt werden können. Die Eberraute, deren Heimat und Ursprung unbekannt sind, lieferte schon im Altertum ein Gallen- und Lebermittel; sie wird noch jetzt gelegentlich in den Gärten Mittel- und Osteuropas gezogen.

Tribus Astereae. Auch dieser Verwandtschaftskreis hat sein Mannigfaltigkeitszentrum in Amerika, allerdings erstreckt es sich in den außertropischen Zonen und insbesondere in Gebieten mit relativ geringen jährlichen Niederschlagsmengen. Viele Gattungen und Arten kommen jedoch ebenso auf anderen Kontinenten vor, wie besonders auch in Südafrika, und aus der mitteleuropäischen Flora ist uns diese Gruppe der Korbblütler, zu der insgesamt über 130 Gattungen (2500 Arten) zählen, durch Aster *(Aster)-*, Goldruten *(Solidago)-*, Berufskraut *(Erigeron)-*Arten sowie durch das bekannte Gänseblümchen, *Bellis perennis,* vertraut.

Bei den Astereen tritt im allgemeinen eine Differenzierung zwischen den randlichen, zungenförmigen, weiblichen oder geschlechtslosen und den zentralen, zwittrigen oder männlichen Blüten eines Köpfchens ein, so wie wir das auch von den heimischen Vertretern kennen. Bei manchen Sippen ist diese Gliederung innerhalb eines Köpfchens aber sehr schwach oder gar nicht ausgeprägt. Die Ausbildung des Griffels und seine Art der Entfaltung sind ebenfalls Charaktermerkmale der Astereen.

Die Staubbeutel sind wie bei den Eupatorieen ausgebildet. Viele Sippen der Gruppe sind Sträucher mit oft besonderem Habitus. Die sowohl für andere Triben der Compositen wie für andere Familien zutreffende Erscheinung, daß Arten von Inselfloren aus überwiegend krautigen Verwandtschaftskreisen einen abweichenden baumförmigen Wuchs zeigen, ist bei den Astereen ebenfalls festzustellen; als Beispiel seien die federbuschartigen Bäumchen der Gattung *Commidendron* von St. Helena genannt.

Vertreter einer Gattungsgruppe mit wenig differenzierten und gelben Blüten sind die Goldruten, *Solidago.* Die über 100 meist nordamerikanischen Arten haben kleine Köpfchen, die zu vielen in rispenartigen Blütenständen zusammengefaßt sind, mit kurz-zungenförmigen Randblüten. Als Zierstauden ist in unseren Gärten eine Vielzahl von Sorten in Kultur, die oft hybridogenen Ursprungs sein dürften und zu deren Entstehung vermutlich in den meisten Fällen die Kanadische Goldrute, *Solidago canadensis,* aus dem östlichen Nordamerika beigetragen hat. Die Achänen dieser und anderer Arten wurden früher von Indianerstämmen gesammelt und zu ihrer Ernährung verwendet. Die heimische, in ganz Eurasien verbreitete Echte Goldrute, *Solidago virgaurea,* ist wie andere Arten der Gattung eine seit langen Zeiten benutzte Heilpflanze.

In die Verwandtschaft von *Solidago* gehört auch *Haplopappus*; der größte Teil der rund 160 Arten stammt aus Südamerika. Die Gattung erregte vor etwa 30 Jahren Aufsehen, da sich herausstellte, daß eine Art, *Haplopappus gracilis,* die Pflanze mit der niedrigsten Chromosomenzahl unter den Blütenpflanzen darstellt.

Später wurde dieselbe niedrige Chromosomenzahl bei einer weiteren Art der Astereen, der australischen *Brachycome lineariloba,* festgestellt. Die Zellkerne der somatischen Zellen dieser Arten besitzen nur 4 Chromosomen, während bis dahin die 6 Chromosomen von manchen Pippauarten *(Crepis)* als die geringste Zahl unter den höheren Pflanzen galt.

Um die Astern, *Aster,* selbst gruppieren sich Gattungen mit deutlich entwickelten und auffallenden Zungenblüten. Die Gattung umfaßt je nach Art der Gattungsabgrenzung 250 bis 500 Arten; über die Hälfte der Sippen ist in Mittel- und Nordamerika beheimatet. Unter ihnen befindet sich eine Anzahl, die als Zierstauden, die sogenannten Stauden- oder Herbstastern, Eingang in die Gärten gefunden haben. Von den in der Kultur am verbreitetsten sei auf *Aster novi-belgii* und *Aster novae-angliae* hingewiesen, zu denen die Mehrzahl der verschiedenen Herbstastersorten gehört. Diese und andere Arten sind in Europa auch vielfach eingeschleppt und haben sich inzwischen als Pflanzen der Ufervegetation von Flüssen bei uns Heimatrecht erworben. Es gibt aber auch von jeher in der mitteleuropäischen Flora beheimatete Astern, wie z.B. die Strandaster, *Aster tripolium,* eine auf schwach versalzten Böden der Küsten und der Salzstellen des Binnenlandes vorkommende Pflanze, und die Alpenaster, *Aster alpinus,* die außerhalb der Alpen z.B. auch auf felsigen Hängen des Bode- oder oberen Saaletals gedeiht.

Auf der Südhalbkugel, besonders in Australien und Neuseeland, werden die Astern durch die verwandte, Sträucher umfassende Gattung *Olearia* vertreten, die dort zu charakteristischen Bestandteilen von Laubwaldformationen zählt.

Für den Marktgärtner wirtschaftlich wichtiger als die Herbstastern ist die Gattung Garten- und Sommeraster, *Callistephus,* deren einzige, einjährige Art *Callistephus chinensis* in Ostasien zu Hause ist. Seit etwa 270 Jahren in Europa in Kultur, baut man sie heute in einer kaum übersehbaren und sich ständig vergrößernden Vielzahl von Sorten an, die zu den beliebtesten und am häufigsten gekauften Sommerblumen gehören. Es gibt purpurne, rote, weiße, blaue Sorten. Formen mit Röhrenblüten (mitunter trichterförmig) oder zungenblütige Formen, bei denen die Zungenblüten mitunter tütenförmige Gestalt haben und die Köpfe ballförmig sind; es handelt sich um die sogenannten Pompon-Typen. Die Zungenblüten können auch kraus gewellt sein, um nur einige besonders auffallende Gartenformen zu erwähnen.

Schließlich muß noch die stärker abweichende Gattung Kreuzstrauch, *Baccharis,* erwähnt werden, die zu den wenigen Korbblütlern zählt, bei denen eine zweihäusige Verteilung der Geschlechter auftritt und die sich daher durch rein weibliche bzw. männliche Blütenköpfe auszeichnet. Bei ihnen ist die Krone der weiblichen Blüten fadenförmig, die der männlichen röhrig-glockig. Von den etwa 400 Stauden und Sträuchern der Gattung ist die Mehrzahl in Südamerika beheimatet, wo sie vor allem Charakterpflanzen der Savannenvegetation in Südbrasilien und der argentinischen Pampas darstellen. Die Gattung zeigt mannigfache Anpassungen an das aride Klima dieser Gebiete; bei einer Reihe von Arten ist auch die Transpirationsfläche durch Verkümmerung der Blätter stark reduziert. Hier übernehmen oftmals (z. B. bei *Baccharis genistelloides*) die flügelartig verbreiterten Sprosse, sogenannte Phyllokladien, die Assimilation. Kreuzstraucharten werden in den USA angepflanzt, um an gefährdeten Standorten eine Erosion zu verhindern; in Mexiko benutzt man sie wegen toxischer Inhaltsstoffe auch zum Fischfang, wie dies z.B. ebenso bei manchen Hülsenfrüchtlern der Fall ist.

Klasse Einkeimblättrige Pflanzen, Liliopsida (Monocotyledoneae)

Etwa 25% der Bedecktsamerarten gehören zu den Einkeimblättrigen, d. h. gut 60000 Arten, die zu mehr als 2500 Gattungen und etwa 100 Familien zusammengefaßt werden. Die Monokotylen entsprechen keineswegs einer einheitlichen Entwicklungsrichtung, sondern stellen mehr eine pragmatische Zusammenfassung von zumindest 3 sehr selbständigen Entwicklungsgruppen dar.

Eine allgemeine Charakteristik der Einkeimblättrigen im Vergleich zu den Zweikeimblättrigen ist im Band »Blütenpflanzen 1«, S. 28–31, gegeben und soll hier nicht wiederholt werden.

Unterklasse Alismatidae (Helobiae)

Die Alismatidae umfassen hauptsächlich krautartige Wasser- oder Sumpfpflanzen, die sowohl im vegetativen als auch im generativen Bereich zahlreiche Anpassungen an das Wasserleben erkennen lassen. Die meist wechselständigen, seltener gegen- oder quirlständigen Blätter sind häufig durch einen parallelen bis bogigen Nervenverlauf sowie eine scheidige Blattbasis gekennzeichnet. Charakteristisch ist für diese Gruppe die Ausbildung von Intravaginalschuppen in den Blattachseln. Dieser Verwandtschaftskreis umfaßt neben tierblütigen Sippen andere, deren Bestäubung durch den Wind oder das Wasser erfolgt. Die radiär- oder zweiseitig-symmetrischen Blüten, deren Glieder oft in dreizähligen Wirteln erscheinen, sind zwittrig oder eingeschlechtig. Ihre Blütenhülle ist oft in Kelch und Blumenkrone differenziert, kann jedoch auch mehr oder weniger stark reduziert sein. Besonders im Blütenbereich zeichnet sich dieser Verwandtschaftskreis teilweise durch relativ ursprüngliche Merkmale aus. Dabei kann das vielfach oberständige Gynoeceum aus einer Vielzahl frei entwickelter Fruchtblätter zusammengesetzt sein, die teilweise sehr primitive Narbenformen aufweisen. Daneben kommen auch abgeleitete Gynoeceen vor, deren Fruchtblätter mehr oder weniger in die Blütenachse eingesenkt sein können bzw. zu einem ein- oder mehrfächerigen, seltener pseudomonomeren Fruchtknoten verwachsen sind. Die in den einzelnen Fruchtblättern teilweise zahlreich ausgebildeten crassinucellaten Samenanlagen können bis auf eine reduziert sein. Die Fruchtblätter entwickeln sich meist zu Balg- oder Nußfrüchten. Die Endospermbildung ist häufig helobial, d. h. die Samenanlagen zeigen zugleich eine zelluläre, wie auch eine nukleäre Bildung von Endospermgewebe. Ein besonderes Charakteristikum dieser Unterklasse ist die Endospermlosigkeit der reifen Samen.

Ordnung Froschlöffelartige, Alismatales

Die zu dieser Ordnung gehörenden krautigen Sumpf- und Wasserpflanzen zeigen eine wechselständige Beblätterung. Die aus drei- bis mehrgliederigen Kreisen zusammengesetzten Blüten besitzen meist ein in Kelch und Blumenkrone gegliedertes auffällig gefärbtes Perianth. Teilweise ist die Blütenhülle auch mehr oder weniger stark reduziert. Das Androeceum und Gynoeceum kann aus jeweils drei bis zahlreichen wirtelig angeordneten Blättern bestehen. Die Fruchtblätter entwikkeln zahlreiche bis wenige oder einzelne Samenanlagen. Die Bestäubung erfolgt meist durch Insekten.

Familie Aponogetonaceae

Die Aponogetonaceen, die bereits aus der Kreidezeit nachgewiesen wurden, umfassen nur eine Gattung mit etwa 40 Arten, die in den Gewässern Afrikas, Asiens und Australiens beheimatet sind. Es handelt sich um sympodial wachsende, im Boden wurzelnde Pflanzen mit meist langgestielten Blättern, deren längliche, verbreiterte Spreite entweder untergetaucht bleibt oder sich auf der Wasseroberfläche ausbreitet; die Wasseraufnahme erfolgt durch klar umgrenzte Gewebe (Hydropoten) auf der Unter- oder seltener auf der Oberseite.

An der Basis der Pflanzen ist ein knolliges Rhizom ausgebildet, das wegen seines Stärkereichtums häufig genutzt wird.

Eine interessante Erscheinung kann man bei der auf Madagaskar heimischen Gitterpflanze, *Aponogeton fenestralis,* beobachten. Bei ihr wird das Interkostalgewebe während der Blattentwicklung frühzeitig reduziert, so daß die Spreite vielfach durchbrochen ist und

Das in Südafrika beheimatete *Aponogeton distachium* bildet große stärkereiche Knollen. Die zahlreichen kleinen Blüten des zweiästigen Blütenstandes besitzen jeweils nur ein Blütenblatt, das durch seine weiße Farbe auffällt.

nur aus den gitterartig verbundenen Blattnerven besteht.

Die meist zwittrigen, seltener zweihäusig verteilten, eingeschlechtigen Blüten der Aponogetonaceen sind zu ein- oder mehrästigen Blütenständen vereinigt, die anfangs von einem tütenförmigen, frühzeitig abfallenden Hochblatt umhüllt werden. Die Blütenstände ragen über die Wasseroberfläche hinaus und werden hier wahrscheinlich von Insekten besucht, was man u.a. auch wegen der zwischen den Fruchtblättern auftretenden Septalnektarien vermuten kann.

Die Blüten sind hüllenlos, oder sie entwickeln bis zu 3 Blütenhüllblätter, die z.T. auffällig gefärbt sein können. Darüber hinaus enthalten die Blüten meist 6 Staubblätter und 3 bis 6 frei entwickelte Fruchtblätter, aus denen sich endospermlose, mehrsamige Balgfrüchte entwickeln.

Die knolligen Rhizome einiger Arten, aber auch die Blütenstände, werden in manchen Ländern gegessen.

Familie Schwanenblumengewächse, Butomaceae

Gemeinsam mit den Froschlöffelgewächsen gehören die Schwanenblumengewächse zu den ursprünglichsten Familien der rezenten einkeimblättrigen Pflanzen. Die Familie besteht aus 4 Gattungen, zu denen etwa 13 Arten gehören. Dieser Verwandtschaftskreis ist vorwiegend tropisch verbreitet mit Ausnahme der Gattung *Butomus,* der Schwanenblume, die in den gemäßigten Zonen beheimatet ist. Es sind ausdauernde Sumpf- und Wasserpflanzen mit sehr unterschiedlich gestalteten Laubblättern, deren dreizählige Blüten sich meist durch einen grünen Kelch und auffällige weiße, rosa oder gelbe Blütenblätter auszeichnen. Sie umschließen in der Regel 3 bis 6, teilweise paarig angeordnete Staubblätter, auf die 3 bis zahlreiche Fruchtblätter folgen, die nur am Grunde miteinander verwachsen oder durch die Verwachsung mit der zentralen Blütenachse untereinander verbunden sind und deren zahlreiche Samenanlagen auf der Fruchtblattoberseite (Innenfläche) entstehen. Die äußeren Seitenwände der aneinandergrenzenden Fruchtblätter scheiden häufig Nektar aus, so daß es zur Bildung sogenannter Septalnektarien kommt. Als ein besonders ursprüngliches Merkmal dieser Familie wird die Form der Fruchtblätter gewertet, die durch fehlende Verwachsung der Fruchtblattränder im Bereich ihrer Bauchnaht mehr oder weniger offen sind.

Die Blüten der aus mehreren Schraubeln zusammengesetzten scheindoldigen Blütenstände sind meist selbststeril und werden von Insekten bestäubt, wobei die Staubblätter ihre Funktionsfähigkeit vor den Fruchtblättern erlangen. Die zu Balgfrüchten heranreifenden Fruchtblätter enthalten endospermlose Samen.

Wie die Froschlöffelgewächse zeichnet sich diese Familie mit Ausnahme der Gattung *Butomus* durch schizogene Milchsaftgänge aus, während Kalziumoxalat, das hier als Kristallsand in Erscheinung tritt, selten beobachtet wird. Die auch bei zahlreichen anderen Wasser- und Sumpfpflanzen vorkommenden großen Interzellularräume ermöglichen eine gute Durchlüftung der untergetauchten Gewebe. Bei einigen Arten der im tropischen Südamerika beheimateten Gattung *Hydrocleys* wurden Hydropoten beobachtet. Die von den Zweikeimblättlern bekannte Stachyose konnte für die Einkeimblättler erstmalig bei den Schwanenblumengewächsen nachgewiesen werden.

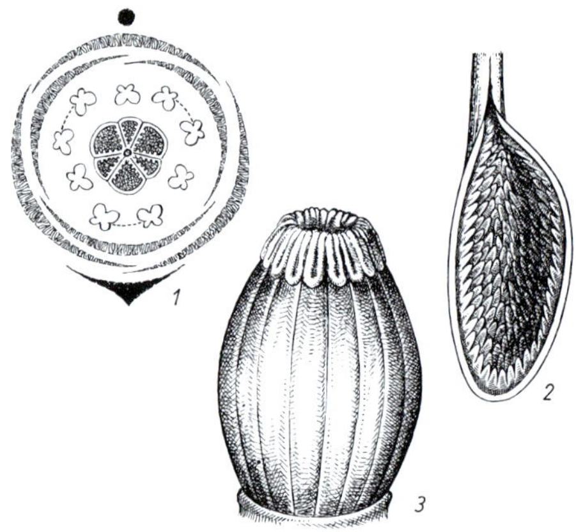

Butomus umbellatus. 1 Blütendiagramm; 2 Fruchtblatt (Längsschnitt) mit Samenanlagen; 3 Gynoeceum von *Limnocharis flava*

Blütenstand der Doldigen Schwanenblume, *Butomus umbellatus;* die gefärbten Staub- und Fruchtblätter tragen zur Schauwirkung der Blüte bei.

Die einzige Art der eurasiatisch verbreiteten Gattung *Butomus, Butomus umbellatus,* ist auch in Mitteleuropa heimisch, wo die bis zu 1,50 m hohe Pflanze in stehenden oder langsam fließenden Gewässern vorkommt. Sie hat lange, grasartig verschmälerte Laubblätter, über denen sich ein scheindoldiger Blütenstand erhebt, dessen ansehnliche Blüten durch eine sechsblättrige rosafarbige Blütenhülle auffallen. Die wahrscheinlich monopodial wachsenden, stärkereichen Rhizome dieser Pflanze wurden in früherer Zeit vielfach gegessen oder dienten zu offizinellen Zwecken.

Im Gegensatz zu *Butomus* sind die Laubblätter der 3 übrigen Gattungen in einen verschmälerten Stiel und eine verbreiterte Blattspreite gegliedert. Dieses Merkmal gemeinsam mit dem Vorkommen schizogener Milchsaftgänge, dem im Gegensatz zu *Butomus* gekrümmten Embryo sowie den grünen Kelchblättern und der Ausbildung porater Pollen war der Anlaß, diese Sippen auch als eigene Familie aufzufassen (Limnocharitaceae). Den ursprünglichsten Blütenbau besitzt hiervon die mit 2 Arten in Mittel- und Südamerika beheimatete Gattung *Limnocharis,* bei der die Blütenachse über den Ansatzpunkt der Fruchtblätter hinaus verlängert ist, so daß sie mit den Rändern der einzelnen Fruchtblätter verwachsen kann. Sehr ursprünglich ist auch die Gliederung der Fruchtblätter, deren obere seitliche spaltartige Öffnung Narbenfunktion besitzt. Entsprechend der geförderten Blütenachse ist die Anzahl der Staub- und Fruchtblätter gegenüber den anderen Gattungen erhöht. Die Staubblätter werden von einigen Staminodien umgeben, die hier als Nektarien fungieren. *Limnocharis flava,* deren Blüten durch einen dreizähligen grünen Kelch und eine dreiblättrige gelbe Blumenkrone auffallen, wird in Südostasien, wo sie aus Amerika eingeschleppt wurde, als hochwertiges Gemüse sehr geschätzt.

Die einzige Art der von Afrika über Indoma-

Die südamerikanische Art *Hydrocleys nymphoides* bildet in ihrer Jugend zunächst schmallinealische Unterwasserblätter. Erst später entstehen die hier erkennbaren rundlichen Schwimmblätter.

lesien bis Australien verbreiteten Gattung *Butomopsis, Butomopsis latifolia,* hat Blüten mit sehr derben Kelchblättern, die die weiße, zarte Blumenkrone überdauern. Entsprechend der verkürzten Blütenachse ist auch die Anzahl der Staub- und Fruchtblätter eingeschränkt.

Durch eine heterophylle Beblätterung ist die Gattung *Hydrocleys* gekennzeichnet, die in der Jugend zunächst schmal-linealische Unterwasserblätter entwickelt, während die späteren Schwimmblätter eine herzförmige bis elliptische Blattspreite haben. Die in Südamerika vorkommende Gattung umfaßt annähernd 9 Arten, von denen *Hydrocleys nymphoides* häufig als Aquarienpflanze kultiviert wird. Die großen gelben Blüten dieser sich an den Knoten des schwimmenden Sprosses bewurzelnden Pflanzen blühen jeweils nur einen Tag.

Familie Froschlöffelgewächse, Alismataceae

Die Froschlöffelgewächse sind eine relativ kleine Familie, die etwa 13 Gattungen mit annäherend 100 Arten umfaßt. Dieser mit Sicherheit aus dem Tertiär nachgewiesene Verwandtschaftskreis, der unregelmäßig über die tropischen und temperierten Gebiete, vor allem der Nordhemisphäre, weit verbreitet ist, zählt wegen seines Blütenbaues zu den ursprünglichsten Familien der Einkeimblättler. Es handelt sich häufig um sympodiale Rhizome bildende, ausdauernde, seltener einjährige Sumpf- und Wasserpflanzen, deren Blätter meist aus dem Wasser herausragen oder als Schwimmblätter ausgebildet sind. Nur wenige Arten leben vollständig untergetaucht. Häufig erscheinen waagerechte Ausläufertriebe, aus denen die senkrechten Sprosse hervorgehen. Letztere bestehen oft aus 3 auseinander hervorgehenden Sproßabschnitten (Sympodium), die jeweils in einem Blütenstand enden.

Die Alismataceen zeichnen sich durch zusammengesetzte, schraubelartig entwickelte Blütenstände aus, deren Blüten einen dreizähligen Aufbau zeigen. Die Blütenhülle, deren Einzelglieder sowohl spiralig als auch wirtelig angeordnet sein können, ist meist deutlich in Kelch und Blumenkrone geschieden. Der Staubblattkreis besteht oft aus 6 Staubblättern, die zu 3 Paaren geordnet sind, während auch zahlreiche oder seltener nur 3 Staubblätter ausgebildet sein können. Das Gynoeceum zeigt einen sehr ursprünglichen Bau, was u. a. in der fehlenden Verwachsung und der teilweise hohen Anzahl der Fruchtblätter zum Ausdruck kommt. Aus den Fruchtblättern, deren meist einzige Samenanlage aus der Fruchtblattoberseite (im Gegensatz zu den meist randständigen Samenanlagen zahlreicher anderer Verwandtschaftskreise) hervorgeht, bilden sich meist nüßchenartige Früchte, die durch ihre Schwimmfähigkeit leicht verbreitet werden. Die Samen haben kein Endosperm. Die vielfach durch ihre weißen oder rötlichen Kronblätter auffallenden Blüten sind oftmals selbstfruchtbar, jedoch erfolgt die Bestäubung häufig durch Insekten, die u.a. durch Nektarien, die sich oft am Grunde der Staub- und Fruchtblätter bilden, angelockt werden. In geringem Maße, wie bei dem kosmopolitisch verbreiteten Gemeinen Froschlöffel, *Alisma plantago-aquatica,* dessen Pollen nur einen schwachen Zusammenhalt zeigt, konnte auch ein Transport des Blütenstaubs durch den Wind nachgewiesen werden, so daß hier ein gewisser Übergang zur Windblütigkeit angedeutet ist.

Eine anatomische Besonderheit stellen die schizogen entstehenden Milchsaftgänge dar. Bei zahlreichen Arten sind an den Unterwasserblättern spezifisch färbbare Zellen, sogenannte Hydropoten, ausgebildet, deren Funktion noch nicht vollständig geklärt ist.

Die chemischen Inhaltsstoffe dieser Familie wurden bisher nur wenig untersucht. Neben dem Kalziumoxalat, das entweder als Einzelkristall oder in Drusenform auftritt, konnten vor allem flavonoide Verbindungen nachgewiesen werden. Die Rhizome zahlreicher mehrjähriger Arten enthalten reichlich Stärke, weshalb diese lokal als Nahrungsmittel Verwendung finden.

Die namengebende Sippe der Froschlöffelgewächse ist die Gattung *Alisma,* die mit annähernd 10 Arten sämtliche 5 Erdteile besiedelt und die mit der Art *Alisma plantago-aquatica* auch in Mitteleuropa vertreten ist. Diese Art ist wegen der reichlich mit Pollenkitt bedeckten Pollenkörner rein insektenblütig. Die Gattung zeichnet sich durch Zwitterblüten aus, deren Blumenblätter die Kelchblätter deutlich an Größe übertreffen. Einen sehr ähnlichen Blütenbau besitzt die Gattung *Elisma,* Frosch-

Die weißen Blütenblätter der sich über den pfeilförmigen Blättern des Pfeilkrautes, *Sagittaria sagittifolia,* entfaltenden Blüten besitzen an ihrer Basis ein farbiges Saftmal, das, wie auch der erzeugte Nektar, der Insektenanlockung dient.

kraut, deren einzige Art, *Elisma natans,* ebenfalls in Mitteleuropa vertreten ist. Die zarte, im Wasser flutende Pflanze entwickelt wie auch zahlreiche andere Froschlöffelgewächse an einem verlängerten schaftartigen Internodium dicht unterhalb des Blütenstandes einen dreiblättrigen Quirl von Hochblättern, aus deren Achseln Blüten, teilweise aber auch vegetative Triebe hervorgehen. Ähnlich verhalten sich auch die Blütenstände der Gattung *Baldellia.* Diese Verzweigungsart leitet zu der Gattung *Echinodorus* über, deren Blütenstände sich wie bei *Echinodorus tenellus* vollständig in ausläuferartige Triebe umwandeln können, indem in den Achseln der quirlständigen Hochblätter statt der Blüten nur vegetative Seitentriebe entstehen, die sich bewurzeln und so die vegetative Vermehrung dieser Pflanze ermöglichen.

Bei einigen Formen sind die Blumenblätter gegenüber dem Kelch verkleinert oder fehlen vollständig wie bei den Gattungen *Burnatia* und *Wiesneria,* deren Blüten durch Reduktion gleichzeitig eingeschlechtig sind. Dabei kommen die männlichen und weiblichen Blüten bei *Wiesneria* an einer Pflanze gleichzeitig vor, während beide Blütenformen bei der in Afrika beheimateten monotypischen Gattung *Burnatia* auf verschiedene Pflanzen verteilt sind. Die einzige Art *Burnatia enneandra* bildet eine mehrschichtige Endodermis aus, die vermutlich gemeinsam mit den abgestorbenen Rindenschichten das Rhizom dieser Uferpflanze in Trockenzeiten vor dem Austrocknen bewahrt.

Durch eingeschlechtige Blüten ist auch das Pfeilkraut, *Sagittaria*, gekennzeichnet, dessen Name von den auffälligen pfeilförmigen Blättern herrührt. Dabei können innerhalb einer Art (z. B. *Sagittaria latifolia*) sowohl einhäusige als auch zweihäusige Rassen auftreten. Auch können die funktionell eingeschlechtigen männlichen bzw. weiblichen Blüten (z. B. bei *Sagittaria cuneata*) reduzierte Blattorgane des jeweils anderen Geschlechts enthalten. Verschiedene Sippen dieser mit etwa 20 Arten in Amerika und Eurasien verbreiteten Gattung werden genutzt. So verwendet man bei den Schwarzfuß-Indianern die stärkereichen, einen bitteren Saft enthaltenden Sproßknollen von *Sagittaria cuneata*, die von den Frauen mit den Füßen aus dem Boden gelöst und an die Wasseroberfläche geschwemmt werden, in rohem oder auch gekochtem Zustand. Ähnlich werden die Knollen der im seichten Wasser wachsenden *Sagittaria latifolia* von den Indianern mit den Füßen geerntet und gekocht oder geröstet zusammen mit Fleisch gegessen. In Südostasien kultiviert man eine Art dieser Gattung, *Sagittaria sinensis*, wobei die Knollen als Gemüse gegessen oder zu Mehl verarbeitet werden. Bestimmte Arten der Gattung *Alisma* und *Sagittaria* finden als Heilmittel gegen Rheuma und zum Färben von Baumwollstoffen Verwendung.

Ordnung Froschbißartige, Hydrocharitales

Familie Froschbißgewächse, Hydrocharitaceae

Die Froschbißgewächse sind ausschließlich Wasserpflanzen, die meist in Binnengewässern, teilweise aber auch marin vorkommen. Sie sind hauptsächlich tropisch und subtropisch verbreitet, jedoch kommt eine Reihe von Arten auch in den temperierten Gebieten vor. Die Familie umfaßt 16 Gattungen mit annähernd 100 Arten, die sich meist durch eine starke vegetative Vermehrung auszeichnen.

Die Laubblätter sind entweder an der Sproßbasis rosettig gehäuft oder über die gesamte Sproßachse meist in spiraliger, seltener in zweizeiliger, wirteliger oder scheinwirteliger Stellung verteilt.

Die Blüten, die sich entweder auf bzw. über oder aber, was seltener der Fall ist, unter dem Wasserspiegel entfalten, sind zu wickeligen Blütenständen vereinigt, die teilweise komplizierte Abwandlungen erfahren. Die Blütenstände werden dabei meist von 2 häutigen, zu einer röhrigen Hochblatthülle verwachsenen Hochblättern umgeben. Im Gegensatz zu den weiblichen Blütenständen, die nur eine Blüte tragen, setzen sich die männlichen aus zahlreichen Blüten zusammen. Die Blütenhülle der allgemein durch einen unterständigen Fruchtknoten ausgezeichneten Blüten besteht meist aus einem dreiblättrigen Kelch- und einem ebenfalls dreizähligen Kronblattkreis. Staub- und Fruchtblätter kommen meist in männlichen und weiblichen Blüten getrennt vor, wobei sie häufig auf männliche und weibliche Pflanzen, d. h. zweihäusig, verteilt sind. Die männlichen Blüten enthalten 1 bis 5 meist in dreizähligen Kreisen angeordnete Staubblätter, während sich in den weiblichen Blüten 2 bis 15 Fruchtblätter entwickeln. Die aus den Staubblättern hervorgehenden Pollen sind teilweise zu jeweils 4 in sogenannte Pollentetraden zusammengeschlossen. Die Fruchtblätter, deren Blattränder weitgehend frei entwickelt sind, verwachsen nur wenig untereinander. Nur im Bereich des Mediannervs sind sie mit der krugförmig eingetieften Blütenachse vereinigt, so daß ein verwachsenes Gynoeceum vorgetäuscht wird (Pseudocoenokarpie), wobei die Fruchtblattränder bei den einzelnen Gattungen unterschiedlich weit in den Fruchtknoten hineinragen. Aus den zahlreichen Samenanlagen, die nahezu auf der gesamten Fruchtblattoberseite verteilt sein können, gehen endospermlose Samen hervor. Die Bestäubung erfolgt teilweise unter dem Wasserspiegel oder wird oberhalb desselben durch die auf dem Wasser treibenden männlichen Blüten bzw. durch Insekten ermöglicht. Sowohl in männlichen als auch in weiblichen

Blüten können Staminodien vorkommen, die durch ihre Nektarabsonderungen zur Insektenanlockung beitragen.

Die Stoffaufnahme erfolgt bei den Froschbißgewächsen meist durch die gesamte Oberfläche. Wie auch bei verschiedenen anderen Wasserpflanzen ist das Leitgewebe der Sproßachse oft stark reduziert und zu einem zentralen Strang zusammengeschlossen, oder es fehlt vollständig. Einige Gattungen *(Thalassia, Enhalus)* weisen subepidermale Exkretzellen auf.

Unterfamilie Hydrocharitoideae

Die Blüten dieser Unterfamilie zeichnen sich durch eine in Kelch und Blumenkrone gegliederte Blütenhülle und ein aus 6 bis 15 Fruchtblättern bestehendes Gynoeceum aus, deren Ränder weit in den Fruchtknoten hineinragen.

Zu diesem Verwandtschaftskreis gehört die mit einer Ausnahme palaeotropisch verbreitete Gattung *Ottelia,* deren linealische oder in einen Blattstiel und eine verbreiterte Spreite gegliederte Blätter untergetaucht sind. Die zwittrigen Blüten, deren Fruchtknoten an der Außenseite rippen- oder flügelartige Verbreiterungen zeigen, können, wie bei *Ottelia ovalifolia,* unterschiedlich gestaltet sein. Ein Teil der Blüten wird an einem verlängerten Stiel bis zur Wasseroberfläche emporgehoben, wo sich die Blüten mit ihren weißen, auffälligen Blütenblättern entfalten und von Insekten bestäubt werden. Daneben kommen zahlreiche Blüten vor, die in allen Teilen mehr oder weniger stark reduziert sein können und die niemals zur Wasseroberfläche gelangen, so daß die Befruchtung unter Wasser in der geschlossenen Blüte durch Selbstbestäubung erfolgt. Die Auflösung der Staubbeutelwand wird dabei durch die Berührung mit der Narbenoberfläche hervorgerufen. Andere Arten, wie die in China vorkommende *Ottelia cordata,* besitzen eingeschlechtige Blüten. Die im Wasser heranreifenden Früchte einer weiteren Art, *Ottelia alismoides,* werden in Indien von Kindern gegessen, während man die Blätter und Blattstiele, die sich durch ein angenehmes Aroma auszeichnen, als Gemüse zubereitet. Auf den Philippinen verwendet man die Blätter als Heilmittel gegen verschiedene Erkrankungen. Eine weitere Art, *Ottelia ulvifolia,* dient zur Behandlung fieberhafter Erkrankungen.

Eingeschlechtige Blüten, die zweihäusig getrennt vorkommen, sind für die in Eurasien verbreitete Gattung *Stratiotes,* Krebsschere, charakteristisch, deren einzige Art, *Stratiotes aloides,* die Aloëblättrige Krebsschere, auch in Mitteleuropa in stehenden oder langsam fließenden Gewässern anzutreffen ist. Die Pflanze besitzt schwertförmig verschmälerte Laubblätter, die mit zahlreichen stacheligen Zähnen besetzt sind, so daß diese, zu einer Rosette vereinigt, der Pflanze ein aloëähnliches Aussehen verleihen, was auch der Name zum Ausdruck bringt. Die sich aus der untergetauchten Rosette entwickelnden Blütenstände heben die relativ großen weißen Blüten, die sich durch nektarerzeugende Staminodien auszeichnen, über den Wasserspiegel empor, wo sie durch Insekten bestäubt werden. Nahe verwandte Formen dieser Art konnten an Hand fossiler Samen bereits aus dem Tertiär nachgewiesen werden. Eng verwandt ist die monotypische Gattung *Limnobium,* bei deren in den USA beheimateten Art, *Limnobium spongia,* die für die gesamte Familie charakteristischen wickligen Blütenstände noch ohne Schwierigkeiten erkennbar sind. Zu diesem Verwandtschaftskreis gehört auch die in Mittel- und Südamerika beheimatete *Hydromystria laevigata.* Diese auf der Wasseroberfläche schwimmende Pflanze, die sich durch Ausläuferbildung auszeichnet, besitzt rosettig angeordnete Blätter, die in einen Stiel und eine stark verbreiterte Spreite gegliedert sind. Neben den sich über der Wasseroberfläche entfaltenden Blättern bildet die Pflanze Schwimmblätter, die auf ihrer Unterseite ein bis zu 8 mm dickes Luftgewebe (Aërenchym) aufweisen. Die Bestäubung der eingeschlechtigen, unscheinbaren kleinen weißlichen Blüten erfolgt bei den Gattungen *Limnobium* und *Hydromystria* durch den Wind.

Die namengebende Gattung dieser Familie ist der Froschbiß, *Hydrocharis,* von dem eine Art, der Gemeine Froschbiß, *Hydrocharis morsus-ranae,* dessen Areal sich von Europa bis Westasien erstreckt, auch in Mitteleuropa vorkommt. Die kreisrunden, am Grunde eingeschnittenen Laubblätter bilden schwimmende Rosetten, aus denen Ausläufer hervorgehen, an deren Ende sich im Sommer neue Rosetten entwickeln; im Herbst bilden sich Überwin-

terungsknospen, sogenannte Hibernakeln, durch die die Art den Winter überdauert. Die eingeschlechtigen Blüten, deren Blühdauer nur einen Tag beträgt, sind in der Regel diözisch verteilt. Sowohl in den weiblichen als auch den männlichen Blüten der wenigblütigen Blütenstände entwickeln sich teilweise stark abgewandelte, nektarerzeugende Staminodien. Diese, wie auch die auffälligen weißen Blütenblätter, stehen im Dienste der Insektenbestäubung. Die entstehenden Früchte gelangen durch eine Stielkrümmung unter die Wasseroberfläche.

Eine marin verbreitete Form, die im Indischen und Stillen Ozean vorkommt, ist *Enhalus acoroides,* deren Blätter bis zu 1,50 m lang werden können. Diese sind durch 2 verdickte Randnerven verstärkt, von denen beim Verfaulen des Blattes die Bastbündel als 2 schwarzglänzende Fäden erhalten bleiben. Im Gegensatz zu den weiblichen Blütenständen, die hier wie auch bei anderen Gattungen dieser Familie einblütig sind, entwickeln sich an den männlichen Blütenständen zahlreiche Blüten, die sich bei der Reife ablösen, so daß sie auf der Wasseroberfläche zu den weiblichen Blüten treiben können und so die Bestäubung ermöglichen. Der etwa 40 bis 50 cm lange Blütenstandsstiel rollt sich, wie dies auch bei einigen anderen Gattungen zu beobachten ist, nach dem Blühen spiralig zusammen.

Sehr stark abgewandelt ist der Aufbau der männlichen Blütenstände, da die im Normalfall seitlich abstehenden Wickeläste bei dieser Gattung nach unten zurückgebogen und mit der sie tragenden Hauptachse verwachsen zu denken sind, wobei die ursprünglich obersten Blüten durch diese nur schwer zu erkennende Veränderung zu den untersten Organen des Gesamtblütenstandes werden. Neben den Bastfasern nutzt man auch die walnußgroßen Früchte, deren 1 bis 1,5 cm große Samen gekocht oder in Asche gebraten verzehrt werden.

Die wegen ihrer rosettig angeordneten, stachelig harten Blätter auch als Aloëblättrige Krebsschere bezeichnete *Stratiotes aloides* wächst gewöhnlich untergetaucht, wobei oft die Spitzen der Laubblätter aus dem Wasser herausragen.

Der Froschbiß, *Hydrocharis morsus-ranae,* bildet schwimmende Blattrosetten mit weißen, sich über der Wasseroberfläche entfaltenden eingeschlechtigen Blüten. Die weiblichen Blüten bringen Samen mit einer klebrigen Gallerthülle hervor, die der Verbreitung dient.

Unterfamilie Vallisnerioideae

Die zu dieser Unterfamilie gehörenden Arten zeichnen sich durch Blüten mit einer in Kelch und Krone gegliederten Blütenhülle und einem meist aus 3 Fruchtblättern zusammengesetzten Gynoeceum aus. Im Gegensatz zu der oben erwähnten Unterfamilie ragen die Fruchtblattränder der Vallisnerioideen nur wenig in das Fruchtknoteninnere hinein. Ein Vertreter dieses Verwandtschaftskreises ist die palaeotropisch verbreitete Gattung *Blyxa,* die neben eingeschlechtigen auch Zwitterblüten hervorbringt und durch Insekten bestäubt wird.

Nahe verwandt ist die Gattung *Vallisneria* mit zweihäusigen Blüten. Der wicklige Aufbau der sich aus zahlreichen Blüten zusammensetzenden männlichen Blütenstände ist hier durch die Verwachsung der Blütenstiele untereinander kaum noch erkennbar. Während der Blütezeit lösen sich die männlichen Blüten von der Pflanze und entfalten sich an der Wasseroberfläche, wo sie durch den Wind oder die Wasserströmung zu den durch lange spiralig gewundene Stiele mit der Pflanze verbundenen weiblichen Blüten gelangen. Besonders bekannt ist die sich durch Ausläufer vermehrende *Vallisneria spiralis,* die als Aquarienpflanze häufig kultiviert wird. In Afrika weist das Vorkommen entlang der Vogelzugwege deutlich auf die Verbreitung dieser Art durch Wasservögel hin. In Japan werden die Blätter dieser Art als Salat gegessen. Ebenso findet die in Hawaii kultivierte *Vallisneria gigantea* als Gemüse Verwendung.

Ganz ähnlich wie bei *Vallisneria* bewegen sich auch die männlichen Blüten der in Eurasien und Afrika verbreiteten Grundnessel, *Hydrilla verticillata,* deren Sproß sich durch eine quirlständige Beblätterung auszeichnet; jedoch werden die Pollen hier durch ein plötzliches Emporschnellen der Staubblätter bis zu 20 cm weit geschleudert. Diese Art tritt in sich plötzlich entwickelnden Massenbeständen auch als Wasserunkraut in Erscheinung. Es wurde inzwischen auch in die USA einge-

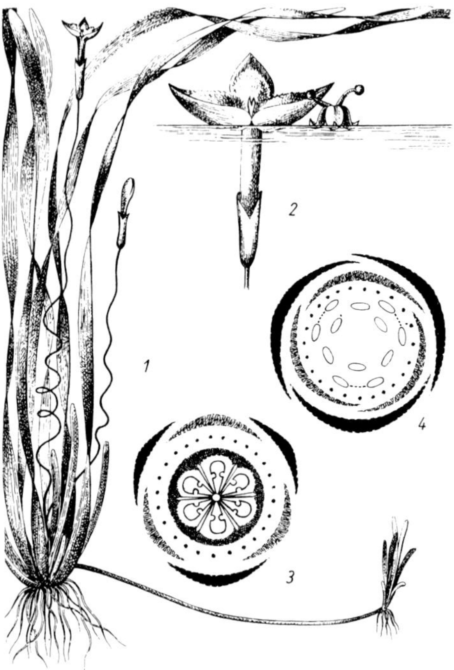

Vallisneria spiralis. 1 Habitus; 2 weibliche und männliche Blüte, auf der Wasseroberfläche schwimmend. Blütendiagramme von *Stratiotes aloides:* 3 weibliche Blüte, 4 männliche Blüte

schleppt und bedrohte in den hier befallenen Gewässern die Fischfauna bzw. behinderte die Schiffahrt. In Indien werden die ebenfalls in Reisfeldern als Unkraut vorkommenden Pflanzen als Futter genutzt. In China wird in Reisfeldern eine sibirische Fischart, der Weiße Amur, gegen diese Pflanze eingesetzt, von der er täglich das Dreifache seines Körpergewichtes fressen soll. Versuche in den USA bestätigten den schnellen Erfolg dieser Bekämpfungsmethode.

Die in Afrika beheimatete Gattung *Lagarosiphon* zeichnet sich durch dünnfädige Achsen aus, die dicht mit stark verschmälerten, randlich oft fein gezähnten zarten Blättern besetzt sind, wodurch diese untergetaucht lebenden diözischen Pflanzen teilweise einen moosähnlichen Eindruck vermitteln. Die von den Hochblättern umhüllten männlichen Blüten dieser Gattung lösen sich aus ihrem Blütenstand und steigen bei Öffnung der Hochblatthülle an die Wasseroberfläche, wo sie sich entfalten. Auf ihren zurückgekrümmten Blütenhüllblättern schwimmend, spreizen sie 3 fertile Staubblätter seitlich ab, während 3 sterile Staubblätter aufrecht orientiert sind und als Segel wirken. Die weibliche Blütenkrone erreicht die Wasseroberfläche durch eine enorme Verlängerung des röhrigen Abschnittes der Blüte. Der sich im selben Maße verlängernde Griffel trägt eine große Narbe, die den Pollen der herantreibenden männlichen Blüte aufnimmt. Soll es zu einer Befruchtung kommen, so muß der Pollenschlauch des relativ großen Pollens den gesamten Griffel (bis 25 cm) durchwachsen. In einigen Fällen können die Blütenstände auch vegetative Knospen hervorbringen, die sich ablösen und zur Vermehrung beitragen.

Hauptsächlich quirlständige Blätter besitzt die Gattung *Elodea,* die ursprünglich nur in Nord- und Südamerika beheimatet war. Jetzt ist sie aber auch in Europa, Asien und Australien verbreitet. Sowohl die männlichen als auch die weiblichen Blüten treiben, durch stark verlängerte Stiele mit der Pflanze verbunden, an der Wasseroberfläche, wobei die äußeren Staubblätter abgespreizt sind, um einen guten Kontakt mit den weiblichen Blüten zu ermöglichen, während die inneren, aufgerichteten Staubblattorgane als Segel wirksam werden. Dabei erreichen die Blütenhülle und Narbe der weiblichen Blüten die Wasseroberfläche durch starke Verlängerung des röhrenförmigen Blütenabschnittes bzw. des Griffels, die bei *Elodea longivaginata* eine Länge bis zu 50 cm erreichen können. Die zu Tetraden vereinigten Pollen können auch direkt durch das Wasser verbreitet werden; dabei keimt jedoch nur das die Narbe berührende Pollenkorn.

Die weibliche Form der Kanadischen Wasserpest, *Elodea canadensis,* wurde im vergangenen Jahrhundert aus Nordamerika nach Irland eingeschleppt, wo sie 1836 in einem Fischteich durch ihre enorme Wuchskraft auffiel. In den Jahren danach verbreitete sich die Pflanze auch in den Seen und Kanalsystemen Englands, wo die Massenvegetation dieser Art die Fischerei und den Schiffsverkehr behinderte. Wenige Jahrzehnte später breitete sich die Wasserpest auch in den Gewässern des europäischen Festlandes aus, was hier ebenfalls zu erheblichen Schwierigkeiten führte. Heute ist die Vermehrungskraft der Kanadischen Wasserpest infolge der rein vegetativen Vermehrung erlahmt. In den siebziger Jahren konnten in Niedersachsen Massenbestände von weiblichen Pflanzen einer weiteren eingeschleppten Art, *Elodea nutallii,* beobachtet werden. Eine weitere Art, *Elodea densa,* die auch als eigene Gattung *(Egeria)* betrachtet wird, dient oft als Aquarienpflanze. Ähnlich wie die Krebsschere, die daneben auch als Viehfutter diente, wurde die Wasserpest zur Gründüngung benutzt.

Unterfamilie Thalassioideae

Die Blüten dieser Unterfamilie haben nur eine einfache Blütenhülle, und das Gynoeceum ist aus 6 und mehr Fruchtblättern zusammengesetzt, deren Ränder weit in den Fruchtknoten hineinragen. Hierzu gehört nur die Gattung *Thalassia* mit 2 marinen Arten, die im Indischen und Pazifischen Ozean bzw. im Karibischen Meer verbreitet sind und in einer Tiefe von bis zu 30 m vorkommen können. Diese Gattung besitzt eine große ökologische Bedeutung, da sie in seichteren Meereszonen riesige Areale besiedelt, wo sie zahlreichen Meeresorganismen Schutz bietet.

Diese Pflanzen besitzen eine kriechende, mit zahlreichen Niederblättern besetzte Achse, aus der aufrechte Äste mit zweizeiligen, linealischen Blättern hervorgehen. Sowohl die männlichen als auch die weiblichen Blütenstände sind hier auf eine Blüte reduziert. Der Pollentransport erfolgt bei den zweihäusig verteilten Blüten durch das Wasser. Die in eine gelatinöse Substanz eingebetteten Pollen ordnen sich kettenartig an, wobei sie bereits einen Pollenschlauch bilden, bevor sie die dicht mit Papillen besetzte Narbe der weiblichen Blüte erreichen. Die aus der weiblichen Blüte hervorgehende fleischige Frucht reißt bei der Reife sternförmig auf, so daß die 8 bis 10 mm großen Samen frei werden.

Unterfamilie Halophiloideae

Bei der Unterfamilie der Halophiloideen treffen wir Blüten mit einer einfachen Blütenhülle und 3 nur wenig in den Fruchtknoten hineinragende Fruchtblätter. Die einzige Gattung *Halophila* ist hauptsächlich in den tropischen und subtropischen Meeren verbreitet. Aus dem kriechenden Rhizom dieser Pflanzen gehen aufrechte Seitentriebe hervor, an denen sich 2 oder auch zahlreiche, in zweizeiliger Stellung angeordnete Laubblätter entwickeln. Sowohl die männlichen als auch die weiblichen Blütenstände sind auf nur eine Blüte reduziert. Aus den Staubblättern der entweder einhäusig oder zweihäusig verteilten Blüten gehen Pollentetraden hervor, deren Einzelkörner, in schleimartigen Strängen reihig angeordnet, auf der Wasseroberfläche treiben. Die weiblichen Blüten sind mit relativ langen Narbenästen versehen, so daß die Aussicht auf einen Kontakt mit den im Wasser treibenden Pollen vergrößert wird.

Ungewöhnliche Strukturen konnten an den Außenwänden der Blattepidermiszellen mehrerer Arten nachgewiesen werden, wo jede Zelle ein spezielles kreisförmiges Areal ausbildet, das wahrscheinlich den Austausch von Chloridionen kontrolliert.

Ordnung Nixkrautartige, Najadales

Dieser Verwandtschaftskreis umfaßt Wasserpflanzen sowie feuchte Standorte besiedelnde Landpflanzen, die sich durch eine wechselständige, gegenständige oder wirtelige Beblätterung auszeichnen. Die Bestäubung der kleinen, unauffälligen Blüten erfolgt in der Regel durch den Wind oder das Wasser. Die Blütenhülle zeigt kaum eine Differenzierung in Kelch und Blumenkrone und besteht meist aus 6 in zwei Kreisen angeordneten Tepalen. Die Blüten besitzen 1 bis 6 Staubblätter und 1 bis mehrere frei entwickelte, selten miteinander verwachsene Fruchtblätter. Die Fruchtblätter bringen 1 bis wenige crassinucellate Samenanlagen hervor.

Familie Blasenbinsengewächse, Scheuchzeriaceae

Die einzige Art dieser monotypischen Familie, *Scheuchzeria palustris,* ist in der temperierten und subarktischen Zone Eurasiens verbreitet, wo sie in Hoch- und Zwischenmooren vor-

Die Blasenbinse, *Scheuchzeria palustris,* besiedelt nasse Hochmoore. Die durch Aufreißen der blasigen Früchte freiwerdenden Samen werden auf dem Wasser schwimmend verbreitet.

kommt. Es ist eine 10 bis 20 cm hohe, krautige Pflanze mit einem dünnen, unterirdischen Rhizom, aus dem schmalblättrige, oberirdische Sprosse hervorgehen. Die bis zu 30 cm langen, rinnig gefalteten, lanzettlichen Laubblätter sind am Grunde scheidenartig verbreitert und entwickeln in diesem Bereich schuppenförmige Haarbildungen (Intravaginalschuppen); an der Blattspitze befindet sich eine Öffnung, die als Hydathode fungiert. Die Sproßachse endet in einer wenigblütigen Traube, deren zwittrige Blüten in der Achsel von Deckblättern erscheinen.

Die gelblichgrüne Blütenhülle besteht aus 6 gleichartig aussehenden Blättern, die in 2 dreizähligen Kreisen angeordnet sind. Eine ähnliche Anordnung zeigen die 6 Staubblätter, die sich noch vor der Reife des Stempels öffnen, so daß einer Selbstbestäubung entgegengewirkt wird. Der Stempel der Blüte besteht aus meist 3 Fruchtblättern, von denen jedes, im Gegensatz zu den nahe verwandten Dreizackgewächsen, meist 2 Samenanlagen hervorbringt. Die Fruchtblätter, die nur an der Basis wenig miteinander verwachsen, sind in einen Fruchtknoten und eine kleine wulstförmige endständige Narbe gegliedert, deren Bestäubung durch den Wind erfolgt. Im Reifestadium haben die Fruchtblätter, die dann völlig getrennt sind, eine bauchig verdickte, blasige Form, worauf sich auch der deutsche Name dieser Familie bezieht.

Durch das Aufplatzen der Früchte entlang der Bauchnaht werden die Samen frei, so daß sie schwimmend vom Wasser verbreitet werden können. Die Samen enthalten kein Endosperm, d. h., die Endospermbildung ist nur durch eine freie Zellkernteilung angedeutet.

Als Inhaltsstoffe konnten bei dieser Gattung bisher vor allem Kalziumoxalat und Blausäureverbindungen nachgewiesen werden.

Familie Dreizackgewächse, Juncaginaceae

Sehr eng verwandt mit den Blasenbinsengewächsen sind die Juncaginaceen, die in sämtlichen Erdteilen vorkommen und 4 Gattungen mit annähernd 18 Arten umfassen. Es handelt sich um meist an sumpfigen Standorten vorkommende, ausdauernde, seltener einjährige Arten mit einer grundständigen Blattrosette.

Die schmalen, linealischen Laubblätter der meist aus einem Rhizom hervorgehenden oberirdischen Sproßachse sind am Grunde scheidig verbreitert, wobei die einander eng umschließenden Blattscheiden oft zu zwiebelartigen Bildungen führen. In der Achsel der Blattscheiden können haar- oder schuppenförmige Bildungen, sogenannte Intravaginalschuppen, beobachtet werden.

Die relativ kleinen Blüten, die sich aus meist dreizähligen Blattkreisen zusammensetzen, stehen in ähriger oder traubiger Anordnung. Im Gegensatz zu den Blasenbinsengewächsen haben die Dreizackgewächse nur eine Samenanlage je Fruchtblatt, wobei das Fruchtblatt auch hier aus einem meist länglichen Fruchtknoten mit einer kleinen wulstförmigen Narbe besteht.

Die endospermlosen Samen enthalten einen relativ großen Embryo. Einige Gattungen dieses Verwandtschaftskreises *(Triglo-*

chin, Lilaea) zeichnen sich durch subepidermale Exkretschläuche aus. Daneben wurde Kalziumoxalat als Drusen oder auch in Einzelkristallen beobachtet. Blausäureverbindungen, die in *Triglochin maritima* nachgewiesen werden konnten, führten in Nordamerika mehrfach zu Vergiftungen bei Schafen und Rindern.

Die Blüten dieses Verwandtschaftskreises sind allgemein proterogyn, ihre Bestäubung erfolgt durch den Wind, indem der Pollen zunächst auf die noch zu erwähnenden, einer Blütenhülle sehr ähnlichen Konnektivanhängsel entleert wird, wo ihn der Wind fortbläst.

Eine weit verbreitete Gattung ist der Dreizack, *Triglochin,* der mit 2 Arten auch in Mitteleuropa vertreten ist. Die zwittrigen Blüten bringen neben 6 Staubblättern 6 Fruchtblätter hervor, von denen jedoch teilweise nur 3 fertil sind. Aus dem Konnektiv der Staubblätter geht je ein schuppenförmiges Gebilde, ein sogenanntes Konnektivanhängsel, hervor, das eine sehr große Ähnlichkeit mit einem Blütenhüllblatt besitzt und teilweise auch als ein solches gewertet wird. Die Konnektivschuppen sind bei der Gattung *Triglochin* relativ unscheinbar und fallen bald ab. Die Fruchtblätter können entlang ihrer dem Blütenzentrum zugewandten Verwachsungsnaht mehr oder weniger miteinander vereinigt sein. Die Früchte dieser Gattung haben teilweise an ihrer Basis spornartige spitze Anhänge, wie *Triglochin calcitrapa,* oder die peripheren Fruchtwandteile erhalten durch die Aufteilung der reifen Frucht in mehrere Teilfrüchte eine zur Basis gerichtete Spitze, wie bei *Triglochin palustris,* so daß Bohrfrüchte entstehen, die in Fellen vorbeieilender Tiere hängenbleiben und so verbreitet werden.

Der an salzigen Standorten oft in großen Beständen vorkommende Meerstranddreizack, *Triglochin maritima,* entwickelt sehr unscheinbare Blüten, die durch den Wind bestäubt werden.

Sowohl auf der Süd- als auch auf der Nordhalbkugel ist der Meerstranddreizack, *Triglochin maritima,* verbreitet, der auf ausgesprochenen Salzböden vorkommt. Aus dieser Art kann durch Kochen der jungen Blätter ein wohlschmeckendes Gemüse bereitet werden. Die Früchte werden von nordamerikanischen Indianern auch geröstet gegessen. In Südeuropa diente diese Art wegen ihres Gehaltes an Natriumkarbonat zur Sodagewinnung.

Eine andere Art, die im Wasser flutende *Triglochin procera,* die in Australien und Tasmanien beheimatet ist, bringt einen einhalb bis 1 m langen Blütenstandsschaft hervor. In ihrem Wurzelbereich bilden sich 2 bis 3 cm lange Knollen, die eßbar sind.

In Queensland und Neusüdwales ist die Gattung *Maundia* mit ihrer einzigen, etwa ein Meter hohen Art, *Maundia triglochinoides,* verbreitet. Die Fruchtblätter der vierzähligen Blüten sind in der Jugend noch frei entwickelt, und erst später verwachsen sie miteinander.

Eine ebenfalls monotypische Gattung ist *Tetroncium,* die in Patagonien, Feuerland und auf den Falklandinseln vorkommt. *Tetroncium magellanicum* ist eine zweihäusige Art, deren Pflanzen entweder nur männliche oder nur weibliche Blüten hervorbringen. Die Blüten haben einen zweizähligen Aufbau, wobei die fruchtenden weiblichen Blüten, die aus 4 Blütenhüllblättern und 4 Fruchtblättern bestehen, nach unten zurückgeschlagen sind.

Beide Gattungen, sowohl *Maundia* als auch *Tetroncium,* zeichnen sich durch relativ große, die Antheren überragende Konnektivanhängsel aus, die eine echte Blütenhülle vortäuschen.

Sehr eigenartige Blütenstände hat die Gattung *Lilaea,* deren einzige Art, *Lilaea scilloides,* im Bereich der Westküste Nord- und Südamerikas beheimatet ist, wo sie von der Ebene bis hinauf zu einer Höhe von 3000 m an sumpfigen Standorten vorkommen kann. Die einzelnen Achsenglieder des vielgliederigen sympodialen Sproßsystems dieser Pflanze bringen nur je ein Laubblatt hervor, aus dessen Blattachsel jeweils der nächstfolgende gleichgestaltete Seitentrieb hervorgeht. Die ährigen Blütenstände tragen an ihrem oberen Ende nur männliche Blüten, während im mittleren Bereich des Blütenstandes Zwitterblüten ausgebildet werden. An der Basis des Blütenstandes erscheinen dagegen nur weibliche Blüten, deren Fruchtblatt sich im Gegensatz zu dem der Zwitterblüten durch einen stark verlängerten (bis zu 14 cm langen) Griffel auszeichnet. Die eingeschlechtigen Blüten von *Lilaea,* die nur aus einem Staub- bzw. einem Fruchtblatt bestehen, sind wie die Zwitterblüten dorsiventral. An den Staubblättern entwickeln sich bei dieser Gattung ebenfalls Konnektivanhängsel, so daß eine einblättrige Blütenhülle vorgetäuscht wird.

Familie Laichkrautgewächse, Potamogetonaceae

Die Familie der Laichkrautgewächse, die sich mit Sicherheit seit dem Tertiär nachweisen läßt, ist kosmopolitisch verbreitet und umfaßt 3 Gattungen mit annähernd 100 Arten. Es sind Wasserpflanzen, die sowohl im Süß- als auch im Salzwasser vorkommen können. Sie sind meist mit einer kriechenden Grundachse, die oft gleichzeitig als Stärkespeicherorgan dient, am Boden der Gewässer verankert.

Die Blätter, bei denen in Abhängigkeit von der Rückbildung der Kutikula bestimmte Zellgruppen die Wasseraufnahme besorgen, verwachsen in ihrem unteren Teil meist scheidenartig, wobei es zur Ausbildung von schuppenförmigen Haarbildungen auf der Innenseite der Blattscheide, den Intravaginalschuppen, und von blatthäutchenähnlichen Nebenblattbildungen, den sogenannten Ligularstipeln, kommt. Darüber hinaus befinden sich in den Blättern teilweise Gerbstoffzellen.

Verschiedene Arten zeichnen sich durch eine unterschiedliche Beblätterung aus, wobei oft verschmälerte Unterwasserblätter vor den meist breiteren Schwimmblättern gebildet werden; andere Arten leben vollständig untergetaucht.

Die Blüten erscheinen in ährenartigen Blütenständen, die oft über die Wasseroberfläche hinausragen, bei anderen Arten dagegen unter dem Wasser erblühen. Die relativ kleinen Blüten haben keine Blütenhülle. Jedoch entwickeln sich teilweise an den Konnektiven der Staubblätter blattartige Anhängsel, die lebhaft gefärbt sein können und eine Blumenkrone vortäuschen. Da die frühesten Entwicklungsstadien der Konnektivanhängsel zunächst getrennt von den Staubblättern ausgegliedert werden, wird auch die Auffassung vertreten, daß es sich bei den ersteren um echte Perianthblätter handelt, die erst durch ein anschließendes gemeinsames Basiswachstum mit den Staubblättern verbunden werden. Die in unterschiedlicher Anzahl erscheinenden Fruchtblätter der meist zwittrigen Blüten sind frei entwickelt und enthalten je eine Samenanlage, die am Vorderrand der schlauchförmig entwickelten Fruchtblätter inseriert ist. Die steinfrucht- oder nüßchenartigen Früchte haben einen endospermlosen Samen mit einem häufig gekrümmten Embryo.

Eine sehr artenreiche Gruppe ist das Laichkraut, *Potamogeton,* das sich durch einfache, allseitswendige Blütenähren auszeichnet, deren Blüten aus 4 Staubblättern und 4 Fruchtblättern bestehen. Eine Besonderheit kennzeichnet die beiden Arten *Potamogeton zosteriformis* und *Potamogeton trichoides*

Blüte mit blumenblattartigen Konnektivanhängseln von *Potamogeton perfoliatus*

Das Schwimmende Laichkraut, *Potamogeton natans*, besiedelt flache Wasserstellen mit geringer Wellenbewegung.

aus, deren Blüten neben den 4 Staubblättern nur 1 Fruchtblatt ausbilden.

Die verlängerten Sprosse dieser Gattung fluten gewöhnlich im Wasser, wobei manche Arten neben den Unterwasserblättern andersartige Schwimmblätter entwickeln. Die Bestäubung der Blüten, deren Konnektivanhängsel häufig eine auffallende Färbung zeigen, erfolgt meist durch den Wind. Bei untergetaucht blühenden Arten wurde auch Selbstbestäubung nachgewiesen, wobei sich zwischen dem Staub- und Fruchtblatt der Blüte eine Luftblase bildet, auf deren Oberfläche die Pollen zur Narbe gelangen.

Nahe verwandt ist die weltweit verbreitete Gattung *Ruppia*, die Salde, deren Blütenstände nur 2 sich einander gegenüberstehende Blüten hervorbringen, die sowohl durch das Wasser als auch den Wind bestäubt werden können. Die v-förmigen Pollen sind oft zu Ketten geordnet.

Linealische Blätter und fächelartige Blütenstände mit Zwitterblüten, die sich aus einem Fruchtblatt und 3 Staubblättern zusammensetzen, zeichnen die Gattung *Posidonia* aus, deren Staubblätter fadenförmige Pollen hervorbringen, durch die eine Bestäubung unter Wasser ermöglicht wird. Die Blätter dieser Gattung enthalten starke Bastfasern, die beim Zerfall der alten Blattorgane an der Sproßachse erhalten bleiben und diese bekleiden. Von der u. a. im Mittelmeergebiet vorkommenden *Posidonia oceanica* werden die Blätter gesammelt und als Verpackungsmaterial oder in Nordafrika zum Decken von Dächern verwendet, während die durch die Wellenbewegung des Wassers zu großen Knäueln vereinigten Fasern in früherer Zeit offizinell genutzt wurden.

Die beiden Gattungen *Ruppia* und *Posidonia* werden von manchen Autoren auch jeweils als eigene Familien aufgefaßt.

Familie Seegrasgewächse, Zosteraceae

Die Seegrasgewächse umfassen ausschließlich untergetaucht lebende Meerespflanzen mit stark reduzierten Blüten, deren Staubblätter sich ebenfalls durch Konnektivanhängsel auszeichnen.

In der Küstenzone vornehmlich der temperierten Gebiete kommt die Gattung *Zostera,* das Seegras, vor, jedoch wurden in letzter Zeit auch Bestände im Beringmeer bekannt, die selbst unter dem Eis noch ein deutliches Wachstum zeigten. Diese Gattung ist durch abgeflachte Blütenstandsachsen charakterisiert, bei denen die auf nur einer Seite erscheinenden Blüten in 2 Reihen angeordnet sind. Die stark reduzierten Zwitterblüten bestehen lediglich aus einem Stempel und einem Staubblatt, in dem fadenförmige Pollen gebildet werden. Die stark verlängerten, schmalen Blätter, die oft in großen Mengen an das Ufer gespült werden, dienen als Pack- und Polstermaterial, zum Decken von Dächern sowie zum Pflastern von Wegen, oder sie werden, ähnlich wie die Sprosse mancher *Potamogeton*-Arten, zur Gründüngung verwendet. Die Wurzeln von Blattbasen von *Zostera marina* benutzen die Indianer zum Würzen von Fleischgerichten.

Große Ähnlichkeit mit *Zostera* hat die im nördlichen Pazifik beheimatete Gattung *Phyllospadix* durch die ebenfalls flache Form der Blütenstandsachse, die hier jedoch nur männliche oder nur weibliche Blüten trägt, wobei beide Geschlechter zweihäusig verteilt sind. Die Staubblätter dieser Gattung tragen besonders große Konnektivanhängsel.

Familie Teichfadengewächse, Zannichelliaceae

Zu den Teichfadengewächsen gehören annähernd 9 Gattungen mit etwa 20 Arten, die ein sehr zerstreutes Areal besiedeln, mit besonderer Häufigkeit jedoch im Bereich der australischen Küste vorkommen. Die marin verbreitete Familie umfaßt vorwiegend mehrjährige Kräuter mit schmallinealischen Blättern, die meist eine Ligula entwickeln und deren Basis scheidenartig gefaltet ist. In der Achsel der Blätter sind häufig Intravaginalschuppen entwickelt.

Die Pflanzen sind am Boden verwurzelt und wachsen mit einem waagerechten sympodialen Rhizom, aus dem senkrecht orientierte monopodiale oder sympodiale Triebe hervorgehen.

Die eingeschlechtigen Blüten sind in zymösen Blütenständen angeordnet, wobei beide Geschlechter auf einer Pflanze gemeinsam oder auf verschiedenen Pflanzen getrennt vorkommen können. Die männlichen Blüten, die 1 bis 3 Staubblätter hervorbringen, haben meist keine Blütenhülle, während sich die weiblichen Blüten durch eine dreiblättrige einfache Hülle, auf die 1 bis 9 frei entwickelte Fruchtblätter folgen, auszeichnet.

Die in einer spateligen, trichterförmigen oder federartigen Narbe endenden Fruchtblätter , die nur je eine Samenanlage enthalten, entwickeln sich zu steinfruchtartigen oder nüßchenartigen Früchten mit endospermlosen Samen. Die Bestäubung erfolgt ausschließlich durch das Wasser, was, z. B. durch die relativ großen Narben, wie sie bei dem auch in Mitteleuropa vorkommenden, kosmopolitisch verbreiteten Sumpfteichfaden, *Zannichellia palustris,* zu beobachten sind, wegen der günstigen Auffangwirkung sehr erleichtert wird. Interessant ist auch das Wurzelwachstum dieser Art, das in spiraligen Windungen erfolgt, so daß eine besonders intensive Verankerung im Boden erreicht wird.

Eine Anpassung an die Wasserbestäubung stellen die leicht haftenden, bis zu 5 mm langen fadenförmigen Pollen dar, wie sie bei den vorwiegend tropisch verbreiteten Gattungen *Cymodocea* und *Amphibolis* zu beobachten sind. Trotz des nassen Milieus erfolgt die Keimung der Pollen von *Amphibolis antarctica* erst nach Erreichen der Narbe. Eine Besonderheit stellt die Gattung *Lepilaena* dar, deren Blütenstaub nicht mit dem Wasser in Berührung kommt und sich durch runde Pollenformen auszeichnet.

Amphibolis antarctica ist durch eine ungewöhnliche Verbreitungsweise gekennzeichnet. Die Samen keimen hier bereits auf der Mutterpflanze, und erst wenn die Keimlinge eine Länge von annähernd 8 cm erreicht haben, lösen sie sich von dieser. Am unteren Ende des Keimlings befindet sich dabei ein kammartiges Organ, das aus 4 keilförmigen Auswüchsen der Fruchtwand hervorgeht, wobei von den zunächst blattartig abgerundeten Organen durch Verfaulen der weicheren Gewebe nur das kammförmige Festigungsgewebe erhalten bleibt. Diese kammartigen Schuppen dienen dem Keimling als Verankerungsorgan.

An den auf *Amphibolis antarctica* häufig epiphytisch wachsenden Rotalgen *Heteroderma cymodoceae* und *Metagoniolithon stelliferum* wurden haustorienartige Auswüchse beobachtet, die auf einen Stoffaustausch mit *Amphibolis* schließen lassen.

Die mit sehr geringen Lichtintensitäten auskommende *Amphibolis griffithii* wurde an der westaustralischen Küste in einer Wassertiefe von 40 m angetroffen.

Familie Nixkrautgewächse, Najadaceae

Die Nixkrautgewächse, die mit Sicherheit bereits im Tertiär die Erde besiedelten, bestehen lediglich aus einer Gattung mit annähernd 35 Arten, von denen einige nahezu über die gesamte Erde verbreitet sind, während andere nur ein sehr begrenztes Areal besiedeln.

Es sind einjährige Kräuter, die vollständig untergetaucht im Süß- bzw. Brackwasser leben oder wie das Große Nixkraut, *Najas marina,* auch marin verbreitet sind. Die im Boden verwurzelten Pflanzen haben oft gegenständige Blätter, in deren Achseln, wie bei zahlreichen anderen Familien dieser Ordnung, Intravaginalschuppen ausgebildet sind und deren Basis scheidenartig verbreitert ist. Die im Gegensatz hierzu schmale Blattspreite, die keine Spaltöffnungen hat, ist am Rande meist gezähnt. Die Wasseraufnahme erfolgt sowohl durch die Blätter als auch durch die Sproßachse.

Die Gattung *Najas* zeichnet sich durch stark reduzierte eingeschlechtige Blüten aus, die meist einhäusig, seltener dagegen zweihäusig verteilt sind. Die männlichen Blüten bestehen aus nur einem Staubblatt, das von 2 häutigen, becherförmigen Blatthüllen umschlossen wird, deren Entsprechung zu den Organen der weiblichen Blüte noch sehr umstritten ist. Die weibliche Blüte ist vollständig hüllenlos und

Die Bestäubung des vollständig untergetaucht lebenden Großen Nixkrautes, *Najas maritima,* erfolgt unter Wasser, wobei die Schwebfähigkeit der frühzeitig keimenden Pollen durch ihre fädige Form erhöht wird.

wird nur durch ein Fruchtblatt gebildet, das eine Samenanlage besitzt und zu einem harten Nüßchen heranwächst. Die Samen haben kein Endosperm. Der Transport der Pollenkörner, die zunächst noch kugelig sind, aber bald nach dem Öffnen der Antheren zu fadenförmigen Schläuchen auskeimen, erfolgt durch das Wasser.

Einzelne Arten treten in Reisfeldern als Unkräuter auf und werden zur Gründüngung genutzt. Die Pflanzen dienen auch als Verpackungsmaterial. Die jungen Triebe von *Najas major* werden auf Hawaii als Salat gegessen.

Unterklasse Triurididae

Ordnung Triuridales

Familie Triuridaceae

Ein sich von der relativ ursprünglichen Ordnung Helobiae herleitender Verwandtschaftskreis ist die Ordnung Triuridales, zu der nur eine Familie gehört, die 7 Gattungen mit annähernd 80 Arten umfaßt. Die Triuridaceen sind sowohl neotropisch als auch palaeotropisch verbreitet, und nur wenige Arten stoßen bis in subtropische Bereiche vor. Es handelt sich ausschließlich um krautige chlorophyllose Saprophyten, die auf modernden Blättern oder faulenden Baumstümpfen wachsen. Teilweise fand man sie auch in Termitennestern oder hohlen Bäumen. Die meist sehr zarten Sprosse gehen aus einem unterirdischen Rhizom, das mit braunen, rötlichen oder weißen Niederblättern besetzt ist, hervor und können eine Größe von 2 bis 40 cm bzw. bis 1 m Höhe erreichen. Bei einer Art, *Sciaphila purpurea,* sollen Pflanzenhöhen bis zu 1,40 m beobachtet worden sein. Die aus den Rhizomen hervorgehenden Wurzeln leben in Symbiose mit einem Pilz; d. h., sie bilden eine sogenannte Mykorrhiza. Die oberirdische Sproßachse, deren Blattorgane zu Schuppenblättern reduziert sind, entwickelt einen endständigen Blütenstand, der meist traubig ist, bei der neotropisch verbreiteten Gattung *Triuris* jedoch einen sympodialen Aufbau zeigt.

Die Blüten sind entweder zwittrig oder getrenntgeschlechtig, wobei die Geschlechter ein- oder zweihäusig verteilt sein können. Bei einhäusigen Pflanzen erscheinen die männlichen Blüten oft in der Spitzenregion des Blütenstandes, während die weiblichen den unteren Bereich des Blütenstandes einnehmen. Die Blüten zeichnen sich durch dreizählige Blattkreise aus und besitzen eine doppelte oder einfache Blütenhülle, die durch ihre meist violette bis rote Färbung auffällt, jedoch keine Trennung in Kelch und Krone erkennen läßt. Oft haben die Blütenblätter auffällige Anhänge, die, lang ausgezogen, schwanzartig sein können wie bei den Gattungen *Hexuris* und *Triuris* oder die eine knopfartige bzw. büschelig haarartige Form aufweisen. Bei der hauptsächlich in Malesien verbreiteten Gattung *Andruris* sind derartig schwanzförmige Fortsätze auch an den Konnektiven der Staubblätter entwickelt. Sowohl die Staub- als auch die Fruchtblätter entstehen bei den Triuridaceen auf einem meist flachen Blütenboden, der sich später jedoch konvex emporwölben und bei den männlichen Blüten die Staubblätter überragen kann.

Sehr ursprünglich ist der Bau des Gynoeceums, das aus zahlreichen frei entwickelten Fruchtblättern besteht, deren Griffel bei einigen Formen seitlich oder sogar an der Basis des Fruchtknotens inseriert ist. Die Samen der Früchte enthalten neben einem ungegliederten Embryo ein stark entwickeltes öl- und eiweißreiches Endosperm.

Unterklasse Liliidae (Liliiflorae)

Verschiedene Merkmale, wie der aus drei Fruchtblättern verwachsene Fruchtknoten (mit zentralwinkelständiger Plazentation), die wirtelige Anordnung der Blütenorgane und die Reduktion der Zahl ihrer Glieder auf drei (3 Fruchtblätter, 3 + 3 Staubblätter, 3 + 3 Blütenhüllblätter) berechtigen uns, diese Gruppe der Monokotylen gegenüber den vorangegangenen als höherentwickelt einzustufen.

Es handelt sich um eine sehr formenreiche Unterklasse, mit der uns der Begriff einer typischen einkeimblättrigen Pflanze verbindet. – Die systematische Gliederung gerade dieser Gruppe hat sich in den letzten 2 Jahrzehnten stark verändert. Bessere Kenntnisse und die Einbeziehung früher unberücksichtigter morphologischer, anatomischer, biochemischer und karyologischer Merkmale haben zur Aufspaltung der meisten früheren Ordnungen und Familien geführt. Die Diskussionen darüber sind noch nicht abgeschlossen, man wird deshalb auch Meinungen in der Literatur finden, die von der hier angenommenen Gliederung abweichen.

Überordnung Lilianae

Diese Ordnungsgruppe hat mit der folgenden der Bromelianae den häufigen Besitz von Septalnektarien gemein, wobei in den Blüten die Nektarien zwischen die Fruchtblattwände verlagert sind. Beide Überordnungen stimmen auch in der Zoophilie ihrer Blüten überein, die im allgemeinen von Tieren, meist Insekten, bestäubt werden, während folgende Überordnungen zur Windbestäubung neigen.

Die Lilianae unterscheiden sich von den Bromelianae durch den Besitz einer gleichartigen, nicht in Kelch und Krone gegliederten Blütenhülle. Es handelt sich bei ihnen überwiegend um krautige Pflanzen, oft um Geophyten, aber auch sekundär verholzte Verwandtschaftskreise gehören zu den Lilianae. Ihre Samen besitzen ein stärkefreies Nährgewebe, sofern bei ihnen ein solches (wie bei den Orchideen) nicht überhaupt fehlt.

Ordnung Yamsartige, Dioscoreales

Diese Ordnung hat wegen des Vorkommens einiger für dikotyle Pflanzen typischer Merkmale in der Diskussion um die Ableitung der Monokotylen eine große Rolle gespielt und sie wird auch heute zumeist als eine relativ ursprüngliche Gruppe der Einkeimblättrigen aufgefasst. Dikotyle Merkmale sind z. B. große netznervige, oft in Stiel und Spreite gegliederte Blätter, kreisförmig angeordnete Leitbündel im Sproß und die seitliche Stellung des Keimblattes.

Die Ordnung ist eine vorwiegend tropische Gruppe mit meist windenden, krautigen oder verholzten Stengeln.

Familie Yamsgewächse, Dioscoreaceae

Die Familie der Dioscoreaceen bildet einen natürlichen, gut charakterisierten Verwandtschaftskreis. In dieser Familie werden kletternde bzw. schlingende Sträucher zusammengefaßt, denen größere, knollige Rhizome eigen sind, die einerseits reichlich Stärke enthalten, andererseits mitunter durch die Eigenschaft eines sekundären Dickenwachstums ausgezeichnet sind. Auch axilläre Luftknollen kommen in der Familie vor. Die wechsel- oder gegenständigen Laubblätter sind oft herz- oder pfeilförmig und weisen eine handförmige Nervatur auf. Oft laufen sie in eine ausgeprägte Träufelspitze aus. Die in Ähren, Trauben oder Rispen angeordneten Blüten kommen sowohl zwittrig als auch getrenntgeschlechtig vor. Dabei sind die 3 inneren Staubblätter mitunter nur staminodial ausgebildet oder völlig verschwunden. Die Pollenform ist sehr vielgestaltig. Der unterständige Fruchtknoten entwickelt sich zu einer oft geflügelten Kapsel oder Beere und enthält je Fach 2 Samenanlagen übereinander, nur selten mehrere.

Die 8 Gattungen setzen sich aus über 650 Arten zusammen, die die tropischen und subtropischen Gebiete besiedeln und bisweilen auch bis in die nördliche gemäßigte Zone vordringen.

Die lediglich aus 3 Gattungen bestehende Tribus der Stenomerideen zeichnet sich durch zwittrige Blüten mit 2 wohlausgebildeten Staubblattkreisen aus, deren Antheren mit einem Konnektivfortsatz versehen sind. Bei der Gattung *Stenomeris* finden wir zahlreiche Samenanlagen je Fach. Die zu *Stenomeris* gestellten 5 Arten haben ihr Verbreitungsgebiet auf der Malaiischen Halbinsel und dringen bis Sumatra und die Philippinen vor.

Bedeutend wichtiger für die Ernährung der einheimischen Bevölkerung ist die recht umfangreiche Tribus der Dioscoreen, deren Blüten getrenntgeschlechtig sind, oft nur einen Staubblattkreis entwickeln und je Samenfach 2, nur ausnahmsweise 4 Samen ausbilden. Von den 5 Gattungen ist *Dioscorea* oder Yams mit annähernd 650 Arten die weitaus umfangreichste und überall in den tropischen und wärmeren gemäßigten Gebieten anzutreffen, mit 2 Arten kommt sie auch im Mittelmeerraum und mit einer Art im gemäßigten Nordamerika vor. Zur Gattung zählen mehrere wichtige Kulturpflanzen, und auch fossil ist sie bereits bekannt, allerdings mit einem weit nördlicheren Verbreitungsgebiet, als es jetzt von ihr eingenommen wird.

Die stärkereichen *Dioscorea*-Knollen leiten sich morphologisch von recht unterschiedlichen Pflanzenorganen ab, z. T. stellen sie knollig angeschwollene Wurzeln bzw. Hypertrophien des Hypokotyls dar. Dies trifft vor allem für die einjährigen Typen zu, wie sie durch

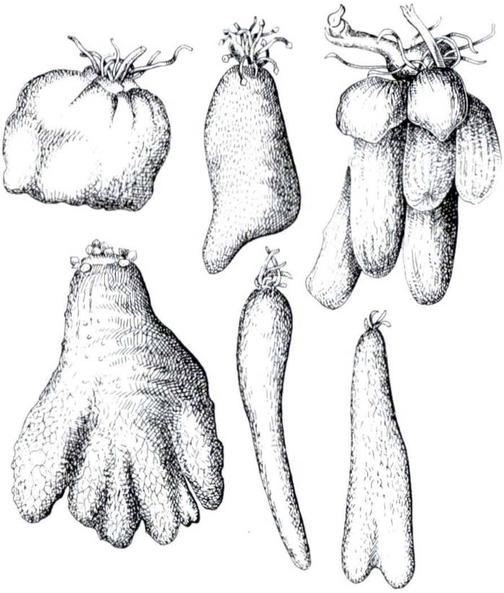

Unterschiedliche Formen der stärkereichen Knollen von *Dioscorea alata*

Dioscorea batatas, die in ganz Ostasien im Anbau angetroffen wird und schon eine alte Kulturpflanze ist, und auch durch *Dioscorea esculenta* charakterisiert sind. Das Verbreitungsgebiet der zuletzt genannten Art erstreckt sich von Südostasien über die Sundainseln und Neuguinea bis in den pazifischen Raum. Mitunter sind die verdickten Wurzeln noch durch Bildung von Wurzeldornen ausgezeichnet, die bis 1,5 cm Länge erreichen können, wie beispielsweise bei *Dioscorea esculenta* var. *spinosa.* So sind die Knollen auf diese Weise gegen Tierfraß etwas geschützter.

Zum anderen können die Knollen aus Stengelgliedern, vor allem aus dem 1. und 2. Internodium sowie dem angrenzenden Abschnitt des Hypokotyls hervorgehen und vermögen dann durch Kambien in die Dicke zu wachsen und auf diese Weise mehrjährig zu existieren. Als Beispiel sei *Dioscorea sinuata* aus Brasilien genannt.

Eine dritte Möglichkeit der Knollenbildung wird durch *Dioscorea villosa* verkörpert.Hier geht die Knolle aus einer Achselknospe, und zwar der des ersten Laubblattes, hervor, das selbst rudimentär bleibt. Diese Achselknospe – und mitunter auch die beiden nächstfolgenden – hypertrophieren und bringen ein einheitliches, knolliges Gebilde von Kastaniengröße und darüber hervor.

Die Knollen der kultivierten *Dioscorea*-Arten erreichen häufig ein Gewicht von 15 bis 20 kg, bisweilen sogar bis 50 kg. Neben der weißen Yamsstärke existieren auch Stärkesorten, die gelb, rot bis pfirsichfarben aussehen und aus entsprechend gefärbten Yamswurzeln stammen, jedoch geringeren Handelswert haben. Die weiße Dioscoreenstärke wird im Handel auch als »Arrowroot von Guayana« oder als »Farina de Cara«, meist aber als »Yams« bzw. »Igname« bezeichnet. Das einzelne Stärkekorn weist eine ovale Form mit ganz exzentrisch gelegenem Initialpunkt auf.

Außer zur Stärkebereitung dienen die *Dioscorea*-Knollen auch direkt als Nahrungsmittel. Sie werden meist in gekochtem Zustand

Die windenden Yams-Arten, *Dioscorea* spec., werden ähnlich wie die Stangenbohnen an Stützen gezogen; es wird sowohl eine plantagenartige Kultur wie ein Anbau von einzelnen Pflanzen in Gärten praktiziert.

verzehrt, einige Sorten können auch roh genossen werden.

Sie bildeten früher vor allem in Westafrika, Südostasien und in der Karibik, wo Zentren der Domestikation von Yamsarten liegen, einen erheblichen Anteil der Ernährungsgrundlage der dortigen Bevölkerung. Die heute wirtschaftlich wichtigsten Arten sind Wasseryams (*Dioscorea alata,* Südostasien), Gelber und Weißer Yams (*Dioscorea cayenensis* und *Dioscorea rotundata,* Westafrika).

Wegen des Vorkommens von Diosgenin, einem Steroidsaponin, das zur halbsynthetischen Gewinnung von Nebennierenrinden- und Sexualhormonen verwendet wird, hat die Gattung eine beachtliche medizinische Bedeutung. Zeitweilig wurden die Wildbestände geeigneter Arten rigoros ausgebeutet, später wurden jedoch Arten für diese Zwecke in Kultur genommen, so z. B. in Mittelamerika *Dioscorea floribunda* und *Dioscorea macrostachya.*

Die bei uns oft in Gewächshäusern kultivierte sogenannte Schildkrötenpflanze oder das Hottentottenbrot, *Dioscorea elephantopus,* ist besonders interessant. Während die Knolle etwa im 3. Jahre die Größe einer Walnuß hat, erreicht sie im 8. Jahre einen Durchmesser von 10 cm. Sehr alte Exemplare können unter günstigen Umständen bis 300 kg schwer werden und dabei einen Durchmesser bis zu einem Meter erlangen. Der äußere, wabenartige Korkmantel, der aus den Rindenschichten hervorgeht, macht die Art bereits von weitem kenntlich, wie wir der Abbildung entnehmen können. *Dioscorea elephantopus* und die verwandte Art *Dioscorea montana* kommen nur in Südafrika vor.

Blütenstand von *Tacca leontopetaloides,* die Kronblätter von *Tacca* sind lang-geschwänzt, deswegen werden einige Arten auch als Zierpflanzen kultiviert.

Bei *Dioscorea elephantopus* schwillt das erste Sproßinternodium zu einer von einem ausgedehnten Korkmantel umgebenen Knolle an. Während der Dürreperioden sterben die vegetativen Triebe ab, die Erneuerung erfolgt aus der Knolle.

Familie Taccaceae

Hier handelt es sich um einen natürlichen Verwandtschaftskreis, der enge Beziehungen zur Familie der Dioscoreaceen aufweist. Es sind ausdauernde Kräuter mit sehr stärkereichen Knollen und großen, entweder ungeteilten oder finger- bis fiederförmig reichgeschlitzten Blattspreiten. Die Blüten stehen auf blattlosen Schäften in scheindoldenförmigen Blütenständen mit fadenförmigen Hochblättern.

Die Familie ist mit nur 1 Gattung und etwa 10 Arten ausschließlich in den Tropen vertreten.

Die den malaiischen Volksnamen führende Gattung *Tacca* erstreckt sich arealmäßig über 3 gesonderte tropische Gebiete. Das indisch-polynesische Areal reicht von den vorderindischen Küsten, Südchina und dem Westhimalaja bis zu den Paumotuinseln, das afrikanisch-madagassische Gebiet erstreckt sich über das gesamte tropische Afrika von Senegal und Äthiopien bis Angola und Moçambique. Das dritte Gebiet liegt völlig isoliert in Äquatorial-Südamerika. Obwohl einige *Tacca*-Arten auch als Zierpflanzen kultiviert werden, ist vor allem die Nutzung der stärkereichen Knollen (bis 30% Stärke) bekannt geworden. *Tacca leontopetaloides,* vom malayischen Raum bis zur Südsee heimisch, bildete früher in Polynesien ein Grundnahrungsmittel. Der Anbau ist heute stark zurückgegangen.

Die Knollen mußten vor der weiteren Verarbeitung entbittert werden. Das Stärkemehl war unter dem Namen Taccastärke im Handel, auch als »Ostindisches Arrowroot« oder »Tahiti Arrowroot« wird es geführt.

Familie Stemonaceae

Die Stemonaceen stehen der Familie der Dioscoreaceen nahe. Es sind ausdauernde Kräuter mit Rhizomen. Die Blütenstände stehen in den Achseln meist einander genäherter Stengelblätter und bestehen entweder aus wenigen größeren oder zahlreicheren kleineren Blüten mit nur zweizähligen, ausnahmsweise auch 5-zähligen *(Pentastemona)* Quirlen und korollinisch ausgebildeten Tepalen.

Die wichtigste Gattung *Stemona* besiedelt

Die vierblättrigen Wirtel haben der einheimischen Art der Gattung Einbeere, *Paris,* den Namen gegeben *(Paris quadrifolia);* die Früchte sind in der Gattung recht unterschiedlich, es gibt auch Übergänge zu Trockenfrüchten.

Südasien bis Nordaustralien. Die Familie umfaßt lediglich 4 Gattungen mit fast 30 Arten.

Familie Dreiblattgewächse, Trilliaceae

Diese früher in die Liliengewächse einbezogene Familie ist uns aus der heimischen Flora durch die Gattung Einbeere, *Paris,* bekannt. Sie zeichnet sich aus durch ihre quirlständigen, netzadrigen Laubblätter. Von ihren Arten ist die Vierblättrige Einbeere, *Paris quadrifolia,* in Laubwäldern Eurosibiriens bis zum Altai zu finden.

Die einzige, inmitten des Blattquirles stehende Blüte reift zu einer stahlblauen bis schwarzen Beere heran. Rhizome und Stengel sind durch den Gehalt an Sapogeninen besonders giftig.

Die bestachelten Sprosse haben den Stechwinden ihren Namen verliehen; *Smilax aspera* bildet in den Mittelmeerländern mitunter undurchdringliche Gestrüppe, hier mit einem unreifen Fruchtstand, reife Beeren sind rot gefärbt.

Von den 30 in Nordamerika und Ostasien bis zum Himalaja beheimateten Arten der Gattung *Trillium* wird zuweilen das nordamerikanische *Trillium grandiflorum* auch in Kultur angetroffen.

Familie Stechwindengewächse, Smilacaceae

Der Verwandtschaftskreis umfaßt aufrechte oder kletternde Sträucher oder Halbsträucher, an deren Zweigen die netzadrigen Blätter zweireihig angeordnet sind. Am Grunde der Blattstiele sind vielfach Rankenorgane entwikkelt, und die Sprosse sind meist mit kräftigen Hakenstacheln besetzt. Von den 4 hierher zu stellenden Gattungen seien vor allem *Smilax* neben *Pseudosmilax* und *Heterosmilax* erwähnt. Die über 300 Arten umfassende Gattung *Smilax* oder Stechwinde besiedelt die altweltlichen Tropen, subtropische Gebiete Ostasiens, Nord- und Südamerika (hier besonders artenreich), und stößt bis in den Mittelmeerraum vor. Die strauchige, sommergrüne Art *Smilax china,* die in Ostasien

verbreitet ist, liefert die Tubera Chinae, die Chinawurzel oder Pockenwurzel, auch Grindwurzel genannt. Sie ist als Droge gegen Gicht und Syphilis in Gebrauch.

Besonders wichtige Handelsartikel lieferten die in Zentral- und Südamerika beheimateten *Smilax*-Arten, deren Wurzeln im Handel als Sarsaparill-Wurzeln (Radix Sarsaparillae) bekannt sind. Sie stammten von mehreren Arten ab, u. a. von *Smilax regelii* (Jamaika) und *Smilax aristolochiifolia* (Mittelamerika). Die Wurzeln waren als Antisyphilitikum geschätzt. Da lediglich die Wurzeln verschifft wurden, ließen sich die genauere Herkunft der sonst gut unterscheidbaren Handelsklassen nicht immer eindeutig angeben. Diese offizinell verarbeiteten Arten enthalten als wirksame Bestandteile Steroidsaponine, u. a. das Smilasaponin sowie das giftige Sarsosaponin.

Smilax ist eine sehr alte Gattung. Fossile Blätter wurden bereits aus der Oberkreide in Alaska und in vielen tertiären Floren mit subtropischem Gepräge wie in Südfrankreich, Kroatien und Grönland nachgewiesen.

Familie Philesiaceae

Diese kleine in den chilenischen Südbuchenwäldern heimische Familie ist wegen ihrer sehr dekorativen immergrünen Sträucher und Lianen erwähnenswert. *Lapageria rosea,* auch als Chilenische Glockenblume bekannt, ist mit ihren bis 7 cm langen lilienartigen roten Blüten ein besonderer Schmuck in Kalthäusern botanischer Gärten. Die Art ist die Nationalblume Chiles, ihre Kultur verlangt bei uns jedoch besondere Erfahrung.

Ordnung Spargelartige, Asparagales

Die Familien dieser Ordnung wurden früher in ihrer Mehrzahl zusammen mit denen der folgenden in den Liliales zusammengefaßt oder sogar in eine einzige Großfamilie Liliaceae zusammengebracht. Die auch durch serologische Reaktionen der Sameneiweiße unterstützte Eigenständigkeit der Spargelartigen wird durch weitere Unterscheidungsmerkmale wie Vorkommen von Schleimzellen und von kalziumoxalathaltigen Raphiden in den Zellen dokumentiert. Mit den Dioscoreales haben die Asparagales das häufige Vorkommen von Septalnektarien und von Steroidsaponinen gemeinsam. Hier treten auch typische herzwirksame Glukoside auf, und die Samen, vor allem der Gruppen mit fachspaltigen Kapselfrüchten, weniger oft der mit Beeren, sind durch schwarze, mit Phytomelanen inkrustierte Samenschalen charakterisiert.

Es kann hier nur eine Auswahl der derzeit über 30 unterschiedenen Familien besprochen werden:

Familie Maiglöckchengewächse, Convallariaceae

Diese Familie ist mit etwa 20 Gattungen und über 100 Arten vorzugsweise in der nördlichen gemäßigten Zone verbreitet. Ihre Arten zeichnen sich durch den Besitz von monopodialen oder sympodialen Rhizomen und von Beerenfrüchten aus.

Den Namen gab der Familie die Gattung *Convallaria* mit der einzigen Art, *Convallaria majalis,* dem bekannten Maiglöckchen. Die unterirdische monopodiale Grundachse bildet bei dieser Art alljährlich nach einigen schuppenförmigen Niederblättern 2 große, eiförmige Laubblätter mit einem seitenständigen, traubenförmigen Blütenstand aus, der sich in der Achsel des letzten Niederblattes bildet. Die Pflanze ist in den Wäldern von Europa bis Nordostasien sowie in Nordamerika verbreitet und wird auch gern als Gartenpflanze gezogen. Während die Blütenstände der Wildpflanzen in der Regel nur 5 bis 7 Blüten aufweisen, hat man durch Kultur erreicht, daß dieselben mit 9 bis 16 Blüten besetzt sind. Der Gewinnung von »Keimen« für die Treiberei liegt ein besonderer Anbau zugrunde, der früher vor allem um Hamburg, in der Umgebung von Winsen (Luhe), Lübeck und Wittenberg erfolgt. Aus den getrockneten Blüten bereitet man ein Niespulver. Das Kraut enthält ebenso wie der Wurzelstock die giftigen Glukoside Convalla-

Die Zweiblättrige Schattenblume, *Majanthemum bifolium,* ist ein Zeiger für oberflächlich versauerten Boden, sie fehlt daher in kalkreichen Laubwäldern.

rin und Convallamarin, die als Herzmittel gebraucht werden.

Mit mehr oder weniger zahlreichen Laubblättern und mit in terminaler Rispe oder Traube angeordneten Blüten versehen sind die Gattungen *Maianthemum* und *Polygonatum*. Die erstgenannte Gattung ist über die gesamte nördliche Hemisphäre mit 3 Arten verbreitet, darunter *Maianthemum bifolium*, die Zweiblättrige Schattenblume, ein in den Nadel- und Laubwäldern Eurosibiriens weitverbreitetes Pflänzchen, das im vegetativen Zustand meist nur ein herz-eiförmiges Laubblatt, im blühenden Zustand deren 2 entwickelt. Gelegentlich findet man *Maianthemum bifolium* auch in Parkanlagen als Bodenbedeckungspflanze an schattigen und feuchten Stellen in Kultur.

Über die gesamten gemäßigten Gebiete der nördlichen Erdhälfte sind die 30 Arten der Gattung *Polygonatum* verbreitet. Unter ihnen am bekanntesten sind die Arten der heimischen Flora *Polygonatum odoratum*, die Gemeine Weißwurz oder Salomonsiegel, die Vielblütige Weißwurz, *Polygonatum multiflorum* und die in Bergwäldern verbreitete Quirlige Weißwurz, *Polygonatum verticillatum*. Der Name Salomonsiegel geht darauf zurück, daß das alljährlich sympodial horizontal fortwachsende Rhizom der Pflanze nach dem Absterben des oberirdischen Sprosses eine rundliche, einem Siegelabdruck ähnliche Narbe hinterläßt, die an älteren Rhizomen selbst noch nach mehreren Jahren deutlich erkennbar ist. Die Pflanzen sind seit dem letzten Drittel des 16. Jahrhunderts in Kultur nachweisbar.

Zur Familie gehört auch eine der anspruchslosesten und selbst dunkle Plätze noch vertragenden Blattpflanzen unserer Wohnungen, die Gattung *Aspidistra*, deren Arten vom östlichen Himalaja bis China und Taiwan verbreitet sind. Am meisten findet man in Kultur die Schusterpalme oder Schildblume, *Aspidistra elatior*. Sehr merkwürdig ist hier die schmutzig-violette Blüte, die in unmittelbarer Erdbodennähe, bisweilen sogar im Boden verbleibend, aus der Achsel eines Niederblattes hervorbricht. Auf die fleischige, zumeist achtzipfelige Blütenhülle folgen die Antheren und ein vierfächeriger Fruchtknoten mit einer sehr großen, gelappten, schildförmigen Narbe, die den Blütenkessel fast vollständig abschließt, so daß die Bestäubung nur mit Hilfe sehr kleiner Insekten erfolgen kann.

Von einer durch eine blaue, fleischige Samenschale gekennzeichneten und in Süd- und Ostasien verbreiteten Gattungsgruppe ist die Gattung *Liriope* erwähnenswert, von deren 5 Arten vor allem *Liriope graminifolia* durch ihre süßlichen, aromatischen Knollen bekannter wurde, die man in Japan, China und Vietnam medizinisch verwertet. *Liriope platyphylla* wird besonders in China und Japan in vielen Formen als Zierpflanze kultiviert.

Vierjähriges Rhizomstück von *Polygonatum multiflorum*. Jeder Jahresabschnitt endete in einem Blütenstand, dessen Lage noch jetzt jeweils als siegelförmige Narben, basaler Rest bzw. Blütenstandsanlage erkennbar ist.

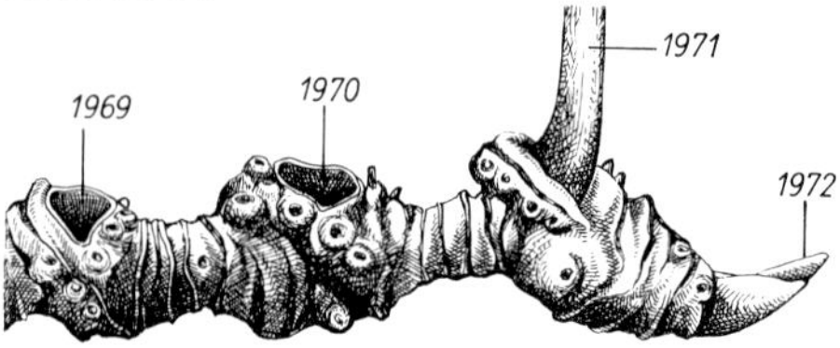

Familie Spargelgewächse, Asparagaceae

Diese Familie ist gekennzeichnet durch aufrechte, bisweilen schlingende Sprosse mit kleinen, schuppenförmigen Blättern, in deren Achseln schmale, nadelförmige bis breitere, blattartige Gebilde, sogenannte Phyllokladien, stehen, die morphologisch umgebildeten Seitensprossen entsprechen.

Von der in der Alten Welt mit 300 Arten verbreiteten Gattung *Asparagus* ist wohl der Speisespargel, *Asparagus officinalis*, am bekanntesten. Die jungen Sprosse waren bereits den alten Ägyptern als delikates Gemüse bekannt und wurden kultiviert. Auch die jungen Sprosse anderer Arten werden im Mittelmeergebiet zum gleichen Zwecke verwendet, wie z. B. die von *Asparagus maritimus, Asparagus tenuifolius, Asparagus acutifolius*. Alle Teile der Pflanze sind asparaginhaltig. Neben den durch Erdhäufelung gebleichten Sprossen hat sich der stark propagierte dünnere und ungebleichte, etwas kräftiger schmeckende Grünspargel, dessen Pflege- und Erntemaßnahmen weniger arbeitsaufwendig sind, nicht einbürgern können. Nach etwa 3 Jahren ist eine neuangelegte Spargelkultur für 12 bis 15 Jahre nutzbar. Außer dem Gemüsespargel werden vor allem *Asparagus sprengeri* und der zierlichere *Asparagus plumosus,* die in Südafrika bis Natal heimisch sind, als Zimmerpflanzen und in Spezialgärtnereien zur Gewinnung des beliebten Bindegrüns gezogen.

Der Gattung *Asparagus* durch die eigentümlichen Sproßmetamorphosen nahestehend, jedoch oft als eigene Familie Ruscaceae abgetrennt ist die Gattung Mäusedorn, *Ruscus,* die im Mittelmeerraum und Makaronesien mit 6 Arten vorkommt. *Ruscus aculeatus* ist ein bis ein Meter hoher, immergrüner Halbstrauch, dessen starre Sprosse in den Achseln ihrer Niederblätter lederartige, oft stachelspitzige und blattartig verbreiterte Phyllokladien entwickeln, auf deren Mitte in der Achsel von Hochblättern eine bis mehrere kurz gestielte Blüten stehen können. Die Sprosse

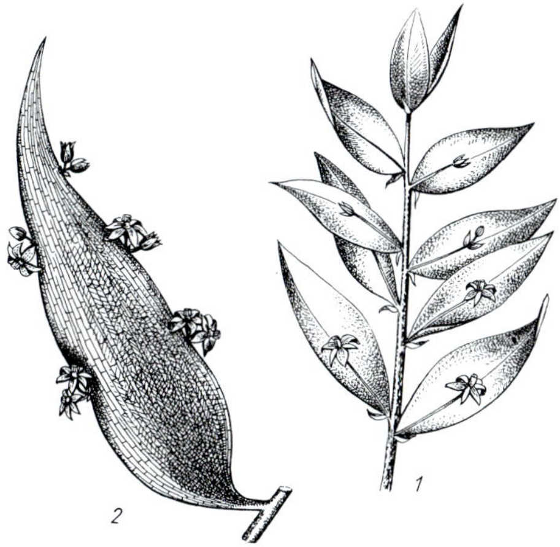

1 Blühendes Zweigstück von *Ruscus aculeatus* mit zentralständigen Blüten; 2 blühendes Zweigstück von *Semele androgyna* mit randständigen Blütenbüscheln

der auch in Westfrankreich, Belgien und England eingebürgerten Pflanze werden gern zu Trockensträußen verarbeitet, da sich deren grüne Färbung längere Zeit frisch erhält: außerdem geben ihnen korallenrote Beeren einen hohen Schmuckwert.

Die nur aus der einzigen Art *Danaë racemosa* bestehende Gattung *Danaë* bildet reich verzweigte Sträucher mit lanzettförmigen Phyllokladien in den Achseln der schuppenförmigen Stengelblätter. Unter der Bezeichnung »Alexandrinischer Lorbeer« hat die aus den Wäldern Syriens, Transkaukasiens und dem Nordiran stammende Pflanze vor allem als Kalthauspflanze Eingang in die Kultur gefunden.

Bei der ebenfalls nur durch eine Art vertretenen Gattung *Semele* ist die Phyllokladienbildung mit den randständigen Blüten besonders schön ausgeprägt. Die bis 20 m Höhe kletternden Lianen sind Charakterpflanzen der Lorbeerwälder auf den Kanarischen Inseln.

Der Speise-Spargel, *Asparagus officinalis,* aus Südeuropa stammend, ist seit langem in der heimischen Flora an Wegrändern, in Trockenrasen und Flußtälern eingebürgert. Seine Kultur ist vor allem auf leichten Böden verbreitet.

Familie Drachenbaumgewächse, Dracaenaceae

Mit dieser Familie beginnt ein Verwandtschaftskreis der Asparagales, der früher oft mit den Agavengewächsen zusammengefaßt

Mächtiges Exemplar des Drachenbaumes, *Dracaena draco,* das die charakteristische gabelige Verzweigung des Stammes gut veranschaulicht

wurde und der sich durch das Vorkommen von Arten mit dicken, verholzten Stämmen mit endständigen Blattrosetten auszeichnet. Die Stämme wachsen oft mit Hilfe eines anomalen sekundären Dickenwachstums in die Breite.

Die etwa 100 Arten der namengebenden Gattung *Dracaena* besiedeln tropisch-subtropische Gebiete der Alten Welt. Am markantesten ist wohl der in seinem natürlichen Vorkommen auf den Kanaren fast ausgerottete Drachenbaum, *Dracaena draco,* von dem jedoch sehr schöne Exemplare in Siedlungen angepflanzt auf den Kanarischen Inseln angetroffen werden. Sie haben eine Höhe von 18 bis 20 m und Hunderte von Zweigen mit schwertförmigen, 40 bis 60 cm langen Laubblättern sowie ebensolangen Blütenrispen, die später orangerote Beeren tragen. Ähnlich gestaltet sind *Dracaena cinnabari,* die auf der Insel Sokotra im Arabischen Meer anzutreffen ist, *Dracaena schizantha* von der Küste Somalias und *Dracaena arborea* vom tropischen Westafrika. *Dracaena draco* liefert das Kanarische Drachenblut, *Dracaena cinnabari* das Drachenblut von Sokotra; letzteres wurde schon vom gleichen Ort von Dioscorides als »Kinnabari« beschrieben. Beides sind rote Gummiharze, die bei Verletzung aus der Rinde der Stämme dieser Arten fließen. Früher diente das Harz zu medizinischen Zwecken, während man heute hieraus zumeist Lacke, Firnisse sowie Polituren bereitet.

Als sehr anspruchslose, ausdauernde, selbst zentralbeheizte Räume gut vertragende Pflanzen haben sich einige der 50 Arten der auch als Bogenhanf bekannten Gattung *Sansevieria* erwiesen und in viele Wohnungen Eingang gefunden. Im Zimmer gedeihen vor allem die schlanken, mit Querbändern in ver-

Mächtiges Exemplar eines jetzt vernichteten Drachenbaumes, *Dracaena draco,* auf Teneriffa

schiedenen Grünschattierungen versehenen Blätter der Art *Sansevieria trifasciata.* Noch beliebter ist hiervon die Varietät *laurentii,* die sich durch breite, gelbe Randstreifen von der Stammart unterscheidet und dadurch einen erhöhten Schmuckwert besitzt. Während sich aber *Sansevieria trifasciata* durch 5 bis 10 cm lange Blattstücke leicht vermehren läßt, kann die var. *laurentii* nur durch Ausläufer und daher in weit geringerer Menge vermehrt werden. Die weitere, bisweilen in Schalenbepflanzungen anzutreffende var. *hahnii* benannte Varietät ist abweichend gestaltet, sie erreicht nur eine Höhe von etwa 20 cm und wächst in Form trichterförmiger Rosetten.

Die nachstehend aufgeführten, im tropischen und südlichen Afrika, in Arabien bis Burma verbreiteten *Sansevieria*-Arten sind in den genannten Gebieten wichtige Lieferanten von sehr festen und langen Bastfasern, die sich für die Seilerei und auch als Bogensehnen gut eignen. So wurden *Sansevieria zeylanica* von der Insel Ceylon, *Sansevieria hyacinthoides* und die mit drehrunden Blättern versehene *Sansevieria cylindrica* aus dem tropischen Afrika vielerorts in Kultur genommen.

Eng an die Drachenbaumgewächse schließen sich einige habituell sehr ähnliche kleine Familien an, wie die vorwiegend in der Sonora-Region Mittelamerikas beheimateten **Nolinaceen** mit *Nolina* und *Dasylirion* und die südhemisphärischen **Asteliaceen** mit der vor allem im indomalesischen Raum und in Ozeanien verbreiteten Keulenlilie, *Cordyline.* Als Zierstrauch und Heckenpflanze ist *Cordyline fruticosa* in den Tropen häufig in Kultur. Besonders beliebt sind einige durch die Blattform und -färbung auffallende Varietäten als Zimmerpflanzen. Früher wurde der fleischige Wurzelstock der Art in Polynesien auch als zuckerreiches Nahrungsmittel verzehrt und ein alkoholisches Getränk aus ihm bereitet. Andere Arten liefern grobe Bastfasern.

Familie Grasbaumgewächse, Xanthorrhoeaceae

Die kleine Familie der Xanthorrhoeaceen umfaßt ausdauernde xerophytische Pflanzen mit einem meist dicken, baumartigen, einfachen oder seltener verzweigten Stamm, der ebenfalls durch sekundäre Kambiumringe in die Dicke wächst. Die langen, linealischen Blätter sind entweder über die ganze Stammlänge verstreut, oder sie sitzen dem Stammscheitel schopfartig auf, während die Blüten meist in zylinderförmigen oder kopfigen Blütenständen stehen. Die Familie ist auf Australien und Tasmanien beschränkt und dort (in der heute meist angenommenen engen Fassung) mit 1 Gattung und rund 15 Arten vertreten.

Xanthorrhoea-Arten sind Charakterpflanzen der Trockenvegetation des 5. Erdteiles, die unter den volkstümlichen Bezeichnungen Grasbaum oder Black-boy bekannt sind. Aus einem kurzen Rhizom erhebt sich ein baumartiger Stamm, der dicht von steifen, linealischen, leicht abbrechenden Laubblättern umhüllt ist, deren dachziegelartig angeordnete Blattbasen später erhalten bleiben. Bekrönt wird der Stamm von dem terminalen Blütenschaft mit zahlreichen kleinen Blüten.

Der Stamm der *Xanthorrhoea*-Arten ist reich an einem braunen oder gelben bzw. roten, scharf schmeckenden, mit einem angenehmen Benzoë-Geruch verbrennenden Harz, das in den Parenchymzellen gebildet wird.

Während bei der besonders die Küstenbezirke besiedelnden Art *Xanthorroea hastilis* der Stamm relativ kurz bleibt, erreichen die Laubblätter eine Länge von über einem Meter, und der Blütenschaft mißt bis zum Ansatz der ungefähr 50 cm langen Blütenzone etwa 2 m. Das gelbe Harz von *Xanthorrhoea hastilis* wird im Handel unter den Bezeichnungen »Gelbharz von Neuholland«, »Gelbes Akaroidharz«, »Botany-bay Gum« oder »Resina acaroides« geführt. Bei *Xanthorrhoae arborea* erreicht der Stamm eine Länge von 2 m, der Blütenschaft mit dem Blütenstand sogar eine solche von 3 m und darüber. Das Harz von *Xanthorrhoea australis* ist rot und wird als »Nuttharz«, »Rotes Akaroidharz«, »Grass-tree-gum« oder »Erdschellack« in größerem Ausmaß als das gelbe Harz gehandelt. Rotes sowie Gelbes Akaroidharz dienen zur Bereitung von Firnissen und Lacken, besonders ist es zum Überziehen von Metallen geeignet. Mit Kali oder Natron verseifte Akaroidharze werden in Amerika auch gern zum Leimen von Papier gebraucht. Die noch im 18. Jahrhundert übliche Nutzung des Harzes als Magenmittel wurde aufgegeben. Doch bereiten die Eingeborenen Australiens noch heute aus den unteren Blattabschnitten eine Speise, wie überhaupt sämtliche *Xantorrhoea*-Arten in diesen extrem trokkenen Gebieten auch als Viehfutter verwendet werden.

Xanthorrhoea hastilis zur Zeit der Blüte

Grasbaum-Arten wie *Xanthorrhoea australis* gehören zu den charakteristischen Komponenten der australischen Eucalyptus-Trockenwälder.

Familie Agavengewächse, Agavaceae

Diese Familie ist vorwiegend in den ariden Gebieten der amerikanischen Tropen und Subtropen mit 8–10 Gattungen und etwa 300–400 Arten vertreten. Es handelt sich zumeist um Pflanzen mit dicken, derben, z. T. sukkulenten Laubblattrosetten, die entweder nahe dem Boden aufsitzen oder auf einem säulenartigen Schaft angeordnet sind. Meist sind es hapaxanthe Gewächse, deren blühfähiges Alter aber nicht nur innerhalb der einzelnen Gattungen, sondern selbst innerhalb der einzelnen Individuen einer Art recht unterschiedlich sein kann. Die kurzen oder längeren Stämme zeigen ein sekundäres Dickenwachstum durch aufeinanderfolgende, immer wieder neue, peripher angelegte Kambiumringe. Die oft meterhohen, terminalen Blütenstände sind meist aus sehr zahlreichen Blüten mit freien Tepalen zusammengesetzt, deren dreifächeriger Fruchtknoten zentralwinkelständige, anatrope Samenanlagen enthält.

Unterfamilie Yuccoideae

In dieser Gruppe sind die Sippen der Familie mit oberständigem Fruchtknoten vereint. Die wichtigste Gattung ist *Yucca,* die Palmlilie. Ihre 40 Arten besiedeln den Südwesten und Süden der USA, insbesondere die Trockengebiete von Kalifornien, Texas und Arizona und das angrenzende Mittelamerika. *Yucca filamentosa,* die Adamsnadel, hat auch in Südeuropa als beliebte, den Winter im Freien ausdauernde Zierpflanze neben der weiter nördlich noch anbauwürdigen *Yucca gloriosa* Eingang gefunden, die im Mittelmeergebiet stellenweise schon verwildert vorkommt. Durch einen bis 6 m hohen Stamm ist *Yucca aloifolia* ausgezeichnet, die gern als Zierpflanze in einer Varietät mit rötlich gefärbten Blüten angebaut wird. Mit Ausnahme der zuletzt genannten Art fruchten die *Yucca*-Arten in Kultur sehr selten, da die großen, weißen, sich nachts öffnenden und duftenden Blüten nur in ihrer Heimat von den kleinen Motten der Gattung *Pronuba* befruchtet werden, die man deshalb auch Yucca-Motten nennt.

Die Palmlilien, *Yucca,* sind für ihre Bestäubung auf spezialisierte Kleinschmetterlinge angewiesen. Bei einer Kultur außerhalb ihres amerikanischen Heimatgebiets setzen sie daher selten Samen an.

Außer als anspruchslose Zierpflanzen dienen viele *Yucca*-Arten zur Gewinnung von Blattfasern, die zu Seilen und Stricken sowie Matten verarbeitet werden. Von *Yucca aloifolia* werden auch die fleischigen Früchte genossen; man bereitet außerdem aus den Blüten verschiedener Arten einen Salat.

Nahe verwandt und von *Yucca* durch verwachsene Petalen unterschieden, aber oft in sie einbezogen, ist die Gattung *Samuela.* Von deren in Texas bis Mexiko verbreiteten beiden Arten liefert *Samuela carnerosana* mit 6 m hohem und bis 70 cm Durchmesser aufweisendem Stamm die unter den Handelsbezeichnungen »Ixtle de Palma« bzw. »Palma Ixtle« und »Palma blanca« oder »Palmahanf« geführten Blattfasern.

Unterfamilie Agavoideae

Zu dieser durch einen unterständigen Fruchtknoten abweichenden, mit den Yuccoideen jedoch in der Chromosomenmorphologie exakt übereinstimmenden Gruppe gehört die Mehrzahl der Arten der Familie.

Sie hat ihr Entfaltungszentrum in Mexiko und ist insgesamt wie die größte ihrer Gattungen, *Agave* (mit 300 Arten), von den Südstaaten der USA bis ins tropische Südamerika verbreitet.

Eine Art, *Agave americana,* auch als Jahrhundertpflanze bekannt, ist als dekorative Zierpflanze in allen tropischen und subtropischen Gebieten akklimatisiert, sie bildet jetzt auch eine Charakterpflanze des gesamten Mittelmeerraumes. Die derb-sukkulenten Blätter sind mit kräftigen Seitendornen und einem Enddorn bewehrt. In Europa ist die Pflanze bereits seit 1561 bekannt und seitdem im Mittelmeerraum heimisch geworden. Obwohl die

Agave-Arten bedecken weite Flächen der Trockenvegetation Mexikos; hier *Agave atrovirens* (eine der Pulque liefernden Arten) in Zentral-Mexiko

Fasern der genannten Art in Amerika und Südeuropa verarbeitet werden, haben sie kaum Bedeutung für den Welthandel erlangt, sondern blieben nur von lokaler Bedeutung. Lediglich auf den Azoren findet man einen Anbau zur Fasergewinnung vor. Gegenüber anderen Faserpflanzen ist die Gewinnung der Agavenfaser aber sehr erschwert, einmal durch die Sukkulenz der Blätter, zum anderen durch deren ätzenden, Maschinenteile angreifenden Saft, wodurch eine maschinelle Gewinnung erschwert ist und weiterhin Handarbeit erfordert.

Wesentlicher für den Handel wurden die Fasern von *Agave sisalana*, der Sisal-Agave, die auch unter der Bezeichnung Sisalhanf angeboten wird und heute vorwiegend in Brasilien sowie Ostafrika im Anbau ist. Die daraus hergestellten Taue sind elastischer als die aus Hanf gefertigten. Weniger bedeutend ist der Anteil der Kantalafaser am Welthandel, die auch als Bombayhanf bezeichnet wird und von *Agave cantala* stammt. Ihre bevorzugten Anbaugebiete sind Südostasien sowie Indien. Als dritte der von *Agave*-Arten herrührenden Fasern ist Henequen, Mexican oder Yukatan-Sisal zu nennen, der besonders von der in Mexiko auf der Halbinsel Yukatan kultivierten *Agave fourcryoides* geliefert wird. Daneben sind vornehmlich in Mexiko noch andere *Agave*-Arten zur Fasergewinnung im Anbau, die unter den mehrdeutigen Namen wie Pita, Pite, Zambara, aber auch Sisal laufen, welche keine Auskunft über die Herkunft geben. Genutzt werden die Agavenfasern vorwiegend in der Seilerei; man stellt Seile, Taue sowie Fischnetze aus ihnen her.

In Mexiko sind außerdem weitere *Agave*-Arten, besonders *Agave atrovirens,* im Anbau, um daraus ein alkoholisches Getränk zu bereiten. Dazu werden die noch jugendlichen Blütenschäfte entfernt. Aus den Wunden fließt ein 9 bis 12% Rohrzucker enthaltender, süßsäuerlicher Saft, aus dem durch alkoholische Gärung das mexikanische Nationalgetränk »Pulque« hergestellt wird. In den Regionen unter 1 700 m bereitet man anstelle von Agavenwein »Mescal« oder »Tequila« aus den sogenannten »Schnapsagaven«, wie z. B. *Agave tequilana.* Über die Menge des ausfließenden Wundsaftes macht man sich kaum richtige Vorstellungen. So können von saftreichen Agaven, wie z. B. *Agave atrovirens,* bis 1 000 Liter produziert werden, wobei die Tagesmenge 4 bis 5 Liter beträgt.

Nicht uninteressant ist, daß bei diesen hapaxanthen Pflanzen die Lebensdauer innerhalb der Gattung von 4 bis 100, ja selbst mehreren hundert Jahren reicht. Die Vermehrung bleibt dabei nicht auf die reichliche Samenbildung beschränkt, sondern sie wird zusätzlich einerseits durch Stolonen, andererseits durch Bulbillen gewährleistet, die sich vor allem in den Achseln der Hochblätter der letzten Infloreszenzverzweigungen anstelle der Blüten bilden.

Im gleichen Areal wie die Agaven ist auch die Gattung *Furcraea* mit 20 Arten verbreitet. Manche ihrer Arten werden ebenfalls als Faserpflanzen genutzt. Von gewisser wirtschaftlicher Bedeutung war früher *Furcraea foetida.* Sie liefert den sogenannten Mauritiushanf, der gleichfalls aus den grundständigen Blattrosetten gewonnen wird, deren Blätter eine Länge von 1,5 bis 2,5 m erreichen. Auf Mauritius ist die Pflanze seit 1750 verbreitet; die Faserernte setzt mit dem 3. Kulturjahre ein, wobei dreimal jährlich die untersten Blätter entfernt und daraus die Fasern isoliert werden.

Da der Mauritiushanf geringwertiger als der Sisalhanf ist, werden aus ihm neben Seilerwaren vor allem Sackleinen gewebt und Säcke gefertigt. Bei *Furcraea foetida* ist die zahlreiche Bulbillenbildung innerhalb des Blütenstandes besonders auffällig zu beobachten. Die jungen Achseltriebe treiben bereits an der Mutterpflanze aus, so daß Blüten und junge Pflänzchen zu gleicher Zeit dem Infloreszenzschaft ansitzen.

Abschließend sei von den 13 Arten der in Mittelamerika verbreiteten Gattung *Polianthes* auf *Polianthes tuberosa,* die Tuberose, hingewiesen. Als stark duftende Zierpflanze war sie früher sehr beliebt, ist aber jetzt in der Vorliebe der Blumenfreunde zumindest in Mitteleuropa stark zurückgegangen. Speziell in Südfrankreich kultiviert man die Art noch zur Gewinnung des Duftstoffes für die Parfümherstellung. Bereits im Aztekenreich verwendete man sie, u. a. zum Würzen von Kakao-Getränken.

Familie Hypoxidaceae

Bei dieser kleinen, früher den Amaryllidaceen angeschlossenen Familie (10 Gattungen, 150 Arten) handelt es sich um Stauden mit einem knollenförmigen Rhizom. Die zumeist grundständigen Blätter zeichnen sich oft durch eine starke Behaarung aus. Die Blüten erheben sich auf einem blattlosen Schaft in endständigen Ähren, Trauben oder Scheindolden, bisweilen sind sie auch auf 3 bis 1 reduziert. Die Familie besiedelt vorwiegend die südliche Halbkugel.

Das tropische Amerika, Afrika und Asien (bis Nordostaustralien) ist das Verbreitungsgebiet der etwa 10 Arten der Gattung *Curculigo* mit durchweg gelben Blüten und gefalteten Blättern, die etwas an Palmen erinnern. Eine Art, die Rüssellilie, *Curculigo latifolia* aus Südostasien, liefert eine auch in den feuchtheißen Tropen sehr haltbare Faser.

Gleichfalls die verschiedenen Kontinente umfaßt das Heimatgebiet der Gattung *Hypoxis,* das in nördlicher Richtung bis Japan sowie Nordamerika reicht. Das Entwicklungszentrum der Gattung liegt aber im Kapland. Es sind trockenheitsliebende Pflanzen, die man vor allem auf Gebirgswiesen findet. Von den etwa 90 Arten werden einige als Zierpflanzen kultiviert.

Familie Phormiaceae

Diese kleine, in Südostasien, Australien und auf den Südseeinseln beheimatete Familie (7 Gattungen, 30 Arten) wurde früher ebenfalls zu den Liliengewächsen gestellt. Sie ist vor allem wegen des an Agaven erinnernden Neuseeländischen Flachses, *Phormium tenax,* bekannt geworden.

Die in Neuseeland sowie auf der Insel Norfolk heimische Pflanze ist durch zahlreiche grundständige, zweireihig angeordnete, linealische bis schwertförmige, bis 3 m lang und 5 bis 12 cm breit werdende Laubblätter ausgezeichnet, die außerordentlich feste und starke Bastfasern aufweisen, die man vornehmlich zu Tauwerk, Bindematerial, Segeln und groben Geweben verarbeitet, da sie kaum vom Seewasser angegriffen werden. Die bitter schmekkenden Wurzeln werden in Neuseeland auch medizinisch gegen Skrofulose sowie bei Sy-

Hemerocallis fulva ist die häufigste in unseren Gärten gezogene Taglilien-Art; Taglilien-Blüten sind in China ein beliebtes Gemüse.

philis angewendet. Die buntblättrigen Varietäten der Art findet man im gesamten Mittelmeergebiet vielfach als anspruchslose Zierpflanze in Kultur, sie zählen zu den härtesten und stattlichsten Dekorationspflanzen.

Die Art gehört zu den wenigen von den Maoris auf Neuseeland aus der heimischen Flora domestizierten Kulturpflanzen.

Familie Tagliliengewächse, Hemerocallidaceae

Diese nur eine Gattung umfassende Familie ist mit den folgenden Asphodelaceen nah verwandt. Es sind lilienähnliche Pflanzen mit einem kurzen Rhizom und fleischigen Speicherwurzeln. Ihrer zahlreichen, in einer Doppelschraubel angeordneten, großen, allerdings nur jeweils einen Tag lang geöffneten Blüten wegen findet man in vielen Hausgärten die Taglilien, *Hemerocallis,* vertreten, deren 16 Arten aus dem südlichen Europa, meist jedoch aus dem gemäßigten Asien, speziell Japan und China, stammen. Vornehmlich wird bei uns die gelb oder orangerot blühende Art *Hemerocallis fulva* häufig in Kultur angetroffen, deren Blüten nicht duften. Dagegen sind die Blüten der ursprünglich asiatischen Art *Hemerocallis flava* wohlriechend; sie ist seit 1568 in Kultur, in Ostasien werden ihre Blüten als Gewürz oder Gemüsebeilage verwendet.

Familie Affodillgewächse, Asphodelaceae

Embryologische Merkmale, das Auftreten von Anthrachinon-Verbindungen (Anthrazen-Derivate) und ihre Akkumulation in Aloinzellen der Blatt-Gefäßbündel, der Besitz von fleischigen Samenmänteln (Arilli) sowie das Fehlen der Steroidsaponine kennzeichnen diese Familie, die mit 18 Gattungen und etwa 800 Arten Entfaltungszentren im Mittelmeergebiet bis zum Mittleren Osten sowie in Südafrika besitzt. Es handelt sich bei ihnen zumeist um blattsukkulente Rosettenpflanzen mit fleischigen Wurzeln oder Rhizomen.

Gelber Affodill, *Asphodeline lutea,* eine Charakterart offener Vegetationsformationen des Mittelmeergebiets

Eine der ältesten Einfuhren aus dem Kapland in unsere Gärten betraf die Fackellilie, *Kniphofia,* von der heute zumeist verschiedene Hybridsorten kultiviert werden.

Unterfamilie Asphodeloideae

Schon von den Dichtern der Antike wurden die blühenden Affodill-Fluren besungen: Dabei handelt es sich um Vertreter der mit 12 bzw. 20 Arten im Mittelmeergebiet verbreiteten Gattungen *Asphodelus* und *Asphodeline,* deren bis 1 m hohe Blütenrispen außerordentlich attraktiv sind.

Asphodelus albus ist in Südeuropa eine beliebte Friedhofspflanze und gilt als Symbol der Trauer. Auch *Asphodeline-* oder Junkerlilien-Arten sind ein Schmuck der mediterranen Trockenfluren im Frühsommer und auch in Deutschland beliebte Steingartenpflanzen.

Aus den Hochstaudenfluren West- und Mittelasiens kommen die meisten der 35 Arten der Gattung *Eremurus,* der Steppenkerze oder Kleopatranadel, die in unseren Staudengärten kultiviert werden. Die recht ansehnlichen Pflanzen treiben aus der Mitte ihrer Blattrosetten einen teilweise bis 3 m Höhe erreichenden endständigen Infloreszenzschaft mit zahlreichen großen weißen, rosa oder gelben Blüten auf gegliederten Stielen. Als besonders auffällige, weithin sichtbare Solitärpflanze wird gelegentlich *Eremurus spectabilis* in Kultur angetroffen, der nicht nur durch die respektable Höhe des Blütenschaftes, sondern ebenso durch die Fülle der weißgelben Blüten mit den purpurroten Filamenten bemerkenswert ist. Das Heimatgebiet dieser Pflanze ist recht ausgedehnt und erstreckt sich vom Libanon, Antilibanon, Taurus und Kaukasus bis Armenien, dem Iran, Turkestan sowie Afghanistan. Kleiner, aber nicht minder attraktiv und deshalb häufig auch in Kultur anzutreffen ist die vom Iran bis Zentralasien heimische schönblühende, seit 1873 eingeführte Art *Eremurus olgae.* Selbst bei dieser kleineren Sippe ist der Blütenstand noch aus annähernd 300 Einzelblüten zusammengesetzt. In den Heimatgebieten werden die Blätter sowie die dicken fleischigen Wurzeln mehrerer *Eremurus*-Arten als Gemüse genossen bzw. dienen zur Bereitung eines Leimes, ähnlich wie das für *Asphodeline*-Wurzeln aus Südeuropa berichtet wurde.

Auf Südafrika bis Äthiopien beschränkt ist das Verbreitungsgebiet der Gattung *Bulbine*. Von Südafrikanern dieser Unterfamilie ist in Mitteleuropa am häufigsten die Gattung *Kniphofia* anzutreffen.

Unter der Bezeichnung Fackelblume hat sie, die mit 70 Arten im subtropischen und tropischen Afrika bis Madagaskar vorkommt, als beliebte Zierpflanze in unsere Gärten Eingang gefunden. Der Volksname leitet sich von den über weißlichgelb bis orangerot und scharlachrot erblühenden, dicht an einem kräftigen Schaft angeordneten Einzelblüten ab, die von weitem den Gesamteindruck einer brennenden Fackel hervorrufen. Bereits seit 1707 ist die dem östlichen Kapgebiet entstammende *Kniphofia uvaria* neben *Kniphofia aloides* und der bereits im Mai blühenden *Kniphofia praecox* bei uns im Anbau.

Unterfamilie Aloideae

Der Verbreitungsschwerpunkt dieser Gruppe liegt im kapländischen Florenreich. Zahlreiche Arten haben seit langem Eingang in unsere Gärten gefunden. So sind z.B. einige der etwa 150 Arten der Gattung *Haworthia* beliebte, häufig in Zimmerkultur anzutreffende Sukkulenten, ebenso wie Arten der Gattung *Gasteria*, deren Heimat vor allem die Trockengebiete der südafrikanischen Karroo sind. Die dickfleischigen oder lederigen, in dichten Rosetten angeordneten Laubblätter der erstgenannten Gattung erhalten oft noch dadurch besonderen Schmuckwert, daß sie ober- und vorwiegend unterseits rauh oder weiß-warzig – mitunter in Bändern angeordnet – bzw. am Rande gezähnelt oder gewimpert sind. Dagegen stehen die zumeist gefleckten, sukkulenten Blätter der Gattung *Gasteria* zweizeilig, seltener mehrreihig oder spiralig gedreht. Der

Blattsukkulente *Haworthia*-Arten, wie *Haworthia setacea*, sind typisch für die Sukkulenten-Wüsten-Gesellschaften in der Karroo Südafrikas.

Schmuckwert dieser etwa seit 1730 in Europa bekannten und zunächst in England kultivierten Pflanzen beruht vorwiegend auf ihren Blättern und dem Gesamthabitus, während die in sehr lockeren Trauben angeordneten weißen oder rötlichen kleinen Blüten unansehnlich sind.

Der Formenkreis beider Gattungen wird noch durch mehrere spontan entstandene Hybridenformen innerhalb jeder Gattung erweitert.

Die Trockengebiete Afrikas bis nach Madagaskar, die Maskarenen und Sokotra sowie Südarabien besiedelt die umfangreiche, etwa 330 Arten umfassende Gattung *Aloë*. Neben den als Topfgewächs früher oft gepflegten krautigen, stark sukkulenten Pflanzen kommen auch halbstrauchige sowie strauchige, selbst baumförmige Arten vor. Die vielblütigen, traubenförmigen Blütenstände stehen stets seitenständig und tragen gestielte, häufig nikkende, rote, gelbe oder weißliche, oft grün gebänderte Einzelblüten. Viele Arten werden besonders in den subtropischen Gärten kultiviert. Als Lieferanten für das offizinelle bittere Aloëharz, das Aloine enthält und in den genannten Aloinzellen gespeichert ist, kommen verschiedene Arten in Betracht, so z. B. die den Socotrin-Aloe liefernde *Aloë perryi* (Sokotra), *Aloë ferox* (Südafrika), die ebenfalls südafrikanische *Aloë arborescens,* die auch außerhalb ihrer Heimat als Heilpflanze kultiviert wird und die noch von unseren Großeltern als jederzeit verfügbares Hausmittel in Töpfen in der Wohnung gezogen wurde. Die Droge verwendete man für verschiedene Zwecke, u. a. als Wurm- und mildes Abführmittel; wegen der antibakteriellen Wirkung ist sie jetzt auch Bestandteil von Hautcremes und Emulsionen. Dafür wird heute fast ausschließlich *Aloë vera,* vom Mittelmeergebiet bis Südarabien und Ostafrika verbreitet, verwendet, die bereits im Altertum als Drogenpflanze bekannt war. Sie wurde von den Spaniern nach Amerika gebracht; aus Barbados wird seit 1650 vom Anbau der Art in großen Plantagen berichtet. Die ursprüngliche Gewinnung des Aloëharzes erfolgte zu jeder Jahreszeit.

Man schnitt die fleischigen Blätter ab, die auf einem eine Bodensenke auskleidenden Ziegenfell strahlenförmig ausgebreitet wurden. Der blaß-bernsteinfarbige, etwas süßlich und widerlich schmeckende Saft floß aus den Blättern und sammelte sich im vertieften Zentrum des Ziegenfelles, ein Vorgang, der etwa 3 Stunden Zeit beanspruchte. Der Saft wird im Laufe eines Monats durch Wasserverlust an der Luft immer zähflüssiger und klebriger. Dieser Vorgang kann auch durch Eindampfen in Kupferpfannen künstlich beschleunigt werden. Die Droge wird als Aloë lucida bezeichnet, ist gelblich-grau bis rötlich, lebhaft glänzend, in dünnen Schichten durchscheinend und hat gepulvert eine gelbliche Farbe.

Die Gattung *Aloë* ist in der Wuchsform ein altweltliches Gegenstück zu den amerikanischen Agaven; hier *Aloë striatula* aus dem Kapland. Die meisten *Aloë*-Arten werden von Vögeln bestäubt.

Im Orient gebrauchte man *Aloë* früher auch zur Einbalsamierung der Leichen; der frische Saft der fleischigen Blätter wurde in Europa häufig zum Kühlen von Wunden und zur Wundheilung benutzt. Eine besonders beliebte Pflanze, oft in Zimmerkultur, ist die weißquergebänderte, relativ kleine *Aloë variegata,* die auch unter dem Volksnamen »Tigeraloë« bekannt ist.

Familie Grasliliengewächse, Anthericaceae

Diese mit den Asphodelaceen sonst sehr nah verwandte Familie wird jedoch durch nichtsukkulente Stauden repräsentiert, die wiederum reich an Steroidsaponinen sind. Über 600 Arten zählen zu den Anthericaceen, von denen zwei, die Ästige und die Astlose Graslilie, *Anthericum ramosum* und *Anthericum liliago,* zu den floristischen Kostbarkeiten der deutschen Flora zählen. Die übrigen Arten dieser Gattung sind größtenteils in Afrika zuhause.

In Zimmerkultur, oft als Ampelpflanze, wird wegen ihrer großen Anspruchslosigkeit häufig *Chlorophytum comosum* angetroffen, die durch weiß-grün gestreifte Laubblätter auffällt und ursprünglich am Kap der Guten Hoffnung heimisch ist. Eigentümlich für diese Pflanze ist, daß an den apikalen Abschnitten der Blütentriebe anstelle von Einzelblüten vegetative Achselknospen austreiben. Sie tragen wesentlich zur schnelleren Vermehrung der Pflanze bei, vermögen sie doch bereits an der Mutterpflanze zu recht ansehnlichen Jungpflanzen heranzuwachsen und dadurch deren dekorative Wirkung zu erhöhen.

Die Gattung ist mit etwa 100 Arten in den Tropen verbreitet, in Afrika werden einige von ihnen als zauberkräftige Fetischpflanzen in den Dörfern angezogen.

Mit den im folgenden zu besprechenden Hyacinthaceen, aber auch mit den Agavegewächsen kann die kleine Familie **Funkiaceae** in Beziehung gebracht werden, von der wir in Gärten und Parks häufig die aus China und Japan stammende Gattung *Hosta,* die Funkie, beobachten können. *Hosta plantaginea* mit den herzeiförmigen, bisweilen weißbunten Laubblättern und den einseitswendigen, hängenden weißen Blüten in endständiger Traube wird neben anderen Arten dieser Gattung vor allem als Rabattenumrandung angebaut.

Familie Hyazinthengewächse, Hyacinthaceae

Diese mit 40 Gattungen und etwa 900 Arten recht umfangreiche Familie hat Entfaltungszentren in Südafrika und im Mittelmeergebiet. Es sind Zwiebelpflanzen, die an ein Klima mit stetigem Wechsel von Trocken- und Niederschlagsperioden angepaßt sind. Die Zwiebeln bestehen aus fleischigen Schuppenblättern und sind von einer häutigen Hülle umgeben. Die Pflanzen entwickeln blattlose Schäfte und traubige Blütenstände. Zur Familie gehören viele bekannte Zierpflanzen-Gattungen.

Scilla ist dabei mit 80 Arten eine der umfangreichsten. Man trifft sie in der Alten Welt, speziell in den gemäßigten Gebieten, seltener in den Gebirgen der altweltlichen Tropen an. *Scilla sibirica* und *Scilla bifolia* u.a. zählen zu den beliebtesten Frühjahrsblühern unserer Gärten.

Ebenso zahlreich, mit etwa 100 Arten ist die Gattung *Ornithogalum* vertreten, die aus den gemäßigten Trockengebieten der Alten Welt, besonders aus dem Kapland stammt. Im Volksmund sind die heimischen Arten unter den Bezeichnungen Milchstern oder Vogelmilch bekannt, wobei auf das milchige Weiß ihrer meist grünstreifigen Blütenblätter Bezug genommen wird. Verschiedene Arten werden kultiviert, so vor allem das aus Südafrika stammende, besonders reichblühende *Ornithogalum narbonense (lacteum),* dessen Blütenstand bis zu 60 Einzelblüten umfassen kann, neben *Ornithogalum longibracteatum (caudatum)* und *Ornithogalum umbellatum,* dem Doldigen Milchstern. In Grasgärten öfters verwildert kommt bei uns auch *Ornithogalum nutans,* der Nickende Milchstern, vor.

Von der mit 4 Arten in Nordamerika vertretenen Gattung *Camassia* sind die Zwiebeln aller Arten eßbar. Sie waren bei Indianerstämmen des nordwestlichen Amerika sehr wichtige Sammelpflanzen, deren Beerntung Regulierungen unterworfen waren, um die Wildbestände nicht zu erschöpfen.

Durch einen Schopf von grünen, mitunter auch gefärbten Hochblättern, die oberhalb der Blütentraube auftreten, ist die Gattung *Eucomis* ausgezeichnet, die man auch als Schopflilie bezeichnet. Die in Südafrika heimische Gattung besteht aus 10 Arten, von denen z. B. *Eucomis comosa* und *Eucomis autumnalis* gelegentlich kultiviert werden.

Ebenfalls in Südafrika und auf der Arabischen Halbinsel ist die Gattung *Albuca* heimisch, deren 50 Arten durch einen bis 1,5 m hohen Blütenschaft bemerkenswert sind.

100 Arten umfaßt die vom Kapland bis in den Mittelmeerraum ausstrahlende Gattung

Urginea. Von ihr ist die küstennahe Gebiete, auch Dünen, bevorzugende Meerzwiebel, *Urginea maritima,* anzuführen, deren über 15 cm Durchmesser große Zwiebeln mit sehr schleimigen und bitteren inneren Zwiebelschalen man auch bisweilen in Zimmerkultur vorfindet. Der Saft der Zwiebeln ist äußerst scharf, wirkt blasenziehend auf der Haut und enthält neben verschiedenen Bitterstoffen das Herzglukosid Scillarin. Noch heute ist die Zwiebel als Bulbus Scillae offizinell; sie wird häufig zum Vergiften von Ratten und Mäusen verwendet.

Hatten die Blüten der bisher genannten Gattungen freie oder nur am Grunde etwas verwachsene Tepalen, so sind die nun folgenden durch mehr oder weniger röhrig bis glokkig verwachsene Tepalen ausgezeichnet. Dies trifft z.B. für die Gattung *Chionodoxa* zu. Die in Südeuropa sowie im Orient heimische Gattung umfaßt 8 Arten, von denen einige zu unseren Gartenfrühjahrsblühern zählen. Unter dem Volksnamen »Schneestolz« werden sowohl *Chionodoxa luciliae* und *Chionodoxa sardensis* kultiviert, erstere ist bereits seit dem Jahre 1764 bekannt.

Manche Traubenhyazinthen, wie auch *Muscari armeniacum* vom Balkan, weisen eine Arbeitsteilung zwischen ihren Blüten auf: Die oberen, kräftig gefärbten dienen der Anlockung der Blütenbesucher, sie sind aber steril, während die unscheinbaren unteren Blüten nach der Bestäubung Samenansatz entwickeln.

Auch die aus nur 2 Arten bestehende Gattung *Puschkinia* gehört vor allem mit der Art *Puschkinia scilloides* zu den Standardpflanzen unserer Gärten im Frühjahr neben der umfangreicheren, aus etwa 55 Arten bestehenden und im Mittelmeerraum bis zum Kaukasus und zum südlichen Mitteleuropa vertretenen Gattung *Muscari,* der Traubenhyazinthe, die vornehmlich mit den Arten *Muscari botryoides, Muscari comosum* und *Muscari neglectum* seit mehreren Jahrhunderten kultiviert wird.

Die bekannteste Gattung der Familie ist *Hyacinthus* selbst, zu der je nach Artauffassung 1–3 Arten gezählt werden. *Hyacinthus orientalis,* vom zentralen Mittelmeerraum in Dalmatien bis Kleinasien wild verbreitet, gilt als die Stammpflanze unserer heutigen Gartenhyazinthen. Diese Wildpflanze weist – im Gegensatz zu den gegenwärtigen Gartenformen, deren außerordentlich zahlreiche Sorten und Farbvarietäten vor allem auf holländische Züchtungen zurückgehen – nur wenige, dunkelblaue Blüten an ihrer Infloreszenz auf, die obendrein etwas kleiner als die der Kultursorten sind. Sibylle Merian hat uns in ihren vielen Blumenbildern derartige Wildsippen oder ihr zumindest noch sehr nahestehende Gartenformen überliefert. In Südfrankreich und an anderen Orten sind sie auch zur Parfümherstellung im Anbau.

Der Gattung *Hyacinthus* steht die Gattung *Bellevalia* recht nahe, deren Sippen vom Mittelmeerraum bis Zentralasien ausstrahlen und mitunter auch mit *Hyacinthus* vereinigt werden.

Ausschließlich in Zimmerkultur werden sowohl Arten der Gattungen *Veltheimia* als auch *Lachenalia* angetroffen. Die erstere besteht lediglich aus 3 in Südafrika heimischen, einander recht ähnlichen Arten, von denen *Veltheimia viridifolia* mit der rosafarbigen dichten Blütentraube und den etwas welligen Laubblättern eine imposante, in den Wintermonaten blühende Schmuckpflanze darstellt. Die Gattung *Lachenalia* ist dagegen bedeutend umfangreicher. So sind etwa 90 Arten aus dem gleichen Verbreitungsgebiet bekannt geworden. *Lachenalia aloides* mit zwei fleischigen Laubblättern und der gelb, grün und rot gefärbten Blütentraube trifft man bisweilen neben *Lachenalia bulbifera* und verschiedenen Hybriden in Kultur an, beide werden auch gelegentlich als Schnittblumen zur Winterszeit gehandelt.

Bemerkenswert ist ferner die gleichfalls südafrikanische Gattung *Bowiea,* die vom Kapgebiet bis zur Kalahari, bis Natal und Transvaal angetroffen wird; man findet sie aber auch häufig in Warmhäusern in Kultur, kenntlich durch die sehr große, kugelige, fleischige Zwiebel mit nur wenigen dickfleischigen Niederblättern, den später blattlosen Stengeln und vor allem durch die Infloreszenzen, von der einzelne Äste zu Ranken umgewandelt sind.

Familie Lauchgewächse, Alliaceae

Diese mit 30 Gattungen und 800–900 Arten in den gemäßigten Breiten aller Kontinente (mit Ausnahme Australiens) verbreitete Familie hat in den letzten Jahrzehnten mehrfach Rang und Stellung im System gewechselt, ehe sie von der Mehrzahl der Bearbeiter als eigene Familie der Asparagales akzeptiert wurde.

Ihre Arten sind Zwiebel- oder seltener Rhizomgeophyten mit einem blattlosen Schaft, scheindoldigen, von einer meist 2spaltigen Hülle umgebenen Blütenständen und fachspaltigen Kapselfrüchten.

In chemischer Hinsicht ist die Mehrzahl der Arten durch den Besitz von Alliinen, schwefelhaltigen Verbindungen als Komponenten der sogenannten Lauchöle gekennzeichnet. Diese stellen Cystein-Derivate dar, die nach enzymatischer Spaltung freiwerden und den typischen Zwiebelduft hervorrufen.

Zu einer südafrikanischen Gattungsgruppe mit Rhizomstauden gehört *Agapanthus,* der man als Schmuckpflanze in größeren Parkanlagen, zumeist in Kübeln aufgestellt, begegnet. Ihre zumeist leuchtend blaublühenden, seltener weißblütigen großen Dolden wirken sehr attraktiv. Bekannt ist *Agapanthus africanus* mit bis zu 30 Einzelblüten und *Agapanthus orientalis* mit bis über 100 Einzelblüten je Dolde. Aus Südafrika bis ins tropische Afrika (Malawi und Angola) dringen die lauchartig riechenden 25 Arten der Gattung *Tulbaghia* vor, die ebenfalls als Zierpflanzen im Anbau sind; sie sind aber nicht winterhart.

Die wichtigste Gattung der Familie ist *Allium,* Lauch oder Zwiebel, selbst. Seine etwa 700 Arten besiedeln die gesamte nördliche Halbkugel, sie sind besonders zahlreich in Vorder-, Mittel- und Zentralasien, im Mittelmeergebiet und im westlichen Nordamerika vertreten, wo sie im allgemeinen Trockengebiete bevorzugen, aber auch in Waldgesellschaften, auf Wiesen, in Hochgebirgsmatten, an Flußufern usw. vorkommen.

Die Gattung ist außerordentlich variabel, es gibt Rhizompflanzen und typische Zwiebelgeophyten, von wenige Zentimeter hohen Pflänzchen bis zu mannshohen Stauden gibt es alle Übergänge. Struktur und Größe der Zwiebeln schwanken beträchtlich, und die Blätter sind bei manchen Arten kurz und borstlich-dünn, bei anderen elliptisch-riemenförmig und erreichen 1 m Länge.

Auch in der heimischen Flora ist die Gattung mit 15 Arten vertreten. In anspruchsvollen Laubwäldern bildet der weißblühende Bärenlauch, *Allium ursinum,* oft große Bestände. Im Abblühen oder zur Zeit des Fruchtens machen sich diese bereits auf weite Entfernung durch den aufdringlichen Lauchgeruch bemerkbar. Andere Arten treten in Trockenrasen auf, manche wie der Kiel-Lauch, *Allium carinatum,* und der Weinbergs-Lauch, *Allium vineale,* gehören zu den charakteristischen Weinbergs-Unkräutern.

Wegen ihrer dekorativen Erscheinung haben viele Arten als Zierpflanzen Eingang in die Gärten gefunden. Dazu gehören u. a. die mit gelben Dolden versehenen Arten *Allium moly* und *Allium flavum* neben dem rosarotblühenden *Allium roseum* sowie den dunkelrot blühenden *Allium atropurpureum* und *Allium narcissiflorum.* Himmelblaue Blüten besitzt das aus dem asiatischen Gebiet der früheren Sowjetunion stammende *Allium caeruleum,* während wenige auffallend breite und zungenförmige Laubblätter sowie eine kurzgestielte, große Blütendolde das aus Kasachstan beschriebene *Allium karataviense* kennzeichnen, das ebenso wie der Sternkugel-Lauch, *Allium cristophii,* jetzt in den Gärten bereits häufig zu beobachten ist und der sich großer Beliebtheit als Trockenblume erfreut.

Zur Gattung *Allium* gehören weltwirtschaft-

Frische, nährstoffreiche Laubmischwälder, besonders in Auen und Bergschluchten, sind die bevorzugten Standorte des Bärenlauchs, *Allium ursinum,* in der heimischen Flora. Er besitzt eigentümliche spindelförmige Zwiebeln, die sonst in der Gattung sehr selten auftreten.

Gelbe Blüten sind in der Gattung *Allium* selten anzutreffen. Eine der Ausnahmen stellt der Goldlauch, *Allium moly,* dar, der in Südwest-Frankreich und in Spanien beheimatet ist.

lich bedeutende Würzpflanzen, von denen Blätter und Zwiebeln in vielfältigster Weise kulinarische Verwendung finden. Eßbar sind praktisch auch alle anderen Arten, und in vielen Ländern gehören Wildarten der Gattung zu begehrten Sammelpflanzen, die als Wildgemüse Verwendung finden.

Unter den Kulturpflanzen-Arten von *Allium* gibt es einige flachblättrige Sippen, von denen der Knoblauch, *Allium sativum,* feldmäßig vor allem in China, Ägypten, Indien, Spanien, der Türkei, aber auch im mittleren Europa in beträchtlichem Umfang in der Tschechischen Republik und Ungarn angebaut wird.

Als Ursprungszentrum wird Mittelasien angenommen, von dem aus die fast weltweite Verbreitung des Knoblauchs durch die Kultur erfolgte. Bereits in den alten Reichen Vorderasiens und in Ägypten baute man Knoblauch an. Während in Europa Knoblauch besonders als Gewürz für Fleisch- und Wurstwaren geschätzt wird, verspeist man denselben im Orient gern roh.

In größerem Ausmaß wird Knoblauch auch zu medizinischen Präparaten verarbeitet, wie Knoblauchsaft und Knoblauchperlen, die bei Darmerkrankungen, Kreislaufstörungen sowie zu Frühjahrskuren gebraucht werden. Das ätherische Knoblauchöl wird vom Menschen nach dessen Genuß durch die Hautporen wieder ausgeschieden und kann leicht eine Geruchsbelästigung bei den Mitmenschen hervorrufen.

Da Knoblauch bis auf wenige, erst jüngst aus dem Innern Asiens und aus Transkaukasien bekannt gewordene Formen keine Samen produziert, erfolgt die Vermehrung ausschließlich vegetativ: entweder durch die schwach konkaven, länglich-eiförmigen, »Zehen« oder »Klauen« genannten Nebenzwie-

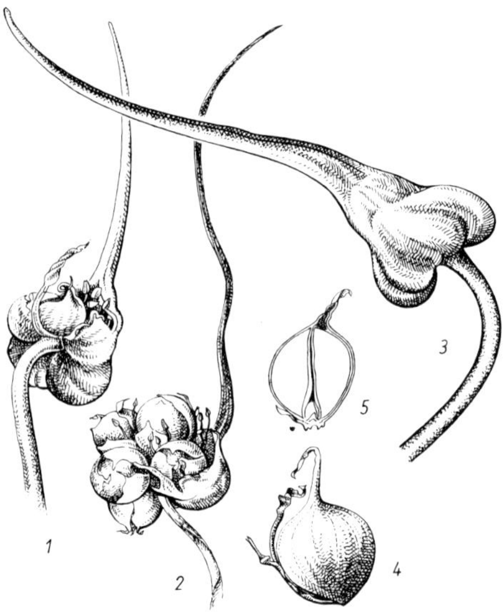

Knoblauch, *Allium sativum*. 1–3 Blütenstände mit Blütenresten und Infloreszenzbulbillen; 4 einzelne Bulbille; 5 dieselbe im Längsschnitt

beln, die morphologisch Achselknospen mit ihren kollateralen Beiknospen entsprechen, oder – weit seltener – mittels Infloreszenzbulbillen, die im Herbst des ersten Anbaujahres die zehenlosen »Rundlinge« ergeben.

In ganz Europa sowie in Nordamerika gibt es größere Kulturflächen, die mit *Allium porrum*, dem Porree, bestellt sind. Wild ist diese Art unbekannt, doch in zahlreichen Kulturformen weit verbreitet. Sie stammt wahrscheinlich aus dem östlichen Mittelmeergebiet von *Allium ampeloprasum* ab. Die langschäftigen, schlanken, relativ schwachen, hellgrünen Sorten sind nicht winterhart, während die mehr gedrungen wachsenden, dunkelgrünen Sorten weitgehend winterharte Pflanzen ergeben, die vor der Blüte zumeist als Kochgemüse Verwendung finden, aber auch als Suppenwürze und Salat genutzt werden. Porree gilt als die mildeste Art der Gattung *Allium*. Medizinisch wird Porree als Diuretikum, Expectorans und Emolliens gebraucht; er wurde bereits im alten Ägypten sowie von den Griechen und Römern verwendet.

Jedem bekannt ist der vor allem im zeitigen Frühjahr geschätzte Schnittlauch, *Allium schoenoprasum*, der das ausgedehnteste Areal unter den Wildarten der Gattung besitzt und von Europa über Kleinasien bis zum Iran, Nord-, Mittel- und Ostasien sowie in Nordamerika angetroffen wird. Die Pflanze fehlt fast in keinem Gemüsegarten, und die röhrigen Oberblätter werden vielerorts als Küchengewürz und Suppengrün verwendet. Im Altertum war Schnittlauch noch unbekannt. Die Anfänge einer Kultur dürften in Italien liegen, von wo aus sie zunächst nach Mitteleuropa vordrang.

Auch hier wird der würzige Geschmack durch die genannten schwefelhaltigen Alliine hervorgerufen, die sogar noch in der Milch des Weideviehes nachweisbar sind und deren Verwertung mindert.

Die wirtschaftlich bedeutendste Art der Gattung ist *Allium cepa*, die Küchenzwiebel. Von ihr sind zahlreiche, durch Züchtung entstandene Sippen mit Zwiebeln unterschiedlicher Größe und Form von hochrund bis plattrund sowie mit dunkelroten, orangefarbigen, gelben bis reinweißen Schalenfarben im Anbau. Ebenso variieren Fleischfarbe, Haltbarkeit,

Bei der Etagenzwiebel werden anstelle der Blüten nur Infloreszenzbulbillen ausgebildet, die auch als Luftzwiebeln bezeichnet werden (1). Diese können noch an der Mutterpflanze austreiben und ein- bis mehrmals neue Infloreszenzbulbillen ausbilden (2). Diese Pflanzen werden als Bastarde zwischen der Küchen- und der Winterzwiebel gedeutet (*Allium* × *proliferum*), Liebhaber bauen sie in Hausgärten als Lauchgemüse an.

Reifezeit und der Gehalt an dem allen *Allium*-Arten eigentümlichen charakteristischen Geschmacks- und Geruchs-Stoffen.

Allium cepa gehörte neben dem Knoblauch in Ägypten bereits z. Z. der ersten Dynastien zur Volksnahrung. Auch den Griechen war die Küchenzwiebel bekannt, bei den Römern stellte sie ebenfalls ein beliebtes Nahrungsmittel dar, während sie von den Reichen gemieden wurde, so daß die Bezeichnung »Zwiebelesser« bald einem Schimpfwort gleichkam. Später wurde die Küchenzwiebel von den Römern über die Alpen gebracht, wo sie besonders die Kelten weiter in Kultur nahmen. Dagegen war *Allium cepa* im Fernen Osten relativ wenig bekannt, bis dort Anfang dieses Jahrhunderts durch die Einführung amerikanischer Sorten die ursprüngliche Monopolstellung von *Allium fistulosum* gebrochen wurde.

Spezielle Formen der Küchenzwiebel mit reicher Tochterzwiebel-Bildung (5–15 Seitenzwiebeln in der Größe der Mutterzwiebel) und vielfach fehlendem Samenansatz stellen die Schalotten und Kartoffelzwiebeln dar, die in Europa zumeist nur noch selten in Hausgärten kultiviert werden, in tropisch-subtropischen Gebieten, z.B. in Westafrika, aber noch bedeutende Anbauflächen einnehmen. Früher waren die etwas größeren Kartoffelzwiebeln in den Ostsee-Anrainergebieten häufig in Kultur.

Allium fistulosum, die Winter- oder Heckenzwiebel, ist wild unbekannt. Das Heimatgebiet dürfte jedoch in Südsibirien bis Nordwestchina zu suchen sein. Die besonders in China und Japan seit langem angebaute, Horste bildende Pflanze ist ausdauernd und dort in einem großen Formenreichtum vertreten. Ihre kaum ausgeprägten, länglich-walzenförmigen Zwiebeln sitzen mit vielen Nebenzwiebeln einem fast horizontalen Rhizom an und bilden röhrig aufgeblasene Laubblätter sowie einen Blütenstandschaft aus, der eine dichte, kugelige, vielblütige Infloreszenz trägt.

Die Pflanze wird in China und Japan seit den ältesten Zeiten in großem Ausmaß als Nahrungsmittel kultiviert und hat sich auch Europa und Nordamerika als Anbaugebiete erobert, obgleich die Kultur hier nur geringes Ausmaß erreicht. Die Winterhärte der Pflanze ermöglicht eine Nutzung der sehr frühzeitig austreibenden Laubblätter als Suppengrün, Gewürz und Gemüse.

Von den übrigen meist in Amerika beheimateten kleineren Gattungen der Familie finden sich Arten von *Brodiaea* sowie der chilenischen *Leucocoryne* gelegentlich als Zierpflanzen in den europäischen Gärten.

Familie Amaryllisgewächse, Amaryllidaceae

An die vorhergehende Familie schließen die Amaryllisgewächse an, die zu den Alliaceen Beziehungen in der Struktur der Blütenstände und im Vorherrschen von Zwiebeln erkennen lassen. Das Heimatgebiet dieser Familie sind vorwiegend die Steppengebiete der Tropen und Subtropen beider Hemisphären. Einige Arten kommen aber auch bis in die nördlichen gemäßigten Zonen vor. Als Entwicklungszentren kommen die vorderasiatischen Steppen sowie die des Kaplandes, des tropischen Afrikas und Westaustraliens neben dem andinen Südamerika und Westindien in Betracht. In der jetzt angenommenen Umgrenzung der Familie rechnen zu ihr 50 Gattungen mit etwa 850 Arten.

Alle sind Kräuter, die meist mit ihrer Zwiebel oder Knolle die ungünstige Vegetationszeit überbrücken. Die linearen Blätter stehen in der Regel in einer grundständigen Rosette, während die wenigen bis zahlreichen doldenartig angeordneten Blüten einem kräftigen Blütenschaft aufsitzen.

Charakteristisch ist das Vorhandensein spezifischer Alkaloide sowie eines blattlosen Blütenschaftes. Keine oder nur eine sehr kleine, schuppenförmige Nebenkrone haben die nachstehenden, meist als Zierpflanzen bekanntgewordenen Gattungen. Dies trifft z. B. für die aus 47 Arten bestehende Gattung *Cyrtanthus* mit dem dem Kapland entstammenden *Cyrtanthus purpureus* zu. Diese besser unter dem früheren Gattungsnamen *Vallota* bekannte Art wird öfters in Zimmerkultur angetroffen. Ferner ist hier die umfangreichere, etwa 130 Arten umfassende Gattung *Crinum* zu erwähnen; von letzterer sind mehr als 30 Arten sowie einige Bastarde in Kultur. Die Zwiebeln mehrerer asiatischer *Crinum*-Arten werden im Heimatgebiet in gleicher Weise wie die der Meerzwiebel *(Urginea)* zur Herstellung einer bitterstoffhaltigen Medizin verwendet.

Für Zwiebelgewächse sehr ungewöhnlich

In die Züchtung unserer modernen riesenblütigen Rittersterne sind viele verschiedene südamerikanische Wildarten einbezogen worden. Eine von ihnen ist *Hippeastrum equestre.*

ist das Vorkommen von einigen Arten in stehenden und langsam fließenden Gewässern. *Crinum natans* und andere werden deshalb auch aquaristisch genutzt.

Von der auf Süd- und Ostafrika verbreitungsmäßig beschränkten Gattung *Boophone* verwenden die Khoi-Khoin, ein in Deutschland früher als »Hottentotten« bezeichneter Volksstamm, ebenfalls die Zwiebeln zur Herstellung eines Pfeilgiftes. Beliebte Zierpflanzen für die Zimmerkultur liefern die beiden aus Südafrika stammenden Gattungen *Brunsvigia* und *Nerine.* An Beliebtheit als Topfpflanze werden sie aber durch Arten und zahlreiche Bastarde der 76 Arten umfassenden, in Mexiko, Westindien bis Südbrasilien verbreiteten Gattung *Hippeastrum* übertroffen. Die mit großen, meist in Vier- oder Mehrzahl den Blütenschaft krönenden, trichterförmigen Einzelblüten versehenen Pflanzen zeichnen sich vor allem in den Hybridzüchtungen durch eine große und umfangreiche Farbenskala sowie Formenschönheit aus. Die Begeisterung für diese Pflanzen führte speziell in den USA zum Zusammenschluß der Liebhaber in eigenen Gesellschaften, die alljährlich gern besuchte Sonderausstellungen veranstalten.

Die der Familie den Namen gebende Gattung *Amaryllis* ist im Kapland heimisch und nur mit der einen Art *Amaryllis belladonna* – der sogenannten Belladonnalilie – bekannt, deren Zwiebel das giftige Alkaloid Bellamarin enthält. Auch von ihr werden Kultursorten und Bastarde angezogen.

Nicht unerwähnt dürfen auch die mit Beerenfrüchten versehenen Blutblumen der Gattungen *Haemanthus* und *Scadoxus* bleiben, die mit 21 bzw. 9 Arten im südlichen sowie tropischen Afrika verbreitet sind und nördlich bis Äthiopien vordringen. Unter dem Volksnamen »Elefantenohr«, wegen der dickfleischigen Laubblätter, trifft man *Haemanthus albiflos* bisweilen in Zimmerkultur an, außerdem die dünnblättrige und mit einem prächtigen, rotblühenden Blütenstand versehene Art *Haemanthus katharinae* neben *Haemanthus coccineus* und *Haemanthus tigrinus.*

Noch häufiger werden als Topfpflanzen die oft recht ansehnlichen Exemplare der zwiebellosen Gattung *Clivia* mit den zweizeilig angeordneten Laubblättern und den zahlreichen, in einer Dolde stehenden, großen, orangeroten Blüten kultiviert. Von den 4 nur in Südafrika, Transvaal und Natal heimischen Arten der Gattung wird *Clivia miniata* besonders als Zimmerpflanze geschätzt.

Die Dolden der folgenden Gattungen sind oft auf 1 oder 2 Einzelblüten reduziert. Dies trifft für die etwa 60 Arten umfassende Gattung *Zephyranthes,* die Zephirblume, zu, deren Verbreitungsgebiet das tropische und subtropische Amerika ist. Südlich dringt die Gattung bis Patagonien vor, während sie in den Staaten Virginia und Alabama die nördliche Ver-

Scadoxus multiflorus aus dem tropischen Ostafrika ist ein Vertreter der gärtnerisch genutzten Blutblumen.

Hybriden des Riemenblattes, deren Elternarten *Clivia miniata* und *Clivia nobilis* sind, zählen zu den ältesten Zimmerpflanzen und sind sehr anspruchslos. Neuerdings gibt es auch Formen mit weißbunten Laubblättern.

breitungsgrenze erreicht. Zahlreiche Arten hiervon haben besonders in Amerika Eingang in die Kultur gefunden. Das gilt auch für einige der 10 Arten der in Süd- und Mittelamerika heimischen Gattung *Habranthus*.

In Japan und China als Gartenpflanzen sehr beliebt sind Vertreter der 17 Arten umfassenden Gattung *Lycoris*. *Lycoris aurea* ist als gelbblühende Art ein begehrter Kreuzungspartner für die meist roten oder rosa getönten Zuchtformen der Gattung *Nerine*.

Eine auffallende Erscheinung ist die große, bizarre, leuchtend rote, in Kreuzform ausgebildete Blüte der Gattung *Sprekelia*, die auch Jakobslilie, Jakobskreuz, Narzissenlilie, schwedische Lilie, rote indianische Lilie oder Orchideenlilie genannt wird. Die nur mit einer Art, *Sprekelia formosissima*, vorkommende Gattung wird wild in Mittelamerika, vornehmlich in Mexiko und Guatemala, angetroffen; man kultiviert sie bereits seit mehr als 350 Jahren. Die Pflanze enthält ebenfalls das giftige Alkaloid Amaryllin.

Dagegen ist das gesamte Mittelmeergebiet das Verbreitungsareal der Gattung *Sternbergia*, deren 7 Arten bis nach Frankreich, Ungarn und in die Kaukasusländer ausstrahlen. Neben *Sternbergia colchiciflora*, deren Zwiebeln früher medizinische Verwendung fanden, ist auch *Sternbergia lutea* zu erwähnen, die bereits seit 1565 speziell in Weinbaugebieten in Kultur ist.

Als beliebte erste Frühjahrsblüher finden wir in den meisten europäischen Gärten Märzenbecher und Schneeglöckchen. Die erstgenannte Gattung *Leucojum* besiedelt mit 8 Arten das Mittelmeergebiet bis zum Iran und kommt auch in Mitteleuropa vor. *Leucojum vernum* mit seinen glockenförmigen, weißen, am Rande etwas grün oder gelb punktierten Blüten kam von den feuchten Laubwäldern und Wiesen in unsere Gärten und ist seit 1420 in Kultur nachweisbar. Von der Gattung *Galanthus*, Schneeglöckchen, mit den 12 zugehörigen Arten liegt das Verbreitungszentrum dagegen in Kleinasien und dem Balkan; bis Mitteleuropa, selbst bis Frankreich, Nordostspanien und Italien vermochte sie vorzudringen. Die Zwiebel des Kleinen Schneeglöckchens, *Galanthus nivalis*, darf nicht gegessen werden, sie wirkt brechreizauslösend.

Während die bisher betrachteten Gattungen der Amaryllisgewächse entweder keine Nebenkrone aufwiesen oder diese nicht auffällig, sondern lediglich schuppenförmig ausgebildet war, trifft dies für die folgenden Gattungen nicht mehr zu. Sie sind alle mit einer meist attraktiven, becherförmigen Nebenkrone ausgestattet, die aus den verbreiterten Filamenten gebildet wird. Als ein wichtiger Vertreter dieses Verwandtschaftskreises stammt die Gattung *Eucharis* aus den Anden Kolumbiens und des oberen Amazonasgebietes, die dort mit 21 Arten vertreten ist, von denen *Eucharis grandiflora* und *Eucharis candida* beliebte Topfzierpflanzen sind und die Warmhäuser vieler botanischer und zoologischer Gärten schmücken.

Hierher gehört ferner die mit 40 Arten das tropische und subtropische Amerika besiedelnde, selbst bis Missouri und Illinois sowie in den Karibischen Raum vordringende Gattung *Hymenocallis*, die zahlreiche Strandpflanzen umfaßt und mit mehreren Arten auch bekannte Warmhaus- und Gartenzierpflanzen abgibt.

Die 20 Arten der Gattung *Pancratium* oder Pankrazlilie sind im Mittelmeerraum und auf den Kanaren bis ins tropische Afrika und Asien zu finden. Während *Pancratium illyricum* eine beliebte Zierpflanze ist, findet man *Pancratium maritimum* mit ihren duftenden Blüten als Strandpflanze im gesamten Mittelmeerraum. Ihre Zwiebeln werden häufig als Ersatz für Meerzwiebeln verwendet.

Eine außerhalb der Filamente gelegene, meist recht ansehnliche ring- oder becherförmige Nebenkrone unterschiedlicher Länge zeichnet die Gattung *Narcissus* aus, deren 27 Arten von den Südalpen und dem Mittelmeergebiet aus bis Westasien auf feuchten Wiesen und Bergwiesen verbreitet sind. Fast alle Arten haben als Frühjahrsblüher gärtnerische Bedeutung erlangt, zumal sich auch einige von ihnen zum Treiben als Schnittblumen gut eignen. Neben der mit einer duftenden,

Galanthus nivalis, das Schneeglöckchen, gehört zu den ersten Frühjahrsblühern in unseren Gärten. Es kommt wildwachsend an Waldrändern und in Gebüschen Mitteleuropas vor.

Die Pankrazlilie, *Pancratium illyricum*, kommt auf Korsika, Sardinien, Capri und den umliegenden Inseln vor. Diese Art ist in sehr günstigen Lagen auch in Mitteleuropa einigermaßen winterhart.

reinweißen, rotberandeten Nebenkrone versehenen Dichternarzisse, *Narcissus poeticus,* der leuchtend gelben Trompetennarzisse oder Osterglocke, *Narcissus pseudonarcissus,* die bereits um 1500 nachweislich kultiviert wurde, und der nicht nur eine, sondern 8 bis 15 Blüten am Schaft vereinigenden Tazette, *Narcissus tazetta,* mit dem weißen Perigon und der gelben Nebenkrone sind viele Hybridformen zu beliebten Zierpflanzen unserer Gärten geworden, mit deren Züchtung man sich vor allem in England und Holland befaßt.

Nach der inzwischen allgemein anerkannten Aufgliederung der Sorten durch die Royal Horticultural Society in England werden von ihnen 11 verschiedene Klassen unterschieden. Durch Röntgen-Bestrahlung sind auch Formen mit völlig aufgelösten Blüten, die »Orchideenblütigen« Narzissen entstanden. Medizinisch wurden früher neben den Blüten vornehmlich die Zwiebeln genutzt, die das lähmend wirkende Alkaloid Narcissin enthalten. Hingewiesen sei abschließend auch noch auf *Narcissus jonquilla,* die man in Südfrankreich zur Gewinnung des Blütenöles auf größeren Flächen kultiviert.

Die Ordnung Asparagales wird beschlossen durch die kleine Familie Ixioliriaceae mit etwas unsicherer taxonomischer Stellung. Zeitweise der vorigen Familie als Unterfamilie angegliedert, unterscheidet sie sich jedoch von dieser durch das Fehlen von Alkaloiden und die Struktur des Blütenstandes. Beziehungen scheinen zu den Alliaceen und Phormiaceen zu bestehen. Die Familie besteht nur aus der in Vorder- und Zentralasien beheimateten Gattung *Ixiolirion* mit der zuweilen in den Gärten kultivierten blau- bis violettblütigen Art *Ixiolirion montanum.*

Ordnung Germerartige, Melanthiales

Ausschlaggebend für die Abtrennung dieser Gruppe als eigene Ordnung waren das Fehlen des schwarzen Farbstoffs Phytomelan in der Samenschale und einiger anderer für die Asparagales typischer Merkmale sowie wesentliche Unterschiede in der Struktur der Samen und im Blütenbau zu den Liliales. Rhizome und das Vorkommen von nur an ihrer Basis verwachsenen Fruchtblättern kennzeichnen diese Ordnung als eine sehr ursprüngliche Gruppe der Liliidae.

Familie Germergewächse, Melanthiaceae

Die Sippen dieser Familie sind vorwiegend durch Rhizome anstelle von Zwiebeln ausgezeichnet, außerdem weisen viele noch einen beblätterten Stengel sowie Kapselfrüchte auf. Hierher sind u. a. die Gattungen *Tofieldia* und *Narthecium* zu stellen.

Zur Gattung *Tofieldia* gehören ausschließlich ausdauernde Stauden von grasartigem Aussehen. Sie umfaßt 17 Arten, die die Nordhemisphäre besiedeln und bis ins arktische Gebiet sowie in die hochalpine Region der Gebirge vordringen, wie z. B. *Tofieldia palustris* und *Tofieldia calyculata.*

In asiatischen Regenwäldern kommen einige sehr ursprünglich anmutende Arten der Gattungen *Petrosavia* und *Protolirion* vor.

Die Gattung *Amianthium,* deren Zwiebel eine dicht mit weißen Blüten besetzte Traube hervorbringt, wurde vor allem durch die Art *Amianthium muscaetoxicum* bekannter, deren sehr giftiger Samen in Amerika als Fliegengift Verwendung findet, wie bereits der Artname erkennen läßt.

In Nord- und Mittelamerika ist die Gattung *Schoenocaulon* (früher bekannt unter dem Namen *Sabadilla*) verbreitet, die sich aus 10 Arten zusammensetzt, von denen *Schoenocaulon officinale* einige Bedeutung erlangt hat. Die auf Bergwiesen in Guatemala und Venezuela heimische gelbblühende Pflanze enthält in ihren Kapseln etwa 5 mm lange, schmale, zugespitzte, kastanienfarbige und äußerst giftige Samen. Diese waren früher unter den Bezeichnungen »Läusesamen«, Semen Sabadillae, offizinell und wurden gegen Würmer und sonstiges Ungeziefer angewendet. Ihre Wirkung beruht u. a. auf den Alkaloiden Veratrin und Sabadillin.

Einige Arten der von Sibirien bis Nordamerika vorkommenden Gattung *Zigadenus* mit zwiebelartiger Basis werden als Zierpflanze kultiviert.

Die der Ordnung den Namen verleihende Gattung *Melanthium* besiedelt mit 5 Arten vorwiegend feuchte Wiesen in den atlantischen Staaten der USA.

Der Weiße Germer, *Veratrum album,* ist eine Charakterpflanze der europäischen Hochgebirge. Wie hier im Piringebirge, Bulgarien, besiedelt er alpine Hochstaudenfluren, Weiden und Moorwiesen. Ein Absud seiner Wurzeln wurde früher gegen Ungeziefer (»Läusekraut«) verwendet.

Mit 25 Arten ist die Gattung *Veratrum* auf der gesamten nördlichen Halbkugel anzutreffen, von denen *Veratrum album,* der Weiße Germer, auf feuchten Wiesen im gesamten Alpengebiet sowie in alpinen Höhen Europas bis Ostasien, jedoch nicht in Nordamerika, angetroffen wird. Neben anderen Arten, wie z. B. *Veratrum viride* in Nordamerika, dient der Germer zur Bereitung der Tinctura Veratri, wozu ausschließlich die Rhizome Verwendung finden, die reichlich Jervin und Protoveratrin enthalten. Auch zur Bereitung des kräftigen Enzianschnapses werden Rhizomauszüge gebraucht.

Der Beinbrech, *Narthecium ossifragum,* ist eine Pflanze der Torfmoore Westeuropas. Die Gattung *Aletris* kommt sowohl im tropischen Asien als auch mit einigen Arten auf dem amerikanischen Festland vor. Von den 15 Arten der Gattung wird von *Aletris farinosa* das Rhizom medizinisch genutzt. Aus dem darin enthaltenen Bitterstoff bereitet man in Nordamerika ein gegen Magenleiden sowie Wechselfieber angewendetes Heilmittel. Die Pflanze wird bisweilen auch als Zierpflanze kultiviert.

Ordnung Lilienartige, Liliales

Die nach der Aufgliederung der früher viel weiter gefaßten Familie der Liliaceen »übriggebliebenen« Gruppen der Lilienartigen im engeren Sinne umfassen fast ausnahmslos ausdauernde Kräuter, nur sehr selten strauchartige Formen mit sekundärem Dickenwachstum. Als Überdauerungsorgane werden Rhizome, Knollen oder Zwiebeln ausgebildet.

Die zwittrigen, zumeist radiär, nur selten dorsiventral ausgebildeten Blüten haben in der Regel zwei gleich- oder verschiedengestaltete Blütenblattkreise mit korollinischen Tepalen, darauf folgen ein oder zwei dreigliederige Staubblattkreise, deren Antheren sich meist durch Längsspalten öffnen. Der ober- oder unterständige Fruchtknoten ist meist dreifächerig und mit zahlreichen zentralwinkelständigen Samenanlagen versehen. Er entwikkelt sich zu einer Kapsel, die sich durch Poren oder Septen öffnet, nur selten zu einer Beere.

Die Blätter sitzen oft grundständig, sind bei den Irisgewächsen schwertförmig ausgebildet, während die Blüten zu den verschiedenartigsten Blütenständen zusammentreten oder bis auf einzelne reduziert sind.

Familie Inkaliliengewächse, Alstroemeriaceae

Die mit einem sympodialen Wurzelstock versehene Familie der Alstroemeriaceen gehört ausschließlich den amerikanischen Tropen an. Sie umfaßt 4 Gattungen, von denen die Gattung *Alstroemeria* aus 50 Arten besteht und auf Südamerika, vorwiegend Chile, beschränkt bleibt. Die Blüten dieser Gattung sind dorsiventral ausgebildet. Die meist etwas verdickten, stärkereichen Wurzeln mehrerer Arten dienen den Eingeborenen als Nahrungsmittel, während die Arten *Alstroemeria pulchella, Alstroemeria versicolor, Alstroemeria aurantiaca* sowie *Alstroemeria spathulata* als Zierpflanzen in Kultur genommen wurden.

Die aus *Alstroemeria ligtu* gezüchteten Ligtu-Hybriden sind zu einer besonders in England und den Niederlanden in großen Mengen herangezogenen Schnittblume entwickelt worden, die in kaum einem Blumengeschäft fehlt.

Die noch umfangreichere, aus etwa 100 Arten bestehende Gattung *Bomarea* besiedelt bevorzugt die südamerikanischen Anden, von hier bis Mexiko und Westindien nördlich ausstrahlend. Zu ihr gehören sowohl Windepflanzen als auch ausgesprochene Hochgebirgspflanzen, von denen einige in die Kultur eingegangen sind, wie z. B. *Bomarea tomentosa* und *Bomarea carderi*. Einige Arten haben eßbare Knollen.

Familie Herbstzeitlosengewächse, Colchicaceae

Die Knolle, Zwiebelknolle oder Ausläuferknolle der hier zusammengefaßten Sippen zeichnet sich durch 2 Triebknospen aus, von denen sich die eine in der Achsel des unterhalb der Knolle inserierten, von außen der Knolle anliegenden Blattes, die zweite in der Achsel des zweiten stengelständigen Blattes entwickelt.

Die aus 37 Arten bestehende Gattung *Wurmbaea* kommt sowohl in Westafrika, auf Fernando Poo, im Kapland, in Natal als auch in Ostafrika, Malawi, Australien und auf Tasmanien vor. Dem Europäer geläufiger sind als Vertreter dieser Familie die sogenannten Zeitlosen der Gattung *Colchicum*, bekannt vor allem durch *Colchicum autumnale*, die Herbstzeitlose, einer auf feuchten Wiesen vorkommenden, blaß-lilfarbigen Unkraut- und Giftpflanze, die vom Vieh gemieden wird.

Colchicin, das Gift der Herbstzeitlosen, hier *Colchicum autumnale*, hemmt die Ausbildung des Spindelapparates der Zellteilung und wird deshalb in der Pflanzenzüchtung zur Vervielfachung der Chromosomensätze (Polyploidisierung) genutzt. Die Frucht der Herbstzeitlosen erscheint erst im folgenden Jahr, zusammen mit dem Laub.

In der erweiterten Fassung der Gattung (einschließlich der Gattungen *Merendera* und *Bulbocodium*) umfaßt sie jetzt 65 Arten, die von Europa über das Mittelmeergebiet bis Zentralasien und Indien verbreitet sind.

Eigenartig ist die Sproßentwicklung der Herbstzeitlose. Während die hell-lilafarbigen Blüten im September oder Oktober das Erdreich durchbrechen, entwickeln sich die länglichen Laubblätter erst im darauffolgenden Frühjahr. Die im Herbst noch recht kleine Knollenzwiebel entwickelt sich durch Verdikkung des zwischen dem 1. und 2. Laubblatt gelegenen Internodiums, während die Fruchtkapsel durch Streckung des zwischen dem 2. und 3. Laubblatt befindlichen Internodiums ebenfalls erst im folgenden Frühjahr über die Erdoberfläche gehoben wird. Die im Herbst zur Entfaltung gelangende Blüte entsteht stets als Achselsproß des ersten Laubblattes. Im gleichen Ausmaß, wie sich am blühenden Sproß die neue Knolle entwickelt, wandern die Reservestoffe aus der vorjährigen Knolle aus. Von deren erstem Laubblatt bleibt nur der basale Scheidenanteil erhalten, die kommenden Sproßgenerationen oft noch mehrere Jahre mit umhüllend. Als zur Blütezeit blattlose Schmuckpflanze hat die Herbstzeitlose bereits seit 1561 auch mit weiß- sowie purpurblütigen Sippen neben *Colchicum byzantinicum* Eingang in unsere Gärten gefunden. Die derbschaligen, kugeligen Samen sind als Semen Colchici offizinell; sie enthalten außer Fett, Harz und Zucker das stark wirksame Alkaloid und Kapillarengift Colchicin, das in der modernen Genetik und Pflanzenzüchtung zur Ausbildung von Genommutationen angewendet wird.

Dem tropischen Afrika und Asien entstammt die Gattung *Gloriosa* mit 6 Arten. Die in den Wäldern von Thailand, Malesien, Sri Lanka, Vorderindien, Ost- und Zentralafrika bis Nigeria und Senegal weitverbreitete *Gloriosa superba* wird auch in Europa in Gewächshäusern vielerorts wegen der großen, sehr grazil wirkenden, erst gelben, dann scharlachroten, am Rande gewellten Blüten kultiviert, die an kletternden Stengeln sitzen, deren zerstreut bis quirlig stehende Laubblätter in einer Ranke enden. Ebenso findet man *Gloriosa rothschildiana* und von *Gloriosa simplex* häufig die var. *grandiflora* im Anbau.

Die im tropischen Afrika sowie in Kapland

Ausschnitt mit Blüten und Blütenknospen der rankenden. *Gloriosa simplex* var. *grandiflora*. Die Blattspitzen laufen in rankenartige Greiforgane aus.

heimische, habituell ähnliche Gattung *Littonia* bildet mehrjährige Kräuter mit knolligem Rhizom aus, von deren 7 Arten besonders *Littonia modesta* gern als Zierpflanze kultiviert wird. Die Art ist in einigen Provinzen Südafrikas heimisch.

Familie Trauerglockengewächse, Uvulariaceae

Die Vertreter dieser Familie zeichnen sich durch ein kriechendes Rhizom aus. Sie sind bis zu 1,50 m hohe Kräuter mit beblätterten Sproßachsen und wenigblütigen Infloreszenzen. Die zwittrigen Blüten haben einen oberständigen Fruchtknoten. Als Früchte werden Kapseln oder Beeren ausgebildet.

Der Stengelumfassende Knotenfuß, *Streptopus amplexifolius,* ist eine in Deutschland seltene Waldpflanze der Mittelgebirge und der Alpen.

In den Wäldern des atlantischen Nordamerikas werden die hellgelben, glockenförmigen Blüten der 5 Arten der Gattung *Uvularia* angetroffen, von denen man *Uvularia grandiflora,* die Großblütige Uvularie, auch Trauerglocke genannt, vielfach als Schmuckpflanze kultiviert.

Aus Ostasien, vor allem Japan, kommend, hat in neuerer Zeit die 11 Arten umfassende Gattung *Tricyrtis,* die Krötenlilie, ihren Einzug in die absonnigen Partien der Steingärten gehalten. Diese Pflanzen schattiger Wälder besitzen relativ große, oft purpurn gefleckte oder gestreifte und bizarr geformte Blüten mit nektarführenden Aussackungen in den äußeren Blütenhüllblättern. *Tricyrtis hirta* und *Tricyrtis macropoda* sind die am meisten gepflanzten Arten.

Familie Liliengewächse, Liliaceae

Diese Familie umfaßt die Liliengewächse im engsten Sinne. Alle ihre Gattungen und Arten, die im Gegensatz zu den bisher betrachteten Sippen lediglich in der nördlichen Halbkugel anzutreffen sind und von denen viele zu unseren Frühlingsblühern zählen, haben echte Zwiebeln.

Die zwittrigen Blüten haben einen oberständigen Fruchtknoten und sind sehr oft von beträchtlicher Größe, so daß viele Arten gärtnerische Bedeutung haben.

Bei den Gattungen *Gagea* und *Lloydia* werden die Zwiebeln nur aus einem geschlossenen Nährblatt gebildet, das aus der Achsel eines zumeist mit einer Spreite versehenen Grundblattes hervorgeht. Die 70 Arten der Gattung *Gagea* dringen vom Mittelmeerraum bis nach dem Iran vor und besiedeln Eurosibirien. Bekannt als eine der ersten Frühjahrsblüher ist *Gagea lutea,* der Waldgoldstern, der sich vornehmlich durch zahlreiche kleine Brutzwiebelchen in den Achseln der Grundblätter vermehrt. Weitreichender ist das Verbreitungsgebiet der 12 Arten der Gattung *Lloydia,* das sich vom Mittelmeerraum bis nach Ostasien sowie Nordamerika erstreckt. Die Faltenlilie, *Lloydia serotina,* ist in den Gebirgen Englands, in den Alpen und Karpaten, im Kaukasus, Himalaja, in Tibet sowie Nordamerika und selbst in den arktischen Bezirken Rußlands weit verbreitet. Es ist eine zierliche, mit 1 bis 2 weißen, rötlich gestreiften Blüten ausgestattete Pflanze.

Die Zwiebeln der Gattungen *Erythronium* und *Tulipa* hingegen bestehen aus einem bis mehreren geschlossenen Nährblättern, die aus Achselsprossen eines niederblattähnlichen Grundblattes hervorgehen.

Von der etwa 20 Arten zählenden Gattung *Erythronium,* die vorwiegend in Nordamerika heimisch ist, kommt von Südeuropa über den Altai bis Sibirien und Japan der Hundszahn, auch Zahnlilie genannt, *Erythronium dens-canis,* vor, dessen graugrüne, gefleckte Blätter und nickende, rosarote Blüte zuweilen in unseren Gärten auffallen.

Etwa 100 Arten umfaßt die allgemein bekannte Gattung *Tulipa,* ursprünglich im gemäßigten Zentralasien, Kleinasien und im südlichen Europa verbreitet, jetzt in vielen Kultursippen beliebt und weltweit angebaut. Neben den Wildtulpen *Tulipa silvestris* und *Tulipa australis* sind es vor allem die unter der Bezeichnung *Tulipa gesneriana* zusammengefaßten Kultursippen, Kreuzungen und Sorten, die den Ruhm der Pflanze begründeten. Über die züchterische Entwicklung der Gartentulpen ist wenig Sicheres bekannt. Fest steht nur, daß bereits etwa um 1000 u. Z. in Vorderasien Gartentulpen bekannt waren, die um die Mitte des 16. Jh. nach Europa eingeführt wurden.

Zu Beginn des 17. Jahrhunderts setzte eine immer stärker werdende Nachfrage nach Tulpenzwiebeln der verschiedensten Arten und Sippen ein, die um 1636/37 in der sogenannten Tulpomanie einem Höhepunkt zustrebte, wobei Phantasiepreise von 50 bis 4200 Gulden für eine einzige Tulpenzwiebel bestimmter Sippen verlangt und bezahlt wurden.

Zum Zentrum der Kultivierung von Tulpen und ihrer Züchtung entwickelten sich immer mehr die Niederlande. Weniger bekannt ist, daß sich im 17. und 18. Jahrhundert auch im Raum um Berlin ein bedeutendes Tulpenanbaugebiet befand.

Die Einteilung der Tulpensorten in Klassen wurde 1981, ausgehend von den Empfehlungen der Königlichen Allgemeinen Vereinigung der Blumenzwiebelzüchter in Holland, neu gestaltet. Die 15 Klassen werden nach dem Blühzeitpunkt und den botanischen Ausgangsarten eingeteilt.

Zu den »Einfachen Frühen Tulpen« zählen neben den aus der südrussischen Wildtulpe *Tulipa suaveolens* hervorgegangenen, nur 10 bis 15 cm hoch werdenden »Duc van Tol«-Tul-

Hundszahnlilien, *Erythronium dens-canis,* sind Waldbewohner. Sie verdanken ihren Namen der Form ihrer Zwiebel, die einem Hundezahn ähnelt.

Diese eigenartige Tulpenform mit ihren sehr langen und schmalen Blütenblättern trug bislang den Artnamen *Tulipa acuminata*. Sie wird heute aber meist als eine sehr alte persische oder türkische Gartensorte von *Tulipa gesneriana* angesehen.

pen auch die frühblühenden »Mendel«-Tulpen. Die Frühen Tulpen sind die für die Treiberei geeignetste Klasse. Die Klasse 2 umfaßt die »Gefüllten Frühen Tulpen«, die ähnliche Eigenschaften wie die Sorten der Klasse 1 besitzen. Zu den mittelfrühen Sorten zählt man die für den Großanbau zur Schnittblumengewinnung besonders bedeutsame Klasse der »Triumph«-Tulpen, zu denen z. B. die wichtige Schnittsorte »Lustige Witwe« gehört. Auch die spätblühenden Sorten der ehemaligen Klasse der »Mendel«-Tulpen gehören hierher. Gärtnerisch wird heutzutage die Bedeutung der Triumphtulpen noch von den »Darwin-Hybrid«-Tulpen übertroffen, die aus Kreuzungen von »Darwin«-Tulpen mit *Tulipa fosteriana* entstanden sind und sich durch besonders kräftigen Wuchs und extreme Blütengröße auszeichnen. Die späten Tulpenklassen werden durch die »Einfachen Späten Tulpen«, die »Lilienblütigen«, »Gefransten«, »Viridiflora«-, »Rembrandt«-, »Papagei«- und »Gefüllten Späten Tulpen« gebildet. Einige der früher gesondert geführten Klassen, wie die »Darwin«-Tulpen (mit fast ebenso breiten wie hohen, abgerundeten Blütenblättern auf kräftigen Stielen), die »Breeder«-Tulpen (besonders durch ihre goldenen, bronze- oder kupferfarbenen sowie pflaumenblauen Farbtöne kenntlich) sowie die »Cottage«-Tulpen (die ursprünglichen englischen Landhaus-Tulpen) werden jetzt zu den »Einfachen Späten Tulpen« zusammengefaßt. Die »Lilienblütigen« Tulpen sind aus Kreuzungen der »Darwin«-Tulpen mit *Tulipa retroflexa* hervorgegangen.

Heute weiß man, daß die früher so hoch geschätzte geflammte Blütenfärbung, die für die »Rembrandt«-Tulpen charakteristisch ist, von einer Viruserkrankung hervorgerufen wird. Auch die monströsen Blüten der Papageientulpen mit ihren unregelmäßig gefransten, gewellten, zerknitterten sowie grüngefleckten Blütenblättern sowie die Blütenvergrünungen der »Viridiflora«-Tulpen sind eigentlich Mißbildungen, über deren Entstehungsweise noch

Die Fruchtkapseln der Tulpen enthalten zahlreiche flache Samen, die nur bei den Wildarten, hier *Tulipa tarda,* treu fallen, da die farbenprächtigen Gartensorten Hybride mit zum Teil dreifachen Chromosomensätzen sind.

nicht völlige Klarheit herrscht. Zunehmende gärtnerische Bedeutung erlangen die Klassen der sogenannten »Botanischen« Tulpen sowohl wegen ihrer Nutzung als Kreuzungspartner als auch wegen ihrer leuchtenden Farben, die sie auch selbst zur Verwendung in Steingärten sehr attraktiv machen. Hierzu zählen die Seerosentulpe, *Tulipa kaufmanniana, Tulipa greigii* mit dunkler gezeichneten Blättern, *Tulipa eichleri,* die mehrblütigen *Tulipa praestans* und *Tulipa tarda* und viele andere Arten mehr.

Der folgende Verwandtschaftskreis ist durch Zwiebeln charakterisiert, die mindestens aus 2 fleischigen, nicht umfassenden Nährblättern bestehen. Hierzu gehören vor allem die etwa 100 Arten umfassende Gattung *Fritillaria* und die Gattung *Lilium.* Das Verbreitungsgebiet der Gattung *Fritillaria* ist auf die nördliche Halbkugel beschränkt. Die auf feuchten Wiesen anzutreffende Schachbrettblume oder das Kiebitzei, *Fritillaria meleagris,* entstammt dem westlichen und südlichen Europa, dringt nördlich bis Südnorwegen und östlich bis zum Kaukasus vor und ist durch meist einblütige Infloreszenzen weißroter, deutlich schachbrettartig gefleckter, nickender Blüten ausgezeichnet.

Seit dem Mittelalter (um 1575) ist die dankbare und schön gelbrot blühende Kaiserkrone, *Fritillaria imperialis,* als Gartenpflanze bei uns nachweisbar und wird noch heute, vor allem in Bauerngärten, kultiviert. Dadurch, daß die Tragblätter der Blüten zu einem Schopf vereinigt sind, der – wie bei einer Ananassammelfrucht – den Kranz der großen, mit deutlichen Saftmalen ausgestatteten, glockenförmigen Blüten überragt, ist die aus dem Iran bis hin zum westlichen Himalaja heimische Pflanze besonders auffällig. Die Zwiebel enthält das als Herzgift bekannte Alkaloid Imperialin, das früher offizinell war. Die – schon bei geringster Verletzung – etwas unangenehm und aufdringlich riechenden Zwiebeln der Kaiserkrone sind jedoch in gekochtem Zustand eßbar.

Von der wegen der schwarz-purpurfarbigen Blüten bisweilen kultivierten Art *Fritillaria camtschatcensis,* im östlichen Sibirien, Kamtschatka, Japan sowie im westlichen Nordamerika heimisch, bilden die Zwiebeln in Ostsibirien ein wichtiges Nahrungsmittel. Von den Almenwiesen des Kaukasus stammt die schwefelgelb blühende *Fritillaria lutea,* deren Blütenblätter eine violette Würfelung auszeichnet.

Recht umfangreich, obendrein vermehrt durch viele Sorten und Kreuzungen, ist die Gattung *Lilium,* von der wir etwa 100 Arten kennen. Die meist den Gebirgen des gemäßigten Eurasiens entstammenden Pflanzen bereichern mit zahlreichen Arten unseren Gartenflor an schön- und großblütigen Zierpflanzen. Lange bekannt und auf Marienbildern vielfach anzutreffen ist *Lilium candidum,* die Weiße oder Madonnenlilie. Ursprünglich wohl aus dem Libanon und Nordpalästina stammend, erstreckt sich das natürliche Verbreitungsgebiet jetzt auf das südliche Europa, von Korsika und Kleinasien bis zum Irak und Kaukasus. Die Madonnenlilie ist eine der ältesten in Mitteleuropa kultivierten Zierpflanzen. Der etwa einen Meter hohe Blütenschaft trägt 6 bis

Die Türkenbundlilie, *Lilium martagon,* besiedelt das Hügel- und Bergland in weiten Teilen Europas und der gemäßigten Breiten Asiens.

20 weiße, wohlriechende, breit-trichterförmige Blüten. Nicht ganz so reich-, aber ebenfalls weißblühend ist das in Ostasien, vornehmlich in Japan, häufig kultivierte *Lilium longiflorum,* das dort neben dem mit rötlichen Blüten versehenen *Lilium rubellum* gern angebaut wird. Ferner ist die Königslilie, *Lilium regale,* zu erwähnen, deren duftende Trichterblüten außen rosarot, innen kanariengelb sind.

Durch auseinanderspreizende, an der Spitze zurückgeschlagene Tepalen ist die Goldbandlilie, *Lilium auratum,* ausgezeichnet, die ursprünglich aus Japan stammt, seit langem aber in zahlreichen Varietäten und Formen über die ganze Erde durch Kultur verbreitet ist. Ihr Volksname Goldbandlilie wird von einem goldenen Streifen abgeleitet, der sich in der Mitte der inneren 3 Tepalen zusammen mit hellroten bis purpurfarbigen Punkten befindet.

In Mittel- und Südeuropa wird *Lilium bulbiferum,* die Feuerlilie, angetroffen, deren leuchtend rote Blüten mit schwärzlichen Punkten versehen sind. Kennzeichnend für diese Art ist das Vorkommen von zahlreichen kleinen Bulbillen, kleinen Zwiebelchen in den Achseln der Laubblätter, die der vegetativen Vermehrung dienen. Die Feuerlilie ist schon seit 1596 bei uns in Kultur.

Durch zurückgeschlagene Tepalen, nikkende, purpurfarbige und grün punktierte Blüten zeichnet sich die Türkenbundlilie, *Lilium martagon,* aus, eine besonders in lichten Laubwäldern anzutreffende Pflanze, die von Europa durch das nördliche Asien bis zur nördlichen Mongolei verbreitet ist. Die schuppigen Zwiebeln der Pflanze werden neben denen anderer Arten in Sibirien bevorzugt verzehrt.

In der Blütenform und -haltung ähnlich ist die Tigerlilie, *Lilium tigrinum,* deren Blüten rot und orangefarbig und mit großen, dunkelpurpurnen Flecken versehen sind. Die Art ist in Japan, Korea sowie in Ostchina heimisch, inzwischen aber zu einer beliebten Zierpflanze geworden, die fast in keinem Hausgarten fehlt. Weiße oder blaßrosafarbige Blüten mit roten Punkten zeichnen die Prachtlilie, *Lilium speciosum,* aus, die ebenfalls aus Japan stammt und seit 1794 bekannt sowie seit 1830 hier in Kultur ist. Aus Nordamerika kam *Lilium canadense* mit einzeln stehenden oder in Dolden angeordneten, orangeroten Blüten zu uns, ebenso wie *Lilium superbum* mit ihren in pyramidenförmiger Rispe angeordneten rötlichen bis orangefarbigen Blüten.

Die Züchtung und Hybridisierung der Lilien wird z.Z. in den USA, zunehmend aber auch in Holland, in großem Ausmaß betrieben, und es wurden inzwischen hervorragende neue Sippen entwickelt.

Das Himalajagebiet ist die Heimat der Riesenlilie, *Cardiocrinum giganteum,* einer Pflanze mit ungewöhnlichen Ausmaßen. Auf einem 2 bis 3,5 m langen, am Grunde 5 bis 6 cm starken Schaft mit herzförmigen, gestielten Blättern erhebt sich ein 10- bis 24blütiger Blütenstand, dessen wohlriechende, trichterförmige Einzelblüten eine Länge von 30 bis 50 cm erreichen. Die Riesenlilie stammt aus dem Nepal- und Sikkimhimalajagebiet und wurde dort 1825 von Wallich entdeckt.

Ihrer großen, schön geformten, farbigen, meist etwas gefleckten Blüten wegen wird die Gattung *Nomocharis* neuerdings als Zierpflanze an verschiedenen Orten kultiviert. Sie hat mit ihren 13 Arten im Himalajagebiet und Burma ihr Verbreitungszentrum und dringt bis Westchina vor, wo sie vor allem auf Bergwiesen angetroffen wird.

Wegen der unterschiedlichen Ausbildung von innerem und äußerem Hüllblattkreis wird die Gattung »Mormonen-Tulpen«, *Calochortus,* von manchen Autoren in den Rang einer eigenen Familie Calochortaceae erhoben. Bei den Pflanzen dieser Gattung besteht die Zwiebel aus 2 umfassenden Nährblättern und einem niederblattähnlichen Grundblatt. Die etwa 60 Arten entstammen den Gebirgen im westlichen Nordamerika, vornehmlich von Oregon und Kalifornien östlich bis Dakota und Nebraska und südlich bis Mexiko und Guatemala vordringend.

Die Gattung besteht aus meist sehr schön blühenden Arten, die aber wegen ihrer besonderen Pflegeansprüche sehr schwierig zu kultivieren sind. Drei recht unterschiedliche Sektionen werden unterschieden: Die »Feenlampen« oder »Kugeltulpen« (Sektion *Eucalochortus*), zu denen *Calochortus pulchellus* gehört, haben kugelige und hängende Blüten. Die beiden anderen Sektionen bilden die »Mariposa-Tulpen« mit großen schalenförmigen, entweder nackten (Sektion *Mariposa,* zu der *Calochortus nutallii und Calochortus luteus* gehören) oder bebärtete (Sektion *Cyclobothra*) Blüten.

Die etwa Walnußgröße erreichenden Zwiebeln von *Calochortus luteus* werden von den Indianern in Kalifornien gern verzehrt.

Familie Schwertliliengewächse, Iridaceae

Diese Familie besteht aus 70 Gattungen mit 1400 Arten, die in den Tropen und Subtropen vorkommen und von dort nach Norden in Gebiete mit gemäßigtem Klima vordringen. Man kann zwei große Entwicklungszentren unterscheiden, das Kapland in Südafrika und das tropische und subtropische Amerika.

Die Schwertliliengewächse sind Kräuter, nur selten gibt es unter ihnen niedrige Halbsträucher. Der unterirdische Sproß ist entweder als Rhizom oder als Knolle entwickelt, und nur bei einigen Arten findet man Zwiebeln. Vereinzelt kommen auch knollig verdickte Wurzeln vor, so beispielsweise in der Gattung *Tigridia.* Die Anlage der Knolle erfolgt bereits im Keimpflanzenstadium; in der Gattung *Gladiolus* verdickt sich beispielsweise das zweite Internodium oberhalb des Keimblattes.

Die Fortsetzungssprosse entspringen aus

den Achseln der Laubblätter kurz unterhalb der endständigen Einzelblüte oder des Blütenstengels. Das ist bei *Crocus* die Achsel des obersten (innersten) Laubblattes, bei *Tigridia* die Achsel des obersten, vor dem Blütenstengel stehenden Blattes. Die an der blühenden Pflanze vorhandenen Knollen, etwa bei *Crocus* und *Gladiolus*, sind das Ergebnis des vorjährigen Wachstums der Pflanze, sie gehören also einer Achse niederer Ordnung an. Während sie allmählich schrumpfen, verdicken sich die grundständigen Internodien des blühenden Achsengliedes zur neuen Knolle, die dann im folgenden Jahre ihre Reservestoffe an den neuen Sproß abgibt. Bei der Rhizombildung bleiben die Achsen verschiedener Ordnung im Zusammenhang; daraus ergeben sich ziemlich regelmäßig verzweigte Formen. Gewöhnlich wächst die Hauptachse voraus, und neue Sprosse werden erst in den Achsen vorjähriger Blätter gebildet. Bei der Gattung *Crocus* und ihren Verwandten verbleibt der Sproß vollkommen unter der Erde, sogar die Fruchtknoten treten oft nicht über die Oberfläche hervor; dafür ist die Röhre der Blütenhüllblätter sehr lang, die von grundständigen Blättern eingehüllt wird. Die übrigen Gattungen haben aufrechte und mehr oder weniger beblätterte, blütentragende Sprosse.

Die ungestielten Blätter gliedern sich in eine scheidenförmige Basis, das Unterblatt, und in einen Oberteil, das Oberblatt, das auf der Rükkenseite des Unterblattes ansitzt und sich nach aufwärts in dem Maße verbreitert, wie sich die Scheide verliert. Die Scheide eines jeden Blattes umschließt die des folgenden, und es entsteht der Eindruck, als ritten die Blätter als sogenannte »reitende Blätter« aufeinander.

Die Blüten sind gewöhnlich in endständigen, ährigen, traubig-rispigen, fächel- oder wickelartigen Blütenständen vereinigt; selten kommen, wie bei der Gattung *Crocus*, einzeln stehende Endblüten vor. Die Blüten werden einzeln oder zu mehreren von einer Spatha (Deckblatt) umschlossen. Bei den Beschreibungen der Iridaceen werden als »Spatha« oder »Blütenscheide« nicht nur das Deckblatt allein, sondern auch die weiteren Vorblätter, die von ihr eingeschlossen sind, bezeichnet. Bei den *Iris*-Arten, deren Hauptstengel mit einer Gipfelblüte abschließt, bilden die beiden obersten Hochblätter um diese eine Spatha; das untere der Hochblätter bleibt immer steril, während das obere entweder eine Einzelblüte oder einen Blütenstand entwickelt.

Die Blüten sind strahlig oder zweiseitig-symmetrisch und bestehen aus 2 dreizähligen, oft unterschiedlich ausgeprägten Blütenhüllblattkreisen. Bei den zweiseitig-symmetrischen Blüten der Gattung *Gladiolus* bilden ein Hüllblatt des inneren und 2 benachbarte des äußeren Kreises die Unterlippe, die restlichen die Oberlippe. Die beiden Hüllblattkreise sind immer gefärbt und oft am Grunde zu einer kürzeren oder längeren Röhre vereinigt, die bei manchen Arten gekrümmt ist. Die Filamente der 3, dem äußeren Hüllblattkreis zugehörigen Staubblätter sind häufig zu einer Röhre verwachsen. Der fast stets dreifächerige, unterständige Fruchtknoten hat zahlreiche Samenanlagen, gelegentlich ist er allerdings bis auf ein Fach zurückgebildet und weist dann wandständige Plazenten auf. Recht unterschiedlich ist die Form des Griffels. Seine Äste sind nur selten kurz oder deutlich entwickelt und ungeteilt. Häufig sind die 3 Äste wieder mehrfach gegabelt, beispielsweise bei der Gattung *Crocus*. Sie können sich aber auch so verbreitern, daß sie mehr oder weniger zweilappig werden und dann wie die Hüllblätter gefärbt sind; ihre Narben befinden sich an der Spitze oder am Grunde der Lappen, so etwa bei der Gattung *Iris*. Die Blüten werden im allgemeinen durch Insekten, die zygomorphen teilweise durch Vögel bestäubt, besonders bei den afrikanischen Gattungen *Antholyza* und *Watsonia*. Die Tiere werden durch die auffälligen Blütenfarben und den Nektar angelockt, der von Drüsen an den Scheidewänden des Fruchtknotens oder in der Röhre der Blütenhülle ausgeschieden wird. Die fachspaltig aufspringende Fruchtkapsel enthält zahlreiche, durch gegenseitigen Druck abgeflachte oder scheibenförmige, bisweilen geflügelt erscheinende Samen mit reichlichem Nährgewebe.

Die Schwertliliengewächse sind ein einheitlicher, natürlicher Verwandtschaftskreis, bei dem die auffallenden Narbenbildungen innerhalb der Lilienartigen ziemlich isoliert stehen.

In Süd- und Mittelamerika haben die 100 Arten der Gattung *Sisyrinchium* ihr natürliches Verbreitungsgebiet, wobei einige Sippen in den Anden noch in 5000 m Höhe anzutreffen sind. Eine Anzahl von Arten kommt weit verschleppt vor und wurde stellenweise auch in der Alten Welt eingebürgert. So findet man in Mitteleuropa auf Wiesen die nordamerikanische *Sisyrinchium angustifolium,* den Schmalblättrigen Grasschwertel, mit schmalen, grasartigen Blättern und kleinen, blauvioletten, in der Röhre gelben Blüten. Die Pflanzen haben ein kurzes Rhizom mit faserigen Wurzeln.

Die Gattung Schwertlilie, *Iris,* ist in Europa, Nordafrika, im temperierten Asien und in Nordamerika verbreitet. Es sind Pflanzen mit holzigen Rhizomen, seltener Zwiebeln. Die verzweigten Stengel stehen einzeln oder in Büscheln. Gelegentlich verdicken sie sich am Grunde und sind mit glatten, braunen oder in Fasern aufgelösten Schuppen bedeckt. Die linealen, grasartigen oder breitschwertförmigen Blätter sind zweizeilig angeordnet, wobei die Scheide eines jeden Blattes die des folgenden umschließt. Die recht großen Blüten stehen einzeln oder in wenigblütigen Trauben, die in einer Gipfelblüte enden, wobei die oberen Seitenblüten von einem Hochblatt, die unteren von 3 krautig-grünen oder häutig-braunen Hochblättern umgeben sind. Die Blütenhüllblattröhre ist kurz oder verlängert. In der unteren Hälfte finden sich genagelte Blütenhüllblätter. Die äußeren 3 sind verbreitert, zurückgebogen, oder sie stehen aufrecht, während die 3 inneren wesentlich schmaler und kürzer als die äußeren sind, aufrecht stehen oder nur an der Spitze etwas auseinander spreizen. Bei einzelnen Arten ist die Oberseite der äußeren und gelegentlich auch der inneren Blütenhüllblätter bärtig, wobei der Bart aus zahlreichen, mehrzelligen Papillen besteht. Am Grund der äußeren Blütenhüllblätter sind die 3 Staubblätter befestigt, deren Filamente entweder frei oder bei einzelnen Arten an den Griffel geklebt sind. Ihre Antheren, die sich nach unten öffnen, liegen unter den 3 sehr großen, blumenblattartig entwickelten Ästen des oft sehr kurzen Griffels. Jeder dieser Griffeläste, die an der Spitze in 2 Lappen auslaufen, liegt dachartig über einem äußeren Blütenhüllblatt. An der Unterseite des Griffelastes befindet sich die Narbe. Insekten können nur zu dem in der Blütenhüllblattröhre sezernierten Nektar über die von dem blumenblattartigen Griffel und dem äußeren Blütenhüllblatt gebildete Lippe gelangen und streifen dabei den mitgebrachten Pollen an der Narbe ab.

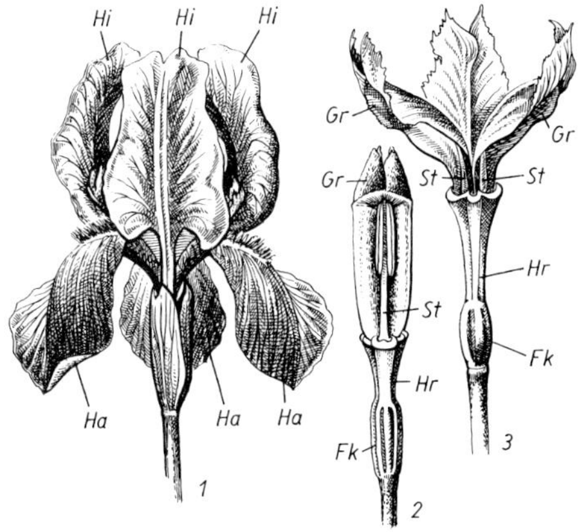

Iris germanica. 1 Blüte, äußere (Ha) und aufrecht stehende, innere (Hi) Blütenhüllblätter, die sich zu dem sogenannten »Dom« zusammenschließen; 2 Blütenknospe, bei der die Blütenhüllblätter entfernt sind; 3 Blütenknospe im Stadium der Entfaltung, die Blütenhüllblätter sind ebenfalls entfernt. Fk = unterständiger Fruchtknoten, Hr = Blütenhüllblattröhre, St = Staubblätter, Gr = blütenhüllblattähnlich ausgebildete Griffel, sogenannte Stylodien

Der Bau und der Mechanismus eines derartigen Blütenteiles entsprechen einer Lippenblüte. Die Irisblüte weist somit 3 derartige Zugänge zu dem Nektar auf. Der unterständige Fruchtknoten ist dreifächerig, an der Spitze abgerundet, zugespitzt oder zu einem mehr oder weniger langen Schnabel ausgezogen, der eine Blumenröhre vortäuschen kann.

Die Kapselfrucht ist länglich, rund, drei- bis sechsrippig oder deutlich dreikantig und endet in einer stumpfen oder geschnäbelten Spitze. Die zahlreichen Samen sind kugelig oder zusammengedrückt kantig.

Von den etwa 300 Arten treffen wir 10 als Bestandteil der mitteleuropäischen Flora an.

Bei den rhizomtragenden Bartiris wurden durch besonders intensive Züchtung einige Arten einbezogen, so daß sie kaum mehr rein in Kultur vorhanden sind. Die Bezeichnung richtet sich vielmehr nach der Höhe der Pflanzen. Die Stammart der Klasse »Zwergiris«, *Iris pumila,* ist ziemlich schwachwüchsig, bis zu 15 cm hoch und blüht violett, seltener hellblau oder weiß. Ein besonders reiches Farbenspiel haben die Züchter bei den oft als *»Iris germanica«* bezeichneten »Hohen Bartiris« hervorgebracht.

In Hügelsteppen und auf Felsköpfen in Trockenwäldern findet man die Nacktstengelschwertlilie, *Iris aphylla,* deren Verbreitungsgebiet von Mitteleuropa bis nach Kleinasien reicht. Sie wird etwa 40 cm hoch, ihr Stengel ist reich verzweigt. Die violetten Blüten haben fast kreisförmige innere Blütenhüllblätter, die äußeren besitzen einen violetten Bart.

Die Sibirische Schwertlilie, *Iris sibirica,* ist in ganz Eurasien verbreitet und wächst in Mitteleuropa auf feuchten Wiesen, in Gebüschen und am Ufer von Gewässern. Die Pflanzen werden bis zu einem Meter hoch, ihre schilfartigen Blätter haben eine leicht bläuliche, am Grunde weinrote Farbe. Der hohle Stengel ist oft verzweigt. Die äußeren Blütenhüllblätter sind blauviolett und dunkel geadert, die inneren aufrecht, elliptisch und dunkler gefärbt als die äußeren.

Die Wasserschwertlilie, *Iris pseudacorus,* findet man in einem von Europa bis Westasien reichenden Gebiet an See- und Flußufern. Sie hat etwas zusammengedrückte Stengel, die bis zu einem Meter hoch werden, breitschwertförmige Blätter und hellgelbe Blüten, die rotbraun geadert sind und zwischen den Blättern stehen.

In den Südalpen ist *Iris pallida* heimisch, deren einen Meter hohe Stengel die graugrünen Blätter weit überragen. Ihre zart lavendelfarbenen Blüten duften. Die nach Veilchenöl riechenden Rhizome werden wegen des Schleim- und Stärkegehaltes als Hustenmittel verwendet. Früher gab man Kleinkindern längere Rhizomstücke, die in Milch eingeweicht wurden, als Beißwurzeln beim Zahnen. Das ätherische Öl benutzt man bei der Herstellung von Parfümerien.

Von der Arabischen Halbinsel wurde durch die Araber *Iris florentina* über das gesamte Mittelmeergebiet verbreitet. Die zart weißlichbläulichen Blüten, deren Blütenhüllblätter am Grunde braun oder grün geadert sind, duften. Ihre Rhizome riechen wie die von *Iris pallida* und werden auf die gleiche Weise genutzt, außerdem verwendete man sie zur Aromatisierung von Tabak und schnitzte aus ihnen Schmuckgegenstände und Rosenkränze. Die Art wurde früher in Italien angebaut, heute findet man sie nur noch als Zierpflanze in Gärten.

Iris stolonifera wächst an schattigen Stellen an Waldrändern und Gebüschen des Gasimajlik-Gebirges in Tadshikistan. Die Pflanzenbestände vergrößern sich mittels unterirdischer Ausläufer.

Die größte Bedeutung der Gattung *Iris* liegt darin, daß viele ihrer Arten und Artbastarde als Zierpflanzen kultiviert werden. Besondere Gesellschaften von *Iris*-Freunden bemühen sich um die Einführung und Verbreitung immer neuer Arten, beispielsweise durch die Anlage besonderer *Iris*-Gärten, sowie um die Züchtung neuer Arthybriden und Sorten. So hat z. B. in den letzten Jahren die Bedeutung der zwiebeltragenden Arten stark zugenommen, die als Holländische Iris, *Iris hollandica,* für die Schnittblumengewinnung genutzt oder, wie *Iris reticulata* und *Iris danfordiae,* als hübsche Steingartengewächse gern angepflanzt werden.

Neuerdings in die Gartenkultur einbezogen worden sind einige der 31 Arten der südafrikanischen Gattung *Homeria* sowie der 110 Arten umfassenden Gattung *Moraea,* die südlich der Sahara vorkommt. Auch die Leopardenblume, *Belamcanda chinensis,* aus Ostasien zählt zu diesem Verwandtschaftskreis, besitzt aber 6 gleichgroße Hüllblätter.

Von Mittelamerika bis Nordchile kommt die Gattung *Tigridia* mit 27 Arten vor, wobei das Zentrum der Mannigfaltigkeit in Mexiko liegt. Die Pflanzen haben Zwiebeln, aus denen wenige grundständige Blätter hervorgehen. Ihr runder Stengel ist einfach oder wenig gegabelt. Die bis zum Grunde freien Blütenhüllblätter bilden keine Röhre, sondern neigen sich zu einer Schale oder Glocke zusammen. Dagegen verwachsen die Filamente der Staubblätter zu einer Röhre. Die Äste des fadenförmigen Griffels sind an der Spitze in 2 Gabeln geteilt.

Die Tigerblume, *Tigridia pavonia,* in Mexiko und Guatemala heimisch, hat große, im Durchmesser 10 bis 15 cm breite Blüten, von denen bis zu 4 nacheinander an einem Stengel stehen. Sie blühen allerdings nur einen Tag lang.

Die Tigerblume war bereits im 16. Jahrhundert in Europa in Kultur und wurde im Jahre 1576 von Lobelius beschrieben. Bei der Stammform sind die äußeren Blütenhüllblätter am schalenförmigen Grund violett und mit gelben, purpurrot gefleckten Streifen gezeichnet, ihr oberer Teil ist leuchtend rot, die 3 inneren sind gelb und purpurrot gefleckt. Es gibt eine größere Zahl von Sorten mit verschiedenfarbigen Blüten. Die Zwiebeln müssen wie die Gladiolen frostfrei überwintert werden. In ihrer Heimat ißt man die Zwiebeln wie Kartoffeln oder Echte Kastanien.

In Südafrika sind die 11 Arten der Gattung *Freesia* beheimatet, von denen *Freesia refracta* zu einer beliebten Zierpflanze geworden ist. Es handelt sich um Stauden mit faserschaligen Knollen, aus denen stielrunde, einfache oder auch verzweigte Schäfte hervorgehen, die sich unter dem reichblütigen Blütenstand umbiegen. Am Grunde der Schäfte stehen fächerartig gehäuft mehr oder weniger schwertförmige oder breit-lanzettliche Blätter. Bei den trichterförmigen Blüten entwickelt sich aus einem dünnen Grund eine lange, glockige Röhre, ihr etwas schiefer Saum besteht aus eirunden Zipfeln. Am Grunde der Röhre sind die Staubblätter angeheftet, deren Antheren von dem fadenförmigen Griffel überragt werden. Der Griffel endet in 3 dünnen, zweispaltigen Ästen mit zurückgekrümmten Lappen. Die Blüten duften außerordentlich stark, sie sind weiß, violett und gelb.

Am Ende des vergangenen Jahrhunderts begann die züchterische Bearbeitung der Freesien. Heute gibt es sogenannte Superfreesien mit fast einen Meter langen Schäften und Blüten von über 5 cm Durchmesser. In der Zeit von Oktober bis April gehören die Freesien zu den wichtigsten Schnittblumen.

Die Gattung *Crocus* ist mit 80 Arten im südlichen Europa und vom Mittelmeergebiet bis nach dem Iran verbreitet. Es sind oberirdisch stengellose Pflanzen mit einer außen netz- oder parallelfaserigen Knolle und grundständigen, langlinealischen Blättern. Die lange, dünne Blütenhüllblattröhre, an deren Grund die Staubblätter befestigt sind, erweitert sich oben trichterförmig. Der fadenförmige, lange Griffel endet in 3, an der Spitze ganzrandigen, gegabelten, gelappten oder mehrfach tief gespaltenen Ästen. Die Blüten sind weiß, blau, violett oder gelb und auch dunkler gestreift.

Bei den Arten unterscheidet man Frühlings- oder Herbstblüher, wie auch bei anderen Pflanzen mediterraner Herkunft; andere Unterscheidungsmerkmale sind die Gestalt der Knollenhüllblätter und die Form des Griffels. Fast alle Arten wurden in Kultur genommen; aus ihnen und durch Artkreuzungen entstanden zahllose Gartenformen, die in der Größe und Farbe der Blüten den wildwachsenden Arten weit überlegen sind.

Seit dem 16. Jahrhundert ist der in Südungarn heimische *Crocus aureus* in Kultur. Weitere im Frühjahr blühende Arten, aus denen sich Gartensorten entwickelten, sind der ursprünglich auf dem Balkan und in Kleinasien verbreitete *Crocus chrysanthus,* der aus Griechenland und von Kreta kommende *Crocus sieberi* und vor allem der aus den Alpen und Pyrenäen stammende *Crocus vernus.*

Von den Herbstblühern ist *Crocus sativus,* der Safran, eine alte Kulturpflanze, der heute vom Mittelmeergebiet bis nach Indien verbreitet ist, wild jedoch nicht mehr vorkommt. Die Blütenhüllblattröhre ist purpurn gefärbt und bärtig, ihre Zipfel sind dunkellila und purpurn geadert. Der tief gespaltene Griffel hat verdickte, hängende Narben.

Als Safran bezeichnet man die getrockneten, dreiteiligen, röhrenförmigen Narbenschenkel, die nur im Oktober geerntet werden können. Für ein Kilogramm der trockenen Droge benötigt man die Narben von 150 000 Blüten. Safran riecht stark aromatisch und schmeckt etwas süßlich-würzig. Seine Bestandteile sind Karotinoide, das bittere Glykosid Pikrokrozin und ätherisches Öl. Er wird von alters her zum Würzen und Färben von Speisen und Gebäck verwendet. Ein Gramm färbt 100 l Wasser noch deutlich gelb. Die arabischen Frauen färben sich mit ihm die Augenlider, Zehen und Finger. Seine Hauptanbaugebiete liegen heute in Spanien, Italien, im Iran und Nordostindien.

Die etwa 180 Arten der Gattung *Gladiolus* sind im tropischen und südlichen Afrika sowie vom Mittelmeergebiet bis zum Iran verbreitet. Die Pflanzen, deren Knollen mit einer häutigen oder faserigen, meist braunen Hülle umgeben sind, werden bis zu einem Meter hoch. Die Blätter, auch die des Stengels, sind schwertförmig oder linealisch. Die zygomorphen Blüten stehen in lockeren, fast immer einseitswendigen Ähren vereint. In der lanzettlichen, krautigen, aufrechten Blütenscheide befindet sich jeweils nur eine sitzende Blüte, die recht groß sein kann.

In Mitteleuropa wächst auf sumpfigen, buschigen Wiesen *Gladiolus palustris,* die Sumpfsiegwurz, deren bis zu 60 cm hohe Pflanzen zwei- bis fünfblütige Blütenstände mit purpurnen Blüten haben. Der Name Siegwurz rührt daher, daß die Knolle als Talisman gegen Verwundungen galt und vor allem hieb-

und stichfest machen sollte. Sie ist von einer Hülle umgeben, deren Fasern stark netzig verbunden sind.

Die Gladiolenzüchtung, die am Anfang des vorigen Jahrhunderts begann, führte dazu, daß die einheimischen, winterharten Arten, u. a. die Wiesensiegwurz, *Gladiolus imbricatus,* völlig aus den Gärten verdrängt wurden. Zur Züchtung benutzte man ausschließlich afrikanische Arten. Das Ziel war dabei, hohe, großblütige Sorten zu schaffen. Seit der Mitte dieses Jahrhunderts bemüht man sich, diese durch niedrige Sorten, die früher blühen und kleinere Blüten haben, zu ergänzen.

Die Gladiolen gewinnen durch die steigende Nachfrage nach Schnittblumen immer mehr an Bedeutung. Gladiolengesellschaften in Europa und in den USA bemühen sich, sie auch in den Liebhabergärten in immer stärkerem Maße zu verbreiten.

Das durch intensive Neuzüchtung ständig sich erweiternde Sortenspektrum der Gladiolen wird in neun Klassen eingeteilt: »Botanische« Gladiolen und ihre Hybriden, »Frühblühende« Gladiolen, »Primulus«-Hybriden, kleinblütige (z. B. die »Schmetterlings«-Gladiolen), »Großblumige«, »Riesenblumige«, »Gefülltblumige«, »Orchideen«- und »Duftgladiolen«.

Das südafrikanische Entfaltungszentrum der Irisgewächse hat der Züchtung eine Fülle sehr attraktiver Arten beschert, die in neuerer Zeit zu beliebten und oft verwendeten Zierpflanzen avanciert sind. So findet man in den Blumenkatalogen neuerdings auch Vertreter der aus 50 Arten bestehenden Gattung *Watsonia.* Zähe, dünne Ausläufer bilden die Knollen der orange und rot blühenden Montbretien, *Crocosmia.* 63 Arten umfaßt die Gattung *Babiana,* deren Vertreter *Babiana stricta* mit blauen bis violetten Blüten für die Topfkultur geeignet ist. Einige der 35 Arten der Gattung *Lapeirousia* werden ebenfalls als Topf- oder Steingartenpflanzen kultiviert. Dekorative Schnittblumen sind die intensiv gefärbten Ixien, *Ixia,* die Fransenschwertel, *Sparaxis,* die wegen ihrer auffälligen Farbenkontraste auch Harlekinblumen genannt werden, sowie der feurigrot blühende Spaltgriffel, *Schizostylis coccinea.* Der Trich-

Die Gemeine Siegwurz, *Gladiolus communis,* kommt im Mittelmeergebiet vor. Sie ist feingliedriger als die auf Elternarten aus Südafrika zurückgehenden Gartengladiolen.

Bereits 1877 wurde diese weißblütige *Watsonia borbonica* ssp. *ardernei* aus Südafrika aus einem Bestand der normalerweise rosa blühenden Art ausgelesen. Sie wird in warmen Ländern, hier an einer Straße auf Teneriffa, sehr gern als Zierpflanze kultiviert.

terschwertel, *Dierama pulcherrima,* mit glokkenförmigen Blüten in ansehnlichen Blütenständen ist eine stattliche Pflanze für Wildstaudengärten.

Ordnung Burmanniales

Die in dieser Ordnung zusammengefaßten kleinen Familien haben eine immer noch recht unsichere taxonomische Stellung. Während sie früher wegen ihrer winzigen Samen, einigen embryologischen Eigenschaften und des unterständigen Fruchtknotens als nahe Verwandte der Orchideen oder gar als deren Ausgangsgruppe angesehen worden waren, sieht man solche Ähnlichkeiten, die sie in verschiedenen Merkmalen auch mit den Philydraceen haben, heute mehr als konvergente Entwicklungen dieser eigenständigen Evolutionslinie an.

Familie Burmanniaceae

Diese kleine Familie mit 9 Gattungen und 100 Arten besitzt eine ausgedehnte Verbreitung in den Tropen und Subtropen der nördlichen und südlichen Hemisphäre und reicht in den USA bis nach Nordkarolina und Illinois. Interessant ist in der Familie der Übergang von der autotrophen zur saprophytischen Lebensweise.

Es sind kleine, einjährige oder mehrjährige, mit Rhizomen oder Knöllchen versehene Kräuter, deren grüne, schmale Blätter in einer basalen Rosette stehen. Die saprophytischen Arten, die im Schatten der Urwälder auf den verwesenden Pflanzenteilen wachsen, haben dünne, zarte oder knollig angeschwollene Rhizome, in deren Zellen Pilze wachsen. Ihre Sprosse sind farblos, hellrötlich oder gelblich und mit schuppenartigen Blättern besetzt. Die Sprosse tragen an der Spitze einzelne oder wenige zu Ähren oder Trauben vereinigte Blüten, die bei den autotrophen Arten blau, bei den saprophytischen gelblichweiß sind.

Die Blütenhüllblätter der strahligen Blüten sind in 2 dreizähligen Kreisen angeordnet und im unteren Teil zu einer Röhre verwachsen. Von den Staubblättern entwickeln sich nur die 3 des inneren Kreises, beispielsweise bei der Gattung *Burmannia.* Sie sind in der Blütenhüllblattröhre angewachsen. Die Antheren haben ein stark verbreitertes oder mit einem Anhängsel versehenes Konnektiv und öffnen sich seitlich oder nach innen. Der unterständige Fruchtknoten ist entweder dreifächerig und hat zentralwinkelständige Plazenten, oder er ist einfächerig und mit wandständigen Plazenten ausgestattet. Die Plazenten enthalten zahlreiche umgewendete Samenanlagen. Der kurze Griffel teilt sich in 3 am Scheitel mit Narben bedeckte Schenkel. Die Frucht ist eine meist unregelmäßig zerreißende oder aufspringende Kapsel, die häufig von der verwelkten Blumenkrone gekrönt wird. Die zahlreichen Samen sind klein, und ihr Nährgewebe besteht nur aus wenigen Zellen. Sie werden vom Wind verbreitet.

Die verschiedenartige Gestalt der Blüten-

Kesselfallenblüte der Burmanniacee *Glaziocharis macahensis*. Die Spitzen der inneren Blütenhüllblätter bilden über dem »Blütenkessel« ein Dach. Auf ihrer Dorsalseite entspringen bis zu 11 cm lange Fortsätze, die am Ende in keulenförmige Anschwellungen auslaufen. Sie scheiden Duftstoffe ab, die die Insekten anlocken.

hüllblätter ergibt recht bizarr geformte Blüten. Bei *Burmannia* ist die von den Blütenhüllblättern gebildete Röhre entweder mit 3 Flügeln oder 3 Kanten versehen, die Zipfel der äußeren Blütenhüllblätter sind klappig, die der inneren 3 kleiner, oder sie vergehen fast völlig.

Bei den Blüten der Gattung *Bagnisia* haben die Zipfel der 3 äußeren Blütenhüllblätter über der Röhre zunächst die Form eines Nagels, verbreitern sich dann nach oben und bilden über der Röhre eine Mütze oder Kapuze.

Die mit 57 Arten umfangreichste und gleichzeitig am weitesten verbreitete Gattung ist *Burmannia*, die außer in den Tropen und Subtropen der Alten und Neuen Welt auch in Ostasien und Südaustralien vorkommt. Ihre Pflanzen gedeihen entweder auf feuchten, sandigen Standorten oder saprophytisch im abgefallenen Laub der Wälder.

Die 24 Arten umfassende Gattung *Thismia* wird mit weiteren 5 Gattungen oftmals als separate Familie Thismiaceae geführt. Es handelt sich hier ebenfalls um chlorophyllfreie, manchmal etwas sukkulente Saprophyten des tropischen Afrikas, Asiens und Amerikas, aber auch Australiens und Neuseelands. Von den 6 Blütenhüllblättern der Blüten der Gattung *Thismia* sind entweder die 3 Zipfel der inneren kurz eiförmig und die äußeren pfriemenförmig oder alle 6 lang pfriemenförmig und zurückgebogen.

Familie Corsiaceae

Diese in ihrer Verbreitung auf Neuguinea und Chile beschränkte Familie, zu der die beiden Gattungen *Corsia* und *Arachnitis* gehören, wurde früher als Tribus zu den Burmanniaceen gestellt. Eine ganze Reihe von Besonderheiten rechtfertigt jedoch ihre selbständige Stellung. Es sind saprophytisch lebende Kräuter mit einem ausdauernden Rhizom oder mit Knollen. Ihre kleinen Blätter sind zu Schuppen reduziert, und die Stengel tragen am Ende eine einzelne Blüte.

Die zygomorphen Blüten sind bei der Gattung *Corsia* zwittrig oder durch Verkümmerung bei *Arachnitis* eingeschlechtig. Der hintere Zipfel der 6 äußeren und inneren Blütenhüllblätter ist vergrößert, herzförmig oder eiförmig- lanzettlich, die anderen haben eine mehr oder weniger lanzettliche Form. Die jeweils 3, den äußeren und inneren Blütenhüllblättern zugeordneten Staubblätter sind frei. Der Fruchtknoten ist einfächerig und hat 3 wandständige, weit vorspringende und zweigabelige Plazenten mit zahlreichen Samenanlagen. Die Früchte sind Kapseln mit vielen kleinen Samen.

Die Zipfel der äußeren Blütenhüllblätter tragen wie bei den Burmanniaceen zu einer Vielgestaltigkeit der Blüten bei. Der vergrößerte, hintere Zipfel der äußeren Blütenhüllblätter ist bei der Gattung *Corsia* flügelartig und herzeiförmig, bei *Arachnitis* eiförmig-lanzettlich und schnabelförmig nach vorn gekrümmt. Die Zipfel der übrigen Blütenhüllblätter hängen bei *Corsia* als Fäden herab oder stehen bei *Arachnitis* weit ab.

Ordnung Orchideenartige, Orchidales

Familie Orchideen, Orchidaceae

Orchideen haben seit langem viele Pflanzenfreunde durch die Schönheit und Vielfalt ihrer Blüten fasziniert und zu Untersuchungen, Kultur und Zucht angeregt. Zu Recht gelten sie als edle und wertvolle Schnittblumen. Auch für Wissenschaftler verschiedener biologischer Disziplinen ist diese größte Familie des Pflanzenreiches, die auf allen Kontinenten mit rund 750 Gattungen und etwa 20000 bis 25000 Arten vorkommt, durch die außergewöhnliche Formenmannigfaltigkeit, die hochspezialisierten Bestäubungseinrichtungen der Blüten, die Keimungsphysiologie und viele andere besondere Anpassungen von hohem Interesse.

Unter den Einkeimblättrigen stellen die Orchideen *den* Entfaltungs- und Entwicklungshöhepunkt dar, wie ihn vergleichsweise bei den Zweikeimblättrigen nur die Korbblütler (Asteraceae) erreichten.

Alle in Europa vorkommenden Orchideen wachsen terrestrisch, d. h. sie wurzeln in der Erde und haben mit Ausnahme des Frauenschuhs oft nur verhältnismäßig unscheinbare Einzelblüten. Auch in den Tropen und Subtropen gibt es viele Erdorchideen (z. B. die Gattung *Habenaria* mit 800 Arten), doch ist ihr Anteil recht bescheiden im Vergleich zu den zahlreichen Arten, die hier als baumbewohnende Pflanzen (Epiphyten) verbreitet sind. Besonders der tropische Regenwald mit seinen ungünstigen Lichtverhältnissen in Bodennähe birgt viele epiphytische Orchideen, die in den Astnischen von Baumkronengipfeln ausreichende Lebensbedingungen auf Grund spezieller Anpassungsstrukturen finden. Sukkulent angeschwollene Sproßabschnitte, aber auch die oft verdickten Blattspreiten und selbst die Wurzeln sind zur Nährstoff- und Wasserspeicherung befähigt, so daß die Pflanzen eine geraume Zeit ungünstige Bedingungen unbeschadet überstehen können. In den Subtropen mit ihren alljährlichen längeren Dürreperioden werden die Laubblätter oft abgeworfen und die Lebensäußerungen zeitweilig wesentlich eingeschränkt, stärkere Niederschläge während dieser Zeit stören den Entwicklungsrhythmus und wirken oft sogar schädigend.

An der Assimilation beteiligen sich bei den tropischen epiphytischen Orchideen nicht nur die Blätter, deren Oberfläche oft durch eine dicke Kutikula die Wasserabgabe (Transpiration) stark herabsetzt, sondern auch die Sprosse und bei den meisten Arten sogar die Wurzeln, die in einigen Gattungen bandförmig abgeflacht sind. Bisweilen fehlen Laubblätter völlig, so daß die Assimilation ausschließlich von den Wurzeln übernommen wird *(Taeniophyllum, Polyrrhiza).*

Die Wurzeln üben in dieser Familie noch weitere eigentümliche Funktionen aus. Bei den baumbewohnenden Sippen schmiegen sie sich dicht der Rinde an oder umklammern völlig die Äste der sie beherbergenden Baumart und verankern so die Pflanze. Bei zahlreichen Arten werden sogenannte Luftwurzeln gebildet, die sparrig abstehen und auf Grund besonderer anatomischer Eigenschaften zu einer schnellen Wasseraufnahme über die gesamte Oberfläche befähigt sind (Velamen). Wurzelhaare fehlen bei den meisten Orchideen, dagegen kann bei allen Arten eine Pilzsymbiose (Mykorrhiza) nachgewiesen werden, die in einigen Verwandtschaftskreisen so extrem ist, daß die Sippen in der Ernährung völlig auf die Stoffproduktion des Pilzes angewiesen sind (saprophytische Orchideen).

Bei den Erdorchideen übernehmen Rhizome und Knollen die Stoffspeicherung. So wird bei den Knabenkrautarten aus der Achsel eines Niederblattes zu Beginn einer Vegetationsperiode eine junge, ständig anschwellende Speicherknolle angelegt, während die vorjährige Knolle mit dem Austrieb des endständigen, beblätterten Blütensprosses aufgebraucht wird. Eine solche sympodiale Entwicklung ist auch für sehr viele epiphytisch lebende Orchideen charakteristisch. Anstelle der unterirdischen Sproßabschnitte entwikkeln sich in der Laubblattzone stark verdickte, aufrechte Sproßabschnitte (Pseudobulben) an der rhizomartigen, sympodialen Achse. Die Anschwellung kann sich auf ein Internodium beschränken (heteroblastische Pseudobulben) oder über mehrere Internodien erstrekken (homoblastische Pseudobulben).

Die Blütenstände, deren Grundform in der Familie eine Traube ist (razemöse Blütenstände), entfalten sich meist endständig an den Pseudobulben oder an deren Basis.

Bei anderen Orchideen ist die vegetative

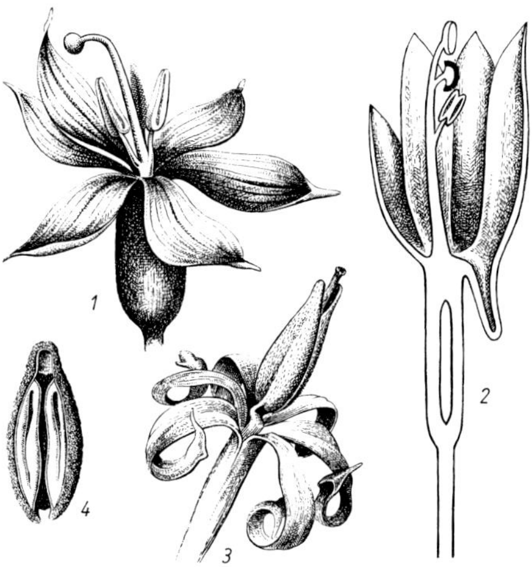

1 In den Blüten der Gattung *Neuwiedia* werden 3 fertile Staubblätter ausgebildet; 2 schematischer Blütenlängsschnitt einer *Neuwiedia*-Art; 3 Bei *Apostasia nuda* umschließen 2 Staubblätter den Griffel; 4 Die beiden auf einer Seite miteinander verbundenen Staubbeutel von *Apostasia nuda*

Achse ein Monopodium, das gleichmäßig verdickt ist. Bei Spreizklimmern können die Sprosse oft sehr lang werden, sich dabei unter Verzweigung auf die Äste von Bäumen stützend. Die Blütenstände entstehen unmittelbar in den Achseln von Laubblättern oder endständig an seitlichen Kurztrieben, wie es für die Gattung *Vanilla* charakteristisch ist. Die verschiedenen Verzweigungsformen haben sich im Laufe der Evolution in mehreren Entwicklungslinien parallel manifestiert und können nicht generell zur Beurteilung primitiver und fortgeschrittener Verwandtschaftskreise innerhalb der Familie benutzt werden.

Auffallend ist die große Übereinstimmung in dem recht komplizierten Bau der Orchideenblüten. Um so bemerkenswerter sind einige Gattungen, deren Blüten eindeutige Beziehungen zu den Lilienverwandten erkennen lassen, was auf gemeinsame Vorfahren schließen läßt. Alle Orchideen haben, wie einige Familien der Liliifloren, einen unterständigen, dreizähligen Fruchtknoten. Die Orchideen mit relativ ursprünglichen Merkmalen sollen zuerst vorgestellt werden, um die Evolution der Blüte bei den abgeleiteten Sippen besser verständlich zu machen.

In der Gattung *Neuwiedia* ist die Blütenhülle nahezu strahlig-symmetrisch. An einer kleinen Säule kommen 3 Staubblätter mit kurzen, freien Staubfäden zur Entfaltung, von denen das mittlere dem inneren und die beiden seitlichen dem äußeren Staubblattkreis angehören. Die Säule wird vom Griffel fortgesetzt.

Bei der Gattung *Apostasia* bilden die beiden seitlichen Staubblätter gemeinsam mit dem mittleren Staubblatt des inneren Kreises, das jedoch steril ist (Staminodium), eine nach vorn offene Hülle, die den weitgehend freien Griffel umfaßt. Beide Gattungen sind relativ primitive Orchideen, die in der Unterfamilie der Apostasioideae vereinigt werden.

Während in den Gattungen *Neuwiedia* und *Apostasia* die zweiseitige Symmetrie der Blüte vornehmlich durch den eigentümlichen Aufbau der Säule dokumentiert wird, ist bei fast allen anderen Orchideen das mittlere Blütenblatt des inneren Hüllkreises zu einer auffälligen Lippe (Labellum) entwickelt, die sich sowohl in der Form als auch in der Farbe wesentlich von den übrigen Blütenhüllblättern unterscheidet. Sie wird am jungen Blüten-

Analyse von Orchideenblüten: 1–5 *Carlanthe,* 1 Blüte, 2 Säule, 3 Staubblatt, 4 Staubbeutel mit 8 Pollinien; 5 Pollinien eines Staubblattes; 6–11 *Oncidium,* 6 Blüte, 7 Säule (Staubbeutel entfernt), 8 Säule (halbseitlich), 9 Staubbeutel, 10 Pollinarium (Aufsicht), 11 Pollinarium (Seitenansicht). äB = äußere Blütenhülle, iB = innere Blütenhülle, L = Lippe, S = Säule, St = Staubblatt, Sf = Säulenflügel, K = Klebscheibe, Sp = Stipes, P = Pollinium, N = Narbe, So = Sporn

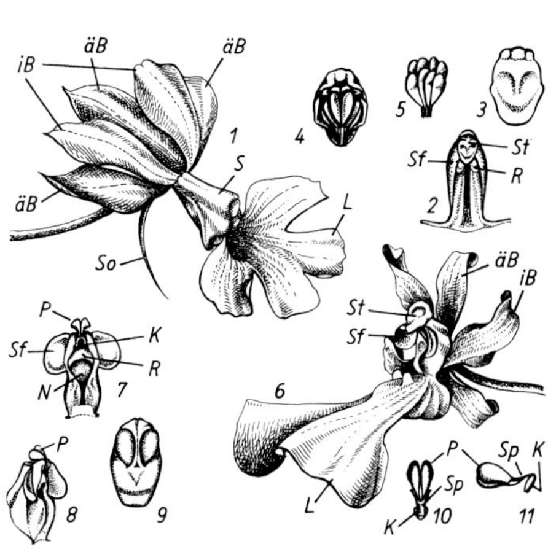

sproß auf der Seite angelegt, die der Abstammungsachse zugekehrt ist, und entfaltet sich oft auch in dieser Stellung. Dann steht sie meist aufrecht und wirkt durch eine auffällige Kontrastfärbung vornehmlich als Schauorgan auf die Blütenbesucher. In vielen Gattungen wird sie aber durch Drehung des Fruchtknotens um seine Längsachse um 180° (Resupination) zu einer »Unterlippe« und fungiert zusätzlich als Anflugorgan für die Bestäuber. Bei einigen Arten erfolgt die Resupination am Blütenstiel, derselbe Effekt wird nicht selten auch durch ein »Überkippen« der Blüte erreicht. Oft wird Zuckersaft in einem Sporn geboten, der meist eine Aussackung der Lippe ist, doch kann die Spornbildung gelegentlich auch von anderen Blättern der inneren Blütenhülle ausgehen.

Die Struktur der Säule ist bei den meisten Orchideen weit höher spezialisiert als in den beiden eingangs genannten Gattungen. Stets sind die Staubbeutel stärker in die Säule einbezogen, wobei in der relativ kleinen Unterfamilie der Cypripedioideen nur die beiden Staubblätter des inneren Kreises ausgebildet werden, während in den anderen Sippen allein das mittlere Staubblatt des äußeren Kreises fertil ist. Oft besitzt die Säule 2 seitliche Flügel, die als Staminodium des inneren Staubblattkreises gedeutet werden.

Völlig in der Säule aufgegangen ist auch der Griffel, lediglich die Narbenflächen heben sich auf der Innenfläche als Scheibe ab, über der durch Übergipfelung der Säule der Zugang zum Staubbeutel liegt (bei den Cypripedioideen seitlich unterhalb der Narbenfläche).

Säule und Lippe der Orchideen stehen im Dienst der Bestäubung und sind so organisiert, daß der unmittelbare Zugang zur Blüte bzw. zu den für die Bestäuber attraktiven Duft- und Nektarquellen verwehrt und ein Aufenthalt bzw. ein längeres Verweilen vor der Blüte (Schwärmer, Kolibris) notwendig ist. Darüber hinaus ist eine obligatorische Berührung der Narbenflächen und der Staubbeutel gewährleistet. Dabei sind bei vielen Orchideen offenbar nur wenige Tierarten oder -gruppen in der Lage, einen erfolgreichen Blütenbesuch vorzunehmen.

Im Zusammenhang mit diesem hohen Grad der Spezialisierung müssen weitere Blüteneinrichtungen genannt werden, die eine hohe Effektivität des Bestäubungsvorganges sichern. Nur in wenigen Gattungen ist der Pollen mehlig (Apostasioideae), häufig ist er durch einen Schleim zu Paketen verklebt, wobei sehr oft Pollentetraden und nicht einzelne Pollen verbreitet werden (Cypripedioideae). In den meisten Gattungen wird jedoch der gesamte Inhalt eines Staubbeutelfaches über eine Pore von den Bestäubern als Paket (Pollinium) übernommen, das von erhärteten schleimigen Fäden, die aus dem Tapetum stammen, umschlossen wird. Eine kleine Stielzone geht entweder aus dem Tapetum (Frenikel) oder aus dem Sporengewebe (Appendikel) hervor. In vielen abgeleiteten Orchideengattungen wird der Inhalt der Pollenfächer in zahlreiche Paketklümpchen unterteilt (sektile Pollinien), die alle miteinander verbunden sind; bei der Übertragung auf die Narben brechen sie einzeln ab, so daß mehrere Blüten mit dem Polleninhalt eines Antherenfaches bestäubt werden. Der Narbenschleim löst dann das Paket, und alle Pollen können Pollenschläuche entwickeln.

In unmittelbarer Nachbarschaft der Staubbeutelporen entsteht eine Klebscheibe auf der Säule, die an einem bestäubenden Tier haften bleibt und dabei zugleich das Pollinium aus dem Staubblatt herauszieht. Sie wird am sogenannten Schnäbelchen (Rostellum) gebildet, einem schnabelähnlichen Fortsatz, der die dreiteilige Narbenfläche an der Säule in 2 fertile und einen sterilen oberen Sektor teilt. Dieser Sektor wird zur Klebscheibe und hat mit der Staubbeutelöffnung Kontakt. Aber nicht in allen Fällen ist die Klebscheibe mit einer sterilen Narbenfläche identisch, in manchen Gattungen wird sie angelegt, obwohl alle 3 Narbensektoren fertil sind.

Unter den stammesgeschichtlich am weitesten fortgeschrittenen Orchideen wird außer der Klebscheibe an der Säule noch ein zellulärer Gewebestreifen differenziert, der die Verbindung von der Klebscheibe zum Pollinium herstellt und sich bei der Pollenreife löst (Stipes). Das Pollinium erhält zur Klebscheibe damit noch eine Stielzone, die sich nach Verlassen der Blüte nach vorn neigt und das Pollinium so weit senkt, daß es beim nächsten Blütenbesuch des Bestäubers genau in der Höhe liegt, wo sich an der Säule die fertilen Narbenabschnitte befinden. Diese hochspezialisierte Pollenverbreitungseinheit, bestehend aus Pollinium, Appendikeln oder Frenikeln, Stipes und Klebscheibe, wird als Pollinarium bezeichnet.

Die Verbindung zwischen Pollinium und Klebscheibe erfolgt entweder an der Basis oder an der Spitze des Staubblattes. Danach wurden früher die nur mit einem Staubblatt ausgestatteten Orchideen (monandrische Orchidaceen) in »Basitonae« und »Acrotonae« gegliedert.

Man hat aber die auffallende Beobachtung machen können, daß innerhalb mehrerer Gattungen die morphologische Struktur des Rostellums und der Pollinien sowie die Lage der Staubbeutelporen sehr verschieden sein können, was die Schlußfolgerung zuläßt, daß sich diese komplizierten Einrichtungen in einzelnen Verwandtschaftskreisen unabhängig, aber doch parallel differenziert haben. In den Arten sind diese Blütenmerkmale dagegen sehr beständig, was besonders für die Pollinienform gilt.

Orchideen haben ein charakteristisches Spektrum an Duftkomponenten. Einige davon hat man analysieren können und benutzt sie im Gebiet des tropischen Regenwaldes Amerikas zur Anlockung von Nachtschwärmern und anderen Insekten, die hochgradig auf Duftwirkungen reagieren. An der ausgelegten Nektarquelle wurden alle mit Pollinien behafteten Insekten zur näheren Untersuchung gefangen, wobei man feststellte, daß zahlreiche Pollenpakete von epiphytischen Orchideenarten dabei waren, die bisher wissenschaftlich noch nicht erfaßt werden konnten. Dies ist durch die besondere Lebensweise der Orchideen in den Kronen hoher Bäume und die Undurchdringlichkeit tropischer Regenwälder verständlich. So warten trotz der bisher bekannten großen Artenzahl sicher noch viele weitere tropische Sippen auf ihre Entdeckung.

Bei den Orchideen ist der dreiblättrige Fruchtknoten in vielen Gattungen dreifächerig mit zentralwinkelständigen Plazenten. Auch die Verwandtschaftskreise mit vorherrschend ursprünglichen Merkmalen weisen diesen Bau auf. In mehreren stammesgeschichtlichen Entwicklungslinien haben sich aber daraus durch Reduktion der Scheidewände einige Sippen mit einfächerigen Fruchtknoten und marginal-parietaler Stellung der Samenanlagen gebildet, und in einigen Taxa sind Fruchtknoten entdeckt worden, die eine eigentümliche Zwischenform einnehmen.

Ungewöhnlich groß ist die Zahl der Samenanlagen; so hat man in den reifen Früchten von *Cycnoches ventricosum* über 4 Millionen Samen festgestellt. Freilich sind es bei den meisten Arten nicht so viele, am wenigsten wurden bisher bei *Coeloglossum viride* gezählt, doch waren es im Durchschnitt immerhin 1330.

Zur Zeit der Blütenentfaltung sind die Samenanlagen übrigens noch weitgehend undifferenziert. Die endgültige Größe wird erst erreicht, nachdem Pollen auf die Narbe gelangt ist. Offenbar stimuliert die Bestäubung die Produktion des Pflanzenhormones Indolessigsäure, das die volle Entwicklung der Samenanlagen induziert. Diese Substanz ist übrigens auch verantwortlich für das Einsetzen des Welkprozesses in der Orchideenblüte, sobald die Pollenübertragung erfolgt ist.

Auffallend ist bei vielen Orchideen das langsame Wachstum der Pollenschläuche. Bei *Vanda suavis* erreichen die generativen Kerne erst nach 6 bis 10 Monaten den Embryosack. Das Endosperm degeneriert schon auf einem frühen Entwicklungsstadium. Im reifen Samen ist der Embryo weitgehend undifferenziert und setzt sich in einigen Sippen nur aus etwa 120 Zellen zusammen. Die Teilungsschritte der Zellen während der Embryobildung, in deren Verlauf es in mehreren Gattungen zur Hervorwölbung eines Suspensors kommt, werden als wertvolles systematisches Merkmal angesehen.

Bei der Samenreife heben sich unter ständiger Vergrößerung die Zellen des äußeren Integuments vom Nuzellus ab und umschließen einen großen Luftsack, der die Schwebefähigkeit erhöht. Die meist spindelförmigen oder stark abgeflachten Samen vermögen – vom Wind getragen – weite Strecken zu überwinden. Es konnten Fernübertragungen von wenigstens 150 km bei *Malaxis monophyllos* und selbst solche von mehr als 400 km bei *Ophrys apifera* nachgewiesen oder sehr wahrscheinlich gemacht werden.

Nur in wenigen Gattungen, z. B. bei den Apostasioideen und den Vanillen, liegt die hier dickwandige Samenschale dem Embryo dicht an. Die Samen umgibt ein Fruchtmus, das übrigens in all diesen nicht unmittelbar miteinander verwandten Gattungen ähnliche Aromastoffe wie bei der Vanille enthält.

Die Samen der Orchideen gehören zu den

kleinsten und leichtesten des Pflanzenreiches. Die meisten dieser geradezu staubfeinen Samen, die verbreitungsbiologisch als »Körnchenflieger« bezeichnet werden, wiegen nur 3 bis 4, die des Kriechenden Netzblattes *(Goodyera repens)* – einer heimischen unscheinbaren Orchidee, sogar nur 2 millionstel Gramm. Entsprechend gering ist auch die Sinkgeschwindigkeit solcher Orchideensamen. Sie liegt bei etwa 2 bis 40 cm pro Sekunde und damit in derselben Größenordnung wie die Sinkgeschwindigkeit vieler Pollen und Sporen, bei denen eine Verbreitung durch Luftströmungen von mehr als 1000 km nachgewiesen werden konnte. Trotz der außergewöhnlich hohen Samenproduktion ist die Individuenzahl innerhalb vieler epiphytischer Arten selbst in den Tropen sehr gering, da die Chance der Samen, geeignete Keimungsbedingungen vorzufinden, sehr klein ist. Hinzu kommt eine weitere Korrelation: Je kleiner Pflanzensamen sind, um so weniger sind sie zu einer selbständigen Ernährung fähig. Alle Orchideen sind normalerweise auf eine Pilzernährung (Mykotrophie) angewiesen, wobei der Pilz in der Rinde der Wurzel siedelt (Mykorrhiza). Die Symbiose mit dem Pilz kann bereits während der jüngsten Keimungsstadien einsetzen. Bisher konnten Pilze aus den Gattungen *Rhizoctonia, Corticium, Armillaria, Fomes* u. a. isoliert werden.

Aus dem Samen, der bei den Orchideen eine Lebensfähigkeit von 2 Monaten bis zu 18 Jahren hat, geht ein ergrünender, kreiselförmiger Körper hervor (Protokorm), der bis zu 24 Monate in diesem Stadium verharrt. Am Scheibenrand entwickeln sich Absorptionshaare, über die der Pilz in den jungen Keimling aktiv eindringt, oder die Infektion erfolgt über den Suspensor. Diese besondere Anpassung macht deutlich, wie klein die Überlebensquote keimender Samen ist. Nach dem Befall durch den Pilz, dessen weitere Ausbreitung von der jungen Pflanze durch die Produktion fungistatischer Substanzen reguliert wird, verbreitert sich die Keimscheibe und bildet die erste sproßbürtige Wurzel sowie winzige Blättchen aus. Im Keimling gehen dabei einige bemerkenswerte Veränderungen vor. In einigen speziellen Zellen werden eiweißhaltige Pilzhyphen gespeichert, die die Pflanze abbaut, andere Zellen bleiben pilzfrei. Durch die Mykorrhiza werden der Orchidee besonders

Der Blattlose Widerbart, *Epipogium aphyllum,* besitzt kein Chlorophyll und kann seinen gesamten Nährstoffbedarf durch Aufschließung toter organischer Substanz unter Vermittlung von Pilzen decken (Saprophytismus).

Stickstoff und Mineralstoffe zugeführt, daneben aber auch lebenswichtige Enzyme, Hormone und Vitamine. Die Synthese organischer Substanzen ist dann bei Ausbildung grüner Laubblätter gewährleistet.

Bei etwa 150 Orchideenarten, die 17 Gattungen verschiedener Triben angehören, sind die Pflanzen völlig auf die Ernährung durch den Pilz angewiesen, sie bilden kein Chlorophyll aus, und die Blätter sind zu Schuppen reduziert. Für ein solches Verhalten, das als Saprophytismus bezeichnet wird, ist die Nestwurz, *Neottia nidus-avis,* ein bekanntes Beispiel. Sie parasitiert völlig auf dem Pilz, der seinen Nährstoffbedarf durch die Verrottung abgestorbener Pflanzen- und Tierreste im Waldboden deckt.

Zwar ist am natürlichen Standort die Mykorrhiza eine charakteristische Eigenschaft aller Orchideen, doch gelang im Laufe der letzten Jahrzehnte die Aufzucht vieler Arten vom Keimling bis zum Blühstadium auf künstlichem Nährboden (Agarplatten) ohne Pilzinfektion, wenn das Substrat die erforderlichen Zucker und Mineralstoffe enthielt. Bei anderen Arten ist auch ein Zusatz des Pilzextraktes erforderlich, der wahrscheinlich die benötigten Enzyme und möglicherweise auch gewisse Hormone liefert, um die Blühfähigkeit zu erreichen.

In kaum einer anderen Pflanzenfamilie ist zur Erzeugung von Hybriden so viel experimentiert worden wie bei den Orchideen. Ziel der Kreuzungsversuche waren meist neue Sippen mit einer erhöhten Schauwirkung der Blüten. Allein innerhalb der Gattung *Cattleya* hat man weit mehr als 5000 solcher erfolgreicher Bastardierungen durchgeführt. Überraschenderweise sind einige Gattungen leicht mit anderen kreuzbar, so hat man zwischen *Vanda*-Arten und Sippen aus 11 anderen Gattungen Hybriden erhalten. Viele der attraktivsten Orchideensorten entstanden durch Bastardierungen mehrerer Gattungen. Andererseits liegt der Gedanke nahe, daß die Gattungsgrenzen in manchen Verwandtschaftskreisen einer Revision bedürfen.

Die Orchideen werden als ein verhältnismäßig junger Verwandtschaftskreis angesehen, der sich gegenwärtig noch weiter differenziert. Im Gegensatz zu anderen Pflanzenfamilien hat die Selektion hier noch nicht so stark eingesetzt und Zwischenglieder einzelner Gattungen eliminiert.

Da sich auf Südostasien die Sippen mit den am meisten ursprünglichen Merkmalen konzentrieren, wird dieser Raum als Entfaltungszentrum der Familie angesehen. Die Herausbildung der Orchideen dürfte etwa zu Beginn des Tertiärs, also vor ca. 60 Millionen Jahren, begonnen haben.

Die Gliederung dieser umfangreichsten und überaus vielgestaltigen Pflanzenfamilie in untergeordnete Einheiten ist verständlicherweise recht kompliziert und vielfältig. Die Gliederung innerhalb der Familie reicht über Unterfamilien, Triben und Subtriben bis zu Gattungsgruppen, die in diesem Buch schon aus Platzgründen nicht angegeben oder dargestellt werden können. Wir sind nur in der Lage, uns auf Unterfamilien zu beschränken. In der letzten Zeit haben neuerliche Forschungen dazu beigetragen, daß sich bei den führenden Orchideenforschern, wie SCHLECHTER 1992, RASMUSSEN in DAHLGREN et al. 1985 oder TAKHTAJAN 1987, in vielem übereinstimmende oder nahestehende systematische Auffassungen herausgebildet haben. Schon seit längerem (s. URANIA-Pflanzenreich, Auflagen 1971 und 1976) erkannte man, daß die Orchideen in zumindest 3 größere Einheiten zu differenzieren sind, denen der Rang von Unterfamilien oder sogar eigenen Familien zuerkannt wurde: der Unterfamilie Apostasioideae (oder als eigene Familie: Apostasiaceae), der Unterfamilie Cypripedioideae (oder als eigene Familie: Cypripediaceae) und den »restlichen« Orchideen, den Orchidoideae oder Orchidaceae im engeren Sinn. Ob eine solche Familiendifferenzierung zu vertreten ist oder nicht, ist weitgehend Auffassungssache. Wir halten einen einheitlichen Familienstatus der Orchideen für günstiger und folgen TAKHTAJAN (1987) und mit einer Ausnahme SCHLECHTER (1992). Danach werden die Orchidaceae in 6 Unterfamilien gegliedert. Während die Apostasioideae als primitivste Orchideengruppe nur 2 Gattungen mit 15 Arten umfassen, die Cypripedioideae mit 4 Gattungen und etwas über 100 Arten auch nur eine recht kleine Gruppe darstellen, weisen die 4 folgenden Unterfamilien der Neottioideae, Orchidoideae, Epidendroideae und Vandoideae das Gros der Orchideen-Gattungen und -Arten auf. Insgesamt zählen diese 4 Unterfamilien nicht weniger als 730 bis 750 Gattungen mit etwa 20000 bis 25000 Arten!

Die Orchideen sind eine überwiegend in den Tropen vorkommende Familie: etwa 80 % aller Gattungen und 90 % der Arten treten hier auf.

Unterfamilie Apostasioideae

Die relativ primitiven Blütenstrukturen in den Gattungen *Neuwiedia* und *Apostasia* erleichtern uns die Vorstellung, wie die komplizierten und hochspezialisierten Orchideenblüten der anderen Unterfamilien entstanden sein können, und wurden daher schon in der Einleitung erläutert.

Das Verbreitungsgebiet der Gattung *Neuwiedia*, in der 7 Arten unterschieden werden, erstreckt sich von der südostasiatischen Halbinsel über die Sundainseln, die Philippinen bis

Neuguinea. Das Areal der Gattung *Apostasia,* von der 8 Arten bekannt sind, reicht über diesen Raum hinaus und zieht sich nach Osten bis Australien (Queensland) und zu den südjapanischen Inseln, nach Norden über Indien bis Nepal hin. Eine Sippe ist auch von Sri Lanka bekannt. Alle Arten entwickeln als Erdbewohner ein dünnes Rhizom und werden nur wenige Dezimeter hoch. Während die *Apostasia*-Arten verzweigte, ährige Blütenstände aufweisen, tragen die *Neuwiedia*-Arten Trauben mit kurz gestielten Einzelblüten. Die Blüten erreichen in beiden Gattungen nur selten einen Durchmesser von mehr als 2 cm. Dabei herrschen gelblich blühende Arten vor, einige haben auch eine weißliche Blütenfarbe. Wie bereits erwähnt, ist in dieser Unterfamilie der Pollen stets staubförmig, in den folgenden Gruppen ist er verklebt oder wird in Paketen abgegeben. Die Samen weisen eine feste Schale auf, und ihnen fehlt das für die meisten Orchideen so charakteristische aufgeblasene zweite Integument. Beide Gattungen unterscheiden sich außer in der Organisation des Androeceums auch im Bau der Fruchtknoten.

Neuwiedia und *Apostasia* repräsentieren relativ frühe Evolutionsstadien der Orchideen und lassen keine direkten Beziehungen zu den Frauenschuhverwandten erkennen. Von einigen Orchideologen werden die Apostasioideen und die Cypripedioideen auch als eigene Familien angesehen. Doch die Blütensäule in den einzelnen Orchideengruppen ist eine so charakteristische gemeinsame Eigenschaft, daß eine Trennung der Familie die verschiedenen Evolutionsstufen einer natürlichen Abstammungsgemeinschaft nicht widerspiegeln würde. Bisher ist nicht bekannt geworden, ob auch eine Mykorrhiza in den Gattungen *Apostasia* und *Neuwiedia* vorkommt.

Unterfamilie Cypripedioideae

In allen 4 Gattungen dieser Unterfamilie ist die Lippe wie beim Frauenschuh, *Cypripedium calceolus,* zu einer pantoffelähnlichen Kesselfalle entwickelt. Solche Einrichtungen weisen auch Orchidaceen der folgenden Unterfamilie auf, doch nur bei den Frauenschuhverwandten hat die Kesselfalle 2 Ausgänge, was in engem Zusammenhang zur Entfaltung von 2 fertilen Staubblättern, die dem inneren Staubblattkreis

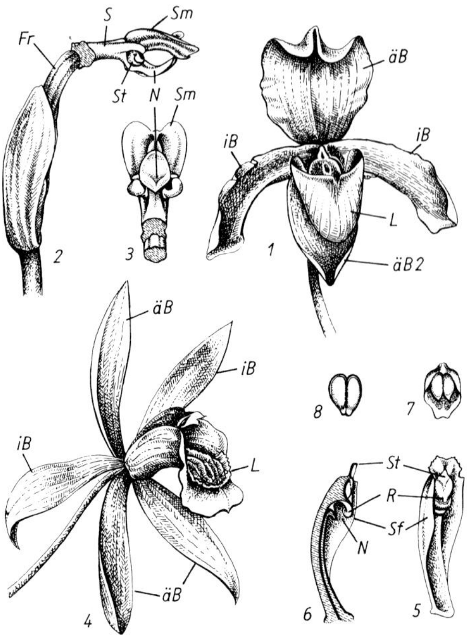

Analyse von Orchideenblüten: 1–3 *Paphiopedilum,* 1 Blüte, 2 Säule und Fruchtknoten in Seitenansicht, 3 Säule in Vorderansicht; 4–8 *Coelogyne,* 4 Blüte, 5 Säule, 6 Längsschnitt einer Säule, 7 Staubblatt, 8 Pollinien. äB = äußere Blütenhülle, äB2 = aus 2 Blattanlagen entstandenes äußeres Blütenhüllblatt, iB = innere Blütenhülle, L = Lippe, Fr = Fruchtknoten, S = Säule, St = Staubblatt, Sm = Staminodium, R = Schnäbelchen, Sf = Säulenflügel, N = Narbe

angehören, steht. In anderen Orchideengattungen mit schuhförmiger Kesselfalle kommen nur ein Staubblatt und dementsprechend nur ein Zwangsausgang vor. Bemerkenswert ist ferner bei den Frauenschuhverwandten ein stark verbreitertes steriles Staubblatt (Staminodium), das der Entstehung nach dem äußeren Kreis der Staubblätter angehört. Es ragt schräg abwärts in den oft eingeengten Zugang zur Lippe und ist am Rand bei den meisten Sippen nach innen eingeschlagen (s. Abb. 2 und 3).

Sobald ein Insekt die Blüte anfliegt, gleitet es auf der durch ausgeschiedene Öltröpfchen glatten Oberfläche des Staminodiums und des Pantoffelrandes aus und fällt in den Kessel. Im allgemeinen ist die Lippe im Vergleich zu den übrigen Blütenhüllblättern durch eine

Kontrastfärbung ausgezeichnet. Beim Frauenschuh umrahmen die bräunlichen Tepalen einen gelblichen Schuh, bei anderen Arten dieser Gattung ist die Lippe rötlich oder weißlich. Bisweilen fehlt an den Seiten des Pantoffels die Farbausbildung, hier grenzen die Zellen lückenlos aneinander, und das einfallende Licht wird nicht zurückgehalten. Die im Kessel gefangenen Insekten nehmen diese Stellen als helle Fenster wahr und streben zum Licht. Von diesem Bereich führen dicht behaarte Leisten zu den Ausgängen des Kessels, während die übrige Innenfläche glatt ist. So können die Bestäuber nur über den vorgezeichneten Weg den Kessel verlassen, zwängen sich dabei durch die von den Staubbeuteln und den Narbenlappen begrenzte Öffnung und beladen sich mit Pollen, der in lockeren Paketen abgegeben wird, oder sie streifen mitgebrachte Pollenkörner an der Narbenfläche ab.

In einigen Gattungen fällt das der Lippe aufrecht gegenüberstehende mediane Blütenhüllblatt des äußeren Hüllkreises durch eine Streifung auf, es kann als Schauorgan zur Anlockung von Insekten gewertet werden. Mit Ausnahme von ganz wenigen Arten verwachsen bei den Cypripedioideen die beiden seitlichen Blätter des äußeren Hüllkreises miteinander und entfalten sich unmittelbar unter der Lippe. *Cypripedium*-Arten werden vornehmlich von Bienen besucht, während in den Gattungen *Phragmipedium* und *Selenipedium* Fliegen die Bestäubung vollziehen. Die Fensterbildung kann als Kennzeichen einer Fliegenblume angesehen werden. *Cypripedium*-Arten, bei denen die Fensterbildung vorkommt, wären demnach als relativ primitive Bienenblumen anzusehen. Bei allen Arten der Unterfamilie erfolgt die Stellungsänderung der auf der Oberseite angelegten Lippe auf sehr einfache Weise. Die Blüten kippen bei der Entfaltung über, so daß das Labellum zu einer Unterlippe wird.

Von den Blüten vieler Cypripedioideen, vornehmlich von den Zipfeln der Tepalen, geht ein stinkender Geruch aus. Hier hat man einreihige Zellhaare gefunden, die während der Blütezeit von oben nach unten fortschreitend absterben. Sie enthalten einen großen Zellkern und sind stärke- und plasmareich, wie es für Drüsenzellen charakteristisch ist. Beim langsamen Abbau der Zellen entstehen Terpene, die in flüchtiger Form abgegeben werden und für den unangenehmen Geruch verantwortlich sind. Auf der Außenfläche der Zellen kann man auch Reste von Harzen nachweisen, die bei der Abscheidung entstehen.

Sehr auffallend ist die geographische Verbreitung der zu dieser Unterfamilie gehörenden Gattungen. Von den in der gemäßigten Zone der nördlichen Halbkugel beheimateten 36 Arten der Gattung *Cypripedium* reichen einige bis in die subarktischen Gebiete. Ihnen steht die Gattung *Selenipedium* am nächsten, deren wenige Sippen aus Mittelamerika und Brasilien bekannt sind. Als ähnlich eng können die Verwandtschaftsbeziehungen zwischen den Gattungen *Paphiopedilum* und *Phragmipedium* angesehen werden, von denen der Venusschuh, *Paphiopedilum*, eine tropische Sippe in Südostasien ist, während sich die *Phragmipedium*-Arten in den Tropen Südamerikas entfaltet haben.

In Mitteleuropa gehört der Frauenschuh, *Cypripedium calceolus*, zu den größten floristischen Kostbarkeiten; er bevorzugt lichte, kalkreiche Wälder. Leider gibt es nur noch wenige natürliche Vorkommen, da sich nicht zuletzt »Pflanzenliebhaber« an der Ausrottung beteiligten, die Exemplare für ihr Herbarium oder für den Garten entnahmen. Einer ähnlichen Wertschätzung erfreut sich in Nordamerika *Cypripedium reginae*. Alle Arten der Gattung sind Rhizompflanzen, die zu Beginn der Vegetationszeit neue Triebe entfalten. Die Fruchtreife ist nach etwa 3 bis 4 Monaten abgeschlossen. Die anderen Gattungen entwickeln Blätter, die eine weit längere Lebensdauer haben, und von der Blüte bis zur Samenverbreitung vergehen 11 bis 12 Monate.

Die 66 *Paphiopedilum*-Arten kommen vornehmlich als Rosettenpflanzen in feuchten Wäldern vor. Eine ganze Reihe von ihnen hat man in Kultur genommen, und sie gehören zu den am meisten geschätzten Schnittblumen. Nur selten trifft man allerdings in Gärtnereien echte Arten an. Ungewöhnlich groß ist die Zahl der künstlich erzeugten Hybriden, von denen einige durch ihre Schönheit und Farbkontrastierung ganz besonders auffallen. Als Kreuzungspartner wurden mehrere Arten, insbesondere *Paphiopedilum fairieanum*, *Paphiopedilum insigne*, *Paphiopedilum callosum* und *Paphiopedilum barbatum* benutzt.

Auch aus der Gattung *Phragmipedium* siedeln die meisten der 11 Arten im Erdboden.

Der Frauenschuh, *Cypripedium calceolus,* gehört in Mitteleuropa zu den botanischen Kostbarkeiten und steht daher unter Naturschutz.

Phragmipedium caudatum ist jedoch ein Epiphyt und zeichnet sich durch Tepalen aus, die bei Blühbeginn etwa 15 cm lang sind, sich jedoch noch weiter strecken und schon nach wenigen Tagen bis zu 75 cm erreichen, so daß sie als wehende Bänder auf Insekten eine gewisse Schauwirkung ausüben. Gleichzeitig sichern sie als Duftstoffträger (Osmophoren) die Attraktivität der Blüten. Bei einer Reihe von Arten der Gattungen *Paphiopedilum* und *Phragmipedium* kommen auf den seitlich abstehenden Tepalen Warzen vor, die durch dichte, schwärzliche Haare aus einer gewissen Entfernung Fliegen gleichen und entsprechend dem Aggregationsbedürfnis mancher Fliegenarten im Dienste der Anlockung stehen.

Die 4 Arten der Gattung *Selenipedium* bilden als Spreizklimmer mehrere Meter lange, zweizeilig beblätterte Triebe aus. In dieser Gattung entströmt den langgestreckten Früchten zur Reifezeit ein intensiver Vanillegeruch. *Selenipedium chica* und *Selenipedium isabelianum* werden als Ersatz für Vanille in Mittelamerika gesammelt.

Die beiden bisher vorgestellten Unterfamilien sind mit 15 und 117 Arten sehr artenarm und machen nicht mehr als etwa 0,6 % der Orchideenarten aus. Mehr als 99,4 % der Arten gehören zu den folgenden 4 Unterfamilien. Ihnen ist gemeinsam, daß nur das Staubblatt des äußeren Kreises ausgebildet wird und der Lippe gegenüberliegt. Das Zusammenwirken getrennt angelegter Blütenteile hat hier eine ungewöhnliche Spezialisationshöhe erreicht (Koaptation). Die Koordination von eigentümlichen Strukturen der Blütensäule, der Narbe und des Staubbeutels sowie die besonderen Farbmuster und Formen der Blütenblätter sind im Bestäubungsapparat so vollkommen, daß bei den meisten Arten nur ein sehr spezifischer Bestäuberkreis die Pollenübertragung vorzunehmen vermag. Dem Beobachter, der sich nur für das Zusammenwirken von Form und Farbe einer Orchideenblüte interessiert, entgehen die Merkmale, die zur Gliederung dieser großen Mannigfaltigkeit geführt haben. Es handelt sich dabei vornehmlich um Eigenschaften, die im Zusammenhang mit der komplizierten Bestäubung stehen, wobei eine überraschende Parallelentwicklung in vielen Verwandtschaftskreisen anzutreffen ist, andererseits wiederholen sich auch ähnliche Bestäubungsmechanismen unter Einbeziehung sehr verschiedener Blütenstrukturen. Die große Artenfülle wird in 4 Unterfamilien zusammengefaßt, die jeweils eine große Zahl von Triben, Subtriben, Gattungsgruppen und Gattungen enthalten, auf die jedoch nicht weiter eingegangen werden kann.

Unterfamilie Neottioideae

Die Umgrenzung dieser Unterfamilie wird unterschiedlich vorgenommen. Je nachdem, ob die Tribus Diuridae mit 30 Gattungen und rund 400 Arten hierher gestellt wird oder nicht, umfassen die Neottioideae 122 Gattungen mit etwa 1500–1600 Arten oder 92 Gattungen mit etwa 1100–1200 Arten. Als besonders bemerkenswert können bei dieser Unterfamilie die Pollen angesehen werden, die als Tetraden entweder in einem klebrigen Schleim allmählich verbreitet werden oder die sich als feste Körner um eine Mittelsäule gruppieren, so daß der gesamte Inhalt eines Pollenfaches von einem Insekt herausgezogen wird. Der Staubbeutel weist ein kurzes Filament auf oder entspringt mit breiter Basis der Säule (Abb. oben). In einigen Verwandtschaftskreisen liegt das

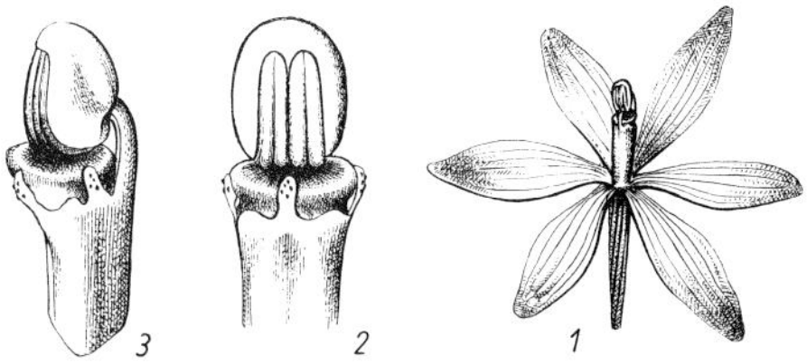

Tangtsinia nanchuanica als Beispiel einer einfach organisierten Art aus der Unterfamilie Neottioideae. 1 Der Blüte fehlt eine ausgeprägte Lippe; 2 oberer Abschnitt der Säule mit dem einzigen Staubblatt und der flachen Narbe, darunter Staminodien; 3 Seitenansicht

Staubblatt dem Rücken der Säule auf und öffnet sich dann an der Spitze (s. Abb. S. 430). Frenikel und Appendikel stellen eine Verbindung zwischen dem Polleninhalt und der vom Schnäbelchen (Rostellum) gebildeten Klebemasse her. Die Vermittlung übernimmt ein Gewebestreifen der Säule (Stipes). Die stets ungegliederten Blätter sind in der Knospenlage gefaltet, wobei eine Blatthälfte die andere überdeckt (konvolutive Knospenlage).

Als eine der primitivsten Orchideen dieser Unterfamilie kann die aus China bekannt gewordene Gattung *Tangtsinia* angesehen werden. Wie die Abbildung von *Tangtsinia nanchuanica* deutlich macht, haben alle Blätter der Blumenhülle eine gleiche Form. Sie erinnern sehr stark an die Sippen aus der Unterfamilie der Apostasioideen. In der unkompliziert gebauten Säule ist neben einem Kranz von Staubblattresten ein gestieltes Staubblatt erkennbar, das 2 nach vorn gerichtete Pollensäcke zeigt. Da ein Schnäbelchen fehlt und die Narbe unmittelbar unter dem Staubblatt liegt, darf angenommen werden, daß hier Selbstbestäubung die Regel ist.

Auch die Gattung *Cephalanthera*, aus der in Mitteleuropa besonders das Rote Waldvöglein, *Cephalanthera rubra*, und das Bleiche Waldvöglein, *Cephalanthera damasonium*, bekannt sind, weist einen relativ ursprünglichen Bau auf. Allerdings kommt es hier zur Ausbildung eines kleinen Schnäbelchens, das die beiden fertilen Narben von dem sterilen, median stehenden Abschnitt trennt.

Bei der Sitter, *Epipactis*, die mit 33 Arten in Mitteleuropa, auf dem Balkan und im Orient verbreitet ist, gibt es neben einigen gut er-

Das Rote Waldvöglein, *Cephalanthera rubra,* bevorzugt kalkreiche Böden und tritt vor allem in wärmeliebenden Wäldern auf.

Die Sommer-Wendelorchis, *Spiranthes aestivalis,* hier auf einem Bild aus der Bretagne, ist vor allem auf Kalktuff und in nassen, kalkreichen Flachmooren anzutreffen.

kennbaren Arten Formenschwärme, deren Einzelsippen schwer abgrenzbar sind. *Epipactis microphylla,* die Kleinblättrige Sitter, und *Epipactis purpurata,* die Violette Sitter, sind völlig auf Pilzernährung angewiesen. Die Breitblättrige Sitter, *Epipactis helleborine,* und die Schwarzrote Sitter, *Epipactis atrorubens,* die auch den Namen Strandvanille führt, bilden an der Spitze des Schnäbelchens unter einer Haut eine Klebmasse von kugeliger Form. Bei anderen Arten wird die Entwicklung dieses Gewebes auf einem früheren Stadium unterdrückt. Damit entfällt die Ausbildung des Schnäbelchens und damit die Isolierung zwischen Staubblatt und Narbenfläche, so daß durch herabfallende Pollen eine Selbstbestäubung erreicht wird.

Ein ganz ungewöhnlicher Bestäubungsmechanismus ist der Gattung *Pterostylis* eigen, die mit etwa 70 Arten in Australien und Neuseeland verbreitet ist. Die herabhängenden, kleinen Blüten entfalten sich kaum und bilden einen kleinen Käfig, wobei die löffelartig ausgehöhlte Lippe abgespreizt ist und allen anderen 5 Hüllblättern, die locker aneinander grenzen und schmale Schlitze bilden, gegenübersteht. Die Öffnungen ergeben einen Fenstereffekt und locken Fliegen an. Die Blüten werden von winzig kleinen Insekten beflogen, die nur bis zu 1 mg schwer sind. Sobald ein Insekt die Oberfläche der Lippe berührt, löst der Reiz ein Vorschnellen der Unterlippe aus, wodurch das Insekt im Käfig gefangen wird. Gleichzeitig wird explosionsartig ein mehlfeiner Pollen entlassen, der die Insekten bepudert. Diese können die Blüten nur verlassen, wenn sie an der Narbe vorbeistreifen und die Bestäubung durchführen. Den staubartigen Pollen sieht man in dieser Gattung als Sekundärmerkmal an.

Die Nestwurz, *Neottia,* kommt mit 11 Arten, denen allen das Chlorophyll fehlt, in ganz Eurasien vor. In Mitteleuropa ist *Neottia nidus-avis* in lichten Buchenwäldern nicht selten und zeichnet sich, wie bereits erwähnt, durch eine saprophytische Ernährungsweise aus. Die mit Schuppen besetzten Rhizomtriebe bilden ein relativ dichtes Geflecht, was Anlaß zum Vergleich mit einem Vogelnest gegeben hat.

In mehrfacher Hinsicht unterscheiden sich die Verwandten der Wendelorchis, *Spiranthes,* von allen anderen Untertriben der Orchideen. Relativ bekannt ist die Herbstwendelorchis, *Spiranthes spiralis,* bei der die kleinen, weißen, außen grünlichen Blüten an einer schraubig gedrehten Ährenachse angeordnet sind.

Aus der Gattung *Listera* ist das Schnäbelchen der Blütensäule besonders erwähnenswert. Während im allgemeinen die Zellen verschleimen und so in eine Klebesubstanz oder zu einer Klebscheibe umgewandelt werden, die für die Anheftung des Polleninhaltes an den Bestäuber verantwortlich zu machen ist, wird bei *Listera*-Arten ein Leim an der Rostellumspitze von Drüsenzellen aktiv ausgeschieden.

Biologisch ungewöhnlich ist das Verhalten der aus Australien beschriebenen monotypischen Gattung *Cryptanthemis,* einer sich von Pilzhyphen ernährenden Pflanzenart. Sie blüht unterirdisch ab, wobei wahrscheinlich eine Selbstbefruchtung eintritt. Nur zur Reifezeit schiebt sich die Frucht über die Erdoberfläche und entläßt die Samen.

Unterfamilie Orchidoideae

Auch bei dieser Unterfamilie sind die Gattungs- und Artenzahlen unterschiedlich, je nachdem, ob die Tribus Diuridae hierzu – wie von Rasmussen in Dahlgren et al. vorgenommen – oder zu den Neottioideae – so Schlechter – gerechnet werden. Bei deren Ausschluß umfassen die Orchidoideae etwa 80 Gattungen mit 2000–2100 Arten, bei deren Einbeziehung rund 110 Gattungen mit 2400–2500 Arten.

Bei den Orchidoideae verbindet sich die Klebmasse am Schnäbelchen stets mit dem unteren Ende der Anthere, wobei in der Unterfamilie nur die vom Tapetum herrührenden Frenikel eine Verbindung mit dem Inhalt der Pollenfächer herstellen. Der Pollen ist in kleinen, festen Paketen an einer zentralen Säule angeheftet und wird als Pollinium verbreitet. Bei den meisten Arten entstehen 2 nebeneinander liegende Klebscheiben. Wie bei vielen *Neottia*-Arten sitzt das Staubblatt mit breiter Basis der Säule an. Auch hier bilden sich in der Knospenanlage konvolutiv gefaltete Blätter, die keine Gliederung in eine Stiel- und Spreitenzone erkennen lassen. Die meisten Verwandtschaftskreise dieser Unterfamilie sind Stauden und überdauern die ungünstige Witterungsperiode durch Sproßknospen mit ausgeprägten Wurzelknollen.

Mit dem Widerbart, *Epipogium,* begegnet uns hier eine weitere Gattung, die durch die Verdauung von Pilzhyphen den Bedarf an Nährstoffen völlig deckt. Der in feuchten, schattigen Wäldern Eurasiens vorkommende Blattlose Widerbart, *Epipogium aphyllum,* ist eine kleine, nur 10 bis 20 cm große Orchidee, deren weißlicher Stengel oben schwach rötlich überlaufen ist.

Ein sehr großer Teil der in Mitteleuropa verbreiteten Orchideen gehört diesem Verwandtschaftskreis an, so die Gattungen Händelwurz, *Gymnadenia,* Waldhyazinthe, *Platanthera,* Weißzunge, *Leucorchis,* Zwergorchis, *Chamorchis,* Ragwurz, *Ophrys,* Knabenkraut, *Orchis,* Riemenzunge, *Himantoglossum,* u. a. Sie alle weisen Wurzelspeicherknollen auf, die eine eigentümliche Form haben. Der Familienname wird von dem griechischen Wort *Orchis* abgeleitet, das die Hoden bei Säugern bezeichnet. In allen genannten Gattungen werden beim Frühjahrsaustrieb die in den Knollen gespeicherten Reservestoffe allmählich aufgebraucht. In den Achseln basaler Niederblätter legen sich dann schon sehr früh Seitenknospen an, die eine große, sproßbürtige Wurzel ausbilden und während der Vegetationsperiode organische Stoffe speichern. Bei der Händelwurz ist die Form der Knolle handähnlich, bei der Riemenzunge annähernd keulig, bei vielen Arten nähert sich die Form einer Kugel. Gegen Ende der Vegetationsperiode hat das Speicherorgan die endgültige Größe erreicht, während in seiner unmittelbaren Nachbarschaft die völlig geschrumpfte vorjährige Knolle nachweisbar ist.

Seit langem ist bekannt, daß das Speichergewebe der Knollen, in dem übrigens auch Stärke nachgewiesen werden kann, Schleimzellen enthält. Da der Austrieb der Pflanzen

Brand-Knabenkraut, *Orchis ustulata*. Die konkurrenzschwache, kalkliebende Art tritt besonders in Kalkhalbtrockenrasen auf und ist durch Intensivierung der Landwirtschaft (Verwehung von Düngemitteln) sehr zurückgegangen.

bereits im Herbst einsetzt, also zu einer Zeit, in der die Pflanze noch keine Nährwurzeln entwickelt, wird die Ablagerung von Schleimen als eine ökonomische Form der Wasserversorgung aufgefaßt.

Die Knollen einiger Orchideenarten waren unter der Bezeichnung Salep früher offizinell. Unter besonderen Präpariermethoden werden die Knollen getrocknet und pulverisiert. Auch heute noch wird in einigen Ländern das Salep-Pulver zur Heilung von Darmerkrankungen bei Kindern verwendet und dient zur Einbettung von Präparaten, um die Gleitfunktion im Darmkanal zu erleichtern (Mucilago Salep).

Unter den Knabenkrautarten, die durchweg gespornt sind, ist das ansehnliche Helmknabenkraut, *Orchis militaris,* besonders hervorzuheben. An einem längeren Schaft stehen dicht gedrängt allseitig etwa 3 cm große, rosa Blüten, deren Tepalen helmartig beieinander liegen. Diese Art ist für kalkreiche Halbtrockenrasen Europas charakteristisch. An ähnlichen Standorten kommt das noch stattlichere Purpurknabenkraut, *Orchis purpurea,* vor. Auf feuchten Wiesen gedeiht das Breitblättrige Knabenkraut, *Dactylorhiza majalis,* das früher durch seine große Individuenzahl den Aspekt einer Wiese wesentlich mitbestimmte.

Von den Ragwurz-*(Ophrys-)*Arten verdienen einige Sippen besondere Erwähnung, deren Blüten in verblüffender Weise die Form einer Hummel *(Ophrys holosericea),* einer Biene *(Ophrys apifera),* einer Spinne *(Ophrys sphegodes)* und einer Fliege *(Ophrys insectifera)* imitieren, den Orchideenkennern als »Hummel«, »Biene«, »Spinne« und »Fliege« geläufig. Obgleich schon lange bekannt ist, daß diese Blüten bevorzugt von einigen speziellen Bienenarten besucht werden, hat man es für unmöglich gehalten, daß zwischen diesen Blüten und den Insekten eine Art von Kopulationsbeziehung vorliegt. Indessen haben sich diese Vermutungen durchaus bestätigt. Nur die Männchen befliegen die Blüten und werden dabei von einem Duft angelockt, der eine ähnliche Wirkung ausübt wie die Duftstoffe, die von dem Weibchen der entsprechenden Arten ausgeschieden werden. So konnte bei der »Hummel« an der Spitze der Lippe (die ihrer Form nach dem Hinterleib eines Weibchens entspricht) ein Duftfeld nachgewiesen werden, das entwicklungsgeschichtlich der Unterseite angehört, doch schlägt es sich am Rande um und bildet zugleich einen auffälligen Farbfleck. Im Mittelmeergebiet und im Orient gibt es weitere *Ophrys*-Arten, bei denen Bestäuber vor allem durch die Abscheidung von Geruchsstoffen angelockt werden, dabei ist mit dem Beflug stets eine Erregung der Insekten verbunden. Allein der Duftstoff veranlaßt die Bienen zum Blütenbesuch, eine Nahrungsquelle fehlt. Man bezeichnet solche Blüten, die Insekten auf diese Weise zum Besuch anregen, als Täuschblumen.

Noch überraschender ist, daß auch in ganz anderen Verwandtschaftskreisen diese Bestäubungsform wiederkehrt, so in der Gattung *Cryptostylis,* die zu den Neottieen gehört und von Indien bis Australien vorkommt. Als weitere Beispiele seien *Trichoceros,* eine in den Anden beheimatete Gattung, ferner *Trigonidium,* die von Mexiko bis Brasilien verbreitet ist, und die zu den Vandoideae gehörende

Bei der Hummel-Ragwurz, *Ophrys holosericea,* wirken Blütenorgane, Farbmuster und Duft so gut zusammen, daß bei bestäubenden männlichen Insekten der Eindruck eines weiblichen Artgenossen ausgelöst wird.

Porphyroglottis aus Malaysia genannt, doch ließe sich die Zahl der Beispiele noch vermehren.

Die Bocksriemenzunge, *Himantoglossum hircinum,* die in allen europäischen Ländern am natürlichen Standort besonderen Schutz genießt, wird bis zu 90 cm hoch. Den grünlichen Blüten entströmt ein unangenehmer Bocksgeruch, von dem einige Fliegenarten angelockt werden. Die Abgabe der Duftstoffe geht von der stark verlängerten riemenartigen Lippe und den schraubig gedrehten seitlichen Hüllblättern aus. Die Orchidee erreicht in Mitteleuropa im Saalegebiet den am weitesten nordöstlich gelegenen Standort ihres Areals. Da sie vornehmlich in Südfrankreich, aber auch in Belgien und an der Mittelmeerküste verbreitet ist, wird angenommen, daß die Besiedlung von Mitteleuropa nach dem Ende der letzten Eiszeit über das Rhonetal erfolgt ist.

Die beiden Gattungen *Disa* und *Satyrium* sind charakteristische Staudenorchideen der Kapprovinz, die sowohl morphologisch als auch ökologisch eine große Ähnlichkeit mit den mitteleuropäischen *Orchis*- und *Ophrys*-

Bocksriemenzunge, *Himantoglossum hircinum.* Die stattliche Art genießt in allen europäischen Ländern besonderen Schutz und gehört zu den Kostbarkeiten der deutschen Flora.

Arten aufweisen, im einzelnen aber eine große Anzahl eigentümlicher Strukturen besitzen.

Unterfamilie Epidendroideae

Die Epidendroideen sind die formenreichste Unterfamilie der Orchideen. Nicht weniger als etwa 220 Gattungen mit mehr als 10000 Arten – also etwa die Hälfte aller Orchideenarten – gehören hierzu.

Bei dieser Unterfamilie ist der Pollen des gesamten Faches oder sogar des Pollensakkes zu einer einheitlichen, wachsartigen oder knorpeligen Masse (Pollinium) vereinigt. Die Verbindung zwischen der Säule und dem Staubblatt ist sehr zart, oft wird sie durch ein dünnes Filament hergestellt, das die Eigenschaft hat, sich bis zu 90° zu drehen. Schon durch eine leichte mechanische Beanspruchung fällt das Staubblatt ab. Häufig ist eine Klebscheibe nachweisbar, meist wird sie aber durch die diffuse Ausbildung von Klebschleim ersetzt. Im Gegensatz zu den beiden vorangestellten Unterfamilien ist an den Blättern ein deutlicher Stiel entwickelt. Bei vielen Arten weisen die Blätter in der Knospe eine einfache Faltung auf (duplikative Knospenlage). Die Verbindung zwischen Pollinien und Klebmasse übernehmen entweder Appendikel oder Frenikel.

Die wirtschaftlich wichtigste Art ist die Vanille, *Vanilla planifolia,* deren reife Früchte als Gewürz verwendet werden. Sie hat ihren Ursprung in Mittelamerika, wo sie schon bei den Azteken in Mexiko als Kulturpflanze hoch geschätzt wurde. Die Vanille ist eine Liane, die im Boden wurzelt und mit viele Meter langen Sprossen die Zone der Baumkrone erreicht oder auf Sträuchern siedelt. Verwandte Sippen – insgesamt umfaßt die Gattung fast 90 Arten – haben ähnliche Eigenschaften wie sie und lassen sich oft schwer voneinander unterscheiden. Die Blüten sind durch ihre grünliche Farbe ohne besonderen dekorativen Wert. Die Lippe zeichnet sich durch eine knorpelige Oberfläche aus, die möglicherweise im Dienste der Anlockung steht, doch hat sich die Annahme, daß dieses Gewebe den Bestäubern als Nahrung dient, nicht bestätigt.

In allen Tropengebieten wird die Vanille kultivert, doch etwa 85% der Weltproduktion an Vanillestangen stammen heute aus Madagaskar. Man erntet die ausgewachsenen, aber noch unreifen Früchte und trocknet sie dann, wie in Mexiko, unmittelbar in der Sonne oder taucht sie, wie in Madagaskar, wiederholt in etwa 60 °C warmes Wasser und setzt sie dazwischen jeweils für einige Stunden dem Sonnenlicht aus. Während der Trocknung nehmen die Früchte dann die bekannte dunkelbraune Farbe an, wobei als Ergebnis einer enzymati-

Die Vanille, *Vanilla planifolia,* dürfte die wirtschaftlich wichtigste Orchidee sein. Die Abbildung zeigt einen Teil des Sprosses mit Blüten. In Plantagen wird die Pollenübertragung künstlich vorgenommen, da geeignete bestäubende Insekten in Anbetracht des Massenangebotes von Blüten meist nicht ausreichen.

In den Hauptkulturgebieten werden die Früchte der Vanille, *Vanilla planifolia,* an der Sonne getrocknet, wie hier in Madagaskar.

schen Einwirkung auf verschiedene Glykoside während der Reifung Vanillin entbunden wird. Auch die harzig-ölige Substanz, in der die Samen eingebettet sind, enthält Vanillin. Die beste Qualität haben die Bourbonstangen, die einen Gehalt von 2,3% Vanillin aufweisen.

Heute kann man Vanillin auf chemischem Wege herstellen, es ist eine Abbaustufe des Lignins, das im Holz für die Stabilität der Zellen verantwortlich ist. Dennoch hat die chemische Industrie dem Naturprodukt keine Konkurrenz bieten können, da für das abgerundete Aroma der Vanillestangen auch noch einige andere organische Substanzen mitverantwortlich sind. In Vanilleplantagen werden zunächst lichtdurchlässige Bäume gepflanzt (*Casuarina equisetifolia* und verschiedene Leguminosen), um den Pflanzen, die durch Stecklinge vermehrt werden können, die erforderlichen Lebensbedingungen zu schaffen. In tropischen Gebieten außerhalb Mittelamerikas, in denen die spezifischen Bestäuber fehlen, muß die

Schematische Längsschnitte der Säulen verschiedener Orchideen (diffus dunkel = Pollen, schwarz = Klebscheibe, schraffiert = Stipes. Die Ausbuchtung unter dem Staubbeutel kennzeichnet die Narbe.): 1 Staubbeutel endständig, aufrecht: *Cephalanthera;* 2 Staubbeutel aufrecht, mit der Säule vereinigt, Klebscheibe an der Basis: *Orchis;* 3 Staubbeutel auf dem Rücken der Säule, Klebscheibe an der Spitze: *Spiranthes;* 4 Staubbeutel gedreht: *Vanilla;* 5 Staubbeutel auf der Bauchseite der Säule: *Coelogyne;* 6 Staubbeutel von *Oncidium,* in dem ein »Stielchen« (Stipes) das Pollinium mit der Klebscheibe verbindet

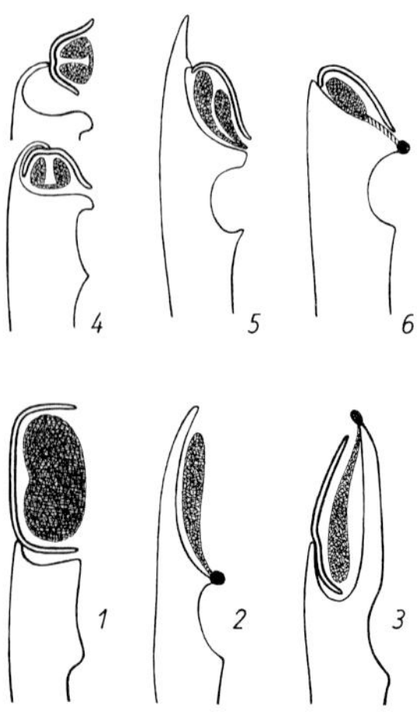

Pollenübertragung mit der Hand vorgenommen werden. Dabei wird eine Selbstbefruchtung herbeigeführt, indem das Schnäbelchen mit einem feinen Bambusstab eingedrückt und die Klebscheibe in die unmittelbare Nachbarschaft der Narbe gebracht wird. Pro Tag können von einem Menschen etwa 2000 bis 3000 Blüten bestäubt werden. Man rechnet mit etwa 60 Früchten pro Pflanze.

Wie zu Zeiten des Aztekenfürsten Montezuma wird auch heute noch die Vanille als Ingredienz des Kakaos verwendet und in großer Menge in der Schokoladenindustrie, zur Herstellung von Eiscreme, Puddingpulver, Seifen und Parfümen sowie beim Backen gebraucht.

Neben *Vanilla planifolia* hat auch *Vanilla pompona* Eingang in den Kreis der Kulturpflanzen gefunden und wird vornehmlich auf den Westindischen Inseln angebaut; auch *Vanilla tahitensis* kultiviert man an einigen Stellen (Tahiti, Hawaii).

Zur Unterfamilie Epidendroideae gehören auch einige Orchideen, die sich als Schnittblumen großer Beliebtheit erfreuen. Sie stammen größtenteils aus den Tropen Mittel- und Südamerikas, so die Gattungen *Brassavola, Cattleya* und *Laelia. Cattleya skinneri* ist z. B. die Nationalblume von Kostarika. Ungewöhnlich groß ist die Zahl der Hybriden zwischen Sippen der Gattungen *Cattleya* und *Laelia,* die zu den am meisten geschätzten Schnittorchideen gehören. So lassen sich in erprobten Nährmedien lebende Gewebe besonders ansprechender Hybriden zur Zellvermehrung anregen. Zunächst entstehen Wucherungen, aus denen später in großer Zahl kleine, neue Pflänzchen sprossen, die leicht isoliert werden können. Immer wieder ist man bestrebt, durch neue Bastardierungen Pflanzen mit einer noch größeren Schauwirksamkeit zu erzielen. In den Ursprungsgebieten, vornehmlich in den einigermaßen zugänglichen Räumen im Norden Südamerikas, gibt es kaum noch Wildformen dieser attraktiven Sippen, da Sammler die natürlichen Lebensräume fast vollständig von diesen Orchideen entblößt haben.

Besonders groß ist die der Unterfamilie den Namen gebende Gattung *Epidendrum,* die mit mehr als 500 Arten in Zentral- und Südamerika verbreitet ist. *Epidendrum cochleatum* wächst in Felsspalten und bildet stellenweise so dichte Bestände, daß es unmöglich ist, hin-

Cattleya maxima an einem natürlichen Standort in Ekuador. *Cattleya*-Wildarten boten das Ausgangsmaterial für vielfältige Hybridisationen und Züchtung einer großen Zahl von Kulturformen, die vorwiegend als Schnittblumen dienen.

durchzuschreiten, ohne Pflanzen zu beschädigen. Diese Art gehört zu den Sippen, deren Blüten nicht gedreht (resupiniert) sind. Die aufrechte, dunkelviolette Lippe ist durch eine Längsstreifung, durch die für das Insekt eine Fensterwirkung erzielt wird, kontrastiert.

Verglichen mit den Orchideen der Tropen weisen die in Europa beheimateten Sippen eine recht bescheidene Blütengröße auf. In den Tropen kommen aber auch Arten vor, deren Blüten kaum größer als ein Stecknadelkopf werden. Sie gehören u. a. den Gattungen *Pleurothallis,* die mit über 1 000 Arten in Mittel- und Südamerika verbreitet ist, und *Stelis* an, aus der etwa 300 Arten in Amerika bekannt sind. In beiden Gruppen gibt es Formen, bei denen sich der Blütenstand auf der Oberseite oder der Unterseite der Blattspreite entfaltet.

In der chinesischen Medizin schätzt man von alters her Pflanzen aus der Gattung *Dendrobium* als Droge. Zwar nimmt man an, daß die medizinische Beurteilung auf die mittelalterliche Signaturlehre zurückgeht, nach der eine in Felsspalten wachsende Pflanze mit einem so zähen und elastischen Sproß wie

bei *Dendrobium* eine körperkräftigende Wirkung habe, doch konnte ein Alkaloid (Dendrobin) nachgewiesen werden, das eine antibiotische und möglicherweise auch eine kanzerostatische (Krebswachstum hemmende) Wirkung hat. Selbst in der modernen chinesischen Medizin wird die Droge zur Stärkung der Darmwege, gegen hohes Fieber sowie bei Schwäche und Schweißausbrüchen empfohlen. In chinesischen Apotheken werden *Dendrobium*-Arten in besonderen Terrarien herangezogen, um auf den Vorrat dieser Droge aufmerksam zu machen.

Zu den auffälligsten Orchideen Südostasiens gehört die Gattung *Bulbophyllum,* bei der an einer kleinen, stark verdickten, nur aus einem Zwischenknotenstück bestehenden Pseudobulbe jeweils ein Blatt entspringt. Aus diesem Verwandtschaftskreis wurden etwa 1200 Arten beschrieben, die größtenteils von kleinen Fliegen bestäubt werden. Bei *Bulbophyllum medusae* wird die Aufmerksamkeit der Insekten auf die Blüten durch einige bemerkenswerte Strukturen gelenkt. Zahlreiche Blüten entfalten sich gleichzeitig an einer gestauchten Achse. Während die Lippen der Blüten im allgemeinen violett gefärbt sind, haben sich die übrigen Hüllblätter zu sehr stark verlängerten, fadenähnlichen, weißen Organen entwickelt, die bei einem leichten Luftzug hin- und herschwanken. Sie dienen lediglich als Schauorgan, eine Duftabsonderung konnte nicht nachgewiesen werden.

Dagegen ist in der Untergattung *Cirrhopetalum* in den violetten Blüten die Abgabe von unangenehm riechenden Duftstoffen ein wesentliches Element der Anlockung von Aasfliegen. Auffällig ist der Bau der Lippe, die wie eine Wippe konstruiert ist. Ein anfliegendes Insekt hängt sich an den langen Arm der Wippe und überschreitet beim Emporklimmen an der Lippe den Schwerpunkt der Wippe, wobei es mit dem Kopf unmittelbar gegen den Bestäubungsapparat gestoßen wird. Bei vielen Arten kann man auch feine, lange Härchen, die oft durch eine Kontrastfärbung ausgezeichnet sind, beobachten. Sie laden durch eine ständige Bewegung bereits bei einem so schwachen Luftzug zum Blütenbesuch ein, daß man verschiedentlich eine Eigenbeweglichkeit der Härchen angenommen hat. In der Untergattung *Megaclinium* stehen die Blüten an einer bandförmig verbreiterten Achse, die wie die Blüten violett gefärbt ist und möglicherweise auch Duftstoffe abgibt.

Bulbophyllum medusae gehört zu den am stärksten spezialisierten Orchideen. In den sich gleichzeitig entfaltenden Blütenständen regen die als lange Fäden ausgebildeten seitlichen Kronblätter schon bei leichter Luftbewegung Dipteren zum Blütenbesuch an.

Eine auffallende Parallele hat die südostasiatische Gattung *Bulbophyllum* in der fast 300 Arten umfassenden mittel- und südamerikanischen Gattung *Masdevallia,* in der ganz ähnliche Blütenstrukturen vorkommen.

Unterfamilie Vandoideae

Hinsichtlich der zu dieser Unterfamilie gerechneten Gattungen mit gut 300 ist diese Gruppe zwar die gattungsreichste der Orchideen, mit ihren etwa »nur« 5000 Arten steht sie jedoch den Epidendroideen deutlich nahe. Trotzdem handelt es sich um eine der formenreichsten Orchideen-Unterfamilien.

Bei allen Arten dieses Verwandtschaftskreises wird ein Stipes ausgebildet, der oft sogar gegabelt ist. An dieses Stielchen schließt sich stets ein Frenikel an. Der Pollen ist zu einem hornartigen bis knorpeligen Pollinium verklebt. Im allgemeinen legt sich das zart fixierte Staubblatt dem Säulenende an. Die in einen Stiel und Spreitenteil gegliederten Laubblätter bleiben entweder einfach gefaltet, oder ein Spreitenrand überdeckt den anderen in der Knospe.

Die Gattung *Catasetum,* deren Areal in Südamerika liegt, weist einen auffallenden Schleudermechanismus auf, durch den die Pollinien aus der Blüte herausgeschossen werden. Verantwortlich für diesen Vorgang ist der Stipes, der das Pollinium mit der Klebmasse verbindet. In diesem in Längsrichtung konvexen, kleinen Gewebestreifen, der sich später ablöst, ist der Zelldruck in den inneren Zellen weit größer als in unmittelbarer Nähe der Oberfläche. Von der Säule gehen 2 Borsten aus, die in die Blütenmitte hineinragen. Sobald sie von einem Insekt berührt werden, geht von ihnen ein Hebeldruck aus, der eine plötzliche Streckung und damit ein Ablösen des Stielchens herbeiführt, so daß das gesamte Pollinarium abgeschleudert wird. 44 Arten, darunter auch zahlreiche hervorragend für Schnittzwecke geeignete Sippen und deren Hybriden, kennt man aus der von den südasiatischen Inseln bis Nordaustralien verbreiteten Gattung *Phalaenopsis*.

Prächtig weiße Blüten besitzt die afrikanische Gattung *Angraecum*. Auf den Maskarenen wird aus den Blättern ein Tee hergestellt, der unter dem Namen Faham- oder Bourbontee (in Anlehnung an die Vanillefrüchte) produziert wird. Der Tee, der in Europa kaum bekannt ist, hat einen angenehmen Vanillegeschmack.

Eine besonders groteske Form der Insektenanlockung ist für die Gattung *Coryanthes* charakteristisch. Bei ihr ist die Lippe ähnlich wie der Ausguß einer Wasserleitung gestaltet und die aufrechte Öffnung durch eine intensivere Färbung besonders gekennzeichnet. Der bogenförmige Verlauf der Lippe zeigt eine verblüffende Übereinstimmung mit dem Knie des Ausgußrohres. Von der Säule gehen 2 Spitzen aus, die am anderen Ende des »Ausgusses« ständig Wassertropfen in die Röhre abscheiden. Auf diese Weise entsteht eine echte Wasserfalle. Die in das Rohr einfliegenden Insekten können nur nach einem Zwangsbad die Röhre verlassen und kommen dabei an den Narben bzw. an dem Staubgefäß vorbei.

Im Verwandtschaftskreis der Orchideae haben wir bereits einige Täuschblumen kennengelernt, die eine verblüffende Ähnlichkeit mit Insekten haben. In mehreren Gattungen der Vandeen, z. B. *Gongora* und *Stanhopea,* hat sich eine merkwürdige Abhängigkeit zwischen zahlreichen Prachtbienenarten und spezifischen Blüten entwickelt. Auch hier wird den Bestäubern keine Nahrung geboten und die Anlockung allein durch den Duftstoff bedingt. Die Männchen befliegen die oft an eine Rutschbahn erinnernde Lippe und bürsten in einer Art von Rauschzustand die winzigen Tröpfchen abgeschiedener ätherischer Öle mit den Tarsalbürsten der Vorderbeine von der Oberfläche. Während des Schwebefluges wird der Duftstoff von den Tarsen an hochkompliziert gebaute Vorratsbehälter an den Schienen der Hinterbeine übergeben und dann zur Markierung des Balzterritoriums verwendet, indem durch Fächeln mit den Flügeln die Verdunstung des Duftstoffes aktiviert wird. Man hat in den Duftbehältern an den Hinterbeinen bei einzelnen männlichen Prachtbienen (Gattung *Eulaema*) bis zu 60 mm^3 Geruchsstoffe feststellen können, wobei durch chemische Analysen der Ölspeicher die Identität mit den von der Orchideenlippe abgeschiedenen ätherischen Ölen nachgewiesen werden konnte. Einzelne Prachtbienenarten sind auf ganz spezielle Orchideenarten aus diesem Verwandtschaftskreis angewiesen. Solche Blüten sind auch unter der Bezeichnung Parfümblumen bekannt geworden. Die von Mexiko bis Brasilien mit 300 epiphytischen Arten bekannte Gattung *Odontoglossum* enthält Sippen mit hervorragendem Zierwert.

Eine ganz ungewöhnliche Form der Bestäubung ist schließlich für einige Arten der Gattung *Oncidium* in Südamerika charakteristisch, die ihren Bestäubern ebenfalls keine

In der Gattung *Gongora* fungiert die Säule als Rutschbahn, während an der waagerecht abstehenden Lippe Tröpfchen ätherischer Öle ausgeschieden werden, die als Lockstoffe für Bienen dienen. Die senkrecht abstehenden Fortsätze können als Halterung angesehen werden, nach der sich das Insekt ausrichtet. Gleitet es ab, so stößt es am Ende der Säule gegen die Klebscheibe, reißt die Pollinien heraus (Fig. 1) und überträgt sie auf die nächsten Blüten, wobei die Pollinien auf der Narbe haftenbleiben, die unmittelbar unter dem Staubblatt die »Rutschbahn« abschließt. (P = Pollinien)

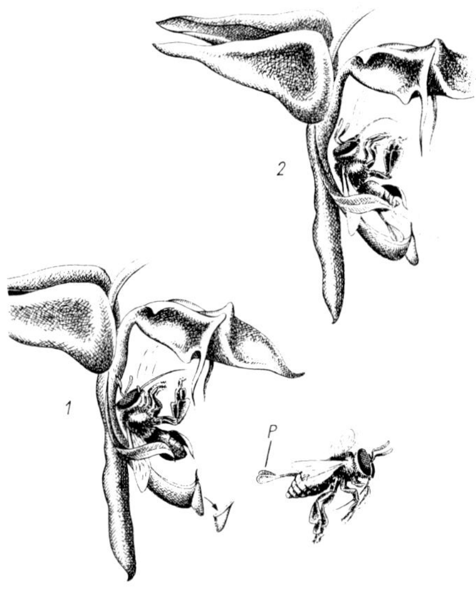

Odontoglossum grande, eine mexikanische Art, wächst epiphytisch. Viele Arten dieser Gattung werden als Zierpflanzen kultiviert.

Nahrung anbieten, denn hier steht das Aggressionsbedürfnis mancher Wespenarten im Dienste der Bestäubung. Die Wespen verteidigen von einer erhöhten Stelle aus ihr Territorium, indem sie sich jedem anfliegenden Insekt entgegenstürzen, um es durch einen Rammstoß zu vertreiben. Einige *Oncidium*-Arten, deren Blüten eigentlich kaum einem Insekt ähneln, lösen aber bei einer leichten, durch den Wind hervorgerufenen Bewegung auf das seinen Lebensraum verteidigende Insekt einen Aggressionsvorgang aus. Mit auffallender Genauigkeit schnellt das Insekt heran und prallt in das Zentrum der Blüte, dabei die Pollinien herausreißend. Anschließend werden diese mit einer Fehlergrenze von nur einem halben Millimeter Abweichung durch die Wespe auf die Narben der nächsten sich bewegenden Blüte transportiert.

Unwahrscheinlich groß ist die Mannigfaltigkeit der Bestäubungsformen bei den Orchideen, und es konnten bisher nur wenige auffällige Strukturen eindeutig analysiert werden. Viele andere Blüteneinrichtungen, die zweifellos mit dem Bestäubungsvorgang in enger Beziehung stehen, bedürfen noch einer Klärung. In Anbetracht der vielen Überraschungen darf man gespannt sein, welche Beiträge die Blütenökologie zur Kenntnis dieser Pflanzengruppe noch erbringen wird.

Überordnung Bromelianae

Ordnung Velloziales

Familie Velloziaceae

Diese einzige Familie der Ordnung *Velloziales* umfaßt xerophytische Kräuter, strauchige, seltener auch baumartige Formen und ist u. a. durch eine eigentümliche Ausbildung ihrer Sproßachsen gekennzeichnet. Die einfachen oder scheinbar gabelig verzweigten Stengel sind an sich recht dünn und werden von ausdauernden, oft noch nachträglich verhärtenden Blattbasen umhüllt; außerdem sind sie von einem weiteren Mantel umgeben, der aus sproßbürtigen Wurzeln besteht, die ihren Ursprung in den oberen Nodien haben und die die erwähnten Blattbasen durchbrechen. Durch diesen Wurzelmantel werden Achsendurchmesser von bis 15 cm vorgetäuscht.

Die spiralig angeordneten Blätter sind linealisch, derb und am Rande häufig dornig bezahnt. Sie stehen meist schopfartig am Ende der Zweige. Die Xerophyllie wird durch Sklerenchymstränge verstärkt, die parallel zu den Leitbündeln die Blätter durchziehen, sowie durch die in tiefe Längsfurchen eingesenkten Spaltöffnungen, wodurch die Verdunstung weiter eingeschränkt wird.

Die strahligen Blüten bilden sich einzeln oder zu wenigen an der Spitze der Sprosse. Ihre in 2 dreizähligen Kreisen stehenden, gleichartigen Blütenblätter (Tepalen) weisen eine meist leuchtend blaue, violette, purpurne, gelbe oder weiße Färbung auf. Die Tepalen stehen frei, sind aber bei einigen Sippen an der Basis verwachsen. Choripetalie (Freikronblättrigkeit) und mehr oder weniger ausgeprägte Sympetalie (Verwachsenkronblättrigkeit) sind hier wie bei nicht wenigen anderen Monokotylengruppen gleitend verbunden und geben keine systematisch verwendbaren Merkmale ab. – Bemerkenswert ist, daß bei einigen Gattungen die Tepalen besondere »blütenblattartige Anhängsel« ausbilden. Auch die Staubblätter stehen in 2 dreizähligen Kreisen, können jedoch bei einigen Sippen durch Spaltungen in 3 bis viele (18–66) Staubblattbündel vermehrt erscheinen.

Als Früchte werden Kapseln gebildet, die entweder im oberen Teil der Fruchtblattnähte oder unregelmäßig aufspringen. Sie enthalten zahlreiche, sehr kleine Samen, die vermutlich durch Luftströmungen verbreitet werden.

Zu den Velloziaceen gehören nach neueren Untersuchungen 5 oder 6 Gattungen mit etwas über 270 Arten. Die meisten davon kommen in Amerika vor, besonders in Südamerika, und hier wiederum in Brasilien, das den Zentralbereich der Familie darstellt. Nur die Gattungen *Xerophyta* und *Barbacenia* haben ihr Verbreitungsgebiet auch auf Afrika ausdehnen können.

Hinsichtlich der verwandtschaftlichen Verhältnisse zu anderen Ordnungen bzw. Familien der Einkeimblättrigen sind die Velloziaceen nach wie vor umstritten und unsicher. Eine eindeutige Klärung steht trotz mehrerer neuer Untersuchungen immer noch aus. Die im einzelnen durchaus begründeten Auffassungen, die hier jedoch nicht näher diskutiert werden können, gehen in 2 Richtungen. Manche Systematiker vertreten bis jetzt die Meinung, daß die Velloziaceen den Hypoxidaceen (s. S. 381) oder Amaryllidaceen nahestehen und mit diesen Gruppen mehr oder weniger enge phylogenetische Verbindungen vorlägen. Die Konsequenz einer solchen Auffassung ist dann die Einordnung der Velloziaceen in die Liliales i. w. S., wie sie bei den früheren Auflagen des Urania-Pflanzenreiches vorgenommen wurde. Andere Untersuchungen weisen dagegen auf Zusammenhänge mit den Bromeliaceen und damit eine Zuordnung zu den Bromelianae hin, wie sie in der vorliegenden Bearbeitung, die sich wesentlich auf die Monokotylen-Monographie von Dahlgren

Xerophyta dasylirioides, eine Velloziacee aus Madagaskar

und Mitarbeiter (1985) stützt, vorgenommen wurde. Ein letztes Wort über die systematische Stellung der Velloziales/Velloziaceae ist jedoch noch keineswegs gesprochen.

Unproblematisch erscheint dagegen die weitere Differenzierung in Unterfamilien.

Unterfamilie Vellozioideae

Die Vertreter dieser Unterfamilie werden gekennzeichnet durch das Fehlen von kronblattartigen Anhängseln, und im vegetativen Bereich dadurch, daß die Blätter nur von einem einzigen Sklerenchymstrang durchzogen werden. Die Unterfamilie enthält nur 2 Gattungen: *Vellozia* mit etwa 100 Arten, die vor allem Charakterpflanzen der trockenen Campos von Brasilien sind. *Vellozia aloifolia* zeichnet sich durch einen bis 2 Meter hohen, fast baumförmigen Wuchs aus. Eine weitere Eigentümlichkeit ist, daß die Staubblätter durch Spaltungen in 3 bis viele zu jeweils 6 Bündeln angeordnet sind.

Unterfamilie Barbacenioideae

Diese Unterfamilie hat dagegen kronblattartige Anhängsel in der Blüte, und die Blätter sind von einem *doppelten* Sklerenchymbündel durchzogen. Diese Unterfamilie umfaßt 3 oder 4 Gattungen, von denen die Gattung *Barbacenia* mit 100 Arten die mit Abstand wichtigste ist. Diese Gattung greift auch auf das tropische Afrika über und wird dort von Natal bis Madagaskar, in Somalia und Äthiopien angetroffen. Ihre Arten besiedeln vor allem trokkene Standorte und Felsspalten. In Kultur genommen wird gelegentlich die aus Natal stammende *Barbacenia elegans* neben *Barbacenia purpurea* und *Barbacenia squamata.*

Ordnung Ananasartige, Bromeliales

Das System und die systematischen Auffassungen dieser Pflanzengruppe haben trotz neuer Bearbeitungen in den letzten 25 Jahren keine nennenswerten Änderungen erfahren. Nach der neuesten Monographie der Monokotylen von Dahlgren und Mitarbeiter (1985) werden 51 Gattungen mit etwa 1 520 Arten anerkannt, gegenüber 46 Gattungen und mehr als 1 700 Arten, die im Urania-Pflanzenreich von 1973 bzw. 1976 erwähnt wurden. Die Unterschiede beschränken sich demnach vorwiegend auf die Art-Ebene: Etwa 180 Sippen, die früher als Arten aufgefaßt wurden, werden jetzt auf einer niedrigeren taxonomischen Ebene, d.h. unterhalb der Art, eingestuft. Überraschende oder gar revolutionierende neue Erkenntnisse liegen somit bei den Ananasartigen nicht vor.

Unklar und umstritten sind jedoch nach wie vor die Verwandtschaftsverhältnisse und damit auch die systematische Stellung. Außer recht primitiven Merkmalen, besonders im Blütenbau und in anatomischen Verhältnissen, zeigt die Ordnung auch weitgehende Spezialisierungen, die vorwiegend mit der bei vielen Vertretern anzutreffenden epiphytischen Lebensweise zusammenhängen. Es bestehen Merkmalsverbindungen einerseits zu den Liliales, andererseits zu den Commelinales, die bisher nicht eindeutig geklärt oder gewichtet werden konnten.

Die Ordnung besteht nur aus der Familie der Bromeliaceen, sie ist somit eine monotypische Ordnung. Ordnungs- und Familienmerkmale sind demzufolge identisch.

Familie Ananasgewächse, Bromeliaceae

Es handelt sich bei dieser Familie hauptsächlich um Rosettenstauden oder halbverholzte Pflanzen mit einem verlängerten Stamm, selten höhere Schopfbäume; die meisten sind jedoch stammlos.

Die Bromelien leben vielfach als Epiphyten auf Bäumen und Felsen, nicht wenige wachsen dagegen als Erdpflanzen (terrestrisch). Bemerkenswert sind bei den meisten Sippen Spezialisierungen bei der Wasserökonomie. Die epiphytischen Formen haben oft gar keine Wurzeln, oder sie sind stark reduziert oder dienen nur als Haftorgane. Auch ihr Gefäßsystem ist oft reduziert, so daß es für die Wasseraufnahme nur geringe Bedeutung hat. Diese wird meist von den Blättern vorgenommen, die vielfach starr, lanzettlich oder linea-

lisch, oft am Rand mehr oder weniger stark bewehrt in trichteriger Anordnung ausgebildet sind und durch ihre breiten, eng anliegenden Blattscheiden als Zisternen für einen Wasservorrat dienen. Sie bilden außerdem spezielle wasseraufnehmende Schuppen aus, die oft in einer Epidermisgrube eingesenkt sind. Bei diesen Schuppen handelt es sich um ein Charakteristikum der Familie.

Die strahlig gebauten, zwittrigen Blüten sind als Einzelblüten an sich wenig auffallend. Ihre Schauwirkung erhalten sie erst durch ihre Vielzahl in Blütenständen, wie Ähren, Trauben, Köpfchen oder in zusammengesetzten Blütenständen, wobei Hochblätter (Brakteen) oder die Basis der obersten Laubblätter sich häufig durch eine besonders intensive, leuchtende Färbung, oft in Kontrastfarben, auszeichnen. Bei vielen Bromelien erfolgt die Bestäubung durch Vögel – oft Honigvögel, Trochilidae –, wobei die erwähnten leuchtenden Farben von Hochblättern u. a. eine anlockende Wirkung ausüben. Es gibt auch eine Bestäubung an durch Schmetterlinge angepaßte Blüten, z. B. bei einigen *Tillandsia*-Arten.

Die Fruchtbildung der Bromelien ist variabel. Meist sind es Kapseln, die an den Fruchtblattgrenzen aufplatzen (septizide Kapseln), seltener solche, die an der Bauchnaht aufspringen (lokulizide Kapseln), oder nicht selten auch Beeren, bei denen die gesamte Fruchtwand fleischig geworden ist. Ein Sonderfall, bei dem der gesamte Blütenstand bei der Reife fleischig wird, ist bei der bekannten Ananas ausgebildet. Geflügelte Samen und solche, die mit einem Haarschopf versehen sind, der aus der zerfaserten Samenhaut hervorgeht, werden durch Luftströmungen verbreitet, während die Beeren auf Tierverbreitung eingerichtet sind.

Bei den Bromelien handelt es sich um eine so gut wie ausschließlich neotropische Familie, d.h. sie sind (von einer Ausnahme abgesehen, s. u.) nur in Amerika verbreitet. Von Virginia und Texas bis Mittelargentinien und Mittelchile besiedeln sie vorwiegend die Trokkengebiete und Hochanden und dringen sogar sekundär bis in die Regenwälder ein, wo sie meist epiphytisch vorkommen.

Bestand von *Puya raimondii* in den Hochanden von Peru. Die kerzenartigen Blütenstände werden mehrere Meter groß und sind sehr reichblütig.

Außer als Zierpflanzen werden einige Arten auch der Obstfrüchte oder der Fasern wegen kultiviert. Von Nachteil ist, daß die in den Blatttrichtern angesammelten Wassermengen in diesen Tropengebieten zugleich eine günstige Brutstätte für *Anopheles*-Mücken abgeben, wodurch vor allem der Ausbreitung der Malaria Vorschub geleistet wird. Man spricht direkt von einer »Bromelien-Malaria« in diesen verseuchten Gebieten.

Unterfamilie Pitcairnioideae

Während diese Unterfamilie noch am ursprünglichsten ist, sind die beiden nachstehenden stärker abgeleitet. Es handelt sich vorwiegend um Bodenpflanzen mit oft dornig gesägten Laubblättern und oberständigem Fruchtknoten, der sich zu Kapseln entwickelt und geflügelte oder mit federartigen Anhängen versehene Samen entläßt. Man rechnet zu dieser Unterfamilie 13 Gattungen mit etwa 420 Arten.

Die mit etwa 185 Arten umfangreichste und zugleich namengebende Gattung *Pitcairnia* umfaßt meist Bodenbewohner oder Felspflanzen, seltener Epiphyten und besiedelt Mittel- und Südamerika. Lediglich *Pitcairnia feliciana* kommt im tropischen Westafrika bei Guinea vor, wo sie an Küsten gedeiht. Es ist jedoch noch unklar, ob diese Art eine derart weite natürliche Verbreitung hat oder ob die afrikanischen Vorkommen durch den Menschen verursacht wurden. Einige Arten der Gattung sind besonders schöne und deshalb in Gewächshäusern kultivierte Zierpflanzen.

Als eigenartige, stattliche, mehrere Meter Höhe erreichende, xerophytische Schopfbäume begegnen uns in den Anden Südamerikas die 90 Arten der Gattung *Puya*. Besonders bekannt ist als Charakterpflanze der Hochanden Perus die mit riesigem, bis 5 m langem, endständigem Blütenstand ausgestattete *Puya raimondii*, deren Stamm allein 4 m mißt. Die Pflanze wird noch in 4000 m Höhenlage angetroffen und ist auch unter dem Eingeborenennamen »achupalla« oder »ahuarancu« bekannt.

Die Stämme der *Puya*-Arten werden als Korkersatz verwendet; ebenso gewinnt man daraus Chagualgummi, auch als Magueygummi bezeichnet. Der Gummi wird von verschiedenen *Puya*-Arten vor allem als Ausscheidungen gegen die Bohrgänge der Raupe eines Falters *(Castnia elegans)* erzeugt. Selbst die starken Randstacheln der Blätter finden Verwendung als Angelhaken.

Als Besiedler der südamerikanischen Campos sind ferner noch die Gattungen *Hechtia* mit etwa 40 Arten und *Dyckia* mit 75 Arten zu erwähnen.

Eine etwas abseitige Stellung nimmt die Gattung *Navia* mit ihren 6 Arten ein, die durchweg niedrige Kräuter mit dichten Rosetten sind, welche das Amazonasgebiet und Guayana besiedeln. Es ist die einzige Gattung innerhalb der Unterfamilie der Pitcairnoideen, bei der noch Windblütigkeit angetroffen wird.

Tillandsia caput-medusae wächst wie fast alle Arten dieser Gattung epiphytisch und ist auf die Neue Welt beschränkt.

Unterfamilie Tillandsioideae

Bei diesem Verwandtschaftskreis handelt es sich zumeist um Epiphyten; Bodenbewohner sind innerhalb der Unterfamilie der Tillandsioideen nur selten vertreten. Die Pflanzen haben durchweg ganzrandige, in Rosetten angeordnete, in der Regel mit Schuppen dicht bedeckte Laubblätter, die ihnen ein graugrünes Aussehen verleihen. Der oberständige Fruchtknoten entwickelt sich zu einer Kapsel, deren Samen meist mit einem falschen, nur selten echten Haarschopf versehen sind.

Tillandsia usneoides. 1 Saugschuppe in Aufsicht mit einem Kranz sternförmig angeordneter toter und den zentralständigen lebenden Zellen; 2 Saugschuppe im Längsschnitt, die kapillare Saugwirkung auch zwischen Schuppe und Epidermis verdeutlichend

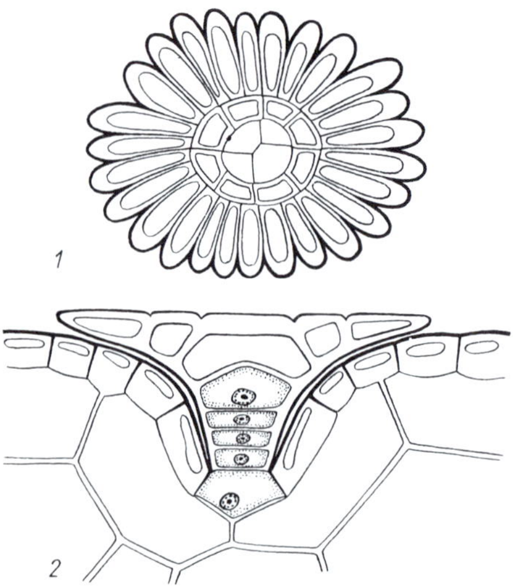

Von den 8 hierherzustellenden Gattungen ist *Tillandsia* mit 390 im gesamten tropischen und subtropischen Amerika – von den Südstaaten der USA bis nach Chile und Argentinien – beheimateten Arten entschieden die umfangreichste. Zur Gattung *Tillandsia* gehören sehr vielgestaltige Kräuter, mitunter von moosartigem Habitus, die teils stengellos, teils mit Stengeln, teils mit Wurzeln und teils ohne Wurzeln ausgestattet sind. Mitunter sind die Wurzeln auch nur zu Haftorganen umgebildet und dann scheiben- oder bandförmig entwickelt.

In den Nebelzonen der Anden und in den niederschlagsreichen Gebieten Süd- und Mittelamerikas findet man oft in dichten Beständen *Tillandsia usneoides* von den Bäumen herabhängend, die im Habitus an eine Bartflechte erinnert. Die bald völlig wurzellose Pflanze bildet lange, dünne Sprosse aus, deren Internodien bis zu 10 cm Länge erreichen und aus den Achseln der schmalen Laubblätter wiederum gleichgestaltete Seitentriebe entwickeln. Die lediglich von den Blättern etwas befreiten, abgestorbenen sklerenchymatischen Stränge, die bis zu 3 m Länge heranwachsen können, geben die sogenannte *Tillandsia*-Faser ab, die als »vegetabilisches Roßhaar« wegen der großen Festigkeit, Elastizität und Dauerhaftigkeit gern als Polster- oder Verpackungsmaterial Verwendung findet und auch exportiert wird. Die nur mit unscheinbaren, gelblichgrünen Blüten ausgestattete Art ist auch unter den volkstümlichen Benennungen Greisenbart oder Louisiana-Moos bekannt und wird vielfach in unseren Gewächshäusern angetroffen. Die Ernährung der Pflanze erfolgt ausschließlich über die dicht die Blätter und Sprosse bedeckenden Saugschuppen, die Wasser und Nahrung zunächst adhäsionsmäßig zwischen den toten Schuppenzellen und der Blatt- bzw. Stengeloberfläche festhalten und durch die lebenden Stielzellen der Saugschuppe dem Pflanzenkörper zuleiten. Eine andere Art, *Tillandsia recurvata,* wird von Florida bis Arizona sowie in Mittel- und Südamerika selbst noch auf Telegraphendrähten angetroffen.

Zur Unterfamilie der Tillandsioideen gehören auch die beiden oft als Zierpflanzen kultivierten Gattungen *Vriesea* und *Guzmania.* Die erstgenannte Gattung *Vriesea* besiedelt mit ihren 115 Arten als Epiphyten mit dichter Blattrosette aus oft gefleckten oder gebänderten bzw. farbigen Blättern vorwiegend Brasilien und Mittelamerika. Wegen der langen, mit intensiv roten oder gelben Hochblättern zweizeilig angeordneten Blütenstände, die lange zierend wirken, wurden zahlreiche Arten der Gattung in Kultur genommen, und man kann sie oft in Blumengeschäften erhalten. Es existieren auch zahlreiche *Vriesea*-Hybriden.

Die Gattung *Guzmania* besteht aus ebenfalls epiphytisch wachsenden Kräutern mit dichten Blattrosetten, die mit etwa 85 Arten in Mittelamerika, den Antillen bis Peru angetroffen werden. Hier ist der Blütenstand meist eine allseitswendig zylindrische bis kegelförmige Ähre mit breiten, dachziegelartig angeordneten, intensiv roten Hochblättern.

Unterfamilie Bromelioideae

Die Unterfamilie der Bromelioideen besitzt im Gegensatz zu den beiden voranstehenden einen unterständigen Fruchtknoten, der sich zu einer Beere entwickelt und Samen ohne irgendwelche Anhänge enthält. Es handelt sich zumeist um Bodenpflanzen oder Epiphyten, deren Laubblätter in der Regel dornig bewehrt sind. Etwa 30 Gattungen mit ca. 425 Arten zählt man zu dieser Unterfamilie, darunter sind zahlreiche wertvolle Zierpflanzen und vor allem die Gattung *Ananas* als Nutzpflanzen vertreten.

Nur in Brasilien, Peru und Guayana kommt die Gattung *Neoregelia* mit in den Blattrosetten verbleibenden Blütentrauben vor, wobei die Blüten zu mehreren in der Achsel eines Hochblattes sitzen. Recht ähnlich gestaltet sind die ebenfalls in Brasilien heimischen 30 Arten der Gattung *Nidularium,* während die 20 Arten der Gattung *Greigia* die Anden von Kostarika bis Chile bevölkern. Flach niedergedrückte, kleinere, rasig wachsende Rosetten aus Laubblättern mit welligem Rand, die mitunter intensiv gebändert sind, zeichnen die 20 Arten der Gattung *Cryptanthus* aus, die vorwiegend in Brasilien und Guayana angetroffen werden. Die zahlreichen Erneuerungssprosse aus den Achseln der unteren Rosettenblätter bedingen den rasenartigen Wuchs dieser Gattung.

Die der Familie den Namen gebende Gattung *Bromelia* ist mit 36 Arten von den Antillen bis Brasilien verbreitet und besiedelt vornehmlich als xerophytische Bodenpflanzen die Campos und Cerrados. Durch eine starke Bestachelung an den Blatträndern bilden die Pflanzen mitunter Dorngestrüppe und werden deshalb auch als lebende Zäune angepflanzt. Durch unterirdische Ausläufer ist eine rasche Ausbreitung der Gattung gewährleistet. Von der in Europa bereits seit 1690 in Kultur befindlichen Art *Bromelia pinguin* werden in den Heimatgebieten die bis hühnereigroßen, zitronengelben oder ockerfarbigen, säuerlich schmeckenden Beeren gern verzehrt. Die Gefäßbündel der Blätter ergeben die speziell in Zentralamerika und Westindien gebrauchte

Pinguinfaser, die neben anderen Fasern von Pflanzen aus der Gattung *Bromelia* unter den Bezeichnungen *Bromelia*-Faser oder Silkgras je nach der Stärke entweder zu Seilen, Schnüren oder zu Flechtwerk verarbeitet wird. *Bromelia argentina* liefert die sogenannte Caraguata-Faser, die sich für grobe Seile, für die Weberei von Säcken sowie zur Papiererzeugung besonders eignet. Von *Bromelia magdalenae* stammt die in Kolumbien verwendete Pita-Faser (zu unterscheiden von der von der Gattung *Ananas* herrührenden Pina-Faser!).

Die Antillen sowie das nördliche Südamerika besiedeln die 35 Arten der Gattung *Hohenbergia,* die ansehnliche Kräuter mit dichter Blattrosette aus breit linealischen, am Rande bestachelten Laubblättern und einem deutlichen Schaft mit gefärbten Hochblättern und verzweigter Blütenrispe bilden.

Allgemeiner bekannt und mit zahlreichen Arten auch in Kultur anzutreffen ist die etwa 135 Arten umfassende Gattung *Aechmea,* die im gesamten tropisch-subtropischen Amerika als Epiphyten oder Bodenpflanzen verbreitet ist. Es sind mittelgroße bis ansehnliche, stengellose Kräuter, deren linealische, mit Schuppen versehene Blätter in dichter Rosette stehen. Der meist herausragende, ansehnliche Blütenstand ist durch intensiv rote Hochblätter gekennzeichnet und verschiedenartig gestaltet, aus Ähren oder Rispen bzw. Trauben zusammengesetzt. Die Kronblätter ebenso wie die Früchte sind oft blau, rot, gelb oder violett und verleihen dadurch den Pflanzen erhöhten Schmuckwert, der längere Zeit anhält und sie auf diese Weise zu besonders wertvollen Zierpflanzen macht, wie z. B. *Aechmea fasciata* oder *Aechmea miniata.*

Vertreter der 50 Arten starken Gattung *Billbergia* werden ebenfalls nicht selten als Zimmerpflanzen angetroffen, besonders die Art *Billbergia nutans.* Die Sippen sind von Mexiko bis Südbrasilien als Epiphyten verbreitet, wobei durch die zahlreichen Ausläufer eine gute Vermehrung und Ausbreitung gesichert ist. Die stengellosen bzw. nur kurzstengeligen Kräuter bilden wenig- bis vielblättrige Rosetten schuppentragender Laubblätter, aus deren Mitte sich der meist nickende Infloreszenzschaft erhebt, dessen oft ansehnliche, rosa oder rote Hochblätter besonders auffällig sind und neben den hängenden, häufig blau berandeten Einzelblüten am meisten den Schmuckwert der Pflanzen ausmachen. Die sehr widerstandsfähigen Pflanzen können auch in zentralbeheizten Räumen kultiviert werden. Leider hält ihre Blütezeit nur wenige Tage an.

Nahe verwandt mit *Billbergia* ist die nur aus 2 Arten bestehende Gattung *Neoglaziovia,* deren Verbreitungsraum auf Brasilien beschränkt ist. Von *Neoglaziovia variegata,* die in Brasilien und Argentinien heimisch ist, wird aus den Blättern die sogenannte Caroá-Faser gewonnen, die vornehmlich zum Wickeln der Tabakbündel sowie für Netze, Angelschnüre, z. T. auch zur Papierfabrikation, Viskose- oder Kunstseidegewinnung Verwendung findet. *Neoglaziovia concolor,* aus Bahia in Brasilien, liefert die ähnlich genutzte Makimbeira-Faser.

Besondere Wichtigkeit als Kulturpflanze und Handelsobjekt hat eine der 3 Arten der Gattung *Ananas* erlangt, deren Heimatgebiet Brasilien, Paraguay und Guayana ist. Die großen, bodenbewohnenden Pflanzen bilden eine dichte Rosette aus linealischen, zugespitzten und an den Rändern (mit Ausnahme einiger Kulturformen) bestachelten Laubblättern, aus deren Mitte sich ein kurzer oder etwas verlängerter Schaft erhebt, der mit stacheligen Hochblättern besetzt ist. Der dichte, zapfenförmige Blütenstand wird von einem Schopf kleiner Laubblätter überragt. Die einzelnen Beeren des Blütenstandes verwachsen mit den fleischig werdenden Basalteilen ihrer Tragblätter sowie mit der verdickten Blütenstandsachse zu einem saftigen, sehr zuckerreichen Gesamtfruchtstand, der im Aussehen einem Pinien- bzw. Kiefernzapfen ähnelt. Dies war auch Veranlassung für die englische Bezeichnung pineapple.

Die nicht ganz sicher bekannte Stammform der Kulturananas, *Ananas comosus,* unterscheidet sich von der letzteren nur durch kleinere, blaue Blüten, kleine ungefärbte Brakteen und vor allem durch entwickelte Samen. Auch deren Früchte sind eßbar und schmackhaft.

Die Kulturananas wird im gesamten Tropengürtel in zahllosen Kulturrassen angebaut. Be-

Aechmea fasciata und andere Arten dieser Gattung werden als wertvolle Zimmerzierpflanzen kultiviert.

Billbergia pyramidalis. Diese aus Brasilien stammende Art wächst als Epiphyt. Der Blütenstand ist durch die intensiv roten Hochblätter auffallend.

Ananas comosus. 1 Blütenstand; 2 Fruchtstand mit durchwachsener Achse, links angeschnitten und den Aufbau aus einzelnen Trag- und Fruchtblättern sowie deren Beziehungen zueinander verdeutlichend

vorzugte Anbaugebiete sind Hawaii, die Philippinen, Malaysia, Australien, Südafrika, Mittel- und Südamerika, die Westindischen Inseln, Florida, Taiwan und die Azoren. Die Vermehrung kann nur rein vegetativ durch Ausläufer erfolgen, da die meisten Kulturrassen keinen Samen ansetzen. Ananas ist eine der köstlichsten Obstsorten, die nur in einem völlig frostfreien, feuchten und warmen Klima gut gedeiht. Deshalb kann man sie in gemäßigten Zonen nur in Gewächshäusern heranziehen. Die 3 bis 4 kg schwere Sammelfrucht wird nicht nur frisch verzehrt, sondern auch in großem Umfang mit Zucker zu Konserven verarbeitet. Aus dem Fruchtsaft bereitet man auch Wein, Branntwein sowie Liköre.

Vielen Verzehrern der Ananas dürfte nicht bekannt sein, daß sie zu den ausgesprochenen »Massenfrüchten« gehört. In den optimalen Anbaugebieten, z.B. auf Hawaii, erntet man pro Hektar 600 dt Früchte. Das ist ein Ernteertrag, der die höchsten mitteleuropäischen Kartoffelernten übertrifft!

Außer der Frucht werden von der Kulturananas auch die Blattfasern gewonnen, die sich von den Fasern der übrigen Gattungen innerhalb der Familie durch besondere Feinheit unterscheiden. Im Handel werden sie als Ananasfaser, Pina oder Pina-Faser bezeichnet. Man bereitet aus ihnen unversponnen meist ein sehr feines, sich seidig anfühlendes und fast durchscheinendes Gewebe, den Ananasbatist. Erntet man nicht die Fruchtstände, sondern unterdrückt deren Bildung durch frühzeitiges Herausschneiden der Anlagen und zieht die Pflanzen nicht in der Sonne, sondern im Halbschatten heran, so gewinnt man aus den Blättern bedeutend längere und feinere Fasern. Die Fasern von *Ananas macrodontes* werden – oft vermischt mit Manilahanf – gern zu Schnüren und Stricken verarbeitet. Diese Faser wird im Handel auch als Arghan-Faser geführt.

Ordnung Philydrales

Familie Philydraceae

Zu dieser Gruppe, die in neueren Bearbeitungen als Ordnung gewertet wird, gehört nur die einzige Familie Philydraceae mit lediglich 4 Gattungen und 6 Arten.

Es sind aufrecht wachsende, mehrjährige Kräuter, die sowohl kleine als auch recht stattliche Gewächse darstellen. Ihre beblätterten Sprosse entspringen kurzen, manchmal knollenförmigen Rhizomen, die büschelartige Wurzeln tragen. Die zweizeilig gestellten, schwertförmigen oder stielrunden Blätter haben eine scheidige Basis. Die recht auffallenden Blüten stehen in einfachen Ähren oder in Ährenrispen und bilden ziemlich große Brakteen aus. Die Blüten weisen einen dreizähligen und streng zygomorphen Bau auf. Von den gelben oder weißen Tepalen sind die beiden hinteren Blütenhüllblätter des äußeren Kronblattkreises verwachsen und bilden eine breite, große Oberlippe, die bei der Gattung *Philydrum* an der Spitze dreizähnig sein kann. Die mittlere untere Tepale des inneren Kronblattkreises bildet dagegen eine mehr oder weniger große Unterlippe. Die beiden seitlichen inneren Blütenhüllblätter stehen entweder frei oder sind am Grunde mit dem auf ein einziges Staubblatt reduzierten Androeceum und dessen breiten Staubblattfaden (Filament) verwachsen. Die beiden Theken der Anthere können gerade, nierenförmig gekrümmt oder spiralig gedreht sein. Der oberständige Fruchtknoten wird aus 3 Fruchtblättern (Karpellen) gebildet, die entweder vollständig oder nur im unteren Teil miteinander verwachsen sind. Im Fruchtknoten entwickeln sich zahlreiche anatrope Samenanlagen. Die Früchte schließlich sind Kapseln, die entweder in der Mitte der Fruchtblätter aufreißen (lokulizide Kapseln), oder – seltener – irregulär aufplatzen. Sie enthalten zahlreiche kleine Samen mit einer dicken Samenschale und einem reichlichen Nährgewebe.

Die verwandtschaftliche Stellung der Philydraceen war lange Zeit umstritten und ist auch jetzt noch nicht als endgültig geklärt zu bezeichnen. Diese Fragen wurden von Hamann (1966) u. a. eingehend untersucht. Danach steht die recht einheitliche Familie den Pontederiaceen sehr nahe, weniger eng sind die Beziehungen zu den in diesem Buch nicht behandelten Haemodoraceen. Die Phillydraceen wurden früher oft in die breit gefaßten Liliales eingeordnet, was jetzt korrigiert werden kann. Selbst eine Verwandtschaft zu den Orchideen wurde auf Grund der Blütenverhältnisse postuliert, doch solche oberflächlichen Ähnlichkeiten stellten sich bald als Ergebnisse einer konvergenten Evolution und nicht als einer auf Verwandtschaft beruhenden Ähnlichkeit heraus.

Von den 4 Gattungen – 2 davon kommen nur mit je einer Art in Australien vor – seien 2 genannt.

Die Gattung *Helmholtzia* (mit 3 Arten) umfaßt verhältnismäßig große, rhizombildende Kräuter mit verzweigten Blütenständen, weißen Blüten und unregelmäßig aufplatzenden Früchten; sie sind in Indonesien und Nordostbrasilien verbreitet.

Die Gattung *Philydrum* weist nur eine Art, *Philydrum lanuginosum,* auf. Sie ist die häufigste Art der Familie und hat das größte Verbreitungsgebiet, das sich von Japan, durch Südostasien bis Südaustralien – außer Tasmanien – erstreckt. Es handelt sich bei dieser Art um wenig verzweigte, ziemlich große Pflanzen mit einfachen Ähren und gelben Blüten. Die Früchte sind lokulizide Kapseln.

Ordnung Pontederiales

Wurde die nachfolgende Familie auch früher mit den Lilianae in eine Reihe gestellt, so findet sie heute ihren Platz, hauptsächlich auf Grund embryologischer Merkmale und des stärkereichen Endosperms, in der Nähe der Bromeliaceae, von dieser und einigen anderen Familien aber deutlich getrennt durch den Bau ihrer Pollenkörner, so daß sie den Rang einer eigenen Ordnung bekam.

Familie Pontederiaceae

Die Familie der Pontederiaceen besteht aus 9 Gattungen mit 34 Arten, die in Sümpfen und Gewässern aller wärmeren Erdteile anzutreffen sind, ausgenommen ist davon Europa. Die Gattung *Monochoria* beispielsweise hat ihr Verbreitungszentrum in Ostasien und dringt von dort westwärts bis nach Afrika, ostwärts nach Australien und mit einer Art nordwärts bis nach Nordostchina vor.

Es sind Sumpfpflanzen, die mit einem ausgeprägten Rhizom im Boden flacher Gewässer wachsen. Daneben gibt es echte Wasserpflanzen, die mehr oder weniger frei fluten, schwimmen oder im Wasser untergetaucht gedeihen und dann allerdings nur bandförmige Blätter hervorbringen. Der Sproß ist sympodial verzweigt, wobei das letzte Laubblatt und das den Blütenstand umhüllende, scheidige Hochblatt, die Spatha, jeweils das sympodiale Sproßglied beschließen. Oft wird der rispige oder ährige Blütenstand vom letzten Laubblatt beiseite geschoben, so daß es scheint, als entspränge er aus dem Blattstiel. Das Sympodium ist entweder ein kurzes, gestauchtes, im Boden wurzelndes Rhizom oder ein fadenförmig verlängerter, krautiger Stengel. Je nach der Wuchsform entwickeln sich aus allen oder nur aus den unteren Knoten Adventivwurzeln, die entweder in den Boden eindringen oder frei im Wasser fluten. Die Blätter sind fast immer zweizeilig und nur selten spiralig angeordnet. Eine rosettige Blattstellung kommt dadurch zustande, daß die gestauchten Internodien nachträglich gedreht werden. Man unterscheidet zwischen bandförmigen Primärblättern, in Scheide, Stiel und Spreite gegliederten Folgeblättern sowie scheidigen Niederblättern. Die bandförmigen

Die blaue Wasserhyazinthe, *Eichhornia crassipes,* schwimmt mit Hilfe von Luftgewebe in den blasig aufgetriebenen Blattstielen an der Wasseroberfläche. Ihre schönen flutenden Blütenteppiche werden in den Tropen energisch bekämpft, weil ihr exzessives Wachstum die Schiffahrt behindert und Kanäle verstopfen kann.

Blätter können auch die einzige Form der Laubblätter sein, so etwa bei den untergetaucht wachsenden Pflanzen. Die aus dem Wasser herausragenden Spreiten sind breit, herz- oder eiförmig, mitunter auch pfeil- oder spießförmig.

Die mehr oder weniger zygomorphen, blauen, weißen oder gelben Blüten erreichen eine recht ansehnliche Größe. Sie bestehen aus dreigliederigen Quirlen, wobei auch der äußere Kreis der Blütenhülle wie eine Blumenkrone ausgebildet ist, so daß die Blüten 6 Blumenblätter besitzen. In ihrem unteren Teil sind sie fast immer zu einer mehr oder weniger lan-

Pontederia cordata ist in Amerika beheimatet. Sie wird in Mitteleuropa in Parkanlagen an Gewässerrändern kultiviert, benötigt aber Winterschutz.

gen Röhre verwachsen, die sich bei einigen Gattungen nach der Blüte noch weiter entwikkeln kann und nach dem Verwelken die Frucht einschließt. Die 6 Staubblätter sind in der Röhre in verschiedener Höhe angeheftet. Bei einer Rückbildung der hinteren 3 sind nur noch ein Staubblatt und 2 Staminodien vorhanden. Der oberständige Fruchtknoten ist dreifächerig und hat zahlreiche zentralwinkelständige Samenanlagen, zuweilen verkümmern aber 2 Fächer und das dritte, mediane, weist nur eine Samenanlage auf. Der fadenförmige Griffel endet mit einer oder 3 kurzen Narben. Die Früchte, die sich aus dem dreifächerigen Fruchtknoten entwickeln, sind fachspaltige, vielsamige Kapseln, während aus den einfächerigen Fruchtknoten einfächerige Schließfrüchte hervorgehen, die von den weiter gewachsenen Perigonröhren, die knorpelig-fest und längs gerippt sind, umschlossen werden. Die kleinen, glatten oder in Längsrichtung gerippten Samen enthalten mehliges Nährgewebe und einen walzenförmigen Keimling.

Von der Gattung *Eichhornia*, die im tropischen und subtropischen Amerika ihr natürliches Verbreitungsgebiet hat, ist *Eichhornia crassipes*, die Wasserhyazinthe, in viele tropische Gebiete verschleppt und durch ihre starke vegetative Vermehrung zu einem lästigen Wasserunkraut geworden. Die Internodien des Sympodiums sind erheblich verkürzt und die ursprünglich zweizeilig angeordneten Blätter durch eine nachträgliche Drehung der Achse zu einer meist frei schwimmenden Rosette vereinigt. Die Blattstiele schwellen nach dem Grund zu meist stark blasenförmig an und dienen als Schwimmorgane. Der scheinährige Blütenstand hat große, violett-purpurne bis blaue Blüten.

Die einzigen monopodial verzweigten Pflanzen der Familie sind die der Gattung *Hydrothrix*, von der es 2 Arten in Ostbrasilien gibt. Es sind zarte, untergetauchte Wasserpflanzen mit zahlreichen scheidenlosen, fädigen Blättern, die büschelig an Kurztrieben stehen. Ihr Blütenstand ist stark reduziert und besteht nur aus 2 Blüten, die ein fertiles Staubblatt und 2 Staminodien haben.

Auf dem amerikanischen Kontinent von Südkanada bis Argentinien findet man in Sümpfen oder Gewässern die 5 Arten der Gattung *Pontederia*. Die im Boden wurzelnden oder im Wasser flutenden Pflanzen haben entweder große, herz- bis eiförmig-runde oder kleineiförmige Blätter. Ihre Blüten sind in dichtblütigen Scheinähren vereint. Im gesamten Areal ist *Pontederia cordata* verbreitet, deren Blattspreiten in der Form sehr variabel, oft aber herz-eiförmig sind. Die hellblauen Blüten findet man in einem bis zu 80 cm lang werdenden scheinährigen Blütenstand vereinigt. Nach der Blüte wachsen die den Fruchtknoten umgebenden Teile der Blütenhüllblätter weiter und umschließen als knorpeliges, mit geflügelten Längsrippen versehenes Gebilde (Anthokarp), die längliche, einsamige Schließfrucht.

Von der 10 Arten umfassenden Gattung *Heteranthera* werden das Seegrasblättrige Trugkölbchen, *Heteranthera zosteraefolia*, ebenso wie die Dünnstenglige Wasserhyazinthe, *Eichhornia azurea*, als beliebte Aquarienpflanzen genutzt.

Ordnung Ingwerartige, Zingiberales

Diese Ordnung wird allgemein als natürlicher Verwandtschaftskreis einander nahestehender, hochentwickelter Familien angesehen und ist durch eine Reihe von Autapomorphien gekennzeichnet. Als Besonderheit ist die zunehmende Umbildung der fertilen Staubblätter zu corollinischen Staminodien hervorzuheben, die dorsiventrale bis asymmetrische Blüten bedingt. Sie schreitet von ursprünglich 6 zu 5 (Heliconiaceae, Lowiaceae, Musaceae, Strelitziaceae) bis zu einem Staubblatt fort (Zingiberaceae, Cannaceae, Marantaceae). Die übrigen Stamina sind kronblattartig entwickelt. Die Reduktion geht bei den beiden letztgenannten Familien so weit, daß nur noch ein halbes Staubblatt Pollen produziert.

Die Verbreitung der Ordnung erstreckt sich über die tropischen und subtropischen Regionen der alten und der neuen Welt. Von den acht Familien sind die Zingiberaceen und Marantaceen pantropisch verbreitet. Heliconiaceen stammen überwiegend und Cannaceen ausschließlich aus Südamerika, Strelitziaceen sind in Südamerika und Südafrika zu finden, die Lowiaceen kommen in Südost-Asien, Malaysia und auf den pazifischen Inseln vor, und die wirtschaftlich bedeutendste Familie der Musaceen hat ihren Ursprung in den Tropen der alten Welt.

Familie Strelitziengewächse, Strelitziaceae

Die einzige Familie der Ingwerartigen, die auch holzige Pflanzen enthält, umfaßt 3 Gattungen und 7 Arten. Unverzweigte Schopfbäume sind darin ebenso vertreten wie bis zu mehrere Meter hohe Stauden mit gut entwickelten Rhizomen oder unterirdischen Stämmen. Blätter und Brakteen sind wie bei den Heliconiaceen in 2 Reihen angeordnet. Insekten und Vögel besuchen die zwittrigen Blüten. Die holzigen Kapselfrüchte springen fachspaltig auf oder zerfallen in 3 Kokken. Die Familie weist ein disjunktes Verbreitungsgebiet auf. Die Gattung *Phenacospermum* kommt im tropischen Südamerika vor, *Strelitzia* in Südost-Afrika und *Ravenala* ursprünglich nur auf Madagaskar. Eine Reihe von Arten ist als Zierpflanzen weit verbreitet worden.

Wohl am bekanntesten sind die an riesige Fächer erinnernden Schopfbäume von *Ravenala madagascariensis*. Die einzige Art dieser Gattung ist als »Baum der Reisenden« bekannt. Der Name kommt daher, daß Reisende durch Anstechen der hohlen Blattscheiden bis zu $1\frac{1}{2}$ l Trinkwasser erhalten können. In seiner Heimat breitet sich der Baum besonders in Sekundärwäldern aus. In natürlichen Bergwäldern kann er noch bis zu 1600 m Höhe angetroffen werden, allerdings unterbleibt dort die Ausbildung des Stammes. Wegen des ornamentalen Wuchses wird er in den Tropen häufig angepflanzt. Die Blätter sind in Scheide, Stiel und eine derbe, krautige Spreite gegliedert. Von der kräftigen Mittelrippe gehen fast rechtwinklig Seitennerven ab, an denen die Spreite bei freiem Stand durch Einwirkung des Windes mehr oder weniger regelmäßig einreißen kann. Die Blätter erscheinen somit gefiedert.

Die 5 Arten der Gattung *Strelitzia* sind in Südafrika beheimatet. Die Größenunterschiede der Pflanzen sind beträchtlich. Manche erreichen kaum 1 m Höhe, andere können bis zu 10 m hoch werden. Die ansehnlichen, zygomorphen Blüten stehen in seitenständigen Wickeln und werden von einem kahnförmigen Hochblatt getragen. Die 3 äußeren Blütenhüllblätter sind schmal-lanzettlich und zugespitzt. Von den inneren sind die beiden seitenständigen nur halbseitig ausgebildet. Sie liegen eng zusammen und bilden scheinbar ein einziges, pfeilförmiges Organ, in dessen Falte die 5 Staubblätter und der Griffel eingeschlossen sind. Das mittlere Blütenhüllblatt ist kurz und kahnförmig ausgebildet.

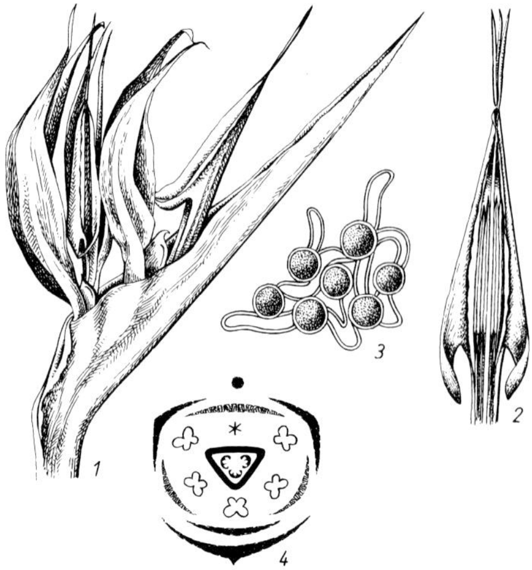

Strelitzia alba. 1 Blüte; 2 pfeilförmiges Organ, das von den beiden inneren, nur halbseitig ausgebildeten Blütenhüllblättern gebildet wird, die in einer Falte die 5 Staubblätter und den Griffel einschließen; 3 Pollenkörner, die durch ein Netz von Fäden zu einer flockigen Masse zusammengeballt werden; 4 Blütendiagramm einer *Musa*-Blüte

Einen kurzen Stamm besitzt *Strelitzia alba* (syn. *Strelitzia augusta*). Die Blütenscheide ist purpurrot gefärbt, die Blüten weiß. Die Heimat der als Schnittblume und Kübelpflanze allgemein bekannten *Strelitzia reginae* liegt in der Kap-Provinz. Ihre Blütenscheide ist weniger auffällig gefärbt als bei der vorigen Art, dafür sind die Blüten orange und himmelblau. Im Warmhaus blüht die Art fast zu jeder Jahreszeit. In großen Schauhäusern wird gelegentlich die stattliche *Strelitzia nicolai* kultiviert. Im Gegensatz zur vorigen Art blühen bei dieser

Ravenala madagascariensis wird wegen des ornamentalen Wuchses in den Tropen häufig als Ziergehölz gepflanzt.

Von *Strelitzia nicolai* blühen nur ältere Exemplare regelmäßig.

nur die viele Jahre alten Exemplare regelmäßig. Bei den Strelitzien finden wir die Anpassung an eine Bestäubung durch relativ große Vögel besonders ausgeprägt.

Phenacospermum guianense ist die einzige Art der Gattung. Sie ist entlang des Amazonas verbreitet, besitzt einen kurzen Stamm und im Gegensatz zu den beiden vorigen Gattungen eine terminale Infloreszenz. Die Art leitet hinsichtlich dieses Merkmals zu den Musaceen und Heliconiaceen über. Die Blüten sind unauffällig gefärbt und werden von Fledermäusen bestäubt.

Familie Bananengewächse, Musaceae

Die Familie enthält die beiden Gattungen *Musa* mit 35 und *Ensete* mit 7 Arten. Die Verbreitung ist palaeotropisch und erstreckt sich von Afrika bis Ostasien, Queensland und zu den Inseln des Stillen Ozeans.

Die Bananengewächse sind große und kahle Stauden mit einem kurzen, dicken, unterirdischen Stamm. Die *Musa*-Arten besitzen außerdem kriechende Rhizome. Die dicht geschlossenen Blattscheiden bilden sogenannte Scheinstämme. Bei den kleineren Arten, wie *Musa lasiocarpa,* bleiben sie niedriger als 1 m, während die ebenfalls nicht verholzenden Scheinstämme einiger *Ensete*-Arten rund 13 m Höhe erreichen können. Die Laubblätter sind einfach gebaut und im Unterschied zur vorigen Familie spiralig angeordnet. Sie können mit bis zu 6 m Länge beträchtliche Ausmaße erreichen. Die Blätter gliedern sich immer in Scheide, Stiel und Spreite. In den meisten Fällen ist die Spreite recht derb und weist eine charakteristische Nervatur auf. Von der kräftigen Mittelrippe gehen fast rechtwinklig die nur schwach geschwungenen Seitennerven ab. Durch die Einwirkung des Windes reißen die Spreiten parallel zu den Seitennerven ein und erscheinen somit gefiedert.

Inmitten des Scheinstammes wächst der endständige Blütenstand empor. Er besteht aus einer sehr lang wachsenden, kaum verfestigten und daher häufig überhängenden Achse mit spiralig angeordneten Brakteen. In deren Achseln entwickeln sich die zygomorphen, nektarreichen Blüten aus doppelten Querreihen collateraler Beiknospen. Das Perianth ist mehr oder weniger differenziert. An der Basis des Blütenstandes befinden sich rein weibliche Blüten. Deren Stamina sind reduziert oder mindestens nicht funktionsfähig. Die apikalen Blüten sind männlich und besitzen 6 oder nur noch 5 fertile Staubblätter. Die Bestäubung der weniger als 24 Stunden geöffneten Einzelblüten erfolgt überwiegend durch Fledermäuse, eventuell auch durch Vögel.

Die aus den Blüten einer Braktee hervorgehenden 10 bis 16 Einzelfrüchte bilden eine »Hand«. Die Früchte der Wildarten können einige wenige bis mehr als 100 hartschalige Samen enthalten. Bei den Sippen mit eßbaren Früchten entwickeln sich diese parthenocarp und enthalten neben den verkümmerten Samenanlagen nur die parenchymatische Pulpa. Es gibt Arten mit beerenartigen Früchten und saftigen Schalen und solche mit regelrechten Kapseln und trocken-lederigen Schalen. Nur bei einigen Wildsippen öffnen sich die reifen Früchte seitlich etwas, fast nie springen sie spontan auf. Die in den Tropen gelegentlich

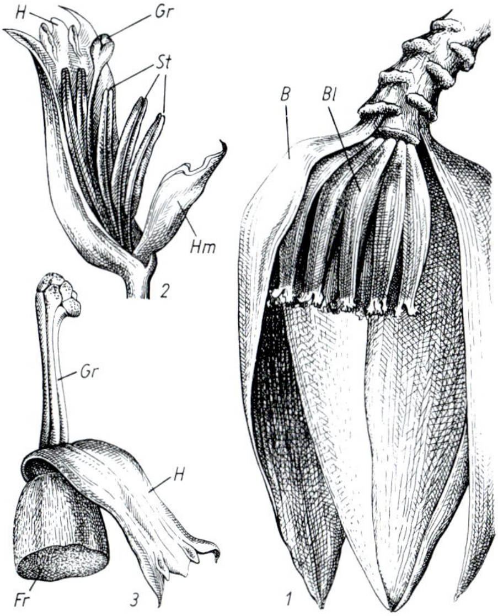

Banane, Infloreszenz und Einzelblüte. 1 Ende einer Infloreszenzachse mit männlichen Blüten. B = Braktee, Bl = eine Gruppe von Blüten. 2 Männliche Einzelblüte. H = freies, mittleres (Hm) und die miteinander röhrig verwachsenen 5 übrigen Blütenhüllblätter, St = Staubblätter, Gr = Griffel. 3 obere Teile einer weiblichen Blüte. Gr = Griffel, H = zurückgebogenes mehrblättriges Hüllteil, das aus den verwachsenen 5 Blütenhüllblättern besteht, Fr = oberer Teil des Fruchtknotens, aus dem sich eine Frucht entwickelt

als Zierpflanze kultivierte *Musa velutina* kann diesbezüglich als Ausnahme gelten.

Die Umgrenzung der Wildarten gründet sich meist auf unzureichendes Herbarmaterial, so daß die Zuordnung einiger Namen noch unsicher ist. Daran haben auch zytogenetische und zytotaxonomische Untersuchungen wenig ändern können, die im Zusammenhang mit einer planmäßigen Bananenzüchtung vorgenommen worden sind. Selbst eine Berücksichtigung der Genomzusammensetzung und der Ploidiestufen hat die Klassifikation der Bananen keineswegs vereinfacht. Zwei diploide Wildarten mit ungenießbaren, Samen enthaltenden Früchten werden als Stammeltern aller ökonomisch bedeutenden Obst- und Mehlbananen angesehen. Beide haben 11 Chromosomenpaare: die sehr variable *Musa acuminata* (mit dem Genom AA) und *Musa balbisiana* (BB-Genom). Von beiden existieren auch Sortengruppen auf mehreren Ploidiestufen. So gehören die Sorten ›Sucrier‹ und ›Lakatan‹ zu den diploiden Sippen von *Musa acuminata,* die sich besonders in Indonesien, Malaysia, Burma, Papua Neu-Guinea, Thailand und auf den Philippinen großer Beliebtheit erfreuen. Zur gleichen Art gehören auch die weit verbreiteten triploiden Sorten ›Gros Michel‹ und ›Pisang Ambon Putih‹ sowie die ›Cavendish‹-Untergruppe. Sie werden wegen ihrer qualitativen Merkmale und der zum Teil recht beträchtlichen Fruchtgrößen geschätzt. Es werden auch tetraploide Sippen kultiviert, sie sind aber weniger verbreitet. Die Anzahl der Hände je Fruchtstand variiert von 5 bis 20.

Die Früchte der diploiden Ausgangssippen von *Musa balbisiana* sind roh wie gekocht ungenießbar. Kultiviert werden zum Beispiel triploide Kochbananen der Sorte ›Saba‹ auf den Philippinen. Die Fruchtstände tragen 10 bis 16 Hände.

Musa × *paradisiaca* ist aus den beiden

Musa velutina mit reifen Früchten

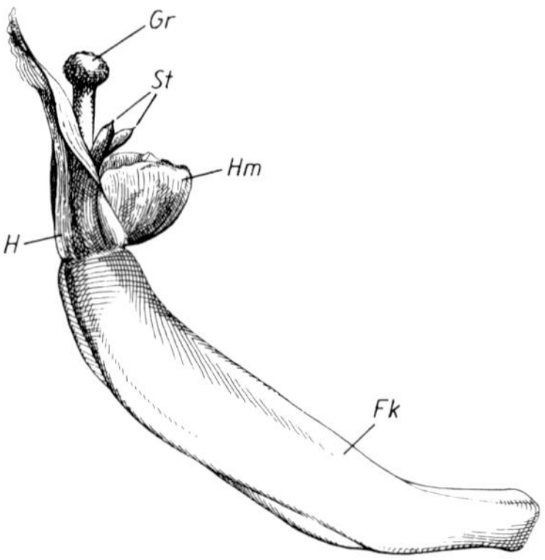

Einzelblüte einer Banane, *Musa* x *paradisiaca*. Fk = unterständiger Fruchtknoten. Hm = freies mittleres Blütenhüllblatt, H = verwachsene Blütenhüllblätter, St = 2 der 5 Staubblätter, Gr = Griffel

vorgenannten Arten wiederholt durch Kreuzungen entstanden. Sie bildet den Typus der Gattung. Bei dieser Bananenhybride sind bisher die Genomstrukturen AB, AAB, ABB und ABBB bekannt geworden. Auf dem Markt haben sich wiederum besonders die triploiden Sorten durchsetzen können. ›Pisang Raja‹, ›Silk‹ und die ›Plantain‹-Gruppe haben das Genom AAB und werden überwiegend als Dessertbananen genutzt, ›Pisang Awak‹ und ›Bluggoe‹ besitzen das Genom ABB. Letztere sind hauptsächlich Kochbananen. Die Früchte aller Kulturbananen sind parthenocarp, enthalten also keine Samen. Die Pflanzen werden rein vegetativ vermehrt und stellen eigentlich auf Einzelkreuzungen zurückgehende Klone dar.

Bananen werden in allen tropischen und vielen subtropischen Ländern angebaut. Hauptprodukt sind in jedem Fall die Früchte. Sie spielen als Nahrungsmittel in den Tropen und im Welthandel eine hervorragende Rolle. Die süßen, manchmal auch etwas säuerlich schmeckenden Obst- oder Dessertbananen werden roh gegessen. Aus den Mehl- oder Kochbananen kann Stärke gewonnen werden. Man benutzt sie auch zur Herstellung von Chips, Püree, alkoholischen Getränken und Essig. In den Tropen werden sie häufig gekocht, gebacken oder gebraten verzehrt, nicht selten zusammen mit Wurzelfrüchten wie Batate, Yams und Maniok. Die Welterzeugung an Bananen wird gegenwärtig auf 68 Millionen Tonnen jährlich geschätzt. Weit über die Hälfte davon stammt aus Lateinamerika. Außerhalb des ursprünglichen Verbreitungsgebietes der *Musa*-Arten entstanden durch den Einfluß von Züchtung und Selektion neue Formenmannigfaltigkeitszentren. Einer weiteren Verbreitung dieser ertragreichen Kultur sind lediglich klimatische Grenzen gesetzt.

Die für den Export vorgesehenen Fruchtbestände werden unreif geerntet, geteilt und mit Fungiziden behandelt, damit sie während des Transportes nicht faulen oder schimmeln. So vorbereitete Ware kann bei 13 bis 15 °C für 21 bis 30 Tage gelagert bzw. während dieser Zeit transportiert werden. Auf den hierfür verwendeten Spezialschiffen gibt es belüftete Kühlräume. In höheren Konzentrationen beschleunigen die von den Bananen abgegebenen Gase Kohlendioxid und Äthylen den Reifeprozeß und müssen daher von Zeit zu Zeit abgeführt werden.

Eßbare Früchte entwickelt auch *Musa troglodytarum,* die Fehi-Banane. Das Vorkommen der Art beschränkt sich auf Tahiti, Neukaledonien und die Fidschi-Inseln. Dort werden die Wildbestände genutzt und Pflanzen gelegentlich auch in Kultur genommen.

Außer den Früchten finden auch andere Pflanzenteile der Bananen Verwendung. Die männlichen Blütenknospen und die ganz jungen Früchte von *Musa balbisiana* werden als Gemüse gegessen. Die Blätter lassen sich zum Einwickeln und als Unterlage gebrauchen. Einige Wildsippen der Art werden außerdem zur Fasergewinnung kultiviert, ebenso die Japanische Faserbanane *Musa basjoo* und die zur Gewinnung von Manila-Hanf angebaute *Musa textilis.* Die gegen Salzwassereinwirkung resistenten Sklerenchymfasern der Blattstiele dienen zur Herstellung von Schiffstauen, Netzen und Säcken.

Die 7 *Ensete*-Arten lassen sich von den Bananen anhand ihrer kurz oder ungestielt erscheinenden Blätter unterscheiden. Die Früchte sind trockener und enthalten größere Samen als die der *Musa*-Arten. Die Anzahl der Stamina beträgt generell 6. Ein weiterer Unterschied besteht darin, daß die Pflanzen nach der Blüte absterben, da sie keine Ausläufer treiben. Die Gattung ist in Afrika verbreiteter als in Asien.

Die wichtigste Art ist *Ensete ventricosum.*

Kultivierter Bestand von *Ensete ventricosum* in Äthiopien

Blühender Bestand einer *Heliconia*-Art

Sie kommt in Zentral- sowie in Süd- und Ostafrika vor und wird dort auch kultiviert. Die Grundachse und die jungen Blattscheiden werden gekocht gegessen, zum Teil auch zu Brot verarbeitet. Das Endosperm liefert Stärke. Aus älteren Blattscheiden werden Fasern zur Herstellung von Seilen und Säcken gewonnen. In Ober-Ägypten wurde die Art vermutlich schon in urgeschichtlicher Zeit als Nutzpflanze kultiviert. Heute findet man sie nicht selten auch bei uns als Topfpflanze. Zwei andere Arten, *Ensete religiosum* und *Ensete gilletii,* werden im tropischen Afrika als Fetisch-Pflanzen kultiviert.

Familie Heliconiaceae

Die Familie enthält eine Gattung mit 100 Arten, nach Auffassung mancher Autoren sind es bis zu 150. Alle sind primär neotropisch verbreitet. Es sind große und ausdauernde Kräuter, die im Habitus den Bananen ähneln. Wie diese bilden sie aus den Blattscheiden einen Scheinstamm. Die Blätter sind zweireihig angeordnet. Sie können bis 3 m lang werden, doch gibt es auch Sippen mit nur 25 cm langem Laub. Der endständige Blütenstand hängt bei einigen Arten über, bei anderen steht er aufrecht. Er ist abgeflacht und hat in zwei Reihen angeordnete, unterschiedlich große Hochblätter. In deren Achseln stehen mehr oder weniger reichblütige Wickel. Die zweigeschlechtigen Blüten werden von Kolibris bestäubt. Bei den *Heliconia*-Arten steht das große hintere der äußeren Blütenhüllblätter frei. Die beiden vorderen sind mit den inneren zu einem kahnförmigen Gebilde vereinigt.

Mehrere Arten werden als Zierpflanzen verwendet, darunter auch die mit etwa 6 m Höhe recht stattliche *Heliconia bihai.* Ihr Blütenstand ist ca. 60 cm lang und 30 cm breit. Die kahnförmigen Deckblätter sind scharlachrot und an der Spitze gelb, die Blüten gelb oder grün. Die Blütenstände einiger Arten sind auch in europäischen Blumengeschäften erhältlich.

Familie Lowiaceae

Die Gattung *Lowia* (syn.: *Orchidantha*) ist die einzige innerhalb dieser Familie. Sie enthält 6 bis 7 Arten. Verbreitet sind sie im südlichen China, Thailand, Laos, Malaysia, Borneo und auf den Inseln des Stillen Ozeans.

Es handelt sich um kleine bis mittelgroße ausdauernde Kräuter, die nahe mit den Musaceen verwandt sind. Sie besitzen ein sympodiales Rhizom, die Blätter sind zweizeilig angeordnet und haben einen relativ kurzen Stiel. Die verzweigten Blütenstände haben nur wenige zwittrige Blüten. Sie weisen generell 5 Stamina auf. In der Tracht ähneln sie denen der Orchideen, riechen aber unangenehm. Die Frucht ist eine längliche Kapsel, die zahlreiche Samen enthält. Bei uns können sie nur im Warmhaus gehalten werden und sind nur selten in Kultur.

Familie Ingwergewächse, Zingiberaceae (incl. Amomaceae und Curcumaceae)

47 bis 50 Gattungen sind in dieser Familie zusammengefaßt. Man rechnet je nach Auffassung mit 1000 bis 1300 Arten. Sie sind pantropisch verbreitet, jedoch mit Schwerpunkt in Südost-Asien. Hauptsächlich kommen sie in Wäldern vor, da sie halbschattige und schattige Standorte auf humosen Böden bevorzugen.

Es sind ausdauernde Kräuter mit verdickten Rhizomen, die sehr unterschiedlich gestaltet sein können. Sie sind häufig stärkehaltig und besitzen ätherische Öle enthaltende Sekretzellen. Bei vielen *Curcuma*-Arten treten verdickte Wurzeln auf, die an der Spitze knollenförmig anschwellen. Die oberirdischen Pflanzenteile sind generell aromatisch. Daher gibt es in dieser Familie eine ganze Reihe Gewürzpflanzen. Zum Teil kommen auch andere Substanzen in nennenswerten Mengen vor, so zum Beispiel Alkaloide, Kalziumoxalat-Kristalle, Saponine und Tannine.

Die aufrecht stehenden oder aufsteigenden Triebe verzweigen sich nie. Die Blätter sind zweizeilig angeordnet und haben eine gewöhnlich weit offen stehende Blattscheide. Ähnlich wie bei den Bananen treten Scheinstämme auf, die 6 bis 8 m Höhe erreichen können. Die Infloreszenz ist stets endständig. Im

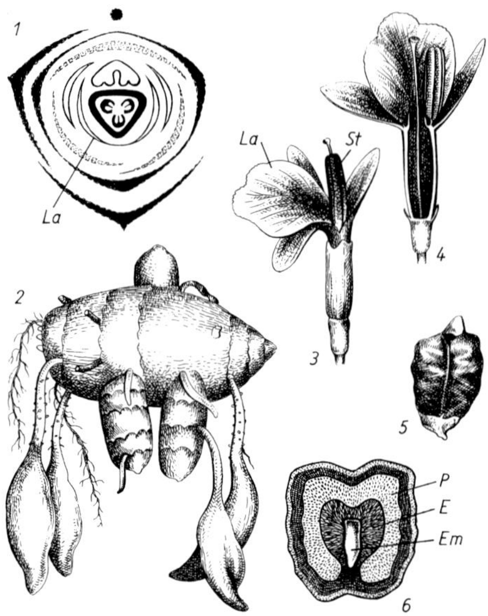

1 Blütendiagramm der Zingiberaceen. La = Labellum. 2 Rhizom von *Curcuma angustifolia*. Aus den Achseln der Niederblätter entwickeln sich fingerförmige, bis zu 6 cm lange Gebilde, die am untersten Ende die Knospe des neuen Sprosses tragen. *Elettaria cardamomum* (Fig. 3–6). 3 Blüte. La = Labellum, St = Staubblatt. 4 Aufgeschlitzte Blüte; von dem entfernten Kelch sind nur noch kleine basale Stücke vorhanden. 5 Samen mit Samenmantel, 6 Längsschnitt durch den Samen. P = Perisperm, E = Endosperm, Em = Embryo

Gegensatz zu den Laubblättern sind die Brakteen spiralig angeordnet. Seltener treten nur wenige Tragblätter auf, oder sie fehlen ganz. Die meist zwittrigen Blüten stehen entweder einzeln in den Achseln der Deckblätter, oder es entwickeln sich aus den Achseln der Vorblätter neue Verzweigungen, wodurch zusammengesetzte, wicklige Blütenstände entstehen. Die Blütenhülle besteht aus 2 dreigliedrigen Kreisen und ist in der Regel in Kelch und Blumenkrone gegliedert. Der Kelch ist unten röhrenförmig und oben meist dreizähnig ausgebildet. Die drei Zipfel der schmal-röhrenförmigen Krone sind entweder gleich groß, oder der hintere ist etwas größer als die beiden nach vorn zeigenden. Kennzeichnend für die Familie ist die Ausbildung nur eines fertilen, dem Kronblattkreis angehörenden Staubblattes. Ihm gegenüber befindet sich ein kronblattartiges Staminodium, das als Labellum bezeichnet wird. Es besteht aus den miteinander verwachsenen seitlichen Staubblättern des inneren Kreises und umschließt mit den hinteren Rändern das fertile Staubblatt. Außerdem sind noch zwei etwas reduzierte Staminodien des äußeren Kreises erhalten, die ebenfalls kronblattartig gestaltet sein können. Das Labellum ist in der Regel das größte und auffälligste Blatt der Blüte und nicht selten zwei- oder sogar dreilappig ausgebildet.

Die drei Fruchtblätter schließen sich zu einem unterständigen Fruchtknoten zusammen, der normalerweise dreifächerig ist. Zu den Ausnahmen gehören ein- und zweifächerige Fruchtknoten. Der dünne, häufig bewimperte Griffel wird von der Kronblattröhre und dem Staubbeutel umhüllt. Im oberen Teil liegt er zwischen den beiden Theken der Anthere und endet in einer dicken, oft trichterförmigen Narbe. Den Fruchtknoten krönen zwei den Griffel beiderseits umschließende Nektarien.

Die Frucht ist generell eine Kapsel. Bei lederigen Wänden springt sie fachspaltig auf, bei dünnen Wänden unregelmäßig *(Zingiber)*. Sie kann auch beerenartig und fleischig ausgebildet sein. Die Samen sind fast immer mit einem Samenmantel versehen und bestehen aus einem großen, mehligen Perisperm und einem kleineren Endosperm.

Fossile Blattreste und Früchte konnten mit Sicherheit in der Braunkohle von Mitteleuropa bis Sibirien nachgewiesen werden. Neuerdings wird die Familie in 4 Triben eingeteilt:

Tribus Hedychieae. Die Zweizeiligkeit der Blattstellung verläuft parallel zum Wachstum der Rhizome (auch bei den Zingibereen). Die beiden Staminodien des äußeren Kreises sind kronblattartig ausgebildet und stehen frei. Der Griffel ragt weniger weit heraus als bei *Zingiber* und liegt nicht zwischen den beiden Theken der Anthere. Die Narbe ist vergrößert, der Fruchtknoten dreifächerig. 16 Gattungen werden zu dieser Tribus gestellt, darunter *Hedychium, Kaempferia, Curcuma* und *Roscoea*.

Unter den 50 Arten der Gattung *Hedychium*, die hauptsächlich in Ostindien und Malaysia verbreitet sind, gibt es sehr dekorative Zierpflanzen. Die bekannteste Art ist die aus Nordindien stammende *Hedychium gardnerianum*. Sie blüht im Frühherbst und gedeiht bei uns unter Warm- und Kalthausbedingungen. *Hedychium flavum* entfaltet seine gelben, nach Orangenblüten und Jasmin duftenden Blüten im Frühjahr. Die Art wird z. B. in Ostafrika häufig als Zierpflanze kultiviert. Aus den Blüten dieser und anderer Arten der Gattung wird außerdem ein ätherisches Öl gewonnen, das in der Parfümherstellung verwendet wird.

Ein sehr großes und meist zweiteiliges, schön gefärbtes Labellum, schmale Kronzipfel und kronblattartige, breite Seitenstaminodien kennzeichnen die Blüten der *Kaempferia*-Arten. Es sind niedrige und meist stengellose Kräuter, deren 50 Arten im tropischen Asien und Afrika verbreitet sind. Sie haben gewöhnlich wenige breite Blätter, manchmal nur zwei. Die Blüten sind groß und ansehnlich. Ihre deutsche Bezeichnung »Gewürzlilie« bezieht sich auf die vielfältige Verwendung der Arten als Arznei-, Farb-, Duft- und Gewürzpflanzen.

Ebenfalls 50 Arten enthält die Gattung *Curcuma*. Ihre Heimat liegt im tropischen Asien und Australien. Es sind Rosettenpflanzen mit knollig verdickten Rhizomen und zapfenähnlichen Blütenständen. Die trichterförmigen Blumenkronen haben breite Labellen und kronblattartige Seitenstaminodien. Die Theken sind am Grunde gespornt. Die Safran- oder Gelbwurzel, *Curcuma longa*, wird hauptsächlich in Indien angebaut. Die »Kurkuma« genannte Droge besteht aus den rundlichen Haupt- und den walzenförmigen Seitentrieben des Rhizoms. Diese Pflanzenteile liefern ein wichtiges Gewürz, das auch Bestandteil des Curry-Pulvers ist, und sie enthalten einen gelben Farbstoff, der sich gleichermaßen für Lebensmittel und Textilien verwenden läßt. Die Rhizomspitzen und jungen Triebe kann man essen. Aus den Rhizomen von *Curcuma zedoaria*, der Zitwerwurzel, wird durch Destillation ein kampferartig riechendes Öl gewonnen, das in Europa bereits seit dem 6. und 7. Jahrhundert bekannt ist. Die Art ist eine uralte indische Kulturpflanze, die heute im gesamten indomalaiischen Raum angebaut sowie als Gewürz und magenstärkendes Heilmittel benutzt wird. Die in den Rhizomen enthaltene Shoti-Stärke wird als Nahrungsmittel verwendet. Wegen des Stärkegehaltes ihrer Rhizome kultiviert man die ebenfalls in Indien beheimatete *Curcuma angustifolia*. Das Produkt dient als Ersatz für die aus *Maranta arundinacea* gewonnene echte Pfeilwurzstärke.

In Mitteleuropa können nur wenige Sippen der Ingwerartigen an geschützten Stellen im Freiland gedeihen. Die Pflanzen eignen sich besonders für den Steingarten und auch für die Topfkultur. Das Bild zeigt die interessante Blüte von *Roscoea auriculata*.

Von der Gattung *Curcuma* läßt sich *Roscoea* durch den ährigen Blütenstand und die einzeln in den Blattachseln sitzenden Blüten unterscheiden. Es gibt einige Arten, die auch unter den klimatischen Verhältnissen in Mitteleuropa im Freiland kultiviert werden können. Winterschutz ist allerdings erforderlich. Sie eignen sich besonders für den Steingarten und auch für die Topfkultur. Am bekanntesten dürfte *Roscoea purpurea* aus dem Himalaja sein, die im Frühherbst blüht.

Tribus Zingibereae. Die Gattung Ingwer *(Zingiber)* ist die einzige in dieser Tribus und enthält 75 Arten. Bei allen ragt der Griffel deutlich über Anthere und die Kronblattröhre hinaus, die Narben sind gewimpert. Das natürliche Verbreitungsgebiet der Gattung erstreckt sich vom tropischen Asien bis nach Nordaustralien. Die ausdauernden Stauden haben ein kriechendes Rhizom, aus dem zumeist deutlich unterscheidbare, lang beblätterte Laub- und mit Schuppenblättern ausgestattete Infloreszenztriebe hervorgehen. Die Blütenstände

Hedychium gardnerianum entwickelt einen auffälligen Blütenstand.

Ingwer, *Zingiber officinale.* 1 Pflanze mit einem längeren Laub- und einem kürzeren Infloreszenzsproß, 2 Blüte. La = Labellum mit den beiden zipfeligen Seitenstaminodien, St = Staubblatt mit dem längeren, eingerollten Fortsatz des Konnektivs, aus dem der Griffel (Gr) herausragt

sind mehr oder weniger dicht gedrängt. An den Blüten fällt ein großes, oft gelapptes Labellum auf.

Der echte Ingwer, *Zingiber officinale,* stammt aus Ostasien. Heute wird er in allen tropischen Ländern kultiviert und ist häufig auch verwildert. Die Hauptexportländer liegen jedoch in den altweltlichen Tropen. Der Ingwer hat ein etwas plattgedrücktes, knolliges, kriechendes und verzweigtes Rhizom. Die Laubtriebe werden etwa meterhoch, die Blütenstengel erreichen nur 15 bis 25 cm Höhe. Die in einer gedrängten Ähre stehenden Blüten weisen eine gelblich-grüne Färbung auf. Das länglich-ovale Labellum ist purpurn gefärbt und hat gelbe Flecken und Streifen. Die scharf schmeckenden Rhizome liefern ein wichtiges Gewürz. Geschält und gemahlen dienen sie zur Aromatisierung von Speisen und Gebäck. Ungeschälter Ingwer wird zur Gewinnung von Ingwer-Öl genutzt, das Süßwaren, Saucen und Getränken einen würzigen Geschmack verleiht. Auch bei der Parfümherstellung wird es verwendet. In Zuckersirup konservierte Rhizomstücke dienen als Gewürz für Schokolade, Marmelade und Backwaren. Sie können auch kandiert werden. Der Sirup wird zur Herstellung von Saucen, Pickles und Ingwer-Brot verwendet. Ingwer kann ferner bei der Bereitung von Likör und Bier zugesetzt werden.

Zapfenartige Blütenstände haben die vermutlich aus Indien stammenden Arten *Zingiber purpureum* und *Zingiber zerumbet.* Beide werden medizinisch und zum Teil auch als Ersatz für den schärfer schmeckenden, dafür aber weniger bitteren Ingwer verwendet. Die Pflanzen dienen außerdem zur Herstellung von Pfeilgift und zu rituellen Zwecken.

Tribus Alpinieae. Bei den Sippen dieser Tribus verläuft die Ebene, in der die Blätter liegen, quer zur Wachstumsrichtung der Rhizome. In dieser Tribus wird eine große Gruppe von Gattungen zusammengefaßt, die zahlreiche ökonomisch wichtige Würzpflanzen enthalten. Im tropischen Afrika sind die 50 *Aframomum*-Arten beheimatet, die aus ihren Rhizomen Einzelblüten treiben. Die großen Früchte von *Aframomum melegueta* enthalten glänzend braune Samen, sogenannte Paradieskörner, die einen scharfen, pfefferartigen Geschmack besitzen. Bei verwandten Arten werden Blätter, Früchte und Samen in ähnlicher Weise genutzt, die Samen auch medizinisch.

Die im tropischen Asien und Australien beheimateten rund 150 *Amomum*-Arten sind mittelgroße, bis 5 m hoch werdende Kräuter mit oft dünnen Rhizomen und behaarten Blättern. Die wenigblütigen Infloreszenzen sind im Gegensatz zu den recht stattlichen vegetativen Trieben nur kurz. *Amomum compactum, A. maximum* und *A. subulatum* werden in Südost-Asien als Gewürzpflanzen ersatzweise für Kardamom kultiviert und als Heilmittel verwendet. Die vegetativen Triebe, Infloreszenzen und jungen Früchte von *Amomum maximum* werden als Gemüse gegessen. Die Gattung *Elettaria* besteht aus zwei Arten. In den feuchten Wäldern Südindiens ist *Elettaria cardamomum* heimisch. Sie wird aber auch in anderen tropischen Ländern kultiviert, zum Beispiel in Guatemala. Die Staude wird 2 bis 3 m hoch und hat dabei nur wenige Blätter. Sie sind bis 60 cm lang und unterseits weichhaarig. Die Früchte bzw. Samen liefern den Malabar-Kardamom. Das aus den Samen gewonnene Öl dient als Aroma für Getränke. *Elettaria major* war früher die einzige Quelle für den Ceylon-Kardamom und daraus gewonnenes Kardamom-Öl, wird jetzt aber weniger verwendet.

Pflanzen mit sehr aromatischen knolligen Rhizomen und kräftigen beblätterten Trieben sind die rund 250 *Alpinia*-Arten, die größte und variabelste Gattung der Ingwergewächse. Im Habitus erinnern sie etwas an die Musaceen. Ihr Verbreitungsschwerpunkt liegt in den Tropen Asiens. Die Blüten sind groß. Sie stehen in endständigen Rispen, Trauben oder Ähren an den Laubsprossen, seltener an gesonderten Kurztrieben. Der Kelch ist weitröhrig oder glockenförmig, die Kronröhre kurz mit breitem Labellum. Einige Arten sind als Zierpflanzen bekannt, zum Beispiel *Alpinia speciosa.* Die aromatischen Blätter dienen auch zum Einhüllen von gekochtem Reis, die Spitzen junger Sprosse kann man essen. Große wirtschaftliche Bedeutung hatte im Mittelalter

Die dekorativen Blütenstände von *Alpinia purpurata* werden auch in Europa immer häufiger in Blumengeschäften angeboten. Bei dieser Art entwickeln sich die Jungpflanzen bereits in den Brakteen.

Eine in den Tropen weit verbreitete Zierpflanze mit köpfchenartigem Blütenstand ist *Nicolaia elatior.*

Alpinia officinarum, der echte Galgant. Die scharf schmeckenden Rhizome enthalten ätherisches Öl und werden noch heute als würziges, appetitanregendes Magenmittel, zur Bereitung von Magenlikör und als Gewürz verwendet.

Nicolaia elatior ist eine in den Tropen weit verbreitete Zierpflanze mit köpfchenartigem Blütenstand. Sie hat rote Brakteen und rote Blüten, die gern von Vögeln besucht werden. Die Art stammt aus Malaysia. Die reifen Samen sind eßbar, Früchte und Blätter werden medizinisch genutzt.

Tribus Globbeae. Eine kleine, von nur 4 Gattungen gebildete Gruppe wird in dieser Tribus zusammengefaßt. Es sind Pflanzen mit recht bizarr geformten Blüten und großen seitlichen Staminodien. Mit knapp 100 Arten ist die südostasiatisch verbreitete *Globba* die größte Gattung, deren meiste Arten Blüten mit einem pfeilförmigen Labellum besitzen. Die Brakteen sind häufig violett oder blau gefärbt.

Familie Costaceae

Es sind insgesamt 200 pantropisch verbreitete Arten bekannt, die meisten kommen in Mittel- und Südamerika vor.

Den 4 Gattungen der Familie ist die im Gegensatz zu den Ingwergewächsen spiralige Blattstellung gemeinsam. Außerdem sind die Sprosse verzweigt. Die oberirdischen Pflanzenteile sind nicht aromatisch. Die zwittrigen Blüten stehen in terminalen Ähren oder Köpfen der Triebe, selten einzeln in den apikalen Blattachseln. Mitunter bilden die Pflanzen separate und blattlose Verzweigungen aus, die an den Enden blühen. Den Blüten fehlen die Seitenstaminodien ganz, oder sie sind zu kleinen Zähnen reduziert.

Mit rund 150 Arten ist *Costus* die größte Gattung, und die Arten sind über das gesamte Verbreitungsgebiet verteilt. Es sind meist kräftige, mehrere Meter hoch wachsende Stauden mit auffälligen und großen Blüten. Das verkehrt-eiförmige Labellum hat oft einen gekrausten Rand und ist lebhaft gefärbt. Viele Arten werden als Zierpflanzen verwendet, andere als Gemüse genutzt oder zu medizinischen Zwekken angebaut. Der aus Südost-Asien stammende *Costus speciosus* ist nicht nur als Art recht variabel, sondern eignet sich auch für jede der genannten Nutzungsrichtungen.

Familie Blumenrohrgewächse, Cannaceae

Die einzige Gattung enthält rund 50 in den Tropen und Subtropen Amerikas beheimatete Arten. Die Stauden sind kahl und können maximal 5 m hoch werden. Sie besitzen stärkereiche, knollige Rhizome sehr unterschiedlicher Form und Größe.

Die jungen Seitensprosse bringen zunächst nur eine kurze Achse mit Blättern hervor, deren lange und umfassende Scheiden einen meist robusten Scheinstamm bilden. Die Blätter sind spiralig angeordnet. Die bei den Zingiberaceen vorkommende Ligula fehlt ihnen. Bei blühfähigen Seitensprossen verlängert sich die Achse und durchwächst den Scheinstamm. Der aus Teilinfloreszenzen zusammengesetzte Blütenstand erhebt sich meist über die Blätter. Die zwittrigen Blüten sind asymmetrisch. Dem unterständigen Fruchtknoten sitzen drei sich dachziegelartig deckende Kelchblätter auf, die nach der Blüte nicht abfallen. Von den drei unscheinbar gefärbten Kronblättern bleibt eins kleiner. Das einzige halbfertile Staubblatt und die übrigen 1 bis 4 Staminodien sind auffallend kronblattartig entwickelt. Das innere, auf das halbfertile Staubblatt fol-

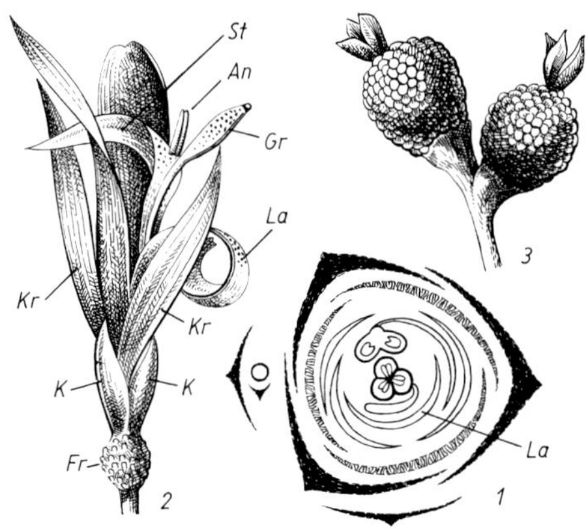

1 Blütendiagramm von *Canna.* La = Labellum. *Canna indica* (Fig. 2 und 3). 2 Blüte. Fr = Fruchtknoten, K = Kelchblätter, Kr = Kronblätter, La = Labellum, St = kronblattartiger Teil des fertilen Staubblattes mit Anthere (An), Gr = Griffel, 3 Früchte

Relativ kleine, doch leuchtend rote Blüten hat *Canna indica*. Die auf Kreuzungen mit dieser Art zurückgehende *Canna × generalis* gehört zu den allgemein beliebten und weit verbreiteten Freiland-Schmuckstauden.

gende, ist gebogen und wird als Labellum bezeichnet. Mit Ausnahme des Kelches sind alle Blütenteile am Grunde gedreht und röhrig verwachsen. Die Blüten sondern reichlich Nektar ab und sollen von Insekten bestäubt werden. Der unterständige Fruchtknoten ist dreifächerig und außen dicht mit saftigen Emergenzen bedeckt, kleinen warzigen Auswüchsen, die aus mehreren Zellschichten bestehen. Die Früchte sind dreifächerige, harte und vielsamige Kapseln, die sich durch den bleibenden Kelch nicht vollständig öffnen. Die kugeligen Samen sind in ein lockeres Haargeflecht eingebettet.

Nicht alle Sippen entwickeln so große und auffällige Blüten wie die bekannten Indica-Hybriden der *Canna × generalis*. Typisch sind vielmehr zierlichere Formen, die es auch von *Canna indica* gibt. Eigentlich müßte diese Art nicht Indisches, sondern bestenfalls West-Indisches Blumenrohr heißen, denn sie stammt wie die übrigen aus Mittel- und Südamerika. Viele hundert Zuchtsorten gehen auf Kreuzungen von *Canna indica* mit anderen Wildarten zurück. Nicht nur in den Tropen gehören die Pflanzen wegen ihrer leuchtend gelben bis dunkelroten Blüten zu den beliebtesten Freiland-Schmuckstauden überhaupt. Auch die Blätter sind sehr dekorativ und zum Teil kontrastreich gefärbt. Die Pflanzen lieben vollsonnige Standorte und haben einen relativ hohen Wasserbedarf. Sie sind nicht frosthart, und selbst ihre Rhizome sollten bei Temperaturen überwintern, die nicht unter 10 °C absinken.

Einige Arten, wie *Canna edulis, Canna glauca* und *Canna lanuginosa,* werden wegen ihrer stärkereichen Rhizome angebaut, die ähnlich wie Kartoffeln zubereitet oder auch verfüttert werden können. Aus den Samen von *Canna orientalis* wird ein roter Farbstoff gewonnen.

Familie Pfeilwurzgewächse, Marantaceae

30 Gattungen und etwa 450 Arten sind in dieser pantropisch verbreiteten Familie beschrieben worden. Der Schwerpunkt ihrer Verbreitung liegt mit rund 350 Arten in Mittel- und Südamerika. Weitere Häufigkeitszentren gibt es im tropischen Westafrika, auf der malaiischen Halbinsel und auf Java.

Der deutsche Name wird von der englischen Bezeichnung Arrowroot hergeleitet, die als anglisierte Form des indianischen Wortes für Wurzelmehl gilt, aruruta. Dieses Mehl wird aus den stärkereichen Rhizomen von *Maranta arundinacea* gewonnen. Weitere Deutungen beruhen darauf, daß in Brasilien aus den frischen Rhizomen dieser Art Pfeilgift hergestellt wird und – im krassen Gegensatz dazu – die zerquetschten Wurzelstöcke bei Verwundungen durch vergiftete Pfeile als Heilmittel verwendet werden sollen. Doch auch die Ähnlichkeit der unterirdischen Pflanzenteile mit Pfeilen könnte zu der Namensgebung beigetragen haben.

Bei den Marantaceen handelt es sich um ausdauernde Kräuter mit sehr unterschiedlichen Wuchsformen. Es gibt unter ihnen einfache Rosettenpflanzen, solche mit mehrere Meter hoch werdenden, sich zum Teil auch stark

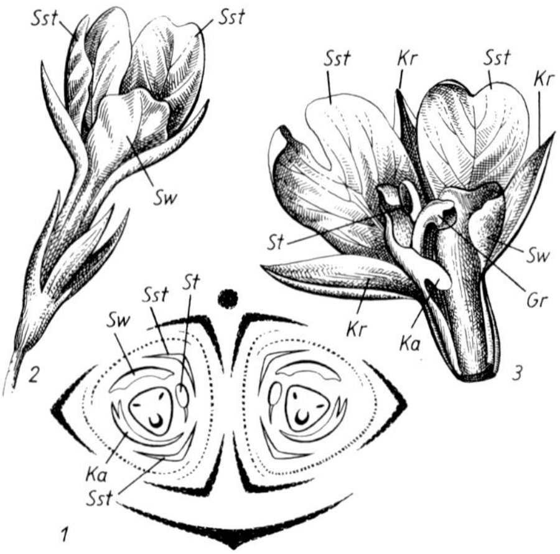

Maranta bicolor. 1 Diagramm des Blütenpaares; 2 Blüte; 3 Blütenoberteil aufgeschnitten. Kr = Kronblätter, Sst = Seitenstaminodien, Sw = Schwielenblatt, Ka = Kapuzenblatt, St = Staubblatt, Gr = Griffel

verzweigenden Sprossen, und selbst lianenähnliche Gewächse sind bekannt. Die sympodial verzweigten Rhizome tragen Schuppenblätter und enthalten häufig sehr viel Stärke. Die Sprosse hochwachsender Arten sind häufig ungleichmäßig beblättert, während sich die Blätter der niedrig bleibenden an der Sproßbasis konzentrieren. Allen Arten ist die zweizeilige Blattstellung eigen, viele haben mehrfarbiges, gemustertes Laub. Ein besonderes Merkmal der Familie sind die gelenkartigen, angeschwollenen und abweichend behaarten Enden der Blattstiele. Eine Ligula fehlt.

Die gestielten Infloreszenzen erscheinen inmitten der Rosette oder befinden sich seitlich bzw. an den Enden der Sprosse. Gehen aus den Hochblattachseln Verzweigungen hervor, so entstehen rispige Blütenstände. Ausnahmsweise gibt es auch Arten mit Einzelblüten in den Achseln der Brakteen. Die Kronblätter verschmelzen bei den Pfeilwurzgewächsen zu einer dreilappigen Röhre. Der hintere Lappen ist etwas kappenförmig ausgebildet und vergrößert. Es gibt lediglich ein fertiles Staubblatt mit nur einer Theke. Die andere entwikkelt sich zu einem kronblattartigen Anhängsel. Die übrigen Staubblätter sind ganz zu Staminodien umgebildet. Das mit einem spitzen Fortsatz versehene Kapuzenblatt und das breitere, verdickte Schwielenblatt des inneren Kreises haben eine besondere Funktion in den zwittrigen, ausschließlich von Bienen bestäubten Blüten. Die Narben des kräftigen, gekrümmten Griffels liegen zunächst in einer vom Kapuzenblatt gebildeten Höhlung verborgen. Wird dieses Staminodium von einer anfliegenden Biene berührt, so schnellt der Griffel auf das Schwielenblatt und streift Pollen von dem Insektenrüssel ab, der Nektar aus der tiefen Kronblattröhre saugt und sich dabei erneut mit etwas Pollen einpudert. Bemerkenswert ist ferner, daß dieser Pollen von der Anthere bereits zu einem viel früheren Zeitpunkt in eine Höhlung auf der Außenseite des Griffels abgegeben wurde.

Der unterständige Fruchtknoten ist dreifächerig, doch meist verkümmern zwei Fächer. Die Früchte sind fachspaltig aufspringende Kapseln mit gelegentlich knorpelig-fleischiger Fruchthaut. Im Gegensatz zu den Cannaceen enthalten sie nur 1 bis 3 Samen.

Die artenreichste Gattung ist *Calathea,* deren über 200 Arten ausschließlich im warmfeuchten Amerika beheimatet sind. Es sind Stauden mit kaum oder nur am Grunde beblätterten Stengeln. Die Blätter sind oft lang gestielt und überhängend, groß und dabei vielfach schön gefärbt und gezeichnet. Die ebenfalls recht großen zapfenförmigen Blüten-

1 Blüte von *Maranta arundinacea;* 2 Blütendiagramm von *Maranta bicolor.* Sw = Schwielenblatt, Ka = Kapuzenblatt

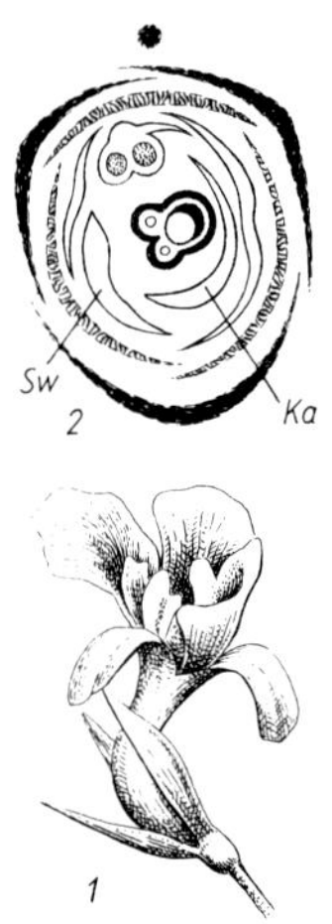

Wegen der schönen Zeichnung ihrer samtigen Blätter wird *Calathea zebrina* gern als Zierpflanze verwendet.

stände sind häufig im Laub versteckt. In ihrer Heimat wird aus einigen *Calathea*-Arten Wachs gewonnen, Knollen und Blüten sind eßbar. Gleichzeitig enthält die Gattung wertvolle Zierpflanzen. Mehrere Arten werden wegen ihrer schönen Blattzeichnung auch bei uns zu diesem Zweck kultiviert, darunter *Calathea zebrina* aus Südost-Brasilien. Die Pflanzen werden etwa einen halben Meter hoch, das Laub ist oberseits samtig dunkelgrün mit breitem, hellem Fiederstreifen und auf der Unterseite purpurrot gefärbt. Die meisten Arten reagieren empfindlich auf niedrige Luftfeuchtigkeit und rollen dann die Blätter ein.

Die 20 *Maranta*-Arten kommen in den feuchten Tropen Amerikas vor. Es sind aufrechte oder niederliegende Kräuter mit knolligen Rhizomen. Einige werden wegen ihres dekorativen Laubes als Blattpflanzen gezogen, darunter als bekannteste *Maranta bicolor* und *Maranta leuconeura*. Beide Arten kommen aus Brasilien und stellen ähnliche Ansprüche an die Kulturbedingungen wie *Calathea*. In den Tropen häufig kultiviert wird die Pfeilwurz, *Maranta arundinacea*. Die Pflanzen sind 2 bis 3 Meter hoch, und ihre mit schuppigen Niederblättern besetzten Rhizome können 0,25 bis 0,50 m lang werden. Sie liefern ein sehr feines Stärkemehl, das als westindisches Arrowroot gehandelt wird. Gekochte Rhizome gelten als Delikatesse. Außerdem dienen ihre Blätter als Viehfutter und Gründüngung. Die Art neigt in den Tropen zur Verwilderung.

Schließlich soll noch kurz auf eine interessante Art aus Afrika eingegangen werden, die es wert wäre, in Kultur genommen zu werden. Der Arillus oder Samenmantel von *Thaumatococcus danielii* enthält extrem süß schmekkende Polypeptide. Thaumatin wurde diese süßeste aller bisher bekannten natürlichen und synthetischen Substanzen genannt. Die Verwendung dieses Proteins als Ersatz für künstlich hergestellte Süßstoffe bietet sich an. Zur Zeit wird geprüft, ob es auch von Diabetikern problemlos vertragen wird.

Überordnung Juncanae

Ordnung Binsenartige, Juncales

Die Juncales lassen sehr deutliche Beziehungen zu den Liliifloren erkennen, wobei ihre primitivste, monotypische Gattung *Prionium* den Lilienartigen sehr nahe steht. Oft werden sie daher auch in diese Ordnung eingeschlossen. In einer Kombination von Merkmalen – stärkehaltiges Endosperm, kleiner Embryo, brakteenartige Blütenhülle, Pollen in tetraedrischen Tetraden – weichen sie jedoch von den Liliifloren ab.

Es handelt sich nahezu ausnahmslos um anemophile gras- oder binsenartige Kräuter, deren Blütenstände und Blüten mit der meist zurückgebildeten Blütenhülle Anpassungen bzw. Korrelationen mit der Windbestäubung darstellen.

Familie Binsengewächse, Juncaceae

Die Familie besteht aus 8 Gattungen mit etwa 300 Arten. Ihre beiden größten Gattungen *Juncus,* die Binse, und *Luzula,* die Hainsimse, sind in allen Erdteilen verbreitet, wobei sie die gemäßigten und kalten Gebiete sowie in den Tropen die höheren Lagen der Gebirge bevorzugen.

Die überwiegend ausdauernden, krautigen Gewächse bilden Rasen oder wachsen mit Rhizomen und Ausläufern unterirdisch kriechend dahin. Eine Ausnahme bildet die monotypische Gattung *Prionium* mit ihren 1 bis 2 m hohen Schopfbäumchen. Die Rhizome haben eine walzliche Form und Internodien von unterschiedlicher Dicke und Länge. Bei den in der Regel zwei- oder dreizeilig angeordneten Blättern unterscheidet man zwischen Niederblättern, die beinahe bis auf den Blattgrund reduziert sind, und Laubblättern, die entweder zu gleichen Teilen aus dem Blattgrund und der Spreite oder hauptsächlich nur aus der Spreite bestehen. Die Scheiden der Laubblätter sind fast ohne Ausnahme offen und gleichwendig gerollt. Die Hautsäume ihrer Ränder laufen in mehr oder weniger deutliche Öhrchen aus oder verschmelzen miteinander zu einer Ligula. Die grasartigen oder stielrunden Scheiden ähneln einem Stengel. So weit sie an der Basis rote Pigmente aufweisen, handelt es sich bei diesen nicht um Anthocyane, sondern um Glycoside von Luteolinidin.

Die Blüten stehen einzeln oder sind zu rispigen oder kopfigen Blütenständen vereint, wobei bei den Rispen die unteren Verzweigungen die oberen überragen und so Spirren zustande kommen. Die letzten Einheiten der Blütenstände sind entweder von sterilen Hochblättern umhüllte Einzelblüten oder aus unbehüllten Blüten zusammengesetzte, köpfchenförmige Teilblütenstände.

Die Blüten bestehen aus 5 dreigliederigen, strahlig angeordneten Kreisen und entsprechen im Blütendiagramm ganz den Blüten der Liliales: P3 + 3, A3 + 3, G (3). Aufgelöst lautet diese Blütenformel: Perigon (Hüllblätter der Blüte nicht differenziert in Kelch und Blütenkrone) in 2 dreiblättrigen Kreisen. A = Androeceum (Gesamtheit der Staubblätter) ebenso in 2 dreizähligen Kreisen angeordnet, und Gynaeceum (Gesamtheit der Fruchtblätter) aus 3 verwachsenen Fruchtblättern bestehend.

Die Blüten sind zwittrig, gelegentlich aber auch eingeschlechtig und diözisch. Die beiden ziemlich gleichartigen Kreise der länglich-eiförmigen bis fast pfriemlichen Blütenhüllblätter bleiben recht unscheinbar und sind grün, gelblich oder bräunlich, nur ausnahmsweise schneeweiß; sie erhalten sich oft bis zur Reife der Frucht. Bei den Staubblättern fällt gelegentlich der innere Kreis aus, sie werden von den Blütenhüllblättern überragt. Die 3 Fruchtblätter verwachsen zu einem oberständigen Fruchtknoten, der zunächst einfächerig ist und später durch die Plazenten, die unter Ausbildung von Scheidewänden nach innen vorspringen, mehr oder weniger dreifächerig wird. Die Plazenten haben zahlreiche Samenanlagen. Eine Ausnahme bildet die Gattung *Luzula,* bei der nur 3 basale Samenanlagen in einem ungefächerten Fruchtknoten vorhanden sind. Der Griffel endet in 3 langen, fadenförmigen, weißen oder roten Narben. Die Übertragung des Pollens geschieht in der Regel durch den Wind, selten sind daran Insekten beteiligt, die offenbar durch die weißen Blütenhüllbätter und roten Narben angelockt werden. Die Frucht ist eine fachspaltig aufspringende Kapsel mit meist kleinen Samen, deren Verbreitung auf verschiedene Weise erfolgt. Die leichten feilspanförmigen Samen werden durch den Wind verweht, während die Samen, die sich nach dem Aufspringen der Kapsel durch Verquellung ihrer Außenschichten zu froschlaichartigen Gallertklumpen vereinigen, durch Tiere verbreitet werden. Ameisen verschleppen schließlich die mit einem Gewebeanhängsel, einem Elaiosom, versehenen, karunkulösen Samen vieler *Luzula*-Arten.

Die ältesten fossilen Funde stammen aus dem mittleren Tertiär Europas, jedoch kann man annehmen, daß die Familie bis in die Kreide zurückreicht.

In Südafrika kommt die einzige Art der Gattung *Prionium*, das Palmietschilf, *Prionium serratum*, vor. Der 1 bis 2 m hohe, armdicke Stamm trägt einen Schopf von am Rand und am Rücken scharf gezähnten, einen halben Meter langen Blättern und eine reich verzweigte Blütenrispe. Das Palmietschilf wächst in Gewässern und an ihrem Rande in so dichten Beständen, daß diese den Abfluß des Hochwassers verhindern können.

Die weitaus meisten der 225 Arten der Gattung Binse, *Juncus*, gedeihen in Flachmooren, Sümpfen, Quellgebieten oder sogar in Gewässern. Das Auftreten von Binsen gilt im allgemeinen als Anzeichen stehenden Wassers. Ihre kahlen Blattspreiten sind meist stengelähnlich, seltener flach oder rinnig und haben nahezu immer eine offene Scheide. In vielen Fällen werden die Spreiten durch Querwände gegliedert. Die Blütenstände, die sich von einer spirrigen Grundform ableiten, sind meistens sehr reichblütig. Man stellt aus den faserhaltigen Stengeln größerer Arten Matten oder andere Geflechte her. In Mitteleuropa kommen über 30 Arten vor. So ist die Dreispaltige Binse, *Juncus trifidus*, aus der Arktis und den Gebirgen Europas, des nördlichen Asiens und Nordamerikas bekannt. Die Pflanzen mit stielrunden Stengeln bilden dichte Rasen. Ihre Blattscheiden laufen in lange, tiefgeschlitzte Öhrchen aus, und der Blütenstand setzt sich aus 2 bis 4 Blüten zusammen.

Ein Kosmopolit ist dagegen die formenreiche einjährige Krötenbinse, *Juncus bufonius*, die in Pioniergesellschaften offener, feuchter Standorte in Mitteleuropa z. B. auf feuchten Sandböden, Äckern und in Gräben wächst. Ihre Pflanzen sind am Grund büschelig verzweigt, die zarten Stengel liegen gelegentlich am Boden. Die Blüten, deren lanzettliche Blütenhüllblätter grünlich sind, stehen einzeln oder in wenigblütigen Gruppen.

In Mitteleuropa weit verbreitet sind auch die Blaugrüne Binse, *Juncus inflexus*, die Flatterbinse, *Juncus effusus*, die Knäuelbinse, *Juncus conglomeratus*, die Zusammengedrückte Binse, *Juncus compressus*, und die Glanzfrüchtige Binse, *Juncus articulatus*, die alle an vernäßten Standorten vorkommen.

Von den 65 Arten der Hainsimse, *Luzula*, sind die meisten schattenliebende Wald- und Gebüschpflanzen, jedoch bevorzugen besonders in den kälteren Gebieten eine ganze Anzahl von Arten trockene bis mäßig feuchte Standorte. Die Blätter haben geschlossene Scheiden und flache oder rinnige Spreiten. Die Blattränder und der Scheidenmund sind mehr oder weniger dicht weiß behaart.

In Mitteleuropa kommen etwa 16 *Luzula*-Arten vor, allerdings ist die Artenzahl je nach Aufgliederung in Sammel- oder Kleinarten verschieden. Bei der Haarhainsimse, *Luzula pilosa*, einer ausdauernden, rasenbildenden Art,

Eine in Mitteleuropa auf Wiesen häufig vorkommende Art ist die Triftenhainsimse, auch Hasenbrot genannt *(Luzula campestris)*.

sind die grundständigen Laubblätter mehr oder weniger dicht weiß bewimpert. Die recht großen, kastanienbraunen Samen tragen an ihrer Spitze ein langes, sichelförmig gekrümmtes Anhängsel. Weitere bei uns häufige Hainsimsen sind die auf Triften und Wiesen vorkommende Triftenhainsimse oder das Hasenbrot, *Luzula campestris*, und die Vielblütige Hainsimse, *Luzula multiflora*. Eine wichtige bodenanzeigende Waldpflanze ist die Schmalblättrige Hainsimse, *Luzula luzuloides*, die auf sauren, nährstoffarmen Böden gedeiht.

Die Juncaceae dürften ihren Ursprung und ihre Herausbildung nach der Meinung etlicher Systematiker wohl in Südamerika gehabt haben, da sie dort ein eindeutiges Formenmaximum aufweisen. Die von den insgesamt 8 Gattungen hier nicht weiter erwähnten 6 Gattungen, die jedoch nur 11 Arten ausmachen, sind durchweg auf die Südhalbkugel beschränkt. Inwieweit das gegenwärtigen Verbreitungsverhältnissen abgeleitete Ursprungsgebiet tatsächlich in Südamerika liegt, scheint uns jedoch nicht bewiesen, da Ausbreitungen und Wanderungen über viele Millionen-Jahresdekaden noch nicht untersucht wurden.

Ordnung Riedgrasartige, Cyperales

Familie Riedgrasgewächse, Cyperaceae

Die einzige Familie der Cyperales sind die Riedgrasgewächse, die aus 120 Gattungen mit insgesamt etwa 3600 Arten bestehen. Fossile Hinweise auf diese Familie sind bereits aus der Oberen Kreide bekannt. Der Verwandtschaftskreis ist über die gesamte Erde verbreitet, wobei die temperierten Zonen der beiden Hemisphären einen besonderen Schwerpunkt bilden. Die Riedgräser haben ein grasartiges Aussehen, ohne jedoch mit den Süßgräsern verwandt zu sein. Dagegen sprechen verschiedene Eigentümlichkeiten für eine Verwandtschaft mit den Juncaceen.

Die Cyperaceen, bei denen es sich meist um mehrjährige, seltener dagegen um einjährige Kräuter handelt, wachsen gewöhnlich auf relativ feuchten oder aber auch nassen Standorten, was nicht ausschließt, daß eine Reihe von Arten auch ausgesprochen trockene Standorte bevorzugt. Das nasse und damit sauerstoffarme Bodenmilieu wird – wie bei zahlreichen anderen hygrophilen Verwandtschaftskreisen – durch zahlreiche schizogene Luftgänge, die die Blätter und Sproßachsen durchziehen, ausgeglichen. Die grasartigen Laubblattorgane, die gewöhnlich, entsprechend der häufig dreikantigen Sproßachse, in 3 Reihen angeordnet sind, zeichnen sich an ihrer Basis durch eine röhrenförmige Verwachsung (Blattscheide) aus, die nur selten, wie z. B. bei der in Afrika beheimateten Gattung *Coleochloa*, fehlt, so daß hier die Blattscheiden offen sind.

Häufig finden wir bei den Pflanzen eine starke vegetative Vermehrung, was, je nach der Länge der sich sympodial verzweigenden unterirdischen Ausläufer (Rhizome), einen lokkeren oder horstartigen Wuchs bedingt.

Der Blütenstandsbereich dieser Pflanzengruppe ist recht unscheinbar, so daß die äußere Gestalt der Blütenstände kaum auf eine Bestäubung durch Insekten eingestellt ist. Dagegen sind die Blüten in verstärktem Maße an eine Windblütigkeit angepaßt. Wie sich auch bei anderen Windblütlern beobachten läßt, sind die Pollen arm an Kittsubstanz, so daß sie leicht einzeln vom Winde verbreitet werden können. Dieser Effekt wird noch durch eine Verlängerung der Staubfäden unterstützt, wodurch die Staubbeutel während der Blütezeit weit aus dem Blütenstand heraushängen. Jedoch wird in einigen Fällen, in denen die Pollenkörner eine hinreichende Menge klebrigen Pollenkitts aufweisen, eine zusätzliche Insektenbestäubung für möglich gehalten, wie bei *Carex baldensis*, wo außerdem die Tragblätter der weiblichen Blütenorgane durch eine weißliche bis blaßgelbe Färbung auffallen.

Nach neueren Auffassungen haben die Blüten der Cyperaceen keine Blütenhülle und bestehen jeweils nur aus 1 bis 3 Staubblättern oder einem Stempel. Die an einer gemeinsamen Achse inserierten Staubblätter und Stempel verschiedener Blüten können durch Achsenverkürzung einander angenähert werden, wobei die männlichen Blüten gewöhnlich an der Basis, die weiblichen dagegen im oberen Teil der gemeinsamen Achse entstehen, so daß dieses aus einem Blütenstand hervorgehende blütenähnliche Organ (Synanthium) eine Blüte vortäuscht. Die in manchen Fällen vorhandenen Tragblätter der hieran beteiligten reduzierten Blüten umgeben dabei, ähnlich wie eine echte Blütenhülle, das Synanthium, das funktionell einer Zwitterblüte gleichkommt. Die Synanthien sind in der Regel in ährigen Blütenständen vereinigt, die selbst wieder zu doldigen, rispigen oder traubigen Blütenstandsformen zusammengesetzt sind. Aus eingeschlechtigen Blüten zusammengesetzte ährenartige Blütenstände können entweder zwittrig oder auch eingeschlechtig sein. In seltenen Fällen erscheinen männliche und weibliche Blüten getrennt auf verschiedenen Pflanzen, so daß die Geschlechter zweihäusig verteilt sind. Zuweilen kommen bei den Cyperaceen außer den endständigen Blütenständen zusätzlich an der Sproßbasis, in der Nähe der Erdoberfläche, weibliche Einzelblüten vor, die ebenfalls Früchte hervorbringen.

Die weiblichen Blüten setzen sich aus 3 bis 2 Fruchtblättern zusammen. Aus dem einfächerigen Fruchtknoten, der nur eine einzige basal ansitzende Samenanlage hervorbringt, entwickelt sich eine nußähnliche Schließfrucht, die einen kleinen Embryo und ein relativ großes stärkehaltiges Endosperm enthält, dessen äußere Zellage als Aleuronschicht ausgebildet ist.

In chemischer Hinsicht fällt bei den Riedgrasgewächsen vor allem die starke Verkieselung auf, was sich u. a. in dem häufigen Vorkommen von Kegelzellen äußert. Diese Zellen, die hauptsächlich in Blättern und Stengeln, in etwas schwächer ausgeprägter Form jedoch auch in den Rhizomen vorkommen, enthalten im typischen Fall je einen kegeligen Kieselzapfen, der der Zellwand ansitzt und in das Zellumen hineinragt. Neben Öl finden wir in den Samen und Rhizomen Stärke, die im Sommer in Zucker umgewandelt sein kann. Weiterhin sind für diese Pflanzengruppe Polyphenole und in Idioblasten vorkommende Gerbstoffe charakteristisch.

Entsprechend dem unterschiedlichen Bau der Teilblütenstände werden bei den Riedgrasgewächsen 2 Unterfamilien, die Cyperoideen und die Caricoideen, unterschieden.

Unterfamilie Cyperoideae

Die Cyperoideen zeichnen sich vor allem im Gegensatz zu den Caricoideen durch die häufig auftretenden zwittrigen Synanthien aus. Verschiedene Gattungen dieser Unterfamilie zeigen eine sehr ursprüngliche Anordnung der einzelnen Blütenglieder. Die äußersten Blütenstandsabschnitte tragen hier im oberen Bereich eine weibliche Blüte, an die sich nach unten in spiraliger Stellung mehrere männliche Blüten anschließen. Diese jeweils auf ein Staubblatt reduzierten ährchenartig angeordneten Blüten erscheinen in der Achsel flächig entwickelter Tragblätter. Zu dieser Gruppe zählt die Gattung *Chrysithrix,* die mit wenigen Arten in Südafrika verbreitet ist. Hierzu gehört neben anderen auch die Gattung *Scirpodendron,* deren Verbreitungsgebiet sich von Sri Lanka bis zu den Inseln des Stillen Ozeans erstreckt. Die einzige Art dieser Sippe ist durch einen kräftigen, bis meterhohen Wuchs gekennzeichnet, wobei ihr Habitus an verkleinerte, stammlose Arten der Familie der Pandanaceen erinnert.

Bedeutend reduzierter erscheinen dagegen diese Blütenabschnitte bei den tropisch verbreiteten Gattungen *Mapania, Hypolytrum* und *Syntrinema,* bei denen sich die Anzahl der reduzierten männlichen Blüten sowie ihrer Tragblätter bis auf wenige verringert. Ein weiterer Reduktionsschritt zeigt sich bei der Gattung *Dulichium,* deren einzige Art, *Dulichium arundinaceum,* in Nordamerika beheimatet ist. Hier bestehen die synanthienbildenden Blütenstände nur noch aus 2 Blüten, deren Tragblätter in Borsten aufgelöst sind.

Bei einer Reihe weiterer Gattungen treten die erwähnten Tragblätter der Einzelblüten, die schuppenartig entwickelt bzw. zu Haaren oder Borsten aufgelöst sind, lediglich an der Basis des Synanthiums auf. Zu diesem Formenkreis zählt neben anderen die etwa 250 Arten umfassende Gattung *Scirpus,* die kosmopolitisch verbreitet ist.

Eine vor allem im Verlandungsbereich stehender und fließender Gewässer vorkommende Art ist die Gemeine Teichsimse, *Scirpus lacustris,* deren stielrunde, bis auf die basalen Blattschuppen blattlose Sproßachsen eine Höhe bis zu 3,5 und 4 m erreichen können. Die Aufgabe der Kohlenstoffassimilation wird hier wegen der fehlenden Laubblätter ausschließlich von den grünen Sproßachsen übernommen. Diese liefern ein ausgezeichnetes Flechtmaterial für die Herstellung von Matten, Körben, Schuhen, Teppichen usw.

Ebenso dienen die Sprosse, die außerdem ein hochwertiges Weidefutter liefern, zum Dekken von Dächern, zur Anfertigung von Dochten und zur Verwendung als Packmaterial. Darüber hinaus zeigt die Gemeine Teichsimse wegen der durch diese Pflanzen bewirkten stärkeren Durchlüftung der Gewässer eine bedeutende wasserreinigende Wirkung, die durch die bakteriziden Stoffausscheidungen der Wurzeln noch unterstützt wird.

Neben anderen in Mitteleuropa vorkommenden Arten hat die feuchte Wälder, Wiesen und Ufer besiedelnde Gemeine Waldsimse, *Scirpus silvaticus,* die einen bedeutend kleineren Wuchs zeigt, eine stark entwickelte Blattrosette. Einen interessanten Übergang bildet die auf Madagaskar beheimatete Art *Scirpus heterophyllus,* deren unterste Blätter wie bei *Scirpus lacustris* spreitenlos sind, während sich die oberen Laubblätter wie bei *Scirpus silvaticus* durch lange schmale Spreiten auszeichnen.

Die Früchte der Strandsimse, *Scirpus maritimus,* werden in Indien unvermischt oder zerstoßen als Mehlbeimengung gegessen. Auch die Rhizome von *Scirpus acutus* und *Scirpus paludosus* werden von den Schwarzfuß-Indianern roh oder gekocht verzehrt, und *Scirpus monostachys* findet in Indien als Heilmittel gegen Cholera, Bronchitis und Asthma Verwendung. Die getrockneten Pflanzen von *Scirpus grossus* dienen in Indien zum Decken von Dächern, während die frischen Blätter und Rhizome als Viehfutter genutzt werden. Aus dem Rhizom stellt man in Notzeiten Mehl her. Die faserhaltigen Blätter von *Scirpus americanus* werden von Indianern im westlichen Nordamerika zu Matten und Körben verarbeitet.

Durch im oberirdischen Bereich nahezu blattlose Sproßachsen und einen einzigen endständigen, ährenförmigen Blütenstand ist die ebenfalls kosmopolitisch verbreitete Gattung *Eleocharis,* die Sumpfsimse, charakterisiert. Die in Mitteleuropa vorkommenden Arten zeichnen sich durch relativ niedrigen Wuchs aus und bevorzugen allgemein feuchte Standorte. Einer Art dieser Gattung, der in Süß- oder Brackwasser vorkommenden *Eleocharis dulcis,* kommt eine wirtschaftliche Bedeutung zu. Die unter günstigen Anbaubedingungen bis zu 1,50 m hohe Pflanze wurde in Vietnam oder Südostchina durch Auslese großer und süßerer Formen zu einer Kulturpflanze

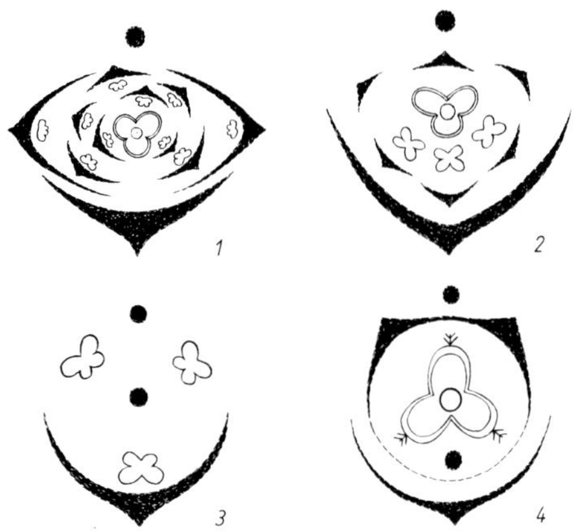

Diagramm von Teilblütenständen: 1 *Scirpodendron costatum;* 2 *Scirpus nanus;* 3 *Carex* (männlich); 4 *Carex* (weiblich)

entwickelt, von der die an den Rhizomenden sich entwickelnden Sproßknollen, deren flache Form in starkem Maße an Gladiolenknollen erinnert, genutzt werden. Wegen ihres weißen, süßen, festen, apfelartigen Fleisches werden die Knollen roh häufig auf Bambusstäbchen aufgereiht oder gekocht als Beimischung zu zahlreichen anderen Gerichten gegessen. Die auch noch nach dem Kochen erhaltene feste Konsistenz des Fleisches macht diese Knollen zu einem geschätzten Gemüse. Daneben gewinnt man aus den Knollen die sogenannte Matai-Stärke. Weiterhin finden die Knollen, in denen Antibiotika nachgewiesen wurden, medizinische Verwendung. Von den Ureinwohnern Australiens werden die kleinen Knollen von *Eleocharis sphacelata* ebenfalls zu Nahrungszwecken genutzt.

Im Gegensatz zu den meist unauffällig gefärbten Sippen dieser Familie zeichnen sich einige Arten durch eine intensive Färbung aus. So besitzt die in Mittelamerika vorkommende *Dichromena colorata* schmale sternförmig abspreizende weiße bis gelbliche Hochblätter. Besonders auffällige Färbungen zeigen Arten der in Afrika beheimateten Gattung *Ascolepis* an den schmallänglichen Hüllblättern ihrer zahlreichen Synanthien. Diese dichtstehenden Hüllblätter überragen die benachbarten Tragblätter und Blütenorgane beträchtlich und bestimmen so die Form und Farbe des kugeligen Gesamtblütenstandes. So sind die 2 bis

Das ausläuferbildende *Eriophorum scheuchzeri* (Scheuchzers Wollgras) besiedelt nasse Standorte. Wie auch bei anderen Arten dieser Gattung fallen die Fruchtstände durch ihre lange, weiße Behaarung auf.

4 cm breiten Blütenstände von *Ascolepis lineariglumis* weiß. Eine Varietät dieser Art (var. *pulcherrima*) zeichnet sich dagegen durch orangefarbene Blütenstände aus, während *Ascolepis protea* ssp. *atropurpurea* rotbraune und ssp. *chrysocephala* goldgelbe Blütenstände hat.

Eine vor allem während der Fruchtzeit auffallende Pflanzengruppe ist die Gattung *Eriophorum,* das Wollgras. Es handelt sich um typische Moorpflanzen, deren Sproßachsen außer am Grunde auch an den oberen Teilen beblättert sind. Die Synanthien der je nach Art zahlreichen bis einzelnen Blütenstände entwickeln an ihrer Basis zahlreiche haarartige Gebilde, die nach der Blütezeit eine starke Streckung erfahren. Die schneeweißen Haare überragen dabei die Tragblätter um ein Vielfaches, so daß sie dem Fruchtstand ein flockenartiges Aussehen verleihen und die Wollgrasbestände in der Moorvegetation zur Fruchtzeit auffällige weiße Flächen bilden. Die Haare der Wollgräser wurden zuweilen als Ersatz für Baumwolle zum Behandeln von Wunden genutzt. Der aus den Blattscheiden entstehende faserige Torf läßt sich verweben bzw. zur Herstellung ungeleimten Papiers verwenden.

Interessante Besonderheiten kennzeichnen auch die Gattung *Oreobolus,* deren Verbreitungsgebiet Indomalesien, Australien, Neuseeland und Südamerika umfaßt, wo einige Arten im Gebirge noch in einer Höhe von 4000 m vorkommen können. Die Laubblätter dieser Gattung lassen zwischen der Blattscheide und Spreite eine durch Einrollen bedingte Verschmälerung erkennen, die eine Blattstielbildung vortäuscht. Starke Reduktionen finden sich im generativen Bereich. Der gesamte Blütenstand besteht bei dieser Gattung nur aus einem einzigen Synanthium, dessen äußere Hülle aus 6 Tragblättern zusammengesetzt wird. Eine besonders auffällige tepalenartige Verbreiterung weisen diese Blätter bei der in Bolivien beheimateten *Oreobolopsis tepalifera* auf, bei der die 6 Blattorgane in zwei dreiblättrigen Kreisen angeordnet sind und die 3 Staubblätter sowie das Gynoeceum umhüllen, so daß der Eindruck einer dreizähligen Einzelblüte entsteht.

Wie die Mehrzahl der Cyperoideen, so hat auch die mit 600 Arten hauptsächlich tropisch bis subtropisch verbreitete Gattung *Cyperus* zwittrige Synanthien, die zu übergeordneten Blütenständen zusammengesetzt sind. Die Besonderheit dieses Verwandtschaftskreises, dessen Arten sich allgemein durch eine normal ausgeprägte Beblätterung auszeichnen, besteht vor allem in dem Fehlen der für die Synanthien typischen Tragblätter der Einzelblüten. Im vegetativen Bereich beobachtet man bei *Cyperus* häufig eine enorme Streckung eines einzelnen Internodiums im mittleren Teil der Sproßachse, wodurch die obersten, rosettig angeordneten Laubblätter emporgehoben werden, so daß die einzelnen Triebe einen schirm- oder palmenartigen Eindruck vermitteln. Wegen dieses ungewöhnlichen Habitus hat die Gattung auch Eingang in die Zierpflanzenkultur gefunden, wovon besonders der in Madagaskar, Afrika und Amerika vorkommende *Cyperus alternifolius* als Topfpflanze weit verbreitet ist.

Andere Arten besaßen vor allem in früherer Zeit eine große wirtschaftliche Bedeutung. Dies gilt insbesondere für die vielseitig genutzte Papyrusstaude, *Cyperus papyrus*, im alten Ägypten. Neben dem eßbaren, teilweise auch als Heizmaterial genutzten Wurzelstock liefert diese Pflanze vor allem das Ausgangsmaterial für die Herstellung von Papyrus. Zu diesem Zwecke wurde das Mark der Sproßachse der Länge nach in dünne Schichten gespalten, die dann im noch frischen Zustand zusammengepreßt und geklebt wurden, nachdem das Material mit einem schädlingsfeindlichen Saft getränkt worden war. Die Herstellung von Papyrus, die bereits 2500 v. u. Z. bekannt war, hat man bis ins 11. Jahrhundert u. Z. betrieben. Der Papyrus diente im alten Ägypten vor allem als Schreibmaterial, jedoch wurde dieser Stoff z. B. auch zur Herstellung von Mumienbehältnissen verwendet. Außerdem eigneten sich die festen, elastischen, durch das lufthaltige Markgewebe spezifisch sehr leichten Sproßachsen ausgezeichnet für die Verarbeitung zu Flechtwerk und zur Herstellung von Schiffen. Diese Pflanze hat eine enorme Verdunstungsleistung, so daß ausgedehnte Ufersümpfe etwa 50% des in den Weißen Nil mündenden Wassers verdunsten.

In jüngerer Zeit wurde durch ein eindrucksvolles Experiment, bei dem man ein Papyrusboot entsprechend den altägyptischen Vorlagen nachbaute, die Seetüchtigkeit derartiger Fahrzeuge erneut unter Beweis gestellt. Der norwegische Forscher Thor Heyerdahl hatte sich, zusammen mit einer internationalen Mannschaft, das Ziel gesetzt, den Beweis zu führen, daß es bereits im Altertum möglich war, von Nordafrika aus den amerikanischen Kontinent auf dem Seewege zu erreichen. Am 25. Mai 1969 verließ das Boot den marokkanischen Hafen von Safi. Nachdem es bereits 5000 km zurückgelegt hatte, mußte das vom Sturm stark beschädigte Schiff am 19. Juli nicht weit von der amerikanischen Küste aufgegeben werden. Bei einem zweiten Versuch mit einem neuen Boot glückte die Überfahrt. Das Anfang Mai 1970 gestartete Boot erreichte nach 57 Tagen, in denen es etwa 6000 km zurücklegte, den auf Barbados liegenden Hafen Bridgetown.

Eine weitere wirtschaftlich verwendete Art dieser Gattung ist die Erdmandel, *Cyperus esculentus*, die hauptsächlich in tropischen und subtropischen Gebieten wegen ihrer mandelgroßen Rhizomknollen kultiviert wird und deren Anbau bereits in sehr früher Zeit von den Ägyptern, Griechen und Römern betrieben wurde. Die außen braunen, innen weißen Knollen sind sehr nährstoffreich und enthalten neben Stärke auch Öl und zuckerartige Stoffe. Sie werden entweder roh oder gekocht gegessen. Daneben dienen sie als Ausgangsmaterial für die Ölgewinnung oder zur Herstellung eines süßen Getränkes.

Die in Korea als Wangul bezeichneten Arten *Cyperus iwasakii* und *Cyperus glomeratus*, die dort zu den wichtigsten Faserpflanzen zählen, werden seit alter Zeit kultiviert. Aus den äußeren Stengelteilen dieser Pflanzen stellt man Matten und feines Flechtwerk her, während die inneren Stengelteile zur Herstellung von Hausschuhen dienen.

Eine universelle Nutzung erfährt der am Titicacasee in weitflächigen Beständen vorkommende *Scirpus californicus* ssp. *tatora*, der dort vor allem von der Urbevölkerung, den Uru-Indianern, und den später zugewanderten Aimara-Indianern verwendet wird. Durch das Verflechten großer Mengen dieser Simse bauen sich die Indianer schwimmende Inseln, die in dem Maße, wie sie auf ihrer Unterseite verfaulen, durch die Aufschüttung neuen Pflanzenmaterials von oben her ergänzt werden. Auf den Inseln erbauen die Indianer dann ihre Hütten, deren Wände und Dächer ebenfalls aus den Sprossen der Tatora-Simse gefertigt werden. Vielfach wird auf diesen künstlichen Inseln sogar Ackerbau getrieben, indem man dickere Schichten von Schlamm und Erde aufträgt, die die Voraussetzung für einen Kartoffelanbau bieten. Die zuckerreichen, weißgelben, unteren Stengelenden handelt man, zu Stücken zerkleinert, auf Märkten und ißt sie roh oder als Salat zubereitet. Bedeutsam ist die Tatora-Simse auch für die tierische Ernährung, da sie Rindern, Schweinen und Schafen als Nahrung dient, die diese im flachen Gewässer wachsende Pflanze, oft bis zum Bauch im Wasser stehend, abweiden. Aus den wegen ihres hohen Luftgehaltes sehr schwimmfähigen Sprossen stellen die am Titicacasee seßhaften Volksstämme, die teilweise oder auch ausschließlich vom Fischfang leben, ebenfalls Boote her. Darüber hinaus dient diese Pflanze zur Herstellung sehr vielseitig verwendeter Matten. Früher wurden auch Segel aus ihr gefertigt. Neben der hauptsächlichen Nutzung von Wildbeständen wird diese Art in Südamerika auch kultiviert.

Cyperus rotundus ist ein in wärmeren Ländern weit verbreitetes Unkraut, das wegen seines intensiven Wachstums und seiner unterirdischen Überdauerungsorgane besonders gefürchtet ist. Eine Unterart, *Cyperus rotundus* ssp. *tuberosus,* wird in Afrika, in der Gegend des Tschadsees genutzt. Die Pflanze entwikkelt an den Enden ihrer Wurzeln schwarze, knollenartige Gebilde, die in der Form eine gewisse Ähnlichkeit mit Pfefferkörnern haben. Die ein wenig süßlich und zugleich scharf und mehlig schmeckenden Früchte werden geröstet oder gequetscht und gebrannt gegessen.

Den Auszug aus dem Rhizom von *Cyperus articulatus* verwendet man im äquatorialen Afrika gegen Verstopfung und Bauchschmerzen. Stücke des Rhizoms werden von Frauen der dort seßhaften Volksstämme wegen ihres angenehmen Geruchs, der gegen böse Geister schützen soll, auch am Hals getragen. Ähnlich benutzt man die bohnengroßen, wohlriechenden Knollen von *Cyperus longus* in Westafrika zum Parfümieren. In Hungerperioden werden in Indien die aromatisch riechenden Sproßknollen von *Cyperus bulbosus* gegessen, die man zunächst trocknet und dann pulverisiert dem Brotmehl beimischt, während die gerösteten Knollen von *Cyperus reflexus* den Indianern in Brasilien als Nahrung dienen. Daneben werden auch weitere Arten der Gattung *Cyperus* als Arzneimittel angewandt, wie der in Indien beheimatete *Cyperus tegetum.*

Unterfamilie Caricoideae

Im Gegensatz zu den Cyperoideen treten bei der zweiten Unterfamilie, den Caricoideen, niemals zwitterblütenartige Synanthien auf. Dennoch kommen auch hier an den Endverzweigungen der Blütenstände männliche und weibliche Blüten nebeneinander vor, wie z. B. bei der in Südafrika beheimateten Gattung *Schoenoxiphium* sowie der hauptsächlich in den asiatischen Hochgebirgen vorkommenden Gattung *Kobresia,* bei denen die weiblichen Blüten im Basalbereich, die männlichen Blüten dagegen im anschließenden oberen Bereich einer gemeinsamen Achse entstehen, wobei sie sich jedoch niemals zu Synanthien vereinigen.

Zu diesem Verwandtschaftskreis zählt auch die in tropischen und temperierten Zonen vorkommende Gattung *Scleria.* Eine Besonderheit dieser Gattung ist das Vorkommen eines Diskus, der nur bei den weiblichen Blüten, dicht unterhalb der Fruchtblätter ausgebildet wird. Von einer in Afrika beheimateten Art, *Scleria racemosa,* werden die Blätter als Heilmittel gegen Husten verwendet. Dem gleichen Zwecke dient eine Mischung mit den Blättern der Anacardiacee *Haematostaphis pierreanus.*

Bei anderen Gattungen sind anstelle eines Diskus schuppenartige Bildungen bzw. Haare oder Borsten entwickelt. Zu dieser Gruppe gehört der in den Gebirgen des tropischen Westafrikas beheimatete *Microdracoides squamosus,* der als einzige Art der Cyperaceen baumartig wächst. Der verholzte, durch persistierende Blattbasen geschützte Stamm dieser Pflanze, der außerdem gabelig verzweigt ist, kann bis zu 1 m hoch werden.

Ein weiterer Verwandtschaftskreis der Caricoideen ist dadurch gekennzeichnet, daß die Tragblätter der weiblichen Blüten schlauchförmig ausgebildet sind und so den Fruchtknoten vollständig einhüllen. Das als Utriculus bezeichnete schlauchförmige Tragblatt ist im

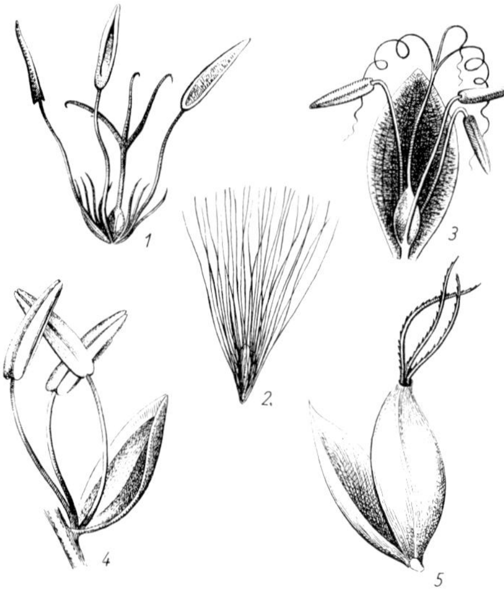

Teilblütenstände: 1 *Eriophorum angustifolium;* 2 Frucht der gleichen Art; 3 *Cyperus longus;* 4 *Carex* (männlich); 5 *Carex* (weiblich)

oberen Teil mehr oder weniger stark geöffnet, so daß Griffel und Narbe herausragen können. Dabei zeigen die Tragblattränder der Gattung *Kobresia* relativ geringe Verwachsungen, während das Tragblatt bei der Gattung *Carex* bis auf den äußersten Spitzenbereich vollständig geschlossen ist. Das hier als umhüllendes Tragblatt (Utriculus) fungierende Vorblatt gehört zu einer mehr oder weniger reduzierten Achse, der auch die umschlossene weibliche Blüte ansitzt, wobei die Achse über die Blütenansatzstelle hinaus verlängert sein kann. Entsprechend der Länge des Achsenfortsatzes bleibt dieser in dem Utriculus verborgen oder ragt – gemeinsam mit der Narbe – aus der oberen Utriculusöffnung heraus. Die Achsenfortsätze zeigen, daß hier stark reduzierte Blütenstände vorliegen, an denen nur eine basale weibliche Blüte zur Entwicklung gelangt.

Die kosmopolitisch verbreitete Gattung *Carex* (Seggen) gehört mit etwa 1000 Arten zu den größten Gattungen der Familie. Sie ist am Aufbau einer Reihe von Formationen in den gemäßigten und kühlen Breiten, besonders in der mitteleuropäischen Flora, entscheidend beteiligt. Ebenso umfangreich wie die Artenzahl ist die Breite der ökologischen Ansprüche dieses Verwandtschaftskreises, zu dem ausgesprochene Sumpfpflanzen, wie es die in der Verlandungszone vorkommende Schnabelsegge, *Carex rostrata,* Blasensegge, *Carex vesicaria,* Sumpfsegge, *Carex acutiformis,* die Ufersegge, *Carex riparia,* sowie die auf Mooren wachsende Flohsegge, *Carex pulicaris,* und die Armblütige Segge, *Carex pauciflora,* sind, aber auch sehr trockenresistente Arten wie die auch auf Dünen vorkommende Sandsegge, *Carex arenaria,* und die in der Hügelsteppe wachsende Erdsegge, *Carex humilis,* gehören. Andere Arten finden sich in schattigen Laubwäldern, wie die Fingersegge, *Carex digitata,* die Waldsegge, *Carex silvatica,* und die Winkelsegge, *Carex remota.* Ebenso unterschiedlich sind die Ansprüche an den pH-Wert des Bodens, wo es neben zahlreichen acidophilen auch ausgesprochen kalkliebende Arten gibt. Eine Reihe von Arten ist vor allem auf sauerstoffarmen, nassen Wiesen am Aufbau der Grünlandvegetation beteiligt, jedoch hat das aus ihnen gewonnene Heu nur eine minderwertige Qualität. Die Polstersegge, *Carex firma,* wie auch *Carex curvula* treten als charakteristische Arten verschiedener Pflanzengesellschaften in der alpinen Region über der Baumgrenze europäischer Hochgebirge auf.

Die ährenartigen Teilblütenstände der *Carex*-Arten enthalten entweder Blüten beider Geschlechter, wobei die weiblichen und die männlichen Blüten voneinander getrennt auf verschiedene Bereiche des ährigen Blütenstandes konzentriert sind, oder der Blütenstand ist rein männlich bzw. rein weiblich. Soweit lediglich ein derartiger Blütenstand an der Pflanze erscheint, ist die Pflanze nur männlich oder nur weiblich, d. h., die Geschlechterverteilung ist diözisch.

Eine ungewöhnliche Verbreitungsweise zeigen besonders die in Nordamerika vorkommenden Arten *Carex communis, Carex pedunculata* und *Carex platyphylla,* deren Utriculi an ihrer Basis fleischige Anhänge entwickeln, die von Ameisen als Futter ver-

Die eingeschlechtigen Blüten der Scharfen Segge, *Carex gracilis,* sind auf obere männliche sowie darunter entstehende weibliche Teilblütenstände verteilt. Während der Blütezeit werden die schuppenartigen Hochblätter dieser ährenförmigen Teilblütenstände von den Staubblättern bzw. Narbenästen weit überragt.

schleppt werden und so zur Verbreitung der Arten beitragen (Myrmekochorie). Neben der Nutzung zahlreicher *Carex*-Arten als Streu- oder Futterpflanzen dienen einige Arten, wie die in Mitteleuropa heimische Zittergrassegge, *Carex brizoides,* als Polstermaterial. Die Indianer verwenden verschiedene Arten zum Ausstopfen ihrer Mokassins als Schutz gegen Kälte. Ähnlich dienen diese Pflanzen den Lappen für Stiefel und Handschuhe. Von den Schwarzfuß-Indianern wird *Carex nebraskensis* als ein vom Bison bevorzugtes Futter angesehen und bei bestimmten Zeremonien um die Hörner des als heilig verehrten Bisonschädels gewunden.

Auf der Südhemisphäre verbreitet ist die nahe verwandte Gattung *Uncinia,* bei der die Achse des vom Utriculus umschlossenen reduzierten weiblichen Blütenstandes aus der Utriculusöffnung herausragt, wobei ein dem Achsenende ansitzendes kleines Blättchen hakenförmig gebogen ist, so daß die Frucht am Vogelgefieder oder am Fell von Säugern haften kann und damit der Verbreitung dient. In Ausnahmefällen trägt der Achsenfortsatz zusätzlich männliche Blüten, wodurch der Blütenstandscharakter dieser Achse deutlich wird.

Ein ungewöhnlicher Habitus kennzeichnet die in den südlichen Appalachen endemisch vorkommende Art *Cymophyllus fraseri,* die neben verschiedenen mehr oder weniger verlängerten Niederblättern ein scheidenloses, stark verbreitertes, stumpf endendes Laubblatt entwickelt. An dem auffallend weißen Blütenstand wurden verschiedene pollensammelnde Insekten beobachtet.

Überordnung Commelinanae (Farinosae)

Die in dieser Überordnung zusammengefaßten Familien zeichnen sich durch parallelnervige Blattorgane aus, die meist in eine Blattspreite und eine Blattscheide gegliedert sind. Die meist dreizähligen, radiären Blüten sind durch einen oberständigen Fruchtknoten gekennzeichnet; die Samen enthalten ein mehliges Endosperm. Im Blütenbereich zeigen sich ausgeprägte Entwicklungstendenzen, die von der Bestäubung durch Tiere zur Windblütigkeit, von einem aus 3 Fruchtblättern bestehenden, dreifächerigen Fruchtknoten zu einem scheinbar aus 1 Fruchtblatt gebildeten pseudomonomeren, einfächerigen Fruchtknoten sowie von mehrsamigen Kapseln zu einsamigen, nüßchenartigen Schließfrüchten führen. Ähnliche Tendenzen finden sich auch im Bereich des Androeceums. Die teilweise noch in Kelch und Blumenkrone gegliederte, auffallende Blütenhülle kann ebenfalls starke Reduktionen erfahren.

Ordnung Commelinales

Die Ordnung umfaßt überwiegend mehrjährige, seltener einjährige Kräuter mit wechselständigen, parallelnervigen, meist scheidigen Blättern. Die aus dreigliederigen Kreisen bestehenden, radiär- bis zweiseitig-symmetrischen Blüten sind zwittrig oder seltener eingeschlechtig. Die Bestäubung erfolgt durch Insekten. Die deutlich in Kelch und Blumenkrone gegliederte Blütenhülle umschließt 3 bis 6 Staubblätter, von denen 3 in Staminodien umgewandelt sein können. Das aus 3 verwachsenen Fruchtblättern bestehende Gynoeceum bildet einen oberständigen, drei- bis einfächerigen Fruchtknoten, dessen Fruchtblätter je eine bis wenige crassinucellate oder tenuinucellate Samenanlagen hervorbringen. Die Endospermentwicklung ist nukleär. Die in der Regel kapselartigen Früchte bilden Samen mit einem stark entwickelten mehligen Endosperm und einem meist kleinen Embryo.

Familie Commelinaceae

Die innerhalb der Ordnung relativ ursprüngliche Familie der Commelinaceen ist ein pantropischer bis subtropischer Verwandtschaftskreis, dessen Hauptverbreitungsgebiet vor allem das tropische Amerika und tropische Afrika umfaßt, von dem jedoch nur wenige Arten in temperierte Bereiche vordringen.

Zu dieser Familie gehören etwa 40 Gattungen mit annähernd 600 bis 700 Arten, bei denen es sich ausschließlich um ein- oder mehrjährige Kräuter handelt, die vielfach aufrecht wachsen, zu einem Teil sich aber auch durch kriechenden Wuchs auszeichnen, wobei sie an ihren oft besonders verdickten Sproßknoten wurzeln.

Die wechselständigen oder teilweise auch zweizeilig angeordneten Laubblätter sind an ihrem Grunde scheidig verwachsen und umhüllen so die basalen Teile der Sproßzwischenknoten. Die Blätter, die an der gesamten Sproßachse verteilt sein können oder aber an der Achsenbasis rosettig gehäuft vorkommen, haben meist eine schwach fleischige bis sukkulente Struktur, die u. a. auf eine großzellige Epidermis und ein ebenfalls großzelliges Unterhautgewebe zurückzuführen ist, die beide Wasserspeicherfunktion besitzen. Vielfach zeigen die Pflanzen verdickte Wurzeln, die sich durch einen recht hohen Stärkereichtum auszeichnen.

Die wegen ihrer auffällig farbigen Blumenkrone auf Insektenbestäubung eingerichteten zwittrigen Blüten stehen in traubig angeordneten, wickligen Teilblütenständen, wobei das Achsensystem des entweder seitlichen oder auch endständigen Blütenstandes mehr oder weniger stark verkürzt ist. Die Blütenhülle der schnell vergänglichen Blüten besteht aus einem dreiblättrigen Kelch und einer ebenfalls aus 3 Blättern zusammengesetzten weißen, rosa, violetten oder blauen Blumenkrone. Außer bei der Färbung besteht auch eine große Vielfalt in der Form und Oberflächenstruktur der Blütenblätter. Das Androeceum umfaßt 2 dreizählige Staubblattkreise, von denen einige Staubblätter steril sein können oder in manchen Fällen auch vollständig fehlen. Häufig ist der äußere Staubblattkreis reduziert, oder es können auch nur einzelne Staubblätter eines oder beider Kreise von der Reduktion betroffen sein. Hierdurch werden die in dieser Familie meist radiär-symmetrischen Blüten zweiseitig-symmetrisch, was sich oft auch zusätzlich in der unterschiedlichen Größe der Blütenblätter ausdrückt. Die Symmetrieachse dieser Blüten verläuft dabei häufig schräg zu ihrer Mutterachse. Die Staubblätter, die sich vielfach durch ein stark verbreitertes Konnektiv auszeichnen, bilden an ihren Staubfäden oft lange, aus perlschnurartig aufgereihten Einzelzellen bestehende farbige Haare, die wegen ihrer geringen Dicke häufig als Objekt für zytologische Untersuchungen dienen. Von dem aus 3 Fruchtblättern zusammengesetzten fächerig unterteilten Fruchtknoten kann ein Fach mehr oder weniger stark reduziert sein, während die fertilen Fächer je eine oder mehrere Samenanlagen hervorbringen. Aus den Fruchtknoten entwickeln sich meist kapselartige, seltener dagegen trockene oder saftige Schließfrüchte, deren Samen neben einem kleinen Embryo ein großes mehliges Endosperm enthalten.

Chemisch sind die Commelinaceen u. a. durch das Vorkommen von Kalziumoxalat und Kieselsäure sowie die Bildung von Schleimen gekennzeichnet.

Zu den umfangreicheren Gattungen dieser Familie ist die etwa 65 Arten umfassende Gattung *Tradescantia* zu zählen, die in ihrer natürlichen Verbreitung ausschließlich auf Amerika beschränkt ist und von der verschiedene Arten häufig kultiviert werden. Als Gartenstaude ist besonders *Tradescantia virginiana* bekannt, deren aufrecht wachsende Sprosse zahlreiche blaue, mehrere Zentimeter große Blüten hervorbringen. Von dieser Art existie-

Die aus Amerika stammende Dreimasterblume, *Tradescantia virginiana,* wird wegen ihrer schönen Blüten häufig als Gartenstaude kultiviert.

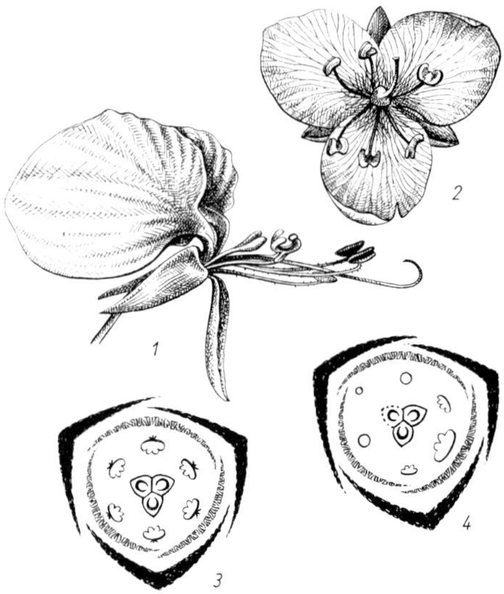

1 Blüte von *Aneilema aequinoctiale;* 2 Blüte; 3 Blütendiagramm von *Tradescantia virginiana; 4 Blütendiagramm von Commelina*

ren verschiedene, teilweise auch rot-, weiß- oder rosablütige Gartenformen, an deren Züchtung neben der erwähnten Form noch weitere Arten beteiligt sind. Verschiedene andere Tradeskantien werden in Gewächshäusern als Ampelpflanzen und zur Bodenbegrünung kultiviert. Hierzu zählt besonders *Tradescantia albiflora,* die wegen ihrer schnellwüchsigen, intensiv grünen, kriechenden oder hängenden Sprosse und ihrer kleinen weißen Blüten häufig als Zimmerpflanze gezogen wird. Nicht selten ist auch eine durch weißgrün gestreifte Blätter ausgezeichnete Varietät in Kultur anzutreffen. Eine andere Art, *Tradescantia diuretica,* dient in Brasilien als harntreibendes Mittel und zur Behandlung von Hämorrhoiden.

Zu Zierzwecken als Ampelpflanze werden auch Arten der in Mittelamerika beheimateten Gattung *Zebrina* verwendet. Die Blütenblätter sind im Gegensatz zu *Tradescantia* an ihrer Basis röhrenartig miteinander verwachsen. Eine in Kultur besonders häufige, rotblühende Art ist *Zebrina pendula,* deren Blätter oberseits silberweiß gestreift sind, während sie sich auf ihrer Unterseite durch eine starke Rotfärbung auszeichnen.

Besondere Erwähnung verdient auch die in Afrika und auf Madagaskar mit wenigen Arten vorkommende Gattung *Coleotrype,* deren in der Achsel der Laubblätter entstehende Blütenstände nicht aus der oberen Öffnung der Blattscheide herausragen, sondern sehr kurz bleiben und seitlich durch die Scheidenwand hindurchbrechen. Ähnlich verhält sich neben einigen weiteren Sippen die Gattung *Forrestia,* zu der bis zu einem Meter hohe Arten gehören, bei denen die kräftig entwickelten Blattscheiden nach dem Vergehen der Spreiten an der Sproßachse erhalten bleiben.

Eine extreme Verkürzung erfahren die in dieser Familie allgemein stark gestauchten Blütenstände bei der in alpinen Regionen Mexikos und Guatemalas vorkommenden monotypischen Gattung *Weldenia,* wo der Blütenstand wegen seiner geringen Größe vollständig von den Basen der rosettig angeordneten Laubblätter verhüllt bleibt. Da hier auch die Blütenstiele verkürzt sind, wird die Blütenkrone nur durch die starke Streckung der verwachsenen Blumenkronröhre über den Blattbasen sichtbar.

Eine fast stengellose Form stellt die im tropischen Südamerika beheimatete monotypische Gattung *Pyrrheima* dar, deren Blätter und Sproßachsen mit zahlreichen rostroten, langen Haaren bedeckt sind.

Häufig als Warmhauspflanze wird die in Mittelamerika heimische *Rhoeo discolor* kultiviert, deren seitliche Blütenstände von einem schalenförmigen Hochblatt umhüllt werden. Besonders dekorativ wirken die 20 bis 35 cm langen lanzettlichen Laubblätter, die auf der Unterseite eine rote Färbung aufweisen.

Im Gegensatz zu den meisten Gattungen zeichnen sich *Streptolirion* und *Spatholirion* durch windenden Wuchs aus, wobei die erstere Gattung neben den Zwitterblüten rein männliche Blüten hervorbringt. Eine nah verwandte Gattung, das in Thailand heimische *Aëtheolirion,* die erst in den sechziger Jahren entdeckt wurde, entwickelt bis zu 16 cm lange, schmale Früchte, in denen zweiflügelige Samen ausgebildet werden.

Eine gewisse Sonderstellung nimmt die in Australien beheimatete Gattung *Cartonema* ein, so daß sie teilweise auch als eigene Familie angesehen wird. Die Pflanzen zeigen keine Neigung zur Sukkulenz, sie sind drüsig behaart und entwickeln ährige Blütenstände.

Besonders zu erwähnen ist auch die in ihrer natürlichen Verbreitung ausschließlich auf das tropische Afrika beschränkte Gattung *Palisota,* deren Früchte sich durch eine fleischig-saftige Fruchtwand auszeichnen. Verschiedene Arten werden u. a. wegen der oft schön gefärbten Früchte als Warmhauspflanzen kultiviert.

Eine Sippe mit typisch zweiseitig-symmetrischen Blüten ist die pantropisch verbreitete, etwa 60 Arten umfassende Gattung *Aneilema.* Die beiden seitlichen Kronblätter können hier stark verbreitert sein, während das mediane besonders klein und verschmälert ist. Die Staubblätter erscheinen in symmetrischer Anordnung zu dem medianen, nach oben gekrümmten Griffel. Besonderes Interesse verdient bei dieser Gattung die unterschiedliche Förderung der Frucht- und Staubblattentwicklung. Diese als Heterostylie bezeichnete Erscheinung bedingt, daß z. B. bei *Aneilema aequinoctiale* sowohl Blüten mit kurzen Griffeln und langen Staubblättern als auch umgekehrt solche mit langen Griffeln und kurzen Staubblättern beobachtet werden können, wodurch eine Selbstbestäubung weitgehend ausgeschlossen und eine Fremdbestäubung ermöglicht wird.

Zweiseitig-symmetrische, meist blaue Blüten besitzt auch die pantropische bis subtropische Gattung *Commelina,* zu der etwa 150 Arten gehören. Es sind aufrecht wachsende oder auch kriechende Kräuter mit oft verdickten Wurzeln, deren Blütenstände von großen Hochblättern umschlossen werden. Bei einigen Arten erscheinen neben den sich normal öffnenden Blüten an den oberirdischen Laubsprossen auch noch unterirdische Blütenstände mit kleistogamen Blüten, die auch unterirdische Früchte hervorbringen (Geokarpie). Zahlreiche Formen dieser Gattung treten in den Tropen auf den landwirtschaftlich genutzten Flächen als Unkräuter in Erscheinung, wo sie vor allem in Zuckerrohrpflanzungen zu einem Ertragsverlust führen, weil dieses nicht bis zum Grunde geschnitten werden kann und der besonders wertvolle Basalteil der Zuckerrohrhalme verlorengeht. Andererseits sind *Commelina*-Arten in Kaffeeplantagen sehr erwünscht, denn sie bilden hier eine dichte Bodendecke und wirken so einer Bodenerosion entgegen.

Verschiedene Vertreter dieser Gattung werden ähnlich wie *Tradescantia* als Ampelpflanzen kultiviert. In ihrem natürlichen Verbreitungsgebiet finden verschiedene Arten auch in der Volksmedizin Verwendung. So dienen *Commelina tuberosa* und *Commelina nudiflora* als blutstillende Mittel, während *Commelina benghalensis* gegen Mittelohrvereiterung oder *Commelina virginica* als harntreibendes Mittel verwendet werden. Die in Ostasien beheimatete *Commelina communis* wird in Japan wegen ihres blauen Blütenfarbstoffes, an dessen Bildung ein Anthozyan beteiligt ist, kultiviert. Der blaue Farbstoff dient hier zur Herstellung des blauen Awobanapapiers. Die Blätter von *Commelina diffusa* werden in Indien als Gemüse und zu Futterzwecken genutzt.

In Indien werden auch *Cyanotis axillaris* und *Murdannia malabarica* als Heilpflanzen verwendet.

Eine wegen ihrer Größe und schönen Blütenstände besonders zu erwähnende und auch in anderer Hinsicht sehr bemerkenswerte Sippe ist die Gattung *Cochliostema,* deren einzige Art, *Cochliostema odoratissimum,* in Süd- und Mittelamerika verbreitet ist. Die großen, bis 1,5 m langen und 30 cm breiten Laubblätter erinnern durch ihre Anordnung an die trichterartigen Rosetten der Bromelien. Wie auch dort bilden hier die locker hintereinanderstehenden Blätter infolge des engen Kontaktes der Blattscheidenränder zu den nächstfolgenden Blättern sogenannte Nischen, die gemeinsam mit dem im Zentrum der Rosette durch die Blätter gebildeten Trichter das Niederschlagswasser auffangen und speichern und so die Pflanze zu einer epiphytischen Lebensweise befähigen. Die Aufnahme des in den Nischen gespeicherten Wassers erfolgt durch sproßbürtige Wurzeln, die in die Nischen hineinwachsen. Die Blütenstände erscheinen durch die relativ großen zartrosa Hochblätter und die himmelblauen Blüten besonders farbenprächtig. Sehr ungewöhnlich ist die Form der 3 miteinander verwachsenen fertilen Staubblätter, deren Staubbeutel je eine aus vielen Windungen bestehende Spirale bilden. Die beiden seitlichen der 3 verwachsenen Staubblattorgane bringen 2 länglich-kapuzenartige Anhänge hervor, die die spiraligen Staubbeutel umhüllen, wodurch ein einheitliches Organ vorgetäuscht wird.

Familie Xyridaceae

Die Xyridaceen sind ein vor allem in wärmeren Gebieten verbreiteter Verwandtschaftskreis, wo man sie vor allem im tropischen Südamerika, aber auch in Mittel- und Nordamerika, Afrika, Australien und Indomalesien antreffen kann. Die Familie besteht aus 5 Gattungen, zu denen etwa 260 Arten gehören, die vornehmlich an feuchten und nassen Standorten, vielfach in salzigen Sümpfen, vorkommen, von denen einige Arten jedoch auch an trockene Standorte angepaßt sind.

Es handelt sich vorwiegend um ausdauernde Kräuter mit wechselständigen oder zweizeilig angeordneten, oft schwertförmigen Laubblättern, die meist am Grunde der Sprosse gehäuft vorkommen, während sich der Blütenstand auf einer unbeblätterten, schaftförmigen Sproßachse erhebt.

Die zwittrigen Blüten erscheinen in kurzen ährenartigen oder auch köpfchenartigen Blütenständen, wo sie aus der Achsel relativ großer Hochblätter hervorgehen. Sie besitzen eine doppelte Blütenhülle, deren dreizähliger Blumenblattkreis auffällig weiß, gelb oder blau ist. Im Gegensatz zu den gleichartig geformten Blütenblättern ist der Kelch zweiseitig-symmetrisch gestaltet, indem z. B. bei der Gattung *Xyris* die 2 seitlichen Kelchblätter relativ klein bleiben, während sich das mediane Kelchblatt auffällig verbreitert und eine membranartige Beschaffenheit aufweist. Anfangs umhüllt das vergrößerte Kelchblatt kapuzenartig die Blüte und wird dann von dieser während der weiteren Entwicklung zur Seite gedrängt. Bei anderen Gattungen kann das mediane Kelchblatt auch besonders klein oder vollständig reduziert sein. Das Androeceum besteht aus 2 dreizähligen Staubblattkreisen, wovon der äußere Kreis zu Staminodien umgewandelt ist, die sich entweder gabelig verzweigen und an der Spitze durch eine lange Behaarung auszeichnen oder eine fädige Form besitzen bzw. vollständig fehlen. Die Staubblätter des inneren Kreises sind mit den Blumenblättern verwachsen. Der Fruchtknoten des aus 3 miteinander verwachsenen Fruchtblättern zusammengesetzten Stempels ist teilweise, soweit eine randständige Plazentation vorliegt, einfächerig oder wird durch eine zentralwinkelständige Plazentation in 3 Fächer unterteilt. Dabei treten im Griffelbereich der in Südamerika be-

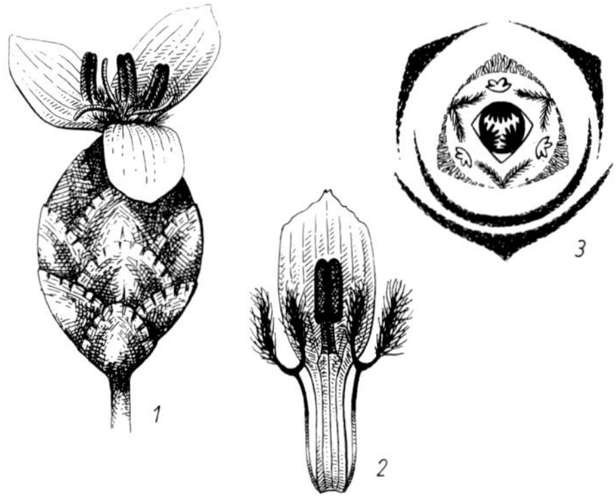

Xyris lacerata. 1 Blütenstand; 2 Blütenblatt mit einem Staubblatt und 2 Staminodien; 3 Blütendiagramm von *Xyris*

heimateten Gattungen *Abolboda* und *Orectanthe* eigenartige, zurückgebogene, schmale Anhängsel auf. Die Blüten, die durch Insekten bestäubt werden, verblühen bereits nach wenigen Stunden. Die sich entlang ihrer Fruchtblattmittelnerven oder manchmal auch mit einem Deckel öffnenden kapselartigen Früchte bringen zahlreiche endospermreiche Samen hervor, die wegen ihrer geringen Größe leicht durch den Wind fortgetragen werden.

Chemisch sind die Xyridaceen durch das Vorkommen von Kalziumoxalat und Siliziumkristallen charakterisiert.

Von einigen Arten, wie der in Indomalesien beheimateten *Xyris indica,* werden die Blätter oder in Südamerika von verschiedenen Arten die Blätter und die Wurzelstöcke zur Behandlung von Hauterkrankungen verwendet.

Familie Rapateaceae

Nahe verwandtschaftliche Beziehungen zu den Xyridaceen zeichnen die Familie der Rapateaceen aus, die sich in ihrer Verbreitung fast ausschließlich auf das tropische Südamerika beschränken, jedoch mit einer monotypischen Gattung auch im westlichen Afrika vertreten sind. Die Rapateaceen, zu denen 16 Gattungen mit annähernd 90 Arten gehören, bevorzugen feuchte Sandböden bzw. sumpfige Standorte, wobei sie insbesondere in dichten Regenwäldern vorkommen, darüber hinaus aber auch in Savannen angetroffen werden. Die in Panama und Kolumbien mit je einer Art vorkommende Gattung *Epidryos* zeichnet sich durch eine epiphytische Lebensweise aus.

Es sind ausdauernde, niedrige bis mittelhohe Kräuter, deren oberirdische Sprosse aus einem kurzen, verdickten Rhizom hervorgehen. Die an der Sproßbasis gehäuft auftretenden zweizeilig angeordneten Laubblätter haben eine schwertförmige Spreite, die ungewöhnlicherweise um 90° gegenüber der basalen verbreiterten Blattscheide verdreht ist. Der basal beblätterte Sproß setzt sich in einem unbeblätterten Blütenschaft fort, der in seinem oberen Teil einige scheidig verbreiterte große Hüllblätter trägt, die den endständigen Blütenstand umhüllen oder, wie bei der Gattung *Spathanthus,* mit diesem verwachsen sind. Eine Ausnahme bildet die afrikanische Gattung *Maschalocephalus,* deren Blütenstände auf kurzen Stielen in der Achsel von Laubblättern erscheinen. Die Hüllblätter des Blütenstandes verwachsen oft untereinander wie bei der Gattung *Rapatea,* wo die beiden Hüllblätter nur an ihrer verbreiterten Basis miteinander vereinigt sind, während sie bei der Gattung *Saxofridericia* durch die noch intensivere Verwachsung eine sackartige Hülle bilden und somit den Blütenstand vollständig einhüllen.

Die zahlreichen zwittrigen Blüten erscheinen an den Enden einblütiger Ährchen, deren unterer Bereich aus einer größeren Anzahl schuppenförmig angeordneter Hüllblätter besteht, wobei die Ährchen selbst wieder zu ähren- oder köpfchenartigen Blütenständen vereinigt sind. Die dreizähligen Blüten haben eine in Kelch und eine meist gelbe Blumenkrone gegliederte Blütenhülle, deren Blätter untereinander röhrig verwachsen sind und die auch mit den 2 dreizähligen Staubblattkreisen verbunden sein können. Die Staubblätter öffnen sich an der Spitze durch Poren. Der dreifächerige Fruchtknoten entwickelt sich zu einer fachspaltigen Kapsel, deren zahlreiche bis wenige Samen sich durch ein mehliges Endosperm auszeichnen.

Neben dem Vorkommen von Kieselkörpern in den Zellen der Blattepidermis und des Blütenschaftes ist in dieser Familie vor allem das stark ausgeprägte Akkumulationsvermögen gegenüber Aluminium bemerkenswert.

Familie Eriocaulaceae

Die Eriocaulaceen sind ein relativ spezialisierter Verwandtschaftskreis mit pantropischer Verbreitung, der aber auch in der subtropischen Region vertreten ist und mit wenigen Arten bis in gemäßigte Bereiche vordringt. Die Familie umfaßt 14 Gattungen mit annähernd 1200 Arten.

Es sind ein- oder mehrjährige Kräuter, die häufig auf feuchten Sandböden oder an sumpfigen, besonders gebirgigen Standorten, z. B. in den Anden noch in einer Höhe von 4000 m, wachsen, wobei einige Arten auch submers leben und im Wasser fluten. Eine ausschließlich submerse Lebensweise kennzeichnet das in Afrika beheimatete *Mesanthemum reductum,* das auf dem Grunde schnell fließender Gewässer wächst und sich durch die vollständige Reduktion seiner Kelchblätter von anderen Arten dieser Gattung unterscheidet.

Ähnlich wie auch bei anderen Gattungen der Eriocaulaceen sind die sehr kleinen Blüten der im tropischen Amerika beheimateten Gattung *Paepalanthus* zu köpfchenartigen Blütenständen vereinigt.

Die bei allen Arten grasartig verschmälerten, wechselständigen, am Grunde scheidenartig verbreiterten Blätter, die, den feuchten Standortsverhältnissen entsprechend, von großen Lufträumen durchzogen werden, sind oft am Grunde des Sprosses einander rosettig genähert. Die schaftartigen Seitensprosse, die ihre Entwicklung mit einem einfachen oder zusammengesetzten Blütenstand abschließen, werden am Grunde von ihrem stark gestreckten, scheidigen Vorblatt eng umschlossen. Bei verschiedenen Formen gehen die köpfchentragenden, schaftartigen Achsen auch in großer Zahl aus dem distalen Bereich verlängerter Haupt- und Seitentriebe hervor, wo sie einen doldig aussehenden Gesamtblütenstand bilden.

Die Blüten sind zu köpfchenartigen Blütenständen vereinigt, die außen von zahlreichen Hüllschuppen umgeben sind, so daß die Entwicklung auch bei diesen Einkeimblättlern zu einer ähnlichen, gedrängten und durch eine Hochblatthülle ausgezeichneten Blütenstandsform führt, wie sie bei den Zweikeimblättlern vor allem für die Familie der Korbblütler charakteristisch ist.

Die meist sehr kleinen, teilweise nur 0,25 mm großen Blüten sind stets eingeschlechtig. Beide Geschlechter kommen gewöhnlich in gemeinsamen Blütenständen vor, wobei die männlichen Blüten meist vorwiegend im peripheren Bereich des verbreiterten Blütenstandsbodens entstehen, während die weiblichen hauptsächlich im Zentrum anzutreffen sind; jedoch kann nicht selten auch eine umgekehrte Geschlechterverteilung beobachtet werden. Die meist drei-, teilweise auch zweizähligen Blüten haben gewöhnlich eine doppelte Blütenhülle, deren Blätter entweder gleichartig gestaltet sind oder durch die hellere und auch weiße Farbe des inneren Kreises der Blütenhülle eine Trennung in Kelch und Blumenkrone erkennen lassen. Häufig sind die Kronblätter gegenüber den Kelchblättern stark verkleinert, sie ragen jedoch durch eine intensive Verlängerung der Blütenachse dennoch über jene hinaus, wobei beide in ihrem distalen Bereich stark behaart oder teilweise auch vollständig in lange Haarbüschel aufgelöst sind. Bei einigen Gattungen *(Mesanthemum, Syngonanthus)* sind die Kronblätter untereinander verwachsen. Die männlichen Blüten entwickeln einen oder 2 dreizählige

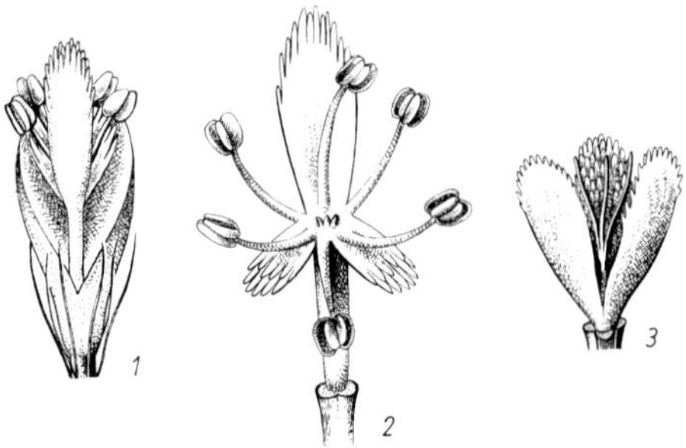

Eriocaulon crassicarpum. 1 Männliche Blüte; 2 männliche Blüte (Kelchblätter entfernt); 3 weibliche Blüte (Kelchblätter entfernt)

Staubblattkreise, in deren Zentrum häufig ein Stempelrudiment erkennbar ist. Die weiblichen Blüten enthalten einen dreifächerigen Fruchtknoten, dessen Fächer je eine Samenanlage hervorbringen.

Die Frucht ist eine sich entlang der Fruchtblattmittelnerven öffnende Kapsel, deren endospermreiche Samen durch haarartige Zellreste, leistenartige Zellverdickungen, die bei dem Zerfall der äußeren Zellschicht erhalten bleiben, behaart erscheinen. Die behaarte Blütenhülle erleichtert oft auch eine Verbreitung der Früchte durch Wasser und Wind.

Relativ ursprünglich sind die Blüten der vorwiegend tropisch bis subtropisch verbreiteten Gattung *Eriocaulon,* deren Androeceum, ähnlich wie bei der in Afrika beheimateten Gattung *Mesanthemum,* sich aus 2 Staubblattkreisen zusammensetzt, während es bei den übrigen Gattungen auf einen Staubblattkreis reduziert ist. Einige Arten dieser etwa 400 Arten umfassenden Gattung werden in der Volksmedizin verwendet, wo man besonders das in Indien vorkommende *Eriocaulon setaceum,* dessen dünnfädige Blätter an der gesamten verlängerten Sproßachse verteilt sind, als Heilmittel gegen Krätze nutzt. Daneben dienen auch einige weitere Arten zu Heilzwekken, während die getrockneten Blütenköpfchen teilweise auch in der Blumenbinderei Verwendung finden.

Ordnung Restionales

Diese Ordnung umfaßt hauptsächlich mehrjährige Kräuter mit grasähnlichem Aussehen oder auch mit lianenartigem Wuchs. Die wechselständigen parallelnervigen Laubblätter besitzen eine offene oder geschlossene Scheide. Die kleinen, unauffälligen, meist dreizähligen Blüten sind zwittrig oder häufig eingeschlechtig und zeigen nicht selten Reduktionserscheinungen. Die Bestäubung erfolgt meist durch den Wind. Die in der Regel spelzenartige Blütenhülle ist einfach bis doppelt oder kann auch vollständig fehlen. Das Androeceum besteht aus 6 oder 3 in dreizähligen Wirteln angeordneten Staubblättern oder ist auf 2 bis 1 Staubblatt reduziert. Das Gynoeceum setzt sich aus 3 verwachsenen Fruchtblättern zusammen, kann aber selten auch auf 2 Fruchtblätter reduziert sein; seine Fächer können je eine crassinucellate oder tenuinucellate Samenanlage enthalten. Aus dem oberständigen, drei- bis einfächerigen Fruchtknoten gehen trockene oder steinfruchtartige oder aber auch kapselartige Früchte hervor, deren Samen durch einen kleinen Embryo und ein reich entwickeltes mehliges Endosperm gekennzeichnet sind.

Familie Flagellariaceae

Zu dieser Familie gehören nur 2 Gattungen mit 6 Arten, die ausschließlich palaeotropisch verbreitet sind und vor allem feuchte Standorte in verhältnismäßig lichten Wäldern bevorzugen.

Es sind mehrjährige Kräuter mit zweizeilig gestellten, am Grunde scheidig ausgebildeten Blättern. Die gleichmäßig beblätterten Pflanzen können eine erhebliche Höhe erreichen; so werden die langblättrigen kräftigen Sprosse der Gattung *Joinvillea* über 6 m hoch. Bedeutend weniger standfest sind die Sproßachsen der Gattung *Flagellaria;* jedoch ist die Blattspitze ihrer lanzettlichen Blätter in eine Wickelranke umgewandelt, mit deren Hilfe sich die Sprosse an Bäumen und Sträuchern verankern und bis 15 m hoch werden können. Die Sprosse schließen ihre Entwicklung mit endständigen, stark verzweigten, rispenartigen Blütenständen ab, die sich aus zahlreichen kurzen Ähren zusammensetzen.

Die Gattung *Joinvillea,* deren Blätter keine Wickelranken besitzen und die sich außerdem durch hohle Sproßachsen sowie offene Blattscheiden von der Gattung *Flagellaria* unterscheidet, wird teilweise auch als selbständige Familie aufgefaßt (Joinvilleaceae).

Die relativ kleinen, zwittrigen Blüten, die durch den Wind bestäubt werden, haben eine in 2 Kreisen angeordnete sechsblättrige Blütenhülle, deren unscheinbare, teilweise weißhäutige Organe gleichgestaltet sind (Perigon). Sie umschließt 6 Staubblätter und ein aus 3 Fruchtblättern zusammengesetztes Gynoeceum, dessen Fruchtknotenfächer an der zentralwinkelständigen Plazenta je eine Samenanlage hervorbringen. Die in der fleischigen Frucht heranreifenden Samen enthalten neben einem kleinen Embryo ein reich entwickeltes mehliges Endosperm.

Die Sprosse von *Flagellaria indica* dienen zur Herstellung von Korbwaren, während die Blätter und jungen Triebe als Haarwaschmittel und zu verschiedenen medizinischen Zwekken verwendet werden.

Familie Restionaceae

Zu den Restionaceen gehören 38 Gattungen, die annähernd 400 Arten umfassen, von denen die meisten auf der Südhemisphäre vorkommen, wo sie vornehmlich subtropisch verbreitet sind und nur mit wenigen Arten in tropische Gebiete vordringen. Das Areal beschränkt sich in der Hauptsache auf Südafrika und Australien, wobei die Familie u. a. jedoch auch mit je einer Art in Südamerika, Südostasien und auf Madagaskar vertreten ist.

Es sind mehrjährige Kräuter mit einem binsen- oder grasartigen Habitus, die einen waagerecht kriechenden Wurzelstock ausbilden, an dem schuppenartige Niederblätter entwikkelt sind. Ähnlich bringt auch der oberirdische Sproß fast ausschließlich scheidenartig eingerollte, häufig bald abfallende Schuppenblätter hervor, die zweizeilig angeordnet sind und sich nur durch eine schwache Spreitenbildung auszeichnen, so daß hier, ähnlich wie es häufig bei den Binsen zu beobachten ist, die Assimilationsleistung als Ausgleich für die geringe Blattentwicklung von der Sproßachse, die ein stark entwickeltes Assimilationsgewebe besitzt, mit übernommen wird. Die meist in dichten Beständen wachsenden Pflanzen sind

Die Restionaceen, die fast ausschließlich in Südafrika und Australien beheimatet sind, zeichnen sich durch einen grasartigen Habitus aus und bilden oft dichte Bestände.

weitgehend an trockene Standortbedingungen angepaßt, was u. a. in der Reduktion der Blattfläche, der vermehrten Bildung von Sklerenchymgewebe in der Sproßachse, den starken Kutikulaauflagerungen der Epidermis und dem besonderen Schutz der Spaltöffnungen durch verschiedene Epidermisstrukturen zum Ausdruck kommt. Die Halme, die bei manchen Arten Meterhöhe erreichen können, werden in Afrika z. T. zum Decken von Dächern und zur Herstellung von Besen verwendet. In Malesien dienen sie den Eingeborenen zur Herstellung von Matten und ähnlichen Gebrauchsgegenständen.

Die Restionaceen haben meist eingeschlechtige Blüten, die vielfach auf männlichen und weiblichen Pflanzen getrennt vorkommen. Die Bestäubung erfolgt durch den Wind. Die Blüten sind gewöhnlich zu mehreren ährchenartig angeordnet, wobei die Ährchen selbst wieder zu ähren- oder rispenartigen Blütenständen vereinigt sind. In manchen Fällen haben wir auch bei beiden Geschlechtern sehr unterschiedliche Blütenstände, wie bei der südafrikanischen Gattung *Willdenowia,* deren männliche Blütenstände im Gegensatz zu den weiblichen sehr reichblütig und stark verzweigt sind. Als seltene Ausnahme in dieser Familie treten bei der australischen *Lepyrodia hermaphrodita* Zwitterblüten auf.

Die zwei- oder dreizähligen Blüten entwikkeln eine doppelte oder auch einfache, sehr unscheinbare Blütenhülle, die bei den männlichen Blüten ein meist aus 3 Staubblättern bestehendes Androeceum umschließt. Im Zentrum dieser Blüten ist teilweise noch ein stark reduziertes Gynoeceum zu erkennen. Die weiblichen Blüten, bei denen man zuweilen auch reduzierte Staubblätter antrifft, entwikkeln einen dreiblättrigen Stempel mit einem dreifächerigen Fruchtknoten, von dem entweder sämtliche Fächer je eine Samenanlage hervorbringen, wie bei der in Australien und Afrika vorkommenden Gattung *Restio,* oder es ist nur ein Fach fertil. Teilweise besteht das Gynoeceum nur aus 2 oder auch einem Fruchtblatt.

Die in den kapsel- oder nußartigen Früchten enthaltenen Samen haben einen kleinen Embryo und ein reichlich entwickeltes Endosperm. Flügelartig verbreiterte Blütenhüllblätter dienen der Verbreitung der Früchte durch den Wind.

Chemisch ist diese Familie besonders durch das reiche Vorkommen von kiesel- und gerbstoffartigen Verbindungen gekennzeichnet.

Familie Centrolepidaceae

Die Centrolepidaceen stellen eine relativ kleine Familie mit etwa 5 Gattungen dar, zu denen 35 Arten gehören, die allgemein an feuchten Standorten vorkommen und teilweise auch an eine untergetauchte Lebensweise angepaßt sind. Das Areal, das sowohl temperierte als auch subtropische und tropische Gebiete umfaßt, umschließt Australien, Malesien, China sowie Neuseeland und die Südspitze von Südamerika.

Es sind kleine, meist nur bis 5 cm hohe, einoder mehrjährige Kräuter von grasähnlichem Aussehen, die sich häufig durch rasiges Wachstum auszeichnen oder auch in Hochmooren zur Polsterbildung neigen.

Die wechselständigen, büschelförmig angeordneten Blätter haben eine meist fadenförmig verschmälerte Spreite, an die sich basal eine kurze Blattscheide anschließt. Aus dem basalen Verzweigungssystem gehen schaftartig unbeblätterte Sproßachsen hervor, an denen sich die endständigen ährigen Blütenstände bilden. Ungewöhnlich sind die bei dieser Familie teilweise beobachteten paarweisen fingerförmigen Ausstülpungen der Endwände mancher Epidermiszellen, die über den Anfangsteil der anschließenden Zelle hinwegragen, wie auch die neben anderen Haarformen auftretenden »bootshaken«-förmigen Haare.

Die Blütenstände tragen extrem vereinfachte, eingeschlechtige Blüten, deren Blütenhülle vollständig reduziert ist und die nur aus einem Staubblatt oder einem Fruchtblatt bestehen. Diese reduzierten Blüten erscheinen zu mehreren in der Achsel von Tragblättern, wo sie sich zu eingeschlechtigen oder, wie bei der etwa 20 Arten umfassenden Gattung *Centrolepis,* zwittrigen Teilblütenständen vereinigen, die jeweils eine Einzelblüte vortäuschen (Pseudanthium). Die Bestäubung der unscheinbaren Blüten erfolgt durch den Wind.

Die Fruchtblätter, die durch Verwachsung mit der ihnen gemeinsamen Pseudanthienachse untereinander eng verbunden sein können, entwickeln je eine Samenanlage, aus der ein endospermhaltiger Same hervorgeht, der von einer häutigen, sich bei der Reife meist entlang ihres Mittelnervs öffnenden Fruchthülle umschlossen wird.

Ordnung Grasartige, Graminales (Poales)

Familie Gräser, Gramineae (Poaceae)

Die Gräser stellen die für die Menschheit wichtigste Blütenpflanzenfamilie dar. Mit etwa 700 Gattungen und 8000 bis 10000 Arten sind sie gleichzeitig eine der umfangreichsten Familien der Blütenpflanzen. Trotz ihrer Größe ist die Familie gut gekennzeichnet und kann kaum mit anderen Pflanzenfamilien verwechselt werden. Den Riedgräsern, Cyperaceae, ähneln die Gräser zwar oberflächlich, sie unterscheiden sich u. a. aber durch den runden Stengel, während dieser bei den Riedgräsern meist scharf dreikantig ist. Durch den einfachen Blütenbau und die in der Regel schmalen Blätter weisen die Gräser untereinander

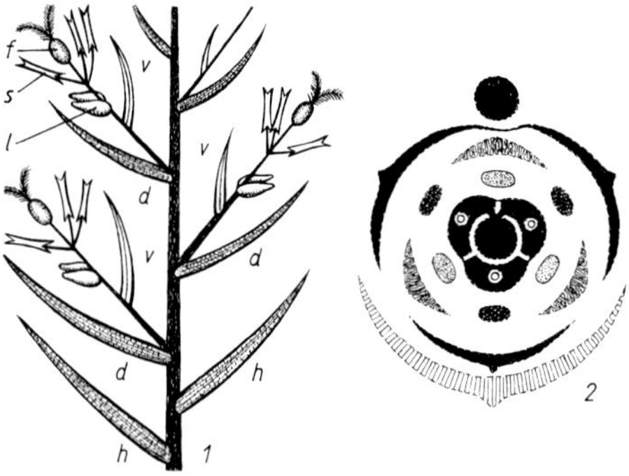

Ährchenbau der Gräser: 1 Schema eines dreiblütigen Ährchens. h = Hüllspelze, d = Deckspelze, v = Vorspelze, l = Schwellkörper, s = Staubblatt, f = Fruchtknoten. 2 Theoretisches Diagramm einer Grasblüte

recht wenig Unterschiede auf, so daß ihre Bestimmung und systematische Gliederung ziemlich schwierig ist.

Gräser kommen in allen Teilen der Erde vor, in denen Pflanzenwachstum möglich ist. Sie finden sich von der Arktis bis zur Antarktis, vom Meeresstrand bis zur Schneegrenze in den Hochgebirgen, in Wüsten und Wäldern. Einer Reihe von flächenmäßig bedeutenden Pflanzengesellschaften geben Gräser ihr besonderes Gepräge. So stellen sie das vorherrschende Element in Wiesen, Steppen und Savannen dar. Größte Bedeutung haben die Getreide als Kulturpflanzen, die dem Menschen seine täglichen Nahrungsmittel liefern. Außerdem sind die Wiesen- und Futtergräser die Nahrungsquelle für Wild- und Haustiere. Weitere Produkte der Gräser sind Stärke, Zukker, Papier, aromatische Öle, Alkohol, Getränke sowie Baumaterialien.

Wir wollen nun zuerst den morphologischen Aufbau dieser wichtigen Pflanzenfamilie betrachten.

Die Gräser sind einjährige oder ausdauernde Pflanzen, nur die Arten der Unterfamilie Bambusoideae sind ausdauernd mit mehrjährigen verholzten Halmen, die eine Höhe von 40 Metern erreichen können. Die Halme sind stielrund und hohl. Die mehr oder weniger schmalen Blätter stehen zweizeilig, nur bei der (hier nicht behandelten) Unterfamilie Micrairoideae sind sie spiralig angeordnet. Röhrenförmige Blattscheiden umschließen den Halm.

Die Blüten der Gräser sind sehr vereinfacht und stehen in viel- bis einblütigen Teilblütenständen, den Ährchen, zusammen. Die Ährchen stellen – wie der Name ausdrückt – kleine Ähren dar, die in zweizeiliger Anordnung trockenhäutige Spelzen (auf die Blattscheiden reduzierte Blätter) aufweisen. Am Grunde des Ährchens finden sich die Hüllspelzen (meist 2), darauf folgen Deckspelzen, die – im Gegensatz zu den Hüllspelzen – in ihren Achseln Blüten tragen. Die Deckspelzen können begrannt sein, d. h. an ihrer Spitze oder auf dem Rücken eine Borste tragen, die morphologisch einer Blattspreite entspricht. Die in der Achsel der Deckspelze stehende Blüte ist meist zwittrig, jede hat zunächst eine zweikielige Vorspelze, es folgen 2 kleine Schüppchen (Lodiculae oder Schwellkörper), die die Öffnung der Blüte bewirken. Dann folgen die 3 Staubblätter und der einfächerige Fruchtknoten, der 2 federige Narben hat. Der Fruchtknoten enthält eine einzige Samenan-

Die Ährchen der Gräser weisen eine verschiedene Zahl von Blüten auf. 1 Rohrreitgras, *Calamagrostis arundinacea* (1 Blüte); 2 Sandhafer, *Avena strigosa* (2 Blüten); 3 Zusammengedrücktes Rispengras, *Poa compressa* (5 Blüten); 4 Amethystschwingel, *Festuca amethystina* (7 Blüten); 5 Japanische Trespe, *Bromus japonicus* (9 Blüten)

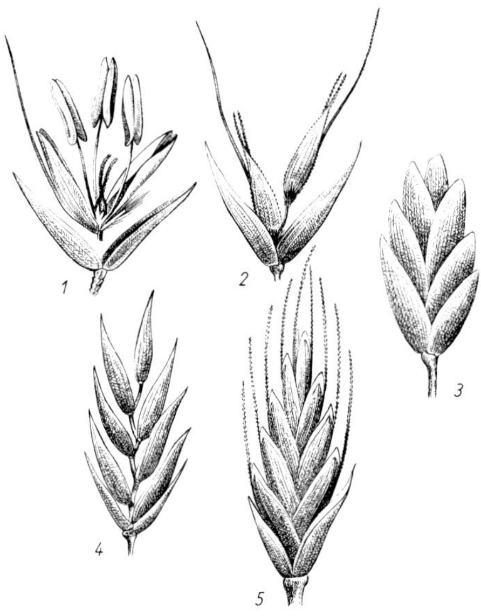

lage. Die Samenschale verwächst während der Reife mit der Fruchtwand, und es bildet sich eine Schließfrucht, die man als Karyopse bezeichnet und die ein stärkereiches Nährgewebe hat. Bei den Bambusoideen kommen sowohl Steinfrüchte als auch beerenartige Früchte vor.

Die Ährchen sind zu Blütenständen vereinigt, die man Rispen nennt, wenn die Ährchen deutlich gestielt sind. Sitzen diese der Hauptachse unmittelbar an, so liegt eine Ähre vor. Sind die Ährchen gestielt, die Stiele aber so kurz, daß die Ährchen ganz nahe beieinander stehen und ein ährenartiger Blütenstand entsteht, so wird er als Ährenrispe bezeichnet. In der Regel sind die Gräser windblütig, nur bei der im tropischen Südamerika beheimateten Gattung *Pariana* ist Bestäubung durch Insekten festgestellt worden.

Es ist nicht einfach, in den Blüten der Gräser den Grundbauplan der Monokotyledonen-Blüte zu erkennen. Man kann sich vorstellen, daß die zweikielige Vorspelze aus 2 Blättern des äußeren Perianthkreises verwachsen ist. Die Schwellkörper wären 2 Glieder des inneren Perianthkreises. Der innere Staubblattkreis ist ausgefallen, und der Fruchtknoten geht ursprünglich auf 3 Fruchtblätter zurück. Diese Vorstellung ergibt sich u. a. daraus, daß bei manchen Gattungen der Bambusoideen und Oryzoideen die Blüten nicht so stark vereinfacht sind, indem selten noch 2 Staubblattkreise von je 3 Staubblättern, 3 Schwellkörper sowie 3 Narben vorkommen.

Die Einteilung der Gräser in Untergruppen wurde in der Vergangenheit meist nach dem Bau und der Anordnung der Ährchen vorgenommen, da diese Organe eine größere Variabilität aufweisen als andere Teile der Pflanze. In neuerer Zeit hat man weitere Merkmale herangezogen, um eine möglichst natürliche Gruppierung zu erreichen. Zu diesen Merkmalen gehören u. a. die Grundzahl und relative Größe der Chromosomen, der Bau der Oberhaut (Haare, Spaltöffnungen), die Anatomie des Blattes, Merkmale der Blüte, besonders Zahl, Größe und Form der Schwellkörper (Lodiculae). Trotz vieler Bemühungen ist in dieser großen und wichtigen Pflanzenfamilie noch viel taxonomische Arbeit zu leisten, zumal ständig neue Gattungen und Arten entdeckt werden.

Gramineen-Blüten. Links: Blüte des Haarfedergrases, *Stipa capillata,* mit 3 Staubblättern, rechts: Blüte des Reises, *Oryza sativa,* mit 6 Staubblättern

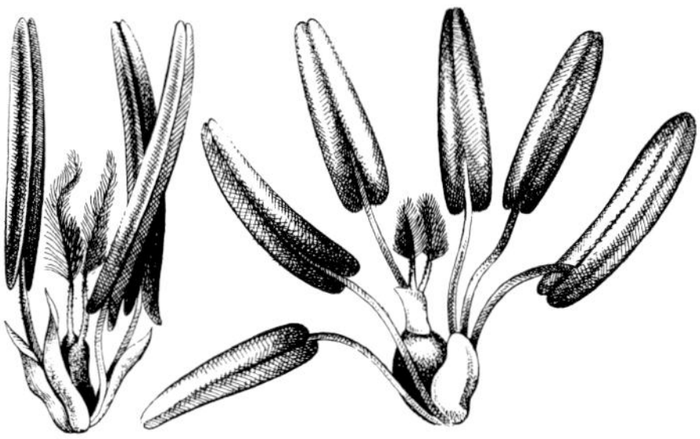

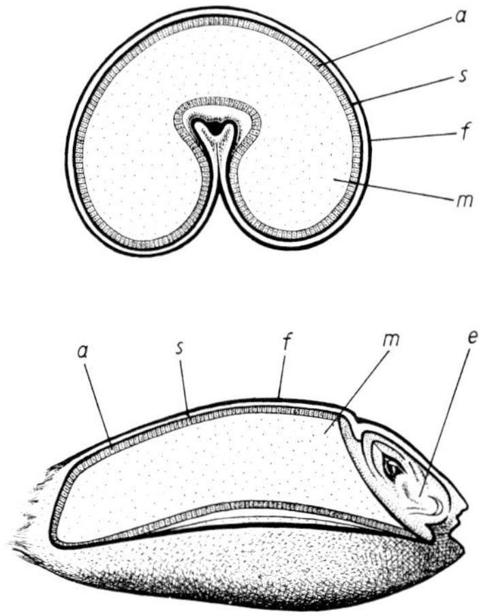

Bau des Weizenkornes. Oben Querschnitt, unten Längsschnitt. f = Fruchtwand, s = Samenschale, a = Aleuronschicht, m = Mehlkörper, e = Keimling

Die Gräser sind eine gut charakterisierte Ordnung, die stark abgeleitet erscheint, so daß sie sich nur schwierig an andere Ordnungen anschließen läßt. Lediglich mit den Restionaceen, Centrolepidaceen und Flagellariaceen bestehen einige Übereinstimmungen im Blütenbau und in der Anatomie. Man hat daher verwandtschaftliche Beziehungen zu diesen Familien angenommen.

Fossile Reste der Gräser finden sich in Kreideschichten sowie besonders im Tertiär. Meist handelt es sich um Blätter, die – bei erhaltener Struktur – an den charakteristischen Baueigentümlichkeiten der Oberhaut gut zu erkennen sind. Diese Fossilien sowie selte-

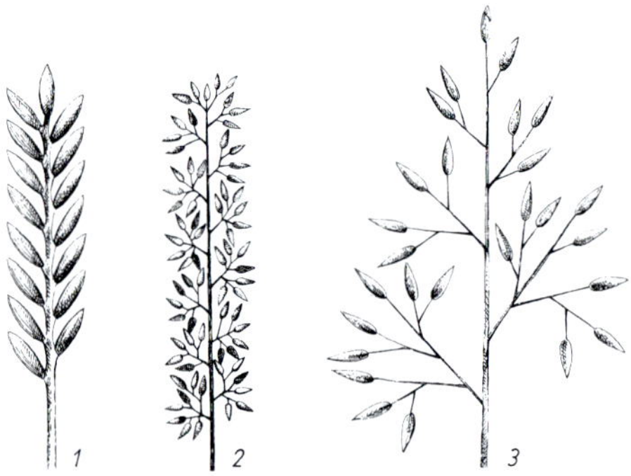

Blütenstandstypen der Gräser: 1 Ähre; 2 Ährenrispe; 3 Rispe

nere Funde von Blütenständen oder Ährchen vermögen uns aber leider keine Hinweise auf die Abstammung der Familie zu geben.

Unterfamilie Pooideae

In der Unterfamilie Pooideae sind die Ährchen viel- bis einblütig, zwittrig, seltener eingeschlechtig. Hüllspelzen sind meist zwei vorhanden, seltener sind sie rückgebildet oder fehlen. Die Deckspelzen sind meist fünf- bis vielnervig, unbegrannt, oder sie haben eine mehr oder weniger endständige gerade Granne oder eine gekniete Rückengranne. Die Vorspelzen sind meist zweinervig, Staubblätter sind meist 3 und Griffel meist 2 vorhanden. Die Unterfamilie ist mit rund 250 Gattungen die umfangreichste unter den Gräsern.

Zur Gattung *Dactylis* gehören 6 Arten, die im gemäßigten Eurasien beheimatet sind. Die Ährchen stehen dichtgehäuft in einer einseitswendigen Rispe. Das Gemeine Knäuelgras, *Dactylis glomerata,* wird als eines der wertvollsten Futtergräser viel kultiviert. Es kommt in Europa, Nordafrika und dem gemäßigten Asien vor und ist in Nord- und Südamerika, Australien und Neuseeland eingebürgert. Die Art ist ertragreich, nährstoffreich und ergibt – im richtigen Zustand geschnitten – ein gutes Futter, sie gedeiht fast auf allen Böden.

Rund 300 Arten bilden die Gattung *Poa,* Rispengras, die weltweit verbreitet ist. Die Ährchen sind von der Seite zusammengedrückt und die Deckspelzen auf dem Kiel und den Randnerven fast stets zottig behaart. Das Wiesenrispengras, *Poa pratensis,* ist eines der wertvollsten Futtergräser, das auf trockeneren, lockeren Böden sehr viel kultiviert wird. Es findet auch für Rasen Verwendung. So werden in Amerika etwa zwei Drittel der Rasenflächen von dieser Art gebildet. Da das Saatgut meist von Pflanzen verschiedener Herkunft stammt, enthalten die Rasenmischungen immer genügend Früchte, die an die verschiedensten Umweltbedingungen angepaßt sind. Auch mehrere andere *Poa*-Arten werden als Futtergräser kultiviert. Die größte Art der Gattung ist das Tussockgras, *Poa flabellata,* das auf Feuerland, den Falklandinseln und den Kerguelen riesige, bis 2 m hohe Rasen mit fächerförmig angeordneten Blättern bildet. Dagegen erreicht das fast kosmopolitische Einjährige Rispengras, *Poa annua,* nur eine Höhe von 2 bis 35 cm. Die Art ist oft ein lästiges Unkraut. Beim Knolligen Rispengras, *Poa bulbosa,* wachsen die Ährchen meist in Laubknospen aus (Viviparie).

Das Wiesenrispengras, *Poa pratensis,* ist ein wertvolles Futtergras.

Unter den 200 Arten der Gattung *Festuca,* Schwingel, die von weltweiter Verbreitung ist, finden sich ebenfalls eine Reihe von Futtergräsern. Auch in dieser Gattung stehen die Ährchen meist in Rispen. Im übrigen ist sie schwierig gegen andere Gattungen abzugrenzen, und auch die Einteilung in Arten ist problematisch. Dazu kommt der große Formenreichtum einiger Arten. Der in Eurasien vorkommende Wiesenschwingel, *Festuca pratensis,* wird als wertvolles Futtergras fetter Wiesen in Europa und den USA viel kultiviert. Der Schafschwingel, *Festuca ovina,* ist vor allem in Australien und Südafrika ein wichtiges Kulturgras. Er ist wie der Rotschwingel, *Festuca rubra,* auf der nördlichen Halbkugel heimisch, der als Futter- und Rasengras viel angebaut wird.

Bei der Gattung *Lolium,* Lolch, stehen die seitlich zusammengedrückten Ährchen meist in einfachen Ähren und wenden der Ährenachse die schmale Seite zu. Zu dieser Gattung zählen 40 Arten, die in Eurasien und Nordafrika verbreitet sind. Das Deutsche Weidelgras oder Englische Raygras, *Lolium perenne,* ist ein wertvolles Wiesen- und besonders Dauerweidegras schwerer Böden, das am besten in mildem, feuchtem Seeklima gedeiht. Es wird besonders viel in England und Schottland (seit 1677) kultiviert und ist damit das älteste aller angebauten Futter- und Rasengräser. Das Welsche Weidelgras oder Italienische Raygras, *Lolium multiflorum,* wird als Wiesen- oder Feldfuttergras angebaut. Bei dem als Unkraut im Getreide vorkommenden Taumellolch, *Lolium temulentum,* tritt in den Samen oft ein in seiner systematischen Stellung unbekannter Pilz auf, der das narkotisch giftige Alkaloid Temulin erzeugt. Bei schlechter Reinigung des Getreides werden durch die Samen Krankheitserscheinungen (Taumel, Schwindel usw.) hervorgerufen. Die bereits im Altertum in ihrer Wirkung bekannte Pflanze konnte zusammen mit dem Pilz schon in altägyptischen Königsgräbern aus der Zeit der 5. Dynastie etwa um 2500 v. u. Z. nachgewiesen werden.

Beim Taumellolch, *Lolium temulentum,* sind die Ährchen wie bei den anderen Arten der Gattung in einer Ähre angeordnet.

Die etwa 100 Arten der Gattung *Bromus,* Trespe, sind in den gemäßigten Gebieten (besonders dem Mittelmeergebiet) verbreitet. Eine Reihe von Unkräutern zählen zu dieser Gattung, z. B. die Weiche Trespe, *Bromus mollis,* und die Taube Trespe, *Bromus sterilis,* während die Unbegrannte Trespe, *Bromus inermis,* und die Aufrechte Trespe, *Bromus erectus,* als mittelmäßige Futtergräser angebaut werden. In Chile war früher *Bromus mango* als wichtige Brotpflanze in Kultur, die später durch die aus Europa eingeführten Getreide verdrängt wurde.

Von den 30 Arten der Gattung *Leymus,* die in Eurasien, im Mittelmeergebiet und in Nordamerika verbreitet sind, sei nur der Strandroggen, *Leymus arenarius*, genannt. Die Pflanze, die in Mittel- und Nordeuropa, Sibirien und Nordamerika vorkommt, ist ein wichtiges Strandgras, das zur Dünenbefestigung viel angepflanzt wird.

Bei der Gattung Gerste, *Hordeum,* befinden sich auf jedem Absatz der Ährenachse 3 einblütige Ährchen, während bei Weizen und Roggen die Ährchen einzeln sitzen. Hierher gehören 25 Arten, die auf der nördlichen Halbkugel sowie im andinen und außertropischen

Die Saatgerste, *Hordeum vulgare,* ist eine vielgestaltige Art (hier eine mehrzeilige Form).

Südamerika beheimatet sind. Die wichtigste Art der Gattung ist die Saatgerste, *Hordeum vulgare,* eine vielgestaltige Art, die nur in Kultur bekannt ist. Bei der zweizeiligen Form sind nur die Mittelährchen jeder Dreiergruppe fruchtbar, während sich bei der mehrzeiligen Gerste alle Ährchen der Dreiergruppe zu Körnern entwickeln. Weiter kann man zwischen Formen unterscheiden, bei denen Deck- und Vorspelze mit dem Korn verwachsen sind (Spelzgerste), und solchen, bei denen Deck- und Vorspelze das Korn nur lose umgeben (Nacktgerste). In Mutationsversuchen ließen sich eine größere Zahl von morphologischen Abweichungen erzielen, wie grannenlose oder glattgrannige Formen. Nach morphologischen Merkmalen kann man rund 200 Varietäten unterscheiden, darunter befinden sich Formen mit violetten, grünen oder graublauen Körnern oder mit schwarzen Ähren.

Die Hauptanbaugebiete der Gerste sind Europa, Asien, Nordafrika, die nördlichen USA und Argentinien. In Tibet sind Gerstenkulturen bis zu 4600 m Meereshöhe anzutreffen. Verwendung findet die Gerste zu Brauzwecken und als Futter, weiterhin zu Grütze und Graupen. In Asien wird sie auch als Brotkorn benutzt (besonders in Kleinasien, Hindukusch, Tibet). Angekeimt und geröstet wird sie zur Herstellung von Malzkaffee gebraucht. Die Verwendung für Brauzwecke ist schon sehr alt. So wurden bereits im alten Babylonien (3. Jahrtausend v. u. Z.) Arbeiter, Beamte und Haremsdamen in genau festgelegter Form mit Bier entlohnt. Dies zeigt, daß das Braugewerbe damals schon hoch entwickelt war. Durch die Jahrtausende hindurch bis heute erfreut sich das Bier einer großen Beliebtheit.

Als Wildform der Gerste wird die Art *Hordeum spontaneum* angesehen, die in Arabien, Israel, Jordanien, Syrien, der Südtürkei, im Irak, Iran, in Armenien, Transkaukasien und Nordafghanistan vorkommt und sich von der Saatgerste besonders durch die bei der Reife zerbrechliche Ährenachse unterscheidet. Die Saatgerste hat also eine feste Ährenachse, ein Merkmal, das hier wie bei anderen Getreiden als charakteristisches Kulturpflanzenmerkmal anzusehen ist.

Die Saatgerste gehört zu den ältesten Kulturpflanzen. Wenn man die bisher bekannten archäologischen Gerstenfunde Vorderasiens in eine Karte einträgt, so stellt man fest, daß diese Fundpunkte in dem heutigen Verbreitungsgebiet von *Hordeum spontaneum* liegen. Das führt zu dem Gedanken, daß der Beginn der Gerstenkultur in dem erwähnten Gebiet zu suchen ist. Andererseits kann man aber auch daran denken, daß der Beginn der Domestikation nicht in einem Gebiet stattgefunden hat, in dem ausgedehnte Wildbestände von fast gleicher Dichte wie der eines Saatfeldes vorhanden waren, sondern vielleicht eher in den an dieses Gebiet grenzenden Ländern. Eine ähnliche Übereinstimmung ist übrigens auch zwischen dem heutigen Verbreitungsgebiet des wilden Einkorns sowie des wilden Emmers mit den entsprechenden ältesten archäologischen Funden gegeben. Als älteste archäologische Reste der Gerste trifft man *Hordeum spontaneum* an. Die frühesten Zeugnisse einer Gerstenkultur stammen aus Netiv Hagdud, Jordanien (8200–7500 v. u. Z.), Tell Aswad, Syrien (7800–7600 v. u. Z), Ganj Dareh Tepe, Iran (7500–6600 v. u. Z.) sowie aus Beidha in Südjordanien und Ali Kosh im Iran aus der Zeit um 7000 v. u. Z. In Beidha basierte der Ackerbau hauptsächlich auf *Hordeum spontaneum* neben *Triticum dicoccon*. Hier wurden Zehntausende von Abdrücken der zweizeiligen Gerste in den Lehmwänden und dem Dach eines abgebrannten Hauses festgestellt. In der Regel fand man ein Ährenachsenstück mit dem fruchtbaren Mittelährchen und den unfruchtbaren Seitenährchen. Anzeichen für eine zusammenhängende Ährenachse wie bei der Kulturgerste sind noch nicht vorhanden, so daß es sich hier also um eine kultivierte Wildgerste handelt. Der Übergang von der brüchigen zur festen Ährenachse bei der zweizeiligen Gerste läßt sich an dem frühneolithischen Material aus Jarmo, Irak, feststellen (zwischen 7000 und 6500 v. u. Z.). Wiederum finden sich Ährenachsenteile mit den anhängenden Ährchen. Daneben treten aber auch Teile der Ährenachse auf, die aus 2 bis 3 Internodien bestehen. Diese letzte Form muß bereits als Kulturform angesehen werden. Die mehrzeilige Gerste dürfte sich als Mutation aus der zweizeiligen Form herausgebildet haben, wahrscheinlich unter dem Einfluß veränderter Umweltbedingungen (Bewässerungskultur). Durch weitere Mutationen und Kreuzungen ist dann allmählich die Vielzahl der Gerstenformen entstanden, die diese Kulturpflanze heute auszeichnet.

Zu den in vielen Jahrtausenden durch mehr oder weniger unbewußten Einfluß bewirkten Veränderungen an den Kulturpflanzen kommen solche, die durch bewußten Einfluß erzielt wurden. Die großen Erfolge, die die moderne Pflanzenzüchtung erreicht hat, lassen sich an folgendem Fall ablesen. Im Jahre 1955 konnten aus dem Grundstein des im zweiten Weltkrieg zerstörten Nürnberger Stadttheaters mehrere zugeschmolzene Glasröhren unversehrt geborgen werden, in denen sich Samen verschiedener landwirtschaftlicher Kulturpflanzen befanden. Durch urkundlich belegte Angaben ließ sich sicherstellen, daß diese Samen aus der Ernte des Jahres 1831 stammten und bei der Grundsteinlegung des Stadttheaters im Jahre 1832 darin eingemauert wurden. Ein Teil der aufgefundenen Gersten- und Haferkörner war erstaunlicherweise noch lebensfähig. Drei günstige Bedingungen waren hier zusammengekommen: Unterbindung der Atmung durch Luftabschluß, geringer Wassergehalt der Körner und kühle Lagerung. Die Körner hatten also über eine Zeitdauer von 124 Jahren ihre Keimfähigkeit behalten! Das ist die längste bisher ermittelte Keimfähigkeit von Getreide und könnte der alten Legende vom keimfähigen Mumienweizen neue Nahrung geben (zumal inzwischen an archäologisch genau datierten Bodenproben festgestellt werden konnte, daß z. B. Samen von *Chenopodium album* und *Spergula arvensis* noch nach 1700 Jahren keimfähig sein können). Aus 15 Gersten- und 8 Haferkörnern entwickelten sich reife Pflanzen. Der Nachbau des von diesen Pflanzen geernteten Kornmaterials bot die einmalige Gelegenheit, im Vergleich mit einigen heutigen Zuchtsorten von Gerste und Hafer unsere Vorstellungen über die züchterischen Veränderungen an diesen Kulturpflanzenarten und das Ausmaß der damit verbundenen Ertragssteigerung im wissenschaftlichen Versuch nachzuprüfen. Die heutigen Sorten hatten im Durchschnitt einen um 40 % höheren Ertrag, der sich durch zusätzliche Stickstoffdüngung noch um weitere 10 % steigern ließ. Hieraus ist zu ersehen, wieviel der bewußte Eingriff des Menschen in die Entwicklung der Kulturpflanzen seit Einführung einer planmäßigen und zielgerichteten Züchtung in nur etwas mehr als 100 Jahren erreicht hat. In wesentlich kürzerer Zeit wurden so Veränderungen hervorgebracht, zu denen bei unbewußter Auslese eine weitaus längere Zeitspanne notwendig gewesen wäre. Die Frage der Verbesserung der Leistungsfähigkeit unserer Kulturpflanzen besteht nach wie vor, um die ständig wachsende Menschheit auf unserer Erde zu ernähren.

Bei den etwa 100 Arten der Gattung *Agropyron*, Quecke, die auf der Nordhalbkugel und im südlichen Südamerika beheimatet sind, stehen die Ährchen in einfacher Ähre und kehren der Ährenachse die Seite zu. Am bekanntesten ist die von Eurosibirien bis Nordafrika vorkommende Gemeine Quecke, *Agropyron repens*, die ein überaus lästiges Unkraut darstellt. Ihre langen Rhizome wurzeln an den Knoten, und jeder Knoten kann nach Abbrechen eine neue Pflanze hervorbringen (niederdeutsch queck = lebendig). Die Art wird manchmal zur Bodenbefestigung gepflanzt, in Finnland und Schweden hat man sie zeitweilig auch zur Heugewinnung verwendet. Die an den Küsten von Europa, Nordafrika und Klein-

Die unterirdischen Organe der Quecke, *Agropyron repens,* lassen die Art zu einem lästigen Unkraut werden.

asien vorkommende Meerstrandsquecke, *Agropyron junceum,* wird zur Dünenbefestigung angepflanzt.

Bei der Gattung *Secale,* Roggen, sitzen einzeln an der Ährenachse zweiblütige Ährchen mit langbegrannten Deckspelzen. Je nach Artumgrenzung unterscheidet man zwischen 5 und 10 Arten, die im östlichen Mittelmeergebiet und den östlich angrenzenden Gebieten bis Zentralasien sowie (eine Art) in Südafrika beheimatet sind. Die wichtigste Art ist *Secale cereale,* der Roggen, der in Nordeuropa bis Sibirien das wichtigste Brotgetreide darstellt. Der Roggen wird aber auch in Mittel- und Westeuropa, in Vorder- und Zentralasien, Nordafrika, Kapland, Nordamerika und wenig in Südamerika und Australien angebaut. In Europa und Nordamerika verwendet man Roggen auch als Grünfutter und als Gründüngung. Die Körner werden wenig zur Bierbereitung, mehr zur Herstellung von bestem Kornbranntwein (»Korn«) benutzt. Das Stroh findet zur Herstellung von Papier und zu Flechtarbeiten, der obere Teil des Halmes als Einlage bei Virginiazigarren Verwendung. Der in Europa erstmalig zum Ende der Bronzezeit auftretende Roggen ist eine sekundäre Kulturpflanze, der den Weizen bei seiner Ausbreitung als Unkraut begleitet und sich dabei zur selbständigen Kulturpflanze umgebildet hat. Noch heute kommt er in den Weizen- und Gerstenfeldern Vorderasiens als Unkraut vor; hier erlangte er die Kulturpflanzenmerkmale der Großkörnigkeit, die feste Ährenachse und die Einjährigkeit. Nachdem der Weizen und mit ihm der Roggen als Unkraut auf ärmere Böden oder in ein härteres Klima gelangten, gewann in den Feldern der Roggen in dem Maße das Übergewicht, wie der Weizen in seiner Leistungsfähigkeit nachließ, da er viel anspruchsloser und härter ist als der Weizen. Nachdem man diese Vorteile des Roggens erkannt hatte, wurde er als eigene Kultur angebaut und entwickelte sich so weiter zu einer selbständigen Kulturpflanze. Der Roggen, der hauptsächlich als Winterroggen angebaut wird, ist ein Fremdbefruchter, wodurch es nicht zur Herausbildung von zahlreichen gut unterscheidbaren Formen gekommen ist. Seit längerer Zeit hat man Roggen auch mit Weizenformen gekreuzt *(Triticosecale [Triticale]),* um die wertvollen Eigenschaften der beiden Gattungen miteinander zu verbinden.

Der Weizen, *Triticum,* gehört zu den wichtigsten Kulturpflanzengruppen; er nimmt im Anbau unter den Kulturpflanzen der Erde die größte Fläche ein. Die Gattung umfaßt rund 20 Arten, die freilich nicht alle gleichermaßen wichtig sind. Sie haben eine typische Ähre mit zweizeilig angeordneten, zwei- bis mehrblütigen Ährchen, die einzeln auf den Absätzen der Ährenachse sitzen. Die uns aus Mitteleuropa bekannte Formenmannigfaltigkeit ist nur ein sehr kleiner Ausschnitt aus der Vielfalt der Formen; so sind z. B. die meisten Weizenformen mehr oder weniger lang begrannt, während sich die bei uns kultivierten Zuchtsorten durch Grannenlosigkeit auszeichnen. Bei der wichtigsten Art des Weizens, dem Saatweizen, *Triticum aestivum,* hat man allein über 400 Varietäten, also Formen innerhalb der Art, unterschieden. Zu dieser Unterteilung benutzt man u. a. folgende Merkmale: Länge der Grannen, Farbe der Grannen und Spelzen, Farbe der Körner und Dichte der Ähre. Die große Vielfalt der Weizenformen wie auch die anderer Kulturpflanzen ist noch nicht ausreichend erforscht, und so sammelt man diese Formen in großen Sortimenten, um sie als Ausgangsmaterial für die Züchtung zur Verfügung zu haben. Das ist umso dringlicher, als mit der Intensivierung der Landwirtschaft in vielen Teilen der Welt alte, bodenständige Landsorten durch Hochzuchtsorten ersetzt werden, bevor sie hinreichend erforscht sind. Nur noch selten trifft man Verhältnisse an, aus denen zu ersehen ist, daß bestimmte Formen (z. B. rotährige Sorten) in einem engbegrenzten Gebiet geographisch lokalisiert sind. Auch selbst der Bestand an Arten, die sich in Kultur befinden, ist noch nicht mit annähernder Genauigkeit bekannt. Ein Teil der Wildarten zeichnet sich durch Widerstandsfähigkeit gegenüber Krankheiten aus und wird daher zum Einkreuzen in andere Sorten benutzt. Weiterhin sind eine Reihe von Weizenarten synthetisiert worden, die ebenfalls Bedeutung für die Züchtung erlangen können. Wir wollen nun die einzelnen Weizenarten behandeln, soweit sie für unsere Darstellung von Wichtigkeit sind.

Bei der Betrachtung der einzelnen Weizenarten war aufgefallen, daß sie sich nach ihren morphologischen Merkmalen in 3 Reihen anordnen lassen. Erst viel später erkannte man, daß diese Reihen verschiedenen Polyploidiestufen der Pflanzen entsprechen. Zur ersten Reihe, der Einkorn-Reihe ($2n = 14$), gehört das Einkorn, *Triticum monococcum,* das u. a. durch flache Ähren gekennzeichnet ist. Die reifen Körner sind von den Spelzen fest umschlossen (Spelzweizen). Diese Art ist nur kultiviert bekannt (jetzt nur noch wenig, z. B. in Kleinasien). Das Einkorn hat sich aus der Art *Triticum boeoticum* entwickelt, die auf der Balkanhalbinsel, in Transkaukasien, Kleinasien und Mesopotamien wild oder als Unkraut vorkommt. Vom Einkorn unterscheidet sich diese Art vor allem durch die bei der Reife brüchig werdende Ährenspindel.

Ähnliche Verhältnisse finden wir auch in der zweiten Reihe, der Emmer-Reihe ($2n = 28$). Während in der Einkorn-Reihe die Ährchen ein- bis zweiblütig sind, weisen sie in der Emmer-Reihe 2 bis mehrere Blüten auf. Der Emmer, *Triticum dicoccon,* ist ebenfalls nur kultiviert bekannt (z. B. in Transkaukasien, Mittelasien, Spanien, Marokko). Diese Art, die in urgeschichtlicher Zeit große Bedeutung hatte, wird abgeleitet vom Wilden Emmer, *Triticum dicoccoides,* der in Vorderasien verbreitet ist. Neben diesen bespelzten Formen umfaßt die Reihe auch einige Nacktweizen, Formen also, bei denen die reifen Körner locker in den Spelzen sitzen. Hier ist der Hartweizen, *Triti-*

Der Emmer, *Triticum dicoccon,* war der wichtigste Weizen der Urgeschichte.

cum durum, zu nennen, der ebenfalls nur in Kultur bekannt ist (z. B. Mittelmeergebiet, Äthiopien, Iran, Transkaukasien, Mittelasien, zentrale Gebiete von Nordamerika). Beim Hartweizen, der auch Glasweizen genannt wird, sind die Körner nicht mehlig, sondern glasig. Sie werden wegen ihres hohen Klebergehaltes vor allem für die Herstellung von Teigwaren, besonders Makkaroni, verwendet. Brot aus Hartweizen ist dunkel, schwer und dicht, aber nahrhaft und wohlschmeckend. Ein weiterer Nacktweizen der Emmer-Reihe ist der Rauh-Weizen, *Triticum turgidum.* Bei dieser Art, die u. a. im Mittelmeergebiet, in Transkaukasien und Mittelasien angebaut wird, kommen Formen vor, bei denen sich die Ähren mehr oder weniger stark verzweigen (»Wunderweizen«).

In der dritten Reihe, der Dinkel-Reihe (2n = 42), gibt es keine Wildformen. Von den bespelzten Formen sei nur der Dinkel oder Spelz, *Triticum spelta,* genannt, eine Art, die wiederum nur in Kultur bekannt ist. Sie konnte erst in neuerer Zeit an mehreren Stellen in Westasien festgestellt werden, während sie vorher nur aus einigen Ländern Europas bekannt war. Der Dinkel hat einen sehr festen Spelzenschluß, so daß die Ähre beim Dreschen in die Ährchen mit anhängenden Teilen der Ährenachse, den sogenannten Vesen, zerfällt. Diese müssen zur weiteren Verwendung in besonderen Gerb- oder Schälmühlen entspelzt werden.

Die wichtigste Art der Dinkel-Reihe und zugleich der wichtigste Weizen überhaupt ist der Saatweizen, *Triticum aestivum,* eine Art, deren Körner sich lose in den Spelzen befinden (Nacktweizen). Der Saatweizen ist der wichtigste Brotweizen; er findet hauptsächlich als Brotgetreide Verwendung und liefert ein wohlschmeckendes und leicht verdauliches Weißbrot. Auch zur Herstellung von Malz für Weißbier, zu Kornbranntwein und zur Gewinnung von Stärke wird er benutzt. Die Weizenkleie ergibt ein wertvolles Kraftfutter, während das Stroh zur Papierherstellung, für Taue, Matten, Bienenkörbe und Strohhüte verwendet wird.

Im Anbau des Saatweizens unterscheidet

Der Saatweizen, *Triticum aestivum,* ist der wichtigste Brotweizen. Seine Produktion übertrifft die aller anderen Getreide.

man 2 Formen: Winterweizen und Sommerweizen. Den Winterweizen sät man bei uns in den Monaten September bis Oktober, während der Sommerweizen etwa im April des Erntejahres gesät wird. Der Saatweizen erfordert einen besseren Boden und benötigt mehr Wärme als der Roggen. Er wird in Europa, in Vorderasien, Mittelasien, im südlichen Sibirien, in Indien, China, Japan, im mittleren Nordamerika, in Südamerika, Nord- und Südafrika, Südwest- und Südostaustralien und in Neuseeland angebaut.

An dem Zustandekommen der einzelnen Weizenreihen sind in mehr oder weniger starkem Maße *Aegilops*-Arten beteiligt gewesen. Die Gattung *Aegilops,* die mit dem Weizen sehr nahe verwandt ist und manchmal mit dieser Gattung vereinigt wird, umfaßt 25 Arten, die in Westasien beheimatet sind. Sie kommen z. T. auch heute als Unkräuter in Weizenfeldern vor (z. B. in Transkaukasien), kreuzen sich spontan untereinander und mit den Weizenarten und können so neue Formen hervorbringen. Ähnlich hat man sich die frühere Entwicklung in den Gebieten vorzustellen, in denen Arten der Gattungen *Aegilops* und *Triticum* gemeinsam vorkamen.

Damit kommen wir zu der Frage nach der Entstehung der Weizen als Kulturpflanzen. Zu diesem Problem konnten in letzter Zeit durch zahlreiche Ausgrabungen in Vorderasien einige Einblicke gewonnen werden. Denn bei diesen Ausgrabungen kamen z. T. auch verkohlte Getreidereste zutage, die uns bei Berücksichtigung der durch den Verkohlungsvorgang bewirkten Veränderungen Aufschlüsse über die Entwicklung der Kulturpflanzen geben können. Die frühesten bekannten Körner des kultivierten Einkorns fanden sich vereinzelt in Ali Kosh im Iran aus der Zeit um 6500 v. u. Z. In den türkischen Fundstellen Çatal Hüyük und Hacilar sind sie in größeren Mengen gefunden worden (etwa 5700 und 5450 v. u. Z.). Früchte von *Triticum boeoticum,* der Wildform des Einkorns, entdeckte man verstreut zwischen Kulturpflanzenresten in Ali Kosh, Hacilar und Jarmo. Der bisher einzige archäologische Fund eines Weizens mit morphologischer Ähnlichkeit zu *Triticum dicoccoides* stammt aus Jarmo im Irak aus der Mitte des 7. Jahrtausends v. u. Z. In Lehm von Häuserwänden und Feuerstellen fanden sich Abdrücke, die dieser Wildart entsprechen. Auch verkohlte Reste von Körnern wurden gefunden. Gleichzeitig ließen sich kleine, verkohlte Körner sowie Abdrücke von Ährchen des Emmers nachweisen. Die bisher ältesten Funde des Emmers stammen aus Tell Aswad, Syrien (7800–7600 v. u. Z.) und Çayönü, Südosttürkei (etwa 7500–6500 v. u. Z.). In Ali Kosh und in vorkeramischen Schichten von Hacilar in Anatolien fand man einen kleinkörnigen, aber charakteristischen Emmer, der auf den Beginn des 7. Jahrtausends v. u. Z. datiert wird. Auch der etwa gleichalte Fund von Beidha in Südjordanien enthält sehr zahlreiche Abdrücke von Körnern und Ährchen eines primitiven Weizens, der dem Kulturemmer nähersteht als der Art *Triticum dicoccoides.* Auffällig ist die Variabilität in der Größe, indem einige Ährchen kaum kleiner sind als die großen von Jarmo, während andere so klein wie Einkorn sind. Die Länge der Körner schwankt zwischen 5 und 10 mm. Archäologische Reste des Einkorns und des Emmers kommen an zahlreichen späteren Fundstellen (auch in Europa) vor; der Emmer ist der Weizen mit der weitesten urgeschichtlichen Verbreitung. Demgegenüber tritt der Saatweizen erstmalig unter den Kulturpflanzenresten von Tell Aswad (Syrien) aus der Zeit 7300–6600 v. u. Z. auf, und auch in einigen späteren Funden findet er sich in geringer Menge. In Europa ist er in einer besonderen Form mit kurzen, dichten Ähren seit etwa 3000 v. u. Z. nachzuweisen.

Bei der Erforschung der früheren Verbreitung der Weizen und anderer Getreidearten bedient man sich außer der Auswertung verkohlter, archäologischer Reste noch einer anderen Methode. Diese besteht darin, aus Ton hergestellte Gefäße früherer Kulturperioden auf Abdrücke von Getreideährchen oder -körnern durchzusehen. Bei der Herstellung der Gefäße gelangen bisweilen Körner oder Ährchen von Getreiden mit in die Tonmasse und hinterlassen nach dem Brennen einen entsprechenden Hohlraum. Dieser kann mit einer gummiartigen Masse ausgegossen werden, wodurch man einen Positivabdruck erhält, der den ursprünglichen Pflanzenteil naturgetreu wiedergibt. Durch Überprüfung einer sehr großen Menge von Gefäßen aus der Schnurkeramik – einer Kulturgruppe der mittleren Steinzeit – wurden im Raum zwischen Harz und Saale eine relativ große Menge von Ährchen und Körnern verschiedener Getreidearten, darunter Emmer und Einkorn, festgestellt. Auf derartige Weise ließ sich für diese Kulturgruppe, aus der verkohltes Kulturpflanzenmaterial in diesem Gebiet völlig fehlt, erstmalig ein Ackerbau nachweisen.

In neuerer Zeit werden manche Weizenarten nicht mehr oder nur noch vereinzelt kultiviert, so z. B. das Einkorn, *Triticum monococcum,* und der Spelz oder Dinkel, *Triticum spelta.* Vor einigen Jahren fand man auf der schwedischen Insel Gotland diese Arten neben dem Emmer, *Triticum dicoccon,* und dem Saatweizen, *Triticum aestivum,* noch in Kultur. Freilich bildeten sie keine selbständigen Kulturen, sondern traten in Feldern des Saatweizens auf. Die Anteile vom Spelz, Emmer und Einkorn waren indessen so groß, daß man von einer Mischkultur dieser 4 Weizenarten sprechen muß. Eine solche Mischkultur wird seit langer Zeit durchgeführt. Der Ertrag ist aber ausschließlich für den Hausgebrauch bestimmt, da das von diesen kleinen Feldern gewonnene Mehl von einer sehr hohen Qualität ist. Durch die Feststellung eines solchen Tatbestandes sind wir in der Lage, die urgeschichtlichen Weizenfunde, in denen die einzelnen Arten meist gemischt auftreten, besser interpretieren zu können. Sicherlich hat man in der Urzeit in der Nutzung ähnliche Arten auch oft miteinander in einem Feld angebaut.

Die Geschichte der Domestikation des Weizens ist in vielen Punkten noch unbekannt. Wohl geben die archäologischen Funde, denen man heutzutage viel mehr Beachtung schenkt als früher, einigen Aufschluß über die Ausbreitungsgeschichte der einzelnen kultivierten Arten, doch weiß man über die Anfänge der Kultur selbst noch wenig. Zu diesem Fragenkomplex hat Professor Harlan aufschlußreiche Versuche unternommen. In der südöstlichen Türkei gibt es ausgedehnte Vorkommen des wilden Einkorns, *Triticum boeoticum,* die zu diesen Versuchen Anregung gaben. Der genannte Autor kam auf den Gedanken, durch Einsammeln der Grasfrüchte mit und ohne Werkzeug sich eine Vorstellung zu bilden, wieviel Zeit benötigt würde, um eine Menge zusammenzubringen, die als Vorrat für ein Jahr ausreichend ist. Die Ähren wurden entweder mit der Hand abgestreift oder die Halme mit Hilfe einer Steinsichel geschnitten. Es ergab sich ein Durchschnitt von über 2 kg pro Stunde. Umgerechnet würde das bedeuten, daß eine Familiengruppe, indem sie in den Gebirgen von unten nach oben mit fortschreitender Reife die Ernte vornehmen würde, bei nicht sonderlich harter Arbeit in 3 Wochen mehr als die für ein Jahr benötigte Menge zusammenbringen könnte. Das scheint eine attraktive Alternative gegenüber einem Leben zu sein, das nur von den Erträgen der Jagd abhängig ist.

Natürlich haben beide Ernährungsweisen sich stets gegenseitig ergänzt. Die Verbreitung der Wildweizen mag zwar vor 10 000 bis 12 000 Jahren von der heutigen verschieden gewesen sein, doch wenn die frühere Häufigkeit ihres Vorkommens annähernd mit der jetzigen vergleichbar ist, so hätte die grundsätzliche Möglichkeit bestanden, daß der Mensch die Gräser als eine wichtige Nahrungsquelle erkannte. Das Einsammeln von Wildgrasfrüchten hat dann allmählich zum Anbau von Gräsern geführt, ein Vorgang, der sicherlich an mehreren Orten und zu verschiedenen Zeiten mehrfach und mit verschiedenen Arten unabhängig voneinander stattgefunden hat. Dieser Schritt vom Sammeln von Grasfrüchten zum Anbau der Gräser und ihrer Weiterentwicklung zu leistungsfähigen Getreiden hat wie kein zweiter Vorgang in der Geschichte das Leben der gesamten Menschheit verändert.

Kehren wir nun zu unserem heutigen Weizen zurück, der eine bedeutende Rolle in der Ernährung der Menschheit spielt. Überall in der Welt unternimmt man daher große Anstrengungen, um die Erträge dieser wichtigen Kulturpflanze zu erhöhen. Besonders beachtliche Erfolge sind in der letzten Zeit mit einigen in Mexiko gezüchteten Zwergweizensorten erzielt worden. Durch planmäßige Züchtungsarbeiten während der letzten 25 Jahre konnten in diesem Land Sorten entwickelt werden, durch deren Anbau Mexiko nicht nur keinen Weizen mehr einzuführen braucht, sondern sogar noch ausführen kann. Aber nicht nur in Mexiko bringen diese Sorten hohe Erträge, sondern man hat sie mit so großem Erfolg auch in Indien und Pakistan angebaut, daß man hier von einer »Weizen-Revolution« gesprochen hat. Diese Formulierung erscheint voll gerechtfertigt, denn Indiens Weizenernte, die 1965 insgesamt 12 Millionen Tonnen betrug, erreichte 1970 die Höhe von 21 Millionen Tonnen, was einem Zuwachs von 75% entspricht! Die Fläche der in Asien angebauten mexikanischen Weizensorten war im Jahre 1970 mehrfach größer als in Mexiko, wo die gesamte Weizenanbaufläche mit den hochleistungsfähigen Sorten bestanden ist. Gleichzeitig wurden die Zwergweizensorten zum neuen Getreideprototyp für die hochertragreichen Reissorten, die vor einiger Zeit entwikkelt worden sind.

Die mexikanischen Weizen sind an eine weite Spanne von Umweltbedingungen angepaßt. So gedeihen sie mit Erfolg in einer geographischen Breite zwischen der Türkei und Paraguay. Diese große geographische Anpassungsfähigkeit ist neu in der Getreidezüchtung und stellt ein besonderes Charakteristikum dieser Zwergweizensorten dar. Bisher waren Getreidesorten meist nur erfolgreich unter solchen Bedingungen, die denen der Länder entsprachen, in denen sie zuerst entwickelt worden waren. Ein zweites Charakteristikum ist ihre große Ertragsfähigkeit. Beim starken Düngen von Sorten mit langen Halmen führte diese Behandlung oft zum Lagern, während die neuen Zwergsorten, die kaum halb so hoch sind wie die traditionellen Sorten, dafür aber ein viel steiferes Stroh haben, in der Lage sind, eine hohe Düngerzufuhr voll auszunutzen, ohne unerwünschte Nebenwirkungen zu zeigen.

Der Schöpfer dieser bedeutungsvollen Weizensorten ist N. E. Borlaug, dessen monumentale Leistung im Jahre 1970 mit der Verleihung des Friedens-Nobelpreises gewürdigt wurde, ist doch der Kampf gegen den Hunger in der Welt gleichzeitig eine Tat für den Frieden.

Außer einer allgemeinen Erhöhung der Hektarerträge werden aber auch eine Reihe von anderen Zuchtzielen angestrebt. So brachte die Einführung der modernen Mähdruschtechnik die Forderung mit sich, Sorten zu züchten, die mähdruschfest sind, d. h., bei denen beim Mähdrusch keine Verluste durch Ausfallen der Körner auftreten. Weiter werden Sorten gewünscht, die ein kurzes Stroh aufweisen, da nicht mehr so viel Stroh gebraucht wird. Solche kurzstrohigen Sorten zeigen gleichzeitig eine bessere Standfestigkeit. Auch das Auftreten neuer Krankheiten oder veränderter (mutierter) Stämme bereits bekannter Krankheiten läßt andere Situationen entstehen. Auf diese Weise werden an die Pflanzenzüchtung immer neue Forderungen gestellt, und die Pflanzen unterliegen ständigen Veränderungen.

Die Gattung Hafer, *Avena,* wird aus etwa 35 Arten gebildet, die vom Mittelmeergebiet bis Zentralasien verbreitet sind. Es handelt sich um einjährige Pflanzen mit großen, nikkenden Ährchen, die in Rispen stehen. Die Deckspelze hat meist eine Rückengranne. Als wichtigste Art ist der Saathafer oder Hafer, *Avena sativa,* zu erwähnen, den wir nur in Kultur kennen. Er wird in Europa bis 69,5° nördlicher Breite angebaut, außerdem in Westasien und Nordamerika. Für die menschliche Ernährung wird der Hafer, von dem zahlreiche Sorten gezüchtet worden sind, als Haferflocken, Haferschleim, Hafergrütze sowie in Nährpräparaten verwendet. Die Körner dienen vorwiegend als Futter, besonders für Pferde. Den Hafer baut man meist als Sommerfrucht an, er gedeiht auch auf mageren Böden. Früher stellte er in Deutschland ein Hauptnahrungsmittel dar (Hafergrütze), und bis zum 16. Jahrhundert benutzte man ihn auch zur Bierbereitung. Der Hafer wird (wie der Roggen) als sekundäre Kulturpflanze angesehen. Er ist wahrscheinlich aus *Avena fatua,* dem Flug- oder Windhafer, entstanden. Das Ursprungsgebiet ist nicht sicher bekannt. Vielleicht ist der Saathafer an verschiedenen Stellen Europas und des gemäßigten Asiens aus einem Unkraut der Getreidefelder (Emmer, Einkorn) zur Kulturpflanze geworden. Durch die geringen Unterschiede zwischen Flughafer und Saathafer ist eine Auswertung der archäologischen Haferreste leider sehr erschwert.

Auch beim Hafer ist man ständig bemüht, durch Züchtung bessere Pflanzen zu entwickeln. So hat man 2 Arten auf ihre Widerstandsfähigkeit gegen Kronenrost untersucht, nämlich *Avena fatua* und *Avena sterilis.* Die Prüfung von mehreren hundert Proben von *Avena fatua* blieb ohne Ergebnis, während bei der aus dem Mittelmeergebiet stammenden *Avena sterilis* in einer Probe aus Israel Resistenz gegen Kronenrost und andere Haferkrankheiten gefunden werden konnte. Herkünfte von *Avena sterilis* wurden kürzlich auch auf ihren Proteingehalt untersucht, wobei eine morphologisch etwas abweichende Form auffiel, die sich durch ungewöhnlich große Früchte mit einem hohen Proteingehalt sowie durch außergewöhnliche Widerstandsfähigkeit gegen Kronenrost auszeichnete. Diese Form erwies sich erstaunlicherweise als eine neue Haferart und wurde 1968 unter dem Namen *Avena magna* in die Wissenschaft eingeführt. Die Form ist tetraploid ($2n = 28$), stammt aus Westmarokko und ist möglicherweise ein Vorfahr der kultivierten Hafer. Dieses Beispiel zeigt sehr eindringlich sowohl den wissenschaftlichen als auch den praktischen Wert der modernen Kulturpflanzenforschung.

Die einzige Art der Gattung *Lagurus* ist *Lagurus ovatus,* das Hasenschwanzgras, das in Westeuropa und dem Mittelmeergebiet bis Kleinasien vorkommt. Es wird als Ziergras kultiviert, und die Ährenrispen verwendet man als Trockensträuße.

Von den 3 Arten der Gattung *Ammophila* ist von praktischer Bedeutung der Strandhafer, *Ammophila arenaria,* der als Dünengras an den sandigen Küsten Europas verbreitet ist und zur Dünenbefestigung angepflanzt wird. Nach einigen Jahren bildet sich ein leichter Boden, in dem andere Pflanzen Fuß fassen können.

Zur Gattung *Phragmites* gehören 3 Arten, die hochwüchsige Rohrgräser mit kriechender Grundachse darstellen und bei denen die unterste Blüte im Ährchen männlich ist, während die übrigen zwittrig sind. Eine Art kommt im tropischen Asien, eine zweite in Argentinien vor, während die dritte, *Phragmites australis,* das Gemeine Schilf oder Schilfrohr, als Kosmopolit über die ganze Erde bis in die Arktis verbreitet ist. Dieses ausdauernde Gras wird 1 bis 4 m hoch und hat eine große, 20 bis 50 cm lange Rispe. Es kommt nur selten auf trockenen Böden vor, meist besiedelt es als wesentlicher Bestandteil der Verlandungszone die Ufer von Flüssen, Seen und Teichen sowie sumpfige Wiesen und bildet oft ausgedehnte Bestände (Röhricht). Wegen seiner starken Bestockungsfähigkeit wird das Schilf zum Schutz von Ufern und zur Landgewinnung angepflanzt. In China (Shantung) kultiviert man die Art auch in Teichen, um die jungen Sprosse als Gemüse zu essen. Die Halme des Schilfrohrs werden zum Dachdecken, zur Herstellung von Matten, Wänden und Geflecht sowie als Streu verwendet. Das Schilfrohr ist außerdem ein Rohstofflieferant für die Zelluloseindustrie. In der Papier- und Zelluloseindustrie konnte dank einer entsprechenden Forschung die Rohstoffbasis ständig erweitert werden. Außer der Nutzbarmachung von sonst geringwertigen Holzarten wurde jetzt auch eine industrielle Verwendung des Schilfs möglich. Dazu ist im Donaudelta bei Tulcea (Rumänien) eine moderne Versuchsstation gegründet worden. Durch die Arbeiten dieser Station ließ sich in wenigen Jahren der Schilfertrag von jährlich 5 Tonnen je Hektar auf 80 Tonnen steigern. Um das Schilf auch in kritischen Wachstumsperioden genügend mit Wasser zu versorgen, ist ein weitverzweigtes Kanalsystem angelegt worden. Jährlich ist eine wirtschaftliche Nutzung von etwa 40 000 ha Schilfbeständen vorgesehen. Zur Ernte des Schilfes ist als Ergebnis der gemeinschaftlichen Arbeit mehrerer wissenschaftlicher Institute Bulgariens eine schwimmende Mähmaschine entwickelt worden, die von nur 2 Personen bedient wird und deren

Das aus dem Mittelmeergebiet stammende Hasenschwanzgras oder Sammetgras, *Lagurus ovatus,* ist als Zierpflanze in Kultur.

Arbeitsleistung der von 250 Mäharbeitern entspricht. Sie kann das Schilf im Gegensatz zu anderen Konstruktionen nicht nur in sumpfigem Gelände, sondern auch bei einer Wassertiefe von 1,5 m ernten. Das Schilf wird in der Papier- und Zelluloseindustrie sowie bei der Herstellung von Bauplatten verwendet.

Von *Phragmites* durch behaarte Deckspelzen und eine kahle Ährchenachse verschieden sind die 6 Arten der Gattung *Arundo,* die im Mittelmeergebiet bis Transkaukasien und in Ostasien verbreitet sind. Die im Mittelmeergebiet (östlich bis Syrien und Transkaukasien) und auf den Kanaren und Azoren vorkommende *Arundo donax,* das Pfahlrohr, ist eine 2 bis 4 m hohe Pflanze, die an Ufern und sumpfigen Stellen wächst. Sie stammt wahrscheinlich aus dem Orient und wird in Südeuropa seit dem Altertum kultiviert, man pflanzt sie auch in Südafrika und Südamerika an. Die Art findet Verwendung als Zierpflanze, für lebende Hecken und Windschutz, die fast holzigen Halme wurden als Stütze für Tomaten und Erbsen, zu Rebstöcken, Angelruten, für Flechtwerk und Matten verwendet. Das Pfahlrohr wird auch zur Dünenbefestigung und als Futterpflanze empfohlen, und es sind Versuche gemacht worden, die Pflanze zur Gewinnung von Zellulose und zur Papierherstellung auszunutzen.

Im alten Ägypten benutzte man Halmstücke von *Arundo* als Kiele zum Schreiben auf Papyrus. Aber noch ein anderer Verwendungszweck muß hervorgehoben werden. Das Pfahlrohr hat eine bedeutende Rolle in der Kultur des Abendlandes durch seinen Einfluß auf die Entwicklung der Musik gespielt. Die Benutzung zur Musikerzeugung läßt sich rund 5000 Jahre zurückverfolgen (Entdeckungen in ägyptischen Gräbern und in Ruinen früher sumerischer Städte im südöstlichen Irak). Auch heute werden Rohre für Holzblasinstrumente noch aus Halmen von *Arundo donax* hergestellt, aus demselben Material, das durch die Geschichte dieser Instrumente angewendet worden ist. In diesem ungewöhnlichen Fall ist die moderne Technologie bisher nicht in der Lage gewesen, einen vollwertigen Ersatzstoff zu entwickeln.

Von den 15 Arten der Gattung *Cortaderia,* die in Südamerika beheimatet sind, wird die 3 bis 6 m hohe *Cortaderia selloana,* das Pampasgras, als prächtige Zierpflanze kultiviert.

Das Pampasgras, *Cortaderia selloana,* wird wegen seiner bis 80 cm langen Rispen als Zierpflanze kultiviert.

Die silberweißen, 50 bis 80 cm langen Rispen werden zu Trockensträußen verwendet.

Etwa 20 Arten gehören zu der vorwiegend im Mittelmergebiet beheimateten Gattung *Phalaris.* Das Rohrglanzgras, *Phalaris arundinacea,* ist ein besseres Futtergras, das an Seen und auf Sumpfwiesen Bestände bildet und eine gute Streupflanze darstellt. Das Kanariengras, *Phalaris canariensis,* wird in Marokko und Süd- und Mitteleuropa kultiviert. Verwendung finden die Früchte meist als Vogelfutter, seltener als Nahrung (zu Mehlspeisen und als Brotzusatz).

Die Gattung *Anthoxanthum* setzt sich aus 20 Arten zusammen, die in Eurasien und dem Mittelmeergebiet verbreitet sind. Das Gemeine Ruchgras, *Anthoxanthum odoratum,* das im eurasiatischen Waldgebiet vorkommt und in Nordamerika, Australien und Tasmanien eingeführt worden ist, hat man früher als Futtergras überschätzt und kultiviert. Es ist aber nur minderwertig und wird jetzt kaum noch verwendet. Das Ruchgras enthält große Mengen Kumarin, das dem Heu seinen angenehmen, charakteristischen Duft verleiht.

An dieser Stelle sei auf ein neues, völlig unkonventionelles Verfahren zur Gewinnung von Heu hingewiesen. In Australien ist man dabei, eine Methode auszuprobieren, bei der sämtliche Stationen des Mähens, Trocknens und Zusammenballens umgangen werden. Die Methode besteht lediglich darin, das Gras auf seinem Standort durch Besprühen mit dem Herbizid Paraquat in Heu zu verwandeln. Dieser Stoff bewirkt bei Anwendung einer entsprechenden Menge eine schnelle Trocknung der grünen Pflanzengewebe. Die im Gras vorhandenen Nährstoffe werden dabei fixiert und vor dem normalen Vorgang des Welkens bewahrt. Eine Wiese kann also bei einem optimalen Proteingehalt besprüht und dadurch Gras von hoher Qualität als »stehendes« Heu aufbewahrt werden, das für spätere Zeit dem Vieh zur Verfügung steht, wenn ein Mangel an frischem Futter besteht. Derartige Versuche wurden in verschiedenen Teilen von Australien durchgeführt. Mit Hilfe dieser neuartigen Methode ließen sich Nährstoffverluste vermeiden, wie sie bei der normalen Art der Heubereitung auftreten. Außerdem ist der Aufwand an Zeit und Arbeit geringer. Allgemein ließ sich feststellen, daß die besten Ergebnisse erreicht wurden, wenn die Entwicklung der Gräser kurz vor Blühbeginn abgebrochen wird.

Von den 40 Arten der Gattung *Alopecurus,* Fuchsschwanzgras, die auf der nördlichen Halbkugel beheimatet sind, sei *Alopecurus pratensis,* das Wiesenfuchsschwanzgras, besonders genannt. Die Art, die in Eurasien verbreitet ist, stellt ein ertragreiches Futtergras dar, das in Europa und Nordamerika auf guten, feuchten Böden viel angebaut wird. Der Blütenstand dieses Grases ist eine Ährenrispe. Die Hüllspelzen der einblütigen Ährchen sind am Grunde oder bis über die Mitte miteinander verwachsen.

Ein ähnliches Aussehen hat die Gattung *Phleum,* Lieschgras, zu der etwa 12 Arten der gemäßigten Gebiete der Nord- und Südhalbkugel zählen. Auch hier ist der Blütenstand eine Ährenrispe. Die Hüllspelzen der von der Seite zusammengedrückten Ährchen sind voneinander getrennt. Das auf der nördlichen Halbkugel verbreitete Timotheusgras oder

Das Wiesenlieschgras oder Timotheusgras, *Phleum pratense,* ist in Europa und Nordamerika ein wichtiges Futtergras.

Wiesenlieschgras, *Phleum pratense,* stellt ein hochwertiges Futter- und Weidegras dar und wird in Europa und Nordamerika besonders auf schweren, naßkalten Böden viel kultiviert.

Zur Gattung *Spartina* gehören 16 Arten, die besonders im gemäßigten Amerika vorkommen, einige Arten finden sich an den Küsten von Europa und Afrika. Von besonderem wissenschaftlichem und praktischem Interesse ist die Art *Spartina townsendii,* die in Südengland als fruchtbarer Bastard einer Kreuzung von *Spartina alterniflora* und *Spartina maritima* hervorgegangen ist und um 1870 erstmalig beobachtet wurde. Die Pflanze breitete sich sehr schnell aus und zeigte so die Evolution einer neuen Art unter natürlichen Bedingungen und ihr erfolgreiches Fußfassen in einer ökologischen Nische. Man erkannte auch schnell die außerordentliche praktische Bedeutung dieser Art und pflanzte sie an Küsten

Das auf Steppenstandorten vorkommende Echte Federgras, *Stipa pennata,* steht als Seltenheit unter Naturschutz.

zur Landgewinnung und Dünenbefestigung an. Pflanzmaterial und Samen wurden außer in England noch in über 40 Länder der Welt verteilt (z. B. Westeuropa, Nord- und Südamerika, Australien, Neuseeland). Die Art hat unter Umständen eine solche Geschwindigkeit und Aggressivität in ihrer Ausbreitung, daß man bereits an Kontrollmaßnahmen denken muß.

Etwa 250 Arten bilden die Gattung *Stipa,* die in tropischen, subtropischen und gemäßigten Zonen Charaktergräser der Steppen und Wüsten darstellen.

In Mitteleuropa kommt z. B. *Stipa pennata,* das Echte Federgras, vor, eine Art, deren bis 30 cm lange Grannen federig weiß behaart sind. Die im westlichen Mittelmeergebiet beheimatete *Stipa tenacissima,* Esparto, liefert ebenso wie die in den Steppen des Mittelmeergebietes verbreitete *Lygeum spartum* Espartostroh und Espartofaser, die zu Flechtwerk und für die Papierfabrikation verwendet werden.

Unterfamilie Eragrostoideae

Bei den über hundert Gattungen dieser Unterfamilie sind die Ährchen viel- bis einblütig, im letzten Falle aber meist oben mit unfruchtbaren Spelzen, wobei die Geschlechterverteilung in den Ährchen sehr verschieden sein kann. Die Deckspelzen sind dreinervig. Die Frucht ist meist locker von den Spelzen umgeben oder wird frei, oder der Same ist durch Ablösen der Fruchtschale nackt.

Die etwa 300 Arten der Gattung *Eragrostis,* Liebesgras, sind in allen wärmeren Ländern beheimatet, man findet sie besonders im tropischen und südlichen Afrika. Die Ährchen stehen in Rispen, sind meist dicht vielblütig und seitlich zusammengedrückt. Die Frucht löst sich leicht aus den meist häutigen Spelzen. Als wirtschaftlich wichtigste Art der Gattung ist *Eragrostis tef,* der Tef oder Teff, zu nennen. Er wird in Äthiopien und den Galläländern in einer Meereshöhe von 1300 bis 2800 m als Getreide kultiviert. Die Früchte sind allerdings mit den uns geläufigen Getreidekörnern in der Größe nicht zu vergleichen, sie werden nur etwa 1 bis 1,5 mm lang und 0,75 bis 1 mm breit. Ihr Tausendkorngewicht beträgt nur 0,31 bis 0,47 g. Diese grießähnlichen Körnchen stellen als Brei und besonders als Fladenbrot das äthiopische Nationalbrot dar, das porös, weich und von saurem Geschmack ist. Durch Analysen konnte ein ziemlich hoher Gehalt an Eisen und Kalzium nachgewiesen werden, so daß Biochemiker und Nahrungsmittelforscher auf dieses Brot aufmerksam wurden, das heute ausschließlich in Äthiopien genutzt wird, aber möglicherweise eine größere Beachtung verdient, da es in einigen Eigenschaften Weizenbrot übertrifft. Der Ursprung des injera genannten Brotes ist nicht bekannt, aber aus Legenden geht hervor, daß es mindestens seit 2000 Jahren in Gebrauch ist. Der Fermentationsprozeß dieses Brotes wird durch eine Hefe *(Candida guillermondii)* hervorgerufen. Der Tef diente früher auch zur Bierbereitung. In neuerer Zeit wird er in Südafrika, Südostaustralien, Indien und im nördlichen Südamerika (Guayana) als Futterpflanze angebaut. Als Stammform dieser Kulturpflanze gilt die in den wärmeren Ländern der Erde heimische *Eragrostis pilosa,* das Behaarte Liebesgras. Die Früchte dieser Art werden in Zentralafrika und am Nil von der Bevölkerung zur Mehlgewinnung gesammelt. Die Art findet sich in Europa gelegentlich eingeschleppt.

Zur Gattung *Eleusine* gehören 9 Arten, die in den Tropen und Subtropen beheimatet sind. Die Ährchen stehen einseitswendig an fingerförmig angeordneten Ähren. Hierher rührt der deutsche Name Fingerhirse. Die Deckspelzen sind gekielt, der Samen ist nackt. Die Gattung führt ihren wissenschaftlichen Namen nach der griechischen Stadt Eleusis mit dem Tempel der Demeter (Ceres), der Göttin des Ackerbaus. Die wichtigste Art dieser Gattung ist *Eleusine coracan,* der Korakan oder Ragi, der im mittleren Afrika, in Äthiopien, Indien, Südchina und Japan kultiviert wird. Der Korakan ist sehr genügsam und klimahart und kann bis zu 2000 m Meereshöhe angebaut werden. Er liefert auf armen Böden verhältnismäßig reiche Ernten. Das Mehl der Art ist nicht backfähig; in Afrika ist der Korakan die Hauptnahrung mancher Stämme, er wird brotartig gegessen sowie zur Bierbereitung verwendet. In Asien genießt man den Korakan als Brei, Grütze oder Fladen. In Indien wird diese Hirse auch als Rohmaterial für die Malzindustrie benutzt. Als Wildform des Korakan betrachtet man *Eleusine africana* (*Eleusine coracan* ssp. *africana*), die im tropischen Afrika und in Südafrika vorkommt.

Von den 10 Arten der Gattung *Cynodon,* die vorwiegend in tropischen und subtropischen Gebieten beheimatet sind, ist *Cynodon dactylon,* der Fingerhundszahn, von besonderer Bedeutung. Dieses Gras ist fast weltweit verbreitet und kommt auch in Mitteleuropa vor. Der Name wird von den Rhizomknospen abgeleitet, die eine Ähnlichkeit mit Hundszähnen haben. Die meist einblütigen Ährchen stehen in 2 einseitswendigen Reihen an der Achse, mehrere solcher Ähren sind an der Spitze des Stengels fingerartig zusammengestellt. Der Hundszahn ist auf Kulturland ein lästiges Unkraut. In den wärmeren Ländern stellt er ein wichtiges Weidegras dar und bildet in den südlichen USA die Grundlage der Weidewirtschaft. Die Pflanze – in den USA Bermudagras genannt – findet auch als Rasengras ausgedehnte Verwendung. Sie ist gegen Sommerdürre wenig empfindlich, verträgt aber auch Überflutung und gedeiht auf sauren, alkalischen und stark salzhaltigen Böden. Schon in den ältesten religiösen Schriften Indiens (Weda) wird sie als Schild Indiens und Retter der Völker gefeiert, als Gras, ohne das das Rindvieh zugrunde gehen müßte. Auch heute ist es noch von Wichtigkeit in den Ritualen der Hindus.

Die Nützlichkeit des Bermudagrases ist in Amerika frühzeitig erkannt worden. Bereits um 1800 bezeichnete man das Gras als das beste Weidegras des Südens. Die jetzigen Anbauer erreichen einen jährlichen Umsatz von über einer Million Dollar. Diese Erfolge werden größtenteils auf Böden erreicht, die zu salzig sind, um etwas anderes darauf zu kultivieren. Die Bedeutung, die das Bermudagras für die Weidewirtschaft der südlichen USA hat, ist in letzter Zeit noch gesteigert worden durch die Züchtung einer speziellen Sorte (›Coastal‹ Bermuda Grass), die im Jahre 1943 in den Handel kam und seitdem eine große Bedeutung erlangt hat. Dieses Gras wird in den südlichen USA auf einer Fläche von 1,6 bis 2 Millionen Hektar angebaut. Das ist um so bemerkenswerter, als diese Sorte vegetativ vermehrt werden muß. Sie ist ein eindrucksvolles Beispiel dafür, wie eine Neuzüchtung, die sich durch entsprechende Vorzüge auszeichnet, in kurzer Zeit eine weite Verbreitung erlangen kann.

Die Art *Cynodon dactylon* ist wie viele Wiesengräser eine Heufieberpflanze, die in dieser Eigenschaft im Mittelmeergebiet, in Westindien, in Mittel- und Südamerika sowie in den USA in Erscheinung tritt. Das Bermudagras ist daher wohl eine der am weitesten verbreiteten Heufieberpflanzen.

Aus der Unterfamilie Eragrostoideae seien nur noch 2 Gattungen erwähnt. 10 Arten gehören zur Gattung *Zoisia,* die in den paläotropisch-subtropischen Gebieten beheimatet sind. Es handelt sich um charakteristische Strandgräser. Die in Japan, Korea und China vorkommende *Zoisia japonica* wird in Florida als Rasengras kultiviert. Auch 2 weitere Arten finden in Florida, Kalifornien und an der Goldküste als Rasengräser Verwendung.

Die Gattung *Tragus* umfaßt 7 Arten, die besonders in Afrika verbreitet sind. Die obere Hüllspelze ist mit angelhakenartigen Stacheln besetzt (Klettengras), wodurch diese Gräser leicht verschleppt werden.

Unterfamilie Oryzoideae

In dieser Unterfamilie sind die Ährchen von der Seite zusammengedrückt, einblütig, die Blüten zwittrig oder eingeschlechtig. Die Ährchen haben 2 schuppenförmige Hüllspelzen, die aber manchmal fehlen, und es können noch 2 weitere kleine leere Spelzen folgen. Die Deck- und Vorspelzen sind verhärtet. Staubblätter sind 3, 6 oder viele vorhanden, selten nur eins. Die Stärkekörner sind klein und hoch zusammengesetzt.

Die wichtigste Gattung ist *Oryza,* Reis, die mit etwa 25 Arten in wärmeren Ländern beheimatet ist. Der Reis, *Oryza sativa,* ist das wichtigste tropisch-subtropische Getreide und eine der wichtigsten Kulturpflanzen überhaupt, stellt er doch das Hauptnahrungsmittel von etwa 60% der Menschheit dar. Der Reis ist ein einjähriges Gras mit bis 30 cm langer Rispe. Die Deckspelzen sind gitterartig punktiert und begrannt oder unbegrannt. Die Art wird bereits seit der Steinzeit kultiviert. So wurden in der ostchinesischen Provinz Zhejiang Reisreste aus der Zeit 4900 bis 4700 v. u. Z. gefunden. Das Alter zweier Funde in Indien wird sogar mit 7. bis 6. Jahrtausend v. u. Z. angegeben. In Celebes fand sich Reis im späten Neolithikum (etwa 4000 v. u. Z.).

Nach alten chinesischen Schriften soll der Reis schon in der Schen-Nung-Periode (2800 v. u. Z.) kultiviert worden sein und gehörte mit Hirse, Weizen, Gerste und Sojabohne zu den 5 heiligen Erntegewächsen, die der Kaiser beim Frühlingsfest selbst pflanzte, um dadurch die Wichtigkeit des Anbaus dieser Pflanzen dem Volke deutlich zu machen. Die so frühzeitige Kultur des Reises in Indien und China läßt die Frage nach dem Ursprungsland dieser Kulturpflanze offen. Allgemein wird der Ursprung der Kultur im östlichen und südöstlichen Asien vermutet.

Reis wird als Sumpfreis mit Bewässerung (meist auf Terrassen) oder als Bergreis angebaut. Über die Hälfte des Reises kultiviert man als Bergreis, d. h. ohne Bewässerung. Der Bergreis stellt geringere Ansprüche an die Bodenfeuchtigkeit, ist allerdings weniger ertragreich, gedeiht aber bis 2000 m Meereshöhe. Über 90% der Weltreisernte wird in Asien erzeugt und auch verbraucht, aber die Erträge sind im allgemeinen in den tropischen und subtropischen Gebieten Asiens ziemlich niedrig. Besonders verbreitet ist die Reiskultur in Indien, Malesien, auf den Philippinen, in China, Korea und Japan. Reis wird aber auch in Europa (z. B. in der Po-Ebene), im tropischen Westafrika, in den südlichen USA und in Südamerika angebaut.

Der Reis hat ein Mehl, das nicht backfähig ist. Die von den Spelzen befreiten Körner werden gedämpft oder gekocht gegessen. Beim sogenannten Polieren des Reises entfernt man die Frucht- und Samenschale (Silberhäutchen) sowie die Aleuronschicht und den Keimling. Eine ausschließliche Ernährung mit poliertem Reis führt zur Beriberikrankheit (einer Vitaminmangelkrankheit). Bei der Erforschung dieser Krankheit entdeckte man die Vitamine. Die beim Polieren entfernte Silberhaut enthält besonders Vitamin B_1 sowie B_2 und B_{12}. Reis kann wegen seiner guten Verdaulichkeit auch in der Kinderernährung und als Diätnahrung verwendet werden. Bei einer besonderen Form, dem Klebreis, kleben die Körner beim Kochen zusammen. Der Klebreis enthält neben Stärke noch Zucker und Dextrin, er dient zur Herstellung von Kuchen und Kleister. Aus den Reiskörnern werden auch alkoholische Getränke hergestellt: Reisbier, Reiswein (Sake) und Arrak. Reisstärke verwendet man in der Lebensmittel- und Textilindustrie sowie in der Kosmetik (Puder, Schminke), und aus Reiskeimen gewinnt man Fett, das bei der Herstellung von Seifen und Kerzen gebraucht wird. Reisstroh besitzt besonders feine Bastfasern, es wird zur Anfertigung von Körben, Stricken, Hüten, Sandalen usw. sowie als Ausgangsmaterial in der Papierfabrikation benutzt. Aus Reisstroh wird u. a. das beste Zigarettenpapier der Welt hergestellt. Das sogenannte Reispapier stammt aber nicht vom Reis, sondern von der Araliacee *Tetrapanax papyriferum,* und »Reisbesen« werden aus den Fruchtständen von *Sorghum* gefertigt. Die Spelzen des Reises dienen außer als Brennmaterial zum Verpacken beim Versand von zerbrechlichen Gegenständen.

Der Steigerung der Reisproduktion schenkt man große Aufmerksamkeit. Hier kommt es besonders auch auf die Erhöhung des Eiweißgehaltes an, um die in der Welt bestehende Eiweißlücke zu schließen. Im Augenblick stammen etwa 70% der auf der Erde vorhandenen eßbaren Proteinmengen von Pflanzen, wobei das Getreide an erster Stelle steht.

Vom Reis, *Oryza sativa*, ernähren sich etwa 60 % der Menschheit.

Bereits vor einigen Jahren hat man neue Reissorten gezüchtet, die unter dem Namen »Wunderreis« bekannt geworden sind. Wenn diese Bezeichnung vielleicht auch etwas zu optimistisch erscheint, so geben diese Sorten, die im Internationalen Reisforschungsinstitut (Philippinen) gezüchtet worden sind, doch hervorragende Erträge. Der Wunderreis IR-5 entstand aus Kreuzungen von Zwergformen von *Oryza indica* aus Taiwan und den hochwüchsigen tropischen Formen. Die Sorte ist robuster, nicht so anfällig gegen Schädlinge und ertragreicher, das Einzelkorn enthält mehr Stärke und Protein und weist günstige Kocheigenschaften auf. Durch die neue Sorte ließen sich in Indien und auf den Philippinen die Hektarerträge auf großen Flächen um ein Vielfaches steigern. Bei den ertragreichen Zwergformen, die bei Züchtungsversuchen oft Verwendung finden, ergibt sich eine sehr wichtige Beziehung zur Morphologie der Pflanze: Die Blätter sind gleichsam quirlig angeordnet, so daß die oberen Blätter die unteren nicht beschatten und damit eine höhere Assimilationsleistung erzielt wird.

Noch berühmter als die obengenannte ist die Sorte IR-8, die im Jahre 1966 gezüchtet wurde und die sehr schnell in den reisbauenden Ländern Eingang fand. So ist sie u. a. bereits in Südamerika anzutreffen. Diese und ähnliche Hochzuchtsorten sind aber nur leistungsfähig bei kundiger Pflege, entsprechender Bewässerung, reichlicher Düngerzufuhr und unaufhörlicher Betreuung. Sie brauchen Pestizide, Insektizide und Herbizide. Die Sorte IR-8 reift in 120 bis 130 Tagen und ist lagerresistent.

Das erst im Jahre 1962 erbaute Reisforschungsinstitut hat eine Sammlung von über 80 000 Formen, die als Ausgangsmaterial für Forschungs- und Züchtungszwecke zur Verfügung stehen. Die Arbeit und Leistungen des Internationalen Reisforschungsinstitutes, das mit einem Kostenaufwand von rund 7,5 Millionen Dollar erbaut wurde und dessen Budget z. B. im Jahre 1969 etwa 1,75 Millionen Dollar betrug, ist gleichzeitig ein eindrucksvolles Beispiel dafür, mit welch geringen Geldsummen bei sinnvoller Anwendung sich für Hunderte Millionen von Menschen neue Aussichten für die Zukunft eröffnen können.

In der Behandlung des Erntegutes versucht man, neue Wege zu gehen. So haben japanische Fachleute Reis unter Wasser gelagert. Einen Teil des japanischen Reisvorrates versenkte man in nylongefütterten Gummisäcken 15 m tief in dem größten Süßwassersee Japans – dem Biwa-See. Mit dieser Maßnahme sollen die Lagerkosten gesenkt und der Reis soll längere Zeit frisch gehalten werden.

Auch die bei der Reisernte in großer Menge anfallenden Spelzen versucht man heute nutzbar zu machen. Sie werden zur Herstellung von Reisziegeln verwendet, die wasserfest, dauerhaft und belastungsfähig sind. Außerdem lassen sie sich schnell und billig manuell anfertigen. Durch die Möglichkeit, den bereits niedrigen Zementgehalt des Reisziegels beachtlich zu reduzieren, wurde ein weiterer Vorteil erzielt. Das neue Baumaterial scheint nach entsprechenden Versuchen eine beachtliche Dauerhaftigkeit zu haben. Es dürfte vornehmlich in den Tropen verwendet werden, und zwar in Überschwemmungsgebieten, in denen die Wohnstätten sonst fast jährlich erneuert werden müssen.

Als weitere Gattung der Unterfamilie Oryzoideae sei *Zizania,* Wasserreis, genannt. Diese Gattung umfaßt 3 Arten, die in Nordamerika und Ostasien beheimatet sind. Es handelt sich um große Wassergräser, von denen besonders die nordamerikanische Art *Zizania aquatica* Bedeutung hat. Der Blütenstand dieses Grases ist eine Rispe, die aus einem oberen, schmal zusammengezogenen weiblichen Teil und einem unteren, ausgebreiteten männlichen Teil besteht. Der Blütenstand hat somit ein sehr charakteristisches Aussehen. Die männlichen Ährchen weisen 6 Staubblätter auf, die weiblichen Ährchen sind lang begrannt. Der Keimling ist so lang wie die Frucht. Der Wasserreis bildet in den östlichen USA in Sümpfen sowie an See-, Fluß- und Teichrändern weite Bestände. Die Art stellte ein wichtiges Sammelgetreide vieler Indianerstämme dar, jetzt wird sie noch von den Stämmen der Chippewas und der Ojibwa-Indianer genutzt.

Die Ojibwa-Indianer von Nordwestminnesota sind in ihrer Wirtschaft und Lebensweise völlig auf den Wasserreis orientiert, er bestimmt ihr Dasein als Erntevolk. Die Ausnutzung der Wasserreisbestände unterliegt strengen Schutzmaßnahmen, die um so schärfer werden, je höher die Bestände wachsen. Während der Ernte gibt es einen Reishäuptling, der dann über dem Häuptling der Ojibwa steht, sowie einen »Rat des Reises«, der sich aus gewählten, erfahrenen, alten Männern zusammensetzt. Diese temporären Organe üben während der Erntezeit die politische und wirtschaftliche Gewalt aus. Der Reishäuptling schickt täglich einige Männer des Reisrates auf die Seen, um einen Überblick über den Zustand der Reife und die Lage der fortgeschrittensten Reisfelder zu erlangen. Durch den Reisrat wird auch eine Schätzung der Ernte vorgenommen, um festlegen zu können, wieviele Kanus man zur Ernte zuläßt. Etwa 2 Wochen vor der Reife verhängt man ein strenges Tabu über den See, der nun nicht einmal mehr zum Fischen oder zum Sammeln von Heilpflanzen befahren werden darf. Bei der Ernte wird die Lage der freigegebenen Reisfelder mitgeteilt und eine bestimmte Zeit angegeben, während der geerntet werden darf. Die Indianer fahren dabei sehr langsam durch die Bestände, biegen die Rispen über das Kanu und klopfen dabei aus den Fruchtständen die reifen Früchte mit einem leichten Stab sorgfältig heraus. Die Halme schnellen dann wieder zurück, wobei ein Teil der Körner ins Wasser fällt. So gelangt ein beträchtlicher Teil der Früchte in den Seegrund und bildet im folgenden Jahr den Ausgangspunkt für die nächste Ernte. Wenn sich später keine unreifen Felder mehr im See befinden, die durch Fahrlässigkeit beschädigt werden könnten, wird die Ernte an allen Stellen freigegeben. Der gesammelte Wasserreis bildet die Nahrungsgrundlage für das ganze Jahr. Durch dieses System von Maßnahmen wird erreicht, daß die für die Gemeinschaft notwendige Ernte nicht durch Übergriffe von Einzelpersonen gefährdet wird.

Ursprünglich war das Ernten des Wasserreises nur eine Angelegenheit der Indianer. Später traten die weißen Siedler mit den Indianern in Konkurrenz. Dabei ergaben sich durch zu frühes Ernten leider oft katastrophale Folgen, da die abgeschlagenen Körner noch zu unreif waren, um keimfähig zu sein.

Der Wasserreis wird heute in den USA und Kanada als Delikatesse geschätzt. Sein Nährwert ist mit dem der Getreide zu vergleichen. Die Körner sind überaus leicht verdaulich und daher auch Magenkranken zuträglich. Wildenten und andere Wasservögel fressen die Früchte gern, und so wird die Art in Nordamerika als Futterpflanze für Wassertiere in Parks usw. viel angepflanzt. Falls es gelänge, Formen dieser Pflanze zu erhalten, die ihre Früchte nicht abwerfen und etwa zur gleichen Zeit reifen, was durch die bekannte Variabilität im Bereich des Möglichen liegt, so könnte der Wasserreis ackerbauliches Interesse erlangen. Durch die versuchsweise Einführung von Formen mit nur teilweise abfallenden Früchten ließ sich der Ertrag von 84 kg auf 670 bis 900 kg/ha steigern.

Die in Ostsibirien, China, Japan, Burma und Nordostindien beheimatete *Zizania latifolia* wird in Südchina und auf Java in Teichen angebaut. Die unteren, durch Befall mit dem Brandpilz *Ustilago esculenta* fleischig-verdickten Stengelglieder dieser Art werden als Gemüse gegessen. Unter allen Kulturpflanzen ist die Ausnutzung eines solchen pathologischen Zustands der Pflanze sicherlich als einmalig zu bezeichnen.

Unterfamilie Panicoideae

Die Ährchen dieser Unterfamilie haben normalerweise 2 Hüllspelzen (1. und 2. Spelze) und 2 Deckspelzen (3. und 4. Spelze). Die 3. Spelze hat eine männliche Blüte oder ist leer (= 3. Hüllspelze), während die 4. Spelze meist eine zwittrige Blüte besitzt, ebenso wie die Vorspelze mehr oder weniger verhärtet ist und so eine Scheinfrucht bildet. Die Ährchenachse ist nicht über die oberste Blüte hinaus verlängert. In diese Unterfamilie gehören rund 100 Gattungen.

Die Gattung *Panicum* ist sehr umfangreich, sie besteht aus 550 Arten, von denen die meisten in subtropischen und tropischen Ländern, einige in gemäßigten Breiten vorkommen. Die Ährchen stehen in Rispen, und die Spelzen sind ohne Grannen oder Grannenspitzen. Eine sehr alte Kulturpflanze ist die Rispenhirse, *Panicum miliaceum,* deren älteste Funde in Mitteleuropa aus dem frühen Neolithikum stammen. Die heutigen Hauptanbaugebiete sind Zentralasien, Nordchina, Japan, Indien, die Ukraine und die Donauländer. In

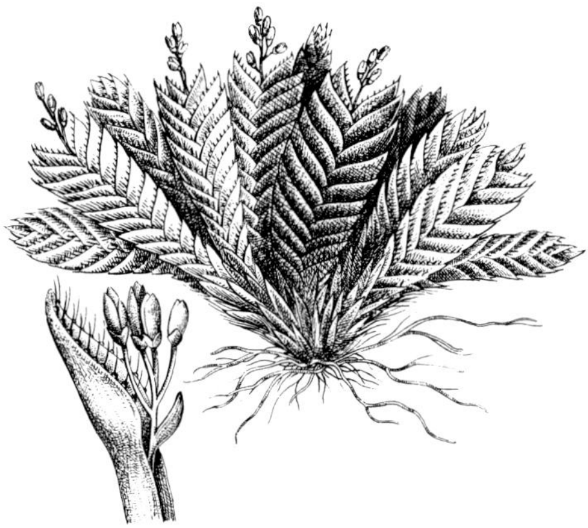

Panicum isachnoides wächst auf Hawaii auf moorigem Boden. Die Blätter sind nur 0,5 bis 2 cm lang, und die Rispe ist auf wenige Ährchen rückgebildet (links).

Europa wurde die Rispenhirse früher (besonders im ausgehenden Mittelalter) als Brei oder Fladen gegessen. Mit der Abkehr von der Breinahrung ging der Anbau zurück. In Indien und Sri Lanka ist die Kutkihirse, *Panicum miliare,* in Kultur, deren ganze Körner wie Reis gekocht oder als Mehl gegessen werden. Das im tropisch-subtropischen Afrika weitverbreitete, 1,5 bis 3 m hohe Guineagras, *Panicum maximum,* wird als wichtiges Futtergras in den Tropen kultiviert (besonders Südamerika).

Zur Gattung *Echinochloa* gehören etwa 20 Arten in wärmeren Ländern. Die Ährchen stehen in traubig angeordneten Scheinähren, und die Spelzen sind mehr oder weniger begrannt oder grannenspitzig. Hier ist die Japanische Hirse oder Weizenhirse, *Echinochloa frumentacea,* zu nennen, die in Indien, Nordostchina (Mandschurei) und Korea als Getreide, in Nordamerika als Futtergras angebaut wird. Die in den wärmeren Gebieten der ganzen Welt verbreitete Schamahirse, *Echinochloa colona,* wird in Indien besonders als Futtergras und Körnerfrucht (shama) kultiviert. Auch in Ostafrika baut man sie unter dem Namen Chindumba an und verwendet sie als Nahrungsmittel sowie zur Pombebereitung. In den Reisfeldern Japans kommen 2 *Echinochloa*-Arten (*Echinochloa oryzicola* und eine Form von *Echinochloa crus-galli*) als Unkräuter vor, die in ihrem äußeren Erscheinungsbild

Die Rispenhirse, *Panicum miliaceum,* hatte früher in Europa große Bedeutung als Nahrungspflanze.

sehr den Reispflanzen gleichen (Reismimikry). *Echinochloa oryzicola* findet sich sogar in Reisfeldern, deren Unkräuter wiederholt gejätet werden. Die Erscheinung der Mimikry (Schutzanpassung), d. h., daß eine Organismenart eine andere »nachahmt«, tritt besonders im Tierreich auf, während sie im Pflanzenreich selten ist. Die Gemeine Hühnerhirse, *Echinochloa crus-galli,* kommt in den wärmeren und gemäßigten Zonen besonders der nördlichen Halbkugel als lästiges Unkraut vor. In Mitteleuropa findet sie sich besonders in Gemüse-, Rüben- und Kartoffeläckern.

Bei der Gattung *Digitaria,* Fingerhirse, stehen die meist schmal-lanzettlichen Ährchen in fingerartig angeordneten Scheinähren. Zu ihr zählen rund 300 Arten der Tropen und Subtro-

In Japan, Korea, Nordost-China, Ussurien und Sachalin wird die Japanische Hirse, *Echinochloa utilis,* als Getreide kultiviert.

pen. Die Blutrote Fingerhirse oder Bluthirse, *Digitaria sanguinalis,* kommt in gemäßigten und wärmeren Ländern vor, sie wird als Futtergras (crab-grass) in Nordamerika kultiviert. Einige Formen dieser Art wurden als Getreide (Körner als Grütze oder in Suppen) im Mittelalter im östlichen Deutschland und Österreich angebaut, und noch am Ende des 19. Jahrhunderts gab es Kulturen der Bluthirse in der Oberlausitz, Görlitzer Heide, in Böhmen, Untersteiermark, Kärnten und Slowenien.

Die Gattung *Paspalum* steht *Panicum* und besonders *Digitaria* sehr nahe, doch sind nur 2 Hüllspelzen vorhanden. Hierher gehören 250 Arten, die vorwiegend in der Neotropis beheimatet sind. Im gemäßigten Amerika bilden sie einen großen Teil der Weidegräser auf den Campos und Pampas. Die Kodahirse, *Paspalum scrobiculatum,* die von Afrika bis Südchina, Japan und Australien vorkommt, wird in Indien, China und Japan wegen der Körner angebaut, die als Nahrungsmittel genutzt werden.

Bei der Borstenhirse, *Setaria,* sind die Ährchen von unfruchtbaren, borstenartigen Zweigen umgeben und stehen in einer ährenförmigen Rispe. Zu dieser Gattung zählen etwa 120 Arten der Tropen und Subtropen. Die wichtigste Art ist die Kolbenhirse, *Setaria italica,* die sich in Europa seit der Bronzezeit nachweisen läßt (Raum südlich der Donau). In der Gegenwart wird die Kolbenhirse in Ost- und Zentralasien, Indien bis Transkaukasien sowie (wenig) in Südeuropa kultiviert. Man ißt Hirse als Brei oder Fladen. Nach dem Aufgeben der Breinahrung wird die Kolbenhirse in Europa heute fast nur noch als Vogelfutter oder Grünfutter angebaut.

Von den 130 bis 140 Arten der Gattung *Pennisetum,* die in den Tropen und Subtropen (besonders Afrika) beheimatet sind, sei nur *Pennisetum americanum* genannt. Diese Art ist in Zentralafrika und Indien ein wichtiges Getreide. Außerdem wird sie in Ägypten, Spanien, Südfrankreich und den südlichen USA angebaut. Ihren lateinischen Namen (*penna* = Feder, *seta* = Borste) erhielt die Gattung nach den Hüllborsten der Ährchen. Der Blütenstand ist eine Rispe mit sehr kurzen Seitenästen und hat die Form eines zylindrischen Kolbens, wonach die Art Rohrkolbenhirse heißt. Weitere Namen sind Perlhirse und Pinselhirse. Das Mehl der Perlhirse ist nicht backfähig, die Körner werden als Brei gegessen. Die Art findet auch zum Bierbrauen Verwendung, und in den USA wird sie in beschränktem Umfang als Futterpflanze kultiviert. In Rangpur (Indien) sind Körner der Perlhirse gefunden worden, die aus der Zeit um 800 v. u. Z. stammen.

Als letzte Gattung der Unterfamilie Panicoideae sei *Spinifex* genannt, zu der 5 Arten gezählt werden, die an den Küsten von Indomalesien bis Ostasien, in Australien und Polynesien beheimatet sind. Die Gattung ist durch die Zweihäusigkeit (Diözie) bemerkenswert, d. h., es gibt männliche und weibliche Pflanzen. Die männlichen Ährchen sind zweiblütig und stehen in Ähren, die zu doldenartigen Blütenständen zusammentreten. Die weiblichen Ährchen, die Köpfe bilden, sind einblütig und werden von ihren stacheligen Tragblättern weit überragt. Bei der Reife bricht der ganze weibliche Kopf ab und wird vom Winde fortgetrieben oder schwimmt auf dem Meer. Schließ-

Bei der Borstenhirse, *Setaria italica,* sind die Ährchen von borstenartigen Zweigen umgeben. Die Art wird in Ost- und Zentralasien als Nahrungspflanze angebaut.

Zuckerrohrfeld, *Saccharum officinarum*. Die Art kann eine Höhe von über 7 m erreichen.

lich setzt er sich mit den Stacheln im Sande fest und zerfällt. Durch diese Verbreitungsweise sind die Arten (besonders *Spinifex hirsutus*) wichtig bei der Festlegung von Küsten und Sandbänken.

Unterfamilie Andropogonoideae

Bei dieser Unterfamilie stehen die Ährchen fast stets zu zweit, das eine ist gestielt und das zweite sitzend. Die Geschlechter sind in den Ährchen sehr unterschiedlich verteilt. Die erste und zweite Spelze (Hüllspelzen) sind mehr oder weniger verhärtet und umschließen die Frucht und deren Deck- und Vorspelze. Die Unterfamilie besteht aus rund 100 Gattungen.

Durch große, ausgebreitete, reichbehaarte Rispen sind die 5 Arten der Gattung *Saccharum* gekennzeichnet, die in tropischen und subtropischen Gebieten vorkommen. Am wichtigsten ist *Saccharum officinarum*, das Zuckerrohr, eine bis 7 (9) m hohe Pflanze, die den Rohrzucker liefert. Der Zucker, der im Mark der Halme zu 13 bis 20% enthalten ist, wird durch Auspressen oder Ausziehen des Saftes, seine Reinigung von Eiweißstoffen sowie anschließend durch Eindicken und Kristallisation gewonnen. Destillation des Sirups liefert Rum. Wichtige Anbaugebiete des Zuckerrohrs, das nur in Kultur bekannt ist, sind die Westindischen Inseln (besonders Kuba), Mexiko, Brasilien, Indien, die Philippinen, Hawaii und Australien. Zuckerrohr wird überall in den Tropen, z. T. auch in den Subtropen kultiviert. Die Heimat des Zuckerrohrs ist nicht mit Sicherheit bekannt. Man nimmt an, daß Indien das Ursprungsland dieser bedeutenden Kulturpflanze ist, denn bereits in der altindischen Literatur wird sie erwähnt. Nach Europa gelangte die Kunde von diesem Gras durch die Feldzüge Alexanders des Großen. Dessen Flottenbefehlshaber Nearchos berichtete im Jahre 327 v. u. Z., daß die Menschen jenseits des Indus in der Lage wären, ohne die Hilfe der Bienen einen Honig aus dem Saft eines »honighaltigen Schilfrohrs« herzustellen.

Heute gibt es zahlreiche Sorten, die in der Größe und in Farbe und Form der Stengel verschieden sind. Die moderne Züchtung hat andere Arten der Gattung eingekreuzt, und man ist bestrebt, Sorten mit höherem Zuckergehalt und besserer Saftreinheit zu züchten. Auch die Eignung der Sorten für bestimmte Böden und Klimate sowie Widerstandsfähigkeit gegen tierische und pflanzliche Schädlinge sind weitere Zuchtziele. Als Beispiel für die züchterischen Erfolge bei dieser Kulturpflanze sei angeführt, daß die Zuckerhektarerträge auf Java von 2 Tonnen im Jahre 1840 auf 10 Tonnen im Jahre 1910 und auf fast 20 Tonnen im Jahre 1940 gestiegen sind, so daß sich die Leistung dieser Kulturpflanze in einem Jahrhundert auf das Zehnfache steigern ließ.

Bei der Rohrzuckergewinnung fallen große Mengen von Preßrückständen an, die sogenannte Bagasse, die trotz schlechter Qualität als Brennstoff bisher meist verbrannt wurde. Ein Problem beim Umgang mit der Bagasse ist die Gesundheitsgefährdung durch Erkrankung der Atmungsorgane, die durch das Einatmen von Zuckerrohrstaub und den darin enthaltenen Mikroorganismen hervorgerufen wird. Möglicherweise sind an dieser Wirkung die Kieselkörperchen in den Zellen des Zukkerrohrs mitbeteiligt, die mechanische Schädigungen der Atemwege verursachen. Neuerdings hat man deshalb ein Verfahren entwikkelt, das zur Hemmung der Mikroorganismen führt. Die Abfälle des Zuckerrohrs lassen sich auch zur Herstellung von Isoliermaterial für Bauzwecke verwenden. Die Bagasse wird hierzu mit Kunststoffpulver vermischt und hitzegepreßt. Außerdem geben die Abfälle einen billigen Rohstoff für die Zellstoff- und Papiergewinnung ab.

Die in den Tropen und Subtropen Asiens und Afrikas beheimatete *Saccharum spontaneum,* die in *Saccharum officinarum* eingekreuzt worden ist, wird an der nordafrikanischen Küste und in der Sahara zur Sandbefestigung und als Windschutz angepflanzt.

Zur Gattung *Sorghum* zählen etwa 60 Arten der Tropen und Subtropen. Es handelt sich um meist hohe Gräser mit in der Regel großen Rispen. Die Arten, die nur sehr schwierig voneinander zu unterscheiden sind und meist als Mohrenhirse, Kaffernkorn, Sorgho oder Durrha bezeichnet werden, sind nach bzw. neben dem Reis die wichtigsten Getreide in tropischen und subtropischen Ländern. Im tropi-

Zur Gattung *Sorghum,* Mohrenhirse, gehören zahlreiche Kulturpflanzen, die wichtige Getreide der Tropen und Subtropen sind.

schen und südlichen Afrika bilden die Körner – als Brei oder Fladen gegessen – das Hauptnahrungsmittel. Weitere wichtige Anbaugebiete sind Indien sowie Zentral- und Nordchina. Bei manchen Sippen ist das Mark der Stengel zuckerreich, und es wird daraus Zukker oder Sirup hergestellt. Manche Formen werden auch zur Bierbereitung (Pombe), andere als Grünfutterpflanzen verwendet. Die Fruchtstände von *Sorghum dochna* var. *technicum* gebraucht man zur Herstellung von Besen (sogenannten Reisbesen). Von *Sorghum nervosum,* Kauliang, die in Ostasien kultiviert wird und in Nordostchina das wichtigste Getreide darstellt, nutzt man die in reifem Zustande holzigen Stengel als Zäune, Baumaterial und Brennstoff.

Bei den nächsten beiden Gattungen, *Vetiveria* (10 Arten im tropischen Afrika, Asien und Australien) und *Cymbopogon* (35 Arten in den Tropen und Subtropen von Afrika und Asien), finden wir eine Nutzungsart, die uns unter den Gräsern noch nicht begegnet ist. Es kommen hier ätherische Öle vor, die außer bei den beiden genannten Gattungen nur noch bei 3 weiteren, nahe verwandten Gattungen anzutreffen sind. Bei dem Vetivergras oder Khus-khus, *Vetiveria zizanioides,* das in Sri Lanka und Indien bis Burma beheimatet ist und in den Tropen kultiviert wird, befindet sich das ätherische Öl in den Wurzelstöcken und Wurzeln (Vetiveröl). Die Wurzeln werden in Matten geflochten und diese angefeuchtet in die Fenster gehängt, um die Zimmer zu parfümieren. Die Wurzeln spielen außerdem eine Rolle bei der Herstellung von Räucherwerk und Currypulver. Auch die ganzen Pflanzen werden in Indien zur Anfertigung von Fächerschirmen (Vissaries) benutzt, die befeuchtet und bewegt oder im Luftzug die Luft kühlen und parfümieren.

Bei den Arten der Gattung *Cymbopogon* sind es dagegen oberirdische Teile, die das Öl liefern, das sich in Ölzellen der Blätter und Spelzen befindet. Die Art *Cymbopogon citratus* ist nur in Kultur bekannt, sie wird in Indien bis Malesien, Mauritius, Madagaskar, auf den Westindischen Inseln und in anderen Tropenländern kultiviert. Hieraus gewinnt man das westindische Lemongrasöl, das zum Parfümieren von Seifen, Kosmetikartikeln, für Geschmacksstoffe und für technische Präparate verwendet wird. Das im Öl etwa zu 75% enthaltene Citral, ein Stoff, der den Wert des Öls ausmacht, benutzt man zur Herstellung von Ionon, dem synthetischen Veilchenduft des Parfümhandels. Die ebenfalls nur in Kultur bekannte *Cymbopogon nardus* wird in Sri Lanka, auf der Malaiischen Halbinsel (hier Großanbau), Java und den Seychellen angebaut. Sie liefert Citronellöl, das in der Parfümerie, für Seifen, Lacke, Insektizide, Sprayflüssigkeiten, Desinfektionsmittel, Schuhwichse und andere Präparate benutzt wird. Noch mehrere andere *Cymbopogon*-Arten liefern ähnlich verwendete Öle.

Eigenartige Blütenstände kennzeichnen die 5 Arten der Gattung *Coix,* Tränengras, die im tropischen Asien bis Neuguinea und Polynesien vorkommen. An den Zweigenden befinden sich eiförmige bis fast kugelige, elfenbeinartige Gehäuse, die aus der Blattscheide des Blütenstandes hervorgehen. Diese oben mit einem Loch versehene Hülle enthält ein einblütiges, weibliches Ährchen (Scheinfruchtgehäuse), und aus dem Loch ragt der männliche Blütenstand hervor. Die perlenartigen Scheinfrüchte von *Coix lacryma-jobi* sind steinhart, glänzend und von verschiedener Farbe, sie werden zu Schmuck, Halsketten, Türvorhängen und in katholischen Ländern zu Rosenkränzen verwendet. Es gibt auch eine Form mit dünnwandiger Scheinfrucht, die in Burma und weiter östlich als Getreide kultiviert wird. Die Art findet in China und Japan auch als Medizin Verwendung. In einer besonderen Form mit hohem Proteingehalt wird *Coix lacryma-jobi* in Brasilien angebaut und kann als Nahrung für den Menschen sowie als Viehfutter verwendet werden.

Nur in Kultur bekannt ist der Mais, *Zea mays,* die einzige Art der Gattung *Zea.* Der Mais ist ein hohes, einjähriges Gras mit endständigem, männlichem Blütenstand, während die weiblichen Blütenstände (Kolben) in den Achseln der Blätter stehen und von großen Blattscheiden umgeben sind, an deren Spitze die langen Narben hervortreten. Der Mais ist eine sehr alte Kulturpflanze, was sich in seiner großen Formenvielfalt ausdrückt. Die Maiskörner sind sehr verschieden gefärbt; außer den bekannten gelben Körnern gibt es z. B. weißliche, rote und blaue, und auch ihre Form ist sehr unterschiedlich wie auch die der ganzen Kolben. Nach anderen Kornmerkmalen unterscheidet man u. a. zwischen Hartmais, Zahn-

Der Mais. *Zea mays,* wird in unseren Breiten hauptsächlich als Futterpflanze kultiviert.

mais, Puffmais, Stärkemais, Wachsmais und Zuckermais. Der Mais wird sehr vielseitig genutzt und hat große Bedeutung für die menschliche Ernährung und als Futter für Haustiere. In Mexiko ist er Hauptnahrungsmittel, während in den USA kaum 5% der dort verbrauchten Menge für die Ernährung der Menschen dient. Die reifen Maiskörner werden zu Grieß gemahlen und als Brei gegessen oder zu knusprigen Fladen (sogenannten Tortillas) gebacken. Maismehl kann mit Weizen- oder Maniokmehl gemischt auch zur Herstellung von Maisbrot dienen. Aus den Körnern wird Maisstärke gewonnen, die man wie Kartoffelstärke verwendet. Unreife Maiskolben werden als Gemüse gegessen. Getrocknete Maisgriffel schließlich stellen eine Droge dar, die als Diuretikum (harntreibendes Mittel) verwendet wird. Maisgriffel werden von den Indianern Brasiliens als Rauschmittel geraucht. Auch als Futterpflanze findet der Mais sehr vielfältig Verwendung.

Als Ursprungsland des Maises nimmt man Mexiko bis Zentralamerika an. Archäologische Reste der Art wurden in der Fledermaushöhle (Bat Cave) in New Mexico in den südlichen USA gefunden. Die ältesten Kolben sind sehr klein, nur etwa 5 bis 7 cm lang, und zeigen mehr oder weniger entwickelte Spelzen, die die Körner umschlossen haben. Diese ältesten Kolben haben nach Radiokarbonmessungen ein Alter von 3000 bis 3500 Jahren. Auch in 5 Höhlen im Tehuacán-Tal in Südmexiko wurden Maisreste gefunden. Die ältesten Reste, deren Alter mit 5200 bis 3400 v.u.Z. angegeben wird, sind fast mit Sicherheit solche von Wildmais. Trotz der bedeutenden Änderung der Dimensionen und der Produktivität, die im Laufe der Jahrhunderte durch die Domestikation erzielt wurde, sind in den grundsätzlichen botanischen Merkmalen der Maispflanze in den letzten 7000 Jahren keine wesentlichen Veränderungen erfolgt.

Heute wird der Mais in tropischen und gemäßigten Ländern kultiviert. Hauptanbaugebiete sind die USA (Maisgürtel zwischen 37° und 43° n.Br.), Argentinien, Brasilien, Rußland, Balkanländer, China, Indien und Südafrika. Bezogen auf die Anbaufläche und die Produktion ist der Mais nach Weizen und Reis das nächstwichtige Getreide, als Futter nimmt er die erste Stelle ein. Der Mais gehört zu den genetisch sehr eingehend bearbeiteten Pflanzenarten, und auch die praktische Pflanzenzüchtung beschäftigt sich intensiv mit ihm. So ist es gelungen, Maismutanten mit einem ho-

Altperuanischer Maisdämon als Tongefäß, gefunden in Chimbote, Peru

hen Gehalt an Lysin zu züchten. Insgesamt gesehen, ist nach Berichten der Food and Agriculture Organization (FAO) in den Jahren 1948 bis 1965 beim Mais eine Steigerung der Hektarerträge um 36% zu verzeichnen gewesen.

Wie bei vielen anderen, auf großen Flächen angebauten Kulturpflanzen fallen auch beim Mais bedeutende Mengen von Abfallprodukten an. Man sucht deshalb überall nach Wegen, diese Produkte noch nutzbringend zu verwenden. Um die in der nordamerikanischen Konservenindustrie bei der Verarbeitung von Maiskörnern auftretenden großen Mengen von Maiskolbenresten zu verwerten, wurde ein Verfahren entwickelt, mit dem ein neuartiges Baumaterial hergestellt werden kann. Dabei mischt man die Maiskolbenabfälle mit einem weiteren, aus der Papierindustrie stammenden Abfallmaterial und stellt durch Einwirkung von Chemikalien und Hitze einen synthetischen Stoff her, der sich wie Holz verarbeiten läßt, aber nicht brennbar ist und außerdem Widerstandsfähigkeit gegen Witterungseinflüsse zeigt. Dieser Stoff mit der Beschaffenheit und Festigkeit von Sperrholz wird Corncrete (*corn* = Mais, *concrete* = Beton) genannt. Er ist gegenwärtig zu dem gleichen Preis herzustellen wie Sperrholz, ließe sich bei einer Massenproduktion jedoch billiger als die auf Holz basierenden Materialien produzieren.

Unterfamilie Bambusoideae

Die Unterfamilie Bambusoideae, Bambusgewächse, besteht aus etwa 100 Gattungen, die ihre Hauptverbreitung in den Tropen und Subtropen haben. Die Arten dieser Gruppe sind durch ihre ausdauernden, holzigen, oft sehr hohen Halme überaus charakteristisch (nur einige Arten sind klein und halbstrauchig oder krautig). So erreicht *Gigantochloa verticillata* eine Höhe von 40 m. Die Blattspreiten der Bambuseen sind flach, am Grunde oft stielartig verschmälert und von der Blattscheide abgesetzt. Die Ährchen stehen in Rispen oder

Ein Bestand von *Bambusa vulgaris* var. *aurea* (»Golden Bambus«) auf Sri Lanka

Trauben, sind zwei- bis vielblütig, haben 2 bis mehrere Hüllspelzen und meist unbegrannte Deckspelzen. Staubblätter sind 3, 6 oder viele vorhanden. Die Frucht ist eine Karyopse wie bei den übrigen Gräsern oder steinfrucht- bis beerenartig. Die Art *Melocanna bambusoides* hat beerenartige Früchte, die orangerot, apfelgroß und eßbar sind. Sie weisen einen nußgroßen, schmackhaften Samen ohne Nährgewebe auf. Im Bau der Ährchen usw. gibt es also einige Besonderheiten, die im Verein mit dem bezeichnenden Habitus der Pflanzen dazu geführt haben, die Unterfamilie Bambusoideae als eigene Familie (Bambusaceae) abzutrennen. Doch sind andererseits so viele Gemeinsamkeiten mit den übrigen Gräsern vorhanden, daß es geraten erscheint, sie in der Familie der Gramineen zu belassen, wie ja auch in anderen Familien krautige und holzige Arten und Gattungen nicht getrennt werden. Die Bambuseen bilden oft dichte Bestände, die periodisch in langen Abständen blühen (je nach der Art alle 12 bis über 120 Jahre); nach der Fruchtbildung sterben die Halme ab. Einige Arten blühen aber auch jährlich.

Wegen der langen Generationenfolge sind die Bambusgewächse trotz ihrer vielfältigen Nutzungsmöglichkeiten (siehe unten) bisher züchterisch noch nicht bearbeitet worden. Bei neueren Experimenten wurde aber unter Anwendung der Gewebekultur bei *Bambusa arundinacea* und *Dendrocalamus brandisii* ein schnelleres Blühen und die Ausbildung keimfähiger Samen erreicht und somit der Zugang zur züchterischen Verbesserung dieser wichtigen Pflanzengruppe eröffnet. Durch diese Methodik wird vielleicht auch gleichzeitig ein besseres Verständnis der eigenartigen Blühphysiologie gewonnen.

Die Bestimmung und Klassifizierung der Arten der Bambusgewächse gestaltet sich äußerst schwierig, da sie nur sehr selten blühen und daher die bei anderen Gewächsen zur Unterscheidung benutzten Merkmale der Blütenregion sehr selten zu beobachten sind. Auf die Fortpflanzungsorgane gegründete Merkmale haben hier also für die praktische Bestimmung nur geringen Wert. Lediglich morphologische und anatomische Merkmale der vegetativen Phase sind immer greifbar. Aus dieser Erkenntnis heraus hat man daher begonnen, anatomische Merkmale der Blattoberhaut und der Stengel zu untersuchen und zu einer Klassifizierung zu benutzen. Bisher sind zwar erst wenige Arten daraufhin durchgesehen worden, doch zeigt sich erwartungsgemäß bereits jetzt, daß Gattungsmerkmale dabei nur schlecht zu definieren sind. Die Methode der Bestimmung allein nach vegetativen Merkmalen der Pflanzen muß deshalb noch weiterentwickelt werden und könnte dann – zumindest für die Arten eines begrenzten Gebietes – für den praktischen Gebrauch vielleicht günstige Ergebnisse liefern.

Die Bambusgewächse lassen sich in überaus vielfältiger Weise verwenden und spielen daher im täglichen Leben vieler Völker Asiens eine hervorragende Rolle. Als Konstruktionsmaterial für den Bau von Häusern, Hütten, leichten Brücken, Wasserrinnen usw. werden sie allgemein benutzt.

Die Bambusgewächse gelangen – wie schon erwähnt – nur sehr selten zur Blüte, dann aber in großen Mengen zur selben Zeit. So haben in den Jahren 1969 und 1970 etwa drei Viertel der Bambusbäume Japans geblüht, wonach die meisten abstarben. Es handelte sich hier um die Madake genannte Art *(Phyllostachys bambusoides)*, die durch lange Internodien gekennzeichnet ist und eine Höhe von 10 bis 20 m erreicht. Die letzte Massenblüte der Madake wurde beobachtet, bevor bei der gewaltsamen Erschließung Japans für den Weltverkehr ein amerikanisches Geschwader unter Commodore Perry vor dem Hafen von Yedo erschien: Dies geschah im Juni des Jahres 1853. Der zeitliche Abstand zwischen diesen beiden Blühperioden betrug also etwa 120 Jahre! Das mehr oder weniger regelmäßige Auftreten der Blüte hat einen Grund, der bisher völlig unbekannt ist, aber vererbt wird. Jede Bambusart hat ihre eigene Zeitspanne für Blüte und Tod. Es dauert dann etwa 10 Jahre, bis alle Pflanzen wieder herangewachsen sind. Die bambusverarbeitende Industrie Japans, die zum größten Teil von dieser Art abhängt, verlor durch die letzte Blüte ihre normale Ernte von 300000 bis 400000 Tonnen.

Normalerweise pflanzt sich der Bambus also nicht durch Samen fort, sondern bringt aus den Wurzeln neue Sprosse hervor. Um diese großen Sprosse zu entwickeln, ist das Wurzelsystem entsprechend kräftig ausgebildet. So kann es bei einer einzigen Pflanze von *Phyllostachys bambusoides* ein Gewicht von bis zu 9 Tonnen haben, das eine oberirdische Sproßmasse erzeugt, deren Gewicht lufttrokken 2 bis 3 Tonnen beträgt. Diese Sprosse, die bei einem Durchmesser bis zu 18 cm eine Höhe bis zu 20 m erreichen, durchlaufen ihr gesamtes Wachstum in etwa 2 Monaten, um dann in ihrem langen Leben weder ihre Höhe noch ihre Dicke zu verändern; sie werden nur trockener und zäher. Die Wachstumsgeschwindigkeit des Madakesprosses ist also enorm: So konnte für einen Sproß in Kyoto ein Zuwachs von 120 cm in 24 Stunden festgestellt werden!

Die Art stammt ursprünglich aus China, wurde aber schon früh in Japan eingeführt. Man kultiviert sie viel im östlichen Teil von Hinterindien, in China und Japan und baut sie auch in den wärmeren Gebieten der USA sowie in Guatemala an. Die Halme werden sehr vielseitig – auch zur Herstellung von Papier – benutzt und die jungen Schößlinge als Gemüse gegessen.

Noch eine weitere Art der Gattung *Phyllostachys (Phyllostachys pubescens)* sei hier wegen einer besonderen Methode erwähnt, die die Japaner bei ihr anwenden, um künstlich vierkantige Bambusstengel zu erzeugen. Hierfür könnten auch andere Arten benutzt werden, doch sind diese dazu nicht groß genug. Es wird also nur *Phyllostachys pubescens* verwendet, die in Japan einen Stengeldurchmesser von 15 bis 17,5 cm bei einer Höhe bis zu 23 m erreicht. Wenn die jungen Sprosse aus der Erde hervorkommen, haben sie schon annähernd ihren maximalen Durchmesser erlangt, und die Grundstruktur der Knoten und Internodien ist bereits genau bestimmt. Das Wachstum der Sprosse besteht lediglich in einer Verlängerung der Strukturen, die schon geformt sind. Zur Herstellung der vierkantigen Stengel werden die Schößlinge kurz nach ihrem Erscheinen mit einem Lattenwerk umgeben, zwischen dem der Bambussproß wie in einem Schornstein emporwächst und dabei die gewünschte, vierkantige Form erhält. Es gehört große Geschicklichkeit dazu, um die richtige Größe des Lattenwerkes zu bestimmen, das die Verformung bewirkt. Wenn die »Form« zu fest ist, gibt es unerwünschte Verformungen, wenn sie dagegen zu locker ist, wird der Effekt nicht erzielt. Sehr attraktive Muster auf der Oberfläche der Stengel erreicht man, indem man die stehenden

Die Arten der Gattung *Phyllostachys* finden wie andere Bambusgewächse in vielfältiger Weise als Konstruktionsmaterial Verwendung.

Stengel mit nassem Lehm beschmiert, dem Salpetersäure beigemischt ist. Die meisten vierkantigen Stengel werden in Kyoto hergestellt, einem der wichtigsten bambusproduzierenden Gebiete Japans. Hier wurden z. B. im Jahre 1958 etwa 7000 solcher vierkantiger Stengel erzeugt, die den Namen jinichiku tragen, was »künstlicher Bambus« bedeutet. Die vierkantigen Stengel finden beim dekorativen Innenausbau von Häusern Verwendung.

Mit dem künstlich vierkantig gemachten Bambus darf nicht *Chimonobambusa quadrangularis* verwechselt werden, die einzige Art der Bambusgewächse, die natürlicherweise vierkantige Stengel besitzt. Diese Pflanze, die ebenso wie *Phyllostachys pubescens* in China beheimatet ist, hat jedoch wesentlich kleinere Dimensionen und erreicht nur eine Höhe von 3 bis 4,5 m bei einem Stengeldurchmesser von 3,5 cm.

Eine große Anzahl von Gegenständen des

häuslichen und industriellen Gebrauchs lassen sich teilweise oder vollständig aus gewebtem Bambus anfertigen. Dazu zerspaltet man die Oberfläche der Halme in sehr feine Fasern, die auch noch gefärbt werden können. Hieraus stellt man Körbe, Matten, Fächer und sogar Kleiderstoffe (Bambushemden) her.

Die Chinesen haben seit langer Zeit den Brei aus Bambusfasern zur Herstellung von Papier benutzt. Auch heute verwendet man die Bambushalme zur Papiergewinnung. Dabei liegt das Hauptproblem in der planmäßigen Heranschaffung von entsprechendem Rohmaterial. In den Papiermühlen Indiens werden z.B. jährlich etwa 250000 Tonnen Bambusmaterial, hauptsächlich von den Stengeln von *Dendrocalamus strictus,* gewonnen, eine Art, die man in Indien forstlich kultiviert. Auch andere Arten befinden sich hier und in anderen Ländern in forstlichem Anbau. Aus Bambus werden auch Musikinstrumente, und zwar Maultrommeln, Flöten, Kastagnetten sowie xylophonähnliche Instrumente, gefertigt. Dafür sind die Bambushalme durch ihre Gestalt sowie die Resonanz des Holzes besonders gut geeignet.

Ein primitiver, aus Bambus hergestellter Artikel ist das Bambusmesser, das aus einem Bambussplitter gefertigt wird und bei den Malaien in der Geburtszeremonie zum Abschneiden der Nabelschnur dient. Auch für Speerspitzen werden Bambussplitter verwendet.

Dendrocalamus strictus: Sproß mit Blättern, blühender Zweig und Ährchen

Die jungen Schößlinge der Bambusgewächse werden viel gegessen. Man schneidet sie, wenn sie 20 bis 30 cm lang sind. Manche Arten bedürfen aber erst einer besonderen Behandlung, bevor sie gegessen werden können. Der einfachste Weg ist, die Schößlinge für 2 oder 3 Tage in Schlamm oder Lehm einzugraben. Diese Behandlung oder einfaches Trocknen oder Kochen sind notwendig, um Vergiftungen zu vermeiden, denn die jungen Sprosse vieler Bambusgewächse sind stark cyanogen, d.h., sie enthalten Blausäure. Dieser Stoff kommt aber in nur sehr lockerer Bindung vor und geht daher z.B. beim Kochen schnell verloren. In den Rhizomen, Stengeln und Blättern tritt keine Blausäure auf, sie ist offenbar nur in den jungen, schnell wachsenden Sprossen vorhanden, hier allerdings in einer oft sehr hohen Konzentration.

Wenn die Bambusgewächse zur Blüte gelangen, werden viele Früchte gebildet, die als sogenannter Bambusreis gegessen werden. Sie enthalten bis zu mehr als einem Drittel ihres Gewichtes Kohlenhydrate und 10% oder mehr Proteide und stellen somit ein ausgezeichnetes Nahrungsmittel dar.

In den Halmen mehrerer Arten der Bambusgewächse kommen Kieselsäureansammlungen vor, die im Handel als Tabaschir bezeichnet werden. Diesen Artikel, der bis zu 90% aus reiner Kieselsäure besteht, sieht man seit langer Zeit als ein Wunderheilmittel an. Er wird bei vielen Krankheiten angewendet und gilt außerdem als ein Aphrodisiakum. Bereits Avicenna und andere arabische Ärzte erwähnen den Tabaschir von 940 u. Z. an. Zur gleichen Zeit wird der Stoff auch von chinesischen Ärzten beschrieben.

Schließlich soll hier noch eine weitere Verwendung des Bambus erwähnt werden, nämlich die Benutzung zu kriminellen Zwecken. Die jungen Sprosse sind in Schutzscheiden eingehüllt, die mehr oder weniger dicht mit Haaren besetzt sind. Diese Haare führen zu Entzündungen, wenn sie die Haut mit ihren spitzen Enden durchdringen. Außer dieser Anwendung, die lediglich eine starke Belästigung darstellt, können die Haare bei innerlicher Anwendung im Darm heftige Vergiftungen hervorrufen und sogar zum Tod führen.

Die Bambusgewächse werden natürlich auch als Zierpflanzen verwendet, und zwar als Hecken, Einfassungen sowie als Einzelpflanzen. Kleinere Formen können in Töpfen gezogen werden; hierher gehören auch die manipulierten Zwergformen, die man durch kontrollierte Wasserzugabe und stark eingeschränkte Ernährung sehr klein hält. Sie finden zusammen mit anderen Pflanzenarten in Miniaturgärten Verwendung. Die Bambusgewächse haben auch Dichter und Maler, besonders Ostasiens, in starkem Maße inspiriert, so daß diese Pflanzen in Poesie und Malerei eine bedeutende Rolle spielen.

Eine Reihe weiterer, aus Bambus gefertigter Gegenstände seien nur aufgezählt: Möbel, Angelruten, Spazierstöcke, Blasrohre, Zäune, Material zum Dachdecken, Eimer, Eß- und Trinkgefäße, Flöße, Speere, Pfeile, Bogen, Fallen, Fischreusen, Vorhänge, Hüte, Schuhsohlen und Einwickelmaterial (aus Blattscheiden), Viehfutter (Blätter) usw.

Obwohl wir nicht alle Verwendungszwecke des Bambus behandeln oder auch nur aufzählen konnten, läßt sich abschließend über die Bambusgewächse – und in noch stärkerem Maße für die gesamte Familie der Gräser – sagen, daß es keine Pflanzengruppe gibt, die einen größeren Anwendungsbereich und Nutzen hat. Die Gräser bilden, besonders mit den Gattungen Weizen, Reis und Mais, die Grundlage für die Zivilisation.

Unterklasse Arecidae (Spadiciflorae)

Innerhalb der Monokotylen nehmen die Areciden eine sehr selbständige Stellung ein. Sie haben sich offenbar als Parallelgruppe zu den Liliifloren aus primitiven Monokotylen herausgebildet, wofür auch ihr frühes erdgeschichtliches Auftreten spricht: fossile Reste von Palmen sind seit der oberen Kreide bekannt.

Die Spanne der Wuchsformen der Areciden ist sehr groß: sie reicht von baumförmigen, hochwüchsigen Sippen mit einem fast immer unverzweigten Stamm bis zu krautigen Pflanzen. Selbst die kleinste Blütenpflanze unserer Erde, die Zwergwasserlinse, *Wolffia arrhiza,* gehört hierher. Die Blätter der Areciden weisen meist eine breite, unzerteilte oder erst nachträglich gespaltene Blattfläche auf und sind bei vielen Sippen, z. B. den Aronstabgewächsen, nicht parallelnervig, wie es sonst kennzeichnend für die Monokotylen ist.

Die Bezeichnung »Spadiciflorae« bringt eine weitere Besonderheit zum Ausdruck: die zahlreichen, unscheinbaren Blüten stehen an einem kolbenförmigen Blütenstand (Spadix), der meist von einem großen, oft auffallend gefärbten Hochblatt, einer Spatha, umgeben ist. Die erwähnte Unscheinbarkeit der Blüten hängt mit der bei den Areciden vielfach anzutreffenden Windblütigkeit zusammen, mit der Vereinfachungen und eine Tendenz zur Eingeschlechtigkeit der Blüten verbunden sind.

Die Arecidae lassen sich zwanglos in 5 Gruppen gliedern, die recht selbständige Entwicklungen darstellen und die daher jetzt meist als Überordnungen aufgefaßt werden.

Überordnung Arecanae

Ordnung Palmenartige, Arecales (Palmales)

Familie Palmengewächse, Arecaceae (Palmae)

Vorstellungen von Palmenlandschaften sind mit den Tropen verknüpft, und in der Tat konzentrieren sich die meisten der 2800 Palmenarten, die 212 Gattungen angehören, auf die Tropen. Man spricht direkt von einem Palmengürtel und meint damit vornehmlich die Anbauzone der Kokospalme etwa 20 Breitengrade beiderseits des Äquators, die vegetationskundlich die Tropen von den Subtropen abgrenzt. Doch reicht das Areal der Palmen in allen Kontinenten stellenweise weit in die Subtropen hinein, aber nur eine Art, *Chamaerops humilis,* hat im Süden Europas (Italien und Südspanien) ihre nördliche Verbreitungsgrenze.

Besonders hoch ist in den Tropen der Ar-

Wuchsformen einiger Palmen: 1 Dattelpalme, *Phoenix dactylifera;* 2 *Desmoncus macrocanthus,* eine Rotangpalme; 3 *Washingtonia filifera,* bei der sich die absterbenden Wedel abwärts neigen; 4 Kokospalme, *Cocos nucifera;* 5 *Sabal mauritiiformis,* mit relativ langgestielten Blütenständen; 6 *Corypha taliera,* eine hapaxanthe Palmenart; 7 *Salacca edulis,* eine kurzstämmige Palme

tenreichtum auf Alluvialböden großer Flußläufe, so dem Amazonas, dem Orinoko und dem Magdalenenstrom, wie überhaupt 5° nördlich und südlich des Äquators Palmen eine der vorherrschenden Komponenten tropischer Regenwälder sind. Eine abnehmbare Häufigkeit kann man demgegenüber an Berghängen und in Baumsavannen bis zur Wüstengrenze beobachten, und zahlreiche Spezialisationen können als Anpassung an extreme Lebensbedingungen gedeutet werden. So trifft man in Trockengebieten und im Küstenbereich auf stammlose Arten, bei denen oft ein unterirdisches Verzweigungssystem von stark bewurzelten Rhizomen in der Lage ist, Sandböden zu binden (z. B. *Allagoptera arenaria* in Ostbrasilien). In den offenen Trokkenwäldern von Somalia und Südwestasien bilden relativ niedrige und kleinblättrige Palmen aus den Gattungen *Hyphaene* und *Phoenix* undurchdringliche Dickichte.

Im allgemeinen gelten Palmen als sehr frostempfindlich, doch haben sich einige Sippen ökologisch so stark spezialisiert, daß z.B. *Chamaerops humilis* in Südeuropa bis zu 7° C Kälte zu ertragen vermag, und *Phoenix*-Arten kommen im Himalaja noch in 2300 m Höhe zusammen mit Kiefern und Eichen vor. In den nördlichen Anden erreicht die Wachspalme, *Ceroxylon,* bei 3800 m die Frostgrenze, und auf Borneo konnte man an moorigen Stellen in 3000 m *Calamus*- und *Pinanga*-Arten nachweisen.

Immer wieder fasziniert der schlanke, säulenartige Stamm vieler Palmen, der in einem auffallenden Gegensatz zu dem der sich konisch verjüngenden zweikeimblättriger Baumarten steht, und nicht selten ist der Stammquerschnitt weit oberhalb der Basis sogar noch größer als am Grunde. Diese bemerkenswerte Eigenschaft steht in engem Zusammenhang mit primären Wachstumsvorgängen am Vegetationskegel, denn einkeimblättrigen Pflanzen, und damit auch den Palmen, fehlt das für die Dikotylen so kennzeichnende sekundäre Dickenwachstum. Dagegen ist ein primäres Dickenwachstum, auch als Erstarkungswachstum bekannt, bei den Einkeimblättrigen und besonders bei Palmen ausgedehnt, weil unmittelbar unterhalb des sich verbreiternden Vegetationspunktes die Zellen des Achsengewebes sich so stark vermehren und vergrößern, daß die wachsende Spitze in eine Grube eingebettet wird. Schon in diesem Stadium werden die sehr zahlreichen, zerstreut angeordneten, von einem umfangreichen Mantel aus Festigungsgewebe umgebenen Leitbündel angelegt. Im weiteren Verlauf erfolgt vornehmlich eine Streckung der Achse. Dabei kann das Erstarkungswachstum noch zunehmen, so daß der Stamm, von der Basis fortschreitend, immer kräftiger wird, ein Maximum erreicht und dann allmählich wieder abnimmt. Eine solche Palme ist z. B. die Königspalme, *Roystonia regia,* die in den offenen Landschaften Kubas das Vegetationsbild völlig beherrscht und daher in das Nationalwappen aufgenommen wurde. Bei einigen relativ kurzstämmigen *Acrocomia*-Arten verdickt sich die Sproßachse tonnenähnlich, und bei *Colpothrinax wrightii* hat man einen Vergleich mit einer Anaconda angestellt, die umfangreiche Nahrung aufgenommen hat, da die Anschwellung nur einen kurzen Abschnitt des Stammes erfaßt.

Im allgemeinen ist der Stamm unverzweigt, nur in der Gattung *Hyphaene* treten fast rhythmisch Gabelungen auf, wobei die Teilungsebene jeder Gabelung um annähernd 90° zur vorangegangenen gedreht ist. Diese Eigenschaft fällt um so mehr auf, als die Blätter spiralig an der Achse stehen und in ihren Achseln grundsätzlich junge Infloreszenzknospen tragen; daher liegt die Annahme nahe, es handele sich hier um echte dichotome Verzweigungen, die aber bisher nicht mit Sicherheit entwicklungsgeschichtlich belegt werden konnten.

Ebenso wie der schlanke Stamm ist die Beblätterung für die Palmen charakteristisch, denn die oft mächtigen Blattorgane, die auch als »Wedel« bezeichnet werden, bilden einen riesigen endständigen Schopf. An den normal gefiederten Wedeln der Palmen (Fiederpalmen) haben die Seitenfiedern an der Ansatzstelle im Querschnitt entweder eine V-Form (induplikate Fiedern), oder die beiden Schenkel sind abwärts gerichtet (reduplikate Fiedern). Bei sehr vielen Palmenarten bleibt die Mittelrippe der Fiederblätter (Rhachis) gestaucht, so daß daraus im Umriß eine fächerförmige Blattspreite resultiert (Fächerpalmen), deren Fiedern an der Basis mehr oder weniger weit miteinander verwachsen. Nur in der Gattung *Caryota* kommen doppelt gefiederte Wedel vor, deren Endabschnitte sich auffallenderweise wie die Schwanzflosse eines Fisches keilförmig verbreitert haben.

Überall, wo Palmen in größerer Individuenzahl auftreten, werden sie vom Menschen vielseitig genutzt. So eignen sich die relativ steifen, festen Wedel hervorragend zum Abdekken von Hütten, und auch die Stämme verwendet man auf Grund ihrer Geradschaftigkeit für verschiedene Zwecke.

Neben stammbildenden und sogenannten stammlosen Palmen gibt es in mehreren Gattungen Spreizklimmer, deren verhältnismäßig dünne Sproßachse unter Ausbildung fast meterlanger Internodien mit Widerhaken besetzte Blattwedel hervorbringt und auf diese Weise an benachbarten Pflanzen emporklimmt. Die Wiederhaken gehen aus Blattfiederanlagen im oberen Abschnitt eines Fiederblattes hervor, wo die Rhachis übrigens peitschenartig verlängert ist. Bei einigen *Calamus*-Arten verlängern sich sterile und bestachelte Blütenstandsachsen zu Spreizorganen. In mehreren Gattungen mit stammbildenden Arten werden auf der gesamten Oberfläche nadelartige Dornen ausgebildet, die im Bereich der Blattansatzstellen bei einigen *Bactris*-Sippen bis zu 15 cm lang sein können. Sie sind fest und doch so elastisch, daß sie durch jede Kleidung dringen. Hat man sich in einem Dickicht von *Bactris*-Arten, die oft Ausläufer hervorbringen und daher in Trupps beieinander stehen, verfangen, so ist jeder Befreiungsversuch mit zahlreichen tief eindringenden Nadelstichen verbunden.

Wie alle Windblütler entwickeln die Palmen verhältnismäßig unscheinbare Blüten, und grundsätzlich umgeben 2 dreizählige Hüllblatt- und Staubblattkreise ein aus 3 Fruchtblättern entwickeltes Gynoeceum, im einzelnen weist aber der Blütenbau zahlreiche Besonderheiten auf, von denen einige als Kriterium für den stammesgeschichtlichen Differenzierungsgrad herangezogen werden können. So kommt es in manchen Sippen zur Bildung einer Hüllblattröhre und auch zur Ausprägung einer Staubblattsäule. Bei vielen Palmen ist die Zahl der Staubblätter auf 3 reduziert, bei anderen aber wesentlich erhöht, und es gibt sogar Sippen, bei denen in einer männlichen Blüte über 150 Staubblätter gezählt wurden (z. B. *Phytelephas*). Während im allgemeinen im Pflanzenreich eine Reduktion der Staubblattzahl als sekundär anzusehen ist, muß man wohl bei den Palmen, ebenso wie bei anderen Einkeimblättrigen die Dreizähligkeit innerhalb eines Wirtels als ursprünglich annehmen. Bei einigen Palmenarten mit schwach gefärbten Blüten, von denen oft sogar eine geringe Duftwirkung ausgeht, hat man auch Insektenbeflug beobachten können.

Außerordentlich groß ist die Mannigfaltigkeit im Bereich des Gynoeceums. So können die einzelnen Fruchtblätter völlig isoliert voneinander je einen selbständigen Fruchtknoten hervorbringen (apokarpes Gynoeceum), wie das bei der Dattelpalme der Fall ist, in anderen Sippen verwachsen die Karpelle miteinander und entwickeln entweder 3 Fruchtfächer (synkarpes Gynoeceum), oder aber es entsteht wie bei der Kokosnuß eine gemeinsame Fruchthöhlung (parakarpes Gynoeceum). Solche Palmen sind in der Evolution besonders hoch spezialisiert, denn bei allen Arten wird in einer Fruchthöhlung nur ein Embryo ausgebildet.

Steinfrüchte und Beeren, die häufigsten Fruchtformen in dieser Familie, werden im allgemeinen zwar verhältnismäßig groß, doch nur relativ wenige Arten kann der Mensch nutzen. Die Kokosnuß, die Frucht der Ölpalme und die Datteln gehören zu den Ausnahmen, und meist sind die Früchte ungenießbar, stellen aber für viele Tierarten eine wichtige Nahrungsgrundlage dar. So hat man nachweisen können, daß das Areal der Gattung *Borassus* in Afrika und Indien mit dem Verbreitungsgebiet der Elefanten zusammenfällt. Regelmäßig werden diese Bäume, selbst wenn sie einzeln stehen, von Elefantenherden aufgesucht.

Als abgeleitet gelten eingeschlechtige Blüten, die bei den Palmen vorherrschen und entweder gemeinsam auf einer Pflanze angetroffen werden können oder auf zwei verschiedenen vorkommen. An einer zweihäusigen Palme konnte übrigens erstmals überzeugend nachgewiesen werden, daß eine Bestäubung die Voraussetzung für die Samenbildung ist. In der Mitte des 18. Jahrhunderts ließ sich J. G. Gleditsch, Direktor des Botanischen Gartens in Berlin, wo eine weibliche Pflanze von der Zwergpalme, *Chamaerops humilis,* blühte, aber noch nie Früchte angesetzt hatte, Pollen einer männlichen Zwergpalme aus dem Leipziger Botanischen Garten schicken, nahm die Pollenübertragung vor und erzielte jetzt reichlichen Samenansatz. Ein glücklicher Umstand sicherte allerdings den Erfolg dieses Experimentes, denn ausnahmsweise behält der Pollen von Palmen seine Keimfähigkeit oft über mehrere Wochen und bei vorsichtiger Unterkühlung sogar über viele Monate. Immerhin währte der Pollentransport von Leipzig nach Berlin 9 Tage.

Der stark verzweigte Blütenstand der Palmen, dessen oft verdickte Äste man auch als Kolben bezeichnet, wird von eigentümlichen Hüllblättern (Spathen) umgeben, die im Gegensatz zu den Araceen und den Cyclanthaceen nicht nur an der Basis, sondern auch innerhalb der Infloreszenz angelegt werden und morphologisch einem stark vergrößerten Blattgrund entsprechen. Bei den meisten Arten stehen die Blütenstände seitlich, sie gehen also aus Blattachseln hervor. Um so mehr fallen einige Palmengattungen auf, die nur nach längerer vegetativer Entwicklung (oft 30 bis 40 Jahre) einen riesigen, endständigen Blütenstand hervorbringen und mit der Fruchtbildung die Gesamtentwicklung abschließen (hapaxanthe Pflanzen). Bis zu diesem Zeitpunkt haben die Arten im Stamm Reservestoffe gespeichert, die zur Blütezeit in den reproduktiven Abschnitt überführt werden. Bei mehreren Arten hat es der Mensch verstanden, diese Reservestoffe zu nutzen; ein bekanntes Beispiel ist die Sagopalme (Gattung *Metroxylon*), bei deren Arten im Stammgewebe Stärke deponiert wird.

Die Palmen gelten als ein sehr alter Verwandtschaftskreis, dessen Hauptentfaltung in das Erdmittelalter zurückreicht. Dafür spricht, daß nicht weniger als 65 monotypische Gattungen existieren und sehr viele Palmenarten ein sehr begrenztes Verbreitungsgebiet haben. Als besonders reich an Endemiten haben sich die Inseln in der Karibischen See, Madagaskar und Polynesien erwiesen.

Auffallend ist die heutige geographische Verbreitung der Palmen. Aus Amerika sind 92 Gattungen mit 1140 Arten bekannt, und im asiatisch-australischen Raum unterscheidet man 167 Gattungen mit 1150 Arten. Dagegen wurden aus Afrika nur 50 Arten aus 15 Gattungen beschrieben. Im allgemeinen sind die Gattungen an einzelne Kontinente gebunden, und es gibt nur wenige Ausnahmen von dieser Regel, wie die in Afrika und Amerika verbreitete Gattung *Elaeis* sowie *Raphia,* aus der

eine amerikanische Art und 20 afrikanische Sippen registriert wurden. Auch Afrika und Asien haben nur verhältnismäßig wenige Gattungen gemeinsam (*Hyphaene, Borassus, Phoenix* und *Calamus*).

In Anbetracht des kleinen Areals vieler Palmenarten ist deren Existenz besonders dann gefährdet, wenn der Mensch entweder an den Pflanzen selbst oder an den Standorten besonderes Interesse hat. Mehrere Arten wurden in historischer Zeit ausgerottet, oder sie sind vom Aussterben bedroht. Dazu zählt auch die in Chile vorkommende *Jubaea spectabilis,* deren Stamm gefällt wird, um den Zuckersaft zur Weinbereitung zu gewinnen.

Unterfamilie Coryphoideae

Zu dieser Unterfamilie werden 32 Gattungen mit etwa 320 Arten gestellt. An den Blütenständen entfalten sich gewöhnlich zwittrige Blüten, die jedoch oft zur Eingeschlechtigkeit neigen, und aus mehreren Sippen kennt man sogar zweihäusige Arten. Die 3 Fruchtblätter entwickeln sich entweder isoliert, oder sie vereinigen sich in synkarpen Fruchtknoten und reifen zu Beeren oder Steinfrüchten mit einem sehr dünnen Endokarp heran. Nur Fächerpalmen gehören diesem Verwandtschaftskreis an, deren Einzelfiedern V-förmig an der verkürzten Rhachis stehen.

Die Gattung *Corypha* umfaßt nur hapaxanthe Palmen, die in Südasien einschließlich dem Malaiischen Archipel und in Nordaustralien an relativ trockenen Standorten verbreitet sind, doch fehlen sie auf Neuguinea. Die Talipotpalme, *Corypha umbraculifera,* die besonders auf Ceylon kultiviert wird, aber auch an anderen Stellen in Südasien häufig ist, entfaltet nach 50-bis 70jährigem vegetativem Wachstum an einem kräftigen, etwa 25 m hohen Stamm eine breit verzweigte, schirmähnliche Infloreszenz, die ungefähr 7 m hoch wird. Die Ausgangsart ist unbekannt. Zwar gibt es mehrere wildwachsende Sippen in dieser Gattung, doch kommen sie als Ursprungsform der Talipotpalme nicht in Frage. Zur Zeit der Blütenstandsbildung wird der Infloreszenzschaft abgeschnitten, um den zuckerhaltigen Saft zur Weinbereitung zu gewinnen. Die getrockneten Fiedern von *Corypha umbraculifera* verwendete man wie bei *Borassus flabellifer* im alten Indien als Beschreibstoff.

Talipotpalme, *Corypha umbraculifera.* Diese in Süd- und Südostasien oft kultivierte Art bildet nach einem 50 bis 70 Jahre dauernden vegetativen Wachstum einen mächtigen, schirmähnlichen Blütenstand aus. Nach dem Fruktifizieren stirbt die Pflanze ab. Die meisten Blätter sind bei dem abgebildeten Exemplar bereits abgestorben.

Von Südostasien bis Australien reicht das Verbreitungsgebiet der 28 *Livistona*-Arten, von denen *Livistona chinensis* bei uns häufig als Zimmerpalme kultiviert wird.

Von den Antillen bis ins nördliche Südamerika erstreckt sich das Areal der Gattung *Copernicia,* deren 25 bekannte Arten zum Teil sehr isolierte Standorte besiedeln. Einige Sippen wie *Copernicia vespertilionum* bringen in dichter Folge Wedel hervor, die noch im abgestorbenen Zustand über mehrere Jahre als dichtes Kleid den Sproß umhüllen.

Im Nordosten Brasiliens, besonders im Staate Mato Grosso, wächst die Carnaubapalme, *Copernicia cerifera,* deren Blattoberfläche mit Wachsschüppchen bedeckt ist. Da Carnaubawachs einen verhältnismäßig hohen Schmelzpunkt (83 bis 86 °C) besitzt, hat es auch heute noch gewissen wirtschaftlichen Wert und wird vornehmlich für Politurzwecke verwendet. Große Opferkerzen erhalten eine Außenschicht aus Carnaubawachs, aber auch Kohlepapier bekommt den charakteristischen Glanz durch einen feinen Wachsüberzug. Die Gewinnung ist etwas mühselig, denn die abgeschnittenen Blätter werden zunächst einige Tage der Sonne ausgesetzt und zum Schrumpfen gebracht, bis sich die Wachsschüppchen auf der Oberfläche lockern und leicht abklopfen lassen. Ein Blatt bringt nur etwa 8 bis 10 g Wachs. Von *Copernicia cerifera* werden weite Landstriche bedeckt, denn diese Art ist ein lästiges Unkraut auf Viehweiden, und sobald der Viehbetrieb unterbleibt, siedelt sich die Palme an. Am besten eignen sich zur Ernte etwas jüngere Blätter. Zum gleichen Zweck wird auch die Carandapalme, *Copernicia alba,* in Westbrasilien, Nordargentinien und Paraguay genutzt.

Zu dieser Unterfamilie gehören *Coccothrinax*- und *Colpothrinax*-Arten, deren Stämme in einigen Sippen bizarr angeschwollen sind, sowie die Zwergpalme, *Chamaerops,* die im westlichen Mittelmeergebiet vorkommt. Die

Fruktifizierende Hanfpalme, *Trachycarpus fortunei*

verhältnismäßig kleinblättrige Sippe zeichnet sich durch fächerförmige Wedel aus, deren Einzelfiedern bis zum Grunde isoliert sind. *Chamaerops* erkennt man ferner leicht an den gespaltenen Fiederspitzen.

Unterfamilie Phoenicoideae

Bei den Phoenicoideen, die nur durch die mit 17 Arten vom tropisch-subtropischen Afrika bis zu den Großen Sundainseln und der Insel Hainan verbreitete zweihäusige Gattung *Phoenix* repräsentiert wird, stehen die Fiedern an den Blättern V-förmig. Die unteren Blattfiederanlagen werden bei mehreren Arten zu Dornen. Jedes Fruchtblatt des dreiblättrigen Gynoeceums entwickelt sich zu der charakteristischen einsamigen Beere mit fleischigem Mesokarp. Das Endokarp läßt sich als relativ dünne Haut nachweisen.

Die Dattelpalme, *Phoenix dactylifera,* ist in den Oasen Nordafrikas, aber auch in den Trockenlandschaften Südwestasiens eine wichtige Nahrungsgrundlage. Nach Europa gelangen im allgemeinen sehr zuckerreiche Datteln, doch spielen in den Anbaugebieten solche Formen eine noch größere Rolle, bei denen in der Fruchtwand auch Stärke abgela-

Bestände der Dattelpalme *(Phoenix dactylifera)* gehören zum kennzeichnenden Bild jeder nordafrikanischen Oase. Es werden vorzugsweise weibliche Pflanzen angebaut. Eine Dattelpalme mit männlichen Blüten reicht zur Bestäubung von etwa 100 weiblichen Bäumen aus.

gert wird. Allein die Dattel ermöglichte es dem Menschen, Oasen zu besiedeln. Mit ihrem tiefreichenden Wurzelsystem vermag die Dattelpalme dort im Gegensatz zu anderen Gehölzen das Grundwasser zu erreichen.

Verständlicherweise ist man in den Anbaugebieten bestrebt, möglichst viele weibliche Pflanzen heranzuziehen. Die männlichen Blütenstände sind dagegen ein wichtiges Handelsobjekt und werden zur Zeit der Anthese in der Krone der fruchtknotentragenden Exemplare verankert. Dabei ist günstig, daß der Pollen über mehrere Wochen seine Keimfähigkeit nicht einbüßt.

Die bekannten spindelförmigen Dattelsamen lassen sich verhältnismäßig leicht zur Keimung anregen. Als Reservestoff wird im Endosperm Zellulose als Wandauflagerung gespeichert, die der Kotyledo bei der Keimung enzymatisch abzubauen vermag.

Auf Reliefbildern aus Babylonien und dem alten Ägypten ist keine andere Pflanze so oft dargestellt worden wie die Dattelpalme, ein Zeichen der hohen Wertschätzung. Es finden sich auch Anhaltspunkte, daß man damals bereits die Notwendigkeit der Pollenübertragung kannte. Beweise für den Anbau der Dattelpalme liegen seit 6000 v. u. Z. vor, doch dürfte die Nutzung wesentlich älter sein, wie Samenfunde aus Ägypten belegen, die auf 14000 v. u. Z. datiert werden, aber wahrscheinlich von *Phoenix sylvestris* stammen. Die bevorzugte Stellung der Dattelpalme in den frühen Anbaugebieten kommt auch darin zum Ausdruck, daß alle Religionen die Wedel der Dattelpalme als Symbol des Friedens und der Harmonie übernommen haben.

Völlig ungeklärt ist der Ursprung der Dattelpalme. Nicht selten hält man *Phoenix sylvestris* für die Ausgangsart, die aber in den Regenwäldern Indiens während der Blütezeit ständig Niederschlägen ausgesetzt ist, während die Blüten der Dattelpalme auf Benetzung mit starken Fertilitätsstörungen reagieren. Auch die in Afrika verbreitete *Phoenix reclinata* sowie Hybriden beider genannter Arten hat man als Wildform der Dattelpalme in Betracht gezogen.

Unterfamilie Borassoideae

Die Borassoideen umfassen 7 Gattungen mit 56 Arten. Die meisten von ihnen sind Fächerpalmen, bei denen die Einzelfiedern V-förmig an der Rhachis stehen und die stets zweihäusigen Sippen stark verdickte Blütenstandsachsen entwickeln. Die männlichen Blüten, die übrigens in der Größe oft von den weiblichen übertroffen werden, entfalten sich in den Achseln breiter Deckblätter und tragen auf einer Säule häufig mehr als 6 Staubblätter. Aus dem para- oder synkarpen Fruchtknoten geht eine Steinfrucht hervor.

Den 7 Arten der Gattung *Borassus,* mächtigen, sehr nahe miteinander verwandten Fächerpalmen, wird nachgesagt, daß sie in der Individuenzahl in Südasien den Kokospalmen kaum nachstehen. Besonders in Indien verehrt man die Palmyrapalme, *Borassus flabellifer,* als einen für den Menschen unentbehrli-

Kanarische Dattelpalme, *Phoenix canariensis,* mit Früchten. Die einsamigen Beeren der Dattelpalmen sind im Mesokarp zucker- und stärkereich und stellen in den Anbaugebieten ein Grundnahrungsmittel dar.

chen Baum, und in einem altindischen Lobgesang werden nicht weniger als 801 Nutzungsmöglichkeiten angeführt. Von den zweihäusigen Pflanzen verwendet man die Stämme der weiblichen Exemplare bevorzugt zum Hausbau, da sie eine höhere Festigkeit haben als die männlichen. Es ist hier unmöglich, auf alle Verwendungsformen einzugehen, doch sei erwähnt, daß getrocknete Blattfiedern als Beschreibmaterial benutzt wurden, lange bevor man in China Verfahren zur Herstellung von Papier kannte. Selbst Bücher verstand man daraus zu fertigen, wobei die Blättchen durch Eisenstifte zusammengehalten wurden. Als Zuckerlieferant hat die Palmyrapalme auch heute noch auf verschiedenen Inseln, ebenso wie auf dem indischen Subkontinent, eine gewisse Bedeutung. Dabei wird der Stiel eines jungen Blütenstandes zunächst gequetscht und erst nach einigen Tagen abgeschnitten, wodurch man eine Aktivierung des Saftzustromes erreicht, der über mehrere Wochen anhält. Aus einem Blütenstand gewinnt man pro Tag etwa 2 Liter Saft, der zu Zucker eingedickt und in flachen Scheiben gehandelt wird, er enthält 80 % Rohrzucker. Im allgemeinen nimmt man aber eine Vergärung vor, und Toddy, der Palmwein dieser Art, ist in ganz Südasien beliebt.

Die Seychellenpalme, *Lodoicea callypige* (meist geläufig unter dem Namen *Lodoicea sechellarum*), kann für sich in Anspruch nehmen, mit bis 55 cm im Durchmesser erreichenden, zweilobigen Früchten die größten Baumfrüchte des Pflanzenreiches hervorzubringen. Bis etwa zur Mitte des 18. Jahrhunderts hat man an den Stränden im Bereich des gesamten Indischen Ozeans Früchte gefunden, deren Ursprungspflanze unbekannt war. Eine solche Nuß ist auch von den Malediven beschrieben worden, und noch heute findet man die Bezeichnung Malediven-Nuß in der Literatur. Erst 1743 lüftete sich das Geheimnis, als man auf einigen Inseln des Seychellen-Archipels eine mit riesigen, bis zu 10 m langen Fächerwedeln ausgestattete, säulenstämmige

Die Palmyrapalme, *Borassus flabellifer,* wird in Südasien vielfach kultiviert und in mannigfacher Weise genutzt.

Palme fand, die diese »Nüsse« hervorbringt. Es handelt sich nämlich um eine echte Steinfrucht wie bei der Kokosnuß, doch ist das faserige Mesokarp kaum stärker als einen Zentimeter, und das spezifische Gewicht der keimfähigen Frucht liegt bei 1,2, sie ist also gar nicht schwimmfähig. Alle Funde an den Küsten im Indischen Ozean waren sterile (hohle) Nüsse und konnten nur deshalb auf dem Wasser driften. So erklärt sich auch, daß man auf anderen Inseln die Ursprungspflanze nicht nachweisen konnte. Nach 1 bis 2 Jahren erreicht die Frucht, deren Endokarp übrigens 2 tiefe Einbuchtungen aufweist, ihre endgültige Größe, doch weitere 4 bis 8 Jahre vergehen, ehe das Endosperm, das die gesamte Fruchthöhlung ausfüllt, heranwächst und die Steinfrucht abgestoßen wird.

Als größte Gattung dieser Unterfamilie ist *Hyphaene* zu erwähnen, auf deren dichotome Verzweigung bereits hingewiesen wurde. Nach neueren Untersuchungen können 41 Arten unterschieden werden, während früher nur 12 oder allenfalls 28 Arten anerkannt wurden. Alle Sippen kommen in savannenähnlichen Pflanzengesellschaften vor, und das Gesamtareal erstreckt sich von Somalia über den vorderasiatischen Raum bis Westindien. *Hyphaene shatan* ist auf Madagaskar endemisch und besitzt im Gegensatz zu allen anderen Arten Ausläufer. Aus Oberägypten ist die Doumpalme, *Hyphaene thebaica,* bekannt, und schon auf sehr frühen Reliefdarstellungen kann man an der charakteristischen Wuchsform diese Art identifizieren. Das saftige Mesokarp ist eßbar, der Geschmack erinnert an Pfefferkuchen, und von alters her werden die Früchte, die etwa 10 cm lang und nur 2 cm breit sind, als Obst genutzt, auch wird ihnen eine diuretische Wirkung zugeschrieben. An den reifen Früchten fällt die Stellung des Narbenrestes unmittelbar neben der Ansatzstelle auf, von den 3 angelegten Karpellen entwikkeln sich nämlich 2 nicht weiter, so daß sich nur ein Fruchtblatt hervorwölbt.

Unterfamilie Lepidocaryoideae

Im Gegensatz zu den bisher behandelten Unterfamilien der Arecaceae sind die Lepidocaryoideae mit etwa 660 Arten, die zu 22 Gattungen gestellt werden, ungleich formenreicher. Ein auffallendes Merkmal ist für alle Sippen dieser Unterfamilie charakteristisch: Der Fruchtknoten ist mit Schuppen bedeckt, die sich beim Reifeprozeß vergrößern und als geschlossener Panzer später die Steinfrucht, deren Endokarp bisweilen allerdings nur häutig oder krustig ausgebildet ist, umhüllen. Meist handelt es sich um Fiederpalmen mit reduplikativem Fiederansatz im Einflußbereich des Indischen Ozeans.

Zu den auffallendsten Palmen zählen die etwa 370 oft stark bewehrten Rotang-Arten (Gattung *Calamus*), die als Spreizklimmer ein beständiges Element tropischer Regenwälder sind und über sehr weite Strecken andere Arten als Stütze benutzen, ohne durch sproßbürtige Wurzeln eine Verbindung mit dem Boden herzustellen. Auf Ceylon hat man über 170 m lange Triebe angetroffen. Rotang-Arten zeichnen sich im Sproßsystem durch sehr weite Tracheen aus, die den Wassertransport von der Wurzel zu den Sproßgipfeln gewährleisten. In Südostasien werden die Triebe als Wasserquelle genutzt, indem man aus dem mittleren Sproßbereich ein etwa 2 bis 3 m langes Sproßstück herausschneidet und das in ganz kurzer Zeit an der unteren Schnittfläche ausfließende Wasser auffängt.

Man macht sich wohl kaum Gedanken darüber, mit welchem Aufwand das Rohr für die sogenannten Rohrmöbel gewonnen wurde. Die Sprosse von *Calamus*-Arten, insbesondere von *Calamus rotang,* liefern den Rohstoff zur Herstellung von Korbmöbeln. Beim Einbringen der Triebe wird der lange Sproß nach und nach aufgerollt, wobei die bewehrten Blätter und gegebenenfalls auch die Stacheln am Sproß vorsichtig entfernt werden müssen. Da die *Calamus*-Arten auch noch sehr starke Dikkichte bilden, ist die Ernte besonders beschwerlich. Heute verdrängen bei der Produktion von Gartenmöbeln Stränge aus Plaste und Metallstäbe mehr und mehr die Rotangsprosse, die auch unter der Bezeichnung »Spanisches Rohr« bekannt sind.

Im indomalaiischen Raum ist die kurzstämmige *Salacca edulis* verbreitet, deren Früchte von Säugetieren und Vögeln gern verzehrt werden. Bei dieser Art und anderen Sippen der Gattung, die alle an etwas sumpfigen Stellen im Bereich der Flußläufe auftreten, sorgen Ausläufer für eine intensive vegetative Vermehrung. Da außerdem die Blattoberfläche ungewöhnlich reich mit Stacheln bedeckt ist, vermag der Mensch kaum in solche Dickichte einzudringen.

Schopfbäume unterschiedlicher Größe entwickeln die Arten der Gattung *Raphia,* bei denen die Teilblütenstände und auch die von breiten Deckblättern geschützten Blüten in 2 Zeilen angeordnet sind. *Raphia*-Arten entfalten steil aufsteigende Blätter, die als größte im Pflanzenbereich angesehen werden; bei *Raphia taedigera* erreichen die Fiederblätter eine Länge von 16 bis 20 m. Diese Art sowie *Raphia vinifera* gehören zu jenem Kreis von Palmen, deren junge Infloreszenzen zur Gewinnung des zuckerreichen Saftes für die Vergärung zu Palmwein abgeschnitten werden.

Zu den bemerkenswertesten Palmen zählen Arten der Gattung *Metroxylon* (Sagopalme), denn aus dem Stamm mehrerer Sippen, insbesondere von *Metroxylon sagu (= Metroxylon rumphi)* wird Stärke (Sago) gewonnen. Die Sippen bevorzugen Standorte in sumpfigschlammigen Ebenen und bilden nahezu reine Bestände zwischen den Maskarenen und den Fidschiinseln. Für viele eingeborene Volksstämme ist die Sagopalme eine wichtige, im Nährwert aber auch recht einseitige Nahrungsquelle. Man trifft aber inmitten der *Metroxylon*-Wälder auf zahlreiche Dörfer, deren Bewohner sich auf die Bergung der im Sproß gespeicherten Stärke spezialisiert haben.

Die hapaxanthen *Metroxylon*-Arten bringen gewöhnlich nach etwa 15 Jahren einen endständigen Blütenstand hervor, und zur Ernte eignen sich am besten Pflanzen, die im nächsten Jahr zur Blütenbildung übergehen. Mit großer Sicherheit werden solche Pflanzen aus den Beständen ausgelesen, die Stämme gefällt, und das gesamte Stammgewebe wird durch Raspeln bzw. mit Hilfe spezieller Äxte in sehr dünne Späne zerkleinert. Man zerstört damit die Wände der mit Stärke vollgepfropften Zellen. Anschließend wird dann durch wiederholte Waschung die Stärke aus den Geweben isoliert und getrocknet. Sagostärke, der noch nicht alles Wasser entzogen wurde, benutzt man zur Herstellung von Perlsago, indem das auf flache Bleche ausgebreitete Mehl auf etwa 60 °C erhitzt wird, so daß die Stärkekörner zu quellen beginnen. Mit einer Holzrolle fährt man dann über die verkleisternde Stärke, wodurch es zur Bildung von Klumpen (Perlen) kommt. Heute wird allerdings Perlsago vornehmlich aus Wurzeln des Manihots (*Manihot esculenta,* Euphorbiaceen) gewonnen.

Unterfamilie Nipoideae

Die Nipoideen, deren Fiedern reduplikativ an der Rhachis sitzen, bringen eigentümliche Blütenstände hervor, denn die weiblichen Blüten stehen an einer Achse kopfig zusammen, während die männlichen Blüten darunter in verzweigten, relativ lockeren Teilinfloreszenzen vereinigt sind. Die Fiederpalme *Nipa fruticans,* die einzige Art dieser Unterfamilie, besiedelt in Südasien von Sri Lanka bis zu den Salomoninseln hin die Mangrovegürtel und

Caryota urens, fruktifizierend. Nach der Fruchtbildung stirbt die Pflanze als hapaxanthe Art ab.

kommt vorzugsweise in den breiten, flachen, schlammigen Flußmündungen vor, die vom Gezeitenhub noch beeinflußt werden. Auf schlickigem Untergrund hat diese stammlose Art kaum Konkurrenten, so daß man nicht selten auf fast reine, dichte Bestände trifft. Die Rosetten, deren steil aufragende Blätter über 6 m lang werden können, vermehren sich auch durch Ausläufer, und zur Blütezeit, etwa 6 Jahre nach der Keimung, haben sich zahlreiche junge Rosetten in unmittelbarer Nachbarschaft der Mutterpflanze entfaltet. Beim Gezeitenhub wird die Sproßknospe sehr häufig überspült, dann sorgen spezielle große Interzellularen in den Blattstielen für den Luftaustausch im überfluteten Gewebe.

Die Anpassung an die Lebensweise im Brackwasser geht so weit, daß auch die Früchte, deren Mesokarp wie bei der Kokosnuß aus Fasersträngen besteht, auf dem Wasser driftend verbreitet werden.

Von *Nipa fruticans* liegen fossile Belege vor, nach denen sich diese Art seit der Kreidezeit in den Merkmalen kaum verändert hat.

Unterfamilie Caryotoideae

Fast alle 35 Arten dieser Unterfamilie, die in ihren 3 Gattungen nur hapaxanthe, monözische Sippen enthält, weisen Fiederblätter mit V-förmig angeordneten Seitenfiedern auf, und allein die Gattung *Caryota* entfaltet doppelt gefiederte Wedel. In den Blütenständen umgeben männliche Blüten zu dritt eine weibliche, und in den Staubblattblüten kommen im allgemeinen mehr als 6 Antheren zur Entfaltung.

Caryota urens wird wie verschiedene Arten der Gattung *Metroxylon* als Sagopalme genutzt, doch gewinnt man auch vor der Blütenstandsstreckung den Zuckersaft, der durch Umwandlung der im Sproßgewebe gespeicherten Stärke in Zucker entstanden ist. Bei *Caryota urens* sterben die Blätter schon zu Beginn der Blütenentfaltung ab, die Zufuhr des Zuckersaftes erfolgt demnach auf Grund des Wurzeldruckes, da ein Verdunstungszug nicht in Frage kommt.

Eine noch größere wirtschaftliche Bedeutung hat *Arenga pinnata* erlangt, aus der Palmzucker gewonnen wird. Die Blütenstände werden dabei ähnlich behandelt wie bei *Borassus flabellifer* (siehe S. 524). Die Gattung *Arenga* ist mit 17 Arten von Südasien bis Nordaustralien verbreitet.

Unterfamilie Arecoideae

Mit 114 Gattungen und fast 1100 Arten sind die Arecoideae die größte Unterfamilie der Palmen. Diesem Verwandtschaftskreis gehören nur Fiederpalmen mit umgekehrt V-förmigem Fiedergrund an. Die meisten Sippen bringen monözische Kolben hervor, wobei entweder eine weibliche Blüte von 2 männlichen umgeben wird, oder die weiblichen Blüten finden sich gehäuft an der Basis und die männlichen im oberen Abschnitt des Kolbens. Oft kann man in den Blüten Rudimente des anderen Geschlechts nachweisen.

In der Gattung *Areca* umhüllen 2 fast gleichgroße Spathen einen Kolben, an dem in den weiblichen Blüten 3 Fruchtfächer nachweisbar sind, aber nur eines entwickelt sich zu einer einsamigen Steinfrucht mit sprödem Endokarp.

Nur als Kulturpflanze ist die Betelnußpalme, *Areca catechu,* bekannt, die man im tropischen Südasien einschließlich der indomalaiischen Inseln überall antrifft. Das Nährgewebe der Samen ist ruminiert, d.h., es wird durch in-

1 Steinfrucht der Ölpalme, *Elaeis guineensis.* M = Fruchtfleisch (Mesokarp), En = Steinkern (Endokarp), E = Embryo, Es = Nährgewebe, Kp = Keimpore. 2 Keimende Areka-Nuß, *Areca catechu* (Querschnitt). Den mit einem ruminierten Endosperm (rN) ausgestatteten Samen umgibt eine faserige Fruchtwand (P). K = Keimblatt des Keimlings. 3 Längsschnitt des keimenden Steinkerns. Das für die Nährstoffaufnahme verantwortliche, sich vergrößernde Keimblatt (K) der Keimpflanze paßt sich dem zerklüfteten Nährgewebe an. W = Wurzel

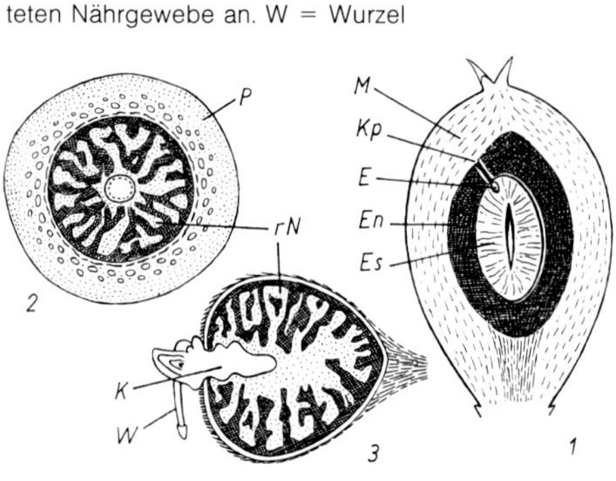

Fruktifizierende Betelpalme, *Areca catechu*. Diese in Südasien und den indomalaiischen Inseln vielfach angebaute Art ist nur als Kulturpflanze bekannt.

einander verschränkte verschiedenfarbige Gewebeanteile zerklüftet. Aus den bräunlichen Zellpartien kann ein Farbstoff isoliert werden (Arecarot). Weit größer ist aber die Bedeutung von *Areca catechu* als Genußmittelpflanze, denn die gerösteten, bisweilen auch gekochten Samen sind in Scheiben geschnitten ein Teil des sogenannten Betelbissens. Es gehören noch etwas Kalk und das Blatt des Betelpfeffers dazu, in das eine Samenscheibe eingewickelt wird. Beim Kauen eines solchen Betelbissens fühlt man sich angeregt und erfrischt. Die wirksame Substanz ist das Alkaloid Arecolin sowie weitere verwandte Alkaloide, die alle an Gerbsäure gebunden sind. Der Kalkzusatz macht durch seine alkalische Reaktion das Arecolin als Base frei und leitet auch eine chemische Umsetzung ein. Arecolin beeinflußt besonders das parasympathische Nervensystem, der anregende Effekt geht allerdings von der Einwirkung auf das Zentralnervensystem aus. Als besonders schädlicher Nebeneffekt ist die Hemmung der Herztätigkeit hervorzuheben. Vor allem im indomalaiischen Raum ist das Betelkauen weit verbreitet, der Kalkzusatz führt zwar zu ungewöhnlich starker Zahnsteinbildung, doch galt es früher als Zeichen der Wohlhabenheit, schwarze Zähne vorweisen zu können. Daß der Gebrauch dieser Droge nicht auf andere Kontinente übergegriffen hat, wird hauptsächlich darauf zurückgeführt, daß mehrere Ingredienzien zum Betelbissen gehören und daher nicht gleichzeitig verfügbar sind.

Bei der Darstellung der Coryphoideen wurde auf *Copernicia cerifera*, die Wachspalme, hingewiesen. Auch von der *Areca*-Verwandten *Ceroxylon utile* gewinnt man in Kolumbien und Ekuador das Wachs, das bei dieser Art allerdings am glatten Stamm ausgeschieden wird und abgeschabt werden muß. Auch die Oberfläche der Blätter kann eine Wachsschicht aufweisen, die den Wedeln einen Silberglanz verleiht.

Ceroxylon andicola ist die größte aller Palmen. Pflanzen von über 60 m Höhe hat man westlich Bogota auf einem Bergpaß noch in

Die Königspalme, *Roystonea regia,* ist charakteristisch für die Kulturlandschaften von Kuba.

mehr als 3000 m Höhe nachweisen können. Diese Art ist übrigens in das Nationalemblem von Kolumbien aufgenommen worden. Wie überwältigend der Anblick dieser »erhabenen« Palmenart ist, kann man daraus ersehen, daß Botaniker, die den Standort besuchten, lange nach der Erstbeschreibung den Gattungsnamen in *Klopstockia* bzw. *Beethovenia* umbenennen wollten, da ihnen die übliche Bezeichnung zu profan vorkam.

Auch die bereits erwähnte Königspalme, *Roystonea regia,* (s. S. 518) gehört zu dieser Unterfamilie.

Unterfamilie Cocosoideae

Es handelt sich um die zweitgrößte Unterfamilie der Palmen, bei der 28 Gattungen und etwa 580 Arten unterschieden werden. Fast alle Sippen dieses Verwandtschaftskreises kommen im tropischen Amerika vor, wenn auch gerade die weltwirtschaftlich wichtigen Arten zu den Ausnahmen gehören. An den normal gefiederten Wedeln stehen die Fiedern reduplikativ, und in sämtlichen Trieben entwickeln sich verwachsenblättrige Früchte, in deren Endokarp man Keimporen nachweisen kann. An den Kolben fallen 2 große Spathen auf, die auch zur Reifezeit noch erhalten bleiben.

Zu den häufigsten Palmen im Bereich der großen Flußläufe Südamerikas, aber auch in den andinen Gebieten zählen die zur Tribus Attaleeae gehörenden Gattungen *Maximiliana, Orbignya* und *Scheelea,* unter denen einige bemerkenswerte Arten von der einheimischen Bevölkerung seit langer Zeit genutzt werden. Mehrere Sippen bilden fast reine Bestände auf Flußbänken sowie in der Uferregion, sie gelten als Pioniergehölze und prägen mit ihren schlanken Stämmen das Landschaftsbild. Aber auch stammlose Arten kommen in diesen Gattungen vor, bei denen sich nach der Keimung die Sproßachse fast senkrecht in den Boden hineinschiebt (positiv geotropisches Sproßwachstum) und nur die Blattspreiten durch die zunehmende Verlängerung der Stiele an den Folgeblättern dem Licht ausgesetzt werden. *Attalea funifera* ist der Hauptlieferant der Piassave-Fasern. Es handelt sich um die von einem ausgedehnten Sklerenchymmantel umgebenen Leitbündel aus den Blattbasen, die mechanisch isoliert und zu Bürsten und Besen verarbeitet werden.

In Nordbrasilien ist die Babassupalme, *Orbignya martiana,* eine unentbehrliche Ölpflanze der einheimischen Bevölkerung. Die etwa 8 bis 15 cm langen Steinfrüchte dieser an den relativ steil aufgerichteten Wedeln leicht erkennbaren Art haben sich aus einem vier- bis achtblättrigen, synkarpen Fruchtknoten entwickelt und besitzen eine sehr eigentümliche Wandstruktur. Ein fleischiges, genießbares Exokarp umschließt eine Faserschicht (Mesokarp) und eine Schale (Endokarp), die noch härter als bei der Kokosnuß ist. In jedem Fruchtfach liegt ein pflaumengroßer Same, der etwa 60 bis 70 % hochwertiges Öl enthält. Größere wirtschaftliche Bedeutung erlangte die Art, als man im zweiten Weltkrieg die Palme zur Fettversorgung der USA verstärkt nutzte. Eine züchterische Bearbeitung dürfte aber ausgeschlossen sein, da die Hartschaligkeit kaum eliminiert werden kann. Gegenwärtig müssen die Früchte nämlich sehr umständlich

Ölpalmenkultur *(Elaeis guineensis)* im mittelamerikanischen Kostarika

zertrümmert werden, und 50 kg reife Früchte ergeben nur etwa 5 kg preßbare Samen. Lokal werden auch andere *Orbignya*-Arten als Ölpflanzen verwertet, so insbesondere *Orbignya oleifera* in Zentralbrasilien, ferner Sippen der Gattungen *Maximiliana* und *Scheelea*. Diese Gattungen haben einen ähnlichen Fruchtbau, doch bei *Maximiliana regia* ist nicht nur der Same, sondern auch das Fruchtfleisch ölhaltig.

Diese Eigenschaft zeichnet besonders die Ölpalme, *Elaeis guineensis,* aus, einer der wichtigsten Öllieferanten der Weltwirtschaft. Bioökonomisch ist es ein Luxus, wenn so energiereiche Stoffe wie Fette im Perikarp abgelagert werden, das der Jungpflanze bei der Keimung als Reservestoffdepot nicht zur Verfügung steht sondern nur zur Anlockung von Tierarten dient, die die Samen verbreiten. Die Gattung *Elaeis* bildet mit 2 weiteren Gattungen eine Abstammungsgemeinschaft (Tribus Elaeideae), in der sowohl die männlichen als auch die weiblichen Blüten in die Kolbenachse eingesenkt sind.

Elaeis guineensis stammt aus Westafrika, während die zweite bekannte Art, *Elaeis melanococca,* im östlichen Südamerika verbreitetz ist und auch genutzt wird, doch zieht man dort andere ergiebigere Palmen vor. Dagegen hat sich *Elaeis guineensis,* die heute in den gesamten Tropen kultiviert wird, schon vor der Kolonialzeit zu einer sortenreichen Kulturpflanze entwickelt. Der verhältnismäßig kurze und gedrungene, von den bleibenden Blattstielbasen dicht bedeckte Stamm bringt in den Blattachsen in rhythmischer Folge männliche und weibliche Blütenstände hervor, wobei die männliche Phase etwa 3 Monate lang anhält, während sich weibliche Blütenstände in einem Zeitraum von etwa 6 Monaten entfalten. In der Anlage unterscheiden sich die Blüten kaum voneinander, später kommen jedoch entweder nur das Gynoeceum oder nur das Androeceum zur vollen Ausbildung. Erwachsene Ölpalmen tragen in einer männlichen Infloreszenz bis zu 140 000 Blüten, während die weiblichen Blütenstände »nur« 3 000 bis 5 000 Blüten hervorbringen, von denen allerdings

Fruchtstand der Ölpalme, *Elaeis guineensis*. Die Art zählt zu den wichtigsten Fettpflanzen der Weltwirtschaft. Die Fettspeicherung erfolgt sowohl in der Fruchtwand als auch im Nährgewebe der Samen.

nicht alle das Reifestadium erlangen. Übrigens gibt es auch bei einigen Sorten rein männlich oder weiblich blühende Pflanzen.

Die Kulturvarietäten unterscheiden sich vornehmlich in der Stärke des Endokarps, so bildet bei einigen Sippen die innere Fruchtwand nur eine elastische feste Haut. Das Fruchtfleisch (Palmöl) und die Samen (Kernöl) werden getrennt aufbereitet und gepreßt. Neuerlich sind auch Sippen bekannt geworden, denen ein Same fehlt, dafür ist die Fruchtwand etwas stärker entwickelt. Aus Afrika kennt man Sippen, die als Wildform der Ölpalme angesehen werden.

Eine der bekanntesten und schönsten Palmenarten ist *Cocos nucifera*, die Kokospalme, deren stets bogig aufsteigende, bis zu 30 m hohe Stämme Besucher der Tropen immer wieder begeistern. Es ist die einzige Sippe der Gattung *Cocos*. Nahe Verwandte kommen in Mittel- und Südamerika vor, die früher oft mit der Gattung *Cocos* vereinigt wurden. Die Kokospalme ist in der Inselwelt Polynesiens beheimatet.

In der Tribus Cocoseae werden einsamige, aus 3 Karpellen hervorgegangene Steinfrüchte gebildet, die am Grunde bzw. in der unteren Hälfte Keimporen tragen, von denen allerdings nur eine durch eine so weiche Schale bedeckt wird, daß sich später die Sproßknospe herauszwängen kann.

Heute ist die Kokospalme an allen Küsten der Tropen anzutreffen. Vor der Entdeckung Amerikas hatte sie diesen Kontinent nicht erreicht, doch ließ sie sich auf den etwa 300 Meilen westlich vorgelagerten Inseln nachweisen. Wie beeindruckend diese Feststellung gewesen ist, kann man aus der Bezeichnung »Kokosinseln« ermessen. Bisher ist problematisch geblieben, wie die Pflanzen dorthin gelangten. Die Annahme, daß Polynesier die Früchte brachten, liegt nahe, da auch die Batate, *Ipomoea batatas*, deren Heimat Mexiko ist, schon im 11. Jahrhundert nachweislich in Neuseeland und anderen Inseln des Pazifischen Ozeans kultiviert wurde. Die Kokosnuß vermag aber auch auf dem Wasser zu driften, weil das Exokarp ein wirksames Abschlußge-

1 Längsschnitt einer Kokosnuß, *Cocos nucifera*; 2 junge Keimpflanze, bei der sich das Keimblatt (Ko) ständig vergrößert, das Nährgewebe aufschließt und es dem Keimling zugängig macht; 3 An der älteren Keimpflanze füllt das Keimblatt die Fruchthöhlung völlig aus und liegt dem Nährgewebe eng an; 4 Längsschnitt einer Dattel, *Phoenix dactylifera*. P = Fruchtwand, Ex = äußere Fruchtwand, M = mittlere Fruchtwand, En = innere Fruchtwand, ES = Nährgewebe, E = Embryo

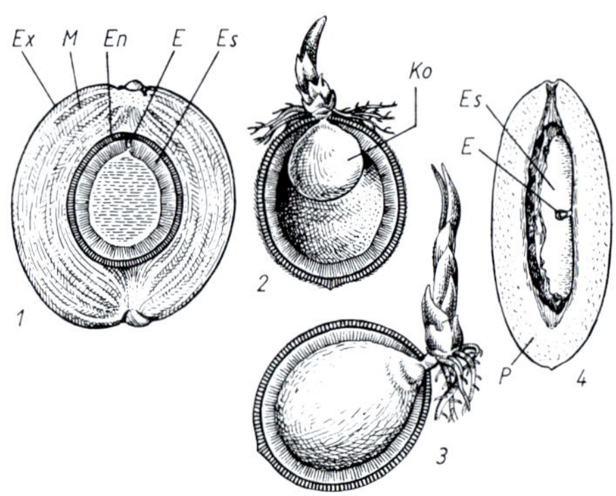

Kokospalme, *Cocos nucifera,* mit Fruchtständen. Kokospalmen sind jetzt an allen tropischen Küsten anzutreffen.

webe bildet, das durch eine starke Kutikula noch unterstützt wird, und das Mesokarp haftet als ein ausgedehntes Netz von Fasern dem Steinkern (Endokarp) unmittelbar an. Der große Luftgehalt der mittleren Fruchtschicht verleiht der Frucht einen beachtlichen Auftrieb. Allerdings vermag sie nur 3 bis 4 Monate schwimmend zu treiben, da nach dieser Zeit die Keimung einsetzt und der junge Keimling absterben würde, wenn nicht geeignete Bedingungen für eine Weiterentwicklung vorliegen.

Der winzige Embryo liegt in einem riesigen Endosperm, das als eine über einen Zentimeter starke Schicht den Innenraum der Frucht auskleidet. Die Frucht hat übrigens bereits nach 4 Monaten ihre endgültige Größe erreicht, aber zu diesem Zeitpunkt ist nur im Wandbereich als gallertige Schicht ein zellulares Endosperm in der Anlage nachweisbar, das sich weiterentwickelt, später verfestigt und sowohl Eiweiß als auch Fett in den Zellen speichert. Der Hohlraum wird von einer eiweißreichen, etwas trüben Flüssigkeit fast ausgefüllt, die man als Kokosmilch bezeichnet. Die Reife erlangt die Kokosnuß 9 bis 11 Monate nach der Blüte. Bei der Keimung schwillt das Keimblatt zu einem schwammigen Gewebe an und findet so Kontakt zum gesamten Endosperm, das nach und nach der Keimpflanze zugeführt wird.

Etwa 4 bis 5 Jahre vergehen, ehe es zur Bildung des Stammes kommt, und nach weiteren 6 Jahren kann man die ersten Blüten erwarten. Die Ertragsfähigkeit hält etwa 30 bis 40 Jahre an. Es hat nicht an Versuchen gefehlt, die Kokosnuß auch außerhalb der Küstenregionen anzusiedeln, doch schon in geringer Höhenlage, wo das feuchte Seeklima fehlt, ist die Blütenbildung gestört. An einem Blütenstand gelangen normalerweise etwa 8 bis 10 Nüsse zur Reife.

Trotz der großen wirtschaftlichen Bedeutung der Kokosnuß erfolgt die Aufbereitung auch heute noch durch Handarbeit. Die Steinfrüchte müssen von der Faserschicht des Mesokarps befreit werden, und man spaltet sie anschließend; geübte Arbeiter öffnen an einem Tag bis zu 2000 Kokosnüsse. Um dem Nährgewebe das Wasser zu entziehen, werden die Fruchthälften dem Sonnenlicht ausgesetzt, und anschließend schält man das Kokosfleisch heraus, das als Kopra in den Handel kommt.

Die als Nebenprodukt anfallenden Fasern (Coir) des Mesokarps werden nach entsprechender Aufbereitung zur Herstellung von Kokosmatten, Läufern und anderen strapazierfähigen Grobtextilien verarbeitet.

Seit einigen Jahrzehnten breitet sich in den Anbaugebieten mehr und mehr die Königskokosnuß aus, die schon nach 4 bis 5 Jahren das blühfähige Stadium erreicht und deren Stämme verhältnismäßig kurz bleiben. Hinzu kommen die bedeutend kleineren und damit auch wirtschaftlicheren Früchte, da das fettreiche Endosperm der geöffneten Frucht leicht ranzig wird und deshalb sehr schnell verbraucht werden muß.

In der Tribus Bactriceae kann man im Gegensatz zu den Cocoseen Keimporen am oberen Pol der Frucht bzw. in der oberen Hälfte nachweisen. Auf die ungewöhnlich starke Bewehrung der *Bactris*-Arten wurde schon einleitend hingewiesen, doch ist hervorzuheben, daß alle Gattungen dieser Tribus sich durch eine Bestachelung auszeichnen. Etwa 60 Arten der Gattung *Desmoncus* wachsen als Spreizklimmer in Mittel- und Südamerika, sie entwickeln wie die *Calamus*-Arten in Afrika und Südasien, denen sie habituell gleichen, anstelle der Fiedern im oberen Abschnitt der Fiederblätter stark gekrümmte Haken.

Nahe verwandt ist die Gattung *Astrocaryum,* aus deren Früchten Öl gewonnen wird. Verletzungen durch die Stacheln können sehr schwere Entzündungen hervorrufen, und man vermutet, daß giftige Substanzen, die von der Pflanze über die Stacheln ausgeschieden werden, dafür verantwortlich sind.

Unterfamilie Phytelephantoideae

Die Unterfamilie enthält nur 3 Gattungen mit 15 Arten. Das Areal der wichtigsten Gattung, *Phytelephas,* reicht von den nordwestlichen Anden bis in das Amazonasbecken, dem Lebensraum auch der beiden genutzten Arten *Phytelephas microcarpa* und *Phytelephas macrocarpa.* Es handelt sich um kurzstämmige, zweihäusige Fiederpalmen, die durch ihre merkwürdigen Blütenstände auffallen und innerhalb der Familie eine ähnlich isolierte Stellung wie die südasiatische Palmengattung *Nipa* einnehmen, denn auch in der Gattung *Phytelephas* stehen die weiblichen Blüten, die sich übrigens auch durch ungewöhnlich lange Narbenäste von anderen Palmen unterscheiden, in geschlossenen, kopfigen Blütenständen zusammen. Männliche Pflanzen bringen einen mächtigen herabhängenden Kolben hervor, und die Staubblattblüten differieren bei den einzelnen Arten durch eine unterschiedlich große Zahl von Staubblättern. In den Fruchtblattblüten vereinigen sich 4 bis 6 Karpelle zu einem synkarpen Fruchtknoten, wobei in jedem Fach ein Same von der Größe und Form eines Hühnereis entsteht, der auch unter der Bezeichnung »Vegetabilisches Elfenbein« bekannt ist.

Als Reservestoff wird im Nährgewebe ein aus Mannose bestehendes Polysaccharid gespeichert. Dieses ungewöhnlich harte und spröde Endosperm liefert den Rohstoff zur Herstellung von Knöpfen, doch werden von Eingeborenen aus den Samen auch Miniaturfiguren geschnitzt. Vegetabilisches Elfenbein ist ein wichtiges Exportprodukt Ekuadors.

Überordnung Cyclanthanae

Ordnung Cyclanthales

Familie Cyclanthaceae

Wegen ihres meist palmenartigen Habitus wurden die Cyclanthaceae früher oft zusammen mit den Arecaceae (Palmae) zur Ordnung der Palmenartigen, Arecales oder Palmales, gestellt. Bei neueren Untersuchungen wurde jedoch erkannt, daß die Cyclanthaceae eine in taxonomischer Hinsicht so sehr selbständige Gruppe darstellen, daß man ihnen folgerichtig nicht nur den Rang einer eigenen Ordnung, sondern sogar den einer Überordnung zuerkannte.

Die optische Ähnlichkeit vegetativer Ausbildungen (z. B. von Stämmen oder Blättern) erwies sich zweifellos als Folge einer konvergenten Entwicklung, die nichts mit einer echten Verwandtschaft zu tun hat. Es gibt bei den Cyclanthaceen jedenfalls viele Unterschiede gegenüber den Palmen (Arecaceae), die eine nähere Verwandtschaft mit ihnen in hohem Grade unwahrscheinlich machen. Dagegen gibt es manche Ähnlichkeiten bzw. Übereinstimmungen mit den Pandanaceae; dies bezieht sich jedoch nur auf die Unterfamilie Carludovicoideae; *Cyclanthus* dagegen weist Beziehungen zu den Arales (Aronstabartigen) auf und erscheint viel stärker abgeleitet als die vorgenannte Unterfamilie. Beide Unterfamilien differieren jedoch so stark, daß neuerdings diskutiert wird, sie als eigene Familien aufzufassen.

Die Cyclanthaceae umfassen 11 Gattungen mit 180 Arten, wovon nur eine Gattung mit einer Art auf die somit monotypische Unterfamilie Cyclanthoideae entfällt. Alle anderen Gattungen und Arten gehören zu den Carludovicoideae.

Die Cyclanthaceae sind eine rein neuweltliche Familie. Ihr Verbreitungsgebiet erstreckt sich vom nördlichen Südamerika (Zentral-Bolivien und Südost-Brasilien) über Mittelamerika bis ins südliche Mexiko, wo sie vornehmlich in der Bodenschicht von Regenwäldern vorkommen.

Die am Ende kräftiger Rhizome schopfartig vereinigten Laubblätter gleichen den Jugendformen vieler Palmenarten, bei denen von einer Mittelrippe 2 Spreitenhälften steil aufwärts abgehen, so daß daraus eine tief zweispaltige Blattfläche resultiert. Bei wenigen Arten ist auch ein kurzer, aber nur wenig verholzter, oberirdischer Sproß bekannt, wie er für viele Palmen charakteristisch ist, und als weitere Wuchsform, die aber an Araceen erinnert, sind Lianen bemerkenswert (z. B. *Evodianthus* und *Sarcinanthus*), von deren relativ dünnen, bis zu 30 m langen Sproßachsen sproßbürtige Wurzeln ausgehen, die als Halteorgane die Stämme benachbarter Gehölze umgreifen.

Alle Cyclanthaceen entwickeln kolbenähnliche Blütenstände, die mit den Araceen vergleichbar sind; es kommt auch zur Ausbildung einer Hülle, die jedoch aus mehreren Blättern am Grunde des meist durch einen kräftigen Schaft emporgehobenen, blattachselständigen Blütenstandes zusammengesetzt ist. An jedem Kolben kann man männliche und weibliche Blüten nachweisen, die sich wesentlich in ihrem Aufbau unterscheiden.

In den weiblichen Blüten hat man vierzählige Blütenkreise festgestellt, eine für einkeimblättrige Pflanzen ungewöhnliche Eigenschaft. 4 Karpelle vereinigen sich zu einem Fruchtknoten, in dessen gemeinsame Höhlung 4 stark verbreiterte Plazenten mit zahlreichen Samenanlagen hineinragen (parietale Plazentation).

Die männlichen Blüten entfalten viele Staubblätter, deren Zahl in den einzelnen Gattungen zwischen 10 und 150 schwankt. Auf einige Besonderheiten wird bei der Darstellung der Unterfamilien hingewiesen. Die Frucht ist grundsätzlich eine Beere, doch verändert sich bei der Fruchtreife auch die Kolbenachse, so daß es zur Bildung von Sammelfruchtständen kommt.

Unterfamilie Carludovicoideae

Die übereinstimmend organisierten Kolben in dieser Unterfamilie leiten sich von verzweigten Blütenständen ab, denn zahlreiche, spiralig angeordnete, weibliche Blüten, die man als Endblüten von Seitenästen deutet, werden von 4 männlichen Blüten umgeben, die sich wie kleine Schüsseln um die weiblichen Blüten gruppieren. Besonders fallen die weiblichen Blüten auf, deren vierblättrige, fleischige Hülle den Fruchtknoten völlig einschließt, ein Merkmal, das weder bei den Araceen noch bei den Palmen vorkommt, dagegen zeichnen sich die Pandanaceen durch eine Beteiligung der Blütenhülle an der Fruchtbildung aus. Die weiblichen Blüten werden in den Gattungen *Carludovica* und *Ludovia* vom Gewebe der Kolbenachse umgeben, in anderen Gattungen (z. B. *Evodianthus* und *Sarcinanthus*) ragen sie dagegen etwas heraus.

Unmittelbar vor den Blütenhüllblättern entstehen bis zu 10 cm lange fädliche Organe, die bei leichter Luftbewegung ständig schwanken, und außerdem geht von ihnen ein seidiger Glanz aus, so daß Bestäuber optisch angelockt werden. Bei diesen handelt es sich vornehmlich um Käfer, insbesondere Rüsselkäfer, die auch durch einen Duft auf die Blütenstände aufmerksam gemacht werden und

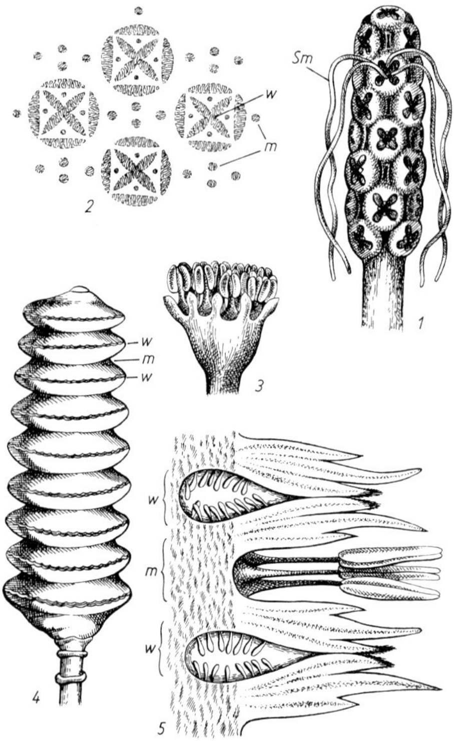

1 Kolben einer *Carludovica*-Art mit weiblichen Blüten, aus denen Staminodien (Sm) herabhängen (nur in eine Blüte eingezeichnet). Staubblattblüten bereits abgewelkt; 2 Diagramm der Blütenverteilung am Kolben, jede weibliche Blüte (w) wird von 4 Staubblattblüten (m) umgeben; 3 männliche Blüte von *Dicranopygium parvulum;* 4 junger Fruchtstand von *Cyclanthus bipartitus,* an dem weibliche (w) und männliche (m) (bereits abgefallen) Blütenwirtel miteinander abwechseln; 5 Längsschnitt eines Kolbens zur Blütezeit. m = Wirtel mit männlichen Blüten, w = Wirtel mit weiblichen Blüten

sich längere Zeit zwischen dem dichten Geflecht der als Staminodien gedeuteten Fäden aufhalten. Man hat sogar in den Fruchtknoten Larven dieser Käfer entdeckt, sie benutzen also den Aufenthalt auf dem Kolben nicht nur zur Futteraufnahme (Pollen), sondern auch zur Eiablage. Nach der Blüte schwillt das äußere Kolbengewebe mitsamt der Blütenhülle fleischig an und löst sich schließlich als Mantel von der Achse. Die stark verschleimenden Samen der Einzelbeeren werden wahrscheinlich durch Ameisen verschleppt.

Carludovica palmata kann man habituell leichter mit einer Palme verwechseln. Diese im nördlichen Südamerika verbreitete Art wird stellenweise auch kultiviert, ihre Fasern liefern das Flechtmaterial für die bekannten Panamahüte. Die Fertigung erfolgt allerdings in Ekuador, und nur der Export wird über Panama abgewickelt. Zu einer Zeit, in der die Blattspreiten etwa Dreiviertel ihrer Endgröße erreicht haben, werden sie unter Einbeziehung einer kurzen Stielzone abgeschnitten, und man entfernt die etwas stärkeren Hauptnerven. Die durch den Stielstummel vorerst noch zusammengehaltene, gefältelte Blattspreite wird in schmale Streifen zerschnitten, und durch wiederholtes kurzes Aufkochen und Bleichen der so vorpräparierten Blätter sowie eine Behandlung mit Zitronensäure (Zitronensaft) erhalten die schmalen Streifen die für das Flechten erforderliche weiche Konsistenz. Etwa 14 Blattspreiten sind für die Herstellung eines Panamahutes erforderlich.

Unterfamilie Cyclanthoideae

Diesen Verwandtschaftskreis bildet nur *Cyclanthus bipartitus,* dessen Blütenstände unter den höheren Pflanzen ohne Vergleich sind. Der mehrere Zentimeter lange Kolben hat zur Reifezeit die Form eines Baumkuchens, in dessen Wülsten sich eine Öffnung kreisförmig um den Kolben zieht. Bei näherer Analyse stellt sich heraus, daß hier die weiblichen Blüten eingeschlossen sind, die allerdings ihre Individualität weitgehend aufgegeben haben, denn ein Fruchtknoten reiht sich in diesem Wirtel neben den anderen. Die Hüllen sämtlicher Blüten haben sich ebenfalls zu einem gemeinsamen Schuppenkreis vereinigt, und 2 weitere Hüllkreise werden als Staminodien angesehen.

Die männlichen Blüten sind zu diesem Zeitpunkt bereits abgefallen, sie standen in den Einschnürungen der Kolbenachse und ragen zur Blütezeit so weit heraus, daß der Kolben in diesem Stadium einem Zylinder gleicht. Auch die männlichen Blüten sind in kreisförmigen Wirteln angeordnet, so daß Zonen männlicher und weiblicher Blüten miteinander abwechseln. Zur Blütezeit spreizen sich die Narben und Staminodien nach außen und verdecken dann völlig die benachbarte Staubblattzone, schrumpfen aber schon nach kurzer Zeit zusammen und geben dem Pollen den Ausgang frei. Auch bei *Cyclanthus bipartitus* wird die Kolbenachse während der Fruchtreife fleischig. In diesem Stadium hat sich der Fruchtstand geneigt und liegt sogar im allgemeinen dem Boden auf. Nacheinander platzen nun die einzelnen wulstartigen Fruchtblattwirtel und lösen sich als offene Ringe von der Achse. Auch hier wird die Verbreitung der Samen wahrscheinlich durch Ameisen vorgenommen.

Überordnung Aranae

Ordnung Aronstabartige, Arales

Die Ordnung besteht vorwiegend aus krautartigen Pflanzen, zu denen z. T. auch Lianen sowie Epiphyten und in seltenen Fällen Wasserpflanzen zählen. Die wechselständigen, parallel-, fieder- bis netznervigen Blätter sind meist gestielt und besitzen häufig eine basale Blattscheide. Daneben umfaßt dieser Verwandtschaftskreis Pflanzen von sehr geringer Größe mit einem stark reduzierten und wenig differenzierten Vegetationskörper. Die sehr kleinen, meist zahlreichen Blüten sind zu einem kolbigen Blütenstand vereinigt, der in der Regel von einem Hochblatt umhüllt wird. Neben zwittrigen Blüten kommen eingeschlechtige, meist einhäusige Blüten vor. Die Bestäubung erfolgt durch Insekten. Die in zwei Kreisen angeordneten 6 bis 4 Blätter der Blütenhülle können frei entwickelt bzw. verwachsen sein oder fehlen vollständig. Das aus 6 bis 4 Staubblättern bestehende, seltener auf 2 bis 1 Staubblatt reduzierte Androeceum ist ebenfalls in 2 Kreisen angeordnet. Das häufig aus 3 verwachsenen Karpellen bestehende oberständige Gynoeceum bildet einen ein- bis mehrfächerigen Fruchtknoten mit einer bis mehreren crassinucellaten Samenanlagen. Die häufig beerenartigen, seltener trockenen Früchte bringen Samen mit einem fetthaltigen oder mehligen Endosperm hervor. Die Samen zeichnen sich durch eine helobiale Endospermbildung aus.

Familie Aronstabgewächse, Araceae

Die Aronstabgewächse sind eine relativ große Familie mit annähernd 110 Gattungen, die insgesamt etwa 2900 Arten umfassen. Sie sind über die tropischen Gebiete der gesamten Erde verbreitet, wobei sich das Areal zahlreicher Sippen bis in die subtropischen Bereiche ausdehnt, während die temperierten Gebiete von vergleichsweise wenigen Arten besiedelt werden. Fossile Funde liegen von dieser Familie vor allem aus der Tertiärzeit vor.

Die Araceen sind in der Hauptsache Kräuter, deren basaler Teil der Sproßachse häufig als unterirdisch wachsendes, knollig verdicktes Rhizom ausgebildet ist. Daneben sind jedoch auch strauch- und baumartige Formen bekannt. Zahlreiche Arten wachsen in den tropischen Regenwäldern als Schlingpflanzen oder epiphytisch auf Bäumen, in seltenen Fällen kommen auch typische Wasserpflanzen vor.

Die meisten Aronstabgewächse sind sympodial verzweigt, wobei sich die Pflanzen während ihrer Jugendentwicklung zunächst monopodial entwickeln und erst nach der Bildung eines Blütenstandes zu einem sympodialen Wuchs übergehen. Dabei wird der mit einem Blütenstand endende Hauptsproß von einem Seitensproß, der sein Wachstum nach der Bildung mehrerer Blätter selbst mit einem Blütenstand abschließt, überragt. Die Entwicklung der sympodialen Seitensprosse beginnt bei den Formen, deren Sproßachse zu einem Teil unterirdisch wächst, häufig mit der Ausbildung eines Niederblattes, dem oberirdisch mehrere Laubblätter folgen. Aber es können auch mehrere Niederblätter auftreten oder die Zahl der Laubblätter, wie bei einigen besonders großblättrigen Formen, auf eines beschränkt sein. Die ausschließlich oberirdisch wachsenden Sprosse bringen gewöhnlich nur Laubblätter hervor. Wenige Verwandtschaftskreise dieser Familie zeigen während ihrer gesamten Entwicklung einen monopodialen Wuchs.

Die Aronstabgewächse zeichnen sich unter den Monokotylen durch einen besonders großen Formenreichtum ihrer meist zweizeilig oder auch wechselständig angeordneten Blattorgane aus, wobei neben sehr einfachen und ganzrandigen Formen fiederschnittige, einfach und mehrfach gefiederte sowie lochartig durchbrochene Blattypen vorkommen. An der Basis sind die Blätter der Araceen meist scheidig verbreitert, wodurch ein gewisser Schutz der jungen Sproßspitzen erreicht wird.

Daneben zeigen sie auch eine entsprechend ihrer Lebensweise bedingte Anpassung in der Wurzelbildung. Die hier sehr zahlreich auftretenden Adventivwurzeln dienen den kletternden Formen vielfach als Haftwurzeln, mit denen sie sich an benachbarten Stützen verankern. Bei den epiphytisch wachsenden Pflanzen bilden sie die Verbindung zum Boden und dienen so in erster Linie der Nährstoffaufnahme, wobei die Wurzeln, die eine Länge von 30 m und mehr erreichen können, seilartig herabhängen und sich erst im Boden intensiv verzweigen. Teilweise bilden sich Luftwurzeln, deren äußere Zellschichten zur Aufnahme des atmosphärischen Wassers geeignet sind. Die Zellen dieses als Velamen bezeichneten Gewebes sterben frühzeitig ab und fungieren durch die Wirkung kapillarer Kräfte als Wasserspeicher, wobei einer bei der Austrocknung möglichen Formveränderung oft durch feine Versteifungen in der Zellwand vorgebeugt wird.

Alle Araceen haben nur relativ kleine, unscheinbare Blüten, die gewöhnlich zu einem kolbigen Blütenstand vereinigt sind. Als relativ ursprünglich werden jene Formen angesehen, deren Blütenkolben frei über das vorangehende Hochblatt hinausragt und sich durch zwittrige Blüten mit einer perigonartigen Blütenhülle auszeichnet. Meist wird der Blütenstand von einem relativ großen Hochblatt (Spatha) umhüllt, das oftmals auffällig gefärbt ist und eine gewisse Schutzfunktion ausübt sowie durch seine Farbe oder teilweise auch besondere Form im Dienste der Bestäubung steht. Daneben treffen wir im Bereich des Blütenstandes verschiedene Einrichtungen an, die mit der bei den Aronstabgewächsen häufig vorkommenden Fliegenbestäubung in Zusammenhang stehen. So haben die Kolben und Hochblätter häufig braune Farbtöne, die, ähnlich wie die kot- und urinartigen Gerüche, von den Fliegen bevorzugt werden. Aber auch die schwanzartigen Verschmälerungen an Kolben und Hochblättern sind für die Fliegenanlockung von Bedeutung. Vielfach fungiert das sterile, kolbige Ende des Blütenstandes, in dem teilweise größere Mengen von Stärke gespeichert sind, die während der Geruchsbildung abgebaut werden, als geruchserzeugendes Organ, wobei in dem Kolben eine deutliche Wärmeentwicklung beobachtet werden kann. Diese tritt bei mehreren Gattungen der Aronstabgewächse auf und unterstützt auf verschiedene Weise die Insektenanlockung.

Die Blüten sind entweder zwittrig, oder die männlichen und weiblichen Organe sind auf verschiedene Blüten verteilt, wobei sie gewöhnlich in einem gemeinsamen Blütenstand erscheinen. Eine Ausnahme bildet die in Asien und Nordamerika beheimatete Gattung *Arisaema*, bei der die beiden Geschlechter auf verschiedenen Pflanzen vorkommen.

Die Blütenhülle, die auch vollständig reduziert sein kann, setzt sich häufig aus 2 zwei- oder dreizähligen Kreisen zusammen und läßt keine Differenzierung in Kelch und Blumenkrone erkennen. Eine ähnliche Anordnung zeigen die Staubblätter, die entweder frei oder aber durch Verwachsungen zu einem Synandrium vereinigt sein können. Die bei verschiedenen Gattungen vorkommenden verbreiterten Staubblätter sind hier – im Gegensatz zu entsprechenden Formen bei den Magnoliales – als abgeleitet zu betrachten.

Die Stempel bestehen meist aus 2 bis 3 Fruchtblättern, die miteinander verwachsen sind, wobei der Fruchtknoten in der Regel eine ausgeprägte Förderung zeigt. Die sich aus den Samenanlagen entwickelnden Samen enthalten neben dem Embryo ein gut ausgebildetes Nährgewebe (Endosperm), jedoch

Acorus calamus. 1 Blütenstand; 2 Blüte; 3 Blütendiagramm

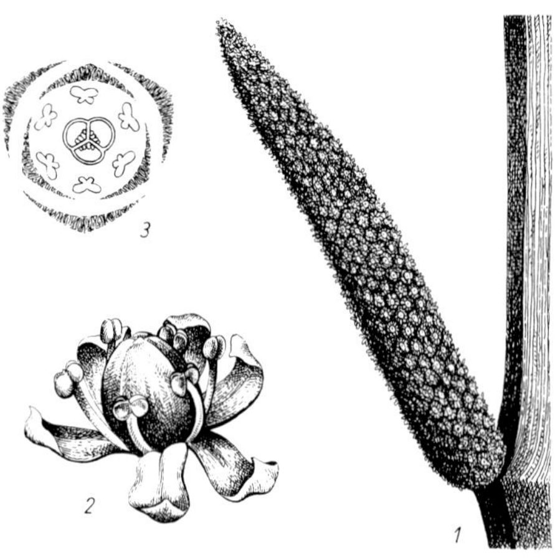

kommen auch endospermlose Formen vor. Eine relativ seltene Erscheinung unter den Einkeimblättlern ist die bei den Aronstabgewächsen häufig zu beobachtende Behaarung der Samenstielchen, die wohl mit der Schleimbildung in Zusammenhang steht. Der Fruchtknoten reift meist zu einer saftigen Beerenfrucht heran, wobei auch das äußere Integument der Samen eine saftig-klebrige Ausbildung erfährt, so daß eine größere Haftfähigkeit der durch Vögel verbreiteten Samen erreicht wird.

Bei den Aronstabgewächsen kommen u. a. Gerbstoffzellen, Schleimzellgruppen, Harzgänge und Kalziumoxalatkristalle vor. Außerdem werden sowohl unverzweigte als auch sich verzweigende und untereinander in Verbindung stehende Milchröhren ausgebildet. Daneben finden sich häufig sogenannte Spikularzellen, haarartige oder auch H-förmig verzweigte Zellformen, die mehrfach größer als die Nachbarzellen sind und mit ihren spitzen Auswüchsen in die angrenzenden Interzellularräume hineinragen. Im Bereich des Blütenkolbens können Duftdrüsen ausgebildet sein, die für die Insektenanlockung von Bedeutung sind.

Neben dem häufigen Auftreten von Stärke und Schleimen sind die Araceen vor allem durch das Vorkommen von ätherischen Ölen, Saponinen, Polyphenolen und zyanogenen Verbindungen gekennzeichnet.

Unterfamilie Pothoideae

Bei den Aronstabgewächsen wird eine größere Anzahl von Unterfamilien unterschieden, von denen die Pothoideen eine relativ ursprüngliche Gruppe darstellen. Es sind Landpflanzen, deren Sproßsystem noch vielfach durch die ursprüngliche monopodiale Verzweigung gekennzeichnet ist, wobei die Sproßachsen, Blattstiele und Wurzeln keine Milchröhren und Spikularzellen, die sonst häufig zu beobachten sind, ausbilden. Im Gegensatz zu verschiedenen anderen Sippen dieser Familie haben die Pothoideen zwittrige Blüten.

Zu diesem Verwandtschaftskreis gehört die annähernd 50 Arten umfassende Gattung *Pothos,* die hauptsächlich im indomalesischen Raum verbreitet ist und von der verschiedene Arten als Zierpflanzen kultiviert werden.

Daneben ist vor allem die Gattung *Anthurium,* die Flamingoblumen, wegen ihrer auffallenden Blütenstände bekannt. Die neotropisch verbreitete Gattung, zu der etwa 700 Arten zählen, entwickelt ein sympodiales Verzweigungssystem und zeichnet sich teilweise durch kletternden Wuchs aus. Zahlreiche Arten werden wegen der großen, intensiv rot gefärbten Hochblätter in Gewächshäusern kultiviert. Hiervon sind insbesondere das kleinere *Anthurium scherzerianum* mit einem spiralig gekrümmten Blütenkolben und das große, besonders dekorativ wirkende *Anthurium andreanum* häufig anzutreffen, dessen 50 bis 80 cm lange Blütenschäfte mit einem kräftig entwickelten Blütenkolben enden, der sich vor dem Hintergrund eines großen herzförmigen, glänzendroten Hochblattes auffällig abhebt. Von der letzteren Art gibt es bereits Züchtungen, die sich durch andere Farben auszeichnen oder deren Hochblätter bis zu 30 cm groß werden können und als dekorative Schnittblumen in der Blumenbinderei Verwendung finden.

Zwei weitere Arten, *Anthurium magnificum* und *Anturium crystallinum,* werden wegen ihrer dekorativen Blätter kultiviert, deren oliv- bzw. samtig-grüne Blattspreiten von breiten weißen Streifen, die entlang der Blattnerven ausgeprägt sind, durchzogen werden. Andere Arten werden von den Indianern Amerikas zu verschiedenen Zwecken genutzt. So verwendet man den Saft der zerriebenen Blätter von *Anthurium crassinervum* im südlichen Mexiko als Heilmittel gegen Warzen, während hier die Luftwurzeln einiger anderer Arten zur Herstellung von Körben dienen. Ähnlich werden die Sproßachsen von *Anthurium flexuosum* in Venezuela als Bindematerial genutzt. Eine in Brasilien und Peru als Schnupftabak und Aphrodisiakum verwendete Pflanze ist *Anthurium oxycarpum,* dessen frische Blätter zunächst geruchlos sind, nach Trocknung jedoch nach Vanille und Moschus riechen. Die Früchte verschiedener Arten werden gegessen oder wie von *Anthurium infectorium* für bestimmte Tänze oder Zeremonien zum Rot- und Schwarzfärben der Zähne verwendet. Dem Blütenkolben der Art *Anthurium teesmannii* schreibt man eine kontrazeptive Wirkung zu. So wird der Kolben bei den Makuna-Indianern getrocknet und anschließend pulverisiert den Speisen der Frauen beigemischt. Die langen kräftigen Wurzeln von *Anthurium nymphaeifo-*

An der Basis des relativ unscheinbaren, spiralig gekrümmten Blütenstandes der im tropischen Amerika beheimateten Flamingoblume, *Anthurium scherzerianum,* entwickelt sich ein auffällig gefärbtes Hochblatt.

lium finden in Venezuela teilweise als Gitarrensaiten Verwendung.

Eine ausschließlich auf das tropische Afrika beschränkte Form ist die etwa 15 Arten umfassende Gattung *Culcasia,* deren meist klimmende oder kriechende Sprosse sich häufig durch drüsentragende Laubblätter auszeichnen. Die nackten männlichen und weiblichen Blüten sitzen auf einem anhanglosen Kolben, der während der Blüte von dem meist grünen Hochblatt in seiner unteren Hälfte mehr oder weniger stark eingehüllt wird. Nach dem Blühen wickelt sich das Hochblatt entweder vollständig um den Kolben, oder es fällt ab, wobei die roten Beerenfrüchte einen Durchmesser von über 2 cm erreichen können.

Zu diesem Verwandtschaftskreis gehört weiterhin die monotypische Gattung *Zamioculcas,* die in Ostafrika sowie auf den Inseln Sansibar und Réunion verbreitet ist. Die einzige Art, *Zamioculcas loddigesii,* besitzt echte Fiederblätter, wie sie bei den Aronstabgewächsen nur sehr selten anzutreffen sind und deren Einzelfiedern von der Pflanze leicht abgeworfen werden können. Die am Boden liegenden Fiedern bilden an ihrer Basis eine Knolle, aus der Wurzeln und ein neuer Sproß hervorgehen, so daß sich die Pflanze auf diese Weise vegetativ vermehrt. Die einzelnen Triebe bringen neben mehreren Niederblättern nur jeweils ein Laubblatt hervor. Auch bei der ebenfalls in Ostafrika beheimateten Gattung *Gonatopus,* deren noch stärker gegliederte Laubblätter jedoch dreifach gefiedert sind, dienen die Blattfiedern der Vermehrung. Im Gegensatz zur Gattung *Zamioculcas* sind bei ihr die Staubblätter der männlichen Blüten zu einer Röhre verwachsen und öffnen sich an der Spitze durch Poren.

Schwertartige, zweizeilig angeordnete Blätter, die große Ähnlichkeit mit denen der Schwertlilie aufweisen, hat der Echte Kalmus,

Das Hochblatt des Echten Kalmus, *Acorus calamus,* setzt die Sproßachse in gerader Richtung fort, während der reichblütige Blütenstandskolben seitlich abgeknickt erscheint.

Acorus calamus, der jetzt über die gesamte Nordhemisphäre verbreitet ist, ursprünglich aber nur in Ostasien beheimatet war und nach Europa erst im 16. Jahrhundert gelangte. Die Blätter entstehen auf der Oberseite eines dorsiventralen Rhizoms, während die Wurzeln aus dessen Unterseite hervorgehen. Der dreikantige, oberirdische Sproß setzt sich in gerader Linie in einem lang zugespitzten grünen Hochblatt fort, so daß der grüne Blütenkolben in eine seitliche Stellung gedrängt wird. Der an Seeufern vorkommende Kalmus ist meist steril und vermehrt sich hauptsächlich vegetativ durch Rhizomverzweigungen. Die Rinde des horizontal kriechenden Rhizoms besteht wie bei vielen Sumpfpflanzen aus einem maschenartig aufgelockerten Gewebe mit großen Interzellularen, die eine gute Durchlüftung der unterirdischen Teile ermöglichen.

Die sehr stärkereichen Rhizome enthalten 1,5 bis 4,5% ätherisches Öl, das sogenannte Kalmusöl, das durch Destillation gewonnen wird und in der Parfümindustrie sowie als Geschmacksstoff für die Herstellung von Likör und Gin Verwendung findet. Zur Gewinnung dieses wichtigen Öles wird der Kalmus auch in verschiedenen Ländern angebaut. Das Öl bewirkt bei Insekten männliche Sterilität, was in Versuchen mit Schadinsekten in einer starken Herabsetzung der Vermehrungsrate zum Ausdruck kam. Die getrockneten und puderartig zerkleinerten Rhizome dienten früher als Heilmittel gegen Koliken und Verdauungsstörungen.

Auch bei den Indianern Nordamerikas fand diese Pflanze vielfältige Verwendung, so z. B. als Heilmittel gegen Katarrh oder zum Stillen von Blutungen. Die jungen Triebe wurden als Salat gegessen und die ausgewachsenen Blätter für den Bau von Indianerzelten verwendet. In Brasilien nutzt man diese Pflanze als Droge gegen Eingeweidewürmer. Auch in Indien sowie bei den Griechen und Römern war der Kalmus bereits in sehr frühen Zeiten als Heilmittel in Gebrauch. Mit dieser Art, die heute auch vielfach zu Zierzwecken kultiviert wird, waren zahlreiche Volksbräuche verknüpft. Das Rhizom wurde auch kandiert als Süßspeise gegessen oder als Häcksel dem Viehfutter beigemischt.

Eine weitere, viel kleinere, in Japan beheimatete, sehr zierliche Art, *Acorus gramineus,* wird auch als Aquarienpflanze kultiviert.

Unterfamilie Monsteroideae

Die Monsteroideen, die der Unterfamilie der Pothoideen noch sehr nahestehen, haben wie diese keine Milchzellen und bilden zwittrige Blüten, jedoch treten hier im Gewebe der Sproßachsen und Blattstiele sowie auch teilweise der Wurzeln die für zahlreiche Aronstabgewächse charakteristischen, eigenartig geformten Spikularzellen auf.

Zu diesem Verwandtschaftskreis gehört die mit etwa 30 Arten neotropisch verbreitete Gattung *Monstera,* die wegen ihrer auffallenden, dekorativen Blätter als Zimmerpflanze weit verbreitet ist. Insbesondere die in Guatemala und Mexiko heimische *Monstera deliciosa,* das sogenannte Fensterblatt, ist wegen seiner fiederspaltigen und zugleich lochartig durchbrochenen Blätter sehr beliebt. Die zuletzt lederartigen Laubblätter sind in der Jugendentwicklung vollständig ungeteilt, jedoch stellen sehr

Die hier auf der Königspalme, *Roystonea regia,* als Epiphyt wachsende *Monstera deliciosa* wird wegen ihrer dekorativen Blätter auch häufig als Zimmerpflanze kultiviert.

bald einige Gewebeteile der Spreite ihr Wachstum ein, so daß es durch Vertrocknung und anschließendes Zerreißen dieser Stellen der Blattspreite zu den bekannten Schlitz- und Lochbildungen kommt. Wie Versuche zeigten, wird die Gliederung der Blätter durch frühzeitige Mineraldüngung sowie durch eine hohe Beleuchtungsstärke gefördert.

Der klimmende Sproß dieser Pflanze bringt zahlreiche Luftwurzeln hervor, die sowohl Stütz- als auch Ernährungsfunktion haben. Die etwa 20 cm großen Fruchtkolben, die sich durch einen ananasartigen Geschmack auszeichnen, werden in Mexiko gehandelt. Die in den Früchten enthaltenen Raphiden verschwinden bei der Reife, und der aus den Früchten gewonnene Saft wird im Speiseeis oder in Getränken sowie als Geschmacksstoff für Schaumweine verwendet. In der Volksmedizin benutzt man die Pflanze als Heilmittel gegen Gelenkentzündungen. Die Wurzeln werden in Mexiko zu Körben verarbeitet. Daneben sind die Fruchtkolben einiger weiterer Arten, wie *Monstera dilacerata* und *Monstera pertusa,* ebenfalls eßbar.

Nahe verwandt ist die von Indomalesien bis Melanesien mit annähernd 40 Arten vorkommende Gattung *Scindapsus,* von der ebenfalls mehrere Arten als Zierpflanzen kultiviert werden. Hier ist besonders der auf den Salomoninseln beheimatete *Scindapsus aureus,* dessen einfache Laubblätter durch eine goldgelbe Zeichnung auffallen, als Ampelpflanze weit verbreitet. Ähnlich dekorativ ist *Scindapsus pictus* var. *argyraeus,* der auf den Sundainseln vorkommt und dessen Laubblätter eine silbrige Fleckung aufweisen.

Hauptsächlich neotropisch verbreitet ist die Gattung *Spathiphyllum,* die mit einer Art aber auch in Indonesien vorkommt. Diese Gattung zeichnet sich durch ein mehr oder weniger unterirdisch wachsendes Rhizom und ein auch während der Reife noch überdauerndes grünes, seltener dagegen weißes Hochblatt aus. Einige Arten werden wegen ihrer schönen Blütenstände, die teilweise, wie das in Kolumbien und Venezuela beheimatete *Spathiphyllum cannifolium,* einen starken Duft entwikkeln, als Warmhauspflanzen kultiviert. Daneben nutzen die Indianer verschiedene Arten. So dient die bereits erwähnte Art zum Aromatisieren des Tabaks, während die Blätter von *Spathiphyllum cochlearispathum* in Mittelamerika als Droge gegen Schwellungen und Warzen Verwendung finden. Die jungen Blütenstände von *Spathiphyllum friedrichsthalii* werden ähnlich wie von *Spathiphyllum phryniifolium* mit Eiern gekocht und gegessen.

Unterfamilie Calloideae

Ähnlich den Pothoideen haben die Calloideen, deren Verbreitung im wesentlichen auf die temperierte Zone der nördlichen Hemisphäre beschränkt ist, noch zwittrige Blüten, jedoch zeichnen sie sich durch gegliederte, d. h. aus mehreren Zellen zusammengesetzte Milchröhren aus.

Zu diesem Verwandtschaftskreis gehört die Gattung *Lysichiton.* Das in Nordostasien vorkommende *Lysichiton camtschatcaense* ist eine krautartig entwickelte Pflanze, deren lang-

Lysichiton camtschatcaense. Im Gegensatz zu den meisten Aronstabgewächsen, deren Hochblätter sich unmittelbar unterhalb des Blütenstandes befinden, entstehen die gestielten gelben Hochblätter dieser Art weit unterhalb des Blütenstandes.

gestielte Blätter bis zu einen Meter lang und 30 cm breit werden und die sich durch relativ ursprüngliche Hochblattbildungen auszeichnet. Während das Hochblatt bei den meisten Aronstabgewächsen dicht unterhalb des Blütenstandes gebildet wird und den Kolben in manchen Fällen auch noch während des Blühens teilweise einhüllt, entsteht das blaßgelbe Hochblatt dieser Art weit unterhalb des Blütenstandes, wobei der untere Teil des Blütenstandschaftes von dem scheidigen Stiel des Hochblattes umhüllt wird. Die Wurzeln des in Nordamerika beheimateten *Lysichiton americanum,* das eine weiße Spatha besitzt, werden von den Indianern als Notnahrung gegessen und zusammen mit den Blättern zu medizinischen Zwecken verwendet.

Eine nahe verwandte Form ist die im Amurgebiet, Japan und dem nordwestlichen Teil Nordamerikas verbreitete Gattung *Symplocarpus,* deren einzige Art, *Symplocarpus foetidus,* an jedem ihrer Triebe zunächst nur Laubblätter hervorbringt, während sich an den Trieben im darauffolgenden Jahr nach einigen Niederblättern ein auffallendes, kahnförmiges, schmutzigviolettes Hochblatt entwickelt, das einen kugeligen Kolben umhüllt. Durch Wärmeerzeugung kann der Kolben eine bis zu 25 bzw. 30 Grad höhere Wärme als die Umgebungstemperatur aufweisen. Da sich die Temperaturen während der Blütezeit in Gefrierpunktnähe befinden, unterstützt die Wärmeerzeugung die Insektenanlockung sowie das Durchdringen der Schneedecke. Als einzigartige Besonderheit in dieser Familie zeichnet sich diese Gattung durch unterständige Fruchtknoten aus. Bei einigen Indianerstämmen werden die pulverisierten Rhizome und Wurzeln als Heilmittel gegen verschiedene Krankheiten verwendet, wobei die Wurzeln auch teilweise als Talisman gegen Wiedererkrankungen dienen. Daneben stellt man aus den Wurzeln ein pfefferiges Brot her, die jungen Blätter werden als Gemüse gegessen, wobei ihr sehr unangenehmer Duft durch das Kochen beseitigt wird.

Eine nicht selten kultivierte Wasserpflanze ist die im atlantischen Nordamerika beheimatete Goldkeule, *Orontium aquaticum,* deren Blattspreiten sich schwimmend auf der Wasseroberfläche ausbreiten und ihre Spaltöffnungen nur auf der Oberseite bilden. Die Pflanze entwickelt einen längeren weißen Schaft, der den goldgelben Blütenkolben über die Wasseroberfläche hebt, während das unscheinbare Hochblatt frühzeitig vergeht. In Amerika werden die Samen wie Erbsen getrocknet oder geröstet verzehrt, und auch das scharf schmeckende Rhizom wird durch Kochen genießbar gemacht.

Vollständig nackte Blüten, denen eine Blütenhülle fehlt, zeichnen die ebenfalls zu diesem Verwandtschaftskreis zählende Gattung *Calla* aus, die mit nur einer Art, *Calla palustris,* der Sumpfschlangenwurz, in Eurasien und dem atlantischen Nordamerika verbreitet ist. Sie bevorzugt besonders sumpfige Standorte und wächst mit einem kriechenden hohlen Rhizom, an dem die rundlich-herzförmigen Laubblätter zweizeilig angeordnet sind. Dicht unterhalb des kurzen, kolbenartigen Blütenstandes ist ein auffälliges, oberseits weißes, unterseits jedoch grünliches Hochblatt entwikkelt, das durch seine Farbe zur Insektenanlokkung beiträgt, den Blütenkolben jedoch nicht umhüllt. Die vorwiegend zwittrigen Blüten sind proterogyn, so daß durch die ungleiche Reifeentwicklung der Staub- und Fruchtblätter eine Selbstbestäubung verhindert wird. Aus den nektarlosen, einen etwas unangenehmen Geruch erzeugenden Blüten entwickeln sich später rote Beerenfrüchte, die entweder durch das Wasser oder wegen ihrer klebrigen Samen durch Sumpfvögel verbreitet werden können. In Lappland stellt man aus dem Rhizom ein Mehl her, das zu Brot verarbeitet wird. Ähnlich dienen auch die Samen der Mehlgewinnung. Das frische Rhizom wird in Nordamerika von Indianern als Droge genutzt.

Unterfamilie Lasioideae

Bei den Arten dieses Verwandtschaftskreises, der an Hand von Früchten bereits aus dem Eozän nachgewiesen wurde und sich unmittelbar von den Pothoideen ableitet, handelt es sich um Land- oder Sumpfpflanzen, in deren Stengel und Blattstielen gegliederte Milchröhren ausgebildet sind, wobei sowohl zwittrige

Die an sumpfigen Standorten vorkommende Sumpfschlangenwurz, *Calla palustris,* bildet nektarlose Blüten, die durch ihren unangenehmen Duft fäulnisliebende Insekten anlocken.

als auch eingeschlechtige Blüten auftreten können.

Die hierzu gehörige Gattung *Lasia,* die im indomalesischen Raum verbreitet ist, zeichnet sich durch bedornte Sprosse und Blattstiele aus. Das Hochblatt ist bei dieser Form stark verlängert und zugleich zu einer sehr schmalen Röhre zusammengedreht, wodurch der kurze, zylindrische Kolben umhüllt wird.

Nahe verwandt ist die neotropische Gattung *Dracontium,* deren Arten eine unterirdische Knolle entwickeln, aus der jährlich nur ein großes Laubblatt hervorgeht. Insbesondere das in Nikaragua beheimatete *Dracontium gigas* und einige andere Arten erreichen eine eindrucksvolle Höhe, wobei der gefleckte Stiel des Laubblattes eine Höhe von 3 m erreicht und die stark geteilte Blattspreite mehr als 1 m breit werden kann. Das schmutzig rotbraune Hochblatt des Blütenstandes, das bis zu 60 cm lang wird, umhüllt einen unangenehm riechenden Kolben, dessen intensiver Aasgeruch leicht zu Schwindel und Erbrechen führt. Verschiedene Arten dieser alkaloidhaltigen Gattung werden in Amerika zur Behandlung von Giftpfeil- und Insektenbißwunden sowie zum Abtöten von Insektenlarven in Tierwunden benutzt. Daneben finden die Pflanzen als Arznei gegen Blutungen, Krämpfe und Asthma Verwendung. Bei den Azteken wurden mit den zu Sträußen gebundenen Blütenständen einer bestimmten *Dracontium*-Art verdiente Krieger und gewandte Redner geehrt. Die Knollen, die viel Pektin enthalten, macht man durch Rösten genießbar.

Eine ebenfalls zu dieser Verwandtschaft gehörende Art ist *Urospatha antisylleptica,* deren Kolben von den Frauen einiger Indianerstämme als kontrazeptives Mittel verwendet werden. Die Blütenstände der in Thailand beheimateten *Thomsonia sumawongii* werden gekocht als Gemüse verzehrt.

Einen ähnlichen Aufbau wie die eben erwähnte Sippe zeigt die paläotropisch verbreitete Gattung *Amorphophallus,* deren sehr große Knollen ebenfalls nur jeweils ein Laubblatt entwickeln. Einige Arten dieser Gattung bringen riesenhafte Blütenstände hervor, bei denen aus einem tütenförmigen braunen Hochblatt ein großer Blütenkolben herausragt, der in seinem unteren Teil die eingeschlechtigen Blüten trägt, während der obere, sehr stark vergrößerte Teil, der sich bei *Amorphophallus campanulatus* durch eine tiefe Furchung auszeichnet, steril ist. Dabei können sich die Blütenstände ohne Wasserzufuhr allein aus den Reservestoffen der Knolle entwickeln. Die eindrucksvollste Art dieser Gattung ist der von Beccari 1878 auf Sumatra entdeckte *Amorphophallus titanum.* Sein Blattstiel kann eine Höhe von 5 m und einen Durchmesser von 10 cm erreichen, wobei die einzelnen Abschnitte der Blattspreite bis zu 3 m lang werden können. Die Blütenstände, die zu den größten des Pflanzenreiches zählen, werden annähernd bis zu 2 m lang, dabei entfallen allein 1,50 m auf den bei dieser Art mit einem lang zugespitzten sterilen Anhang versehenen Kolben, und der Durchmesser des Hochblattes kann 1,30 m betragen. Die Knolle, von der Durchmesser bis zu 50 cm bekannt sind, vermag bis zu 34 kg zu wiegen. Die sehr stärkereichen Knollen werden geröstet oder gekocht gegessen. Eine weitere Art,

Die Blütenstände von *Amorphophallus titanum* zeichnen sich durch extrem große Blütenstandskolben und eine auffallende Kontrastfärbung des Hochblattes aus.

Amorphophallus bulbifer, bringt an ihrer Laubblattspreite scheibenförmige Knollen hervor, die der vegetativen Vermehrung dienen.

Zu dieser Unterfamilie gehört auch die Gattung *Montrichardia,* die mit wenigen Arten in den Sümpfen des tropischen Amerika vorkommt. Die baumartig wachsenden Pflanzen, die sich durch große pfeilförmige Laubblätter auszeichnen, zeigen den für viele Aronstabgewächse charakteristischen sympodialen Wuchs, wobei der zunächst endständige Blütenstand durch den die Hauptachse fortsetzenden Seitentrieb in eine seitliche Stellung gedrängt wird. Der u. a. auch als Fischköder verwendete Fruchtkolben wie auch die stärkereichen Wurzeln von *Montrichardia arborescens* dienen in vielen Ländern Südamerikas der menschlichen Ernährung, wobei auch die Samen gekocht oder geröstet gegessen werden. Sowohl der Saft als auch die Blätter und Wurzeln dieser Art werden als Heilmittel gegen verschiedene Krankheiten benutzt, während aus dem Sproßgewebe ein hochwertiger Papierbrei hergestellt wird. Sproß und Wurzeln von *Montrichardia linifera* liefern Fasern, die für die Herstellung von Tauwerk sowie in der Textilindustrie Verwendung finden.

Unterfamilie Philodendroideae

Die Philodendroideen, die sowohl Sumpf- als auch Landpflanzen umfassen, sind eng mit den ebenfalls Milchröhren bildenden Calloideen verwandt, unterscheiden sich jedoch von diesen durch ihre eingeschlechtlichen Blüten.

Die größte Gattung dieses Verwandtschaftskreises ist die mit etwa 500 Arten im tropischen Amerika verbreitete Gattung *Philodendron,* bei der es sich hauptsächlich um strauchartig wachsende oder kletternde Pflanzen handelt, deren die sympodiale Hauptachse fortsetzende Seitentriebe neben dem endständigen Kolben meist nur ein Niederblatt und ein Laubblatt bilden. Der von einem Hochblatt eingehüllte Blütenkolben trägt an seiner Basis die weiblichen, in seinem oberen Abschnitt die männlichen Blüten.

Der Blütenkolben des in Südamerika beheimateten *Philodendron selloum* erreicht am Abend der Hochblattentfaltung eine Temperatur von 39 bis 43 °C, die die Umgebungstemperatur um 17 bis 24 Grad übertrifft. Durch das mit der Wärmeentwicklung verbundene Ausströmen von Duftstoffen werden Käfer angelockt, die beim Anprall an dem auf der Innenseite hellen und glatten Hochblatt abgleiten und in den von der Hochblattbasis gebildeten Kessel fallen. Hier kommen sie mit den weiblichen Blüten in engen Kontakt. Am Nachmittag des folgenden Tages beginnt sich das Hochblatt zu schließen und scheidet an seiner Innenseite eine harzige Substanz aus. Am Abend werden die Insekten beim Verlassen des sich verengenden Hochblattausganges mit diesen klebrigen Ausscheidungen beschmiert, so daß sie sich zwangsläufig an den im oberen Kolbenbereich inzwischen erblühten männlichen Blüten mit bis zu 3 cm langen Pollenketten reichlich mit Pollen beladen. Durch den unmittelbar anschließenden Besuch eines weiteren Blütenstandes erfolgt die Bestäubung. Viele Arten der Gattung *Philodendron* werden wegen ihrer formschönen, teilweise mehr oder weniger stark gefärbten großen Laubblätter als Zierpflanzen kultiviert. Daneben werden zahlreiche Formen in ihrem natürlichen Verbreitungsgebiet von den Indianern genutzt. Insbesondere dienen die Fruchtstände einiger Arten als Nahrung, während man die meist zahlreich entwickelten Luftwurzeln zur Herstellung von Besen, Tauen und als Bindematerial benutzt. Die von vielen Arten gewonnenen Drogen werden meist zur Behandlung von Entzündungen sowie gegen Eingeweidewürmer verwendet.

Die präparierten Blätter von *Philodendron craspedodromum* dienen in stehenden Gewässern zum Betäuben von Fischen, während ein in den Hochblättern von *Philodendron haematinum* enthaltener roter Farbstoff bei magischen Zeremonien Anwendung findet. Bei einigen Arten ist eine kontrazeptive Wirkung bekannt, wie bei *Philodendron dyscarpium,* dessen getrockneter und pulverisierter Blütenkolben von den Frauen mit der üblichen Nahrung eingenommen wird, während die Blätter von *Philodendron imbe* eine anhaltende Sterilität des Mannes bewirken sollen.

Interessante Hochblätter besitzt die in Indomalesien beheimatete Gattung *Schismatoglottis,* die im Verlaufe der Entwicklung ihre Hochblattspreite abwirft, so daß nur der untere röhrige Teil des Hochblattes an der Pflanze verbleibt.

Wegen ihrer häufig weißbunten Laubblätter werden vor allem die Gattung *Aglaonema*, die in Indomalesien beheimatet ist, und die neotropisch verbreitete Gattung *Dieffenbachia* als Warmhauspflanzen kultiviert. Besonders auffällig gezeichnete Blätter haben *Dieffenbachia picta* und *Dieffenbachia imperialis*, wobei die erste Art Alkaloide enthält und wie auch verschiedene andere Arten dieser Gattung giftig ist. *Dieffenbachia seguine* findet im karibischen Raum als Arzneipflanze sehr vielseitige Verwendung. Daneben wird aus dieser Pflanze ein tödliches Gift gewonnen, das bei kriegerischen Auseinandersetzungen angewendet wurde. In früherer Zeit hat man die Sklaven durch den erzwungenen Genuß dieser Pflanze grausam gefoltert, wobei in die beim Kauen durch zahlreiche Raphiden verletzte Schleimhaut ein ebenfalls in den Sprossen enthaltener eiweißartiger Giftstoff eindrang, der die Zunge sofort anschwellen ließ, so daß der Gequälte längere Zeit nicht sprechen konnte. Außerdem soll der Pflanzensaft, äußerlich angewendet, als Aphrodisiakum wirken, während die Pflanze bei oraler Anwendung Sterilität hervorrufen soll, weshalb sie wohl auch als kontrazeptives Mittel Verwendung findet.

Eine sehr bekannte, häufig als Zimmerpflanze gezogene Art ist die oft fälschlich als »Calla« bezeichnete *Zantedeschia aethiopica*, die in Südafrika beheimatet ist. Diese Pflanze, die sich durch pfeilförmige Blätter und einen gelben Blütenkolben auszeichnet, unter dem sich ein auffallendes weißes Hochblatt entwikkelt, wird in zahlreichen Sorten kultiviert.

Unterfamilie Colocasioideae

Die Colocasioideen haben ähnlich wie die Philodendroideen getrenntgeschlechtige Blüten, sie besitzen jedoch im Gegensatz zu diesen meist verzweigte Milchröhren, die untereinander verbunden sind. Die Staubblätter der männlichen Blüten sind zu Synandrien verwachsen.

Hierzu gehört die unter dem Namen Taro bekannte *Colocasia esculenta*, die eine der wichtigsten Knollenfrüchte der tropischen und subtropischen Gebiete ist. Die Anbaugebiete dieser Pflanze, deren natürliche Heimat in Südasien liegt, umfassen außerdem Australien, Afrika und Amerika. In China, das neben Malaysia, Indien und Japan zu den frühen Anbaugebieten gehört, zählt diese Art zu den ältesten Kulturpflanzen. Die polynesischen Seefahrer verbreiteten die Art auf den Inseln des Pazifischen Ozeans, wobei noch heute die bei den zahlreichen Tarosippen zu beobachtenden unterschiedlichen Chromosomenzahlen aufschlußreiche Hinweise auf die Siedlungsgeschichte Ozeaniens zu geben vermögen. Um die Zeitenwende wird auch bereits von einem Anbau in Ägypten berichtet, von wo aus die Früchte nach Rom exportiert wurden. Von Ägypten breitete sich diese Kulturpflanzenart dann wahrscheinlich weiter im Mittelmeerraum aus.

Die stärkereichen Sproßknollen dieser Pflanze werden in gekochtem oder geröstetem Zustand gegessen. Sie enthalten in ihrem äußeren Gewebe im rohen Zustand einen hohen Anteil von Kalziumoxalat, das in Form zahlreicher kleiner Kristallnadeln (Raphiden) auskristallisiert ist. Diese Kristalle verursachen beim Genuß der rohen Knollen ein starkes Brennen, weil sie sich mit ihren spitzen Enden in die Schleimhaut bohren. Durch den Kochprozeß platzen die Raphidenzellen auf, so daß die Kristalle herausfallen und die Knollen, von denen oftmals auch noch die Schale entfernt wird, genießbar werden. Daneben finden sie auch als Viehfutter Verwendung. Die jungen Blätter und Blattstiele dieser Pflanzen, die im rohen Zustand ebenfalls ungenießbar sind, dienen gekocht als Beispeise zu Fisch- oder anderen Fleischgerichten. Ähnlich werden die Blütenkolben als Gemüse zusammen mit Fleischgerichten gegessen. Von kalziumoxalatfreien Sorten können die Blätter auch roh genossen werden. Auf Hawaii bereitet man aus den Knollen eine Paste, die vor dem Genuß erst fermentativen Prozessen unterworfen wird. Die getrockneten Knollen können auch zu Mehl verarbeitet werden, aus dem man zusammen mit Mais- oder Weizenmehl Brote bäckt. In Südamerika dienen die Knollen schließlich noch zur Herstellung eines als Chicha bezeichneten Getränkes. Daneben findet der Taro vielfältige medizinische Verwendung, wobei allerdings auch negative Wirkungen auf den menschlichen Organismus bekannt geworden sind.

Durch einen kräftig entwickelten, oberirdischen, sympodialen Sproß und langgestielte

Blätter zeichnet sich die von Indomalesien bis Polynesien verbreitete Gattung *Alocasia* aus, von der insbesondere *Alocasia macrorrhiza* in den Tropen kultiviert wird. Die durch Kochen entgifteten Blätter und stärkehaltigen Stämme ißt man als Gemüse, während die unterirdischen Knollen als Schweinefutter Verwendung finden.

Bei den Arten der Gattung *Xanthosoma* handelt es sich ebenfalls um große krautartige Pflanzen mit teilweise sehr langgestielten Blättern und unterirdischen, knollenartigen Rhizomen. Verschiedene Arten, darunter vor allem *Xanthosoma jacquinii, Xanthosoma sagittifolium* sowie *Xanthosoma violaceum,* werden kultiviert, wobei man meist die Knollen und jungen Blätter als Gemüse verwendet. Die großen Blätter von *Xanthosoma robustum* und *Xanthosoma roseum* dienen im tropischen Amerika als Regenbekleidung. Der aus der ersteren Art gewonnene Milchsaft wird zum Gerinnen von *Castilla*-Gummi benutzt.

Sehr ungewöhnliche Blütenstände hat die im Himalaja beheimatete *Ariopsis peltata,* deren Blütenkolben von dem braunvioletten Hochblatt kappenförmig überwölbt wird. Die Staubblätter der männlichen Blüte sind untereinander verwachsen und in den Blütenkolben versenkt, wobei sich die verwachsenen Staubblätter in kleinen Höhlungen befinden, die durch eine kreisrunde Öffnung nach außen münden.

Die in den Anden beheimatete Gattung *Caladiopsis* zeichnet sich durch eigenartige Bildungen im Bereich der Stempel aus, indem zwischen der Narbe und dem Fruchtknoten ein mehr oder weniger stark verbreiterter häutiger Saum entsteht.

Unterfamilie Aroideae

Zu den Aroideen gehören sowohl Land- als auch Sumpfpflanzen mit geraden Milchröhren und meist eingeschlechtigen Blüten. Zu dieser Verwandtschaft zählt die von Südbrasilien bis Argentinien verbreitete Gattung *Spathicarpa,* deren Blütenkolben in der gesamten Länge mit dem Hochblatt vereinigt ist, wobei die männlichen und weiblichen Blüten jedes Blütenstandes in jeweils zwei Längsreihen angeordnet sind. Die jungen Blütenkolben einiger Arten werden in Amerika gegessen, während

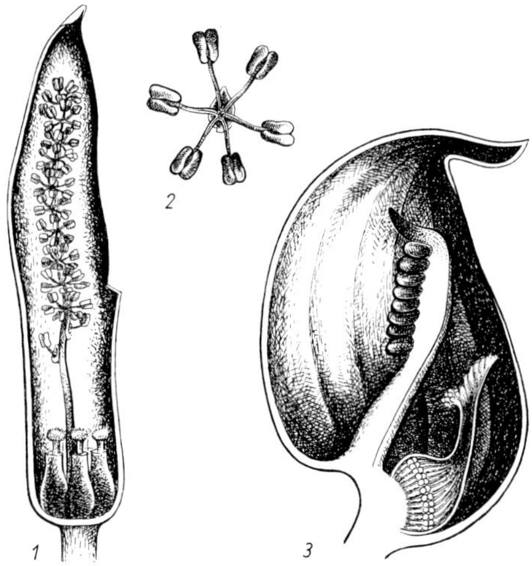

Stylochiton lancifolius. 1 Blütenstand (Längsschnitt); 2 männliche Blüte; 3 Blütenstand (Längsschnitt) von *Ambrosinia bassii*

andere Arten zum Aromatisieren von Tabak oder zur Herstellung von Gift genutzt werden.

Sehr merkwürdige Blütenstände zeichnen die in Afrika verbreitete Gattung *Stylochiton* aus, deren Blütenkolben in seinem unteren Abschnitt meist nur wenige weibliche Blüten hervorbringt, die sich, kreisförmig geordnet, am Grunde des röhrenförmig verwachsenen Hochblattes befinden, während die männlichen Blüten an dem sehr dünnen oberen Abschnitt der Blütenstandsachse entstehen. Der aus dem unterirdischen Rhizom hervorgehende Blütenstand verbleibt zum größten Teil in der Erde, wobei nur der obere, seitlich sich öffnende Teil des Hochblattes aus der Erde herausragt und den Insekten den Zugang zu den unterirdischen Blütenorganen ermöglicht.

Zu diesem Verwandtschaftskreis gehört auch die Gattung *Arum,* Aronstab, die annähernd 15 Arten umfaßt und deren Areal sich von Mitteleuropa über das Mittelmeergebiet bis zum Iran erstreckt.

Besonders bekannt ist der auch in Mitteleuropa beheimatete Gefleckte Aronstab, *Arum maculatum*, der besonders in feuchten Laubwäldern anzutreffen ist und im Frühjahr durch die pfeilförmigen Laubblätter sowie seine großen Blütenstände auffällt, die in blütenökologischer Hinsicht von besonderem Interesse

Der von einem grünlichweißen Hochblatt umhüllte Blütenstand des Gefleckten Aronstabes, *Arum maculatum,* endet in einem violettbraunen Kolben, der der Insektenanlockung dient.

sind. Unterhalb des kolbigen Blütenstandes entwickelt sich bei dieser Art ein etwa 15 cm großes grünlichweißes, innen oft violett geflecktes Hochblatt, das in seinem basalen Teil weitbauchig eingerollt ist und so den unteren Teil des Blütenkolbens kesselartig umschließt. Der obere, größere Teil des Hochblattes ist tütenförmig geöffnet, so daß das keulenförmig verdickte, meist violettbraune Kolbenende, das aus dem geschlossenen Basalteil herausragt, vor dem hellen Hintergrund des Hochblattes deutlich sichtbar ist. Der untere umschlossene Teil des Blütenkolbens trägt an seiner Basis eine größere Anzahl weiblicher Blüten, an die sich nach oben eine Zone steriler Blüten anschließt, auf die dann wieder zahlreiche männliche folgen. Oberhalb der männlichen Blüten, in Höhe des Kesselausganges, erscheinen nochmals sterile Blüten, die haarartig verlängert sind und so die obere Kesselöffnung reusenartig verschließen. Das über den Kessel hinausragende keulige Kolbenende ist vollständig steril, dient jedoch durch die Ausscheidung harnartiger Geruchsstoffe als Duftdrüse. Die hierdurch angelockten Insekten – meist kleinere Dipteren und Käfer – sind bei ihrem Anflug meist bestrebt, das helle Hochblatt aufzusuchen, dessen innere Oberfläche jedoch durch zahlreiche abwärts gerichtete Papillen, über die sich zusätzlich eine feine Ölschicht breitet, weder den Krallen noch den Haftscheiben dieser Insekten einen Halt bietet. Die Insekten gleiten ab und fallen durch die bereits erwähnte Reuse hindurch in den Kessel, wobei ein Entkommen durch die ebenfalls sehr glatten Kesselwände und die den Ausgang versperrende Reuse verhindert wird (Kesselfallenblumen). Erst nach einigen Tagen, wenn die bereits befruchtungsfähigen

Blütenstand von *Arum maculatum* (der vordere Teil des umhüllenden Hochblattes wurde entfernt). An der Basis des Blütenstandes entwickeln sich weibliche Blüten, auf die nach oben zahlreiche männliche folgen. Der Ausgang des vom Hochblatt gebildeten Kessels wird durch sterile, borstenartige Blüten versperrt.

weiblichen Blüten durch den mitgebrachten Pollen der Insekten bestäubt sind, welken die Reusenhaare und Papillen, so daß die Oberfläche des Hochblattes rauh und für die Insekten wieder passierbar wird. Jetzt erst öffnen sich die männlichen Blüten des Kolbens, so daß sich die Insekten vor dem Verlassen des Kessels mit Pollen beladen und zur Bestäubung eines weiteren Kolbens beitragen können. Während ihrer Gefangenschaft ernähren sich die Insekten von einem süßen Saft, der von den Narben der weiblichen Blüten abgeschieden wird. Durch die intensive Veratmung von Stärkevorräten kommt es auch zu einer Temperaturerhöhung im Blütenstand. Nach dem Blühen vertrocknet das Hochblatt, so daß der reif scharlachrote Fruchtstand weithin sichtbar ist.

Der Aronstab, der in allen Teilen Giftstoffe enthält, kann durch intensives Kochen entgiftet werden. So dienten früher vor allem die im Herbst oder Frühjahr gesammelten stärkereichen Rhizome als Nahrungsmittel. In früherer Zeit wurde diese Pflanze auch in der Volksmedizin als Heilmittel gegen sehr unterschiedliche Leiden benutzt.

Eigenartig geformte Blütenstände hat auch die tropisch bis subtropisch verbreitete Gattung *Arisaema.* An deren oberem sterilem Kolbenende entwickeln sich vielfach dünne, geißelartig herabhängende Fortsätze, die entweder, wie bei *Arisaema smitinandii,* zu mehreren bogig aus dem den Blütenstand umhüllenden Hochblatt heraushängen oder von denen nur einer vorhanden ist, der wie bei *Arisaema griffithii* sehr groß wird und die mehrfache Länge des Blütenstandes erreichen kann. Bei der in Indien vorkommenden Art *Arisaema caudatum* besitzt der dunkelrote, herabhängende Kolbenfortsatz eine Länge von 25 bis 30 cm. Die Staub- und Fruchtblätter sind hier nicht nur auf verschiedene Blüten und unterschiedliche Regionen des Blütenstandes beschränkt, sondern die Pflanzen bringen entweder nur männliche oder nur weibliche Blütenkolben hervor.

Arisaema smitinandii. 1 Blütenstand; 2 Blütenstand (Hochblatt entfernt)

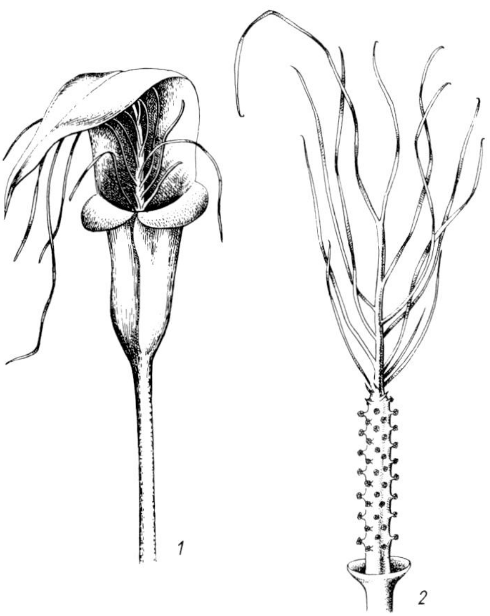

Die Hochblätter dieser Gattung zeigen oft eine auffällige farbige Musterung, wie z.B. das in Nepal beheimatete *Arisaema costatum,* dessen Hochblätter eine dunkelbraun-weiße Längsstreifung aufweisen, oder das ebenfalls im Himalaja vorkommende *Arisaema griffithii,* dessen rötlichbraune Hochblätter von einem hellen Adernetz überzogen sind.

Die durch Kochen entgifteten stärkehaltigen Wurzeln von *Arisaema triphyllum* werden in Nordamerika von den Indianern gegessen. Die reifen Beeren von *Arisaema murrayi* dienen in Indien als Gemüse. Die Wurzeln des im Himalaja in einer Höhe von 1 200 bis 2 400 m vorkommenden *Arisaema tortuosum* finden medizinisch bei Rindern und Schafen Anwendung.

Eine weitere in den Tropen Afrikas und Asiens verbreitete Sippe ist die Gattung *Sauromatum,* von der insbesondere *Sauromatum guttatum* zuweilen kultiviert wird. Aus den oft als »Wunderknollen« bezeichneten unterirdischen Organen entstehen vor der Ausbildung der Laubblätter, auch wenn die Knolle nicht befeuchtet wird, sehr unangenehm riechende, in einen langen, schwanzartigen Fortsatz ausmündende Blütenstände mit einem etwa 30 cm langen Hochblatt. Auch diese Art gehört zu den Kesselfallenblumen, deren Blütenstand sich auch hier zur Blütezeit durch eine besondere Wärmeentwicklung auszeichnet. Die auslösende Substanz für die Wärmeproduktion ist die Salizylsäure, die am Tag vor dem Blühen in dem verlängerten Kolbenfortsatz die hundertfache Konzentration erreicht und einen intensiven Stoffumsatz anregt.

Sehr stark abgewandelte Blütenstände hat die im Mittelmeergebiet beheimatete, nur etwa 10 cm hohe *Ambrosinia bassii.* Hier werden die Blüten von einem kahnförmigen Hochblatt umhüllt, das dem Boden aufliegt, wobei der von dem Hochblatt umschlossene Raum durch die scheidewandartige Verbreiterung des Blütenkolbens und die zusätzliche Verwachsung seiner Seitenkanten mit dem Hochblatt in 2 Räume unterteilt wird. Auf der sich durch die horizontale Lage ergebenden oberen Seite der Scheidewand entsteht nur eine weibliche Blüte, während die männlichen Blüten zu mehreren auf der Unterseite des verbreiterten Kolbens anzutreffen sind. Der Pollen wird in die untere Kammer entleert und zur Bestäubung durch Insekten dann auf die in der oberen Kammer befindliche weibliche Blüte übertragen.

Eine besondere Variante zur Verhinderung der Selbstbestäubung konnte bei *Arisarum vulgare* beobachtet werden. Hier keimen die unmittelbar von den männlichen auf die darunter befindlichen weiblichen Blüten fallenden Pollen nicht aus, während die durch Insekten transportierten Pollen dieser Art eine Austrocknungsphase durchmachen und erst dadurch zur Keimung befähigt werden.

Zu den Pilzmückenblumen ist die verwandte Art *Arisarum proboscideum* zu zählen, deren oberes Blütenkolbenende aus einer stark verbreiterten, zarten, grünlichweißen Wucherung besteht, die durch ihre wabig-rippige Oberfläche einen Pilz vortäuscht. Diese im Bereich der Spathaöffnung von außen sichtbare Bildung dient der Anlockung von Pilzmücken, die hier ihre Eier ablegen und in der unteren durch das Hochblatt gebildeten Kesselfalle die Bestäubung besorgen.

Ausschließlich Sumpf- oder Wasserpflanzen umfaßt schließlich die von Indomalesien bis Neuguinea und den Philippinen verbreitete Gattung *Cryptocoryne,* von der zahlreiche Arten als beliebte Aquarienpflanzen bekannt sind. Die oft auffällig gefärbte Spatha besteht aus einem langröhrigen unteren Abschnitt, an den sich ein flächig ausgebreiteter oberer Abschnitt anschließt, der bei manchen Arten auch gefranst oder spiralig gedreht sein kann. In dem etwas verbreiterten Basalabschnitt der Röhre befindet sich der dünnachsige Blütenkolben, der an seiner Basis wenige weibliche Blüten und an seiner Spitze – getrennt durch einen sterilen Abschnitt – die männlichen Blüten trägt.

Unterfamilie Pistioideae

Diese Unterfamilie, bei der keine Milchröhren ausgebildet werden, besteht nur aus einer Art, die in den Tropen weit verbreitet ist. Der Wassersalat, *Pistia stratiotes,* hat, wie die meisten Aronstabgewächse, ein sympodial verzweigtes Sproßsystem, dessen einzelne Sympodialglieder jedoch neben einem Niederblatt nur je ein Laubblatt sowie einen endständigen Blütenstand hervorbringen. Die an den sympodial verzweigten Sproßachsen erscheinenden Laubblätter sind, ähnlich wie bei zahlreichen ebenfalls sympodial verzweigten großblättrigen Araceen, rosettig angeordnet. Die Laubblätter der auf der Wasseroberfläche schwimmenden Pflanzen entwickeln einen dichten Haarfilz, der eine wasserabweisende Wirkung hat.

Aus der Achsel der Niederblätter gehen ausläuferartige Sprosse hervor, die eine stark vegetative Vermehrung ermöglichen. Das unscheinbare Hochblatt umhüllt einen kleinen Kolben, der nur eine weibliche und eine männliche Blüte hervorbringt.

Die Pflanze dient als Viehfutter sowie als Dünger und wird als Heilmittel gegen zahlreiche Krankheiten verwendet. Die jungen Blätter werden in China gekocht und als Gemüse gegessen.

Häufig bildet der Wassersalat Massenbestände. So entstanden bei dem in Ghana angelegten Volta-Stausee bereits wenige Monate nach seiner Fertigstellung mehrere Kilometer lange Flöze dieser Art. Unerwünschte Folgeerscheinungen einer solchen Massenvermehrung ergeben sich vor allem aus der starken Verdunstung, die gegenüber einer freien Wasserfläche um das Mehrfache gesteigert ist. Außerdem entwickeln sich zwischen den sauerstoffspendenden Schwimmwurzeln dieser Pflanzen die Larven einer Stechmückengattung, die als Zwischenwirt für verschiedene tropische Krankheiten bekannt geworden ist.

Seit den siebziger Jahren konnte beobachtet werden, daß die Bestandsentwicklung des

Die besonders lufthaltigen, rosettig angeordneten Laubblätter des Wassersalates, *Pistia stratiotes*, gehen aus verschiedenen Sproßgenerationen eines schraubeligen Verzweigungssystems hervor. Die schwimmenden Pflanzen können u. a. auf Stauseen unerwünschte Massenbestände bilden.

Wassersalates auf dem Volta-Stausee rückläufig ist, was teilweise auf Mineralstoffmangel zurückgeführt wird.

Familie Wasserlinsengewächse, Lemnaceae

Bei den Wasserlinsengewächsen, die sehr eng mit den Aronstabgewächsen verwandt sind, handelt es sich um eine relativ kleine Familie, die nahezu kosmopolitisch verbreitet ist und 6 Gattungen mit annähernd 30 Arten umfaßt. Es sind sehr kleine Pflanzen von meist nur wenigen Millimetern Länge, bei denen selten eine Gliederung in Sproßachse und Blatt deutlich ausgeprägt ist. Die Vertreter dieser Familie leben entweder untergetaucht oder frei schwimmend auf dem Wasser, wobei sich einige Gattungen durch die Bildung unverzweigter Wurzeln auszeichnen, während andere vollständig wurzellos sind. In Ausnahmefällen können einzelne Arten auch nasse oder feuchte Felswände besiedeln. Die kleinen, meist linsenartigen Vegetationskörper bestehen aus einer relativ kurzen Sproßachse und einem einzigen Blatt, das die Sproßachse in gerader Richtung fortsetzt, wobei der Achsen- und Blattanteil meist derart ineinander übergehen, daß sich die Grenze zwischen beiden nur durch den Nervenverlauf sowie den Bildungsort der Seitenverzweigungen und Wurzeln näher bestimmen läßt.

Ähnlich wie bei zahlreichen Aronstabgewächsen ist auch bei dieser Familie die sympodiale Verzweigungsweise allgemein verbreitet, jedoch wird die Entwicklung eines Blütenstandes, die dort der Bildung eines sympodialen Seitenzweiges vorausgeht, bei den Wasserlinsengewächsen häufig unterdrückt. Die meist ohne vorhergehende Blütenbildung entstehenden Seitensprosse lösen sich vielfach frühzeitig von der Mutterpflanze ab und tragen so zu einer enormen vegetativen Vermehrung verschiedener Arten bei. Der aus Sproß und Blatt gebildete Vegetationskörper ist meist flach gewölbt oder drehrund, wobei er sich oft durch ein stark entwickeltes Durchlüftungsgewebe auszeichnet, dessen große Interzellularen sich in unmittelbarer Nachbarschaft der auf der Oberseite meist vorhandenen Spaltöffnungen bilden.

Bei vielen Arten entstehen auch Überdauerungsorgane, die sich von den normalen Vegetationskörpern oft durch reduzierte Lufträume sowie eine ausgeprägte Stärkespeicherung unterscheiden und während der Ruhezeit häufig auf den Boden der Gewässer sinken.

Entsprechend den vegetativen Organen ist auch der Blütenstandsbereich stark reduziert, der – wie häufig auch bei den Araceen – nur eingeschlechtige Blüten enthält. Der Blütenstand bringt nur wenige nackte Blüten hervor, die entweder aus einem Staubblatt oder einem Fruchtblatt bestehen, aus dem sich ein bis mehrere Samen entwickeln. Jeder Same enthält neben dem Embryo ein spärliches Nährgewebe (Endosperm).

In chemischer Hinsicht zeichnet sich diese Familie u. a. durch Myriophyllinzellen und Kalziumoxalat aus, das hier in Form von Raphiden oder Drusen vorkommt. Darüber hinaus wurden bei den Wasserlinsengewächsen zahlreiche Flavonoide gefunden, durch deren charakteristisches Spektrum sich die meisten Arten, die nach ihrer äußeren Form oft nur schwer unterscheidbar sind, eindeutig bestimmen lassen. Ebenso ist das Vorkommen von Lignin in dieser Familie sehr verbreitet.

Wegen der geringen Größe, des relativ wenigzelligen Vegetationskörpers und der hohen Vermehrungsrate sind die Wasserlinsengewächse ein sehr häufig verwendetes Versuchsobjekt für chemische und physiologische, insbesondere entwicklungsphysiologische Experimente. In diesem Zusammenhang ist zu erwähnen, daß zahlreiche Arten durch die künstliche Veränderung verschiedener Umweltfaktoren zum Blühen gebracht werden konnten. Einige Arten haben einen sehr kurzen Lebenszyklus; so können Vertreter der Gattung *Wolffia* bereits 8 Tage nach dem Beginn ihrer vegetativen Entstehung blühen. In Südostasien wird *Wolffia arrhiza* wegen ihrer hohen Produktivität und ihres Eiweißgehaltes als Gemüsepflanze genutzt, wobei die Ernte in einem Intervall von 3 bis 4 Tagen über lange Zeit wiederholt werden kann und die Biomasseproduktion pro Zeiteinheit den konventionellen Kulturpflanzen überlegen ist. Es wurde auch erwogen, diese Pflanze wegen ihrer schnellen Entwicklung und günstigen Eiweißzusammensetzung bei kosmischen Flügen zur Gewinnung von vitaminreicher Nahrung und Sauerstoff zu kultivieren.

Weiterhin eignen sich die Lemnaceen auch als Bioindikatoren für die Beurteilung von Gewässern. Durch die Aufnahme von anorganischen und organischen Stoffen können sie zur Gewässerreinigung beitragen.

Unterfamilie Lemnoideae

Bei dieser Familie werden 2 Unterfamilien unterschieden, wobei sich die Lemnoideen durch die Ausbildung von Adventivwurzeln auszeichnen, die hier nicht am basalen Ende der Sproßachse, sondern an der Stelle auftreten, an der Blatt und Sproßachse ineinander übergehen. In diesem Bereich finden wir auch an beiden Seiten des Vegetationskörpers jeweils eine taschenartige Vertiefung, aus der die Seitensproßanlagen herauswachsen. In den erwähnten Taschen entwickeln sich auch die Blütenstände, die bei den Lemnoideen von einem kleinen Hochblatt umhüllt werden und aus 2 männlichen und einer weiblichen Blüte bestehen.

Die engsten Beziehungen zu den Aronstabgewächsen lassen sich bei der Gattung *Spirodela,* wovon eine Art, die Vielwurzelige Teichlinse, *Spirodela polyrrhiza,* auch in Mitteleuropa vorkommt, erkennen, da die Sympodialglieder dieser Gattung, ähnlich wie z. B. bei der Aracee *Pistia,* ihre Entwicklung zunächst mit einem Niederblatt beginnen, dem dann das auch bei sämtlichen anderen Gattungen vorhandene Laubblatt und schließlich das den Blütenstand umhüllende Hochblatt folgen.

Kleine Wasserlinse, *Lemna minor.* Die stark vereinfachten Vegetationskörper bestehen aus einem Laubblatt- und einem Sproßachsenanteil.

Im Gegensatz zu der bis zu 10 mm großen Vielwurzeligen Teichlinse, *Spirodela polyrrhiza,* beträgt die Länge der im Bilde ebenfalls erkennbaren, wurzellosen *Wolffia arrhiza,* die zu den kleinsten Blütenpflanzen der Erde zählt, nur 1 bis 1,5 mm.

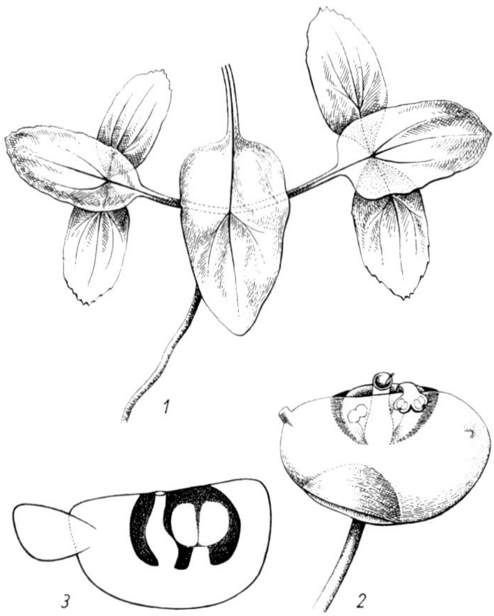

1 Habitus von *Lemna trisulca;* 2 Pflanze mit Blütenstand von *Lemna paucicostata;* 3 Pflanze (Längsschnitt) mit jungem Sproß und Blütenstand von *Wolffia arrhiza*

Eine weitere Vereinfachung ergibt sich durch das Fehlen des Niederblattes bei der Gattung *Lemna,* die mit annähernd 10 Arten weltweit verbreitet und auch in Mitteleuropa mit einigen Arten vertreten ist. Besonders auffällig ist die hier in Gräben und Teichen häufig vorkommende Kleine Wasserlinse, *Lemna minor,* eine schwimmende Art, die durch ihre extrem gesteigerte vegetative Vermehrung oft die gesamte Oberfläche eines Gewässers bedecken kann. Vielfach dienen die auch als Entenflott oder Entengrütze bezeichneten Pflanzen verschiedenen Wasservögeln, von denen sie auch weiter verbreitet werden, als Nahrung.

Im Gegensatz zu der erwähnten Art lebt die ebenfalls in Mitteleuropa vorkommende *Lemna trisulca,* die nur zur Blütezeit zur Wasseroberfläche emporsteigt, während der meisten Zeit untergetaucht. Besonders fällt bei dieser Form die stark verlängerte Sproßachse auf, die das endständige Laubblatt in der Länge um das Mehrfache übertrifft und durch ihre starke Verschmälerung den Achsencharakter deutlich unterstreicht.

Unterfamilie Wolffioideae

Im Gegensatz zu den Lemnoideen ist bei dieser Unterfamilie niemals eine Bewurzelung zu beobachten. Die Bildung der Seitensprosse erfolgt hier nicht in 2 seitlichen, sondern in nur einer, sich am hinteren Ende des Vegetationskörpers befindlichen Vertiefung, wobei die Sproßachse meist in der unteren Grubenwandung, bei der Gattung *Wolffiella* teilweise in der seitlichen Wandung verläuft, aus der dann auch jeweils die Verzweigung erfolgt. Die Blütenstände, die hier durch das Fehlen eines Hochblattes weiter reduziert sind, enthalten neben der weiblichen nur noch eine männliche Blüte. Der Blütenstand erscheint in einer besonderen Grube auf der Oberseite des Vegetationskörpers. Eine Besonderheit ist bei der Gattung *Wolffiopsis* ausgeprägt, die jeweils 2 Blütenstände hervorbringt. Die Gattungen *Wolffia* und *Pseudowolffia* schwimmen auf der Wasseroberfläche, während die Gattungen *Wolffiella* und *Wolffiopsis* untergetaucht leben und jeweils nur zur Blütezeit emporsteigen.

Die Wolffioideen haben nur eine sehr geringe Größe, wobei *Wolffia microscopica* die kleinste Blütenpflanze innerhalb der gesamten Abteilung der Angiospermen darstellt. Besonders starke Reduktionen zeigt auch die Gattung *Wolffiella,* deren länglicher, oft sichelförmig asymmetrischer Vegetationskörper dabei nur aus wenigen Zellschichten besteht und nur noch geringe Reste eines Leitbündels ausbildet. Bei den meisten Wolffioideen werden die sich entwickelnden Sympodialglieder bald von dem Muttersproß getrennt, während sie bei der Gattung *Wolffiella,* ähnlich wie bei den Lemnoideen – zu einem rosettenartigen Verband angeordnet – längere Zeit verbunden bleiben.

Überordnung Pandananae

Ordnung Schraubenbaumartige, Pandanales

Die Pandanales sind hinsichtlich ihrer Blütenmerkmale eine sehr spezialisierte Ordnung, als deren nächste Verwandte die Cyclanthales angesehen werden. Sie besiedeln nasse

Standorte. Es handelt sich um strauch- bis baumförmige, teilweise auch lianenartige Holzgewächse mit kugeligen oder kolbenartigen Teilblütenständen, deren Blüten sich durch eine nur undeutlich ausgeprägte oder aber auch fehlende Blütenhülle auszeichnen. Die Fruchtblätter der in dieser Ordnung stets eingeschlechtigen Blüten sind, obwohl sie untereinander verwachsen können, noch deutlich gegeneinander abgegrenzt. Die Samen der Pandanales entwickeln ein großes Endosperm und einen relativ kleinen Embryo.

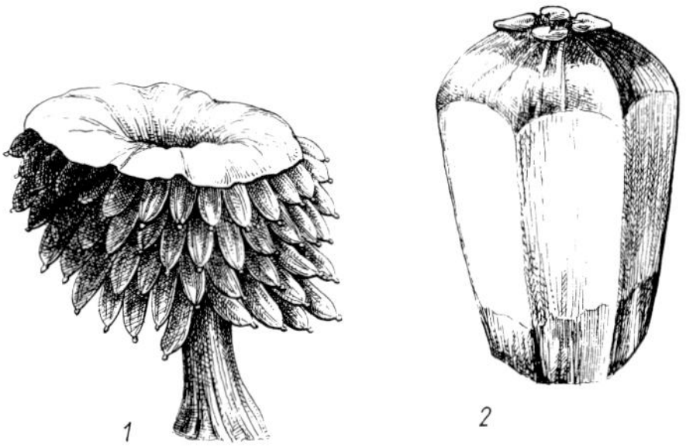

1 Männliche Blüte von *Pandanus macrocarpus;* 2 Frucht von *Pandanus pyramidalis*

Familie Schraubenbaumgewächse, Pandanaceae

Die Schraubenbaumgewächse, deren tropisches bis subtropisches Areal sich von Westafrika über Südasien, Indomalesien bis Polynesien und Hawaii erstreckt, umfassen 3 Gattungen mit annähernd 700 Arten, die meist an feuchten oder auch nassen Standorten in Wäldern oder am Strand siedeln. Die Familie, die mit Sicherheit aus dem Tertiär bekannt ist, besteht häufig aus sympodial verzweigten Sträuchern, Lianen oder Bäumen, die eine Höhe bis zu 30 m erreichen.

Die großen, am Achsenende schopfartig gedrängt stehenden, lederigen Blätter, die bis zu 9 m lang und an der Basis bis zu 40 cm breit werden können, sind in mehreren, schraubig gewundenen Zeilen angeordnet, was der Familie den Namen gab. Häufig haben sie an den Blatträndern und entlang der Unterseite der oft kielartig hervortretenden Mittelrippe spitze, emergenzartige Dornen. Eine Besonderheit sind die häufig vorkommenden Luftwurzeln, die im Sproßbereich in sehr verschiedenen Höhen entstehen und bis zum Erdboden herabwachsen, wo sie sich intensiv verzweigen. Die Luftwurzeln üben bei den meist dünnstämmigen Schraubenbaumgewächsen, deren Sproßachsen sich vorwiegend durch primäres, seltener dagegen zusätzlich durch ein schwach ausgesprägtes sekundäres Dickenwachstum verstärken, eine wichtige Stützfunktion aus, wobei sie eine Länge von 10 m erreichen können.

Habituell sehr ungewöhnliche Pflanzenformen finden wir in der zu der Gattung *Pandanus* gehörigen Sektion *Acanthostyla.* Wie bei zahlreichen anderen *Pandanus*-Arten erhalten sich die schopfartig zusammengedrängten Blätter nur in der oberen Region der baumartig entwickelten Pflanzen. Aus den Achseln der bereits abgefallenen Blätter entwickeln sich, am unteren Teil des Baumes beginnend, eigenartige, vielfach verzweigte Seitenäste mit sehr kleinen Blättern. Entsprechend ihrem Alter haben die untersten Seitenäste die größten Ausmaße, während sie sich nach oben hin mehr und mehr verjüngen. Den Abschluß bildet der bei ausgewachsenen Bäumen stark verkleinerte Blattschopf. Auf diese Weise entstehen eigenartige Baumformen, die durch ihre gleichmäßige, konisch verschmälerte Krone und die kleinblättrigen Seitenäste aus größerer Entfernung den ähnlich aufgebauten Koniferen täuschend ähnlich sehen.

An chemischen Inhaltsstoffen ist besonders das häufige Vorkommen von Kalziumoxalat zu erwähnen, das als Raphidenbündel in Schleimzellen oder Schleimschläuchen angetroffen wird oder das auch als einfacher Kristall bzw. in Drusenform auftritt. Das Parenchymgewebe der Wurzeln zeichnet sich häufig durch Stärkebildung aus.

Die Schraubenbaumgewächse bestehen in der Regel aus Arten mit eingeschlechtigen Blüten, die auf männlichen und weiblichen Pflanzen getrennt vorkommen, wobei das jeweils fehlende Geschlecht in rudimentären Andeutungen vorhanden sein kann. Nur in seltenen Fällen sind in einem Blütenstand beide Geschlechter vertreten, die auch beide funktionsfähig sein können, wie bei der in Samoa beheimateten *Freycinetia reineckei.* Die endständigen Blütenstände, die entweder einfach oder auch zusammengesetzt sind, haben eine

Die relativ dünnen Stämme der Pandanaceen werden durch kräftige, oft stark verzweigte Luftwurzeln gestützt.

sehr unterschiedliche Form. Relativ ursprünglich erscheint der Blütenstand der auf Neuguinea und den Salomoninseln vorkommenden Gattung *Sararanga,* deren zahlreiche Blüten in einer lockeren Rispe stehen und an Insektenbestäubung angepaßt sind, wobei die etwa 30 m hohe *Sararanga sinuosa* bis 2 m lange Fruchtstände, die an einem fast einen Meter langen Stiel herabhängen, hervorbringen kann. Bedeutend gedrängter erscheinen die zu kolbigen oder kopfigen Blütenständen vereinigten Blüten der beiden übrigen Gattungen, *Freycinetia* und *Pandanus,* deren stark verdickte Achsen verholzt oder auch fleischig sind. Teilweise finden sich unter den männlichen Blütenständen der Gattung *Pandanus* auch lockere Formen, wie bei dem auf den Neuen Hebriden beheimateten *Pandanus halleorum,* dessen männliche Blütenstände rispig verzweigt sind.

Häufig entwickeln sich an der Basis der Blütenstände hochblattartige, wie die Blütenstandskolben oftmals stark riechende, auffällig gefärbte, teilweise sukkulente und zuckerreiche Blattorgane, die als Schauorgane bzw. als Futterquelle im Dienste der Bestäubung stehen, wobei vor allem die fleischigen Hochblätter *(Freycinetia)* den Bestäubern, zu denen hier vor allem Vögel und Fledermäuse zählen, als Nahrung dienen. Die Gattung *Pandanus* zeichnet sich teilweise durch Windblütigkeit aus.

Die Blüten der Pandanaceen haben in der Regel keine Blütenhülle, nur bei der Gattung *Sararanga* scheint eine solche durch einen schwachen Saum angedeutet zu sein. Darüber hinaus konnten in der Gattung *Freycinetia* an sehr jungen Blüten Perianthanlagen nachgewiesen werden. Die männlichen Blüten setzen sich aus einer Vielzahl von Staubblättern zusammen, deren genaue Zahl durch den dichten Stand der Blüten und die fehlende Abgrenzung durch eine Blütenhülle oft nicht genau ermittelt werden kann. Anders verhält es sich bei den Arten, wo im Zentrum jeder männlichen Blüte ein rudimentärer Fruchtknoten entwickelt ist, um den sich dann die Staubblätter gruppieren. Die Einzelblüten treten auch bei den Arten klar hervor, bei denen die Staubfäden sämtlicher Staubblätter einer Blüte zu einer Säule verwachsen, an der dann die Staubbeutel doldig oder auch traubig angeordnet sind, wobei der Endabschnitt der Säule tischförmig verbreitert sein kann.

Die weiblichen Blüten bestehen gewöhnlich nur aus dem Gynoeceum, das sich aus mehreren Fruchtblättern zusammensetzt und bei verschiedenen Arten auf ein einziges reduziert ist. Vielfach wird das Gynoeceum von zahlreichen stark verkümmerten Staubblättern umgeben. Die zu einer Blüte gehörenden Fruchtblätter sind meist kreisförmig oder auch in einem Oval angeordnet, wobei es durch Reduktion des vorderen oder hinteren Abschnittes des Ovals zu einer einfachen reihigen Anordnung der Fruchtblätter kommen kann. Diese sind besonders im basalen und mittleren Bereich miteinander verwachsen, während im oberen Bereich die Narben oder auch der obere Teil der Fruchtknoten frei entwickelt sind. An den Fruchtständen der Gattung *Sararanga* bilden sich – bedingt durch den lockeren Bau der Rispe – zahlreiche einzelne Steinfrüchte, während die Steinfrüchte der Gattung *Pandanus* und die für die Gattung *Freycinetia*

Die meist feuchte bis nasse Standorte besiedelnden Pandanaceen (hier *Pandanus spiralis*) tragen an ihren Zweigenden die schopfig gedrängt stehenden, schraubig angeordneten Laubblätter.

charakteristischen Beerenfrüchte zu ananasartigen Fruchtständen vereinigt sind.

Die Samen der Schraubenbaumgewächse, die in großer Zahl oder auch einzeln aus den Früchten hervorgehen, enthalten neben einem kleinen Embryo ein relativ ausgedehntes Endosperm, das Aleuronzellen und reichlich Öl enthält.

Einzelne Arten zeichnen sich außerdem durch eine besondere Art vegetativer Vermehrung aus, indem sie kleine Seitenäste bilden, die herabfallen, sich bewurzeln und zu selbständigen Pflanzen heranwachsen.

Verschiedene Arten der Gattung *Pandanus* werden in vielfältiger Weise wirtschaftlich genutzt und teilweise angebaut. Am bedeutendsten ist der in Südasien, Polynesien und Australien vorkommende *Pandanus tectorius,* aus dem man das in Indien weit verbreitete Kewda-Parfüm gewinnt. Man erhält es durch Destillation der zu Stücken zerschnittenen, reifen männlichen Kolben, wobei die Duftstoffe mittels Sandelholzöl, Sesamöl oder Wasser absorbiert werden. Durch die Behandlung der Blüten mit Lösungsmitteln erhält man das Kewda-Öl. Die Gewinnung von 1 kg Öl erfordert die Verarbeitung von etwa 100 000 Blüten. Kewda dient außer als Parfüm für Kleider, Blumen, Waschmittel, Seife und Tabak auch als Haaröl und zum Würzen von Speisen, Süßigkeiten, Sirup und Getränken, während die männlichen Blüten in Indien und Burma wegen ihres Wohlgeruchs als Haarschmuck benutzt werden. Daneben verwendet man die Blätter dieser Art zum Flechten von Tauen und Netzen sowie zur Herstellung von Körben und Matten. Verschiedene Teile der Pflanze werden in Indien zu medizinischen Zwecken benutzt.

Von einigen Arten dienen die Früchte und jungen Blütenkolben auch als Nahrungsmittel. So liefern die etwa 10 kg schweren Fruchtstände von *Pandanus pulposa* eine süße, scharf aromatische Pulpa, die wie die Samen neben Eiweiß auch ölartige Stoffe enthält.

Der in Madagaskar heimische *Pandanus utilis* wird u. a. in Westindien und Zentralamerika zur Gewinnung von Flechtmaterial, das in früherer Zeit auch zur Herstellung von Kaffeesäcken diente, angebaut. Die Blätter benutzt man weiterhin zur Herstellung von Manilahüten, Körben und anderen Haushaltsgegenständen sowie zum Decken von Häusern, während aus den Früchten durch Kochen eine Stärkespeise zubereitet wird. Die männlichen Kolben zeichnen sich durch einen angenehmen Duft aus und dienen als Aphrodisiakum. Die Enden der Luftwurzeln werden zu Pinseln verarbeitet, und ein aus den Wurzeln gewonnener Absud dient zur Behandlung von Geschlechtskrankheiten.

Die Blätter einiger *Pandanus*-Arten ißt man in China gekocht als Gemüse. Die reifen Früchte gelten hier als Heilmittel gegen Ruhr, während die unreife Frucht als Abortivum benutzt wurde. Auf den Fidschiinseln wird *Pandanus* als Heilmittel gegen Knochenbrüche verwendet.

Auf den Molukken und Java baut man *Pandanus amaryllifolius* zur Gewinnung von Parfüm und als Speisegewürz an, die aus den duftenden Blättern dieser Art gewonnen werden. Aus den 13 bis 18 kg schweren Früchten einer anderen Art, *Pandanus leram,* wird Mehl hergestellt. Dabei werden die Früchte zunächst gekocht, und durch anschließendes Abpressen gewinnt man eine mehlartige Masse, die zur Brotherstellung dient. In Australien nutzt man *Pandanus*-Früchte als Dauernahrung, die auch auf den Marshall- und Gilbert-Inseln die wichtigste Vorratsspeise darstellen. Als Proviant für die Schiffahrt in der Südsee sind die zunächst gekochten und anschließend durch Trocknung zu Kuchen verarbeiteten Früchte weit verbreitet.

Aus dem Holz von *Pandanus furcatus* stellt man in Burma Schwimmer für die Fischernetze her, während die jungen Blätter dieser Pflanze als ein Gegenmittel gegen Vergiftungen genutzt werden.

Von einer großen Anzahl weiterer Arten verarbeitet man die Blätter, nachdem die hieraus gewonnenen Fasern vorher teilweise in Salzwasser gebleicht werden, zu Geweben, während die Früchte, deren kleine Samen wegen ihres hohen Ölgehaltes eine wertvolle Notnahrung darstellen, gegessen werden.

Zahlreiche Arten sind auch wegen ihrer ornamentalen Formen als Zierpflanzen in Kultur.

Überordnung Typhanae

Ordnung Rohrkolbenartige, Typhales

Die Ordnung umfaßt rhizombildende Kräuter, die feuchte Standorte und Flachwasserzonen besiedeln. Die wechselständigen bis zweizeiligen Blätter besitzen linealische parallelnervige Blattspreiten und eine scheidige Blattbasis. Die in dichten Blütenständen angeordneten Blüten sind eingeschlechtig. Die Bestäubung erfolgt durch den Wind. Die unauffällige Blütenhülle besteht aus einer bis wenigen Schuppen oder zahlreichen Borsten. Die männlichen Blüten entwickeln 1 bis 8, häufig 3, frei entwikkelte oder an der Basis miteinander verbundene Staubblätter. Das oft pseudomonomere Gynoeceum besteht aus mehreren Fruchtblättern, von denen in der Regel jedoch nur 1, seltener 2 bis 3 fertil sind und je eine crassinucellate Samenanlage hervorbringen. Die Endospermentwicklung ist helobial. Die in den kleinen, trockenen Früchten gebildeten Samen enthalten ein kräftiges Endosperm sowie ein schwach entwickeltes Perisperm.

Familie Igelkolbengewächse, Sparganiaceae

Die Igelkolbengewächse sind eine relativ kleine Familie, die fossil bereits aus der Kreide und dem Tertiär nachgewiesen wurde. Der Name dieser Familie geht auf die Form der kugeligen Fruchtstände zurück, die einen stacheligen Eindruck vermitteln. Sie umfaßt nur die Gattung *Sparganium,* Igelkolben, mit etwa 12 Arten, die hauptsächlich in den temperierten und subarktischen Gebieten der Nordhemisphäre beheimatet sind, aber auch Australien und Neuseeland vorkommen.

Die *Sparganium*-Arten sind ausdauernde, kleine bis mittelhohe Kräuter, deren Vorkommen an feuchte bis nasse Standorte gebunden ist. Sie haben ein unterirdisches Rhizom, aus dem dickere bis fadenförmige Ausläufer hervorgehen. Der oberirdische Teil der Sproßachse zeichnet sich durch aufrechte oder im Wasser flutende, grasartig verschmälerte Laubblätter aus, die, in 2 Zeilen angeordnet, unterseits gekielt sind und deren Blattscheiden auf der Innenseite drüsenartige Bildungen aufweisen. Der anatomische Bau der Blätter ist durch ausgeprägte Durchlüftungsgewebe (Sternparenchym) gekennzeichnet.

Die unscheinbaren Blüten der Sparganiaceen sind zu kugeligen Teilblütenständen vereinigt, die sich selbst wieder aus kleinen köpfchenartigen Blütenständen zusammensetzen. Die kugeligen Teilblütenstände gehen entweder ausschließlich aus dem oberen Abschnitt der Hauptachse hervor, wie bei dem Schmalblättrigen Igelkolben, *Sparganium augustifolium,* oder aus einem verzweigten Achsensystem, wie z. B. bei dem Ästigen Igelkolben, *Sparganium erectum.* Sie können gestielt sein oder der Mutterachse unmittelbar ansitzen und im letzteren Falle diese mehr oder weniger umgreifen. Dabei bestehen die unteren Teilblütenstände ausschließlich aus weiblichen Blüten, während die oberen rein männlich sind.

Die weiblichen Blüten haben wie die männlichen eine ein- bis sechsblättrige Blütenhülle, die in der Regel einen pseudomonomeren Fruchtknoten umschließt, wobei nur eines von zwei miteinander verwachsenen Fruchtblättern eine Samenanlage hervorbringt. Wie Fossilfunde zeigten, umfaßt der Fruchtknoten bei bereits ausgestorbenen Arten noch bis zu 5 Fruchtblätter, so daß der pseudomonomere Bau der rezenten Arten als das Endglied einer Reduktionsreihe anzusehen ist. Der obere Teil des Stempels wird von 1 oder 2 Narbenästen gebildet, die auch noch an der Frucht, die hier als Steinfrucht ausgebildet ist und deren Wandung außen durch ein schwammigweiches, innen dagegen durch ein verhärtetes Gewebe gebildet wird, erhalten bleiben.

Der Same, der neben dem Embryo ein stark entwickeltes Endosperm enthält, das von einem dünnen Perisperm umhüllt wird, öffnet sich bei der Keimung durch einen Deckel.

Die sich vor den weiblichen entfaltenden männlichen Blüten entwickeln neben der unscheinbaren Blütenhülle 1 bis 8 Staubblätter, deren Blütenstaub durch den Wind verbreitet wird.

Die Igelkolbengewächse sind von sehr untergeordneter wirtschaftlicher Bedeutung. Das Stroh von *Sparganium* wurde teilweise als Deckmaterial genutzt, während die stärkereichen Herbstrhizome in früherer Zeit den Indianern als Nahrung dienten.

Familie Rohrkolbengewächse, Typhaceae

Die Rohrkolbengewächse sind eine monotypische Familie, deren einzige Gattung *Typha,* Rohrkolben, etwa 15 Arten umfaßt. Die Arten sind vor allem in den tropischen und gemäßigten Breiten sowohl Amerikas als auch Eurasiens beheimatet, wo sie in der Verlandungszone seichter Gewässer vorkommen. Darüber hinaus findet man Vorkommen in Afrika, Australien und Polynesien. Fossile Funde dieses Verwandtschaftskreises, der besonders der Familie Sparganiaceae nahesteht, sind bereits aus der Kreide Japans und Nordamerikas bekannt.

Die Gattung *Typha* zeichnet sich durch gut entwickelte, unterirdisch wachsende sympodiale Rhizome aus, die mit zweizeilig gestellten Niederblättern, aus deren Achsel unterirdisch Ausläufer hervorgehen, besetzt sind. An den oberirdischen Teilen der Sproßachsen entstehen, ebenfalls zweizeilig, lange schmale Laubblattorgane, die in ihrem unteren Bereich, mit ihren Rändern übereinandergreifend, zu Blattscheiden verbreitert sind, auf deren Innenseite sich zahlreiche Schleimdrüsen befinden.

In chemischer Hinsicht ist die Pflanzengruppe vor allem durch das Vorkommen von Polyphenolen charakterisiert. Daneben werden Myriophyllinzellen sowie als Drusen oder Raphidenbündel abgelagertes Kalziumoxalat beobachtet. Durch einen besonders hohen Stärkegehalt zeichnen sich die unterirdischen Rhizome aus, deren Stärkekörner eine Größe bis zu 20 µm erreichen können.

Die endständigen kolbenartigen Blütenstände setzen sich aus mehreren vertikal aufeinanderfolgenden Teilblütenständen zusammen, die jeweils mehrfach verzweigt sind und die gemeinsame Hauptachse ringförmig umgreifen. Der untere Abschnitt des walzenförmigen Blütenstandes besteht aus weiblichen Blüten, während der Spitzenteil ausschließlich von männlichen Blüten gebildet wird. Dabei entsteht an der Basis beider Blütenstandsregionen jeweils ein langes Hochblatt, das die

Die Bestäubung der in kugeligen Teilblütenständen angeordneten unscheinbaren Blüten des Ästigen Igelkolbens *(Sparganium erectum)* erfolgt durch den Wind.

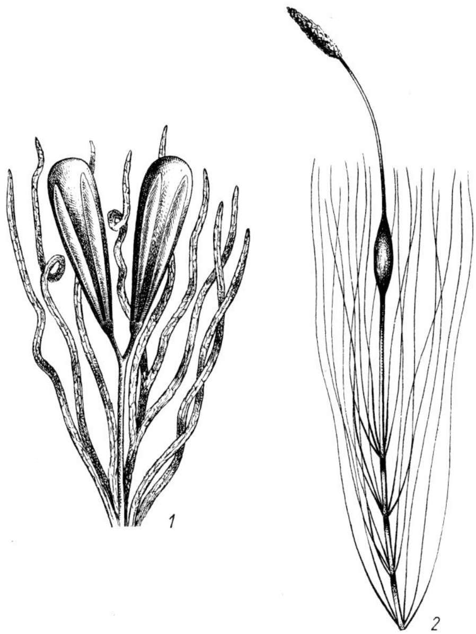

Typha latifolia. 1 Männliche Blüte; 2 Frucht

Blüten vor dem Blühen eng umhüllt, dann jedoch bald abfällt. Weitere zarte Hochblätter finden sich innerhalb des endständigen männlichen Blütenstandsabschnittes. Die männlichen und weiblichen Abschnitte des Blütenstandes können dabei eng aneinandergrenzen, wie bei *Typha latifolia,* dem Breitblättrigen Rohrkolben, oder sie sind wie bei dem Schmalblättrigen Rohrkolben, *Typha angustifolia,* durch ein blattloses Sproßstück voneinander getrennt.

Die langgestielten, weiblichen Blüten, die z. T. in der Achsel schuppenförmiger Tragblätter stehen und erst nach den männlichen erblühen, sind äußerst einfach gebaut. Sie entwickeln in der Regel nur ein fertiles Fruchtblatt, an dessen Fruchtknoten sich ein vor allem während der Fruchtzeit stark verlängerter Griffel und eine meist spatelförmige Narbe anschließen. Daneben kommt es auch zur Bildung weiblicher Blüten mit sterilen Fruchtblattorganen (Pistillodien), die unterschiedlichen Reduktionsstufen entsprechen können. An dem gestreckten Blütenstiel entwickeln sich zahlreiche lange Haare, die man teilweise als Blütenhüllblätter deutet. Diese sich zur Zeit

Der Blütenstand des Breitblättrigen Rohrkolbens, *Typha latifolia,* zeigt eine deutliche Gliederung in einen oberen männlichen und einen unteren weiblichen Blütenstandsabschnitt.

der Fruchtreife stark verlängernden Haare tragen wesentlich zur Verbreitung der Früchte durch den Wind bei. Der Fruchtknoten enthält nur eine Samenanlage, aus der ein Same hervorgeht, dessen Embryo von einem kräftig entwickelten Endosperm und einem dünnhäutigen Persisperm umschlossen ist. Die den Samen umschließende Fruchthülle öffnet sich erst während der Keimung, wobei sich bei Befeuchtung entlang des Rückennervs die Samenschale am unteren Ende des länglichen Samens deckelartig abhebt.

Ähnlich einfach gebaut sind die männlichen Blüten der Rohrkolben, die meist nur aus 3 Staubblättern bestehen und wie die weiblichen Blüten von zahlreichen Haaren umgeben werden. Die Staubbeutel, die durch ein stark verbreitertes Konnektiv charakterisiert sind, enthalten neben Einzelkörnern auch Pollentetraden, wobei eine reiche Pollenproduktion die Bestäubung der sich durch Windblütigkeit auszeichnenden Blüten sichert.

Die *Typha*-Arten nutzt man nur in geringem Maße. So werden die Pollen im südwestlichen Nordamerika von Indianern, denen auch die stärkereichen Rhizome als Nahrung dienen, gesammelt und zu zeremoniellen Zwecken verwendet, während in Japan und China die Pollen von *Typha angustata* als blutstillendes und harntreibendes Mittel in Gebrauch sind. In Indien sieht man diese Pflanze als wirksame Droge gegen Wahnsinn und Epilepsie an. In Peru wird *Typha domingensis* sehr vielseitig genutzt. Auf Neuseeland, wo die Rhizome von *Typha* als Nahrungsmittel dienten, wurde der Pollen ebenfalls gesammelt und mit Wasser angerührt zu Kuchen verbacken. Die jungen Triebe von *Typha latifolia* und *Typha davidiana* werden in China als Gewürz gegessen, wobei die erstere Art zu diesem Zwecke in Teichen kultiviert wird. Ebenso dienen die Rhizome des Rohrkolbens, die bis zu 40 % Stärke enthalten können, als Nahrung, während man die Blätter einiger Arten zu Flechtwerk, wie Körbe und Matten, verarbeitet. Der Aufguß des schleimigen Rhizoms fand gegen Katarrh und eiternde Wunden Verwendung. Die in Indien beheimatete *Typha elephantina,* deren Blätter eine Länge von 4 m und mehr erreichen können, dienen dort zum Decken der Hüttendächer. Mit den auch zu Polsterzwecken verwendeten wolligen Früchten soll in früherer Zeit auch der Boden des römischen Zirkus bedeckt worden sein. Schließlich benutzen die Schwarzfuß-Indianer die Fruchtwolle von *Typha latifolia* als Verbandsstoff für die Behandlung von Brandwunden. In früherer Zeit wurden aus der Fruchtwolle dieser Art unter Zusatz von tierischen Haaren Hüte hergestellt, wie auch die Blattfasern mit Hanf und Flachs verarbeitet wurden. Die Blätter werden von Indianerstämmen der Insel Vancouver zur Herstellung von Matten und Körben genutzt. Die zusammen mit Hundehaaren versponnene Fruchtwolle wurde zu Decken verarbeitet.

Teilweise treten Arten dieser Gattung in Schiffahrts- und Entwässerungskanälen sowie auf Reisfeldern auch als unerwünschte Unkräuter in Erscheinung.

Bei uns dient der Rohrkolben auch als Zimmerschmuck, wozu er sich durch seine im trockenen Zustand lang andauernde Haltbarkeit besonders eignet.

Glossarium

Achäne trockene, einsamige Schließfrucht, aus einem unterständigen Fruchtknoten hervorgegangen

acidophil auf sauren Böden gedeihend

Adventivwurzeln zusätzliche, aus dem Sproß hervorgehende Wurzeln

Aleuronschicht Außenschicht des Nährgewebes

Androeceum Gesamtheit der männlichen Blütenorgane

Androgynophor verlängerte Blütenachse oberhalb der Ansatzstellen der Blütenkronblätter; die männlichen und weiblichen Blütenorgane werden damit mehr oder weniger stark emporgehoben.

Anemochorie Verbreitung der Samen oder Früchte durch den Wind

Anthere Staubbeutel

antiseptisch fäulnishindernd, Krankheitserreger tötend

Aphrodisiakum den Geschlechtstrieb anregendes Mittel

Apomixis Ausbildung von Samen unter Wegfall des Befruchtungsvorganges

Arillus Samenmantel, eine vom Samenstielchen ausgehende fleischige Wucherung, die den Samen der Pflanze mehr oder weniger umhüllt

binäre Nomenklatur Form der wissenschaftlichen Benennung von Organismen mit Hilfe eines lateinischen Gattungs- und Artnamens

Caatinga Trockenbusch Nordostbrasiliens, dessen Sträucher zu Beginn der Trockenzeit ihr Laub abwerfen

Dichasium Form der Verzweigung, bei der 2 Seitenäste die Fortsetzung der Mutterachse übernehmen, häufig im Bereich der Blütenstände auftretend

Dimorphismus Zweigestaltigkeit

diözisch zweihäusig. Die männlichen und weiblichen Blüten einer Art kommen auf verschiedenen Pflanzen vor.

Diskus ringartiger Wulst der Blütenachse, oft im Dienst der Nektarproduktion stehend

Domestikation Entstehung von Kulturpflanzen aus Wildpflanzen bzw. von Haustieren aus Wildtieren

Drusen Kristallkörper in der Pflanzenzelle, der sich aus mehreren Einzelkristallen zusammensetzt

Elaiosom ölreiches Anhangsgebilde des Samens; Anlockungsmittel für Ameisen, die die Verbreitung der Samen übernehmen

Embryo Keimling

Emergenz Haare, Schuppen, Stacheln und ähnliche Oberflächenstrukturen, an deren Bildung außer der Oberhaut stets tiefer liegende, angrenzende Gewebeschichten beteiligt sind

Endokarp innere Schicht der Fruchtwand

Endosperm Nährgewebe der Samen, das den Keimling umgibt

Endosperm, nukleär Nährgewebsbildung, dessen Entwicklung durch mehrfache Kernteilung eingeleitet wird

Epiphyten Pflanzen, die nicht am Boden, sondern in Astgabeln, Rinden usw. anderer Arten siedeln, ohne diesen jedoch Nährstoffe zu entziehen

Epizoochorie Verbreitung der Früchte und Samen durch Anhaften an Tieren
Exokarp äußere Schicht der Fruchtwand
Fächel spezielle Form der sympodialen Blütenstände
Filament Staubfaden
Fungizid chemisches Mittel zur Bekämpfung von pilzlichen Pflanzenschädlingen
Garigue Pflanzenformation des Mittelmeergebietes, in der niedrige Sträucher und Zwergsträucher vorherrschen
Geokarpie Fruchtausbildung innerhalb des Bodens
Gynoeceum Gesamtheit der weiblichen Blütenorgane
Gynophor Abschnitt der Blütenachse oberhalb der Staubblätter, durch dessen Verlängerung die weiblichen Blütenorgane mehr oder weniger stark emporgehoben werden
Halophyten auf salzhaltigen Böden gedeihende Pflanzen
Haustorium Saugorgan bei parasitisch lebenden Blütenpflanzen
Herbizid chemisches Mittel zum Abtöten von Pflanzen, Unkrautvertilgungsmittel
Heterophyllie Ausbildung von unterschiedlich gestalteten Blättern in verschiedenen Regionen des Sproßsystems an einer Pflanze
Heterostylie Verschiedengriffligkeit, Ausbildung verschieden langer Griffel innerhalb einer Art
Hybriden durch Kreuzung entstandene Individuen
Hydathode wasserableitende Zellen der Epidermis
Hydrochorie Verbreitung von Samen oder Früchten durch das Wasser
Hydropoten Gewebskomplexe des Sprosses bei Wasserpflanzen, die dem Wasseraustausch dienen
Hygrochasie Öffnung von Früchten nach Befeuchtung, durch Quellung hervorgerufen
Hyphen Zellstränge pilzlicher Organismen
Hypokotyl Sproßabschnitt zwischen der Ansatzstelle der Keimblätter und der Wurzel
Idioblasten abweichend gestaltete Zellen innerhalb eines Gewebes
Infloreszenz Blütenstand; blütentragender Teil des Sproßsystems einer Pflanze, der sich durch Eigentümlichkeiten im Bau vom übrigen, vegetativen Pflanzenkörper mehr oder weniger deutlich unterscheidet
Insektivoren »insektenfressende Pflanzen«, Pflanzen mit Einrichtungen zum Fang und zur Verdauung kleiner Tiere
Insektizid Mittel zur Insektenbekämpfung
Integument Hüllschicht der Samenanlage
Interkostalgewebe das zwischen den Blattnerven ausgebildete Blattgewebe
Internodium Achsenabschnitt zwischen 2 Knoten oder 2 aufeinanderfolgenden Blattansatzstellen
Interzellularen Zwischenzellräume
Intravaginalschuppen in der Achsel von Laubblättern entstehende haar- oder schuppenartige Gebilde
Involukrum von Hochblättern gebildete Hülle im Bereich von Blütenständen
Kambium stark teilungsfähige Zellschicht
Karnivoren fleischfressende Pflanzen (und Tiere)
Karpophor Fruchthalter bei Umbelliferen (Doldenblütlern)
Karunkula wulstartiger Auswuchs des Integumentes im Bereich der Mikropyle, oft im Dienste der Samenverbreitung durch Ameisen stehend
Kauliflorie Stamm-, Sproßblütigkeit; die Blüten brechen aus ruhenden Knospen an älteren Achsenabschnitten hervor
kleistogame Blüten geschlossenbleibende Blüten, deren Befruchtung in der Regel nach Selbstbestäubung erfolgt
Konnektiv Verbindung zwischen den Staubbeutelhälften
Konvergenz ähnliche Ausprägung von Organen oder Organismen in verschiedenen Abstammungsgruppen unter dem Einfluß gleichartiger Umweltbedingungen
korollinisch wie ein Kronblatt ausgebildet, also mehr oder weniger auffällig gestaltet
Kosmopolit über die ganze Erde verbreitete Organismenart
Kutikula wasserundurchlässige Außenlamelle der Oberhautzellen
Ligula Blatthäutchen bei Gräsern und anderen Einkeimblättrigen
lysigen durch Auflösung von Zellen entstanden
Macchie Pflanzenformation des Mittelmeergebietes, in der immergrüne Hartlaubgehölze vorherrschen
Meristem Wachstumszone mit hoher Zellteilungsaktivität
Mesokarp mittlere Schicht der Fruchtwand

Mikropyle Zugang zum Nuzellus der Samenanlage, meist Eintrittsöffnung für den Pollenschlauch

monopodiale Verzweigung Verzweigungsweise, bei der das Wachstum einer Achse durch den endständigen Vegetationspunkt fortgesetzt wird

monotypische Familie bzw. Gattung Familie mit nur einer Gattung bzw. Gattung mit nur einer Art

Mutation erbliche Veränderung

Mykorrhiza Lebensgemeinschaft von Pilz und Wurzel einer höheren Pflanze

Myrmekochorie Verbreitung von Samen oder Früchten durch Ameisen

myrmekophil von Ameisen besiedelte Pflanzenarten

Myxospermie Ausbildung von Samen mit verschleimender Oberfläche

Nektarium Honigdrüse, im Blütenbereich meist im Dienst der Bestäubung stehend

Neolithikum Jungsteinzeit

Nuzellus Gewebskern der Samenanlage (einem Makrosporangium entsprechend), in dem die Embryosackmutterzelle gebildet wird

offizinell in Arzneibüchern verzeichnete Heilpflanze

Ökologie Lehre von den Wechselbeziehungen zwischen Lebewesen und ihrer Umwelt

Papillen kurze Ausstülpungen von Oberhautzellen

Pappus Ausbildungsform des Kelches, besonders bei Korbblütlern, oft im Dienste der Fruchtverbreitung stehend

Parenchym Grundgewebe

Pelorie strahlige, oft mißgebildete Blüten am Ende einer Blütenstandsachse als eine Ausnahme in Familien mit normalerweise zweiseitig-symmetrischen, seitenständig angeordneten Blüten

Perianth Blütenhülle

Perikarp Fruchtwand

Pestizid chemisches Mittel zur Bekämpfung von Pflanzenkrankheiten und Schädlingen

Pharmakopoe Arzneibuch, in dem die offiziell anerkannten Heilmittel eines Landes verzeichnet sind

Phloëm Siebteil; das der Leitung organischer Substanzen dienende Gewebe der Leitbündel

Phyllokladien flächig verbreiterte Sprosse, die die Funktion von Blättern übernehmen

Plazenta Gewebe des Fruchtblattes, das die Samenanlagen hervorbringt

Pleiochasium Form der Verzweigung, bei der mehr als 2 Seitenäste die Fortsetzung der Mutterachse übernehmen (häufig im Bereich der Blütenstände auftretend)

poikilohydre Pflanzen wechselfeuchte Pflanzen, die längere Trockenzeiten durch Wasserabgabe und Einschränkung der Lebensäußerungen überdauern, bei einsetzendem Regen in kurzer Zeit den Wasserverlust ausgleichen und weiterwachsen

Pollinarium Verbreitungseinheit der Pollen bei vielen Orchideen, setzt sich aus Pollinium, Stielchen und Klebscheibe zusammen

Pollinium Polleninhalt eines Pollenfaches, wird als Einheit von Bestäubern übertragen

Proterogynie zeitlich getrennte Entwicklung der Geschlechtsorgane einer Blüte, bei der die weiblichen Organe vor den männlichen funktionsfähig werden

Pseudanthium Blütenstände, die das Aussehen und die Funktion von Einzelblüten haben

pseudocoenokarpes Gynoeceum Fruchtknoten, bei dem eine Verwachsung der einzelnen Fruchtblätter vorgetäuscht wird

pseudomonomeres Gynoeceum Fruchtknoten, der nur scheinbar aus einem einzigen Fruchtblatt entsteht

Radicula Keimwurzel

Raphiden in Pflanzenzellen gebildete Kristallnadeln

Replum Fruchtrahmen mit anhaftenden Samen, geht aus dem Bereich der Fruchtblatt-Verwachsungsnähte hervor. Die Fruchtklappen werden abgeworfen.

Rhachis Blattspindel der Fiederblätter

Rhizom unterirdisches Sproßorgan mit Speicherfunktion, auch Wurzelstock genannt

Rostellum Schnäbelchen der Orchideen, trennt die Narbe von den Ausgängen der Pollenfächer

Ruderalpflanze Pflanze, die bevorzugt auf menschlich beeinflußten Standorten, wie Wegen, Schuttplätzen, Bahndämmen usw., gedeiht

Saprophyt Pflanze, die in ihrer Ernährung auf tote organische Substanz angewiesen ist

schizogen durch Spaltung oder Auseinanderweichen von Zellen entstanden

Schraubel spezielle Form der sympodialen Blütenstände

Sekretgänge Behälter, in die Sekrete (Öle, Harze, Gummi oder Schleim) abgeschieden werden

Septalnektarien im Grenzbereich zwischen den Fruchtblättern eines Gynoeceums ausgebildete Nektarien

Spatha ein den Blütenstand umhüllendes Hochblatt, oft mit Schauwirkung

Staminodien unfruchtbare Staubblätter, die oft morphologisch abgewandelt sind und vielfach als Drüsen oder Schauorgane fungieren

submers untergetaucht

Sukkulenten Pflanzen mit stark entwickeltem, fleischigem Wasserspeichergewebe, das in Stämmen, Blättern oder Wurzeln auftreten kann

Symbiose räumlich enges Zusammenleben verschiedener Organismenarten, bei dem jeder Partner aus der Gemeinschaft (wenigstens zeitweise) Nutzen hat

Sympetalie Ausbildungsweise der Blumenkrone, bei der die Kronblätter verwachsen sind

sympodiale Verzweigung Verzweigungsart, bei der sich die Achse aus Sprossen verschiedener Ordnung zusammensetzt

Synandrium aus der Verwachsung der männlichen Blütenorgane hervorgegangenes Gebilde

tenuinuzellate Samenanlage Samenanlage, in der die Wand des Nuzellus (Makrosporangium) wenigschichtig ist

Tepalen Hüllblätter einer Blüte, die nicht deutlich in einen (unauffälligen) Kelch und eine der Insektenanlockung dienende Krone unterscheidbar, sondern mehr oder weniger ähnlich sind (z. B. Tulpe)

Theka Staubbeutelhälfte

Tracheen der Wasserleitung dienende Zellröhren, die durch Auflösung der Endwände der sie zusammensetzenden Zellen entstehen

Tracheiden der Wasserleitung dienende, röhrenförmige Zellen, die mit nicht durchbrochenen Endwänden aneinandergrenzen

Turgor hydrostatischer (osmotischer) Druck, der vom Zellinhalt auf die Zellwand ausgeübt wird

Turionen Winterknospen von Wasserpflanzen; sie werden im Herbst abgestoßen, sinken auf den Grund der Gewässer und treiben im Frühjahr aus.

Utriculus bei Cyperaceen vorkommendes, schlauchförmiges Hochblatt, das die weibliche Blüte umhüllt

Velamen Außengewebe der Wurzel, dessen tote Zellen durch ihre Saugfähigkeit der Wasseraufnahme dienen

Viviparie Auskeimen der Samen auf der Mutterpflanze

Wickel spezielle Form der sympodial verzweigten Blütenstände

Xeromorphie Anpassung von Pflanzenstrukturen an Trockenstandorte

Xerophyt an trockene Standorte angepaßte Pflanzenart

Xylem das vornehmlich der Wasserleitung und der Festigung dienende Gewebe der Leitbündel

Zystolith lokale, in die Zelle hineinragende Verdickung der Zellwand

Literatur

Im Literaturverzeichnis ist nur eine Auswahl von Sammelwerken und Monographien enthalten. Die Vielzahl der in den Fachzeitschriften des In- und Auslandes verstreuten speziellen Aufsätze, die bei der Manuskriptgestaltung berücksichtigt wurden, kann hier nicht im einzelnen angeführt werden.

Anderberg, A. A.: Phylogeny and reclassification of the tribe Inuleae (Asteraceae). Can. J. Bot. 67, 1989

Babcock, E. B.: The genus Crepis I, II. Berkeley 1947

Beck, E.: Biology of the Afroalpine Dendrosenecio (Asteraceae). Pl. Syst. Evol. 152, 1986

Berger, F.: Handbuch der Drogenkunde. Bd. I–VII. Wien 1949–1967

Bünning, E.: Der tropische Regenwald. Berlin – Göttingen – Heidelberg 1956

Burkill, L. H.: A dictionary of the economic products of the Malay Peninsula. Kuala Lumpur 1966

Corner, E. J.: The natural history of palms. Weidenfeld und Nicolson 1966

Cusset, C.: Revision des Hydrostachyaceae. Adansonia 13, 1973

Dahlgren, R. M. T., Clifford, H. T., Yeo, P. F.: The Families of the Monocotyledons. – Springer-Verlag Berlin, Heidelberg, New York, Tokyo 1985

Diener, H.: Drogenkunde. 5. Aufl. Leipzig 1969

Encke, F.: Pareys Blumengärtnerei. Band 1 und 2. Berlin und Hamburg 1958, 1960

Engler, A.: Das Pflanzenreich. Heft 1–108. Leipzig 1900 bis 1943, Berlin 1968

Engler's Syllabus der Pflanzenfamilien. 12. Aufl., II. Band, herausgegeb. v. H. Melchior: Angiospermen, Übersicht über die Florengebiete der Erde. Berlin – Nikolassee 1964

Engler, A., K. Prantl: Die natürlichen Pflanzenfamilien. 1. Aufl., Bd. II–IV. Leipzig 1887–1915. 2. Aufl. 1924 ff.

Esdorn, I.: Die Nutzpflanzen der Tropen und Subtropen der Weltwirtschaft. Stuttgart 1961

Forest-trees of Australia. Canberra 1957

Franke, G.: Nutzpflanzen der Tropen und Subtropen. Bd. I–II. Leipzig 1967

Franke, G., K. Hammer, P. Hanelt, H.-A. Ketz, G. Natho und H. Reinbothe: Früchte der Erde. 3. Aufl. Leipzig – Jena – Berlin 1989

Gangolly, S. R., R. Singh, S. L. Katyal, D. Singh: The Mango. New Delhi 1957

Gardner, C. A., H. W. Bennetts: The toxic plants of Western Australia. Perth 1956

Goebel, K.: Organographie der Pflanzen. 3. Aufl., 3 Bde. Jena 1928–1933

Gothan, W., H. Weyland: Lehrbuch der Paläobotanik. 2. Aufl. (v. H. Weyland). Berlin 1964

Grant, V.: Plant Speciation. London – New York 1971

Grant, V., K. Grant: Flower pollination in the Phlox family. London – New York 1965

Grebenščikov, I.: Mais als Kulturpflanze. Die Neue Brehm-Bücherei, H. 123. Wittenberg 1959

Hawkes, J. G., J. P. Hjerting: The Potatoes of Argentina, Brazil, Paraguay and Uruguay. Oxford 1969

Hegi, G.: Illustrierte Flora von Mittel-Europa.

1. Aufl., Bd. I–VII. München 1908–1931. 2. Aufl. 1935ff.
Hegnauer, R.: Chemotaxonomie der Pflanzen. Basel und Stuttgart 1962ff.
Heywood, V.H., Harborne, J.B., and B.L.Turner (eds.): The Biology and Chemistry of the Compositae, vol. 1 & 2. London – New York – San Francisco 1977
Hong, T., Ma Z.-I., Chen J.-sh.: Floral morphology of Populus lasiocarpa Oliv. and its phylogenetic position in Populus. Acta Bot. Sinica 29, 1987
Hueck, K.: Die Wälder Südamerikas. Ökologie, Zusammensetzung und wirtschaftliche Bedeutung. Stuttgart 1966
Hutchinson, J.: The families of flowering plants. Vol. I–II. Oxford 1959
Hutchinson, J.: The genera of flowering plants, Dicotyledones. Vol. I, II. Oxford 1964, 1967
Hutchinson, J.: Evolution and phylogeny of flowering plants. London und New York 1969
Keimer, L.: Die Gartenflora im alten Ägypten. Hamburg und Berlin 1924
Komarov, V. L. (ed.): Flora SSSR. Vol. 2–30. Moskva und Leningrad 1934–1964
Krüssmann, G.: Handbuch der Laubgehölze. 2 Bde. Berlin und Hamburg 1960, 1962
Kubitzki, K. (Edit.): Flowering Plants. Evolution and Classification of Higher Categories. Plant Systetics and Evolution, Supplementum 1, Springer-Verlag, Wien – New York, 1977
Kugler, H.: Blütenökologie. 2. Aufl. Jena 1970
Kuijt, J.: The biology of parasitic flowering plants. Berkeley und Los Angeles 1969
Lawrence, G. H. M.: Taxonomy of vascular plants. New York 1951
Leins, P., C. Erbar: The possible relationship of Hydrostachyaceae based on comparative ontogenetical flower studies. Mitt. Inst. Allg. Bot. Hambg. 23b, 1990
Li, H. L.: The garden flowers of China. New York 1959
Mabberley, D. J.: The Plant-Book. A. portable dictionary of the higher plants. Cambridge – New York – New Rochelle – Melbourne – Sydney 1987
Mansfeld, R.: Vorläufiges Verzeichnis landwirtschaftlich oder gärtnerisch kultivierter Pflanzenarten. Die Kulturpflanze, Beiheft 2. Berlin 1959, Nachdruck 1962
Meusel, H., E. Jäger und E. Weinert: Vergleichende Chorologie der zentraleuropäischen Flora, Bd. 1–3, Jena 1965–1992
Mors, W.B., C.T.Rizzini: Useful plants of Brazil. San Francisco, London und Amsterdam 1966
Percival, M.S.: Floral Biology. Oxford, London, Edinburgh, New York, Paris, Frankfurt 1965
Pijl, L. van der: Principles of dispersal in higher plants. Berlin, Heidelberg und New York 1969
Pijl, L. van der, C. H. Dodson: Orchid flowers, their pollination and evolution. Miami und Florida 1966
Purseglove, J. W.: Tropical Crops – Dicotyledons 1 and 2, Monocotyledons 1 and 2, London und Harlow 1968, 1972
Rauh, W.: Morphologie der Nutzpflanzen. 2. Aufl. Heidelberg 1950
Rothmaler, W.: Exkursionsflora von Deutschland. Kritischer Ergänzungsband Gefäßpflanzen. Berlin 1976
Ruhland, W. (ed.): Handbuch der Pflanzenphysiologie, Bd. I–XVIII. Berlin und Heidelberg 1955–1967
Schaede, R.: Die pflanzlichen Symbiosen. 2. Aufl. Jena 1948
Schlechter, R.: Die Orchideen, 3. Aufl., Hrsg.: Brieger, F. G., Maatsch, R., u. Senghas, K., Bd. I/A, Parey, Berlin und Hamburg 1992
Schultze-Motel, J.: Verzeichnis forstlich kultivierter Pflanzenarten. Die Kulturpflanze, Beiheft 4, Berlin 1966
Schultze-Motel, J. (Hrsg.): Rudolf Mansfelds Verzeichnis landwirtschaftlicher und gärtnerischer Kulturpflanzen (ohne Zierpflanzen), 2. Aufl., 4 Bde. Berlin 1986
Simmonds, N. W. (ed.): Evolution of Crop Plants. London – New York 1976
Singh, L. B.: The Mango. London 1968
Stahl, B.: A synopsis of Central American Theophrastaceae. Nordic J. Bot. 9, 1989
Steenis, C. J. G. van (ed.): Flora Malesiana. Ser. I, Bd. 1–7. Djakarta, Batavia und Groningen 1948–1971
Strasburger Lehrbuch der Botanik, 33. Aufl. neubearbeitet v. von Denffer, D., F. Ehrendorfer, K. Mägdefrau und H. Ziegler. Stuttgart 1991
Tachtadžjan, A. L.: Sistematika i filogenija cvetkovych rastenij. Moskva und Leningrad 1966
Tachtadžjan, A. L.: Die Evolution der Angiospermen. Jena 1959

Tachtadžjan, A. L.: Telomophyta I. Moskva und Leningrad 1956
Tachtadžjan, A. L.: Sistema Magnoliofitov. Nauka, Leningrad 1987
The Wealth of India. Bd. I–VIII. Delhi 1948–1969
Troll, W.: Vergleichende Morphologie der höheren Pflanzen. 1. Bd., 1.–3. Teil. Berlin 1937–1943
Troll, W.: Praktische Einführung in die Pflanzenmorphologie. 1. und 2. Teil. Jena 1954, 1957
Tutin, T. G., et al. (ed.): Flora Europaea. Vol. 1–5, Cambridge 1964–1980
Ulbrich, E.: Biologie der Früchte und Samen (Karpobiologie). Berlin 1928
Uphof, J. C. Th.: Dictionary of economic plants. 2. ed. Lehre 1968
Verheij, E. W. M., R. E. Coronel: Plant Resources of S–E Asia. Pudoc Wageningen 1991
Wagenitz, G., B. Laing: Die Nektarien der Dipsacales und ihre systematische Bedeutung. Bot. Jahrb. Syst. 104, 1984
Wallace, G. D.: Interrelationships of the subfamilies of the Ericaceae and derivation of the Monotropoideae. Bot. Notis. 128, 1975
Walter, H.: Die Vegetation der Erde in ökophysiologischer Betrachtung. Bd. I–II. Jena 1962, 1968
Warburg, O.: Die Pflanzenwelt. Bd. 1–3. Leipzig 1923–1926
Wettstein, R. v.: Handbuch der Systematischen Botanik. 4. Aufl. Leipzig und Wien 1935
Willis, J. C.: A Dictionary of the flowering Plants and Ferns. 7. Aufl. Cambridge 1966
Withner, C. L. (ed.): The Orchids, a scientific survey. New York 1959
Žukovskij, P. M.: Kulturnye rastenija i ich sorodiči. Leningrad, 3. Aufl. 1971

Bildquellen

Alberti (Archiv H. Lange) S. 207
Bavaria (Lederer) S. 524, (G. Beck) 533
Botan. Garten u. Botan. Museum Berlin-Dahlem S. 27, 59, 138, 271, 286, 368, 457
H. Ernst S. 248, 272, 335, 450, 461
W. Fiedler S. 48, 558
G. Franke S. 523, 525, 527, 530, 532
R. Fritsch S. 395 unten, 408
Th. Gladis S. 463
E. Groß S. 61, 106, 171, 215 oben, 313, 426, 428
P. Hanelt S. 99, 110 unten, 123
G. Hermann S. 121
J. Keller S. 40, 126 unten, 397, 402, 403, 412, 453 rechts, 459 unten, 543
H. Knüpffer S. 451, 453 links, 459 oben
E. Köhler S. 168, 520
H. Lange S. 24, 38 unten, 43, 50 rechts, 65 links u. rechts, 67 rechts, 74, 85, 92, 93, 100 links, 103, 108, 110 oben, 114, 117, 120, 126 oben, 135 unten, 137, 140, 147, 151, 154, 157, 165, 173 oben, 193 links u. rechts, 199, 205, 211, 212, 221, 226, 236, 239, 260, 295, 297, 303, 305 links u. rechts, 306, 307, 315, 317, 329, 333, 337, 345, 351, 353, 356 oben u. unten, 361, 376, 378, 379, 383 rechts, 389 links u. rechts, 393 oben, 395 oben, 401, 404, 411, 422, 424 links, 427, 446 oben, 449, 456, 465, 469, 488, 490, 498, 500, 508, 511, 512, 514, 541, 545, 550 links, 559, 564
Okapia S. 204 (E. Schacke), 371 (H. R. Heppner), 522 (E. Geduldig), 529 (H. Reinhard), 531 (M. Wendler), 562 (F. Hecker)
W. Rauh S. 14, 17, 18, 30, 32, 38 oben, 47 rechts u. links, 50 links, 53, 55, 57, 63, 67 links, 69 links u. rechts, 70, 79, 81, 91, 100 rechts, 104, 113, 116, 131, 132, 135 oben, 145, 146, 149, 150, 156, 158, 161, 162, 173 unten, 178, 180, 182, 183, 187, 188, 190, 196, 198 links u. rechts, 201, 209, 227, 231, 234, 241, 243, 249, 251, 257 oben u. unten, 258 unten, 261, 264, 267 oben u. unten, 269, 273, 276, 277, 279, 282, 283, 288, 292, 299, 309, 314, 325, 332, 338, 340, 349, 350, 360, 363, 365, 369, 370, 380, 382, 384, 385, 392, 393 unten, 398, 418, 424 rechts, 429 oben u. unten, 431, 432, 435, 436, 438, 440, 442 unten, 446 unten, 475, 479, 482, 486, 487, 492, 493, 497, 499, 506 oben u. unten, 509, 540, 542, 546, 550 rechts, 553, 555 oben u. unten
H. Reinhard (Archiv H. Lange) S. 172, 174, 175, 186, 215 unten, 218, 225, 258 oben, 290, 327, 342, 373, 375, 383 links, 387, 442 oben, 473, 503, 507

Das Bild auf dem Schutzumschlag, die Blüte von *Passiflora racemosa,* stammt von O. Birnbaum.
Das Foto auf Seite 2 zeigt die Ruhmesblume, *Gloriosa superba* ‚Rothschildana', aufgenommen von H. Reinhard (Archiv H. Lange).

Register

Die kursiven Zahlen verweisen auf Abbildungen

Bisher erschienen:
Bd. Viren · Bakterien · Algen · Pilze
ISBN 3-332-00348-8
Bd. Moose · Farne · Nacktsamer
ISBN 3-332-00495-6
Bd. Blütenpflanzen 1
ISBN 3-332-00496-4

Die Deutsche Bibliothek – CIP-Einheitsaufnahme
Urania-Pflanzenreich. – [Ausg.] in vier Bd. – Leipzig; Jena; Berlin : Urania-Verl.
ISBN 3-332-00367-4

Blütenpflanzen / Autoren des Bd.: Siegfried Danert ... Bd.-Red.: Franz Fukarek].
[Ausg.] in vier Bd.
2. – [Ausg. 1991], 1. Aufl. – 1994
ISBN 3-332-00497-2
NE: Danert, Siegfried
Vw: Fukarek, Franz [Red.] → Danert, Siegfried

ISBN 3-332-00497-2

1. Auflage 1994

Urania-Verlag Leipzig · Jena · Berlin 1994
Lektor: Annette Bromma
Buchgestaltung: Horst Adler, Leipzig
Wissenschaftliche Zeichnungen: Hans-Jürgen Ehricht, Köthen
Satz und Druck: INTERDRUCK Leipzig GmbH
Farbreproduktionen: Karl Findl & Partners GmbH & Co. KG
Printed in Germany

Die große farbige Enzyklopädie
Urania-Tierreich
in sechs Bänden

Alle Bände im Format 14,5 cm × 21,5 cm
Leinen mit Schutzumschlag

Bereits erschienen:

Band 1
Fische · Lurche · Kriechtiere
724 Druckseiten, 340 Farbfotos, 48 Zeichnungen

Band 2
Säugetiere
560 Druckseiten, 350 Farbfotos

Band 3
Wirbellose Tiere 1
668 Druckseiten, 280 Farbfotos, 165 Zeichnungen

Band 4
Wirbellose Tiere 2
782 Druckseiten, 270 Farbfotos, 205 Zeichnungen

Im Juni 1994 erscheint:

Band 5
Insekten
ca. 650 Druckseiten, 255 Farbfotos, 56 Zeichnungen

In Vorbereitung:

Band 6
Vögel
ca. 600 Druckseiten, 250 Farbfotos, ca. 20 Zeichnungen